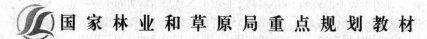

国家林业和草原局重点规划教材

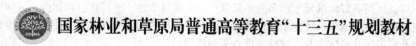

国家林业和草原局普通高等教育"十三五"规划教材

动物传染病学

（第 2 版）

罗满林　主编

U0215424

中国林业出版社

内 容 简 介

　　本书由全国 14 所有关农业院校的 19 位教师，根据多年教学、科研和生产经验，参考了国内外相关资料编写而成。本书分总论和各论，共 8 章。列出了 156 种传染病，其中除对我国的常发或多发病进行了重点详述外，还附加了二维码的拓展内容，通过手机扫码，可阅读相关病的病原基因组、临床症状、病理变化等图片及临床诊治病例，从而更好地满足生产实践的需求。本书集科学性、系统性、新颖性于一体，内容反映了动物传染病目前的最新研究成果，适合于在校的动物医学、动物科学等专业的学生使用，也可供动物养殖业广大从业人员、基层兽医及兽医实验室检验人员参考和使用。

图书在版编目（CIP）数据

　　动物传染病学/罗满林主编. —2 版. —北京：
中国林业出版社，2021.9（2024.1 重印）
　　国家林业和草原局重点规划教材　国家林业和草原局
普通高等教育"十三五"规划教材
　　ISBN 978-7-5219-1198-5

　　Ⅰ.①动…　Ⅱ.①罗…　Ⅲ.①动物疾病–传染病学–
高等学校–教材　Ⅳ.①S855

　　中国版本图书馆 CIP 数据核字（2021）第 145654 号

中国林业出版社·教育分社

策划编辑：高红岩　　　责任编辑：高红岩　李树梅　　　责任校对：苏　梅
电话：(010) 83143554　　　传真：(010) 83143516

出版发行　中国林业出版社(100009　北京市西城区德内大街刘海胡同 7 号)
　　　　　E-mail:jiaocaipublic@ 163. com　电话:(010)83143500
　　　　　http://www. forestry. gov. cn/lycb. html
印　　刷　北京中科印刷有限公司
版　　次　2013 年 9 月第 1 版(共印 3 次)
　　　　　2021 年 9 月第 2 版
印　　次　2024 年 1 月第 2 次印刷
开　　本　787mm×1092mm　1/16
印　　张　31.75
字　　数　870 千字　　**其他数字资源　500 千字**
定　　价　68.00 元

《动物传染病学》（第2版）编写人员

主　编　罗满林

副主编　亓文宝　胡永浩　宋勤叶　屈勇刚　贺东生

编　者（按姓氏笔画排序）

丁　轲（河南科技大学）

亓文宝（华南农业大学）

朱战波（黑龙江八一农垦大学）

齐亚银（石河子大学）

李　鹏（长江大学）

吴　斌（华中农业大学）

宋勤叶（河北农业大学）

张训海（安徽科技学院）

张春杰（河南科技大学）

陈晓月（沈阳农业大学）

罗满林（华南农业大学）

周双海（北京农学院）

单　虎（青岛农业大学）

屈勇刚（石河子大学）

赵玉军（沈阳农业大学）

胡永浩（甘肃农业大学）

贺东生（华南农业大学）

袁朝霞（仲恺农业工程学院）

魏建忠（安徽农业大学）

主　审　陈溥言（南京农业大学）

第2版前言

动物传染病是制约养殖业发展和影响公共卫生、食品安全的重要因素。当前，动物传染病防控的形势日趋严峻，2018年新传入我国的非洲猪瘟，短时间传至全国主要的养猪省份，对养猪业造成了毁灭性打击。当前出现的人类新型冠状病毒肺炎，则是全球百年以来最为严重的一场瘟疫，也是中华人民共和国成立以来，传播最迅速、影响最大、防控措施最严厉的一场疫情。面对突如其来的疫情，我国政府依靠全国人民，对感染者实施严格隔离，对小区进行封闭，对受威胁区进行人群全面核酸检测，配合加强消毒等举措，在当时尚无疫苗情况下，在短时间内控制了疫情发展的势头。目前，世界多国疫情仍十分严重，全球累计确诊病例超过2亿，累计死亡超过440万，不时有从国外输入新的变异毒株感染者。一经发现感染病例，我国采取"清零行动"，封锁疫点，全群检测、接种疫苗等措施。有理由相信，只要决策正确，科学防控，我们一定能取得防新冠抗疫情的全面胜利。

本书自2013年出版以来，连续印刷3次，受到了读者的欢迎。8年来，国内的动物疫病种类又有了新的增加，诊断方法及防控技术又有了许多推进。比较上一版，本书做了大量的修改，体现在内容上不断更新。具体来说，有以下几点：

第一，根据学科的发展，增添新的内容。如总论中增加中长期动物疫病防制规划和动物疫病区域化管理的内容。在第四章增加猪塞内卡病毒病、猪丁型冠状病毒病、猪的圆环病毒3型感染等内容。

第二，版本上进行了调整，在每章前增添学习导读，每个病后的思考题改为每章后附若干思考题。对附录一的内容（疫病病种名录），根据实际变化做了相应的调整。附录二的内容（类似疾病鉴别比较）添加了几种新的猪病。原附录三（疫苗及使用方法），因近年来新制品大量涌现，免疫程序和方法各地也不同，故不再采用。

第三，在每个病后添加了数字资源，这是最大的亮点。本版对每种病新增了病原、病毒基因组、临床症状和病理变化的图片及临床病例诊治介绍，这部分内容在书中以二维码形式呈现，必将丰富其知识内涵，有助于拓展读者对该病全面和更深刻的认识。

在上一版的基础上，本书编写仍采取各尽所长，内容包含了编者的科研成果和生产经验，集中反映了当前动物传染病的防制新技术和新动向。全书共分8章，具体编写分工如下：第一章由罗满林编写；第二章由张训海编写；第三章由赵玉军、陈晓月、单虎、魏建忠、李鹏、袁朝霞、朱战波、贺生生编写；第四章由周双海、吴斌、亓文宝、贺东生、宋勤叶编写；第五章由胡永浩、朱战波、齐亚银编写；第六章由屈勇刚编写；第七章由张春杰、丁轲、宋勤叶、张训海编写；第八章由单虎、罗满林编写。此外，上版王川庆教授负责编写的附录二，除少量修改外，本书仍继续保留和采用。唐志玲同志在协助二维码内容编辑和统稿方面也做了许多工作，在本书即将付印之际，南京农业大学刘永杰教授赠送了最新出版的陆承平教授和她主编的《兽医微生物学》（第 6 版），使本书在病原的分类与命名方面能与时俱进。全书请南京农业大学陈溥言教授审阅，在此一并表示感谢。

　　需要说明的是，在知识大爆炸的年代，科学技术飞速发展，尽管本书各位编者做出了很大努力，但错漏之处在所难免，恳请广大读者批评指正。

编　者
2021 年 9 月

第 1 版前言

动物传染病是制约养殖业发展和影响公共卫生的重要因素。随着我国改革开放的深入，国际经济一体化进程的加快，集约化生产模式的不断扩大，多种经济动物饲养的兴起，对我国动物传染病的防控工作提出了新的要求。在我国，执业兽医考试全面推行。在这种新的形势下，我们组织了国内有代表性的 14 所农业院校的教师编写了这本书。

当前，动物传染病防控的形势日趋严峻，主要体现在原有的传染病有的死灰复燃，新的传染病又不断出现，某些传染病的病原变异速度加快、出现新的基因型或血清型及临诊型，免疫抑制和多重混合感染十分普遍，疫病的非典型性致使临诊诊断更加困难，而实验室检测和综合诊断占有更突出的地位，因此在本书编写中突出了实验诊断技术和鉴别诊断要点，以满足实际应用需要。本书中，在各种病原的叙述部分，参照了陆承平教授主编的《兽医微生物学》（第五版），便于本书与前期基础课程的衔接。学习和巩固这些基础知识，势必有助于提高在校学生和各级在职人员的专业水平。

本书编写分工各尽所长，其内容包含了编者的科研成果和生产经验，集中反映了当前动物传染病的防制新技术和新动向。全书共分 8 章，具体编写分工如下：第一章由罗满林编写；第二章由张训海编写；第三章由赵玉军、陈钟鸣、单虎、魏建中、贺东生、李有文、朱战波编写；第四章由周双海、吴斌、亓文宝、贺东生、罗满林、宋勤叶编写；第五章由胡永浩、朱战波、李有文编写；第六章由王川庆编写；第七章由张春杰、宋勤叶、张训海编写；第八章由单虎、罗满林编写。此外，附录一由王川庆编写；附录二由王川庆、罗满林编写；附录三由罗满林、张训海编写。

本教材在编写过程中，杜建玲、高红岩编辑做了大量工作，研究生莫永正和陈征兵在附录三的文字录入上也作了大量工作，在此一并表示感谢。

由于当今科学发展日新月异，尽管编者作出了很大努力，但错漏之处在所难免，恳请广大读者批评指正。

罗满林

2013 年 8 月

目　录

第一章

动物传染病发生和流行的基本规律

本章学习导读：动物传染病均是由病原微生物感染所引起的。因此本章从感染的基本概念入手，概述各种感染形式及其原因，继而引申出动物传染病的概念及特征，介绍动物传染病的发展阶段与分类。动物传染病的流行有其自身规律，即传染源、传播途径和易感动物 3 个基本环节所构成，在自然因素和社会因素的共同影响下，决定了动物传染病是否从个体向群体的发展和流行。在流行强度上有多种表现形式，有些传染病涉及季节性、周期性，学习和理解这些基本知识，有助于进一步认识动物传染病的流行规律，从而更有效地做好动物传染病的防控工作。

第一节 感染及其分类

一、感染

感染是指病原微生物经各种途径侵入动物机体，在一定的部位定居、生长繁殖，并引起动物机体的一系列病理反应的过程。病原微生物通过不断变异和进化，形成了对某种或某些动物的适应性，即病原微生物的感染谱。感染谱反映出某种病原微生物对其宿主的依存关系。病原微生物通过不断感染新的宿主，完成其世代交替并在自然界中持续存在。另外，动物机体在长期的进化过程中，也形成了一系列复杂的免疫机制，包括非特异性免疫和特异性免疫。后者主要由细胞免疫和体液免疫构成，表现在对外来病原微生物的免疫识别和免疫反应。可见感染就是病原微生物（寄主）和动物机体（宿主）双方相互作用和斗争的综合表现。动物受感染后视其病原体的毒力大小和数量，同时视动物遗传易感性及免疫状态不同，可能出现多种表现形式，常见临床发病甚至死亡，也有的表现为隐性感染、一过性感染、持续感染等形式。此外，临床上动物感染状况和病情也是发展变化的，有时是可以相互转变的。当动物机体在精心治疗时，其抵抗力不断增强，临床症状减轻，病理损伤得到修复，动物可以痊愈、康复。

二、感染的类型

感染的后果受到多种因素的制约，包括病原微生物的毒力、数量、入侵门户、外界环境因素及动物机体的健康和免疫状态等。因此，同一种病原体感染动物后的反应程度、表现形式和类型会有很大差别。了解和认识这些感染形式和类型，有助于传染病的诊断及防控。根据感染的本质、特点、表现形式及后果等，可从不同角度将感染分为以下类型：

1. 原发感染与继发感染、单纯感染与多重感染（混合感染）及协同感染

原发感染与继发感染、单纯感染与多重感染（混合感染）及协同感染是根据感染病原体的先后次序、种类多少及相互作用关系来划分的。原发感染（primary infection）是相对于继发感染而言，即首先由某些病原体引起的感染，如在先期感染的基础上，后来又发生其他病原体的感染，称为继发感染(secondary infection)。

由一种病原体所引起的感染，称为单纯或单一感染(simple infection)。大多数感染是由单一病原体所致。由两种或两种以上病原体引起的感染，称为多重感染或混合感染(mutiple infection or mixed infection)。能够混合感染的病原体种类也在增多，可以是多种病毒、也可以是多种细菌，或者是细菌与病毒的混合感染。目前，混合感染现象日益严重，十分普遍，其症状和病变复杂，给疫病的诊断和防控都增添了难度。例如，猪感染繁殖与呼吸综合征病毒时，就容易同时感染猪圆环病毒2型或副猪格拉菌。两种或多种病原感染时还可以相互作用导致毒力增强，称为协同感染(coinfection)，而单独感染时不会引起相应的症状。例如，猪圆环病毒2型，在试验条件下即使人工攻毒也难以临床发病，但在生产实际中由于存在多重病原的感染和相互作用，本病毒表现出很强的致病力。

2. 内源性感染与外源性感染

内源性感染与外源性感染是根据病原体来源而划分的，由来自外界的病原体引起的感染称为外源性感染(exdogenous infection)，如某种动物易感个体由于接触患病动物而引起的感染发病。某些情况下，微生物侵入到动物体内不引起疾病，当机体抵抗力下降或受外界因素影响时方表现出致病性，造成机体感染，称为内源性感染(endogenous infection)，如支原体和某些大肠杆菌菌株引起的感染。

3. 局部感染与全身感染

局部感染与全身感染是根据感染后病原体在机体内的分布及引起的后果划分的。当机体抵抗力较强，侵入的病原体毒力较弱或数量较少，病原体生长繁殖局限在一定部位(如扁桃体、局部淋巴结)，称为局部感染(local infection)，如葡萄球菌、链球菌引起的局部脓肿。当机体抵抗力较弱，病原体的毒力增强，病原体突破机体的防卫屏障，经血流或淋巴循环扩散而全身化，引起机体明显的全身症状，称为全身感染(systemic infection)。其表现形式包括菌血症、病毒血症、毒血症、脓毒血症、败血症和脓毒败血症等。

4. 典型感染与非典型感染

典型感染与非典型感染是根据症状典型与否来划分的，均属于显性感染。感染后出现本病特征性(代表性)症状，称为典型感染(typical infection)，如典型猪瘟具有发热、便秘或拉稀、皮下出血及高死亡率等特征；而非典型感染(atypical infection)则是感染后不表现出该病的特征病状。如非典型猪瘟仅表现轻微发热或不发热，少数病猪的耳、尾或四肢末端发生皮肤坏死。

5. 良性感染与恶性感染

良性感染与恶性感染是描述感染后果严重程度的一组术语，常以感染动物的症状表现及转归作为判定的主要指标。良性感染(benign infection)时，不会引起动物严重的症状及大批死亡；相反，如引起严重症状及大批死亡则称为恶性感染(malignant infection)。

6. 最急性、急性、亚急性与慢性感染

最急性、急性、亚急性与慢性感染是按照病程长短及临床症状不同进行划分的。最急性感染(peracute infection)时，病程短促，动物通常在数小时或1d内突然死亡，症状或病变均不明显，如羊炭疽、禽霍乱、绵羊快疫等流行初期可见到此种情况。急性感染(acute infection)病程较短，数天至2周不等，其临床症状表现较为典型和明显，易于在临床上发现和诊断，如急性的猪瘟、猪丹毒、鸡新城疫、禽流感、口蹄疫等。亚急性感染(subacute infection)的病程相对较长，临床症状也相对缓和，如疹块型猪丹毒和炭疽。慢性感染(chronical infection)是指那些病程长达1个月或数月，临床症状不明显或时有时无，如结核病、猪气喘病等。需要指出的是，某一传染病的病程并不是固定不变的，它取决于病原体的致病力和机体的抵抗力之间的较量，也受环境、条件等因素的影响。在一定的条件下，急性病例可以转为亚急性或慢性病例，或由慢性病例转化为亚急性和急性病例。

7. 显性感染与隐性感染

显性感染与隐性感染是根据感染后动物是否表现有临床症状而划分的。感染后如出现明显临床症状，可称为显性感染（apparent infection）；如果缺乏症状，但有病理学、免疫学或微生物学证据（病理学变化、特异性抗体或携带病原），则属于隐性感染（inapparent infection）也称为亚临床型（subclinical type）。

8. 持续感染和慢病毒感染

持续感染（persistent infection）是指动物长期持续的感染状态，这是因为入侵的病毒不能杀死宿主细胞，两者之间形成一种动态平衡。持续感染可呈潜伏性感染、隐性感染、慢性感染和慢病毒感染。疱疹病毒、披膜病毒、副黏病毒和反转录病毒等常能引起持续感染。感染动物在一定时期内带毒或长期带毒，且经常或间歇性地向外排毒，但并不出现临床症状或仅出现与免疫病理反应相关的临床症状。这种平衡一旦打破，往往会引起病毒的复活和增殖，并引起临床疾病。潜伏感染（latent infection）时，病原分离或检测（如病毒）呈阴性，但进行基因检测是阳性。例如，伪狂犬病毒最初感染猪后可在三叉神经节内造成潜伏感染，当机体体液免疫或细胞免疫低下，猪在受到外界环境的刺激或给予免疫抑制剂时，病毒就会复活而致病，并通过排毒而扩大传染。

慢病毒感染（lentivirus infection）也称长程感染，是指那些潜伏期长、发病呈进行性经过，最终常以死亡为转归的病毒感染，是持续感染的一种类型。慢病毒感染的特点在于疾病过程缓慢，但不断恶化最终引起动物死亡。一些慢病毒和朊病毒感染多属于此类，如马传染性贫血、牛海绵状脑病等。

第二节　动物传染病的特征及其发展阶段

一、动物传染病的发生及其特征

动物传染病（animal infectious disease）是指由病原微生物引起、有一定的潜伏期和临床表现（病程经过）、具有传染性和流行性的动物疾病。当机体抵抗力强时，即使有病原微生物的侵入，一般不会引起机体明显的临床症状，因为动物机体能迅速调动全身的特异性和非特异性免疫力，将入侵的病原体清除或消灭掉，与此同时，动物机体也获得了抗传染病的免疫力。当机体免疫力或抵抗力较弱时，入侵的病原微生物可以突破机体的免疫防线，从入侵门户沿血流、淋巴、神经等扩散达全身或嗜好部位，引起动物不同程度的疾病。

在临床上，不同的动物传染病的表现尽管千差万别，如同一种传染病在不同动物、不同品种、不同年龄表现各异，甚至同一种动物的不同品系或不同个体的易感性也存在很大差异，但与非传染性疾病相比，传染性疾病具有以下共同特征。

1. 由病原微生物所引起

每一种传染病都是由特定的病原体所引起。例如，口蹄疫是由口蹄疫病毒引起，鸡新城疫由鸡新城疫病毒引起，猪气喘病是由猪肺炎支原体引起，等等。

2. 具有传染性和流行性

病原体在一个患病个体内增殖后能不断排出，经一定的途径感染另一个有易感性的个体，并且引起相同症状的疾病，这种特性称为传染性(infectivity)。因为传染性，可以使疾病不断向周围扩散，即从一个个体传向周围多个个体(群体)。在一定的条件下，这种传染可以从一个地区传染至一个或多个地区，构成大流行。这就是传染病的流行性(epidemic)。传染性和流行性也是传染病区分于非传染性疾病的一个显著特征，正是这种特性，容易使疫情迅速扩散，造成重大损失。

3. 受感染动物可产生特异性免疫学反应

在感染过程中，由于病原微生物的抗原刺激作用，引起受感染动物发生免疫生物学的改变，如产生特异性抗体和/或变态反应等，这些改变可以通过免疫学的方法检测出来，从而有利于对机体感染状态的确定。这是检疫和血清学检查的基础。需要指出的是，生产实践中常采用疫苗免疫接种，也会出现这种类似反应，与自然感染相混淆。因此，针对这种情况，利用当代科学技术，开发出标记疫苗和相应诊断试剂盒，可以在血清学上区分来自自然感染还是疫苗接种动物的抗体。

4. 受感染动物可产生特异性免疫力

大多数传染病发生后，耐过动物能获得不同程度的免疫力，使机体在一定时期内或终身不再感染此种病原体。除少数传染病可获得持久免疫外，临床上可能表现为复发、再感染、重复感染等情形。生产实践中常采用疫苗免疫接种，通过模拟感染或病原体的保护性抗原刺激，赋予动物机体一段时间内具有免疫力。但个别传染病例外，如牛海绵状脑病，感染牛缺乏免疫应答。

5. 具有明显的阶段性和流行规律

一般来说，每种传染病都有一定的潜伏期，一定的病程经过和特定的临床表现。此外，有些传染病还表现有一定的流行规律，如出现季节性、周期性和地方流行性。这是认识传染病的前提和基础，也为科学防控传染病提供了依据。

在上述五大特征中，病原不同是区分传染病与寄生虫病的最大区分点。

二、动物传染病的临床发展阶段

不同的动物传染病虽然表现不一，但每种传染病尤其是经典的传染病都表现出一定的病程经过和发展阶段，呈现出明显的规律性，一般可分为4个阶段。

1. 潜伏期

从病原体侵入机体并进行繁殖时起，直至疾病的临床症状开始出现为止，这段时间称为潜伏期(incubation period)。潜伏期长短主要是受病原体特性决定的，也与机体的易感性大小相关，同时受感染途径、部位、剂量等因素影响。例如，狂犬病的潜伏期2～8周，短的数天，长则达1年以上。不同传染病其潜伏期不一，然而，传染病的潜伏期仍具有一定的规律，如口蹄疫为1～14d，猪瘟2～20d，鸡新城疫2～10d。即使同一种传染病其潜伏期也有一定范围，如炭疽的潜伏期1～5d，长者达十多天。一般急性传染病的潜伏期较短，且变动范围较小，亚急性或慢性传染病的潜伏期较长且变化范围较大。如猪繁殖与呼吸综合征的潜伏期为4～7d，自然感染为14d；结核的潜伏期短的十几天，长者达数月以至数年。应注意有些潜伏或隐性感染动物因无临床症状而不易发现，但其可向外排菌排毒，成为传染来源。

了解潜伏期有多重意义。首先，作为检疫隔离观察和解除封锁的时间根据；其次，在流行病学调查上查找传染来源和传染方式，有助于确认感染时间；再次，可以根据潜伏期判定传染病的来势和预测流行程度。一般来讲，如果传染病的潜伏期短，则意味着传播快，来势猛；而潜伏期延长则相反，且病程通常也较轻缓或处于流行后期。在生产实践中可对处于潜伏期的动物用特异性抗血清或高免卵黄抗体进行被动免疫接种，对周围受威胁动物进行疫苗紧急免疫接种。要根据本病的潜伏期观察，比较在采取防控措施前后发病率和病死率的变化，评价其防控措施是否有效。

2. 前驱期

疾病的最初症状出现后，到传染病的特征性症状出现，这一段时间称为前驱期（prodromal period）。前驱期是疾病的征兆阶段，其特点是一般性临床症状开始出现，如发热、精神不振、食欲减退等，但特征性症状不明显。不同传染病的前驱期不一，同一种传染病不同个体其前驱期也不一，通常只有数小时至 1~2d。前驱期有助于人们发现和观察疾病，以便及早采取相应隔离和防控措施。

3. 明显期

疾病特征性症状充分表现出来的这一段时间称为明显期（period of apparent manifestation），也称发病期。病情由轻到重，逐渐或者迅速到达高峰，随着机体免疫力的产生，症状又迅速或逐渐减退。发病期表现的临床症状为我们诊断和临床鉴别不同的疾病提供了线索，有利于对传染病进行全面的诊断和采取有针对性的防控措施。

4. 转归期

转归期（又称恢复期，convalescent period）是疾病发展的最后阶段。如果机体的抵抗力弱、病原体的致病性强，则疾病以动物的死亡而告终。如果机体的抵抗力逐渐得到恢复或增强，则疾病的症状逐渐消退，病理变化逐渐消失，精神、食欲得到改善。机体在一定时期保持有免疫学特性。例如，抗体水平较感染前有较大幅度的提升，并维持在较高的水平。另外，有些传染病在恢复期还可能带菌带毒并向外排出，其时间长短也与感染的病原体特性直接相关。

第三节　动物传染病的分类

动物传染病的种类很多，为了进行疫情分析和管理，便于制定防控措施，需要对动物传染病进行分类。以下介绍一些常用的分类方法：

1. 按病原分类

按引起动物传染病的病原不同，可将其分为病毒病、细菌病、放线菌病、衣原体病、支原体病、螺旋体病、立克次体病和真菌病等。在生产实践中，除病毒病外，一般将其他病原引起的疾病统称为细菌病。

2. 按动物种类分类

按患病动物种类的不同，可将其分为人和多种动物共患传染病（人兽共患传染病）、猪传染病、反刍动物传染病、马传染病、宠物（犬、猫）传染病、家禽传染病、实验动物传染病、经济动物传染病、鱼类传染病、蜜蜂传染病、蚕传染病等。

3. 按受侵害的主要器官和组织系统分类

按动物感染后受侵害的主要器官和组织系统不同，可将动物传染病分为全身性（多系统）传染病、消化系统、呼吸系统、生殖系统、神经和运动系统、泌尿系统及皮肤被毛传染病等。

4. 按病程长短分类

按照病程长短及临床症状轻重缓急的不同划分为最急性传染病、急性传染病、亚急性传染病和慢性传染病。

5. 按疾病的危害程度分类

根据动物疫病对人和动物危害的严重程度，造成的损失大小和国家防控疫病的需要等，我国动物防疫法中将动物疫病分为三大类(附录一)。

一类疫病,是指口蹄疫、非洲猪瘟、高致病性禽流感等对人、动物构成特别危害,可能造成重大经济损失和社会影响,需要采取紧急、严厉的强制预防、控制等措施的。一类疫病大多数为发病急、死亡快、流行面广、难以控制、危害性大的急性、烈性动物传染病或人兽共患的传染病。按照法律规定,此类疫病一旦暴发,应采取以疫区封锁、扑杀和销毁动物为主的扑灭措施。农业农村部修订的《一、二、三类动物疫病病种名录》,目前列入该类的 17 种疫病,除牛传染性胸膜肺炎外,其余均为病毒性传染病。

二类疫病,是指狂犬病、布鲁菌病、草鱼出血病等对人、动物构成严重危害,可能造成较大经济损失和社会影响,需要采取严格预防、控制等措施的疾病。因该类疫病的危害程度、暴发强度、传播能力、控制和扑灭的难度等不如一类疫病,因此法律规定发现二类疫病时,应根据需要采取必要的控制和扑灭措施,不排除采取与前述一类疫病的强制性措施。目前列入该类的有 79 种疫病。

三类疫病,是指大肠杆菌病、禽结核病、鳖腮腺炎病等常见多发、对人、动物构成危害,可能造成一定程度的经济损失和社会影响,需要及时预防、控制的。该类疫病多呈慢性发展状态,法律规定应采取检疫净化的方法,并通过预防、改善环境条件和饲养管理等措施控制。目前列入该类的有 63 种疫病。

我国政府这种分类法是根据疫病的发生特点、危害程度、危害对象,对众多的动物传染病、寄生虫病排定主次,明确疫病防制工作的重点,便于组织实施疫病的扑灭计划。

世界动物卫生组织(WOAH)曾根据疾病对动物健康及人类公共卫生的危害程度,对动物疫病划分为 A 类和 B 类两种疾病。为了符合世界贸易组织(WTO)的卫生与植物检疫协议(SPS)的要求,WOAH 从 2005 年 5 月起,原来的 A 类和 B 类动物疾病申报体系正式停止使用并采用新的疾病申报体系,对那些必须申报的动物疾病归于一个统一的申报名录中,做到名称的一致性,以便于在全球贸易中体现出认识的一致性,从而更有利于人类贸易和开展预防动物疾病活动,在有动物疫病疫情暴发时,能做到认识一致,步调一致,以有效维护公共卫生。

6. 按疾病的来源

按疾病的来源可分为内源性疾病、外源性疾病等。

7. 其他分类

在实际工作中,为了满足某些方面的需要,对有些类型的传染病还有特定的叫法。这些叫法虽然不是严格意义上的分类,但却含有分类的成分。例如:

法定报告传染病(notifiable infectious disease)是指由国际或国家行政管理部门公布、一旦发现或怀疑发生时必须立即报告给相应级别行政当局的疫病。WOAH 将其归属为法定报告传染病。在我国实施的《中华人民共和国传染病防治法》中,将人类传染病(包括人兽共患病)分为甲、乙、丙三类(详见附录一)。

新发传染病(emerging infectious disease)是指新确定的和先前未知的、可引起局部或世界范围内公共卫生问题的传染病。

再发传染病(re-emerging infectious disease)是指那些我们已经熟知的并且已经不再成为公共卫生问题的感染,相隔多年后又重新出现,具有一定流行程度和传播状态的疾病。

虫媒传染病(entomophilous infectious disease,insect-borne disease)是指其病原体主要靠吸血昆虫在动物间来传播的传染病。

烈性传染病(fulminating infectious disease)是指发病急、病程短、病性恶劣、致死率高、危害大、难控制的传染病。

第四节　动物传染病流行过程

动物传染病不同于其他疾病的一个显著特征就是它能在动物个体之间通过相互接触等方式传播，使许多个体受到感染和发病，继而发展为群体性疾病。即可从一个地区迅速传至邻近地区或遥远地区，甚至成为全球性的疾病，此谓传染病的传染性和流行性。传染病发生发展需要有3个基本环节，即传染源、传播途径和易感动物。当这3个环节同时具备时，在自然因素和社会因素的相互作用下，就可能引起传染病的蔓延与流行。如果缺少其中任何一个环节或者阻断它们之间的联系，传染病的流行就不会再向四周蔓延或能自然终止。学习和掌握传染病3个基本环节理论，将有助于平时开展动物疫病的预防或净化工作，也有利于在发生动物疫情的紧急情况下，采取有力措施进行疫病的控制和扑灭。

一、传染源

传染源（source of infection）即体内有病原体的寄居和生长繁殖，并能将病原体排出体外的动物机体。具体讲就是患病动物、病原携带者和受感染的其他动物（包括人）。病原微生物在长期的进化过程中，形成了对某些动物的适应性，易感的动物机体成为病原体扩繁的适宜环境。病原体侵入动物机体后不但能生长繁殖，而且可以通过一定方式排出体外，再经一定门户侵入另一个宿主体内。而被病原体污染的各种外界环境因素，如动物圈舍、饲料、饮水、空气、土壤等，由于缺乏适宜的温度、相对湿度、酸碱度和营养成分，而不适于病原体长期生存，只能看作是传播媒介（media）。按传染源所处的作用和动物机体感染后表现的不同，可将传染源做如下分类：

1. 患病动物

患病动物是最重要的传染源。不同时期作为传染源的意义也不尽相同。在前驱期，尤其是急性传染病的发病期，是病原体繁殖和向体外排出的高峰期，因此作为传染源的作用最强，传染意义最大。在潜伏期和恢复期，是否具有传染源作用，则需要根据具体病种来决定。大多数的传染病在潜伏期的病原体还很少，并且极少具有排出条件，只有少数传染病（如狂犬病、口蹄疫和猪瘟等）在潜伏期后期能排出病原体；在恢复期大多数传染病已停止向外排出病原体，即无传染性。但也有一些传染病（如猪气喘病、鸡支原体感染、布鲁菌病和结核病等）在恢复期也能向外排出病原体。

患病动物能向外排出病原体的整个时期称为传染期（infectious period）。在防疫工作中，为了防止疫情扩散常要对患病动物进行隔离，其隔离时间要根据各种传染病的传染期和潜伏期共同来定，而不仅是潜伏期。这与检疫时对外表健康动物的隔离观察期限不同。

2. 病原携带者

病原携带者（carrier）是指外表无症状但能携带并排出病原体的动物。根据病原携带者所带病原体性质，可分为带菌者和带毒者。病原携带状态是病原体与动物机体相互作用的结果。从流行病学意义上说，病原携带者虽排出病原体不及患病动物，但由于缺乏临床症状、混杂在群体中自由活动，隐蔽性更强、难以发现，因而危害性更大。如果检疫不严，病原携带动物随长途运输到其他地区，引起新的暴发或流行。

临床上病原携带者一般可分为健康状态（无症状）的病原携带者、潜伏期携带者和恢复期携带者。

健康状态的病原携带者是指过去没有患过某种传染病，外表无症状但却能排出本病原体的动物。通常只有依靠实验室方法才能检出。这类健康病原携带状态是隐性感染所致，携带持续时间也不长，作为传染源的作用有限。但在巴氏杆菌、沙门菌、猪丹毒丝菌等引发的疾病中，健康携带者的比例较高，往往可以成为内源性传染的重要来源。

潜伏期携带者是指在潜伏期内携带并可向体外排出病原体的动物。有些动物传染病在潜伏末期就可以排出病原体，因而具有传染性，如狂犬病、口蹄疫和猪瘟等。

恢复期病原携带者是指某些传染病在临床症状消失后仍能排出原体的动物，如猪气喘病、布鲁菌病等。这是由于机体在恢复阶段免疫力增强，外表症状逐渐消失，但体内的病原体一时尚未肃清。病原携带的时间长短随病原体性质而异，也与机体免疫状态有关。病原携带者存在着间歇排菌现象，故仅一次病原体检测阴性结果，不足以说明其不具有传染性，需要反复多次检查才能排除病原携带者，消灭和防止引入病原携带者是防疫工作中一项艰巨任务。

二、传播途径

病原体从传染源排出后，经一定的传播方式再侵入其他易感动物所经历的路径称为传播途径（route of transmission）。动物传染病的传播途径比较复杂，有的只有一种途径，有些则有多种途径。认识传染病的传播途径将有助于从加强生物安全体系建设入手，切断传播途径，从而控制传染病的扩散蔓延。按病原体更替宿主方法的不同，可将传播方式分为水平传播和垂直传播。

（一）水平传播

水平传播（horizontal transmission）即传染病在群体或个体之间通过多种途径以水平形式横向传播，这是最常见的一种传播方式，包括直接接触和间接接触传播。前者是指易感宿主与感染动物通过物理接触，而不需要通过任何外界条件。这种直接接触传播方式的传染病不是太多，典型的如狂犬病，通常是在被患病动物咬伤后，病毒随唾液进入伤口，继而引起狂犬病发生。又如兔密螺旋体、鸡白痢沙门菌等在动物配种时常造成病原体的直接接触传播。大多数侵害皮肤为主的传染病是通过与感染动物直接接触而传播，偶尔也会通过污染物发挥间接接触传播作用，密集饲养条件下更易于发生。完整的皮肤屏障对很多病原体有阻挡作用，只有某些寄生虫如血吸虫和钩虫可以穿过皮肤屏障。当皮肤屏障受到破坏，为病原体的感染创造了条件，如葡萄球菌或链球菌等。钩端螺旋体还可以穿过皮肤引起全身感染。狂犬病、破伤风分别是通过咬伤和创伤造成全身性感染的。黏膜感染多见于通过交配相互传染，如生殖道感染型的牛传染性鼻气管炎。这类传染病的发生与密切接触及皮肤外伤有密切关系。在防控上，应注意防止和及时消毒处理外伤，适当控制饲养密度，推行人工授精等。

间接接触传播的传播方式有：

1. 经呼吸道传播

呼吸道病是以空气为媒介进行传播的。空气并不适于病原体的生存，但病原体可以在空气中短暂停留，以飞沫、飞沫核或尘埃作为媒介进行传播。动物患有呼吸道传染病时，呼吸道内有大量的渗出物积聚，刺激动物机体发生咳嗽、喷嚏，此时患病动物通过很强的气流将夹有病原体的渗出物从呼吸道喷射出来，形成飞沫飘散在空气中，易于被邻近的易感动物吸入而感染。当飞沫中的水分蒸发后，形成仅由病原体和蛋白质组成的飞沫核。飞沫核大小决定了它在空气中飘浮的时间长短。越大则沉降越快。例如，直径在 $15\sim100\,\mu m$ 的微粒在 3s 内即沉降下来，不易发生远距离传播。而小的飞沫核在空气中飘浮的时间较长，也易于被易感动物吸入。总的来说，飞沫传播由于空气的流动，传染源和易感动物的转移和集散，造成相互之间接触污染空气的机会较多。故呼吸道传染病一旦发生后能迅速传播至整个群体，如口蹄疫、流行性感冒、结核、鸡新城疫、鸡传染性支气管炎、鸡传染性喉气管炎等。

含病原体的分泌物、排泄物和处理不当的尸体等散布在外界环境中，可形成尘埃。尘埃可随着空气的流动而四处飘扬，被易感动物吸入后也会发生感染，这就是尘埃传播。理论上尘埃可随空气流动传播至很远地区，其传播的时间和空间范围比飞沫要大，但实际上空气中干燥的环境和日光的暴晒等不利环境，只有极少数生存能力特强的病原体如结核杆菌、猪丹毒丝菌、炭疽杆菌等可耐过这种条件。

经空气传播的传染病一般有以下特点：有明显的季节性，在冬、春季尤其是密度大通风不良情况下更易于发生。传播快，致使病例常集中发生。多经呼吸道感染，以引起呼吸道疾病为主。针对这些特点，可以通过改善环境卫生、饲养上采取适宜通风和合理密度来针对性防控呼吸道传染病的传播。

2. 经消化道传播

多种传染病可以经消化道传播，如口蹄疫、猪瘟、鸡新城疫、沙门菌病、布鲁菌病、炭疽、鼻疽等，由于患病动物的分泌物、排泄物或尸体处理不当，易于直接污染用具、车辆、饲料、牧草、水槽、饲槽等，或水源本身不洁被污染，或乳中带菌(如结核)，易感动物饮食了这种污染有病原体的饲料、饮水、乳汁便可感染发病。尤其是那些主要在肠道致病的病原体，多以粪便形式排出，如可引起腹泻的一些病毒、肠道沙门菌、副结核分枝杆菌、猪痢疾短螺旋体等，在饲养卫生不良的条件下更易于发生。防控这类传染病除了加强饲养管理，要重点做好清洁卫生、饮水质量监测外，还要做好兽医防疫消毒工作。

3. 经土壤传播

有些病原微生物能在污染土壤中长期存活。含病原体的分泌物和排泄物及尸体处理不当时，可污染土壤，形成疫源地。有些病原体可以形成芽孢，使这种疫源地具有长久潜在危害性，如炭疽、气肿疽、恶性水肿、破伤风等。有些虽不形成芽孢，但若其对外界不利环境因素有很强的抵抗力，落入土壤后也可生存很长时间，如猪丹毒丝菌、无囊膜的病毒。随着我国规模化养殖发展，土壤性病原微生物所致疾病罕见，但一些散养户和放牧的动物仍时有发病(如炭疽)。防控此类传染病，重点是做好患病动物的隔离，对分泌物和排泄物作及时而严格的卫生消毒，尸体无害化处理，避免病原体污染土壤而形成长久的疫源地。

4. 经活的媒介传播

多种活的媒介在动物传染病传播中充当重要角色，常见的有以下几种：

(1)节肢动物　主要有蚊、蝇、虱、蚤、蜱、虻、蠓等，它们可造成机械性传播或生物性传播。前者是通过在病、健动物间的刺螫吸血而散播病原体。后者是指某种病原体(如立克次体)在感染动物前，要在节肢动物体内(如某种蜱)进行一定阶段的发育或繁殖，然后再侵入新易感动物体内才能致病。虻类主要分布于森林、沼泽和草原等地，可以传播炭疽、马传染性贫血等。螫蝇、蚊主要分布在畜舍附近，可以传播流行性乙型脑炎、裂谷热、马的多种脑炎。库蠓可以传播蓝舌病和非洲马瘟。家蝇虽不吸血，但它来回穿梭于饲料、分泌物、排泄物或尸体之间，在传播消化道传染病方面作用不可忽视。一些体表寄生虫(如螨、虱、蚤、蜱)在畜舍和体表广泛存在，也能传播多种疫病，如莱姆病、衣原体病、附红细胞体病、巴氏杆菌病、布鲁菌病等。

(2)野生动物　一些野生动物本身对病原体有易感性，具有传染源的作用，可以将病原体直接传播给易感动物。如狐、狼、吸血蝙蝠传播狂犬病，鼠类传播伪狂犬病、钩端螺旋体病，野猪可传播非洲猪瘟。另有一些野生动物本身虽然不感染，但能起机械性传播作用。

(3)人类 饲养员、兽医及其他业务员(如外来人员)与动物有密切接触,往往成为病原体的机械携带者,如不遵守防疫卫生制度,易于传播多种疫病。医源性传播、管理源性传播也都是人为造成的,应引起高度重视。前者包括兽医人员使用污染的注射针头、体温计、外科器械等,尤其是使用被病原体污染的生物制品,造成传染病的广泛散播;后者是饲养员、兽医等,兽医卫生防疫意识淡薄,进出车辆、人员不执行防疫消毒制度,粪便、污物和死淘动物不做无害化处理、患病动物不进行专人管理,引进动物未进行隔离和检疫、人工授精时精液污染等,也可造成疫病的迅速传播。有些人兽共患病,人类也可作为传染源,将疫病传播给动物,如感染了结核的饲养员。此类传染病的发生与野生动物出入频繁相一致,与防疫卫生、消毒管理不到位有关。其防控重点是加强生物安全意识,做好杀虫、灭鼠、消毒等工作、规避人为性传播。

5. 其他方式传播

现代交通运输的高度发展促进了人员流动加快,加之种畜交流频繁,通过感染动物或媒介、污染物,可以将疾病在短期内跨国度实现远距离传播。所以,出入境口岸要在国家隔离检疫场对引进动物实施隔离观察和检疫,防止引进那些处于潜伏期的动物入境。此外,有些疾病可以沿着交通运输线迅速传播或借助风力远距离传播(如口蹄疫),有些疾病呈现跳跃式发生(如猪传染性胸膜肺炎)可能也与此有关。

(二)垂直传播

垂直传播(vertical transmission)是指病原体从亲代到子代的传播。主要包括以下几种情况:

1. 经胎盘传播

胎盘传播指动物在妊娠期间受感染后通过胎盘血流传播病原体,使胎儿感染。胎盘传播是繁殖障碍性疾病的后果之一,常见的传染病有猪瘟、猪细小病毒病、猪伪狂犬病、猪繁殖与呼吸综合征、流行性乙型脑炎、布鲁菌病、黏膜病、赤羽病、蓝舌病、衣原体病、弯曲菌性流产、钩端螺旋体病等。

2. 经卵传播

卵传播指携带有病原体的卵子在发育过程中使胚胎受到感染,多见于禽类,也称为蛋传疾病。如禽白血病、网状内皮增生症、禽腺病毒、鸡传染性贫血、禽脑脊髓炎、鸡沙门菌病和鸡毒支原体病等。

3. 经产道传播

产道传播指怀孕动物阴道或子宫颈口的病原体上行向羊膜或胎盘传播或在动物分娩时胎儿受到污染产道的感染。经产道传播的病原体有大肠杆菌、葡萄球菌、链球菌、沙门菌和疱疹病毒等。

传播方式与传播途径是有联系但不同的概念。传播方式是抽象的,如垂直传播、水平传播、直接传播、间接传播等方式。传播途径是则是具体的,与病原体从传染源排出途径和病原体的侵入门户有关。有些传染病仅限一种途径传播,大多数传染病则能通过多种途径传播。认识了解传染病传播途径,其目的是在预防和扑灭传染病中采取正确的方法,切断传染病的传播途径,从而中断传染病的流行环节。

三、易感动物

易感动物是指动物个体对某种传染病缺乏抵抗力,容易被感染。其不同个体对同一种传染病易感性高低有很大差别。群体易感性是指动物某个群体对某种传染病的易感程度。其不同群体对同一种传染病易感性高低也有很大差别。群体中易感个体所占的比例和免疫强度,直接影响到传染病在群体中的流行强度和严重程度。影响群体易感性大小的主要因素:

1. 内在因素

品种、品系不同，对疾病的敏感性也不一样。例如，猪不感染鸡新城疫、牛瘟或马瘟；不同品种猪对猪萎缩性鼻炎的易感性也有一定差异，如国外纯种猪易感性高，国内的杂交猪或地方猪易感性较低。这些主要是由动物长期进化的结果，受遗传因素决定的。有些是抗病育种的结果，如通过选种培育而成的白来航鸡对雏鸡白痢的抵抗力增强。

2. 外在因素

各种饲养管理因素，不仅作用于传染源，也直接作用于易感动物。动物的健康状况对疾病发生与否有直接的关联，正气存内，邪不可干，邪之所凑，其气必虚。体质状况好、健康的动物不易患病。"养防并重"，也是强调加强饲养管理的重要性。例如，饲料质量、环境卫生、粪便无害化处理、通风良好、避免过密饲养、减少应激、冬季防寒保暖、夏季防暑降温等，平时饲养管理工作做得好，可以减少许多疫病发生、特别是条件性疫病的发生。重视构建兽医公共卫生和生物安全体系建设，就是要从大的环境上有利于畜牧养殖业健康发展，防止各种外在因素影响动物的健康。

3. 特异免疫状态

疾病的流行与否，除取决于病原体的特性外，还与动物群体的免疫状态（易感动物所占的比例）相关。当有抵抗力的动物百分比较高，即便有病原体传入，出现疾病流行的危险性也较小。一般来讲，当动物群体中有70%～80%的个体有抵抗力，疫病就不会在群体中流行，多以散发形式出现。免疫预防接种是我国防控重大动物传染病的一个主要手段，是提高动物群体免疫力有效、经济和省力的方法。通过做好预防接种，可以使易感动物转变为非易感动物，变被动为主动，最大程度提高动物群体的特异性免疫水平，减少传染病带来的经济损失。

四、构成动物传染病发生流行的3个基本环节内在关系

动物传染病的发生和流行过程的3个基本环节是一个有机的整体。三者的关系是相互影响和制约，但也有轻重先后的不同。传染源作为危险因素，是引发疫情的导火索，因此一旦发现，就需尽力想方设法去拔除、消灭，这是阻击御敌的第一道防线，因此需首先加强固守。传播途径是连接传染源与易感动物的桥梁。在先进的发达国家消灭传染源，主要是靠扑杀感染的动物及周围易感的动物来实现。切断传播途径就是要建立隔离带，切断疫点和疫区与周围的相互联系，这是阻击战中御敌的第二道防线，我们强调的生物安全体系构建及其相应措施，就是将切断传播途径的方法具体落实到位。2003年我国在防控人的严重急性呼吸综合征（SARS）取得成功和2020年我国又在防控人的新型冠状病毒肺炎上获得成功，均以事实证明在当时尚无疫苗的突发特大疫情面前，通过隔离传染源、消毒环境、切断传播途径的方式是可以防控传染病的。疫苗免疫接种是针对易感动物的一条重要举措，是防御疫情的第三道防线。但是多年来，一些地方将第三道防线放到了不适当的突出位置，将其作用无限放大，以为"一针定天下"，打了预防针就可以高枕无忧了。将一切希望寄托在疫苗上。然而，事实证明，这种想法是不实际的，也难以达到防疫的最终目的。

第五节　疫源地和自然疫源地

疫源地指有传染源及其排出的病原体存在的地区。除了传染源外，还包括污染的物品、用具、房舍、牧地、活动场所等，凡是传染源存在及所到之处均属于疫源地。可见，疫源地的范围远大

于传染源。疫源地消灭是解除封锁的前提条件，其表现通常有3个：①传染源不存在，患病动物死淘后经无害化处理或病愈康复且不携带病原体。②对疫源地内污染的环境、场所进行了全面严格的消毒。③经过本病的最长潜伏期，不再有新的病例出现。前两条是针对传染源和可能污染的外界环境所采取的措施，但这还不够，还得注意那些可能处于已感染但处于潜伏期、未发病的动物。

根据疫源地的大小，可以划分为疫点和疫区，范围较小的单个的疫源地一般可称为疫点(epidemic spot)，范围较大的、多个疫源地在空间位置上连成一片，可称为疫区(epidemic area)。当吸血昆虫、流动空气、运输车船或河水作为传播媒介时，疫区范围就较大。在发生重大动物传染病疫情时，通常要根据疫情划定疫区及周围的受威胁区，并采取隔离封锁等措施进行围堵阻击，防止疫情向周边扩散蔓延。

有些病原体在自然条件下，即使在没有人类或家养动物的参与情况下，也可通过传播媒介(主要是吸血昆虫)感染宿主(主要是野生脊椎动物)，造成周而复始的流行，并且在该地区长期存在。人和动物对这些疫病在自然界的保存来说不是必要的，这种在自然条件下病原体完成其世代交替现象，称为自然疫源性。这种具有自然疫源性的疾病，称为自然疫源性疾病。自然疫源性疾病存在的地方，称为自然疫源地。

自然疫源性疾病种类很多，如流行性出血热、森林脑炎、狂犬病、伪狂犬病、犬瘟热等，自然界的野生动物中普遍存在着多种病原体的带菌、带毒现象，人工饲养的动物与其他啮齿动物和野生动物接触的机会也很多，加之一些吸血昆虫的叮咬，尤其是人和动物从事野外活动时进入了这些生态系统，可能造成感染。

第六节　传染病流行特征

传染病具有传染性和流行性，在流行过程中表现出一定的特征和规律，了解这些特征和规律，便于人们在防疫工作中因势利导，以较小的代价达到事半功倍的效果。

一、流行强度

1. 散发

散发(sporadic)指疾病在一定时间内发病数不多、呈零星散在的发生，在时间和地点上均无明显的联系。散发的原因是多方面的：

①动物群体中免疫水平较高时，尤其是普遍免疫接种后。

②隐性感染较多，如流行性乙型脑炎虽然血清流行病学检查时阳性率很高，但发病数不多。

③有些病的传播需要有一定条件，如破伤风需要有深创和厌氧的同时存在。

2. 地方流行性

地方流行性(endemic, enzootic)指动物疾病局限在一定地区的动物群体中小规模发生，其含义上有两点，一是指发病数比散发为多；二是指较多发生在某一地区内，如猪丹毒、猪气喘病等常以这种地方流行性形式出现。

3. 流行性

流行性(epidemic, epizootic)指疾病在一定时间内其发病数比平时寻常为高，它是一个相对的概念，仅指发病频率比平常高出很多，没有一个绝对的数目。流行性在地区上也较抽象，可能是若干乡镇，也可能是更大范围。一些毒力强、传播迅速、宿主范围广的重大动物传染病，如猪瘟、口蹄疫、禽流感、新城疫等，在防疫工作做得不好的地方，常呈流行性发生，带来很大的经济损失。暴发（outbreak）可以作为流行性的一个同义语，是指一个地区的动物群体中，短时间突然出现异常多的病例。

4. 大流行

大流行（pandemic，panzootic）其数量和流行的范围都远超出了流行性，是一种规模非常大的流行，其流行范围可达数个省份或国家，甚至在全球范围内出现。历史上如牛瘟、流感、口蹄疫等都出现过这种大流行。目前，在全球人群中正流行的新型冠状病毒感染，更是大流行的典型形式。

二、流行过程的规律性

1. 季节性

动物某些疾病经常发生于一定季节或者说在一定季节中发病率比平时显著升高，称为流行过程的季节性（seasonal）。造成这种现象的主要原因是季节可以作用于外界环境中的病原体，影响其存活时间，如猪传染性胃肠炎多发于冬、春寒冷季节。季节也可以作用于传播媒介和影响病原体的散播。例如，吸血蚊子大量滋生季节也是流行性乙型脑炎流行的高峰时期。又如，多雨和洪水泛滥季节，可能造成炭疽芽孢的散播。季节还可以作用于动物抵抗力，如冬季因保暖要求，门窗紧闭，通风不畅，易于发生呼吸道传染病。当然季节性只是流行过程的影响因素之一。

2. 周期性

某些疾病每隔一定的间隔时间（常以年计）会再度流行，称为流行过程的周期性（periodic）。这要从每年更新数量不是太大的牛、马等大动物观察，在猪、禽类等动物每年更新和流动物数目很大，疾病周期性并不明显。如在巴拉圭，口蹄疫每4年发生一次周期性流行。在疾病流行期间，易感动物除发病死亡和淘汰外，其余由于康复而获得免疫力，这样流行逐渐停息。随着新一代的出生和新引进的动物进入，原有动物的免疫力也逐渐下降，整个动物群体的易感比例增多，为再次发生流行提供了可能。

3. 地区性

某些疾病局限在一定地区流行，称为流行过程的地区性（regional）。与地区性相关的概念还有：

（1）外来病（exotic） 指本国没有该种疾病，而是从他国输入的，称这种疾病为外来病。

（2）地方病（endemic） 受自然条件如水土植被等因素影响，某些病仅在一些地区呈现长期性、多发性。相应的疾病也称地方病。如布鲁菌病在牧区较为多见。人类地方病远多于动物类，如血吸虫病、各种癌症、地方性甲状腺肿、克山病等。

第七节 自然因素和社会因素对流行过程的影响

影响传染病流行过程的自然因素很多，主要包括物理、化学和生物的因素。其影响作用有些是单一的，有些是联合或互为因果的。地理位置、地质水文、地形地貌、植被、气候、温度、相对湿度、气流、昆虫媒介、中间或贮存宿主等自然因素可以作用于传染源、传播媒介和易感动物，对流行过程产生明显的影响。例如，一定的地理条件（如岛屿）构成的天然屏障，可对传染源的转移起限制作用。自然疫源性疾病更是发生于特定的地区。季节的变化对传播媒介的影响也是显而易见的，吸血昆虫滋生季节，往往是多种虫媒病的高发季节，气候还可影响动物机体的抵抗力，尤其是急剧性气候变化，可使疾病的发病率突然上升。高温下动物肠道杀菌作用降低，肠道传染病发生较多；低温高湿时，动物易于受凉，呼吸道黏膜屏障系统受到破坏，加之拥挤和通风不良，利于气源性传播，故呼吸道传染病易于发生。

社会因素对传染病流行过程产生影响也是深刻而广泛的。包括政治经济制度、生产力发展水平、经济、文化、科技、法规、宗教等因素。发达国家有强大的经济财力作后盾，能有计划地在全国范围内根除某些动物传染病。在财力保障前提下，在防控疾病时往往采用对疫区易感动物全群扑杀手段，因而在短期内收到控制疫情和消灭疫源地的效果。例如，发达国家或地区推行的规模化饲养方式代表着较高的疫病控制水平，因为有良好的饲养管理制度作保证，无论从选址引种到预防接种、消毒防疫都能进行规范化操作，能在最大限度内减少各种传染病的发生和传播。而缺乏兽医卫生防疫知识的散养户，引种不隔离检疫，平时不消毒，不搞预防接种，一旦引入某种传染病则易导致严重的经济损失。

复习思考题

1. 解释下列名词：感染、传染病、持续感染、隐性感染、内源性感染、潜伏期、传染源、带菌者、传播途径、水平传播、垂直传播、接触性传染病、散发、季节性、周期性。

2. 传染性疾病具有哪些特征？

3. 对传染源是如何进行分类的？它们在传染过程中的各自作用和表现形式是什么？

4. 传染病病程的发展阶段有哪些？认识这些阶段的特点有何意义？

5. 间接接触传播方式有哪些？

6. 什么是传播媒介？什么是虫媒性传染病？

7. 传染病流行过程中的3个基本环节是什么？如何利用这一理论为指导制定防疫措施？

8. 疾病在流行过程有哪些表现形式？

9. 什么是疫源地、自然疫源地、自然疫源性疾病？疫点和疫区有何区别？

10. 自然因素如何作用于传染病流行过程的3个基本环节？

第二章

动物传染病的防制

本章学习导读：动物传染病的有效防制，对保障我国畜牧业健康可持续发展和公共卫生安全以及社会稳定等都具有重大意义。本章围绕动物传染病的防制，理解动物防疫和动物传染病的防制、治疗、预防、控制、净化与消灭等相关概念，学习动物防疫工作中以"预防为主"的基本原则，全面掌握平时的预防措施和发病时的扑灭措施等工作内容。按照防疫工作的主次和顺序，首先阐述疫情的报告和诊断方法。然后，根据传染病流行必须具备的三个基本环节，提出对应的防疫措施：①控制传染源，包括检疫、隔离与封锁、扑杀处理和治疗。②切断传播途径，包括消毒、杀虫、灭鼠、防鸟、防蚊蝇，以及病畜尸体和粪污等的无害化处理。③保护易感动物，包括提出保护生态环境、养殖场生物安全生产体系的构建、加强健康养殖与提升动物福利、免疫接种和药物预防、建立无特定病原动物群与抗病育种等。最后，对中长期动物疫病防制规划和动物疫病区域化管理等方面的问题进行探讨。

动物传染病是严重危害畜牧业生产和发展的最主要因素，已成为制约养殖业发展的主要瓶颈之一。随着畜牧业市场经济地位在我国的确立，以及在市场经济的成熟过程中，我国畜牧业社会组织化程度，已由过去的整体性和区域性的大中型规模畜禽繁育与生产场相结合的布局，迅速被千家万户"短、平、快"的农村个体及其发展起来的养殖场(户)所取代。由于人们对寄生物致病的发生及其传播流行的规律认识不足，因而难以做到有效防控，同时，由于发展养殖的理念、条件和从业人员业务基础等问题，忽视动物的生态特点和基本福利，甚至片面追求经济利益最大化而滥用添加剂、激素、疫苗和兽药，造成了严重的动物健康问题和日益复杂的传染病流行状况。这不仅直接关系畜牧业的可持续健康发展，而且关系到社会经济发展、动物产品质量安全、人民健康安全和公共卫生安全以及社会稳定。

认识和研究动物传染病的发生和流行规律，旨在采取积极有效的对策和措施，以达到预防、控制、净化和消灭传染病，促进畜牧业的健康可持续发展。因此，我们须进一步明确防疫工作相关概念的基本内容与含义，准确把握防疫工作的基本原则与基本内容，并基于传染病的传染性与流行性而突出疫情报告与诊断的基础上，从构成传染病流行过程3个基本环节方面来全面落实传染病的综合防制，进一步健全和完善其相关政策、法规、体制和机制体系的配套与保障，积极推进动物健康养殖体系及其生物安全保障体系的构建与完善，有效促进我国动物疫病中长期防制规划的制定与完善，大力推进以无规定动物疫病区工程计划为目标的动物疫病区域化管理实践与创新，以充分发挥人类活动对动物传染病发生、传播与流行过程中的重大作用与积极影响，全面提升动物传染病防制工作效能及其所代表的我国兽医事业发展水平。

第一节　动物防疫工作的基本原则和内容

一、动物传染病防制的概念

动物防疫(prevention)通常是指动物传染病的预防、控制、净化、消灭以及动物、动物产品的检疫和病死动物、病害动物产品的无害化处理。

动物传染病的防制(countermeasure)是指一系列与动物防疫相关的对策到一系列措施的总和。除含有预防和控制和/或防疫制度的基本含义外，还包括动物防疫的策略或理念、政策、法规、体制、机制、管理、程序、技术与措施等，是对疫病的发生与流行过程全方位的管控与处理，同时也是其执行的一系列的过程。

在针对动物疫病的防控对策与措施上，动物防疫与动物传染病防制并无内涵上的严格区分，而仅仅是侧重的主体对象或角度的不同。动物防疫侧重的主体是动物与防护，并以消除传染病发生风险为宗旨；传染病防制侧重的主体是传染病与防控，并以消灭传染病为目标。

传染病的防治(prevention and treatment)是指对传染病的预防、治疗和其他必要处理。从严格意义上来讲，动物传染病防治应是动物传染病的预防和染疫动物的治疗或救助，以及此过程中的必要的处理，但在现实实践中，动物传染病防治常被字面表意所曲解或误解，并且在人们的普遍认知上而等同于医学上的传染病防治，即动物传染病防治主要是疫苗和治疗性药物的应用，且这种观念随传染病防治法(医学)的普及和实践而愈加根深蒂固。鉴于很多动物传染病，尤其是以病毒性为代表的重大传染病，一旦疫情发生后实际上几乎是没有多大治疗价值或更加有效防治措施，而是须要依据相关的动物防疫政策、法律法规和一系列综合性生物安全措施如规范性的隔离、封锁、扑杀和无害化处理以及消毒、监测和净化等，方可严防重大动物疫情的传播与扩散并尽快予以扑灭。由此可见，动物传染病防制的范围远大于动物传染病防治，动物传染病防治只是动物传染病防制的一种特定状况下的特定表现形式。

传染病的预防(prohylaxis)是指采取各种措施将传染病排除于未受感染的动物之外，即采取措施防止疫病发生和流行。通常采取隔离、检疫等禁止传染源进入尚未发生本病的地区；环境的卫生消毒、杀虫灭鼠、免疫接种、药物预防以及改善饲养管理等措施，使易感动物不受传染病传染和侵害。

传染病的控制(control)是指采取各种措施减少或消除传染病的病原，降低已出现于动物群中传染病的发病数和死亡数，把传染病限制在局部范围内，并使疫情最终得到平息。

传染病的净化(cleaning)是指在特定的区域或场所对某种或某些动物传染病实施有计划清除和消灭的一系列措施、过程以及所达到无感染的状态，即发现并及时清除动物群中特定病原体的携带者及其污染，从而免除该传染病发生的风险。净化是一个过程也是结果，净化还是监测、检疫检验、隔离、淘杀、生物安全等一系列综合性的措施和手段。动物传染病净化不仅包括传染源的净化，还应包括疫源地的净化，其核心是构建生物安全屏障。实施动物疫病净化计划，可推动动物传染病防制从有效控制到逐步净化消灭的转变。

传染病的消灭(eradication)是指通过净化措施所达到的彻底消灭动物传染病病原体的结果与状态，其不仅是一定种类病原体的消灭，同时也不能有该抗体的检出。动物传染病的控制和消灭程度，是衡量一个国家兽医事业发展水平的重要标志，也代表一个国家的文明程度和经济发展实力，是动物防疫工作和动物传染病防制水平的最高境界。要从全球范围内消灭一种传染病极其不易，迄今为止，人类仅成功消灭了天花和牛瘟。在动物传染病上，我国也仅消灭了牛瘟（1956年）和牛肺疫（1996年）两种传染病，与国际上某些国家消灭了十多种甚至几十种重点动物传染病相比还相差甚远。尽管我国地域幅员广阔，人口基数庞大和流动性强，主要养殖动物的种类多、密度大且养殖环境复杂多样，但只要采取科学的规划、合理的政策和一系列综合性有效兽医防疫措施，经过长期不懈的努力，在一定地区范围内乃至全国消灭某些传染病是完全能够实现的。

二、动物防疫工作的基本原则

1. 准确定位动物防疫工作，建立和健全各级兽医防疫和监督体系，以保障兽医防控措施的贯彻落实

兽医公共卫生与人类公共卫生是社会公共卫生安全体系的两个有机组成部分，彼此相互依存，相互影响，特别是在应对人兽共患病和动物源性食品安全方面，更是起主导作用。动物防疫和兽医公共卫生工作是一项与农业、商贸、卫生、交通等部门密切相关的系统工作，同时，也是保持社会与经济全面、协调、和谐、可持续发展的一项基础性工作。为保证动物产品质量安全、预防动物源性生物安全灾难事件发生、保障人民群众身体健康与促进社会稳定，应准确定位动物防疫工作，由保障动物健康和畜牧经济发展提升到保护人类健康与安全，并实现动物防疫工作由以保护动物健康为核心提升到向以保护人类健康与安全为核心的转变，从全局出发，统一部署，密切配合，建立健全责、权、利相统一的各级兽医防控监管机构，并拥有稳定的高素质专业人员，以保障兽医防控措施的贯彻落实，同时，将动物防疫工作的重点，由治标为重点的结果监控转变为标本兼治、重在治本的全程监控。

2. 坚持"预防为主"的原则，养防并重，全面实施健养与预防、控制、净化、消灭相结合的方针

更新观念并牢固树立生物安全意识，以生物安全生产区系和动物疫病区域化管理的科学规划与建设为基础，以规模化和标准化的安全养殖园区和无特定病原区建设为重点，大力推进动物健康养殖与动物生产生物安全体系的构建和完善，有效推进并实现动物防疫从以药物防治和疫苗免疫防控为主到综合防制为主的策略转变。

3. 以传染病的消灭为宗旨，完善并落实动物传染病防控与根除规划

建立科学的动物防疫决策机制，充分发挥各级兽医行政管理部门和社会各方面力量，在充分调查研究的基础上，编制符合我国及各地实际、科学合理、可行性高的中长期动物传染病防控规划和传染病根除规划，建立和完善动物疫情监测预警、重大动物传染病应急处理和动物传染病防控保障的体系与机制等，有效提升和保障动物传染病综合防控能力与效果。从种场尤其是原种场入手，有效实施垂直传播传染病的净化。对已经初步具备控制条件的动物传染病，可分病种、分区域实施根除计划，不断推进无特定动物传染病园区的实现与扩大。

4. 健全和完善并严格执行兽医法规，完善并落实行业规范标准

为了预防和消灭动物传染病，保障畜牧业发展和人民身体健康，我国先后颁布和实施了一系列畜牧养殖相关法律法规和畜牧、养殖、防疫等密切相关的技术规范与标准，尤其是兽医防疫法律法规以及密切相关的技术规范与标准体系的实施，标志着我国的动物传染病防制工作已走上了法制化和规范化的轨道。我们应认真学习、宣传和贯彻执行，同时，还应不断总结和研究，在动物防疫指导方针、监管体系、防疫责任体系等方面，使之更加健全与完善。

5. 加强动物防疫的组织化工作，强化引导与协同

以政府中长期动物疫病防制规划和动物疫病区域化管理计划为蓝图，并在科学民主的基础上，施行坚强的组织化引领与协同，建立健全更加有效的社会化的动物防疫与保障工作的体制与机制，积极推进现代网络信息化建设在动物防疫中的运用与普惠。

三、动物防疫工作的基本内容

动物传染病的流行是由传染源、传播途径和易感动物3个环节相互联系而构成的复杂过程。因此，只要采取适当的防疫措施来消除或切断3个基本环节及其相互联系，便可预防或终止传染病的流行。多年来的防疫实践表明，在采取防疫措施时，只进行某一项单独的防疫措施往往是不够的，必须采取综合性防疫措施。饲养场应时刻贯彻"预防为主，养防并重"，健养与防控、净化与消灭相结合的原则。在大力构建和推进健康养殖的基础上，严格执行兽医生物安全措施，避免和消除传染病发生与内部传播的各种因素，并将传染病拒之门外。综合性防疫措施可分为平时的预防措施和发生传染病时的扑灭措施。

1. 平时的预防措施

①健全标准化的动物饲养模式，全面推行健康养殖和生物安全防护相结合的动物生产体系，贯彻自繁自养和全出全进原则，减少传染病的侵入与传播。

②按照统一规划与部署，并根据所面临的高风险，拟定和执行定期预防接种计划，并及时补种，提高动物特异性免疫水平。

③定期消毒、杀虫、灭鼠，对粪便、废弃物等做无害化处理与资源化利用。

④认真贯彻执行防疫规划与各种检疫工作，依法防控，防止外来传染病的侵入，及时发现并消灭传染源，种用畜禽须净化根除垂直性传播的传染病。

⑤定期进行疫情调查，研究和掌握本地及周边地区传染病的流行与分布状况，组织相邻地区对动物传染病的联防协作，有计划地实施传染病的控制、净化和消灭。

2. 发生传染病时的扑灭措施

①及时发现迅速上报疫情，尽快诊断和查明传染源并通知邻近单位做好预防工作。

②迅速并严密隔离患病动物，对污染的场所和环境进行紧急消毒。若发生危害性大的传染病（如口蹄疫、炭疽、高致病性禽流感等），须依法采取封锁等综合性措施。

③用疫苗或特异性抗体做紧急预防接种，对患病和可疑动物进行及时治疗或预防性治疗。

④完善和强化养殖场的生物安全措施，并依法进行病死和淘汰患病动物的无害化处理。

⑤加强监测，及时剔除感染宿主以消除传播风险，阻断传播途径，彻底净化养殖环境。

以上各项预防和扑灭措施不是截然分开的，而是相互联系、相互配合和相互补充的。

第二节　疫情的报告与诊断

一、疫情的报告、认定与处置

从事动物疫情监测、检验检疫、传染病研究与诊疗以及动物饲养、屠宰、经营、加工、贮藏、隔离、运输等活动的单位和个人，发现动物染疫或者疑似染疫的，应当立即向所在地农业农村主管部门或动物疫病预防控制机构报告，并迅速采取隔离等控制措施，防止动物疫情扩散。其他单位和个人发现动物染疫或者疑似染疫的，应当及时报告。接到动物疫情报告的单位，应当及时登记、核查与研判，及时采取隔离消毒等控制措施，并按照国家规定的程序上报。任何单位和个人不得瞒报、谎报、迟报、漏报动物疫情，不得授意他人瞒报、谎报、迟报动物疫情，不得阻碍他人报告动物疫情。

动物疫情由县级以上人民政府兽医主管部门认定。其中，重大动物疫情由省级人民政府兽医主管部门认定，新发动物传染病、新传入动物传染病疫情以及省级人民政府兽医主管部门无法认定的动物疫情，由农业农村部认定。在重大动物疫情认定过程中，发生地县级以上人民政府应当迅速采取应急处置措施，防止延误防控时机。

当动物突然死亡或怀疑发生传染病时，应立即通知兽医人员。在兽医人员尚未到场或尚未做出诊断之前，应采取下列措施：将疑似传染病动物进行隔离，派专人管理；对发病动物停留过的地方和污染的环境、用具进行消毒；病死动物尸体应保留完整；密切接触的同群动物不得随便急宰或转移与出售，发病动物的皮、肉、内脏不许食用。这些措施应经常向群众宣传解释，做到家喻户晓，规模化动物生产单位应作为日常管理制度执行。

二、传染病的诊断

诊断(diagnosis)就是通过观察和检查对病例的病性和病情做出判断。及时而正确的诊断是防疫工作的重要环节，关系到能否制定有效的防制措施。诊断动物传染病的方法很多，大体可分为两类，即现场诊断和实验室诊断。现场诊断又叫临床综合诊断，包括流行病学诊断、临床诊断和病理解剖学诊断。实验室诊断包括病理组织学诊断、病原学诊断(含分子生物学诊断)和免疫学诊断等。由于每种传染病的特点不同，不同诊断方法所针对的检查对象(材料)和所得结果的价值和意义也不相同。任何一种诊断方法都有其不足或局限性，尤其是在特异性和敏感性方面都不可能达到完美无缺。因此，在实际工作中特别强调综合诊断，注意各种诊断方法的配合使用、各种诊断结果的对比分析，最后做出确诊。需要指出的是，尽管诊断的方法很多，但不是每种传染病和每次诊断工作都需用到所有方法，而是根据不同传染病特点对具体情况做具体分析，有时仅需一两种方法就可以做出诊断。现将各种诊断方法简介如下。

1. 流行病学诊断

流行病学诊断是从群体观点出发，从传染病防制的策略出发，调查研究疫情的发生、流行过程和分布情况，并结合病原生态学特点，通过相关性分析，继而做出疫情的疾病诊断。流行病学诊断是动物群发病最常用的诊断方法之一。如某种疾病的发生、流行和分布与另外一种已确诊的疫情相同或相似时，则可能做出相同传染病的推断。

流行病学诊断一般是在疫情调查的基础上进行的，而疫情调查又可以贯穿在临床诊断过程中进行。有些传染病(如口蹄疫、水疱病、水疱性口炎和水疱性疹等)尽管临床症状基本一致，但其特点和流行规律却很不一致，借此也不难做出判断。因此，这种方法在传染病的诊断工作中具有极大的实用价值，应加以运用和掌握。但初学者却往往容易忽视这种方法，应引起重视。疫情调查和内容一般有以下几个方面：

(1)本次流行情况　最初发病时间、地点；目前传播和分布情况，疫区内各种患病动物的种类、数量、年龄、性别；传染病传播速度、持续时间、感染率；发病率、病死率、免疫状况和治疗效果等；动物防疫情况如何，接种过哪些疫苗，疫苗来源、贮藏状况、免疫方法和剂量、接种次数等；是否做过免疫监测，动物群体抗体水平如何；发病前有无变更饲养管理、饲料、饮水、用苗用药、气候等变化或其他应激因素存在。

(2)疫情溯源　本地过去是否曾经发生过类似的传染病，若发生过则需了解发生于何时、何地、流行情况如何、确诊与否、有无历史资料存查、采取过何种措施、效果如何；如本地未曾发生过，那么附近地区是否曾经发生，发病前是否由外地引进过动物及其产品、饲料，输出地有无类似的传染病存在，疫情发生前是否有外来人员进入本场或本地区进行参观、访问、购销活动等。

（3）传播途径和方式　本地各类有关动物的饲养管理制度和方法，使役和放牧情况；动物流动、收购以及卫生防疫情况；交通检疫、市场检疫和屠宰检验的情况；饲料、饮水、病死或淘汰动物及其废弃物的处理情况；有哪些助长传染病传播蔓延的因素和控制传染病的经验；疫区的地理、地形、河流、交通、气候、植被和野生动物、节肢动物等的分布和活动情况，它们与传染病的发生及蔓延传播之间有无关联等。

（4）该地区的政治、经济基本情况　包括群众生产和生活的基本情况和特点、畜牧兽医机构和工作的基本情况，当地领导、兽医、饲养员和群众对疫情的看法如何等。

综上所述，疫情调查不仅可以给流行病学诊断提供依据，而且也能为拟定防制措施提供依据。

2. 临床诊断

临床诊断是最基本的诊断方法之一，它是靠人的感官或借助于简单的器械(如温度计、听诊器等)直接对患病动物进行检查，有时也包括血、粪、尿的常规检验，一般来说，都是简便易行的方法。临床检查内容主要包括患病动物的精神、食欲、体温、脉搏、体表、被毛及天然孔色泽变化，分泌物和排泄物特性、呼吸系统、消化系统、泌尿生殖系统、神经系统、运动系统变化等。由于许多传染病都具有独特的症状，因此对于具有特征性临床症状的典型病(如破伤风、狂犬病、放线菌病、马腺疫、猪气喘病等)，经过仔细的临床检查，一般不难做出诊断。

临床诊断也有其一定的局限性和片面性，特别是对发病初期尚未出现特征症状的病例，或症状相似病例，或非典型病例(如无症状的隐性患者)，依靠临床检查往往难于做出诊断。尤其是对于复杂的混合感染情况下，临床诊断只能提出可疑传染病的大致范围，必须结合实验室诊断方法才能确诊。在进行临床诊断时，应注意对整群发病动物所表现的综合症状加以分析判断，不要单凭个别或少数病例的症状轻易下结论，以免误诊。

3. 病理学诊断

患各种传染病死亡的动物机体多数都有一定特征性的病理变化，可作为诊断的重要依据，如猪瘟、猪气喘病、鸡新城疫、禽霍乱、牛肺疫等具有特征性的病理变化，具有很大的诊断价值，可作为诊断的依据之一。病理解剖学检查是诊断传染病的重要方法之一。它既可验证临床诊断结果的正确与否，又可为实验室诊断方法和内容选择提供参考依据。由于每种传染病的病理变化不可能在每一个病例中都充分表现出来，如有些最急性死亡的病例和早期屠宰的病例，其病理变化大都不明显，尤其对于非典型病例，需要多剖检一些病例方可见到典型病变，或将多个病例的病变组合到一起才可组成该病典型病变。因此，应尽可能多的选择那些症状较典型、病程长的、未经治疗的自然死亡病例进行剖检。如需要做病理组织学检查或病原学检查，应根据情况采集新鲜、病原含量高的病料送实验室检查。患病动物死亡或急宰后以尽早剖检为好，以免尸体发生腐败，有碍于正确的观察和诊断。

病理解剖学诊断主要是检查肉眼病变或称大体病变，病理剖检应由兽医人员在规定的地点和场所来完成，不可任意随地剖检，以免造成污染，散播疾病。如果怀疑炭疽时则严禁剖检。做病理解剖检查时应注意操作顺序，先观察尸体外观变化，包括有无尸僵出现、被毛及皮肤变化，天然孔有无分泌物、排泄物和出血及其性质，体表有无肿胀或异常，四肢、头部及五官有无变化等。然后检查内脏，先胸腔再腹腔；先看外表(浆膜)再切开实质脏器和浆膜；先检查消化道以外的器官组织，最后检查消化道，以防消化道内容物溢出而影响观察并造成污染。检查时注意各种实质脏器有无炎症、水肿、出血、变性、坏死、萎缩、肿瘤等异常变化。为了防止遗漏或片面，最好能按系统进行全面检查。

病理组织学诊断是观察组织学病变（或显微病变）。有些传染病引起的大体病变不明显或缺如，仅靠肉眼很难做出判断，还需做病理组织学检查才有诊断价值，如传染性海绵状脑病和肿瘤等。有些病还需检查特定的组织器官，如疑为狂犬病时应取脑海马角组织进行包涵体检查。

4. 微生物学诊断

微生物学诊断属于病原学诊断的范畴，是诊断动物传染病的重要方法之一。常用诊断方法和步骤如下：

（1）病料的采集　正确采集病料是病原学诊断的基本环节。采集的病料应力求新鲜，最好于濒死时或死亡数小时内采取，尽量减少细菌污染。用具、器皿尽可能严格消毒。通常可根据所怀疑病的类型和特性来决定采取哪些器官或组织的病料。原则上应采取病原体含量多、病变明显的部位，同时易于采取、保存和运送。如缺乏临床资料，剖检时又难以分析判断出可能属何种病时，则应按系统进行全面取材，同时要注意带有病变的部分。特别需要注意的是，若怀疑为炭疽则禁止剖检，应按规定方法取材与处理，如只割取一只耳朵即可，且局部彻底消毒。

（2）病料涂片镜检　通常选择用有明显病变的组织器官或血液进行涂片、染色镜检。此法对一些具有特征性形态和染色特性的病原体（如炭疽杆菌、巴氏杆菌、猪丹毒杆菌等），具有一定的诊断意义。但对大多数传染病来说，只能提供进一步检查的依据或参考。

（3）分离培养和鉴定　用人工培养方法将病原体从病料中分离出来。细菌、真菌、螺旋体等分离培养可根据营养需要，选择适当的人工培养基，病毒分离培养常选用禽胚、动物或细胞等进行。分离到病原体后，再要通过形态学、培养特性、动物接种、免疫学及分子生物学等方法鉴定。目前，对细菌等微生物，已有快速鉴别的仪器，如全自动和半自动细菌鉴定系统，可在较短的时间内即可做出定性。

（4）实验动物接种　通常选择对本病病原体最敏感的动物进行人工感染试验：将病料用适当的方法处理并进行人工接种，然后根据对动物的致病力、症状和病理变化特点来帮助诊断。当实验动物死亡或经一定时间剖杀后，观察体内变化，并采取病料进行涂片检查和分离鉴定。从病料中分离出病原微生物，虽是确诊的重要依据，但也应注意动物的"健康带菌（毒）"现象，其结果还需与临床及流行病学、病理变化结合起来进行综合分析。有时即使没有发现病原体，也不能完全否定该种传染病的诊断，因为任何试验方法都存在有漏检的可能。

常用的实验动物有兔、小鼠、豚鼠、仓鼠、鸡、鸽子等。有时也用本动物进行病的复制。在实验动物接种时，应在严格隔离条件下进行，注意接种后动物的饲养管理和试验观察，试验完毕后要对实验动物舍进行清洁和消毒，废弃物和尸体的无害化处理。

5. 免疫学诊断

免疫学诊断是传染病诊断和检疫中最常用、最重要的诊断方法之一。它包括血清学检测和变态反应两大类。

（1）血清学检测　血清学检测是利用抗原和抗体特异性结合的免疫学反应进行诊断。可以用已知抗原来测定被检动物血清中的特异性抗体，也可用已知的抗体（免疫血清）来测定被检材料中的抗原。免疫学方法检测的抗原可以是完整的病原体，也可以是病原体的一部分。根据试验原理，血清学试验可分为中和试验、凝集试验、沉淀试验、溶细胞试验、补体结合试验以及免疫荧光试验、免疫酶技术、放射免疫测定、单克隆抗体、免疫胶体金、免疫传感器等。近年来因其与现代科学技术相结合，血清学试验发展很快，在方法改进上日新月异，应用也越来越广，已成为传染病快速诊断的重要工具。

（2）变态反应　一些动物患有某些慢性传染病时，可对再次进入的病原体或其产物产生强烈反应。能引起变态反应的物质(病原体、病原体产物或抽提物)称为变应原,如结核菌素、鼻疽菌素等,将其注入特定的患病动物时,可引起局部或全身反应,如局部炎性肿胀,体温升高等,故可用于传染病的诊断。

6. 分子生物学诊断

分子生物学诊断又称基因诊断。主要是针对不同病原微生物所具有的特异性核酸序列和结构进行测定。它能在分子水平检测特定核酸,从而达到鉴别和诊断传染病的目的。严格地说,它也属于病原学诊断的范畴。它具有特异性强、灵敏度高的特点,在动物传染病的诊断中,已得到迅速发展和普及。它包括基因组电泳分析(如具有特征性的轮状病毒、呼肠孤病毒、传染性法氏囊病毒等病毒基因组)、核酸分子杂交、聚合酶链式反应(PCR)、DNA 指纹图谱分析技术、核酸序列测定、DNA 芯片技术等。其中,PCR 又以其特异、敏感、快速、适于早期和大量样品的检测等优点,成为当今诊断中发展最快、最具应用价值的方法。此外,由 PCR 与其他技术结合又衍生出了一系列相关技术,如反转录 PCR(RT-PCR)、多重 PCR、免疫 PCR、荧光定量 PCR 等。

由于病原体在免疫、药物或不利因素的压力下不断进化,产生越来越多的亚型和变异株,其与原有病原体的差异可能仅表现为基因的缺失、插入、重组和基因点突变,应用常规的血清学检测方法往往难以鉴定,常导致原有的疫苗接种失败以及耐药性的不断增加,造成传染病的蔓延流行。同时,由于疫苗特别是活疫苗的广泛使用,也常常干扰传染病的免疫学诊断结果。现代分子生物学技术的发展水平,已能够精确地鉴别基因组中仅一个碱基的细微差异,因此,通过分子生物学的检测,能够迅速而准确地鉴定亚型和变异株,并能区分出疫苗株与强毒株。随着分子生物学技术的进一步发展和自动化,它可能成为鉴别和诊断传染病的最佳方法之一。

第三节　消灭传染源

一、检疫

动物检疫(animal quarantine)是由法定的机构和人员,依照法定的检疫项目和标准技术与方法,对动物、动物产品进行检查、定性和处理。检疫的目的是为了预防、控制动物疫病,防止动物疫病传播、扩散和流行,保护养殖业发展和人体健康。因此,动物检疫是一项带有法定强制性的技术措施,旨在消除国内外重大疫情的灾害和影响、保障动物源食品安全、保护畜牧业生产、促进经济贸易发展。目前,涉及动物检疫方面的法规有《中华人民共和国进出境动植物检疫法》《中华人民共和国进出境动植物检疫法实施条例》和《中华人民共和国动物防疫法》以及有关的配套法规,如《中华人民共和国进境动物检疫疫病名录》和《出入境检验检疫流程管理规定》等。

实施检疫的动物包括各种家畜、家禽、皮毛动物、实验动物、野生动物和蜜蜂、鱼苗、鱼种等;动物产品包括生皮张、生毛类、生肉、种蛋、鱼粉、兽骨、蹄角等;运载工具包括运输动物及其产品的车船、飞机、包装、铺垫材料、饲养工具和饲料等。

在我国执行检疫的技术和执法部门有两大系统,一是隶属国务院直属机构的国家海关,下设省、市等各级地方海关,专门负责进出口动植物及其相关产品和物品的检疫,主要包括进出境检疫、过境检疫、携带邮寄物检疫和运输工具检疫等;二是农业农村部直属业务归口兽医局管理的中国动物疫病预防控制中心,省、市、县也均设有相对应的动物疫病预防(与)控制中心,隶属于各级农业农村厅、局,负责组织实施国内动物及其产品的各种检疫,主要包括产地检疫、屠宰检疫、水产苗种产地检疫、无规定动物疫病区动物检疫、乳用种用动物检疫与审批等。常见的动物

检疫有以下几种:

（1）产地检疫（quarantine in origin area） 是动物生产地区的检疫。产地检疫是直接控制动物疫病的最基础和有效措施，也是动物检疫工作的重点。产地检疫可分为两种，即集市检疫和出售或外转检疫。

（2）运输检疫（transportation quarantine） 是为了防止动物疫病通过水路、陆路或空中运输传播而对托运的动物及其产品进行检验，一般可分为铁路检疫和交通要道检疫两种。

（3）屠宰检疫（slaughter quarantine） 对以肉用或制取其他原料为目的并按规定程序处死动物所进行的检疫，包括宰前和宰后的检疫。

（4）国境口岸检疫（entry-exit inspection and quarantine） 为维护国家主权和国际信誉，保障国家农牧业健康发展，既不允许外国动物疫病进入，也不允许将国内动物疫病传到国外。为此，各国在国境各重要口岸设立动物检疫机构，由官方兽医执行口岸检疫，我国则由国家海关下属各级地方海关执行检疫任务。我国动物检疫工作遵循《中华人民共和国进出境动植物检疫法》的规定。在技术方法上要按照国家《动物检疫操作规程》进行检疫操作。按规定，进口的动物经检疫后尚需在动物隔离场隔离观察（畜类 45d，禽 30d）才能进入国内养殖场。

二、隔离和封锁

1. 隔离

将不同健康状态的动物在空间上严格分离、隔开，完全、彻底切断其间的来往接触，以防传染病的传播、蔓延即为隔离（isolation）。隔离是为了控制传染源，是防制传染病的重要措施之一。隔离有两种情况，一种是正常情况下对新引进动物的隔离，其目的是观察这些动物是否健康，以防把感染动物引入新的地区或动物群体，造成传染病传播和流行；另一种是在发生传染病时实施的隔离，是将患病动物和可疑感染的动物隔离开，以便将疫情控制在最小范围内加以就地扑灭。为此，在传染病流行时，应首先查明传染病在动物群中蔓延的程度，逐头检查临床症状，必要时进行实验室检查。根据诊断结果，可将全部受检动物分为患病动物、可疑感染动物和假定健康动物 3 类，以便分别对待。

（1）患病动物 包括有典型症状或类似症状或其他特殊检查阳性的动物。它们是危险性最大的传染源，应选择不易散播病原体、消毒处理方便的地方隔离。如患病动物数目较多，可集中隔离在原来的畜舍里。工作人员出入应做好自身的防护工作，并遵守消毒制度，特别注意严密消毒，禁止闲杂人员和动物的出入和接近，同时，对患病动物加强卫生和护理工作，须有专人看管和及时进行治疗。隔离区内的用具、饲料、粪便等，未经彻底消毒处理，不得运出，没有治疗价值的动物，由兽医根据国家有关规定进行严格处理。隔离观察时间的长短，应根据该种传染病患病动物带、排菌（毒）的时间长短而定。

（2）可疑感染动物 没有任何症状，但与患病动物及其污染的环境有过明显的接触，如同群、同圈、同槽、同牧、使用共同的水源、用具等，这些动物有可能处在潜伏期，并有排毒（菌）的危险，应在消毒后另选地方将其隔离、看管，限制其活动，经常消毒，详细观察，出现症状的按患病动物处理，有条件的应立即进行紧急免疫接种或预防性治疗。隔离观察时间应根据该传染病的最长潜伏期长短而定，经最长潜伏期后，仍无病例出现时，则可取消其限制。

（3）假定健康动物 除上述两类外，疫区内其他易感动物均属于此类。应禁止假定健康动物与以上两类动物接触，加强防疫消毒和相应的保护措施，立即进行紧急免疫接种，必要时可根据实际情况分散喂养或转移至偏僻牧地。

2. 封锁

当暴发某些重要传染病时，除严格隔离患病动物之外，还应采取划区封锁的措施。所谓封锁(block)就是切断或限制疫区与周围地区的日常交通、交流或来往的自由，是为了防止传染病扩散以及安全区健康动物的误入而对疫区或其动物群采取划区隔离、扑杀、销毁、消毒和紧急免疫接种等的强制性措施。

根据我国动物防疫法的规定，当确诊为一类动物疫病或重大动物疫情、严重的人兽共患病或当地新发现的重大疫情时，应立即报告当地县级以上地方人民政府农业农村主管部门，并由其立即派人到现场，划定疫点、疫区、受威胁区，调查疫源，及时报请本级人民政府启动应急处理机制并组织实施对疫区实行封锁。疫区范围涉及两个以上行政区域的，由有关行政区域共同的上一级人民政府对疫区实行封锁，或者由各有关行政区域的上一级人民政府共同对疫区实行封锁。

封锁区划分，必须根据本病的生态学特点和流行规律，当时疫情流行情况以及当地的易感动物分布状况、地理环境、居民点和交通等具体条件而定，并确定疫点、疫区和受威胁区。执行封锁时应掌握"早、快、严、小"的原则，即执行封锁应在流行早期，行动果断迅速，封锁严密，范围不宜过大即疫源地尽可能小且能完全覆盖。根据我国动物防疫法的相关规定，应采取如下措施：

（1）封锁的疫点应采取的措施

①严禁人、饲养动物、车辆出入和动物产品及可能污染的物品运出。在特殊情况下人员必须出入时，需经有关兽医人员许可，经严格消毒后出入。

②对病死动物及其同群饲养动物，县级以上地方人民政府农业农村主管部门有权立即采取扑杀、销毁或无害化处理等措施。

③疫点出入口必须有消毒设施，疫点内用具、圈舍、场地必须进行严格消毒，疫点内的易感饲养动物粪便、垫草、受污染的草料必须在兽医人员监督指导下进行无害化处理。

（2）封锁的疫区应采取的措施

①交通要道必须建立临时性检疫消毒哨卡，备有专人和消毒设备，监视饲养动物及其产品移动，对出入人员、车辆进行消毒。

②停止集市贸易和疫区内动物及其产品的采购。

③未污染的动物产品必须运出疫区时，需经县级以上人民政府批准，在兽医防疫人员监督指导下，经外包装消毒后运出。

④非疫点的易感饲养动物，必须进行检疫或预防注射。农村城镇饲养的动物必须圈养，牧区饲养动物须在指定牧场或水域放牧，役畜限制在疫区内使役。

（3）受威胁区应采取的措施　疫区周围地区为受威胁区，其范围应根据疾病的性质、疫区周围的山川、河流、草场、交通等具体情况而定。受威胁区应采取如下主要措施：

①对受威胁区内的易感动物应及时进行预防接种，以建立免疫带。

②管好本区易感动物，禁止出入疫区，并避免饮用疫区水源。

③禁止从封锁区购买动物、草料和动物产品，如从解除封锁后不久的地区买进动物或其产品，应注意隔离观察，必要时对动物产品进行无害化处理。

④对设于本区的屠宰场、加工厂、动物产品仓库进行兽医卫生监督，拒绝接受来自疫区的活体动物及其产品。

（4）封锁的解除　疫区内最后一头感染动物扑杀或痊愈后，经过本病一个潜伏期以上的监测、观察，未再出现患病动物时，经彻底消毒清扫，由县级以上人民政府检查合格后，报原发布封锁令的人民政府发布解除封锁令，并通报毗邻地区和有关部门。疫区解除封锁后，病愈动物需根据其带毒时间，控制在原疫区范围内活动，不能将它们调到安全区去。

三、扑杀与治疗

发生疫情后，特别是发生了重大动物疫情、严重的人兽共患病或当地新发现的重大疫情时，为了迅速扑灭疫情，依照国家的扑杀政策而实施扑杀措施，这是迅速、有效防制危重疫情和保障社会效益的不二选择。

扑杀政策（stamping-out policy）是国家对扑灭某种疫病所采取的严厉措施，即处死所有感染动物和同群的可疑感染动物，必要时还包括直接接触或连同可能造成病原传播的间接接触动物，并采取隔离、消毒、无害化处理等扑灭疫病的相应措施。由于在实践中不现实或来不及通过实验室检测手段进行一一检测与甄别，往往是通过临床观察发病动物及其密切接触情况而决定扑杀动物的范围。

扑杀（stamp out）就是将被某疫病感染动物和可疑感染动物全部处死并进行无害化处理，以彻底消灭传染源和切断传染途径。随着社会文明与科技的进步，扑杀应按规范或要求实施安乐死。

患病动物的治疗，一方面是为了挽救病患动物，减少损失；另一方面在某种情况下也是为了消除传染源，是综合性防疫措施中的一个组成部分。传染病的特征是传染性群发病，传染病的治疗首先考虑有助于该传染病控制与消灭，同时还应考虑经济问题，应以最少的花费取得最佳治疗效果。在一般情况下，我们既要反对只管治不管防的单纯治疗观点，又要反对从另一个极端曲解"预防为主""防重于治"，认为重在预防，治疗是可有可无的偏向。

染疫发病动物的治疗与一般普通病不同，特别是患有流行性强、危害严重的患病动物，必须在严密封锁或隔离的条件下进行治疗，务必使治疗的患病动物不会成为散播病原的传染源。治疗原则是：尽早治疗，标本兼治，特异性和非特异性结合。治疗用药坚持因地制宜、勤俭节约。既要考虑针对病原体，消除其致病作用，又要采取综合性的治疗方法，注意调整、恢复动物机体的生理机能，帮助增强一般性抗病能力。应尽量减少诊疗工作的次数和时间，以免经常惊忧而使患病动物得不到安静的休养。

1. 针对病原体的疗法

该法能帮助机体杀灭或抑制病原体，消除其致病作用。一般可分为特异性疗法、抗生素与化学药物疗法等。现扼要介绍如下：

（1）特异性疗法　应用针对某种传染病的高度免疫血清、高免卵黄抗体、痊愈血清（或全血）等特异性生物制品进行治疗，因为这些制品只对某种特定的传染病有疗效，而对其他种病无效，故称为特异性疗法。例如，破伤风抗毒素血清只能治疗破伤风，对其他病无效。但特异性生物制品须有获得生产的批准文号，自制的产品限于本单位内部使用。特异性疗法主要用于某些急性传染病的治疗，如小鹅瘟、雏鸭病毒性肝炎、猪瘟、破伤风等。

（2）抗生素与化学药物疗法　抗生素作为细菌性急性传染病的主要治疗药物，其在兽医实践中的应用十分广泛。使用有效的化学药物帮助动物机体消灭或抑制病原体的治疗方法，称为化学疗法。抗生素与化学药物的种类、性质和药理作用详见《兽医药理学》。下面仅就在传染病的治疗工作中，如何正确使用抗生素与化学药物做简要说明。

合理地应用抗生素与化学药物，是发挥其疗效的重要前提。不合理地盲目应用或滥用抗生素与化学药物，一方面容易使敏感病原体对药物产生耐药性，筛选并扩散耐药菌株；另一方面破坏动物体内的微生态平衡，降低宿主的定植抗力，并可能引起机体不良反应，甚至引起中毒。使用时一般要注意如下几个问题：

①掌握抗生素与化学药物的适应症：各种抗生素等各有其主要适应症，可根据诊断致病菌种，选用适当药物。最好对分离的病原菌进行药物敏感性试验，选择对此病原菌敏感的药物用于治疗，并尽量用窄谱药物，避免使用广谱抗菌药物以保护有益菌。

②要考虑到用量、疗程、给药途径、不良反应、经济效益等问题：菌血症等全身感染开始剂量宜大，以便集中优势药力抑杀病原菌，以后再根据病情酌减用量；胃肠道用药尽量使用小剂量，以减小对胃肠道生理性菌群的破坏。疗程应根据疾病的类型、患病动物的具体情况决定，一般急性感染的疗程不必过长，可于感染控制后3d左右停药。

③不滥用：滥用抗生素与化学药物等不仅对患病动物无益，反而会产生种种危害。例如，常用的抗生素对大多病毒性传染病无效，一般不宜应用，即使在某种情况下应用于控制继发感染，但在病毒性感染继续加剧的情况下，对患病动物也是无益而有害的。此外，还应注意食用动物在屠宰前一定时间内不准使用抗生素等药物治疗，因为这些药物在畜产品中造成残留有害人类健康。

④严格掌控抗生素、化学药物的联合应用：联合应用时有可能通过协同作用增进疗效，如青霉素与链霉素合用、土霉素与氯霉素合用等主要可表现协同作用。但是，不适当的联合使用（如青霉素与氯霉素合用、土霉素与链霉素合用常产生对抗作用），不仅不能提高疗效，反而可能影响疗效，甚至会产生毒副作用，而且增加了病菌对多种抗生素等的接触机会，更易产生广泛的耐药性，因此，用药中要熟知药物的配伍禁忌。

抗生素和化学药物的联合应用，也常用于治疗某些细菌性传染病。如链霉素和磺胺嘧啶的协同作用可防止病菌迅速产生对链霉素的耐药性，这种方法可用于布鲁菌病的治疗。青霉素与磺胺的联合应用常比单独使用的抗菌效果为好。喹诺酮类化学药物为高效广谱抗菌药，对革兰阴性及阳性菌以及支原体均有作用。由于其低毒、副作用少，不易产生耐药性，与其他抗菌药物无交叉耐药性。目前，在兽医临床上广泛使用的有诺氟沙星（氟哌酸）、环丙沙星（环丙氟哌酸）、乙基环丙沙星（恩诺沙星）等。但该类药物不能与氯霉素联合使用，否则将使本类药的抗菌作用降低，甚至完全消失。

（3）**抗病毒药物** 抗病毒感染的药物近年来有所发展，但仍远少于抗菌药物，毒性一般也较大。

（4）**干扰素等生物活性物质** 干扰素是动物体内天然存在的一种生物活性物质。根据抗原成分和细胞来源的不同，可将干扰素分为 α、β 和 γ 3 种。目前，临床上广泛应用的是 α 干扰素，现在已可通过基因工程方法进行工业化大批量生产。医学临床常用的 α 干扰素有 α1b、α2a 和 α2b 等亚型，α 干扰素除了有抗病毒活性外，尚具有抗肿瘤、免疫调节和抗纤维化等生物学活性。

2. 针对动物机体的疗法

在治疗染疫动物的工作中，既要考虑帮助机体消灭或抑制病原体，消除其致病作用，又要帮助机体增强一般的抵抗力，调整恢复生理机能，依靠机体战胜传染病，恢复健康。

（1）**加强护理** 对患病动物的护理是治疗工作的基础，直接影响到治疗效果的好坏。传染病患病动物的治疗须在严格隔离的条件下进行，隔离房舍应注意保暖或降温。圈舍光线充足，通风良好，保持干燥，清洁并经常进行消毒，严禁闲人入内。应该给予动物足够的饮水，必要时也可注射葡萄糖、维生素及其他营养物品以维持其基本代谢需求。此外，应根据具体情况、病的性质和患病动物的临床特点进行适当的护理工作。

（2）**对症疗法** 在患病动物的治疗中，为了缓解或消除某些严重的症状，调节和恢复机体的生理机能而进行的内、外科疗法，均称为对症疗法。如使用退热、止血、止痛、镇静、兴奋、强心、利尿、清泻、止泻及防止酸中毒或碱中毒，调节电解质平衡等药物以及某些急救手术和局部治疗等，都属于对症疗法的范畴。

3. 微生态制剂调整疗法

微生态制剂（probiotics）也称益生菌或益生素或活菌制剂等。微生态制剂是指在微生态理论指导下，主要是利用动物正常微生物群的成员或其促生长物质经特殊工艺制成的活菌制剂，具有补充、调整或充实微生物群落，维持或调整动物肠道微生态平衡，从而起到防治疾病、促进动物健康及提高生产性能的作用。

微生态制剂

抗生素和化学药物与微生态制剂的作用，前者是直接抗菌或杀菌，后者是间接抗菌或促菌。抗菌是直接消灭病原菌和无辜菌，同时也消灭了敏感的生理性的正常菌群，即"宁可错杀一千也不放过一个病原菌"；而促菌则是促进生理性的正常菌群，通过生物拮抗，间接抑制或消灭病原菌，进而达到"扶正祛邪"的目的。微生态制剂有其他药物不可替代的优点，即"患病治病，未病防病，无病保健"的效果。目前，已用于微生态制剂生产的菌种主要有地衣芽孢杆菌、枯草芽孢杆菌、蜡样芽孢杆菌、凝结芽孢杆菌、侧孢芽孢杆菌、嗜酸乳杆菌、干酪乳杆菌、保加利亚乳杆菌、乳酸乳杆菌、植物乳杆菌、乳酸片球菌、戊糖片球菌、两歧双歧杆菌、粪肠球菌、屎肠球菌、粪链球菌、乳酸肠球菌、嗜菌蛭弧菌、大肠杆菌（如 NY-10 株）、拟杆菌、产朊假丝酵母、酿酒酵母、沼泽红假单胞菌酵母菌和噬菌体等。微生态制剂的成品一般由一种或上述的几种菌群所组成。当前，专一性强的噬菌体研究也方兴正艾，并具有潜在的开发应用前景。

4. 中药制剂的治疗

中药制剂可分为单方和复方，其对患病动物的治疗作用主要有以下 3 个方面：

（1）有些中药的有效成分可直接针对病原体，具有抗菌和抗病毒的作用　例如，连翘、蒲公英、白头翁、紫花地丁、金荞麦、知母、金银花（有效成分绿原酸）、黄连（有效成分小檗碱）、大蒜（有效成分大蒜素）、鱼腥草（有效成分癸酰乙醛）等对革兰阳性菌（如金黄色葡萄球菌、溶血链球菌、肺炎双球菌等）、革兰阴性菌（如沙门菌、大肠杆菌、结核杆菌等）有一定的抑制作用，对某些真菌或原虫也有抑杀作用；一些中药如银花、贯众、射干、牛蒡子、板蓝根、黄柏等对某些病毒（如流感病毒、疱疹病毒）有抑制作用。

此外，有不少中药虽然抗菌力不强，但却具有明显的"解毒"作用，从而缓解病原菌产生毒素引起的多种病状和对机体的进一步病理损害。例如，金荞麦体外试验虽无明显抗菌作用，但对金黄色葡萄球菌的凝固酶、溶血素及绿脓杆菌内毒素有对抗作用；地锦草能明显中和白喉杆菌的外毒素；丹皮、知母、黄连等在体外无抑菌作用的浓度时，能够抑制金黄色葡萄球菌凝固酶的形成、减弱细菌的毒力，进而可减轻其对组织的病理损伤作用。

（2）对机体的免疫功能有促进作用　例如，穿心莲、野菊花、石膏等能增强白细胞和网状内皮系统的吞噬功能；鱼腥草素能使体内备解素的浓度增加，从而提高病原体侵袭的非特异性免疫力；蒲公英、大蒜、黄连等能够促进淋巴细胞转化率；黄芪等可增加病毒诱生干扰素的能力，黄芪多糖能使动物脾内浆细胞增生，促进抗体合成，提高体液免疫功能的作用；白花蛇舌草体外实验抗菌作用不显著，但体内能刺激网状内皮系统增生，促进抗体形成，使网状细胞、白细胞的吞噬能力增强，达到抗菌消炎的目的。

（3）其他作用　大多数中药在抗感染的同时，具有消除伴随症状的作用，例如，石膏、知母、赤芍、紫草、大青叶等有退热作用；连翘能抑制炎性渗出，黄连能加速炎症消退，黄芩能消解伴有变态反应的炎症等；丹皮、赤芍、栀子等具有明显的镇静或抗惊厥作用。

中（医）药制剂的治疗作用，往往是以上几种兼而有之，这就是中药治疗疾病的独到之处。源于临床实践的中医药学认为，药有个性之特长，方有合群之妙用。中药的优势在复方，在中医药学理论的指导下，按照君、臣、佐、使组成方剂，针对主证、兼症，标本兼顾，扶正祛邪，完美的配伍常常能获得意想不到的神奇疗效。1958年毛泽东主席做出批示："中国医药学是一个伟大的宝库，应当努力发掘，加以提高。"中医药是祖国的宝贵遗产，中药具有药源丰富、价格低廉、疗效确实、副反应少、不易产生耐药性或抗药性等优点，其应用前景十分广泛，并日益受到广泛重视。在防治传染病的实践中，应进一步弘扬我国传统中医药学，通过深入的发掘与提高，以发挥其不可替代的应有作用。

第四节　切断传播途径

一、消毒

消毒(disinfection)是利用机械性清除方法并结合物理、化学或生物学方法来清除或杀灭环境中的病原体，从而切断其传播途径、防止传染病的流行。它一般不包含对非病原微生物及芽孢、孢子的杀灭。灭菌(sterilization)是杀灭一切微生物及其孢子、芽孢。防腐(antisepsis)是指采用物理、化学措施抑制微生物生长繁殖以防止有机物腐败的方法，即防止微生物发育、繁殖，不一定杀灭。以上三者之间是相互联系而又有所区别的概念。

消毒是一项重要措施，消毒的目的是消灭被传染源散播于外界环境中的病原体，以切断传播途径，阻止传染病继续蔓延。规范性消毒是预防及控制传染病的一种最有效和最快捷的手段与方法。作为生物安全的重要措施之一，应用合理有助于构建稳固的生物安全体系，减少药物和疫苗的使用，发挥出增强养殖生物安全的效应。

(一)分类

根据消毒的目的不同，可分以下3种情况：

1. 预防性消毒

结合平时的饲养管理对畜舍、场地、用具和饮水等进行定期消毒，以达到预防一般传染病的目的。此类消毒为日常性工作内容，一般1~3d进行一次，每1~2周还要对畜舍周围环境进行一次全面大消毒。

2. 随时消毒

在发生传染病时，为了及时消灭刚从患病动物体内排出的病原体而采取的消毒措施。消毒的对象包括患病动物所在的畜舍、隔离场地以及被患病动物分泌物、排泄物和可能污染的一切场所、用具和物品，通常在解除封锁前，进行多次定期消毒，患病动物隔离舍应每天消毒2次以上或和随时进行消毒。

3. 终末消毒

在患病动物解除隔离、痊愈或死亡后，或者在疫区解除封锁之前，为了消灭疫区内可能残留的病原体所进行的全面彻底的大消毒。

(二)常用的消毒方法

1. 机械性清除

用机械的方法(如清扫、洗刷、通风等)清除病原体，是最普通、常用的经济方法。机械性清除不能达到彻底消毒的目的，它只能将病原体从一个环境转移到另一个环境中，因此，必须配合其他消毒方法进一步处理。清出的污物垃圾，根据病原体的性质，进行堆沤发酵、掩埋、焚烧或其他消毒措施进行无害化的处理。清扫后的房舍、用具及地面还需要喷洒化学消毒药或用其他方法，才能将残留的病原体消灭干净。通风换气而飘移出去的病原体主要通过自然力(如干燥、阳光直射等)并通过一定时间而绝大部分被杀灭或丧失活性。

2. 物理消毒法

(1)阳光、紫外线和干燥消毒　阳光是天然的消毒剂，其光谱中的紫外线有较强的杀菌能力，阳光的灼热和蒸发水分引起的干燥也有杀菌作用。一般病毒和非芽孢性病原菌，在直射的阳光下由几分钟至几小时可以杀死，就是抵抗力很强的细菌芽孢，连续几天在强烈的阳光下反复暴晒，也可以变弱或被杀灭。因此，阳光对于牧场、草地、畜栏、用具和衣物物品等的消毒具有很大的现实意义，应予以充分利用。但阳光的消毒能力大小取决于很多条件，如季节、时间、纬度、天气等。因此，利用阳光消毒要灵活掌握，并配合其他方法进行。

在实际工作中，很多场合(如实验室等)用人工紫外线来进行空气消毒。革兰阴性细菌对紫外线消毒最为敏感，革兰阳性菌次之。一些病毒也对紫外线敏感，但紫外线消毒对细胞芽孢无效。紫外线虽有一定使用价值，但它的杀菌作用受很多因素的影响，如它只能对表面光滑的物体才有较好的消毒效果。对污染表面消毒时，灯管距表面不超过 1m，灯管周围 1.5~2m 处为消毒有效范围。消毒时间为 1~2h，间歇 1h 时后再照，以免臭氧浓度过高。

(2)高温消毒

①焚烧、灼烤、烘烤：是简单而有效的消毒方法，但其缺点是很多物品由于烧灼而被损坏，因此实际应用并不广泛。当发生抵抗力强的病原体引起的传染病(如炭疽、气肿疽等)时，染疫动物的粪便、饲料残渣、垫草、污染的垃圾和其他价值不大的物品，以及倒毙的病尸，均可用火焰加以焚烧。不易燃的畜舍地面、墙壁可用喷火消毒。金属制品也可用火焰烧灼和烘烤进行消毒。应用火焰消毒时必须注意房舍物品和周围环境的安全。

②煮沸消毒：是经常应用而效果确实的方法。大部分非芽孢病原微生物在 100℃ 的沸水中迅速死亡。大多数芽孢在煮沸后 15~30min 内也能致死。煮沸液中加入 1%~2% 碳酸氢钠或 0.5% 氢氧化钠等，可使蛋白、脂肪溶解，有防止金属生锈，提高沸点和增强灭菌的作用。

③蒸汽消毒：相对湿度 80%~100% 的热空气能携带许多热量，遇到消毒物品凝结成水并放出大量热能，因而能达到消毒的目的，医疗、食品、制药及其相关的实验室或研究室等场所中，多应用高压蒸汽灭菌器进行多量器械与物品等的消毒处理。如果蒸汽和化学药品(如甲醛等)并用，杀菌力可以加强。

3. 化学消毒法

常用化学消毒剂的溶液或蒸汽来进行消毒。在实际工作中，应当根据当地的疫情和消毒对象及所处环境条件、使用要求、气候条件等选择合适的消毒剂进行消毒，若选用不当，不但达不到消毒的目的，造成不必要的浪费，而且还会造成对人、畜的健康造成不良影响和对环境造成二次污染。因此，在选用和调换消毒剂时一定要根据消毒对象、目的、传染病情况及使用方法而定，既要考虑对病原的杀灭作用，又要考虑对人、畜的安全问题，同时还要考虑是否污染环境。要正确把握和选用理想的消毒剂，本着"以人为本，保护环境"的宗旨，以对病原有高效杀灭作用，对人或动物无毒或低毒，并且不会或极小对环境造成残留为原则。

化学消毒剂

4. 生物热消毒

生物热消毒法主要用于污染的粪便、垃圾等的无害处理。在粪便堆沤过程中，利用粪便、垃圾等污物中的微生物发酵产热，可使温度高达 70℃ 以上。经过一段时间处理，可以杀死病毒、病菌(芽孢除外)、寄生虫卵等病原体而达到消毒的目的，同时又保持并提高了粪便的肥效。常见的处理方法有两种,即发酵池法和堆粪法。

在平时和发生一般传染病时,这是很好的一种粪便消毒和处理方法。但这种方法不适用于由产芽孢的病菌所致传染病(如炭疽、气肿疽等)的粪便的消毒处理,这种粪便最好予以焚毁。

以上消毒的具体方法和种类,要视病原体的性质、消毒对象、场所等情况而定。

二、杀虫、灭鼠、防鸟、防蚊蝇

1. 杀虫

杀虫(disinsection, insect elimination)是指杀灭蚊、蝇、虻、蠓、螨、蜱、蚤、虱等节肢动物或动物体外寄生虫。它们不仅是构成动物传染病的重要传播媒介,同时也是动物重要的体外寄生虫,严重干扰动物的安宁与健康,是动物病原体的重要组成成员。因此,杀虫是直接消灭动物外寄生性病原体和切断虫媒传染病传播途径的重要措施,对防制动物传染病具有双重的意义。常用的杀虫方法有以下几种:

(1)环境防制法 即通过对饲养环境的合理规划布局或改造和整理来规避和消除媒介昆虫生长、繁殖和生存的条件,从而达到减少媒介昆虫的孳生和活动。如排出积水、污水,清除垃圾、粪便并进行封闭性处理等措施以消灭其滋生地和野外栖息场所。这是一项较根本的防制措施。

(2)物理防制法 是利用人工防护措施与设施工艺(如纱窗门帘)的阻隔及机械杀虫(即拍、打、捕杀等)、温热杀虫法(如利用火烧、沸水或蒸汽、干热空气等杀灭昆虫及其虫卵)等。

(3)生物防制法 即以昆虫的天敌捕杀和病菌、激素等方法来杀灭昆虫。这些方法由于安全、无公害、无污染、不产生抗药性等特点,已日益受到重视。

(4)化学防制法 是运用化学杀虫剂来杀虫。化学杀虫剂经济、简便易行,既可大面积喷洒,也可小范围内应用,并可在短期内全歼害虫,达到除害防病的目的。但其缺点是,部分化学杀虫剂除易使昆虫产生抗药性和环境污染外,在杀灭害虫的同时,也杀灭了益虫。

2. 灭鼠

灭鼠(deratization)即采取措施使鼠类数量减少乃至消灭,以防止其危害。鼠类与人类活动的关系密切,数量多,繁衍快,分布广,迁徙频繁。鼠类除了对人民经济生活造成巨大损失外,对人畜健康也有极大的危害。鼠类是很多种人畜传染病的传播媒介和传染源,如鼠疫、钩端螺旋体病、伪狂犬病、流行性出血热等达30多种传染病。因此,灭鼠不仅可以减少鼠类所造成的经济损失,同时对切断传播途径、防止传染病的传播具有重要意义。

灭鼠的工作应从两个方面进行:一方面,根据鼠类的生活习性与特点进行防鼠,即从动物圈舍的建筑、设施工艺和其觅食来源与藏身等方面着手,以阻断其自由出入、觅食、藏身和繁衍。因此,创造一个不适宜其生存的环境条件和阻断其出入的工艺设施,可以使鼠量大大下降并能持久保持。另一方面,也可采取综合法直接杀灭鼠类。养殖场灭鼠的方法大体上可分两类,即器械灭鼠法和药物(毒饵和熏杀)灭鼠法。但药物灭鼠须保证人畜安全,及时清除鼠尸。

3. 防鸟

在传播传染病方面鸟类与鼠类有着许多相似之处,而且比鼠类的传播范围广、速度快。因此,养殖场应重视做好防鸟工作,尽量防止鸟类侵入圈舍、接触动物,如采取全封闭的饲养方式或使用隔离网等措施,防止鸟类直接进入与接触,禁止动物在开放的水域中饲养或混养,减少散养家禽与野生鸟类的接触机会。

4. 防蚊蝇

蚊蝇作为伴随着动物及其饲料、饮水、排泄物、代谢物及其周边环境物品上的常在性节肢动物，其不仅是很多传染病的直接或间接传播媒介，而且严重侵扰动物的安宁与健康，对其仅靠杀灭的方法难以奏效与持久，耗时、耗力、耗费且可能影响清新的动物生存环境和形成二次污染，因此，结合养殖生产过程的可封闭性设施化的防控和及时无害化处理与资源化利用，才是防蚊蝇的有效出路。

三、病尸等的无害化处理

在实施动物防疫过程中，不可避免地将遇到淘汰的染疫或感染动物、病死动物及其产品、污染物与废弃物等，特别是紧急处死的动物、病尸和其病害动物产品，若流出或处置不当，将成为病原体散播的重要媒介载体，因此，须对其进行无害化处理。

无害化处理（bio-safety disposal）是采用物理、化学或生物学等方法处理带有或疑似带有病原体的动物尸体、动物产品或其他物品，消灭传染源，切断传染途径，破坏毒素，保障人畜健康安全。

淘汰的感染动物也应按规范或要求实施安乐死后再予以处置，最彻底的处置当属销毁。

销毁（destroy）是将动物尸体及其产品或附属物进行焚烧、化制等无害化处理，以彻底消灭它们所携带的病原体。但销毁需要特定的设施与条件，并不能完全满足实际需要，还需结合实际进行及时处理，其对防制动物疫病、保护环境和维护公共卫生安全都具有重大意义。

依照动物防疫法，从事动物饲养、屠宰、经营、隔离以及动物产品生产、经营、加工、贮藏等活动的单位和个人，应当按照农业农村部主管部门的相关规定，依法配合做好扑杀处死和病死动物、病害动物产品的无害化处理，或者委托动物和动物产品集中无害化处理场所进行处理。任何单位和个人不得随意弃置或食用扑杀处死、病死的动物和病害动物产品。因此，在实施无害化处理之前，须将待处置的病害动物尸体和病害动物产品进行封存。封存（sealing up）是将染疫物或可疑染疫物放在指定地点并采取阻断性措施（如隔离、密封等）以杜绝病原体传播的一切可能，经有关执法机构同意后方可移动和解封。

从消灭病原体和资源化利用角度上来看，病尸等的常见处理方法有下列几种：

（1）化制　是将集中收集的病尸等，经过某种特定设备的高温加工处理，从而达到对尸体进行消毒和再利用，如工业用油脂、骨粉、肉粉、骨肉粉等。但化制未必适合特耐高温的朊病毒污染物的处理，可通过提高温度设置予以解决。随着该类设备的深入研发与应用普及，化制处理必将成为病尸等无害化处理和资源化利用的主要趋势。

（2）掩埋　病尸掩埋于地下，经过一定时间的自然发酵后，可以消除一般抵抗力的病原体，但若处置不当，有可能形成一个新的污染源。尸体的掩埋应选择干燥、平坦和距离住宅、道路、水井、牧场及河流较远的偏僻地区进行。尸坑的长和宽以容纳尸体侧卧为度，深宽在 2m 以上。由于此法简便易行，目前仍被采用。

（3）腐败　将尸体投入专用尸坑内，使其自然腐败分解以达到消毒目的，并可以作为肥料加以利用。尸坑为直径 3m，深 9~10m 的圆井形，坑壁与坑底用不渗水的材料砌成，坑沿高出地面一定高度，坑口有严密的盖子，坑内有通气管。此法较掩埋法方便合理，当尸体完全分解后，还可取出作肥料用。但此法不适合于炭疽、气肿疽等芽孢菌所致疾病的尸体处理。

（4）焚烧　即通过高温火焰焚烧病尸，这是一种最彻底病尸处理方法。但需要相应的设备条件且花费较大。该法适于特别危险的传染病动物尸体等的紧急处理，如炭疽、气肿疽、痒病、牛海绵状脑病及新的烈性传染病等病尸的处理。

第五节　保护易感动物群

一、保护生态环境

生态预防是从环境、宿主群和微生物群三联因素的相互关系与统一性中采取对易感动物群的预防措施。生态预防的基本出发点就是保护生态环境。

生态环境是一切生命生存与活动的基础。生态环境进一步可分为物理环境、化学环境及生物环境，这三方面不能截然分开，往往是相互交织在一起的。其直接或间接地对动物群并通过宿主对正常微生物群产生影响。例如，大气的温度、相对湿度、清洁度的改变与影响，以及空气污染至一定水平时，有害或刺激性物质(如二氧化硫、雾霾等)将可能使呼吸系统受到损伤并使得呼吸道传染病易于发生与流行；水质、土壤等受到重金属或农药等化学毒物的污染、微生物含量超标等，都可能强烈地影响宿主及宿主的正常微生物群。因此，必须重视生态环境的保护、改善与修复，以消除其对动物群的各种不良影响。

二、构建养殖场生物安全生产体系

养殖场的生物安全(biological safety；bio-safety)是通过各种手段阻断病原侵入养殖场、防止传染病在地域之间和动物群之间传播的方法集合体系，即为阻断病原侵入动物群体、保障动物健康与安全而采取的一系列传染病综合防范措施。同时，它也是减少或消除传染病风险的执行过程。其目的是排除传染病威胁，保护饲养动物群健康，保证养殖场正常生长发展，以发挥最大生产优势。养殖场生物安全包括两个部分：外部生物安全是防止外界新的病原水平传入，将场外的传染病风险降至最低；内部生物安全是指防止病原水平传播，降低并消除病原在场内从患病动物向易感动物传播，以从根本上减少对疫苗和药物的依赖来实现对传染病的预防和控制。

养殖场生物安全体系是在集约化家禽养殖发展过程中被首次提出，是世界畜牧业发达国家兽医专家学者和动物养殖企业，经过数十年科学研究和对生产实践经验不断总结而提出的最优化的全面的畜牧生产和动物传染病防控系统工程。通过建立以生物安全隔离区为单元的单日龄养殖场，防止传染病在隔离区单元之间的传播。其重点是针对传染病，核心是防止病原进入动物生产体系及其在内部的传播。

养殖场现代生物安全生产体系，已经不仅是当初的动物养殖场传染病防控的核心内容，而是通过理念与原则、相关法律法规与技术标准规范、系列技术设施与产品装备等的整合，进而构建起来的预防并消除传染病风险、提升动物福利、保障食品安全、杜绝环境污染等内容的一整套规划设计、技术与实践，并通过管理、设施和执行以最终实现绿色环保和福利健康养殖的目的。现代生物安全生产体系不仅强调环境因素在防止病原侵入和保证动物健康中所起的决定性作用，同时还强调动物福利和动物养殖对周围环境的影响，即使动物生长处于最佳状态的生产体系中，以发挥其最佳的生产性能、保障食品安全并杜绝环境污染，从而实现养殖利益与社会责任的和谐统一。

1. 合理规划养殖区域，合理进行生产布局与调整

在宏观上以养殖生物安全区系的有效规划为基准，综合考虑各地在养殖产业的分布情况、土地资源与承载、生态环境和产业基础等，整体规划，合理布局，在合理利用土地资源和切实保护水资源与环境的基础上，根据有关规范与要求，科学规划动物生产的区域布局，合理划定各地的适养区、限养区和禁养区，并根据拟养殖动物的种类、养殖方式、养殖数量与规模等进行养殖场的布局或调整。动物适养区是指行政区内划定的禁养区和限养区以外的其他区域。动物限养区是指按照法律、法规、行政规章等规定，限定动物养殖数量，禁止新建、扩建规模化动物养殖场的区域。动物禁养区是指按照法律、法规、行政规章等规定，在指定范围内禁止任何单位和个人养殖动物的区域，如生活饮用水的水源保护区、风景名胜区、自然保护区的核心区及缓冲区；城镇居民区、农村居民点、教科研区等人口集中区域等。

2. 建立社会组织化制度，提高养殖产业组织化程度

我国是养殖大国，近几十年历经了由最初的千家万户的庭院养殖、集体或国有规模养殖场，再转为小农户"短、平、快"的简陋无序饲养和不同规模养殖并存的状况。其发展路程异常艰辛，并始终未能实现提升养殖业生产力水平的根本转变，特别是动物疫病的疯狂肆虐使养殖业长期以来如履薄冰，食品安全问题突出，总体养殖效益低下，市场地位日益受制于他人，资源短缺且生态环境日益恶化等。现代农业是利用现代物资装备，进行规模化、专业化和社会化生产的基础产业。农业组织现代化是支撑农业现代化的必要手段。当前，我国正处于从传统农业向现代农业转变的时期，提高农业组织化程度的要求越来越迫切。提高小农户组织化程度，深化不同层次的多种组织合作，旨在有效利用土地资源，降低生产成本，提高农业收益水平提高，而合作化是促进小农户和现代农业发展有机衔接的必经之路，其关键是在有效保障小农户利益的基础上提高农业劳动生产率。通过养殖产业的社会组织化和利益的共享或分享，积极引导个体分散养殖业向规模化、产业化和福利化的隔离养殖标准化小区集中，是将分散经营、势单力薄的养殖户联合起来，并培育成为优势群体的现实选择。只有通过不断提升畜牧业的社会组织化程度，才能帮助养殖户实现"小群体、大规模发展"的养殖生产方式与产业结构，不断提高抵御市场风险和传染病风险的能力，切实保障和推动地方养殖产业可持续发展，并实现生产要素的集约利用；只有通过提高组织化程度才能更加通畅社会化服务和增强对新品种、新技术的普及率，降低生产经营和防检成本，规范生产过程，有效防控动物疫病和保障食品安全。

3. 统筹规划，科学引导，规范构建标准化养殖园区

尽管各地在经济、自然环境、畜牧业发展水平等方面存在差异，但各级政府应在农林牧渔等协调发展的大农业思想指导下，在有效保障总体供求平衡与调控的基础上，通过一系列的区域化的科学规划与布局、政策倾斜与引导示范，以加快适合各地特点的无疫病和具有生物安全保障的标准化养殖园区或农业集群下的标准化养殖园区的建设与完善，切实增强动物的健康养殖和有效规避疫病风险的能力，以全面而迅速地提升规划区域内养殖业生产力的发展水平。

标准化养殖园区的基本要求

4. 积极倡导并推进现代型生态健康养殖

在当前畜牧业发展面临生态保护、循环养殖、重大动物疾病防控、动物食品质量安全等诸多热点难点问题的形势下，关注环境保护、关注食品安全将成为我国未来发展的基本国策。发展现代型生态健康养殖，打造"生态循环养殖模式"有利于养殖过程中物质循环、能量转化和提高资源利用率，减少废弃物、污染物的产生，保护和改善生态环境，促进养殖业的可持续发展，对人类健康、生态保护具有十分重要的现实意义。在强化适养区内标准化规模养殖园区构建的同时，在适养区及限养区内，并在能够有效规避疫病风险的适宜条件下，积极倡导现代生态型健康养殖及农业集群下的生态养殖，如远离人员日常密集活动的林地、果园、草地、塘坝、滩涂等非农作区可采用放牧、散养或半开放式的饲养方式，在部分有条件的农作区与水产区及农用水域，也可推广适度的种养结合、轮作共养或混养等生产模式。生态型饲养方式投资小、动物福利好、抗病抗

应激力强、产品品质优,粪便直接利用。其不仅具有健康、安全放心的特色优势,而且还具有适应价格波动的优势,可有效规避市场风险。生态养殖虽然具有提升资源利用水平并具有社会化生产与需求的广泛基础,随着生态养殖工艺设施技术水平的快速改进和农业生产组织化程度的提高,是养殖行业不可或缺的新机会,但非组织化的生态健康养殖限于多重因素的制约,加之各种安全、管理与保障上的问题等,其规模也只能是适度的,其只可能是现代养殖产业的重要补充而难以成为主导发展方向。

总之,在有效保障总体供求平衡与调控的基础上,以生物安全生产区系的合理规划为基础,以组织化、适度规模化、标准化养殖园区的构建为重点,积极发展资源节约、环境友好、良性循环的现代生态型健康养殖产业,全面提升养殖业的生产力水平和社会化服务保障,有效推进规模化养殖动物生物安全体系的构建与完善,保障畜牧产业化的可持续发展。

三、加强健康养殖、提升动物福利待遇

在正常情况下,微生物对宿主是有益和不可缺少的,是宿主生长发育、营养、消化吸收、免疫及生物拮抗等生理功能的必要组成部分。新生动物宜尽早接触正常微生物群,提高宿主定植抗力,建立并维护微生态动态平衡,以增强宿主适应性与非特异性抵抗能力。动物能否发病,同该个体天然的非特异性抵抗能力密切相关。加强动物的健康饲养,提供符合营养需求的优质全价饲料,并尽可能营造适宜于生长与活动的小环境,提升养殖动物的福利水平与福利状况,不仅是提高饲养报酬的重要内容,也是促进动物健康、增强机体抗病能力的基本条件。

动物福利(animal welfare)是指满足动物最基本的生理、心理和行为方面的生存需求,尽量避免对动物不必要的伤害,其核心是善待动物。善待动物就要尽可能满足饲养动物的三大基本需要,即维持生命需要、维持健康需要和维持舒适需要,因此,动物福利应包括生理福利、环境福利、卫生福利、行为福利和心理福利五大基本要素,进而使动物生长在康乐的状态,即享有不受饥渴的自由,享有生活舒适的自由,享有不受痛苦伤害和疾病威胁的自由,享有生活无应激、无恐惧和悲伤感的自由,享有表达天性的自由。这就是由英国农场动物福利协会提出的且较为公认的关于动物福利的"5F"原则。

动物福利是健康养殖的基本内容之一,是实现人与自然的和谐共处、人为动物服务、善待动物和关爱动物的具体体现。动物福利是生产力发展到一定程度的必然要求,并与社会文明、从业者素质、经济与技术发展水平、自然资源状况和生活习惯等密切相关。随着我国限抗、减抗和禁抗的要求和无抗肉、蛋、奶形成市场的影响,动物福利是发展绿色畜牧业的必然选择,福利健康养殖势在必行。良好的动物福利是保障动物人道、突破贸易壁垒、减少贸易纠纷的需要,是提高动物自身的免疫力,实现少用药、少打疫苗,进而生产出高品质、安全的绿色动物产品的需要。我国兽医资源的70%~80%用于动物健康的疫苗防控上,良好的动物福利是合理利用各种资源,实现资源利用最大化与环境友好,促进畜牧业可持续发展的必然选择,因为动物健康是养出来的,不是防出来的,更不是检测出来的。研究和发展动物福利的最终目的,是保障动物健康,进而生产出安全、优质、健康的动物源产品,最终也是为了人的健康。提高动物福利,实质是提高人的福利。动物福利不是粗放式的自然放养或散养,而是集约化条件下通过相应的技术与设施加以保障的福利改善;动物福利不是动物需要什么就要满足什么,而是克服违反动物天性一味追求生产效益的极端做法。动物福利也不意味着一定要添加土地、设备的投入,应在正确认识动物福利的内涵、实质与实施目的基础上予以正确引导、科学平衡、合理取舍,可在现有基础上进行饲养和管理的改善。目前,我国部分养殖企业正尝试着从理念到技术与实践,推进福利养殖技术的转型

不断深入，同时，也期待着福利化现代养殖技术与设备的加快研发，进而为我国畜牧业的绿色、可持续发展做出贡献。

四、免疫接种与药物预防

（一）免疫接种

免疫接种（vaccination）是指用人工方法将疫苗等生物制品引入动物体内使其产生特异性抵抗力，使易感动物转化为不易感动物的一种手段。在生物安全体系不够健全和环境普遍受到病原污染的状况下，有组织、有计划地进行免疫接种，是防制动物传染病的一项重要措施。在某些动物传染病（如猪瘟、禽流感、鸡新城疫等病）的防制中，免疫接种更具有关键性的作用。为此，国家实施了强制免疫的措施，但这只是一个暂时性的措施，在传染病得到控制和稳定以后，就要设法加强疫源地的净化工作和生物安全体系的构建与完善。WOAH 指出"疫苗免疫是传染病防控的一个环节，是最后一个环节，而不是唯一环节"。

根据免疫接种进行的时机不同可分为预防接种和紧急接种两类。

1. 预防接种

在经常发生某些传染病或传染病潜在的地区，或易受到邻近地区某些传染病威胁的地区，为了防患于未然，在平时有计划地给健康动物免疫接种，称为预防接种。预防接种通常使用疫苗、菌苗、类毒素等生物制剂作抗原激发动物产生免疫。用于人工主动免疫的生物制剂统称为疫苗（vaccine），包括用细菌、支原体、螺旋体和衣原体等制成的菌苗，用病毒制成的疫苗和用细菌外毒素制成的类毒素。根据生物制剂的不同特点，采用皮下、皮内、肌肉注射或皮肤刺种、点眼、滴鼻、喷雾、口服等不同方法接种。接种后一定时间（几天至 3 周），动物可获得几个月至 1 年以上的长久免疫力。为了保证这项措施能取得满意的效果，应注意以下事项：

（1）预防接种应有周密的计划　为了做到预防接种有效，应对当地传染病进行流行病学调查分析，以便能有的放矢地制订当地的免疫接种计划。例如，预防猪瘟，要根据当地本病的流行情况，猪群的免疫水平，母源抗体情况，进行调查分析，并在此基础上制定出合理的免疫程序，尽可能做到头头接种，并定期检查，对新引进的猪只及时进行补种，以提高防疫密度。有些季节性发生的传染病（如虫媒性传染病等）和周期性发生的传染病，应在其流行之前进行预防接种。

当输入或运出动物时，为了避免在运输途中或到达目的地后暴发某些传染病，也应进行预防接种，可采用疫苗、菌苗、类毒素等抗原进行主动免疫，若时间紧迫，也可采用抗血清进行被动免疫，抗血清可以立即产生免疫力，但维持时间较短。

当某一地区从未发生过某种传染病时，也没有从外界传入的可能，或已彻底消灭了某种传染病，就不必进行该种传染病的预防接种，特别是不使用弱毒疫苗，以防散毒和不利于该传染病的检测与净化。

（2）接种前需注意的事项　首先应注意动物群健康状况，若动物群正在发生其他慢性传染病或康复后健康状况较差，最好推迟接种，待彻底恢复后再进行免疫接种。若动物群健壮，应按预先制订好的计划及时进行预防接种。接种前对免疫所用的一切器械应消毒，对疫苗质量严格检查，确保疫苗的质量良好，了解使用方法后，方可进行免疫接种。疫苗接种前后，应对动物群加强饲养管理，增强机体的抵抗力和免疫机能，使其产生较好的免疫力，并减少接种后的反应。

（3）接种后的注意事项　疫苗接种后经过一定时间（10~20d），应检查免疫效果。尤其是改用新的免疫程序及疫苗种类时更应重视免疫效果的检查，目前常用测定抗体的方法来监测免疫效果。通过免疫监测不仅可以评价预防接种免疫效果，而且可以评估被免疫动物的免疫机能状态，进而可及早采取有效措施以避免疫病的发生。

生物制品对动物机体来说都是异物,动物接种疫苗后一般都有一定程度的反应,所以必须详细观察。预防接种发生反应的原因很复杂,是由多方面的因素造成的。由于生物制品本身而引起的反应属于正常反应。正常反应的性质与强度随制品而异,如有些生物制品有一定毒性,接种后可以引起一定的局部或全身反应;有些制品为活疫(菌)苗,接种后实际上是发生一次轻度感染,也会发生某种局部或全身反应,但这些反应会很快消失,对动物机体的功能不会造成任何不可恢复的损伤。但如有过度反应或出现发病等情况,须及时采取适当措施,并向有关部门报告。根据反应的性质和强度可分为下列 3 种类型:

①不良反应:一般认为在接种疫苗后,动物机体产生了持久的或不可逆的组织器官损害,或功能障碍而致的后遗症,即为不良反应。

②严重反应:和正常反应在性质上没有区别,但程度较重或发生反应的动物数超过正常比例。引起严重反应的原因是多方面的,如生物制品质量较差;使用方法不当,如接种剂量过大、接种技术不正确、接种途径错误等;个别动物对某种生物制品过敏。这类反应通过严格控制产品质量和遵照使用说明书可以减少到最低限度,只有在个别特殊敏感的动物中才会发生。

③合并症:指与正常反应性质不同的反应。如超敏(血清病、过敏休克、变态反应等)、扩散为全身感染(继发感染引起)和诱发潜伏感染(如鸡新城疫气雾免疫可能诱发慢性呼吸道病)等。

严格遵守科学的操作程序、执行规范的操作技术,可有效避免或降低免疫接种诱发的不良反应。同时,接种弱毒活菌苗前后数天内,动物应停止使用对活疫苗有杀灭力的药物,以免影响免疫效果。

(4)几种疫苗的联合使用 同一地区、同一种动物在同一季节内往往可能有两种以上传染病流行。国内外经过大量试验研究,已试制成功多种动物的多种联苗。实践证明,这些联苗制剂可一针防多病,大大提高防疫工作效率,给兽医和养殖人员带来很多方便,降低劳动强度,这也是预防接种工作的发展方向。

(5)合理的免疫程序 一个地区、一个养殖场可能发生的传染病不止一种,因此,养殖场往往需用多种疫(菌)苗来预防不同的传染病。用来预防这些传染病的疫(菌)苗的性质各不相同,免疫期长短不一。所以,为了达到理想的免疫效果,需要根据各方面情况制订科学、合理的免疫程序。免疫程序(vaccination program)是指根据一定地区、养殖场或特定动物群体内传染病的流行状况、动物健康状况和不同疫苗特性,为特定动物群制订的接种计划,包括接种疫苗的类型、顺序、间隔时间、次数、方法等规程和次序。不同的传染病其免疫程序一般不相同,有的简单,有的复杂。例如,鸡马立克病和鸡痘一般只用弱毒活疫苗免疫一次,而鸡新城疫和传染性支气管炎则要用弱毒活疫苗和灭活疫苗免疫多次。各种传染病的免疫程序组合在一起就构成了一个地区、一个养殖场或特定动物群体的综合免疫程序。每种传染病的免疫程序之间都有密切联系,某种传染病免疫程序的改变往往会影响到其他传染病的免疫程序。因此,制订免疫程序时应该考虑各方面的因素。凡是有条件能做免疫监测的,最好根据免疫监测结果即抗体水平变化结合实际经验来指导、调整免疫程序。

免疫程序的制订,至少应考虑以下 8 个方面的因素:①当地传染病的流行情况及严重程度。②母源抗体的水平。③上一次免疫接种引起的残余抗体水平。④动物的免疫应答能力。⑤疫苗的种类和性质。⑥免疫接种方法和途径。⑦各种疫苗的影响。⑧对动物健康及生产能力的影响。这 8 个因素是互相联系、互相制约的,必须统筹考虑。一般来说,免疫程序的制订首先要考虑当地疫病的流行分布情况及严重程度。据此才能决定需要接种什么疫苗,什么时间免疫。首次免疫接种时间的确定，除了考虑疫病的流行分布情况外，主要取决于母源抗体的水平。如新城疫母源抗体滴度低的要早接种，母源抗体滴度高的推迟接种效果更好。

免疫过的怀孕动物所产新生后代体内在一定时间内有母源抗体存在，对建立自动免疫有一定影响，因此对幼龄动物免疫接种往往不能获得满意结果。据试验，如以猪瘟为例，母猪于配种前后接种猪瘟疫苗者，所产仔猪由于从初乳中获得母源抗体，在 20 日龄以前对猪瘟具有坚强抵抗力，30 日龄以后母源抗体急剧衰减，至 40 日龄后几乎完全丧失。哺乳仔猪如在 20 日龄左右首次免疫接种猪瘟弱毒疫苗，则至 65 日龄左右进行第 2 次免疫接种，这是目前国内认为较合适的猪瘟免疫程序。为了避免母源抗体对免疫接种的影响，初生仔猪在吃初乳以前接种猪瘟弱毒疫苗（即超前免疫），可免受母源抗体的影响而获得可靠免疫力。

目前，国际上还没有一个可供统一使用的疫（菌）苗免疫程序，各国都在实践中总结经验，通过免疫检测为基础不断研究改进，制订出合乎本地区、本场具体实际的免疫程序。

（6）免疫接种失败原因的分析　动物免疫接种后，在免疫有效期内不能抵抗相应病原体的侵袭，仍发生了该种传染病（如接种猪瘟疫苗后仍发生了猪瘟），或者效力检查不合格（如疫苗接种后测不到抗体或抗体效价达不到应有水平、抽检或攻毒保护率低于标准要求）均可认为是免疫接种失败。出现免疫接种失败的原因很多，必须从客观实际出发，考虑各方面的可能因素。事实上，每次免疫接种失败，都有其特殊的原因。下面是一些常见原因，这些原因可归纳为三大方面，即疫苗的因素、动物的因素和人为因素。

①疫苗质量存在问题，如生产的疫苗低于国家规定的质量标准而导致疫苗本身的保护性能差，或具有一定毒力，如猪副伤寒菌苗、鸡喉气管炎疫苗和鸡法氏囊病中毒疫苗等。

②合格疫苗因运输、保存、配制或使用不当，使其质量、含量下降甚至失效，或使用过期、变质的疫苗。

③疫苗毒（菌）株与田间流行毒（菌）株血清型或亚型不一致；或流行株的血清型发生了变化，如口蹄疫、禽流感、传染性支气管炎等都有这种情况；或疫苗选择不当甚至用错疫苗，在传染病严重流行的地区，仅选用安全性好但免疫原性差的疫苗品系，如在有速发性嗜内脏型新城疫流行的地区选用了 Ⅱ 系或 Ⅲ 系疫苗，只用于成年鸡的新城疫 Ⅰ 系疫苗却误用于雏鸡等。

④免疫程序不合理，不同种类疫苗之间的干扰作用，如雏鸡法氏囊中等毒力疫苗与其他疫苗同时接种或间隔太近接种等。

⑤接种活疫苗时动物有较高的母源抗体或前次免疫残留的抗体，对疫苗产生了免疫干扰。

⑥接种时动物已处于潜伏感染状态，或在接种时由接种人员及用具带入病原体，如先天性猪瘟感染猪及亚临床感染猪，长期带毒、排毒，具有免疫耐受性，其接种疫苗后不仅不能产生免疫力，反而激发猪瘟，甚至因注苗针头引起猪瘟病毒的扩散。

⑦动物群中有免疫抑制性疾病存在，如猪圆环病毒病、猪繁殖与呼吸综合征、鸡法氏囊病、牛慢病毒感染等；或有胚源性传染病或其他传染病存在，动物处于亚健康状态而导致发病或免疫失败。

⑧畜牧生产力发展不均衡，防疫措施不力，多种疾病感染以及饲养管理水平低，各种应激因素的影响等，使动物免疫力降低。

⑨免疫接种工作不认真，免疫接种途径或方法错误，疫苗稀释错误（用消毒自来水稀释）或稀释不均匀，如只能注射的灭活疫苗却采用饮水法接种，饮水免疫时饮水器不足，免疫剂量不足或有遗漏等。

⑩药物的干扰：免疫接种前后使用了免疫抑制性药物，或在活疫苗免疫时使用了抗菌抗病毒

药物。

2. 紧急接种

在发生传染病时,为了迅速控制和扑灭传染病的流行,而对疫区和受威胁区尚未发病的动物所进行的应急性免疫接种,称为紧急接种(emergency vaccination)。从理论上说,紧急接种以使用免疫血清或高免卵黄液较为安全有效。多年来的实践证明,在疫区内使用某些疫(菌)苗进行紧急接种是切实可行的,尤其适合于急性传染病。

在疫区应用疫苗紧急接种时,由于在外表正常无病的动物中可能混有一部分潜伏期患者,这一部分患者在接种疫苗后不能获得保护,反而促使它更快发病,因此在紧急接种后一段时间内动物群中发病反有增多的可能,但由于这些急性传染病的潜伏期较短,而疫苗接种后又能很快产生抵抗力,因此发病不久即可下降,最终能使流行很快停息。若用免疫血清或抗体进行紧急接种时,可不分病健均可接种,并使疫情很快停息。

(二)药物预防

药物预防(chemoprophylaxis)即通过使用药物,防止感染或发生某种疾病的措施。实践证明,在具备一定条件时,对某些传染病采用应用群体药物防治方法可以收到显著效果,至今仍然是某些养殖场用于动物传染病防控最常用的措施。但药物预防弊端也随着现实的发展而日益得到业内人士的广泛共识:

①抗生素和化学合成药物在动物产品肉、蛋、奶、毛、皮中残留,危害人体健康,如产生"三致"和过敏,可能产生人类目前的科学水平还未能了解的疾病或潜在危害。

②导致动物体内外的微生物产生多重的耐药性或抗药性,药效降低,用药量不断增加,使养殖成本不断增加的同时也使药物残留更为严重,形成恶性循环。

③动物长期使用或滥用抗生素后,在抑制致病微生物的同时,也杀灭了动物体内有益的微生物菌群,使机体正常微生态体系失衡,造成动物抗定植能力的下降,内源性或外源性感染的概率增大。

④使动物对药物产生依赖,使抗病能力下降。抗生素和化学合成药物能够抑制动物免疫系统的生长发育,降低动物的免疫功能。

为了克服药物长期使用与滥用以及抗生素等药物所带来的种种弊端,必须大力推进动物养殖场生物安全生产体系的建设与完善,积极倡导和实施动物传染病综合性防控措施与标准化的健康养殖方式,尽力做到使动物群无病、无虫、健康和环境干净、清新。在必须或需要使用抗生素等药物之前,最好能够进行药敏试验并根据药敏试验结果,选择高敏药物用于预防,并在产蛋前或屠宰前停止一段时间的使用。同时,世界各国的科学家正在努力寻求和研发无毒、无副作用的新型防控制剂,而微生态制剂、中医药制剂等正以其绿色安全、无(低)毒副作用、无(低)耐抗药性和无(低)残留的优点逐步成为替代抗生素类添加剂的主力军。具体可参见前述"扑杀与治疗"相关内容。

五、建立无特定病原动物群与抗病育种

1. 无特定病原动物

无特定病原(specific pathogen free,SPF)动物指饲养管理在特定的环境条件下,不含有指定的病原微生物及寄生虫病,呈明显健康状态的动物,或是指不存在某些特定的具有病原性或潜在病原性微生物或寄生物的动物,即一个动物群中不患有特定病原体所引起的疾病,动物呈明显健康状态。如无猪肺炎支原体病、猪瘟、猪痢疾、猪萎缩性鼻炎、猪伪狂犬病、猪传染性胃肠炎、弓

形体病等疫病病原体和虱、螨的猪群，我国已发布了《SPF猪病原的控制与监测》(GB/T 22914—2008)国家标准。无鸡白痢沙门菌、禽败血支原体感染、鸡马立克病毒、白血病病毒等的鸡群，即可认为是无特定病原鸡群了。在我国，目前只要严格做到动物中不存在可经垂直传播的传染病病原及抗体，以及目前国内常见多发传染病的病原或抗体及寄生虫，即可认为已建立了SPF动物群。现行的中华人民共和国国家标准《SPF鸡微生物学》(GB/T 17999—2008)规定了对SPF鸡和SPF鸡蛋中19种病原微生物学的监测要求，有的SPF鸡检测病原种类已达到31种。

利用SPF技术将核心动物种群SPF化。用SPF技术净化种用动物场，通过建立SPF动物群可以消除动物群中的某些难以根除的顽固性疫病，从而培育出健康动物群，达到净化疫病的目的，以提高生产效率，促进畜牧业的发展。利用SPF动物可以更准确地研究病原体对机体的致病作用机理，以制定出有效的传染病防制措施。使用SPF动物及其产品进行生物制品的生产，可以保证生物制品的质量。

2. 抗病育种

抗病育种(breeding for disease resistance)尽管以疫苗接种为主的免疫预防，在控制动物传染病特别是病毒性传染病和细菌性传染病方面发挥了重要作用，但近些年来，随着规模化养殖业的快速发展和养殖方式的改变，一些古老的传染病又重新流行，新传染病也时有发生；某些病毒存在着抗原漂移现象，并出现了一些变异株或超强株，血清型增多；在新生动物，母源抗体干扰疫苗效果的现象较为严重；弱毒疫苗还有毒力返强和重组的危险。因此，单纯依靠预防接种并不能完全控制和消灭传染病的流行，人们在利用传统防制措施的同时，一直在探索着新的防疫和灭疫方法。鉴于传染病流行过程中的个体抗病性的差异，从遗传本质上提高饲养动物对传染病的抵抗力自然成为一种重要的选择，筛选和培育抗病动物的新品系就是其重要的研究领域之一。抗病育种包括以下内容：

(1) 自然抗病性能动物的直接选择　抗病性状的直接选择，选育方法有两种，一种是利用后裔检测法或用感染种群的幸存者进行繁殖；另一种选育方法是以血型为基础的。在正常生产状态下通过直接观察和记录发病情况进行选育，虽然对动物的生产不会造成不良影响，且费用较低，但在未发生传染病的情况下，抗病力难以表现出来，结果不明确。同时，要求大量的基础群和进行攻毒所需的专门环境条件，必要时还需进行后裔测定，这需增加世代间隔，育种成本高。此外，直接选育尚存在抗病力的遗传性能不够稳定、耗时太长等难以克服的困难。因此，尽管自然抗病性能动物的直接选择已得到广泛的应用，但由于采用病原体感染饲养群的方法来选育尚存在较多的困难和限制，近年来人们更热衷于采用以分子遗传标记为基础的间接筛选法。

(2) 分子遗传标记辅助选择　遗传标记辅助选择(MAS)就是利用DNA水平的选择来代替以表型为基础的选择，以提高选种的效率和选种的准确性，特别是对抗病性状和中等遗传力性状的选择。遗传标记多以DNA水平上的多态性为基础的，现已发现许多疾病都有标记基因或标记性状，包括主要组织相容性复合体(MHC)、限制性片断长度多态性(RFLP)、随机引物扩增DNA多态性(RAPD)等。寻找受控于多基因或单基因的抗性性状与遗传标记，特别是分子遗传标记，并根据这些标记进行辅助选择，可以克服直接选择的缺陷，显著提高选择的准确性和遗传稳定性，缩短世代间隔，是当前和将来抗病选择的一个重要内容和发展方向。分子遗传标记不仅为辅助性选择提供了方便，而且为进一步分离和鉴定抗性单基因，培育转基因动物奠定了物质基础。

(3) 转基因动物抗病育种　转基因(transgenesis)是指借助基因工程技术将确定的外源基因导入动植物的染色体，使其发生整合并遗传的过程。从广义上讲，所有向微生物、动植物细胞以及动植物个体导入外源基因都可称为转基因。应用转基因技术培育成功的携带外源基因并能遗传的动物个体或品系，就是转基因动物。转基因动物抗病育种就是利用 DNA 重组技术，在体外构建所期望的遗传表型（如有抗病性）的基因，并导入动物受精卵，建立转基因动物，再结合常规育种技术，最终获得具有稳定抗病表型的动物品系的育种方法。转基因动物抗病育种是建立在多学科基础上的新设想和新尝试，用基因转移的方法培育抗病动物品系是当前热门的研究领域之一。

第六节　中长期动物疫病防制规划和动物疫病区域化管理

　　动物防疫工作事关养殖业生产安全、动物产品质量安全、公共卫生安全及生态环境安全，更是政府社会管理和公共服务不可推卸的重要职责。动物疫病控制和消灭的程度，不仅反映出一个国家的兽医事业发展的水平，也是衡量一个国家的经济社会发展水平、社会治理能力和科技能力的重要指标之一。中华人民共和国成立以来，我国在动物传染病防制方面也取得了突出成就，确保了养殖业持续发展和人民健康安全，维护经济发展和社会稳定。在不到 7 年的时间内即于 1956年率先消灭了存在我国数千年肆虐的牛瘟，1996 年又宣告彻底消灭了曾使我国遭受巨大经济损失的牛肺疫，基本上消灭了马鼻疽、马传贫，并成功控制了猪瘟，口蹄疫、新城疫、高致病性禽流感和高致病性猪蓝耳病等重大动物疫病。牛结核病、布鲁菌病、炭疽、狂犬病、猪丹毒、猪肺疫、猪肺炎支原体病、流行性乙型脑炎、猪大肠杆菌病、猪副伤寒、猪传染性胃肠炎、传染性支气管炎、传染性喉气管炎、慢性呼吸道病、痘病等重要疫病也得到了相当程度的控制。

　　但是也应当看到，在动物疫病的控制与消灭上，我们与世界发达国家相比还相差甚远，尤其是近几十年来，随着改革开放和市场经济的建立，"短、平、快"的养殖业蓬勃兴起，养殖动物及其产品跨区跨界的流动日益频繁，加之从业人员素质普遍较低，组织化程度以及防疫基础被弱化，配套政策严重缺失或滞后，防疫责任主体错位及监督措施乏力，从而造成了疫病侵入和传播流行的诸多条件。同时，鉴于我国地域辽阔，地理生态多样，动物种类众多，动物饲养量庞大，随着畜牧产业化的快速推进，动物养殖规模不断扩大，养殖密度不断增加，养殖动物抵抗力普遍低下，加之养殖场生物安全体系构建意识淡薄，致使感染病原机会增多，病原变异概率加快，动物疫病发生与传播的风险日益加剧。此外，由于动物传染病种类繁多，发生频率高，重视兽药和疫苗的防控而轻视疫病净化与根除的短期行为现象十分突出，进而使得动物养殖业一直面临着老病未除、新病频发和多重感染突出的复杂与严峻局面。目前，我国仅外来或新发动物疫病的种类与数量，都远远超过了已控制和消灭动物疫病的种类与数量，甚至陷于了这样的怪圈：其一旦侵入或发生，很快即由点到面并很快扩散至全国，其中的部分疫病则呈现出地方性流行或长期存在。因此，制定和实施中长期动物疫病防制规划和动物疫病区域化管理，尤为显得突出与必要。其不仅在一些发达国家和部分发展中国家获得明显的实践效果，而且也被联合国粮食及农业组织（Food and Agriculture Organization，FAO）、WOAH 等积极倡导，更是我国能够迅速控制和扑灭重大动物疫病的经验总结之一。

一、中长期动物疫病防制规划

　　中长期动物疫病防制规划，按层次不同可分为国际或洲际区域性的、国家及其各级行政区域和各养殖企业的中长期动物疫病防制规划，其中，以国家中长期动物疫病防制规划最具代表性与纲领性。防制规划应以构建不同区域性养殖生态的生物安全屏障为基础，并依据防制目标的不同而分为扑灭计划、控制计划和健康促进计划 3 种形式。扑灭计划是指在某一国家、某一洲或其他有限的地理区域内扑灭某种动物疫病；控制计划是指把一种疾病的发病率或患病率大大降低；健康促进计划是指净化某些常发的动物疫病，促进动物健康。

从国内外防制规划的实施效果看，多种重大动物疫病被有效控制或扑灭，使得防控费用减少，国际贸易壁垒消除，畜牧业得以健康发展，取得了明显的社会效益和经济效益。目前，在部分国家和部分区域中，口蹄疫、猪瘟、新城疫、高致病性禽流感、牛瘟、牛肺疫、结核病、布鲁菌病等多种动物疫病已得到控制和扑灭，其实践与经验对建立我国动物疫病防控策略以及制定实施动物疫病防制规划具有积极的借鉴意义。

国家中长期动物疫病防制规划（national medium-to-long term plan for animal infectious disease countermeasure），是由中央政府组织多部门和多行业共同参与实施的一种国家行为。我国中长期动物疫病防制规划的制定，应在充分理解和把握动物防疫工作基本原则的基础上加以充分准备。

1. 科学合理设定规划的目标

目前，我国动物疫病种类繁多，需要控制和扑灭的动物疫病种类远远超出国家的实际承受能力。在这种情况下，哪些疫病应该防范、控制或扑灭，哪些疫病应该由中央政府、地方政府或企业自主负责以及各自承担的职责与义务，都需要在构建和完善生物安全条件和强化健康养殖的基础上加以确定。确定规划的病种和优先顺序，主要依据是动物疫病的危害程度，并兼顾已经通过控制净化并具备了根除条件的疫病，同时，还要及时防制新出现的疫病和有效防范外来疫病。根据危害程度，首先考虑的是我国一类和二类动物疫病中重大动物疫病和严重威胁公共卫生安全的人兽共患病的扑灭计划；其次是对二、三类动物疫病进行的综合防制计划，并以常发的重要疫病和垂直传播疫病为重点；最后是对上述规划中尚未包括的其他动物疫病实施防制。

2. 规划应分步骤、分阶段组织实施

中长期动物疫病防制计划是一项长期、高投入的系统工程，实施周期长、耗资大、占用技术和管理资源多，因此，应结合实际，科学评估自身资源，按照先后顺序逐步提出切实可行的防制计划，并在提出计划前做好充足的工作准备：

（1）要对拟制定控制扑灭计划的动物疫病进行详细普查摸底 只有充分获得该动物疫病真实全面的流行病学资料，摸准扑灭工作面临的制约因素，才能正确评价疫病防控的难易程度，进而确定控制和扑灭目标。

（2）制订疫病扑灭计划要有长期打算、分步实施 我国饲养动物种类多，养殖基数庞大，养殖模式多样，组织化程度较低，政府宏观调控能力尚有待提升，此决定了疫病防制扑灭工作应有长期努力的准备。

（3）根据实际需要分别制定各个阶段的不同目标和策略 通过一系列政策和法律法规的引导、区域划的管理和分阶段实施等，以促进各地区依据自身资源状况拟定出疫病扑灭计划，并按照不同阶段的目标自行确定执行的措施与进度。

3. 规划的制定和实施需要有健全的政策法规、不断完善的技术标准体系和稳定的资金投入的保障机制

规划的制定和实施涉及多方的责任和利益，必须建立由政府主导、各相关部门、行业和企业共同参与的多方协作机制，并依靠法律法规将其上升为国家行为和具有一定的强制性。同时，规划组织实施，应明确和规范的相关责任体系、制度体系与监管体系，从而使得规划的实施具有可执行性。不断完善的技术标准体系是防制规划执行中规范性与可靠性的基础，现代相关的科学研究及其科技成果均应体现在疫病防制的具体措施上，并以较小代价来实现最佳疫病防制效果。此外，动物疫病控制的监测评估与扑灭淘汰销毁等经费能否及时足额到位，将直接关系到防制计划实施的成败，因此，必须建立合理的中央、地方政府以及产业界的财政分担和投入的保障机制，实行长期稳定的财政投入和支持,以保证疫病扑灭行动的顺利展开和防制目标的最终实现。

4. 防制计划应在实施过程中得到不断完善和发展

动物疫病控制扑灭计划并不是固定不变的,在计划实施过程中,随着疫病发生、变异与流行状况、防制疫病新方法的研制成功、经济或政治状况等对防制工作开展的条件发生改变,尤其是外来疫病侵入与威胁和新的重大公共卫生疫情出现,防制计划的控制策略和计划进程等就要进行及时的评估和修订,甚至调整规划的内容和目标。

2012年5月20日,国务院办公厅印发《国家中长期动物疫病防治规划(2012—2020年)》。该规划由当时的农业部牵头,会同发展改革委、财政部、卫生部共同编制。从2009年3月开始,分两个阶段并历时3年才完成。应该说该规划凝结着广大动物疫病防制工作者的智慧和心血,凝聚着行业的共识,是动员系统、行业和社会力量参与的结果,是集体智慧的结晶。这也是新中国成立以来,国务院发布的第一个指导全国动物疫病防制工作的综合性规划,标志着动物疫病防制工作在国家政策的顶层设计上有了全新的总体部署。该规划分为:面临的形势,指导思想、基本原则和防制目标,总体策略,优先防制病种和区域布局,重点任务,能力建设,保障措施,组织实施共计8个部分。它是我国在这个时期指导动物疫病防制工作的纲领性文件,并使动物防疫工作步入规划引领、科学防制的新阶段。

通过综合评估经济影响、公共卫生影响、疫病传播能力,以及防疫技术、经济和社会可行性等各方面因素,该规划确定了16种优先防制的国内动物疫病,主要是严重危害动物生产和危险人类健康的动物疫病,包括一类动物疫病5种,二类动物疫病11种。其中,经济危害比较严重、政治影响较大的重大动物疫病有口蹄疫(A型、亚洲Ⅰ型、O型)、高致病性禽流感、高致病性猪蓝耳病、猪瘟、新城疫。公共卫生意义重大的人兽共患病有布鲁菌病、奶牛结核病、狂犬病、血吸虫病、包虫病。已经基本具备消灭条件的疫病有马鼻疽、马传染性贫血。对种用动物影响严重的垂直传播性疫病有沙门菌病、禽白血病、猪伪狂犬病、猪繁殖与呼吸综合征等。同时,在综合评估传入风险的基础上,确定了疯牛病和非洲猪瘟等13种当时重点防范的外来动物疫病。

《国家中长期动物疫病防治规划(2012—2020年)》的实施,使我国动物疫病防控工作取得显著成效,全国消灭马鼻疽,基本消灭马传染性贫血,牛肺疫保持无疫状态、疯牛病风险可忽略水平得到了国际认可,同时,我国基础科技实力和疫病防控能力有了显著的提高,在保障养殖业生产安全、动物产品安全、公共卫生安全及生态环境安全方面发挥了关键支撑作用。但这些与人民的日益增长的动物产品安全需求以及先进国家动物疫病防制水平相比还有相当的差距,甚至在某些基础研究水平不低于世界先进水平,却仍然无法控制当前动物疫病新发、再发以及多种疫病混合感染;区域规划、生物安全屏障和健康养殖水平尚远不尽人意,过度使用或依赖疫苗的现象依然十分顽固,养殖动物普遍存在着亚健康状态;重点防范的非洲猪瘟依然传入并迅速肆虐泛滥,给我国养猪业造成了沉重打击与巨额损失,进一步推高了物价并增加了广大人民群众的基本生活成本等。

鉴于此,我们应认真总结经验与教训,以动物防疫工作基本原则为基准,充分把握动物防疫工作当前有条件、有基础、有保障的重要战略机遇期,认真贯彻落实新理念新战略,积极适应新时代新要求,大力推进动物疫病区域化防制的实践与创新,有效促进无规定疫病区范围的不断扩大和动物疫病的净化与消灭。

二、动物疫病区域化管理

鉴于我国动物疫病的肆虐横行,创新动物疫病防制理念、有效防制重大动物疫病、保护畜牧业健康发展，已成为摆在全体畜牧兽医工作者面前的首要任务。

动物疫病区域化管理是当前国际通行的动物卫生管理模式。20 世纪 90 年代初，WOAH 提出了用区域化管理措施来控制消灭疫病，以减少动物疫病对国际贸易的影响。世界贸易组织（World Trade Organization，WTO）于 1995 年成立后，其 WTO/SPS 协议（实施动植物卫生检疫措施的协议）进一步明确了国际贸易认可无疫区或低度流行区的基本原则，进一步推动了区域化措施在防控动物疫病及促进国际贸易的应用。我国加入 WTO 进程后，借鉴国际通行的无规定动物疫病区建设经验，当时的农业部于 1996 年开始第一期动物保护工程研究起草工作，首次提出了动物疫病区域化管理的理念，并于 1998 年开始启动了建设无规定动物疫病区的探索。随后，我国动物疫病区域化管理迅速发展。经过 20 年来的不断实践与完善，动物疫病区域化管理及其无规定动物疫病区建设，现已成为我国动物疫病防制的重要措施，并取得了明显的成效。其实，我国最早可追溯到 20 世纪 50 年代开始的防控口蹄疫等以及消灭牛瘟、牛肺疫所采用的划定疫点、疫区和受威胁区措施，这也是我国动物疫病区域化防制的雏形。

动物疫病区域化管理（regional management of animal disease）是指成员国家为了控制动物疫病和/或促进国际贸易，按照国际规则的规定，根据特定动物疫病的流行病学特点、环境因素和生物安全措施等，以及不同动物亚群体的动物卫生状况，在其领土内划分地理区域并实施持续管理的过程。动物亚群体是指动物群体中可通过地理、人工屏障或生物安全措施实施流行病学隔离的部分动物群体，该部分动物群体可以有效识别且规定动物疫病情况清楚。可见，动物疫病实施区域化管理是在充分考虑畜牧业经济和公共卫生等条件的基础上，针对某一特定区域，采用法律、行政、经济、技术等综合措施，集中人力、物力、财力资源，建立完善的屏障体系（包括地理屏障、人工屏障或生物安全屏障等），并按计划、有重点地控制和扑灭某一种或几种动物疫病，从而提升区域内动物卫生水平，促进动物和动物产品贸易。

由于在全国范围内建立并保持某种动物疫病的无疫状态是非常困难的，动物疫病区域化防制适用于整个国家建立和维持无疫状态比较困难的动物疫病，特别是那些传入以后在国内很难根除或净化的疫病。区域化防制基本程序：通过自然或人工地理屏障，或通过采用相应的管理规范，将不同动物卫生状况的动物亚群体隔离；在区域内采取包括流行病学调查、检测、动物及动物产品流通控制等综合措施，对特定动物疫病进行控制、净化和消灭；通过屏障体系实现和维持无规定疫病状态。

通过区域化防制的不断探索与实践，我国初步形成了区域区划、生物安全隔离区划、边境动物疫病控制区等几种区域化防制模式，并示范带动了区域外的动物疫病防制工作。随着区域化防制工作的全面深入推进，结合国家以及各地的中长期动物疫病防制规划的执行，必将进一步在全国范围内进一步采取分区域、分类型、分阶段、分病种对动物疫病实施区域化防制，探索创新出更加有效的防制模式，及时组织开展评估验收；进一步完善优化评估防制程序，明确无疫区资格暂停、撤销及恢复等相关要求，建立科学合理、易于操作的无疫区进入退出防制制度，最终实现无规定动物疫病区的维持，彻底消灭规定疫病。

地区区划/区域区划（zoning/ regionalization）是指一个国家为控制特定动物疫病和促进国际贸易，根据国际规则的规定，对其国土按不同的动物卫生状况划分地理区域的过程。其适用于具有相应地理基础或以天然屏障为基础界定的特定动物亚群，目标是实现一定区域的无疫状态。这里所谓的地区/区域（zone/region）是指动物卫生状况、地理或行政界线清楚的地理区域。区域的范围和界限应该由兽医主管部门基于自然、人为或法律的界限来划定，并通过官方渠道公布。

区域区划是动物疫病区域化防制的一种主要的模式。在实施该模式防制时，应在借鉴国际有关区域区划成熟经验并遵循其通用原则的基础上，结合我国实际以研究制定出我国的区域区划原则。在选择特定动物疫病病种时，应根据不同病种自身特点、流行状况与危害严重程度、自然屏障特点、贸易需求和社会政治经济基础加以筛选；在划定防制特定动物疫病的区域范围时，应充分利用地理条件、动物疫病的分布与流行特点、优势畜牧业的分布和配套支撑状况及省级行政区域等加以界定。

生物安全隔离区划(compartmentalization)是指一个国家和地区对于境内一种或几种特定动物疫病卫生状况清楚的动物亚群体进行定义和管理的过程。生物安全隔离区划是动物疫病区域化管理的一种重要模式，它是由泰国正大集团首次提出的，它是以动物生产企业(集团)的部分生产单元为基础，通过实施统一的生物安全管理措施，达到防控和净化动物疫病、促进贸易发展的目的。生物安全隔离区划适用于一个应用了相同生物完全管理体系的特定动物群体，目标是建立生物安全隔离区。可见，生物安全隔离区划是动物疫病区域化防制中较区域区划防疫控制模式更接近于控制净化的一种模式，隔离区的有关规定应该由兽医主管部门基于相关的标准(如生物安全管理和良好饲养规范)而制定，并且通过官方渠道公布。

生物安全隔离区(compartment)是指对处于同一生物安全管理系统下的动物亚群，采取检疫、监测、控制等生物安全措施，建立并维持无一种或无多种特定动物疫病状态的一个或多个动物养殖、屠宰、饲料场和加工场等一系列生产单元。生物安全隔离区是以企业为核心和基础的，生物安全隔离区建设的核心理念是生物安全管理体系建设，并对所选的特定动物疫病采取严格的生物安全管理措施，以确保区域内特定卫生状况的动物亚群体与外界的流行病学单元进行有效隔离，防范体系内动物疫病的发生与传播，从而实现企业内特定动物疫病的处于无疫状态。

无规定动物疫病生物安全隔离区(specific animal disease free compartment)，我国称为无规定动物疫病区(specified animal disease free zone)，是指处于同一生物安全体系下的养殖场区，在一定期限内没有发生过某种或某几种规定动物疫病的若干动物养殖和其他辅助生产单元所构成的特定区域，即生物安全隔离区划中最终消灭了规定动物疫病的维持生产区域，故简称无疫区(free zone)。规定动物疫病(specified animal disease)是根据国家或某一区域动物疫病防制的需要而被列为重点控制或消灭的动物疫病。根据是否在区域内采取免疫措施，无规定动物疫病区分为非免疫无规定动物疫病区和免疫无规定动物疫病区。

无规定动物疫病区的理念是通过建立统一的生物安全管理体系，对特定动物疫病实施监测、控制和生物安全管理，防范动物疫病发生及传播风险，实现并持续维持养殖场区包括其他辅助生产单元特定动物疫病无疫状况。无疫区的各个生产单元不受地理位置限制，通过实施基于风险管理的生物安全措施和建设必要的人工屏障、地理屏障，从而实现对特定动物疫病进行防控的目的。

基于动物疫病发生和流行规律以及我国动物防疫工作现状的基础上，对我国动物疫病进行区域区划并实施动物疫病区域化管理，是推进我国无规定动物疫病区建设发展战略的基本前提。动物疫病的发生和发展是自然因素和社会因素共同作用的产物，并呈现疫病"三间分布"与综合的流行特点与特征。通过一定的动物疫病区划方法体系对动物疫病流行区域进行区划，可将动物疫病流行区域按程度不同分成洁净区、散发区、中度流行区、较重流行区和严重流行区5个等级。通过分析各区域的地理分布和疫病流行特点而采取区域化防制的策略：洁净区是动物疫病的消灭和无规定动物疫病区建设的首选区域，主要采取扑杀与净化的措施；散发区是建立隔离带阻止动物疫情传播，并通过免疫等技术手段使散发区逐步转化为洁净区；中度流行区可适度发展畜牧业但需控制疫病的发展和扩散，并严禁动物和动物产品的外调和出口；动物疫病较重区和严重区主要源于外传疫病，其主要分布在我国的边界地区和引入及其扩散的区域，需采取积极防范和应急响应的防制措施。

实施动物疫病区域化管理是控制消灭动物疫病的有效措施，并在国内外都获得了成功实践。20 世纪 90 年代以来，欧美畜牧业发达国家先后制定了区域化管理的法律法规制度，促进了动物疫病的控制和扑灭。近年来，巴西、阿根廷、泰国等国家开展无疫区和无疫小区建设，有效控制和消灭了口蹄疫等重大动物疫病，其中，泰国通过禽流感无疫小区建设，成功控制了禽流感疫情。实施动物疫病区域化管理是我国畜牧养殖业发展到一定阶段时公共卫生安全和动物产品食品安全管理发展的必然阶段和现实需求。对于地域广阔、动物疫情复杂、畜牧业发展水平区域间差别明显的国情，要想在全国范围内建立并保持某种动物疫病的无疫状态是非常困难的。实施动物疫病区域化管理，逐步建设无规定动物疫病区，是适合我国国情的动物疫病防制措施，同时，也是加快推进现代动物疫病防控体系建设、提升区域内动物卫生水平、有效防制重要动物疫病、促进畜牧业可持续健康发展和动物及其产品的国际贸易的重要手段和基本保障。近些年来，我国先后启动建设一批无规定动物疫病区的创建区和示范区，多个省份开始实施动物疫病区域化防制并积极探索建设无疫区，提高了区域动物卫生水平，保障了养殖业健康发展，促进了畜牧业转方式调结构，并取得了显著的经济社会效益。

WOAH 推荐可以对 60 多种动物疫病实施区域化管理，并分别规定了这些动物疫病的无疫区、无疫生物安全隔离区、无疫场群或季节性无疫标准等。在 2019 年（第 28 版）WOAH《陆生动物卫生法典》所列的 88 种动物疫病中，共制定了 40 余种动物疫病防控的无疫标准，包括无疫国家、无疫区、无疫小区、无疫养殖场和动物群的相关标准。我国 2016 年更新发布了《无规定动物疫病区管理技术规范》，2017 年公布了《无规定动物疫病区评估管理办法》和无规定动物疫病区评审细则，2019 年公布了《无规定动物疫病小区管理技术规范》，并出台了《动物疫病净化示范区评估标准（试行）（2019 版）》，累计先后发布（含更新）了近 20 种规定动物疫病的无疫区标准和一系列相关配套的规范或标准。以上为我国规定动物疫病的防制提供了可操作性的技术支持。

总之，我们应充分领会并把握动物防疫工作的时代新要求与机遇，制定、贯彻与落实各级中长期动物疫病防制规划，大力推进以无规定动物疫病区工程计划为目标的动物疫病区域化防制实践与创新，积极总结与推广，运用行政、法律、技术和经济等手段，统一规划布局，统一实施程序，统一执行标准，完全可以在较短时间内有组织、有计划、分步骤地将已经控制的某些动物疫病分病种、分期、分批地予以净化和消灭，以实现无规定疫病乡、区县和最终实现无规定疫病的省与国。我们须加强宣传引导并施行坚强的组织化领导，切实将动物防疫工作基本原则落实到动物疫病防制过程中，持之以恒，经过不懈努力，才有可能达到预期目标。

复习思考题

1. 解释下列名词：防疫、防制、净化、消灭、检疫、产地检疫、口岸检疫、隔离、封锁、假定健康动物、微生态制剂、中药制剂、消毒、终末消毒、化学消毒法、生物热消毒、生态预防、养殖场生物安全、动物福利、免疫接种、免疫程序、多联苗、多价苗、免疫失败、无特定病原（SPF）动物、转基因、转基因动物、动物疫病区域化管理、无规定动物疫病区。

2. 在实际工作中，养殖场生物安全应坚持"预防为主"的原则，具体体现在哪些方面？

3. 简述防疫工作的基本原则与基本内容。

4. 当疑似发生重大动物疫情时，应如何依法组织和实施对该疫情的有效扑灭？

5. 简述动物传染病实验室诊断的一般程序与方法。动物传染病的常用诊断方法有哪些？各有何特点？

6. 微生态制剂调整疗法有何优点？其作用机理是什么？

7. 如何理解中药制剂的作用机制？如何进一步发挥和挖掘中药制剂的作用？

8. 常用消毒方法和种类有哪些？各有什么特点及其适用要求？生物热消毒的原理及其应用中应注意什么？

9. 影响化学消毒剂使用效果的因素有哪些？常用化学消毒剂的类型及其作用特点是什么？实践中如何选择理想的消毒剂？

10. 制定免疫程序和实施免疫接种时应注意哪些问题？可能导致免疫失败的原因有哪些？

11. 建立无特定病原动物群的目的和意义是什么？

12. 构建养殖场生物安全生产体系的目的与意义是什么？如何构建养殖场生物安全生产体系？

13. 标准化养殖园区的主要内容是什么？在实践中还存在哪些较为突出的问题？

14. 试述养殖业组织化意义。如何有效提升养殖业社会组织化程度？

15. 中长期动物疫病防制规划和动物疫病区域化管理对我国动物疫病防制有何现实指导意义？

第三章

多种动物共患的传染病

本章学习导读：本章涉及的多种动物共患病较多，病毒病有 15 种，细菌病有 22 种。现就各自特点做一归纳总结。

1. 在多种动物感染的病毒性传染病中，按发生的频率和危害，分为三大类：

(1) 发生的频率较高和危害大的有口蹄疫、流感、流行性乙型脑炎、狂犬病和伪狂犬病 5 种，这些传染病传播快，一旦发生，造成的经济损失是巨大的。其中，流感、流行性乙型脑炎和狂犬病直接影响到人类健康和社会安全。口蹄疫、伪狂犬病主要危害养猪业，对牛、羊等也可造成危害，目前均有疫苗防控。

(2) 危害相对较小的有脑心肌炎、森林脑炎、传染性脓疱、痘病和轮状病毒感染 5 种，其中轮状病毒可感染多种动物，引起腹泻，但以幼龄动物为主，尤其是对婴幼儿是一种危害严重的传染病。痘病以绵羊痘、山羊痘和鸡痘较多，均有相应疫苗免疫预防。传染性脓疱主要危害羊群，可用当地同型病毒制苗免疫。近年我国从发病猪群中也分离出脑心肌炎病毒，需引起注意。森林脑炎历史上曾有发生，现很少见，关键在于杀灭传播媒介——蜱。

(3) 海绵状脑病、水疱性口炎、裂谷热、尼帕病和亨德拉病 5 种传染病我国尚无发生，其防疫重点应放在防止外来病传入。

上述传染病均是人兽共患传染病。病毒病在寒冷季节发生较多，在秋冬、冬季或早春寒冷季节流行更为猛烈。这可能与病毒的特性有关，寒冷季节有利于病毒的生存。对病毒性动物传染病，研发疫苗进行预防是一条重要路径。主要基于：

①病毒病缺少药物防治。人类虽发现了抗生素，但对病毒病无能为力。病毒病尚具有病毒变异快的特点，目前研发疫苗的速度又远不及病原变异的速度，因此防控病毒病难度大。

②病毒病越来越多，主要依靠制作疫苗来进行免疫防控。由于人类的干预和全球气候变化，致使病毒不断重组和变异，产生的新病越来越多，对人类的生存和畜牧业发展构成了重大威胁。如 21 世纪影响最大的、席卷全球的新型冠状病毒肺炎。

③病毒的结构相对简单，制作疫苗进行免疫预防效果相对较好。

2. 在多种动物感染的细菌性传染病中，按其对畜牧业的影响和发生的频度，也分为三大类：

(1) 发生普遍，对畜牧业发展的影响极大，并严重影响人类健康的有大肠杆菌病、沙门菌病、巴氏杆菌病、布鲁菌病、结核病、链球菌病 6 种病。这 6 种病感染的动物种类多，其中，布鲁菌病、结核病的病原菌均是胞内菌感染，临床上以慢性多见，病原菌检测均用特殊染色法，在公共卫生上有其重要意义。布鲁菌病有检疫、疫苗免疫接种等防控手段。唯动物结核病不用疫苗，而采用检疫、淘汰阳性感染动物的方法进行防控。大肠杆菌病、沙门菌病、巴氏杆菌病和链球菌病，临床上病型也很多，病原血清型复杂，需要采取多种综合措施进行防控。

(2) 呈散发或地方性流行，对畜牧业发展有一定影响，并影响人类健康的有衣原体病、附红细胞体病、炭疽、破伤风、李氏杆菌病、鼻疽、钩端螺旋体病 7 种病。

(3)发生较少，许多是食入或经伤口感染。弯曲菌病、耶尔森菌病、棒状杆菌病、嗜皮菌病、类鼻疽、放线菌病、莱姆病、皮肤霉菌病、肉毒梭菌毒素中毒症、恶性水肿、坏死杆菌病、葡萄球菌病、绿脓杆菌病、土拉杆菌病等。

对细菌性动物传染病，研发疫苗进行预防虽是一条路径，但效果取决于多种因素。主要基于：

①菌型多，结构复杂，免疫预防效果较差：细菌的抗原成分十分复杂，许多与免疫保护无关，血清型繁多，菌苗的保护率较低且保护期也较短，如大肠杆菌病、沙门菌病、巴氏杆菌病等。

②大多细菌病可用药物防治：鉴于菌苗保护效果不理想，而细菌病(除某些胞内菌，如布鲁菌、沙门菌及一些慢性病如结核外)多数用药可进行有效防控，因此临床上对细菌病多是选择敏感药物进行预防和治疗，特别严重情况下才考虑使用疫苗。

总的说来，不像流感、口蹄疫之类病毒病，经呼吸道传播，可以在短时间传播全国多地，跨若干省份地大流行。细菌病传播地域有限，多呈地方性流行。因为细菌病多是经污染的食物、饮水通过消化道传播，有些经皮肤黏膜途径或伤口传播，如葡萄球菌病、链球菌病、破伤风、恶性水肿、坏死杆菌病等。

此外，细菌病多在温暖季节流行。温暖气候有利于细菌的扩繁和环境中生存，而且急性病例发展死亡更快。

第一节　多种动物共患的病毒性传染病

一、口蹄疫

口蹄疫(foot and mouth disease，FMD)是由口蹄疫病毒引起的偶蹄兽的一种急性、热性、高度接触性传染病。以成年动物的口腔黏膜、蹄部和乳房皮肤发生水疱和溃烂，幼龄动物以心肌损害而导致高死亡率为特征。中兽医将其称为"口疮""蹄癀"。

世界多个国家饱受口蹄疫的流行之灾。新西兰是唯一未发生口蹄疫的国家，澳大利亚(1872年)、日本(1933年)(但2000年又发生口蹄疫)、美国(1929年)、加拿大(1952年)、墨西哥(1954年)先后宣布消灭口蹄疫。韩国和朝鲜也曾是多年无口蹄疫，但由于国际贸易频繁等原因，近年来韩国和朝鲜均饱受口蹄疫危害之苦。进入2019年，世界有多地暴发O型口蹄疫，在非洲也有A型和SAT1型口蹄疫暴发。

口蹄疫给世界的猪、牛等养殖业带来严重的危害，被认为是最重要的动物传染病，其原因在于：分布广泛、传播迅速、变异频繁、分型众多、严重影响贸易和生产性能、扑杀量大、花费昂贵。口蹄疫目前仍然广泛流行，发病率高，死亡率低，但幼龄家畜病死率高。我国将其列为一类动物疫病之首。为控制本病，投入了大量的精力开展疫苗研究等工作。目前，研究人员在全病毒灭活疫苗、基因工程弱毒疫苗、蛋白质载体疫苗、合成肽疫苗、空衣壳疫苗、表位疫苗、细胞因子增强型疫苗、基因工程活载体(腺病毒、痘病毒、伪狂犬病病毒)、大肠杆菌苗、基因缺失疫苗、感染性克隆疫苗、基因疫苗、可饲疫苗等方面取得丰硕的成果。

【病原】

口蹄疫病毒(*Foot and mouth disease virus*，FMDV)属微核糖核酸病毒科(*Picornaviridae*)口蹄疫病毒属(*Aphthovirus*)。病毒呈圆形或六角形，病毒粒子直径20～30nm。本病毒结构简单，内部为单股正链线状 RNA，占全病毒质量的 31.8%，决定病毒的感染性和遗传性，由 8 500 个核苷酸组成；外部为蛋白质，占全病毒质量的 68.5%，决定病毒的抗原性、免疫原性和血清学反应能力。本病毒核衣壳由各 60 个的 VP1~VP4 共 4 种多肽组成，VP1 是病毒的抗原决定蛋白，其中第 141~160 位和 200~213 位氨基酸残基是主要抗原区和高变区，能诱导动物产生中和抗体。VP1~VP3 为组成核衣壳蛋白的亚单位，VP4 与 RNA 紧密结合构成病毒粒子的内部成分。

口蹄疫病毒通常用牛舌上皮组织或乳仓鼠肾传代细胞（BHK-21）进行培养，尚可用犊牛肾细胞（MDBK）、仔猪肾细胞（PK-15）、仓鼠肾细胞乃至鸡胚进行病毒的培养、分离鉴定和致弱。培养物中含有 4 种大小不同的粒子。第一种为完整的病毒粒子，直径（23±2）nm，沉降系数为 146S，具有感染性和免疫原性。第二种为空衣壳，直径 21nm，沉降系数 75S，具有良好的型特异性和免疫原性，但因不含 RNA 而无感染性。第三种为构成衣壳蛋白的亚单位，直径 7nm，沉降系数 12S，有抗原性但无感染性。第四种为病毒感染相关抗原（VIAAg），沉降系数为 4.5S，为尚无活性的 RNA 聚合酶，需在病毒进入感染细胞内由细胞内的蛋白酶激活而获得酶活性，能激发机体产生抗体（具有群特异性而无型特异性）。口蹄疫病毒侵染宿主细胞后迅速繁殖，并同时终止宿主细胞的蛋白合成，侵染细胞后 45s 就出现 RNA 的复制，感染后 20min 左右就合成出完整的病毒粒子，导致本病的潜伏期排毒及快速传递。

目前，发现口蹄疫病毒具有 7 个血清型，即 A、O、C、SAT1、SAT2、SAT3（南非 1、2、3 型）和 Asia1（亚洲 1 型）。每个血清型又包含若干个亚型，其中 A 型有 32 个亚型、O 型有 11 个亚型、C 型有 5 个亚型、SAT1 型有 7 个亚型、SAT2 型与 Asia1 型各有 3 个亚型、SAT3 型有 4 个亚型。本病毒各型、亚型之间的免疫交叉小以及高变异性为本病的防制带来难题，特别是其多变性使免疫预防更加困难。不同血清型的病毒在世界上具有一定的地理分布，A 型和 O 型主要分布于亚洲、欧洲、南美洲、中东附近和非洲，C 型主要分布于亚洲、非洲和南美洲，但 2004 年以来世界范围没有流行。南非 1、2、3 型主要分布于非洲，亚洲 1 型主要发生于亚洲。我国主要流行的毒型有 A 型、O 型和亚洲 1 型。我国目前流行的 A 型口蹄疫均属国际上的 Sea-97 毒株群，以 2013 年引起广东茂名暴发口蹄疫的 A 型毒株（A/GDMM/S-2013）为代表，可同时感染牛和猪，在遗传学上属 G2 分支；另外，在 2009 年从武汉开始在我国流行的 A 型 FMDV（A/HuB/WH/2009/B），主要感染牛，对猪感染性很低，在遗传学上属 G1 分支，这个毒株目前已停止流行。我国流行的亚洲 1 型主要感染牛，我国自 2011 年以来没有检出病原学样品，2018 年 7 月 1 日起，我国停止使用亚洲 1 型疫苗。O 型口蹄疫对牛、羊、猪均具有很强的感染性，是我国最主要的流行型。近年来 80% 以上的 O 型口蹄疫是东南亚拓扑型（SEA）中的 Mya98 毒株群，另有少量的中国猪拓扑型（Cathay）、泛亚拓扑型（Pan-Asia）和近来传入的中东南亚拓扑型（ME-SA）的 Ind/2001 毒株群流行。

口蹄疫病毒各型的致病力一致，主要引起口腔黏膜、蹄部和乳头皮肤的融合性水疱和破溃。本病毒在水疱皮内和水疱液中含量最高，因此常用 50% 甘油生理盐水（或 50% 甘油磷酸盐缓冲液）保存送检的水疱皮或水疱液检样和病毒。

口蹄疫病毒对环境的抵抗力强，存活时间与病料性质、病毒浓度及环境条件关系密切。在自然条件下，含毒组织及被病毒污染的饲料、饮水、饲草、皮毛及土壤在数日至数周的时间内仍能检出具有感染性的病毒。食盐、酚类、乙醇、氯仿（三氯甲烷）等对本病毒无效。肉品在屠宰后的排酸（10~12℃ 24h，4~6℃ 24~48h，pH 5.3~5.7）可使本病毒致死，但因为骨髓和淋巴结内产酸不良，病毒可在此存活多年，并可由此传播。宰后未经排酸的冻肉可以长时间保存活毒，并导致口蹄疫的散播甚至暴发。水疱皮内的病毒在 −30℃ 以下可存活 12 年。在 50% 甘油生理盐水中 5℃ 下病毒可存活一年以上，常用此方法保存送检的病料。口蹄疫病毒对酸、碱和紫外线敏感。1% 氢氧化钠、2%甲醛、0.2%过氧乙酸、4%碳酸钠、1%络合碘等制剂均可以在短时间内杀死本病毒。

【流行病学】

口蹄疫病毒的易感宿主达33种,但以偶蹄动物易感性高,最易感的是黄牛,其次依次为牦牛、水牛、骆驼、绵羊、山羊和猪。野生动物中,羊(黄羊、驼羊、岩羚羊)、牛(野牛、瘤牛)、鹿(长颈鹿、梅花鹿、扁角鹿)、麝、野猪和大象均可感染发病。实验动物中,鼠(豚鼠、小鼠、仓鼠)、兔均有易感性。马对本病具有较强抵抗力。

患病动物是最主要的传染源,而处于潜伏期和愈后的动物也是非常危险的传染源。传染源从多种途径排出病毒,病毒含量在舌面水疱皮和蹄部水疱皮及水疱液内含量最高,其次为粪、乳、尿、呼出气体和精液。病猪破溃的蹄部水疱皮含毒量最高,约为牛舌面水疱皮含毒量的10倍,病猪经呼吸道排出病毒的数量是牛的20倍。牛舌水疱皮所含毒量至少可使100万头易感牛发病,再加上其他途径大量排毒,因此,检疫漏过一个患病动物,将贻害无穷。约有50%的患病动物在病愈后可带毒并排毒4~6个月,个别病例带毒达5年以上,且可以导致口蹄疫的传播。病羊则由于病症轻(仅短期跛行)而易被忽略,但2~3个月的带毒成为羊群中长期的传染源。从牛体分离的毒株对猪具有更强的致病力,且可以在猪体增强毒力,并可以引起牛口蹄疫的广泛流行。因此,口蹄疫病毒传播的作用,有"猪是放大器,牛是指示器,羊是贮存器"之说。

口蹄疫属于接触性传染病,既可以通过群牧和密集饲养而直接接触传播,也可以通过各种媒介(如患病动物的分泌物、排泄物、脏器、血液、精液)、各种动物产品(皮毛、肉品、骨髓、淋巴结)及被污染的车辆、水源、牧地、饲养用具、饲料、饲草,以及人(饲养人员、病畜看护人员、兽医人员)和非易感宿主(马、候鸟、犬、猫、昆虫)等传播。潜伏期和发病盛期屠宰的动物的肉品、骨头、厨房里的泔水都可传播本病。特别是空气传播,在本病的大范围、跨越式传播上具有重要作用。本病可以通过消化道、呼吸道以及损伤的皮肤、黏膜传播。呼吸道形成感染需要的病毒量是口服感染量的一万到十万分之一。由此导致本病经风媒以50~100km的距离跳跃式传播。

本病在一次流行中既可在不同种动物中传播,也可仅在一种动物中流行。本病在新疫区可100%发病,而老疫区则发病率仅50%左右。本病流行没有明显的季节性,但在牧区等有一定的季节性,牛口蹄疫多从秋末开始,冬季加剧,春季减轻,气温高、光照充足的夏季流行趋于平息。猪口蹄疫以冬、春季为流行盛期,夏季较少发生。口蹄疫在饲养周期长的动物中流行具有一定的周期性,主要由畜群更新、高易感性后代的不断增多以及病毒变异等引起,常隔三、五年流行一次。另外,各种应激因素、气候骤变等可诱发本病。

【发病机理】

口蹄疫病毒核衣壳组分VP1的第140~160位氨基酸残基构成一个突出于表面的G-H环,该环含有一个高度保守的RGD(Arg-Gly-Asp)基序,参与细胞受体的识别和抗体结合,是所有FMDV共同识别序列。RGD基序通过识别细胞表面的4种整联蛋白(主要分布于上皮细胞和内皮细胞)和硫酸乙酰肝素(存在于所有细胞的表面或基质)来识别并感染受体细胞,进入其生命循环。

病毒侵入机体后,首先在侵入部位的上皮细胞内生长繁殖,引起浆液渗出而形成原发性水疱(常不易发现)。在出现水疱后10~12h内进入血液形成短暂的病毒血症,导致体温升高和全身临床症状。病毒随血液分布到嗜好组织(如口腔黏膜、蹄部、乳房皮肤)生长繁殖,引起局部组织内的淋巴管炎,造成局部淋巴淤滞、淋巴栓,淋巴液渗出淋巴管外而形成继发性水疱。邻近的水疱不断融合成大水疱并最终破裂,此时患畜的体温恢复至正常,血液中的病毒量减少乃至消失,但仍然从乳汁、粪尿、泪液、涎水排出病毒。之后进入恢复期,多数逐渐好转,但可在痊愈后一定时间排出病毒造成新的传染。幼龄动物常因心肌损害(急性心肌炎、心肌变性和坏死)而死亡。

【临床症状】

(1)牛　潜伏期2~5d，之后体温升高至40~41℃，表现为食欲不振，精神沉郁，口流黏性带泡沫的涎水，开口时有咂嘴声。继之可见口腔黏膜出现水疱，多发生于唇内侧、舌、牙龈和颊部黏膜，水疱融合并破溃，露出红色烂斑。蹄部的蹄冠、趾间及蹄踵皮肤出现水疱与破溃，如果继发细菌感染甚至导致不能站立乃至蹄匣脱落而淘汰。偶有鼻镜、乳房、阴唇、阴囊等部位出现水疱与破溃。有时继发纤维素性坏死性口腔黏膜炎、咽炎、胃肠炎，有时在鼻咽部形成水疱引起呼吸障碍和咳嗽。病牛体重减轻和泌乳量显著减少，特别是乳腺感染时，泌乳量降低可达75%，甚至泌乳停止乃至不可恢复。成牛多在发病后1周左右痊愈，但也有的病程在2~3周以上的。病死率在3%以下，但也有些患牛往往因病毒导致心肌损害而全身虚弱、肌肉震颤，多因心脏麻痹而突然死亡。犊牛感染时水疱不明显，主要表现为出血性肠炎和心肌麻痹，死亡率高。

(2)猪　潜伏期1~2d，体温升高至40~42℃，精神沉郁，食欲不振或废绝，主要在蹄冠、蹄叉、蹄踵等部位先是红、热、痛，之后形成米粒至蚕豆大小的水疱，水疱破裂后创面发红或糜烂。如无细菌感染则1周左右痊愈，如继发细菌感染则蹄部出现蹄匣脱落而不能站立。口腔黏膜(舌、唇、齿龈、咽、腭)及鼻周围形成小的水疱和破溃。在哺乳仔猪感染后常呈急性出血性胃肠炎和心肌炎，多突然死亡，死亡率可达60%~80%，有的甚至全窝覆灭。

(3)羊　潜伏期1周左右，感染率低，临床症状不明显。往往在齿龈、硬腭和舌面形成小的水疱，之后水疱破溃形成烂斑。最明显的临床症状是跛行，但蹄部损伤轻微，极少有脱匣情况。羔羊感染后多因出血性胃肠炎和心肌炎而死亡。

(4)骆驼与鹿　主要是口腔内和蹄部的水疱，出现流涎与跛行，严重时也导致蹄匣脱落。多经5~10d痊愈。

【病理变化】

病变主要出现在患病动物的口腔、蹄部、乳房、咽喉、气管、支气管和前胃。主要表现为皮肤、黏膜的水疱和水疱破溃后的烂斑，表面覆盖棕黑色的痂块。在真胃和肠黏膜可见出血性胃肠炎表现。心包膜有弥漫性或点状出血，心肌松软似煮肉样，其切面有灰白色或淡黄色的斑纹，似老虎身上的条纹，故称"虎斑心"。病理组织学变化为皮肤的棘细胞呈球形肿大、渗出乃至溶解。心肌细胞变性、坏死和溶解。

【诊断】

本病根据流行病学、临床症状和病理变化的特点一般易于做出初步诊断，但其易与相似的疫病相混淆，且本病为法定报告性疾病，因此，必须按照下列程序进行实验室诊断：

(1)采集病料与送检　采集患畜的水疱皮、水疱液、脱落的上皮组织、咽部黏液、肝素抗凝血(约5mL)及血清(约10mL)，采集死亡动物的淋巴结、肾上腺、肾脏、心脏等组织(各10g)和水疱皮、咽部黏液及血清，将病料(血清除外)浸入50%甘油磷酸盐缓冲液(0.04mol/L，pH 7.2~7.6)中密封低温保存，在严格保证不外漏的情况下送检。

(2)病原学检测　需要在严格隔离的P3实验室内进行，可将病料接种于易感宿主，或通过细胞培养分离病毒，也可通过腹腔接种于乳鼠及豚鼠增殖病毒。对采集的病料可用微量补体结合试验、食道探杯查毒试验、RT-PCR进行病毒的血清型鉴定。

(3)血清学检测　应用恢复期动物的血清可以采用中和试验(VN)、液相阻断酶联免疫吸附试验(LPB-ELISA)、病毒感染相关抗原(VIA)琼脂凝胶免疫电泳试验(AGID)等方法来鉴定感染病毒的血清型。ELISA方法具有快速、敏感、准确的特点，既可以检测病料，又可以检测血清，可以用于直接鉴定病毒的亚型,并且能够同时进行水疱性口炎病毒(VSV)和水疱病病毒(SVDV)的鉴别检测,该方法逐步替代了补体结合试验(CFT)。后者为目前国际贸易推荐的口蹄疫的检测方法。

(4)分子生物学检测　运用RT-PCR进行病毒的检测和血清型鉴定,从而更加简便、快捷、特异和敏感。也可应用生物素标记的探针进行检测,但相对较复杂。

(5)鉴别诊断　牛瘟、牛恶性卡他热、牛病毒性腹泻-黏膜病、水疱型口炎、茨城病等在口唇部损害上与牛口蹄疫相近,猪的水疱性口炎、猪水疱疹、猪水疱病及塞内卡病毒病均与猪口蹄疫容易混淆,羊的蓝舌病、羊传染性脓疱及小反刍兽疫也与羊口蹄疫相似,应注意加以鉴别。

【防控措施】

口蹄疫是不允许治疗的法定报告性疾病,发现可疑病例必须在24h内向当地动物防疫部门报告,并应积极配合进行诊断和扑灭。采取的主要措施如下:

(1)预防措施　根据《国际动物卫生法典》的要求,口蹄疫的控制分为非免疫无口蹄疫国家(地区)、免疫无口蹄疫国家(地区)和口蹄疫感染国家(地区)。各控制区之间要求有监测带、缓冲带、自然屏障及地理屏障。由于本病原血清型的复杂性和传播的快速与广泛性,为防止本病原的传入,建立定期和快速的动物疫病报告及记录系统,严禁从流行地区或国家引入易感宿主和动物产品,对来自非疫区的动物及其产品以及各种装运工具,进行严格的检疫和消毒,则是所有国家和地区应遵循的共同原则。

(2)免疫接种　应用与流行毒株相同血清亚型的疫苗进行春、秋两次免疫接种(我国采取强制性免疫措施),是我国现行的较为有效的预防措施,同时进行无规定疫病区建设,对本病的防控更具有战略意义,我国已经在海南成功建成了无口蹄疫区,同时在多地正在循序有效地开展无口蹄疫区域的建设工作。

目前,国内外所用商品化疫苗均是灭活疫苗,国际上按疫苗的保护效率将其分为标准效力疫苗和高效疫苗,前者的抗原和佐剂能保证最低水平的保护效力,每头份含$3PD_{50}$,一般用于常规免疫;后者是每头份含$6PD_{50}$,可提供更广谱的免疫和更快速的免疫应答。我国的FMD疫苗效力标准要大于高效疫苗(每头份$>6PD_{50}$),我国的高效疫苗可超过$10PD_{50}$,并且其纯净度和抗原含量达到国际先进水平,成为全面占领国内市场的动物疫苗。此外,我国还推出了合成肽疫苗。免疫程序方面,参考一些大场经验,无母源抗体的仔猪一月龄首免,有母源抗体的仔猪2月龄(至70日龄)首免,均是隔1个月后加强免疫,以后每隔3~4月免疫1次。母猪最好跟胎免疫,分别在配种前3~4周免疫1次及产前3~4周免疫1次。

(3)扑灭措施　当口蹄疫暴发时,必须立即上报疫情,迅速做出确诊并划定疫区、疫点和受威胁区,以"早、快、严、小"为原则,进行严厉的封锁和监督,禁止人、动物和动物产品流动。在严格封锁的基础上,扑杀患病动物及其同群动物,并对其进行无害化处理;对剩余的饲料、饮水、场地、患病动物污染的道路、圈舍、动物产品及其他物品进行全面而严格的消毒;对其他动物及受威胁区动物进行紧急免疫接种。当疫区内最后一头动物被扑杀后,3个月内不出现新病例时,经检疫、进行终末大消毒后,报封锁令发布机关批准解除封锁。常用的环境消毒药物是2%氢氧化钠、2%甲醛、10%石灰乳;皮张和兽毛可以用环氧乙烷或甲醛、高锰酸钾熏蒸消毒;肉品可用2%乳酸或自然熟化产酸处理即可;粪便采用堆积发酵处理。

【公共卫生】

人可以通过饮食来源于病畜的乳汁、处理口蹄疫病畜及皮肤黏膜创伤而感染口蹄疫病毒。潜伏期2~18d,多突然发病,临床表现为体温升高,全身不适,头疼。1~2d后口腔发干、灼热,进食和讲话时疼痛,继之唇、齿龈和颊黏膜潮红并出现水疱,舌面、咽喉、指尖、指甲基部、手掌、足趾、鼻翼和面部的皮肤和黏膜也出现水疱，水疱破裂后形成薄痂，有时形成溃疡，但可逐渐愈合而不留疤痕。有时可致指甲脱落。有的病人出现头痛、眩晕、四肢和背部疼痛、胃肠痉挛、恶心、呕吐、咽喉疼痛、吞咽困难、腹泻、循环紊乱乃至高度衰弱等表现。幼儿感染出现胃肠道临床症状，严重时可因心肌损伤而死亡。因此，在口蹄疫流行时，应注意个人防护，非工作人员不准接触病畜，以防感染或散毒。破裂的水疱涂以结晶紫，口腔黏膜可用 30g/L 的硼酸水漱口，之后涂以碘甘油，配合病毒唑等抗病毒药物及防止继发感染的抗生素具有较好的疗效。患儿剪短指甲以防抓破，静卧，给予易消化半流质食物，必要时静脉补液。

预防措施：不食生奶，不接触病畜及病畜的分泌物、排泄物及污染的物品。接触病畜后立即洗手消毒，不慎入眼、鼻、口，则立即用消毒液进行冲洗消毒。

二、流行性感冒

流行性感冒（influenza）简称流感，是由流行性感冒病毒引起的人和多种动物的一种急性、热性、高度接触性传染病。其临床特征是高热、呼吸困难及各系统程度不同的临床症状。本病的流行特点是发病急、传播快、病程短、流行广，并可引起鸡和火鸡的大批死亡。

流感在世界各地流行广泛，普遍存在于多种动物和人群中，是危害最重的人兽共患病之一。有关各种动物流感的最早的报道是 1878 年的鸡群流感（意大利）、1918 年的猪群流感（美国）、1955 年的马流感（欧洲）及 1918 年的人流感（美国）。人类流感至今已经流行上百次，其中有详细记载的世界大流行 6 次（1918 年、1946 年、1957 年、1967 年、1976 年和 1999 年），而且每一次的流行均与动物的流感有关。一般说来，流感为非致死性疾病，但有些毒株可以引起人或动物的高死亡率，如 1918 年的流感导致全球约 2 000 万人丧生。

高致病性禽流感（HPAI）是毁灭性的疾病，可导致高达 100% 的死亡率。现已证明禽流感病毒的某些毒株可感染特殊的人群并可致死。HPAI 被 WOAH 和我国均列为烈性疫病，2003 年在意大利仅 3 个月就死亡和扑杀家禽 1 300 万只，经济损失上亿欧元，我国 2004 年暴发禽流感，死亡和扑杀家禽 2.9 亿只，仅政府用于补偿就高达 30 亿元。近年来禽流感在全球危害严重，并且导致百余人患病死亡。

【病原】

流行性感冒病毒（*Influenza virus*）简称流感病毒，为正黏病毒科（*Orthomyxovirdae*）A 型流感病毒属（*Influenza virus A*）的代表病毒。正黏病毒科分 4 个属，A、B、C 型流感病毒属和托高土病毒属。A 型流感病毒可引起多种动物感染，B 型、C 型流感病毒仅感染人类，而很少感染动物。

A 型流感病毒粒子形态多样，呈球形、椭圆形及长丝管状，直径 20~120nm。核酸为分 8 个片段的单股负链 RNA，外被螺旋对称的核衣壳，病毒的核蛋白（NP）和膜蛋白（M）是病毒分型（A、B、C 型）的依据，具有较强的保守性，核衣壳外被囊膜，囊膜上分布有形态和功能不同的两种纤突，即血凝素（HA）和神经氨酸酶（NA），二者是流感病毒的表面抗原，具有良好的免疫原性，同时又有很强的变异性，是流感病毒血清亚型及毒株分类的重要依据。HA 能与宿主细胞上的特异性受体结合，与病毒侵袭宿主有关，决定了病毒的宿主特异性，同时 HA 能吸附和凝集红细胞，这种凝集作用能被其诱导的特异性抗血清（单抗）所中和，因此可应用血凝和血凝抑制试验来鉴定病毒及其血清型以及测定免疫个体的血清抗体水平。HA 还与病毒在宿主细胞内成熟后从感染细胞的出芽释放有关，出芽的病毒与宿主细胞膜的 HA 受体结合，需要 NA 水解后才能游离再侵入其他细胞，当 NA 被抑制则释放的病毒就不能游离再侵入新的宿主细胞。对流感有特效的达菲的作用机制正是使 NA 失活，避免进一步感染，具有缩短病程和减轻病症的作用。

HA 有 18 个亚型，NA 有 11 个亚型，不同 HA 与 NA 的组合使流感病毒具有了不同的血清亚型。由于流感病毒的基因组具有多个片段，在病毒复制时容易发生不同片段的重组和交换，从而出现新的亚型，尤其是同一细胞中感染了 2 个不同血清型或血清亚型的病毒更是如此。流感病毒的变异主要发生在 HA 抗原和 NA 抗原上，这种变异只是个别氨基酸或抗原位点的出现变化时称为"抗原漂移"，此时可产生新的毒株；但当抗原的变异幅度较大时，即发生了 HA 或 NA 型的变化时，称"抗原转换"，这时则产生新的亚型。人流感病毒的变异趋势是 2～3 年一漂移，15 年一转换，且每次大变异都会导致大的流行。由于流感不同亚型之间不能相互交叉保护，这就给本病的疫苗研制和防制带来了极大困难，常年必须监控流行毒株的血清型状况来安排疫苗生产，因此，监测与预警就显得尤为重要。

不同血清亚型的流感病毒对宿主的特异性与致病性是不同的，特异性决定于 HA 对宿主细胞受体的特异性识别，感染人的流感病毒血清亚型主要有 H1N1(2009 年流行的甲流)、H2N2、H3N2，而感染猪的流感病毒主要血清亚型有 H1N1、H3N2，感染禽的主要血清亚型为 H9N2、H5N1、H5N2、H7N1 等(其中 3 种是导致 HPAI 的血清亚型)，感染马的血清亚型为 H3N8、H7N7。研究表明，猪流感与人流感的病原有的血清亚型相同，加之猪的特殊生态学特点，因此，猪流感病毒变异在引起人感染并致人发病乃至死亡上，具有重要作用。因此认为禽流感如果能够感染人，多需通过猪这一中间宿主的转换杂交，但到目前尚无人通过此途径感染禽流感的直接证据，而人感染禽流感甚至致死的个案都是由于感染者具有与禽相同(近)的受体结构有关。同一血清亚型病毒的致病性并不完全相同，这种致病性的差异主要取决于 HA 上蛋白水解酶位点处的碱性氨基酸的多寡，连续的碱性氨基酸数量越多，致病性也越高。近年来，高致病力禽流感病毒血清型主要是 H5 和 H7 亚型，但对于人和禽均具有致病性 H9N2 亚型病毒的作用不容小视，其既是高致病力毒株的基因基础，同时又是感染人禽的并衍生新强毒的主要威胁。

流感病毒对机体组织有泛嗜性，但由于不同组织蛋白分解酶的活性差异，导致病毒对组织致病性存在一定的差异，最易受病毒危害且含毒量最高的组织是呼吸道、消化道以及禽的生殖道，在这些组织的上皮细胞内增殖的病毒释放后随分泌物排出体外，感染其他易感宿主及污染环境。流感病毒可感染鸡胚及多种动物的原代或继代肾细胞，以 9～11 日龄的鸡胚的增殖作用最好。

流感病毒对温热、紫外线、酸、碱、有机溶剂等均敏感，但耐寒冷、低温和干燥。流感病毒在分泌物、排泄物等有机物保护下 4℃可存活 1 个月以上，在羽毛中可存活 18d，骨髓中的流感病毒可存活 10 个月。0.1%新洁尔灭、0.5%过氧乙酸、1%氢氧化钠、2%甲醛、阳光照射、60℃ 10min、堆积发酵等可将其杀灭。

【流行病学】

A 型流感病毒可以感染禽类、猪、人、马、貂、海豹和鲸等，通常只有自然宿主感染，但某些亚型具有同时感染人和猪或禽的能力。各种动物不分年龄、品种、性别均可感染，以禽(鸡、火鸡)、猪、马和人的病情严重。小鼠对某些毒株易感并发病，但仓鼠、豚鼠、犬、猫等多为隐性感染。

患病动物是本病的主要传染源，其次是康复或隐性感染动物。携带流感病毒的鸟类(候鸟和留鸟)和水禽是鸡和火鸡流感的重要传染源，由于这些禽类不受地域限制而活动范围广，同时带毒时间长(约为 1 个月)，且并不表现临床症状，通过粪便等途径排泄病毒污染环境，从而造成本病的流行。在国外，野禽交易特别是野禽的黑市交易是禽流感的重要传播风险。本病可经直接接触传播，主要通过呼吸道和消化道间接接触传播，带毒动物经咳嗽、喷嚏(禽类尚可通过粪便)等排出病毒，经污染的空气、饲料、饮水及其他物品传播，鼠类、犬、猫及昆虫也可机械性地传播本病，但经卵垂直传播的证据不足。

本病一年四季均可发生，但以晚秋和冬春多见，特别是饲养环境条件恶劣，更易发病和加重病情，如畜舍的阴暗、潮湿、寒冷、过于拥挤、营养不良、环境卫生差、消毒不佳(不严格、不及时、药物选择不合理)、寄生虫感染等。本病多突然发生，迅速传播，发病率高而死亡率低，但鸡和火鸡感染高致病力禽流感时，可导致100%死亡。本病的大规模流行通常具有一定的周期性。

在自然条件下 B 型和 C 型流感病毒仅感染人，一般呈散发或地方性流行，偶尔暴发。人类的流感在健康成人多呈良性经过，但在老年和儿童则往往导致肺炎及肾脏等器官的损害，甚至导致死亡，因此，人用流感疫苗适于老人和儿童接种。

【发病机理】

流感病毒经呼吸道和/或消化道侵入机体，病毒囊膜上的血凝素与宿主细胞的特异性受体结合，在细胞蛋白酶的作用下血凝素分解为 HA1 和 HA2 亚单位，获得入侵宿主细胞的能力，在呼吸道和消化道上皮细胞内增殖，并引起初期轻微的临床症状，如精神沉郁、食欲减退、咳嗽、粪便变软等。当病毒在宿主细胞内复制组装完成后，通过出芽方式释放，病毒粒子与宿主细胞上的受体处于结合状态，在神经氨酸酶的作用下水解并游离而进一步入侵新的细胞。由于病毒的大量增殖和释放，使更多的黏膜细胞受到侵害而引起相应的组织病变和临床症状，同时病毒随淋巴进入血流而侵入全身各组织器官，造成更广泛的损害，特别是在血凝素水解位点附近碱性氨基酸越多，越容易被蛋白水解酶分解，越易获得对细胞的侵袭性，高致病性禽流感病毒便拥有这一结构特征，从而造成全身更广泛的损害，引起组织细胞的肿胀、变性和坏死，从而出现高热、咳嗽、流鼻汁、呼吸困难、精神极度沉郁、腹泻、全身肌肉和关节酸痛甚至导致死亡等一系列临床症状。马流感病毒主要在呼吸道黏膜上皮细胞增殖致病，很少入血和侵害其他组织器官。

【临床症状】

各种动物临床表现均以呼吸道症状为主，但不同动物表现不完全一样，特别是禽流感表现多样。

(1)猪　自然感染潜伏期 3~4d，人工感染则为 1~2d。突然发病，体温升至 40.5~42.5℃，卧地不动，食欲减退或废绝，阵发痉挛性咳嗽，急速腹式呼吸，因肌肉和关节疼痛而跛行，流鼻涕、眼流泪且有黏性眼屎，粪便干燥，妊娠母猪后期可发生流产。如无继发感染则病程 3~7d，绝大部分可康复(病死率 1%~4%)，继发细菌感染则病情加重、病程延长、病死率升高。个别病猪转为慢性呈现消化不良、生长缓慢、消瘦及长期咳嗽，病程 1 个月以上，最终多以死亡为转归。

(2)禽　自然感染潜伏期 3~5d，人工感染为 1~2d。根据临床表现与转归分成高致病性禽流感(highly pathogenic avian influenza，HPAI)和低致病力禽流感(low pathogenic avian influenza，LPAI)。

HPAI 突然发病，体温升高，食欲废绝，精神极度沉郁(呆立、闭目昏睡，对外界刺激无反应)；产蛋大幅下降或停止，头颈部水肿，无毛处皮肤和鸡冠、肉髯发绀，流泪；呼吸高度困难，不断吞咽、甩头，口流黏液，叫声沙哑，头颈部上下点动或扭曲颤抖，甚至角弓反张；排黄白、黄绿或绿色稀便；后期两腿瘫痪，俯卧于地。急性病例发病后几小时死亡，多数病程为 2~3d，病死率可达 100%。鸵鸟也感染，死亡率也较高，且与年龄有关，而野禽和家鸭多不出现明显的临床症状。

LPAI 的临床症状比较复杂，其严重程度与感染毒株的毒力、家禽的品种、年龄、性别、饲养管理状况、发病季节、是否并发或继发感染及鸡群健康状况有关，鸡和火鸡可表现为不同程度的呼吸道症状、消化道症状、产蛋量下降或隐性感染等。病程长短不定，单纯感染时死亡率很低，但 H9N2 型在肉鸡有时可导致 20%~30% 的致死率。

（3）马　潜伏期 2~10d，平均 3~4d。根据感染毒株不同，临床表现不一，H3N8 亚型所致的病情较重，体温升高可达 41.5℃，而 H7N7 亚型所致的病情较温和，有些马常呈顿挫型或隐性感染；典型病例表现为体温升高，并稽留 1~5d；病初干咳，后为湿咳，流涕（先为水样后为黏性甚至脓性）、流泪、结膜充血与肿胀；呼吸频数、脉搏加快，食欲减退、精神沉郁，肌肉震颤，不爱运动。若无继发感染，多为良性经过，病程 1~2 周，很少死亡。合理的治疗可减轻临床症状和缩短病程。

【病理变化】

（1）猪　单纯流感无特征性病变并很少引起死亡，有些病例可见呼吸道黏膜出血，上覆大量泡沫样黏液；在肺的心叶、尖叶和中间叶出现气肿或肉样变；颈、纵膈和支气管淋巴结出现水肿和充血；胃肠有卡他性炎症；如继发细菌感染则病变相对复杂。

（2）禽　流感病毒的毒力不同，病理变化不同。

LPAI：主要表现为呼吸道和生殖道内存在较多的黏液或干酪样物，输卵管质地柔软易碎。个别病例可见呼吸道和消化道黏膜出血，肾脏肿大伴有尿酸盐沉积。

HPAI：表现为广泛的出血，主要发生在皮下、浆膜下、肌肉及内脏器官。腿部特别是角质鳞片出血，头（鸡冠、肉髯）颈部水肿且出血而呈青紫色。腺胃黏膜出现点状或片状出血，腺胃与食道及肌胃的交界处出现出血带或溃疡。喉头、气管黏膜存在出血点或出血斑，气管腔内存在黏液或干酪样分泌物。卵巢和卵泡充血、出血。输卵管内存在大量黏液或干酪样物。整个肠管特别是小肠黏膜存在出血斑或坏死灶，从浆膜层便可见到大小如蚕豆到黄豆大小的枣核样变化。盲肠扁桃体肿胀、出血、坏死。胰腺出血或存在黄色坏死灶。此外，可见肾脏肿大有尿酸盐沉积，法氏囊肿大且时有出血，肝脏和脾脏出血时有肿大。

组织学变化是多个器官的坏死和/或炎症，主要发生在脑、心、脾、肺、胰、淋巴结、法氏囊、胸腺，常见的变化是淋巴细胞的坏死、凋亡和减少。骨骼肌纤维、肾小管上皮细胞、血管内皮细胞、肾上腺皮质细胞、胰腺腺泡发生坏死。

（3）马　H7N7 亚型主要在下呼吸道，H3N8 亚型则肺感染严重，出现细支气管炎、肺炎和肺水肿。

【诊断】

根据流行病学特点、临床症状、病理变化一般不难对马流感和猪流感做出初步诊断。禽流感则由于临床症状和病变比较复杂，与其他疾病容易混淆，因此，单靠临床表现进行诊断比较困难，必须依靠实验室进行确诊。实验室主要的诊断方法如下：

（1）病毒分离鉴定　在发热期或发病初期用灭菌拭子采取动物的呼吸道分泌物或禽类泄殖腔样本，以及发病动物病变脏器，将病料除菌后接种 9~11 日龄鸡胚尿囊腔、羊膜腔或犬肾细胞（MDCK），35℃ 培养 2~4d，取其尿囊液、羊水或细胞培养上清进行血凝（HA）试验，对 HA 阳性病料培养物进行血凝抑制（HI）试验以鉴定病毒及其亚型。

（2）病原快速检测　可将死亡动物组织制成切片或抹片，用直接荧光抗体试验检测病毒；也可以用酶标抗体进行免疫组化染色直接检测病料中的病毒；尚可以应用斑点 ELISA 试纸直接对病料进行检测定性，但不能确定病原的具体血清型及病原的感染性。

（3）血清学试验　取发病初期和恢复期动物的双份血清，用血凝抑制试验检测抗体滴度的变化，当恢复期血清抗体滴度升高 4 倍以上便可确诊。此外，ELISA、补体结合试验也是常用的血清学方法。

（4）分子生物学诊断　最常用的是 RT-PCR 进行快速、准确而灵敏的诊断，此外实时荧光定量 PCR、环介等温 PCR 以及核酸探针等也用于本病的诊断和病毒血清型的鉴定。

（5）鉴别诊断　猪流感应与猪肺疫、猪气喘病、猪传染性胸膜肺炎相鉴别。禽流感应与鸡新城疫、禽霍乱、传染性喉气管炎、传染性鼻炎和慢性呼吸道病相鉴别。

目前尚无特效治疗流感的动物专用药物，对于猪、马和低致病力禽流感可以在严格隔离的情况下进行针对性治疗。如应用达菲、病毒唑、干扰素、黄芪多糖等进行对因治疗；应用解热药物及抗生素防治继发细菌感染，投给利尿解毒药物防治肾脏损害和衰竭等。

【防控措施】

坚持自繁自养。禁止混养不同种动物，做好杀虫灭鼠工作。需要新引进畜禽时，要对引进畜禽在严格隔离观察下进行检疫，防止引入患病畜禽。平时应用 1% 氢氧化钠等进行圈舍及出入口的消毒，特别是可带畜禽消毒的药物可以一定的间隔，定期进行预防性消毒。发生高致病性禽流感应立即封锁疫区，对所有感染和易感禽只一律采取扑杀、焚烧或深埋，封锁区内严格消毒，封锁区外 3~5km 的易感禽只进行紧急疫苗接种，建立免疫隔离带。经本病最长潜伏期 21d 且无新病例出现，经检疫确认无感染性病原及经终末彻底大消毒后可报请封锁令发布机关解除封锁。

目前猪和马尚无理想的疫苗。而禽流感的血清型众多，各亚型之间无免疫交叉，同源疫苗有散毒的危险，但目前随着我国疫苗研制水平的不断提高，H9N2 亚型、H5N1 亚型等低致病性和高致病性禽流感疫苗已成为防治禽流感的主要武器，且禽痘活载体疫苗等也在生产上广泛使用。2018 年，中国农业科学院哈尔滨兽医研究所牵头研制禽流感 DNA 疫苗（H5）成首个获批的禽流感 DNA 疫苗。此外，RNA 干扰技术以及多联转基因活载体疫苗、基因疫苗等也有望在今后预防禽流感中发挥一定的作用。

【公共卫生】

人流感多发生于每年的 11 月至翌年 2 月，传播迅速，常呈流行或大流行，发病率高但死亡率低，老人及儿童继发感染且治疗不当可致死亡。主要表现为发热、咳嗽、流鼻涕、流泪、浑身酸痛无力、头眩晕等临床症状。个别人可感染高致病力禽流感而发病，并因全身感染与肾脏衰竭而死亡，但仅限于与禽类具有相同（似）受体的人，并不能通过人与人之间大面积传播，1997 年禽流感首开致死先河至今，已然夺去了数百人的生命，尽管禽流感病毒还未能真正意义的感染人类，但由于本病毒的频繁变异，以及人—猪—禽的密切接触，对这种传播方式决不能掉以轻心。

本病通过打喷嚏、咳嗽和物理接触都有可能传播。人主要通过接触受感染的生猪或接触被猪流感病毒污染的环境，或通过与感染猪流感病毒的人发生接触而感染。人感染猪流感后的临床症状与普通流感相似，包括发热、咳嗽、喉咙痛、全身肌肉疼痛、头痛、发冷和疲劳等，有些还会出现腹泻和呕吐，重症者会继发肺炎和呼吸衰竭，甚至导致死亡。易感人群大多数以 25~45 岁青壮年为主，而非老人和儿童。可以通过充足睡眠、勤于锻炼、勤洗手、保持室内通风、养成良好的个人卫生习惯等措施来预防。护理病人要注意，要与病人至少保持 1m 距离，照料病人时应戴口罩。口罩每次使用后要彻底清洁消毒，与病人接触后要用肥皂洗净双手，保持病人居所空气流通。在感染早期应用达菲和乐感清治疗有效。利巴韦林对本病具有一定的预防和治疗作用，中药八角茴香也有较好的预防作用。华西医科大学研制了适合正常体质人群的口服汤药"华西 ⅠA 号"：黄芩 15g、藿香 10g、板蓝根 15g、鱼腥草 20g、甘草 4g。还有适合于较弱体质人群、提高免疫力的口服汤药"华西 ⅠB 号"：黄芪 20g、防风 15g、黄芩 15g、藿香 10g、板蓝根 15g、甘草 4g。具有较好的防治效果。

三、狂犬病

狂犬病（rabies）又名疯狗病或恐水症，是由狂犬病病毒引起的所有温血动物及人共患的一种侵害中枢神经系统的急性传染病。

狂犬病是人兽共患的自然疫源性传染病，目前尚无有效的治疗方法，预防狂犬病的发生尤其重要。人患病后，会出现一系列神经临床症状，并逐渐出现咽喉肌肉痉挛、流口水、瘫痪、呼吸和循环系统麻痹等临床症状。本病潜伏期长，一旦感染，死亡率几乎达100%。

狂犬病在世界很多国家均有发生，其中东南亚国家的发病率尤高。中华人民共和国成立后，由于采取各种预防措施，发病率明显下降。近年因养犬逐渐增多，防疫制度和措施落实不到位，故发病率有上升的趋势。我国是仅次于印度的受狂犬病危害最严重的国家。本病在1998年以来迅速回升，2000—2005年我国狂犬病死亡人数持续上升，病死率在97.2%～100%。目前，我国狂犬病发病正由南向北发展，夏、秋两季的发病率较高。

【病原】

狂犬病病毒（*Rabies virus*，RV）属于弹状病毒科（*Rhabdoviridae*）狂犬病病毒属（*Lyssavirus*）。病毒粒子呈弹状或杆状，一端圆形，另一端平坦或稍凹。有囊膜，直径约75nm，长200～300nm。整个病毒由最外层的脂质双层外膜、结构蛋白外壳和带有遗传信息的RNA分子构成。狂犬病毒基因组长约12kb，为单股负链不分节段的RNA。基因组从3′端至5′端的排列依次为N、P、M、G和L基因，分别编码核蛋白（N）、磷酸蛋白（P）、基质蛋白（M）、糖蛋白（G）和依赖RNA的RNA聚合酶大蛋白（L）。

根据狂犬病病毒来源的不同，病毒基因的差异，国际病毒分类委员会（ICTV）将狂犬病病毒属的病毒划分为16个种，而根据遗传距离和血清学交叉反应，这16种病毒又被划分为3个不同的遗传谱系。

病毒含两种主要抗原，一种为糖蛋白，在病毒表面，刺激机体产生中和抗体、血凝抑制抗体和细胞免疫应答；另一种为无保护作用的内层核蛋白，在病毒核心，属特异性抗原，能够以核糖核蛋白复合体（RNP）的形式诱导保护性的细胞免疫应答，但不能刺激机体产生保护性抗体。

病毒可在犬、鸡胚、原代鸡胚成纤维细胞、仓鼠肾上皮等细胞培养物中增殖，并在适当条件下形成蚀斑。此外，在易感宿主或人的中枢神经细胞（主要是大脑海马回的锥体细胞）中增殖时，可以在胞质内形成一个或多个圆形或椭圆形、直径3～10μm的嗜酸性包涵体，称内基小体（Negri bodies）。通过检查动物或人脑组织标本中的内基小体，可以辅助诊断狂犬病。病毒还可凝集1日龄雏鸡和鹅的红细胞，但动物脑内的病毒不呈现血凝现象。

从自然病例中分离的病毒称为野毒或"街毒"（street virus）。将野毒株在兔脑内连续传代后，病毒对兔致病的潜伏期可以随传代次数增加而逐渐缩短，传代至50代左右时，潜伏期可由原来的4周左右缩短为4～6d，但继续进行传代，潜伏期不再缩短，这种变异的狂犬病病毒称为固定毒株（fixed strain）。其重要特点是，对兔的致病性增强，对人或犬的致病性明显减弱或完全消失，并且通过脑外途径对犬进行接种时，不能侵入脑神经组织引起狂犬病。

病毒对外界环境抵抗力不强，易被日光、紫外线、高温、强酸、强碱、有机溶剂（如乙醚、甲醛、苯酚）、含氯制剂及大部分消毒剂等灭活。56℃ 30～60min或100℃ 2min即可灭活，但病料在25～37℃保存5～7d可检测到抗原。

【流行病学】

狂犬病属于自然疫源性疾病，几乎所有的温血动物都易感。犬是最主要的发病者，其次为猫，偶尔可见牛、猪、马等家畜，蝙蝠是主要携带者。野生动物（如狐狸、狼、豺、鹿）及某些啮齿动物是本病的自然宿主。犬、绵羊、山羊、马和非人灵长类动物也是本病毒的自然宿主。所有鸟类和低等哺乳类动物的易感性都低。幼龄动物易受本病的感染。

狂犬病传染源主要是病犬和带毒犬（80%~90%），其次是猫和狼。野生动物也可作为狂犬病毒的贮主。野生啮齿动物（如野鼠、松鼠和鼬鼠等）对本病易感，在一定条件下它们可成为本病的危险疫源长期存在，当其被肉食动物吞食后则可能传染本病。隐性感染的犬、猫等动物也有传染性。患病动物唾液中含有大量的病毒，于发病前5d即具有传染性。

本病的传播途径有：①通过伤口或皮肤黏膜感染。如被疯狗咬伤、抓伤、宰杀患病动物、接触污染物品等。②通过口腔黏膜感染。曾有人因缝补被狂犬咬破的衣服，用牙齿咬线而感染病毒，并发病死亡。因吃狗肉而感染狂犬病毒引起发病死亡的例子也不少见。③通过病人唾液感染。曾有人被病人唾液污染手部伤口而感染了狂犬病；还有因用被病人口水及呕吐物污染的手擦眼睛和嘴发病的报道。④不会通过胎盘传给胎儿。因为狂犬病毒是一种嗜神经病毒，它侵入人体后，主要存在于脑、脊髓、唾液腺和眼角膜等处，一般不会通过胎盘传给胎儿。但狂犬病却可以通过乳汁传播给婴儿。

影响发病的因素：发病率和严重程度受入侵的病毒量、咬伤部位、创伤程度、衣着厚薄、局部处理情况、疫苗注射情况等因素的影响。咬伤部位在头、面、颈、手指等处最易发病。创口深而大者发病率高，头面部深部创伤者的发病率可达80%以上。咬伤后迅速彻底清洗可降低发病。冬季衣着厚，发病机会少。及时、足量、全程注射狂犬病疫苗的患者发病率低于0.2%。

【发病机理】

多数动物试验证明，本病在潜伏期和发病期间并不出现病毒血症。其发病机制主要有3个过程：

（1）局部组织内增殖期　病毒自咬伤部位入侵后，在侵入处繁殖复制，由于本病毒对神经组织有很强的亲和力，4~6d内侵入附近的末梢神经，此时患者无任何可感觉的临床症状。

（2）侵入中枢神经期　病毒沿周围传入神经迅速上行，到达背根神经节后大量增殖，然后侵入脊髓和中枢神经系统，主要侵害脑干及小脑等处的神经元。但也可在扩散过程中终止于某部位，形成特殊的临床表现。

（3）组织器官扩散期　病毒自中枢神经系统再沿传出神经侵入各组织与器官，临床上出现恐水、呼吸困难、吞咽困难等症状。交感神经受刺激，使唾液分泌和出汗增多。病毒还大量蔓延到唾液腺，使唾液具有很强的传染性。

【临床症状】

潜伏期差异很大，长短不一，最短为5d，长的可达一年或更长，一般1~3个月。常与咬伤部位及程度、唾液中所含病毒的数量及毒力（毒力强者潜伏期短）等因素有关。其他如扩创不彻底、外伤、受寒、过度劳累等，均可能使疾病提前发生。典型病例可分为狂暴型（脑炎型）和麻痹型。狂暴型分三期：前驱期、狂躁期和麻痹期。病犬衰弱及全身性共济失调，最后由痉挛转为瘫痪，因呼吸、循环衰竭而死亡。有些病犬的狂躁期极短甚至不存在，立刻进入麻痹期而不会发狂乱咬人。

（1）犬狂犬病

①前驱期：此期通常持续1~2d，病犬精神沉郁，常躲在暗处，不愿和人接近或不听呼唤，强

迫牵引则咬畜主。食欲反常，喜欢吃异物，吞咽伸颈困难。瞳孔散大或扩张，畏光及角膜反射降低，反射机能低下或亢进，轻度刺激容易兴奋。有些犬发生瘙痒，在愈合的伤口及其神经支配区域有麻、痒、痛及四肢蚁走感等异样感觉，是最有意义的早期临床症状。

②狂躁期：也称兴奋期，一般持续2~4d，病犬狂躁发作时，往往和沉郁交替出现，到处奔跑，四周游荡，昼夜不归，高度兴奋，并常攻击人和动物。表情极度恐惧、恐水、怕风、阵发性咽喉肌痉挛。狂暴不安，流涎，躲于暗处，伴有高热。此时是本病最危险的阶段，因病犬会乱咬人或其他动物而将疾病传播。

③麻痹期：一般持续1~2d，病犬消瘦，精神高度沉郁，咽喉肌麻痹，下颌下垂，舌脱出口外，严重流涎，不久后躯及四肢麻痹，行走摇摆，卧地不起，最后因呼吸中枢麻痹或衰竭而死。

（2）其他动物　牛、羊、鹿患病后呈不安、兴奋、攻击和顶撞墙壁等临床症状，大量流涎，最后麻痹死亡。马的临床症状与此相似，有时呈破伤风样的临床症状。

【病理变化】

主要表现为非化脓性脑炎和急性弥漫性脑脊髓炎，以与咬伤部位接近的大脑海马角、延髓、小脑等处最为严重，脑膜通常无病变。脑实质呈充血、水肿及轻度微小出血，镜下可见神经细胞空泡形成、透明变性和血管周围的单核细胞浸润等。多数病例在肿胀或变性的神经细胞质中常见嗜酸性包涵体，即内基小体。内基小体呈圆形或椭圆形，直径3~10μm，边缘光滑，内有1~2个状似细胞核的小点，最常见于海马角及小脑蒲肯野神经细胞中，是本病特异且具有诊断价值的病变。

此外，唾液腺腺泡细胞、胃黏膜壁细胞、胰腺腺泡上皮细胞、肾上腺髓质细胞等可呈急性变性。

【诊断】

根据典型的临床症状，结合咬伤史和流行病学可做出初步诊断。确诊有赖于实验室的病原学检验。实验室检查主要包括以下方法：

（1）内基小体（包涵体）检查　均在动物死后进行，取患病动物的大脑、小脑、延脑等，最好取海马回，置吸水纸上，切面向上，载玻片轻压制成压印片标本，室温自然干燥后染色镜检，检察特异包涵体，即内基小体，阳性时可确诊。

（2）病毒分离　这是可靠的诊断方法，但所需时间较长。取发病动物的唾液、脑脊液、泪液等材料，用缓冲盐水或含10%灭活豚鼠血清的生理盐水研磨成10%乳剂，脑内接种5~7日龄鼠，每只注射0.03mL，每份样本接种4~6只乳鼠。乳鼠接种后10~20d即可由乳鼠发病与否判断是否为狂犬病。若表现肌肉震颤、步态失调、麻痹，最后死亡，则可判断阳性。该法可靠，但所费时间太长，需观察30d才可确定为阴性结果。

（3）荧光抗体检查　以荧光抗体试验来检测脑组织中是否有病毒抗原的存在，是目前最准确、最快速的方法。发病第一周内取唾液、鼻咽洗液、角膜印片、皮肤切片，用荧光抗体染色，出现阳性荧光可确诊。用本方法检测时，需有阳性和阴性组织作为对照组，以避免误诊。

（4）血清学检查　可用于病毒分离、狂犬病疫苗效果检查。常用的方法有中和试验、补体结合试验、间接荧光抗体试验、血凝抑制试验以及间接免疫酶试验（HRP-SPA）等。一般实验室常采用中和试验。近年来已将单克隆抗体用于狂犬病的诊断，特别适用于区别狂犬病病毒与本病毒属的其他相关病毒。

（5）RT-PCR　首先将病毒RNA反转录成cDNA，然后用cDNA进行PCR扩增。该方法具有快速、特异、操作简便等特点，在狂犬病诊断中具有很好的应用前景。

本病需与破伤风、病毒性脑膜脑炎、脊髓灰质炎、疫苗接种后脑炎或急性多发性神经炎等疾病进行鉴别。

破伤风的潜伏期短，有牙关紧闭及角弓反张而无恐水临床症状。脊髓灰质炎无恐水临床症状，肌痛较显著，瘫痪时其他临床症状大多消退。病毒性脑膜脑炎有严重神志改变及脑膜刺激征，脑脊液检查、免疫学试验、病毒分离等均有助于鉴别。类狂犬病性癔病患者在被动物咬伤后不定时间内出现喉紧缩感、不能饮水、兴奋，但无怕风、流涎、发热和瘫痪等临床症状，经对症治疗后，常可迅速恢复。接种狂犬病疫苗后，可出现发热、关节酸痛、肢体麻木、运动失调、瘫痪等临床症状，与本病瘫痪型不易鉴别，但前者停止接种，采用肾上腺皮质激素治疗后大多恢复。死亡病例需经免疫荧光试验或脑组织内基小体检查方能确诊。

【防控措施】

狂犬病是致死性高、危险性特大的人兽共患传染病。因此，加强犬和猫的管理和检疫工作，重点在于做好动物和重点人群的预防接种，如70%以上的犬和猫获得有效免疫时，可阻止狂犬病的流行。对流浪犬、猫数量和免疫状态实行控制是防控本病的关键。本病尚无特效治疗药，病后恢复的动物仍会持续由唾液中排出病毒，对人类或其他动物生命安全造成威胁。因此，患病动物一般不予治疗，建议予以扑杀或安乐死，并将脑组织送检以确诊。

（1）预防　狂犬病病毒在周围神经组织里的平均移动速率是3mm/h，上行到中枢神经组织（脑-脊髓）后可在1d内繁殖扩散到整个中枢神经组织内。伤口离脑-脊髓越远，潜伏期就越长，疫苗就越有可能及时生效、有效预防狂犬病发病。

①控制野生动物之间的传播：对野生狂犬病宿主进行口服狂犬病疫苗（oral rabies vaccination，ORV）是成功净化狂犬病的重要措施。北美启动了大范围的预防野生狂犬病的项目，对北极狐、灰狐、山狗、浣熊等动物通过投喂ORV进行了狂犬病净化措施，取得了显著的效果。

②控制犬、猫的传播：对犬等动物免疫接种，可有效地降低发病率。接种疫苗对犬是安全的，但对猫和牛要慎用。目前，动物用常规狂犬病疫苗分为活疫苗和灭活疫苗两类。现有的灭活疫苗已证明对新生的幼犬、幼猫是安全有效的。新型具有免疫原性的灭活狂犬病疫苗已经生产，采用的是较新的佐剂，加大了免疫反应的抗原量。狂犬病亚单位疫苗及重组疫苗已作为犬和猫的实验性疫苗在进行研制和试用。宠物是人们生活乐趣的一部分，而它们同时也是潜在的狂犬病病毒携带者，因此应当及时为自己的宠物接种狂犬疫苗，防止宠物之间狂犬病的传播。

③预防接种：重点人群需要预防性免疫接种。由于工作的特殊而易于接触到狂犬病病毒的人群（如动物饲养人员、兽医等），他们受到狂犬病传染的概率大大高于常人，因而应当接种狂犬病疫苗进行预防。

（2）被动物咬伤后的处理　被犬及有关动物咬伤后，必须尽快到医疗预防机构进行预防性处理，预防狂犬病的发生。预防性处理分3个步骤：伤口处理、注射狂犬病疫苗、根据情况注射抗狂犬病血清。

①被咬伤口处理：早期的伤口处理极为重要。凡被病犬、病猫咬伤后，应立即挤出污血、排除病毒，越早、越彻底效果越好。伤口尽快用20%肥皂水或0.1%新洁尔灭（新洁尔灭与肥皂水不可合用）反复冲洗，并不断擦拭。再以生理盐水冲洗30min后，用70%乙醇擦洗及浓碘酒反复涂拭，力求去除带有狂犬病毒的犬涎。排血引流，除伤及大血管需要紧急止血外，伤口一般不宜缝合或包扎。伤口较深者尚需用导管伸入，以肥皂水做持续灌注清洗。如有免疫血清，可注入伤口底部及四周。

②疫苗接种：近年来，国内已发现一些人被咬伤后发病死亡而犬却安然无恙的病例，经证实该犬的唾液内带毒，故在流行区域被犬咬伤者均应接种疫苗。对咬伤较轻的患者，应及时处理伤

口后，尽早注射疫苗，10d 以内为佳。国内主要采用狂犬病病毒的地鼠肾细胞苗，依咬伤程度不同需注射 5~7 针（次），以获得最佳保护力。凡咬伤部位离中枢神经近、伤口深而且多处有伤、伤势严重者，注射疫苗还不能达到较理想的预防效果时，必须联合注射抗血清。抗血清注射时间，应在咬伤后 72h 内进行，因超过 72h 病毒潜入细胞内而不易被抗体所中和。另外，干扰素也可试用于本病的治疗。不同毒株的疫苗适用于不同动物或人，如表达狂犬病病毒糖蛋白基因（V-RG）的重组牛痘弱毒载体口服疫苗（RABORAL V-RG）已应用并消除了比利时、法国和卢森堡的野生动物狂犬病，但该疫苗不适合臭鼬和犬，狂犬病灭活疫苗（dG 株）在国内犬中广泛应用，狂犬病病毒弱毒 SAG2 株制备的口服疫苗适合用于野生动物狂犬病的防疫。

【公共卫生】

人感染狂犬病后，发病后临床症状明显。可分为：

（1）前驱期　患者发热、头痛、乏力、周身不适，对痛、声、光等刺激较敏感，并有咽喉紧缩感。50%~80% 病人伤口部位及其附近有麻木或蚁走感。

（2）兴奋期或痉挛期　患者处于兴奋状态，如极度恐惧、烦躁，对水声、风等刺激非常敏感，易于引起阵发性咽肌痉挛、呼吸困难等。部分患者出现特殊的恐水临床症状，在饮水、见到水、听见流水声或谈及饮水时，可引起严重咽喉肌痉挛，称为"恐水症"（hydrophobia）。随后，部分病人出现精神失常、定向力障碍、幻觉、谵妄等，病程进展很快。

（3）麻痹期　患者痉挛减少或停止，出现弛缓性瘫痪，神志不清，最终因呼吸麻痹和循环衰竭而死亡。人出现狂犬病临床症状后，一般难以治愈。狂犬病高免血清通常在咬伤严重时用于紧急预防，但在发病后使用一般无法挽救患者生命。

四、日本脑炎

日本脑炎（Japanese encephalitis）是由日本脑炎病毒引起的蚊媒传播的自然疫源性人兽共患传染病。日本脑炎病毒可感染多种动物，但隐性感染居多；过夏猪群几乎 100% 感染，但发病率仅为 20%~30%，且死亡率低，怀孕母猪感染后多导致繁殖障碍，临床表现为高热、流产、死胎和木乃伊胎，公猪则表现为睾丸炎，值得注意的是猪是本病毒的自然贮存宿主和扩散病毒的宿主，特别是在占世界养猪
数量超半的我国，从公共卫生角度，对本病的危害应充分认识；而人、猴、马和驴感染本病毒后则表现为典型的脑炎临床症状，病死率较高。本病主要发生于东南亚地区，我国大部分地区深受其害。

【病原】

日本脑炎病毒（*Japanese encephalitis virus*）为黄病毒科（*Flaviviridae*）黄病毒属（*Flavivirus*）成员，呈球形，直径 30~40nm，从内到外分别为单股正链 RNA、二十面体对称核衣壳及囊膜，囊膜外存在含糖蛋白的纤突，能凝集鹅、鸽、雏鸡、鸭、绵羊的红细胞，同时具有溶血活性，凝血特性可被特异性抗血清所中和，而本病毒减毒株则血凝活性基本丧失。

本病毒具有明显的神经嗜性，在感染动物的血液中存留时间很短，主要存在于中枢神经系统和肿胀的睾丸内。本病毒可在鼠脑及 BHK-21、PK-15、非洲绿猴肾细胞（Vero）和 L-M 鼠成纤维传代细胞上生长和传代，并产生细胞病变（CPE）及可致弱本病毒；尚可应用来源于蚊的 C6/36 传代细胞系进行本病毒的分离和鉴定；通过接种 5~7 日龄的鸡胚卵黄囊或鸡胚成纤维细胞，可进行本病毒的增殖。

本病毒对自然环境的抵抗力不强，对酸、碱、胰酶、乙醚、氯仿等敏感，56℃ 30min 即可灭

活，常规消毒药物均可将其杀死，如2%氢氧化钠、3%来苏儿等。50%甘油生理盐水中4℃下可存活6个月，－20℃可存活1年，－70℃或冻干条件下可保存多年，保存病毒的最适pH值为7.5～8.5。

【流行病学】

在自然情况下日本脑炎病毒可以感染多种动物，其中包括人、猪、马属动物、牛、羊、犬、猫、鸡、鸭及多种野生动物和鸟类，马最易感染，人次之，猪感染数量最多且是最大的贮毒、增毒和散毒者，小鼠脑内接种常用来分离和增殖本病毒。所有动物感染后都能够出现病毒血症，但除马、猪和人外，其他动物多为隐性感染。

患病和隐性感染的猪(经过流行季节的仔猪几乎100%感染)、马、牛、羊、犬、鸡、鸭在病毒血症期间都可成为传染源，未过夏天的幼猪最易感而成为重要的传染源。马属动物特别是幼驹非常易感，但多呈隐性经过，只有少数出现临床症状，死亡率低，且在传染源上无意义，因为既不能传染给马，也不能感染蚊。但猪感染后病毒可长期存在于中枢神经系统、脑脊髓液和血液中，因此，猪是本病最主要的扩散宿主，人和其他动物的乙型脑炎主要来自于猪，且我国养猪量大、范围广、猪群更新快，通过猪—蚊—猪的循环扩大病毒的传播，使猪成为日本脑炎病毒主要的增殖宿主和传染源。其他动物感染后很快产生抗体，且病毒血症时间短，故成为传染源的机会较小。

本病主要通过蚊媒传播，库蚊、伊蚊和按蚊通过在不同宿主间的轮换叮咬吸血而传播病毒，三带库蚊是日本脑炎病毒的主要传播者。日本脑炎病毒能在三带库蚊体内越冬和长期存活，并可以通过卵垂直传播给后代，是本病毒在自然界中长期存在的主要原因。可见蚊子既是本病毒的长期贮存宿主，又是本病毒的传播者。病毒在苍蝇和蝙蝠等动物体内也能长期增殖。

本病的发生和传播具有严格的季节性，80%～90%的病例发生在蚊虫滋生最旺盛的7～9月，在亚热带发生时间则提前，而在热带则可能全年发生，这种季节性与蚊虫的繁殖吸血有关。本病有一定的周期性，4～5年流行一次，多呈散发，偶尔呈地方流行。

【发病机理】

携带日本脑炎病毒的蚊虫在繁殖季节叮咬易感宿主，在用口器释放抗血凝物质时将本病毒注入易感宿主血管内，造成病毒直接入血形成病毒血症，使体温升高。病毒随血流到达嗜好组织，如中枢神经系统(脑和脊髓)、睾丸和子宫，在这些部位造成组织损害和病变，并由此导致临床症状。脑内水肿、颅腔和脑室内脑脊液增量导致沉郁、嗜睡或神经症状(冲撞、摆头、视力障碍、后驱麻痹等)；睾丸实质充血、出血、坏死；病毒通过胎盘感染胎儿，引起胎儿全身性感染，导致胎儿脑水肿、皮下、肝、脾、脊髓、脊髓膜等发生病变，使胎儿致弱(出生后软弱不能吮乳)、死亡或木乃伊化，并由此而导致流产或出生后出现神经症状。

【临床症状】

(1)猪　潜伏期2～4d，多数呈隐性感染，少数突然发热，体温升至40～41℃，稽留数天到十几天；精神沉郁而嗜睡，食欲减退而渴欲增加，黏膜潮红，粪便干燥呈球状，表面灰白色黏液，尿色深黄。有的病猪后驱麻痹，运步跟跄，后肢关节肿胀、疼痛而跛行。个别病猪表现为视力障碍、摆头、乱冲乱撞等神经症状，逐渐后肢麻痹，并最终倒地而死亡。

妊娠母猪常在妊娠后期突然发生流产，流产前有轻度的减食和发热，流产后临床症状减轻而恢复正常，且不影响下一次配种。流产胎儿死产或木乃伊化，有的全身水肿，有的生后几天倒地痉挛而死，也有的可健活。公猪感染除具有一般临床症状外，突出表现是发热后发生单侧或两侧睾丸肿大，触之热痛，几天后恢复或变小、变硬而失去生精能力。

（2）马 潜伏期1~2周，1岁以内的幼驹多发，成年多隐性感染。病初体温高达39.5~41℃，稽留1~2周，然后降至常温，可视黏膜潮红，精神沉郁，食欲不振，肠蠕动减慢，便秘，经3~5d后有的逐渐康复。部分病马出现神经症状，全身反射降低，病马呆立，共济失调，站立行走均不稳，严重者后驱麻痹或卧地不起；也有的病马兴奋而狂躁不安，横冲直撞，难以控制；有的甚至角弓反张或兴奋抑制交替；后期因衰竭麻痹而死亡。

【病理变化】

（1）猪 肉眼变化可见睾丸肿胀、实质充血、出血或有坏死病灶。流产胎儿出现明显的脑室积水，中枢神经系统发育不全（大脑皮层变薄、小脑发育和脊髓发育不全）；胎儿大小不等，皮下有血样浸润，胸、腹腔积液，肝、脾内有坏死病灶。组织学变化为成猪脑组织的非化脓性脑炎。

（2）马 无肉眼可见的特征性病理变化，病马脑脊液增多，脑硬膜血管充血水肿。胃肠有急性卡他性炎症。组织学变化为非化脓性脑炎。

【诊断】

可根据本病地区及季节等流行特点（严格的季节性、散发）、典型的临床表现（多发于幼龄动物，明显的脑炎、公猪睾丸炎、母猪流产等临床症状）做出初步诊断，通过病毒分离与鉴定及血清学、分子生物学等方法可确诊。

（1）病毒分离鉴定 取流行初期的濒死或死后病例的脑组织或发热期的血液，经卵黄囊接种鸡胚或硬脑膜下接种1~5日龄的乳鼠，或将病料接种鸡胚原代细胞、BHK-21细胞、白纹伊蚊C3/36细胞系进行病毒的分离。通过中和试验等方法对病毒分离物进行鉴定。如检测样品不能及时进行分离，则需在−80℃下保存。

（2）病理学诊断 采集大脑皮层、海马角、丘脑进行病理组织学检查，发现非化脓性脑炎（在血管周围存在淋巴细胞和单核细胞浸润而呈袖套样变化）可作为诊断依据。

（3）血清学诊断 通常分别采集发病初期和后期的血清各一份，通过中和试验、血凝抑制试验、ELISA、乳胶凝集试验（LA）、补体结合试验和间接免疫荧光试验（IFA）等进行抗体效价测定，抗体前后效价升高4倍以上即可确诊。感染2~4d出现抗体（IgM），可用于本病的早期诊断，IgG抗体效价在感染后2~5周达到高峰。

（4）分子生物学诊断 应用RT-PCR可对病料或分离培养的病毒进行JBEV C基因诊断。

（5）鉴别诊断 当猪发病时应注意与猪布鲁菌病、猪繁殖与呼吸综合征、猪伪狂犬病和猪细小病毒病等相鉴别（附表7）。

【防控措施】

灭蚊和免疫接种是预防本病的重要措施。应用灭蚊剂或驱避剂等药物、应用蚊的天敌灭蚊、破坏蚊的繁殖环境、应用灭蚊灯灭蚊、冬季消灭冬眠越冬蚊及应用雄蚊绝育术等灭蚊技术，均可以有效地减少环境中蚊的数量。

在本病的流行地区，在蚊活动前的1~2个月对后备猪、生产用猪（公、母）进行2次（间隔2周）乙型脑炎弱毒疫苗或油乳剂灭活疫苗的免疫接种，可有效防止母猪与公猪的繁殖障碍，之后每年初夏接种1次。

目前所用疫苗有2-8减毒株，主要用于马属动物的免疫，5-3减毒株可用于马和猪的免疫，14-2减毒株可用于人、马、猪的免疫，保护率均在80%以上。为避免母源抗体的干扰，种猪需要在5月龄以上接种。

【治疗】

本病目前尚无特效治疗药物，但可在隔离条件下通过加强饲养管理、镇静、降低颅内压、强心利尿、保肝解毒和控制继发感染来进行对症治疗。在治疗的同时注意做好工作人员的防护。

可应用磺胺类药物(磺胺嘧啶)及抗生素防止继发感染。高烧时可用物理降温或安乃近等退烧药物。高烧且出现神经症状可应用氯丙嗪,既降温又镇静。出现神经症状时应用巴比妥类等镇静同时静脉注射甘露醇、山梨醇等降低颅内压。流产且胎衣不下时应用缩宫素促进胎盘排出。

中药治疗:应用中药方剂达到清热泻火、凉血解毒的作用。可以选择白虎汤、清瘟败毒饮和银翘散等。常用中药有大青、板蓝根、黄芩、金银花、连翘、石膏、知母、玄参、淡竹叶、芒硝、栀子、丹皮、紫草、生地、黄连等。

【公共卫生】

带毒猪是人乙型脑炎的主要传染源,往往在猪日本脑炎流行高峰后一个月便出现人乙型脑炎发病高峰。病人表现为高烧、头疼、昏迷、呕吐、抽搐、口吐白沫、共济失调、颈项强直,儿童发病率、死亡率较高,幸存者常留有神经系统后遗症。

可以通过计划免疫接种来预防流行性乙型脑炎,我国流行地区6月龄至10周岁的儿童主要接种的疫苗有鼠脑提纯灭活疫苗及乳仓鼠肾传代细胞灭活疫苗,在流行开始前一个月皮下注射,并于7~10d加强免疫,之后每年加强免疫1次。

五、牛海绵状脑病

牛海绵状脑病(bovine spongiform encephalopathy,BSE)俗称疯牛病(mad cow disease),是传染性海绵状脑病(transmissible spongiform encephalopathy,TSE)的一种,由朊病毒引起的牛的一种进行性神经系统变性的传染病,主要特征是行为反常,运动失调,轻瘫,体重减轻,脑灰质海绵状水肿和神经元空泡。染病后14~90d内死亡。经典BSE是牛摄入受朊病毒污染的饲料后发生,而非典型BSE被认为在所有牛群中自发发生,其自发机制尚不清楚。

BSE于1985年4月在英国首次发现,1986年用病理学方法诊断为BSE。1992年,在英国暴发的高峰期,一年内报告了37 280例病例。截至目前,大约有200 000例BSE病例在牛中被诊断出来,其中97%来自英国。在大多数欧洲国家以及以色列、日本、美国、加拿大和巴西的本土牛中发现较低的发病率。虽然经典BSE在20世纪90年代被确定为重大威胁,但由于成功实施了有效的控制措施,其发生率在过去几年显著下降,现在估计极低(接近0例)。在21世纪初期,由于加强了对传染性海绵状脑病的监测,导致非典型BSE被确定,但发生率非常低,仅在进行密集监测时在老年牛中发现。2021年9月,BSE被WOAH列为必须通报的动物疫病,我国将其列为一类动物疫病。我国被WOAH认可为疯牛病风险可忽略国家。

【病原】

本病的病原是与痒病病原相类似的一种朊病毒(prion)。朊病毒是一种没有核酸的、具有传染性的蛋白颗粒。朊病毒蛋白有两种构型,即细胞型朊病毒PrP^c(cellular prion protein)和致病型朊病毒PrP^{sc}(scrapie prion protein)。PrP^{c}是正常细胞的一种糖蛋白,已证明它是定位于细胞膜的穴样内陷类结构域(CLDS)。PrP^{sc}是PrP^{c}的同源异构体,是由PrP^{c}变构后形成的,具有致病性,但其产生机制目前尚不明确。正常细胞的PrP^{c}是相对分子质量为$3.3×10^4$~$3.5×10^4$的糖蛋白,在某种因素作用下,其立体结构发生改变,相对分子质量变为$2.7×10^4$~$3.0×10^4$,成为PrP^{sc},获得致病性。PrP^{sc}具有抗蛋白酶K水解的能力,它特异地出现在被感染的脑组织中,使脑组织呈淀粉样空斑(amyloid plaques)。

目前朊病毒尚无成功的培养方法。Prusiber等认为朊病毒的增殖是一个指数增长的过程。

PrP^{sc} 首先与 PrP^c 结合形成一个 PrP^{sc}-PrP^c 复合物，随后转变为两个分子的 PrP^{sc}。在下一周期两分子 PrP^{sc} 与两分子 PrP^c 结合，随后形成 4 分子 PrP^{sc}。PrP^{sc} 与 PrP^c 相互作用，从而复制出越来越多的 PrP^{sc} 分子。朊病毒进入机体后先是缓慢地将机体正常朊蛋白转变成朊病毒，而新的朊病毒进一步将机体内其余的正常朊蛋白变成朊病毒，如此反复体内的朊病毒呈几何倍数增长，并在机体内呈现堆积或聚积现象，而正常朊蛋白呈弥散性分布。针对这种现象，人们提出了两种朊病毒生成假说，一种是"重折叠"模式假说，另一种是"结晶"模式假说，目前还没能证实何种假说更具说服力。

朊病毒具有极强的抵抗力，而这种特性建立在富含 β 折叠结构的基础之上。正常的朊蛋白可以完全被蛋白酶 K 消化，而异常的朊蛋白只能被消化掉 N 端的 67 个氨基酸，其余 C 端的 141 个氨基酸组成的核心片段($2.7\times10^4 \sim 3.0\times10^4$)则不能被蛋白酶 K 降解。

朊病毒具有和一切已知病毒不同的特性。一是表现在对物理、化学等因素具有非常强的抵抗力。常规的消毒方法(如紫外线、放射线、乙醇、甲醛、双氧水、酚和戊二醛等)不能使其灭活；含 2%有效氯的次氯酸钠及 2mol/L 氢氧化钠在室温下作用 1h 以上能灭活大部分病原，可用于表面消毒或溶液消毒；134~138℃高压蒸汽处理 18min，可使其大部分灭活；对离子辐射和超声抵抗力也很强；在 37℃以 20%福尔马林处理 18h，0.35%福尔马林处理 3 个月不能使它完全失活，室温下在 10%~12%的福尔马林溶液中可存活 28 个月；不被多种核酸酶灭活；可以在较宽的 pH 值范围内(pH 2.1~10.5)稳定存在；在土壤中可存活 3 年；在动物组织中，经过油脂提炼后仍有部分存活；焚烧是最可靠的杀灭方法。二是具有独特的生物学特性。在电镜下见不到病毒颗粒，但可检出痒病相关纤维(scrapie associated fibrils，SAF)；不形成包涵体，不含非宿主蛋白，无炎症反应，不诱生干扰素，对干扰素不敏感，不干扰其他病毒诱生干扰素，也不受普通病毒干扰；免疫抑制和免疫增强不能改变疾病的发生发展过程；不破坏宿主 B 细胞和 T 细胞的免疫机能，也不能引起宿主的免疫反应。

【流行病学】

无论是自然感染还是人工感染，其宿主范围均较广。主要是牛科动物(包括家牛、非洲林羚、大羚羊以及瞪羚、白羚、金牛羚、弯月角羚和美欧野牛)和猫科动物(家猫、猎豹、美洲山狮、虎猫和虎)易感。在试验条件下，人工感染的实验动物有牛、猪、绵羊、山羊、鼠、貂、长尾猴和短尾猴等。本病的平均潜伏期约为 5 年，发病动物多在 4~6 岁，2 岁以下及 10 岁以上罕见。非典型性病例更容易在年龄较大的老牛中个别发生，年龄范围在 8~20 岁。对患牛出生时间的统计显示，非典型病例的出生时间大多在实施饲料禁令之前，零星分布且没有特定规律。

传染性海绵状脑病在人发现的是克-雅病(Creutzfeldt-Jacob disease，CJD)及库鲁病(Kuru)，人类传统型的克-雅病与疯牛病无关，于 1996 年在英国人群中出现了与食用疯牛病病牛制品有关的新变型克-雅病(variant Creutzfeldt-Jacob disease，vCJD)，在英国以外也发现了 vCJD 病例。

患痒病的绵羊、BSE 种牛和带毒牛是本病的传染源。BSE 疫情在英国蔓延的原因是在肉骨粉的加工过程中朊病毒未能完全灭活而残留在肉骨粉(meat and bone meal，MBM)中所致。据认为 20 世纪 80 年代前半期变更肉骨粉的加工工艺是发生本病的直接原因。在英国，将这种肉骨粉添加到人工乳中，所以饲喂这种人工乳的乳牛多数发生 BSE。

疯牛病病原在牛体内的分布比较有限。一般认为，在脑、脊髓、三叉神经节、背根神经节和视网膜中含量最多，其他部位则均未见其感染性，但考虑到将疯牛病的流行降至最低，人们将牛的扁桃体、脾、肠系膜淋巴结、小肠、结肠、盲肠、脑脊液、咽后淋巴结、股前淋巴结、迷走神经等也列为危险组织。

BSE 一般与性别、品种及遗传因素无关，但从病例情况上看，奶牛发病数显著高于肉牛发病数，黑白花奶牛发病数显著高于其他品种奶牛，绝大多数病牛为母牛。造成这种差异主要原因是英国奶牛群小牛生后用含有 MBM 的代乳品人工喂养的管理方式决定的。

【发病机理】

BSE 主要通过消化道感染，致病因子进入牛胃肠道，不能被胃肠道中的蛋白酶消化而破坏。进入血液循环系统，感染血细胞或淋巴细胞，再进一步感染大脑神经系统；致病因子感染外周神经系统，如胃肠中的神经末梢，进入外周神经，通过逆行传递，沿着外周神经系统感染至中枢神经系统；致病因子进入细胞，在神经元溶酶体中沉积，大脑中填满 PrP 及伴随的杆状淀粉样颗粒的溶酶体，突然爆炸并损害细胞，当宿主神经细胞死亡后，在脑组织中留下许多小孔，释放出的 PrP 又会侵袭另外的细胞。

【临床症状】

BSE 的潜伏期长，平均 4~6 年，大多数病牛是在出生后 1 年内被感染，但在 BSE 多发的 1992 年报道了 20 月龄牛却发生了本病。临床症状各种各样，多为中枢神经系统症状，病程多为数月至 1 年，最终死亡。

（1）行为异常　　表现为不安、恐惧、异常震惊或沉郁；不自主运动，如磨牙、震颤；不愿接触水泥地面或进入畜栏等。

（2）感觉或反应过敏　　表现为触觉、视觉和听觉过敏。对颈部触摸、光线的明暗变化以及外部声响过度敏感。

（3）运动异常　　病牛步态呈"鹅步"状，共济失调，四肢伸展过度，有时倒地，难以站立。

（4）体重和体况　　明显下降，最后消耗衰竭而死。

【病理变化】

BSE 无肉眼可见的病理变化，也无生物学和血液学异常变化。病理组织学变化为：①在延髓、中脑的中央灰质部分，下丘脑的室旁核区以及丘脑和中隔区，神经元的突起和胞体中形成两侧对称的囊形空泡（即海绵状变化）。胞体中的空泡较大，并充满整个核周体（细胞质）。而在小脑、海马、大脑皮层和基底神经节通常空泡形成较少。②神经胶质增生，胶质细胞肥大。③神经元变性及消失。④大脑淀粉样变性。这种病变在 BSE 病牛中只占 5%，而绵羊痒病中超过 50%。

除了痒病家族应有特征性组织病理变化外，用电镜负染技术观察到牛脑组织提取液中含有大量的特征性原纤维，这与羊群中的 SAF 相似。证实 BSE 是一种类绵羊痒病的疾病。

【诊断】

BSE 通常表现以行为异常、恐惧和过敏为主的神经临床症状，根据临床症状和流行病学资料可初步诊断。确诊可以应用免疫组织化学和蛋白质免疫印迹检测脑组织中的疾病特异性朊病毒蛋白（disease-specific prion protein，PrP^d）。仅通过脑组织病理学识别特征性空泡变化不再是 BSE 确诊的首选方法，还可以应用 ELISA、免疫印迹和免疫色谱分析等检测方法，这些方法均是基于延髓样品中 PrP^d 的免疫学检测。

（1）脑组织病理学检查　　牛脑干和延髓灰质神经基质的海绵状病变和大脑神经元细胞空泡病变具有特征性，后者一般呈双侧对称分布。

（2）PrP^{sc} 检测　　通过蛋白印迹试验（Western blot，WB）、ELISA 或免疫组织化学（immunohistochemistry，IHC）等方法从神经组织中检测 PrP^{sc} 可确诊本病。

（3）鉴别诊断　　BSE 病牛最初出现的临床症状易与牛低镁血症混淆，但后者病程较短。另外，BSE 与神经型酮病也极易混淆。其他有神经临床症状的疾病有李斯特菌病、狂犬病、铅中毒、中枢神经系统肿瘤、伪狂犬病等。

【防控措施】

尚无预防本病的疫苗和治疗方法。预防 BSE 要从两方面着手：一是预防 BSE 在牛群中的发生和传播。最有效的控制措施是禁止给牛喂肉骨粉。加强海关的检疫工作，建立完善的上报及销毁制度。加强对疯牛病的风险评估和反刍动物及其产品进境检疫，严禁进口患有 BSE 的病牛或疑似病牛及从 BSE 发生国家进口活牛以及反刍动物肉骨粉、骨粉、饲料等风险物质，加强反刍动物饲料管理，严禁在饲料中添加反刍动物蛋白成分。开展 BSE 监测，全球各国都是以 WOAH 关于 BSE 监测要求为基础来制订本国 BSE 监测计划，开展 BSE 的主动监测和被动监测。由于非典型 BSE 在牛群中持续存在，BSE 重新引入人群的风险一直存在，这就需要保持高水平的疾病意识以及有效的监测和控制措施。二是预防 BSE 在人类中传播，严禁感染牛产品进入食物链。人类感染通常是由于以下因素：食用感染了疯牛病的牛肉及其制品，特别是从脊椎剔下的肉；使用了可能含有疯牛病病毒的动物原料为成分的某些化妆品，如胎盘素、羊水、胶原蛋白、脑糖等。许多国家已引入法律，从人类食物链中去除高风险牛组织和/或禁止人类食用 24 个月以上的牛。

六、轮状病毒病

本病是由轮状病毒感染多种幼龄动物而引起的一种消化道传染病。临床上以厌食、呕吐、腹泻、脱水和体重减轻为特征。本病原最早从腹泻儿童体内发现，新生儿非细菌性腹泻多由轮状病毒引起。本病犊牛发病率（可达 80%）和病死率（可达 50%）均高；1~4 周龄仔猪发病率可达 80%，病死率为 20%；2~4 月龄幼犬感染率可达 75%。我国已经开展了猪、牛轮状病毒 VP4、VP6、VP7 等基因的重组乳杆菌和植物的研究，并取得了一定的成果。

【病原】

轮状病毒（*Rotavirus*）属呼肠孤病毒科（*Reoviridae*）轮状病毒属（*Rotavirus*）成员。直径 65~75nm，具有双层核衣壳，电镜下如车轮状而命名。

轮状病毒多可在宿主动物的原代细胞中生长，而较难在传代细胞中生长繁殖，除了来源于牛、猪的某些毒株外，有些毒株即使增殖也不产生或仅产生微小的细胞病变。牛腹泻轮状病毒接种培养细胞后，可通过免疫荧光法检测到存在于胞质中的病毒，应用恒河猴胎肾传代细胞（MA-104株）培养新生犊牛腹泻轮状病毒，可以产生明显的蚀斑，将病毒接种于猕猴肾细胞（LLC-MK2 株）虽不易传代，但通过间接荧光法可证明病毒已感染细胞。有时只能用易感宿主分离和增殖病毒。最理想的模型动物是 4~15 日龄的小鼠，感染率可达 95%。

轮状病毒基因组由 11 个双股 RNA 节段组成，编码 6 个结构蛋白（VP1~VP4、VP6 和 VP7）和 6 个非结构蛋白（NSP1~NSP6），VP6 是病毒粒子内衣壳上具有群特异性抗原，按群特异性抗原的差异和病毒 RNA 末端指纹图谱分析分成 A~G 7 个群，绝大多数哺乳动物的轮状病毒都属于 A 群，为典型的轮状病毒，其他 5 个群为非典型轮状病毒。A 群病毒具有一共同的与衣壳有关的抗原，应用中和试验可将 A 群轮状病毒分成 14 个血清型。B~F 群则不具有共同的抗原。A 群可感染哺乳动物和禽，B 群可感染人、猪、牛、绵羊和大鼠，C 群和 E 群可感染猪，D 群和 F 群可感染禽。VP7 和 VP4 是外衣壳上具有型特异性中和性抗原。根据 VP7 和 VP4 差异，可将典型的轮状病毒分为 23 个 G 血清型（G1~G23）和 31 个 P 血清型（[1]~[31]）。由于病毒基因组的分节段特性，不同来源的病毒共感染同一细胞后，很容易发生基因片段的交换和重配，导致新病毒的产生。这在实验室已得以证实。血凝素具有凝集红细胞的作用。

轮状病毒对外界环境、常用消毒药物（碘制剂、次氯酸盐、酸）和胰酶等抵抗力较强，56℃ 30min 不能完全灭活。粪便中的病毒在 18～20℃ 可维持 7 个月的感染力，应用 1% 甲醛环境消毒时，需要作用 1h 以上才具有消毒效果。3.7% 甲醛、10% 碘酊、75% 乙醇、10% 聚维酮碘和 67% 氯胺 T 等对本病毒具有较强的杀灭作用。

【流行病学】

本病的易感宿主较多，马、牛、羊、猪、兔、鹿、猴、犬、猫、大鼠、小鼠、豚鼠等哺乳动物和家禽等均易感。各种年龄的动物均可感染，且感染率高达 90%～100%，但多呈隐性经过，只有新生或幼龄动物感染时可造成严重临床症状和死亡。人轮状病毒可以使猴、仔猪和羔羊感染并发病，犊牛和鹿的轮状病毒也可感染仔猪。

患有本病的动物和隐性感染者是本病的主要传染源，主要通过粪便排出病毒而污染环境，痊愈动物可在愈后持续排毒 3 周以上。主要通过污染的饲料、饮水、垫草、土壤等经口摄入感染。

本病多于秋末至初春发生，环境寒冷、潮湿、卫生条件差、饲料品质不良、感染其他疾病等应激因素对本病的发生、发展、病程及转归产生严重影响。

【发病机理】

经口感染的轮状病毒由于其对胃酸和胰酶的抵抗力强而易于通过胃和小肠前段，并在胰酶的作用下感染小肠绒毛顶部上皮细胞，在细胞内增殖而导致细胞的变性、坏死脱落或扁平化乃至绒毛固有层网状细胞的增数，从而导致吸收不良性腹泻（粪便呈酸性），特别是出现乳糖消化障碍，从而导致腹泻，严重时造成死亡。

【临床症状】

不同动物发病后均以严重腹泻为主，但临床症状略有差异。

（1）牛　潜伏期 18～96h，主要发生于犊牛，多见于生后 1～7 日龄的新生犊牛，而成牛多呈隐性经过。发病突然，表现为沉郁，减食或绝食，肛门周围常粘黄白或乳白黏便。继之腹泻明显，排出黄白乃至灰白甚至带血和黏液的粪便，污染后驱。严重腹泻导致脱水而眼球凹陷，最后常因心衰和代谢性酸中毒而死亡。发病率 90%～100%，病死率可达 10%～50%。发病时因环境条件恶劣和继发沙门菌、大肠杆菌等感染而病死率升高。

（2）猪　发病日龄为 10～60 日龄的猪，多发生于 1～2 周和断奶后 1 周内的仔猪。病猪精神委顿，食欲不振，呕吐，腹泻（腹泻物呈灰色或黑灰色水样或粥样），如果无继发感染腹泻常持续 2～5d，发病率 10%～20%，病死率低于 30%。如果继发感染或持续性腹泻，多由于脱水和酸中毒而导致病死率升高（甚至达 50%）。

（3）禽　火鸡、鸡和肉仔鸡感染后临床表现与感染毒株有关，通常表现为水样腹泻、生长受阻、增重缓慢和死亡率增加等。有些毒株感染后临床症状轻微或不表现出临床症状；病禽盲肠异常扩张，充满液体和气体。

（4）犬　潜伏期 12～24h，主要导致幼龄犬发生腹泻，排出黄绿色夹杂有黏液甚至血液的稀便，被毛粗乱，粪便污染肛周，呈现轻度脱水，但始终食欲正常、精神状态良好。病程 6～7d，经合理治疗多数可恢复，少数病幼犬死亡。

（5）兔、驹、羔　潜伏期 1d 左右，精神委顿，腹泻，厌食，体重减轻和脱水，一般病程 4～8d，往往不危及生命。

【病理变化】

主要局限于消化道，各种动物的病理变化基本相同。幼龄动物胃壁迟缓，小肠绒毛短缩而肠壁变薄（尤其是空肠和回肠）。肠腔内充满凝乳块和乳汁（有的内容物呈黄绿色、灰黄色）。有时小肠黏膜出现广泛性出血,肠系膜淋巴结肿大,胆囊肿大。组织学检查可见小肠绒毛变短,隐窝细胞增生,柱状绒毛上皮细胞被鳞状或立方形的细胞所取代,而绒毛固有层可见淋巴细胞和单核细胞等浸润。

【诊断】

根据发病的季节性(寒冷)、多侵害幼龄动物、突然发生水样腹泻、主要病变集中在消化道等特点,可以对本病进行初步诊断,确诊需要采集病料进行负染电镜或免疫电镜检查。近年来 RT-PCR 有较多的应用。检测猪轮状病毒的胶体金诊断方法有望成为临床上快速诊断方法。

鉴别诊断:不同动物的腹泻需要与其他病原导致的疾病相鉴别,如与犊牛白痢、仔猪黄痢、猪传染性胃肠炎、猪流行性腹泻、犬冠状病毒感染、犬细小病毒病等相鉴别(附表4)。

【防控措施】

加强饲养管理,保持圈舍卫生,做好幼龄动物的防寒保暖工作,减少应激因素,增强母猪和仔猪的抵抗力;新引入猪只注意隔离检疫,同时进行圈舍的彻底消毒。在疫区要及早让新生仔猪吃到初乳,使其获得母源抗体保护;发现病猪,立即将其隔离到清洁、干燥和温暖的猪舍内进行护理,减少应激因素;清除粪便及被污染的垫草,消毒被污染的环境和器物。

免疫预防在本病的防制上具有重要作用,哺乳动物接种同型轮状病毒疫苗具有一定的预防作用,但由于病毒血清型多而相对困难。国外已经研制出两种牛轮状病毒疫苗,一种是冻干弱毒疫苗,可用于初生摄食了初乳的犊牛,口服接种后 2~3d 产生坚强的免疫力;另一种是灭活疫苗,主要给产前 60~90d 及产前 30d 的妊娠母牛接种,通过提高初乳抗体滴度保护犊牛。猪的轮状病毒疫苗在美国使用的是轮状病毒弱毒疫苗及轮状病毒-传染性胃肠炎二联弱毒疫苗,在俄罗斯使用三联弱毒疫苗,我国应用的是中国农业科学院哈尔滨兽医研究所研制的轮状病毒、传染性胃肠炎和流行性腹泻三联弱毒疫苗。目前,一些学者开展了猪和牛轮状病毒结构蛋白重组基因工程菌的构建及其免疫原性的研究,试验证明能够刺激机体的局部免疫与全身免疫,且产生有效的免疫保护,现已将结构蛋白基因转入植物(烟草)且成功地获得了目的植株。但真正实现实际应用还有一段艰难的路要走。

对于轮状病毒目前尚无特效治疗药物,可以应用干扰素、黄芪多糖等进行配合治疗。同时应用葡萄糖甘氨酸溶液(葡萄糖 22.5g、氯化钠 4.74g、甘氨酸 3.44g、柠檬酸 0.27g、柠檬酸钾 0.04g、无水磷酸钾 2.27g 等溶于 1 000mL 水中即成)或口服补液盐溶液(氯化钠 3.5g、碳酸氢钠 2.5g、氯化钾 1.5g、葡萄糖 20g、水 1 000mL)令病猪自由饮用;同时进行对症治疗,投服收敛止泻剂,使用抗生素和磺胺类药物,以防止继发感染;静脉注射 5% 葡萄糖盐水和 5% 碳酸氢钠溶液,可防止脱水和酸中毒。

七、伪狂犬病

伪狂犬病(pseudorabies,PR)是由伪狂犬病病毒引起的多种动物和野生动物的一种以发热、奇痒(除猪外)及脑脊髓炎为主要临床症状的疾病。本病对猪的危害最大,可致妊娠母猪流产、死产、木乃伊胎;初生仔猪(特别是 1 周龄内的仔猪)表现为神经症状和大批死亡(发病率与病死率几乎达 100%);成年猪则多为隐性感染。

本病最早于 1813 年发现于美国的牛群中,病牛表现与狂犬病相似而称为伪狂犬病。1902 年由 Aujeszky 证明病原为非细菌性致病因子,后证明是病毒,故本病又称为奥耶斯基病(Aujeszky disease)。1934 年由 Sabin 等确定为疱疹病毒。

目前，伪狂犬病遍及欧洲、东南亚、美国、南美洲及非洲等 40 多个国家和地区，亚洲的泰国、韩国、日本、菲律宾、老挝、马来西亚、新加坡和越南等国都有伪狂犬病流行。我国 1948 年报道首例猫伪狂犬病以来，已陆续有猪、牛、羊、貂、狐等病例报道，自 2011 年以来，我国陆续报道了多个 PRV 变异毒株，导致经典毒株疫苗对变异毒株不能完全保护，使得伪狂犬的防控和净化面临新的考验。由于规模化和集约化饲养的发展，引入国外种猪增多，国内生猪调运的频繁，病毒高致病力变异都是本病的疫情流行趋势上升的原因。

【病原】

伪狂犬病病毒（*Pseudorabies virus*，PRV）为疱疹病毒科（*Herpesviridae*）疱疹病毒甲亚科（*Alphaherpesvirinae*）猪疱疹病毒 1 型（*Suid Herpesvirus 1*）病毒。伪狂犬病病毒粒子呈球形，直径 100～150nm。病毒粒子由核仁、衣壳、皮层及脂质双层囊膜构成，囊膜表面具有 8～10nm 的呈放射状排列的纤突。衣壳含有 162 个壳粒，呈正二十面体对称，直径 105～110nm。伪狂犬病毒基因组为线性双股 DNA 分子，大小约 150kb，其相对分子质量为 8.7×10^7，G+C 含量高达 73%。PRV 基因组由长独特区（UL）、短独特区（US）及 US 两侧的末端重复序列（TR）与内部重复序列（IR）所组成。由 UL 编码区编码的糖蛋白有 gB、gC、gH、胸苷激酶（TK）、DNA 结合蛋白、DNA 聚合酶、主要衣壳蛋白等；由 US 编码区编码蛋白激酶（PK）、糖蛋白 gG、gD、gI、gE 等蛋白。其中，编码 gC、gE、gG、gI、gM 和 gN 的基因为病毒复制非必需的，而 gB、gC、gD、gE 和 gI 与病毒的毒力有关。此外，胸苷激酶（TK）、核酸还原酶（RR）、蛋白激酶（PK）、碱性核酸外切酶（AN）和脱氧尿苷三磷酸激酶（dUTPase）等也与病毒的毒力密切相关，其中 TK 是 PRV 最主要的毒力基因。糖蛋白 gB、gC、gD 在免疫诱导方面最为重要。

PRV 只有一种血清型，但不同毒株在毒力和生物学特性等方面存在差异。

PRV 具有泛嗜性，能在多种培养细胞内增殖，并产生明显的细胞病变和核内嗜酸性包涵体，其中以兔肾和猪肾细胞最为敏感。本病毒具有疱疹病毒属的细胞培养上快速的溶细胞性、嗜神经性、神经潜伏性和较宽的宿主范围等特征。

病毒对外界环境抵抗力很强，8℃时可存活 46d，24℃可存活 30d，55℃ 50min、80℃ 3min 或 100℃瞬间就能将病毒杀灭。在低温潮湿环境下，pH 6～8 时病毒能稳定存活；在干燥条件下，特别是在阳光直射下，病毒很快失活。腐败下 11d、腌渍下 20d 均可杀死病毒。PRV 对乙醚、氯仿、福尔马林等各种化学消毒剂都敏感。在 0.5% 石灰乳、0.5% 盐酸中 3min 被灭活。在 pH 7.6 时 90min 被破坏，但在 0.5% 碳酸中可以抵抗 10d 之久。

【流行病学】

猪、牛、羊、犬、猫、兔、鼠、水貂和狐狸等在自然条件下均可发生本病。各种动物的易感程度不同，牛、绵羊、犬、猫和兔均易感性高，感染后均以死亡告终。将病料接种兔、小鼠等实验动物，可通过出现典型临床症状并导致死亡而辅助诊断。

带毒猪以及带毒鼠类等是本病的主要传染源。猪是 PRV 的贮存宿主和传染源，特别是耐过的呈隐性感染的成年猪是本病的重要传染源。因为处于隐性感染的动物当受到应激、给予免疫抑制性药物等时，潜伏感染便被激活，导致潜伏于三叉神经节的病毒活化而排出感染性病原并致病，引发本病的传播与流行。本病主要是接触性传播。PRV 可通过消化道和呼吸道传播，也可通过交配、精液、胎盘传播。PRV 通过胎盘传递给胎儿时，由于母猪免疫球蛋白不能通过胎盘屏障，所以病毒对胎儿的感染是致命的。空气传播是 PRV 扩散的最主要途径，带病毒粒子的气溶胶及被污染的饲料和饮水、带毒的鼠、犬和羊等动物以及其他传播媒介（如鞋、靴、衣服、运输工具）也可传播本病。

伪狂犬病病毒对低温的抵抗力强而在环境中存活时间长,从而增加了感染的机会,幼龄猪对本病的易感性高,因此,本病虽无明显的季节性,但在冬季及产仔高峰季节多发。

【发病机理】

由于病毒毒株、猪的年龄、感染剂量、感染途径及动物机体状态的不同,发病情况不一。低毒力毒株感染后仅在感染局部存在,不能向深部侵袭;而高致病力的毒株则不仅仅在局部增殖,更可以沿神经入侵中枢;成功免疫的猪只可以阻止高致病力毒株向神经中枢的侵袭,使之不能逾越三叉神经节。猪的年龄越大,对本病的抵抗力越强,因此,本病2周龄内的仔猪发病率和病死率高达100%;断乳猪发病率为20%~40%,病死率为10%~30%;成年猪和母猪主要表现呼吸系统症状,但猪体长期带毒和排毒,成为本病的主要传染源,常常继发细菌和病毒感染,而使本病发生呈上升趋势。感染剂量非常小的情况下则可能仅出现血清阳转或称为无临床症状的潜伏感染者。通过口腔、胃内、鼻腔、气管、结膜内、子宫、睾丸、肌肉、静脉和脑内接种均可建立人工感染,但经鼻腔接种引发的病症与自然病例更接近。

本病毒侵入鼻咽部上皮和扁桃体,然后沿淋巴管扩散至局部淋巴结,当病毒侵入三叉神经、舌咽神经和嗅神经末梢后,完整病毒或无囊膜的核衣壳沿神经轴突逆行至嗅球或三叉神经节,并达到中枢神经,经脑桥和脊髓复制后再向小脑和大脑侵袭,并引起中枢神经系统功能紊乱而出现临床症状,主要表现为皮肤的感觉过敏,发生不可耐受的瘙痒等。怀孕母猪感染后导致病毒血症而造成胎盘感染,可引起胎盘病变并导致胎儿死亡,造成流产、死产和胎儿木乃伊化,在流产胎儿的不同脏器常出现坏死病灶,表明存在全身感染。新生猪感染时,病毒最初增殖部位为口咽部及呼吸道,然后通过神经入侵中枢神经系统,并通过病毒血症侵入肝脏、脾脏,仔猪因神经系统紊乱而急性死亡,稍大的仔猪等感染后主要导致扁桃体坏死及肺炎。

【临床症状】

(1)猪　潜伏期一般3~6d,短则36h,长则达10d。病猪的临床症状随猪只的年龄不同而有较大差异。哺乳仔猪特别是15日龄内的病程不超过72h,主要表现为腹泻、体温升高、发抖、运动不协调、流涎、颈部肌肉僵硬、四肢划水样运动、最后昏迷死亡,死亡率100%。3~4周龄幼猪临床症状与上述相近,病程略长,有便秘症状,发病率40%~60%,死亡率也很高,甚至可达100%,耐过者常遗留有偏瘫或发育受阻;2月龄以上育肥猪常见发热、咳嗽、便秘,一般临床症状和神经症状较幼猪轻,病死率也低,病程一般4~8d。成猪常呈隐性感染,较常见的临床症状为微热、打喷嚏或咳嗽,很少见到神经症状。妊娠母猪主要表现为繁殖障碍,母猪怀孕40d以上感染时,可于感染后的20d发生流产,在妊娠后期经常发生死胎或木乃伊胎及延迟分娩等现象。母猪于流产前后,大多没有明显的临床症状,主要表现为咳嗽、发热、精神不振等。

(2)牛、羊、兔　对本病特别敏感,潜伏期3~6d,感染后死亡率高,病程短,主要表现为皮肤奇痒,可发生于身体的任何部位,不断地舐、啃咬或摩擦患部,使局部皮肤发红、脱毛乃至擦伤。后期体温升高,并出现神经临床症状,表现为磨牙、狂躁、流涎、吼叫、肌肉痉挛、心悸、转圈,但不攻击人畜,继之共济失调,咽喉、四肢麻痹,呼吸困难,1~2d后死亡。

(3)犬　潜伏期2~8d。病犬开始精神沉郁,不安,拒食,蜷缩,体温升高,常发生呕吐。经消化道感染的病犬常发生吞咽困难,大量流涎。起初病犬凝视和舐、擦皮肤的损伤之处,随后搔抓啃咬痒处,在几个小时后便能产生大范围的烂斑。有的病例不见上述临床症状,但病犬呻吟,表现为身体某处疼痛。此外,两瞳孔常大小不等。起初兴奋反射性增高,之后瞳孔反射和皮肤深浅反射均降低。部分病犬出现类似狂犬病的临床症状,病犬啃咬、撕碎各种物体及跳墙等,但对人绝不攻击。在大部分病例中可见头部、颈部及唇部的肌肉间断性地抽搐,呼吸困难,最后因呼吸衰竭而常在 36h 内死亡。

【病理变化】

（1）猪　剖检病死仔猪，一般无特征性肉眼可见的变化，有时可见出血性或化脓性鼻炎，扁桃体、喉头水肿，咽炎，勺状软骨和会厌皱襞呈浆液浸润，并有纤维素性坏死膜覆盖。有时也有肺水肿，上呼吸道有大量泡沫性液体，喉黏膜点状或斑状出血。肾脏点状出血。胃底出血，小肠黏膜充血、水肿，大肠有斑块状出血。淋巴结特别是肠系膜淋巴结和下颌淋巴结充血肿大，间有出血。脑膜充血、出血、水肿。病程较长者，心包液、胸腹液、脑脊髓液均明显增多。病死仔猪和流产胎儿的肝、脾表面有灰白色或黄白色坏死病灶。

（2）牛　皮肤剧痒处被磨损或撕裂，皮下呈弥漫性肿胀，切开皮下可见黄色透明胶样浸润，并有出血变化；肺呈粉红色，间质增宽和肿大；心内膜、心外膜及冠状脂肪有少量出血斑点；肝脏充血，边缘钝圆，体积增大；脑膜血管充盈呈树枝状并有出血斑点及轻度水肿，脑脊液增多。

（3）犬　表现为体表局部的抓、咬伤，肺水肿、充血，心外膜出血，心包积液。中枢神经症状明显的犬脑膜也明显充血，脑脊髓液量增多。

本病的组织学变化主要是中枢神经系统的弥散性非化脓性脑膜脑炎及神经节炎，有明显的血管套（单核细胞及少量粒细胞聚集）及弥散性局部胶质细胞浸润，同时有广泛的神经节细胞及胶质细胞的坏死。在神经细胞和胶质细胞及毛细血管内皮细胞内可见嗜酸性核内包涵体。在肺、肾、肾上腺、扁桃体可见坏死病灶，在病变周围细胞也出现嗜酸性核内包涵体。

【诊断】

（1）临床诊断　哺乳仔猪大量死亡，日龄越小病死率越高，可高达 100%；病猪有明显的神经症状，寒颤，精神沉郁，运动时共济失调，头颈歪向一侧，做圆圈运动，倒地四肢划动，抽搐，癫痫等；母猪流产、死胎、木乃伊胎和产弱仔。根据发病仔猪和母猪的这些临床症状可初步诊断为猪伪狂犬病。其他动物可根据顽固性瘙痒、皮肤擦伤与水肿、对人畜无攻击性等初步诊断。

（2）病毒分离鉴定　采取脑组织、扁桃体，用 PBS 制成 10% 悬液或鼻咽洗液接种猪、牛肾细胞或鸡胚成纤维细胞，于 18~96h 出现病变，有病变的细胞用 HE 染色，镜检可看到嗜酸性核内包涵体。进一步以电镜观察等方法鉴定。

接种兔：上述悬液经 2 000r/min 离心 10min，取上清液 1~2mL 经腹侧皮下或肌肉注射接种兔，通常在 36~48h 后注射部位出现剧痒，病兔啃咬注射部位皮肤，导致皮肤脱毛、破损和出血，继而四肢麻痹、体温下降、卧地不起，最后角弓反张、抽搐死亡。

直接荧光抗体试验：取自然病例的脑或扁桃体，制成压片或冰冻切片，用荧光标记的抗体染色，常可于 2h 内在神经节细胞质及核内检查到病毒抗原以确诊。

（3）血清学诊断　目前血清学方法应用广泛。国内外均已建立了多种检测抗体的方法，应用最广泛的方法是微量血清中和试验（MSN，为一些国家法定诊断方法）、ELISA、乳胶凝集试验和间接免疫荧光试验等。随着基因缺失疫苗的广泛使用，近年开发出了与疫苗配套、快速敏感、可区分野毒感染和疫苗免疫两种不同抗体的 ELISA 检测试剂盒（gE-ELISA），在本病的根除计划中发挥出了明显的作用，可用于种猪场伪狂犬病的净化。

（4）分子生物学诊断　PCR 方法可快速、特异、敏感地检测 PRV，而且安全可靠，且可以同时检测大批样本。与常规的血清学方法相比具有很大的优越性。其敏感性显著高于微量血清中和试验。PRV 检出率最高的组织为三叉神经节，其检出率为 100%，该方法特异性强。

（5）鉴别诊断　在临床诊断时应与脑炎型链球菌病、仔猪水肿病、血凝性脑脊髓炎、狂犬病、猪李氏杆菌病、猪细小病毒病、猪繁殖与呼吸综合征、猪流行性乙型脑炎、猪布鲁菌病、猪食盐中毒等相区别。

【防控措施】

目前尚无治疗猪 PR 的有效药物。对猪 PR 的控制除常规隔离、消毒、控制人员流动以外，疫苗接种是防止 PR 发生流行的重要措施。

(1)加强猪场管理，建立生物安全体系　生产区应分区实行单元式饲养，全进全出，单向流动，切断交叉感染的机会；严格执行各项生物安全措施，最大限度地控制传染源的传入和切断其他传染途径(如定期灭鼠、灭虫等)；严禁混养其他动物，驱赶鸟类和其他野生动物；定期清扫与消毒，保持猪舍和环境的卫生；粪尿无害化处理；控制人流和物流，禁止外来人员与车辆进入猪场；指定人员进入生产区需经过淋浴后更换工作服、鞋、帽，然后定向进入猪舍，不准串舍。物品一律经过消毒后才能进入生产区使用，生产区内的运料专用车和运猪专用车只能在生产区使用等。

(2)严抓引种管理，切断源头感染　猪场尽可能自繁自养，如需要引种，一定要从 PR 阴性种猪场引入，并严格隔离饲养两个月，采取血样进行检测，PR 抗体或野毒感染抗体为阴性者方可与本场猪群混群饲养，以后与本场猪群一样每半年做一次血清学检测。对检测出的野毒感染抗体阳性猪要隔离饲养，注射疫苗后作育肥猪处理，不能作种用。

(3)合理疫苗免疫，健全防疫制度　疫苗接种是防治 PR 的主要手段之一。理论上讲，PR 阴性场最好不接种疫苗，但在我国当前的养猪生产实际中，由于猪病情况复杂、散毒严重以及 PRV 本身的特点等客观因素，建议阴、阳性猪场都要将本病列入计划免疫当中。接种疫苗可阻止临床发病，降低强毒排出量，缩短强毒排出时间。猪 PR 的疫苗种类繁多，主要有灭活疫苗、弱毒疫苗、亚单位疫苗、基因疫苗、重组疫苗和基因缺失疫苗等，我国主要应用的是灭活疫苗和基因缺失疫苗。基因缺失苗包括 gE 基因缺失苗和 TK/gE 双基因缺失疫苗。由于病毒变异，导致上述疫苗不能提供理想的保护力，国内开始研发以新毒株为亲本株的基因缺失疫苗，部分疫苗已获批新兽药注册证书。在刚刚发生流行的猪场，用高滴度的基因缺失疫苗鼻内接种，可以达到很快控制疫情的作用。建议免疫程序：种猪(包括公猪)第一次注射后，间隔 4~6 周后加强免疫 1 次，以后每次产前一个月左右加强免疫 1 次，可获得非常好的免疫效果，可保护哺乳仔猪到断奶。种用的仔猪在断奶时注射 1 次，间隔 4~6 周后，加强免疫 1 次，以后按种猪免疫程序进行。育肥猪断奶时注射 1 次，可保护至出栏。

有研究表明，用基因缺失疫苗做滴鼻免疫所产生的中和抗体滴度和免疫保护高于肌肉注射免疫，而且能较大程度地避开母源抗体的干扰，因而滴鼻免疫是一种较好的接种途径。市场上有部分商品疫苗可经滴鼻或肌肉注射进行免疫，为养猪生产者提供了有效、多样的选择。

(4)定期监测淘汰，实现猪群净化　猪只在感染 PR 后终身带毒，在受到应激或免疫抑制因素作用时，潜伏感染则可被激活，引起 PR 的暴发甚至流行，所以必须将猪场带有 PRV 野毒的阳性猪淘汰，实现全场净化。基本策略是使用 gE 基因缺失标记疫苗免疫猪群，使用配套的 gE-ELISA 血清学鉴别诊断方法检出并淘汰野毒感染猪，以彻底消灭传染源。猪群 1~2 年内，不出现野毒感染和伪狂犬病病例，即可认为净化成功。除了检疫淘汰外，引种安全和其他生物安全措施，可保障"净化状态"得到有效的维持。目前，我国已建成了一批国家级和省级伪狂犬病净化示范猪场和创建场。

本病尚无有效的治疗药物，可应用特异性的高免血清进行紧急接种，可有效地降低病死率。应用皮质类固醇激素有激活本病由隐性感染向显性感染转化的作用，在治疗疾病时应多加注意。

八、痘病

痘病（pox）是由痘病毒引起的人和多种动物（包括昆虫）的一种急性、热性、接触性传染病。各种哺乳动物（除猫、犬之外）痘病的共同特点是在皮肤和黏膜上形成痘疹或水疱，禽痘则在皮肤上产生增生性和肿瘤样病理变化。本病多为局部性反应，也有少数呈全身性反应，通常为良性经过。但人痘（天花）是人类史上传染性最强的传染病之一，曾造成人的大量死亡。在动物的痘病毒感染中，以绵羊痘和鸡痘最为严重，病死率较高。痘病毒和其他各种动物病毒之间没有交互免疫性。

痘病是一种古老的疾病，相传 3 000 年前埃及法老的王妃就死于天花。绵羊痘是最早被发现的动物痘病毒，早在 1 世纪初 Collumea 所著的《De re rustica》中就有对绵羊痘的记载。从 19 世纪末开始对绵羊痘有了系统的研究。我国晋朝葛洪（281—361 年）所著《肘后方》第一次对天花做了临床记载。宋真宗时（998—1022 年）发现了人痘接种法，较好地防治了天花，并一直传至清代，甚至远传欧洲。但直到 1796 年英国人 Jenner 发明人工接种牛痘防治天花，痘病防治才真正引起世人的重视。随后各种畜禽的痘病相继被发现。我国从 1961 年起在全国范围内消灭了天花，WHO 于 1980 年宣布"天花已在全世界消灭"，这是人类传染病防制方面取得的重大成就。

【病原】

痘病毒（Pox virus）属于痘病毒科（Poxviridae），包括脊椎动物痘病毒亚科（Chorodopoxvirinae）和昆虫痘病毒亚科（Entomopoxvirinae），前者包括正痘病毒属（Orthopoxvirus）、山羊痘病毒属（Capripoxvirus）、猪痘病毒属（Suipoxvirus）、禽痘病毒属（Avipoxvirus）、兔痘病毒属（Leporipoxvirus）、副痘病毒属（Parapoxvirus）、软疣痘病毒属（Molluscipoxvirus）和牙塔病毒属（Yatapoxvirus）18 个属 33 个种；后者则只含昆虫痘病毒 A、B、C 3 个亚属。

痘病毒科病毒是一大群砖形或卵圆形病毒。砖形粒子长 220～450nm，宽 140～260nm，厚 140～260nm；卵圆形粒子长 250～300nm，直径 160～190nm。基因组为单一分子的双股线形 DNA，全长 128～365kbp，编码 200 多个基因，其中间部分保守，两端变化大，且基因组每个末端均有一定长度的倒置重复序列，大多编码非必需蛋白质，与病毒毒力及宿主范围有关。相对分子质量为 $1.5×10^8～2.0×10^8$，G+C 含量为 35%～40%。

病毒粒子由一个核心、两个侧体和双层脂质外膜组成，是体积最大、结构最复杂的动物病毒。核心两面凹陷呈盘状，两面凹陷内各有一个侧体。痘病毒和其他大型 DNA 病毒一样，在宿主细胞的胞质内复制，有异于普通双链 DNA 病毒，形成嗜酸性包涵体。病毒粒子含有 100 种以上的结构多肽，核蛋白中有转录酶等 10 多种酶；其中多数为属内各成员病毒所共有，有些为种的特异成分。同属病毒之间还可以发生基因重组。正痘病毒属的囊膜表面有血凝素蛋白，能够凝集火鸡红细胞和某些品种的鸡红细胞。而禽痘病毒、羊痘病毒、兔痘病毒和副痘病毒均无血凝素蛋白。有人认为，所有的痘病毒可能都来源于一个或几个基本毒株，在其长期进化过程中逐渐适应了不同的宿主。

多数痘病毒能在鸡胚绒毛尿囊膜上生长，产生痘疮病灶。各种痘病毒均可在同种动物的肾、睾丸、胚胎组织细胞上生长，并引起细胞病变或空斑；痘病毒划痕接种到本动物皮肤上，能引起与自然病例相似的痘疹。

病毒对干燥和低温有高度抵抗力，室温下耐受干燥几个月。于干燥条件下，100℃可耐受 5～10min，但在潮湿条件下，60℃ 30min 即可破坏之。于-70℃可以存活多年。保存于 50%甘油中的痘病毒，于 0℃以下可活存 3～4 年。对常用消毒剂具有较强抵抗力，但易被 50%乙醇和 0.01%高锰酸钾、氯化剂或对巯基(—SH)有作用的物质所灭活。正痘病毒属和禽痘病毒属对乙醚有抗性，副痘病毒属、羊痘病毒属和兔痘病毒属则对乙醚敏感。

(一)绵羊痘

绵羊痘(variola ovina；sheep pox)是由绵羊痘病毒引起的绵羊急性、热性、接触传染病。以皮肤和黏膜上发生痘疹为特征，是各种动物痘病中危害最为严重的传染病，有较高死亡率，常引起严重的经济损失。绵羊痘广泛流行于养羊地区，传播快、发病率高。主要分布于非洲、西南亚及中东的一些国家及地区。我国有多省流行，被列为二类动物疫病。

【病原】

绵羊痘病毒(Sheep pox virus)属于痘病毒科(Poxviridae)山羊痘病毒属(Capripoxvirus)。绵羊痘病毒较正痘病毒稍细长，带囊膜，大小约115nm×194nm，病毒粒子呈砖形，采用Paschen等特殊染色方法着染病料涂片或切片，易见原生小体。电镜观察可发现典型的痘病毒粒子。病毒基因组全序列已于2002年公布，大小约150kb，相对分子质量$7.3×10^7 \sim 9.1×10^7$，共有147个开放阅读框(ORF)。本病毒可以在鸡胚绒毛尿囊膜上生长，形成灰白色痘斑。在羔羊和犊牛的皮肤细胞、睾丸细胞和肾细胞上生长良好，也可以在鸡胚成纤维细胞上生长，近来国内有人用BHK-21细胞培养羊痘病毒疫苗株也取得了良好效果。病毒在细胞内增殖时，可使细胞发生病变，能形成蚀斑。

绵羊痘病毒对干燥具有较强的抵抗力，干燥状态下存活几个月；冻融灭活作用不明显。不同毒株对热的敏感性不同。绵羊痘病毒易被20%乙醚或氯仿灭活，对胰蛋白酶和去氧胆酸盐敏感。2%苯酚和甲醛均可使其灭活。

【流行病学】

所有品种、性别和年龄的绵羊均可感染，尤以细毛羊易感性最强，粗毛羊和土种羊有一定抵抗力。羔羊较成年羊易感，且病情严重，病死率可达75%以上。在自然条件下，绵羊痘只发生于绵羊，但近来研究结果表明绵羊痘病毒也可感染山羊。妊娠母羊易发生流产，因此在产羔前流行羊痘，会使养羊业遭受很大损失。

病羊是主要传染源。主要通过呼吸道感染，也可通过损伤的皮肤或黏膜侵入机体。气候严寒、雨雪、霜冻、饲养管理不当等因素，均可增加发病率。饲养管理人员、饲料、垫草、护理用具、皮毛产品和外寄生虫等均可作为传播媒介。本病主要流行于冬末、春初。新疫区往往呈暴发流行。

【临床症状】

本病潜伏期平均为6~8d。病羊体温升高达41~42℃，食欲减退，精神不振，结膜潮红，有浆液、黏液或脓性分泌物从鼻孔流出。呼吸和脉搏增速，1~4d后开始发痘。首先在皮肤无毛区出现绿豆大红斑，以眼、唇、鼻、外生殖器、乳房、腿内侧及尾内侧最常见。羔羊或病情较重者全身发痘，1~2d后形成丘疹，突出于皮肤表面，坚实而苍白，随后丘疹逐渐扩大，变成灰白色或淡红色、半球状隆起的结节，同时发生病毒血症。之后2~3d，丘疹内出现淡黄色透明液体，中央呈脐状下陷，成为水疱。再经2~3d，由于白细胞的渗入，疱液呈脓性，即为脓疱。脓疱随后干涸而成痂块，如果无继发感染，痂块于几天内脱落，遗留淡色疤痕。整个病程3~4周，耐过者可痊愈。病毒侵入内脏黏膜可引起呼吸道炎症、肺炎和胃肠炎等并发症。继发化脓菌感染时可引起脓毒血症或败血症，常引起死亡。

非典型病例不呈现上述典型临床症状，仅出现体温升高、呼吸道和眼结膜的卡他性炎症，不出现或仅出现少量痘疹，或痘疹出现硬结状，在几天内经干燥后脱落，不形成水疱和脓疱，此为良性经过，即所谓的顿挫型。病例有的形成"石痘"，有的形成所谓的"臭痘"和"坏疽痘"，还有的形成"出血痘"或"黑痘"。

【病理变化】

痘病毒对皮肤和黏膜上皮细胞具有特殊嗜性。无论通过哪种途径感染，病毒在侵入机体后，都经过血液到达皮肤和黏膜，在上皮细胞内增殖，产生特异性的丘疹、水疱、脓疱和结痂等病理过程。

除了在绵羊体表有皮肤痘疹、脓疱和结痂外，其内脏也出现病变。在呼吸系统可见咽喉、气管、肺等黏膜上形成灰白色或红褐色痘斑，肺部可见干酪样结节和卡他性肺炎区。在消化道黏膜，特征性的病变是出现痘疹，嘴唇、食道、胃肠等的黏膜或浆膜上出现大小不同的、扁平的灰白色痘疹，其中有些表面破溃形成糜烂和溃疡，特别是唇黏膜与胃黏膜表现更为明显。其他实质器官（如心、肾等）黏膜下形成灰白色扁平或半球形的结节。

病理组织学的变化，在真皮可见明显充血、浆液性水肿和细胞浸润等。有的可见少量出血。主要是中性多形核白细胞浸润，在其周围可见有淋巴细胞。在真皮乳头层中常出现明显的细胞浸润，表皮明显增厚。胞质中可见染色均一嗜酸性包涵体。

在表皮层常出现角化亢进或者角化不全，致使全部表皮上层增厚变硬。在表皮深层的棘细胞发生变性，棘细胞肿大而胞质空泡化。水疱期的病变可见浆液性渗出液中混有白细胞和崩解的核颗粒。水疱内渗出物由浆液性变为脓性，进入脓疱期。

【诊断】

典型病例可根据临床症状、病理变化和流行情况做出诊断。对非典型病例，需结合实验室诊断做出确诊。

（1）染色镜检法　采取丘疹组织涂片，晾干后按莫洛佐夫镀银法染色镜检，如在胞质中有深褐色单在或成双、短链、成堆的球菌样圆形小颗粒，即可确诊。也可用姬姆萨或苏木紫-伊红染色，镜检胞质内的包涵体，前者包涵体呈红紫色或淡青色，后者包涵体呈紫色或深亮红色，围绕有清晰的晕。此外，病毒培养和电镜观察也可以确诊。

（2）免疫学方法　琼脂扩散试验、病毒中和试验、间接荧光抗体试验和 ELISA 试验等，均有助于本病的诊断。此外，应用 PCR 技术检测绵羊痘也已广泛使用。

（3）动物试验　采取痘疹组织，浸于含有青霉素（1 000U/mL）和链霉素（1 000mg/mL）的生理盐水中，经 24h 后制成 10 倍混悬液，经离心沉淀除去沉渣，划痕接种兔、豚鼠或犊牛的无毛皮肤，经 36~72h 后，皮肤发生痘疹。

（4）鉴别诊断　应与丘疹性湿疹和螨病相区别。丘疹性湿疹不是传染性疾病，不发热，无痘疹的特征性病程。螨病的痂皮多为黄色麦麸样，可查出螨虫。另外，应注意与绵羊传染性脓疱等病相区别。

【防控措施】

加强饲养管理，注意防寒过冬。不从疫区购羊。新引入的羊需要隔离 21d，经观察和检疫后证明完全健康的方可与原有的羊群混养。绵羊在运输途中发生此病时，应立即停运并就地隔离封锁，待完全康复后才可运走。常发病地区要定期接种羊痘鸡胚化弱毒疫苗或细胞苗，在尾内面或腋下无毛部皮内接种 0.5mL，接种后第 4 天部分羊就可以产生免疫力，至第 6 天可全部获得坚强免疫力。免疫期可持续 1~1.5 年。接种疫苗的羊应与其他羊隔离。

对于发病的羊群，应立即封锁，挑出病羊严格隔离；羊舍、用具进行充分消毒；病死尸体应深埋。疫情扑灭后，须做好预防接种及消毒工作才可解除封锁。在发病羊群中，对健康羊也可进行预防接种，一般接种后 6~7d 即可终止发病。

本病尚无特效药，常采取对症治疗等综合性措施。发生痘疹后，局部可用 0.1% 高锰酸钾溶液洗涤，擦干后涂抹紫药水或碘甘油等。同时，可煎中草药给羊饮用或灌服。选用中草药中的黄连、黄芩、苍术、葛根、金银花(或全草)、十大功劳、蒲公英、铁马鞭、鱼腥草、车前草等，根据羊只数量及方药组成确定剂量。如用免疫血清，效果更好。

全身治疗可用病毒灵、病毒唑注射液抗病毒。抗菌药物对痘病无效，但可防继发感染，以青霉素、链霉素、磺胺类药物、四环素、庆大霉素、环丙沙星、先锋霉素、丁胺卡那、泰乐菌素(有商品名为乌金的兽药制剂)注射液皮下注射。康复血清有一定防治作用，预防量成年羊每只 5～10mL，小羊 2.5～5mL，治疗量加倍，皮下注射。

(二) 山羊痘

山羊痘(goat pox)是由山羊痘病毒引起的山羊急性、热性、接触性传染病，在皮肤上发生丘疹脓疱性痘疹，对山羊的发病率和致死率均较高。本病在欧洲地中海地区、非洲和亚洲的一些国家均有发生。在我国多省也有山羊痘流行，被列为二类动物疫病。中国兽药监察所成功研制山羊痘细胞弱毒疫苗，经过广泛应用并结合各地采取得力的防制措施，疫情得到控制。

【病原】

山羊痘病毒(*Goat poxvirus*)是痘病毒科(*Poxviridae*)山羊痘病毒属(*Capripoxvirus*)的成员。山羊痘病毒在许多方面很像绵羊痘病毒，如对乙醚的敏感性以及在细胞培养后产生的病变和包涵体，耐干燥，冻融对其没有明显的灭活作用等。两者在琼脂扩散试验和补体结合试验时有共同抗原。山羊痘病毒与接触传染性脓疱病毒呈现一定的交叉反应。山羊痘病毒可在鸡胚绒毛尿囊膜上生长，易在羔羊(绵羊和山羊)的肾或睾丸细胞内增殖，并产生细胞病变和胞质内包涵体。

【流行病学】

一般情况下只感染山羊，山羊痘在同群山羊中传播迅速，但常不向其他羊群散播。健康羊因接触病羊或污染的厩舍和用具而感染。病羊唾液内经常含有大量病毒。本病四季都可发病，但冬、春季较多。

【临床症状】

山羊痘的临床症状与绵羊痘相似。潜伏期 4～7d。病初病羊体温高达 40～42℃，精神不振、食欲减退或完全停食。背常拱起，发抖，呆立一边或卧地不起。结膜潮红流泪，鼻有多量黏性分泌物，后转为黄色脓性分泌物干结于鼻端，有时影响呼吸，羊只消瘦。不久，在体表少毛或无毛处(乳房、乳头、口、鼻、眼、阴囊和股内侧等)出现圆形红斑疹，用手按压，红色消退(红斑期)；从次日起在红斑中央发生芝麻大小微红色坚硬的圆形结节。结节迅速变大，其基部直径可达 1cm左右(丘疹期)；结节在几天之内变成水疱，有些水疱中央凹陷，称为痘脐(水疱期)；然后，水疱变为脓疱(脓疱期)；脓疱内容物逐渐干涸，形成痂皮(结痂期)。痂皮脱落后，遗留放射状瘢痕而痊愈。有的发病山羊在背部、头、颈、胸部等肢体外侧体表较厚的皮肤真皮层形成坚硬结节，并不发展成水疱，触按体表皮肤有硬如小石子的感觉，直径 0.5～1cm，称为"石痘"。此时常见咳嗽、呼吸加快，流脓鼻涕和停食等临床症状。成年羊一般愈后良好，但羔羊和痘疹发生广泛者，特别是肺和其他内脏发痘时，死亡率甚高。病愈山羊有坚强的终生免疫力。

【病理变化】

在皮肤的少毛部位可见到不同时期的痘疱。病情严重者痘疱密集地相邻，但各痘之间界限明显。呼吸道黏膜有出血性炎症，有时见有圆形或椭圆形增生性病灶，直径约 1cm，有时有假膜覆盖，轻抹可去掉，露出红色至暗红色的痘斑。肺部呈大叶性肺炎状，肺表面有痘结，大小如绿豆至黄豆大，灰白色或褐色，手捏坚硬，深陷于肺实质深层，切开见白色胶样物(无液体)，称为肺痘。在消化道的胃、肠黏膜或浆膜表面，脾脏等处也有这种灰白色突起的痘斑或痘结。淋巴结水肿，切面多汁，肝脏有脂肪变性病灶。

【诊断】

典型的山羊痘根据上述临床症状、病理变化和流行病学特点不难做出诊断。在可疑情况下，可采取病料做实验室诊断，具体方法参考绵羊痘的诊断。

【防控措施】

严格检疫。引入的种羊必须严格检疫，隔离观察 21d 以上。发病后立即隔离病羊，严禁外人接触羊只。对污染的场地、饮水、饲料、用具要严格消毒。

对流行地区的健康羊群，每年用羊痘弱毒疫苗进行预防接种。具有免疫力的母羊所生小羊从 2 月龄开始也应接种疫苗，以 0.5mL 皮内或 1mL 皮下接种效果很好。对未发病羊采用紧急预防接种羊痘弱毒疫苗的方法能较大程度地减少疫病的损失，接种剂量可采用 2~3 倍常规用量。临床治疗参考绵羊痘的治疗方法。

（三）禽痘

禽痘（avian pox）是由禽痘病毒引起的禽类的一种急性、接触传染性疾病，以表皮和羽囊显著的暂时炎症过程和增生肥大，在细胞质内形成包涵体，最后变性上皮形成痂皮和脱落为特征，有的口腔和咽喉黏膜发生纤维素性坏死性炎症，常形成假膜，故又名禽白喉。

【病原】

禽痘病毒（*Avian poxvirus*）指痘病毒科（*Poxviridae*）禽痘病毒属（*Avipoxvirus*）中的多种痘病毒，包括鸡痘病毒（*Fowl pox virus*）、鸽痘病毒（*Pigeon pox virus*）、火鸡痘病毒（*Turkey pox virus*）、金丝雀痘病毒（*Canary pox virus*）、鹌鹑痘病毒（*Quail pox virus*）、麻雀痘病毒（*Sparrow pox virus*）等。鸡痘病毒是其种属代表。在自然条件下，每一型病毒只对同种宿主有强致病性，各种禽痘病毒彼此之间在抗原性上有一定的差别，但通过人工感染也可使异种宿主致病。

禽痘病毒是一种比较大的 DNA 病毒，呈砖形或长方形，大小平均为 258nm×354nm。基因组约 300kb，相对分子质量 $(2~4)×10^5$，约为痘苗病毒基因组长度的 1.5 倍，属大型的痘病毒。在患部皮肤或黏膜上皮细胞和感染鸡胚的绒毛尿囊膜上皮细胞的胞质内形成包涵体，包涵体中可以看到大量的病毒粒子，即原生小体（又称 Borrel 小体）。

病毒对干燥有抵抗力，痂皮内的病毒可以存活几个月。冷冻干燥和 50% 甘油盐水可使鸡痘病毒长期保持活力达几年之久。60℃ 8min 和 50℃ 30min 可使其灭活，对消毒药的抵抗力不强，常用浓度下 10min 内可使之灭活。1% 氢氧化钾可灭活，但 1% 苯酚和 1∶1 000 甲醛下可耐受 9d。病毒粒子内含有大量脂质，但对乙醚有抵抗力，氯仿-丁醇可使病毒灭活。

禽痘病毒可在鸡胚、鸭胚、火鸡胚或其他种类的禽胚进行增殖，并在鸡胚的绒毛尿囊膜上产生增生性痘斑。鸡痘病毒在接种后 3~5d 感染效价达最高峰，第 6 天绒毛尿囊膜上产生致密而呈灰白色、坚实、约 5mm 厚的病灶，并有一个中央坏死区。鸽痘病毒、火鸡痘病毒、金丝雀痘病毒的毒力都相对较弱，形成的病灶较小。各种禽痘病毒均能在鸡胚或鸭胚成纤维细胞培养物上生长繁殖，并产生细胞变圆和坏死的细胞病变。能形成具有明显特征的蚀斑，蚀斑为中央透明的环状带。鸡痘病毒产生的蚀斑最大，2~9mm，其次为金丝雀痘病毒、鸽痘病毒、火鸡痘病毒。

鸡痘病毒具有血凝性，常用马的红细胞做血凝或血凝抑制试验。

【流行病学】

禽痘主要发生于鸡，各年龄、性别、品种的鸡均可感染，但以雏鸡、中鸡最易感，雏鸡患鸡痘病死率高。其次是火鸡，还有鸭、鹅间发生。许多鸟类，如金丝雀、麻雀、鸽、鹌鹑、野鸡、松鸡和一些野鸟都有易感性。已在分属于 20 个科的 60 种野生鸟类中有发病的报道。但病毒的类型不同。除少数外，一般不发生交叉感染。

病鸡和带毒鸡是主要传染源。病毒通常存在于病禽落下的皮屑、粪便、喷嚏或咳嗽等排泄物中。一般通过损伤皮肤和黏膜感染，不能经健康皮肤感染，也不能经口感染。其次是鸡互相打斗、啄毛、交配，金属用具(笼网)引起创伤而感染。此外，吸血昆虫(如蚊虫等)在传播本病上起着重要作用，据报道蚊带毒的时间可达10～30d。

本病一年四季均可发生，但以秋、冬季最易流行，一般规律是秋季和初冬季节多发生皮肤型鸡痘，深冬黏膜型多发。由于饲养管理不当、营养缺乏、拥挤、通风不良、阴湿、体表寄生虫等因素的影响，会使病情加重。如发生并发症，可以造成大批死亡。

【临床症状】

潜伏期在鸡、火鸡和鸽为4～10d，金丝雀为4d。由于鸡的个体和侵害部位不同，分为皮肤型、黏膜型和混合型，偶有败血型。

(1)皮肤型　在冠、肉髯、眼睑、喙、泄殖腔周围和全身无毛的部位，出现一种灰白色小结节，结节很快增大成如绿豆大的痘疹，呈黄色或灰黄色，凹凸不平，呈硬节，有时互相融合，形成较大的棕褐色结节，突出于皮肤表面，呈菜花样痘痂。如果痘痂发生在眼部，可使眼缝完全闭合；若发生在口角，则影响家禽的采食。痘痂经3～4周逐渐脱落，留下平滑的灰白色疤痕。常见雏鸡精神沉郁、食欲消失、体重减轻等现象。产蛋鸡则产蛋减少或完全停止。

(2)黏膜型　又称白喉型，多发生于幼鸡。在口腔、咽喉处出现溃疡或黄白色的伪膜，强行撕掉伪膜，露出红色溃疡面。随着病情发展，伪膜逐渐扩大增厚，阻塞咽喉部，使鸡呼吸和吞咽障碍，病禽频频张口呼吸，发出"嘎嘎"的声音。严重时嘴无法闭合，采食困难，消瘦。有的鸡在气管内前部出现隆起的灰白色痘疹，有时单个的，也有几个融合在一起，上面有渗出液或干酪样物，数量多时常阻塞喉头和气管引起鸡窒息死亡，此型鸡痘病死率高。还有些严重的鸡痘，眼、鼻和眶下窦也常受侵，即所谓的眼鼻型鸡痘。首先是眼结膜发炎，眼和鼻流出水样分泌物，之后是脓性。病程稍长，在眶下窦有炎性蓄积物，可使眼睑肿胀，结膜充满脓性或纤维蛋白性渗出物，甚至引起角膜炎而失明。

火鸡痘与鸡痘基本相同，因生长发育受阻，影响增重所造成的经济损失比死亡还大。产蛋火鸡的产蛋量减少和受精率降低，持续时间通常为2～3周，严重病例为6～8周。金丝雀痘与鸡痘不同，全身临床症状严重，常引起死亡。将病毒肌肉注射到禽体内，可引起类似亚急性细菌性蜂窝组织炎的炎性、坏死性、局灶性损害，剖检时见浆膜下出血、肺水肿和心包炎。痘痂的形成不如鸡痘明显，但有时在头部、上眼睑的边缘、趾和腿部也可出现痘疹，在病的后期形成痂块，口角和咽喉部有干酪样渗出物。

(3)混合型　本型是指皮肤和口腔黏膜同时发生病变，病情严重，病死率高，严重的可达50%以上。

(4)败血型　比较少见。以严重的全身临床症状开始，继而发生肠炎，病鸡多为迅速死亡，或者转为慢性腹泻而死。

【病理变化】

鸡痘的病理变化比较典型，容易识别。皮肤型鸡痘的病变如临床症状所见。在病禽皮肤上可见白色小病灶、痘疹、坏死性痘痂及痂皮脱落的疤痕等不同阶段的病理变化。黏膜型鸡痘则见口腔、咽喉部甚至气管黏膜上出现溃疡，表面覆有纤维素性坏死性伪膜。肠黏膜有小出血点，肝、脾和肾肿大。心肌有的呈实质变性。组织学变化的特征主要是黏膜和皮肤的感染，上皮细胞肥大增生，并有炎症变化和特征性的嗜伊红A型细胞质包涵体。包涵体可占据几乎整个细胞质，并有细胞坏死。重者还可见到支气管、肺部及鼻部的病理变化。

【诊断】

症状比较典型的病例，根据流行特点及皮肤、喉头气管变化可做出诊断。如遇可疑病例，可通过病理组织学检查细胞质内包涵体或分离病毒来确定。

（1）病毒分离　取病鸡病变组织或痂皮制成1:（5~10）的悬液，划痕接种雏鸡或9~12日龄的鸡胚绒毛尿囊膜。接种鸡5~7d后出现典型皮肤痘疹；鸡胚绒毛尿囊膜则于接种后5~7d出现痘斑。

（2）血清学检查　一般应用琼脂扩散试验、间接血凝试验、中和试验、免疫荧光抗体技术以及ELISA等。

（3）动物试验　取痘痂或者伪膜，按病毒常规处理后接种没有做过鸡痘免疫的2~3月龄易感鸡，方法是涂擦划破鸡冠或者鸡腿外侧拔毛的毛囊，如果有鸡痘病毒存在，接种部位出现结痂。

（4）鉴别诊断　黏膜型易与新城疫、传染性鼻炎和传染性喉气管炎等病混淆，与传染性喉气管炎（传喉）区别点是，传喉咳血，喉头气管有黏液或者血凝块，发病2~3d后有黄白色纤维素性干酪样伪膜，而鸡痘不咳血，气管内无血液和血凝块。可用病理组织学和病毒分离予以确定。

【防控措施】

做好饲养卫生管理工作，新引进的鸡要进行隔离观察，必要时做血清学试验，证明无病时方可合群。一旦发生本病，应隔离病鸡，重症者要淘汰，死鸡深埋或焚烧。鸡舍、运动场和各种用具应严格消毒。对未发病的鸡可进行紧急接种疫苗。目前，国内应用的疫苗有两种，即鸡痘鹌鹑化弱毒疫苗和鸡痘鹌鹑化弱毒细胞苗，接种方法是用鸡痘刺种针或无菌钢笔尖蘸取疫苗，于鸡的翅内侧无血管处皮下刺种。一般6日龄以上的雏鸡用200倍稀释液刺种1针；超过20日龄的雏鸡，用100倍稀释液刺种1针；1月龄以上可用100倍稀释液刺种2针。刺种后7~10d局部出现红肿，随后产生痂皮，2~3周痂皮脱落。每年2次免疫接种。对前一年发生过鸡痘的鸡群，应对所有的雏鸡接种疫苗，如每年养几批的，则每批都要接种。有报告称外用拓氯霉素软膏、维生素，以及口服100~200mg氯霉素有良好功效。

九、水疱性口炎

水疱性口炎（vesicular stomatitis，VS）是由水疱性口炎病毒引起的多种哺乳动物共患的一种急性高度接触性传染病，以唇、舌、口腔黏膜、乳房及蹄冠部上皮发生水疱为特征。其中，马、牛、猪和某些野生动物较易感，绵羊和山羊也可以人工感染。人偶有感染。本病19世纪先发生于北美洲的马、骡，之后又发生于南非的马、骡、牛。1916年第一次世界大战期间，本病随美国军马传到欧洲，随后又传到非洲、南美洲造成流行。印度也曾有本病发生。

【病原】

水疱性口炎病毒（*Vesicular stomatitis virus*，VSV）属于弹状病毒科（*Rhabdoviridae*）水疱病毒属（*Vesiculovirus*）成员。病毒粒子呈子弹形或圆柱状，一端呈半球形，一端平直，有囊膜，大小约为176nm。病毒含单股负链RNA，全长1 161bp，主要编码5种不同的蛋白，即糖蛋白（G）、核蛋白（N）、膜蛋白（M）、磷酸蛋白（P）、RNA聚合酶大蛋白（L）。VSV粒子内部为密集盘卷病毒粒子的核衣壳，但无转录酶活性。用补体结合试验和中和试验可将病毒分为两个抗原型，即新泽西型（New Jersey，NJ）和印第安纳型（Indiana，IND），两者不能交互免疫。IND型根据其抗原交叉反应性又可分为3个亚型：印第安纳1型（IND-1）、印第安纳2型（IND-2）、印第安纳3型（IND-3）。其中，IND-1 为典型株，主要分离自牛的毒株；IND-2 主要分离自牛、马和蚊体内的毒株；IND-3 最初分离自骡，但牛、马、人及白蛉虫也可感染。

VSV 可在 7~13 日龄鸡胚绒毛尿囊膜和尿囊腔内增殖，可在 24~48h 内使鸡胚死亡。能在猪和豚鼠的肾细胞、鸡胚上皮细胞、牛舌、猪胎、羔羊睾丸细胞中培养增殖并产生细胞病变。人工接种到牛、马、猪、绵羊、兔、豚鼠的舌面上可引起水疱，但给牛肌肉注射则不发生水疱。接种于豚鼠、小鼠的脑内可引起脑炎死亡；接种于豚鼠后肢蹠部皮内可引起红肿和水疱；接种于鸡、鸭、鹅的趾蹼上也可能引起感染。

VSV 对外界环境因素的抵抗力不强。对乙醚敏感；加热 58℃ 30min 即可灭活；用 2% 氢氧化钠或 1% 甲醛能在数分钟内将病毒杀死；在直射阳光和紫外线照射下可迅速死亡；病毒在 50% 甘油磷酸盐缓冲液中(pH 7.5)4~6℃ 可存活 4~6 个月；病毒在 4℃ 环境中可生存 100h；真空干燥、于冰箱中保存 5 个月内失去活力。

【流行病学】

本病能侵害多种动物，以牛、猪、马较易感，野生动物中野羊、鹿、野猪、浣熊及刺猬等也可感染。绵羊、山羊、犬和兔有抵抗力；鸡、鸭、鹅以及雪貂、豚鼠、仓鼠、小鼠、大鼠等实验动物都有易感性；人与病畜接触也能感染发病，主要表现为结膜炎、急性发热等症状。儿童感染还可能发生脑炎。试验证明，易感宿主可因病毒抗原型的不同而有所差异，马、牛、猪是 NJ 型病毒的主要宿主。IND 型病毒可引起牛和马的水疱性口炎流行，但不引起猪的发病。用 VSV 接种 8 种鸟类，其中有 5 种产生抗体。

本病的主要传染源为病畜。病畜的唾液和水疱中含有大量病毒，在水疱形成前 96h 就可从唾液中排出病毒。病毒可通过污染的饲料、饮水、饲养用具而经由消化道侵入体内，也可通过损伤的皮肤和黏膜而引起感染；还可通过媒介昆虫叮咬而传染。有人认为双翅目昆虫(包括蚊、螯蝇等)是本病的重要传播媒介，曾从白蛉及伊蚊体内分离到病毒。

本病具有明显的季节性，多在夏、秋季流行，其中 7~8 月为流行高峰期，寒冷季节流行终止。多呈点状散发，一般不广泛流行，传染性不强，发病率和死亡率都很低。大多沿河流、森林带流行，如中美洲、南美洲等地。我国陕西省凤县曾发现黄牛感染本病，未见羊患此病。

【临床症状】

(1)牛　潜伏期一般 3~4d。病牛表现发热，体温 40~41℃，精神沉郁，食欲不振，反刍减少、口渴、欲大量饮水，口黏膜和鼻镜干燥，耳根、眼睑发热。同时，在唇黏膜、舌上出现孤立的、米粒样大小的水疱，这些水疱常融合成较大的水疱，内含黄色透明的液体。1~2d 后水疱破裂，水疱皮脱落，露出浅而边缘不整的鲜红色烂斑。与此同时，病牛流出大量黏稠的唾液，并不时发出咂唇音，采食困难、咀嚼缓慢。有的病畜乳头和蹄部也会发生水疱。病程 1~2 周，转归多良好，极少有死亡发生。

(2)马　临床症状与牛相似，但较缓慢。舌面出现大量分散的蚕豆大的水疱，水疱内含清亮的液体，常于 1~2d 内破裂，留下鲜红的糜烂面，边缘不整，不久愈合。曾用病毒人工接种马和驴，接种 24~36h 后会出现类似临床症状。病马表现痒感，常在食槽边或其他物体上摩擦其唇部。蹄部病变见于蹄冠和蹄枕部，会出现充血、溃疡，导致持续性跛行，如继发细菌感染则病情加重。

(3)猪　体温升高至 40.5~41.6℃，24~48h 后，口舌、鼻端出现水疱，水疱很易破裂，水疱破裂后留下鲜红色的糜烂面或溃疡面，体温随后也恢复正常。出水疱期间，病猪会有磨牙、流口涎，食欲也受到影响。随后蹄冠和趾间也发生水疱，水疱破裂后形成痂块，严重时可致蹄壳脱落，露出鲜红色的出血面。病程约两周，如无继发感染则转归良好。

【诊断】

本病的发生有明显的季节性，可感染多种动物，典型的水疱病理变化及流涎等临床症状，发病率和病死率很低等都可以作为初步诊断的依据。由于病猪在临床上与口蹄疫、猪水疱疹和猪水疱病很容易混淆，必须通过实验室诊断进行鉴别。

（1）病原分离鉴定　采取水疱皮研磨成10%悬液或采集水疱液，经绒毛尿囊膜或尿囊腔途径接种于7～13日龄的鸡胚，于37℃培养，鸡胚常于24～48h死亡；也可接种猪肾细胞和鸡胚成纤维细胞，并形成蚀斑。然后用中和试验进行鉴定。

（2）血清学试验　动物感染4～5d后或康复后即可产生特异性抗体。这种抗体可通过中和试验、补体结合试验、琼脂扩散试验、ELISA等方法来测定，ELISA以其敏感性高，不受前补体和抗补体因子的影响而被广泛采用。由于病毒糖蛋白无感染性，若以病毒糖蛋白为抗原检测中和抗体的假阳性比中和试验要低。

（3）分子生物学诊断　PCR和定量PCR是一类高效的检测方法，可检出血样中不具感染性的病毒，可用于持续性感染的检测，并可鉴别诊断水疱性口炎病毒和口蹄疫病毒等。

【防控措施】

发生本病后要及时隔离病畜，严格封锁疫区。封锁期间严禁输出饲料、畜产品和易感宿主。消毒污染的用具和场所，防止疫情扩散。可于疫区内用疫苗预防接种：①组织毒-血毒甘油结晶紫疫苗：对牛皮下注射5～10mL，可产生短时间免疫力。②鸡胚结晶紫甘油疫苗：给黄牛皮下注射5～10mL，证实安全有效。美国已批准生产氢氧化铝灭活疫苗，油佐剂疫苗已在哥伦比亚进行试验。这两种疫苗在接种马和牛的血清中均能产生高水平的特异性抗体。但血液抗体能否保护本病尚不清楚。

本病病程短，多呈良性经过，只要加强护理，自愈率较高。为预防继发感染，可用0.2%高锰酸钾液或1%硼酸液冲洗口腔或黏膜面，溃烂面可用碘甘油涂敷。

十、传染性脓疱

传染性脓疱（contagious ecthyma）是由传染性脓疱病毒引起的一种急性接触性传染病。主要发生于绵羊和山羊，人、骆驼和猫均可感染。临床上以在口、唇、舌、鼻、乳房等处的皮肤和黏膜形成脓疱、溃疡和结成疣状厚痂为特征。曾用名为传染性脓疱性口炎、传染性脓疱性皮炎、口溃疡或传染性脓疱性坏死性皮炎。目前，世界上几乎所有养羊的国家和地区均有本病发生。20世纪50年代以来，我国的西北和内蒙古地区曾有本病发生。

【病原】

传染性脓疱病毒（*Contagious ecthyma virus*）属于痘病毒科（*Poxviridae*）副痘病毒属（*Parapoxvirus*）成员。病毒粒子呈砖形，含双股DNA，有囊膜，大小300nm左右。病毒颗粒的形态通常呈线团样形或近圆锥形，表面呈绳索结构，上面和底面绳索样结构似乎以若干"8"字形相互交叉排列。

病毒可在牛、绵羊、山羊的肾细胞以及犊牛和羔羊的睾丸细胞上生长，在猴肾细胞、鸡和鸭胚成纤维细胞和人羊膜细胞上也可生长。在实验室中，常采用牛、绵羊、山羊的肾细胞进行病毒的分离和繁殖。

病毒对外界环境有较强的抵抗力。干痂中的病毒可存活几个月甚至几年，干痂暴露于夏季日光下30～60d才能丧失传染性；在地面上连续经过秋、冬、春三季仍具有传染性；干燥的病料在冰箱内保存3年以上仍有传染性。病毒对温度较敏感，60℃ 30min或100℃ 3min可杀死病毒。对乙醚有抵抗力，对氯仿、苯酚敏感。紫外线照射 10min 可灭活病毒；对超声波不敏感。经 pH 4.2~10.9 范围内液体处理仍保留传染性。

【流行病学】

本病对绵羊和山羊危害性较大，以 3~6 个月龄的羔羊最易感，常无性别和品种的差异，多呈群发性流行；成年羊也易感，但较羔羊发病少，多以散发型出现。人和猫也有易感性。由人工经口腔黏膜接种，可使犊牛、兔、幼犬、猴、豚鼠等动物发病。

病羊和带毒羊是本病的传染源。由于病羊的唾液和脱落的痂皮中含有大量的病毒，病羊用过的厩舍或污染的牧场可成为发病的疫源。

本病无明显的季节性，但以夏、秋季，干旱或枯草季节多发。主要经损伤的皮肤和黏膜感染。健康羊主要通过与病羊的直接接触，如与病羊同一圈舍，同群放牧或将健康羊置于病羊污染的厩舍和牧场等而感染。人多因与病羊接触而感染，如牧羊人、屠宰场与皮毛加工厂的工人、畜牧兽医工作人员等，目前仅有罕见的病例报道人与人之间的传染。皮肤有外伤可增加感染的机会。由于病毒的抵抗力较强，羊群一旦被污染则感染可持续多年。

【临床症状】

(1)羊　潜伏期 4~7d。临床上根据其发病部位分为唇型、蹄型和外阴型 3 种，混合型也有，但较少见。

①唇型：最为常见。病羊常于口角、上唇和鼻镜上发生小而散在的红点，随之形成麻籽大小的结节，继而形成水疱或脓疱，脓疱破溃后形成黄色或棕色的疣状硬痂。轻型的病例，这种痂垢逐渐扩大、增厚和干燥，经 1~2 周痂皮脱落而恢复正常。严重型病例，患部不断发生丘疹、水疱、脓疱、痂垢，并融合扩大，病变波及整个口唇周围及颜面、眼睑及耳郭附近，形成大面积具有龟裂、易出血的污垢痂垢，痂下有肉芽组织增生，最终使整个嘴部肿大外翻似桑葚状突起，采食困难，病羊日渐衰弱而死亡。患部常伴有化脓菌和坏死杆菌等继发感染，而引起深部组织的化脓和坏死。如口腔黏膜受损害，则见黏膜潮红、增温，在唇内面、齿龈、颊部、舌和软腭等部黏膜上发生由红晕包围的灰白色水疱，继而形成脓疱和烂斑，有时可愈合而康复，有的则恶化形成大面积溃疡。在坏死杆菌继发感染时，深部组织常发生坏死，有恶臭，有时部分舌甚至坏死脱落。部分病例会继发喉、肺的严重感染或因继发肺炎而死亡。

②蹄型：一般只侵害绵羊，多单独发生，偶与其他型混合发生。多为一肢患病，一般先在蹄叉、蹄冠或系部皮肤形成水疱或脓疱，破溃后形成有脓液覆盖的溃疡。如有坏死杆菌等继发感染则坏死变化可波及皮下组织或蹄骨。病羊行走跛行或卧地不起，有时在肺脏、肝脏和乳房内形成转移性病灶，严重病例会衰弱而死或因败血症而死亡。

③外阴型：病羊排出黏液性或脓性阴道分泌物，在肿胀的阴唇及附近的皮肤上有溃疡；乳房和乳头的皮肤上发生脓疱、烂斑和痂垢(此多因羔羊吃奶时传染)；公羊阴鞘肿胀，阴鞘口和阴茎上出现小脓疱和溃疡。单纯的外阴型很少死亡，且此型较少见。

(2)人　感染本病后会出现持续发热(2~4d)和淋巴结病，口腔黏膜发炎形成口疮或溃疡，有时在手、前臂或眼睑上发生皮疹、水疱或脓疱，同时伴有疼痛和发痒，局部淋巴结肿胀。皮疹、水疱或脓疱常于 3~4d 内破溃，后形成溃疡，10d 后才能愈合。如发生继发感染，溃疡部经 3~4 周后方能愈合。

【诊断】

根据特征性临床症状、病理变化和流行病学资料可做出初步诊断，确诊需要做病原鉴定、血清学试验(如中和试验、补体结合试验、免疫荧光诊断、琼脂扩散试验、反向间接血凝试验、

ELISA）及 PCR 技术等。

本病注意与羊痘、坏死杆菌病、溃疡性皮炎等进行鉴别。

【防控措施】

本病主要经外伤感染，应保护皮肤黏膜防止发生创伤。鉴于幼羔羊口腔黏膜娇嫩，尤其在出牙时易引起损伤，故应将饲料和垫草中的芒刺等尖锐物拣出。每天加喂适量食盐，以减少羊只啃土、啃墙引起创伤。禁止从疫区引进羊只和购买畜产品，对必须引进的羊只（包括从疫情不明地区引进），应隔离检疫 2~3 周以上，并对其蹄部进行彻底清洗和全面消毒，同时进行其他详细检查，无异常时再行混群。如有本病发生，全部羊只均应进行检疫，发现病羊立即隔离治疗。圈舍和饲养用具用 2% 氢氧化钠溶液、10% 石灰乳或 20% 草木灰水进行彻底消毒。

国外已试制成减毒疫苗，于配种前注射于母羊肘后皮下，会在注射部位产生硬痂，并在血清内产生免疫球蛋白，羔羊通过吮食初乳可获得一定的免疫力。注意所使用的疫苗株需与当地流行毒株相同，也可通过采集当地自然发病羊的痂皮制成乳剂，注射易感羊只而制成弱毒疫苗，给本地区未发病易感羊于尾根无毛部划痕接种，约 10d 后产生免疫力，有效期可持续 1 年。本法只能在无疫苗时应急使用，处理不当容易散毒，故仅限于发病疫区内使用。

【治疗】

对唇形和外阴型病羊，先用 0.1%~0.2% 高锰酸钾溶液冲洗创面，然后涂以 2% 龙胆紫或 5% 碘甘油、5% 土霉素软膏、氨苄青霉素软膏等，每日 2~3 次。对于蹄型病羊，可将病蹄浸泡在 5% 甲醛中 1min，每周 1 次，必要时可连用几次；也可用 3% 龙胆紫、1% 苦味酸或 10% 硫酸锌乙醇溶液反复涂擦患部。也可试用土霉素软膏。对严重病例可给予支持疗法，如同时使用抗菌素或内服磺胺类药物可预防继发感染。人在接触病羊时，应注意个人防护，尤应避免皮肤外伤。

十一、脑心肌炎

脑心肌炎（encephalomyocarditis）是由脑心肌炎病毒引起的、主要发生于啮齿动物的一种病毒性传染病。猪和牛等动物感染后呈现急性心脏病等特征。业已证实，脑心肌炎能引起猪的繁殖障碍，人感染后可呈现轻度脑炎临床症状。1958 年，脑心肌炎病毒在巴拿马首次被证实是猪的一种致死性疾病的病原。之后本病多次在美国、巴拿马、南美洲、澳大利亚、新西兰和韩国等地的猪群中引起暴发流行，危害全球养猪产业，造成一定的经济损失。

【病原】

脑心肌炎病毒（*Encephalomyocarditis virus*，EMCV）属于微核糖核酸病毒科（*Picornaviridae*）心病毒属（*Cardiovirus*）。根据毒株的来源不同被称为门戈（Mengo）病毒、哥伦比亚-SK 病毒、ME 病毒和小鼠脑脊髓炎病毒（MEV）等，这些病毒合称为脑心肌炎病毒组。这些病毒的抗原性在多数血清学试验中难于区分，是生物学特征上各异的一群病毒。

EMCV 病毒粒子呈圆形二十面体对称，直径约 27nm，无囊膜，为裸露的核衣壳，每个衣壳粒子含有 4 种结构蛋白，即 VP1~VP4。病毒粒子的沉降系数为 156S，在氯化铯中的浮密度为 1.34g/cm^3。基因组为单股正链 RNA，其大小约 7.8kb，相对分子质量为 $2.4×10^6$。

EMCV 能在鸡胚中增殖，72~96h 内可引起鸡胚死亡，也可在鸡、小鼠、猴、仓鼠、猪和牛的胚胎细胞或其他细胞培养物中生长良好，并产生明显的细胞病变。EMCV 具有血凝性，能凝集豚鼠、大鼠、马和绵羊的红细胞，这种血凝作用可被特异性血清所抑制，故可用来对本病毒进行鉴定或血清学诊断。EMCV 抵抗力不强，但对乙醚、酸、SDS 等强离子去污剂具有抵抗力；在 pH

3.0~9.0条件下稳定，-70℃可长期保存，经冻干或干燥后常丧失感染力，60℃ 30min可被灭活。

【流行病学】

本病的易感宿主较多，包括小鼠、大鼠、松鼠、仓鼠、猪、牛、羊、马、大象和多种灵长类动物，鸟类、昆虫和人也可感染。对不同日龄的胎猪，毒株致病性也不同，EMCV对40日龄的胎猪具有致病性，而对70~72日龄的胎猪无致病作用，这种致病性差异可能与毒株来源或其在实验室传代代次有关。致死性感染发生于20周龄内的猪，大多数成年猪为隐性感染。马、猴以及人在感染后大多呈隐性经过，偶见心肌炎及脑炎等症状。本病因饲养管理条件和病毒毒株毒力强弱的不同，猪的发病率和死亡率也有所差异，发病率为2%~5%，病死率可达100%。本病无季节性，但秋季多发。

造成猪感染的传染源主要是啮齿动物及污染的饲料和饮水。病猪可以短期内排毒，粪尿中虽含有病毒，但含毒量较低。在蚊子体内也可分离到病毒，但至今尚未证实猪在自然条件下感染是否由虫媒传播引起的。试验证明妊娠或分娩还可经胎盘或哺乳使仔猪感染。猪死亡后，可从多器官中分离得到病毒，以心肌含量最高，肝、脾等次之。除猪外，尚无证据表明本病毒对其他家畜有致病性。

【临床症状及病理变化】

（1）猪 本病多见于30~60日龄的仔猪，断奶猪至成年猪常为亚临床症状；妊娠母猪感染后表现为发热和食欲减退等症状，妊娠后期出现流产、产木乃伊胎或死胎等。仔猪在人工感染后，经2~4d的潜伏期，出现短暂发热和急性心脏病的临床症状。大多数病猪未出现任何临床症状而突然死亡。有些病猪呈现短暂的精神沉郁，不食，震颤，步样蹒跚，麻痹，呼吸困难或呕吐等临床表现，不久即会死亡。剖检见病死猪腹部皮肤呈蓝紫色；胸膜腔及心包腔积水，胸腹水内混有纤维素物质；心脏软而苍白并伴随右心室扩张，可见心肌炎和心肌变性，心室肌肉特别是右心室肌中散布白色病灶，偶尔在病灶处可见纹状或圆形的白垩样斑点；肺、胃、肠系膜均水肿，肝肿大；脾萎缩至正常情况下的1/2左右。组织学检查可见心肌变性、坏死，常有淋巴细胞和单核细胞浸润。

（2）牛和猴 多数呈隐性感染，常见的病理变化是非化脓性心肌炎。猴偶见脑部病变或轻度骨骼肌和胰腺损伤。

（3）人 感染脑心肌炎病毒后可表现发热，头痛，颈项强直，呕吐，咽炎等临床症状，多数病人可完全康复而不留后遗症，少数病人可造成单侧性耳聋、脑炎和心肌炎等病症，未出现因EMCV致死的报道。

【诊断】

本病典型特征为3~5日龄仔猪或断奶后生长猪突然死亡，有些病例出现呕吐、呼吸困难，病猪心肌上可见白色坏死灶，不同程度的非化脓性间质性心肌炎或脑炎组织病变，结合流行病学可做出初步诊断。确诊需进行实验室检查。

（1）小鼠感染实验 将急性死亡病猪的心肌和脾脏组织制成1∶10的悬液，接种小鼠（脑内、腹腔内、肌肉注射或饲喂），经4~7d后，可见心肌炎、脑炎等病理变化。

（2）病原检测 接种原代或继代鼠胚成纤维细胞和BHK-21等，感染细胞可迅速崩解，用特异性免疫血清进行血清学试验（中和试验、荧光抗体技术等）、核酸探针技术和RT-PCR进行病原鉴定。

（3）血清抗体检测 方法主要有血凝抑制试验、ELISA、荧光抗体技术、琼脂扩散试验和中和试验等。

鉴别诊断时要注意与白肌病、猪水肿病、败血性心肌梗塞相区别。

【防控措施】

本病国内目前尚无有效的治疗药物和疫苗，需要进行防管结合的综合性防控。消灭或控制鼠类，防止食物、饲料、水源被鼠类啃咬或污染而感染猪群；隔离可疑病猪并进行彻底消毒，病死猪要做无害化处理。被污染的场地及其他环境要用含氯消毒剂彻底消毒，防止感染人类。

十二、裂谷热

裂谷热（Rift valley fever）又称里夫特山谷热，是由裂谷热病毒引起的人兽共患传染病，以妊娠动物出现流产、肝炎为特征。本病主要危害绵羊、山羊、牛和骆驼等动物，人也能感染发病。

本病1912年在肯尼亚里夫特山谷或称裂谷地区从母羊和病羔羊分离到病毒，因此被称为裂谷热。1951年在南非的一次大流行中，死亡牛羊达10万余只，并有2万人感染；1977—1978年在埃及的绵羊、山羊和骆驼中流行，并有20万人感染，死亡近600人。

本病主要分布于非洲大陆的肯尼亚、苏丹、埃及、乌干达、南非、尼日利亚、赞比亚、罗得西亚、乍得、喀麦隆等国家。

【病原】

裂谷热病毒（*Rift valley fever phlebovirus*）属于白纤病毒科（*Phenuiviridae*）白蛉热病毒属（*Phlebovirus*）的成员。病毒粒子呈球形或椭圆形，直径90~110nm。有囊膜，囊膜表面有清晰的核蛋白突起，病毒粒子内含有3种核衣壳。本病毒能凝集1日龄雏鸡的红细胞，也能凝集小鼠、豚鼠和人的A型红细胞。受感染组织的乳剂有较高的血凝特性，血凝最适条件是pH 6.5和25℃。本病毒能在Vero、BHK-21、牛和羊的原代肾及睾丸细胞、蚊的C6/36细胞上生长繁殖，并形成细胞病变或蚀斑。病毒还能在鸡胚、大鼠、小鼠、仓鼠、猴等许多实验动物和禽的体内增殖，产生高滴度病毒。

本病毒对外界的抵抗力很强，在室温下能存活3个月。在冻结或冻干状态下能长期存活；血清中的病毒在-4℃可存活3年；抗凝全血中的病毒在22℃可存活1周；病毒能抵抗0.5%苯酚达6个月；在4℃，0.25%甲醛中需3d才能使病毒灭活；1∶1 000稀释的甲醛和巴氏消毒法可灭活病毒。病毒在pH 7~8时很稳定，当pH值低于6.2时，即使是在-60℃也会很快失去活性。本病毒对乙醚和去氧胆酸盐敏感。

【流行病学】

主要易感动物有绵羊、山羊、牛、骆驼、马、猴、羚羊、长颈鹿、驴、野生啮齿动物等。流行区的外来品种比当地品种更易感。不同年龄的动物易感程度及病情也不同。怀孕母羊感染几乎100%流产。人类也可自然感染，并具有明显的职业性，如实验室工作人员、放牧者和兽医等直接接触病畜、病料可发生感染。

主要传染源为发病的小绵羊、小山羊和小牛。具有感染性的蚊子通过运输工具被带进动物中间，可感染当地的易感宿主。急性病人的血液和咽喉部有病毒存在，因此，病人和其他动物宿主也可能成为本病的传染源。

本病主要通过蚊子吸血进行传播，已知可以传播本病的蚊子达到20多种，伊蚊和库蚊是动物疾病流行的主要传播媒介。神秘伊蚊、窄翅伊蚊、希氏库蚊、尖音库蚊、埃及伊蚊、曼氏伊蚊、金腹浆足蚊等分属不同地区。健康动物与患病动物一起饲养时可发生同居感染，食肉动物可因吞食感染动物组织而感染，胎儿可发生子宫内感染。人类感染此病至少有两种途径：一是经皮肤黏膜伤口直接接触具有传染性的血液、肉类而引起感染，或由呼吸道吸入含微生物的气溶胶而感染；二是通过蚊子叮咬。本病在埃及的流行主要是通过发病动物排泄物传播。被感染动物的远距离移动以及媒介昆虫的移动可造成本病的远距离传播。随着经济与人员交流增多，病原通过交通工具携带感染昆虫或者病人的移动，使本病传播的潜在危险在大幅增加。

本病的发生具有一定的季节性，一般 5 月末或 6 月初开始发病，11 月底到 12 月终止流行。

【临床症状】

（1）绵羊　发病羊的潜伏期很短，短的会在 12～14h，一般不超过 3d。羊群的发病率可达 100%。羊感染后常发热，体温达 41℃，精神高度沉郁，食欲废绝，呕吐，流出绿色黏液或脓性鼻液，并发生出血性下痢。最急性病例可不表现任何临床症状而突然死亡。成年绵羊感染后临床症状相对较轻，可表现体温上升，步态不稳，有时流鼻涕，舌、阴囊及皮肤糜烂或坏死。怀孕母畜大批流产并有肝炎临床症状。1 周龄以内羔羊的死亡率高达 95%～100%；断奶羔羊的死亡率为 40%～60%；母羊的死亡率一般不超过 20%。

（2）山羊　临床症状与绵羊相似，病情常常较轻。

（3）牛　一般病情较轻。出现发热，食欲减退，呕吐，流脓性鼻液。犊牛可发生脑脊髓炎和肝类等严重临床症状，死亡率为 10% 左右。怀孕母牛患病后也会流产。

（4）人　感染后呈感冒样临床症状。潜伏期 3～7d。常突然发病，表现高热，头痛，四肢及关节剧烈疼痛，腹部和肝区有触痛，胃肠机能紊乱，恶心，呕吐。发热呈双相热型，在发热后的约第 3 天，体温恢复正常，间歇 1～2d 再度发热，持续 2d 左右，每个周期约 1 周。大多数病例在短期内恢复，少数病例（约 5%）病情加剧或死亡。这些病例在临床上可分为出血性肝炎型、关节炎型和脑膜脑炎型。严重时死亡率也不超过 1%。

【病理变化】

以典型的肝坏死为特征。新生羔羊的肝脏中度或严重肿大，质地柔软、易脆，肝褪色，呈黄褐色或暗红褐色，表面散布有直径 1mm 左右的血色斑块，肝实质中有多量灰白色的坏死灶；成年羊病变较轻，表现局灶性肝炎，肝实质中可见红色或灰白色针尖样坏死点。胃肠道出现不同程度的炎症，从卡他性到出血性或坏死性炎症。大多数内脏器官出现淤血点或淤血斑。肺出现气肿或水肿，脾脏和淋巴结肿大、水肿，肠管和浆膜下出血。有的出现腹水、心包积水、胸腔积水。渗出液常有血液浸染。尸体或有黄疸出现。

病理组织学变化：肝小叶中心凝固性坏死并向其余的肝实质扩散；肝脏坏死灶内有淋巴细胞和中性粒细胞浸润；肝细胞内有嗜酸性核内包涵体。

【诊断】

根据动物的流行病学和临床特征，在反刍动物中暴发母畜流产，新生仔畜大批死亡，病理剖检发现肝坏死，曾与发病病畜或尸体接触的人员有急性发热性疾病（如高热，四肢疼痛等临床症状），如能排除布鲁菌病、蓝舌病、肠毒血症等类似疾病以后，就应疑为本病，确诊需要做实验室诊断。

（1）病原分离鉴定　采集发热期的病畜血液或濒死期和新鲜病尸的肝、脾、肾、脑和流产胎儿的组织制成悬液，取上清接种 Vero 细胞，CER（鸡胚组织）细胞或原代犊牛肾、睾丸、绵羊羔睾丸细胞，经 24～48h 培养可出现特征性病变。也可将处理好的病料上清液接种 2～5 日龄小鼠、仓鼠，1～3d 后小鼠发病或死亡，取病死小鼠的内脏，用中和试验来鉴定病毒。

涂片镜检：取肝、脾、肾和脑组织做冰冻切片或压迹涂片，用瑞氏或苏木紫-伊红染色，镜检可见到细胞内有大量的嗜酸性包涵体。用免疫荧光技术检查，如有病毒则呈阳性反应。

（2）血清学试验　感染后 3d 内的动物可用蚀斑减数中和试验（PRNT）测定最早产生的抗体。

感染动物 1 周内可用血凝抑制试验、ELISA、中和试验，补体结合试验等来测定产生的抗体；感染 6~7d 后，可用 ELISA、血凝抑制试验检测特异性抗体。免疫荧光试验和琼脂扩散试验则使用较少。需要注意，裂谷热病毒与白蛉热病毒属中其他成员会出现交叉反应。也可用 RT-PCR 方法进行早期诊断。由于中和试验需要使用活病毒，故不适于非疫区使用。

（3）鉴别诊断　本病应与绵羊内罗毕病和维塞尔斯布郎病相鉴别，还应注意与日本脑炎相鉴别，本病一般无肝损害和出血性临床症状。与急性甲型或戊型病毒性肝炎鉴别，本病起初有畏寒发热，体温 38℃左右，临床上以高热、全身乏力、恶心、呕吐和上腹部胀饱等不适，重症肝炎有出血倾向，皮肤出现淤斑，肠道出血，伴发肝性脑病时常有意识障碍等为特征，需通过血清学方法才能正确鉴别。

【防控措施】

对非疫区要做好检疫工作，发现疑似动物立即进行隔离，对其他人、动物使用疫苗接种，对畜舍、饲养用具、饲料等进行大消毒。积极消灭吸血昆虫，严格控制牲畜和饲养人员的流动。目前，使用较多的是经小鼠和鸡胚连续传代而致弱的弱毒疫苗，也可使用灭活疫苗，但不宜用于怀孕羊。公羊接种疫苗后，可能会发生精子活力短时间内下降，因此，应在配种前一个月接种为好。每年接种 1 次，免疫期可达 18 个月。人用疫苗是由 Vero 细胞培养，用甲醛灭活制备的灭活疫苗，其免疫期可达 18 个月。

裂谷热病毒的试验与研究要求在生物安全四级实验室（BSL-4）中进行，曾发生过实验室人员的严重感染。因此，凡与患病动物或其他病原接触的人员必须首先注射疫苗，从事相关研究的人员应佩戴呼吸保护装置，在生物安全四级实验室中操作。

我国尚没有本病的发生和流行，但是已经具备本病流行所需要的条件，因此需要采取以下预防措施：①严格检疫，防止本病以任何途径传入。②切实控制媒介蚊子密度，严防过多的蚊子叮咬动物而引致本病暴发。③监测疫情，随时调查掌握可疑病例。④建立快速诊断技术，以便快速准确对本病做出诊断。

本病以高免血清治疗效果良好。主要采取对症疗法，如及时采取降温措施；伴有出血倾向时，可输入血小板和新鲜冰冻血浆；当出现脑水肿征象时，可用 20% 甘露醇予以缓解。

十三、尼帕病

尼帕病（Nipah disease）是 20 世纪 90 年代发生在南亚的一种高度致死性人兽共患传染病。主要临床特征为呼吸道症状和神经症状。1998 年首先在马来西亚猪群中暴发，同时伴随人的感染发病；1999 年又从马来西亚传播到新加坡，并且造成人的感染和死亡。本病可造成重大经济损失，对人畜危害严重。近年来在亚洲、非洲、南美洲的许多发展中国家有不同程度的暴发流行。2015 年，WOAH 将尼帕病毒列入"优先研究病原体名单"，2018 年将尼帕病列入"优先研究疾病蓝图清单"，2022 年我国将尼帕病毒性脑炎列为新的一类动物疫病。

【病原】

尼帕病毒（Nipah virus，NiV）属于副黏病毒科（Paramyxoviridae）亨尼病毒属（Henipavirus）。病毒粒子呈多形型，直径 40~600nm，核衣壳结构呈螺旋形，直径 17~20nm。病毒基因组为单股负链 RNA，编码 6 个蛋白：核衣壳蛋白（N）、磷酸蛋白（P）、基质蛋白（M）、融合蛋白（F）、糖蛋白（G）和大蛋白（L）。大蛋白具有 RNA 聚合酶活性，在文献中将之称为大蛋白或 RNA 聚合酶。糖蛋白具有黏附功能，有的文献称之为黏附蛋白。病毒可在 Vero、BHK-21、人胚肺成纤维细胞

（MRC5）等多种细胞系生长，3～5d即可产生明显的细胞病变。本病毒具有许多独特的生物学特征，如具有较大的基因组，有广泛的宿主动物范围，不具有血凝特性和缺乏神经氨酸酶活性等。病毒对热和消毒剂敏感，56℃ 30min即可被灭活。

【流行病学】

NiV的自然宿主动物为狐蝠科（*Pteropid*）的食果蝙蝠（fruit bats）。本病的暴发时间和果蝠的繁殖季节有一定联系。如果果蝠带毒分泌物（如死胎、胎水或尿液等）污染了草地，而马接触了污染的草料就会感染。受感染的果蝠在进食时主要通过唾液和尿液排出病毒，NiV可在果蝠的尿液中存活数天，猪捡食了果蝠吃剩的带毒果实也会感染。位于果蝠栖息地边缘的猪场或猪群感染病毒后会造成迅速传播和流行，并可将病毒传播给人类，从而造成当地养猪场工人和屠宰工人感染而发病。因此，猪、马等成为其中间宿主。

本病的传播途径主要为直接接触传播。人工感染试验表明，病毒可以通过呼吸道和消化道感染猪，任何带毒动物与猪和马密切接触也可造成感染。由于从果蝠的胎儿中分离到了病毒，因此认为病毒可以垂直传播。带毒的蚊、蜱及其他吸血昆虫通过叮咬可使动物和人感染。

【临床症状】

（1）猪　感染尼帕病毒的猪大多数表现亚临床症状，少数猪出现临床症状。病猪表现高热（40℃以上）、呼吸道症状和神经症状。呼吸道症状表现为张口呼吸、腹式呼吸和剧烈咳嗽，严重时出现咯血。出现神经症状时会有头颈强直、肌肉震颤、阵发性痉挛、麻痹、步态不稳等。6月龄以下的猪常以发热和呼吸道症状为主，母猪在感染早期可发生流产。

（2）人　NiV在感染人后的潜伏期一般为4～14d。受感染的人最初会出现发热、头痛、肌痛、呕吐和喉咙痛等症状。随后可能出现头晕、嗜睡、意识改变和急性脑炎的神经系统症状。部分患者还会出现呼吸系统疾病。在严重的情况下可导致脑炎和癫痫发作。

【诊断】

根据流行病学和临床症状只能做出初步诊断，确诊需要进行实验室诊断。采集发病组织器官，包括脑、肺、肾、胰、脑脊髓液等制成10%悬液，无菌条件下离心，取上清液接种Vero细胞，3d左右即可出现细胞病变。然后用免疫荧光试验、RT-PCR、电镜观察等进行鉴别。中和试验可作为结果判定的标准方法，但必须在生物安全四级实验室内进行。RT-PCR或实时定量RT-PCR可实现快速、灵敏和准确的诊断。

【防控措施】

针对NiV，目前还没有有效的治疗药物和预防用疫苗，主要采取综合性防制措施。目前，我国尚未发现尼帕病的流行，应加强严格检疫和防控措施，严防本病传入我国。严密监控野生动物蝙蝠的生态环境和疫情动态。在有疫情的地区首先隔离患病动物和人，封锁疫区，对划定疫区的各个进出道口进行管制和消毒；对患病动物和可疑患病动物进行扑杀和无害化处理。对病人和可疑病人要送到指定的医院实施严格的隔离观察和治疗。

十四、森林脑炎

森林脑炎（forest encephalitis）又名蜱传脑炎（tick-borne encephalitis）或称苏联春夏脑炎（Russian spring summer encephalitis，RSSE），是由森林脑炎病毒引起的以中枢神经系统临床症状为主的急性传染病。感染者以突发高热、昏迷、瘫痪、脑膜刺激等中枢神经症状为主，重症病例死亡率可达20%，轻度病例只有发热和头痛等临床症状。1937年在苏联远东地区发现，后主要流行于亚洲和欧洲部分地区，在我国主要分布于大小兴安岭、长白山地区、新疆以及云南省等西南地区的林区。

【病原】

蜱传脑炎病毒(*Tick-borne encephalitis virus*，TBEV)属黄病毒科(*Flaviviridae*)黄病毒属(*Flavivirus*)蜱传脑炎复合群。成熟的病毒粒子呈球形，直径 40~70nm，有囊膜及表面棘突。基因组为单股正链 RNA，长约 11kb，结构蛋白包括衣壳蛋白(C)、膜蛋白(M)、囊膜(E)蛋白和 7 种非结构蛋白(NS1、NS2A、NS2B、NS3、NS4A、NS4B 和 NS5)，编码顺序为 5′-C-PrM(M)-E-NS1-NS2A-NS2B-NS3-NS4A-NS4B-NS5-3′。病毒可以在人、小鼠、大鼠、猴、犬、地鼠的原代细胞以及 Hela、Vero、BHK-21 等细胞上培养。也可以接种到 3~4 周龄小鼠、乳鼠脑内或 7 日龄前后的鸡胚培养。病毒在 50%甘油中 0℃时可存活 1 年，在 pH 8.4~8.8 的环境中稳定，在 56℃条件下，30min 全部灭活。3%~8%甲醛、2%戊二醛、2%~3%过氧化氢、75%乙醇、1%~2%碘酊以及紫外线均可杀灭病毒。

【流行病学】

人、山羊、绵羊、猪、牛、马、猴及啮齿动物等对森林脑炎病毒普遍易感。本病的传染源是各种带病毒的蜱类、被感染的啮齿动物，如缟纹鼠、松鼠、田鼠、刺猬及其他啮齿动物，这些动物又多为本病毒的贮存宿主。传播途径主要由蜱叮咬、动物吸血而直接传播。蜱的幼虫和若虫寄生于啮齿动物，成虫寄生在牛、羊等大动物。成蜱体内的病毒可经卵传给后代。苏联地区有曾因饮用污染的羊奶而经消化系统感染的病例。流行季节以每年的 5~6 月和 9~10 月为多，7~8 月发病率反而明显下降。

【临床症状】

山羊自然感染后有时出现肢体麻痹，一般不出现其他神经症状。牛感染后仅有体温反应和食欲减退，一般不发生神经症状。2.5 月龄的仔猪经脑内接种病毒后，大部分出现脑炎症状及零星死亡。其他动物多为隐性感染。

人感染 TBEV 后潜伏期 7~10d。重症病人常突然发病，高热至 38~39℃，恶心，呕吐，肌肉疼痛，特别是颈部、肩部、下背部疼痛明显。肌肉震颤，四肢麻木，意识障碍，有的患者还会出现脑膜炎症状，如颈项强直等。病人常在 3d 之内昏迷，多在未发生瘫痪之前死亡。轻症病人发病缓慢，也有发热，头痛，周身不适或酸痛，伴有食欲不振等临床症状，3~4d 后出现神经症状。该型病人预后良好。

意识障碍多发生于发病后的第 2~3 天，多数病人出现谵妄、狂躁，甚至抽搐惊厥。意识障碍会随体温下降而恢复。瘫痪随后发生，瘫痪肌肉多为颈肌、肩胛肌、上肢其他肌肉，出现本病所特有的头颈下垂，手臂呈摇摇无依状态。大部分病人可以康复，少数转为慢性型，其中 7%~8%的患者出现瘫痪症状，4%~5%的患者出现癫痫样症状。

【诊断】

(1)血清学诊断　动物试验表明，特异性 IgM 于病毒感染后 1 周内即可产生，IgG 在 10~61d产生。用 ELISA 或间接免疫荧光试验检测特异性 IgM 可以早期诊断；人类特异性抗体的产生时间尚未见报道。

①补体结合试验：双份血清补体结合试验，抗体滴度增长 4 倍以上，且最高值达 8 倍以上时可以确诊。感染森林脑炎病毒后，补体结合抗体只能维持半年左右。所以有补体结合抗体存在说明半年内曾感染本病。

②血凝抑制试验：双份血清血凝抑制试验抗体滴度增长 4 倍以上，且最高值达 160 倍以上时可以确诊。

③中和试验：由于中和抗体特异性高，可用于鉴定病毒。中和试验一般用小鼠脑内接种法，不适于对人类的诊断。

（2）病毒分离　尽可能采取死亡患者(畜禽)的脑组织。从血液和脑脊液中进行病毒分离的阳性率低。将病料制成悬液后接种敏感动物或组织培养，较易获得病毒。

（3）分子生物学诊断　可以用RT-PCR方法直接检测病毒。

（4）鉴别诊断　注意与脊髓灰质炎、流行性乙型脑炎、多发性神经炎鉴别。主要采用血清学诊断方法来鉴别。

【防控措施】

目前主要采取的措施是：提高人群的免疫力和防蜱，保护进入疫源地的人和家畜免受侵袭。

（1）免疫接种　凡进入疫源地的所有人员均应进行疫苗接种。用地鼠肾细胞灭活疫苗，成人初次接种2.0mL，经7~10d后再接种3.0mL，免疫力可维持1年。以后每年接种1次。由于森林脑炎具有明显的季节性，且疫苗接种后1.5~2个月才能产生足够的保护抗体，因此，应在每年3月以前完成疫苗接种。

对受蜱叮咬者应注射免疫血清预防，每次注射20~30mL，免疫效果可维持10~14d。应用此方法可使发病率明显降低。

（2）药物预防　对牛、马、羊、犬等家畜，为防止蜱叮咬，可用体外驱虫药涂抹耳、颈、腹部，尤其四肢内侧与腹部相连的部位。畜舍周围可喷洒敌百虫(地面用量按$0.1g/m^2$)等杀虫剂。

（3）环境保护和灭蜱　在森林地区应搞好环境卫生，清除路边和住地周围杂草及枯朽树木，加强灭蜱、灭鼠，减少人畜受蜱侵袭的机会。

（4）个人防护　进入林区或野外活动的人员最好穿防护服及高筒皮靴，头戴防护帽。或将袖口、领口、裤脚等处扎紧，防止蜱叮咬。在野外活动时，2h应互相检查一次，尤其注意颈、腋、腰、阴部，发现虫体，及时扑杀。如发现蜱已经刺入皮肤，不可猛拉，以防蜱的刺器断于皮肤内。可试用热源烫蜱的尾部使之退出。也可用油类或乙醚滴于蜱体致其死亡，然后，轻轻摇动后缓慢拔出。对于人员身体外露的部分，如手、颈、耳后等处可涂驱避剂(如邻苯二甲酸二甲酯或硫化钾溶液)，隔2~3h涂擦一次。衣服和用品、用具用驱虫剂喷洒或浸泡。野外归来应及时换衣服洗澡，衣服用消毒液浸泡。

目前本病尚无特效的药物和治疗方法，主要采取对症疗法和支持疗法，如将患者隔离休息，补充体液和营养，加强护理等。对高热、昏迷、抽搐、呼吸衰竭等症的处理可参照对乙脑的治疗。森林脑炎病毒感染后需要在机体自然产生抗病毒物质之前给予大剂量干扰素、干扰素诱导剂和特异性抗体(抗血清或恢复期病人血清)。干扰素和特异性抗体对于病毒感染有部分保护作用。

十五、亨德拉病

亨德拉病(Hendra disease)是由亨德拉病毒引起的一种烈性人兽共患传染病，主要引起马发生严重的呼吸道症状，人以脑炎为主。本病1994年首发于澳大利亚昆士兰州市郊小镇Hendra而命名为亨德拉病毒。目前，本病只在澳大利亚有报道。

【病原】

亨德拉病毒(*Hendra virus*，HeV)为单股负链RNA病毒，长度约15kb，属副黏病毒科(*Paramyxoviridae*)亨尼帕病毒属(*Henipavirus*)，与尼帕病毒同属一科，引起的临床症状也有许多相似处。本病毒粒子呈球形或丝状，直径150~200nm。核衣壳呈螺旋状排列，病毒有囊膜，表面有两种不同的突起，长度分别为15nm和8nm，使病毒呈现特殊的"双层边缘"(double fringes)

结构。病毒可以在 Vero、RK13、MDCK、Hela-CCL2 和 MRC5 等多种细胞上生长，也可在鸡胚尿囊液中生长。病毒对理化因素的抵抗力不强，离开动物体很快就会死亡，高温和一般消毒剂均能将其杀死。

【流行病学】

亨德拉的流行仅限于澳大利亚，动物和人的病例数较少，目前发现马是唯一被自然感染的家畜。人工感染家猫和豚鼠可使其感染。本病暴发的时间与果蝠的繁殖季节有一定的联系；当马接触到被果蝠污染的草料可能会导致感染，但至今未有实验证据证实。澳大利亚的感染者主要为驯马师和养马工。感染动物尿中病毒滴度很高。

【临床症状及病理变化】

（1）马　自然感染潜伏期 8~11d，最长 16d。马感染后的主要临床特征为严重的呼吸道症状，病死率高。病马表现发热，体温高达 41℃。精神沉郁，食欲不振，病马的面部、眼眶、唇部、颈部等明显肿胀，呼吸窘迫，共济失调。本病晚期可见鼻内流出大量带泡沫的液体，或者液体中带有血液。病理变化常见淋巴结肿大，严重的肺水肿、肺充血，气管、支气管内充满大量带泡沫的液体。有时可见肠系膜水肿、胸腔和心包积液。组织病理学变化：肺泡有浆液性、纤维素性渗出，肺泡壁出血或坏死，内有大量巨噬细胞。在脑、心脏、肺、脾、淋巴结、胃和肾小体的毛细血管和小动脉中有多个内皮细胞融合而成的合胞体细胞，此为马的特征性病理变化。

（2）人　感染的病人表现流感样临床症状，有轻度呼吸道症状，发热，常常出现脑炎临床症状并反复发作。有时表现为中度脑膜脑炎。

到目前死于亨德拉病的病人只有两例，因此病理变化还很难系统描述。一例病尸剖检见有肺充血、出血、水肿，组织学变化有慢性肺泡炎症和合胞体细胞；另一例剖检见大脑实质部分有大量淋巴细胞和浆细胞浸润，在脑组织和内脏组织中可见到多核内皮细胞。

【诊断】

主要的诊断方法为实验室检查。病毒分离主要采取病变组织（如脑、肺、肾、脑脊髓液等），制成悬液接种到 Vero 细胞上培养，3d 左右即可出现病变，然后用免疫荧光技术和 RT-PCR 进行病毒鉴定。

【防控措施】

目前尚无针对本病的特效药物和治疗方法，主要采取综合性防制措施。目前我国尚无本病，因此要加强检疫，严防本病传入我国；加强出入境人员和动物的检疫；在与疫病流行国家接壤的边境地区开展必要的疫情监测工作。发现可疑动物及时隔离观察，进行必要的实验室检查和消毒工作，并向上级有关部门报告。

第二节　多种动物共患的细菌性传染病

一、大肠杆菌病

大肠杆菌病（colibacillosis）是人兽共患病，由大肠埃希菌的一些致病性血清型菌株引起的。主要危害幼年动物，临床表现以腹泻、败血症以及肠毒血症为特征。Escherich 在 1885 年发现大肠杆菌，在 20 世纪中叶前，其一直被认为是肠道内的正常菌群，之后发现一些特殊血清型的大肠杆菌对人和动物有一定的病原性。大肠杆菌具有宿主泛嗜性，在养殖业中，大肠杆菌病是危害养殖动物的主要疾病之一，每年因为大肠杆菌相关疾病的发生给养殖业直接或间接地造成重大的经济损失,在公共卫生和兽医学上具有重要意义。

【病原】

大肠杆菌(*Escherichia coli*)属于肠杆菌科(Enterobacteriaceae)埃希菌属(*Escherichia*),短杆菌,大小为$(2\sim3)\mu m\times(0.4\sim0.7)\mu m$,两端呈钝圆形,革兰阴性。有时因环境不同,个别菌体出现近似球杆状或长丝状;大肠杆菌多是单一或两个存在,但不会排列呈长链形状;大多数的大肠杆菌菌株具有荚膜或微荚膜结构,但是不能形成芽孢;多数大肠杆菌菌株生长有菌毛,其中一些菌毛是针对宿主及其他的一些组织或细胞,具有黏附作用的宿主特异性菌毛。

本菌为需氧或兼性厌氧菌,生化代谢非常活跃。大肠杆菌可以发酵葡萄糖产酸、产气,个别菌株不产气,大肠杆菌还能发酵多种碳水化合物,也可以利用多种有机酸盐。硝酸盐还原试验表现阳性,氧化酶表现阴性,氧化-发酵试验表现为 F 型。

目前国际公认的分类,主要有 6 个种类的大肠杆菌,即能够致使胃肠道感染的肠致病性大肠杆菌(EPEC)、产肠毒素大肠杆菌(ETEC)、肠侵袭性大肠杆菌(EIEC)、肠出血性大肠杆菌(EHEC)、肠集聚性大肠杆菌(EAEC)以及近年来发现的肠产志贺样毒素同时具有一定侵袭力的大肠杆菌(ESIES)。另外,还有能够致使尿道感染的尿道致病性大肠杆菌(UPEC),以及最新命名的肠道集聚性的黏附大肠杆菌(EAggEC)。

大肠杆菌的抗原结构复杂,菌体抗原主要为菌体抗原(O)、鞭毛抗原(H)和表面抗原(K),通常以 O:K:H 的排列来表示其血清型,目前已知的 O 抗原 174 种、K 抗原 103 种、H 抗原 60 种。在 170 多种 O 抗原血清中,约 1/2 对禽有致病性,鸡的大肠杆菌中以 O1、O2、O78 为主,猪多见于 O8、O45、O138、O139、O141,牛羊多见于 O8、O85、O119,兔多见于 O10、O85、O119。仔猪致病血清型常含 K88、K99、987P 抗原,犊牛和羔羊致病血清型常含 K99 抗原。

大肠杆菌对外界不利因素的抵抗力不强,各菌株间存在一定的差异。该菌对热的抵抗力比大部分肠道杆菌强,60℃ 15min 后仍有些细菌存活。对普通的化学消毒剂都比较敏感,一般常用消毒剂和消毒方法均能达能消毒目的。通常情况下,对多种抗菌药物敏感。但由于长期滥用抗生素,对常用抗生素耐药现象普遍,不仅影响本病防治效果,也成为公共卫生重点关注的问题。

【流行病学】

大肠杆菌病的发生与流行是呈世界性分布的,但还是存在一定的区域分布特征。动物的大肠杆菌病可以发生在多种家畜、家禽、养殖经济动物以及其他陆生动物和某些水产动物,其中,猪和鸡最为易感,而且危害十分严重。

病原性大肠杆菌多是随粪便从动物的体内排出,污染饲料、饮水及饲养环境等,经过饮食或饮水通过消化道感染健康动物。在禽类,通常是以饲料和饮水污染来传播的,其中污染水源的消化道传播最为常见,还有通过带菌的尘埃导致呼吸道感染、蛋壳被粪便污染后通过穿透蛋壳传播、具有输卵管炎的种禽通过种蛋的垂直传播等途径。在哺乳期的仔猪、犊牛或其他幼龄哺乳动物等,乳头的污染是主要的传播途径,主要是因母体的乳头被污染后,仔动物通过吮乳经消化道发生感染。大肠杆菌在人之间的传播途径多是通过粪-口传播,在一定的条件下可引起大肠杆菌病散发或流行。

大肠杆菌病在动物群体间的季节发病特征不是非常明显。在一年四季均可发生,但猪多发生在产仔期至断乳期,这与猪的易感日龄相关联。犊牛和羔羊多发生于冬季和春季的舍饲时期。其他动物的大肠杆菌病在常年均有发生,季节性不明显。

动物养殖环境的卫生条件、养殖密度、饲养管理水平、集约化程度以及畜禽粪便无害化处理效果等多种因素直接影响着动物大肠杆菌病的发生与流行，在猪、鸡、牛、家兔等养殖动物中这些因素表现尤其突出。这种很大的差异即使在同一个国家或区域也会存在。

【发病机理】

毒力因子多而复杂，抗原性也不同，病原性的大肠杆菌侵入机体以后，通过菌毛黏附在肠黏膜或呼吸道黏膜的上皮细胞，使黏膜受到破损，肠黏膜坏死，形成溃疡，大量繁殖并释放各种毒力因子，造成实质器官的各种炎症。

①致病物质定居因子（CF）：也称黏附素（adhesin），即大肠杆菌的菌毛。黏附素又分为菌毛和非菌毛黏附物质，大肠杆菌的 17 种黏附素主要存在于 EPEC、ESIES 和 EHEC 中，少数存在于 EAEC 和 ETEC 中，主要的宿主是人、牛、猪、兔等。

②肠毒素：大肠杆菌的致病性，并不是由于细菌本身对细胞的致病性引起的，而是由于细菌在体内大量繁殖产生大量的毒素。如肠毒素，主要包括不耐热肠毒素 LT 以及耐热肠毒素 ST 两种。在特定环境及宿主条件下，ETEC 在宿主肠道内繁殖并通过特异的毒力因子导致腹泻。ETEC 能黏附和定植于猪的肠道黏膜，并释放足够的肠毒素来引起腹泻。依附于黏膜上皮细胞和临近的黏膜层特异性受体可以介导附着物从菌体上伸出来。

【临床症状】

（1）猪 猪感染致病性大肠杆菌时，根据发病日龄和临床表现的差异又分为仔猪黄痢、仔猪白痢和仔猪水肿病。

①仔猪黄痢：潜伏期短，一般 1~3d，有少数会在 7 日龄左右发病。传染快，如猪窝内出现一头病猪，该窝其余猪会在 1~2d 内相继患病，病死率高达 100%。发病特征最初为急性腹泻，排出黄灰色带有腥臭气味、稀薄如水样的粪便，腹泻频率高，迅速消瘦。

②仔猪白痢：是 10~30 日龄的仔猪养殖过程中较为常见的疾病。病猪以排乳白色或灰白色带特殊腥臭的粥样稀便为特征。病猪出现畏寒，体表消瘦，皮肤脱水干燥，发育迟缓等症状。日龄较小的仔猪较易死亡，一般病猪可自愈，痊愈后的猪还有可能复发。

③仔猪水肿病：由溶血性大肠杆菌引起的，本病在仔猪断奶后 1~2 周较为常见。病猪会出现伏地抽搐、流涎、呼吸衰竭、癫痫、共济失调、行动不自然（倒退、冲撞舍栏、转圈）等症状。病猪体表颜色与正常猪无明显差别，但在部分体表可观察到有充血现象，体温在正常值左右，有时会超过正常值。患病猪会表现出厌食或绝食行为。

（2）禽 禽大肠杆菌病是大肠杆菌引起禽多种疾病的总称。潜伏期数小时至 3d 不等，根据症状和病变可分为败血症、浆膜炎、关节炎、脐炎、大肠杆菌性肉芽肿等。

①败血症：3~6 周龄多发，病鸡主要表现是精神不振、饮食少或者不饮食、缩颈、垂翅且不爱走动，伴有排黄白色稀粪等问题，严重的出现呼吸困难。

②浆膜炎：包括心包炎、肝周炎、气囊炎、卵黄性腹膜炎、输卵管炎等。共同特点是纤维素性渗出物增多，附着于浆膜表面，浆膜增厚以至与周围组织器官粘连。卵黄性腹膜炎主要发生于产蛋后期的母鸡，病鸡腹部下垂，产卵减少或停止。

③关节炎：在大肠杆菌发病较长的家禽群中出现，多数的家禽出现关节明显肿胀，且局部存在明显的痛感。

④脐炎：经蛋感染或者在孵化后感染的家禽胚，会出现脐部肿胀以及蛋黄发炎。此种病雏多在 1 周内死亡或淘汰。

⑤大肠杆菌性肉芽肿：本病生前无特征性临床症状，多发生于产蛋期将近停止的母鸡。

（3）犊牛 多发于 1~2 周龄的犊牛，呈地方流行性或散发。临床上主要呈现败血症型、肠毒血症型和肠炎型。

①败血症型：发热，精神不振，间有腹泻，有的无腹泻，常于病后1d内死亡。

②肠毒血症型：较少见。常突然死亡，病程稍长者可见神经症状。

③肠炎型：以下痢为主要特征。体温、精神和食欲无明显变化，初排灰白色粥样稀便，以后呈水样，混有泡沫和血块，酸臭。如病情恶化，常衰竭死亡。病死率一般为10%~50%。病程长的有肺炎型、关节炎、败血症型和肠毒血症型。

（4）羔羊 感染的最初阶段，病羊的体温会升高到40.1~41℃，在精神状态和采食能力方面出现明显的下降，观察其腹部呈现膨胀状态，叩诊会听到鼓音。病羊会出现呼吸困难，可见典型的腹式呼吸，口鼻处有白沫和黏液流出，病羊运动失调，表现四肢僵硬且走动不稳的摇晃状态。有的病羔头颈朝向一侧歪斜或者后仰的姿势，在其前进的时候如果遇到障碍物会出现顶撞行为。有的患病羔羊在腕关节和肘关节有肿大，如果饲养者用手触摸会表现疼痛反射。最终患病羔羊会出现昏迷，并且会因为呼吸衰竭而死亡。

（5）兔 多发于20日龄前及断奶前后的仔兔和幼兔，一年四季均可发病，当饲养管理不良、气候环境突变或有寄生虫等病变时，幼龄兔抗病能力下降，即引起发病，死亡率极高，常呈暴发性流行。病兔四肢发冷，磨牙，流涎，眼眶下陷，迅速消瘦。体温正常或稍低，多于数天死亡。

【病理变化】

（1）猪

①仔猪黄痢：发病率和死亡率都很高。胃部过度膨胀，在胃部聚集大量带有凝乳块的内容物，具有酸臭气味，并且还混杂红色的液体。将肠道打开后发现肠道严重膨胀，内部存在大量黄色的内容物和气体，肠黏膜呈现急性卡他性炎症病变，其中，以十二指肠黏膜病变最为严重，空肠、回肠次之。十二指肠严重扩张发酵，内部充满大量气体和黄色稀薄的内容物，黏膜呈半透明状，黏膜充血，外观呈淡粉色，表面覆着大量黏液，肠系膜淋巴结肿大充血，外观呈现淡红色，肺脏水肿，肾脏表面存在针尖大小的出血点，肝脏淤血，外观呈现紫黑色。

②仔猪白痢：主要病变分布在仔猪的胃和小肠的前部。可见胃内有少量的凝乳块，胃黏膜充血、出血，伴有水肿性肿胀，表面覆有数量不等的黏液，有的病例还充满气体，肠壁菲薄，且呈灰白半透明，肠黏膜容易剥脱，有时可视充血、出血等变化。有的病猪肠内容物空虚，有大量气体和少量稀薄黄白色或灰白色酸臭味的浆状粪便，有的黏于肠壁上不易去掉。有的肠系膜淋巴水肿。有的肝混浊肿胀，胆囊胀满。心肌柔软，心冠脂肪胶样萎缩，肾苍白。尤其以十二指肠最为严重，空肠、回肠次之。可视黏膜苍白，肠道黏膜呈急性、卡他性炎症。

③仔猪水肿病：体表水肿多见于眼睑、头、颈部，甚至全身；内脏水肿则以胃壁常见，尤其是胃大弯、贲门及胃底部，切开水肿部，在黏膜与肌层间有一层透明的或茶色、淡红色胶冻状物。水肿也见于结肠系膜、肠系膜淋巴结和体表淋巴结等部位。

（2）禽 家禽大肠杆菌病的临床症状相对较为复杂，因为感染的途径、病原侵害位置的不同，在临床症状以及病理变化方面均有一定的差异。病变主要有败血症、浆膜炎、关节炎和脐炎。

①败血症：在家禽大肠杆菌病中较为常见，可以发现家禽的脾、肝、胆囊出现肿大，在肺部出现淤血，肠出现一些出血性炎症，心包多量的积液，伴有扁桃体肿大出血以及胸腹、气囊肥厚，同时还存在黄色纤维素性样物。

②浆膜炎：在肝表面形成的纤维素性膜，有的呈局部发生，严重的整个肝表面被此膜包裹，膜剥脱后肝呈紫褐色；心包炎，心包增厚不透明，心包积有淡黄色液体；气囊炎也是常见的变化，胸、腹等气囊囊壁增厚呈灰黄色，囊腔内有数量不等的纤维素性渗出物或干酪样物如同蛋黄。

③关节炎：主要在大肠杆菌发病较长的家禽群中出现，多数的家禽出现关节明显肿胀，在关节周围组织可以发现充血水肿，在滑膜囊中有一些渗出物。

④脐炎：脐孔周围皮肤水肿、皮下淤血、出血、水肿，水肿液呈淡黄色或黄红色。脐孔开张，新生雏以下痢为主的病死鸡以及脐炎致死鸡均可见到卵黄没有吸收或吸收不良。

⑤大肠杆菌性肉芽肿：特征是在肝、肠(十二指肠及盲肠)、肠系膜或心脏有菜花状增生物，针头大至核桃大不等，易与禽结核病或肿瘤病灶相混淆。

(3)犊牛　病死牛因为严重腹泻而出现明显的脱水，肛门周围附着大量的粪便，身体消瘦，眼窝向内凹陷，皮肤失去弹性。皱胃黏膜红肿，小肠内容物好像血水一样，并含有大量气泡。肠黏膜充血出血，肠黏膜脱落，很容易剥离，肠系膜淋巴结显著充血肿大，将肿大淋巴结横切后，从中流出大量汁液，病程较长的病死牛可见有肺炎和关节炎病变。

(4)羔羊

①败血型：解剖发现病羊的腹腔、心包腔及胸腔内存在较多积液，并出现纤维渗出物。部分病羊的肘关节与腕关节肿大，甚至关节囊中出现少量的脓性渗出液。病羊的脑膜出现充血与出血，大脑沟中存在脓性渗出物。

②肠炎型：因脱水羔羊出现干瘪，后躯沾有少量的粪便，大肠、小肠内的物体呈现出黄灰色，黏膜出现充血。肺部出现淤血，初期出现水肿。肠系膜的淋巴结红肿，四肢关节出现纤维素性化脓关节炎。

(5)兔　剖检可见胃膨大，其中充满大量液体和气体。十二指肠通常充满气体和混有胆汁的黏液。空肠扩张，充满半透明或淡黄色胶样液体和气泡。回肠内容物呈胶样。结肠扩张，有透明胶样黏液。青年兔、成年兔或病程较长者可见结肠和盲肠黏膜水肿、充血或有出血斑点。胆囊扩张，黏膜水肿。初生病兔胃内充满白色凝乳物，并伴有气体。小肠肿大，充满半透明胶样液，并有气泡。膀胱内充满尿液。

【诊断】

根据病型采取不同的病料，如果是败血性疾病，采取血液、肝、脾等内脏实质性器官；若是局限性病灶，直接采取病变组织。病料尽可能在病畜禽濒死期或者死亡不久采取，因死亡时间过长，肠道菌很容易侵入机体内。

(1)涂片镜检　取肝、脾、心涂片、染色、镜检，可见到散在单个的革兰阴性小杆菌。

(2)分离培养　无菌取病死畜禽的肝脏、脾脏分别接种于普通琼脂培养基、麦康凯培养基、伊红美蓝琼脂培养基上，37℃条件下培养24h，在普通琼脂培养基上生长出灰白色的菌落；在伊红美蓝培养基上长成紫黑色带有金属光泽的圆形菌落。

【防控措施】

(1)综合卫生防控方法　对于大肠杆菌病的防治，首要任务是保证环境的卫生清洁，定期清洁消毒是必不可少的养殖程序。新生仔猪在哺乳前应对母猪奶头进行消毒，每日清洁干净猪舍内的粪便，避免大肠杆菌的滋生。猪舍内可以使用生石灰进行消毒，也可采用紫外线消灭环境中的大肠杆菌，为猪只提供卫生的环境。对家禽进行定期的预防用药；要对采精、输精进行系统处理，严格消毒，保障每只家禽单独应用已经消毒的输精管。同时，要加强对孵化室、孵化器与相关孵化用具的消毒以及卫生控制，还必须进行种蛋孵化消毒，进而在根本上切断各种传播途径。

(2)免疫接种　疫苗可以选择大肠杆菌双价基因工程苗，如 K88、K99 菌苗，并与灭活菌苗联合使用进行免疫接种，接种时间在母猪产前45d 与15d 分别进行1 次，每次每头接种4mL。对家禽接种大肠杆菌疫苗，可以缓解家禽大肠杆菌的出现，但是因为家禽大肠杆菌的血清类型相对较多，在整体上来说，效果并不显著。

（3）加强检疫 尽可能采取自繁自养的方式，防止外界病菌侵袭，在建设母猪产房与保育舍时要合理规划，便于管理。此外，在引种的过程中，需要进行隔离和检疫工作，保证引进的猪只健康。

（4）治疗方法

①猪：在养猪生产中，使用药物防治大肠杆菌病是主要措施，广谱抗生素具有较好的抑菌和杀菌作用，但是在用药的过程中要考虑细菌耐药性。现提出药物治疗大肠杆菌的使用方法，参考如下：使用硫酸链霉素药物连续治疗2d，治愈率高达96%。使用硫酸庆大霉素药物进行注射或饲喂，每头猪2mL左右，每日2次，连续治疗7d，能够达到良好的治疗效果。采取肌肉注射的方法，注射盐酸小檗碱药物，剂量为5mg/头，每日2次，连续治疗3d，治愈率可以达到90%以上。使用氟苯尼考药物拌料给药，剂量为300mg/kg左右，连续治疗4d，效果良好。对母猪进行给药，可以使仔猪通过母乳获得药物，进而达到良好的预防与治疗效果。

②禽：在饮水中适当的添加活力酶、肝肾舒等药物，进而改善家禽的肠道环境，这样可以有效的降低死亡率。

在临床中常见的都是一些继发性或者混合感染类型的大肠杆菌，对此在治疗中必须要对症治疗，合理用药，这样才可以保障治疗效果与质量。

二、沙门菌病

沙门菌病（salmonellosis）又称副伤寒（paratyphoid fever），是一种由沙门菌引起的高度传染性和重要的人兽共患病。它的主要特点是发热、肠炎、痢疾和败血症，也会使孕畜流产。本病发病率低，但病死率高。人类和动物的沙门菌病有着久远的历史，并在全世界传播。沙门菌在19世纪末首次被确认为病原体。

【病原】

沙门菌（*Salmonella*）是一种革兰阴性无芽孢杆菌，大小为（0.6~0.9）μm×（1~3）μm，两端钝圆，除鸡白痢沙门菌（*S. pullorum*，又称雏沙门菌）和鸡伤寒沙门菌（*S. gallinarum*，又称鸡沙门菌）外，其余各菌周身均有鞭毛，有运动性。

本菌营养要求不高，在普通培养基好氧和兼性厌氧条件下生长良好，培养温度为37℃，pH 7.4~7.6。在琼脂培养基上培养18~24h，形成2~3mm大小的菌落。光滑型菌落呈圆形，半透明，表面光滑，边缘整齐；粗糙型菌落表面粗糙，无光泽，边缘不规则。在肉汤培养基中，光滑型为均匀混浊型，粗糙型为混浊型，然后析出，上部澄清。肠道选择性鉴定培养基常用于分离培养，细菌在培养基上有S-R变异。

本菌不液化明胶，不分解尿素，不产生吲哚，不发酵乳糖和蔗糖，能发酵葡萄糖、甘露醇、麦芽糖和山梨醇，大多产酸和气，伤寒沙门菌和白痢沙门菌产酸而不产气。除甲型副伤寒沙门菌外，其余细菌均有赖氨酸脱羧酶；除伤寒沙门菌和鸡沙门菌外，其余细菌均有鸟氨酸脱羧酶。

已鉴定出该属的2 500多种血清型，除10种以下的罕见沙门菌血清型外，其余均为肠道沙门菌。根据沙门菌对宿主的感染范围，可分为宿主适应性血清型和非宿主适应性血清型。前者只对其适应的宿主具有致病性，包括马流产沙门菌、羊流产沙门菌、鸡流产沙门菌、副伤寒沙门菌、鸡白痢沙门菌、伤寒沙门菌；后者对多种宿主具有致病性，包括鼠伤寒沙门菌、鸭沙门菌、肠炎沙门菌、新港沙门菌、田纳西沙门菌等。猪霍乱沙门菌和都柏林沙门菌，除分别对猪和牛有宿主适应性外，近来发现它对其他宿主也能致病。虽然沙门菌有多种血清型，但对人类和动物有害的常见非宿主适应性血清型只有 20 多种，宿主适应性血清型只有 30 多种。

本属细菌有一定的耐干燥、耐腐败、耐阳光、耐低温等因素，在外界条件下可存活数周或数月，在水中可存活 2~3 周。DNA 的 G+C 含量为 50%~53%。耐热性不强，在 60℃ 15min 可被杀灭。对化学消毒剂的抗性不强，常用的消毒剂和消毒方法均可达到消毒目的。

随着抗生素在临床诊断中的广泛应用，沙门菌的耐药性越来越严重，其耐药性水平也越来越高。多种耐药菌株的出现给人类和动物的健康带来了极大的危害。2003—2005 年，一项对威斯康辛州感染沙门菌的患者研究发现，耐多药菌株的比例显著增加。Aarestrup 等从丹麦、泰国和美国的人类和动物食品中分离出 581 个沙门菌，发现广泛存在耐多药菌株。如何合理使用抗生素控制耐多药沙门菌的产生和传播是当前研究的热点。

【流行病学】

沙门菌属中的许多细菌对人类、禽畜和其他动物具有致病性。所有年龄段的动物都可能被感染，但年幼的动物更容易感染。经常感染幼年和青年动物，引起败血症、肠胃炎和其他组织的局部炎症。在成年动物中，它常常引起散发性和局限性的沙门菌病。有败血症的孕畜可能流产。对猪而言，本病主要影响 6 月龄以下的仔猪，特别是 1~4 月龄的仔猪。各品种鸡均易患本病，以 2~3 周龄以内的鸡发病率和死亡率最高。随着日龄的增加，鸡的抵抗力逐渐增强。成年鸡的感染通常是慢性的或不可见的。30~40 日龄的犊牛、断奶或刚断奶的绵羊、6 月龄以下的小马驹最易患病。犊牛发病后开始流行，成牛是散发性的。火鸡也容易感染这种疾病，但不像鸡那么容易感染。其他鸟类（如鸭子、小鹅、珠鸡、野鸡、鹌鹑、麻雀、鸽子等）也有自然感染的报告。人体沙门菌可在任何年龄出现，但最常见于 1 岁以下的婴儿和老年人。豚鼠的敏感性低于小鼠。

患者和病原携带者是感染的主要传染源。在健康动物体内携带伤寒沙门菌是相当普遍的。细菌可能潜伏在消化道、淋巴组织和胆囊里。当外部不利因素增多时，细菌可以被激活和引起内源性感染，通过易感宿主传播，毒力增强。

细菌从病猪和其他动物的粪便、尿液、牛奶和流产胎儿、胎衣和羊水中排放，污染水源和饲料，并通过消化道感染健康动物。当患病的动物与健康的动物交配或用患病动物的精液人工授精时，就会发生感染。此外，宫内感染也是可能的。鼠类可以传播疾病。人类感染通常由直接或间接接触引起，特别是通过受污染的食品。

本病一般呈零星发生或局部流行，有些动物还可表现为流行性。发病季节不明显，但在雨季多见。夏季和秋季放牧时发病较多。马通常是散发性的，有时是地方性的。马多出生在春天（2~3月）和秋天（9~10 月）。羊羔的繁殖阶段通常在夏季和初秋，怀孕羊主要在冬末、早春季节流产；家禽发病率在繁殖季节较高。

环境污染、潮湿、棚舍拥挤、粪便堆积、通风不良、温度过低或过高、饲料和水供应差等因素均可促进本病的发生；长途运输中遇到恶劣天气、疲劳、饥饿，体内寄生虫和病毒感染，手术，母亲缺乏乳汁，新引进的动物没有进行隔离检查等情况下本病多发。

【发病机理】

近年来的研究发现，沙门菌对人或动物的致病性与某些毒力因子有关，已知的有毒力质粒（virulence plasmid，VP）、内毒素、肠毒素等。

（1）毒力质粒　正常情况下，大肠黏膜固有的梭形菌可产生挥发性有机酸，抑制沙门菌的生长。另外，肠道内正常菌群会刺激肠道蠕动，不利于沙门菌的黏附。当动物受到不利因素的影响，导致正常肠道菌群不能正常生长时，沙门菌可能会迁移到小肠和结肠的下部。经过长途运输的猪，其肠道中沙门菌的迁移率明显升高。细菌移入肠道后，从回肠和结肠的绒毛末端通过刷状缘进入机体上皮细胞，开始繁殖并感染邻近细胞或进入固有层，继续繁殖，并被吞噬入局部淋巴结。机体受细菌侵袭，刺激前列腺素分泌，从而激活腺苷酸环化酶，使血管内的水、HCO_3^- 和 Cl^- 渗出到肠内，引起急性回肠和结肠炎，感染者的绒毛布满中性细胞，后者也可随粪便排出。

研究表明，引起肠炎的细菌经历有定居于肠道、侵入肠上皮组织和刺激肠液外渗 3 个阶段，与沙门菌所携带的毒力质粒有密切关系。毒力质粒是 C. W. Jones 于 1982 年首先在鼠伤寒沙门菌中发现的，随后在都柏林沙门菌、猪霍乱沙门菌中都发现了类似的质粒。该质粒能增强细菌对几丁质肠黏膜上皮细胞的黏附和侵袭，提高细菌在网状内皮系统的存活和增殖能力，并与细菌的毒力呈正相关。

(2)内毒素 根据沙门菌菌落 S－R 变异引起的细菌毒力下降的关系，表明沙门菌细胞壁内的脂质粒子是一个毒力因子。脂多糖(LPS)是一种常见的寡糖核(称为 O 特异键)，是所有沙门菌属中常见的脂类成分。脂质 A 具有内毒素活性，可引起沙门菌败血；动物发热，黏膜出血，白细胞减少，血小板减少，肝脏葡萄糖减少，低血糖，最后休克死亡。

(3)肠毒素 最初认为沙门菌不产生外毒素，研究表明，一些沙门菌(如鼠伤寒沙门菌、都柏林沙门菌等)可以产生肠毒素，并分为耐热和不耐热。肠毒素是动物沙门菌肠炎的致病因素，肠毒素也有助于增强细菌的侵袭能力。

根据沙门菌的入侵机制，可分为侵入性沙门菌和非侵入性沙门菌两种。

侵袭性沙门菌的侵入：在肠道黏膜表面派伊尔结(PP)上的滤泡上皮细胞，被认为是沙门菌入侵的最佳起始部位。滤泡上皮中稀疏分布着捕获抗原的微褶皱细胞(microfold cell，M 细胞)，M 细胞被肠上皮细胞所包围。M 细胞的基顶面有短而不规则的绒毛及微褶，是其胞饮的部位。

沙门菌通过两种入侵途径进入上皮下组织：一种是通过派伊尔结上的 M 细胞；另一种是 M 细胞的直接侵染，通过细胞的基底端进行侵染。当沙门菌附着在 M 细胞或上皮细胞的顶部时，效应蛋白通过 II 型分泌系统分泌到细胞外环境并转移到宿主细胞，从而诱导宿主细胞肌动蛋白细胞骨架的重新排列。此时，细胞质形成一个突起的过程，将细菌包裹在细胞膜内，在细胞摄粒作用下进入细胞。

无创性沙门菌过去被认为入侵沙门菌 M 细胞或在宿主肠道上皮细胞，但现有的研究结果表明，小鼠口服后鼠伤寒沙门菌的侵袭力降低，发现沙门菌在脾脏，这意味着除了侵入性的方式，还有另一种方法是树突细胞(DC)在肠黏膜组织的沙门菌。在派伊尔结中，直流电与 M 细胞接触密切。DC 可以打开上皮细胞之间的紧密连接，从上皮细胞延伸出树突，直接吸收肠道内的细菌。在此过程中，肠上皮屏障保持完整，其分子机制是 DC 对紧密连接蛋白的表达和调控，如闭合素、闭合带 I、连接黏附分子等。

【临床症状】

(1)猪 猪沙门菌病又称猪副伤寒。各国分离的沙门菌血清型比较复杂，其中，主要的有猪霍乱沙门菌、猪霍乱沙门菌 Kunzendorf 变型、猪伤寒沙门菌、猪伤寒沙门菌 Voldagsen 变型、鼠伤寒沙门菌、德尔卑沙门菌、肠炎沙门菌等。潜伏期可达数天或数月，与猪的抵抗力及细菌的数量和毒力有关。

临床上分急性型、亚急性型、慢性型。

①急性型：又称败血型，多发生于仔猪断奶前后，常猝死。病程稍长，有体温升高($41 \sim 42℃$)、腹痛、痢疾、呼吸困难、耳部、胸部和下腹部皮肤有紫色斑块，通常以死亡告终。$1 \sim 4d$ 的病程。

②亚急性型和慢性型：为常见病型。它的特征是体温升高、结膜发炎和脓性分泌物。初期便

秘后腹泻，大便呈灰白色或黄绿色恶臭。病猪很瘦，皮肤上有斑点状的湿疹。这种疾病可以持续数周，直到死亡或变成生长不良的僵猪。

（2）禽 禽沙门菌病根据病原体的抗原结构可分为3种类型。由鸡白痢沙门菌引起的称为鸡白痢，由鸡伤寒沙门菌引起的称为鸡伤寒，由其他有鞭毛可运动的沙门菌引起的禽病统称为副伤寒。沙门菌在鸟类中可诱发副伤寒，可感染多种动物和人类，具有重要的公共卫生意义。人类的沙门菌感染和食物中毒也常常来源于副伤寒病禽的肉、蛋或其他产品。

①鸡白痢（pullorosis）：病鸡表现精神不振，羽毛松散，翅膀下垂，缩头颈，眼睛紧闭，无精打采，不想走动，挤在一起。发病初期，食欲下降，然后停止进食，多数出现软嗉囊病的临床症状。腹泻，排稀薄像白色糨糊状粪便，肛门周围被粪便污染，有的因粪便干结封住肛门，肛门周围因为炎症引起疼痛，所以有些会发出尖锐的叫声，最后因呼吸困难、心力衰竭死亡。

②禽伤寒（typhus avium）：潜伏期一般4～5d。本病常见于中、成年鸡和火鸡。在老龄鸡和成年鸡中，急性经过者突然停食、精神委顿、排黄绿色稀粪、羽毛松乱、冠和肉髯苍白而皱缩。体温上升1～3℃时，病鸡可能很快死亡，但通常在5～10d后死亡。雏鸡和成年鸡的病死率各不相同，一般在10%～50%或更高。蛋鸡和幼鸭发病时，其临床症状与鸡白痢相似。

③禽副伤寒（paratyphus avium）：表现为嗜眠呆立，低头闭目，双翅下垂，羽毛松乱，厌食，饮水增多，水样痢疾，肛门有粪便，怕冷喜欢靠近热源或相互拥挤。病程1～4d。雏鸭感染本病常见颤抖、喘息及眼睑肿胀等临床症状，常猝然倒地而死，故有"猝倒病"之称。

（3）牛 主要感染鼠伤寒沙门菌、都柏林沙门菌或纽波特沙门菌发病。犊牛通常在10～14d后发病，体温升高达41℃，脉搏和呼吸加快，并排出含有血液或黏液的恶臭稀便。表现出对食物的排斥、卧地不动、快速衰竭和其他临床症状。死亡通常发生在症状出现后5～7d，病死率高达60%。一些牛痊愈并出现了关节炎和肺炎的症状。

成年牛以高热，昏迷，食欲废绝，脉搏增数，呼吸困难开始，体力迅速下降，粪便稀薄带血丝，不久即下痢，粪便恶臭，带有黏液或黏膜絮片。病牛腹痛严重，常用后腿踢腹，病程长，消瘦、脱水、眼球凹陷、结膜充血黄色。

怀孕的母牛流产并从流产的胎儿中分离出沙门菌。个别成年牛有时表现为顿挫型经过，会出现食欲不振、发热、精神疲乏等症状，很快这些症状就会消失。

（4）羊 主要由伤寒沙门菌、羊流产沙门菌和都柏林沙门菌引起。以腹泻为主，病初排黄绿色粥样粪便，继则呈水样，有的粪便中混有肠黏膜，有的体温升高至40℃以上，病羊食欲减退或废绝，精神委顿，呈急性经过，常常突然死亡，病死率高达40%以上。慢性的常常污染后躯，伴有腹痛尖叫、抽搐、痉挛，有些会突然瘫痪，甚至突然死亡。腹泻严重会导致衰竭死亡，病好后也很难恢复，常发育迟缓，形成僵羊。

（5）马 由马流产沙门菌引起。临床症状的特点是妊娠母马流产。小马驹表现为关节肿胀、痢疾，有时伴有支气管肺炎。公马表现为睾丸肿、鬐甲肿。

（6）骆驼 由鼠伤寒沙门菌和肠炎沙门菌引起，以腹泻为特征。急性患者首先出现绿色恶臭水样腹泻。1周后出现全身临床症状，体温升高至40℃以上。有时出现疼痛症状，病情加重，12～15d死亡。在亚急性和慢性病例中，发展缓慢，食欲不振，经常腹泻，患病骆驼体重减轻，30d或更长时间后死亡，偶尔出现自愈。

（7）兔 由鼠伤寒沙门菌和肠炎沙门菌引起，以腹泻和流产为特征。潜伏期1～3d，急性病例无任何临床症状而猝死。病兔多数腹泻，体温升高，精神委顿，食欲不振，饮水增加，消瘦，雌性兔阴道分泌物黏稠，有脓性分泌物。

(8)毛皮动物　黏膜黄疸，尤以银黑狐、北极狐及貉表现最为突出，一般发生在6~8月。常为急性，多侵害仔兽，哺乳期母兽少见。以发热、下痢、黄疸为特征，麝鼠多发生败血症。病兽多归于死亡。妊娠母兽往往在产前3~14d流产。哺乳期仔兽表现虚弱，有的发生昏迷及抽搐，经2~3d死亡。

【病理变化】

(1)猪

①急性型：以败血症为特征。尸体膘度正常，耳部、腹部、肋骨等部位皮肤有时可见充血或出血，并有黄疸；全身浆膜、黏膜(喉、膀胱等)有出血点。脾大，硬如橡皮；肠系膜淋巴结呈索样肿大，全身其他淋巴结不同程度肿大，切面呈大理石状。肝、肾肿大，充血，出血，胃肠黏膜出现卡他性炎症。

②亚急性型和慢性型：坏死性肠炎为特征较多的是盲肠、结肠，有时累及回肠后段。肠黏膜被一层淡黄色的腐乳伪膜所覆盖，强行剥离可见红色的、边缘不整齐的溃疡面。若滤泡周围黏膜坏死常形成同心轮状溃疡面；肠系膜淋巴索状肿，有的干酪样坏死；脾脏略增大，肝脏呈淡黄色坏死灶。有时会发生慢性卡他性肺炎并伴有黄色干酪样结节。

(2)鸡

①鸡白痢：1周龄以内发病鸡主要可见脐环愈合不良、卵黄变性和吸收不良。1周龄以上雏鸡主要表现为肝肿大，表面呈"雪花状"坏死。肺形成黄灰色结节。心肌有灰白色的病理变化，其肝脏肿大更明显，呈土黄色，质地脆弱易碎，肝脏被膜常发生破裂、大量出血，腹腔内积聚血凝块。成鸡会发生卵巢炎、输卵管炎、卵黄性腹膜炎等。

②鸡伤寒：以无明显损伤或非常轻微的急性病例为主。急性期病鸡最常见的是肝、脾、肾肿大。亚急性和慢性期肝增大呈铜绿色，并伴有灰白色或淡黄色坏死颗粒，胆囊增大充满胆汁，脾脏增大常有坏死灶，心包膜积液有时粘连。肺脏和肌胃有灰白色坏死灶。

③鸡副伤寒：肝脏呈古铜色，表面散有出血斑或条状及灰白色坏死灶，肺坏死、胆囊、脾脏增大，表面有斑点坏死；有心包炎、气囊炎、鼻窦炎、肠炎、盲肠形成的"栓子样"病变；成年鸡有卵巢炎和腹膜炎的病理变化。

(3)牛　成年牛主要表现为出血性肠炎，肠黏膜发红、出血，严重的情况下肠黏膜会发生脱落，大肠有局部性坏死区，肠系膜淋巴结水肿和出血，脾肿大充血，肝脏脂肪变性、局灶性坏死。犊牛急性死亡后心壁、腹膜、胃肠黏膜出血，肠系膜淋巴结水肿或出血，肝、脾、肾有坏死性病灶；当关节受到损伤时，肌腱鞘和关节腔内含有胶质液体。肺脏可见肺炎病灶区。

(4)羊　大部分死亡羊只呈败血型，胸腹腔积液，盲肠、结肠甚至回肠肿大，内积满液体(未发酵奶汁)；有的皮下水肿(呈胶冻样)，这类羊病死率极高。脾肿大1~2倍，紫红色或黑色；肝表面可见黄白色坏死灶，肠壁出血呈点状或弥漫性。慢性死亡的羊有心包积液。

(5)骆驼　肺、心外膜、结肠黏膜充血、出血明显，十二指肠、盲肠黏膜有血斑，腹膜有炎症。肠系膜淋巴结水肿、出血；肝脂肪变性，脾脏常出血、肿大，肾充血、出血。

(6)兔　肝脏可见弥漫性或散在黄色针状坏死病变，胆囊肿大，胆汁充盈，脾脏增大1~3倍，大肠内充满黏稠的粪便，肠壁变薄。

(7)毛皮动物　黏膜有黄疸，尤以银黑狐、北极狐及貉最为突出；胃黏膜肿胀增厚，有时伴有充血和小出血。肝肿大，呈土黄色，胆囊肿大，充满胆汁，脾肿大6~8倍，呈暗红或灰黄色；肠系膜淋巴结肿大2~3倍，呈灰色或灰红色；肾脏略增大，呈暗红色或红灰黄，心肌变性，呈煮肉状，心包下有出血点，膀胱黏膜有零散状出血点，脑实质水肿，侧室内积液。

【诊断】

根据流行病学、临床症状和病理变化，只能做出初步诊断，确诊需要收集流产胎儿的血液、内脏、粪便或胃内容物、肝脏和脾脏进行沙门菌的分离和鉴定。

猪副伤寒除少数急性败血型经过外，多表现为亚急性和慢性，与亚急性和慢性猪瘟相似，应注意区别；这种疾病也可继发于其他疾病，特别是猪瘟。急性病例难以诊断，而慢性病例可以根据临床症状和病理变化结合流行病学进行初步诊断。确认需要进行细菌学检查，但需要注意的是，亚硒酸盐和四磺酸盐这两种介质对霍乱沙门菌是有毒的，可以快速检测。这是导致猪霍乱沙门菌分离率低的原因之一。此外，ELISA 和 PCR 可用于沙门菌的快速检测。

家禽中的沙门菌病可根据流行病学、临床症状和剖检病变进行初步诊断。肝脏、脾脏、心肌、肺和蛋黄的样本应接种选择性培养基，必要时应进行血清型检测以识别分离株。成年鸡感染多为慢性隐性感染，可通过凝集反应进行诊断。凝集反应可分为试管法和平板法。平板法可分为全血平板凝集反应和血清平板凝集反应。其中，全血平板凝集反应较为常用。血清、全血或蛋黄样本也可用于琼脂扩散试验。鸡伤寒和鸡白痢沙门菌有相同的 O 抗原，白痢标准抗原可用来凝集检查血清中的凝集抗体。

牛沙门菌病主要通过实验室方法诊断。在沙门菌感染的情况下，成年牛可以通过粪便持续排出大量的细菌，所以肛门拭子或新鲜粪便可以用于细菌的分离和培养，但在急性腹泻前粪便采样可能会导致阴性结果。沙门菌可以通过在发热期间采集血液或牛奶样本进行分离。对于带菌者的细菌排放检测，应每 7~14 天重复检测 3 次。潜在的都柏林沙门菌携带者可通过阴道拭子、粪便或牛奶样本检测。可以收集胎儿的胃或胎盘的内容物进行培养。由于细菌呈间断性排出，当用粪便或直肠拭子取样进行检测时，大约 50% 的感染犊牛可能出现阴性结果。因此，在分离细菌时，应该从多个犊牛身上取样。最好使用粪便或肠道拭子来增加菌液培养，然后接种在琼脂平板上。

【防控措施】

对猪来说，采取良好的兽医生物安全措施，实行全进全出式的饲养方式，减少饲料污染，消除发病诱因等是预防本病的重要环节。在本病多发地区，断奶后接种仔猪副伤寒弱毒冻干菌苗可有效控制本病的发生。早期应用竞争排斥原理建立完整的肠道正常微生态系统，可有效防止肠道次生病原体的定植，降低动物的病菌带菌率。应及时隔离、消毒，并通过药敏试验选择适当的抗生素治疗，防止疾病的传播和复发。氟苯尼考、庆大霉素、呋喃唑酮和一些磺胺类药物（如磺胺类增效剂、磺胺甲恶唑和磺胺嘧啶）往往有一定的作用。

禽沙门菌病的防治原则是杜绝致病菌感染人，清除群内带病菌的鸡，同时严格执行卫生、消毒和隔离制度。一是通过严格的卫生检疫和检验措施，防止饲料、饮用水和环境污染。二是定期通过全血平板凝集反应对健康鸡进行检疫，对阳性和可疑鸡予以淘汰。三是坚持种蛋孵化前的消毒工作，杀灭环境中的病原体。四是加强对禽群的饲养和管理，防止禽鸟等动物进入人体和传播病原体。当发现病禽时，迅速隔离（或消灭）它们并消毒。

最近几年，根据竞争排斥（competitive exclusion，CE）原理研制的活菌制剂——CE 培养物在鸡沙门菌病的防治上取得了突破性的进展。给刚孵出的雏鸡提供从成鸡盲肠或粪便排泄物所获取的细菌构成的 CE 培养物，可降低沙门菌在盲肠的定植率。自 1986 年以来，国内一些研究者在不同地区使用"促菌生"或其他活菌剂来预防雏鸡白痢，也取得了比较好的效果。值得注意的是，由于"促菌生"制剂是活菌制剂，因此应避免与抗微生物制剂同时使用。治疗本病可根据药敏试验选用有效的抗生素，对鸡群进行抗菌药物预防或治疗。

牛沙门菌病预防除了需要加强一般卫生检查和预防接种，应该定期对牛群进行检疫。治疗可用抗生素和磺胺类药物。

三、巴氏杆菌病

巴氏杆菌病(pasteurellosis)是一种主要由多杀性巴氏杆菌引起的多种动物共患的传染病。急性病例以败血症和出血性炎症为主要特征;慢性病例表现为皮下结缔组织、关节及各脏器的化脓性病灶,并常引起其他疾病的混合感染或继发感染。

【病原】

主要是多杀性巴氏杆菌(*Pasteurella multoeida*,Pm)。在 2005 年出版的《伯杰氏细菌学手册》(第 2 版)上,根据 16S rRNA 系统发育对许多细菌进行了重新分类。多杀性巴氏杆菌仍属于巴氏杆菌科(Pasteurellaceae)巴氏杆菌属(*Pasteurella*)。

多杀性巴氏杆菌是一种两端钝圆,中央微凸的革兰阴性短杆菌,长 0.5~2.5μm,宽 0.25~0.4μm;不形成芽孢,无鞭毛不运动,兼性厌氧;体外培养时对营养要求严格,在普通培养基上生长贫瘠,在麦康凯培养基上不生长,在添加血清或血液的培养基上生长良好,在适宜条件下鲜血琼脂平板培养 24h 可形成淡灰白色,水滴样小菌落,无溶血现象;在普通琼脂平板上形成细小透明的露珠状菌落;在普通肉汤中,初期呈均匀混浊,后上清液变为清亮,试管底部形成黏性沉淀;明胶穿刺培养,沿穿刺孔呈线状生长,上粗下细。病料涂片用瑞氏染色或美蓝染色时,可见典型的两极着色,纯化培养后两极着色消失。

本菌的抵抗力不强,在无菌蒸馏水和生理盐水中迅速死亡,在阳光直射和干燥的情况下迅速死亡;在干燥的空气中 2~3d 死亡;60℃ 10min 可杀死;一般消毒药在几分钟或十几分钟内可杀死;3%苯酚和 0.1%升汞液在 1min 内可杀菌,10%石灰乳及常用的甲醛溶液 3~4min 内可杀菌。但在尸体内可存活 1~3 个月。

根据荚膜抗原和菌体抗原不同,可将多杀性巴氏杆菌株分为不同的血清型。按荚膜抗原分有 6 个型,分别为 A、B、C、D、E 和 F,引起猪发病的菌型是 A、B、D、E。此外,A 型菌主要引起禽霍乱,B 型菌主要引起牛发病,D 和 E 型主要使兔、羊发病,C 型菌则是犬、猫的正常栖居菌,一般不引起发病,F 型菌主要引起火鸡发病。按菌体抗原分为 16 个不同血清型,可以引起猪发病的有 1、2、3、4、5、6、10 菌型,引起鸡发病的有 5、8 菌型,引起火鸡发病的有 5、9 菌型,引起牛发病的有 6、7 菌型,引起羊发病的有 4、6 菌型,引起兔发病的有 7 菌型。现在,多杀性巴氏杆菌分型常是将荚膜型和菌体型结合一起使用,如引起禽发病的主要是 5A、8A,引起牛发病的多是 6B。

【流行病学】

本病对人和多种动物均有致病性,动物中以牛、猪、兔、绵羊发病较多,山羊、鹿、骆驼、马、驴、犬和水貂也可以感染发病;禽类以鸡、火鸡和鸭最易感,鹅、鸽子易感性较低。

患病动物和带菌动物是本病的重要传染源,其排泄物、分泌物及受污染的饲料用具也可以传播本病。健康动物主要可以通过消化道和呼吸道,也可通过吸血昆虫和损伤的皮肤、黏膜而感染本病。发病动物以幼龄动物较多,且较为严重,病死率也较高。

本病的发生没有明显的季节性,但在秋、冬季及早春气温下降,冷热交替,气候剧变,闷热、潮湿,多雨的时期及水貂换毛季节多发。当机体内某些疾病的存在造成机体抵抗力降低,或者长途运输,动物过度疲劳,突然更换饲料,营养缺乏,发生寄生虫感染等常常可以诱发此病。本病多呈散发或者地方性流行,同种动物之间能相互传染,不同种动物之间也偶见相互传染。

【发病机制】

如果正常动物接触到致病力较弱的菌，致病菌可能被杀死或者对动物造成隐性感染。隐性感染时病原只限于局部。当气候、季节变化，长途运输，寄生虫感染或者营养不良等因素导致动物机体抵抗力降低时，局限于健康带菌动物局部的巴氏杆菌，会向全身扩散，从而造成内源性感染；另外，可由于污染的饲料、饮水、空气、器具等经消化道，呼吸道，外伤而造成外源性感染。如果机体抵抗力较弱，而感染的菌株毒力较强时，病原菌则会很快的突破淋巴结的防御，进入血流，形成菌血症，染病动物可因败血症于24h内死亡。

【临床症状】

（1）猪巴氏杆菌病　又称猪肺疫，潜伏期一般1~12d。根据病的发展过程，可分为最急性、急性和慢性3个病型。

①最急性型：俗称"锁喉风"，突然发病，尚未表现出症状时迅速死亡。病程稍长的病猪，体温突然上升到41~42℃，呼吸困难，心跳加快；不吃料，口鼻黏膜发紫，耳根、颈部、腹部及四肢内侧皮肤等处发生出血性红斑；咽喉肿胀，坚硬而热；后期高度呼吸困难，病猪呈犬坐姿势，张口呼吸，口鼻流出白色泡沫，可视黏膜发绀，最后窒息而死。最急性型病例往往呈败血症临床症状，在数小时到1d内死亡。

②急性型：此型多见，往往呈纤维素性胸膜肺炎临床症状。体温升高至40~41℃，呼吸困难，咳嗽，流鼻涕，气喘，呈犬坐姿势；有黏液性或脓性结膜炎，鼻流黏稠液体。皮肤出现血红紫斑或者小出血点。开始时便秘，后来转为腹泻。往往在5~8d内死亡，个别转为慢性。

③慢性型：多见于流行的后期，主要呈现慢性肺炎或者慢性胃肠炎临床症状。病猪表现为精神沉郁，食欲减退，持续咳嗽，呼吸困难；鼻下有少量黏液性分泌物；进行性营养不良，逐渐消瘦；个别猪表现为关节肿胀。若不及时治疗，多在持续腹泻后衰竭而死；病程持续两周左右，死亡率为60%~70%。

（2）禽巴氏杆菌病　又称禽霍乱（fowl cholera），禽出血性败血症，是由多杀性巴氏杆菌引起的鸡、火鸡、鸭、鹅等多种禽类的传染病。自然感染的病例潜伏期为2~9d；人工感染时潜伏期12~48h。禽巴氏杆菌病在临床上主要有最急性型、急性型和慢性型。

①最急性型：常见于本病流行的初期，尤其是产蛋量高的禽类。病禽无任何前驱临床症状，有时正在进行采食、饮水等正常活动，突然倒地，扑动翅膀，挣扎几下后很快死亡。

②急性型：此型在临床上最为常见，病禽主要表现为精神沉郁，闭目打盹，羽毛松乱，缩头，不愿走动，离群呆立；体温升高到43~44℃，食欲减退或不食，渴欲增加；病禽常有腹泻，排出黄色、灰白色或稍后即变得略带绿色的稀粪，并含有黏液；呼吸困难，口、鼻分泌物增加；鸡冠和肉髯变青紫色，有的病禽肉髯肿胀；产蛋禽产蛋量明显减少或停止产蛋。最后发生衰竭，昏迷而死亡，病程通常可持续1~3d。

③慢性型：多见于疾病流行的后期、由急性不死病例转变而来或者毒力较弱的菌株感染引起。病禽鼻孔有黏性分泌物流出，鼻窦肿大，喉头积有分泌物而影响呼吸；经常性腹泻；病禽消瘦，精神委顿，鸡冠苍白。有些病禽一侧或两侧肉髯显著肿大，随后可能有脓性干酪样物质，或干结、坏死、脱落。病程可拖至1个月以上，但生长发育和产蛋量长期不能恢复。

（3）牛巴氏杆菌病　又称牛出血性败血症，潜伏期2~5d。根据临床表现分为败血型、水肿型和肺炎型。

①败血型：该型在热带地区呈季节性流行，多见于水牛，发病率和死亡率较高，主要表现为高热（41~42℃），精神沉郁，食欲废绝，结膜潮红，鼻镜干燥，心跳加快，呼吸困难，腹痛下痢，

粪便初期为粥状，后呈液状并混有黏液、黏膜片和血液，有恶臭感，常于12~24h内因脱水而死亡。

②水肿型：以犊牛最为常见，除表现全身临床症状外，病牛胸前、头、颈等部位皮下水肿明显，手指按压有热、硬、痛感；舌咽及周围组织高度肿胀，流涎，患病牛常卧病不起，呼吸困难，皮肤、黏膜发绀，最后因窒息和下痢而死。

③肺炎型：此型最为常见，病牛表现为急性纤维素性胸膜炎或肺炎临床症状。病牛表现为体温升高，呼吸急促困难，有痛性干咳，鼻流无色或带血泡沫，后期有的发生腹泻，便中带血，有的尿血，数天至两周死亡，有的转为慢性型。

(4)羊巴氏杆菌病　按病程长短可分为最急性、急性和慢性3种病型。

①最急性型：多见于抵抗力较弱的哺乳羔羊，一般会突然发病，羔羊出现寒战、虚弱、呼吸困难等临床症状，常在数小时内死亡。

②急性型：病羊精神沉郁，体温升高，呼吸急促，咳嗽，鼻孔流出混有血液的黏液，眼结膜潮红，有黏性分泌物。病羊初期便秘，后期腹泻，有时粪便呈血水样，病羊常在严重腹泻后虚脱而死，病期2~5d。

③慢性型：多为肺炎、胸膜炎、胃肠炎症状。病羊消瘦，食欲减退，咳嗽，呼吸困难，流黏脓性鼻液，有时颈部和胸下部发生水肿，有角膜炎，腹泻；病程可达3周。

(5)兔巴氏杆菌病　巴氏杆菌是引起9周龄至6月龄兔子死亡的最主要原因之一。临床上兔巴氏杆菌病的潜伏期长短不一，一般几小时或更长。根据临床上的表现，可将此病分为败血型、鼻炎型、肺炎型、中耳炎型、结膜炎型等。

①败血型：病兔表现为精神委顿，食欲下降，呼吸急促，体温升高达41℃左右，鼻腔流出浆液性、黏液性或脓性分泌物，有时会出现腹泻；临死前体温下降，四肢抽搐；病程短的在24h死亡，病程稍长的在3~5d死亡；最急性病例常无任何明显临床症状而突然死亡。

②鼻炎型：本病型主要表现为病兔鼻孔流出浆液性、黏液性或脓性分泌物，呼吸困难，打喷嚏，咳嗽，鼻液在鼻孔处结痂，堵塞鼻孔，使呼吸更加困难，从而使患兔常以爪挠抓鼻部。

③肺炎型：病兔常呈急性经过，有的仅表现食欲不振、体温升高、精神沉郁，之后急性死亡。有时会出现腹泻或关节肿胀等临床症状，最后多因肺严重出血、坏死或败血而死。

④中耳炎型：又称"斜颈病"，是病菌扩散到内耳和脑部的结果。其颈部歪斜的程度与受危害的程度有关。病情严重的患兔向着头倾斜的一方翻滚，一直到被物体阻挡为止。由于头倾斜不能正视，患兔饮食极度困难，因而逐渐消瘦。病程长短不一，最后多因衰竭而死。

⑤结膜炎型：多为两侧性，临床表现为结膜充血红肿，眼内有浆液性或黏液性分泌物，常将眼睑黏住，转为慢性时，红肿会消退，但流泪不止。

(6)水貂巴氏杆菌病　最急性型常未发现任何症状而突然死亡。仔貂多发，成年貂少见。急性型发病貂表现为突然拒食，喜饮。体温高达41.5~42℃。精神沉郁，很少活动或嗜睡，鼻部干燥，呼吸频率、心跳加快，后期呼吸困难，频死期体温下降至35~36℃。下痢，粪便呈灰绿色液状，恶臭，常混有血液及未消化的饲料。可视黏膜苍白。有时出现四肢麻痹，最后多在昏迷或痉挛中死亡。个别病例有头颈部水肿现象，或于鼻腔流出黏液性略带红色的分泌物，急性型的病死率为30%~90%。大多数病例的病程为1~5d。有些成年貂感染，多表现为精神沉郁，食欲下降，下痢，排多色稀粪，偶见带血，体温略有升高，消瘦，病死率10%~30%。病程5~10d。

【病理变化】

因动物品种的易感性、机体的抵抗力、细菌的毒力和侵入细菌的数量不同，本病的病理变化有很大差异，因此病变各不相同。

（1）猪巴氏杆菌病

①最急性型：病理剖检可见皮肤、皮下组织、浆膜等有大量出血点，咽喉部黏膜及周围组织有急性炎症，出血性浆液浸润。全身淋巴结肿胀、出血。肺发生急性水肿。

②急性型：主要为胸膜肺炎，肺有各期肺炎病变，有出血斑点、水肿、气肿和红色肝变区；胸膜常有纤维样黏附物，常与肺粘连。支气管淋巴结肿大，有多量泡沫黏液；胃肠道有卡他性炎或出血性炎。

③慢性型：主要表现为尸体消瘦，剖开后可见肺多处坏死灶。胸膜及心包有纤维素絮状物附着，肋膜常与肺发生粘连。

（2）禽巴氏杆菌病

①最急性型：死亡的病禽没有特殊的病变，有时只能看见心外膜有少许出血点，肝脏表面有数个针尖大小的灰黄色或灰白色的坏死点。

②急性型：病例有特征性的病变，病禽的皮下组织、腹部脂肪以及肠系膜常见大小不等出血点。心包变厚，心包内积有多量不透明的淡黄色液体，有的含纤维素絮状液体，心外膜、心冠脂肪出血最为明显。肺有充血或出血点。肝脏出现典型病变，肝肿大，质变脆，呈棕色或紫红色；表面散布有许多灰白色的坏死点。脾脏一般不见明显变化，或稍微肿大，质地较柔软。

③慢性型：病理剖检的变化常因侵害器官不同而异。当呼吸道临床症状为主时，一般可见鼻腔、气管、支气管、鼻窦内有多量黏性分泌物，个别病例肺质地变硬；局限于关节炎和腱鞘炎的病例，主要见关节肿大变形，有炎性渗出物和干酪样坏死；还有的病例会出现肉髯肿大，内有干酪样的渗出物，母鸡的卵巢明显出血，有时卵泡变形、破裂，腹腔内脏表面上有卵黄样物质。

（3）牛巴氏杆菌病　牛败血型没有特征性的病变，一般只见黏膜和内脏表面有广泛的点状出血变化；水肿型病例可见头、颈和咽喉部水肿，剖开可以发现该部位呈出血性胶样浸润。肺炎型主要表现为纤维素性肺炎和胸膜炎，肺与胸膜及心包粘连，肺组织呈肝样硬变，切面呈红色或灰黄色，小叶间质增宽，肺脏切面可见大理石样变。

（4）羊巴氏杆菌病　急性型病例主要表现为皮下有液体浸润和小出血点；咽喉、气管黏膜肿胀，有点状出血；肺充血、淤血、颜色暗红、体积肿大，肺间质增宽，切面外翻，流出淡粉红色泡沫样液体；心包腔内有黄色混浊液体，心腔扩张，有的冠状沟处有针尖大出血点；肝脏淤血，有的病例有灰白色针头大小坏死灶，胸腔内积有黄色渗出性浆液。胃肠道黏膜弥漫性出血、水肿。慢性病例主要表现为尸体消瘦，皮下胶冻样浸润，纤维素样胸膜肺炎等。

（5）兔巴氏杆菌病　败血症型除一般败血病变化外，常见鼻炎和肺炎的变化，鼻腔黏膜充血，有黏性分泌物；喉头黏膜充血、出血，气管黏膜充血、出血，并伴有多量红色泡沫等。死于鼻炎型的病兔鼻腔积有多量黏性或脓性分泌物，黏膜潮红、肿胀或增厚，有的发生糜烂，鼻窦和副鼻窦内充血出血，积聚分泌物，窦腔内层黏膜红肿等。肺炎型常表现为急性纤维素性肺炎和胸膜炎变化，病变部位主要位于肺间叶、心叶和膈叶前下部，病变为充血、出血实变以及形成灰白色小结节。中耳炎型的鼓膜和鼓室内壁变红，有时鼓室破裂，有白色脓性渗出物，甚至流出外耳道，严重者出现化脓性脑膜炎的病变。结膜炎的病理变化不明显。

（6）貂巴氏杆菌病　病死水貂表现为广泛性出血性素质，以实质器官和黏膜、浆膜出血为主要特征，尤其胸腔最为明显。心肌、心内膜广泛性点状出血。肺脏呈暗红色，遍布大小不等的点状或弥漫性出血斑。胸腔内有浆液性或浆液纤维素性渗出物。全身淋巴结肿大、充血，表面有点状出血。肝脏充血、淤血、质脆、肿大，呈不均匀的紫红色或淡黄色。切开有多量褐红色血液流出。脾脏肿大，折叠困难，边缘钝；有时有点状坏死灶。胃黏膜有点状或带状出血，有时出现溃疡。小肠黏膜有卡他性或出血性炎症。肠管内常有血液和大量黏液的混合物。肠黏膜出血。心肌、肝、脾、淋巴结、肠管充血。有时可见小型坏死灶。

【诊断】

现场诊断主要是根据不同动物的巴氏杆菌病的流行病学特点、临床症状和病理剖检的特殊病变做出初步诊断。确诊需要进行实验室的检测。

实验室检测主要进行微生物学检查、动物试验、血清型或生物型鉴定。

微生物学检查主要是采取患病动物的肝、肺、脾等组织、分泌物及局部病灶的渗出液；并对其涂片进行革兰染色，镜检，可发现革兰阴性的杆菌，用瑞氏或姬姆萨等染料染色，可见两极染色的卵圆形杆菌；同时将病料接种鲜血琼脂和麦康凯琼脂培养基，37℃培养24h，观察细菌的生长情况，菌落特征、溶血性，并染色镜检；对分离到的细菌进行生化试验，然后与标准菌进行比对。

进行动物试验时，常用的实验动物有小鼠和兔。无菌操作研磨病料，用生理盐水1∶10稀释，取上清0.2mL接种实验动物，接种动物死亡后立即剖检，并取心血和实质脏器分离和涂片染色镜检，见大量两极浓染的细菌即可确诊。

必要时可进行血清型或生物型鉴定，可用被动血凝试验、凝集试验鉴定多杀性巴氏杆菌荚膜血清群和血清型。用间接血凝试验检测溶血性巴氏杆菌的血清型，根据生化反应鉴定该菌的生物型。

【防控措施】

根据本病的流行特点和发病特点，切实做好预防工作。主要包括平时积极做好消毒工作，杀灭环境中可能存在的病原体；加强饲养管理，注意饲养密度，防寒降暑，以增强机体的抵抗力；受到本病威胁的地区要定期接种疫苗，做好卫生防疫。发现本病后，应立即采取隔离、消毒、紧急免疫、药物治疗等措施；将已发病动物或可疑病畜进行隔离治疗，健康的动物立即接种疫苗，或用药物预防，对污染的环境进行彻底消毒。

对于猪，新引进的猪要隔离观察1个月后再合群。定期对猪场用消毒剂消毒。除此之外，应在每年春、秋季用猪肺疫氢氧化铝甲醛菌苗或猪肺疫口服弱毒菌苗进行两次免疫接种。在本病暴发流行时，需立即对病猪实行隔离，消毒，结合药敏试验进行对症治疗，在传染源被消灭的情况下，经3周以上没有新病例出现时，再进行接种疫苗。

对于禽类，最好以栋舍为单位采取全进全出的饲养制度，从未发生本病的鸡场不进行疫苗接种。鸡群发生本病后应立即采取相应的治疗措施，结合药敏试验选择敏感的药物全群给药。在治疗过程中，要做到疗程合理，剂量充足，用药见效后再继续投药2~3d以巩固疗效防止复发。对常发地区可考虑应用疫苗进行预防，如禽霍乱G190E40活疫苗，可用于3月龄以上的鸡、鸭、鹅。根据瓶签注明的羽份数，按每羽份加入0.5mL 20%氢氧化铝胶生理盐水，稀释摇匀后在鸡、鸭、鹅的胸肌内接种0.5mL。鸭在预防接种后3d即可产生免疫力，免疫期为3.5个月，在有禽霍乱流行的场，可每3个月预防接种1次。

对于牛，平时要做好圈舍的消毒工作，并定期进行疫苗接种工作；若发生本病，可用2%氧氟沙星针剂和复方庆大霉素针剂肌肉注射治疗，3d为一个疗程。并用乳酸环丙沙星粉剂全群饮水进行预防。

对于羊，在运输、环境或饲料改变时，要采用药物预防。治疗及预防可用抗生素和磺胺类药物。

对于兔，最好自繁自养，引进种兔要进行严格检查。预防时可用兔巴氏杆菌氢氧化铝菌苗或禽巴氏杆菌病菌苗免疫注射，或用兔瘟-兔巴氏杆菌病二联苗免疫注射。每年2次。治疗可用链霉素肌肉注射，也可配合青霉素联合应用，效果更好。对于急性的病例，可用多价血清治疗，每日2次有显著效果。

对于水貂，定期免疫巴氏杆菌疫苗能起到良好的预防效果，但疫苗的免疫期较短，需要多次接种。发生本病时，尽早结合药敏试验选取敏感药物按疗程进行治疗可取得一定的效果。青霉素按10万U/kg、链霉素3万U/kg，合并肌肉注射，每日2次；在每千克饲料中加入长效磺胺、土霉素片各3片；在饮水中适量补充白糖、盐和水溶性维生素，可以起到很好的辅助治疗作用。但在3~5d后易出现反复，需要加大剂量。更换新鲜、营养丰富的肉、鱼饵料，补充维生素。地面要彻底清扫，用20%石灰乳消毒，可用3%来苏儿喷雾消毒貂笼，5%碳酸氢钠消毒饲料室及食具。

四、结核病

结核病（tuberculosis）是一种由分枝杆菌（Mycobacterium）引起的慢性人兽共患疾病。其特征是在各种组织和器官中形成结核性肉芽肿，但主要在肺中，随后形成结核性结节和干酪样坏死或钙化结节。

本病在世界各地分布范围广泛，哺乳动物、禽鸟、爬行动物、鱼类都可以感染分枝杆菌进而导致结核病的发生，因此，国际组织和中国政府都将本病列为重点防控疾病。

【病原】

本病病原是分枝杆菌属（*Mycobacterium*）的3个种，即结核分枝杆菌（*M. tuberculosis*）、禽分枝杆菌（*M. avium*）、牛分枝杆菌（*M. bovis*）。本菌的形态，因种别不同而稍有差异。结核分枝杆菌是直的或稍弯曲的细长杆菌，呈单独或平行排列，经常成簇状，有时分枝。牛分枝杆菌又短又粗，着色不均匀。禽分枝杆菌短小且多形。分枝杆菌不产生荚膜和孢子，也不能运动，属于革兰阳性杆菌，常用的鉴定方法是Ziehl-Neelsen抗酸染色，细菌被染成红色。

分枝杆菌是严格的需氧菌。最适宜的生长温度为37.5℃。最适宜的生长pH值：牛分枝杆菌为5.9~6.9，结核分枝杆菌为7.4~8.0，禽分枝杆菌为7.2。结核分枝杆菌细胞壁富含蜡类脂质，在自然环境中生存能力强，耐干湿寒性强，耐热性差，在60℃ 30min死亡。常用消毒剂可作用4h后杀灭。细菌对磺胺类药物、青霉素等不敏感，百部、黄芩、白芍等中草药对结核分枝杆菌有一定的抑菌作用。

【流行病学】

本病可侵袭人类和多种动物，据报道，50多种哺乳动物和20多种禽类可患本病。可通过接触受感染动物和野生动物直接传播，或通过摄入受污染物质间接传播。在家畜中，牛尤其是奶牛是最易感的。患病动物（尤其是开放性肺结核）是重要传染源。牛结核病主要通过呼吸道和消化道传播。牛最常见感染途径是吸入从肺部排出的受感染气溶胶。犊牛通过牛奶经消化道感染。散养牛的结核病发病率为1%~5%，圈养牛由于通风条件差，相互之间接触密切，传播速度更快。此外，病禽的粪便也可携带细菌。如果不及时处理这些排泄物，会污染就近水源，并再次流向农田，从而感染人和其他动物。病程缓慢，往往数月或数年才能发展到致死。因此，受感染的动物可在临床症状出现之前就在群体中传播细菌，受感染牲畜的移动是疾病传播的重要方式。本病流行可全年发生。在我国农村地区，主要以集散地为主，而大型养殖场主要以区域性疫病为主。检疫不严格，患病的牛没有及时治疗，可导致人和动物之间的相互感染不断发生。

【发病机制】

分枝杆菌是严格的细胞内寄生菌。机体抗结核病的免疫基础主要是细胞免疫，它依赖于致敏淋巴细胞和活化单核细胞的协同作用。结核杆菌感染人体后，与吞噬细胞相遇，容易被吞噬或将结核菌带到局部淋巴管和组织，从而侵染淋巴结。若机体抵抗力强，则该局部形成原发性病灶。若机体抵抗力较弱，细菌会通过淋巴管扩散到其他淋巴结，形成继发性病变。

【临床症状】

潜伏期长短不一，短者十几天，长者数月或长达数年。

（1）牛　主要由牛分枝杆菌引起的。结核分枝杆菌和禽分枝杆菌对牛毒力较弱，多数引起局限性病灶且缺乏肉眼可见变化，即所谓的"无病灶反应牛"，通常这种牛很少能成为传染源。牛结核病可能是亚急性或慢性的。少数动物可在感染后几个月内受到严重影响，而其他动物可能需要数年时间才能出现临床症状。牛分枝杆菌也可长时间潜伏在宿主体内，而不发病。

常见的临床症状包括：食欲不振，体重下降，发热，呼吸困难，间歇性干咳，轻度肺炎，腹泻，淋巴结肿大，淋巴结突出。牛结核病常表现为肺结核、乳房结核、淋巴结核等。牛发生肺结核时食欲和反刍无明显变化，但容易疲劳，常发生短而干的咳嗽，随着咳嗽的频繁而加重，随后出现呼吸次数增多或发生气喘病而日渐消瘦并发生贫血等现象，有时还出现体表淋巴结肿大。胸膜和腹膜发生结核即所谓的"珍珠病"，胸部听诊可听见摩擦音。乳房发生结核时，可见乳房上淋巴结肿大，泌乳量减少，乳汁起初无明显变化，严重时稀薄如水。肠道发生结核，多见于犊牛，表现为消化不良、食欲不振、顽固性腹泻、迅速消瘦。生殖器官发生结核时，性机能紊乱，可见妊娠牛流产，公牛附睾肿大，阴茎前部可发生结节或糜烂等。脑与脑膜发生结核时，出现一些神经症状。如癫痫样发作、运动障碍等。

（2）禽　禽结核主要危害鸡和火鸡，成年鸡较为常见。临床表现为贫血、体重减轻、跛行、产蛋减少或停止。病期为2~3个月，有时长达1年。病禽因肝脏退化而突然衰竭死亡。

（3）猪　易感性高于其他哺乳动物。在养猪场养鸡或在养鸡场养猪可能会增加猪感染禽结核的机会。猪结核主要是通过消化道感染，在扁桃体和下颌淋巴结有病变，很少有临床症状，当肠道病变时会出现痢疾。猪感染牛分枝杆菌则呈进行性病程，常导致死亡。

（4）鹿　鹿结核病常因牛分枝杆菌所致。其临床症状与病变和牛基本相同。

（5）水貂　水貂易患多种结核病。临床表现为虚弱，活动减少，食欲不稳定，贫血，体重逐渐减轻，有时伴有咳嗽和哮喘。当消化系统感染时，体重下降更为明显，常伴有消化不良和腹泻，全身恶病质死亡。

（6）猴　猴结核是由结核分枝杆菌引起的。患病猴表现出消瘦，咳嗽和其他临床症状。X线透视可以用于临床诊断。

（7）绵羊和山羊　绵羊和山羊感染结核分枝杆菌的报告很少。一般临床症状并不明显，常在屠宰后发现机体淋巴结内可见结核病灶。

【病理变化】

结核病变可分为增生性和渗出性结核两种，有时机体内两种病灶同时存在。

（1）牛　肉眼可见的病变在肺或其他器官有许多突出的白色结节。切面坏死，部分见钙化，切面有砂粒感。一些坏死组织溶解软化，形成空洞。结节位于胸膜和腹膜，呈半透明的灰白色硬结节，大粟粒至大豌豆大小，形似珍珠，称为"珍珠病"。胃肠道黏膜可能有不同大小的结核结节或溃疡。大多数的乳腺结核发生在进行性病例。切口有大小不等的病变，含奶酪样物质。子宫病变多为弥漫性干酪样病变，发生于黏膜。一些黏膜下组织或肌肉组织也有结节、溃疡。子宫里有油性脓液，卵巢增大，输卵管变硬。

（2）禽　禽结核病的病变多发生在肠道、肝脏、脾、骨骼和关节。肠管产生溃疡，形成的结核性结节在肠管表面突出。肝、脾等脏器肿大，切开后可见大小不同的结核结节，呈干酪样病变。患病的鸡可能会看到关节肿胀，切开后可能会发现干酪样物质。

（3）猪　猪的全身性结核并不常见，在一些器官（如肝、肺、肾）出现少量小病灶，或某些情况下发生广泛的结节过程。有些是干酪样病变，但钙化不明显。在颌下、咽部、肠系膜淋巴结和扁桃体中可发现结核结节。

（4）水貂　水貂结核结节在肺门和纵膈淋巴结以及肝、肾、肠系膜和浆液性淋巴结中更常见。

（5）绵羊和山羊　病变主要发生在胸腔内和肺淋巴结，有时在其他内脏器官可见结核结节。

（6）猴　主要于肺、胸膜、胸淋巴结、腹膜和腹部器官出现结核结节。

【诊断】

根据临床症状结合流行病学，病理剖检可做出初步诊断。确诊还须借助实验室手段。

（1）细菌染色　对开放性肺结核的诊断具有实际意义。取准备好的病灶、痰液、尿液、粪便等分泌物，直接涂片 Ziehl-Neelsen 染色，镜检可见红色成丛杆菌。免疫荧光抗体技术具有快速、准确和高检测率的优点。

（2）动物接种　经皮下或腹腔接种兔 0.5mL，接种后 2 周死亡。剖检发现肺部出现黄色结节样变，切开时有沙砾感。

（3）结核菌素试验　是目前我国诊断结核病最具有现实意义的方法。结核菌素试验主要包括提纯结核菌素诊断法和旧结核菌素诊断法。通常是采用牛结核菌素皮内注射，72h 后在注射部位测量皮肤厚度，以检测注射部位的肿胀。

（4）体外试验　目前也有基于血液的体外检测细菌、抗体或细胞免疫的试验。最广泛使用的血液检测试验是 γ 干扰素释放试验，用于检测效应 T 细胞对感染的免疫应答。这一过程需要 8 周或更长时间。

【防控措施】

许多国家已经成功地实施了以扑杀受感染动物为基础的国家控制和根除方案，这是控制牛结核病的首选方法。然而，在一些感染严重的国家，这一做法仍然不切实际。因此，各国在感染早期阶段采用不同形式的隔离，然后在最后阶段改用扑杀方法。通过采取多种办法，在减少或消除牛结核病方面取得了很大的成功，其中包括：肉类检查，以检测感染的动物和畜群；密集监测各养殖场，对牛进行系统的个体检测等。

到目前为止，由于缺乏安全和有效的疫苗，以及由于疫苗接种动物出现的假阳性反应，可能对牛结核病监测和诊断产生干扰。因此，目前还没有将其作为一项预防措施在动物上广泛使用。

【公共卫生】

人结核病主要由结核分枝杆菌引起。牛分枝杆菌和禽分枝杆菌也可引起人感染。食用受污染的牛奶或乳制品是人们感染结核病的主要途径。因此，饮用无菌乳制品是预防人肺结核的重要措施。同时，还应对牛群进行定期检疫，及时淘汰和扑杀病牛。

预防和控制结核病的主要措施是：早期发现、严格隔离、彻底治疗；牛奶煮开后食用；婴儿注射卡介苗；与病人和患病动物接触时，应注意保护自己。目前，有许多治疗人类结核病的有效药物，如异烟肼、链霉素和对氨基水杨酸钠。总的来说，联合治疗可以延缓耐药菌的发生，提高疗效。

五、布鲁菌病

布鲁菌病(brucellosis)是由布鲁菌引起的人兽共患传染病，家畜中牛、羊和猪最为易感，其特征是生殖器官和胎膜发炎，引起流产、不育和各种组织的局部病灶。

【病原】

布鲁菌为革兰阴性球杆菌，菌体无鞭毛、芽孢、荚膜等特殊结构。布鲁菌属有 6 个种，即马耳他布鲁菌(*Brucella melitensis*)、流产布鲁菌(*Br. abortus*)、猪布鲁菌(*Br. suis*)、林鼠布鲁菌(*Br. neotomae*)、绵羊布鲁菌(*Br. ovis*)和犬布鲁菌(*Br. canis*)。习惯上称马耳他布鲁菌为羊布鲁菌，流产布鲁菌为牛布鲁菌。各个种与生物型菌株之间，形态及染色特性等方面无明显差别。

本菌对营养要求较高，普通培养基上能生长，但是不旺盛，加入马血清、驴血清可以促进其生长。初次分离需要 10%兔血清，增殖几代后可以在常规条件下培养。

布鲁菌的抵抗力和其他不能产生芽孢的细菌相似。例如，巴氏灭菌法 10~15min 杀死，0.1%升汞数分钟，1%来苏儿或 2%甲醛或 5%生石灰乳 15min，而直射日光需要 0.5~4h。在室温干燥5d，在干燥土壤内 37d 死亡，在冷暗处和在胎儿体内可活 6 个月。

【流行病学】

本病的易感宿主范围很广，如羊、牛、猪、水牛、野牛、牦牛、羚羊、鹿、骆驼、野猪、马、犬、猫、狐、狼、野兔、猴、鸡、鸭及一些啮齿动物等，但主要是羊、牛、猪。

本病的传染源是病畜及带菌者(包括野生动物)。最危险的是受感染的妊娠母畜，它们在流产或分娩时将大量布鲁菌随着胎儿、胎水和胎衣排出。流产后的阴道分泌物以及乳汁中都含有布鲁菌。布鲁菌感染的睾丸炎精囊中也有布鲁菌存在，这种情况在公猪中更普遍。本病的主要传播途径是消化道，也可经皮肤感染，曾有试验证明，通过无创伤的皮肤，可使牛感染本菌，如果皮肤有创伤，则更易于病原菌侵入。其他如通过结膜、交媾，也可感染。吸血昆虫可以传播本病。试验证明，布鲁菌在蜱体内存活时间较长，且保持对哺乳动物的致病力，通过蜱的叮咬，可以传播此病。

马耳他布鲁菌，主要宿主是山羊和绵羊，可以由羊传入牛群，或由牛传播给牛，而其他动物对它的易感性则与流产布鲁菌相同。流产布鲁菌主要宿主是牛，羊、猴、豚鼠也有一定的易感性，猪布鲁菌主要宿主是猪，对其他动物的易感性与流产布鲁菌相同。绵羊布鲁菌主要引起公绵羊附睾炎，也可感染孕母绵羊导致胎盘坏死，而对未孕母绵羊则常是一过性。犬是犬布鲁菌的主要宿主，牛、羊、猪对犬布鲁菌的易感性低。林鼠布鲁菌对小鼠的病原性强于豚鼠。

动物对布鲁菌的易感性似乎随着年龄接近性成熟而增强，如犊牛在配种年龄前比较不易感染。疫区内大多数处女牛在第一胎流产后则多不再流产，但也有连续几胎流产者。性别对易感性并无显著差别，但公牛似有一些抵抗力。一般牧区人的感染率要高于农区。患者有明显的职业特征。

布鲁菌对外界抵抗力较强，能够长时间存活于粪便、尿液等环境中。

【发病机理】

流产布鲁菌致病作用的关键就在于它能侵入吞噬细胞。病原菌自皮肤或黏膜侵入机体，优先定植于肠黏膜的巨噬细胞。吞噬细胞吞噬后再把细菌转移和运输到黏膜固有层和黏膜下层。

布鲁菌在宿主的吞噬细胞内长期居留，可能是它们通过自身的基因改变来适应这个苛刻的 pH值环境、营养缺乏、有氧介导和有氮介导的反应，以及遭遇吞噬细胞内溶酶体的溶解。流产布鲁菌的内化过程能够改变布鲁菌在宿主细胞内的移行途径，改变吞噬体在宿主细胞内的正常成熟过程以及干扰吞噬溶酶体与布鲁菌的黏附。研究表明，布鲁菌不能在中性粒细胞内生存和复制。这也说明，布鲁菌并不能在所有吞噬细胞内移行、生存和复制。但是布鲁菌却能在其他吞噬细胞和非专业吞噬细胞内进行正常的胞内移行。

布鲁菌属于胞内寄生菌，具有的毒力因子（如外毒素、细胞溶血素、内毒素、脂多糖以及细胞凋亡诱素）在细菌侵入宿主细胞，以及到达胞内的复制位点——粗面内质网（rough endoplasmic reticulum，RER）时是必不可少的。赤藓醇是布鲁菌生长的刺激物，易感动物体胎盘或生殖系统中赤藓醇水平较高，因此促使细菌大量繁殖，引起相应的病变和临床症状。布鲁菌进入绒毛膜上皮细胞内增殖，产生胎盘炎，并在绒毛膜与子宫黏膜之间扩散，产生子宫内膜炎。在绒毛膜上皮细胞内增殖时，使绒毛发生渐进性坏死，同时产生一层纤维素性脓性分泌物，逐渐使胎儿胎盘与母体胎盘松离。布鲁菌还可进入胎衣中，并随羊水进入胎儿引起病变。由于胎儿胎盘与母体胎盘之间松离，以及由此引起胎儿营养障碍和胎儿病变，使母畜可能发生流产。流产胎儿的消化道及肺组织内可以检测到布鲁菌，其他组织则通常无菌。

【临床症状】

（1）牛布鲁菌病　潜伏期长短不一，一般14~150d。母牛最显著的临床症状是流产。流产可以发生在妊娠期的任何时段，最常发生在第6~8个月，曾经流产过的母牛再流产，通常较第1次流产时间要迟。流产数日前，母牛出现分娩预兆，如阴唇、乳房肿大，尾部下陷，乳汁呈初乳性质；同时还伴有生殖道的发炎临床症状，即阴道黏膜发生粟粒大红色结节，由阴道流出灰白色或灰色黏性分泌液；有时伴有乳房炎的轻微临床症状。流产时，胎水通常较清朗，有时混浊含有脓样絮片。常见胎衣滞留，尤其妊娠晚期流产母牛。流产后常继续排出污灰色或棕红色分泌液，有时恶臭。早期流产的胎儿，通常在产前已死亡。发育比较完全的胎儿，产出时多为弱胎，不久死亡。

公牛有时可见阴茎潮红肿胀，更常见的是睾丸炎及附睾炎。急性病例则睾丸肿胀疼痛。还可能有中度发热与食欲不振，以后疼痛逐渐减退，约3周后，通常只见睾丸和附睾肿大，触之坚硬。

临床上常见的症状还有关节炎，甚至可以见于未曾流产的牛只，关节肿胀疼痛，有时持续躺卧。通常是个别关节患病，最常见于膝关节和腕关节。腱鞘炎比较少见，滑液囊炎特别是膝滑液囊炎则较常见。

（2）羊布鲁菌病　主要的临床症状也是流产。流产前，食欲减退，口渴，精神委顿，更易出现阴道炎、阴户炎，阴道流出黏性分泌物等。流产发生在妊娠后第3或第4个月。有的山羊流产2~3次，有的则不发生流产，但也有报道山羊群中流产率达40%~90%。其他临床症状可能还有乳房炎、支气管炎、关节炎及滑液囊炎而引起跛行。公羊睾丸炎、乳山羊的乳房炎常较早出现，乳汁有结块，乳量可能减少，乳腺组织有结节性变硬。绵羊布鲁菌可引起绵羊附睾炎。

（3）猪布鲁菌病　最明显的临床症状也是流产，多发生在妊娠第4~12周。有的在妊娠第2~3周即流产，有的接近妊娠期满即早产。早期流产常不易发现，因母猪常将胎儿连同胎衣吃掉。流产的前兆临床症状常见沉郁，腹泻，食欲不振，体温升高，阴唇和乳房肿胀，有时阴道流出黏性或黏脓性分泌液。流产后胎衣滞留情况少见，子宫分泌液一般在8d内消失。少数情况因胎衣滞留，引起子宫炎和不育。公猪常见睾丸炎和附睾炎。有时在开始即表现全身发热，局部疼痛不愿配种，但通常则是逐渐发生，即睾丸及附睾的不痛肿胀。较少见的临床症状还有皮下脓肿、关节炎、腱鞘炎等，如椎骨中有病变时，还可能发生后肢麻痹。

【病理变化】

胎衣呈黄色胶冻样浸润，有些部位覆有纤维蛋白絮片和脓液，有的增厚而带有出血点。绒毛叶部分或全部贫血呈苍黄色，或覆有灰色或黄绿色纤维蛋白或脓液絮片或覆有脂肪状渗出物。胎儿胃特别是第四胃中有淡黄色或白色黏液絮状物，肠胃和膀胱的浆膜下可能见有点状或线状出血。浆膜腔有微红色液体，腔壁上可能覆有纤维蛋白凝块。皮下呈出血性浆液性浸润。淋巴结、脾脏和肝脏有程度不等的肿胀，有的散有炎性坏死灶。脐带常呈浆液性浸润、肥厚。胎儿有肺炎病灶。

公畜生殖器官精囊内可能有出血点和坏死灶，睾丸和附睾可能有炎性坏死灶和化脓灶。

【诊断】

流行病学资料、流产、胎儿胎衣的病理损害、胎衣滞留以及不育等都有助于布鲁菌病的诊断，但确诊只有通过实验室诊断才能得出结果。

布鲁菌病实验室诊断，除流产材料的细菌学检查外，牛主要是血清凝集试验及补体结合试验。对无病乳牛群可用乳环状试验作为一种监视性试验。羊群检疫用变态反应方法比较合适。少量的羊只常用凝集试验与补体结合试验。猪常用血清凝集试验，也有的用补体结合试验和变态反应。人通常用凝集试验和 ELISA 检测特异性抗体，必要时进行血液、组织液或骨髓培养。除以上所述者外，近年来，不少新的方法被用来检验本病，其中包括间接血凝试验、抗球蛋白(Coombs)试验、荧光抗体法、DNA 探针以及 PCR 等。

布鲁菌病明显的临床症状是流产，须与发生相同临床症状的疾病鉴别，如弯曲菌病、胎毛滴虫病、钩端螺旋体病、乙型脑炎、衣原体病、沙门菌病，以及弓形体病等都可能发生流产，鉴别的主要关键是病原体的检出及特异抗体的证明。

【防控措施】

消灭布鲁菌病的措施是检疫、隔离、控制传染源、切断传播途径、培养健康畜群及主动免疫接种。应当着重体现"预防为主"的原则。最好办法是自繁自养，必须引进种畜或补充畜群时，要严格执行检疫。即将牲畜隔离饲养 2 个月，同时进行布鲁菌病的检查，全群 2 次免疫生物学检查阴性者，才可以与原有牲畜接触。清净的畜群，还应定期检疫(至少 1 年 1 次)，一经发现，即应淘汰。

通过免疫生物学检查方法在畜群中反复进行检查淘汰(屠宰)，可以清净畜群。也可将查出的阳性畜隔离饲养，继续利用，阴性者作为假定健康畜继续观察检疫，经 1 年以上无阳性者出现，且已正常分娩，即可认为是无病畜群。

培养健康畜群由幼畜着手，成功机会较多。由犊牛培育健康牛群，已有很多成功经验。这种工作还可以与培养无结核病牛群结合进行。即病牛所产犊牛立刻隔离，用母牛初乳人工饲喂 5 ~ 10d，以后喂以健康牛乳或巴氏灭菌乳。在第 5 个月及第 9 个月各进行 1 次免疫学检查，全部阴性时即可认为是健康犊牛。培养健康羔羊群则在羔羊断乳后隔离饲养，1 个月内做 2 次免疫学试验，如有阳性除淘汰外再继续检疫 1 个月，至全群阴性，则可认为是健康羔羊群。仔猪在断乳后即隔离饲养，2 月龄及 4 月龄各检验 1 次，如全为阴性即可视为健康仔猪群。

疫苗接种是控制本病的有效措施。已经证实，布鲁菌病的免疫机理是细胞免疫为主。在保护宿主抵抗流产布鲁菌的细胞免疫作用时，特异的 T 细胞与流产布鲁菌抗原反应，产生淋巴因子，此淋巴因子能提高巨噬细胞活性，杀灭其细胞内细菌。因而在没有严格隔离条件的畜群，可以用疫苗接种防控本病。

目前，国际上多采用活疫苗，如牛流产布鲁菌 19 号苗、马耳他布鲁菌 Rev I 苗，也有的使用灭活疫苗，如牛流产布鲁菌 45/20 苗和马耳他布鲁菌 53H38 苗等。在我国，主要使用猪布鲁菌 2 号弱毒活疫苗和羊布鲁菌 5 号弱毒活疫苗(M5 苗)。猪 2 号苗对山羊、绵羊、猪和牛都有较好的免疫效力，可用于预防羊、猪、牛布鲁菌病。其毒力稳定，使用安全，免疫原性好，在生产上使用已经收到良好效果。羊布鲁菌 5 号弱毒活疫苗是我国选育的一种布鲁菌苗，可用于绵羊、山羊、牛和鹿的免疫。

在疫苗接种方法上，我国使用猪 2 号苗给牛、羊和猪口服免疫获得成功，使用羊 5 号苗注射、口服和气雾免疫都获得成功，在布鲁菌苗免疫方法上创出了一条新路。应当指出的是，上述弱毒活疫苗，仍有一定的残余毒力，因此，在使用中应做好工作人员的自身保护。

在消灭布鲁菌病过程中，要做好消毒工作，以切断传播途径。畜群中如果发现流产，除隔离流产畜和消毒环境及流产胎儿、胎衣外，应尽快做出诊断。疫区的生皮、羊毛等畜产品及饲草饲料等也应进行消毒或放置两个月以上才可利用。

布鲁菌是兼性细胞内寄生菌，致使化疗药剂不易生效。因此，对病畜一般不做治疗，应淘汰屠宰。

【公共卫生】

人类可感染布鲁菌病，临床表现急性和慢性型，造成元气和劳动力的损伤。人感染本病时体温呈波型热或长期低热，全身不适，关节炎，神经疼，盗汗，寒战，睾丸炎及附睾炎等，可引起孕妇流产。人的传染源主要是患病动物，一般不由人传染人。在我国，人布鲁菌病发生最多的地区是羊布鲁菌病严重流行的牧区，从人体分离的布鲁菌大多数是羊布鲁菌。

人类布鲁菌病的预防，首先要注意职业性感染，凡在动物养殖场、屠宰场、畜产品加工厂的工作者以及兽医、实验室工作人员等，必须严守防护制度（即穿着防护服装，做好消毒工作），尤其在仔畜大批生产季节，更要特别注意。病畜乳肉食品必须灭菌后食用。必要时可用疫苗（如 Ba-19 苗）皮上划痕接种，接种前应进行变态反应试验，阴性反应者才能接种。

六、链球菌病

链球菌病（streptococosis）即主要感染链球菌属的 β 溶血性链球菌后引起的多种人兽共患传染病。猪、牛、羊、马、鸡均易感。感染人后多以猩红热常见。其临床特征表现多样，既能导致各种化脓性感染和败血症，也能引起局限性感染。病原菌分布甚广，对养畜业的危害较大。

【病原】

链球菌为革兰阳性球菌，对干燥湿热敏感，在 55~60℃ 的环境中 30min 即可杀灭。迄今为止，链球菌属（Streptococcus）至少由 60 多个种和亚种组成，目前分为甲型（α 型）、乙型（β 型）、丙型（γ 型）3 类溶血性链球菌。乙型为主要致病菌，菌落周围可形成 β 溶血环。链球菌型多样性使得感染者对未感染过的菌型不能产生有效抵抗力，但链球菌对各种常用消毒剂敏感，易被杀灭。

【流行病学】

链球菌的易感动物较多。对猪的感染没有年龄、品种、性别差异，也没有明显的季节限制，但在 7~10 月很容易出现大规模传播。羊易感本病，其中幼龄羊及母羊的发病率较高，10 月至翌年 4 月易流行传播本病。马腺疫多从 9 月暴发到翌年 3、4 月，5 月逐渐减少或消失，1 岁左右的幼驹最易感。鸡易感本病，2 月龄以下雏鸡更易发病。3 周龄以内犊牛易感牛肺炎链球菌病。

主要的传染源是患病及带菌动物。母猪可通过呼吸及仔猪受损皮肤黏膜传染给仔猪致其发病。断脐不当可引起新生幼畜脐感染。患病幼驹通过吮乳引起母马乳房炎，最后经血流引起败血症。

链球菌一般需在一系列诱因作用下才能导致发病，如饲养管理不当，卫生条件差，气候炎热或寒冷潮湿，乍寒乍暖等使动物抵抗力降低，都可使动物发病。

【发病机理】

致病性链球菌经呼吸道或其他途径进入机体后，首先在入侵处分裂繁殖，幼龄时在菌体外面形成一层黏液状荚膜，以保护细菌的生存。乙型溶血性链球菌在代谢过程中，能产生一种透明质酸酶。该酶能分解结缔组织中的透明质酸，使结缔组织疏松，通透性增强，细菌在组织中扩散、蔓延，并很快进入淋巴管和淋巴。继而突破淋巴屏障，沿淋巴系统扩散到血液中，引起菌血病。临床上表现体温升高。由于细菌在繁殖过程中产生毒素，使大量红细胞溶解，血液成分改变，血管壁受损，整个血液循环系统发生障碍，网状内皮系统的吞噬机能降低，以致发生热性全身性败血症。最后导致各个实质器官严重充血、出血，体腔出现大量浆液纤维蛋白。当抵抗力强时，大部分细菌在血液中消失，小部分细菌被局限在一定范围内或定居的关节囊内，在变态反应的基础上引起关节发炎，表现悬蹄、跛行。

【临床症状】

（1）猪

①最急性败血型：多突然发病，或倒地口鼻流白沫不表现其他症状，于12~18h内死亡。

②急性型：全身症状表现明显，体温呈稽留热型，眼结膜潮红，鼻液呈浆液性或脓性；排便困难，粪便干硬；排黄色或赤褐色尿液；双耳、颈背部、腹下及四肢内侧均呈紫红色且有出血点；疾病后期难以站立，有的呈犬坐势，呼吸困难，或伴抽搐痉挛、空嚼等神经症状。病程2~3d死亡，天然孔流暗红色血液，病死率达80%~90%。急性可转变为慢性，病程多1个月以上，多发关节炎，最后侧卧，四肢划动死亡。

③脑膜脑炎：多见于2~6周龄仔猪，表现为体温升高、精神沉郁、食欲废绝、鼻液黏稠。随后表现出无目的地走动或转圈，空嚼或磨牙，接触外界时，发生尖叫或口吐白沫，倒地后做游泳状，多在30~36h内死亡。

④淋巴结脓肿：多由E群链球菌感染所造成，主要特征为颌下、咽颈部淋巴结化脓或脓肿。受感染猪体温升高，食欲下降，病变淋巴结触碰时坚硬有热。一般脓肿于成熟后破溃，猪的全身症状减轻，经过2~3周康复。

（2）羊　C群马链球菌兽疫亚种引起羊败血性链球菌病。本病潜伏期一般为2~7d，少数达10d。表现为急性热性传染病。最易感的是绵羊，其次山羊。引起羊的全身性出血性败血症、浆液性肺炎、纤维素性胸膜肺炎。导致羊的呼吸困难，有时出现舌部肿大，排软粪便尤其引起怀孕母羊窒息死亡。疫病多在冬、春季在新疫区流行。24h内死亡为最急性型，通常不易发现其临床症状；急性型体温达41℃以上，患畜呆立，不反刍，孕羊多流产，多数窒息而死；亚急性型呼吸困难，病程1~2周。慢性型或咳嗽呼吸困难，或嗜卧，排带血液或黏液粪便，患病1个月左右转归死亡。

（3）牛　牛链球菌病多表现为乳房炎和肺炎。乳房炎呈现浆液性乳管炎和乳腺炎。犊牛表现急性败血性传染病。新生犊牛即患眼炎、关节炎呈慢性经过，一般不表现全身症状，脑膜炎犊牛出现发热、感觉过敏、僵硬。最急性型牛链球菌病病程很短，病牛眼结膜发绀，呼吸困难，神经紊乱，几小时内死于急性败血症。病程稍长者，通常表现为结膜发炎，消化不良，呼吸困难等。牛慢性链球菌病，临床上无明显症状，触诊可触摸到不同程度的灶性或弥漫性硬肿。

（4）鸡　鸡链球菌病引起鸡的急性败血性感染，不受品种和日龄的限制，主要危害雏鸡。临床上分为急性型和慢性型。急性型多未表现症状便死亡，或出现症状后半天内死亡。慢性型精神委顿，昏睡绝食，胫骨关节或趾端发绀，1~3d死亡；有的神经症状明显，转圈，角弓反张，痉挛多在3~5d死亡。

【病理变化】

（1）猪

①败血型：急性死亡的病例血液凝固不良，天然孔流出暗红色血液。主要表现为出血性败血症病变和浆膜炎，胸腔内有大量积液，伴纤维素性渗出液，心包积液，心肌呈煮肉样，心内膜有出血点；鼻黏膜、气管黏膜出血；肺肿胀充血；脾脏出血、肿胀，可肿大1~3倍；全身淋巴结肿大、出血、化脓；有的出现纤维素性腹膜炎；胃、小肠黏膜均有充血出血；肝脏边缘钝厚，切面模糊。

②脑膜炎型：脑膜充血出血，个别可见脑膜下水肿。脑切面可见白质和灰质，可见小点状出血。

③关节炎型：关节皮下有胶冻样水肿，关节囊囊壁增厚，膜面充血，滑液混浊，含有黄白色干酪样物，严重的关节化脓。

（2）羊　脏器出现泛发性出血，各器官浆膜面附着黏稠的纤维素性渗出物。咽扁桃体是本病原发性病变的常在部位，呈现出血、化脓和坏死变化。心结缔组织被溶解或呈纤维素样坏死。心肌纤维混浊肿大、颗粒变性，存在小出血灶。胆汁呈灰绿色并外渗。幼畜多表现为脐部化脓，严重者呈化脓性关节炎，实质脏器出现化脓肿胀。

（3）牛　犊牛皮下有淤血，肺部有充血性炎症变化，表面有坏死灶，有的呈干酪样坏死，心包积液，心耳色暗，肝、肾充血肿大，质脆易碎，乳房淋巴结肿大，乳房壁增厚，宫腔变窄，胆囊充盈，膀胱有积尿。

（4）鸡　急性病死鸡皮下出血、水肿，有时胸部皮下存在胶冻样黄绿色渗出物；胸腺出血，严重时存在坏死灶；小肠黏膜有出血点，明显增厚；盲肠发生出血，严重时盲肠内存在大量血液；肝、脾肿大，表面存在粟粒大小灰黄色坏死灶，质地变得柔软，切面模糊；肺淤血或水肿；心包积液，心冠状沟和心肌存在出血点；肾脏发生充血、肿胀；多数见有卵黄性腹膜炎。

慢性病例多发生纤维素性心包炎、肝周炎、纤维素性关节炎、腱鞘炎、卵黄膜炎以及输卵管炎，肝脏、心肌、脾脏等实质器官发炎、变性或者梗死，机体明显消瘦，下颌骨间持续脓肿。

【诊断】

根据临床症状，结合病理变化以及流行病学特点可对链球菌病做出初步诊断，确诊需要进行实验室检测。病料可取自发病动物的脓汁、关节液、鼻咽内容物、乳汁（牛乳房炎）、肝、脾、肾和心血等。

（1）涂片镜检　选上述病料2~3种，制成涂片镜检。可见革兰染色阳性，呈球形或椭圆形短链状排列的菌。

（2）分离培养　将上述病料接种于含血液琼脂平板上，37℃培养24h，长出透明、灰白色、露珠状、湿润黏稠菌落，并可见β型或α型溶血环（猪、羊、兔链球菌为β型，牛为α型）。

（3）实验动物接种　选上述病料接种在马丁肉汤培养基上，24h后，将培养物注射于实验动物或本动物，如小鼠皮下注射0.1~0.2mL或兔皮下或腹腔注射0.1~1mL，动物将于2~3d死于败血症，可从病死实验动物实质脏器中分离到链球菌。

【防控措施】

建立和健全消毒隔离制度是预防本病的一般措施，引进动物时需检疫和隔离观察，加强饲养管理，提高动物本身的抵抗力。注射疫苗可有效预防暴发流行。目前，预防猪、羊链球菌病的疫苗有灭活疫苗和弱毒活疫苗。使用弗氏佐剂甲醛灭活疫苗或氢氧化铝胶甲醛灭活疫苗时，每头猪皮下注射3~5mL，可达75%以上的保护率，且有6个月以上免疫期。使用G10~S115弱毒株和

ST~171弱毒株制备的弱毒冻干疫苗,保护率分别可达60%~80%和80%~100%。疾病暴发前注射可产生有效预防。

当本病暴发时应立即紧急防治:①确诊疫病,制定防治方法,划定疫区,隔离封锁疫区,关闭市场。②对疫区圈舍、用具彻底消毒,清洗,干燥。③对疫区动物进行检疫,隔离治疗和淘汰体温升高和有临床表现的动物。④对健康动物进行预防免疫接种。⑤对传染源的动物须在兽医监督下进行无害化处理。

【公共卫生】

链球菌病属于国家规定的三类动物疫病,是一种人兽共患的急性传染病。链球菌在自然界广泛分布,可存在于健康人畜的皮肤、黏膜和肠道内等处,随时有机会侵入机体引起疾病。可由人传染给人,也可由动物传染给人。人体感染链球菌后,通常会有心内膜炎、脑膜炎、败血症、化脓性关节炎、眼内炎、耳聋等临床症状。我国是一个养殖大国,动物源性链球菌感染人,甚至引起死亡的报道屡见不鲜。1998—1999年,江苏省部分猪饲养集中地区的猪群中连续2年在盛夏季节突然流行本病,在本病流行期间有25人感染发病,死亡14人。2005年6~8月,四川省发生人感染猪链球菌病疫情,感染206人,死亡38人。近年来,我国南京、崇左、烟台等地区偶有人感染猪链球菌的报道。从目前所报道的人感染猪链球菌病例发现,均为从业人员或与病死猪有过直接接触的人员,表现出一定的职业风险。链球菌可以通过伤口、消化道等途径传染给特定的人群,严重的会导致死亡。在人群中的防治本病应做到:①在"不宰杀、不加工、不贩运、不销售、不食用患病动物"的前提下,将猪肉生熟分开,煮熟煮透。②饲养员、兽医、防疫检疫人员及屠宰场工人等,在接触病猪和处理污染物时应特别注意做好自身防护,提高识别患链球菌病猪和病猪肉的能力,不直接接触病死动物,如必要时应戴胶皮手套,防止发生外伤,注意阉割、注射和接生、断脐等手术的严格消毒。③各养猪场一旦发现可疑疫情应立即主动报告,并根据《动物防疫法》立即采取紧急隔离封锁措施,及时控制和扑灭疫情,禁止屠宰病死猪,应将其就地挖坑加石灰深埋或焚烧,禁止随意将病猪尸体抛入河沟和池塘等水体中。④在链球菌病流行区,一旦发现可疑患者时,要"早就医、早确诊、早治疗",防止疫情进一步扩散,对感染链球菌病的患者实施及时治疗和正确护理。

七、衣原体病

衣原体病(chlamydiosis)是由衣原体感染引起的一种人兽共患病。感染动物在临床上表现为从不明显发病到慢性感染甚至急性发病等多种病型,特征性临床症状主要是流产、肺炎、肠炎、结膜炎、多发性关节炎、脑炎等。本病发生于世界各地,严重影响养殖业的发展,造成一定的公共卫生问题。

【病原】

衣原体(*Chlamydia*)属于原核细胞界薄壁菌门衣原体目衣原体科衣原体属。衣原体属目前有10个种,即沙眼衣原体(*Chlamydia trachomatis*)、鹦鹉热衣原体(*Cp. psittaci*)、肺炎衣原体(*Cp. pneumonioe*)和反刍动物衣原体(*Cp. pecorum*)。上述衣原体中,肺炎衣原体只感染人。沙眼衣原体除感染人外,还感染猪和鼠。而鹦鹉热衣原体和牛、羊衣原体主要引起动物发病,人也有易感性。

衣原体是严格细胞内寄生的原核微生物,它的生长代谢依赖于宿主细胞,不能在细菌培养基上生长。具有完整的细胞壁,无胞壁酸。细胞壁成分主要是蛋白质(70%)和类脂质(5.1%),其余部分主要是碳水化合物类。衣原体含有两种抗原,一种是耐热的,具有属特异性;另一种是不耐热的，具有种特异性。鹦鹉热衣原体除含有外膜脂多糖外，还含有一层蛋白质外膜（major outer membrane protein，MOMP），主要由几种多肽组成，其在抗原的分类及血清学诊断上非常重要。大多数衣原体产生一种毒素物质，其致死作用可用兔或鸡制成的同源抗毒素特异性中和。

衣原体含有属、种和型3种特异性抗原，衣原体属特异抗原决定簇位于脂多糖上，而种、亚种和血清型特异的抗原决定簇则位于主要外膜蛋白上。MOMP与典型的跨膜蛋白有许多相似的生化特征，如具有弱的阴离子选择性，可透过ATP，这可能就是衣原体摄取宿主细胞三磷酸核苷的途径，也可以解释为什么某些抗MOMP抗体能中和感染。衣原体可通过细菌滤器，DNA约为1.45Mb，是目前所知最小基因组的微生物；其RNA主要为23S和16S RNA；其外膜复合物（COMC）的主要成分是脂多糖和相对分子质量为$4×10^4$、$6×10^4$和$1.2×10^4$的蛋白质。此外，还含有多种酶，但不产生ATP，而是必须依赖宿主细胞提供能量，完成其独特的生长发育周期，完成一个生长发育周期大约需40h。

衣原体有独特的发育周期。元体（感染相）又称原生小体或原体（EB），存在于细胞外，形体较小，呈球形，直径$0.2\sim0.4\mu m$，姬姆萨染色呈紫色，马基维罗染色呈红色；网状体又称始体、初体（RB）或网体，呈圆形或不规则形，结构疏松，直径$0.7\sim1.5\mu m$，姬姆萨染色和马基维罗染色均呈蓝色，无传染性，是衣原体新陈代谢活化的表现。原体进入细胞质后，发育增大变成始体。始体通过二分裂方式反复分裂，在宿主细胞质内形成包涵体，继续分裂变成大量新的原体。原体发育成熟，导致宿主细胞破裂，新的原体从细胞质内释放出来，再感染其他细胞。

可通过鸡胚、乳鼠和组织培养等方法进行衣原体的人工培养。将衣原体接种6~8日龄鸡胚卵黄囊中，36~37℃孵育5~6d，鸡胚死亡。可见到卵黄膜充血，易剥离，绒毛尿囊膜水肿，部分胚体有小出血点。卵黄囊膜涂片有多量的衣原体原体。有时可在细胞质中见到包涵体。将衣原体感染的鸡胚卵黄囊保存于-70℃环境下，衣原体至少可存活10年以上。在感染猪组织和细胞培养物中的包涵体内可检测到糖原。用吉曼尼兹染色、姬姆萨染色、齐尼染色法、马基阿韦洛染色法着色良好。能在鸡胚和McCoy细胞、鼠L细胞、Hela细胞、Vero细胞、BHK-21细胞、BGM细胞、Chang人肝细胞内生长繁殖。

衣原体对理化因素抵抗力不强。在70%乙醇、2%来苏儿、2%氢氧化钠、1%盐酸、3%过氧化氢及硝酸溶液中数分钟内可失去感染力。0.5%苯酚、0.1%甲醛于24h内可将其杀死。56℃ 5min，37℃ 48h灭活。在外界干燥的条件下可存活5周。在室温和日光下最多能存活6d，紫外线对衣原体有很强的杀灭作用。在水中可存活17d。

【流行病学】

不同衣原体的致病性不同。沙眼衣原体可引起沙眼、生殖道感染以及关节炎、新生期包涵体结膜炎、肺炎和性病淋巴肉芽肿等。鹦鹉热衣原体可感染禽类引起禽衣原体病，又名鹦鹉热或鸟疫；也感染其他脊椎动物（如牛、猪、山羊、绵羊等）。反刍动物衣原体目前只从哺乳动物（如牛、绵羊、山羊、树袋熊、猪）分离到，可引起树袋熊生殖性疾病及泌尿系统疾病，在其他动物可引起结膜炎、脑脊髓炎、肠炎、肺炎和多发性关节炎等。肺炎衣原体为呼吸系统病原体。

患病动物可由粪便、尿、乳汁以及流产的胎儿、胎衣和羊水排出衣原体，污染水源和饲料等，经消化道感染，也可经呼吸道或眼结膜感染。患病动物与健康畜交配或用病公畜的精液人工授精可发生感染，子宫内感染也有可能。临床感染康复后，许多动物可成为衣原体的带菌者，长期排出衣原体。一些外表健康的牛也有很高的粪便带菌率。

本病的季节性不明显，但犊牛肺炎和肠炎病例多发生在冬季，羔羊关节炎和结膜炎常见于夏、秋季。本病的流行形式多种多样，怀孕牛、羊流产常呈地方流行性，羔羊发生结膜炎或关节炎时多呈流行性，而牛发生脑脊髓炎时多为散发。

【发病机理】

衣原体通过多种途径进入机体后，在上皮细胞内增殖，或通过巨噬细胞的吞噬散布到全身各部的淋巴结、实质器官、关节及一些内分泌腺。感染也可停留在入侵门户的局部，以隐性状态潜伏下来或引起局部疾病，如肺炎、肠炎或生殖障碍，严重可使感染全身化。

传染源排出的衣原体一般经口或呼吸道侵入易感宿主，直接经菌血症阶段再定植于多种不同的组织和器官。受感染的动物在临床上是保持隐性还是引起疾病，主要取决于衣原体的毒力、感染量、宿主的年龄和抵抗力。衣原体在动物体内的潜伏感染，提示衣原体可与宿主保持一种基本平衡，与相应的器官、系统内的微生物可以共栖，在应激或宿主抵抗力下降时，则可以活化而大量增殖。肠道潜伏的衣原体可长期随粪便排出，造成病原扩散，衣原体可在胃肠道上皮细胞内繁殖，发生衣原体性支气管肺炎的仔猪可同时患胃肠炎。

【临床症状】

动物衣原体病临床症状多样，家畜表现为流产、肺炎、肠炎、结膜炎、关节炎和脑脊髓炎等型。禽类感染后称为鹦鹉热(psittacosis，对鹦鹉鸟类而言)或鸟疫(ornithosis，非鹦鹉的鸟类而言)，严重程度差异很大。

羊、牛、猪等可表现发热，流产，死产或产弱仔，一般流产发生于怀孕后期，流产率为20%～90%。分娩后胎衣滞留，有的继发感染细菌性子宫内膜炎而死亡。病畜体温升高1～2℃。年青公牛常发生精囊炎，其特征是精囊、睾丸呈慢性发炎，发病率可达10%；公猪发生睾丸炎，副睾炎，阴茎炎，尿道炎；绵羊可发生结膜炎，眼结膜充血、水肿，呈现混浊、溃疡和穿孔。这是由于衣原体侵入羊眼，在结膜上皮细胞的细胞质空泡内形成初体和原体引起。

犊牛、仔猪常表现为鼻流浆液黏液性分泌物，流泪，咳嗽及支气管肺炎，有时出现胸膜炎或心包炎；羔羊和犊牛也常出现多发性关节炎，病初体温升高至41℃，食欲丧失，四肢跛行，关节肿大，弓背而立，两眼常有滤泡性结膜炎；犊牛还可发生脑脊髓炎，又称伯斯病(Buss disease)，体温升高，流涎，咳嗽明显。行走摇摆，有转圈运动等神经症状。幼畜感染常造成死亡。

禽类感染衣原体后多呈隐性，尤其是鸡、鹅、野鸡等，仅能发现有抗体的存在。鹦鹉、鸽、鸭、火鸡及观赏鸟等可呈显性感染。鹦鹉感染主要由血清型A株引起，表现为精神委顿，呼吸困难，食欲下降，腹泻，眼鼻有黏性分泌物，后期消瘦；鸽主要由血清型B株引起，病鸽表现精神不振，不食，饮水增多，眼睑发炎肿胀；血清型A株感染对鸭是一种严重的、消耗性的并常致死的疾病，幼鸭发生颤抖，共济失调和恶病质，食欲丧失并排出绿色稀粪，眼及鼻孔周围有脓性分泌物。感染衣原体强毒株的火鸡临床症状为恶病质，厌食，体温升高，病禽排出黄绿色胶冻状粪便，常有典型的鼻气管炎临床症状，产蛋率下降。成年鸡常呈一过性，临床症状不明显。病雏鸡主要症状为白痢样腹泻，厌食，衣原体可引起蛋鸡输卵管浆液性囊肿，影响后期的产蛋。据报道，大火烈鸟感染后表现流泪，咳嗽，精神沉郁，呼吸困难。

【病理变化】

流产胎儿均有不同程度的水肿，腹腔积液。胎儿皮肤上有淤血斑，心内膜有出血点，肝、脾肿大。组织学检查发现胎儿肝、肺、肾、心和骨骼肌有弥漫性和局灶性网状内皮细胞增生变化。

患脑脊髓炎的动物病初常在腹腔、胸腔和心包有浆液性渗出，以后浆膜面被纤维素性薄膜覆盖。脾和淋巴结肿大。脑膜和中枢神经系统血管充血，组织学检查见脑和脊髓的神经元变性、坏死，并有淋巴细胞浸润。

幼畜常表现为卡他性胃肠炎，肠系膜和淋巴结肿胀充血；肺有灰红色病灶，有时见有胸膜炎；

肝与大肠、小肠及腹膜发生纤维素性粘连；关节浆液性炎症，内有大量琥珀色液体，从纤维层一直到邻近肌肉发生水肿，充血出血。

禽类见脾肿大(只限于鹦鹉)，肝肿大，有坏死灶。气囊发炎，呈现云雾样混浊或有干酪样渗出物。常有纤维素性心包炎。有些病例肌胃、腺胃出血。鸡还可见有输卵管炎，腹膜炎，卵巢充血，输卵管出血。

【诊断】

衣原体病其病型多样，通常需无菌采集病料，包括血液、病变脏器、流产胎儿及各种分泌物，进行实验室检查才能予以确诊。

(1)染色镜检　将上述病料制片，用吉曼尼兹染色，包涵体中原体呈红色或紫红色，网状体，呈蓝绿色。病理组织切片中能观察到组织细胞胞质中衣原体包涵体，呈圆形或不规则形。

(2)分离培养　用无衣原体抗体的胎牛血清和对衣原体无抑制作用的抗生素，如万古霉素、硫酸卡拉霉素、链霉素、杆菌肽、庆大霉素和新霉素，制成标准组织培养液培养出盖玻片单层细胞，然后将病料悬液 0.5~1.0mL 接种于细胞，2~7d 后取出感染细胞盖玻片，吉曼尼兹染色镜检。也可将样品悬液 0.2~0.5mL 接种于 6~7 日龄鸡胚卵黄囊内，在 39℃ 孵育。接种后 3~10d 内死亡的鸡胚卵黄囊血管充血。无菌取鸡胚卵黄囊膜涂片，若镜检发现有大量衣原体原体则可确定。

(3)种的鉴定

①碘技术及药敏试验：发育的包涵体内糖原显著增加，这是沙眼衣原体所特有的，因此，可利用碘技术即碘与糖原结合被染成暗金黄色到棕红色进行诊断，但此法敏感性不高。沙眼衣原体的另一特性是其所有菌株都能被磺胺嘧啶钠所抑制，因此药敏试验可用此药物对其鉴定。这两种方法为鉴别衣原体种提供了可靠的资料。

②PCR：以衣原体基因组为模板，以衣原体的 MOMP 基因为引物，用于检测羊流产衣原体，有很好的特异性及敏感性。PCR 技术还可用于鹦鹉热衣原体不同菌株 MOMP 基因序列的差异。针对 MOMP 的实时荧光定量 PCR 可用于猪流产衣原体病的诊断。

③单克隆抗体技术(MAbs)：用禽源分离株血清型特异性单克隆抗体可鉴定鹦鹉热衣原体，国外研制出抗 6 种血清型的鹦鹉热衣原体单克隆抗体，用于新分离株的血清分型研究。谢琴等利用单克隆抗体、ELISA 研制的双抗夹心酶标法，检测猪流产胎儿衣原体，灵敏度及检出率高，特异性好，有助于衣原体病的早期诊断和流行病学调查。

(4)动物接种试验　将病料经腹腔(较常用)、脑内或鼻内接种 3~4 日龄小鼠，腹腔接种小鼠腹腔中积有纤维蛋白渗出物，脾脏肿大，镜检时可取腹腔渗出物和脾脏做涂片。脑内和鼻内接种小鼠可制成脑膜、肺脏印片。

(5)血清学试验

①补体结合试验(CFT)：是一种特异性强的经典血清学方法，被广泛地应用于衣原体定性诊断及抗原研究上。此法要求抗原及血清必须是特异性的，补体血清必须来源于无衣原体感染动物。国外已经有微量 CFT 检测火鸡及野禽血清中的衣原体抗体。改良 CFT，即向补体中加入 50mL/L 新鲜的正常血清(如鸡血清)，可用于检测来自不能正常与补体结合的抗体的血清，以提高其敏感性。

②间接血凝试验(IHA)：是用纯的衣原体致敏绵羊红细胞后，用于动物血清中衣原体抗体检测，此法简单快捷，敏感性较高。

③免疫荧光试验(IFT)：若标记抗体的质量很高，可大大提高检测衣原体抗原或抗体的敏感性和特异性，能用于临床定性诊断。微量免疫荧光法(MIF)是一种比较常用的回顾性诊断方法。

国外研制了改良衣原体荧光检测法，即将标本涂于载玻片上，甲醇固定 10min 后将荧光抗体染液滴于标本上，置湿盒中 37℃ 30min 后冲洗，晾干，镜检。改良法用过氧化氢的氧化作用加速抗原抗体反应，缩短了检测过程。

【防控措施】

坚持自繁自养。有条件的养殖场最好实行本场繁殖、本场饲养，避免因从外地购买种畜禽而带入衣原体病。建立严格的防疫消毒制度，加强圈舍消毒工作，每年春、秋季进行两次以上预防性消毒，对用具进行清洗消毒，消灭蚊、蝇和老鼠。常用的消毒液有 5%煤酚皂溶液、3%氢氧化钠溶液、10%漂白粉溶液等。

对从未发生过衣原体病的健康畜禽群，每年春、秋季用衣原体间接血凝试验各进行 1 次检测。监测比例：种用畜禽群 100%监测；其他畜禽群 10%抽样监测。对衣原体阳性和疑似病例应及时淘汰和隔离处理，逐步进行净化。

目前，已经研制出用于绵羊、山羊、牛、猪和猫的不同衣原体疫苗，尤其在羊的流产衣原体疫苗上研究较多，如用卵黄囊、胎膜制成甲醛悬液苗及佐剂苗。卵黄囊弱毒疫苗，证明其中某些致病菌能产生保护性抗体，但不产生补体结合抗体。对禽类衣原体尚未研制出商品化疫苗。衣原体保护性免疫应答中起重要作用的主要是 MOMP。它可刺激机体产生中和抗体和 T 细胞介导的免疫反应，从而能够抵抗衣原体感染。MOMP 是疫苗研制中的最佳候选抗原。在沙眼衣原体免疫研究中，将 MOMP 基因插入巨细胞病毒(CMV)、Rous 肉瘤病毒(RSV)及 SV40 病毒载体中，免疫接种后可诱导体液免疫和细胞免疫。

对动物衣原体病的防治主要采用敏感抗生素，尤其对于禽类。四环素、金霉素(CTC)可混于饲料中以预防衣原体病。乙酰螺旋霉素、卡巴霉素、强力霉素、明氟奎诺龙(fluoro quinolone)用于治疗，效果较好。也有报道用车前草、旱莲草等中草药与四环素等抗生素的中西医结合疗法，有较好疗效。

【公共卫生】

鹦鹉热衣原体所致动物疾病范围很广，而在人身上迄今只发现能引起两种疾病：鹦鹉热和 Reiter 综合征。

(1)鹦鹉热　人类鹦鹉热是一种急性传染病，以发热、头痛、肌痛和以阵发性咳嗽为主要表现的间质性肺炎。本病多发生于职业性(如家禽加工和饲养者)或与病鸟有接触的成年人，主要经飞沫传染，儿童有时也可感染发病。已感染的鸟类，其血液、组织、呼吸道及泄殖腔分泌物都含有衣原体。人血液中如长期存在衣原体，有时也能引起广泛散播，侵犯心肌、心包、脑实质、脑膜及肝脏。

(2)Reiter 综合征　主要发生于成年男性，年龄多在 20~40 岁，病情于数月至数年内渐趋减弱。虽然可从滑液、尿道和结膜分泌物里分离到衣原体，血清学研究也证明衣原体感染和 Reiter 综合征有密切关系。土霉素治疗常可减轻尿道炎，但抗菌疗法对其他部位的炎性表现似乎无效。这也说明本病的发病因素不只是单纯感染，还有别的原因。因此，本病被认为是一个多因素性疾病。

八、附红细胞体病

附红细胞体病(eperthrozoonsis, EH)是由嗜血支原体(旧称附红细胞体)寄生于红细胞表面、血浆、组织液及脑脊液中，引起贫血、黄疸、发热等症状的一类人、畜、禽的疾病。

本病最早发现于 1928 年，Schillig 和 Dingen 等几乎同时于 1928 年分别在啮齿动物中查到类球状血虫体（*Eperthrozoon coccoides*）。我国于 1981 年首先在家兔中发现嗜血支原体，随后本病相继在绵羊、鼠、猫、犬、鸡、马、驴、骡、骆驼等约 16 种动物上出现，以后在人群中也证实了嗜血支原细胞体感染的存在。嗜血支原体可使不同品种、年龄的畜禽和人感染，而且感染率相当高。但嗜血支原体进入机体后多呈潜伏状态，发病率较低，只有当机体处于应激状态（如分娩、疲劳和长途运输等）或摘除脾脏时才可能引起发病。

【病原】

嗜血支原体（*Mycoplasma haemophilus*）旧称附红细胞体（*Eperthrozoon*，简称附红体），是一种能够寄生于多种动物红细胞表面的病原微生物，长期以来在本病原的分类上存在很大的分歧。嗜血支原体属于典型的原核生物，无细胞壁，由单层界膜包裹着，无明显的细胞器和细胞核。起初由于附红体病曾以"类边虫病"描述过，所以将其归类为原虫。1984 年，国际上将其列为立克次氏体目（Rickettsiales）无浆体科（Anaplasmataceae）附红细胞体属（*Eperythrozoon*），近期，根据对附红体使用 16SrRNA 基因序列分析法进行重新分类，将其列入支原体属。

在不同动物中寄生的支原体各有其名，实际上可认为是种名，如牛的温氏支原体（*M. wenyoni*），绵阳的绵羊支原体（*M. ovis*），猪的猪支原体（*M. suis*）和小支原体（*M. parvam*），鼠的球状支原体（*M. cocides*），猫的猫支原体（*M. felis*），犬的犬支原体（*M. perekropvi*），兔的兔支原体（*M. lepus*），山羊的山羊支原体（*M. hivci*），鸡的鸡支原体（*M. gallinee*）和人支原体（*M. humanus*）等。其中，猪支原体和绵羊支原体的致病性较强，温氏支原体的致病性较弱，小支原体基本上没有致病性。

嗜血支原体是一种多形态微生物，多数为环形、球形和卵圆形，少数呈顿号形和杆状，大小为（0.3~1.3）μm×（0.5~2.6）μm，平均直径 0.2~2.0μm，在红细胞表面单个或成团寄生，呈链状或鳞片状，也有在血浆中呈游离状态。嗜血支原体对苯胺色素易于着染，革兰染色为阴性，姬姆萨染色为紫红色，瑞氏染色为淡蓝色，吖啶橙染色为典型的黄绿色荧光，对碘不着色。由于嗜血支原体在宿主红细胞上以直接分裂或出芽的方式进行增殖，因此迄今还没有发现体外培养嗜血支原体的最佳方式。在 56℃ 条件下水浴，可从红细胞上解离下来，是获取和研究嗜血支原体的最佳方式。

嗜血支原体对外界的抵抗力非常弱，对干燥和化学药品敏感，但对低温的抵抗力强。红细胞干燥后 3min，附着的嗜血支原体可失去活性。在 4℃ 条件下，嗜血支原体在柠檬酸钠、EDTA 等抗凝的无菌血液中可保存 15~30d，仍有感染力，在冷冻精液保存液中可存活 90d 以上。在 -30℃ 冷冻条件下，嗜血支原体可保存 120d，存活率在 80% 以上，仍具有感染力，在 -70℃ 条件下，嗜血支原体在加甘油的血液中可保存数年之久。

【流行病学】

嗜血支原体寄生的宿主有人、啮齿动物（包括鼠、兔）、草食动物（包括牛、绵羊、山羊、马、驴、骡、骆驼、牦牛）、肉食动物（包括犬、猫、银狐、貂）、野生动物（包括南美洲驼羊、北极驯鹿）及杂食动物（猪、禽等），不分种类、品种、年龄、性别都可以感染，但是幼龄动物较易感。嗜血支原体有相对宿主特异性，感染牛的温氏支原体不能感染山羊、鹿和去脾的绵羊；绵羊支原体只要感染一个红细胞就能使绵羊得病，而山羊不很敏感。本病的传播途径尚不完全清楚，报道较多的有接触传播、血源性传播、垂直传播及媒介昆虫传播等。人与动物之间、动物之间长期或短期接触可发生传播。被嗜血支原体污染的注射器、针头等器具或打耳标、人工授精、剪毛等可经血液传播。垂直传播主要见于猪。

附红细胞体病为全球性分布，动物感染嗜血支原体后，多数呈隐性经过，在少数情况下受应激因素刺激可出现临床症状。本病多发生于夏、秋季或雨水较多的季节，此期正是各种吸血昆虫活动频繁的高峰时期。

【发病机理】

1981年 Siegel 等在前人研究的基础上提出了红细胞免疫系统(RCIS)的新概念，即红细胞能够参与免疫调节，动物感染嗜血支原体后，免疫功能下降，继发感染的概率增加，有时不一定表现出临床症状，在机体抵抗力下降或处于应激时，受感染的红细胞比例达到一定程度时会引起发病。1990年 Smith 等报道，由于病原体的大量的繁殖和新陈代谢，机体的糖代谢大量增加，出现低血糖。患病动物往往由于血液中乳酸和丙酮酸含量上升而导致酸中毒，被感染的红细胞携带氧气的能力降低，影响肺脏的气体交换，常导致机体的呼吸困难。嗜血支原体附着在红细胞膜上后，机体产生自身抗体即 M 型冷凝集素，并攻击被感染动物的红细胞而发生溶血。也会导致 H 型过敏反应，进一步会引起红细胞的免疫性溶解，使红细胞数减少，血红蛋白降低，导致机体出现贫血，嗜血支原体感染机体后，不仅可改变红细胞的表面结构，致使其膜抗原发生改变，被自身免疫系统视为异物，导致自身免疫溶血性贫血，还可导致免疫抑制。

【临床症状】

因动物种类不同，潜伏期也不同，介于2~45d。

(1)猪 潜伏期6~10d，猪贫血的严重程度与猪嗜血支原体在血液中的数量、毒力以及猪的生理和营养状况有关。按其临床表现分为急性型、慢性型和隐性型。

①急性型：病初病猪体温升高达40~42℃，呈稽留热型，厌食，随后可见呼吸困难，咳嗽，可视黏膜苍白，黄疸。粪便初期干硬且带有黏液，有时便秘和腹泻交替发生。耳郭、尾部和四肢末端皮肤发绀，呈暗红色或紫红色。多见于断奶仔猪，特别是阉割后几周内的仔猪。母猪急性感染时出现体温升高、厌食，多数因产前应激而引起。

②慢性型：病猪出现渐进性消瘦、衰弱，皮肤苍白，黄疸，体质变差，生长缓慢，增重下降，易继发感染而导致死亡。母猪感染后会出现繁殖机能下降，不发情，受胎率低或流产，产死胎和产弱仔等现象。

③隐性型：猪群的带菌状态可维持相当长的时间，当受到应激因素作用时可促使带菌猪发病。

(2)牛 潜伏期9~40d，病牛精神沉郁，食欲不振，消瘦，喜卧；眼结膜、口腔黏膜苍白；鼻镜干燥；体温升高至40~41.5℃，呼吸加快；反刍下降或停止，消化不良，前胃迟缓；少数牛出现血尿，便秘与腹泻交替，后期有的病牛排出血便，奶牛产奶量下降或停止，怀孕牛流产。急性经过的病牛尚可见瘤胃蠕动音减弱、咳嗽、不愿走动、腹泻、严重贫血。

(3)绵羊 病羊初期体温升高达41~42℃，呈稽留热，精神不振，减食或不食，病羊很快消瘦，可视黏膜苍白、黄染，多数病羊稀泻，绵羊有血尿、蛋白质及血红蛋白，呈强阳性，后期体温正常或稍低，严重者卧地不起，可视黏膜呈土黄色，最后衰竭死亡。

(4)山羊 体温40.5~41.5℃，呼吸急促、气喘，精神沉郁，离群，多卧，不食或少吃，咳嗽，流鼻涕，拉稀，被毛杂乱枯燥，眼结膜苍白。山羊急性型，食欲废绝，反刍停止，最终全身衰竭，3~7d死亡。慢性型则拖延数月，耐过山羊生长发育严重受阻。

(5)兔 病兔精神委顿，被毛粗乱无光，吃食缓慢，粪球变小，尿色深黄。眼结膜苍白。有时黄染，耳静脉脉管欠充盈。耳整体发白。病兔耳朵发凉，啃咬笼框。病兔生长缓慢，瘦弱，发育不良。成年兔很少发病，临床上无明显症状，食欲微减，主要表现为繁殖障碍，发情率、受胎率下降，流产率升高，消瘦，贫血。

(6)犬 病犬多呈隐性经过，饮食欲一般正常，当存在应激因素和机体抵抗力下降等因素时，病犬精神沉郁，食欲不振，体温升高至 40℃ 左右。感染严重的患病犬出现贫血、黄疸，被毛粗乱，食欲废绝，心率、呼吸加快，尿少而色深黄，大多数感染严重的病犬伴有呕吐、腹泻等急性胃肠炎症状，呈现不同程度的脱水和渐进性消瘦。此外，母犬感染本病时多有空怀、流产、弱胎、死胎等繁殖机能障碍。

（7）鸡　蛋鸡主要表现为采食减少，饮水下降，鸡冠大部分苍白，少部分发绀，眼结膜黄染，拉黄绿色稀便，产蛋率下降，偶尔出现神经症状；肉鸡主要表现为缩头闭眼，嗜睡，呼吸困难，少食或废绝，眼结膜黄染，鸡冠苍白，拉黄色稀便，出现神经症状后很快死亡。

（8）人　患病后有多种表现，主要有发热，黄疸，贫血，出汗，疲劳，嗜睡，肝、脾等部位的淋巴结肿大，临床化验出现红细胞数、血红素含量、血球压积、血小板数等降低。小儿患病后尿色加深。

【病理变化】

（1）猪　典型病例的黄疸性贫血为猪附红细胞体病死后的特征性病理变化。剖检可见血液稀薄、色淡、血凝不良，皮下组织及肌间水肿，黄疸；全身肌肉颜色苍白，多数胸腔、腹腔积液，呈淡黄色，胸膜脂肪、心冠脂肪轻度黄染。部分病猪心包积水，心外膜有出血，心肌松弛呈熟肉样，质地脆弱，肺脏水肿或萎缩，肝脏不同程度肿大、出血、黄染，表面有轻微黄色条纹或灰白色病灶；胆囊肿胀，胆汁浓稠；脾脏肿大，呈暗黑色，质地柔软，切面结构模糊，边缘增厚；肾轻微肿大，部分猪肾脏有一半或部分血色素沉着，呈暗黑色；个别猪有微细出血或黄色斑，肠段有不同程度的炎性变化。

（2）牛　病死牛尸体消瘦，可视黏膜苍白；血液较稀薄，不易凝固；肩前、腋下、肠系膜淋巴结充血、肿大；肝脏肿大，呈棕黄色；胸、腹腔及心包囊内积有液体；胆囊肿大，胆汁浓稠；肾脏水肿，有少量出血点；瘤胃黏膜有多处出血点。剖检其他组织未见明显病变。

（3）绵羊　病羊全身皮肤、可视黏膜苍白；血液稀薄如水、凝固不良；肝脏、肾脏稍肿呈土黄色，胆囊膨大，胆汁浓稠；脾脏肿大、全身淋巴结肿大、淤血、水肿，心包积液；肺淤血、水肿；膀胱积尿，胸腔及腹腔积液。

（4）山羊　病羊皮下脂肪黄染，血液稀薄，凝固不良；喉头充血，气管、支气管内有白色泡沫样分泌物，肺部出血、有小叶性肺炎症状；心包积液、心膜增厚，胸腔、腹腔有大量积液，脾脏肿大出血，肠系膜水肿，全身淋巴结肿大出血，腹股沟淋巴结和肠系膜淋巴结明显肿大。

（5）兔　病兔全身皮肤黄染，血液稀薄，凝固不良；心肌变薄，颜色变淡；胸腔有淡红色渗出液，肺表面有小出血点。尤以尖叶为重，肺脏表面呈深褐色；胆囊膨大，胆内充满胆汁；胃内容物无异常变化，胃黏膜脱落；脾脏肿大、质地变软，被膜上常有大小不等的暗红色或鲜红色出血点；肾脏肿大变性，表面有出血斑点；切面可见有皮质部和髓质部分界模糊，肾盂积水；膀胱黏膜黄染并有出血点。

（6）犬　急性死亡的犬剖检可见血液稀薄，血凝时间延长；可视黏膜、皮下黄染或有出血点；心包积液，心外膜与心肌出血，冠状沟脂肪黄染；肺水肿、脓肿、气肿且弥漫性出血；胃黏膜有出血点或浅表性溃疡；小肠黏膜可见圆形蚀斑，肠系膜淋巴结水肿，切面多汁，胰腺炎性水肿、出血；脾脏肿大，呈暗黑色，肝叶上可见黄豆大小的坏死灶；骨髓液和脑脊液增加。

（7）鸡　病死鸡消瘦，血液稀薄，不易凝固；皮肤发红，皮下脂肪干燥，黏膜黄染；喉头和气管黏膜有散在性出血点；心冠脂肪和腹部脂肪黄染并有弥漫性针尖大的出血点；肺水肿并有出血点，脾脏肿大呈现暗黑色；胆囊肿大，内充满浓稠胶冻样胆汁；卵泡萎缩坏死，腹腔内有破裂的卵黄；输卵管内有白色分泌物或干酪样物；肠黏膜有散在性出血点。

【诊断】

根据贫血、黄疸、体温升高达40℃以上不退，黏膜黄染，耳郭边缘变色，皮肤变态反应等临床症状可做出附红细胞体病初步诊断，确诊需进行实验室检查。

(1)直接镜检　采用直接镜检诊断人和动物附红细胞体病仍是当前的主要手段，包括鲜血压片和涂片染色。用吖啶橙染色可提高检出率。在血浆中及红细胞上观察到不同形态的嗜血支原体为阳性。

①鲜血压片镜检：在高倍镜和油镜下观察，血浆中有无多量卵圆形、逗点状、短杆状及月牙形、折光性强的虫体，虫体不停地翻转、摇摆或做不规则运动；附着于红细胞表面的嗜血支原体呈单个或成团寄生，呈菠萝状、锯齿状、星状等不规则变形，通过显微镜直接观察样本的鲜血压片，从而确定感染与否。此方法操作简单，但检出率较低，准确性差。

②血涂片镜检：对嗜血支原体的染色方法主要有瑞氏染色法、姬姆萨染色法及吖啶橙染色法。后者需要荧光显微镜及暗室环境才可观察，这3种方法的特异性和敏感性都不是很高。

(2)分子生物学诊断　DNA杂交和PCR方法已用于附红细胞体病诊断。Oberst等取猪嗜血支原体感染高峰期的血液分离嗜血支原体，提取DNA，以^{32}P标记制成探针，可以区分猪嗜血支原体感染的猪和非感染猪，并且不与猪感染其他疾病血清中的DNA发生杂交反应。1993年Gwaltney等报道检测猪嗜血支原体的PCR方法，感染24h就可以出现PCR阳性，特异性强、敏感性高、检测速度快、结果可靠。在此基础上，还建立有半巢式PCR方法与巢式PCR方法等诊断方法，进一步提高了敏感性。Hoelzle等利用保守的 *msg*1 基因建立了荧光定量PCR检测方法，敏感性较常规PCR方法显著提高，荧光定量PCR不仅快速、准确、特异性高，还有可实时监测、线性范围广、定量以及自动化程度高的优点。

(3)动物试验　用可疑动物血液接种健康实验动物(小鼠、兔、鸡等)或鸡胚，接种后观察其表现并采血查嗜血支原体。此法费时较长，但有一定辅助诊断意义。

(4)血清学试验　用血清学方法不仅可诊断本病，还可以进行流行病学调查和疾病监测，尤其是1986年Lang等建立将嗜血支原体与红细胞分开，用于制备抗原的方法以后，推动了血清学方法的发展。

①补体结合试验：1958年Spliter率先用该方法诊断猪附红细胞体病。病猪出现症状后的1~7d呈阳性反应，但2~3周后即可转为阴性。在动物发病后第3天血清即呈阳性反应，保持2~3周，然后逐渐转为阴性，但此法难以诊断慢性嗜血支原体携带者。

②间接血凝试验：用此法诊断猪附红细胞体病的报道较多，将滴度大于1∶40定为阳性，并证实该方法有很好的特异性，可检测隐性感染。用异种动物的红细胞并经醛化、鞣酸化后致敏，进行间接血凝试验，效果较好。此法简便、快速、准确敏感，能检出阳性耐过猪和隐性带嗜血支原体的猪。

③荧光抗体试验：荧光抗体试验最早用于诊断牛附红细胞体病，抗体在第4天出现，随感染率上升，28d达到高峰。此法也可用于猪、羊附红细胞体病诊断，效果较好。

④ELISA：1986年Lang等用去掉红细胞的绵羊嗜血支原体抗原对羊进行ELISA，认为此法比间接血凝试验的敏感性高8倍。有人用此法检查猪，认为比补体结合试验敏感，而且猪嗜血支原体抗原与猪其他疾病感染的血清无交叉反应，但不适应小猪和公猪的诊断，也不适于急性诊断。

【防控措施】

预防本病要采取综合性措施，坚持自繁自养，在引进外地种畜禽时应严格检疫，并隔离观察至少1个月；科学饲养管理和保持良好的环境卫生，扑灭吸血昆虫等媒介者，断绝这些昆虫与动物的接触。混合感染时，注意其他致病因素的控制；消除应激因素，在剪齿、阉割、打耳号、断尾、注射时，做好医用器械的消毒工作，以避免血液污染而引起的传播；一般常用消毒药均可杀死病原，如在 0.5%苯酚 37℃经 3h 可杀死，在含氯消毒剂中作用 1min 即可全部灭活。发病季节，可使用抗血液原虫类药物、抗生素、中药等进行群体预防。

到目前为止，国内外还没有有效地用于预防猪附红细胞体病的商品化疫苗。律祥君等报道用皂素法裂解红细胞，厌氧法增殖培养猪嗜血支原体制备猪附红细胞体病甲醛灭活疫苗用于预防猪附红细胞体病取得良好效果，免疫保护期可达 8 个月，抗血液感染期最低可达 6 个月。

国内采用土霉素、四环素、金霉素、地霉素、强力霉素、卡那霉素、庆大霉素等抗生素类药物和贝尼儿、黄色素、纳加诺尔等抗血液原虫类药物及砷制剂、中药治疗动物附红细胞体病，疗效较好。马增军等进行的药敏试验表明血虫净和盐酸土霉素混合液对体外嗜血支原体最为敏感，用此两种药物组合用于治疗猪附红细胞体病的效果明显。姜代勋等运用白头翁四君子汤治疗羊附红细胞体病，疗效显著。实际治疗过程中，除了使用上述药物外，还应配合强心、补液、健胃、导泻等对症辅助性治疗。

【公共卫生】

人群嗜血支原体感染率调查均采用直接镜检法查找病原。综合全国 15 个省、自治区、直辖市 32 个地区 12 969 人调查，人群平均感染率为 43.89%。近年流行病学调查表明，人附红细胞体病在我国并非罕见，但发现病例不多，其主要原因是过去临床医生对本病认识不足。人类对嗜血支原体普遍易感，其感染率与性别、年龄无明显关系，具有家庭聚集性及一定职业分布特点，兽医、奶牛饲养员、屠宰工人、禽兽加工人员等人群感染率高于其他职业人群。多数患者在感染嗜血支原体后不出现临床症状，只有受感染的红细胞比例达到一定水平（30%以上）时才表现为附红细胞体病。

人附红细胞体病主要临床表现有发热、乏力等，严重者可有贫血，黄疸和肝、脾肿大等。经常接触牲畜的人，尤其是免疫功能低下者出现发热、贫血等症状时，应考虑到感染嗜血支原体的可能。在人医临床上治疗附红细胞体病使用最多的药物有庆大霉素、土霉素、强力霉素、青蒿素、阿米卡星、四环素、新胂凡纳明及甲硝唑等，其中以四环素和新胂凡纳明效果较好。四环素按成人量每次 0.5g，每日 3 次，连服 4d 为一个疗程，血检转阴、症状消失后停药。

九、炭疽

炭疽（anthrax）是由炭疽杆菌引起的人兽共患的急性、热性、败血性传染病。其病理表现为脾脏显著肿大，皮下及浆膜下结缔组织出血性浸润；血液凝固不良，呈煤焦油样。1876 年 Koch 和 Pasteur 证明炭疽芽孢杆菌是炭疽的病原。本病分布于世界各国，多为散在发生。2006—2015 年，我国动物炭疽年均发病为 22.9 次，每起疫情平均发病数为 9.66 头。89.68%的疫情集中于西北及西南地区的青海、云南、贵州、宁夏、甘肃及内蒙古 6 个省份，其他区域的炭疽疫情已经基本得到控制，只在个别地区偶有发生。

【病原】

炭疽杆菌（*Bacillus anthracis*）为革兰阳性菌，大小为（1.0~1.5）μm×（3~5）μm；菌体两端平直，无鞭毛，呈竹节状长链排列，在动物体内形成荚膜，本菌在患病动物体内和未剖开的尸体中不形成芽孢，但暴露于充足氧气和适当温度下能在菌体中央形成芽孢。炭疽杆菌的主要毒力基因位于质粒 pX01 和 pX02 上，染色体上也携带一些毒力相关基因。其两个毒力因子，即荚膜和毒素均由质粒编码，质粒丢失则失去形成荚膜或产生毒素的能力，成为减毒株。炭疽杆菌的抗原有荚膜抗原、菌体抗原、保护性抗原及芽孢抗原 4 种。荚膜抗原是一种多肽，能抑制调理作用，与细菌的侵袭力有关，也能抗吞噬；菌体抗原虽无毒性，但具种特异性；保护性抗原具有很强的免疫原性；芽孢抗原有免疫原性及血清学诊断价值。

炭疽杆菌繁殖体的抵抗力同一般细菌，于 75℃ 1min 即可被杀灭。常用浓度的消毒剂也能迅速将其灭活。芽孢的抵抗力极强，在自然条件下或在腌渍的肉中能长期生存，在土壤中可存活数十年，在皮毛制品中可存活 90 年。

【流行病学】

自然条件下草食动物最易感染，如肉牛、山羊、马等，它们可因吞食染菌食物而得病。其次是骆驼和水牛，猪的易感性最低。犬、猫、狐狸等肉食动物很少见，家禽几乎不感染。人群普遍易感。

本病的主要传染源为患病的动物。当处于菌血症时，可通过粪、尿、唾液及天然孔出血等方式排菌，会使大量病菌散播于周围环境中，若不及时处理，则污染土壤、水源或者饲养场。尤其是形成芽孢，可成为长久疫源地。炭疽病人的痰、粪便及病灶渗出物具有传染性。人直接或间接接触其分泌物及排泄物可感染。本病世界各地均有发生，多发生于 4~10 月。

【临床症状】

潜伏期一般 1~5d，最长可达 14d。临床上至少表现为 3 种不同形式：最急性型或中风型、急性型、亚急型或慢性型。

（1）马 多为急性型和亚急性型，突然发病，体温升高，流汗，呼吸困难，黏膜发绀，腹痛剧烈，粪尿带血，在喉、颈、肩胛及腹下常有炭疽痈。炭疽痈是一种局限性肿胀，初期硬固，有热有痛，呈淡蓝色或红色，继而变为无热无痛，最后中央发生坏死，形成溃疡。全身战栗、摇晃不支，倒地而死，死后常有口、鼻、肛门等处出血。

（2）牛 临床症状往往不明显，虽有高热，但仍能采食，有时表现食欲减少，反刍和泌乳停止；孕牛常流产，常在颈、胸、腰、外阴及直肠内发生炭疽痈，呼吸困难，多突然倒地死亡，天然孔出血。

（3）羊 多为急性型，病羊兴奋不安，行走摇晃，脉搏增加，呼吸困难，黏膜发绀，全身战栗，突然倒地死亡，天然孔出血。

（4）猪 易感性较低，故多呈慢性型，急性型少。慢性型炭疽病猪，生前常无明显表现，屠宰后检查可发现局部淋巴结红肿，经实验室检查可发现淋巴结中含有炭疽杆菌。隐性炭疽虽不多见，但有一定危险性。

（5）犬和食肉动物 吞食炭疽病尸后，也可发生炭疽，多表现咽炎及胃肠炎，头部和颈部常发生水肿，也可致死。

【病理变化】

主要为各脏器、组织的出血性浸润、坏死和水肿。急性炭疽为败血症病理变化，尸僵不全，尸体极易腐败，天然孔流出带泡沫的黑红色血液，黏膜发绀。血液凝固不良；全身多发性出血，皮下、肌间、浆膜下结缔组织水肿；脾脏变性、淤血、出血、水肿，常肿大 2~5 倍，脾髓呈暗红色、粥样软化。局部炭疽死亡的猪，咽部、肠系膜及其他淋巴结常见出血、肿胀、坏死，邻近组织呈出血性胶样浸润，还可见扁桃体肿胀、出血、坏死、并有黄色痂皮覆盖。

【诊断】

本病随动物种类不同其经过和表现多样，最急性型病例往往缺乏临床症状，对疑似炭疽病死动物禁止解剖。因此，确诊需要采用微生物学和血清学方法。

（1）直接镜检 取外周末梢血液或其他材料制成涂片后，用瑞氏或姬姆萨染色，可见单个、成对或3~4个菌体相连的短链排列、竹节状有荚膜的粗大杆菌，即可确诊。

（2）分离培养 新鲜病料可直接于普通琼脂或肉汤中培养，污染或陈旧的病料应先制成悬浮液，70℃加热30min，杀死非芽孢杆菌后再接种培养。对分离的可疑菌株可做噬菌体裂解试验、荚膜形成试验及串珠试验。应用PCR技术检测炭疽杆菌，具有高度特异性。对腐败病料和血液中的炭疽杆菌有较好的敏感性，但对炭疽芽孢的检测不够敏感。针对炭疽杆菌质粒pX01、pX02上的基因，采用荧光定量PCR检测方法可特异、灵敏地检测标本中炭疽杆菌和种群分型。

（3）动物接种 用培养物或病料悬浮液给小鼠腹腔注射0.5mL，经1~3d后小鼠因败血症死亡，其血液或脾脏中可检查出有荚膜的炭疽杆菌。

（4）血清学检查 琼脂扩散试验、间接血凝试验、补体结合试验及炭疽环状沉淀试验（Ascolis test）等有助于诊断。

【防控措施】

发生本病时，及时确诊。应尽快上报疫情，划定疫点、疫区，采取封锁、隔离等措施。对确诊的和可疑病畜、死畜必须焚毁或加大量生石灰深埋在地面2m以下，禁止食用或剥皮。对可疑污染的皮毛原料应消毒后再加工。

在疫情高发区应每年对易感动物进行预防注射。常用的菌苗有无毒炭疽芽孢苗和Ⅱ号炭疽芽孢苗，接种14d后产生免疫力，免疫期为1年。另外，要加强免疫和大力宣传有关本病的危害及防控措施，特别是告诫畜主不可剖检和食用死于本病的动物。

青霉素、链霉素及喹诺酮类药物均有良好的治疗效果。如果采用几种抗菌药物联合使用，效果更为显著。

【公共卫生】

人对炭疽普遍易感，主要发生在与动物及畜产品加工接触较多及误食病畜肉的人员。感染后多表现为皮肤炭疽、肺炭疽及肠炭疽，偶有伴发败血症。无论哪种都预后不良。人类炭疽的预防应着重与动物及其产品频繁接触的人员，凡在近2~3年内有炭疽发生的疫区人群、畜牧兽医人员，应在每年的4~5月前接种人用皮上划痕炭疽减毒活疫苗，每年1次，连续3次。对于患者，使用抗炭疽血清与青霉素联合治疗效果更好。

十、破伤风

破伤风（tetanus）又称强直症、锁喉风、脐带风等，是由破伤风梭菌经伤口感染后产生外毒素，侵害神经组织所引起的一种急性、中毒性人兽共患传染病。本病的临床特征是骨骼肌或某些肌群呈现持续的强直性痉挛和对外界刺激的兴奋性增高。分布广泛，呈散在发生。

【病原】

破伤风梭菌（*Clostridium tetani*）是一种革兰阳性大杆菌，大多单个存在，或呈短链排列。有鞭毛，能运动。无荚膜，在动物体内外均可形成芽孢，芽孢位于菌体的一端，形如鼓槌状。

破伤风梭菌在畜体内或人工培养基内均能产生痉挛毒素、溶血毒素和非痉挛毒素3种毒素。毒素的毒性特别强，尤其是痉挛毒素，它作用于神经系统，化学成分是一种蛋白质。酸、碱、日光、高温、蛋白酶均能使之破坏。

本菌繁殖体对一般的理化环境因素抵抗力不强，煮沸5min死亡。兽医上一般使用的消毒药均能在短时间内将其杀灭。但芽孢的抵抗力很强，含有芽孢的材料必须煮沸1~3h才能将其杀灭。

5%煤酚皂经 5h，10%碘酊、漂白粉和 3%过氧化氢溶液经 10min，3%甲醛经 24h 才能杀死芽孢。

【流行病学】

各种家畜均易感染，单蹄兽最易感，猪、羊、牛次之，人的易感性也很高。易感宿主不分年龄、品种和性别。带菌动物是本病的主要传染源。它们通过粪便和创口向外排出大量病菌，严重污染土壤等外部环境。在自然情况下，通常是通过各种创伤感染，只要有创伤的地方都有可能感染。一年四季均可发生，且多为散在发生。

【临床症状】

潜伏期通常是 7~14d，个别病畜可在伤后 1~2d 发病。潜伏期的长短与动物种类及创伤部位有关，创伤距头部较近，组织创伤口深而小，组织深部严重损伤，发生坏死或创口被粪土、痂皮覆盖等，潜伏期缩短，反之延长。

（1）马　病初运步不灵活，随病程发展出现牙关紧闭，口流涎，双耳直立，头颈伸直，腰硬如板，腹壁蜷缩，举尾，站立时四肢强直、开张，形如木马，受到声音、强光、触摸等刺激表现惊恐不安，出汗，呼吸浅表增数，心跳加快，体温正常或稍高，不及时治疗病死率高。

（2）牛　牛发病时体温正常，肌肉僵硬，张口困难，运动拘谨，呆立，反刍和嗳气减少，瘤胃臌气，随后呈现头颈伸直、两耳竖立、牙关紧闭、四肢僵硬、尾巴上举等临床症状，严重时关节屈曲困难；对外界刺激的反射兴奋性增高不明显，病死率较低。

（3）羊　吃草困难，并出现神经症状。两耳直立，尾巴翘起，牙关紧闭，口角流涎，角弓反张，四肢僵硬，形如木马等，陆续死亡，死前体温高达 42℃以上。

（4）猪　主要临床症状是全身强直，体温升高后持续到死亡后数小时，反应不灵活，颈项强硬，牙关紧闭，采食饮水、咀嚼和吞咽极度困难，口流白沫，轻度刺激则发出尖叫声，呼吸加速，四肢因肌肉强直如木棒，向外叉开，勉强站立，呆立不动，两耳竖直，两眼不动，举尾伸颈，有时出现角弓反张，病猪多在患病 1~3d 死亡。

【病理变化】

本病的病变不明显，仅黏膜、浆膜、脊髓部有小出血点。剖检可见肺脏充血、水肿，骨骼肌变性或坏死，四肢和躯干肌间结缔组织有浆液浸润。

【诊断】

根据本病的临床症状，并结合创伤史，即可确诊；发病动物主要表现为肌肉持续性强直收缩及阵发性抽搐，最初出现咀嚼不便，咀嚼肌紧张，疼痛性强直，张口困难，颈项强直，角弓反张，呼吸困难，甚至窒息。轻微的刺激，均可诱发抽搐发作。对于轻症病例或病初临床症状不明显者，要注意与马钱子中毒、癫痫、脑膜炎、狂犬病及肌肉风湿等相鉴别。

【防控措施】

破伤风梭菌广泛存在于自然界中，家畜常因外伤、阉割、套鼻环、去角、断尾、剪脐带等外科手术而感染。因此，进行外科手术时，器械工具应煮沸 10~15min，术部剪毛，再用 5%碘酊、75%乙醇消毒，伤口同时撒布青霉素粉或磺胺结晶粉，外装保护绷带防污染。平时注意饲养管理和畜舍卫生，防止动物受伤。一旦发生外伤，应及时进行伤口处理，或注射破伤风抗毒素血清。发病较多的地区或养殖场，每年应定期给动物接种破伤风类毒素。

本病治疗主要包括伤口处理、中和毒素、抗菌治疗、止痉防窒息、防止和处理并发症。发现患病动物后应将其及时移入清洁干燥、通风避光的畜舍中，保持畜舍安静并给予易消化的饲料和充足的饮水；彻底排出脓液、异物和坏死组织，用 2%高锰酸钾、3%双氧水或 5%~10%碘酊等消毒药处理创面，同时在创口周围按剂量注射青霉素和链霉素；应尽早注射破伤风抗毒素，首次注射的剂量可加倍，同时使用镇静、解痉药物进行对症治疗。

【公共卫生】

人由于创伤也可以感染破伤风，发病初期低热不适，四肢及头部疼痛，咽肌和咀嚼肌痉挛，继而出现张口困难，牙关紧闭，躯干及四肢肌肉发生强直性痉挛，两手握拳，两足内翻，且咀嚼、吞咽困难，有时候会出现便秘和尿闭，严重时呈角弓反张状态。任何刺激均可引发或加剧痉挛，强烈痉挛时有剧痛并出现大汗淋漓，痉挛初期为间歇性，以后变为持续性，患者虽表情惊恐，但神志始终清楚，大多体温正常，病程一般2~4周。

正确处理伤口，防止厌氧微环境的形成是防止患破伤风的重要措施。一般可以注射破伤风类毒素主动免疫预防，或注射破伤风抗毒素和抗生素进行被动预防和特异性治疗。

十一、肉毒梭菌毒素中毒症

肉毒梭菌毒素中毒症（botulism）是由于摄入含有肉毒梭菌毒素的食物或饲料而引起的人和多种动物的一种急性、中毒性疾病。主要特点是渐进性全身肌肉麻痹和瘫痪。自1896年首次报道荷兰暴发因火腿引起肉毒梭菌毒素中毒以来，世界各地相继报道过肉毒梭菌毒素中毒事件。我国1958年报道了新疆某地发生肉毒梭菌毒素中毒。

【病原】

肉毒梭菌（*C. botulinum*）为梭菌属成员，多呈直杆状，单个或成双，革兰染色阳性。周身有鞭毛，能运动。芽孢卵圆形，位于菌体近端，大于菌体直径，使细胞膨大，易于在液体和固体培养基上形成芽孢。本菌是专性厌氧菌，最适生长温度为30~37℃，产毒素的最适温度为25~30℃。营养要求不高，在普通培养基上就能生长。能消化肉渣，使之变黑，有腐败恶臭。根据其产生毒素的抗原性，肉毒梭菌可分为A~F 6个血清型，各型毒素之间不具有交叉保护；根据其生物学性状不同又分为4群，Ⅰ群：分解蛋白，包括所有A型、部分B型和F型菌株；Ⅱ群：包括所有E型、部分B型和F型菌株，不分解蛋白，其毒素需胰酶激活产生完全毒性；Ⅲ群：包括不分解蛋白、液化明胶的C型、D型；Ⅳ群只有G型菌。

【流行病学】

肉毒梭菌广泛存在于土壤、动物肠道、饲料及食品中。但是不能在活的机体内生长繁殖。当遇到适宜的营养和厌氧环境时，即可生长繁殖并产生肉毒毒素。人兽食入含此毒素的食品、饲料或其他物品，即可中毒而发生肉毒梭菌毒素中毒症。另外，肉毒梭菌芽孢经食入、吸入或创伤进入人和某些动物体内也可引起中毒。人的发病主要因食入罐头食品和腌制的肉、鱼制品所致。

马、牛、羊、水貂、猪等家畜，小鼠、大鼠、豚鼠、兔、猫、犬、猴等实验动物，以及鸡、鸽等各种禽类都敏感。本病的发生有明显的地域性和季节性。肉毒梭菌为腐生菌，在温带地区，肉毒梭菌通常多发于温暖季节，因为在22~27℃范围内，饲料中的肉毒梭菌可以大量地产生毒素。在缺磷、钙的草场放牧的牲畜有舐食尸骨的异食癖，易于中毒。饲料中毒时，因毒素分布不均匀，所以并不是所有吃了有毒饲料的动物都会发病，在同样的条件下，身强体壮、食欲良好的动物发病的概率相对较高。

【临床症状】

肉毒梭菌毒素中毒的临床表现主要由运动神经麻痹导致。自然发病主要是由于摄食了含有毒素的食物或饲料引起，也可在食入污染有肉毒梭菌食物后，细菌在体内增殖并产生毒素而引起中毒。

（1）家禽　鸡、鸭、鸵鸟都可感染发病，典型临床症状是双腿、翅膀、颈部、眼睑麻痹。病初喜卧，不愿走动，翅膀麻痹后自然下垂。颈部肌肉麻痹时可见斜颈，头颈软弱无力，向前低垂。麻痹临床症状从全身末梢向中枢发展，最终因心脏或呼吸衰竭而死亡。

（2）家畜　病羊初期有兴奋临床症状、步态僵硬、共济失调，运动时头弯于一侧或做点头运动，尾向一侧摆动，患畜喜卧，甚至卧地不起，最后呈腹式呼吸，直至肢体麻痹死亡；马和牛多表现为运动麻痹，由头部开始，迅速向后躯及四肢发展，临床症状是肌肉软弱和麻痹、咀嚼和吞咽困难、垂舌、流涎、共济失调、卧地不起，最后出现便秘、呼吸困难等麻痹症状。重者于数小时内死亡，轻者可逐渐恢复。

【病理变化】

一般无特殊病变，但死后剖检常见到心内外膜均有出血点，胃肠黏膜有卡他性炎症和点状出血，尤以肠道多见。胃内食物干硬，直肠多积粪。咽喉前部有食团，咽喉和会厌软骨的黏膜有黄色被覆物，其下有出血点。脑膜充血，肺发生充血和水肿，肝脾肿大且多质脆、发青，膀胱内可能充满尿液。

【诊断】

根据有无与含毒的食物、饲料接触史，临床症状，病理剖检等做出初步诊断，确诊需要进行实验室检查。

（1）细菌分离鉴定　将被检材料接种于疱肉培养基中，80℃加热30min后置于30℃继续培养5~10d，培养上清液可用于毒素的检测。再将液体培养物转种于鲜血琼脂平板，35℃厌氧培养48h，挑取可疑菌落染色镜检。

（2）分子生物学检测　用PCR检测编码神经外毒素的肉毒梭菌基因，国内外已广泛采用这种方法。应用荧光定量PCR可直接检测食物中毒样品中A(B)型肉毒梭菌。

（3）肉毒神经毒素的检测

①小鼠致死性试验：肉毒神经毒素检测的经典试验方法。将待检样品适当稀释，腹腔或静脉注射小鼠。若样本中含有毒素，则小鼠出现典型的肉毒梭菌毒素中毒临床症状如卷毛、肌肉无力、呼吸衰竭而死亡（临床症状通常于注射后1d出现，也可能需要几天），对照小鼠不发病，则可以确诊。

②小鼠非致死性试验：该方法是通过对小鼠皮下注射肉毒梭菌A型毒素，会导致小鼠局部肌肉麻痹。

（4）免疫学方法　可直接从患畜的食物、粪便、呕吐物、血清等标本中检测出肉毒毒素，主要方法有放射性免疫技术（RIA）、反向间接血凝法（RPHA）、反向乳胶凝集试验（RPLA）、ELISA、胶体金免疫层析法（ICA）等。

【防控措施】

应加强饲养管理，经常清除牧场、圈舍和其周围的垃圾和尸体。在常发病地区，可以进行类毒素的预防注射。

【公共卫生】

人主要表现为神经末梢麻痹，患者病初会感到全身无力、头痛，接着出现复视、斜视、眼睑下垂等眼肌麻痹临床症状；吞咽、咀嚼困难、口干、口齿不清等咽部肌肉麻痹临床症状，更严重的会导致膈肌麻痹、呼吸困难、呼吸停止、死亡。对于人的肉毒梭菌毒素中毒，应尽早做出诊断，及时注射A、B、E3种多价抗毒素，对症治疗，注意维持呼吸功能。预后恢复十分缓慢。

十二、恶性水肿

恶性水肿（malignant edema）是由厌氧菌引起的一种家畜急性、创伤性、中毒性传染病。以局部发生急性炎性、气性水肿为特点，并伴有发热和全身毒血症。

【病原】

主要为腐败梭菌（*C. septicum*），水肿梭菌（*C. oedematiens*）、产气荚膜梭菌（*C. perfringens*）、诺维梭菌 A 型（*C. Novyi type* A）、溶组织梭菌（*C. histolyticum*）等也可致病或参与致病。

腐败梭菌是两端钝圆、严格厌氧的粗大杆菌，在体内外均易形成芽孢，芽孢在菌体中央，使菌体呈梭形。腐败梭菌能产生 α、β、γ、δ 4 种毒素，α 毒素为卵磷脂酶，具有坏死、致死和溶血作用；β 毒素为脱氧核糖核酸酶，有杀白细胞的作用；γ 和 δ 毒素分别具有透明质酸酶和溶血素活性。这些毒素可使血管通透性增加，引起组织炎性水肿和坏死，毒素吸收后可引起致死性的毒血症。

腐败梭菌在自然界分布极广，其芽孢抵抗力很强，一般消毒药物短期难以奏效，但 20% 漂白粉与 3% 硫酸苯酚合剂、5% 氢氧化钠溶液等强力消毒药可于较短时间内将其杀灭。

【流行病学】

在哺乳动物中，牛、绵羊、马发病较多，猪、山羊次之，犬、猫不能自然感染；禽类除鸽子外，即使人工感染也不发病；实验动物中兔、豚鼠和小鼠均易感。年龄、性别、品种与发病无关。病畜在本病的传染方面意义不大，但可将病原体散布于外界，不容忽视。本病传染主要由于外伤（如去势、断尾、分娩、外科手术、注射等）没有严格消毒，致使本菌芽孢污染而引起感染。本病一般呈散发，但外伤在消毒不严时，也会群体发病。

【临床症状】

潜伏期一般 12~72h。

（1）牛、马　病初减食，体温升高，伤口周围出现气性炎性水肿，并迅速扩散蔓延，肿胀部初期坚实，灼热、疼痛，后变无热痛，触之柔软，有轻度捻发音，尤以触诊部上方明显；切开肿胀部，则见皮下和肌间结缔组织内流出多量淡红褐色带少许气泡、气味酸臭的液体，随着气性炎性水肿的急剧发展，全身临床症状严重，表现高热稽留，呼吸困难，脉搏细速，发绀，偶有腹泻，多在 1~3d 内死亡。因去势感染时，多于术后 2~5d，在阴囊、腹下发生弥漫性气性炎性水肿，病畜呈现疝痛，腹壁知觉过敏及上述全身临床症状。因分娩感染，病畜表现阴户肿胀，阴道黏膜充血发炎，有不洁红褐色恶臭液体流出。会阴呈气性炎性水肿，并迅速蔓延至腹下、股部，以致发生运动障碍和全身临床症状。

（2）猪、绵羊　经外伤或分娩感染时，临床症状与上述牛、马相似；羊经消化道感染腐败梭菌时，则往往引起另一种疾病，称为羊快疫。猪经胃黏膜感染，称为胃型或快疫型，常见胃黏膜肿胀增厚，形成所谓"橡皮胃"，有时病菌也可进入血液转移至某部肌肉，则临床症状与前述"创伤型"相同，局部也出现气性炎性水肿和严重全身临床症状，并于 1~2d 内死亡。

【病理变化】

病畜局部的弥漫性水肿，皮下和肌肉间结缔组织有污黄色液体浸润，常含有少许气泡，气味酸臭。肌肉呈白色、煮肉样、易于撕裂，有的呈暗褐色。实质器官变性，肝、肾浊肿，脾、淋巴结肿大，偶有气泡，血凝不良，心包、腹腔有多量积液。

【诊断】

根据临床特点，病理剖检变化和结合有外伤发生时，可初步诊断为本病，但确诊需要进行实验室检查。

取病变水肿液和组织进行细菌抹片、染色、镜检，特别是肝被膜做触片或涂片，革兰染色，显微镜检查。在肝的组织中，可见到微弯曲长丝状排列的革兰染色阳性大杆菌，这在诊断上有重要意义。免疫荧光抗体法可用于本病的快速诊断。注意与猪水肿病和猪巴氏杆菌病的区别诊断。

【防控措施】

在梭菌病常发地区，常年注射多联苗，可有效预防本病发生。平时注意防止外伤，发生外伤后要及时进行消毒和治疗，还要做好各种外科手术、注射等无菌操作和术后护理工作。

局部治疗应尽早切开肿胀部，扩创清除异物和腐败组织，吸出水肿部渗出液，再用氧化剂，如0.1%高锰酸钾或3%过氧化氢液冲洗，然后撒上青霉素粉末，并施以开放疗法。或在肿胀部周围注射青霉素，疗效显著，全身治疗应早期采用青霉素和链霉素及土霉素或磺胺类药物治疗，同时还要注意对症治疗，如强心补液、抗菌消炎解毒。病死动物不可利用，须深埋或焚烧处理，污染物品和场地要彻底消毒防止污染。

【公共卫生】

人感染后，患者伤口剧痛、肿胀，呈紫红色，周围皮肤高度水肿，晃白发亮，并出现大小不等的水泡等临床症状。病人可肌肉注射精制多价气性坏疽抗毒素进行治疗，1次3万~5万U。

十三、坏死杆菌病

坏死杆菌病(necrobacillosis)是由坏死梭杆菌引起的各种哺乳动物和禽类常见且发病率较高的一种危害严重的慢性传染病。在临床上表现为组织坏死，多见于皮肤、皮下组织和消化道黏膜，有时在内脏形成转移性坏死灶。自1960年Adams首次报道腐蹄病以来，在美国、比利时、荷兰、日本和澳大利亚等多个国家均有发生，我国牛、羊腐蹄病的发病率为8%~50%。

【病原】

坏死梭杆菌(*Fusobacterium necrophorum*)为多型性的革兰阴性菌，不能运动，不产生芽孢和荚膜，属于条件性致病菌。小者呈球杆菌，大者呈长丝状，且多见于新鲜病灶及幼龄培养物中，染色时因原生质浓缩而呈串珠状。本菌为专性厌氧菌，培养基中加血清、葡萄糖、肝和脑块等能促进其生长；加入亮绿或结晶紫可抑制杂菌生长，获得本菌的纯培养。在血清琼脂平板上经48~72h培养，形成灰色、不透明的小菌落，菌落边缘呈波状。在含血液的平板上，菌落周围形成溶血晕，呈β溶血。在肉汤中形成均匀一致的混浊，后期可产生特殊的臭味。

坏死梭杆菌被分为4个生物型，即A型、B型、AB型和C型。A型致病性最强，B型次之，AB型介于A型和B型之间，C型致病性较弱。

本菌能产生多种毒素，如白细胞介素、溶血素，能导致组织水肿，内毒素能引起组织坏死。通过DNA同源性分析，坏死梭杆菌被分为两个生物亚种，即*F. necrophorum* subsp. *necrophorum*(Fnn)和*F. necrophorum* subsp. *funduliforme*(Fnf)，前者主要感染家畜，后者对动物的致病力较低，主要引起人类发病。由于Fnn亚种比Fnf更经常从坏死病灶中分离到，所以通常认为Fnn比Fnf具有更强的致病性。

本菌对理化因素抵抗力不强，一般消毒剂均能在短时间内将其杀死。

【流行病学】

所有畜禽和野生动物均有易感性，常见于牛、羊、马、猪、鸡和鹿，禽易感性较小。人也偶有感染。实验动物以兔和小鼠最易感，豚鼠次之。本病也见于观赏动物，如袋鼠、猴、羚羊、蛇及龟类等。

病畜是本病的传染源，患病动物的肢、蹄、皮肤、黏膜出现坏死性病理变化，病菌随病灶的分泌物和坏死组织排出，经过损伤的组织和黏膜感染，有时还可经血流而散布至其他器官和组织，形成继发性坏死病灶。新生畜可经脐带感染。本菌是很多动物和人消化道的一种共生菌。健康动物（尤其是草食动物）胃肠道内常见有本菌，患病动物粪便中约有半数以上能分离出病菌。

本病多发生在雨季和低洼潮湿地区，一般呈散发或地方性流行。其他因素，如生齿、吸血昆虫叮咬、矿物质缺乏，特别是钙磷缺乏、维生素不足、营养不良等，均可促进本病的发生与发展。

【临床症状】

潜伏期数小时至1~2周，一般为1~3d。由于感染的动物和侵入病原菌的部位不同，临床表现也不同。

（1）坏死性皮炎　多见于仔猪和架子猪，表现在皮肤和皮下组织发生坏死和溃疡，病初体表出现小丘疹，顶部形成干痂，干痂深部迅速坏死。如不及时治疗，病变组织可向周围和深部组织发展，形成创口较小而坏死腔较大的囊状坏死灶。流出黄色、稀薄、恶臭的液体。无痛感。病猪经适当治疗，多能治愈，但当内脏出现转移性坏死灶或继发感染时，病猪全身临床症状明显，发热、少食或停食，常由于高度衰竭而死。

（2）腐蹄病　多见于成年牛、羊，有时也见于鹿，病初跛行，蹄部肿胀或溃疡，流出恶臭的脓汁。病变如向深部扩展，则可波及腱、韧带和关节、滑液囊，严重者可出现蹄壳脱落，重症者有全身临床症状，如发热、厌食，进而发生脓毒败血症死亡。

（3）坏死性口炎　又称"白喉"，多见于犊牛、羔羊或仔猪，有时也见于仔兔或雏鸡。病初厌食，发热、流涎、有鼻汁，气喘。在舌、齿龈、上颚、颊、喉头等处黏膜上附有伪膜，呈粗糙、污秽的灰褐色或灰白色，剥脱伪膜，可见其下露出不规则的溃疡面，易出血。发生在咽喉者，有颌下水肿，呼吸困难，不能吞咽，病理变化蔓延至肺部或转移他处或坏死物被吸入肺内，常导致患病动物死亡。病程4~5d，也有延至2~3周。

（4）坏死性肠炎　常并发或继发猪瘟、副伤寒等病，临床表现严重腹泻，粪便呈血脓样或有坏死黏膜。

【病理变化】

其病变特征是多种组织坏死，多见于蹄部、皮下组织或消化道黏膜的坏死，有时转移到内脏器官（如肝、肺）形成坏死灶，有时引起口腔、乳房坏死。坏死性肠炎剖检可见大小肠黏膜坏死和溃疡，形成白色伪膜，膜下为不规则的溃疡。病理变化严重者，可致肠壁穿孔或胃粘连。

【诊断】

根据临床症状和坏死组织特殊的臭味，结合流行病学调查，可做出初步诊断，确诊需要经过实验室检查。

（1）直接镜检　自坏死组织与健康组织交界处（体表或内脏病灶）以无菌方法采取病料做涂片，以石炭酸复红，或复红-美蓝染色镜检，可见呈颗粒状染色的长丝状菌或细长的杆菌。由肝脏采取材料分离培养和涂片镜检，如检出坏死杆菌，即可诊断为本病。

（2）分子生物学检测　目前，很多分子生物学方法被用于坏死梭杆菌的检测与分型，根据16S rRNA基因设计荧光原位杂交探针可以作为坏死杆菌病的早期诊断。

（3）动物接种试验　可将病料研磨生理盐水稀释后，给兔或小鼠皮下注射，如为坏死杆菌，接种部位发生坏死，并可在内脏发生坏死脓疮，可检出坏死杆菌。

（4）鉴别诊断　本病应注意与葡萄球菌病相鉴别。葡萄球菌病多为金黄色葡萄球菌感染，流黄白色脓汁；而坏死杆菌病多流出黑色坏死组织分泌物，有特殊的臭味。

【防控措施】

由于本病还没有特异的疫苗预防，只有采取综合性防控措施。主要采取的措施：

①平时要保持畜舍及放牧场地的干燥，避免造成蹄部、皮肤和黏膜的外伤，一旦出现外伤应及时消毒。②动物群一旦发生本病，应及时隔离治疗，在采取局部治疗的同时，要根据病型不同配合全身治疗。对发病畜舍的粪便和清除的坏死组织要严格消毒和销毁。

发现外伤应及时进行外科处理。必要时，对全群进行 10% 硫酸铜或 10% 甲醛药物浴蹄。治疗本病应在改善饲养和卫生条件、加强护理、消除发病诱因的基础上，配合药物治疗。氟苯尼考、头孢噻呋钠对坏死杆菌进行全身治疗，有较好疗效。

【公共卫生】

人感染主要表现为在手的皮肤、口腔、肺部形成脓肿。治疗原则是造成局部的非厌氧环境与抗菌消炎。常用抗菌消炎的药物可选用甲硝唑、替硝唑、吉米沙星等。

十四、葡萄球菌病

葡萄球菌病（staphylococcosis）是由葡萄球属致病性葡萄球菌感染人和动物引起多种疾病的总称。葡萄球菌广泛分布于自然界，也存在于人、动物的体表、鼻咽及肠道部位，绝大多数的葡萄球菌对人体是不致病的，但有少数可以引起人或动物致病，属于人兽共患病原菌。柯赫（R. Koch，1878）、巴斯德（L. Pasteur，1880）和奥格斯顿（A. Og-ston，1881）从脓汁中发现的，但通过纯培养并进行详细研究的是 F. J. Rosenbach（1884）。

【病原】

葡萄球菌属（*Staphylococcus*）属于细球菌科（Micrococcaceae），因其排列如葡萄串状而得名，此属现有细菌 20 余种，可分为金黄色葡萄球菌（*Staph. aureus*）、表皮葡萄球菌（*Staph. epidermidis*）和腐生葡萄球菌（*Staph. saprophyticus*）3 种，其中金黄色葡萄球菌多为致病菌，是人兽的一种重要病原菌，引起许多严重感染。表皮葡萄球菌偶尔致病，腐生葡萄球菌一般不致病。

本菌为革兰阳性球菌，直径 0.5~1.5μm，无动力，无芽孢，一般不形成荚膜。在普通培养基上生长良好，多数为需氧或兼性厌氧菌，生长最适宜的温度为 30~37℃，最适 pH 7.4~7.5，但在 6.5~40℃和 pH 4.2~9.3 均可生长。耐盐性较强，在含 10%~15% 氯化钠培养基仍能生长。葡萄球菌在鲜血琼脂平板上形成的菌落较大，有的菌株菌落周围形成明显的完全溶血环（β溶血），也有不发生溶血者。凡溶血性菌株大多具有致病性。

致病葡萄球菌中以金黄色葡萄球菌致病性最强，主要与其产生各种毒素和酶以及某些细菌抗原有关。主要毒素有溶血素、杀白细胞素、肠毒素、表皮溶解毒素、产生中毒性休克综合征的毒素、产红疹毒素。可产生的酶有蛋白酶、脂酶和透明质酸酶等多种酶类，这些酶的致病作用尚不明确，但具有破坏组织的作用，可能促进感染向周围组织扩散。此外，还有几种酶与致病和耐药有关，主要有血浆凝固酶、β内酰胺酶、溶脂酶、过氧化氢酶、溶纤维蛋白酶等。各种毒力因子相互调控，以行使其功能，表皮葡萄球菌和腐生葡萄球菌基本上不产生对人体具毒性的毒素和酶。

【流行病学】

各种动物均可以感染，其中以鸡、鸭、仔猪、兔最常见。奶牛、羊、水貂、骆驼、貉子、中华竹鼠、小灵猫、孔雀均有感染的报道。感染途径较多，如破损的皮肤或黏膜、消化道、呼吸道、汗腺、毛囊等。临床上以破损的皮肤或黏膜最为多见。当动物的机体抵抗力下降时，再加上环境恶劣、污染严重、饲养管理条件差等可导致本病的发生和流行。本病的发生无明显的季节性，但以夏、秋季发生较多。

【临床症状及病理变化】

金黄色葡萄球菌可引起动物皮肤和软组织感染、败血症、肺炎、心内膜炎、乳房炎、中毒性休克综合征等。

（1）牛、羊　以乳房炎最为常见。

①急性乳房炎：病初，病变乳区肿胀、坚实、疼痛、皮肤紧绷。乳汁呈奶油色，或稀薄或浓稠，内多含凝块及絮状沉淀物。随着受累乳区逐渐扩大，乳汁明显减少，只能挤出少量微红、黄或红棕色含絮片的浓稠乳汁，气味恶臭。

②慢性乳房炎：可由急性乳房炎转变而来，也可独立发生。病初为卡他性炎，乳汁稀薄或浓稠，内含凝块和絮状物。后期转为增生性乳房炎。

（2）猪　渗出性皮炎是由葡萄球菌引起的仔猪的一种高度接触性传染病。多发生于3~30日龄的仔猪。急性型多发生于仔猪，病初在肛门、眼睛周围、耳郭和腹部无毛处发生红斑，继而出现直径3~4mm的微黄色水疱。水疱迅速破裂，可流出清亮的浆液或黏液，然后结痂，痂块脱落后露出鲜红的创面。病变通常于1~2d内蔓延至全身表皮。慢性型多发生于较大仔猪或育成猪，有时也可见于成年猪。病变多局限于鼻突、耳、四肢等局部，病程缓慢。初期可在无被毛的皮肤形成棕色渗出性皮炎区，有时可见形成溃疡后期受损皮肤增厚，伴有明显的鳞屑。

（3）禽　临床上可以表现多种病型。

①急性败血型：病禽表现为精神沉郁，翅下垂，缩颈，眼睛半闭呈瞌睡状，羽毛松乱粗糙，食欲减少或废绝。部分病鸡有腹泻，排出黄绿色稀粪。较为特异的临床症状是胸、腹部皮肤呈紫色或紫黑色，皮下水肿，有时水肿可延伸至大腿内侧，手触动有波动感。死亡率差异很大，为10%~50%。

②慢性关节炎型：病禽的多处关节发生炎性肿胀，呈紫红色或黑色，有的破溃后结成黑色痂，有的趾端坏死，指甲脱落，病禽因关节发炎而跛行或不能站立。

③脐炎型：新出壳的雏禽脐环闭合不全，感染葡萄球菌后，可引起脐炎。病禽除一般的临床症状外，还表现为腹部膨大脐孔发炎肿大，局部呈黄红色或紫黑色。

（4）兔　通过皮肤损伤或经毛囊、汗腺感染时，可引起转移性脓毒血症。初生仔兔经脐带感染时，也可发生脓毒血症。经呼吸道感染时，可引起上呼吸道炎症。哺乳母兔感染可引起乳房炎，仔兔可因吸吮含有金黄色葡萄球菌的乳汁而引起仔兔肠炎。

【诊断】

根据流行病学、发病史，以及临床症状可初步诊断，通过实验室对病料进行涂片、染色、镜检、分离培养与鉴定可以确诊。

根据病型不同采取不同检材，如脓汁、血液、可疑食物、呕吐物及粪便等。取标本涂片，革兰染色后镜检，根据细菌形态，排列和染色性可做出初步诊断。同时将标本接种于鲜血琼脂平板，甘露醇和高盐培养基中进行分离培养，培养后挑选可疑菌落进行涂片、染色、镜检。致病性葡萄球菌的主要特点：产生凝固酶、金黄色素，有溶血性，发酵甘露醇。血浆凝固酶试验，常作为鉴别葡萄球菌有无致病性的重要标志。

有时由于临床上使用抗生素，分离不到细菌或分离的细菌呈L型，这时可以采取PCR扩增到特异性葡萄球菌基因片段。

【防控措施】

加强饲养管理，防止空气湿度大、饲养密度大、通风不良、环境卫生差，使细菌大量繁殖；避免畜禽因各种原因造成皮肤擦伤，皮肤免疫屏障被破坏，导致本菌感染。加强消毒，降低环境中葡萄球菌，减少病原的感染机会。

畜禽发病时，应及时进行药物治疗，经过药敏试验，选用敏感的抗生素及磺胺类药物用于治疗，以减少经济损失。皮肤创伤应及时处理，合理用药，避免滥用抗生素。

【公共卫生】

人的葡萄球菌病主要由于烫伤与外伤感染、医院内感染所致。临床症状表现多样，从轻症的局部脓肿到全身感染的败血症。常见乳腺炎、膀胱炎、肺炎、阴道炎和小肠结肠炎等。有的表现为葡萄球菌性烫伤样皮肤综合征，初发皮损多为水肿性红斑，然后在红斑上出现松弛性水疱，1~3d可蔓延至全身，水疱易破，露出鲜红色糜烂面，似烫伤样外观。有金黄色葡萄球菌感染者，通过分离培养，药敏试验，选用敏感抗菌药物进行治疗。加强食品安全管理，防止金黄色葡萄球菌污染食品和金黄色葡萄球菌肠毒素的生成。

十五、绿脓杆菌病

绿脓杆菌病（cyanomycosis）是由铜绿假单胞杆菌引起的人兽共患传染病。1882年首先由 Gersard 从伤口脓汁中分离到绿脓杆菌。随着养殖业规模化的不断扩大，由绿脓杆菌引起的动物疫病有上升的趋势。有关绿脓杆菌导致的疫病主要有：规模化养狐场母狐的流产、羊群的化脓性肺炎、雏鸡的败血症等，其他动物绿脓杆菌病的报道也日渐增多。本病给规模化养殖场造成了很大威胁。

【病原】

绿脓杆菌（*Bacillus pyocyaners*）也称铜绿假单胞杆菌（*Pseudomonas aeruginosa*），为假单胞菌属（*Pseudomonas*），革兰染色阴性，呈两端钝圆的短小杆菌，大小 $(1.5\sim3.0)\,\mu m\times(0.5\sim1.0)\,\mu m$，单个或成双排列，偶见短链。无荚膜，无芽孢，有单鞭毛，位于菌体一端。

本菌为需氧菌，在普通培养基上生长良好，于 $4\sim42\,^\circ C$ 均可生长。本菌能分泌两种色素，一种为绿脓素（pyocyanin），另一种为荧光素。绿脓素可溶于水或氯仿中，而荧光素仅溶于水，不溶于氯仿。绿脓素是一种蛋白质，相对分子质量 4.5×10^4。绿脓杆菌的某些菌株不产生色素，或只在特定的培养基上才产生色素。在鲜血琼脂平板上能产生明显的 β 溶血，本菌能在 NAC 鉴别培养基上产生绿色荧光。

绿脓杆菌可分泌内毒素和外毒素。内毒素是构成细胞壁的一种脂糖体，毒力较弱。外毒素有两种，一种为毒力很强的外毒素 A，是一种致死性外毒素，国内外目前研究结果证明，外毒素 A 是绿脓杆菌最主要致病因子；另一种外毒素为磷脂酶 C，是一种溶血毒素。

本菌型别十分复杂，目前还没有统一的分型标准。但各国多采用血清学分型方法，通过抗原与抗体的直接凝集即可达到分型目的。绿脓杆菌除了血清学分型外，还有噬菌体分型和绿脓菌素分型等方法。根据血清型，分为 14 个型（A~N），我国各地水貂出血性肺炎的绿脓杆菌的流行血清学与国外一致，以 G 型为主。

绿脓杆菌对外界环境的抵抗力较强，对干燥、紫外线的抵抗力也较强，在污染的环境、土壤中及潮湿处能长期存活，加热 1h 才能将其杀死。对许多化学消毒剂和抗生素有抵抗力。

【流行病学】

本菌在自然界中分布广泛，存在于水、土壤、空气、动物的肠道和皮肤，是一种条件性致病菌。鸡、鸭、鹅、鹌鹑、水貂、牛、羊、兔等动物均可感染，獐子麝、长臂猿、大熊猫、狐狸等野生动物也可感染。一年四季均可发生，但以春季多发。随着集约化的不断扩大，本菌导致的疾病表现为群体的急性暴发，死亡率增高。

雏鸡随日龄的增加，对本病的抵抗力逐渐增强。最常见的发病原因是出壳雏鸡接种马立克病疫苗时，由于器械和注射部位不消毒或消毒不严，造成绿脓杆菌严重感染。水貂感染发病多发生于夏、秋季，尤其是在秋季，气温多变，水貂受到换毛等因素的影响，以及幼貂的母源抗体逐渐消失，部分养殖场感染水貂出血性肺炎的死亡率较高。

【临床症状】

本菌主要引起各种动物的化脓性炎症及败血症。

（1）鸡　可引起肺炎、肝周炎、心包及心肌炎、败血症、关节炎、眼炎等。病鸡离群呆立，精神不振，羽毛蓬乱无光，食欲减少或废绝，呼吸急促，后期呈腹式呼吸，流鼻涕，有啰音，体温升高，高达43℃以上，病鸡喜卧，站立不稳，腹部膨大，外观腹部呈暗紫色。病鸡大多腹泻，粪便呈白色或红色水样。有的病鸡肛门水肿、外翻，有出血斑点。有的可见眼炎，眼球混浊，眼睑肿胀内有多量分泌物，严重的病雏单侧或双侧失明。有的病鸡关节肿大，跛行，直立行走时盲目前冲，颈部皮下水肿，严重病鸡双腿内侧皮下也见水肿。最终因神经麻痹、痉挛、抽搐而死。

（2）羊　感染后开始几乎看不出任何临床症状，只是可见食欲略减，间或咳嗽，随病程延长，出现精神不振、毛无光泽、体温略有升高，病情严重时体温升高，偶尔咳嗽，部分羊腹泻，后期病重者呼吸困难，死亡很急，偶见鸣叫，流出脓性鼻液或白沫。病程长短不一，多持续2~3个月。

（3）水貂　呈急性经过，常呈地方性。流行前期部分水貂未出现临床症状而突然死亡。死前精神兴奋异常，有时会发生尖叫；病貂可见发热，四肢发烫，精神沉郁，昏睡，食欲废绝。呼吸困难，呈腹式呼吸，鼻镜干燥，死亡时水貂口、鼻有血样泡沫流出；部分出现惊厥、摇头等症状；个别水貂流泪、眼部分泌物增多，有时爪子肿大。病程1~2d，病死率90%左右。

（4）兔　病兔精神委顿，食欲减退或废绝，呼吸迫促，排棕绿色稀粪，急性型1~2d死亡，慢性型5~6d死亡。

【病理变化】

（1）鸡　病鸡颈部、脐部皮下呈胶冻样浸润，肌肉有出血点或出血斑。内脏器官不同程度充血、出血。肝脏脆而肿大，呈土黄色，有淡灰黄色小坏死灶。胆囊充盈。肾脏肿大，表面有散在的小点出血。肺脏充血，有的见出血点，肺小叶炎性病变，呈紫红色或大理石样变化。心冠脂肪出血，并有胶冻样浸润，心内、外膜有出血斑点。腺胃黏膜脱落，肌胃黏膜有出血斑，易剥落，肠黏膜充血、出血严重。脾肿大，有出血小点。气囊混浊、增厚。

（2）羊　病死羊肺脏水肿、出血，尖叶、心叶肉变，间质变宽；肝肿大、质脆，有局灶性灰白色纤维素膜增生；脾肿大，包膜灰白增厚；腹股沟淋巴结水肿；胆囊肿大，胆汁稀薄；肾出血，表面白膜增厚；肠系膜混浊，肠系膜淋巴结肿胀呈索状，切面灰白，小肠内含稀黄绿内容物；气管喉头充血，内含泡沫等黏液；偶见皮下有胶样渗出物；膀胱有黄色积尿。

（3）水貂　肺部出血性病变是本病的主要特征。主要表现为出血性肺炎和肺水肿变化；肺肿大、表面光亮，充血、出血，有的有暗红色出血斑，肺组织致密，呈肝样硬度，用刀切开后流出大量的血样泡沫；气管、支气管呈桃红色；病变肺放于水中下沉，肺门淋巴结有出血、水肿。胸腔积液，心肌松软，冠状沟有出血点。脾脏极度肿大，质脆易碎，呈黑紫色，表面有芝麻大的黑色出血点。肝脏病变颜色表现不一，有的苍白，有的浅褐色兼有灰白色，或者土黄色变化。个别肾脏皮质有出血点或出血斑，胃黏膜溃疡，充满黑色内容物。十二指肠有鲜红色出血斑。

（4）兔　各肠段呈卡他性炎症或黏膜出血，肺呈暗红色且有点状出血，脾肿大呈桃红色，有的兔皮下水肿。

【诊断】

根据临床症状、病理变化初步诊断为绿脓杆菌病，再结合实验室检查结果确诊。

（1）病料涂片染色　取病死动物或处于濒死状态动物的心血、肝脏、肺脏、肾脏和渗出物涂片，革兰染色、观察，在各脏器中均能见到革兰阴性、中等大小杆菌。以肝脏细菌数为多见。

（2）分离培养　无菌剪取动物肝脏，涂布于 SS、普通营养琼脂平板。绿脓杆菌在这两种琼脂平板上均生长良好。菌落中等大小，光滑，扁平或微隆起，湿润，边缘不整齐。在 SS 琼脂上生长 36h 后，中央出现黑点。在半固体培养基中上层生长旺盛，产生绿色素使培养基变绿，有动力。在普通肉汤中呈均匀混浊，呈黄绿色，有菌膜，能产生黏液，在室温放 1~2d 能使肉汤变成稠胶体状。

（3）生化试验鉴定　进行糖醇类代谢试验、氨基酸和蛋白质代谢试验、有机酸盐和胺盐利用试验、呼吸酶类试验、毒性酶类试验进行鉴定。

（4）动物接种试验　取所分离细菌接种在肉汤培养基中生长，经稀释后以不同细菌浓度分别给小鼠腹腔注射，24h 内可引起接种鼠死亡。可见死亡鼠出现与病死动物相同的病变，解剖后用肺脏和肝脏涂片、镜检，可检出相同菌体。

（5）血清学试验　可采用协同凝集试验、琼脂扩散试验、ELISA、荧光抗体技术等血清学试验予以检测。

应注意鸡绿脓杆菌病同雏鸡脱水与缺氧症的区别。

【防控措施】

预防本病，应从改善养殖场饲养管理条件，加强兽医卫生措施着手，严格按照规定要求做好种蛋收集、保存、孵化全过程及孵化设备、环境、注射疫苗器具的清洗和消毒工作。对发病貂场做好全群清洁消毒工作，更换营养丰富的鱼、肉料，及时补充维生素。

根据药敏试验结果，选择高敏抗菌药物进行治疗。常用的抗菌药物有庆大霉素、环丙沙星、丁胺卡那霉素、氟哌酸、复达欣、多黏霉素、羧苄青霉素和磺胺嘧啶等，可有较好的治疗效果。

【公共卫生】

本病属人兽共患病，应定期对貂场进行消毒，貂场工作人员做好卫生防护工作，以预防人、貂相互传染。人主要发生在大面积烧伤后感染，严重者可引起脑膜炎或菌血症。发生菌血症时的病死率高达 44%~81%。在烧伤患者中铜绿假单胞杆菌的检出率居各种感染菌的首位。此外，呼吸道和泌尿道的感染也很常见。

外科病房的清洁卫生、消毒结合抗生素注射，是防止伤口感染的根本措施。对患者的治疗，抗生素的疗效不甚理想。国内外多采用高免血清被动免疫抢救危重患者。

十六、耶尔森菌病

耶尔森菌病（Yersiniosis）是由致病性耶尔森菌感染人和动物引起多种疾病的总称。致病性耶尔森菌通常先引起啮齿动物、家畜和鸟类等动物感染，人类通过接触已感染的动物、食入污染食物或节肢动物叮咬等途径而被感染。临床上常见由鼠疫耶尔森菌引起的鼠疫，小肠结肠炎耶尔森菌引起的腹泻和假结核耶尔森菌引起的伪结核病。

鼠疫在人类历史上发生过多次流行，从 6 世纪以来，曾发生过 3 次世界性大流行，给人类造成了严重的危害。鼠疫在我国也发生过 6 次较大规模的鼠疫流行，发病人数超过百万。截至 2005 年，确定准噶尔盆地大沙鼠鼠疫自然疫源地为我国新型的鼠疫自然疫源地，至此，我国已发现了 12 类鼠疫自然疫源地，分布于 19 个省（自治区、直辖市），其面积占我国国土面积的 10% 以上。

【病原】

致病性耶尔森菌主要包括鼠疫耶尔森菌（*Yersinia pestis*）、小肠结肠炎耶尔森菌（*Yersinia entero-colitica*）和假结核耶尔森菌（*Yersinia pseudotuberculosis*），属于耶尔森菌属。鼠疫耶尔森菌为革兰染色阴性短小杆菌，两端钝圆并浓染，无鞭毛，不形成芽孢。在动物体内和早期培养中有荚膜。兼性厌氧，营养要求不高，培养基里添加血清、血液、酵母膏后，生长良好，28~30℃鲜血琼脂平板上培养 24~48h 形成无色透明花边样菌落。我国鼠疫耶尔森菌可分 5 群（A~E）17 个生态型，不同生态型的菌株生长情况有明显差别，生长好的生态型致病力较强。

小肠结肠炎耶尔森菌革兰染色阴性杆菌，不形成芽孢，周身鞭毛。小肠结肠炎耶尔森菌与鼠疫耶尔森菌不同，在 22~30℃培养时有运动性，37℃培养则无运动性。小肠结肠炎耶尔森菌具有比较明显的表型多样性，包括 6 个生物型和至少 50 种血清型，其不同生物型、血清型与菌株致病性、生态学以及地区分布具有相关性。已证实小肠结肠炎耶尔森菌外膜蛋白、肠毒素、毒力质粒、超抗原、铁摄取系统等与小肠结肠炎耶尔森菌的致病性密切相关。

假结核耶尔森菌是一种革兰染色阴性的短杆菌，需氧或兼性厌氧，生长温度较为宽泛，0~45℃均可生长，22~30℃生长最佳，22~30℃培养时有运动性，37℃培养则无运动性。假结核耶尔森菌具有侵袭力。有明显的淋巴嗜性，T 细胞介导的细胞免疫在抗感染中起主要作用。

鼠疫耶尔森菌、小肠结肠炎耶尔森菌和假结核耶尔森菌这 3 种致病菌都携带有一个约 70kb 的毒力质粒（pYV），是耶尔森菌致病所必需的。鼠疫耶尔森菌强毒株还携带有鼠疫毒素质粒 pMT1、低钙反应质粒 pCD1 和鼠疫菌素质粒 pPCP1；鼠疫耶尔森菌有很高的致病力和侵袭力，这与毒力因子密切相关。

【流行病学】

鼠疫主要在啮齿动物中循环流行，形成自然疫源地。啮齿动物中主要是鼠类和旱獭，通过蚤类进行传播。动物和人间鼠疫的传播主要以鼠、蚤为媒介，人类一般只是偶然受染。但如罹患肺鼠疫，则可出现人与人传播。我国目前仅西南、西北某些地区仍有鼠间鼠疫流行，人间鼠疫仅散发于个别地区，多在 6~9 月，而鼠疫多在 10 月以后流行。鼠疫作为自然疫源性疾病，探索其基因组进化的基本规律及其与本菌在自然界适应性演化之间的内在联系是很有必要的。

小肠结肠炎耶尔森菌几乎遍布世界各地，宿主广泛，扁桃体带菌的猪是人类感染本病的主要传染源和储菌者，而带菌的猫和犬是其他动物感染的来源，我国分离到的主要流行血清型 O∶3 和 O∶9，这两种血清型的小肠结肠炎耶尔森菌亲缘关系较远。

假结核耶尔森菌感染率一般都稍低于小肠结肠炎耶尔森菌，分布具有明显的地理差异。

【临床症状及病理变化】

鼠疫耶尔森菌常引起毒血症临床症状，伴局部临床症状，以急性淋巴腺炎（腺鼠疫）最常见，其次是败血症、肺炎，偶可见脑膜炎、皮肤型鼠疫等。鼠疫耶尔森菌经皮肤进入人体后，首先到达局部淋巴结，引起出血坏死性淋巴腺炎。然后进入血循环，引起菌血症和败血症。也可经血液到达肺脏，引起出血坏死性肺炎（肺鼠疫）。病变主要是血管和淋巴管内皮细胞损害及急性出血性、坏死性病变。淋巴结肿常与周围组织融合，形成大小肿块，呈暗红或灰黄色；脾、骨髓有广泛出血；皮肤黏膜有出血点，浆膜腔发生出血性积液；心、肝、肾可见出血性炎症。鼠疫呈支气管或大叶性肺炎，支气管及肺泡有出血性、浆液性渗出以及散在细菌栓塞引起的坏死性结节。

小肠结肠炎耶尔森菌引起胃肠道临床症状表现多样，主要表现急性腹泻，末端回肠炎和肠系膜淋巴结炎；部分患者比较严重，尤其是免疫功能缺陷患者，可导致活动性关节炎、结节性红斑和"耶尔森肝炎"等后遗症。

假结核耶尔森菌病是一种食源性感染，一般仅是胃肠道临床症状、肠系膜淋巴结炎等。但是由于其临床症状不典型，极易造成诊断不明而延误治疗，导致发生肠外多种自身免疫性并发症。剖检病变主要特征为在肠壁、肠系膜以及各实质器官形成粟粒状干酪样坏死。

【诊断】

根据流行病学、发病史、临床症状及剖检病理变化可以初步判断，确诊需要进行实验室检测。实验室检测时，无菌取淋巴结穿刺液、血液、痰液等，一方面做直接涂片镜检，同时进行分离培养。或通过血清学试验，检查特异性抗体。PCR 也可以作为诊断的依据。

【防控措施】

加强环境卫生和消毒工作，定期消毒、灭鼠，防止饲料和饮水的污染。加强对主要宿主、媒介的调查，发现疫情及时上报。及时做好疫区处理，严防鼠疫疫情传入和传出，确保卫生安全和社会稳定。

确诊病例可以采用抗菌药物隔离治疗。首选药物为链霉素和四环素，其次是磺胺类药物、卡那霉素、庆大霉素等。抗生素和磺胺类药物联合使用可以提高疗效。

【公共卫生】

鼠疫耶尔森菌感染人常引起腺鼠疫，其次是败血症、肺炎，偶可见脑膜炎、皮肤型鼠疫等。小肠结肠炎耶尔森菌引起人类的食源性疾病，表现胃肠炎。假结核耶尔森菌造成人类败血症、淋巴结炎和阑尾炎。

由于鼠疫自然疫源地在世界范围内的分布相当广泛，不可能彻底消除，而且有可能传染给人，造成人间鼠疫的流行，对其监控不可放松；而对于小肠结肠耶尔森菌和假结核耶尔森菌，预防主要是注意饮食卫生，加强食品安全管理，食物不要久置于冰箱。

十七、李氏杆菌病

李氏杆菌病（Listeriosis）主要是由产单核细胞李氏杆菌引起的人兽共患传染病，其发病率低，但致死率较高。动物主要表现脑膜炎、流产、败血症等。自 1926 年 Murray 等首次分离到本病原体以后，现已呈世界性分布。最初，人们只认为产单核细胞李氏杆菌仅引起动物发病，20 世纪 80 年代以来，美国加州因食用污染有产单核细胞李氏杆菌的动物性食物而暴发李氏杆菌病，才彻底认识到它还是人的一种食物源性病原菌。

【病原】

产单核细胞李氏杆菌（*Listeria monocytogenes*），革兰染色阳性，两端钝圆、平直或弯曲的小杆菌，不能形成荚膜和芽孢，大小为 $(0.4 \sim 0.5) \mu m \times (0.5 \sim 2.0) \mu m$，多单在或排列成 V 形或短链；在 $20 \sim 25 ℃$ 时可形成 $1 \sim 4$ 根鞭毛，有运动性，但在 $37 ℃$ 条件下形成的鞭毛较少，运动性下降甚至鞭毛缺失，无运动性。幼龄培养物呈革兰阳性，陈旧培养物有时变为阴性。具有菌体（O）抗原和鞭毛（H）抗原，采用凝集和黏附试验可将其分成 7 个血清型：$1 \sim 7$ 型，之后再进一步分成 16 个血清变种。本菌为需氧及兼厌氧性菌，最适温度 $37 ℃$。在普通培养基上能生长，在肝汤和肝汤琼脂上生长良好。

本菌不耐酸，pH 5.0以上才能繁殖，至pH 9.6仍能生长。对食盐耐受性强，对热的耐受性比大多数无芽孢杆菌强，常规巴氏消毒法不能杀灭它。2.5%苯酚溶液5min，2.5%氢氧化钠溶液20min可杀灭它。本菌具有较强的抵抗力，秋冬时期，在土壤中能保存5个月以上，在尸体内保存1.5~4个月不失活力。

【流行病学】

自然发病多见于绵羊、猪、兔，牛、山羊次之，马、犬、猫很少。绵羊感染以6周龄以内发病更为严重。在家禽中，以鸡、火鸡、鹅较多，鸭较少。许多野兽、野禽、鼠类都易感染，且常为本菌的贮存宿主。妊娠母畜和幼龄动物较易感。各种年龄的动物都可感染发病。

本病可经消化道、呼吸道、眼结膜感染，也可经过吸血昆虫的刺螫和外伤等感染。传播呈散发性，发病率低，但病死率高。

李氏杆菌属广泛存在于环境中，可以从土壤、腐烂植物和牧草、青贮饲料、污泥、工厂排出物和河水中分离到。产单核细胞李氏杆菌感染与青贮饲料特别有关，饲喂青贮饲料的畜群其李氏杆菌发病率明显增加。本病有一定的季节性，脑炎病例主要发生在2~3月，但感染高峰是在妊娠后期。

【临床症状】

自然感染的潜伏期为2~3周。有的为数天，也有长达两个月的。

（1）反刍动物 病初发热，羊体温升高达40.5~41℃，牛体温升至39.4~40.5℃。舌麻痹，采食、咀嚼、吞咽困难。头颈呈一侧性麻痹，弯向对侧，常朝向病侧旋转或做圆圈运动，遇障碍物以头抵靠而不动。角弓反张，昏迷卧于一侧，直至死亡。妊娠母牛（羊）流产，羔羊常发生急性败血症而很快死亡。水牛感染病死率比其他牛高。犊牛除脑炎临床症状外，有时呈急性败血症，主要表现为发热、精神沉郁、虚弱、消瘦及下痢等。

（2）猪 有败血型、脑膜脑炎型、混合型。

①败血型：未显临床症状而突然死亡，病程1~3d，死亡率高。哺乳仔猪多见。

②脑膜脑炎型：脑炎临床症状与混合型相似，但较缓和。病猪的体温、食欲、粪尿多正常。病程长，多数死亡。断奶仔猪多发，哺乳仔猪也有发病。

③混合型：初期体温升高达41~42℃，中后期体温降至常温或以下。吃奶次数减少或不吃。粪便干燥，尿量减少。多数病猪表现脑膜脑炎症状，初期兴奋，共济失调，做圆圈运动，无目的的行走，不自主后退。有的头触地不动，肌肉震颤，有的头颈后仰，四肢张开，呈观星状。四肢麻痹，不能站立，卧地，抽搐，口吐白沫，四肢呈游泳状划动。病程1~3d或更长。多见于仔猪，病死率高；成年猪多耐过；妊娠母猪隐性感染，一般无病状的情况下而发生流产。

（3）家禽 病初精神委顿，羽毛粗乱，蹲伏，腹泻，粪便呈绿色。头肿大，鸡冠、肉髯发绀，呼吸困难，流泪，食欲减退，消瘦而死。病程长者出现神经症状，共济失调。

【病理变化】

败血症动物，有败血症变化，肝脏有坏死。家禽心肌和肝脏有小坏死灶或广泛坏死。兔和其他啮齿动物，肝有坏死灶，血液和组织中单核细胞增多。有神经临床症状的患病动物，脑膜和脑可见充血、炎症或水肿的变化，脑脊液增加，稍混浊，含很多细胞，脑干变软，有小脓灶，血管周围有以单核细胞为主的细胞浸润。流产的母畜可见到子宫内膜充血甚至广泛坏死，胎盘子叶常见有出血和坏死。

【诊断】

由于李氏杆菌病常呈散发，临床症状和病变不典型，需要实验室检查才能确诊。

（1）细菌分离培养　将病料接种到普通培养基或肝汤琼脂上37℃培养。肝汤琼脂上形成圆滑、透明露滴状菌落，当用反射光线检查时，菌落呈乳黄色 β 溶血。肉汤培养微混浊，有灰黄色颗粒沉淀。

（2）PCR 检测　针对 *hly* 基因设计的引物序列，通过 PCR 特异性扩增，或实时荧光定量 PCR 均能快速诊断本病。

（3）血液学检查　血液白细胞总数升高，单核细胞达 8%～12%。血清学诊断可用荧光抗体法、凝集试验和补体结合试验。

【防控措施】

平时做好灭鼠、灭蚊、灭蝇和消灭外寄生虫的工作，使畜群保持健康状态。不要从有病地区引入动物。发病时应实施隔离、消毒、治疗等措施。

由于产单核细胞李氏杆菌是细胞内寄生，并且是细胞诱导免疫，目前尚无有效的疫苗，且应用抗生素治疗动物李氏杆菌病的效果也不理想。氨苄青霉素和羟氨苄青霉素比较有效，而氯霉素、红霉素、链霉素和四环素则无效。脑炎病例的抗生素治疗效果较差，必须大剂量口服。其他类型的李氏杆菌病(如流产型)，多数可自愈。对于发病的群体控制主要是慎用青贮饲料。

【公共卫生】

人感染主要表现脑膜炎、粟粒样脓肿、败血症和心内膜炎等。因此，在患病动物的饲养或剖检尸体时，应注意自身防护。平时应注意饮食卫生，防止食用因产单核细胞李氏杆菌污染的蔬菜或乳、肉、蛋而造成感染。

十八、弯曲菌病

弯曲菌病(campylobacteriosis)原名弧菌病(vibriosis)，是由弯曲菌引起的人和动物一系列疾病的总称。多种动物都能感染此病，临床上动物以腹泻、流产、不孕、乳房炎为特征，禽类可表现传染性肝炎。人不仅可表现腹泻和食物中毒，也可引起流产、败血症、心内膜炎、关节炎、肺炎和脑膜炎等全身感染。

本病在世界各地的分布较广，我国也有分布，目前本病已作为重要的人兽共患病而引起广泛重视。弯曲菌的耐药性尤其是对氟喹诺酮类和大环内酯类的耐药性，在人和食用动物源细菌表现十分严重，已经成为全球关注的重点。

【病原】

弯曲菌是弯曲菌目弯曲菌科弯曲菌属的一系列耐热微需氧细菌，本菌在很多家畜、宠物、野生动物及鸟类的肠道中属于共生细菌。在弯曲菌属(*Campylobacter*)细菌中，引起流产的主要是胎儿弯曲菌(*C. fetus*)，它又分为两个亚种：即胎儿弯曲菌胎儿亚种(*C. fetus* subsp. *fetus*)和胎儿弯曲菌性病亚种(*C. fetus* subsp. *venerealis*)。引起人和动物肠炎的主要是空肠弯曲菌(*C. jejuni*)。结肠弯曲菌(*C. coli*)是弯曲菌属的一种，是近十几年来受到国内外广泛关注的人兽共患病原菌，可引起人类肠炎和食物中毒。

弯曲菌的菌体纤细，菌体弯曲呈逗点状、弧状、S 形或螺旋形状，多个菌体聚集在一起时可成海鸥展翅状，无荚膜，无芽孢，宽 0.2～0.8μm，长 0.5～5μm。在大气或厌氧的环境中不生长，在老龄培养物中呈螺旋状长丝或圆球形，运动力活泼。该菌是革兰染色阴性菌，微需氧，对营养要求较高。该菌在含 10% 二氧化碳的环境中生长良好。于培养基内添加血液、血清，有利于初代培养该菌。对 1%牛胆汁有耐受性，利用这一特性可使分离纯菌。

弯曲菌抵抗力不强，易被干燥、直射阳光所灭活，58℃加热 5min 即死亡，但对低温抵抗力较强，在干草和土壤中，20~27℃可存活 10d，于 6℃可存活 20d，–20℃条件下可存活 98d。

弯曲菌的抗原结构较复杂，已知的有 O、H 和 K 抗原。目前用于血清学分型的方法主要有两种，即依赖耐热可溶性抗原建立的间接血凝分型法和依赖不耐热抗原建立的玻板凝集分型法，前者可将空肠弯曲菌分为 60 个以上血清型，后者则分为 56 个血清型。

【流行病学】

传染源是患病动物和带菌者。牛可带菌数月甚至更长。母牛感染胎儿弯曲菌后 1 周，即可从生殖道黏液中分离到病菌，感染后 3 周至 3 个月，菌数增多。经过 3~6 个月后，多数母牛可自愈，但某些母牛可长期带菌。当母羊感染、流产后，可迅速康复且不带菌，因为其主要传播途径是消化道，不发生交配传染。该菌主要侵害绵羊，山羊很少发病。

胎儿弯曲菌胎儿亚种对人和动物均有感染性，可引起绵羊地方性流产、牛散发性流产和人的发热，其感染途径是消化道。胎儿弯曲菌性病亚种会引起牛的不育和流产，感染途径为交配或人工授精，迄今未见人感染的报道。

空肠弯曲菌在自然界分布很广泛，存在于各种动物体的肠道内，从粪便中排出，污染外界环境。这种排菌动物可成为传染源，国内已发现有 19 种之多。鸡的自然感染率多在 50%以上，猪的带菌率通常可达 90%以上。成年母畜比公畜易感，未成年者抵抗力不强。

（一）弯曲菌性流产

【临床症状】

（1）牛　母牛感染弯曲菌时，常引起暂时性不孕和流产。若是交配后感染，病菌一般在 10~14d 侵入子宫和输卵管中，并在其中繁殖，引起发炎。病牛呈卡他性子宫内膜炎和输卵管炎，阴道黏膜发红，特别是子宫颈部分，阴道排出较多黏液，有时可持续 3~4 个月，黏液常清澈，偶尔稍混浊，发情周期不规则且特别延长（30~63d），受胎率低。因为有些怀孕母牛的胎儿死亡较迟，所以引发流产。流产多发生在妊娠第 5~7 个月，流产率为 5%~20%。早期流产，胎膜常可自动排出，如发生在怀孕后期，经常会出现胎衣滞留。胎盘的病理变化最常为水肿，胎儿的病变情况与布鲁菌病相似。公牛感染一般没有明显临床症状，精液正常，但带菌，有时可见包皮黏膜潮红。牛经第一次感染获得痊愈后，对再次感染一般具有抵抗力，即使与带菌公牛交配，仍能受孕。

（2）羊　胎儿弯曲菌主要存在于流产胎儿以及胎儿胃内容物中，空肠弯曲菌主要存在于流产绵羊的胎盘、胎儿胃内容物以及血液和粪便中。正常动物的肠道中也有空肠弯曲菌。本病主要经消化道感染健康羊。流产的母羊通过流产排出大量胎儿弯曲菌，严重地污染草场、圈舍、水源、饲料，易感羊通过消化道而传染。羊也可通过舌舔流产胎儿、胎衣而感染。怀孕母羊感染本病后，于怀孕后 4~5 个月发生流产。开始时，羊群中流产数不多，1 周后迅速增加，流产率为 20%~25%，有的群可高达 70%。流产前几天，阴道内可流出分泌物，随后产死胎、死羔或弱羔。流产后多数母羊可迅速恢复，在下一年繁殖季节可正常怀孕。个别母羊因死亡胎儿在子宫内滞留，发生子宫内膜炎和腹膜炎而死亡，病死率约为 5%。

【诊断】

根据流行病学特点、暂时性不育、发情期延长以及流产等可做出初步诊断，确诊有赖于实验室检查。

采取胎盘绒毛膜、羊水或胎儿胃内容物、肠内容物及心血等病料做病原分离，或采集血液样品做血清学试验，如凝集试验、免疫荧光试验、ELISA 等。近年来，国内研究表明可采用 PCR 检测牛胎儿弯曲菌。血清学试验对绵羊的诊断意义不大。

【防控措施】

由于牛弯曲菌性流产主要是交配传染,因此要淘汰患病的种公牛,同时也可应用疫苗预防。对 1 岁以上的公牛和后备母牛应进行免疫。从第 3 年起,公牛每年免疫 1 次。非感染牛群,只对公牛每年免疫 1 次。因为疫苗对终止感染不一定都有效,建议对感染牛进行抗生素治疗。

牛群暴发本病时,应暂停配种 3 个月,同时用抗生素治疗病牛。流产母牛,特别是胎膜滞留的病例,可按子宫内膜炎进行常规处理,子宫内投入链霉素和四环素族抗生素,连续 5d。

绵羊主要在分娩时散播本病,因此产羔季节要实行严格的卫生措施。流产母羊应严密隔离,用甲砜霉素或氟苯尼考进行治疗,及时清除被污染的饲料和垫草。流产胎儿及胎衣等应彻底焚毁。对污染的土壤和工具应进行消毒。使用多价疫苗免疫绵羊,可有效地预防流产。

(二)弯曲菌性腹泻

牛空肠弯曲菌又称冬痢或黑痢。主要发生在秋、冬季,呈地方流行性。各种品种牛均易感,无论大小均可感染。各种鸡对本病都有易感性,而且发病率高,但死亡率低,可严重影响产蛋率。

【临床症状】

(1)牛　本病发生于秋、冬季的舍饲牛,呈地方流行性,潜伏期 3~7d,病程 2~3d,若及时治疗则很少发生死亡。大、小牛均可发病,发病突然,一夜之间可使 20% 的牛只发生腹泻,2~3d内 80% 的牛显示同一临床症状。病牛体温轻度升高。排恶臭、水样棕色稀便,带有血液,乳产量下降 50%~95%。病情严重者,可呈现精神委顿、食欲不振、弓背、毛乱、寒战、虚弱、不能站立等临床症状。患牛还可出现乳房炎。

(2)猪　多见于 3~8 月龄猪。根据病变特征区分为肠腺瘤病、坏死性回肠炎、局部回肠炎和增生性出血性肠炎 4 种类型。临床表现为病猪精神不振、食欲减退、腹泻、体重减轻、消瘦、贫血等。

(3)鸡　雏鸡感染后常表现精神沉郁和腹泻。在开产前后,鸡容易感染本病,发病率较高,死亡率较低,常呈慢性经过。病的严重程度取决于鸡的日龄和菌株的毒力,环境应激因素可加重病情。剖检变化主要是肠管膨胀,肠腔积有黏液和水样内容物,如病菌毒力强,可能见到出血变化。

开产前后的母鸡感染后表现精神沉郁,体重减轻,食欲减退,羽毛松乱,鸡冠发白、干燥、萎缩,常有腹泻,排出黄褐色糊状、水样粪便,产蛋率下降 25%~35%,产蛋品质变坏,软壳蛋、沙皮蛋数量增多,病死率一般为 2%~15%。死后剖检最明显的病理变化是肝肿大、褪色,有星状黄色小坏死灶散布于整个肝实质内,肝被膜下有大小不等的出血灶,严重者肝变脆,并布满菜花样大坏死灶区;慢性病例变硬并萎缩,常伴有腹水或心包积液。由于患病鸡肝脏发生炎症和坏死,本病又称为鸡弯曲菌性肝炎或鸡传染性肝炎。

【诊断】

根据流行病史和临床表现仅可初步判断,确诊需要进行细菌的分离鉴定。不同采样途径得到的细菌分离率不同,常采取粪便材料,接种于选择性培养基(如 Campy-BAP 血琼脂、Butzler 血琼脂、Skirrow 血琼脂等),42~43℃,微需氧环境中培养 48h,如有疑似菌落生长,可做进一步鉴定。血清学试验方法有试管凝集试验、间接血凝试验、补体结合试验、免疫荧光抗体技术、ELISA 等。核酸探针技术也已用于本菌的检测。

【防控措施】

为了预防本病应使动物避免摄食污染的草料和饮水。污染的粪便和垫料要及时清除,圈舍、禽笼和用具要彻底消毒，并空置 1 周以上。患病动物要隔离治疗，治疗时可选用四环素族抗生素或链霉素，同时进行对症治疗，口服肠道消炎药、止泻药。对体弱、卧地不起者，可静脉输液、补充电解质等。

【公共卫生】

弯曲菌是人类胃肠炎的重要致病菌，典型病症表现为发热，全身无力，头痛，肌肉酸痛，婴儿还可发生抽搐临床症状。继而腹痛，常局限于脐周，呈间歇性，有的呈隐痛，排便后可缓解。发热 12~24h 后开始腹泻，呈水样，每天排便 5~10 次，1~2d 后部分病例出现黏液便或脓血便，经过 1 周可自行缓解，少数病例腹痛可持续数周，反复发生腹泻。

对人致病的弯曲菌中 95% 以上的是空肠曲菌，近年来，该菌常引起儿童肠道外感染，如败血症、脑膜炎、胆囊炎、腹膜炎、心内膜炎、血栓性静脉炎和反应性关节炎等。

通过对鸡肉加工环节弯曲菌流行病学调查发现，消毒和反复冻融能有效降低鸡肉中的弯曲菌的数量。加强肉食品、乳制品的卫生监督，注意饮食卫生，是防止人类从动物感染本病的重要措施。

十九、棒状杆菌病

棒状杆菌病（corynrbacteriosis）是由棒状杆菌属的细菌所引起疾病的总称。不同动物的棒状杆菌病是由不同种类的细菌所引起，在不同种类的家畜中引起的临床症状也不完全相同。但一般以某些组织和器官出现化脓性或干酪样的病理变化为特征。棒状杆菌广泛分布于自然界，多数为非致病菌，只有少数有致病性，能引起人和动物的急性和慢性传染病。

【病原】

对动物有致病性的主要有化脓棒状杆菌（*Corynebacterium pyogenes*）、肾棒状杆菌（*C. renale*）、假结核棒状杆菌（*C. pseudotuberculosis*）、马棒状杆菌（*C. equi*）和猪棒状杆菌（*C. suis*），对人有致病性的主要是白喉棒状杆菌（*C. diphtheriae*）。

棒状杆菌为一类多形态细菌。由球状至杆状，较长的菌体一端或两端膨大呈棒状。单在或栅状或丛状排列。用奈氏或美蓝染色，多有异染颗粒，似短球菌。革兰染色为阳性，无鞭毛，不产生芽孢。致病的棒状杆菌大都为需氧兼性厌氧，生长最适温度为 37℃，在有血液或血清的培养基上生长良好。人的白喉棒状杆菌能产生毒力很强的外毒素。

（一）化脓棒状杆菌感染

【流行病学】

该菌通常由外伤进入体内，常引起牛、绵羊、山羊、猪等家畜的化脓性肺炎和化脓性关节炎等疾病。此菌常存在于健康动物的扁桃体、咽喉淋巴结、上呼吸道、生殖道和乳房等处，由局部创伤感染，引起局部组织的炎症或脓肿，也可蔓延至其他组织器官发生化脓性病变。发病严重时，动物常因脓毒败血症而死亡。动物抵抗力下降和外伤是发病的直接原因，苍蝇为主要的传播媒介。

【临床症状及病变】

（1）牛　发病牛精神委顿，结膜充血，食欲减退或废绝，体温一般不高，呼吸、脉搏变化不大，后期有的伴有腹泻；毛焦体瘦，骨骼外露，在颌下、腹下、胸部、背腰部多出现圆形肿胀，尤以腹下部最为多见，触诊有波动感，穿刺呈淡黄色液体，切开有炎性渗出液，有的混有少量血球；有的外伤感染化脓，腔内是脓汁，气味酸臭难闻，形状似酸奶。

病牛主要病变为皮下、肌间水肿，腹水增多，呈腹膜炎病变。有的肋间肌发生坏死，形成空洞，直接与胸腔相通，鼻腔里富有脓性分泌物，气管也有一定量的脓性分泌物。肺门淋巴结呈水肿、充血，右肺呈暗红色，多处有拇指头大的化脓灶，切开时流出灰黄色干酪样的脓性物质，左肺未见异常病理变化。右心室扩大，其壁变薄，软弱。肝脏、脾脏、肾脏未见异常变化。小肠及大肠黏膜呈卡他性或出血性病变，其黏膜层增厚，肠系膜淋巴结呈水肿、充血、出血等变化。

(2)猪　急性的患猪最突出的临床症状是体温升高，达 39.5~41.5℃，呼吸急促，两耳发绀，严重者则后躯、四肢、腹部等部皮肤充血、出血，呈红紫色斑，少数有咳嗽、流涕现象；哺乳母猪泌乳能力迅速下降或停止，病程一般 3~5d，长者 7~8d，多以死亡告终。脓肿发生在关节，可引起局部关节肿胀、发硬，以后逐渐变软，形成脓疱。病猪表现跛行，严重者卧地不起，长时间的食欲减退、消瘦。随后转为慢性经过，病猪消瘦、贫血、无力，最后因恶病质而死亡。

病变主要为：内脏器官和生殖泌尿系统的化脓性炎症，化脓性肺炎、支气管炎，以及肺气肿、间质水肿、肺表面充血并有大小不等的出血斑。支气管内有多量泡沫性分泌物、淡绿色或黄白色脓性分泌物，有的气管充血；肝脏球状脓肿，其内充满浅黄绿色脓液；脾脏有坏死灶或出血点；肾脏表面可见黄色结节；子宫蓄脓，子宫黏膜充血、增厚，全身淋巴结多数肿大、充血、出血和周边出血等变化；膀胱、输尿管黏膜有出血、纤维素性炎症变化。

(3)羊　在伴有结缔组织增生的慢性化脓性肺炎、关节炎的病灶内，常能检出此菌。羔羊的慢性咽喉脓肿致死率很高。

(4)人　感染后，可发生局部脓肿、溃疡，甚至形成瘘管；严重的可通过淋巴管向外扩散引起全身临床症状。

【诊断及防控措施】

本菌引起的脓肿有厚包囊，脓液稀薄，黄色至绿色，无臭。确诊需要分离细菌，进行鉴定。本菌对青霉素和广谱抗生素敏感，因病灶有厚包囊，必须配合外科手术治疗。预防应注意清洁卫生，防止皮肤、黏膜受伤，受伤后应及时治疗。

(二)假结核棒状杆菌感染

【流行病学】

假结核棒状杆菌病是由假结核棒状杆菌引起的一组疾病，包括马溃疡性淋巴管炎、绵羊干酪性淋巴结炎、骆驼脓肿等。病畜与带菌动物是主要传染源。动物多因皮肤破损感染该菌。该菌可通过消化道、呼吸道，以及吸血昆虫传播，可引起羊、骆驼、马和人的感染。羊的发病与年龄、品种有关，似有随年龄增长而发病率增高趋势，成年羊发病多，羔羊极少发病。绵羊和奶山羊更易感。

【临床症状及病变】

(1)羊　主要通过创伤感染，尤其是在剪毛、去势等之后发生感染。本病潜伏期长短不定，主要表现为消瘦、局部淋巴结发生脓肿和干酪样坏死为特征，是难以防治的细菌性传染病之一。根据病变发生部位，临床上可分为体表型、内脏型和混合型 3 种。

①体表型：此型最常见，病羊一般无明显的全身临床症状。患病淋巴结以腮腺淋巴结最常见，颈前、肩前淋巴结次之，乳上、股前淋巴结等较少见。受害的淋巴结肿胀呈圆形或椭圆形，形成脓肿，继而破溃，流出淡黄绿色或黄白色浓稠如牙膏样的脓汁，脓汁排出后数日即可结痂痊愈。有的又在原处或邻近淋巴结或周围组织新发化脓灶，有的可形成瘘管。若乳房受害，乳上淋巴结肿大，有时可达拳头大。因受害局部肿胀，乳房呈高低不平的结节状，乳汁性状异常，泌乳量下降，呈良性经过。当淋巴结肿得很大或有多处化脓时，会影响羊采食，进而贫血，瘦弱，生长发

育受阻。

②内脏型：此型较少见，本病在内脏器官上形成化脓灶。病羊出现不同程度的全身临床症状，食欲减少，精神不振，贫血，消瘦，咳嗽，流鼻液，呼吸次数增加，常出现慢性消化不良的临床症状。病后期病羊体温升高，泌乳量下降。病羊经药物治疗后，体温降至正常，但停药后又可上升，可反复发生。最后，病羊因恶病质死亡或因泌乳量很少而被淘汰。此种病病程长，病死率较高。

③混合型：兼有体表型和内脏型的临床症状。病死羊尸体消瘦，被毛粗乱、干燥无光泽，皮下脂肪少，剖检的病理变化常常仅局限于淋巴结，体表淋巴结肿大，表面形成凸起，触摸硬而结实，切开肿块，内含有干酪样坏死物，可见黄白色浓稠如牙膏样的脓汁。胸腔、肠系膜、腹腔及肺部有脓肿。病灶的切面呈灰绿色，黏滞如油脂状，切面常呈同心轮层状纹理。其肺部、肠壁等均有大小不等的白色结节，结节内呈干酪样。在较陈旧的病灶中，由于钙质的沉积，使干酪块呈灰沙状。肺脏组织中常见有大小不等的灰色或灰绿色干酪状或胶泥状结节及小结节，有的肺叶变成肥肉状硬结，出现大叶性和小叶性肺炎变化，其中含有微绿色软酪状融化病灶。其他脏器（如肝、脾、肾、乳房及睾丸等），也出现干酪化或钙化的病灶。

（2）骆驼　感染后，其临床特征是体表局部或肺脏发生大小不一的脓肿病灶，故又称为骆驼脓肿病（camelpyosis）。

本病一般呈慢性经过，病程长短不一，约为数月或1年以上，也有急性的，为1~2个月。病初常有咳嗽，呈感冒状，体温正常或者升高达到39~40℃以上，精神委顿，驼峰下垂，食欲减退，活动减少，有腹泻表现，经十多天或数月体表出现脓肿；随着病程的延长体温升高到40~41.8℃，精神沉郁，食欲废绝，呼吸困难呈腹式呼吸，腹泻。病驼体表毛发脱落，由于体表瘙痒会用力摩擦，随后在瘙痒部位形成硬结节，与豌豆大小类似，随后结节大小会增加，变成拳头大小，大多发生在骆驼的股、蹄、肩、腿等部位，进而形成脓肿，触摸骆驼会有哀鸣痛感，触碰时感觉柔软，说明其中已经形成脓液。重病骆驼精神沉郁，反刍废绝，卧地不起，最后衰竭而亡。

脓肿可发生于体表的任何部位，大小不一，数目不等，多见于蹄部、腿部、颈部、肩部的肌肉或淋巴结，也可见于深层的组织。脓肿破裂，流出白色、质地均匀、无臭味的脓汁。四肢关节脓肿可引起跛行。脓肿如果见于体表，待化脓成熟后，脓疮破裂、脓汁流出后，不进行治疗也可自愈。体内脓肿不易察觉，常于死后剖检时发现，以肺脏最为多见，其次为肝、肾、淋巴结等。肺脏的脓肿，常造成肺组织的坏死，坏死灶经吸收后，常形成肺空洞。根据剖检变化，一般认为死亡是由于脓毒败血症所致。

病死骆驼体表有创伤，体表浅淋巴结化脓性肿大；肠系膜淋巴结有水肿也有化脓，小肠肠壁有1~3cm的干酪样结节，有的结节切开后流出白色无味牙膏状脓汁。肺脏肿大，且布满大量的干酪样、大理石样，直径1~7cm的结节。肺门淋巴结水肿。脾脏边缘有出血点。心脏、胃、肝、肾膀胱无明显病理变化。

（3）马　马溃疡性淋巴管炎是马属动物的一种由假结核棒状杆菌引起的慢性传染病，主要通过皮肤创伤，尤其是后肢伤口而感染。

病初常在后肢（一侧或两侧）呈现弥漫性肿胀、疼痛和跛行。不久在跗关节周围发生界限明显、细小、棕黑色、有痛感的小结节，破溃后形成圆形或不规则的溃疡，边缘不整似虫蚀状，但溃疡底不凸出于溃疡面，呈灰白色或灰黄色，初排出奶油状浓厚的分泌物，后则变成稀薄的脓性物质，有时混有少量血液。如给予适当治疗，则肉芽组织增生而形成结节状疤痕。不久，在附近或其他部位又可发生新的小结节和溃疡。淋巴管肿胀似手指状，疼痛而软。沿肿胀的淋巴管可不断产生新的结节、脓肿和溃疡。病程常可延长至数月。当细菌转移至内脏器官,特别是肾和肺脏发生转移性化脓灶时,常使病程恶化,甚至引起死亡。

【诊断】

根据本病的特殊的临床症状和病理变化,可以做出初步诊断。在未破溃的脓肿处采取脓汁,做微生物学检查可以确诊。但有时还可检出葡萄球菌、链球菌或其他细菌,应注意区别。还可以通过 ELISA 方法,准确检测出本病。

【防控措施】

早期应用青霉素或广谱抗生素,再结合磺胺类药物,可获得良好的疗效。当脓肿成熟时,应施行外科疗法。对反复发生脓肿的病例,应交替使用抗生素,并配合清创和大量输液。

(三)肾棒状杆菌病

【流行病学】

本病主要发生于牛,猪也可感染,马和绵羊偶尔可发生。多见于母畜,公牛少见。其病变特征为肾盂、输尿管、膀胱、尿道及肾脏发生化脓性炎症。病畜或带菌畜排出的尿液有大量棒状杆菌会污染环境,这些细菌通过阴道、外尿道口、尿道侵入膀胱内繁殖,引起膀胱炎,如果不能及时治疗,细菌沿输尿管上行,侵入肾盂,引起输尿管炎和肾盂肾炎,因此本病主要经尿道感染。

【临床症状及病变】

病牛主要表现发热,食欲不振,尿频,尿少,尿因混有黏液、脓液、大量蛋白质、脓细胞和白细胞、脱落的上皮细胞等而混浊带血色。尿液涂片或细菌培养可发现病原菌。严重病例常发生尿毒症。当发生单纯膀胱炎时,病畜呈现频尿、排尿困难,尿液混浊、血尿等临床症状。随着病程发展,尿中混有血块和黏膜碎片,外阴部被脓汁污染。当发生肾盂肾炎时,呈现发热、食欲不振、泌乳量降低等临床症状。尿蛋白、血红蛋白检查呈阳性,若不能得到及时治疗,病畜逐渐消瘦,有的衰竭而死亡。

剖检可见肾肿大,膀胱黏膜水肿和出血。膀胱腔内有脓块和结石。尿液混浊,有时混有红细胞。输尿管扩张肿大,管壁水肿性肥厚,管腔内蓄脓或有坏死组织。肾脏被膜粘连,不易剥离。肾皮质表面见有大小不等的灰白斑点。肾盂显著扩张,见有大量脓汁和组织碎片。

【诊断及防控措施】

根据特殊临床症状、病理变化和发病情况,可初步诊断,确诊需要用微生物学方法。以无菌操作采取尿液,离心,取沉渣检查;剖检时在病灶处收集病料做涂片,革兰染色,检测细菌形态和染色反应,同时将病料划线于鲜血琼脂平板上,培养 24~36h 后挑取疑似菌落做纯培养,进行鉴定。

畜群中发现本病后,应隔离病畜进行治疗。治疗以抑菌消炎和尿路排毒为原则。青霉素、链霉素、四环素等单用或者合用均有一定疗效。治疗初期必须使用大剂量药物。治愈的病畜,必须继续隔离观察一段时间,如不复发才可认为痊愈。

(四)猪棒状杆菌感染

【流行病学】

猪棒状杆菌病是指由猪棒状杆菌引起的一种泌尿系统感染症。病原体是猪棒状杆菌,为厌氧菌。据研究,80%公猪的包皮内带菌,母猪阴道内却很少见,因此认为是在配种时通过尿道口擦伤而传染。本病主要发生于母猪,通常在配种后或分娩后 1~3 周出现症状。

【临床症状及病变】

轻症病猪,只在外阴部有脓性分泌物,排血尿。重症病猪,病变波及尿道、膀胱,并可继续上行波及输尿管、肾盂和肾脏。此时病猪频频排尿，尿中出现脓球或血块以及黏膜碎片。病猪全身症状加剧，口渴，体重减轻。

【诊断及防控措施】

为了确诊，取尿内脓块，或尿沉淀涂片镜检和病菌分离与鉴定，排除由大肠杆菌、克雷伯杆菌、链球菌等引起的泌尿系统感染。从防疫和经济上考虑，对病猪尤其是带菌种公猪应及早淘汰。对病猪使用青霉素和广谱抗生素疗效良好，但治愈后常复发。未发病的猪，可用抗生素紧急预防。

（五）白喉棒状杆菌感染

人感染主要是由白喉棒状杆菌的外毒素引起，表现为咽、喉、鼻等处黏膜坏死，形成伪膜，并有发热、无力等全身临床症状。严重者，可因咽喉伪膜脱落，阻塞呼吸道，导致患者窒息死亡。

预防本病，除平时注意卫生外，应注射白喉类毒素及抗毒素血清。治疗以抗毒素血清为主，加大青霉素剂量，并配合输液，严重者可加服中草药。

二十、嗜皮菌病

嗜皮菌病（dermatophiliasis）又叫链丝菌病、皮肤雨伤病，是由刚果嗜皮菌引起人兽共患的传染病，以浅表的渗出性、脓疱性皮炎、局限性的痂皮和脱屑性皮疹为特征。

1915 年首次在刚果的发病牛分离到刚果嗜皮菌。本病主要在动物中传播，可引起家畜和野生动物发病，已在非洲、亚洲、大洋洲、欧洲和南美洲等地发现。自我国在 1969 年从牦牛身上发现并分离到该菌以来，本病先后在甘肃、四川、青海、贵州、云南等地区的牦牛、水牛等动物中发生。人类感染病例罕见，1960 年 Dean 等在美国纽约发现 4 例患者是由于与病鹿接触后而发病。

【病原】

刚果嗜皮菌（*Dermatophilus congolensis*）属于放线菌目嗜皮菌科嗜皮菌属。该菌为革兰阳性、非抗酸的需氧或兼性厌氧菌，一般可同时见到两种不同形态的菌体。一种为圆形或近似球菌的孢子，大小不等，小的直径 0.5~5μm，大的 1~2μm，排列成单、成双、四联、八叠或短链状。该菌体可繁殖发展成带有分枝的丝状菌丝，其菌丝的一部分通过横向和纵向分隔成球菌样细胞构成的八叠状包团。球菌样细胞从包团中释出变成有鞭毛能运动的游动孢子。如果一些孢子定位于菌丝边、顶，则似梅花枝上含苞欲放的花蕾。另一种形态是菌丝，呈近乎直角的分枝，粗细长短不一，其直径通常 1.0~3.3μm，长度 17~100μm。

本菌为需氧兼厌氧性菌，在含血液或血清的琼脂培养基上，36℃下生长良好，长出的菌落形态多样，呈灰白色，在普通肉汤、厌氧肝汤和 0.1% 葡萄糖肉汤等液体培养基中生长时初呈轻度混浊，以后出现白色、絮片状，逐渐下沉，不易摇散，有时出现白色菌环。

对理化因素抵抗力较强，分离物可存活 2~5 年。活力不受贮藏、温度、培养基或培养条件的影响。孢子抗干燥，在干燥的病痂中可存活 42 个月。用 75% 乙醇、20% 来苏儿作用 30min，5% 甲醛、0.1% 新洁尔灭作用 10min 均不能杀死本菌，但 0.2% 新洁尔灭作用 10min、60℃ 10min、80℃ 5min、煮沸 1min 能杀死本菌。

病原主要靠蜱、蝇和蚊的叮咬进行传播，特别在热带地区连绵的雨季，昆虫滋生，促进本病的传播。能运动的游动孢子具有感染力，通过毛囊以及小搔伤或蜇伤而破坏屏障侵入表皮，在皮下开始发芽并长成菌丝，然后侵入表皮颗粒细胞层和角化层之间，引起中性粒细胞集聚。病原菌不能穿过基底膜侵入真皮，病变只局限于表皮，只有毛囊外根鞘感染或基底膜发生破坏时，病原菌才能侵入真皮,引起真皮病变。

本菌为皮肤的专性寄生菌,在土壤中不能存活,干燥的孢子能长期存活,对青霉素、链霉素、土霉素、螺旋霉素等敏感。

【流行病学】

患病动物是本病的传染源。本病主要通过接触或吸血昆虫传播,主要感染牛、绵羊和马,也感染山羊,许多野生哺乳动物以及蜥蜴和海龟,偶尔也感染人、犬、猫和猪。本病传染性强,发病率高,病程长,治愈率低。发病与品种、年龄无明显差异,但粗毛羊发病率远高于细毛羊;幼畜发病率及死亡率高于成年。温暖、潮湿有利于本病的发生。

本病多见于气候炎热地区的多雨季节。阴暗、通风不良及潮湿的环境、动物营养不良或患其他疾病免疫状况低下时极易诱发本病。一般呈散发性或呈地方流行性。

【临床症状】

潜伏期一般2~14d,各种动物感染本病共同的特殊临床症状是在皮肤的表面上出现小面积的充血,有的形成丘疹,有的形成豆粒大小的硬痂(放线菌肿),病畜表现奇痒临床症状。不同的是成年羊可在全身摸到粟粒样的痂块,颈部及背部明显,羔羊在口鼻出现疣样痂块,病情较为严重,死亡率高。牛的病变主要表现在乳房、阴囊及腿的内侧。马的病变主要发生于背部、臀部及尾部,驴、骡以耳部和鬃尾部明显,个别的出现于蹄系部。猪在全身都可见到病变。

【病理变化】

患病动物在皮肤上可见渗出性皮炎和痂块,同临床所见。病羊消化系统病理变化明显。如果继发肺炎,可见整个肺脏充血、淤血,炎性变化十分明显。肺脏表面弥布灰色、白色脓性坏死的病灶,气管、支气管充满泡沫样炎性渗出物,气管壁充血、淤血,其他脏器剖检变化不明显。

【诊断】

根据患病动物在皮肤上出现渗出性皮炎和痂块,并且有奇痒临床症状,体温又无明显变化,即可初步诊断为本病。为了确诊,取病变的痂皮涂片,用革兰染色后镜检,出现阳性分枝的丝菌,并有成行排列的球菌状孢子即可做出诊断。刚果嗜皮菌鉴定与嗜皮菌病的快速诊断可采用免疫酶组化方法与PCR检测方法。

【防控措施】

(1)预防　做到"三早",即"早发现、早隔离、早治疗"。本病采取综合性预防措施,杜绝传染源,彻底控制或消灭蜱和蚊蝇的传播。圈舍保持适宜干湿度,防止淋雨,对病畜采取隔离治疗,加强污染的消毒。

(2)治疗　局部处理结合全身治疗,抗过敏,抗菌消炎,制止渗出,提高抵抗力。用双链季铵盐消毒液稀释后清洗病变部位,每日1次,连续清洗数日。同时,用硫酸链霉素10~15mg/kg,青霉素1万~2万U/kg,肌肉注射,连用3d。

【公共卫生】

人由于接触患病动物被感染。病人主要见于臀部及腿的皮肤出现渗出性皮炎和痂块。因此,人与病畜接触时应做好个人防护,防止皮肤发生创伤,出入畜舍要进行消毒。患病后可用抗菌素治疗。

二十一、鼻疽

鼻疽(glanders)是由鼻疽假单胞菌引起的人兽共患传染病。该菌可引起的马、骡、驴多发,通常马多为慢性经过,驴、骡多为急性。其特征是在鼻腔和皮肤形成特异性鼻疽结节、溃疡和瘢痕,在肺脏、淋巴结等其他实质脏器内发生鼻疽性结节。WOAH 将其列为法定报告动物疫病，我国将其列为二类动物疫病。它是一个古老的疾病，从 4 世纪上半叶就已有发生，以后广泛流行于世界各地，至今仍在亚洲、非洲及南美洲的许多国家流行。我国东晋时代葛洪的《后肘备急方》中就已有本病的记载，在 1949 年以前马鼻疽流行也非常广泛，现已经得到有效控制。

【病原】

鼻疽假单胞菌（*Pseudomonas mallei*）惯称鼻疽杆菌，现称鼻疽伯氏菌（*Burkholderia mallei*）。本菌为无芽孢、无荚膜、不运动、单在、成对或成群的中等大小杆菌，$0.5\mu m \times (1.5 \sim 4.0)\mu m$。幼龄时形态比较整齐，而老龄培养菌呈显著的多边形，有棒状、分支状和长丝状。革兰阴性，一般苯胺染料易于着色，但在组织中及老龄培养皿常着色不均。因为老龄培养皿原生质中含有分布不均的聚 β 羟基丁酸盐，所以用美蓝染色后出现着色不均的颗粒或两端浓染。

本菌为专性需氧菌，由于具有反硝化作用，可在含硝酸盐的培养基中厌氧生长。最适生长温度 25℃，40℃尚能生长。普通培养基中生长缓慢，加入适量甘油、血红蛋白、血液、血清或葡萄糖可促进生长，但不需要生长因子。

本菌的正常菌落为光滑（S）型，变异的菌落最常见的为粗糙（R）型，还可见皱襞（C）型、矮小（C）型、黏液（M）型及伪膜（P）型等。

本菌无外毒素而仅有极其耐热的内毒素，内毒素对健康动物毒性不强，但注射到已感染鼻疽的动物，则可引起剧烈的病灶激发反应。

【流行病学】

马、骡、驴对本病易感，骡、驴感染后常呈急性经过。骆驼、犬、猫等家养动物以及虎、狮、狼等野生动物也有感染本病的报道。病畜和带菌畜是其重要的传染源，特别以开放性鼻疽病马最为危险。感染性有品种差异而无性别、年龄的差异。本病主要由病马与健康马同槽饲喂而经消化道传染，或经损伤的皮肤、黏膜而传染，也可经呼吸道传染，个别可经胎盘和交配传染。本病发生没有明显季节性，主要呈现散发或者地方性流行，传染缓慢，新疫区多呈急性暴发，老疫区常呈慢性经过。

人鼻疽的传播途径通常是经过损伤的皮肤、黏膜；但也可通过呼吸道感染引起急性鼻疽。若治疗不及时，可导致死亡。

【临床症状】

潜伏期长短与病原菌的毒力、感染数量、感染途径、感染次数及机体的抵抗力等有直接关系，自然感染的潜伏期约 4 周或数月。根据潜伏期长短可将马鼻疽病分为急性鼻疽和慢性鼻疽。马多呈慢性经过，驴、骡多为急性经过。

（1）急性鼻疽　以支气管肺炎与败血症为主要临床症状，表现体温升高达 39～41℃，精神沉郁，食欲减退，可视黏膜轻度潮红并黄染，呼吸迫促，颌下淋巴结肿胀，有痛感，低头困难，胸腹、四肢下端浮肿，部分发生滑膜囊炎、关节炎、睾丸炎、胸膜肺炎等。关节炎时肿大甚至破溃、跛行。重症病马由于心脏衰弱，在胸腹下、四肢下部和阴部呈现浮肿。病马红细胞及血红蛋白减少，血沉加快，白细胞增多，核左移，淋巴细胞减少。

根据病灶发生部位、临床症状，又将马急性鼻疽分为肺鼻疽、鼻腔鼻疽和皮肤鼻疽。后两者经常向外排菌，故又称开放性鼻疽。这 3 种鼻疽可以相互转化：一般常以肺鼻疽开始，后继发鼻腔鼻疽或者皮肤鼻疽。

①肺鼻疽：除了具有上述全身临床症状外，主要以肺部患病为特点。时而干咳，时而咳出带

血黏液，呼吸次数增加，肺部可听到干性或湿性啰音。如肺炎病灶较大或空洞时，叩诊呈半浊音、浊音或破壶音。

②鼻腔鼻疽：本病发生较多。发病初期鼻黏膜潮红，一侧或两侧鼻孔流出浆液性或黏液性鼻汁，不久鼻黏膜上有小米粒至高粱米粒大的小结节，突出于黏膜面，呈黄白色，其周围绕以红晕。结节迅速坏死崩解，形成溃疡，边缘不整齐且稍隆起，底部凹陷，溃疡面呈灰白色或黄白色(如猪脂肪样)。溃疡愈合后可形成放射状或冰花状疤痕。有时可能发生鼻中隔穿孔，流出脓性或混有血液的鼻液，有腐败臭味，因鼻腔狭窄而呼吸困难。在鼻腔发病的同时，同侧颌下淋巴结肿胀。初期有疼痛感而能移动，以后变硬无痛，表面凹凸不平，若与周围组织粘连，则不能移动，其大小可达到核桃到鸡蛋大，一般很少化脓或破溃。若抵抗力增强，溃疡则不再发展，结成瘢痕，转为慢性。

③皮肤鼻疽：较少发生，一般多在四肢、胸侧及腹下，尤其是后肢局部皮肤出现有热痛的炎性肿胀，经3~4d后在肿胀中央出现结节，结节破溃后形成如火山口样深陷的溃疡，边缘不整、呈灰红色、中央凹陷、易出血，底部有肥肉样的肉芽组织，不能流出灰黄色或混有血液的脓液，难以愈合。病肢有结节的同时还常出现浮肿，形成橡皮腿，导致跛行。

(2)慢性鼻疽　本型多由急性或开放性鼻疽转来，但也有的病马一开始就取慢性经过。病程较长，可持续数月到数年，临床症状不明显。由开放性鼻疽转来的病马在鼻腔常遗留鼻疽性瘢痕或慢性溃疡，不断流出少量黏脓性鼻汁。当机体抵抗力降低时，又可转为急性或开放性鼻疽。

【病理变化】

鼻疽的特异病理变化，多见于肺脏，其次是鼻腔、皮肤、淋巴结、肝及脾等处。

肺脏病理变化常表现为鼻疽结节和鼻疽性支气管肺炎。肺表面可见粟粒大小鼻疽结节，呈半球状，隆起在肺表面。也可散在于肺深部组织内，半透明状，周围有红晕。陈旧性结节，周围形成包囊，结节中心干酪样坏死或钙化。抵抗力强时结缔组织增生形成鼻疽性硬结。鼻疽性肺炎时，肺脏呈小叶性肺炎变化。可见棕红色肝变区，后期可见中央软化为黄白色乳状，外周组织黄色胶冻样浸润，有的软化成脓肿或空洞，有的病灶机化而变硬。

上呼吸道有数量不等的灰色、微黄色结节，周围黏膜高度潮红、肿胀。结节破溃形成堤状溃疡，底部呈黄白色，上面覆盖脓汁和组织碎片。有的溃疡形成放射状不规则疤痕。肝脏肿大、淤血，肝小叶纹理不清，实质混浊脆弱。脾脏肿大、包膜紧张有光泽、滤泡界线不清、红髓呈暗红色、柔软、脆弱、有时见出血灶。肾脏散在出血点，皮质切面混浊、纹理不清，肾小体体积增大，肾盂有白色混浊分泌物。心脏松弛，右心室扩张明显。心肌混浊，心内膜见出血点。淋巴结充血、出血、肿大，切面有渗出物，呈胶样浸润。尤其肝、肾、肺淋巴结变化最为严重。

慢性鼻疽是由急性鼻疽转化而来的，其病理变化，是急性鼻疽慢性化。

【诊断】

根据临床症状和病理变化可初步诊断。为慎重起见，务必与鼻炎、马腺疫、类鼻疽、流行性淋巴管炎等进行鉴别，可同时开展变态试验。确诊可进行鼻疽菌素点眼试验、血清学与分子生物学诊断。

针对细菌管家基因 *nar*K 和 *glt*B 设计了引物和探针，建立了多基因座分型的 PCR 和实时 PCR 技术，能快速鉴定与鉴别鼻疽和类鼻疽。

【防控措施】

目前对鼻疽无有效菌苗，在防制工作中，必须抓好控制和消灭传染源这一主要环节，采取及早检出病马、严格处理病马、切断传播途径、环境卫生消毒等综合性防疫措施。

【公共卫生】

人类感染多与职业有关，多发生于饲养员、屠宰工人、兽医和接触病料的实验室工作人员。

人的鼻疽可呈急性或慢性经过。急性常突然发生高热，在脸、躯干、四肢皮肤出现天花样的疱疹，四肢深部肌肉发生疖肿，膝、肩等关节发生肿胀。出现贫血、黄疸、咯脓血痰。患者极度衰竭，如不及时治疗，常因脓毒败血症而死亡。慢性鼻疽潜伏期有的可达半年以上。发病缓慢，病程长，反复发作可达数年之久。全身临床症状轻微，有低热或不规则发热，盗汗，四肢关节酸痛。皮肤或肌肉发生鼻疽结节和脓肿，在脓汁内含有大量鼻疽杆菌。

人类预防本病主要依靠个人防护，在接触患病动物、病料及污染物时应严格按照规定操作，以防感染。对鼻疽病人应隔离治疗，一般联合两种及以上药物同时应用。脓肿应切开引流，但应防止病原扩散。

二十二、类鼻疽

类鼻疽（melioidosis）是由类鼻疽杆菌感染所致的人兽共患地方性传染病。临床表现急性败血症，皮肤、肺、肝、脾、淋巴结等处形成结节和脓肿，鼻腔和眼有分泌物。马感染类鼻疽的临床症状与鼻疽相似。1912 年首例人类鼻疽病患者发现于缅甸。本病主要分布于南北回归线之间的热带、亚热带地区。环境中是否存在类鼻疽伯克菌是判定类鼻疽疫源地的决定因素。1975 年首次在我国海南等地发现本病。目前无有效的疫苗。由于类鼻疽的临床特点复杂多样，缺乏特异性，又称"似百病"。

【病原】

类鼻疽伯氏菌（*Burkholderia pseudomallei*）为革兰阴性短杆菌，与鼻疽杆菌同属单胞菌，两者的致病性、抗原性和噬菌体敏感性均类似。有鞭毛和菌毛，能运动，无芽孢，菌体周围有伪荚膜。需氧，在加甘油的普通培养基上生长良好，其适宜生长条件是 37～42℃，pH 6.5～7.5，但在 4℃也能存活。用含有多黏菌素的改良 ASA 培养基培养（24～48h）形成紫色、干燥、具有皱褶的菌落。在含水量小于 15% 的土壤中停止生长。自然条件下，该菌的抵抗力较强，对多种抗生素有自然耐药性。但不耐高温和低温，常用消毒剂能将其杀灭。

本菌抗原结构复杂，含有两种主要抗原，一种为特异性耐热多糖抗原，另一种为与鼻疽杆菌相同的不耐热蛋白质共同抗原。我国研制的抗类鼻疽单克隆抗体能够对引起鼻疽和类鼻疽两种菌做出区别。根据不耐热抗原的有无，可将本菌分为两种血清型。Ⅰ型具有耐热和不耐热抗原，主要存在于亚洲；Ⅱ型只有耐热抗原，主要存在于大洋洲和非洲。我国的菌株大部分属于Ⅰ型。目前，国际上一种新的分型方法是把能否利用 L2 阿拉伯糖作为分型的依据。凡能利用 L2 阿拉伯糖者为非病原株（Ara+）；反之为病原株（Ara-），许多学者认为广泛分布的多为 Ara+ 株，而 Ara- 株的分布则有一定的地域性。此种理论很好地解释了类鼻疽杆菌的环境分布和病例发生不一致的机制。

类鼻疽伯克霍尔德菌可以产生多种具有不同生物学活性的物质，引起组织坏死、溶血、细胞溶解和死亡。已经确定的与毒力相关的基因有 36 的金属蛋白酶基因、脂酶基因、碱性磷酸酶 C 基因、脂酶基因、溶血素基因等，所分泌的产物如蛋白酶、脂肪酶、卵磷脂、各种毒素以及铁载体均与细菌毒力相关。但不同毒力因子对疾病发展的作用还不清楚。

【流行病学】

多种哺乳动物和人都有易感性。家畜中以猪、羊较为易感，马、牛的敏感性较低。灵长类动物、犬、猫、兔、啮齿动物也可感染发病。家禽未见病例报道，但在疫区能够查出鸡的抗体，鸭的抗体尚未查出。

类鼻疽的感染来源主要是流行区的水和土壤,不需要任何动物作为它的储存宿主。其中水土的性状可能与类鼻疽杆菌生存更密切,据报告,在马来西亚采集的5 621份水样,阳性率为7.6%,其中稻田水最高(14.6%~33%),可能与水中有机质的含量有关。土壤也以稻田泥土为最高。Thomas调查发现地表下25~45cm的黏土层适合本菌生存,沙土层未分离出细菌。传染源以往认为与野生动物(如鼠类)有关,但迄今尚无足够的证据。有报道称,进口动物能将本病引入新的地区,造成暴发流行。病人作为本病的传染源意义较小。

类鼻疽的传播途径有5种:①破损的皮肤直接接触含有致病菌的水或土壤是本病传播的主要途径。②吸入含有致病菌的尘土或气溶胶。③食用被污染的食物。④被吸血昆虫(跳蚤、蚊)叮咬,动物试验证明类鼻疽杆菌能在印度客蚤和埃及伊蚊的消化道内繁殖,并保持传染性达50d之久。⑤通过密切接触、性接触传播。动物和人常呈隐性感染,病菌可长期存在体内。因此,可随动物和人的流动将病菌带到新的地区,当动物、人受到某些诱因时可促进本病的发生。但尚未发现病人和病畜之间直接传播。

【临床症状】

病畜常缺乏特殊的临床症状。临床表现可分为急性、慢性和隐性3种形式,不同动物以及同种动物不同品种对该菌感染敏感性差异也很大。潜伏期一般3~5d,也有在感染者体内潜伏多年后发病的,但急性加重的危险性仍然存在。

(1)猪　发病较多,仔猪发病率较高,常呈急性死亡。成年猪多为慢性经过。常呈地方性流行,或者暴发流行。病猪体温升高,厌食发热,呼吸加快,咳嗽,跛行,运动失调,鼻、眼流出脓性分泌物,关节肿胀,睾丸肿大。

(2)绵羊　呈地方性流行,表现为发热,咳嗽,呼吸困难,眼、鼻有黏稠分泌物,跛行。若腰椎、荐椎有化脓性病变时,则后躯麻痹,发生化脓性脑膜脑炎时,则出现神经临床症状。

(3)山羊　多为慢性经过,随后转为急性,在鼻黏膜上发生结节,流黏脓性鼻汁,急性表现为咳嗽,跛行,眼、鼻有分泌物,有的出现神经临床症状,母羊经常出现乳房炎,公羊睾丸有硬结。

(4)马和骡　缺乏明显的临床症状。病马多呈慢性或隐性感染,可出现腹泻、肺炎及脑炎等多种症状。急性病例,则表现体温升高,食欲废绝,呼吸困难。有的有急性肺炎临床症状,有的呈现腹泻及腹痛临床症状。慢性病例,除上述一般临床症状外,有的在鼻黏膜上出现结节,流黏脓性鼻汁。

(5)牛　病牛临床症状不明显,多为隐性经过,血清阳性率较高。当脊髓形成化脓灶和坏死灶时,出现头部歪向一侧,流出大量唾液,发生偏瘫(身体一侧的肌肉麻痹)即半身不遂;或者发生截瘫(下半截身躯发生麻痹)。

(6)犬　初期临床表现不一,后期则表现为高热、睾丸炎、附睾炎、肢体肿胀、跛行。

【病理变化】

各种动物的病理剖检变化相似,受侵害脏器主要表现为化脓性炎症。急性感染时,可在体内各个部位发现小脓灶和坏死灶;慢性感染病理变化常局限于某些器官,最为常见的受侵害器官是肺脏,其次是肝、脾、淋巴结、肾和皮肤。其他组织和器官有时也可见到病理变化。

【诊断】

本病由于没有特征性临床症状,其所引起的败血症与一般革兰阴性菌所致败血症相似,有"似百样病"之称,确诊需要通过实验室检查。

（1）直接镜检　细菌呈革兰染色阴性，有运动性，形似别针或呈不规则形态，酶或荧光标记抗体检测阳性，可做出诊断。

（2）细菌分离培养　首先将 5mL 病畜血液加入 50mL 肉汤中培养，再接种选择性培养基（可用含有头孢菌素和多黏菌素的选择性培养基）；未污染的血液或脓样可直接接种于 4% 甘油琼脂进行培养，挑选培养 48h 后有皱纹的菌落用阳性血清做玻片凝集试验，阳性者再做进一步鉴定。

（3）动物接种试验　最敏感的方法就是通过接种仓鼠或豚鼠分离本菌。病料直接接种豚鼠腹腔，或对于严重污染的检样以适量青霉素、链霉素处理后皮下接种。感染动物于 48h 后开始死亡，剖检如见到睾丸红肿、化脓、溃烂，阴囊穿刺有白色干酪样渗出液，即为 Straus 反应阳性，必要时对渗出液或脓汁再做细菌分离培养，以进一步证实。

（4）血清学检测　血清学检查方法主要有间接血凝试验（IHA）、IgM 免疫荧光试验（IgM-IFA）、ELISA 和胶乳凝集试验等。检测的是类鼻疽菌脂多糖抗体。一般将血清抗体 1∶40 定为 IHA 阳性标准。

（5）分子生物学方法　针对细菌管家基因 *nar*K 和 *glt*B 设计了引物和探针，建立了多基因组分型的 PCR 和实时 PCR 技术可快速鉴定与鉴别鼻疽杆菌和类鼻疽杆菌。

【防控措施】

（1）预防　本病是一种自然疫源性疾病，预防主要采取严格的防疫卫生措施，防止污染病原的水和土壤经损伤的皮肤、黏膜感染。病人、病畜的排泄物和脓性渗出物需经消毒处理。为了预防带菌动物扩散病菌，应加强动物检疫和乳肉品卫生检疫，感染的动物产品应高温处理或废弃。加强饲料及水源的管理。做好畜舍及环境卫生工作，并消灭周围的啮齿动物。

从疫源地进口的动物应予以严格检疫。变态反应检查适用于马属动物检疫，即采用类鼻疽菌素对动物点眼，有脓性分泌物的动物判为阳性反应。呈阳性反应的马属动物严禁引入。

（2）治疗　类鼻疽杆菌易形成自然耐药性，即使敏感药物仍需剂量足、疗程长才能奏效。因此，类鼻疽病早期诊断和正确治疗是降低病死率的最有效措施。对于已感染类鼻疽病的，应以尽早使用敏感的抗生素治疗为主，对症治疗为辅。由于该菌对多种常规抗生素耐药率较高，抗菌治疗最好根据药敏试验。头孢他定、亚胺培南、四环素、氯霉素、卡那霉素、磺胺和三甲氧苄氨嘧啶（TMP）对类鼻疽杆菌较敏感。大多需大剂量、长疗程的联合治疗。

【公共卫生】

人感染类鼻疽后潜伏期 1~21d，也可长达数十年。临床上主要有脓肿和败血症两种表现形式，它可分别或同时存在。各器官都可发生类鼻疽感染，最常见的是肺部感染，表现可为急性肺炎，或为亚急性、慢性肺炎。急性肺类鼻疽病患者病情较重，出现严重低氧血症，死亡率可高达 73%。类鼻疽杆菌常在肝、脾、骨骼肌、前列腺形成脓肿。患者出现神经系统感染，其表现为脑脓肿、脑干脑炎、脑脊髓炎。发现类鼻疽病人后应立即隔离观察治疗，预防的关键是防止污染本菌的水和土壤经皮肤、黏膜感染人类。

二十三、土拉杆菌病

土拉杆菌病（tularemia）又称野兔热，是由土拉弗朗西斯菌引起的一种自然疫源性疾病，主要感染野生啮齿动物并可传染给其他动物和人，主要表现为体温升高，肝脾肾肿大，充血和点状坏死。1910 年 MeCoy 在美国加利福尼亚州土拉尔地区发现本病。自 1959 年以来，相继在我国内蒙古、西藏、黑龙江、青海和山东等地都有人兽发病的报道。WOAH 将其列为法定报告动物疫病。

【病原】

土拉杆菌(*Francisella tularensis*)是一个独立的种属，属于放线菌目弗朗西菌科弗朗西属，大小为$(0.7\sim1.0)\mu m\times(0.2\sim0.5)\mu m$。目前，弗朗西斯菌属至少包括 *Francisella tularensis*、*Francisella philomiragia* 两个种，而 *Francisella tularensis* 又可分为 *tularensis*、*holarctica* 等亚种。*tularensis* 亚种又称为 A 型土拉杆菌，*holarctica* 也被称为 B 型土拉杆菌。该菌是一种革兰阴性、不运动、无芽孢的细菌，在患病动物的血液内近似球状，在培养基表面生长呈多形性，有球形、卵圆形、杆状、豆粒状至丝状等多种形态，美蓝染色呈两极着色。

本菌为需氧菌，对营养要求比较高，普通培养基中不加营养物质不能生长，在含有胱氨酸、血液或蛋黄的培养基上生长良好，能形成有光泽的菌落，表面凹凸不平，边缘整齐；最适生长温度 35～37℃，最适 pH 6.8～7.2，若从动物或人体初次分离，一般需要 3～5d。

本菌对外界环境的抵抗力很强，在土壤、水、肉和皮毛中可存活数十天，在尸体和皮革中可存活数百天。土拉杆菌对热敏感，60℃加热 20min 就能灭活，直射阳光下可存活 20～30min，紫外线照射立即死亡。一般消毒药如 2%～3%来苏儿、苯酚和 1%升汞 5min 均可灭活。该菌对链霉素、氯霉素和四环素敏感。

【流行病学】

本病的易感宿主种类很广泛，有 100 多种动物可自然感染发生土拉杆菌病，主要带菌者是啮齿动物和野兔，家禽中自然发病的报道以火鸡较多，鸡、鸭、鹅很少，但可以成为传染源。本病的传播媒介为吸血昆虫，有 60 多种，主要有蜱、螨、牛虻、蚊和虱等，被污染的饲料、饮水等也是重要的传播媒介。本病在野生啮齿动物中常常呈地方流行性，但不引起严重死亡，大流行可见于自然灾害或繁殖过多、食物不足时，本病一年四季均可流行，但多见于春末、夏初季节。

【临床症状】

(1)兔　一些病例常不表现明显临床症状而急性死亡。大部分病例病程较长，呈高度消瘦和衰竭。体表淋巴结肿大，常发生鼻炎，体温升高 1～1.5℃。

(2)绵羊和山羊　自然发病绵羊居多，山羊较少患病，症状与绵羊相似。病程 1～2 周，病羊卧地不起，脉搏增效，呼吸浅快。体温升高(40.5～41℃)，持续 2～3d 转为正常，但之后又常回升，后肢发软或瘫痪，眼结膜苍白，体表淋巴结肿大。有时出现化脓灶。随后发生麻痹，神志昏迷，不久死亡。

(3)牛　体温升高，体表淋巴结肿大，偶见麻痹症状。怀孕母牛常流产，犊牛发热，腹泻，全身衰弱，一般呈慢性经过。

(4)猪　仔猪多发病，发热，体温达 42℃，行动迟缓，食欲减退，腹式呼吸，咳嗽，多汗和腹泻，病程 7～10d，很少死亡。成年猪常常呈隐性感染。

(5)犬　发病时，症状类似犬瘟热，体温高达 41℃，食欲突然废绝，精神委顿，呼吸困难，眼结膜发干，后躯失灵，行动迟缓。体表淋巴结肿大，不久卧地死亡。慢性型病犬精神沉郁，不愿活动，拒食或食欲减退，粪便带黏液或血液。

(6)马属动物　无明显症状，有体温升高，母畜可发生流产。

【病理变化】

急性死亡的动物，尸僵不全，血凝不良。羊体表淋巴结肿大，有时化脓，肝、脾可能肿大，有坏死结节，心内、外膜有小点出血。猪淋巴结肿大、发紫和化脓，肝实质变性。牛有肝脏变性和坏死。兔淋巴结肿大，肝、脾等实质器官有白色小坏死灶，肺有局灶性纤维素性肺炎变化。病犬的肺有出血点、炎症变化。脾肿大，肝脾有黄白色坏死灶。慢性经过的病犬，淋巴结肿大甚至化脓。人淋巴结有急性炎症，各器官尤其是肝、脾、淋巴结内有结节性肉芽肿形成。

【诊断】

根据流行病学特点及病理变化可做出初步诊断，确诊依赖实验室检查。

（1）细菌学检验　一般采取患者血液、淋巴结、穿刺液，接种半胱氨酸葡萄糖血液琼脂平板、卵黄琼脂平板、巧克力平板进行培养。在半胱氨酸葡萄糖血液琼脂平板经37℃ 3~5d 后可见有光滑、湿润、边缘整齐、透明、露滴状小菌落生长，经纯培养后进行生化试验鉴定。

（2）动物试验　取淋巴结和内脏病变组织悬液，过滤后，用悬液接种于小鼠或豚鼠的皮下。一般动物在 10d 左右死亡，出现典型病理变化并可分离到本菌。

（3）血清学诊断　常用的方法包括凝集试验、凝集抑制试验、间接血凝试验、荧光抗体技术和 ELISA 等，其中以凝集试验最为常用，特别适用于畜群的普查。但要注意本菌与布鲁菌有共同抗原成分，可发生交叉反应，不过本菌与布鲁菌抗体的凝集价相比很低，可以区别。如与皮试同时进行，可提高诊断准确性。

（4）变态反应　用土拉杆菌素 0.2mL（50亿/mL 菌体）注射于豚鼠和兔的脊背或大腿部、猪耳部、羊尾下的皱褶处或腋下，24h 后检查，如局部发红、肿胀、发硬、疼痛、红肿区超过 0.5cm 为阳性。皮肤无反应或只有充血而无浸润，并于 24h 内消失者为阴性。但也有一部分家畜不发生反应。变态反应于病后 3~5d 即可出现。

（5）分子生物学检测　目前，PCR 及巢式 PCR 仍然是较为常用的快捷检测方法，除 16S rRNA 基因外，编码外膜蛋白的 *fopA* 基因、琥珀酸脱氢酶基因座的 *sdhA* 基因及编码 17kDa 脂蛋白的 *tul*4 基因都已经被用作检测土拉杆菌的靶位点。同时，荧光定量 PCR 也用于土拉杆菌中的检测。通过在探针上标记不同的荧光物质，荧光定量 PCR 可以实现在一次反应中同时检测 3 个目标基因。

【防控措施】

预防应驱除野生啮齿动物和吸血昆虫。发病后应隔离患病动物，消毒场舍用具，检疫淘汰阳性动物，直至全群为阴性。患病动物治疗以链霉素最为有效，土霉素、金霉素也有效。

【公共卫生】

人可能感染本菌而发病，潜伏期 1~10d。突然发病，高热恶寒，全身倦怠，肌肉痉挛，盗汗，有时出现呕吐、鼻出血，可持续 1~2 周，有时拖延数月。由于感染途径多，可出现各种不同的病型，如腺肿型、胃肠型、肺型等。因此，要消除传染源和传播媒介，防止人类感染。

二十四、放线菌病

放线菌病（actinomycosis）又称大颌病（lumpy jaw），是多种致病性放线菌引起的动物和人的一种非接触性慢性传染病。以头、颈、颌下和舌的放线菌肿为特征。本病广泛分布于世界各地，我国也有存在，对人兽的健康造成一定的危害。

【病原】

放线菌常寄居在人和动物的口腔、胃肠道和女性生殖道等腔道黏膜，被认为是共生菌群，与黏膜上其他菌群合并感染时，可引发慢性、化脓性放线菌病。放线菌是一类呈菌线状生长，主要以孢子繁殖和陆生性强的原核生物。放线菌的种类繁多，分布广泛，但多数没有致病性，只有牛放线菌（*Actinomyces bovis*）、林氏放线菌（*Actinobacillus lignieraesi*）和伊氏放线菌（*Actinomyces israelii*）等少数几种具有致病性。牛放线菌和伊氏放线菌是牛的骨骼放线菌病和猪的乳房放线菌病的主要病原，伊氏放线菌也是人放线菌病主要病原。牛放线菌和伊氏放线菌为革兰阳性、非抗酸性丝状菌，菌丝细长无隔，直径 0.5~0.8μm，有分支，菌丝 24h 后断裂成链球或链杆状。

该菌培养比较困难，厌氧或微需氧。初次分离加5%二氧化碳可促进其生长，鲜血琼脂平板上37℃培养4~6d可长出灰白或淡黄色微小圆形菌落(直径<1mm)，不溶血，过氧化氢酶试验阴性。在含糖肉汤中长成球形小团。能分解葡萄糖，产酸不产气，不形成吲哚。在动物组织中呈现带有辐射状菌丝的颗粒性聚集物——菌芝，外观似硫黄颗粒，其大小如别针头，呈灰色、灰黄色或微棕色，质地柔软或坚硬。制片经革兰染色后，其中心菌体为紫色，周围辐射状菌丝为红色。林氏放线菌是皮肤和柔软器官放线菌病的主要病原菌，是一种不运动、不形成芽孢和荚膜的、多形态的革兰染色阴性杆菌。在动物组织中也形成菌芝，无显著的辐射状菌丝，经革兰染色后，中心与周围均成红色。除以上各种放线菌外，金色葡萄球菌病、某些化脓性细菌感染常是本病的重要发病辅因。

【流行病学】

牛、猪、羊、马、鹿等均可感染发病，人也可感染。动物中，以牛最易感，尤其是2~5岁的牛最易患病。放线菌病的病原不仅存在于污染的土壤、饲料和饮水中，而且寄生于动物口腔、咽喉部、上呼吸道、扁桃体和皮肤等部位。因此，黏膜或皮肤上只要有破损，便可以感染。当给牛饲喂带刺的饲料，如禾本科植物的芒、大麦穗、谷糠、麦秸等时，常使口腔黏膜损伤而感染。春季发病率较高。本病一般为散发。据观察，当将动物放牧于低湿地时，常有本病发生。

【临床症状】

潜伏期长短不一，一般从数周至数月。

(1)牛　患牛体温常无明显变化，精神不佳，表现出一定的食欲，部分能饮水，但均不敢采食。牛放线菌致病的多见上、下颌骨肿大，初期疼痛，后期无知觉。外观病牛头部和颈、颌下和舌淋巴组织内形成硬的结节肿胀和慢性化脓灶，界限明显、无热痛感，并且病牛消瘦，经常伴发呼吸、吞咽和咀嚼困难、流涎临床症状。大多数病例见腮部及下颌部出现一个鸡蛋样大小硬块，不可移动，坚硬无痛，触诊似捏肉块感，部分皮肤化脓破溃，脓汁流出，形成瘘管，长久不愈。林氏放线杆菌导致舌、咽的组织发硬，称为"木舌病"，病牛流涎、咀嚼困难、消化不良。乳房患病时，呈弥漫性肿大或有局部硬结，乳汁黏稠混有浓汁。在受害器官的个别部位有扁豆至豌豆大的结节样生成物，这些小结积聚形成大结节最后变成脓肿，其脓液呈乳黄色，含有硫黄样颗粒。当细菌侵入骨骼(主要见于上、下颌骨、鼻骨、颚骨等)时逐渐增大、状似蜂窝。

(2)马　主要发生于精索，呈现硬实无痛觉的硬结，有时也可在颌骨、颈部或鬐甲部发生放线菌肿。

(3)猪　患本病时，多在乳房发生脓肿。乳头基部发生硬块，渐渐蔓延至乳头，引起乳房畸形，其中有大小不一的脓肿，多是小猪牙齿咬伤而引起感染，时常伴随黄色脓液排出。

(4)绵羊和山羊　主要发生在嘴唇、头部和身体前半部的皮肤，皮肤增厚，增厚的皮下组织中形成直径达5cm左右、单个或多数坚硬结节，有的破溃形成瘘管，流出脓性分泌物。

(5)鹿　主要发生于肩前、颌下皮肤及软组织，肿胀部位由小渐大，界限明显，病程缓慢，开始触之较硬有痛感，以后逐渐形成拇指大或胡桃大肿块，继而形成脓肿，破溃后流出黏稠白色或黄白色脓液。有的病鹿可因采食、吞咽困难、心脏衰竭而死亡。

(6)犬　在尖锐外来杂物扎破皮肤或者软组织时，常会引发本病，导致下颌淋巴结肿大，压迫食管而引起吞咽困难。

【诊断】

放线菌病的临床症状和病理变化比较特殊，不易与其他传染病混淆，故易诊断。必要时可取脓汁少许，用生理盐水稀释，找出硫黄样颗粒，在水内洗净，置于载玻片上加一滴15%氢氧化钾溶液，覆以盖玻片用力挤压，置显微镜下观察，可见排列成放射状的菌丝。若以生理盐水代替氢氧化钾溶液，覆以盖玻片挤压后再可以进行革兰染色镜检，可见 V 形或 Y 形分支菌丝，无菌鞘。除此之外，还可对放线菌进行培养，虽然其较困难，颗粒必须多次用无菌盐水洗涤，以除去细菌，然后用消毒玻璃棒压碎，划线接种于脑心浸液鲜血琼脂平板上，置二氧化碳厌氧缸中，37℃ 培养。若取组织制作涂片，革兰染色，牛放线菌为阳性，而林氏放线杆菌为阴性。

【防控措施】

（1）预防 为了防止本病的发生，应避免在低湿地放牧。舍饲牛最好于饲喂前将干草、谷糠等浸软，避免刺伤口腔黏膜。加强饲养管理，遵守兽医卫生制度，特别是防止皮肤、黏膜发生损伤，有伤口时及时处理、治疗，在本病的预防上十分重要。

（2）治疗 硬结可用外科手术切除，若有瘘管形成，要连同瘘管彻底切除，切除后新创腔用碘酊纱布填塞，24~48h 更换 1 次。伤口周围注射 10% 碘仿醚或 2% 鲁格液。内服碘化钾，连用 2~4 周，重症者可静脉注射 10% 碘化钠，隔日 1 次。牛放线菌和伊氏放线菌对青霉素、红霉素、林可霉素比较敏感，林氏放线菌对链霉素、磺胺类药比较敏感，故可有针对性地应用抗菌药物进行治疗，但需大剂量应用，方可收效。放线菌病一般是多细菌混合感染，包含放线菌和其他专性或兼性厌氧菌，在临床用药时尽可能做到抗菌谱覆盖。

【公共卫生】

人的放线菌病，由于感染途径不同，病理变化部位也有不同。如病菌由口腔或咽部黏膜损伤侵入，一般多发生于面颊及下颌等部位，病初局部肿痛，皮下可形成坚硬肿块，后逐渐软化形成脓肿，破溃后流出带有硫黄样颗粒的脓汁。如由呼吸道吸入，一般表现为肺炎，有咳嗽、咯痰，偶尔咯血等临床症状，病理变化可扩展到胸膜，形成脓腔和胸壁瘘管，排出含硫黄样颗粒的脓汁。如由胃肠穿孔或胃肠手术后引起，常见的原发部位为阑尾，然后可波及输卵管、胆囊、肝脏等部位，有时也可穿破肠壁而形成瘘管，有时可随血流侵害中枢神经系统。

人放线菌病在诊断上易与一般化脓感染、结核病、恶性肿瘤混淆，应注意区别。预防人放线菌病，要注意口腔卫生，拔牙或其他手术后出现的慢性化脓要及时处理以防病理变化扩散。

二十五、莱姆病

莱姆病（Lyme disease）是由伯氏疏螺旋体引起，经蜱传播的自然疫源性疾病，是新发现的人兽共患传染病，主要由蜱叮咬人、畜而传播。莱姆关节炎在中晚期人的莱姆病中发生率最高，危害较大。1975 年，美国 Steere A C 医生首先在康乃狄克州莱姆镇发现此病。本病分布甚广，已有 30 多个国家报告发现有莱姆病存在，且发病区域和发病率呈迅速扩大和上升趋势。1986 年我国证实此病存在。此后，全国以血清学方法确定有 29 个省（自治区、直辖市），以病原学方法确定有 19 个省（自治区、直辖市）存在莱姆病的自然疫源地，说明莱姆病在我国分布相当广泛。国际贸易、交通运输和旅游业的发展为莱姆病的发生和流行过程起着重要的推动作用。

【病原】

伯氏疏螺旋体（*Borrelia burgdorferi*）是单细胞疏松盘绕的左旋螺旋体，暗视野显微镜下可见 4~10 个疏螺旋，以旋转、扭曲的方式活泼运动，长 10~40μm，宽 0.2~0.3μm，能通过 0.22μm 的滤膜。革兰染色阴性，姬姆萨染色呈蓝紫色。细胞结构由表层、外膜、鞭毛和原生质柱 4 部分构成。

伯氏疏螺旋体在 Bsk-Ⅱ培养基中能良好生长，姬姆萨染色和莱特染色效果好，其分裂繁殖一代需要 12~18h。最适生长温度 30~40℃，从生物标本新分离的菌株，一般需要 2~5 周才能在显微镜下查到。它能分解利用尿素的尿素酶原,这可能与其致病性有关。

目前发现的伯氏疏螺旋体都属一个种,其核苷酸序列差异不大于1%,基因组和遗传表型存在异源性,可以分为11个基因型,其中我国菌株至少含有4个基因型,说明中国株存在很大的遗传差异。

【流行病学】

莱姆病分布广泛,全球五大洲70多个国家均有病例报道,主要集中在北半球,如欧洲、北美洲和亚洲,其中欧美的发病情况最为严重。伯氏疏螺旋体在脊椎动物和蜱之间循环,传染源是贮存宿主,其种类繁多,包括鼠类、鸟类、兔、犬、鹿、马、牛、蜥蜴、狼、熊等30多种野生动物及多种家禽。鸟可以长距离传播伯氏疏螺旋体。我国血清学调查证实牛、马、羊、犬、鼠等动物存在莱姆病感染。多种蜱(嗜群血蜱、长角血蜱和全沟硬蜱)的中肠内携带伯氏疏螺旋体,即主要是蜱叮咬时经唾液将伯氏疏螺旋体传染给人和其他动物。人和牛、马、鼠等动物可通过胎盘垂直传播。全年均可发生,但早期莱姆病具有明显的季节性。发病季节与某些特定蜱的种类、数量及活动周期高峰基本一致。

【临床症状】

(1)马　体温稍升高(38.6~39.1℃),食欲下降或废绝,关节肿大,间歇性跛行,四肢无力,肌肉触痛敏感,有的出现神经高度沉郁或兴奋不断走动,吞咽困难和头偏斜的神经临床症状,昏睡,肢体僵硬。在蜱叮咬部位有出血和脱毛、脱皮。有的发生溃疡性角膜炎、角膜水肿、眼失明。妊娠马可发生流产和死胎。

(2)牛　体温升高,沉郁无力,关节疼痛,跛行,膝关节和飞节常轻度肿胀,手感柔软,有的伴发腹泻、消瘦、口黏膜苍白。出现关节临床症状的表现类似于马。病牛不愿走动,食欲不佳,常导致体重下降,奶牛产奶量下降。有的病牛出现心肌炎、血管炎、肾炎等临床症状,如不及时治疗,常转为慢性、进行性关节炎。早期怀孕牛感染后可发生流产。

(3)犬　发烧、嗜睡、疲劳、食欲不振、呕吐、皮肤损害、关节炎、跛行、流产、肾病、神经临床症状及脑炎等,如不能站立、持续的强直性抽搐和过度反射等。

(4)猫　病猫的临床症状与犬相似,如发热、沉郁、食欲减少或废食、关节肿胀、跛行等。孕猫发生流产。

【病理变化】

在蜱叮咬的四肢部位出现脱毛和皮肤易剥落。心脏和肾脏表面可见苍白色斑点,腕关节的关节囊显著变厚,含有较多的淡红色积液,同时有绒毛增生性滑膜炎,有的病例胸腔内有大量积液和纤维蛋白,全身淋巴结肿胀。犬的病理变化主要是心肌炎、肾小球肾炎及间质性肾炎。

【诊断】

根据流行特点和临床表现可初步诊断,确诊需进行实验室诊断:

(1)直接镜检　取感染动物的组织、血液或者蜱中肠等直接进行涂片后用显微镜暗视野观察,这种常规的直检法较可靠,但容易漏检,与其他诊断方法相比,直接检查的检出率相对较低。

(2)分离培养　采集感染动物的血液、尿液等,接种BSK培养基进行培养。于33℃培养7~10d后,采用常规显微镜暗视野观察。

(3)血清学检测　血清学检测方法主要有免疫荧光法、ELISA、免疫印迹和免疫酶染色法。间接免疫荧光方法是利用阳性血清检测样本的抗原性,判定样本的感染情况。

(4)分子生物学技术检测　根据伯氏疏螺旋体外膜蛋白A基因片段建立的检测蜱体内伯氏疏螺旋体的PCR方法,适用于蜱感染伯氏疏螺旋体状况的检测。

【防控措施】

（1）预防　莱姆病的预防应采用综合措施，即环境防护、个体防护和预防注射相结合的措施，关键是避免蜱叮咬，控制传播媒介。定期消灭老鼠、蜱类等传播媒介，对饲养的放牧动物定期驱除外寄生虫。

（2）治疗　用抗生素治疗有效，原则是大剂量使用。首选药物头孢霉素类、青霉素类，其次是红霉素和四环素。

【公共卫生】

莱姆病是一种人兽共患传染病，人感染后临床上表现多样化，侵犯多系统多器官引起损伤，根据病程发展，分为早、中、晚3期。早期局部损害，表现为游走性红斑（ECM），ECM是本病最常见又最具有特征的临床症状之一。经蜱叮咬后，7~10d出现红色的斑疹，随后逐渐扩大，为莱姆病的特征性症状，该症状可出现于身体的任何部位。中期为感染散播期，主要表现为神经系统损伤，以中枢神经和周围神经损害的表现为主，常见颅神经损伤、脑膜炎、神经根炎和末梢神经炎等；另一表现为循环系统损害，常为急性心脏病变，最常见的是心律失常、心房传导阻滞、胸痛、呼吸短促，偶然可见急性心肌心包炎。晚期为持续感染期，表现为关节炎，一般在ECM出现4周左右发生，多为自发性关节痛。膝关节发病最多，起病突然，关节肿胀、疼痛，且肿胀胜于疼痛为特征之一。

二十六、钩端螺旋体病

钩端螺旋体病（leptospirosis）简称钩体病，是由钩端螺旋体属的不同血清型致病性钩端螺旋体引起的一种人兽共患传染病。临床上主要表现发热、黄疸、出血、血红蛋白尿、水肿、皮肤黏膜坏死和流产。1886年德国最早在人群中发现本病，1930年苏联在牛群中发现本病，1939年确定病原，1934年我国在广东省首次发现人感染本病。本病分布广泛，世界五大洲均有此病，以亚热带地区流行严重。

【病原】

病原体为钩端螺旋体属（*Leptospira*）的形状似问号的钩端螺旋体（*L. interrogans*）。钩端螺旋体形态呈细长丝状，螺旋整齐而致密，一端或两端弯曲如钩，中央有一根轴丝，用姬姆萨染色法，在暗视野中观察，呈细小的珠链状。革兰染色阴性，不易着染。镀银染色呈棕褐色。免疫过氧化酶染色法，阳性标本钩体即着色，染色的标本可长期保存。

钩端螺旋体按内部抗原结构，分为不同的群型。凡能彼此以高效价交互凝集的菌株被列为同一血清群；群内以凝集吸收试验分为若干个血清型。全世界已发现的钩端螺旋体共有23个血清群，200个血清型，其中，我国已知有18个群，75个血清型，国内常见的血清型最主要的是波摩那型，其次是犬型、黄疸出血型、流感伤寒型、秋季热型、澳洲型及七日热型。

钩端螺旋体在一般水田、池塘、沼泽里及淤泥中生存数周或数月。适宜的酸碱度pH 7.0~7.6，对超出此范围以外的酸碱度均敏感，对干燥、热、日光直射的抵抗力均较弱，56℃10min或者60℃10s即可杀死，对常用消毒剂（如0.5%来苏儿、0.1%苯酚、1%漂白粉等）敏感，10~30min可杀死，对青霉素、金霉素等抗生素敏感。但本菌对低温有较强的抵抗力，在-70℃下可以保持毒力数年。

【流行病学】

本病主要发生于猪、牛、犬，马、羊次之，任何年龄的家畜均可感染，但以幼畜发病率较高。人也具有较高的易感性。

家畜以猪、牛、犬为主要的储存宿主和传染源；鼠为钩端螺旋体的储存宿主，成为重要的传染源；蛙作为传染源，近年来在国内外颇受重视。国外已从豹蛙、蟾蜍中分离出致病性钩端螺旋体。

该菌主要通过皮肤、黏膜和消化道进入体内，也可通过交配和吸血昆虫传播。据报道，有数种蜱和螨可传播本病。各种带菌动物由尿、乳、唾液和精液等多种途径向体外排出钩端螺旋体，其中以尿的排菌量最大，排菌时间长，污染周围环境。感染方式有直接和间接两种，主要是接触疫水间接感染，但被鼠咬等也可直接接触发病。

本病流行有明显的季节性，一般在温暖、潮湿、多雨和鼠类活动频繁的季节为流行高峰期，其他时期多为散发。饲养管理与本病的发生和流行有着密切的关系，如饥饿、饲料质量差、饲喂不合理，管理混乱或其他疾病使家畜抵抗力下降时，经常引起本病的暴发和流行。

【临床症状】

潜伏期一般2~20d，各种动物感染发病后临床症状基本相同。急性型为体温突然升高，食欲废绝，呼吸和心跳加速，黏膜发黄，尿色呈红褐色，有大量白蛋白、血红蛋白和胆色素，并常见皮肤干裂、坏死和溃疡。猪则出现奇痒，用力擦蹭直至出血，常于发病后数小时至几天内死亡，死亡率很高。亚急性型常呈地方性流行，体温有不同程度的上升，精神沉郁，食欲下降，黏膜发生黄染，全身水肿，血尿，死亡率低，经2周后可逐渐恢复。有些畜群暴发本病的唯一临床症状就是流产，急性和亚急性病畜发生流产、死胎、木乃伊胎是钩端螺旋体病的重要临床症状之一。

【病理变化】

口腔黏膜溃疡，皮肤上有干裂坏死灶。皮下、浆膜和黏膜黄染。出血性素质，肾、脾、肺、心脏等实质器官有出血斑点。有的水肿，以头颈、四肢明显，尸体苍白。脾脏淤血肿大，肝肿大呈黄褐色，肾表面有灰白色小坏死灶。肾小管坏死，肾间质有白色坏死灶，淋巴结肿胀多汁，肠系膜淋巴结肿胀明显。

【诊断】

根据发病情况、临床症状和剖检变化可初步诊断，但确诊需进行实验室诊断。

(1)病原体检测　采取血液、尿液、脑脊液等病料，制成压滴标本，暗视野检查。采取肝、肾、脾等制成悬液，离心，用沉淀物制片，镜检，可见钩端螺旋体。

(2)动物接种试验　取新鲜血液和尿或肝、肾及胎儿组织制成乳剂1~3mL接种于幼龄豚鼠或14~18日龄仔兔3~5d后，体温升高，减食，黄疸，死前体温下降时扑杀，见有广泛的黄疸和出血；肝、肾涂片，镜检，见可检到钩端螺旋体。

(3)血清学诊断　可用凝集溶解试验、补体结合试验、ELISA、间接荧光抗体技术、间接血凝试验检测。

(4)分子生物学诊断　作为一个简便、快速、稳定、敏感的技术，PCR技术用于钩端螺旋体的早期快速诊断、流行病学调查都具有一定的实用价值。常用的有多重PCR，根据致病微生物间靶基因的特异性设计2对或2对以上的引物同时进行PCR，可区别致病性与非致病性钩端螺旋体。实时荧光定量PCR技术能用于检测环境及临床样品中的钩端螺旋体。

【防控措施】

(1)预防　平时防控钩端螺旋体病的主要措施多从3个方面入手，即消除带菌和排菌的各种动物；消毒和清理被污染的水源、场地、圈舍、用具、清除污水、粪便，灭鼠；实施预防接种和加强饲养管理，提高动物的抵抗力。

当畜群发生本病时，应立即隔离治疗病畜及带菌畜，用双链季胺盐、络合碘、3%氢氧化钠、

10%～20%石灰乳等消毒药对病畜污染的饲槽、圈舍、饮水器及饲养用具等进行消毒，清除污水、淤泥、积粪，捕杀舍内、饲料库内的老鼠。

（2）治疗　对本病的早期诊断、早期治疗，是提高治疗效果的关键。根据各地临床治疗经验，对不同发病动物应根据具体情况选用不同抗生素，对马、牛病畜采用链霉素；对猪可用青霉素、四环素、土霉素等；对野生动物用青霉素或链霉素。使用链霉素时按照 15～25mg/kg，每日 2 次，肌肉注射，连用 3～5d；土霉素则 15～30mg/kg，口服或注射，每日 1 次，连用 3～5d。

【公共卫生】

人感染钩端螺旋体后通常表现为发热、头疼、乏力、呕吐、腹泻、淋巴结肿大、肌肉疼痛等，严重时可见咯血、肺出血、黄疸、皮肤黏膜出血、败血症甚至休克。多数病例退热后可痊愈，如治疗不及时可引起死亡。田间劳动仍为我国钩体病感染最普遍的方式，应继续加强疫区群众的宣传教育工作，增强群众田间作业者个人防护意识。对患者给予青霉素治疗，为了防止赫氏反应（指患者在接受首次青霉素或其他抗菌药物后，可因短时间内大量钩端螺旋体被杀死而释放毒素引起临床症状的加重反应），青霉素应从小剂量开始，或首次给予适量地塞米松预防。

二十七、皮肤霉菌病

皮肤霉菌病（dermatomycosis）简称皮霉病，俗称钱癣、秃毛癣、毛癣，是由皮肤癣菌（又叫皮肤丝状菌）引起的人、畜、禽共患的一类慢性皮肤传染病。主要特征是患部皮肤呈圆形或不规则形状的脱毛、脱屑、上皮渗出、结痂及痒感。本病在世界上广泛分布，我国近年来本病的发生和发展具有上升的趋势。

【病原】

皮肤真菌病的病原为真菌界半知菌门内的一部分菌属。其中，主要危害人类的为表皮癣菌（*Epidermophyton*），对人、畜、禽均有致病性的为毛癣菌属（*Trichophyton*）及小孢子霉菌（*Microsporum*）。我国自北向南跨越了温带、亚热带、热带，浅部真菌病菌种有一定的变化。对动物而言，引起皮肤真菌病的病原较多，目前报道的有石膏样小孢子菌、石膏样毛癣菌、红色毛癣菌等。但引起人类皮肤真菌病的菌种总体情况还是以红色毛癣菌占据优势，而在银川、齐齐哈尔则以亲动物性须癣毛癣菌、絮状表皮癣菌占优势。北方地区多以犬小孢子菌、须癣毛癣菌为主，而南方则多以念珠菌为主。

多数皮肤真菌能产生孢子，对外界具有极强的抵抗力。将含菌病料或真菌置于室温或 4℃的条件下 422d 再次接种培养，均能获得与初次分离形态和结构相同的真菌，在室温条件下能够生存长达 3～4 年。耐干燥，100℃干热 1h 方可被灭活。但对湿热抵抗力不强。对一般消毒药耐受性很强，1%乙酸需 1h，1%氢氧化钠数小时，2%甲醛 0.5h。对一般抗生素及磺胺类药均不敏感。制霉菌素、两性霉素 B 和灰黄霉素等对本菌有抑制作用。

【流行病学】

自然情况下牛最易感，马、驴、鸡、兔、猫、犬、猪、绵羊、山羊、豚鼠等也易感。多种野生动物也有感染的报道。人也易感。不同年龄、性别的家畜均易感，而幼龄动物更易感染。病畜、患者和带菌畜是本病的主要传染源，主要通过病畜与健畜直接接触传播，或者使用被污染的刷拭用具、挽具和鞍具，或动物在污染的环境中，通过瘙痒、摩擦或蚊虫叮咬，从损伤的皮肤发生感染。在饲养管理不善、卫生差、环境潮湿、饲料中缺乏维生素 B 和维生素 C 以及缺乏微量元素等的情况下，均可诱发并促进本病的发生和扩散。一年四季均可散发，尤以秋、冬季发病较多。

【临床症状】

潜伏期一般1~2周。因为成年家畜对本病有一定的抵抗力，所以临床症状主要表现在幼龄动物。

(1)牛　病牛食欲减退，逐渐消瘦和出现营养不良性贫血等。好发部位主要是眼的周围、头部，其次为颈部、胸背部、臀部、乳房、会阴等处，重型病牛可扩延至全身。病牛常表现出剧痒、不安、摩擦、减食、消瘦等症状。病的初期，皮肤丘疹限于较小范围，逐渐地呈同心圆状向外扩散或相互融合成不整形病灶。周边的炎症临床症状明显，呈豌豆大小结节状隆起，其上被毛向不同方向竖立并脱落变稀，皮损增厚、隆起，有灰色或灰褐色，有时呈鲜红色到暗红色的鳞屑和石棉样痂皮。当痂皮剥脱后，病灶显出湿润、血样糜烂面，并有直径1~5cm的圆形到椭圆形秃毛斑(即钱癣)。在发病初期或接近于痊愈阶段，以及皮损累及真皮组织的病牛，可出现剧烈瘙痒临床症状，与其他物体摩擦后伴发出血、糜烂等。病情恶化或继发感染时，可导致皮肤增厚、苔藓样硬化。病灶局部平坦，痂皮剥脱后，生长出新的被毛即可康复。病牛康复后不会形成抵抗本病的能力，即皮肤依旧能够再次感染。有的毛霉菌还可侵及肺脏。

(2)兔　成年兔感染本病后通常无全身临床症状；若发病部位主要在乳房、腹部、四肢内侧；成年公兔在睾丸附近；幼兔在哺乳时与母兔接触，易被感染，几天后表现出临床症状。5~30日龄幼兔病变部位主要在嘴、眼、下颚、四肢及背部皮肤上。1~3个月幼兔主要在头部、腹部、四肢、背部、脚爪，重者全身都有；3个月以上幼兔主要发生在耳朵、耳根及颈部等处；病初仔兔毛焦无光泽，精神沉郁，生长缓慢，瘙痒，皮肤出现皮屑、毛易脱落、湿红、渗出、结痂和脱痂。这时若兔感染不严重，随着日龄的增加，抵抗力强，则临床症状逐渐消失并长出新毛，逐步转为外观正常但带菌的兔。相反，皮肤会溃疡、化脓、坏死、经久不愈，皮肤萎缩形成肉芽肿，严重者由于大面积皮毛受损、营养不良而死亡。如果继发螨病、球虫病或葡萄球菌病及鼻炎等将大大增加病死率。

(3)犬、猫　患病犬、猫的面部、耳朵、四肢、趾爪和躯干等部位常发病，表现为剧痒，其外观多种多样，一般有不同程度的脱屑、脱毛和结痂。毛发变脆、毛干易断、毛根易脱。被毛脱落是典型的皮肤病变，呈圆形迅速向四周扩展(直径1~4cm)。严重的表现为大面积脱毛，皮肤上可见到红疹，脱毛区覆盖着油性结痂，刮去痂皮裸露潮红或溃烂的表皮。

(4)鸡　鸡冠、肉髯等无毛处形成白色小结节，逐渐扩大至小米粒大，并不断蔓延导致整个鸡冠、肉髯和耳片都覆盖石棉状白膜。病变也可蔓延至身体有毛处皮肤，使羽毛脱落，皮肤增厚，产生痂癣。

【病理变化】

真皮、表皮有慢性炎症，如充血、肿胀和淋巴细胞性浸润等。角质层上皮细胞增生，角化不全，表皮乳头状突起。在角质层和毛囊细胞间往往出现丝状菌丝成分。毛囊中可见到包围囊鞘的节孢子，毛囊鞘被破坏。表皮与真皮处形成小脓疱。感染的毛囊周围积聚着淋巴细胞、巨噬细胞和少数中性粒细胞等。

【诊断】

本病在临床上应注意与疥癣和过敏性皮炎等病相区别。确诊可通过实验室检查。

(1)病料镜检　取病变部位的皮屑、癣痂、被毛或渗出物，将病料少许置于载玻片上，滴加10%氢氧化钾1滴，盖上盖玻片，必要时微微加温使标本透明，用显微镜观察，可见分枝的菌丝及各种孢子。若发现癣菌感染，在毛干的内外缘都有平行排列的孢子，连接呈链状；小孢霉菌感染者，菌丝和小分生孢子沿毛根和毛干部生长，并镶嵌成厚鞘，孢子不进入毛干内。

（2）培养　先将病料用 70% 乙醇或 2% 苯酚浸渍数分钟，再以无菌生理盐水冲洗，然后接种到沙堡弱琼脂平板上，置 25℃ 培养 1～2 周，观察菌落的生长速度、形态结构及色泽，染色镜检菌丝和孢子的形态结构，镜检可见典型霉菌样结构，分生孢子头呈典型致密的柱状排列，顶囊呈倒立烧瓶样，直径 15.0～18.0μm，孢子小梗单层，覆盖顶囊的 3/4，大小约 5.0μm×2.0μm，菌丝分隔，孢子梗管壁光滑，近囊端渐粗，孢子呈圆形或近圆形，呈绿色或淡绿色，直径 1.5～2.0μm。

【防控措施】

（1）预防　平时应加强饲养管理，坚持自繁自养，尽量避免引进种畜，若需要引种时一定要慎之又慎，引进的种畜一定要严格隔离饲养，用百毒杀对畜体喷雾消毒，确认健康才合群饲养。建立核心种群，对种畜要定期检查，防止皮肤损伤，若发现病畜应及时隔离治疗或淘汰。要加强饲养管理，防止螨病、葡萄球菌病等疾病的发生，增强家畜的抵抗力。彻底净化环境、切断传播途径是非常重要的措施。可用 2%～3% 福尔马林消毒舍及用具；消毒环境时可用 1∶100 倍稀释的百毒杀，定期消毒时 1∶200～1∶300 稀释时效果较好。也可定期对环境用火焰消毒，净化周围环境。

（2）治疗　治疗的药物有很多，但总体来看疗效较低，用药次数较多，时间很长，且易于复发；最好能对分离菌株进行药敏试验，选择适宜的药物治疗。一般浅部真菌感染选择外用药进行治疗，对某些顽固性浅部真菌及深部真菌病应进行系统的抗真菌治疗。

【公共卫生】

人类的皮肤真菌病，根据其感染部位的不同，分别有头癣、体癣、股癣、手足癣和甲癣等。本病的发生和传播与生活习惯、职业、卫生状况、饲养管理水平，以及医学知识的普及程度等密切相关。预防人的皮肤真菌病应注意被真菌污染的衣物的消毒，保持皮肤的清洁卫生。药物治疗时，局部剃发、洗净，视病情轻重单用外用药或与内服药合用。常用外涂药物有 1%～3% 克霉唑液、达克宁霜、5% 硫黄软膏、5% 水杨酸乙醇溶液或软膏等。若大面积癣斑，应予以抗真菌药物内服与外用联合的方法治疗。

二十八、Q 热

Q 热（Q fever）是由贝氏柯克斯体引起的一种人兽共患的自然疫源性疾病。在动物上主要表现为奶牛、山羊、绵羊流产。1937 年，Derrick 在澳大利亚的昆士兰发现并首先描述此病，因当时原因不明，故称本病为 Q 热。已报道的 Q 热疫区遍及全球各大洲几乎所有国家，成为当前分布最广的人兽共患病之一。人类和动物对其普遍易感，可通过气溶胶广泛传播，一旦流行将难以控制，因此美国反恐怖组织将其列为生物战剂之一。

【病原】

贝氏柯克斯体（*Coxiella burneti*）为军团菌目（Legionellales）柯克斯体科（Coxiellaceae）柯克斯体属（*Caxiela*）的成员。病原多为短杆状、球状、双杆状、新月状或丝状等，无鞭毛，无荚膜，可形成芽孢。病原体常成对排列，有时成堆，位于内皮细胞或浆膜细胞内，形成微小集落。革兰染色阴性，有的两端浓染或不着色。该菌不能在人工培养基上生长，可在鸡胚和鼠胚细胞、豚鼠和乳兔肾细胞、人胚纤维母细胞等多种人和动物细胞培养基中繁殖。贝氏柯克斯体随适应宿主的不同表现分为两种抗原性。Ⅰ相抗原通常是从动物、节肢动物和人体内新分离的毒株，不能与 Q 热早期恢复血清（2～3 周内）发生补体结合反应。当由自然界或实验动物分离的Ⅰ相抗原菌株经鸡胚或组织培养物连续传代后逐渐转变成无毒的Ⅱ相抗原菌株，但Ⅱ相抗原菌株经动物或蜱传代后又可逆转为Ⅰ相抗原。

该菌对理化因素抵抗力强,在干燥沙土中4~6℃可存活7~9个月,-56℃能活数年,60~70℃加热30~60min才能被灭活。对常用消毒剂不敏感,0.5%甲醛3d、2%苯酚在高温下5d才可杀死该菌。该菌对四环素、土霉素、强力霉素和甲氧苄氨嘧啶等抗菌药物和脂溶剂敏感。

【流行病学】

牛、绵羊、山羊、猪、马、犬、骆驼、鸡、鸽和鹅易发生Q热。自然界中各种野生和家养哺乳动物、节肢动物和鸟类都可感染此病,其中,多种啮齿动物、蜱、螨、飞禽,甚至爬行类还可成为其贮存宿主。

传染源主要为感染家畜,特别是牛、羊。我国感染Q热的家畜包括黄牛、水牛、牦牛、绵羊、山羊、马、骡、驴、骆驼、犬、猪和兔等。野生动物中的喜马拉雅旱獭、藏鼠兔、达乌利亚黄鼠、黄胸鼠,禽类中的鸡、鹊雀均有Q热感染,而成为本病的传染源。Q热病原体可通过呼吸道、消化道等多种传播途径,其中,呼吸道是引起Q热暴发和流行的主要传播途径。贝氏柯克斯体是所有立克次体中唯一可以不通过节肢动物而通过气溶胶方式就可使人及动物发生感染的病原体,在动物之间,本病原体以蜱为传播媒介进行传播并可经卵传代,从而形成自然疫源地。人主要是在管理、诊治和动物产品加工过程中经消化道、呼吸道、损伤的皮肤等途径感染,也可通过摄入未经消毒的患病动物乳产品感染。

一年四季均可发生,在动物分娩季节往往有季节性增多现象。

【临床症状】

动物感染后多呈亚临床经过,但绵羊和山羊有时出现食欲不振、体重下降、产奶量减少、流产和死胎等现象;牛可出现不育和散在性流产。多数反刍动物感染后,本病原定居在乳腺、胎盘和子宫,随分娩和泌乳时大量排出。少数病例出现结膜炎、支气管肺炎、关节肿胀、乳房炎等临床症状。

【病理变化】

患病动物无明显可见的病理变化。

【诊断】

本病临床表现因缺乏特征性,所以实验室检测才是确诊的主要依据。由于贝氏柯克斯体具有极高的感染性,在其病原检测中需要在BSL-3级实验室进行。分离培养可用鸡胚和鼠胚细胞、豚鼠和乳兔肾细胞、人胚纤维母细胞等,但病原分离操作复杂,且分离率十分低。血清学方法有免疫组织化学法、ELISA和间接免疫荧光试验,而在发病一周内往往检测不到抗体,因此血清学不适宜早期诊断。分子生物学诊断方法有不同类型的PCR,根据贝氏柯克斯体16S rRNA特异性基因设计引物,以PCR扩增为主要手段的分子生物学技术目前已取代病原分离作为直接诊断依据;根据贝氏柯克斯体*IS111a*基因设计引物和探针,以克隆的*IS111a*基因片段(485bp)作为标准DNA模板,建立实时荧光定量PCR检测方法,灵敏度为巢式PCR的10倍。

【防控措施】

(1)预防　非疫区应加强引进动物的检疫,防止引入隐性感染或带毒动物。疫区可通过临床观察和血清学检查,发现阳性动物及时隔离;并对家畜分娩期的排泄物、胎盘及其污染环境进行严格消毒处理。平时要做好卫生管理和防蜱灭鼠的工作,消灭传播媒介,包括消灭其他家畜身体上的蜱。

(2)治疗　患病动物应在隔离的情况下,可选用四环素类、喹诺酮类、甲氧苄氨嘧啶、利福平等进行治疗。

【公共卫生】

人感染贝氏柯克斯体在临床上分为急性和慢性两种类型，急性 Q 热表现为发热、头痛、肌肉酸疼，常伴有肺炎或肝炎。慢性 Q 热表现为长期持续或反复发热，常伴有心内膜炎、慢性肝炎或骨髓炎。预防 Q 热要有目的防蜱灭鼠，预防家畜感染。控制人畜间循环是防止人类发生 Q 热的关键。要做好防止和监视染疫畜的输入，保护孕畜围产期外部环境，预防与病畜密切接触人群的发病 3 个方面的工作。与病畜接触的人员可采用灭活疫苗预防接种，这是防止 Q 热发生和流行的有效手段。抗生素治疗对 Q 热有效，可首选四环素及其类似药物进行治疗。

复习思考题

1. 口蹄疫在流行病学上有哪些重要特点？
2. 如何区别 HPAI 和 LPAI？
3. 狂犬病的主要传播途径有哪些？如何有效预防狂犬病的发生？
4. 不同动物流行性乙型脑炎的临床特点有什么不同？
5. 确诊牛海绵状脑病的实验室方法有哪些？
6. 猪轮状病毒感染与传染性胃肠炎、流行性腹泻的主要区别有哪些？
7. 区分感染动物的野毒与疫苗毒的方法是什么？其原理是什么？
8. 羊痘病毒分为哪几类？其临床症状、病理变化怎样？

第四章

猪的传染病

本章学习导读：猪的病毒性传染病是危害最大的一类传染病。长期以来，我国的养猪业受到猪瘟的重创，2018 年传入我国的非洲猪瘟取代了猪瘟，成为头号大敌，给我国养猪业更沉重的打击。老病未灭，而新病不断袭来，如猪塞内卡病毒病、猪丁型冠状病毒病等。本章介绍的 17 个猪病毒病中，多种流行广、传播快，有的能引起免疫抑制，并造成混合感染，如猪繁殖与呼吸综合征、猪圆环病毒病。猪的消化、呼吸和繁殖三大系统疾病至今仍危害大，常发多发。其中，病毒病占据重要地位。消化系统的传染病中，病毒性腹泻最为重要，猪传染性胃肠炎、猪流行性腹泻和轮状病毒病长期困扰养猪发展，特别是 2010 年以来，猪流行性腹泻连续多年在我国各地猪场频发，给养猪生产造成巨大经济损失，近年来还新添了猪丁型冠状病毒病，使猪消化系统疾病的防控形势更加严峻。猪的繁殖障碍病中，以病毒性为主，如猪瘟、伪狂犬病、猪繁殖与呼吸综合征、猪细小病毒病、流行性乙型脑炎及猪圆环病毒病，引起种母猪不发情、返情、久配不孕、早产、流产、产死胎、木乃伊胎、弱仔，公猪睾丸炎、附睾炎、性欲下降、精子质量低下，失去配种功能。

在本章列入的 8 种细菌病中，呼吸系统疾病占重要地位。猪的传染性胸膜肺炎、萎缩性鼻炎、副猪嗜血杆菌病、猪气喘病及猪链球菌病等，加之与一些病毒的混合感染，是养猪生产中常见问题，特别是中、大猪群中严重。引起猪的腹泻病中，猪痢疾和梭菌性肠炎还在少数地区散发，在一些规模化猪场，由胞内劳生菌引起的增生性肠炎，其发病率和病死率均较高，给养猪生产带来损失。细菌病因病型较多，菌苗免疫效果差，人们往往采取药物预防和治疗。但生产中，盲目用药、随意加大或减少用药剂量和延长用药疗程，结果用药效果差甚至无效，耐药现象十分普遍。动物产品药物残留，影响食品安全和人类健康。从国际发展趋势和长远观点看，对猪的细菌病防控也要走生物防控和生物安全之路，淘汰、扑杀病猪，着力发展新型疫苗，如基因重组表达的亚单位疫苗、活载体疫苗、多价多联疫苗，一针防多病。同时，发展能区分自然感染和疫苗免疫抗体的标记疫苗和相应诊断试剂盒。

第一节　猪的病毒性传染病

一、非洲猪瘟

非洲猪瘟（African swine fever，ASF）是由非洲猪瘟病毒引起猪的一种急性、致死性传染病。其临床特征是高热、皮肤发绀以及淋巴结和内脏器官严重出血，死亡率可高达 100%。WOAH 将其列为法定报告动物疫病，也是我国重点防范的一类动物传染病。

1921 年 ASF 首次在东非肯尼亚地区被报道，一直存在于撒哈拉以南的非洲国家，直到 1957 年第一次在非洲以外的葡萄牙被发现，之后在欧洲、中美洲、南美洲等 30 多个国家和地区流行，给这些国家的养猪业造成了巨大的损失。20 世纪 90 年代，通过严格的生物安全防控措施和捕杀计划，在欧洲多数地区彻底根除了这种疾病。然而，2007 年，ASF 从非洲东南部蔓延到高加索地区，2014 年之后陆续传播到欧盟东部的多个国家。2017 年 3 月，俄罗斯远东地区伊尔库茨克州发生非洲猪瘟疫情，疫情发生地距离我国较近，仅为 1 000km 左右。2018 年 8 月，在辽宁省沈阳市报道我国第一起非洲猪瘟疫情，本病迅速蔓延至全国，给我国养猪产业造成了毁灭性的打击。蒙古、越南、柬埔寨、朝鲜、老挝、缅甸、菲律宾及韩国等亚洲国家在 2019 年也陆续出现非洲猪瘟疫情。

【病原】

非洲猪瘟病毒（*African swine fever virus*，ASFV）是非洲猪瘟病毒科（*Asfarviridae*）非洲猪瘟病毒属（*Asfarvirus*）的唯一成员。病毒粒子呈二十面体对称结构，直径 175~215nm，具有囊膜。病毒基因组为双链线性 DNA，全长 170~193kb，含有超过 160 个开放阅读框，主要编码 150~167 种蛋白（包括病毒复制所需蛋白）。ASFV 是一种非常复杂的病毒，至少含有 28 种结构蛋白。病毒主要在猪巨噬细胞内复制繁殖，产生 100 种以上的 ASFV 诱导蛋白，其中至少有 50 种能够与感染猪或康复猪的血清进行反应，40 种能够与病毒粒子相结合。自然感染和人工感染 ASFV 后机体均不产生典型的中和抗体，但康复猪能够抵抗同源毒株的再感染。部分病毒蛋白，如 p12、p30、p54、p73 等具有良好的抗原性，虽然其产生的抗体不足以提供免疫保护，但可用于血清学诊断。目前报道的 ASFV 中，根据 *CD2v* 基因可将其分为 8 种血清群，基于衣壳蛋白 p72 的 C 末端可变区序列的 *B646L* 基因可分为 24 种基因型。较大的病毒颗粒包含有约 68 种病毒编码蛋白，而这些蛋白是以多层聚体的形式存在。

ASFV 的基因组变异频繁，表现明显的遗传多样性。ASFV 在感染猪后，最早可在脾脏、淋巴结等组织器官的单核巨噬细胞中检测到，病毒可破坏免疫细胞。因脾脏、淋巴结和血液中 ASFV 含量最高，故脾脏、淋巴结和血液可作为实验室病原检测的样品。病毒感染细胞后 6~7h 开始合成病毒 DNA；10~12h 可观察到完整的病毒粒子；8~12h 出现红细胞吸附反应，吸附反应出现后 24h 细胞出现细胞病变，此时在胞质中可检出嗜酸性包涵体；病毒感染 48h 内病毒可扩散至扁桃体，然后蔓延至下颌淋巴结，进而随血液扩散至全身，破坏机体凝血系统，使猪发生病毒血症，表现为全身脏器凝血不良而导致的出血。ASFV 除主要在感染猪的单核巨噬细胞中复制外，还可在中性粒细胞、内皮细胞、肝细胞、肾小管上皮细胞中复制，但不能在 T、B 淋巴细胞中复制。体外培养时，部分 ASFV 可在猪白细胞、骨髓细胞、PK-15 等猪源传代细胞系和 Vero、BHK-21 等非猪源传代细胞系上增殖，并出现细胞病变，在感染细胞的细胞质中，可发现包涵体。部分 ASFV 还可在鸡胚内增殖，通过卵黄囊接种 6~7d 后可致鸡胚死亡。目前，在我国流行的基因 II 型 ASFV 不能在 PK-15、Vero、BHK-21 等常见细胞系上增殖。ASFV 大多数毒株毒力很强，但免疫原性甚低。虽然猪在感染 7~21d 后可产生补体结合抗体、沉淀抗体和血凝抑制抗体，但无论自然感染或人工感染猪，尚未检测到有保护作用的中和抗体，但耐过猪常能抵抗同型毒株的再次攻击。部分 ASFV 具有吸附猪红细胞的特性，但经细胞培养后则失去这种特性，而抗血清可阻断此特性。

ASFV 在自然环境中的抵抗力很强，在 pH 3.9~13.4 条件下处理 2h 后仍具有感染性；室温干燥或冷冻数年后仍可存活；室温下经 18 个月仍能够从血液中分离出病毒；在某些腌制的猪肉制品中 ASFV 能够存活 140d；ASFV 对酸性环境不敏感。但 ASFV 对热的抵抗力不强，60℃ 30min 可被失活。ASFV 对许多脂溶剂和常用消毒剂敏感，10% 邻苯基苯酚是有效的消毒剂。

【流行病学】

家猪、野猪、丛林猪、疣猪等是 ASFV 的自然宿主，但仅家猪和野猪感染后发病。ASFV 是唯一的虫媒传播的 DNA 病毒，中间宿主为钝缘软蜱。非洲钝缘蜱、伊比利亚半岛的游走性钝缘蜱等软蜱是重要的储存宿主。ASF 传播模式以森林循环传播、软蜱—家猪循环传播、家猪循环传播和野猪—家猪循环传播为主。病猪和带毒猪是 ASF 的传染源，可从其各种分泌物、排泄物、组织器官中分离出 ASFV。本病毒可通过直接接触、呼吸道、消化道等途径传播，也可经人员、车辆、器具之间进行机械性传播。猪群一旦感染，发病率和病死率均很高，可达 100%。

ASFV 能在未煮熟的猪肉组织存活数月，在经过腌制的猪肉制品中也能长时间存活，给健康猪饲喂带毒的猪肉残渣是造成非洲猪瘟蔓延的重要原因。

【临床症状】

本病自然感染的潜伏期为 4~19d，人工感染的潜伏期为 2~5d，临床症状与猪瘟相似。根据病毒毒力、感染的剂量和感染途径的不同，可将 ASF 分为最急性型、急性型、亚急性型、慢性型和隐性型。

（1）最急性型和急性型　最急性型表现为突然死亡，基本不出现临床症状。急性型表现为食欲减退，高热（40~41℃）稽留 4d 左右，精神沉郁，站立困难，行走无力，呼吸急促，咳嗽，鼻端、耳、腹部、四肢等处皮肤发绀、出血，白细胞减少。妊娠母猪流产。病程 4~7d，在死亡前 24h 内体温明显下降，病猪昏迷，病死率高达 80% 以上。在非洲，ASF 主要呈急性型。

（2）亚急性型和慢性型　亚急性型与急性型相似，但病情相对较轻，病程较长（6~10d），病死率达 60% 以上。慢性型临床症状表现为精神委顿，发热，肺炎与呼吸急促，皮肤溃疡、坏死，妊娠母猪流产，病程 1 个月以上；有的除生长缓慢外无其他症状；病死率低，但多数携带病毒。在非洲以外地区，亚急性型和慢性型 ASF 最常见。

（3）隐性型　隐性型在非洲野猪中常见，在家猪中则可能是感染了低毒力毒株所致或是由亚急性型和慢性型转变而来。外观体征健康，但带毒。

【病理变化】

ASF 的病理变化因病毒毒力的不同而异，急性型和亚急性型表现为广泛性出血和淋巴组织损伤，慢性型和隐性型出现的病变少或无。急性型的病变主要出现于脾脏、淋巴结、肾脏、心脏。脾脏呈红黑色、肿大，体积可达原来的几倍，梗死、变脆；淋巴结出血、水肿和变脆，严重时像血块，切面呈大理石状；有的肾脏皮质、肾盂切面出血；有些病例可见心包膜出血、心包积液、胸膜出血、胸积水增多，肺水肿；整个消化道水肿和出血，腹水增多；肝脏和胆囊充血，膀胱黏膜出血等。组织病理学病变主要出现在血管和淋巴器官，表现为内皮细胞的出血、损伤、坏死；淋巴结的滤泡周围和副皮质区、脾脏滤泡周围红髓区和肝脏枯否细胞坏死。

亚急性型除病变较轻外，其表现与急性型相似，主要表现为淋巴结和肾脏的出血、脾肿大和出血、肺脏淤血和水肿等。慢性型主要出现呼吸道的变化，肺实变或局部发生干酪样坏死和钙化，病变包括纤维素性胸膜炎、心包炎、胸膜粘连、肺炎、淋巴网状组织增生及关节肿大等。

【诊断】

ASF 在临床症状和病理变化上与猪瘟等出血性疾病相似，所以临床诊断难度很大，确诊此病需要借助实验室诊断。常用的实验室诊断方法主要有：

（1）病毒核酸检测　采集组织样品和血液，提取总 DNA，用 PCR 或定量 PCR 检测病毒 DNA，这是目前应用最广泛的一类高效而快捷的检测方法。

（2）病毒抗原检测　采集淋巴结、肾脏、脾脏、肺脏等组织器官制作冰冻切片或触片，进行直接免疫荧光法（DFA）检测组织中 ASFV 抗原，该诊断方法对急性型 ASF 的诊断具有快速、经济、敏感性高的特点，但亚急性型与慢性型 ASF 的诊断则敏感性不高。ELISA 可以检测组织或血清样品中的病毒抗原或抗体，是一种快速的大规模检测方法。

（3）血细胞吸附试验（HAD）　红细胞能够吸附在感染 ASFV 的巨噬细胞表面，并形成典型玫瑰花环的特性，可作为确诊方法，其特异性和敏感性高。但一些 ASFV 毒株能够诱导巨噬细胞出现细胞病变而不出现血细胞吸附现象。

（4）病毒分离与鉴定　组织样品和血液可用于病毒分离，对分离病毒可用直接免疫荧光法、血细胞吸附试验、PCR 等进行鉴定。

（5）血清学诊断　由于目前 ASF 没有商品化疫苗，所以其抗体的出现，表明动物已受感染，ASFV 诱导的抗体出现时间早且持续时间长，因此，病毒抗体检测具有重要意义。目前常用的抗体检测方法有间接免疫荧光试验、ELISA、免疫印迹试验和间接免疫过氧化物酶试验（IPT）等。除检测血清外，也可检测组织渗出液。

【防控措施】

目前尚无有效的药物治疗 ASF，也没有有效的疫苗来预防 ASF。研究表明，ASF 灭活疫苗没有保护作用，葡萄牙曾研制出弱毒疫苗，虽然可以保护一些猪免受同源毒株的感染，但是这部分猪会成为携带者或出现慢性感染的危险。国内多个单位研制的基因缺失减毒活疫苗、基因重组活疫苗等在实验条件下表现出一定的保护作用。ASF 在葡萄牙和西班牙流行 20 多年后被根除的事实表明，疫苗在根除 ASF 的计划中不是必需的。由于 ASF 会引起很大的经济损失，在没有有效疫苗预防此病的条件下，加强 ASF 的生物安全防控管理措施显得十分重要。针对 ASF 的防控需要在强有力的法律法规、政策和监管制度的前提下，各部门统一协作，将科学规范的防控措施落实在生猪养殖的每一环节，这样才能彻底根除 ASF。目前，ASF 的应急措施以封锁、扑杀策略为主。对疫源地进行封锁、捕杀，无害化处理所有生猪，并进行饲养场所的有效消毒等处理。防控措施应在生猪养殖、买卖、运输、屠宰等环节全面系统实施。提高养殖场的饲养管理水平，提高猪群对 ASFV 的抵抗能力；严格控制进出养殖场的人员、车辆、饲料、物品器械等；严格遵守国家相关法律法规，不购买来路不明的生猪；采取全进全出的饲养方式，避免饲养猪与野猪和软蜱等虫媒接触；发现疑似感染猪应立即上报有关部门，及时采取应急措施等。

二、猪瘟

猪瘟（classical swine fever，CSF）曾被称为猪霍乱（hog cholera，HC），是由猪瘟病毒引起的猪的一种高度接触性传染病。其特征为急性型发病时高热稽留和小血管壁变性引起各器官、组织的广泛出血、梗死及坏死等病变。猪瘟的危害极大，属于 WOAH 成员国必须报告的疫病之一，我国将其列为二类动物疫病。

1810 年，本病最早在美国田纳西州就有相关报道，曾呈世界性分布，给世界养猪业造成了巨大损失。因此，世界各国高度重视本病，先后采取了综合防控措施，取得了显著成效。目前，猪瘟在东南亚、南美洲、中美洲、西欧等一些国家与地区呈地方性流行。

20 世纪 50 年代以前，猪瘟在我国的流行非常普遍，给养猪业造成了极为惨重的经济损失。1955 年，我国成功研制出了猪瘟弱毒疫苗，该疫苗具有高度安全性、良好的免疫原性和很好的免疫保护效力。1956 年起该疫苗在我国广泛使用，为我国有效控制猪瘟做出了巨大的贡献，有些国家还借此成功消灭了猪瘟。但从 20 世纪 80 年代以来，猪瘟在全球出现了反弹趋势，其病原特性、流行特点、临床症状及病理变化等方面均有所变化，再次受到高度重视。

【病原】

猪瘟病毒（*Classical swine fever virus*，CSFV）属于黄病毒科（*Flaviviridae*）瘟病毒属（*Pestivirus*）成

员，该属成员还有牛病毒性腹泻病毒(bovine viral diarrhea virus，BVDV)与羊边区病病毒(border disease virus，BDV)，它们在结构与抗原性方面具有相似性，能够产生交叉免疫学反应与交叉保护作用。粒子呈球形，具有二十面体的非螺旋形核衣壳，平均直径 40~50nm，在氯化铯中的浮密度 1.12~1.175g/mL。具有囊膜，其表面有 6~8nm 穗样的糖蛋白纤突。基因组为单股正链 RNA，长度约 12.3kb，相对分子质量约 $4×10^6$。CSFV 基因组仅有一个大的开放阅读框，编码 4 种结构蛋白和 8 种非结构蛋白。结构蛋白包括衣壳蛋白(C)和三种囊膜糖蛋白(E)，后者分别是 E^{rns}、E1、E2。E^{rns} 具有 RNA 酶活性，能够诱导机体产生中和抗体；E1 被包埋于囊膜内，不能诱导机体产生中和抗体；E2 是诱导机体产生中和抗体的主要蛋白。非结构蛋白(NS)包括 N^{pro}、P7 和 NS2-3/NS3、NS4A、NS4B、NS5A、NS5B。N^{pro} 具有蛋白水解酶活性，能够抑制 I 型干扰素的产生；P7 分子质量大小约为 7kDa，具有病毒穿孔蛋白的功能，能够在细胞膜上形成离子通道；NS2 为具有自体剪切活性的蛋白酶，在一定条件下可将蛋白聚合体 NS2-3 剪切成 NS2 和 NS3，能够调控病毒复制；NS3 是一种多功能的蛋白酶，参与病毒复制和病毒多聚蛋白的翻译后加工；NS4A 是 NS3 的辅酶；NS4B 具有 NTPase 活性，能够影响病毒复制；NS5A 能够促进病毒多聚蛋白体的组装，对病毒 RNA 的复制和病毒粒子的成熟有重要影响作用；NS5B 具有 RNA 依赖的 RNA 酶活性，是病毒复制酶，能够识别并启动病毒的复制。与病毒毒力相关的蛋白主要是 E^{rns}、E2、N^{pro}，与病毒抗原性相关的主要是 E^{rns}、E2、NS2-3。E2 蛋白是诱导机体产生良好免疫保护的最主要蛋白，故可用来制作亚单位疫苗，同时可利用体外表达的 CSFV-E2 蛋白以外的蛋白作为抗原建立间接 ELISA 鉴别诊断方法，来区分 CSFV 自然感染猪与 E2 蛋白亚单位疫苗免疫的猪。

目前认为 CSFV 只有 1 个血清型，但存在毒力强弱之分，在强、中、弱、无毒株之间存在毒力逐渐过渡的各种毒株，目前尚未发现区分毒力强弱的抗原标志。根据 CSFV 毒力的强弱，通常将其分为两个群：1 群和 2 群。第 1 群包括强毒株及其衍生变异株(弱毒株)，如我国的石门系和 C 株；第 2 群包括从自然界分离的中毒、低毒、无毒株，如从所谓温和型猪瘟病猪分离到的自然弱毒株，该群毒株在抗原性方面与 BVDV 的亲缘关系较第 1 群密切，能够被 BVDV 抗血清所中和，不会引起急性猪瘟。

CSFV 野毒株毒力差异较大。强毒株多引起急性感染，死亡率高；中等毒力的毒株通常引起亚急性感染或慢性感染；低毒株感染可引起新生仔猪发生亚急性、慢性或隐性感染，也可造成妊娠母猪带毒(carrier-sow)综合征，使胎儿发生胎盘感染、死亡及新生仔猪先天感染、免疫耐受和终身带毒、排毒等状况。此外，CSFV 的毒力不太稳定，低毒株经猪体传几代后，毒力可明显增强。

体外培养 CSFV 的最常用细胞是猪肾细胞，如 PK-15、SK-6 和 CPK 细胞系。CSFV 也能在非猪源细胞中复制，如羊肾细胞和牛睾丸细胞。多数病毒株在细胞内进行复制时，常不产生细胞病变。

CSFV 对环境的抵抗力不强，存活时间主要取决于所含病毒的基质。CSFV 在 37℃ 可存活 10d，在室温能够存活 2 个月以上。血液中的 CSFV 在 56℃ 处理 60min 或 60℃ 处理 10min 失去感染性，脱纤血中的病毒经 68℃ 处理 30min 仍不能灭活。圈舍和粪便中的 CSFV 在 20℃ 可存活 2 周，在 4℃ 可存活 6 周以上，而冷冻猪肉和猪肉制品中的病毒可存活 4 个月以上。CSFV 在 pH 5~10 的条件下稳定，pH 值过高或过低均会使病毒的感染力迅速丧失。脂溶剂(如乙醚、三氯甲烷、脱氧胆酸盐)和皂角素等去污剂能使其快速灭活。常用消毒剂均能够使其迅速灭活，但 2% 氢氧化钠是最适宜的消毒剂。

【流行病学】

猪，包括野猪，是 CSFV 的唯一自然宿主。没有 CSFV 抗体的猪，不分年龄大小均易感。病猪和带毒猪是最重要的传染源。病后带毒猪、潜伏期带毒猪、隐性感染猪等均可成为传染源。除家猪外，带毒野猪也不可忽视。感染猪在潜伏期便可排出病毒，发病猪在整个病程中都向外大量排毒，康复猪在产生较高滴度的特异性抗体后停止排毒。易感猪只感染猪瘟病毒后，便可产生病毒血症，在组织和器官中也存在病毒。急性型病猪的全身各个器官与组织中均含有病毒，只是病毒含量多少有所不同，以脾脏与淋巴结中病毒含量最多，其次是血液与肝脏。带毒与排毒时间的长短，因毒株毒力强弱和病程长短而异。感染 CSFV 高毒力毒株后，大量病毒在血液和组织中出现，在 10~20d 内向外界大量排放，直至猪死亡；康复猪在产生较高滴度的特异性抗体前仍然排毒。慢性感染猪可持续排毒或间歇排毒，直至死亡。新生仔猪感染低毒力毒株后，多以短期排毒为特征。妊娠母猪感染低毒力或中等毒力毒株时，母猪本身常常没有相应症状而不引起人们的注意，但病毒可以通过胎盘侵袭胎儿，形成猪瘟的先天性感染。这种先天性感染常常导致母猪流产，产木乃伊胎、死胎、弱仔及先天性震颤的仔猪，也可产下表面健康的仔猪。弱仔猪在出生后不久死亡。表面健康的仔猪往往带毒，这些带毒仔猪可持续数月时间排出大量的病毒而不出现临床症状，也检测不出抗体。带毒种猪几乎全部表现为隐性感染，不出现临床症状和眼观病理变化，但能够终身带毒、排毒，在配种或产仔时更是大量排毒而传播本病。因此，无临床症状的带毒猪和持续感染猪是本病最危险的传染源。CSFV 强毒株通常比中等毒力或低毒力株在猪群中传播快，慢性感染猪能不断地排毒或间歇排毒，直至死亡。

本病主要通过口、鼻、眼泪、尿、粪便等途径向外排毒，污染饲料、饮水、圈舍、用具、车辆等，种公猪可通过精液排毒，妊娠母猪还可经胎盘排毒。本病主要经呼吸道、消化道与眼结膜传播，也可经生殖道、皮肤伤口传播，还可经胎盘垂直传播，在自然条件下多数病例是经上述一种或几种途径感染的。目前，胎盘垂直传播和持续性感染猪与易感猪的直接接触是主要的传播方式。其他动物、节肢动物、人员等媒介也可传播本病。病猪与带毒猪、甚至带毒的猪肉及猪肉制品的长途运输均可造成本病的远距离传播。污染的屠宰下脚料、厨房或食堂泔水也是传播本病的不可忽视的途径。

本病一年四季均可发生，但在春、秋季易出现季节性升高。在新疫区，发病率与死亡率很高，可达90%以上。易感猪群初次感染猪瘟病毒时，常引起急性暴发，先是少量几头发病，呈最急性经过，往往突然死亡；随后病猪不断增多，1~3周达到流行高峰，多数呈急性经过与死亡；3周后逐渐趋向缓和，病猪呈亚急性或转为慢性；如没有继发感染，少数慢性病猪在1个月左右死亡或康复，流行终止。在老疫区，猪群具有一定的免疫力，发病率和死亡率较低。近年来，由于普遍进行疫苗接种等预防措施，大多数猪群已具有一定的免疫力，大面积、急性暴发流行的情况已不多见。加上自然低毒力猪瘟毒株与带毒种猪的出现，导致猪瘟的流行和发病特点发生了很大的变化，这种变化是世界性的，不局限于一时一地。猪瘟的流行形式已从频繁发生的大流行转为周期性、波浪式、地区性的散发，通常3~4年一个周期。在发病特点上，出现了所谓的非典型猪瘟、温和型猪瘟和无名高热，甚至隐性猪瘟，时常在免疫猪群中发生。发病率低，临床症状明显减轻或不明显，病程较长，病理变化不典型，病死率低，多呈散发，育成猪及哺乳仔猪死亡率较高，成年猪较轻或耐过（隐性带毒或持续带毒）。

【发病机理】

病毒侵入机体后，首先在扁桃体中增殖。在感染后 7~16h 即可在扁桃体内发现病毒，16h 后血液中病毒含量达到致病程度，随后病毒出现于淋巴系统和血管壁，病毒在脾脏、骨髓、脏器淋巴结等淋巴组织中大量增殖，然后侵入实质器官，48h 后出现于肝、肾等器官中。病毒完成在猪体内的传播一般不超过 6d，并经口、鼻、眼、粪、尿等分泌或排泄途径向外界排毒，7~8d 后病毒血症达到高峰。由于 CSFV 能够损害造血系统和单核吞噬细胞系统，引起血液中白细胞减少、单核细胞肿胀、变性、减少和淋巴细胞坏死、减少。猪瘟病毒对造血系统和血管等组织具有很高的亲和力，病毒主要在小血管内皮细胞增殖，引起上皮细胞肿胀、变性，血管闭锁，小血管周围发生细胞浸润，导致组织和器官充血、出血、坏死、梗死，并引起败血症。急性病例往往发生循环障碍，甚至休克而死亡。

强毒株导致急性感染，往往出现多发性出血，其原因主要有小血管内皮细胞受损和血凝系统功能紊乱两个方面。小血管内皮细胞变性、坏死时，透明质酸酶被破坏，嗜银纤维溶解，形成胶原；同时血管壁内维生素 C 及黏多糖减少，使得血管壁通透性升高，引起出血。猪瘟病毒能够侵害血小板，强毒株可引起血小板数量严重减少，凝血激酶释放时间增加，纤维原合成障碍，引起出血。

中毒株可引起亚急性或慢性感染，也可以康复。这类毒株感染在临床上可分为 3 个时期，即急性初期、临床缓解期和急性恶化期。在急性初期，病毒在体内的散播过程与急性感染相似，但速度较慢，体内病毒载量较低。在临床缓解期，病毒血症很低或无，病毒主要局限于扁桃体、回肠、肾脏和胰腺中。在急性恶化期，病毒再次传遍全身组织，引起病情恶化、死亡。

低毒株往往引起持续性感染，包括慢性型和迟发型两种。慢性型猪瘟传播较慢，血液和组织中病毒载量低，病毒多存在于扁桃体、唾液腺、回肠和肾脏中。循环病毒抗原和抗体可导致其应答物在肾脏沉积，引起肾小球肾炎。低毒株感染妊娠母猪后可通过胎盘屏障，胎儿感染后出现病毒血症，病毒主要分布于单核吞噬细胞系统、淋巴组织和上皮细胞中，形成先天性感染。胎龄越小，感染后受损失的危险性越大。先天性感染后，部分胎儿可能死亡，妊娠母猪可能出现流产、产死胎、木乃伊胎等繁殖障碍；也有部分胎儿可能存活。先天性感染的幸存仔猪多数终身带有高载量的病毒血症，病毒广泛存在于单核吞噬细胞系统、淋巴组织和上皮细胞中，并可通过多种途径向外界排毒，感染新的妊娠母猪和其他易感猪，形成持续性感染循环。带毒仔猪往往具有特异性免疫耐受现象，不能对猪瘟病毒和猪瘟疫苗产生抗体应答。

【临床症状】

自然感染的潜伏期一般为 5~10d，最短 2d，最长达 21d；人工感染强毒，36~48h 后即可出现发热等症状。根据病程的长短和症状性质，可将其分为 5 种，即最急性型、急性型、亚急性型、慢性型、迟发型。

(1)最急性型　临床上较少见，病猪体温高达 41℃ 以上，稽留 1d 至数天死亡，可视黏膜和腹部皮肤有针尖大密集出血点，病程 1~4d，多突然发病死亡。

(2)急性型　最初仅几头猪发病，精神沉郁，行动迟缓，弓背畏寒，喜卧，食欲减退或废绝，发热，体温可达 41℃ 及以上，稽留不退。同时白细胞数下降，每毫升血液为 3 000~9 000 个。眼结膜发炎，流泪并有脓性分泌物，严重时眼睑完全粘连在一起。初便秘，后腹泻，粪便带有黏液或血液，严重者便血，偶有呕吐。少数病猪出现神经症状，磨牙，抽搐，惊厥，局部麻痹，昏睡，多在数小时或数天内死亡。病初皮肤先充血发红，继而发绀发紫，后期可在耳、颈部、腹下、臀部、外阴、四肢内侧等处皮肤出现出血点或出血斑，逐渐扩大连成片，甚至有皮肤坏死区。有的病猪耳尖及尾巴由于出血、坏死，由红色变成紫色甚至蓝黑色，逐渐干枯。病程 7~20d。死亡前数小时，体温下降至正常以下。病死率 70% 以上，耐过者转为亚急性或慢性。

(3)亚急性型　症状与急性相似，但较急性型缓和，体温先升高后下降，然后又可上升，直到死亡。病程长达 21~30d，皮肤有明显的出血点，耳、腹下、四肢、会阴等可见陈旧性出血点，或新旧交替出血点，仔细观察可见扁桃体肿胀溃疡。病猪日渐消瘦衰竭，行走摇晃，后驱无力，站立困难。病死率 60% 以上，多见于流行中后期或老疫区。

（4）慢性型　病程 1 个月以上，临床症状不典型，有人根据症状与血相变化将病程分为三期。第一期为急性期，病猪出现精神沉郁、厌食、发热、白细胞减少等症状。数周后转入第二期，临床症状好转，食欲和一般状况明显改善，体温正常或稍高，白细胞仍然减少。第三期病情再度恶化，病猪重新出现沉郁、厌食、发热、持续到死亡；或者精神、食欲、体温再次恢复正常但却生长不良，皮肤出现损害，常常弓背站立。有的慢性病猪可存活 100d 以上，病死率低，但很难完全康复。食欲、精神时好时坏，体温时高时低，便秘腹泻交替，病情时轻时重，是慢性猪瘟的临床特点。

（5）迟发型　这是先天性感染猪瘟病毒的结果。妊娠母猪感染低毒力毒株后，可不表现任何临床症状，但可长期带毒，并可通过胎盘感染胎儿，引起流产，产死胎、木乃伊胎、弱小或有颤抖症状的仔猪，或外表健康的仔猪。有的仔猪在出生后短时间内发病，症状类似急性型，死亡率高，有的能够存活较长时间。外表健康的仔猪，多数带毒，可能在相对长的时间不表现症状，几个月后才出现轻度精神沉郁、厌食、结膜炎、皮炎、腹泻、运动失调、局部麻痹，但体温正常，虽然可存活 6 个月以上，最终仍难免死亡。

近年来，我国一些地区常见一些温和型猪瘟或无名高热病猪，因临床症状不典型，又叫非典型猪瘟。临床症状较轻，体温 40~41℃，很少有典型猪瘟表现的皮肤与黏膜广泛性出血、眼脓性分泌物等症状，有的病猪耳、尾、四肢末端皮肤坏死，生长缓慢，后期站立、行走不稳，后肢瘫痪，部分病猪跗关节肿大。从这种病猪可分离到毒力较弱的猪瘟病毒，但经易感猪的连续传代后，则能够恢复强毒力。经荧光抗体、酶标抗体、中和试验、交互免疫和病原特性鉴定，确认与石门系猪瘟强毒为同一血清型。

【病理变化】

猪瘟的病理变化，因病毒毒力强弱、机体抵抗力大小、病程长短而异。

（1）最急性型　特征性病变少见，多见出血，白细胞减少，血小板减少，皮肤、淋巴结、喉头、膀胱、肾脏以及回盲瓣淤点和淤斑。脾脏边缘梗死也是特征之一，但不常见。淋巴结或扁桃体肿胀和出血也较常见。

（2）急性型　以多发性出血为特征的败血症变化为主，皮肤、浆膜、黏膜、实质器官等广泛性出血，以淋巴结与肾脏出血最为常见。全身淋巴结，特别是颌下、支气管、腹股沟、肠系膜淋巴结肿大、出血，呈大理石或红黑色外观。肾脏表面有针尖状出血点或大的出血斑，数量不等；沿纵轴切开，皮质与髓质表面有出血点，肾乳头出血。消化道出血，口腔黏膜、齿龈、舌尖黏膜出血，胃肠黏膜充血、出血，滤泡肿胀、出血，肝出血，胆囊出血。脾脏一般不肿大，半数以上病例边缘出现紫黑色出血性梗死灶，大小不一，从粟粒大到黄豆大，数量不等，一两个到十几个，具有诊断意义。呼吸道出血，喉部、会厌软骨出血，扁桃体出血、坏死，胸膜出血，肺出血。泌尿生殖道出血，膀胱、尿道出血。心脏冠状沟出血，心包膜出血，心肌松软。有时脑膜下也有出血点。

（3）亚急性型　出血性病变较急性型轻，败血性病例较少，主要是淋巴结、肾脏、心外膜、膀胱、胆囊等组织器官出血，扁桃体肿大、溃疡，纤维素性肺炎，化脓性肺炎，坏死性肠炎。

（4）慢性型　出血性变化轻微。在肾脏表面有陈旧性针尖状出血点，皮质、肾盂、肾乳头均可见到不易察觉的小出血点，肾小球性肾炎。特征性病理变化是在回肠末端、盲肠或结肠发生纽扣状溃疡、坏死。另外，由于钙磷代谢障碍，从肋骨、肋软骨联合到肋骨近端常见一条紧密、突起的骨化线，具有诊断价值。

（5）迟发型　先天性猪瘟病毒感染可引起胎儿死亡、木乃伊化、畸形。死胎与弱仔常出现脱毛、积水与皮下水肿。胎儿畸形包括头、四肢变形，肌肉发育不良，内脏器官畸形。出生后不久死亡仔猪的皮肤与内脏器官常见有出血点。胸腺萎缩，外周淋巴器官中淋巴细胞与生发滤泡严重缺乏。

温和型猪瘟的病理变化不太明显，大多数病猪无猪瘟的典型病变。主要变化是：扁桃体充血、出血、溃疡；胆囊肿大，胆汁浓稠；胃底呈片状充血或出血，有的有溃疡；淋巴结肿大，出血轻或无；肾脏有散在不一的出血点，脾脏有少量的小梗死灶，回盲瓣很少出现纽扣状溃疡，但有溃疡与坏死变化。

【诊断】

对于典型猪瘟，可根据流行病学、临床症状与病理变化(如病程、持续发热、白细胞减少、皮肤出血、脾脏梗死、回盲肠纽扣状坏死、肋骨钙化线等多个指标)做出初步诊断。但确诊必须依靠实验室检查，主要有病毒抗原检测、病毒核酸检测、病毒分离与鉴定、血清学检测、动物接种试验等。

(1)病毒抗原检测　直接荧光抗体(DFA)是检测病毒抗原的有效方法。采集病猪多种组织，常采集扁桃体、脾脏、肾脏、回肠远端、胰腺、淋巴结等，制作冰冻切片，也可制作抹片，进行DFA试验或间接免疫荧光染色检测CSFV抗原。扁桃体是病毒增殖的起始部位，是进行DFA检测的最合适的组织样品，在发病初期检出率很高；在病程长的病例，如亚急性型和慢性型病猪，回肠与胰腺组织中的病毒抗原检出率高于其他组织。强毒株病毒抗原的荧光明显，在许多上皮细胞与淋巴细胞的胞质内也可见到；弱毒株病毒抗原通常只能见于扁桃体隐窝上皮的细胞质内，荧光微弱成斑点状。由于扁桃体可以进行活体采集，对猪无明显不良反应，从扁桃体隐窝抹片中可检测到上皮细胞内的CSFV抗原，这种方法快速、可靠，但对技术人员的要求较高，可用于猪瘟的流行病学调查与净化。但DFA的敏感性不是特别强，且DFA阴性并不能排除猪瘟疑似病例。

也可以进行免疫酶染色检测。方法与DFA相似，将荧光抗体换成酶标抗体，如细胞质染成棕黄色或深褐色者为阳性，黄色或无色为阴性。兔化毒染成微褐色，与强毒株染色区别明显。

抗原捕获ELISA也可以作为猪瘟早期诊断方法。常采用双抗夹心抗原捕获ELISA，全血、血清、血沉棕黄层、组织匀浆都可以作为检测材料，对仔猪血清样品的敏感性明显高于成年猪或隐性感染猪。由于其敏感性与特异性不高，抗原捕获ELISA仅适用于具有临床症状或有猪瘟病理变化的样品。

(2)病毒核酸检测　多采用RT-PCR。对血液、组织、培养细胞等各种样品，提取总RNA，以总RNA为模板进行反转录合成cDNA，以cDNA为模板用一对猪瘟病毒特异性引物在Taq DNA聚合酶作用下进行PCR扩增，扩增出的PCR产物用琼脂糖凝胶电泳进行检测。也可用核酸探针杂交技术来检测病毒RNA。由于可采集活猪扁桃体与血液，该方法也可用于流行病学调查。

(3)病毒分离与鉴定　取病猪扁桃体、淋巴结、脾或肾组织制作含有双抗的组织悬液，过滤、离心后取上清，接种PK-15细胞等，接种后48~72h，用免疫荧光抗体染色、免疫酶染色或RT-PCR等检查细胞培养物。

(4)血清学检测　长期以来，我国普遍实行猪瘟兔化毒弱毒疫苗的预防免疫，猪的血清中几乎都有CSFV抗体，以常规血清学方法难以区分疫苗免疫猪与野毒感染猪。由于瘟病毒属成员之间具有一些相同的抗原表位，导致CSFV抗体检测时可能存在与反刍动物瘟病毒(牛病毒性腹泻-黏膜病病毒)抗体的交叉反应，给猪瘟的诊断带来困难。目前，用于CSFV抗体检测的血清学方法主要有ELISA、中和试验和其他血清学试验。

①ELISA：主要有间接ELISA与竞争ELISA，对于开展流行病学调查、免疫抗体监测、无猪瘟

国家与地区的监测具有重要作用。

间接 ELISA：该方法检测猪瘟病毒抗体简便、高效、快速，但不能区分疫苗免疫抗体与野毒感染所产生的抗体，且当猪血清中存在反刍动物瘟病毒抗体时常出现假阳性反应。随着猪瘟病毒单克隆抗体(单抗)的研制成功，这些问题迎刃而解。以 CSFV 强毒单抗、兔化毒单抗、牛病毒性腹泻-黏膜病病毒单抗纯化的抗原进行猪瘟单抗 ELISA 检测同一份血清，便可区分疫苗免疫血清、自然感染血清、混合感染血清及猪瘟阴性血清。

竞争 ELISA：该方法以猪瘟病毒的血清抗体和特异性单抗对病毒蛋白(E2)的竞争为原理，因此能够减少与其他瘟病毒及其抗体的交叉反应。

②中和试验：用已知定量的猪瘟病毒来检测未知血清的抗体滴度，采集发病早期与恢复期的双份血清样品，测定中和抗体滴度上升情况，若升高 4 倍以上即可确诊。

③其他血清学试验：包括间接血凝试验、琼脂扩散试验、对流免疫电泳试验等。

（5）动物接种试验　主要有本动物接种试验和兔交叉免疫试验。用易感猪进行接种是检测 CSFV 的敏感方法。采取发病猪的血液或病死猪的淋巴结、脾脏、扁桃体等组织制成乳剂，无菌处理后接种易感仔猪(10~20kg)，观察发病情况，然后再分离与鉴定病毒。

兔交叉免疫试验：猪瘟病毒强毒株与兔化毒均可使兔产生免疫反应，强毒株不引起兔热反应，兔化毒能够使兔产生热反应、但对有免疫力的兔则不产生热反应。本法的优点是能检出病料中可能存在的猪瘟强毒株和兔化弱毒株，但实验周期长，需 8d 以上时间才能完成。

（6）鉴别诊断　急性猪瘟要注意与非洲猪瘟、高致病性猪繁殖与呼吸综合征、猪圆环病毒病、猪副伤寒、猪链球菌病、猪丹毒、猪肺疫、猪接触传染性胸膜肺炎、副猪嗜血杆菌病等的区分，从病原、流行特点、特征性病理变化、药物防治效果等方面不难鉴别。繁殖障碍型猪瘟注意与流行性乙脑、猪细小病毒病、伪狂犬病、猪繁殖与呼吸综合征等其他的猪繁殖障碍型病毒病的区分。

【防控措施】

目前，不同国家和地区防控猪瘟的策略主要有两类，即扑杀策略和疫苗接种。

无猪瘟的国家和地区，主要采取扑杀策略。禁止从有猪瘟的国家和地区引进生猪、猪肉及其产品等，防止猪瘟病毒传入。如出现猪瘟病例，则立即采取扑杀政策，扑杀、销毁整个感染群，追踪传染源和可能的接触物品，彻底消毒污染场所。在猪瘟仅为散发的国家和地区也可采用这种策略。如欧盟国家按其相关法规规定，对猪瘟不能采用疫苗接种，一旦发生猪瘟，则立即圈定范围，实施全部扑杀政策。这种策略的代价是高昂的，需要良好的经济基础。

有猪瘟地方性流行的国家和地区，常采用疫苗接种，或疫苗接种辅以扑杀政策，以控制猪瘟。

我国长期以来执行以疫苗接种为主的猪瘟综合防控措施，按照科学、合理的免疫程序做好疫苗接种，并定期监测抗体。同时把好引种关，防止将持续感染猪与带毒者引入猪场。加强猪瘟净化工作，对种猪及后备猪实行严格检疫，及时淘汰带毒种猪，建立健康种群，繁育健康后代。实行科学合理的饲养管理与保健，采用全进全出的生产方式，定期消毒。加强对其他疫病的综合协同防疫。其中，疫苗接种和净化是两个主要技术手段。

（1）猪瘟的免疫　疫苗接种是当前我国及发展中国家防制猪瘟的主要手段。

1955 年，我国成功研制出了猪瘟兔化弱毒疫苗，对各种猪群均具有高度的安全性和优良的免疫原性，免疫效果确实可靠，接种后 5~7d 即可产生免疫力，免疫期可持续半年以上，是目前世界上使用最广泛和免疫效果最好的猪瘟疫苗。从 1956 年起，该疫苗在我国广泛推广使用，对我国控制猪瘟取得了巨大成效。该疫苗在国外使用，同样取得了良好效果，不少国家借此疫苗消灭了猪瘟。自兔体组织苗(脾淋苗)之后，相继研制出乳兔组织苗、牛体反应苗、乳猪肾细胞苗、绵羊肾细胞苗、犊牛睾丸细胞苗和猪睾丸(ST)传代细胞苗。培养过程中使用胎(小)牛血清,需要注意防止 BVDV 的污染。兔体组织苗有成年兔脾淋苗或脾苗,也有乳兔苗,需要注意防止细菌污染。一般而言,兔体组织苗的免疫效果优于细胞苗,但引起免疫接种反应的可能性会高些。另外,我国 2017 年审批通过的二类新兽药"猪瘟病毒 E2 蛋白重组杆状病毒灭活疫苗",可以通过对 E0 和 NS3 蛋白抗体检测来区分免疫和野毒感染猪,是猪瘟净化有力武器之一。还有数个猪瘟标记疫苗已进入临床试验。

疫苗接种需要制定科学合理的免疫程序,应对猪群进行抗体水平监测。试验表明,猪瘟间接血凝抗体滴度为 1:32~1:64 时攻毒可获得 100% 保护,1:16~1:32 时攻毒能获得 80% 保护,1:8 时攻毒则完全不能保护。另外,母源抗体对仔猪的猪瘟疫苗接种存在干扰作用。因此,不同地方与猪场需要依照猪群的抗体水平、生产类型与方式,因地制宜,制定出相应的免疫程序,才能获得良好的免疫效果。

目前,国内没有统一的猪瘟免疫程序。一般而言,种猪可以采用一年 2~3 次,或种母猪每胎产前 30d 一次或产后 30d 一次的免疫程序。仔猪可以采用 20 日龄一免、60 日龄二免,或乳前一免、35 日龄二免、70 日龄三免的免疫程序。此外,也可根据猪瘟疫苗的种类和质量以及流行情况确定免疫程序。

乳前免疫也叫超前免疫、零时免疫,是指在仔猪出生后不让吸吮初乳,待疫苗接种后一定时间(1~2h)再吸吮。这是为了解决母源抗体的干扰而应用的一种猪瘟疫苗接种方法。该方法安全、有效,但在生产中完全实行存在一定的难度,因为母猪多在晚上产仔,劳动强大较大。不过,如果哺乳仔猪阶段存在猪瘟,则需要采用乳前免疫方法,以尽快有效控制猪瘟。

猪瘟免疫失败时有发生,其原因较多。主要是由于环境中低毒力猪瘟病毒的存在,隐性感染猪瘟病毒的妊娠母猪经胎盘传给胎儿,感染胎儿有的死亡,有的存活下来,出生后可终身带毒,形成持续性感染和免疫耐受,多数对猪瘟疫苗的免疫反应低下而难以产生坚强免疫力,从而发生迟发性猪瘟、慢性猪瘟、非典型猪瘟。因此,对隐性感染猪瘟病毒的猪,最好实施淘汰、净化的策略。

(2)猪瘟的净化 猪瘟净化是当前我国控制猪瘟措施中除疫苗接种外一个非常重要的技术手段。由于目前的猪瘟多以非典型、慢性、隐性的形式出现,一个猪场中各类猪群均可能遭受感染,采用全群扑杀的方法是不现实的;而种猪一旦感染猪瘟病毒后除水平传播外、还可造成垂直传播,因而是造成一个猪场猪瘟病毒持续性感染的最重要根源,且要对全场所有猪群实施净化又存在很大的难度。因此,宜对种猪、后备猪实施猪瘟的净化。一个可行的措施是对全场所有种猪及后备猪逐一活体采集扁桃体,进行猪瘟病毒的荧光抗体检测或核酸检测,阳性者一律淘汰,结合做好免疫、消毒及其他综合防控措施以建立新的健康种群。6 个月 1 次,一般经过 2~4 次后,猪瘟便可得到良好控制,效果非常明显。

(3)发生猪瘟时的紧急措施 当发现疑似猪瘟病猪时,要立即进行隔离,迅速进行确诊,划定疫点、疫区范围,根据实际情况进行封锁。及时把猪群划分为病猪群、可疑感染群和假定健康群,扑杀病猪,扑杀的病猪与死亡猪只应采取深埋和烧毁等措施严格销毁。全场进行紧急消毒,对污染场所、污染物、废弃物、器具及人员进行严格消毒,并加强定期消毒。禁止人、物的随意流动,隔离、封锁期间禁止猪群调动和生猪交易。对可疑猪群和假定健康猪群进行紧急免疫接种。随后可根据需要执行定期检疫、淘汰带毒猪的净化措施。

三、猪繁殖与呼吸综合征

猪繁殖与呼吸综合征（porcine reproductive and respiratory syndrome，PRRS）又名猪蓝耳病，是由猪繁殖与呼吸综合症病毒（PRRSV）引起的一种急性、高度传染性疾病，以成年猪繁殖障碍、早产、流产、死产和产木乃伊胎，仔猪发生呼吸系统疾病和大量死亡为特征，是当前困扰我国和世界养猪业的主要疫病之一。

本病于 1987 年首先在美国的北卡罗来那州、明尼苏达州、衣阿华州、印地安那州的猪群中暴发流行。1991 年 6 月，荷兰学者首先从病料中分离出病毒，并命名为 Lelystad 病毒株（LV）。此后，德国和美国学者也相继报道分离出 PRRSV。1996 年，郭宝清等第一次在我国从流产胎猪中分离出 PRRSV。PRRSV 不仅能造成病毒持续感染，而且具有高度的变异性。2006 年，我国部分省市猪群暴发高致病性猪蓝耳病，此次疫情的 PRRSV 具有很强的致病性，与经典 PRRSV 相比，其基因发生了较大的变异。感染了高致病性 PRRSV 的妊娠母猪流产、早产或死胎率达 30%、成年大猪和母猪死亡率高达 50%、新生仔猪和断奶仔猪死亡率可高达 80% 以上。2012 年后，我国又陆续有 PRRSV 新变异株——类 NADC30 的报道，目前，在某些地区这类毒株已成为优势毒株。类 NADC30 病毒株的出现给猪蓝耳病的防疫带来了新的挑战。我国将 PRRS 列为二类动物疫病。

【病原】

猪繁殖与呼吸综合征病毒（*Porcine reproductive and respiratory syndrome virus*，PRRSV）为单股正链 RNA 病毒，动脉炎病毒科（*Arteriviridae*）动脉炎病毒属（*Arterivirus*）。本病毒有囊膜，呈卵圆形，直径 50~65nm，表面相对平滑，核衣壳呈正二十面体对称，直径 25~35nm。单股正链 RNA 病毒，根据 PRRSV 基因变异程度将其分为 2 个基因型，即以欧洲原型病毒 LV 株为代表的欧洲基因型（PRRSV-1）和以美国原型病毒 VR-2332 为代表的美国基因型（PRRSV-2），尽管美洲型与欧洲型 PRRSV 毒株都引起同一种疾病，但二者的病毒基因同源性差别很大，不能产生交叉免疫保护作用。PRRSV-1 型再可分为 3 个亚型，每个亚型再细分为亚群。PRRSV-2 型可分为 9 个谱系，每个谱系下再细分为亚谱系。我国流行的各毒株之间，尤其是欧洲分离株与北美分离株之间存在很大的核苷酸差异，用多克隆抗血清或单克隆抗体进行的血清学试验证实两型毒株之间存在显著的基因多样性。在我国流行的绝大多数为 PRRSV-2 型，分离的毒株主要属于谱系 1（类 NADC30 株）、3（2010 年新发现的突变株）、5（经典毒株 PRRSV BJ-4 和 VR-2332）和 8（经典毒株 PRRSV CH-1a 和 HP-PRRSV）4 个谱系，还存在欧洲型病毒毒株（我国流行的 PRRSV-1 型属于亚型 1，还可分为 4 个亚群）。

病毒不能凝集大部分哺乳动物或禽类红细胞，但部分毒株对小鼠红细胞有凝集性，经过乙醚处理的病毒，对小鼠红细胞的凝聚力增强 4~8 倍。在体内，PRRSV 对巨噬细胞有专嗜性，主要在猪的原代肺泡巨噬细胞（PAM）以及其他组织的巨噬细胞中生长，也能在被感染公猪的睾丸生殖细胞（精细胞和多核巨细胞）中生长繁殖。在体外，能在 PAM、CL-2621 细胞系、Marc-145 细胞系、MA-104 非洲绿猴肾细胞及其衍生物中生长，首选 PAM 繁殖 PRRSV。此外，大鼠细胞系对 PRRSV 也敏感。病毒的增殖具有抗体依赖性增强作用，即在有一定浓度的抗体存在下，病毒在细胞上的复制能力反而得到增强。PRRSV 还可造成持续感染，并具有典型的免疫抑制性。

PRRSV 对环境敏感，在热和干燥的条件下会被迅速灭活，在低温条件下可保持长时间的感染力。在 pH 6.5~7.5 时稳定，pH 值低于 6.5 或高于 7.5 时会迅速丧失感染力。氯仿、乙醚等脂溶剂、低浓度的去污剂和常规消毒药等都能很快使感染性 PRRSV 灭活。

【流行病学】

PRRS 是一种高度接触性传染病，呈地方性流行，传播迅速。各种年龄、品种的猪均可感染，其他动物未见发病。以妊娠母猪和 1 月龄以内的仔猪最易感，并表现为典型的临床症状。病猪和隐性带毒猪是传染源。本病主要经呼吸道感染。猪群一旦感染本病，将长期带毒。持续性感染是 PRRSV 一个重要的流行病学特征。病毒随病猪的鼻腔分泌物、病公猪的精液和尿液排出，粪便排毒较少。

空气传播是本病的主要传播方式。当健康猪与病毒接触，如同圈饲养、调运混群、高密度饲养、通风不良等容易导致本病发生和流行。本病也可垂直传播，公猪感染后 3~27d 和 43d 所采集的精液中均能分离到病毒。用含有病毒的精液感染母猪，可引起母猪发病，在 21d 后可检出 PRRSV 抗体。怀孕中后期的母猪和胎儿对 PRRSV 最易感染。饲养管理用具、运输工具等均可成为本病的传播媒介。因此，饲养管理不善、卫生防疫制度不健全、猪群密度过大、猪舍通风不良均可促进本病的流行。

【发病机理】

PRRSV 通过呼吸道或生殖道侵入猪体后，主要侵害肺泡及血液等组织的巨噬细胞。首先通过呼吸道与 PAM 上的受体结合，再经胞吞作用进入细胞，并在细胞内迅速增殖，使 PAM 受损死亡，数量减少。存活的细胞功能低下，肺泡功能发生障碍，进而仔猪表现典型的呼吸道症状。由于巨噬细胞被大量破坏，机体非特异性免疫功能下降，病毒进入血液循环和淋巴循环，导致病毒血症及全身淋巴结感染，机体抵抗力降低，易继发其他细菌或病毒感染，从而使疾病的症状加重。因此，PRRS 常和其他疾病混合感染。

PRRSV 也可感染公猪生殖系统，导致精子数量减少，使公猪繁殖性能降低，并可通过精液将病毒传染给母猪，引起母猪的繁殖障碍。感染的孕猪可引起子宫内胎儿感染。

【临床症状】

本病的潜伏期差异较大，最短 3d，最长 37d。发病猪只的表现因饲养管理、机体免疫状况、病毒毒株毒力强弱等的不同而存在一定的差异。肥育猪、成年猪感染后症状较轻，多呈亚临床感染，妊娠母猪、哺乳仔猪感染症状较重。低毒株通常不引起猪群出现症状，而强毒株能够引起严重的临床疾病。

感染母猪表现为体温升高，但不出现高热稽留；厌食、发热、嗜睡、精神沉郁、消瘦、皮肤苍白或有暂时性小泡疹；呼吸道症状轻微；少部分感染猪四肢末端、尾、乳头、阴户和耳尖发绀，并以耳尖发绀或呈现"铁锈样"血点；在妊娠后期普遍出现流产、早产、死胎、木乃伊胎、弱仔等繁殖障碍。仔猪表现为被毛粗乱、生长缓慢、眼睑水肿、结膜炎及打喷嚏、呼吸困难或呼吸急促、咳嗽，有的呈腹式呼吸；体温升高；两耳变色，出现暂时性蓝紫色。皮肤苍白或有小泡疹；四肢呈八字形向外张开，运动失调及轻度瘫痪；口吐白泡沫，划水式躺卧，肚脐出血，断尾后可能严重出血，腹泻增多；高病死率；耐过猪消瘦，生长缓慢；育肥猪、种公猪常呈亚临床感染状态，厌食，呼吸加快，咳嗽，消瘦，种猪昏睡及精液质量下降。PRRS 以慢性和亚临床感染最为多见，慢性 PRRS 对仔猪、育肥猪或育成猪的影响主要是造成其他病原侵害呼吸系统引起的继发性感染。

【病理变化】

主要为弥漫性间质性肺炎，并伴有细胞浸润和卡他性肺炎区，肺脏充血、淤血，肺小叶间增宽、质地坚实，肺小叶明显，炎性变化可见于所有的肺脏。母猪可见脑内灶性血管炎，脑髓质可见单核淋巴细胞性血管套。胸、腹腔积液，心肌变软，肠系膜淋巴结肿大、出血，胸膜充血、出血。流产胎儿出现动脉炎、心肌炎和脑炎。

【诊断】

一般根据流行病学、临床症状和病理变化等可做出初步诊断。目前，实验室检测方法可分为免疫学检测法及核酸检测法。免疫学检测包括免疫荧光染色法、免疫过氧化物酶染色法及免疫胶体金法等，可用来检测 PRRSV 特性抗体和抗原。核酸检测法主要是 RT-PCR。

这些方法中 ELISA（包括间接 ELISA 和阻断 ELISA）较适于大规模检测，该法方便、易行、操作过程及结果判定能够标准化且具有高度特异性和敏感性。RT-PCR 扩增的目的片段主要针对 PRRSV 的核衣壳基因。该方法省时、省力，且敏感性、特异性等明显高于病毒分离和 ELISA。目前，该方法广泛应用于 PRRSV 的鉴定和临床诊断。血清、精液、肺脏等都可以作为该法的检验样品。近年来，荧光定量 RT-PCR、逆转录恒温扩增技术（RT-LAMP）的发展，为 PRRSV 的早期快速诊断提供了有力工具。

【防控措施】

本病目前尚无有效药物疗法，主要采取综合防治措施及对症疗法。PRRSV 破坏机体免疫系统，为其他细菌侵入创造了条件。临床上可应用抗生素（如替米考星、土霉素），减少继发性细菌感染；各种支持疗法可提高新生仔猪的存活率；隔离病猪和减少猪群密度可降低仔猪感染率；推迟对感染母猪的再次配种，用人工授精代替本交；注射铁剂以及对新生仔猪断尾时，要注意消毒防止传播本病。在发病猪场开展积极的治疗工作常可减少死亡损失。

杜绝境外传入，从疫区进口的种猪要进行严格检疫，并进行隔离和观察。详细了解引入猪场中猪的 PRRS 情况，不从有 PRRS 症状的猪场中购进种猪。高致病性 PRRS 发病时，应立即上报，严密封锁猪场，对患畜进行扑杀、销毁，以控制疾病蔓延。严格执行自繁自养的管理制度，对所有猪群尤其是保育猪和生产育肥猪采取全进全出制。降低饲养密度，保证猪舍的通风和采光，保持猪舍和饲养工具的清洁卫生。明确免疫目的和制定免疫制度。疫苗注射对 PRRS 发病猪群和风险性高的猪群是有效的，但是由于 PRRS 传播迅速，流行广泛，且本病毒抗原具有多样性，因而不能完全依赖疫苗注射。有研究显示，机体细胞长期处在低干扰素或低抗体水平时，蓝耳病毒的变异速度比正常的加快了 4.8 倍。因此，在生产中应实施充分免疫或者不免疫，避免"半免疫"或免疫不足状态而导致病毒加速变异。

目前，国内外都已经研制出了灭活疫苗和弱毒疫苗。弱毒疫苗效果较好，可产生体液免疫和细胞免疫，能保护猪不出现严重的临床症状，但不能阻止野毒感染，而且存在散毒和返强性问题，故一般在阳性猪场使用，在阴性场或不活动猪场，可使用灭活疫苗或通过加强生物安全措施进行防疫。在稳定/活动猪场，妊娠母猪在 30~80d 时进行免疫，以后 3~4 个月免疫一次。对不稳定的猪场，采取 30d 普遍免疫一次，以提升免疫力和减少排毒。同时要封群，不引进后备母猪。目前出现的类 NADC30 变异株，现有疫苗可以缩短发热时间，减轻病毒血症，但不能提供完全保护。使用疫苗应注意如下问题：疫苗毒株在猪体内能持续数周至数月；接种疫苗猪能散毒并感染健康猪群；疫苗毒株能跨越胎盘导致先天感染；疫苗毒株持续在公猪体内可通过精液散毒；避免频繁更换疫苗毒株，减少病毒的重组概率。目前，我国使用的疫苗都是针对美洲型蓝耳病，但有些猪场要注意防止欧洲型蓝耳病的传入和防控。

四、猪圆环病毒病

猪圆环病毒病（porcine circovirus disease，PCVD）是由猪圆环病毒（porcine circovirus，PCV）（主要为猪圆环病毒 2 型，PCV2）引起的临床症候群的总称，或指与 PCV 相关的临床症候群的总称，故又称为猪圆环病毒相关疾病（porcine circovirus associated disease，PCVAD)。本病常见于断奶后5~15周龄的仔猪，临床主要表现为进行性消瘦、皮肤苍白、黄疸、呼吸道症状、腹泻、中枢神经障碍等症状，病理变化以全身淋巴结炎症、肝炎、肠炎、肾炎和肺炎等为特征，发病率4%~30%，病死率50%~90%。PCVD是一个重要的免疫抑制性疾病，在临床上常与其他病原并发或继发感染其他病原。

PCVD主要包括断奶猪多系统衰弱综合征(postweaning multisystemic wasting syndrome，PMWS)、猪皮炎肾病综合征(porcine dermatitis and nephropathy syndrome，PDNS)、繁殖障碍(reproductive failure)、猪呼吸道疾病综合征(porcine respiratory disease complex，PRDC)、增生性坏死性肺炎(proliferative and necrotising pneumonia，PNP)和先天性震颤(congenital tremor AII，CT-AII)等多种症候，其中PMWS对养猪业危害最为严重。PMWS于1991年首次发生于加拿大的萨斯喀彻温省(Saskatchewan)，随后在全球几乎所有养猪的国家和地区蔓延流行。郎洪武等(2000)首次报道我国多个地区的猪群中存在PCV2感染现象，并于2001年分离到了PCV2，2002年PMWS在全国范围内暴发流行。目前，PCV2在各地猪群的感染非常普遍，感染率在50%以上，每年因PCVD给猪场造成的直接和间接经济损失十分严重。

除了PCV2对猪具有致病性外，2015年美国学者从患心肌炎、多器官炎症的仔猪，以及患有皮炎肾病综合征、繁殖障碍的母猪组织中检测到了猪圆环病毒3型(PCV3)，随后在亚洲、欧洲和南美洲的多个国家的猪群中检测到PCV3，感染率9.6%~60%。目前，PCV3被认为是猪群新发现的潜在的致病因子，引起学术界和临床兽医的广泛关注。

【病原】

猪圆环病毒(Porcine circovirus，PCV)属于细环病毒科(Anelloviridae)圆环病毒属(Gyrovirus)成员，是目前已知的最小的动物病毒。迄今发现的猪圆环病毒有3个型，即PCV1、PCV2和PCV3。PCV1由德国学者Tischer(1974)在多株连续传代的PK-15中首次发现，并于1982年将其命名为猪圆环病毒。PCV1没有致病性，广泛存在于猪体内及猪源传代细胞系。PCV2由Ellis等(1998)从PMWS病仔猪体内分离鉴定，具有致病性。PCV3是近年新发现的潜在致病因子，已有试验证明其对猪具有致病性。

PCV无囊膜，病毒粒子呈二十面体对称，直径平均为17nm。相对分子质量为 5.8×10^5。基因组为共价闭合、环状的单股双义DNA，以滚环方式复制。PCV1、PCV2和PCV3的基因组全长分别为1 758~1 760bp、1 766~1 769bp和1 999~2 000bp。预测PCV1和PCV2基因组含有大小相差悬殊的彼此重叠的ORF1~ORF11共11个开放阅读框，编码相对分子质量1.8~35.8的蛋白质。预测PCV3基因组含有3个开放阅读框，即ORF1、ORF2和ORF3。PCV1、PCV2和PCV3的Cap蛋白分别由230~233、233~236和214个氨基酸组成。由ORF2编码的Cap蛋白是PCV2的主要结构蛋白和免疫相关蛋白，与病毒感染的免疫反应性有关。Cap蛋白具有良好的免疫原性，能够刺激机体产生特异性的免疫保护反应，是机体抵抗PCV2感染的主要免疫原。因此，ORF2是研究PCV2基因工程疫苗的重要候选基因。已证明PCV1和PCV2的ORF3蛋白具有诱导宿主细胞凋亡的活性。

同一型PCV分离株之间基因组同源性很高。例如，PCV2不同的分离株基因组同源性在91.9%以上，核苷酸的保守性也很高，但PCV1、PCV2和PCV3在基因序列上存在很大差异。根据目前对PCV2的分子流行病学研究，随着PCV2在猪群中的不断感染与流行，其基因组内发生着碱基的突变、插入和缺失以及不同亚型毒株之间的重组，从而导致PCV2的基因型增多和猪群中流行的优势基因型的变化。迄今为止，将PCV2分为PCV2a、PCV2b、PCV2c、PCV2d和PCV2e 5个基因型。目前，基因型PCV2c仅见于丹麦猪群，其他4个基因型均在我国流行，其中PCV2d为近年来国内流行的优势基因型。此外，PCV2不同分离株的致病性也存在差异。

PCV 适合在具有旺盛增殖能力的细胞上增殖，其 DNA 复制依赖细胞周期 S 期表达的细胞蛋白。PK-15 细胞系是体外培养 PCV2 的常用细胞，但多数分离株的病毒滴度（$TCID_{50}$/mL）较低，通常不超过 10^6 $TCID_{50}$/mL。接种 PCV 18h 后用 300mmol/L 的 D-氨基葡萄糖（glucosamine）处理 PK-15 细胞 30min，可提高病毒复制能力，增加 30% 的细胞感染率。PCV2 不能在原代胎猪肾细胞、恒河猴肾细胞、BHK-21 细胞以及一些猪传代细胞系（PT、PET）上生长。PCV2 在所有细胞上培养时均不产生细胞病变。

PCV 对外界的抵抗力较强，在 pH 值为 3 的酸性环境中可以存活很长时间。对三氯甲烷、碘酒、乙醇等有机溶剂不敏感，但对苯酚、季铵盐类化合物、氢氧化钠和氧化剂等较敏感。PCV2 在 75℃ 下加热 15min 仍然有感染性，80℃ 或以上加热 15min 被灭活。PCV2 不具有血凝活性，不能凝集人和牛、羊、猪、鸡等多种动物的红细胞。

【流行病学】

猪和野猪是 PCV2 和 PCV3 的天然宿主。据对临床病例的观察发现长白猪比杜洛克或大白猪更容易发病。各种年龄的猪都可以感染 PCV2，但以哺乳期和育成期的猪最易感，尤其是 5~12 周龄的仔猪，一般于断奶后 1~2 周开始发病。皮炎肾病综合征多见于 12~16 周龄育肥猪，也可见于仔猪和成年猪。小鼠可以感染 PCV2，但不同品种对 PCV2 的易感性有差异。小鼠经人工感染后，可以产生抗体，并出现病理组织学变化，常用作 PCV2 感染的实验动物模型。牛、绵羊、马等动物对 PCV2 不易感。

PCV3 感染猪时没有年龄和性别差异，但在患消化道和呼吸道疾病的病猪群中的感染率高于在健康猪群内的感染率。此外，PCV3 也可感染牛、小鼠、犬、羊、狍子等，甚至在虱体内也检测到了 PCV3 核酸。

病猪和带毒猪是本病的传染源，尤其是带毒猪在本病的传播上具有重要意义。PCV2 和 PCV3 能够随带毒或发病猪的分泌液、排泄物（如鼻涕、唾液、乳汁、尿液、粪便），以及感染公猪的精液等排出，经过直接接触方式（猪—猪间的鼻头摩擦、交配等）传播，也可以通过病毒污染的饲料、饮水、空气以及精液等经消化道、呼吸道与生殖道等途径间接传播。病毒还能通过胎盘或产道垂直感染胎儿。

流行上的特征有：

①猪群中 PCV2 或 PCV3 感染率高，但多为隐性感染，少数出现临床症状。

②一般散在发生或呈地方流行性，少数呈暴发流行。

③PCV2 感染猪是否出现临床症状受体内、体外多种因素，如猪体的免疫水平、营养状态、病毒毒力、饲养管理水平、各种环境因素以及其他病原微生物混合感染等的显著影响，所以有的 PCV2 感染猪呈现隐性感染状态，而有的则表现明显的临床症状和病理变化。

④一年四季均可发生，无明显的季节性。

【发病机理】

猪圆环病毒病的发病机制至今仍然不十分清楚。单核/巨噬细胞系（如肺泡巨噬细胞、枯否细胞、树突状细胞等）均是 PCV2 的靶细胞。PCV2 的组织嗜性广泛，分布于感染猪的淋巴结、脾、肾、肺、心、肝、脑、胸腺、肠管、膀胱、胰等多种脏器和组织中，其中以淋巴结和脾脏中的病毒含量最高。主要引起淋巴细胞凋亡缺失，组织细胞、巨噬细胞和多核巨细胞浸润等免疫损伤现象，导致机体免疫功能下降或紊乱，缺乏有效的免疫应答能力，表现为淋巴细胞增殖活性降低，细胞因子分泌紊乱，特异性 IgM 抗体和中和抗体水平低下，为其他病原继发感染创造了条件。

PCV2 还可引起全身坏死性脉管炎，在受损的血管和肾小球内免疫球蛋白和补体成分增高，引起超敏反应,导致全身皮肤出血性梗死和肾炎的发生。

PCVD临床症状的出现,除了作为原发和必要病原的PCV2外,还需要其他因子的协同作用,因此,PCV2自然感染猪多呈现亚临床或温和症状。现已发现,参与PCV2致病的协同因子包括病原微生物(如猪繁殖与呼吸道综合征病毒、猪细小病毒、伪狂犬病毒、猪肺炎支原体、猪链球菌、沙门菌、多杀性巴氏杆菌等)、免疫佐剂(如钥孔戚血蓝蛋白、弗氏不完全佐剂等)、免疫调节药物(如地塞米松等)以及各种管理不良和应激因素,这些协同致病因素通过促进PCV2在体内增殖,进而影响机体的免疫功能,促使PMWS的发生或使其病情加重。

PCV3的致病机理尚不清楚,但其也具有组织嗜性广泛,引起猪多发性组织炎症和肉芽肿性淋巴结炎症等类似PCV2的致病特点。

【临床症状】

自然感染PCV2,潜伏期较长,胚胎期或出生后早期感染时,多在断奶后陆续出现临床症状。试验感染PCV2的断奶仔猪其潜伏期一般在7~12d。PCV3感染性克隆感染仔猪的潜伏期为8~16d。

(1)猪断奶后多系统衰竭综合征　又被称为PCV2全身性疾病(PCV2-systemic disease,PCV2-SD),主要表现为进行性消瘦,厌食,精神沉郁,咳嗽,喷嚏,呼吸急促或困难,皮肤苍白,被毛粗乱,生长发育迟缓,有的出现腹泻、贫血、黄疸、中枢神经系统等症状。疾病早期常见体表淋巴结特别是腹股沟浅淋巴结肿大。上述这些症状可以单独或联合出现。急性发病猪群中,发病率和病死率高,发病率一般为4%~30%,有时达50%~60%,死亡率为4%~20%,有时达50%~90%。在疾病流行过的猪群中,多呈隐性感染、散发和慢性经过,发病率和死亡率都较低。在PMWS临床病例中,常常由于并发或继发细菌或病毒感染而使死亡率增加。

(2)皮炎肾病综合征　主要表现为全身或部分皮肤出血性梗死,以后肢和会阴部皮肤最常见。首先在后躯、腿部和腹部皮肤表面出现圆形或不规则形的隆起、红色或紫色、中央发黑的斑点、斑块及丘疹,随后发展到胸部、背部和耳部。斑点常融合成大的斑块,有时可见皮肤坏死。皮肤病变区域通常可以逐渐消退,偶尔留下疤痕。病猪精神不振,食欲减退,易受惊,常可自动恢复。轻微感染的猪不发热,严重者发热,厌食,体重减轻,跛行,步态僵硬。PDNS病程短,严重感染的猪在临床症状出现后几天内就死亡,耐过猪一般在临床症状出现后7~10d开始恢复。本病常零星发生,发病率小于1%,但当受到不良应激时发病率会升高。病死率一般为10%~25%,但大于3月龄病猪的死亡率可接近100%,小于3月龄的病猪死亡率也有时可高达50%。

(3)繁殖障碍　PCV2与母猪繁殖障碍密切相关,尤其多见于初产母猪和新建种猪群。表现为母猪发情率增加,妊娠后期流产胎数、死胎数、木乃伊胎数及断奶前仔猪死亡率增加。

PCV3感染的病猪其临床症状包括腹泻,咳嗽,呼吸困难,气喘或腹式呼吸,厌食,发热,精神不振,生长迟缓或体重下降,关节炎和震颤等症状,患病猪群死亡率增高。繁殖母猪表现受孕率下降,流产,产死胎和木乃伊胎,窝产仔数下降,或产先天性震颤仔猪。有的母猪皮肤出血多灶性斑点、斑块和丘疹等皮炎肾病综合征的典型症状。严重的母猪厌食,精神不振,死亡率增高。

【病理变化】

(1)猪断奶后多系统衰竭综合征　PMWS最突出的病理变化是全身淋巴结炎、肺炎、肝炎、肾炎和肠炎,其中淋巴组织的病变最为常见。全身淋巴结特别是腹股沟、纵隔、肺门和肠系膜淋巴结通常显著肿大,切面呈均质白色或灰黄色,有时可见出血。但有的淋巴结不肿大甚至萎缩。脾脏轻度肿胀,有的可见丘疹。肺脏呈轻度多灶性或高度弥漫性间质性肺炎,常见肺脏肿胀,间质增宽,质地变硬似橡皮,散在有大小不等的褐色实变区,呈斑驳样外观。有的病例肝脏肿大或不同程度萎缩，颜色发暗、发白或斑驳状，坚硬。肾脏出现不同程度的多灶性间质性肾炎变化，可见肾脏灰白，有的肿大，被膜下有坏死灶。50%病猪的肾脏可见皮质和髓质散在大小不一的白色斑点。胃黏膜苍白、水肿和溃疡。肠道尤其是回肠和结肠段肠壁变薄，肠管内液体充盈。如果发生混合或继发感染则出现相应疾病的病理变化，如胸膜炎、心包炎等。

组织学检查可见，淋巴细胞减少，常见 B 细胞滤泡消失，T 细胞区扩张。淋巴结内有大量组织细胞、巨噬细胞和多核巨细胞浸润。在组织细胞和树突状细胞内可见病毒包涵体。胸腺皮质常萎缩。脾髓发育不良，淋巴滤泡少见，脾窦内有大量炎性细胞浸润，脾实质内有含铁血红素沉着。肺泡间隔增厚，肺泡内有单核细胞、中性粒细胞及嗜酸性粒细胞渗出。肝细胞退化、消失和坏死，肝小叶融合，小叶间结缔组织增生，单核和巨噬细胞浸润，有时可见大量的多核巨细胞；慢性死亡病例和疾病后期可见中等程度的黄疸，肝小叶周围纤维化。肾皮质和髓质萎缩，皮质部出现淋巴细胞、组织细胞浸润，少数病例有肾盂炎和急性渗出性肾小球炎。肠绒毛萎缩，黏膜上皮完全脱落，固有层内有大量炎性细胞浸润。心肌内有多种炎性细胞浸润，呈现多灶性心肌炎。胰腺上皮萎缩，腺泡明显变小。

（2）皮炎肾病综合征　PDNS 的常见病理变化是坏死性皮炎和间质性肾炎。

病猪的后肢、会阴部、臀部、前肢、腹部、胸和耳部边缘皮肤病变周围皮下呈现程度不同的水肿。双侧肾脏苍白肿大，表面呈细颗粒状，皮质部有出血、淤血斑点或灰白色云雾状坏死斑点。病程长的出现慢性肾小球肾炎病变。全身坏死性脉管炎。淋巴结肿大，偶见出血，淋巴细胞缺失，伴有组织细胞和多核巨细胞浸润引起的肉芽肿性炎症。有时可见间质性肺炎病变。

（3）繁殖障碍性疾病　主要见死胎全身皮肤充血、出血，肝充血，心脏肥大、弥漫性（非化脓性到坏死性或纤维素性）心肌炎。

PCV3 感染的病猪也可见心肌炎、间质性肺炎、肝炎、肾炎和小血管炎等多发性、肉芽肿炎症。

【诊断】

PCVD 临床表现复杂，而且常与其他疾病混合发生。因此，确诊本病需要结合流行特征、临床表现、剖检变化及实验室诊断结果，进行综合诊断。

（1）临床诊断

①猪断奶后多系统衰竭综合征：多见于 5～12 周龄的仔猪，一般于断奶后 1～3 周开始发病，多散在发生。仔猪生长缓慢、消瘦、衰竭，持续呼吸困难，气喘或腹泻，腹股沟淋巴结肿大，有时贫血或黄疸。淋巴组织出现明显的淋巴细胞缺失、单核吞噬细胞类细胞和多核巨细胞浸润，并伴有不同程度的肺炎、肾炎、肝炎等病理变化时，可以初步诊断为 PMWS。

②猪皮炎肾病综合征：多见于 12～16 周龄育肥猪，多零星发生，发病率常低于 1%。当皮肤（以后肢和会阴部皮肤多见）出现典型的不规则红斑或丘疹，剖检以肾脏苍白肿大，皮质部有淤血斑点或灰白色云雾状坏死斑点为主要病变时，可疑似为 PDNS。

③繁殖障碍性疾病：当妊娠后期流产、木乃伊胎或死胎，部分胎儿心脏肥大，呈现弥漫性非化脓性、坏死性或纤维素性心肌炎时，可疑似为与 PCV2 感染有关的繁殖障碍性疾病，但要注意与其他繁殖障碍性疾病相鉴别。

（2）实验室诊断

①病原学检测：通常采取病死猪的淋巴结、脾、肺、肝、肾等组织脏器或发病猪的血液进行检查。

病毒分离培养与鉴定：将采集的组织脏器制成 1∶3～1∶5 的组织悬液，冻融 3 次后，离心，取上清过滤除菌后，接种于PK-15细胞，于37℃ 5%二氧化碳条件下培养48~72h或传代后，应用PCR、免疫过氧化物酶单层试验(IPMA)或间接免疫荧光等方法检查病毒。

免疫组化：取淋巴结、脾、肺、肝、肾等组织脏器，用10%福尔马林或4%多聚甲醛固定后，制成石蜡切片，应用免疫组化方法检测组织中的PCV2及其分布。

原位杂交：取淋巴结、脾、肺、肝、肾等组织脏器，制成石蜡或冰冻切片，与地高辛标记的PCV2特异的核酸探针杂交，检测组织中的病毒核酸。

PCR或qPCR：最为常用。取血清或组织，提取DNA，应用PCR检测样品中的病毒核酸，也可以通过qPCR检测，并对病毒核酸进行定量。

②抗体检测：将血清样品做1∶40倍稀释后，通过间接ELISA检测血清中的PCV2特异性抗体，结合临床症状和剖检变化做出诊断。

【防控措施】

目前尚无有效的治疗方法。对疑似细菌(如肺炎支原体或多杀性巴氏杆菌等)混合感染的PCVD猪群，添加泰乐菌素、土霉素及头孢类抗生素等药物，可以明显降低死亡率。

由于临床中PCVD的发生除了PCV2是必要病原外，其他病毒和细菌的参与是本病发生的重要协同因素，环境和饲养管理水平也是不可忽视的诱因。因此，实施严格的生物安全措施，控制PCV2的侵入，消除其他病原微生物的参与，提高管理水平，改善饲养环境，并结合免疫接种等综合措施，是有效防控PCVD的关键。

(1)严格检疫与消毒卫生　引进种猪要严格检疫，避免引进PCV2阳性猪；选择过氧乙酸、漂白粉、氢氧化钠及复合季铵盐类等PCV2敏感的消毒剂对圈舍、场内及饲养场周围进行定期消毒，以最大限度地降低猪场内污染的病原微生物，减少或杜绝猪群继发感染的概率。

(2)减少不良应激因素刺激　实行严格的全进全出制度，避免将不同年龄、不同来源的猪混养，控制饲养密度。以减少不同批次猪、猪与猪之间的感染机会，尽可能降低猪群PCV2的感染率。

(3)加强饲养管理　做好猪繁殖与呼吸道综合征、猪细小病毒感染、猪伪狂犬等疫病的防疫工作，合理驱虫。饲料营养全面，避免饲喂发霉变质的饲料，尤其保证仔猪的营养充足，适量添加维生素E和微量元素硒。注意舍内通风、换气，改善空气质量，保证舍内干燥、卫生，以降低其他病原感染的机会。

(4)免疫接种　疫苗免疫接种虽然不能够完全阻断病毒感染，但是可抑制PCV2的增殖，是降低PCVD发生率的有效措施。目前，用于预防PCVD的商品化疫苗分为3类：亚单位疫苗、PCV2全病毒佐剂灭活疫苗和PCV1-PCV2嵌合病毒灭活疫苗。目前，尚无预防PCV3的疫苗。

①亚单位疫苗：该疫苗是应用杆状病毒表达系统表达的PCV2核衣壳蛋白制成的疫苗，安全、不散毒，主要用于仔猪PCVD的预防。一般在仔猪2~3周龄时，注射1mL疫苗，可以为仔猪提供良好的免疫保护，提高成活率和饲料转化率。在因PCVD导致母猪繁殖障碍、断奶仔猪发病严重的猪场，母猪可于产前1个月接种1次。

②PCV2全病毒灭活疫苗：由灭活的PCV2细胞毒配以佐剂而制成的全病毒灭活疫苗。可用于3周龄以上仔猪和成年猪的免疫接种。新生仔猪于3~4周龄首次免疫，间隔3周加强免疫1次，1mL/头；后备母猪于配种前免疫2次，两次免疫间隔3周，产前1个月再加强免疫1次，2mL/头；经产母猪跟胎免疫，产前1个月接种1次，2mL/头。

田间试验证明，PCV2全病毒灭活疫苗使仔猪获得保护，提高存活率；降低母猪繁殖障碍率，而且通过母猪免疫，可以使仔猪获得被动免疫，对新生仔猪产生一定保护。

③嵌合病毒灭活疫苗：PCVD 嵌合病毒疫苗是指将具有致病性的 PCV2 的 ORF2 克隆到无致病性的 PCV-1 基因组骨架中，即以 PCV2 ORF2 基因取代 PCV1 的 ORF2 基因构建的 PCV-1-PCV2 嵌合活病毒粒子，将该嵌合活病毒灭活后制成嵌合病毒灭活疫苗。该疫苗主要用于 4 周龄以上仔猪。多批试验表明，嵌合病毒灭活疫苗可为猪群提供较好的免疫保护，特别在抑制病毒、减少病毒血症方面具有显著的优势。

五、猪流行性腹泻

猪流行性腹泻（porcine epidemic diarrhea，PED）是由猪流行性腹泻病毒引起猪的一种急性接触性肠道传染病，其主要特征为腹泻、呕吐和快速消瘦。各种年龄的猪都易感，哺乳仔猪、架子猪及育肥猪的感染率可达 100%，以哺乳仔猪受害最严重，母猪发病率也较高。我国将其列为二类动物疫病。

1971 年在英国首次报道了 PED。此后，许多国家均有本病的报道，如比利时、德国、加拿大、匈牙利、法国、日本、保加利亚等。我国于 1973 年就有报道，从 90 年代初就研制了基于 PED CV777 毒株的油佐剂灭活疫苗，并在猪群中普遍应用，故仅散发为主。2010 年之后的几年间在中国和主要养猪国家中重新暴发和流行本病，成为最重要的猪病毒性腹泻病之一。

【病原】

猪流行性腹泻病毒（Porcine epidemic diarrhea virus，PEDV）为冠状病毒科（Coronviridae）冠状病毒属（Coronavirus）的成员。其病毒粒子形态与其他冠状病毒非常相似。在粪便样品中病毒粒子呈多形性、近球形，平均直径 130nm。外有囊膜，其上有皇冠或花瓣状纤突，纤突长 18~23nm。PEDV 的基因组全长 27~33kb，为不分节段的单股正链 RNA，5′端有帽状结构，3′端有 polyA 尾。其中，3′端的 7kb 基因序列由 5 个开放阅读框组成，从 3′端到 5′端分别编码结构蛋白如纤突蛋白（S）、囊膜蛋白（E）、基质蛋白（M）、核衣壳蛋白（N）等。2010 年，PEDV 变异毒株的 S 基因出现了 15 个碱基的插入和 6 个碱基的缺失，并伴有大量的点突变，结果致使疫苗株（CV777）免疫失败，PED 疫情大规模暴发。免疫学和氨基酸序列比较分析，确定 PEDV 与猪传染性胃肠炎病毒、猫传染性腹膜炎病毒、犬冠状病毒和人呼吸道冠状病毒没有共同抗原。

由于在细胞培养液中加入小牛血清会抑制 PEDV 与细胞膜受体的结合，所以本病毒的细胞培养在很长一段时间内未获得成功。1982 年，长春兽医大学以吉林分离的毒株在胎猪肠组织原代单层细胞培养获得成功。PEDV 在 Vero 传代细胞培养液中需加入胰酶，才能促进产生细胞病变，已适应 Vero 细胞的 PEDV 可转入 PK-15 和 ST 细胞增殖，并可产生细胞病变。病毒/细胞繁殖体系对 PEDV 在血清学、病原学、免疫学等方面的研究提供极大的便利。

本病毒对外界环境和消毒药抵抗力弱，对乙醚、三氯甲烷等敏感，一般消毒药都可将其灭活。PEDV 在 50℃ 条件下相对稳定，但经 60℃ 处理 30min，可失去感染力。PEDV 在蔗糖中的浮密度为 1.18g/mL。病毒不凝集兔、猪、鼠、犬、马、雏鸡、山羊、绵羊、母牛和人的红细胞。PEDV 的很多特征与冠状病毒科的其他病毒非常相似。用病毒中和试验、免疫荧光技术都可以证明 PEDV 在抗原上与猪传染性胃肠炎病毒等其他冠状病毒无相同的抗原。至今尚未发现 PEDV 有不同的血清型。

【流行病学】

本病的发生有一定的季节性，呈地方性流行。多发生于寒冷季节，夏季也可发生，我国多在 12 月至翌年 2 月寒冷季节发生流行。不同性别、年龄、品种的猪均可感染发病，但哺乳仔猪和育成猪易感性强，发病率为 100%，病死率平均为 10%~65%，育肥猪死亡为 1%~3%。成年母猪发病率为15%～90%。病猪是主要传染源，病毒在肠绒毛上皮和肠系膜淋巴结内存在，随粪便排出体外，污染饲料、饮水、用具等外界环境，健康猪经口接触了含毒粪便可发生自然感染。所以，消化道是本病主要的传播途径，也可经呼吸道感染。还可通过运输的病猪及其污染的饲料、车辆、用具、靴鞋及其他带毒污染物传播本病。本病传播迅速，在数日内可波及全群。

【发病机理】

病毒经口和鼻感染后，直接进入小肠，在小肠绒毛上皮细胞内复制，并在16～30h达到最大量。其他脏器未发现病毒增殖，较少产生病毒血症。由于病毒的侵袭，小肠上皮细胞变性、绒毛脱落，导致小肠黏膜碱性磷酸酶含量明显下降，扰乱了消化及细胞运输营养物质和电解质，引起急性吸收不良。哺乳仔猪不能消化乳中的乳糖和蛋白质，使肠内产生高渗，液体在肠内滞留，甚至从组织内吸收液体，进而导致腹泻和脱水，酸中毒而死亡。

【临床症状】

自然感染的潜伏期3～8d，人工感染的新生仔猪18～24h，育肥猪约2d。主要临床症状为水样腹泻，或者伴有呕吐。病猪精神不振，食欲减退，体温稍高或正常。多在吮乳或吃食后发生呕吐，吐出物为黄色或深蓝色。随后，排出水样腹泻，腹泻物为灰黄色、灰色或呈透明水样，从肛门流出，污染臀部。此时，病猪精神极度沉郁，眼窝下陷，脱水，拒食，消瘦，日龄越小发病越重。1周龄以下的新生仔猪腹泻3～4d，严重脱水死亡。断乳仔猪、育肥猪、母猪症状较轻，4～7d恢复正常，成年猪仅发生厌食和呕吐。

【病理变化】

眼观病死仔猪脱水消瘦，皮下干燥，胃内有多量黄白色的乳凝块。小肠剖检可见肠管膨满扩张、外观明亮、肠壁变薄，肠管内充满黄色液体或带有气体，肠系膜充血，肠系膜淋巴结水肿。镜检可见小肠绒毛缩短、上皮细胞核浓缩、破碎，胞质呈强嗜酸性变性或坏死性变化，导致肠绒毛显著萎缩、变短，绒毛高度与隐窝深度的比值由正常7∶1变为3∶1以下。组织学检查可见小肠绒毛细胞的空泡形成和脱落。超微结构的变化主要发生在肠细胞的胞质，可见细胞器减少，产生电子半透明区，微绒毛终末网消失，细胞变得扁平、脱落，进入肠腔。在结肠也可见到细胞变化，但未见到脱落。

【诊断】

本病在流行病学、临床症状和病理变化方面与猪传染性胃肠炎无显著差别，只是近年来本病的发病率远高于猪传染性胃肠炎，在猪群中传播的速度很快。

猪流行性腹泻发生于寒冷季节，各种年龄猪只都可感染，年龄越小，发病率和病死率越高，病猪呕吐、水样腹泻和严重脱水。

对PEDV的诊断，仅仅通过临床症状很难与猪传染性胃肠炎、轮状病毒、大肠杆菌等肠道感染性疾病相区分，需结合实验室诊断方法进行确诊。目前，在实验室主要的诊断方法有免疫荧光法、免疫电镜、中和试验、间接血凝试验、免疫组化技术、ELISA和RT-PCR等。其中RT-PCR最为常用。

【防控措施】

(1)加强饲养管理　做好舍内卫生，定期进行消毒，防止本病侵入猪群。规模猪场必须坚持自繁自养的原则，不要从场外购入猪只。如必须购入时，一定做好隔离检疫后，确诊无病才能入群。处于隐性感染的猪场，应严格控制人员、动物和交通工具流动，以减少传染的可能性。猪舍产房的温度应在20～24℃，仔猪保温箱要求28～32℃。每日及时清除粪便，并定期观察猪群，发现病猪马上封锁、隔离、确诊，采取紧急的防治措施，控制本病蔓延。

（2）免疫预防　目前，疫苗免疫接种是预防本病最主要的手段。本病由于发病日龄小、发病急、死亡率高，依靠自身的主动免疫往往来不及，因此现行的猪病毒性腹泻疫苗大多是通过妊娠母猪进行预防注射，依靠初乳中的特异性抗体给仔猪提供良好的保护。所用的疫苗有弱毒活疫苗和灭活疫苗。原 CV777 毒株制备的疫苗保护力不够理想时，尽量选用流行毒株或变异毒株制备的疫苗。建议在妊娠母猪产前 40d 和 20d 时，用 PED 和 TGE 二联油佐剂灭活疫苗在后海穴进行跟胎免疫效果较好，有助于通过提高乳汁抗体水平保护新生仔猪。

（3）治疗　本病当前尚无有效的治疗药物，猪干扰素可以降低体重损失，与单克隆抗体配合使用发现可以保护仔猪。主要是通过隔离消毒、加强饲养管理、减少人员流动、采用全进全出等措施进行预防和控制。为发病猪群提供足够的清洁用水。患病母猪常出现乳汁缺乏或仔猪无力吃乳造成乳猪死亡，应为出生仔猪提供人工乳。

治疗产房仔猪可用葡萄糖、甘氨酸及电解质溶液。疾病暴发后应采取的控制措施有：隔离所有 14d 内分娩的母猪；严重污染的猪场（如采用野毒作为疫苗"返饲"时），用病猪的粪便和小肠内容物人工感染分娩前 3 周的妊娠母猪，使其产生母源抗体，以保护新生仔猪，缩短本病在猪场中的流行，但该方法存在扩散病原的危险，需严格控制使用和考虑各种细节。

六、猪传染性胃肠炎

猪传染性胃肠炎（transmissible gastroenteritis of pigs，TGE）是一种高度传染性病毒性肠道疾病，以引起 2 周龄以下仔猪呕吐、严重腹泻和高死亡率为特征，病猪通常死于脱水和电解质代谢紊乱。20 世纪 80 年代导致呼吸道疾病的 TGE 病毒变异株（猪呼吸道冠状病毒，PRCV）开始出现和广泛流行。虽然各年龄的猪对猪传染性胃肠炎病毒（TGEV）和 PRCV 都易感，但是血清学检测阴性的猪群或者超过 5 周龄的猪的死亡率很低。

本病在世界许多国家和地区广泛流行。近年来，TGE 在我国部分地区时有发生和流行，给养猪业造成了极大的危害。在北美 TGE 血清阴性的猪群，TGEV 仍然是仔猪发病死亡的原因。对于猪呼吸道冠状病毒地方流行的猪群，TGEV 的诊断越来越困难，因为各年龄猪温和性发病掩盖了 TGEV 的感染，这引起了人们对 TGEV 阴性猪群饲喂和出口的关注。

【病原】

猪传染性胃肠炎病毒（*Transmissible gastroenteritis virus*，TGEV）属于冠状病毒科（*Coronaviridae*）甲型冠状病毒属（*Alphacoronavirus*），病毒粒子多为圆形和椭圆形，单链正股不分节段 RNA，大小约 28.5kb，直径 90~200nm，表面有囊膜。完整的 TEGV 包含 4 种结构蛋白基因：*S*、*M*、*N* 和 *sM*。其中，*S* 基因编码纤突蛋白（S）、*M* 基因编码膜蛋白（E1 或 sM）及一个核衣壳蛋白（N）。4 种结构蛋白与功能各有特点，S 蛋白在病毒入侵、亲嗜性、中和保护等起重要作用。复制过程以及病毒蛋白的表达与其他冠状病毒类似。

TGEV 不耐热，56℃ 45min 或 6℃ 10min 即可被彻底灭活，病毒在冷冻保存时极为稳定，−18℃保存 18 个月，病毒滴度轻微下降。病毒对光敏感，阳光下 6h 即可被灭活，置阴暗处 7d 仍保持其感染力。紫外线能使病毒迅速灭活。

【流行病学】

病猪和带毒猪是本病的主要传染源，它们从粪便、呕吐物、乳汁、鼻分泌物以及呼出气体排毒，污染饲料、饮水、空气和用具等，通过消化道和呼吸道传染给易感猪。TGEV 的发生和流行有明显季节性，通常从 11 月中旬到翌年 4 月中旬，发病高峰为 1~2 月。流行特点主要为下述 3 种

形式:

(1)流行性 多见于新疫区，当 TGEV 侵入猪场后，很快感染所有年龄的猪。感染猪发生不同程度厌食、呕吐和腹泻，哺乳猪严重脱水，7 日龄以内猪死亡率很高，但随年龄增长死亡率逐渐下降。哺乳母猪也可发病，表现为厌食和无乳，从而进一步导致仔猪死亡率的上升。

(2)地方流行性 多发生于疫区，TGEV 和易感猪在一个猪场持续存在，如在常有易感仔猪出生和不断增加，或哺乳仔猪免疫力低的猪场。当病毒感染力超过猪的被动免疫力时，猪将受到临床感染和发病。发生这种情况的猪的年龄与猪场的管理体制和母猪免疫水平有关。地方流行性的特征是发病率和病情严重性相对较低。

(3)周期性地方流行性 在本病流行的间歇期，每年的冬季猪群可重新感染。曾感染过 TGEV 的母猪具有免疫力，一般不会重复感染。随着新的后备母猪的不断加入，其所产的无免疫力的哺乳仔猪和断乳猪可发生感染。

本病的典型方式是在猪群内突然暴发，2~3d 内所有年龄的猪只都被感染，并造成很大的死亡率，但在断奶前的仔猪和哺乳母猪的临床症状较轻。在 1~10 日龄以下的仔猪死亡率接近 100%，随着年龄的增长而显著下降。断奶后的仔猪和成年猪死亡率低。在年幼的易感仔猪死淘后 3~5 周，疫病可停止暴发。由于猪群的产生免疫力，在较长时期内，一般不会再发生。

【发病机理】

TGEV 经口或鼻腔途径感染，病毒都被吞噬进入消化道，它能抵抗低 pH 值和蛋白水解酶而保持活性，直至与高度易感的小肠上皮细胞接触。大量此类细胞感染，其功能迅速被破坏或改变，导致小肠内的酶的活性明显降低，扰乱消化和细胞运输营养物质和电解质，引起急性吸收不良综合征。感染猪不能水解乳糖，也不能消化其他营养物质，导致小猪重要营养物质的缺乏。未消化乳糖存在于肠道内，可使渗透压升高，导致体液滞留甚至从机体组织内吸收体液，进而导致腹泻和脱水。TEGV 感染引起腹泻的机制包括空肠钠运输的改变和血管外蛋白丢失。死亡的最终原因可能是脱水和代谢性酸中毒以及由于高血钾而引起的心脏功能异常。

空肠绒毛明显变短或萎缩，回肠稍轻微，但十二指肠近端通常不发生变化。新生仔猪比 3 周龄仔猪的病毒增殖多，且绒毛萎缩严重，说明新生仔猪对 TGEV 更易感。

【临床症状】

本病的潜伏期很短，一般为 15~18h，有的可在 2~3d 后迅速传播，数日内可蔓延全群。仔猪的典型症状是突然发病，短暂呕吐之后发生水样腹泻，粪便呈黄色、绿色或白色，常带有未消化的凝乳块。病猪极度口渴，脱水，体重迅速减轻，日龄越小，病程越短，死亡率越高。10 日龄以内的仔猪多在 2~7d 内死亡或被迫淘汰，如母猪发病或泌乳减少，仔猪得不到足够的乳汁，病情更加严重，增加仔猪病死率，随着日龄的增长病死率逐渐降低。病愈仔猪生长发育不良。

仔猪、育肥猪和母猪的症状轻重不一，常只有一至数天出现食欲不振或废绝。个别猪有呕吐，出现灰色、褐色水样喷射状腹泻，5~8d 后腹泻停止而康复，极少死亡。某些哺乳母猪因与受感染仔猪密切接触而发病严重，表现为体温升高、无乳、呕吐、厌食和腹泻，而与感染仔猪无接触的母猪通常仅有轻微的临床症状或无症状。

【病理变化】

眼观病变:除脱水外，肉眼变化常局限于胃肠道，胃内充满凝乳，在其胃横膈膜憩室部常有小出血区。小肠充满黄色的泡沫性液体，且含有未消化的凝乳块。肠壁菲薄，几乎透明。在人工感染的新生猪肺部可以看到其病变。TGEV 的一个很重要的病变是空肠和回肠绒毛明显变短。

组织学病变:绒毛萎缩程度可通过组织切片比较空肠绒毛的长度与滤泡的深度来判断。正常仔猪绒毛：滤泡约为7：1，在感染仔猪相应比值约为1：1。扫描电镜揭示 TGE 的小肠病变与光学显微镜下观察的病变相关度较大。通过扫描电镜发现，在 TGE 感染猪，其被动免疫水平不但影响绒毛萎缩程度，还会影响其分布。未感染 TGE 母猪或用弱毒疫苗免疫母猪与曾用强毒感染的母猪所产仔猪相比，后者绒毛萎缩程度小。在部分免疫的猪中最初见到绒毛萎缩是在回肠而非空肠。从地方流行 TGE 的猪群，也观察到类似现象。小肠上皮细胞被 TGEV 感染后经投射电镜观察，病毒颗粒主要位于细胞质空泡中，在绒毛肠细胞、M 细胞、淋巴细胞和巨噬细胞中观察到病毒颗粒。

【诊断】

根据流行病学、临床症状和病理变化可做出初步诊断。要确诊本病，需要进行实验室诊断。目前，诊断方法有 RT-PCR、电子显微镜检测、病毒分离鉴定、血清学诊断、阻断 ELISA 等。

由于本病病毒和流行性腹泻病毒、猪轮状病毒是引起猪病毒性腹泻最主要的 3 种病原，临床症状都是以腹泻为主，很难区分。鉴别诊断，用电镜可以很快区分冠状病毒和轮状病毒，但是不能区分 PEDV 和 TGEV。用分子生物学技术（如 cDNA 探针、RT-PCR 等）可快速鉴别诊断以上 3 种病毒，病毒之间没有交叉反应。另外，还应注意与仔猪黄痢、仔猪白痢的区分。

【防控措施】

（1）预防　由冠状病毒引起的 TGE 感染，目前仍缺乏有效的临床药物，采用疫苗免疫接种是主要的预防措施。大致经历了 3 个阶段：强毒疫苗、弱毒疫苗和灭活疫苗免疫预防。TGE 具有高度传染性，猪场一旦暴发此病，可造成新生仔猪 100% 死亡，损失极其严重。人们曾采用强毒人工免疫妊娠母猪的方法，即在母猪分娩前 2~3 周对母猪进行口服感染，可以使仔猪获得显著保护率。用人工感染发病猪的肠及其内容物免疫母猪，可使母猪所产的仔猪感染 TGE 强毒所导致的死亡率明显降低，但此种方法仍不能根除 TGE。除了上述的强毒免疫方法外，随着疫苗技术的进一步发展，开始使用弱毒疫苗进行免疫预防，人们通过应用 TGE 弱毒活疫苗肌肉注射免疫妊娠母猪，尤其是新毒株的弱毒疫苗，所产生的母源抗体可以使仔猪对 TGE 的保护率明显高于灭活疫苗。将 TGE 弱毒疫苗经后海穴注射免疫母猪，对所产仔猪也有一定的保护效果。但用 TGE 灭活疫苗免疫妊娠母猪不能有效刺激机体产生乳汁免疫，故在临床上往往和弱毒疫苗一起使用，可以产生较好的保护效果。

引起猪腹泻的病毒病主要有 5 种，猪传染性胃肠炎、猪流行性腹泻、猪丁型冠状病毒、急性腹泻综合征和猪轮状病毒，这几种病原有相似的传染途径和临床症状。故临床上几种病毒的感染难于鉴别，很难区分是哪种病原感染，还是混合感染，所以采用二联苗、三联苗或多联苗免疫才能取得良好预防效果。联苗免疫法应运而生，效果显著。曹军平等用 TGE 及 PED 克隆化弱毒株，以 1：1 配比制成 TGE-PED 二联弱毒疫苗，免疫母猪和仔猪，在实验室和田间试验中有较高保护率，对紧急预防接种的防制也有效果。多联苗有较好的保护作用取决于几个因素：病原种类、毒株型号、抗原滴度等。也可尝试应用基因工程疫苗来预防 TGE。

（2）治疗　对 TGE 的治疗，目前虽然没有安全有效的药物，但猪发病时进行适当的对症治疗是非常必要的。首先需要给病猪补充大量的葡萄糖氯化钠溶液、供给清洁饮水和容易消化的饲料、防寒保暖等。这些措施即可提高猪对本病的抵抗能力、促进早日康复，也对减少猪只死亡和促进仔猪的发育增重有很大的益处。其他方法包括限量饲喂、饥饿治疗、应用部分抗菌药物等。此外，对于中草药治疗的研究日益兴起，应用中草药防治 TGE 也取得了很好疗效，如可采用三黄加白汤（黄连、黄芩、黄柏、白头翁、枳壳、猪苓、泽泻、连翘、木香、甘草）治疗。在发生本病的猪场进行紧急免疫接种可加速控制病程和减少损失，但需注意免疫操作的细节。

七、猪细小病毒病

猪细小病毒病(porcine parvovirus disease, PPD)是由猪细小病毒引起的母猪繁殖障碍性传染病。临床特征主要是受感染的母猪，特别是初产母猪及血清学阴性经产母猪发生流产，产死胎、木乃伊胎、畸形胎、弱仔及屡配不孕等，而公猪和其他年龄的猪感染后无明显的临床症状。

1967年，本病首次在英国报道，随后欧洲、美洲、亚洲及大洋洲很多国家均报道了本病的发生。目前，本病在世界范围内广泛分布，在大多数感染猪场呈地方性流行。自从1983年我国首次从上海分离到本病病原以来，国内大部分地区相继有本病的报道。猪群一旦感染本病后很难彻底净化，从而可能造成持续的经济损失，是危害养猪业的重要繁殖障碍性疾病之一。

【病原】

猪细小病毒(*Porcine parvovirus*，PPV)属于细小病毒科(*Parvoviridae*)细小病毒属(*parvovirus*)成员。成熟病毒粒子呈球形或六角形，具有典型的二十面体对称结构，衣壳由32个壳粒组成，直径约20nm，无囊膜，相对分子质量为5.3×10^6。病毒基因组为单链线状DNA，全长约5kb。PPV基因组含有两个主要开放阅读框，ORF1编码病毒非结构蛋白NS1、NS2、NS3，主要参与病毒的基因组复制、转录和病毒组装。细小病毒DNA复制依赖于其DNA末端的发夹结构，其能否暴露是病毒DNA复制启动与终止的关键。而NS1蛋白具有解旋活性，可以拓展病毒DNA末端的空间构型，从而能够启动病毒DNA的滚环式复制。ORF2编码病毒结构蛋白VP1、VP2，VP2完全重叠于VP1中，构成病毒衣壳，主要与病毒的免疫原性、致病性及免疫保护有关，可用来制备亚单位疫苗。同时，NS1具有抗原性，在PPV持续性感染时可刺激机体产生相应抗体，而使用灭活疫苗和亚单位疫苗进行免疫的猪则不会产生NS1的抗体，因此，可利用体外表达的PPV NS1蛋白作为抗原建立间接ELISA鉴别诊断方法，来区分PPV自然感染猪与灭活疫苗、VP2蛋白亚单位疫苗的免疫猪。

病毒可在猪的原代细胞(如猪肾细胞、猪睾丸细胞)和传代细胞(如PK-15、IBRS2、ST细胞)上增殖，并出现细胞病变，表现为细胞隆起、变圆、核固缩和溶解。大多数细胞碎片通常黏附在一起，最后使得感染的细胞凹凸不平而呈"破布条状"。病毒可在细胞中产生核内包涵体，但包涵体通常散在分布。PPV具有血凝特性，能够凝集豚鼠、小鼠、大鼠、鸡、猫、猴、人的红细胞，其中以凝集豚鼠红细胞为最好，在凝集鸡红细胞时存在个体差异；但是不能凝集猪、仓鼠的红细胞。血凝试验通常使用豚鼠红细胞，在常温、pH值接近中性的条件下进行。

PPV只有一种血清型，病毒很少发生变异，但与细小病毒科几种其他属的成员具有抗原相关性。按照毒力可把病毒分为强毒株和弱毒株。强毒株如NADL-8，血清阴性妊娠母猪感染后将出现病毒血症，并可通过胎盘垂直感染而致死胎儿；弱毒株如NADL-2，血清阴性妊娠母猪感染后不能通过胎盘垂直感染，故可以作为弱毒疫苗株使用。部分弱毒株感染细胞中存在病毒缺损干扰颗粒，可干扰或延缓病毒复制，有助于为宿主建立免疫保护作用提供足够的时间。

病毒对外界环境有很强的抵抗力，对热不敏感，56℃ 30min或70℃ 2h处理不影响其感染性和血凝活性，但56℃ 48h或80℃ 5min可使其丧失感染性和血凝活性；对乙醚、氯仿有抵抗力；适应的pH值范围很广；对一般消毒剂的抵抗力很强；酸、甲醛蒸气和紫外线均需要相当长的时间才能灭杀本病毒；但在0.5%漂白粉或氢氧化钠溶液中5min即可被杀死。

【流行病学】

猪是唯一的已知宿主，不同年龄、性别、品种的家猪、野猪都可感染，但只影响胎儿，胎龄越小，影响越大。另外，牛、绵羊、猫、豚鼠、小鼠、大鼠的血清中也可存在本病病原的特异性抗体。

病猪与带毒猪是主要的传染源。病毒主要分布于生长旺盛的组织，尤其是淋巴组织，如淋巴结、肾间质、鼻甲骨膜等。感染母猪的胎儿与子宫均含有大量病毒，感染公猪的精子、精索、附睾及副性腺等均可以分离出病毒。

感染猪可通过粪、尿、精液等途径排毒，排毒期7~15d，排出的病毒污染饲料、饮水、圈舍、器具等，污染圈舍中的病毒至少在4.5个月仍具有感染性，通过消化道和呼吸道传播给易感猪，也可经交配感染。妊娠母猪可以经胎盘传播给胎儿，导致胎儿发病、死亡，从而形成垂直传播；而且，母猪两侧子宫角内的胎儿可以相互传播。另外，鼠类等也可机械性传播本病。

本病呈现明显的胎次差异，主要见于初产母猪。由于目前本病几乎存在于所有猪场，通常呈散发或地方流行性，多危害初产母猪和血清学阴性母猪。所导致的损害与妊娠阶段存在相关性，主要引起妊娠早期的胎儿发病，病死率高达80%~100%。近年来的研究显示，本病毒还与新出现的猪断奶后多系统衰竭综合征有关。

【发病机理】

PPV在母猪妊娠前期感染后才能引起损害，这主要是由于妊娠早期的胚胎或胎儿免疫系统发育不完善，缺乏免疫反应。在母猪妊娠30d内感染，主要引起胚胎死亡与重吸收；在妊娠30~50d感染，主要引起胎儿死亡及木乃伊化；在妊娠50~70d感染，主要出现流产、产死胎；在妊娠70d后感染，不会引起胎儿死亡，且胎儿可产生特异性抗体。PPV感染后，病毒大量增殖，而PPV的复制需要借助宿主细胞的蛋白质和核酸合成体系，并对宿主细胞所处的生长周期具有严格的选择性，只在S晚期和G2早期大量复制，导致细胞有丝分裂和本身生物组成的合成受到抑制，从而直接影响胎儿的发育，导致疾病的发生。胎儿的死亡可能是由于病毒损伤了大量的组织和器官，包括胎盘而引起的。病毒分布的一个显著特点是广泛存在于内皮细胞中，阻止胎儿脉管网络的进一步发育，并损伤胎儿的循环系统，出现水肿、出血和体腔内大量浆液性渗出物的积聚，显微镜下可见内皮细胞坏死。

【临床症状】

各年龄猪的急性感染（包括发生繁殖障碍的妊娠母猪）通常无明显的临床症状，但是大多数组织器官中存在大量的病毒，其中以淋巴组织中最多。PPV感染的主要特征和仅有的临床症状是母猪的繁殖障碍，其结局主要取决于在妊娠期的哪个阶段感染病毒。母猪可能再度发情或既不发情也不分娩，或每窝只产很少的几个仔猪；妊娠母猪的腹围减小，流产，产死胎、木乃伊胎，以产木乃伊胎为主。此外，母猪的其他表现还有返情、屡配不孕以及妊娠期、产仔间隔延长等。PPV感染对种公猪的生产性能和性欲没有明显影响。

【病理变化】

在非妊娠母猪感染没有大体病变和组织病变，妊娠母猪感染也没有特异性的大体病理变化。母猪子宫有轻微炎症，胎盘有部分钙化，胎儿被溶解、吸收，或出现充血、水肿、出血、体腔积液、脱水与木乃伊化、坏死。

病理组织学变化为母猪的妊娠黄体萎缩，子宫上皮组织和固有层有局灶性或弥散性单核细胞浸润。胎儿在没有免疫力之前感染PPV，除出现大体病变外，组织学病变出现细胞坏死和单核细胞浸润两种基本病变。胎儿的多数组织器官的广泛性细胞坏死、炎症及核内包涵体，在胎儿大脑、脊髓和眼结膜有浆细胞和淋巴细胞形成的血管套。胎儿在具有免疫力后受到感染，则不出现大体病变，组织学病变主要是内皮细胞肥大与单核细胞浸润。

【诊断】

猪细小病毒病可以根据临床症状和流行病学做出初步诊断。一般认为，如果仅妊娠母猪发生流产，产死胎、木乃伊胎等繁殖障碍症状，同时有证据表明是传染性疾病时，应考虑到猪细小病毒感染的可能，但是确诊必须进行实验室诊断。诊断方法主要有病毒抗原检测、病毒血凝素检测、病毒核酸检测、病毒分离鉴定及抗体检测等。采集病料时需要注意，大于 70 日龄的木乃伊胎、死产仔猪和初生仔猪不宜送检。

(1)病毒抗原检测　采取木乃伊胎或其肺脏、死亡胎儿或其残存组织等，制备冰冻切片，进行免疫荧光染色检测 PPV 抗原。若胎儿没有抗体反应，所有胎儿组织都可检测到抗原；即使有抗体，一般在胎儿肺脏中也能检出抗原。

(2)病毒血凝素检测　该方法比较简便，在没有抗体的情况下很有效。把待检组织在稀释液中研磨碎，离心后取上清，用豚鼠红细胞进行血凝试验。

(3)病毒核酸检测　采集病料样品后，提取总 DNA，用 PCR 检测病毒 DNA。

(4)病毒分离与鉴定　从木乃伊胎病料中难以分离出病毒，多取流产或死产胎儿的新鲜脏器，如肝脏、肠系膜淋巴结、胎盘、肺、肾等，制备组织悬液，离心、除菌后接种敏感细胞，观察细胞病变。进一步鉴定可用免疫荧光抗体法、血凝试验或 PCR 等检查细胞培养物。病毒分离耗时较长，不适合作为常规的诊断方法。

(5)血清学诊断　常用的方法包括 HI、乳胶凝集试验、ELISA、中和试验、琼脂扩散试验和补体结合试验等。其中，HI 试验和乳胶凝集试验是常用的诊断方法。在 HI 试验中，被检血清通常要经过加热灭活，然后用红细胞(以除去天然存在的血凝素)和高岭土(以除去或减少血凝素的非抗体抑制物)吸附。可采集母猪血清或 70 日龄以上的感染胎儿的心血或组织浸出液，或未吃初乳的初生仔猪血清。待检血清先经 56℃ 30min 灭活处理，加入 50%豚鼠红细胞和等量高岭土，混匀后室温放置 15min，2 000r/min 离心 10min 后取上清，以除掉血清中的非特异性凝集素和抑制因素，再进行血凝抑制试验。抗原用 4 个血凝单位的血凝素，红细胞用 0.5%豚鼠红细胞，判定标准为 1∶16。检测母猪血清时宜采取双份样品，采集发病期和发病后 10~14d 的同一病猪血清，或发病母猪和健康母猪的血清(根据免疫接种情况)。

乳胶凝集试验是利用致敏的乳胶抗原与 PPV 阳性血清反应时可以产生肉眼可见的凝集颗粒，该方法简便、快速、经济，适合于现场检测和早期定性诊断。

如果免疫的疫苗是灭活疫苗或亚单位疫苗，则可利用 NS1 蛋白间接 ELISA 鉴别诊断方法。

(6)鉴别诊断　本病应注意与猪流行性乙脑、猪繁殖与呼吸综合征、猪伪狂犬病、繁殖障碍型猪瘟及猪布鲁菌病等进行鉴别。

【防控措施】

疫苗预防接种是控制本病的主要措施。由于本病呈广泛性流行，主要威胁生产母猪特别是初产母猪。因此，后备种猪必须确保其在配种前获得主动免疫。目前，应用的疫苗主要有灭活疫苗和弱毒疫苗，其中，灭活疫苗应用最为广泛。由于母源抗体对本病疫苗接种后产生的主动免疫应答有干扰，而猪细小病毒母源抗体可持续存在 4~6 个月，因此，疫苗的接种时间应选择在 5~6 月龄。后备母猪和后备公猪，在配种前两个月左右进行疫苗免疫，如果在间隔 2~4 周后再加强免疫一次，效果会更好。头胎母猪在产后 15d 左右免疫一次，以后无需再做免疫。

目前，对于猪细小病毒病尚无有效的治疗方法。除了免疫接种，预防本病还需要采取其他综合性措施。一是加强检疫，防止引进病猪和带毒猪。如需要引进种猪，必须进行病原检测或血凝抑制试验检测，检测合格后才能引进，引进后隔离 2 周再进行检测，合格后方可混群饲养。二是加强预防性卫生措施，改善猪场环境，彻底消毒，限制人、猪的流动。发病猪场要对病猪的排泄物、污染物及死胎和胎衣及其污染的环境与器物等进行妥善处理。由于 PPV 对环境和许多物理、化学因素的抵抗力很强，消毒时宜选用强力消毒剂，如漂白粉、氢氧化钠、甲醛等。

八、猪水疱病

猪水疱病（swine vesicular disease，SVD）是由猪水疱病病毒引起的一种急性传染病。临床特征是猪的蹄部、口、鼻及乳头等部位的皮肤、黏膜发生水疱，流行性强，发病率高。SVD 在症状上与口蹄疫极为相似，被 WOAH 列为法定报告疫病之一，我国将其列为一类动物疫病。

本病于 1966 年首次在意大利报道，1971 年在中国香港分离出病毒，随后许多欧洲国家、日本、中国台湾先后报道此病，2004 年葡萄牙与意大利又暴发了 SVD 疫情。目前，我国大陆地区尚无本病发生的报道。

【病原】

猪水疱病病毒（*Swine vesicular disease virus*，SVDV）现称为肠病毒乙型（*Enterovirus B*），属于微核糖核酸病毒科（*Picornaviridae*）肠道病毒属（*Enterovirus*）成员。病毒粒子呈球形，在超薄切片中直径 22~23nm，用磷钨酸法测得直径 28~30nm，用沉降法测得直径 28.6nm。病毒衣壳呈二十面体对称，无囊膜。病毒基因组为单股正链 RNA，全长约 7.4kb，编码一个由 2 815 个氨基酸组成的多聚蛋白。该多聚蛋白在翻译后分成 11 个蛋白，其中 4 个蛋白（1A、1B、1C、1D）形成病毒衣壳，3B 蛋白连于病毒 RNA，非结构蛋白（2A、2B、2C、3A、3B、3C、3D）参与病毒复制。SVDV 只有一种血清型，但与人肠道病毒柯萨奇 B5 病毒有抗原关系，可产生明显的交叉中和反应。

SVDV 能在原代猪肾、仓鼠肾细胞和猪肾传代细胞 PK-15、IBRS-2 上生长，并产生细胞病变。本病毒不同毒株在 IBRS-2 细胞单层上可见到大小不等、分布不均的蚀斑，直径可达 4~5mm。在仔猪肾细胞上长期继代后，本病毒对猪的毒力显著降低，但仍保持免疫原性，故可用于制造弱毒疫苗。

SVDV 对环境和消毒剂的抵抗力较强，受时间和温度的影响较大。病毒在污染的猪舍中能存活 8 周以上，病猪皮肤、肌肉、肾脏在−20℃条件下保存 11 个月后病毒滴度未见明显下降，病猪肉腌制后 3 个月仍可检出病毒。经 50℃ 60min 处理后仍能保持感染性，但 60℃ 30min、70℃ 10min、85℃ 1min 即可被杀死。本病毒对乙醚、酸有抵抗力，在 pH 3.0 经 1h 仍能保持感染性。一般消毒药在常规浓度下均难以在短时间内将其杀死，3%氢氧化钠溶液 24h 能杀死水疱皮中的病毒，10%甲醛溶液 60min、1%过氧乙酸 60min 可将其杀死，含氯、碘的消毒剂也能有杀灭作用。

【流行病学】

猪是本病的主要易感宿主，不同年龄、性别、品种的猪均可感染，牛、羊也可短期带毒。但临床发病仅发生于猪，而牛、羊等家畜不发病。此外，人和小鼠也可被感染。

病猪和带毒猪是主要传染源。本病毒主要分布于上皮组织、心肌、脑、淋巴结、血液中，尤其是水疱液中含有大量的病毒，感染 1d 后即可从血液中分离出病毒。

本病毒通过口、鼻、粪、尿、乳、水疱液等途径排出，主要通过皮肤与黏膜伤口、消化道等途径感染。饲喂污染的饲料、饮水、泔水、屠宰下脚料，感染猪的移动、运输、交易，污染的运输工具、饮水、饲料、垫草、用具以及人员出入等容易造成本病的传播。

本病传染性强，发病率高，但病死率很低，常呈地方性流行，无明显季节性。

【临床症状】

自然感染潜伏期一般 2~4d，有的可达 5~8d 或更长，人工感染最快 36h 即可发病。临床上可分为典型、温和型和隐性型 3 种形式。

（1）典型 SVD   病猪常有短暂发热（可达 41℃），起初局部上皮肿胀、发白，36~48h 后水疱明显凸出，里面充满水疱液，通常水疱很快破溃，但有时可维持数天。水疱破溃后形成鲜红色溃疡面。常常环绕蹄冠的皮肤与蹄壳裂开，病情严重时蹄壳脱落。由于蹄部受到损伤，病猪举步困难、跛行或卧地不起。除蹄部发生水疱外，水疱也见于鼻盘、口腔、舌面、唇和母猪乳头上。病猪体温升高至 41℃ 左右，食欲减退，精神沉郁，水疱破溃后体温恢复正常。若无继发感染，一般在10d 左右可自愈。其特征性水疱常见于趾部的蹄冠上。

（2）温和型   只有少数猪只出现水疱，传播缓慢，症状轻微，不易察觉。

（3）隐性型   猪只不表现任何临床症状，但能够排毒，造成同居感染。从血液中可检测出病毒，也可检测出高滴度的抗体。

【病理变化】

除蹄部、鼻盘、唇、舌面、乳房出现水疱外，其他组织难见眼观病变。水疱破裂后，水疱皮脱落，创面有出血、溃疡。典型病例常首先在蹄踵部与冠状带的连接处出现病变，严重时甚至蹄匣脱落。口、唇、鼻盘部的病变不太常见，舌病变短暂并可迅速愈合，胸腹部皮肤偶尔出现病变。组织学病理变化为非化脓性脑炎和脑脊髓炎病变，脑膜含有大量淋巴细胞。脑实质和脊髓实质发现软化病灶。

【诊断】

猪水疱病病毒、口蹄疫病毒、水疱性口炎病毒、猪水疱疹病毒都能使动物产生相似的临床症状，故仅靠临床症状、病理变化要区分它们是困难的，必须依靠实验室诊断加以区分。常用的实验室诊断方法如下：

（1）病毒核酸检测   采集水疱皮、水疱液、淋巴结等组织，提取总 RNA，用 RT-PCR 检测病毒 RNA，可以区分猪水疱病和口蹄疫。

（2）抗原捕获 ELISA   采集水疱液、水疱皮（需制作悬液取上清），用兔抗 SVDV 和 FMDV 的抗血清包被酶标板来捕获待检病料中的病毒抗原，然后加豚鼠抗 SVDV 和 FMDV 的血清，再加兔抗豚鼠的酶标二抗，显色后检测。此法是 WOAH 推荐的 SVDV 和 FMDV 的抗原定型检测方法。

（3）反向间接血凝试验   用豚鼠抗 SVDV 和 FMDV 的抗血清致敏绵羊红细胞，然后与不同稀释的待检抗原进行反向间接血凝试验，也可快速区分猪水疱病和口蹄疫。

（4）荧光抗体试验   采取淋巴结、水疱皮等组织制作冰冻切片或涂片，进行直接荧光抗体试验，可以检测 SVDV 抗原。

（5）病毒分离与鉴定   水疱皮、水疱液、淋巴结等组织样品常用于病毒分离培养，可用上述方法对分离的病毒进行鉴定。

（6）血清学诊断   常用 ELISA 和微量中和试验，一般用于流行病学调查、免疫监测和检疫。

（7）动物接种试验   取病猪的水疱液或水疱皮经处理后，用上清液腹腔内接种于 1~2 日龄和7~9 日龄乳鼠，仅 1~2 日龄发病死亡者为猪水疱病，若均发病死亡者则为口蹄疫。将病料经 pH3~5 的缓冲液处理后接种 1~2 日龄乳鼠，发病死亡者为猪水疱病，否则为口蹄疫。

【防控措施】

用高免血清或康复血清来治疗本病有一定效果。控制本病的主要措施是防止病原进入非疫区，屠宰下脚料和泔水经煮沸后方可利用。对于疫区和受威胁区的猪群，可根据具体情况选用血清被动免疫或接种疫苗来进行预防，禁止带毒猪及其产品流通。猪感染 SVDV 后可产生高水平的中和抗体，因此用高免血清或康复血清进行被动免疫具有良好效果，免疫期可达 1 个月。国内外也均有疫苗来预防本病。弱毒疫苗安全性存在问题，灭活疫苗安全可靠，接种后 10d 即可产生免疫力，免疫保护率在 75% 以上，免疫期在 4 个月以上。

我国大陆地区尚未发现本病，要严格防范，杜绝病毒传入。加强进口检疫，对进口的活猪、猪肉及其产品要进行严格的检疫，对运输工具与装载器具要进行彻底的消毒，以防止 SVDV 传入。一旦发生疫情，则要采取断然措施，按照发生一类动物疫情进行处置，实施封锁、扑杀策略，立即扑杀病猪和同群猪，并就地焚毁或无害化处理，对污染和可能污染的区域与物品进行全面彻底的消毒，以消灭疫源，对受威胁区内的猪可选用高免血清或灭活疫苗进行紧急接种，以防止扩散。

九、猪水疱疹

猪水疱疹（vesicular exanthema of swine，VES）是由猪水疱疹病毒引起猪的一种急性、热性、接触性传染病。其临床特征为猪的口、鼻、乳腺和蹄部形成水疱性病变，在临床上很难与口蹄疫、猪水疱病等相区别。

1932 年，本病首次在美国加利福尼亚州报道，1951—1956 年在美国再度流行，1952 年冰岛发生此病，其他国家和地区少见报道。1959 年美国宣布消灭 VES。我国尚无本病发生。

【病原】

猪水疱疹病毒（*Vesicular exanthema of swine virus*，VESV）属于杯状病毒科（*Caliciviridae*）水疱疹病毒属（*Vesivirus*）成员。病毒粒子呈二十面体对称，直径 30~40nm，无囊膜，表面有纤突状结构，具有独特的杯状结构。基因组为单股正链 RNA，全长为 8.2kb。本病毒容易产生变异，至今已发现有 15 个血清型（A~O），不同血清型之间不产生交叉免疫保护。

VESV 的各型毒株可在猪肾、肺、睾丸等细胞上生长复制，并产生细胞病变，细胞圆缩、溶解、甚至完全破坏。在猪肾细胞上能够形成多种类型及不同大小的蚀斑，蚀斑的大小与病毒毒力存在明显关系，蚀斑大的毒力较强，通常从临床中分离到的病毒多形成大蚀斑。

VESV 对外界环境具有较强的抵抗力。室温可存活 7d 以上，-20℃可存活 2 年，-70℃保存 18 年仍然有感染性，62℃经 60min 或 64℃经 30min 可使之灭活。本病毒在有些介质存在时能够增强存活能力，在 50% 甘油中 4℃能够存活 2.5 年，在污染肉屑中 7℃下保存 1 个月仍有感染性，经 84℃处理也不能破坏其感染性，在污染猪舍中能够存活数月。本病毒对乙醚、氯仿有抵抗力，在 pH 5.0 条件下稳定。2% 氢氧化钠（钾）溶液 15min 处理可使之灭活，因此最适合用于猪舍及周围环境的消毒。

【流行病学】

猪是本病的主要易感宿主，不同年龄、性别、品种的猪群均可感染，发病率为 0.5%~100%；马也可人工感染本病病原 A、C 型而发病；另外，部分海洋哺乳动物也可能感染。

病猪和带毒猪是主要传染源。本病毒主要分布于水疱皮、水疱液及血液中，特别是水疱液中。

本病毒通过口、鼻、水疱液等途径排出，健康猪与病猪的直接接触或与污染的饲料、饮水、泔水、屠宰下脚料等间接接触而感染，经消化道感染是 VSE 在猪群中传播的主要方式。

本病传染性强、发病率幅度差异大，但病死率很低。

【临床症状】

潜伏期 1~2d。病初体温升高到 40~40.5℃，稽留 1~2d，与此同时，精神沉郁，食欲不振。

发热后出现典型的临床症状，在蹄冠、趾间和趾踵部皮肤发生水疱而出现跛行。鼻镜、舌、唇、口腔、哺乳母猪的乳头等部位也常出现水疱。初发性水疱呈灰白色，直径3~30mm，其内充满浆液性液体，内含有大量病毒，1~2d后水疱破裂，露出溃烂面，形成褐色干痂，通常在5~7d内愈合，一般无后遗症。怀孕母猪可能出现流产，哺乳母猪乳汁减少。成年猪病死率很低，哺乳仔猪病死率高。

【病理变化】

主要剖检病变是水疱，开始是皮肤小面积变白，进而形成苍白隆起，并随着水疱形成而扩大。上皮与基底层分离，形成一个有破裂上皮碎片的红色病灶。组织病理学变化主要是病变部位的复层扁平上皮细胞明显肿胀，发生水肿变性，细胞发生坏死、溶解，并出现细胞间水肿。

【诊断】

根据水疱、跛行、流涎、体温变化等可做出初步诊断，但因与口蹄疫、猪水疱病、猪水疱性口炎在临床症状上极为相似，很难确诊，必须通过实验室诊断加以区分。常用的实验室诊断方法如下：

(1)病毒核酸检测　采集水疱液或水疱皮，提取总RNA，用RT-PCR检测病毒RNA，可以区分出猪水疱疹与猪水疱病、口蹄疫、水疱性口炎。

(2)血清学诊断　采集新鲜的水疱液、水疱皮，用ELISA、补体结合试验、中和试验等鉴定病毒及其血清型，也可用于流行病学调查和检疫。

(3)病毒分离与鉴定　水疱皮、水疱液等组织样品常用于病毒分离培养，对分离病毒可用上述方法来进行鉴定。

(4)动物接种试验　采集新鲜的水疱液或将水疱皮制作成悬液，经皮下或腹腔注射接种乳仓鼠或5日龄内乳小鼠，均不发病者是猪水疱疹，否则可能是口蹄疫、猪水疱病、猪水疱性口炎。

【防控措施】

平时要注意国内外的疫情动态，严格做好口岸检疫，防止本病从国外传入。对国外来的车、船、飞机等卸下的残羹剩饭应一律销毁，不得饲喂动物。康复猪可保持6个月免疫力，应用同型血清进行预防注射有一定预防效果；也可以用水疱及相关组织制作灭活疫苗来进行预防接种，免疫期可达6个月。

一旦发病，应采取隔离、封锁、扑杀、消毒等措施来迅速扑灭疫情，严格控制疫源扩散。

十、猪蓝眼病

猪蓝眼病(blue eye disease，BED)是由猪腮腺炎病毒引起的一种猪传染病，由于病猪角膜混浊而导致瞳孔呈淡蓝色，故称为"蓝眼病"。临床主要特征是中枢神经系统紊乱、角膜混浊、繁殖障碍。

本病于1980年首次在墨西哥报道，此后成为墨西哥中部的重要猪病，给墨西哥的养猪业造成了较严重的经济损失，至今本病仍然时有发生，但危害性已大幅降低。在北美洲以外的地区尚无本病的相关报道。

【病原】

猪腮腺炎病毒(*Porcine rubulavirus*，PoRV)俗称猪蓝眼病病毒，属于副黏病毒科(*Paramyxoviridae*)正腮腺炎病毒属(*Orthorubulavirus*)成员。病毒粒子与其他副黏病毒相似，呈多形性，但通常近似球形，大小为(135~148)nm~(257~360)nm。具有囊膜，囊膜表面有许多纤突。病毒基因组为单股负链RNA，编码至少6种病毒蛋白：具有RNA聚合酶活性的大蛋白(L蛋白)，形成病毒粒子表面两种较大纤突的血凝素（H 蛋白）与神经氨酸酶（N 蛋白），形成较小纤突的融合蛋白（F），此外还有基质蛋白（M）、核蛋白（N）、磷蛋白（P）。其中，病毒的毒力主要取决于血凝素与神经氨酸酶。

本病毒只有一种血清型，能够在多种不同动物的细胞培养物中增殖，猪肾、猪睾丸、牛甲状腺、猫肾等原代细胞，PK-15、BHK-21、Vero 细胞均可用于病毒培养，并产生细胞病变。本病毒也可用鸡胚进行增殖。病毒可以凝集多种哺乳动物和鸡的红细胞，凝集的红细胞在 37℃ 条件下经 30~60min 后可自动洗脱。病毒也能够吸附鸡红细胞。

本病毒对外界环境具有一定的抵抗力，但对高热较敏感，56℃ 4h 可将其灭活。对乙醚、氯仿、甲醛、β-丙内酯敏感，常规浓度下即可使病毒灭活。经甲醛灭活后，病毒失去感染性和血凝活性。

【流行病学】

猪是唯一自然感染且出现临床症状的动物。其中，2~15 日龄的仔猪最易感染，发病率为 20%~50%，病死率可高达 90%，一次流行时间持续 2~9 周。本病毒可人工感染小鼠、大鼠、鸡胚、兔、犬、猫。此外，美国的一种野猪经人工感染后不表现临床症状，但可产生抗体。

隐性感染猪是本病的主要传染源。病毒主要分布于感染猪的扁桃体、鼻甲骨、肺、心、脑、肝、脾、肾、肠系膜淋巴结、血液中，在睾丸、附睾、前列腺和尿道球腺中也发现有病毒。

本病主要经带毒猪与易感猪的鼻腔直接相互接触进行传播，也可以经鸟类和风传播，人和用具也是本病的传播媒介之一。本病是否可以经精液传播还未确定。

本病一年四季均可发生，但以 4~7 月多发。

【临床症状】

本病的临床症状因猪的年龄而存在较大的差异，通常首先出现于产房。

哺乳仔猪经常突然发病，健康仔猪突然出现虚脱、侧卧或神经症状。发病仔猪通常情况是先发热、厌食、被毛粗乱、弓背、便秘或腹泻，随之共济失调、后肢强直、肌肉震颤、姿势异常；驱赶时一些猪异常兴奋，发出尖叫或划水样移走。病猪表现不愿行走、嗜睡、瞳孔放大、失明和眼球震颤。有些病猪患有结膜炎，并伴发眼睑水肿和流泪，眼睑常被分泌物粘连到一起。10% 以上的感染仔猪表现单侧或双侧性角膜混浊。如无其他临床症状的可自愈。最先发病的仔猪常在 48h 内死亡，而后发病者经 4~6d 死亡。本病暴发期间所产的仔猪有 20%~65% 可被感染，感染仔猪的发病率为 20%~50%，病死率高达 90%。

30 日龄以上的病猪症状温和，常出现一过性症状，表现出厌食、发热、打喷嚏，而神经症状少见、不明显。结膜炎和角膜混浊可持续 1 个月而无其他症状，感染率和病死率都很低。

母猪大多无临床症状，妊娠母猪繁殖障碍可持续 2~11 个月，一般为 4 个月。主要表现为妊娠母猪返情增多，死胎和木乃伊胎增加，产仔数下降，有时出现流产。后备母猪和其他成年猪有时也发生角膜混浊。

公猪和其他成年猪一样，一般不表现临床症状，但有时可见轻微的厌食和角膜混浊。有些种公猪表现为暂时或永久性不育，睾丸和附睾发生水肿，异常精子增多，精子活力下降。

【病理变化】

本病没有特征性剖检病理变化。一般可见脑充血，脑脊液增多，间叶性肺炎，膀胱积尿，结膜炎，角膜炎，不同程度的角膜混浊。公猪可见睾丸炎和附睾炎，多呈单侧性。

组织病理学变化主要集中于脑和脊髓，丘脑、中脑和大脑灰质呈非化脓性脑炎变化，呈多灶性和弥漫性神经胶质细胞增生，淋巴细胞、浆细胞和网状组织细胞形成血管套，神经元坏死并在胞质内可见包涵体。眼睛的病变主要表现为角膜混浊、水肿，房前色素层炎，在角膜内皮、巩膜角有中性粒细胞、单核细胞和巨噬细胞浸润。公猪睾丸变性和生殖上皮坏死。

【诊断】

根据脑炎、角膜混浊、母猪繁殖障碍、公猪睾丸炎和附睾炎等典型临床症状可做出初步诊断，确诊需要进行实验室检查。诊断方法主要有以下几种：

（1）病毒抗原检测　采集扁桃体、肺、脑组织等，制备组织切片，进行直接免疫荧光染色检测病毒抗原。

（2）病毒核酸检测　采集病料样品后，提取总 RNA，用 RT-PCR 检测病毒 RNA。

（3）病毒分离与鉴定　PK-15 细胞和猪肾原代细胞更适合于本病毒的分离培养，病毒培养时出现细胞病变，可用免疫荧光试验、RT-PCR 等检测病毒。

（4）血清学诊断　宜采集间隔 15d 左右的双份血清样品进行检测。常用检测方法有血凝抑制试验（HI）、ELISA、中和试验，其中 HI 试验最为常用。在 HI 试验中，若用鸡红细胞或鸡胚增殖病毒时，可出现假阳性，宜改用牛红细胞做 HI。

（5）鉴别诊断　本病应注意与引起脑炎和繁殖障碍的其他疫病，特别是猪繁殖与呼吸综合征、伪狂犬病等进行区分，只有本病才能同时引起角膜混浊和公猪睾丸炎与附睾炎。

【防控措施】

本病尚无特效治疗方法，抗菌药物常常用于治疗和预防继发感染。患角膜混浊的猪多能自动康复，但出现中枢神经紊乱的猪多数死亡。

目前，国外已有商品化灭活疫苗用于预防接种。严格的生物安全措施是防止本病毒侵入猪场的可靠手段。在引种时要进行血清学检测，以防止引入阳性猪。感染猪场主要采取净化措施，封闭猪场，扑杀病猪，彻底清扫和消毒，淘汰临床感染猪。

鉴于本病在我国尚无报道，在与国外特别是墨西哥、美国进行种猪交易或进出口贸易时，要加强检疫，严防本病传入。

十一、猪捷申病

猪捷申病（porcine Teschen disease，PTD）又称猪传染性脑脊髓炎（swine infectious encephalomyelitis，SEM），是由猪捷申病毒引起的临床症状多样化的猪传染病。虽然猪捷申病毒感染大多数为隐性感染，但因感染病毒的血清型不同，发病后可引起猪的脑脊髓灰质炎、繁殖障碍、肺炎、腹泻、心包炎和心肌炎等多种症候群，对养猪业具有一定危害。

1929 年，本病首次在捷克斯洛伐克捷申地区报道，故被称为捷申病，是一种高病死率的脑脊髓灰质炎，造成了较大经济损失。本病主要在欧洲中部发生，非洲也有散发。此后，温和型的脑脊髓灰质炎在西欧、北美、澳大利亚和日本等地区相继报道，2003 年我国大陆地区报道存在本病。目前，猪捷申病毒普遍存在于世界各地。

【病原】

猪捷申病毒（*Porcine teschovirus*，PTV）现名为捷申病毒甲型（*Teschovirus* A，TV），属于小 RNA 病毒科（*Picornaviridae*）捷申病毒属（*Teschovirus*）成员。本病毒粒子呈球形，直径 25～30nm。衣壳由 60 个壳粒组成，呈二十面体对称，无囊膜。病毒基因组为单股正链 RNA，全长 7.1～7.8kb，基因组结构组成和基因表达与其他小 RNA 病毒相似。

目前，PTV 有 11 个血清型，只有血清 1 型强毒株可引起严重的脑脊髓炎。其他血清型或血清

1 型的其他毒株则大多引起隐性感染，有时也能引起温和型疾病，如塔凡病（Talfan disease）、良性地方流行性麻痹和脊髓灰质炎。

PTV 能在猪源细胞上培养，包括原代与次代猪肾细胞和 PK-15、IBRS-2 及 BHK 等传代细胞，并产生细胞病变，但不同毒株所产生的细胞病变不同。PTV 不能凝集和吸附各种动物红细胞。

PTV 对环境和消毒剂的抵抗力较强；对乙醚、氯仿等脂溶剂不敏感，能抵抗胰酶。在 pH 2~9 范围内经 24h 仍然稳定，在 15℃ 条件下可以存活 168d。对热抵抗力较强，56℃ 作用 2h、60℃ 15min 不能被灭活，−70℃ 可长期存活；能被次氯酸钠和 70% 乙醇完全灭活。紫外线有灭活作用，但不影响其抗原性。

【流行病学】

猪是 PTV 的唯一宿主，不同年龄的猪均易感，其中仔猪最容易感染。

病猪、康复猪和隐性感染猪是主要传染源。PTV 分布于感染猪的脊髓、脑、肺、扁桃体、淋巴结、肠道、血液中，与临床症状密切相关。

PTV 通过口、鼻、粪等途径从感染猪体内排出，主要通过粪—口途径传播，也可通过呼吸道、眼结膜和生殖道黏膜等途径传播。本病毒感染仔猪后，大量病毒可持续地随粪便排出体外，污染饲料、饮水，导致其他易感猪的感染。感染本病毒的怀孕母猪带毒期约为 3 个月，可经胎盘感染胎儿。未怀孕母猪感染本病毒后，带毒期也可达 2 个月。

本病的感染率很高，但发病率很低，大多呈散发，只有血清 1 型强毒感染后才出现高病死率。

【临床症状】

本病的临床症状多种多样，主要与感染病毒的血清型有关，可见有如下病型：

（1）脑脊髓灰质炎　最严重的脑脊髓灰质炎是由 PTV1 强毒株引起的，即引起所谓捷申病的毒株。猪捷申病是一种高发病率和高病死率的疾病，能够感染所有日龄的猪。潜伏期因感染的病毒量而异，变动幅度为 4~28d 死亡。早期表现为发热，体温达 40~41℃，厌食，精神沉郁，后肢麻痹，很快转为共济失调。严重病例出现四肢强直，不能站立；眼球震颤，抽搐，角弓反张，接着发生瘫痪、犬坐、昏迷。声音刺激或接触可引起肢体不协调运动。病程经过迅速，发病后 3~4d 死亡。部分病猪经过精心照料可以恢复，但耐过猪可能出现肌肉萎缩和麻痹或瘫痪等后遗症。PTV1 弱毒株和 PTV 其他血清型毒株可引起一种低发病率和低病死率的温和型疾病，主要影响仔猪，很少发展到完全瘫痪。

（2）繁殖障碍　母猪发生繁殖障碍可表现为死产（S）、产木乃伊胎（M）、死胎（ED）和不孕（I）（即所谓 SMEDI 的繁殖障碍综合征）。在妊娠前期（15 日胎龄前）感染时，感染的胚胎死亡后被吸收，导致产仔数少；中期（30 日胎龄前后）胎儿死亡率达 20%~50%；后期（45 日胎龄以后）死亡率为 20%~40%。胎儿死亡率的大小，多因感染毒株的血清型不同所致。在中后期感染产出的仔猪，死亡的胎儿呈现腐败、木乃伊胎或呈新鲜的尸体，有一部分为畸形和水肿。存活的仔猪表现虚弱，常在出生后几天内死亡。经产母猪通常不表现任何症状。而未怀孕母猪感染后，可获得免疫力，以后可正常怀孕生产。近来的研究表明，猪细小病毒在发病过程中也起着重要作用。

（3）腹泻　当机体机能下降时感染，或因感染后促使肠道中的常在菌或其他病原微生物的致病性增强时，可引起轻微的腹泻。

（4）肺炎、心包炎和心肌炎　本病毒对呼吸系统的致病作用尚不明确，但有资料显示本病毒能促进其他病原微生物繁殖，诱发肺炎，表现为呼吸加快、咳嗽、打喷嚏、精神不振、食欲减退等症状。有两种血清型 PTV 毒株试验感染后可引起猪的心包炎、心肌炎。

【病理变化】

剖检死亡胎儿可见皮下和大肠等肠系膜水肿,胸腔和心包积液;脑膜和肾皮质可见小点出血。组织学检查可见脑、脊髓血管周围水肿、出血和淋巴细胞浸润,延脑髓质中枢神经胶质细胞增生。死于本病的猪有的可见肺的心叶、尖叶及中间叶有灰色实变区,肺泡及支气管内有渗出液。严重的心肌坏死和浆液性纤维素性心包炎病变。有的虽然是死于本病,除肌肉萎缩外,无可见的特征性病变。

【诊断】

根据本病的流行病学特点、临床症状以及中枢神经系统的病理组织学变化,可以初步诊断。但由于PTV可以引起多种临床症状,且与其他能引起繁殖障碍、神经症状的病毒(如PRRSV、CS-FV、PRV、PPV等)引起的临床症状相似,因此鉴别诊断困难,需通过实验室检测才能确诊。

(1)病毒抗原检测　根据临床症状采集病料组织,如出现神经症状的猪的脊髓、脑干或小脑,流产或死亡胎儿的肺脏、扁桃体等组织,制备冰冻切片,进行免疫荧光试验或免疫过氧化物酶染色检测病毒抗原。通过中和试验可检测出病毒的血清型。

(2)病毒核酸检测　采集病料样品后,提取总RNA,用RT-PCR检测病毒RNA。

(3)病毒分离与鉴定　比较可靠的材料是病猪的脊髓与脑组织、胎儿肺脏,制备组织悬液,离心,除菌后接种细胞,观察细胞病变。进一步可用免疫荧光试验、中和试验、补体结合试验及RT-PCR鉴定。

(4)血清学诊断　有免疫荧光试验、ELISA及病毒中和试验等。需要有双份血清和已知血清型,确定血清型对疾病诊断才有意义。

【防控措施】

本病的防控措施主要在于预防。应禁止从有PTV1血清型的国家和地区引入生猪和猪肉产品,以防止引入PTV1血清型强毒。国外已有商品化的PTV1弱毒疫苗与灭活疫苗,但国内尚未研制出相关疫苗商品。对PTV1感染的预防,可使用弱毒疫苗或灭活疫苗进行预防免疫,但仅对预防PTV1型强毒的传播流行有效。出现轻度脑脊髓灰质炎的仔猪,如果在短暂性麻痹期间受到良好护理,有可能康复。出现温和性脑脊髓灰质炎或其他临床表现的PTV感染,目前还没有采用疫苗预防措施。

由于母猪繁殖障碍综合征引起的经济损失较大,采取针对性防控措施是必要的。但PTV血清群太复杂,且致病性比较温和,难以研制有效疫苗。目前,控制PTV引起繁殖障碍的方法,是在配种前1~2个月将后备母猪主动暴露,使之感染本病毒而获得免疫力。

十二、猪血凝性脑脊髓炎

猪血凝性脑脊髓炎(porcine hemagglutinating encephalomyelitis,PHE)是由血凝性脑脊髓炎病毒引起的猪的一种急性传染病。在临床上本病分为两种病型,脑脊髓炎和呕吐消瘦病(vomiting and wasting disease,VWD)。本病首次发现于20世纪50年代的加拿大,之后在美国、英国、比利时、瑞士、德国、澳大利亚、日本、中国等一些国家都有报道。本病病原在1962年在加拿大被首次分离出,1993年和2010年分别在我国台湾和大陆地区报道分离到。目前,本病病原呈世界性分布,但大多数为隐性感染。

【病原】

血凝性脑脊髓炎病毒(*Hemagglutinating encephalomyelitis virus*,HEV)属于冠状病毒科(*Coronaviridae*)乙型冠状病毒属(*Betacoronavirus*)成员。病毒粒子呈球形,直径约120nm,有双层囊膜,囊膜表

面有呈日冕状排列的棒状纤突，纤突长 20~30nm。病毒粒子在氯化铯中的浮密度为 1.21g/cm³。基因组为单股正链 RNA，全长约 30.4kb。HEV 含有 4 种结构蛋白，即纤突蛋白（S）、膜蛋白（M）、核衣壳蛋白（N）、血凝素（HE）蛋白。其中，S 蛋白具有多种生物学活性，与病毒的致病性、血凝活性等有关；血凝素蛋白既具有血凝活性，也具有乙酰酯酶活性。纤突蛋白、膜蛋白和血凝素蛋白均能够诱导中和抗体，血凝素蛋白还能够诱导血凝抑制抗体。

HEV 虽然能够引起不同临床症状，但目前只有 1 个血清型，不过与牛冠状病毒、人呼吸道冠状病毒 OC43 和小鼠肝炎病毒等存在一定抗原相关性。

本病毒的一个重要特征是能吸附与凝集小鼠、大鼠、仓鼠、鸡、火鸡等动物的红细胞。HEV 能够凝集经受体破坏酶处理过的红细胞，但经乙醚处理后则失去血凝性和感染性。

本病毒能在猪肾细胞和其他猪源细胞（如甲状腺、胎肺、睾丸等细胞，以及 PK-15、IBRS-2、SK 等猪肾细胞系）中增殖，并出现细胞病变，其特征是合胞体形成。首次分离 HEV 时，常使用原代猪肾细胞。在非猪源细胞上病毒难以增殖。

本病毒对热敏感，在 56℃经 30min 后完全失去感染力，在 pH 4~10 时稳定，对脂溶剂敏感，紫外线照射可明显降低其感染力。

【流行病学】

猪是本病毒的自然宿主，以 1~3 周龄的仔猪最为易感，但大部分感染呈隐性感染。小鼠和大鼠可被试验感染，并能出现中枢神经症状。病猪和隐性感染带毒猪是本病的传染源，本病毒随呼吸道分泌物和粪便排出体外，主要通过呼吸道传播，也可经消化道传播。

本病病原感染率很高，但发病率很低。本病的一个重要流行特征是具有自限性，多数是在引进新猪后一窝或几窝哺乳仔猪发病，之后由于猪群产生免疫反应而停止发病。

【临床症状】

本病潜伏期约 7d，根据临床表现可分成两种病型：急性脑脊髓炎与慢性 VWD 型。

（1）慢性 VMD 型　病初仔猪体温一过性升高，挤聚在一起，精神沉郁，皮肤苍白，弓背，打喷嚏，咳嗽。几天后出现反复干呕和呕吐。有些病例呕吐不明显，主要表现不食，喜欢饮水，常发生便秘。严重病例由于咽喉部麻痹而饮水困难，脱水，消瘦。较小的仔猪迅速消瘦，严重脱水，呼吸困难，黏膜发绀，昏迷而死亡。同窝仔猪病死率可达 100%。较大的仔猪的症状相对较轻，耐过者则成为僵猪。

（2）急性脑脊髓炎　多见于 2 周龄以内的仔猪。病初与 VMD 相似，主要有精神沉郁，挤聚在一起，间歇性呕吐，但不如 VMD 严重，有的出现打喷嚏、咳嗽。病猪体重迅速下降，被毛粗乱，鼻和四肢发绀。1~3d 后，出现严重的脑脊髓炎症状，常表现全身性肌肉颤抖，感觉过敏，眼球震颤，步态不稳，或不能站立，或倒退行走，四肢如游泳状划动，有的猪后肢麻痹、出现犬坐姿势。发病后期出现衰弱，虚脱，呼吸困难，角弓反张，大多数昏迷死亡。日龄较小的猪的症状更加严重，病死率高达 100%；较大的猪的症状比较轻微、短暂，常见后肢麻痹。

【病理变化】

一些慢性自然感染病例出现胃内充盈气体、胃扩张、腹部膨胀等明显眼观病变。

急性病例的扁桃体、神经系统、呼吸系统和胃均出现组织学病变。扁桃体病变特征是隐窝上皮变性和淋巴细胞浸润。20% 的自然病例和大部分试验感染病例中，出现鼻甲、支气管与肺泡上皮细胞变性、坏死和间质性支气管肺炎，有中性粒细胞和巨噬细胞浸润。

70% 以上有神经症状的和 20%~60% 的 VMD 病例出现非化脓性脑脊髓炎病变，可见病灶周围有血管袖套、神经胶质细胞增生、神经元变性，以间脑、脑桥、延脑和上部脊髓的灰质部分最为明显。15%～85%的 VMD 病例还出现肺和胃壁的显微病变，胃壁神经节变性和血管袖套，以幽门腺区最为明显。

【诊断】

临床症状、病理变化和流行病学资料有助于本病的诊断，但确诊有赖于实验室检查。

（1）病毒抗原检测　采集病猪的扁桃体、脑和肺等组织，制备冰冻切片，进行免疫荧光试验检测 HEV 抗原。

（2）病毒核酸检测　提取病料样品中的病毒 RNA，用 RT-PCR 检测病毒核酸。

（3）血清学诊断　主要是血凝抑制试验。由于本病毒的隐性感染非常普遍，需要检测双份血清，首份血清需在出现症状后 2d 内采集。

（4）病毒分离与鉴定　无菌采集病猪的扁桃体、脑和肺，处理后接种 PK-15 细胞或猪甲状腺细胞。如果细胞出现合胞体病变，可用免疫荧光试验、血凝与血凝抑制试验、RT-PCR 检测本病原。否则应继续盲传 2 代来进行观察、检测分析。

（5）鉴别诊断　脑脊髓炎型应主要与捷申病和伪狂犬病相区分。后两种病呈现的脑脊髓炎通常比本病更为严重，且大猪也可发生，伪狂犬病还可出现母猪流产。3 种病的病原都能在 PK-15 细胞上生长，但仅 HEV 出现合胞体病变，且仅 HEV 有血凝特性。

【防控措施】

HEV 广泛存在，但绝大多数是隐性感染，因为大多数仔猪都能够从母猪获得母源抗体保护。只有未感染 HEV 的母猪所生的仔猪才会感染发生本病，故在生产中让种母猪提前暴露而在分娩前获得对本病的免疫力是预防本病的主要措施。也可使用特异性免疫血清对无母源抗体保护的仔猪进行防治。

十三、猪腺病毒感染

猪腺病毒感染（porcine adenovirus infection）是由猪腺病毒引起的猪的一种传染病。猪腺病毒在全球范围广泛分布，猪腺病毒感染大多数属隐性感染，有时也可以引起腹泻、肺炎、肾损伤、脑炎或呼吸道疾病，但不会引起死亡。

【病原】

猪腺病毒（*Porcine adenovirus*）属于腺病毒科（*Adenoviridae*）哺乳动物腺病毒属（*Mastadenorin*）成员。病毒颗粒直径 80～90nm，无囊膜，衣壳呈二十面体对称。基因组为线性双链 DNA，大小为 32～34kb，编码 40 种左右的蛋白。目前，猪腺病毒包括甲型、乙型和丙型，其中以猪腺病毒乙型分布最广泛。

病毒可以在原代猪肾细胞或某些猪传代细胞系（如 PK-15）上生长并使其发生细胞病变。在 pH 4 或用氯仿、乙醚处理时稳定，相对耐热，但常用消毒剂可以使之灭活。

【流行病学】

猪腺病毒的宿主范围很窄，猪是其唯一宿主和易感宿主。病毒感染主要是通过粪便经口传播，也可通过呼吸道传播。猪腺病毒在断奶后仔猪粪便中最常见，成年猪很少排毒，但常有高水平血清抗体。吮乳仔猪通常可以获得母源抗体。

【临床症状】

感染腺病毒的猪一般没有临床症状，也不会出现死亡。有时会出现肠道症状，表现为断奶仔猪水样或糊糊样腹泻。据报道，人工感染猪腺病毒后可以引起脑炎、肺炎和肾炎，但这些症状在自然感染病例上并未出现。

1966年，分离到的血清 4 型标准毒株来自猪脑组织，感染猪后可引起厌食、肠炎、运动失调、肌肉痉挛等症状。血清 4 型其他毒株则从有呼吸道和消化道症状的病猪分离到，血清 5 型毒株从感冒的育肥猪中分离到，血清 6 型毒株从刚出生的仔猪脑组织分离到，其他血清型猪腺病毒可从腹泻病猪中分离到，但从正常仔猪粪便中也可以分离到猪腺病毒。

【病理变化】

猪感染腺病毒后一般不会出现全身性病变。在试验感染后，可出现一定程度的淋巴结肿大。猪腺病毒感染的特征性组织学病理变化是在细胞核内观察到嗜碱性包涵体，在空肠末端和回肠的肠细胞中常出现包涵体。自然感染和人工感染腺病毒可以引起病理组织学变化，包括伴有血管周围水肿和小神经胶质细胞团形成的脑膜脑炎，伴有肾小管营养不良、毛细血管扩张和肾小管周围严重水肿的肾损伤。猪腺病毒引发的肺炎为间质性肺炎，其特征病变为肺泡间隔细胞增生和炎性细胞浸润。

【诊断】

本病的诊断依赖于实验室检测。可使用免疫荧光或免疫过氧化物酶染色检测病毒抗原，或使用 PCR 检测病毒核酸，或进行病毒分离与鉴定。

【防控措施】

由于腺病毒感染通常不会致病，据目前猪腺病毒流行和危害情况，开发疫苗或其他的防治措施的必要性不大。但是，利用重组猪腺病毒作为其他疫苗活载体的研究前景广泛。

十四、猪巨细胞病毒感染

猪巨细胞病毒感染（porcine cytomegalovirus infection）又称猪包涵体鼻炎。猪巨细胞病毒感染是仔猪的一种常见传染病，经常诱发致命性全身感染，尤其是仔猪先天性感染或围产期感染。在易感猪群中可引起胚胎死亡和仔猪鼻炎、肺炎及生长发育不良、增重差等临床症状，与日本脑炎、隐性猪瘟、伪狂犬病、猪蓝耳病、细小病毒病的临床症状有相似之处，因此给猪巨细胞病毒病的临床诊断带来了一定的困难。

【病原】

猪巨细胞病毒（*Porcine cytomegalovirus*，PCMV）即猪疱疹病毒 2 型（*Suid Beta herpesvirus* 2），属于疱疹病毒科（*Herpesviridae*）β 疱疹病毒亚科（*Beta herpesvirinae*）玫瑰疹病毒属（*Roseolovirus*）。本病毒在细胞培养时生长缓慢，并产生巨细胞，形成细胞核内包涵体，因此称为巨细胞病毒。PCMV在形态上属于典型的疱疹病毒，中央为电子致密的芯髓，芯髓常为卵圆形，也有长方形或哑铃状，直径 45~70nm。芯髓外围为正十二面体核衣壳，直径 80~100nm，最外围为囊膜，多为单层，偶尔也有双层，有囊膜的病毒颗粒直径 120~150nm。病毒囊膜上有纤突，为双股线性 DNA 病毒。

PCMV 对部分有机溶剂，如氯仿及乙醚较敏感。适于低温保存，将患病仔猪鼻黏膜组织保存于-30℃，其感染力至少可维持 5 个月；病毒液在-60℃可保存 2 年以上；22℃活性只能保持 24h；56℃ 30min 能灭活本病毒。

【流行病学】

PCMV 分布广泛，在欧洲、北美和日本先后有报道，感染猪群 98% 以上的血清抗体均呈阳性。PCMV 是一种机会性感染的病毒，主要通过上呼吸道传播和排毒，可通过口鼻水平传播，也可垂直传播；1 日龄无菌猪在接触病毒后，鼻腔可排毒达 1 个月之久，在相同条件下老龄猪排毒时间约为 9d。在感染猪的鼻和眼分泌液、尿液和子宫颈液体中、公猪的睾丸和附睾中均可以分离出病毒，但精液中是否存在本病毒还未被证实。

PCMV在体内外有高度的宿主特异性,仅感染猪,病毒在狒狒组织中可以复制,但尚未有感染节肢动物和其他动物的报道。在自然环境中,本病毒的稳定性和持久性仍不确定。

【发病机理】

病毒复制的最初部位是鼻黏膜、泪腺或副泪腺。新生猪感染后5~19d可检出病毒血症。3周龄的猪在人工感染14~21d后可检测到病毒血症;出现病毒血症之后,病毒从鼻腔、咽或眼结膜分泌物及尿中排出。本病毒在鼻腔排泄物中可持续存在10~30d。先天感染的猪终生排毒。

病毒复制的次级部位随年龄变化。在保育猪和生长猪,病毒主要扩散到上皮部位,尤其是鼻黏膜、泪腺、副泪腺和肾小管,附睾和食管的黏液腺病毒较少,肝细胞和十二指肠上皮细胞少见。胚胎或新生猪,病毒较容易侵染网状内皮组织细胞,尤其是毛细血管内皮和淋巴样组织窦状隙,进而引起全身性损伤。

【临床症状】

如果不并发或继发其他病原体感染,3周龄以上的猪PCMV感染通常无临床症状,但可能致死胎儿或新生仔猪。1~3周龄仔猪感染病毒后可见呼吸道症状(如打喷嚏、流鼻涕、咳嗽),鼻炎或神经症状,食欲不振,粪便呈黄白色糊状,体重下降,走路摇摆,有的呈八字脚状,皮肤变红,但不诱发萎缩性鼻炎。

育肥猪发病时发热,精神沉郁,扎堆,眼睑发炎、水肿,有脓性鼻涕,呼吸急促,全身皮肤潮红、淤斑,感染病毒10~13d后后肢可见明显弥漫性出血,后期全身皮肤发紫,个别猪后肢瘫痪,站立不起,有的还会出现神经症状,如游泳状、角弓反张等;怀孕母猪感染后无发热症状,表现倦怠,拒食,粪便干燥,尿液发黄,呈俯卧状睡姿,四肢蜷曲于腹下,有的神经失调;公猪感染后症状不明显,但有明显的泪痕。

【病理变化】

死亡猪皮下有水肿液析出,跗关节水肿,淋巴结肿大、坏死;肺有明显的充血和肉质化样病变,其间质明显增宽;气管内有脓性分泌物,毛细血管出血;脾脏感染导致标志性的裂口病变,并卷曲变形;肝脏有明显肿大、坏死;肾脏有明显的不规则的弥漫性出血,有的肾脏变形,肾盂水肿出血;心肌无力,呈现单侧心衰;胃有严重的卡他性炎症,肠道变薄并在毛细血管周边有明显的出血。

青年肉猪肉眼可见全身淤斑和水肿,以喉头和跗关节皮下水肿最明显。肺水肿,淋巴结肿大,肾脏多斑点或发紫、发黑。

【诊断】

PCMV感染引起的呼吸系统或生殖系统疾病需同肠道病毒感染、隐性猪瘟、伪狂犬病、猪蓝耳病、细小病毒病和猪繁殖与呼吸综合征做出鉴别诊断。要确诊本病的发生,应结合流行病学、临床症状及病理变化,还需要进行实验室诊断。目前,实验室主要诊断方法包括血清学诊断及分子生物学诊断。病毒分离所取病料,生前以鼻腔分泌物或拭子等为宜,死后以鼻甲骨黏膜、肺或肾脏为宜。病毒分离不适宜作为常规诊断,临床上常将PCR技术取代病毒分离。猪群中本病毒的检测主要通过随机抽取血清样品进行血清学检测。

【防控措施】

迄今为止,尚未研制出有效的PCMV疫苗或特效治疗方法。在体外,一些核苷类抗病毒药物(如更昔洛韦)已被证实可以抑制PCMV的复制,但这类药物的治疗效果尚未被证实。部分中草药(如某些清热解毒药、抗病毒合剂等)对本病毒有显著的抑制作用,主要通过增强动物机体免疫力来实现。

从外引种很危险，可激发潜伏感染或引发易感猪群感染。通过剖腹产可建立无病毒猪群，同时进行 PCMV 的监控。

十五、猪盖他病毒病

盖他病毒病（Getah）是由盖他病毒引起的一种接触性传染病，主要经蚊类传播，如库蚊、伊蚊等。1955 年首次在马来西亚蚊体内分离到盖他病毒。目前，主要分布于日本、东南亚及澳大利亚北部的太平洋沿岸地区。1964—2006 年从我国不同地区采集的猪血液中分离到盖他病毒，说明本病毒在我国长期存在。本病主要侵害猪和马等家畜，在欧洲、亚洲、大洋洲一些国家的人、牛、山羊、犬、兔、袋鼠、鸡和部分野鸟体内都检测到盖他病毒抗体。在实验条件下盖他病毒可感染小鼠。

【病原】

盖他病毒（Getahvirus，GETV）属披膜病毒科（Togaviridae）甲病毒属（Alphavirus）成员。病毒粒子为球形结构，其中含有 3 个基本成分，即双层类脂膜、核壳蛋白及 RNA 核心。基因组为单股正链 RNA，不分节段，大小为 11~12kb，相对分子质量约为 4.3×10^6。

盖他病毒分布广泛，可凝集鹅的红细胞，但不同毒株在血凝特征、对小鼠毒力、蚀斑表型乃至宿主选择上都有所不同，核酸指纹图分析表明，地理上不同的分离毒株，其基因组的同源性为 68%~96%。

盖他病毒有多种易感细胞系，如 Vero、BHK-21 和蚊细胞等，在蚊细胞上很容易生长，因此常用于从病料中分离盖他病毒。1959 年首次在日本的猪血液中分离到此病毒。有研究采集了出生后 4~5d 病死猪的脑、肺、肾、扁桃体及肠管等病料，取研磨过滤的上清接种于 ESK 细胞进行病毒分离，结果出现致细胞病变，经血清学鉴定为盖他病毒。人工感染 5~18 日龄的无菌猪，出现与自然发病相同的病症，证明了盖他病毒对猪的感染性和致病性。

盖他病毒在 pH 6~9 时稳定，在 pH 值低于 5.0 或高于 10.0 时不稳定；在酸性环境中，若 pH 值低于 3.0 则会迅速被灭活。本病毒经浓度 0.25% 以上胰蛋白酶处理 6h 可被完全灭活。在 1mol/L 的氯化镁环境中，对 50℃ 以上温度敏感，但在 10℃ 条件下可存活 3 个月，4℃ 下存活 6 个月。1% 次氯酸钠、2% 多聚甲醛或 70% 乙醇均能很好地杀灭病毒。另外，盖他病毒对有机溶剂和高温都敏感，干热或者湿热杀灭病毒效果很好。

【流行病学】

猪和马是盖他病毒的主要宿主。据报道，在人的血液里检测到盖他病毒抗体，但临床症状仅见于马、猪和人工感染的小鼠。盖他病毒感染后无症状的脊椎动物包括牛、水牛、袋鼠、鸟类和爬行动物，以及人、灵长类动物、兔等。传播媒介随着气候和地理位置的不同有所改变，一般马、猪和一些啮齿动物均是盖他病毒的扩散宿主。

【临床症状】

人工感染怀孕母鼠证明，本病毒可垂直传播，导致初生仔鼠出现心肌炎甚至死亡，母鼠产仔数也明显减少。

自然感染的怀孕母猪表现轻微的临床症状，主要引起繁殖障碍，导致胚胎死亡并被吸收，从而使母猪产仔数减少。妊娠前期感染导致胚胎死亡、母猪返情、产死胎。分娩后的仔猪多发病，临床表现为发热、虚弱、精神不振、食欲消失、全身发抖、舌头发颤、后肢麻痹、体表发红、步态异常等症状，或出现神经症状，最后衰竭死亡，一般发生在仔猪出生后的 3~5d。少数耐过而康复的仔猪，呈现短时间的发育不良。

人工感染的成年猪和仔猪可表现出与自然感染相似的临床症状，肌肉注射盖他病毒于 5 日龄新生仔猪，20h 后表现厌食、精神沉郁、颤抖、皮肤潮红、舌抖动、后腿行动不稳，2~3d 后濒死或死亡，个别哺乳仔猪能耐过而康复。

【病理变化】

表现为全身淋巴结肿大、淤血，脾脏实质软化，脾淋巴滤泡肿大。死胎表现为皮肤充血、颜色变红，其他部位和实质器官病理变化不明显。

【诊断】

引起母猪繁殖障碍和仔猪死亡的传染病有多种，应注意与猪瘟、乙型脑炎、猪细小病毒病等鉴别诊断。需要进行实验室检测方能确诊。盖他病毒几乎能在猪全身所有组织内进行复制，其中以脾、扁桃体、肾上腺、小肠和血清中滴度最高，粪中滴度很低，口腔中基本没有。盖他病毒能在很多细胞系上分离，如 Vero、BHK-21 等，可采集病死仔猪和垂死仔猪的组织，制成悬液接种细胞进行培养以分离鉴定病毒。乳鼠对盖他病毒极为易感，可采集病死仔猪的脑、肺、肾、扁桃体等组织，制成 1 ∶ 10 悬液，反复冻融后离心过滤，取上清液接种于 1~2 日龄乳鼠脑内，观察乳鼠死亡情况。还可提取病料组织 RNA，进行 RT-PCR 或用已知阳性和阴性血清做中和试验；由于本病毒能凝集鹅的红细胞，可用血凝抑制试验鉴定病毒；也可以采用盖他病毒感染的细胞培养液浓缩和纯化产物为抗原，进行 ELISA 检测动物的血清抗体。

【防控措施】

盖他病毒表现出一定的接触传染性，但囊膜病毒在自然界很不稳定，能被很多种消毒剂灭活。盖他病毒主要由蚊虫传播，控制传播媒介对预防病毒传播很有效。

由于对盖他病毒的研究较少，对其致病机制尚不清楚，其危害程度也难以预知。应加强对本病毒的研究，明确其发病机理，以开发出诊断及治疗试剂。须对本病毒的分布、生物学特性、宿主媒介以及对人或其他动物的致病性进行深入研究，对其危害做出评估，为防治提供科学依据。

十六、猪丁型冠状病毒病

猪丁型冠状病毒（PDCoV）又名猪德尔塔病毒、δ 冠状病毒，是近年来新发现的一种猪肠道冠状病毒，引起猪的临床症状与猪流行性腹泻和传染性胃肠炎相似，主要表现为严重的腹泻、呕吐、脱水，甚至死亡。各年龄段的猪群都可被 PDCoV 感染，但对新生仔猪的危害最大，感染率最高，死亡率为 30%~100%。

猪丁型冠状病毒最早在 2012 年被中国香港学者报道，2014 年在美国俄亥俄州大范围暴发，之后很快传播到美国的其他地区。目前为止，美国、加拿大、韩国、中国、泰国和老挝等国家均已经检测和报道了 PDCoV。本病毒给世界上的养猪大国造成了严重的经济损失。

【病原】

猪丁型冠状病毒（*Porcine deltacoronavirus*，PDCoV）属于套式病毒目（*Nidovirales*）冠状病毒科（*Coronaviridae*）丁型冠状病毒属（*Deltacoronavirus*）的新成员。PDCoV 在冠状病毒中直径最小，80~160nm，电镜下的形态呈不规则球形，有囊膜。囊膜表面有尖刺状突起。PDCoV 为不分节段的单股正链 RNA 病毒，基因组全长约 25.4kb。基因组结构为 5′UTR-ORF1a-ORF 1b-S-E-M-NS6-N-NS7-3′ UTR，具有 5′端帽子结构和 3′Poly（A）尾巴结构。分别编码多聚酶蛋白 1a/1b、纤突蛋白（S）、小膜蛋白（E）、膜蛋白（M）、非结构基因 *NS6*、衣壳蛋白（N）及非结构基因 *NS7*。

各地学者已经成功从猪睾丸细胞和猪肾细胞中成功分离了 PDCoV。在 LLC-PK 和 ST 细胞中病毒的分离和繁殖的研究中需要确定最佳的细胞培养条件，即在培养过程中分别在细胞培养维持液和细胞孵育液中添加一定浓度的胰蛋白酶。也有报道猪肠上皮细胞系（IPEC-J2）也能分离出 PD-CoV，并验证了 PDCoV 对该细胞系也非常易感。PDCoV 的成功分离为研究其致病机制、疫苗研发和分子生物学特性研究奠定基础。

【流行病学】

本病存在一定的季节性特征，主要在寒冷的季节引起发病。PDCoV 能感染各种年龄的猪，哺乳仔猪极易感染，感染后死亡率高达 40%～100%。PDCoV 的群体感染率 20%～30%，个别地区高达 70%。发病猪是主要的传染源，污染的环境、工具和饲养员的衣物等可散播传播，健康动物接触患病猪的粪便即可引起感染发病。消化道是本病主要的传播途径，因此，如果猪场感染了 PD-CoV，就会通过直接接触或间接接触在猪场迅速传播流行。

【发病机理】

病毒通过消化道入宿主后，猪冠状病毒与易感细胞上的表面受体结合，主要是小肠刷状缘的绒毛上皮细胞。猪小肠黏膜中高度表达的猪氨肽酶 N（pAPN）在 PDCoV 的靶细胞感染中起关键作用。进入细胞后，与大多数猪冠状病毒相似，最初形成双膜囊泡（DMV），其中可能发生复制/转录，在粗面内质网和含有大量病毒体的滤泡中组装，并通过高尔基体从受感染细胞的表面膜出芽而释放病毒，破坏受感染的绒毛细胞，导致绒毛减少、缩短，引起严重腹泻。

【临床症状】

PDCoV 感染猪主要表现为水样的腹泻，同时会出现呕吐。体温正常或稍高，食欲不佳甚至废绝。发病后会因年龄差异而有不同的症状，新生仔猪往往表现为腹泻严重，且由于大量脱水导致死亡迅速。大于 10 日龄的猪有一定抵抗力，成年猪则无症状或症状较轻，一般不会死亡，护理的好还会很快康复。母猪感染后的临床症状为腹泻和厌食，产奶下降。本病毒与猪流行性腹泻病毒同科同属，两者感染猪后发病情况很相似。

【病理变化】

PDCoV 主要在小肠和胃中出现病变。病仔猪剖检可见整个小肠肠管扩张，肠壁透亮，明显可见肠内水样内容物，并且含有泡沫或未消化的凝乳块，肠黏膜绒毛严重萎缩，尤其是空肠和回肠发生严重的萎缩性肠炎，偶尔也可以观察到盲肠和结肠上皮细胞空泡化。肠系膜明显可见出血的淋巴结和扩张的血管，显微镜下可以观察到炎性细胞浸润，隐窝上皮细胞增多且多数处在有丝分裂期。胃部也出现明显膨胀，胃底膜轻度出血、发红，胃内容物含有大量鲜黄色未消化的凝乳快。发病严重者还可观察到腹水、胸腔积液、胸腺萎缩等病理特征。

【诊断】

根据新生仔猪大规模腹泻和呕吐、传播快速、死淘率高、病变只集中在胃肠道等特点，可初步怀疑存在本病，但本病在临床症状和剖检病变上与猪流行性腹泻和猪传染性胃肠炎非常相似，很难通过临床等手段加以区分，需要开展鉴别诊断。目前，猪流行性腹泻较多发生。病毒性腹泻病的病原非常多，依据发病的频率分别是 PEDV、PDCoV、TGEV、RTV、SADSCoV 等，因此需要建立一系列鉴别诊断方法为本病毒的研究和控制提供支持。目前，诊断方法包括常规 RT-PCR、荧光定量 PCR、免疫电镜、免疫荧光、免疫组化、LAMP、ELISA 等，各种 PCR 是首选的确诊手段。另外，还应注意本病与仔猪黄痢、仔猪白痢等细菌性腹泻病的鉴别诊断。

【防控措施】

（1）消灭传染源　坚持自繁自养和全进全出的饲养原则，定期对猪群进行检疫，猪舍内的粪便每日清除，发现病猪应立刻封锁、隔离、确诊，采取紧急的防治措施，控制本病蔓延。

（2）切断传播途径　粪—口传播和通过污染病毒的器械设备等非生物媒介传播是 PDCoV 在猪

群内和猪群间传播病毒的主要途径。采食含有 PDCoV 污染的饲料和饲料原料是病毒传播的一个风险因素。在 25℃ 环境下，饲料原料贮存的时间在 21d 以上能够减少病毒存活，但不能够保证病毒的完全灭活。病毒在不同饲料原料中的存活有差异，其中在预混饲料和肉骨粉中病毒的存活率最高。将样品暴露于更高的温度中，并延长贮存时间能够灭活 PDCoV，降低传播的潜力。因此，做好养猪场的清洁消毒工作，加强饲料管理仍然是做好 PDCoV 预防工作的重要内容。

（3）保护易感动物　目前，针对 PDCoV 的商品化疫苗和病毒性腹泻多联灭活疫苗和弱毒疫苗正在研发中，如 PDCoV H223 毒株有望用于本病防控。在局限病变的多种肠道腹泻病中，弱毒疫苗都显示较好的免疫保护效果，因其可产生体液免疫和细胞免疫。目前，主要通过隔离消毒、加强饲养管理等措施进行预防和控制。

2021 年，国外(海地)首次报道了该病毒可致病性感染儿童，因此未来值得进一步关注该病的公共卫生意义。

十七、塞内卡病毒病

塞内卡病毒甲型(Seneca virus A, SVA)又称塞内卡谷病毒(Seneca valley virus, SVV)，是临床上引起猪鼻吻部水疱、蹄部冠状带周围皮肤损伤、仔猪急性死亡的一种传染病。其主要特征为水疱、跛行和厌食，与口蹄疫类似。各种年龄的猪均易感，初生仔猪(7 日龄以内)和哺乳母猪的发病率高，以初生仔猪(7 日龄以内)受害最严重，可引起其急性死亡。

塞内卡病毒甲型最早由研究者从人胚胎视网膜细胞(PER. C6)的细胞培养污染物中分离得到，且其被认为源自培养细胞使用的牛血清或者猪源胰蛋白酶。2007 年加拿大首次报道了 SVA 引起的猪水疱病。此后，许多国家均有本病的报道，如美国、巴西、哥伦比亚、中国、泰国和越南等国家。我国从 2015 年初开始有 SVA 的报道并陆续分离到本病毒，本病毒已成为重要的猪病毒性水疱病病原之一。

【病原】

塞内卡病毒甲型为小核糖核酸病毒科(Picornaviridae)塞内卡病毒属(Senecavirus)成员。其病毒粒子形态与其他小核糖核酸病毒非常相似。SVA 具有微核糖核酸病毒的典型基因组结构，即 L-4-3-4 结构，即先导蛋白(Leader)、4 种多肽组成的 P1、3 种多肽组成的 P2 和 4 种多肽组成的 P3(L-VP4-VP2-VP3-VP1-2A-2B-2C-3A-3B-3C-3D)。SVA 基因组序列由约 7 300 个核苷酸组成，包括 5′非编码区的 666 个核苷酸、中央一个开放阅读框(约 6 543 个核苷酸，可编码约含 2 180 个氨基酸的多聚蛋白)和 3′非编码区的 71 个核苷酸以及一个未知长度的 A 尾。

SVA 是单股正链 RNA 病毒，病毒粒子平均直径 27nm，无囊膜。与其他小核糖核酸病毒相比，SVA 与心病毒属的遗传关系最为密切，而与其他病毒属的遗传关系较远。

本病毒可以在 PK-15、ST、BHK-21、PER. C6、人肺癌细胞(NCI-H1299)等细胞系中成功分离，并产生明显的细胞病变。

过氧化氢可以有效杀灭 SVA，次氯酸盐类消毒剂(5.25%次氯酸钠)可以有效杀灭铝、不锈钢、橡胶、水泥和塑料表面污染的 SVA，其杀毒效果明显优于季铵盐类消毒剂(26%烷基二甲基苄基氯化铵和 7%戊二醛)和酚类消毒剂(12%邻苯基苯酚、10%邻苯基对氯苯酚和 4%对叔戊基苯酚)。

【流行病学】

本病的发病率和死亡率受猪群年龄、来源和地理分布等因素影响。本病无明显季节规律，一年四季都可暴发。不同性别、年龄的猪均可感染发病，但在新生仔猪中发病率和死亡率高，特别是 1~7 日龄仔猪。感染猪群仔猪死亡率显著增加，高达 30%～70%。在仔猪群中出现临床症状和高死亡率的情况可持续 2~3 周。成年猪容易耐过，母猪的发病率高达 70%～90%，但死亡率只有 0.2% 左右，10~15d 后临床症状得到缓解，病猪迅速康复。首次发病的猪场损失非常严重。近年来，有水牛感染 SVA 的报道，值得关注。

病猪是主要传染源，病毒可存在于感染猪的心、肝、脾、肺、肾等多个脏器，但水疱液或水疱皮中病毒载量最高，水疱破损后病毒可污染周围环境。此外，感染猪的口鼻分泌物及粪便也可排出病毒。健康猪经口鼻接种 SVA 可发生感染。消化道和呼吸道是本病主要的传播途径。

【发病机理】

SVA 引起猪水疱性疾病的发病机制尚不清晰。国外研究发现，病毒经口和鼻感染后，最初感染新生仔猪的肠上皮细胞，通过产生最初的炎症反应进入循环系统，通过脉络丛进入大脑，引起随后的脑炎。因此，初步推测 SVA 可能通过肠—神经传播。感染猪的病毒血症明显，所有脏器都可以检测到病毒存在。

【临床症状】

早期的 SVA 分离株对猪无明显的致病性，感染猪不出现临床症状。近年来，越来越多的 SVA 强毒引发猪群发病，其分离株也可以导致猪感染发病。成年猪感染初期出现厌食、嗜睡和发热等症状，随后鼻镜部、口腔上皮、舌和蹄冠等部位的皮肤、黏膜产生水疱，继而发生继发性溃疡和破溃现象，严重时蹄冠部的溃疡可以蔓延至蹄底部，造成蹄壳松动甚至脱落，病猪出现跛行现象。新生仔猪（7 日龄以内）死亡率显著增加（高达 30%～70%），偶尔伴有腹泻症状。

【病理变化】

剖检发病仔猪发现，全身性淋巴结肿大、出血，局灶性间质性肺炎，心瓣膜、小脑和肾表面出血。组织病理学检查发现，局灶性间质性肺炎，肠黏膜脱落，猪蹄真皮和表皮中存在化脓性炎症、上皮细胞坏死和损伤，小脑存在非化脓性脑膜炎。此外，国外研究发现，SVA 通过试验感染初生仔猪，组织病理学和免疫组织化学检查可见仔猪产生非化脓性脑膜脑炎和萎缩性肠炎。剖检自然感染具有水疱症状的母猪可见大脑组织出现炎性细胞的"卫星"和"嗜神经"现象，肺气肿，心脏出血、充血，肝脏出现局灶性坏死，肾脏出现局灶性淋巴细胞、单核细胞浸润，小肠黏膜坏死、脱落。SVA 感染猪更多的组织病理学有待进一步研究。

【诊断】

SVA 感染猪的临床症状包括在鼻子和冠状带上水疱或溃疡性病变。跛足，厌食症，昏睡，皮肤充血，发热，仔猪急性死亡，伴有腹泻症状。

通过临床症状可做出本病的怀疑性诊断，但很难与口蹄疫病毒、水疱病病毒、水疱性口炎、猪水疱性疹等病毒感染引起的疾病相区分，需结合试验室诊断方法进行确诊。目前，诊断方法有免疫电镜、免疫荧光、RT-PCR、荧光定量 PCR、竞争性酶联免疫吸附试验（cELISA）、环介导等温扩增法（RT-lamp）等对 SVA 进行诊断，其中基于 PCR 的各类检测方法常用于诊断和监测。

【防控措施】

由于目前没有商品化疫苗或特效的治疗方法来防治 SVA，因此猪场的饲养管理和生物安全防范至关重要。哺乳母猪和仔猪的圈舍环境应舒适，并确保 1 周龄内仔猪摄取足量优质初乳。猪舍应远离公路等车辆流通区域，最好做到运输生猪车辆专车专用，出入场舍做好消毒，且应避免该车与 SVA 阳性猪场车辆、人员和动物接触。饲养人员进出猪舍应沐浴并更换工作服和靴子，接触不同猪群时应有间隔观察期。应从猪群健康、无疫病发生的猪场引种，有条件的可在引种猪前对待引种猪进行抽样检测，混群前隔离观察。避免老鼠、苍蝇等生物媒介与猪群接触。对于 SVA 阳性猪场，除了提高管理水平外，应严格执行全进全出制度，对猪舍、设备和工具严格清洁和消毒。

目前本病无特效的治疗药物，一般临床上可进行对症治疗。如用黄芪多糖注射液（1mL/kg）+猪用干扰素（1mL/40kg）+排疫肽（复合免疫球蛋白，1mL/50kg），混合肌肉注射，每日1次，连用3d；为防止水疱破裂后与溃疡病灶继发感染细菌，可肌肉注射头孢噻呋钠注射液，2mL/kg，每日1次，连用3d。鼻部、蹄冠部及口唇部溃疡病灶可用0.1%高锰酸钾溶液冲洗，然后涂擦碘甘油，每日处理1次。病猪一律改饮：电解质多维600g、葡萄糖粉600g、维生素C 200g，兑水1t，连续饮用7d；哺乳仔猪实施人工喂乳。

第二节　猪的细菌性传染病

一、猪丹毒

猪丹毒（swine erysipelas）是由猪丹毒丝菌引起猪的一种急性、热性传染病。其特征为急性型呈败血症症状，亚急性型在皮肤上出现紫红色疹块，慢性型常发生心内膜炎和关节炎。本病于1882年前就有报道，流行于欧亚、美洲各国。我国最早发生于四川，1946年后，其他各省都有相应报道，1952—1953年，江西40个县调查发病率68%，死亡率20%。其后，我国对猪丹毒进行了研究，先后研制了3种疫苗用于预防，使本病得到了控制。但近年来，本病又在我国多个地区有重新发生之势。

【病原】

猪丹毒丝菌（*Erysipelothrix rhusiopathiae*）俗称猪丹毒杆菌（*Bacillus rhusiopathiae suis*），是丹毒丝菌属的唯一种。菌体形态多变，在急性病例的组织或培养物中，菌体细长，呈正直或稍弯的杆状，大小（0.2~0.4）μm×（0.8~2.5）μm，单在、成对、呈V形或呈丛排列，也见有短链状存在，在慢性病猪的心内膜疣状物上或陈旧肉汤培养物中多呈长丝状或乱发状，偶有分支的迹象。革兰染色阳性，但老龄培养物常被染成阴性。本菌不产生芽孢、荚膜，也无运动性。

本菌为微需氧菌，在普通培养基上即可生长，但在加有鲜血或血清的琼脂上生长更佳，经24h培养后，可见针尖状、非溶血性菌落。有些菌株经48h培养后，可在菌落周围观察到有狭窄的草绿色溶血环。在肉汤培养基中培养24h后，培养物呈均匀混浊，管底有少量菌丝沉淀，摇动后呈旋转的云雾状。明胶穿刺接种，15~18℃培养4~8d后，细菌沿穿刺线向周围形成侧枝生长，呈试管刷状，这是本菌区别于其他细菌的一个特征。在8%胎牛血清中和2%蛋白胨水介质中能发酵葡萄糖和乳糖。

猪丹毒杆菌在鲜血琼脂培养基上，因菌株来源不同，可根据菌落的形态不同将其分为3个型：光滑型（S）、粗糙型（R）和中间型（I）。S型菌落呈微蓝色，直径可达1.5mm、表面光滑、圆形凸起、边缘整齐，呈α溶血，为来自急性感染病猪的分离物，毒力强。R型菌落呈土黄色，稍大扁平、不透明、表面粗糙、边缘不整，为来自慢性病猪或带菌猪的分离物，低毒力。中间型菌落呈金黄色，其菌落性状与毒力介于S型和R型。在一定条件下，这3种类型的菌落可以相互转变。

用酸或热酚水抽提菌体胞壁中一种具有热稳定性的肽聚糖抗原，进行琼脂扩散反应可用于本菌的血清学分型。本菌最初利用环状沉淀试验分为A、B和N型。现通用阿拉伯数字表示，用英文小写字母表示亚型。目前共有28个血清型，即1a、1b、2~26和N型。国内血清型情况了解不多，但来源于猪的有A、B、N型（马闻天，1957），崔治中调查到我国有A、B、N、G_1、G_2、G_3等型。徐克勤（1984）从猪、鸡、鸭、鹅、鱼类分离到除14、15两型外其他各型菌种，并鉴定出两个不同的新血清型，其从猪丹毒病死猪分离的菌株中 80%~90% 以上为 1a，其次为 2 型。

1、2 两型分别等同于 Dedie（1949）A、B 型。1 型多分离自急性败血型病例，1 型菌株的病原性较强，多用于攻毒；2 型菌株多分离自疹块型、心内膜炎、关节炎型病例，2 型抗原的免疫原性较好，多用于制苗，尤其是灭活疫苗的制造；免疫保护方面，灭活疫苗交互免疫力低，而弱毒疫苗交互免疫力较好。我国多年来通过疫苗推广使用和药物群防，本病得到全面的控制，仅有零星病例。但 2009 年以来，以 1a 型流行菌株为主引起急性败血症型猪丹毒呈地区性流行，可谓老病新发，给养猪业带来一定损失。

日本学者 Imada Y 将 1 株血清型 1a 的表面保护抗原（SpaA）N 端 342 个氨基酸与组氨酸六聚体融合，免疫猪后能抵抗血清 1 和 2 型的攻击；Lacave G 等以 YS-1 弱毒株为基础将猪肺炎支原体 E-1 株黏附素 P97 的 C 端，包括两个重复区 R1、R2 成功地实现转位，经与 SpaA 融合后，并在 YS-1 弱毒株表面表达。免疫猪后不仅能产生抗 SpaA 的 IgG 和抗 P97 的 IgA 特异性抗体，而且能抵抗强毒株感染的致死效应。SpaA 可由多个血清型（1a、1b、2、5、8、9、12、15、16、17 和 N 型）的菌株产生，并且对多种血清型的菌株具有良好的免疫保护作用。SpaA 的发现显示出猪丹毒基因工程亚单位疫苗的应用前景。

本菌对外界不良环境的抵抗力较强，如暴露于日光下经 10d，仍有活力。经盐腌或熏制的肉品中，能存活 3~4 个月，掩埋尸体内能存活 7~9 个月，肝、脾在 4℃ 经 159d 仍有毒力。干燥状态下可存活 3 周。可以抵抗胃酸的作用，对热抵抗力不强。消毒药如 1% 煤酚皂液和漂白粉、1% 氢氧化钠和 5% 生石灰乳中很快死亡。

【流行病学】

猪最易感，各种年龄均可感染，但以架子猪发病率最高，而小于 3 月龄或大于 3 岁的猪很少感染本病，这可能因为小于 3 月龄的猪受到乳汁抗体的保护，而成年猪在后天生活中隐性感染低毒力株后产生了主动免疫力。其他动物（如牛、羊、马、犬、鼠、家禽）及鸟类也能感染发病。人也可感染，称为类丹毒。实验动物中鸽、小鼠最敏感，肌肉或皮下接种后 3~5d 死亡，死后剖检脾肿大，肝有坏死灶。不同来源的分离株毒力差异很大，在确定毒力大小时常采取接种小鼠和鸽等敏感动物的方法。

病猪的内脏（如肝、脾、肾）、各种分泌物和排泄物都含有本菌，是重要的传染源；约 35%~50% 的健康猪扁桃体和回盲口腺体处也可发现本菌，可以通过粪便或鼻分泌物向外排菌，这些猪也是不可忽视的传染源。另外，已从其他 50 多种野生哺乳动物和半数左右的啮齿动物、30 多种野鸟体内分离出本菌。一些鱼、两栖类、爬行类及吸血昆虫也可成为带菌者，并从这些动物体内常分离到本菌。据徐克勤对江苏禽类带菌率情况调查，其结果分别为：鸡 10.96%，鸭 81%，鹅 97.96%。

病猪、带菌猪及其他带菌动物通过分泌物或排泄物，污染饲料、饮水或土壤，可经消化道传染给易感猪。本病还可以通过损伤的皮肤及蚊、蝇、虱、蜱等吸血昆虫传播。屠宰场、肉食品加工场的废品、废水、食堂泔水、动物性蛋白饲料等喂猪是引起本病发生的一个常见原因。

本病有以下流行特征：

①有明显的季节性，多发生于夏季，5~8 月是流行的高峰期；特别是在气候闷热，暴雨之后常暴发流行，其他月份仅有零星发生。但也有的地区以 4~5 月和 11 月发生较多。

②在年龄上多发生于架子猪（据资料证明，4~6 月龄猪占比 55.89%）。

③有一定的地区性，在一些寒冷地区很少见本病发生。

④发病率与饲养环境、气候变化等因素有密切的关系，健康带菌猪的扁桃体和肠淋巴滤泡常

带菌，在机体的抵抗力降低时，可引起内源性感染、发病，被认为是一种"内源性疾病"。本菌在鱼类体表黏液、腐败的动植物、土壤、污水中进行某种程度的增殖，这在流行病学上值得注意。

【发病机理】

本菌通过消化道或损伤的皮肤黏膜途径，进入机体之后定植在局部或引起全身感染。目前未发现有外毒素，细菌产生的神经氨酸酶可能是其中一种毒力因子。细菌的毒力大小与该酶产量的高低有相关性。在急性败血型病例中，细菌能在血液中大量繁殖，并有神经氨酸酶的大量产生。细菌神经氨酸酶能裂解黏蛋白、血纤维蛋白原等宿主组织中的神经氨酸 D-糖苷键，破坏了组织中神经氨酸与组织的连接，从而削弱了黏蛋白等对机体的保护作用，引起全身各处的毛细血管内皮细胞膜的通透性增高及一系列炎症反应，如血栓形成和溶血等，导致广泛的血液微循环障碍，在临床上表现为急性败血型的相应症状。神经氨酸酶还有助于细菌在宿主细胞表面的吸附，并作为对血管内皮细胞吸附的必要条件。此外，强毒株的表面具有的类荚膜结构，有抗吞噬的作用，与细菌的毒力有关。在亚急性病例中，细菌仅局限于皮肤局部的淋巴间隙和微血管，出现疹块型丹毒。在慢性病例，细菌长期停留于体内的某些部位(如心瓣膜、关节腔或皮肤)，据认为此型属于全身过敏反应的局部表现，是由于细菌在体内产生的内毒素或菌体蛋白与胶原纤维的黏多糖相结合，形成自身性抗原，并激发产生相应的自身抗体，在此自身抗原抗体反应的基础上诱发自身变态反应性炎症。在临床上出现心内膜炎和血管内膜炎及关节炎。用猪丹毒杆菌人工多次攻击猪体的方法，可建立心内膜炎或关节炎的疾病模型。

【临床症状】

自然感染时，潜伏期 3~5d，最短的 1d，长者可达 8d。根据病程经过和临床症状的不同，可分为以下 3 种类型：

(1)急性败血型　较多见。初期个别猪无症状突然死亡，随后多数猪表现发热(42~43℃)，稽留，寒战，食欲下降；结膜充血，两眼清亮有神，很少有分泌物；粪便干硬，似板栗状，外表附有黏液，后期可能出现下痢；呼吸急促，黏膜发绀；部分猪耳尖、鼻端、腹下、股内侧皮肤出现大小、形状不一的红斑，指压褪色；病程多为 2~4d，病死率可达 80%~90%。

(2)亚急性疹块型(荨麻疹型)　病势较轻微，一般为良性经过，其特征是在皮肤表面出现疹块。病初少食，口渴，便秘恶心呕吐，体温升高至 41℃ 以上。通常于发病后 2~3d，在颈部、背部、胸腹侧、四肢外侧等处皮肤上出现疹块，俗称"打火印"，疹块大小不一、数量不等、形状各异，但以菱形、方形多见，起初疹块充血，色淡红，以后淤血变为紫蓝色，可于数日内消退，自行恢复。

(3)慢性型　大多由急性或亚急性两型转变而来，少有原发性的。常见的有慢性关节炎、慢性心内膜炎和皮肤坏死。

关节的损害最常见于腕关节和跗关节，有时也见于肘关节、膝关节，受害关节发生炎性肿胀，有热痛，以后则关节变形，出现行走困难甚至于跛行，病猪生长缓慢，消瘦。

慢性心内膜炎型通常无特征性临床症状，有些猪呈进行性贫血、消瘦，喜卧不愿行走，强行运动则举步迟缓，呼吸迫促，听诊心率加快，有心杂音。通常无先兆，由于心脏麻痹而突然倒地死亡或在宰后检查时才能发现。

皮肤坏死常发生于背、肩、耳、蹄、尾等部位，局部皮肤变黑，干硬如皮革状，坏死的皮肤逐渐与其下层的新生组织分离，犹如一层甲壳，最后坏死的皮肤脱落遗留斑痕。但如继发感染，则病情变化复杂，病程延长。

据 Hoffmann 等报道，自然感染还可引起母猪繁殖障碍。如流产、死产胎及弱小胎。

【病理变化】

(1)急性败血型 主要为急性败血症的变化，全身淋巴结充血肿胀，切面多汁，常见小点出血，呈浆液性出血性炎症变化。脾脏充血性肿大，呈樱桃红色，其被膜紧张，边缘钝厚，质地柔软，在白髓周围有红晕，脾髓易于刮下，呈典型的急性脾炎变化。肾常发生出血性肾小球肾炎变化，肾肿大、呈弥漫性暗红色，有"大红肾"之称。皮质部有出血小点。肺充血、水肿。胃肠道有卡他性或出血性炎症，以胃底部和十二指肠最严重。

(2)亚急性型 皮肤上出现疹块为特征，有的还有上述的急性败血型病变。

(3)慢性型 关节炎时可见关节肿大，关节囊内充满多量浆液、纤维素性渗出物，有时呈血样、稍混浊。滑膜充血、水肿，病程较长者，肉芽组织增生，关节囊肥厚。慢性心内膜炎时，常见在房室瓣表面形成一个或多个灰白色的菜花样疣状物，以致使瓣口狭窄、变形，闭锁不全。以二尖瓣多见，有时也见于三尖瓣或主动脉瓣等处。

【诊断】

亚急性型可根据皮肤上出现特征性疹块做出诊断。临床上对败血型或慢性心内膜炎型或慢性关节炎病例，往往要与类症鉴别，需要做微生物学检查确诊。

(1)微生物学检查 采集发热期的耳静脉血、疹块部的渗出液，死后可采取心血、脾、肝、肾、淋巴结、心瓣膜、滑液组织或关节液等进行涂片染色、镜检。如发现典型的革兰阳性纤细杆菌，可做初步诊断，但从慢性心内膜炎病例的涂片往往见有长丝状的菌体，从皮肤病变或慢性感染的关节很少能发现本菌。进一步将上述病料接种于鲜血琼脂或麦康凯琼脂平板，进行细菌分离培养。对于污染样本，可用含0.1%叠氮钠或0.001%结晶紫选择性培养基。在37℃培养24~48h，如长出针尖大小的菌落，可用商品化的生化试验试剂盒对本菌进行鉴定。其要点包括触酶阴性；凝固酶阳性；当接种于三糖铁琼脂培养基上，可见硫化氢的大量产生。也可进行实验动物接种法判定。小鼠和鸽对猪丹毒杆菌十分敏感，接种后3~5d内死亡，而豚鼠有较强抵抗力，接种后无反应。必要时可用猪丹毒阳性血清与分离物制成的沉淀原进行琼脂扩散试验做血清型的鉴定。

(2)血清学诊断 血清学方法主要适用于亚急性型和慢性型的诊断，对急性败血型意义不大。已报道的有免疫荧光抗体、血清培养凝集试验、琼脂扩散试验等。免疫荧光抗体试验敏感，主要用于病料中的细菌检查；血清培养凝集试验可用于血清抗体检测和免疫水平的评价。琼脂扩散试验可用于血清型的鉴定。近年德国报道了疫苗效力检查时用ELISA方法代替免疫攻毒的方法。

日本将1988—1998年分离的214个菌株对21种抗菌素进行了药敏试验，结果最敏感的药物有：氨苄青霉素、邻氯青霉素、青霉素G、头孢噻呋、泰乐菌素、恩诺沙星、单诺沙星。上述结果可供临床治疗时参考。

【防控措施】

平时要防止带菌猪的引入，定期预防注射，以提高猪群抗病力；加强对农贸市场、交通运输的检疫和屠宰猪的检验。发现病猪后隔离感染猪，及时治疗，淘汰慢性感染猪，猪圈及用具要彻底消毒、粪便、垫草最好烧毁，病尸要深埋或化制，受威胁猪立即预防注射。免疫接种是预防本病最有效的方法。目前，我国使用的疫苗有以下几类：

①弱毒活疫苗：菌种有哈尔滨兽医研究所育成的GC42弱毒株，江苏省农业科学院兽医研究所与南京药械厂协作育成的G4T10弱毒株。使用时均按瓶签标定的头剂加入20%铝胶生理盐水稀释溶解，每头猪皮下注射1mL，第7天产生免疫力。GC42疫苗也可用于口服，剂量要加倍即每头猪2mL。疫苗用冷水稀释好后，拌入少量新鲜凉饲料中，让空腹4h后的猪自由采食，第9天产生免疫力。对断奶猪，免疫期可达6个月。两种疫苗均可按每半年免疫一次。免疫猪可80%以上获

得保护。

②氢氧化铝甲醛灭活疫苗：皮下或肌肉注射。体重在10kg以上的断奶猪5mL，免疫期为6个月。如未断奶仔猪首免注射3mL，间隔1个月后，再注射3mL。2次免疫后，免疫期可达9~12个月。本疫苗经我国长期使用，证明安全，其效力可靠。

③猪丹毒-猪肺疫氢氧化铝二联疫苗：猪丹毒-猪肺疫二联疫苗用20%铝胶生理盐水稀释。用法与猪丹毒氢氧化铝甲醛灭活疫苗相同。

④猪丹毒-猪瘟-猪肺疫弱毒三联冻干疫苗(简称猪三联苗)：三联苗免疫力无相互干扰，接种后对于各个病原的免疫力与各单苗免疫后产生的免疫力基本一致。猪三联苗和含猪瘟的二联苗均用生理盐水稀释；疫苗稀释后，应在4h内用完。初生仔猪、体弱、有病猪均不应注射联苗。注射疫苗后可能出现过敏反应，应注意观察。免疫前7d、后10d内均不应喂含任何抗生素的饲料。断奶半个月以上猪，按瓶签注明头份，每头猪肌肉注射1mL。如断奶前半个月仔猪首免，则必须在断奶2个月左右再注射1次。猪瘟免疫期为1年，猪丹毒和猪肺疫免疫期为6个月。

治疗以青霉素首选，早期治疗效果好，每次可按80万~160万U肌肉注射，配合高免血清效果更好。首次应用时可用血清稀释青霉素，以获得疗效。以后可单独用青霉素或血清维持治疗2~3d。高免血清每天注射1次，直到体温、食欲恢复正常为止。对急性败血型可先用水剂，按1万U/kg静脉注射，同时肌肉注射常规剂量，以后按常规治疗。也可用普鲁卡因青霉素G和苄星青霉素G，各按15万U/kg，进行治疗，以长时间维持疗效。青霉素疗效不佳时，可改用四环素或土霉素、红霉素，药物要保证剂量、疗程，停药不能过早。

二、猪支原体肺炎

猪支原体肺炎(mycoplasma pneumonia of swine，MPS)又称猪地方流行性肺炎(enzootic pneumoniae of pigs，EPP)，俗称猪气喘病，是由猪肺炎支原体引起猪的一种慢性呼吸道传染病。临床主要特点是发病猪表现为咳嗽，气喘，生长发育迟缓，饲料报酬低，剖检可见病猪肺脏尖叶、心叶、中间叶和膈叶前缘多呈对称性的"肉样"或"虾肉样"实变。

最初本病被认为是病毒性疾病，1965年Maxe和Goodwin等证实其病原为肺炎支原体。本病广泛分布于世界各地，是猪呼吸道疾病综合征(porcine respiratory disease complex，PRDC)的主要病原体之一。患病猪常表现为生长发育不良，饲料转化率低，虽然其死亡率不高，但易引起继发性感染，尤其是近年来在规模化养猪场中，猪肺炎支原体与其他病原体以及环境因子协同作用引起猪群发生PRDC，造成猪场较大的经济损失，因此备受广泛关注。

【病原】

猪肺炎支原体(Mycoplasma hyopneumoniae，Mhp)属偏支原体科(Metamyplasmataceae)中间支原体属(Mesomycoplasma)成员。支原体是最小的能够自我复制的原核生物，结构简单，有3种细胞器，即细胞膜、核糖体和原核细胞核，无细胞壁，故没有固定形态。在液体培养物和肺触片中常呈球状，直径0.2~0.5μm，并由小球状串联成环状，偶有新月状、长链状和丝状。革兰染色呈阴性，但着色不佳，姬姆萨染色和瑞氏染色相对较好。

猪肺炎支原体为兼性厌氧菌，能在无细胞的人工培养基上生长，但对培养基中所含的营养物质要求较严格，在有氧并补充约5%二氧化碳的条件下生长最好。在固体培养基上生长较慢，接种后7~10d长成肉眼可见的露珠状菌落，低倍显微镜下菌落呈煎荷包蛋状。本病原可用猪肺组织埋块、猪肾组织和猪睾丸细胞进行继代培养，也可在6~7日龄鸡胚卵黄囊中生长。

猪肺炎支原体对外界抵抗力不强。病原体从传染源排出，散布于外界后 2~3d 即失去活力，病料悬液中支原体在 15~20℃放置 36h 即丧失致病力，在 60℃几分钟即被杀死，而温度低时存活时间相对较长。病原体对放线菌素 D，丝裂菌素 C 最敏感，对卡那霉素、土霉素、四环素、泰乐菌素、林可霉素、螺旋霉素敏感，对青霉素、链霉素、红霉素和磺胺类药物不敏感。常用的化学消毒剂均能达到消毒的目的。

【流行病学】

传染源主要是病猪和带菌猪。感染猪与健康猪直接接触，病原体主要经感染猪的咳嗽、气喘或喷嚏形成飞沫，通过呼吸道传播。试验证明，通过皮下、静脉、肌肉注射或胃管投入病原体都不能对健康猪致病。患病的母猪可将本病传染给哺乳仔猪。

猪支原体肺炎的自然感染病例仅见于猪。不同年龄、性别和品种的猪均易感，但 50 日龄内仔猪易感性最高，发病率和死亡率也较高。其次是怀孕后期和哺乳期的母猪，育肥猪发病较少，病情也轻。其他母猪和成年猪多呈慢性或隐性经过。

猪场常因引进种猪时未经严格检疫，并让新引进的带菌猪与健康猪混群饲养，从而导致本病的暴发。感染猪在临床症状消失后的相当长时间内，仍然作为带菌猪会不断向外排菌，并将疾病传播给健康猪群。所以，本病一旦传入，如不采取严格措施，则在猪群中很难彻底清除。

本病一年四季均可发生，饲养管理和卫生条件是影响本病发病率和死亡率的重要原因，饲料营养不够、猪舍阴暗潮湿、通风不良、猪群过度拥挤等都会增加本病的发生率。因此，在寒冷、多雨、潮湿或气候骤变时较为多见。如果继发或并发其他疾病，常导致临床症状加剧和死亡率增高。

【发病机理】

肺炎支原体聚集、黏附在猪的支气管、细支气管及气管上皮细胞上，导致纤毛萎缩脱落和功能受损。肺部感染后，发展为支气管肺炎，严重影响肺的正常功能。同时，肺炎支原体感染导致免疫抑制，也是本病的重要发病机理，因为猪支原体肺炎导致肺泡内巨噬细胞和淋巴细胞浸润，病原体可诱导巨噬细胞产生白细胞介素和肿瘤坏死因子 α，从而加剧肺脏炎症，降低呼吸道免疫力。此外，Mhp 还可诱发淋巴细胞转化率下降。据报道，肺炎支原体与多杀性巴氏杆菌和胸膜肺炎放线杆菌、副猪嗜血杆菌、蓝耳病病毒、猪 2 型圆环病毒等均有较强的协同作用，而与猪流感则有一定的叠加作用，因此与这些病原的混合感染，常造成严重的呼吸道症状和病变，导致的经济损失也最为严重。

【临床症状】

潜伏期为数日至 1 个月以上不等。本病的主要临床症状为咳嗽与气喘。根据病的经过，大致可分为急性型、慢性型和隐性型 3 个类型，而以慢性型和隐性型为最多，但所有这些类型可随条件的变动而互相转变，不能截然区分。

（1）急性型　常见于新发生本病的猪群，尤以哺乳仔猪、保育猪和怀孕后期母猪多见。病猪常见无前驱症状，突然精神不振，头下垂、站立一隅或趴伏在地，呼吸次数剧增，每分钟达 60~120 次。病猪呼吸困难，严重者张口伸舌，口鼻流沫，发出哮鸣声，似拉风箱，数米之外可闻。呼吸时腹肋部呈起伏运动（腹式呼吸）。此时，病猪前肢撑开，站立或犬坐式，不愿卧地。一般咳嗽次数少而低沉。有时也会发生痉挛性阵咳。体温一般正常，但如有继发感染，则常可升至 40℃以上。在呼吸极度困难时，病猪不愿采食或少食。急性型的病程一般 1~2 周，致死率较高。

（2）慢性型　急性型可转变成慢性型，也有部分病猪开始时就取慢性经过。本型常见于老疫区的生长猪、育肥猪和后备母猪。病猪常于清晨、晚间、运动后及进食后发生咳嗽，由轻而重，严重时呈连续的痉挛性咳嗽。咳嗽时站立不动，颈伸直，头下垂，直至将呼吸道分泌物咳出咽下为止，甚或咳至呕吐。随着病程的发展，常出现不同程度的呼吸困难，表现呼吸次数增加和腹式呼吸(气喘)。这些症状时而明显，时而缓和。病猪的眼、鼻常有分泌物，可视黏膜发绀。食欲初时变化不大，病势严重时大减或完全不食。病期较长的小猪，身体消瘦而衰弱，被毛粗乱无光，生长发育停滞。如无继发病，体温一般不高。慢性型病程很长，可拖延两三个月，甚至长达半年以上。条件差则猪体抵抗力弱，出现并发症多，致死率增高。

（3）隐性型　可从急性型或慢性型转变而成，有的猪在较好的饲养管理条件下，感染后不表现症状，但它们体内存在着不同程度的肺炎病灶，用X线检查或剖杀时可以发现。这些隐性型病猪外表看不出明显变化，仅个别剧烈运动后偶见咳嗽。在老疫区的猪只中隐性型患病猪占有相当大比例。如饲养管理加强，则病变逐渐消散，经一段时间而康复；若饲养管理恶劣，则病情恶化而出现急性或慢性型的临床症状，甚至死亡。

【病理变化】

本病的主要病变在肺、肺门淋巴结和纵膈淋巴结。全肺两侧均显著膨大，有不同程度的水肿。在心叶、尖叶、中间叶及部分病例也在膈叶出现融合性支气管肺炎变化。其中，病变以心叶、尖叶、中间叶最为显著，而膈叶的病变则多集中于其前下部。早期病变多在心叶上发生，如粟粒大至绿豆大，逐渐扩展，融合成多叶病变(融合性支气管肺炎)。病变的颜色多为淡灰红色或灰红色，半透明状。病变部界限明显，像鲜嫩的肌肉样，俗称"肉变"。病变部切面湿润而致密，常从小支气管流出微混浊灰白色带泡沫的浆性或黏性液体。随着病程延长或病情加重，病变部的颜色变深，流出淡紫红或灰白色带泡沫的浆性或黏性液体，半透明的程度减轻，坚韧度增加，俗称"胰变"或"虾肉样变"。恢复期，病变逐渐消散，肺小叶间结缔组织增生硬化，表面下陷，其周围肺组织膨胀不全。肺门淋巴结和纵膈淋巴结显著肿大，呈灰白色，切面外翻湿润，有时边缘轻度充血。

肺病变部位组织学检查可见典型的支气管肺炎变化。小支气管周围的肺泡扩大，泡腔内充满多量的炎性渗出物。并有多数的小病灶融合成大片实变区。

【诊断】

根据慢性干咳、气喘、生长受阻、发育迟缓，死亡率低、病程长，反复发作等症状特点，结合肺部呈现对称性的"胰变"等病理变化特征可做出现场诊断，必要时进行实验室检测以确诊。

物理学X线检查对本病的早期诊断有重要价值。检查时，猪只以直立背胸位为主，侧位或斜位为辅。病猪在肺野的内侧以及心膈角区呈现不规则的云絮状渗出性阴影。隐性或可疑患猪只要X线透视阳性即可做出诊断。

在血清学与分子生物学诊断方法中包括针对抗原和抗体的相关方法。

常用的抗原诊断方法有4种，包括病原分离培养、ELISA、免疫荧光试验和PCR。病原分离培养虽然确实可靠，但病原分离率一般不高。后3种方法在感染后28d内的检测灵敏度一直维持较高水平，随后下降，到感染后85d降到最低。

抗体检测方法中ELISA被认为是目前的理想方法而取代了间接血凝试验和补体结合试验，猪在感染后3周产生ELISA抗体并持续52周，市场上有商品化的ELISA检测试剂盒出售。

鉴别诊断：注意与猪肺疫、传染性胸膜肺炎、猪流感、猪肺丝虫病等区别。猪肺疫由多杀性巴氏杆菌引起，临床症状表现为体温升高至41℃以上，食欲废绝，咳嗽重，喘气轻，多呈犬卧式呼吸，病程1~2d，主要病变为败血症变化或纤维素性肺炎。猪传染性胸膜肺炎的急性病例与MPS相似，但前者由胸膜肺炎放线杆菌引起，临床表现为突然发病，体温升高至41℃以上，病猪呈犬坐姿势，张口伸颈喘气，呼吸急促，咳嗽较轻，鼻腔流出血红色泡沫，剖检可见肺脏萎缩实变，并与胸膜粘连，气管、支气管内充满泡沫状血样黏性渗出物。猪流感是由猪流感病毒引起的，突然暴发，传播迅速，可导致整群猪发病，体温升高到41℃以上，食欲废绝，眼、鼻流出黏液性分泌物，连续咳嗽但无喘气症状。猪肺丝虫能引起猪咳嗽，主要病理变化是支气管炎，炎症多位于膈叶后端，切开病变部位可发现肺丝虫，粪便检查可见到猪肺丝虫的幼虫虫卵。

【防控措施】

目前有两类疫苗可用于免疫预防：一类是弱毒疫苗，由中国兽医药品监察所研制的猪气喘病乳兔化弱毒冻干疫苗和江苏省农业科学院畜牧兽医研究所研制的168株弱毒菌苗。另一类是灭活疫苗，包括辉瑞瑞富特、勃林格殷格翰猪支原体肺炎灭活疫苗（丁株）、西班牙海博莱喜可舒及国内新研发的灭活疫苗等。目前所使用的疫苗中，弱毒疫苗能产生有效的细胞免疫，保护率可达80%左右。但由于该疫苗采用肺内免疫，注射要求有一定技术难度，免疫前后一周内应避免使用广谱抗生素。灭活疫苗注射技术要求不高，但由于难以激发有效的细胞免疫和黏膜免疫而使其保护效率低于活疫苗免疫。

药物治疗可采用恩诺沙星、土霉素、泰乐菌素、泰妙菌素、林可霉素、替米考星、壮观霉素等药物。目前，虽然多种抗生素药物对猪气喘病均有疗效，但是猪支原体肺炎发病时往往伴有其他的细菌感染，临床上单独使用某一种药物治疗效果通常不佳，必须采用联合用药方法进行控制。治疗时轮换使用多种广谱抗生素，一个疗程不低于5~7d。抗生素等药物进入体内被吸收后，多数药物仅能在血液中达到很高的药物浓度，在肺部黏膜表面能达到的有效药物浓度却较低，因此抗生素的使用效果也很难保证。总的来说，抗生素只能抑制支原体的生长，无法完全清除，使用药物也仅能缓解病情，降低继发感染的严重程度，而一旦停用药物，很容易复发。

清除传染源和切断传播途径是防制本病的关键。患病母猪（包括隐性带菌母猪）是新生仔猪的主要传染源，健康种猪群是切断传染源、减少和控制新生仔猪发病的主要手段。

因此，对于本病防治，应根据猪场性质、规模和疫情状况等拟订本场具体的疫苗免疫计划、药物预防治疗方案或建立SPF种猪群等综合防制措施。

在疫区，可利用康复母猪培育后代，建立健康猪群。主要措施有：自然分娩或剖腹取胎，以人工哺乳或健康母猪带仔培育健康仔猪，配合以消毒来切断传播途径；仔猪按窝分隔，防止窜栏；育肥猪、架子猪和断奶仔猪分舍饲养；利用各种检疫方法及早清除病猪和可疑病猪，逐步扩大健康猪群。

未发病地区和猪场的主要措施有：坚持自繁自养，尽量不从外地引进猪只，必须引进时，要严格实施隔离和检疫；做好猪场卫生工作，规范兽医操作，推广人工授精，避免母猪与种公猪直接接触，以保护健康母猪群；科学饲养，采取全进全出和早期隔离断奶技术，着力于整个猪场，提高全场的生物安全水准。

健康猪群鉴定标准：观察3个月以上，未发现气喘临床症状的猪群，放入两头易感仔猪同群饲养，也未出现感染者；一年内整个猪群未发现气喘病临床症状，宰杀的育肥猪、死亡猪只的肺部检查均无气喘病病变者；母猪连续生产两窝仔猪，从哺乳期到架子猪，经观察均无气喘病临床症状，一年内经X线检查全部仔猪和架子猪，均无气喘病病变者。

三、猪传染性胸膜肺炎

猪传染性胸膜肺炎（porcine contagious pleuropneumonia，PCP）是由胸膜肺炎放线杆菌引起的一种高度接触性的呼吸道传染病。以急性出血性纤维素性胸膜肺炎和慢性纤维素性坏死性胸膜肺炎为特征，急性型呈现高死亡率，慢性者可耐过，但由于其带菌可能成为胸膜肺炎暴发和流行的潜在传染源。

1957年，英国科学家Pattison首次发现并报道猪胸膜肺炎。本病现在是一种全球性疾病，广泛存在于世界各个养猪国家，尤以欧美等地区流行严重，给工业化养猪业造成了巨大的经济损失。我国在20世纪80年代以前，由于养猪方式大部分以分散饲养为主，本病发生较少。自1990年杨旭夫等首次报道国内存在PCP以来，随着集约化养猪的快速发展，本病的发生也呈上升趋势，已经成为严重影响我国养猪业健康发展的重要呼吸道传染病之一。

【病原】

胸膜肺炎放线杆菌(*Actinobacillus pleuropneumoniae*，APP)属于巴氏杆菌科(Pasteurellaceae)放线杆菌属(*Actinobacillus*)，是有荚膜的革兰阴性小球杆菌或纤细的小杆菌，有的呈丝状，不形成芽孢，有的菌株具有周身性纤细的菌毛，并能产生毒素。病料中的APP常呈两极着色。初次分离常采用与葡萄球菌交叉划线的绵羊鲜血琼脂平板培养，可出现 β 溶血和卫星现象。本菌对外界环境因素的抵抗力不强，干燥条件下易死亡，细菌对常用消毒剂敏感，一般60℃ 5~20min可被灭活，4℃可存活7~10d。对四环素类、头孢类、泰乐菌素等抗生素敏感，对林可霉素、壮观霉素以及结晶紫、杆菌肽有一定的抵抗力。

根据培养时是否需要烟酰胺腺嘌呤二核苷酸(nicotinamide adenine dinucleotide，NAD，又称为V因子)，可将APP分为两个生物型：生物Ⅰ型和生物Ⅱ型。生物Ⅰ型为NAD依赖型，生物Ⅱ型为NAD非依赖型，生物Ⅰ型菌株毒力强，危害大。生物Ⅱ型菌株毒力弱，可引起慢性坏死性胸膜肺炎，从猪体内分离到的常为生物Ⅱ型。

根据APP的荚膜多糖和脂多糖抗原性差异，将该菌划分为18个血清型，包括近年新发现的16~18型。血清1~12、15~18型属生物Ⅰ型，其中血清1型又可分为1A和1B两个亚型，5型又可分为5A和5B两个亚型；生物Ⅱ型的生长不依赖NAD，但需要其他特定嘌呤或嘌呤前产物以辅助生长，其血清型为13和14。有些血清型有相似的细胞结构或相同的荚膜多糖链或脂多糖链，这可能是造成有些血清型间出现交叉反应的原因，如血清1、4、10和11型，3、6和8型，4、5和7型等之间存在血清交叉。目前，我国流行的主要以血清7型为主，其次为血清1、2、3、12型。不同血清型间的毒力有明显的差异。APP引起猪致病有几个毒力因素，包括荚膜多糖、脂多糖、外膜蛋白、转铁结合蛋白、蛋白酶、渗透因子及溶血素等。溶血素是决定本病原菌致病性强弱的关键因素。目前，已经鉴定至少产生4种不同的溶血外毒素(repeat in the structure toxin，RTX)，或称Apx(actinobacillus pleuropneumoniae-RTX-toxins，Apx)。ApxⅠ、ApxⅡ、ApxⅢ具有溶血和/或细胞毒性，ApxⅣ在致病中的作用尚不清楚，不同血清型的APP产生不同的毒素，如血清型1、5、9、11、16产生ApxⅠ、ApxⅡ和ApxⅣ，而血清型2、4、6、8、15产生ApxⅡ、ApxⅢ和ApxⅣ，少数血清型只产生两种Apx，如血清型3只产生ApxⅢ和ApxⅣ，血清型10、14产生ApxⅠ和ApxⅣ，血清型7、12、13产生ApxⅡ和ApxⅣ。

【流行病学】

胸膜肺炎放线杆菌主要定植于猪的呼吸道并具有高度宿主特异性。在急性和亚急性期间，此病菌不仅存在于肺炎病灶中，也可以从血液和鼻腔分泌物中分离。幸存猪只可以变成带菌者，在肺、扁桃体及鼻腔中继续带菌。据报道，细菌在猪4周龄时即可定植其上呼吸道，而发病一般在6~12周龄之后的育肥期，且同一猪群可同时感染几种血清型。带菌猪和病猪是本病的主要传染源，隐性感染猪或急性感染耐过猪是本病流行的潜在传染源。

主要传播途径为气源感染，通过猪只之间的直接接触或短距离的飞沫小滴传播。感染猪的鼻腔、扁桃体、支气管和肺脏等部位是病原菌存在的主要场所，病菌随呼吸、咳嗽、喷嚏等途径排出后形成飞沫，通过直接接触而经呼吸道传播。急性暴发时感染可以从一栋猪栏"跳跃"到另一栋猪栏，说明较远距离的气溶胶传播或通过被病原污染的车辆、工具、器械以及饲养人员流动等的间接传播也可能起重要作用。啮齿动物和鸟类也可能传播本病。本病难以通过垂直传播感染后代仔猪。

各种年龄、性别的猪都易感，其中6~18周龄的猪多发，以3月龄猪最为易感，往往病程短，突然死亡。本病的发生具有季节性，多发生于冬、春季，气温骤变、湿度过高、通风不良、饲养环境的突然改变、混群、转群、拥挤或长途运输等应激因素可促使本病的发生和流行，并使得发病率和死亡率升高，造成更大的经济损失。猪只感染胸膜肺炎放线杆菌后，常可引起其他细菌的混合感染，临床上常见与多杀性巴氏杆菌、副猪嗜血杆菌、猪肺炎支原体的混合感染，并引起更复杂的猪呼吸道疾病综合征。另外，猪群感染猪瘟、猪蓝耳病、猪圆环病毒病等疫病后，机体免疫力下降，极易继发感染猪传染性胸膜肺炎，使病程延长，病情加重，甚至导致死亡，发病猪群的死亡率升高，造成巨大的经济损失。

【发病机理】

胸膜肺炎放线杆菌不能很好地黏附到气管或支气管的纤毛和上皮细胞，而是与末梢细支气管的纤毛和肺泡上皮细胞作用，细菌通过猪呼吸道进入肺脏后，借助细菌细胞表面物质在肺泡内定植，并产生外毒素，这些毒素能损伤肺内的巨噬细胞和血液中单核细胞，引起肺脏严重病损，从而导致纤维素性、出血性胸膜肺炎。由于APP具有荚膜，对肺泡上皮具有很强的亲嗜性，这种亲和性有利于诱导APP进入宿主细胞，APP在被吞噬细胞吞噬后，凭借表面的大分子碳水化合物和脂多糖，以及抗氧化系统，仍然可以存活一段时间以上，在这期间，它会释放大量RTX毒素，最终使吞噬细胞裂解，并破坏肺泡巨噬细胞、肺内皮细胞及上皮细胞。APP的感染，可刺激机体产生大量炎性因子，如IL-1、IL-6、IL-8及肿瘤坏死因子，同时脂多糖可激活补体结合反应，进一步激活中性粒细胞和血小板，血管扩张，充血或出血，血小板活化后在局部形成微血栓，使得局部缺血，随后组织坏死，伴有大量的纤维素性渗出，形成临床上见到的出血性、纤维素性、坏死性胸膜肺炎等病理变化。

【临床症状】

本病的潜伏期，在自然感染时1~2d，人工感染时4~12d。感染猪的年龄、免疫状态、环境因素及感染的病原菌毒力数量的不同，根据临床症状不同，可分为以下几种病型：

（1）最急性型　表现为猪群中一头或几头突然发病，并在无任何明显征兆时就已死亡，之后疫情很快蔓延，病猪体温升高至41~42℃，精神沉郁，厌食，并出现短期间腹泻或呕吐，早期病猪躺卧时无明显的呼吸症状，只是脉率增加，后期则出现心衰和循环障碍。鼻、耳、眼及后躯皮肤发绀，晚期出现严重的呼吸困难，呈犬坐姿势，张口伸舌，腹式呼吸。体温下降，于发病后24~36h内死亡，死前口鼻流出带有血性的泡沫样分泌物，病死率高达80%~100%。初生仔猪多为败血症致死。

（2）急性型　表现为病猪体温可上升到40.5~41℃，皮肤发红，精神沉郁，不愿站立，厌食。严重呼吸困难，咳嗽，有时张口呼吸，心衰。上述症状在发病初的24h内表现明显。若不及时治疗，通常于发病后2~4d内死亡，耐过者，可逐渐康复或转为亚急性型或慢性型。

（3）亚急性型和慢性型　多于急性型后出现。病猪轻度发热或不发热，有不同程度的自发性或间歇性咳嗽，食欲减退，料肉比降低。病猪不爱活动，驱赶猪群时经常掉队，仅在喂食时勉强爬起。慢性期的猪群症状表现不明显，也可能被其他呼吸道病原（如支原体、细菌、病毒）的感染所掩盖，在首次暴发本病时母猪还可能出现流产。个别猪可发生关节炎、心内膜炎、中耳炎以及不同部位出现囊肿，尤其是感染了血清3型的胸膜肺炎放线杆菌。在慢性型经过猪群中常存在隐性感染猪，一旦呼吸道继发感染其他病原(如副猪嗜血杆菌、巴氏杆菌等)，可使症状加重。

【病理变化】

肉眼可见的病变主要见于胸腔、肺部和上呼吸道，表现为不同程度的肺炎和胸膜炎。肺炎多为双侧性，并多在肺的心叶、尖叶和膈叶出现病灶，常出现纤维素性胸膜肺炎，并有许多突起。肺炎区颜色灰暗，组织实变，切面易碎，位于横膈膜的肺炎病变呈集合型，与正常组织界线分明，胸腔中有粉红色血样液体。最急性型死亡的病例，通常无明显的特征性病变。在气管、支气管内有血样泡沫及黏性渗出物，在肺泡及肺间质之间也有血样泡沫；有时可见肺表面有大量的出血或淤血斑，不出现纤维素性胸膜炎。急性型可见明显的病变，主要表现为纤维蛋白及纤维素性出血或纤维素性坏死性支气管肺炎，并在支气管和肺有不规则的充血、纤维素性渗出。随着病程的延长，纤维素性胸膜炎可蔓延至整个肺脏，胸膜和肺浆膜表面呈弥漫性纤维素性渗出物覆盖，肺与胸膜大面积粘连，使得尸检时难以将肺脏与胸膜分离。慢性病例的肺浆膜和胸壁不均匀性增厚，部分或大部分粘连，肺部病变常较局限，并随着病程的发展逐渐变小，尤以后叶多见，呈大小不等的外包结缔组织的结节样病灶。

【诊断】

在急性暴发期，胸膜肺炎可通过具有上述特征的临床症状及剖检病变进行诊断。实验室病原学和血清学检测有利于确诊。

(1)细菌的分离鉴定　从患病猪的支气管、鼻腔分泌物、扁桃体和肺部病变很容易检测和分离到病原菌，而从陈旧的病变组织分离病原菌往往较为困难。最急性型病例也可以从其他器官组织分离病原菌。

(2)血清学诊断　已建立了许多血清学方法用于本病的检测。

①ELISA：用于检测胸膜肺炎放线杆菌的ELISA方法主要有两种：一种是型特异性ELISA，仅能对某一种血清型的胸膜肺炎放线杆菌做出检测；另一种是种特异性ELISA，能对所有血清型的胸膜肺炎放线杆菌做出检测。荚膜多糖、脂多糖类都已分别作为APP的特异性抗原被应用到ELISA诊断方法，APP的分泌性外毒素也可作为抗原建立ELISA方法，如基于Apx Ⅳ的ELISA方法，因所有18种血清型的APP菌株均能在感染动物体内分泌Apx Ⅳ，但在体外培养条件下不分泌，而且Apx Ⅳ是其他种的放线杆菌所不具有的Apx毒素，因此，基于Apx Ⅳ的诊断方法既可以用于猪传染性胸膜肺炎的特异性诊断，又可以用于灭活疫苗或亚单位疫苗免疫猪与野毒感染猪的鉴别诊断。除血清10型和14型外，其他13种血清型的APP菌株都能分泌Apx Ⅱ，而且Apx Ⅱ是最主要毒力因子和保护性抗原之一，因此，基于Apx Ⅱ的ELISA抗体检测方法可用于疫苗免疫效果的评估和抗体消长规律的测定。

②协同凝集试验：用已知血清型的胸膜肺炎放线杆菌抗体致敏SPA菌，用平板法来检测待检抗原，2~5min内观察结果，试验时用不含SPA的对照菌悬液同法致敏作为阴性对照，结果判定同常规凝集试验。SPA菌悬液的最适浓度可事先测定。国外曾有学者用其给已知血清分型。

③间接血凝试验：可用于APP的分型和血清学诊断。其基本原理是制备APP的裂解抗原，致敏醛化的红细胞来检测血清。具有敏感、特异以及可早期诊断的特点，且操作简单，适用于基层生产中推广应用。

另外，用于胸膜肺炎放线杆菌实验室诊断的血清学技术还有凝集试验、补体结合试验、乳胶凝集实验、免疫扩散试验以及环状沉淀试验等。

(3)分子生物学诊断　PCR检测胸膜肺炎放线杆菌，其具有敏感性高、特异性强、诊断速度快的特点，是目前病原分子生物学诊断中常用的方法。对此，国内外研究人员都对这种方法进行了大量的研究，用不同方法建立了 PCR 诊断技术，并被用来对放线杆菌进行分型。此外，还有学者建立了 DNA 指纹识别技术用于胸膜肺炎放线杆菌的精确分型。

【防控措施】

对本病的综合防制措施主要包括加强饲养管理、免疫接种、药物防治、种猪群净化等。

（1）加强饲养管理　采用自繁自养和全进全出的饲养方式，保持猪群足够均衡的营养水平。注意通风换气，保持新鲜空气，降低饲养密度，防止过于拥挤，保证适宜的温度、相对湿度，定期消毒和驱虫，保持猪圈的清洁卫生，减少各种应激。

（2）免疫接种　是预防本病的有效方法，主要针对 2~3 月龄的生长猪和种公、母猪进行免疫接种，能有效控制本病的发生。但 APP 的血清型很多，相互间交叉保护力弱，疫苗中所含血清型的选择，要根据具体情况决定。目前，国内批准上市的 APP 多价型灭活疫苗中包括了主要优势血清（如 1、2、3 和 7 型）的菌株，也可根据各地的血清型制备针对性疫苗用于免疫。保护效果更好，使用更加方便的基因工程类毒素菌苗和基因缺失弱毒活菌苗等新型疫苗尚在研发之中。

（3）药物防治　在受到威胁但未发病的猪群，可进行预防性给药。对于发病猪群，早期及时治疗是有效的降低损失的方法。根据对近几年国内外用药情况和实验室药敏试验结果的分析，猪胸膜肺炎放线杆菌主要对头孢噻呋、头孢喹诺、替米考星、氟苯尼考、阿莫西林、恩诺沙星等抗生素敏感。大多数分离的胸膜肺炎放线杆菌都可以产生一种或多种抗生素耐药性，并且本病在临床上主要危害仔猪和育肥猪，所以各养殖场应该结合猪生产各阶段的饲养管理要求，科学合理地制定一个既能避免病菌对药物产生耐药性，又能减少发病和减低用药成本的药物预防方案，同时应注意出栏前的休药期。

（4）种猪群净化　利用 Apx IV 的 ELISA 方法将灭活疫苗或亚单位疫苗免疫猪与感染猪的鉴别诊断技术，将胸膜肺炎放线杆菌感染猪与免疫猪进行区分并剔除，建立健康的阴性种猪群，配合相应的生物安全措施，从而可实现本病在种猪群中的净化。

四、猪传染性萎缩性鼻炎

猪传染性萎缩性鼻炎（swine infectious atrophic rhinitis，AR）又称慢性萎缩性鼻炎或萎缩性鼻炎，是一种慢性呼吸道疾病。临床上的主要特征是颜面部变形、鼻炎、鼻甲骨尤其是鼻甲骨下卷曲发生萎缩和生长迟缓。根据病原及发病特点，可将本病区分为进行性萎缩性鼻炎（progressive atrophic rhinitis，PAR）和非进行性萎缩性鼻炎（non-progressive atrophic rhinitis，NPAR）。

1830 年首次在德国发现本病，此后本病相继在英国、法国、美国、加拿大、苏联和日本等国暴发，现已分布于世界养猪业发达的各个国家和地区。我国于 1964 年从英国进口约克种猪时发现本病，目前在我国许多省市有不同程度的流行。随着集约化养殖程度的不断提高，本病对养猪业的危害日趋严重。WOAH 将 AR 列为必须申报的传染病，我国将其列为三类动物疫病。

【病原】

研究证明，支气管败血波氏杆菌（*Bordetella bronchiseptica*，Bb）和/或产毒素多杀性巴氏杆菌（*Toxigenic Pasteurella multocida*，T$^+$Pm）是引起 AR 的主要病原。Bb 和 T$^+$Pm 的致病特点不同，Bb 仅对幼龄猪感染有致病变作用，对成年猪感染仅引起轻微的病变或者呈无症状经过。T$^+$Pm 感染可引起各年龄阶段的猪发生鼻甲骨萎缩等病变。WOAH 已确认：由支气管败血波氏杆菌与其他鼻腔菌群混合感染引起的萎缩性鼻炎为非进行性萎缩性鼻炎；由产毒素多杀性巴氏杆菌单独或与 Bb 及其他因子共同混合感染引起的严重的猪萎缩性鼻炎，称为进行性萎缩性鼻炎。T$^+$Pm 单独或混合感染比 Bb 单独感染引起猪发生更为严重的鼻甲骨损害和萎缩病变。

Bb 是一种革兰阴性小杆菌或球杆菌，严格需氧，菌落大小为(0.2~0.3)μm×(0.5~1.0)μm，常呈两极着色，散在或成对排列，偶呈链状，有的有荚膜，有周鞭毛，能运动，不形成芽孢。Bb 在各种普通培养基上均能生长，在鲜血琼脂平板上呈现 β 型溶血。根据毒力、生长特性和抗原性的不同可将 Bb 分为Ⅰ相菌、Ⅱ相菌和Ⅲ相菌，Ⅰ相菌株的毒力比Ⅱ相菌株和Ⅲ相菌株强，导致 AR 的一般也为Ⅰ相菌。体外培养 Bb 时，在鲍-姜培养基(Bordet-Gengou，BG)中加入 10%~20% 脱纤绵羊血，置于潮湿空气中培养可以维持 Bb Ⅰ相菌形态。

Pm 是一种革兰阴性小杆菌，兼性厌氧，菌落大小为(0.3~1.0)μm×(1.0~2.0)μm，革兰染色或瑞氏染色常呈两极着色，散在或成对排列，一般有荚膜，不能运动，不形成芽孢，部分菌株可分泌产生一种相对分子质量 146 的毒素，称为多杀性巴氏杆菌毒素(*Pasteurella multocida* toxin，PMT)。依据荚膜抗原的不同，Pm 一般被分为 A、B、D、E、F 5 种血清型，引起 AR 的主要为 A 型和 D 型产毒素多杀性巴氏杆菌，其所分泌的 PMT 为导致 PAR 的主要毒力因子。PMT 具有较强的毒性，直接接种提纯的天然 PMT 即可直接引起猪鼻炎、鼻梁变形、鼻甲骨萎缩甚至消失，全身代谢障碍，生产性能下降，同时可诱发其他病原微生物感染，甚至导致死亡。

Bb 和 T⁺Pm 对外界环境的抵抗力都不强，一般消毒剂均可将其杀死。

【流行病学】

病猪和带菌猪是本病的主要传染源，人和其他动物也可带菌和传播本病。病原菌存在于带菌者的上呼吸道，传播途径主要是呼吸道，通过飞沫直接或间接方式进行传播。各种年龄阶段的猪均可感染，但以 2~5 月龄幼猪最为易感，随着年龄增大，发病率降低。初生仔猪若感染本病，发生鼻炎后多能引起鼻甲骨萎缩；年龄较大的猪发病时，只产生轻度鼻甲骨萎缩或不发生萎缩，而成年猪感染后，大多不发病呈隐性带菌。猪传染性萎缩性鼻炎是一种慢性传染病，在猪群内传播比较缓慢，多为散发或呈地方性流行，发病率高，死亡率低，无明显的季节性，各种应激因素常被认为是诱发本病的重要原因。

【发病机理】

Bb 对猪鼻黏膜纤毛上皮细胞有强烈的亲嗜性，Bb 能够产生各种毒素，如皮肤坏死毒素、气管细胞毒素、腺苷酸环化酶和骨毒素等，但是目前尚未有研究证明这些毒素在 AR 发生中的作用。研究者认为，Bb 单独感染通常只引起较轻且可逆的 AR 病变。T⁺Pm 对猪鼻黏膜纤毛上皮细胞亲嗜性弱，试验证明纯化的 PMT 能够引起 PAR。因此，关于 AR 的发病机制，一般认为 Bb-Ⅰ相菌固着在鼻腔黏膜上皮细胞，进行增殖后，其坏死毒素引起鼻腔上皮发炎、增生和退变。如果不是反复感染，这种病变是可以修复的，称为 NPAR。但是当黏膜受损后，给 T⁺Pm 菌株寄居和增殖创造了条件。T⁺Pm 分泌的 PMT 毒素使鼻甲骨上皮增生，黏液腺萎缩，软骨溶解和间质细胞增生。这些变化将最终取代骨梁和成骨性与破骨性组织，最后导致软骨溶解，以后可能纤维组织化，发展称为 PAR。临床上则发生渐进性鼻甲骨萎缩病变，使猪吻变短或歪鼻。同时，毒素也可引起钙、磷代谢障碍，致使猪的生长发育缓慢，严重者表现为僵猪。

【临床症状】

仔猪感染本病时主要表现为鼻炎、打喷嚏、流涕、咳嗽、呼吸不畅、颜面部变形、鼻甲骨萎缩、生长缓慢等症状。仔猪在 6~8 周龄感染率最高，不仅可以引起鼻甲骨变形、萎缩或消失，还可以引起全身钙代谢障碍，致使仔猪发育迟缓，饲料利用率降低，有时会伴发急、慢性支气管炎，导致仔猪死亡。仔猪发生鼻炎时，会阻塞鼻泪管，泪液增多，在眼内眦下皮肤上形成弯月形的湿润区，被尘土沾污后黏结成褐色或黑色斑痕，称为"泪斑"。

有些病例，在鼻炎症状发生后几周，症状逐渐消失，并不出现鼻甲骨萎缩。大多数病例，病情加重引起鼻甲骨萎缩，致使鼻梁和面部变形，这是 AR 的特征性症状。由于鼻甲骨萎缩致使额窦不能以正常速度发育，以致两眼之间的宽度变小，头的外形发生改变。病猪体温正常，生长发育迟滞，育肥时间延长，有的成为僵猪。

鼻甲骨萎缩程度与猪感染时的周龄、是否发生重复感染以及其他致病因素密切相关。周龄越小，感染后出现鼻甲骨萎缩的可能性就越大越严重。若一次感染后不出现混合感染和继发感染，则萎缩的鼻甲骨可以再生。有的鼻炎延及筛骨板，则感染可经此而扩散至大脑，发生脑炎。此外，病猪常有肺炎的发生，可能是由于患有 AR 后，猪的鼻腔遭到破坏，继发感染其他病原引起，也可能是 Bb 和 T⁺Pm 直接引起肺炎。鼻甲骨萎缩促进肺炎的发生，肺炎又加重鼻甲骨的萎缩。

【病理变化】

病变多局限于鼻腔和邻近组织。早期可见鼻黏膜及额窦有充血和水肿，有多量黏液性、脓性甚至干酪性渗出物蓄积。随着病程的进一步发展，最特征的病变是鼻腔软骨和鼻甲骨的软化和萎缩，大多数病例，最常见的是下鼻甲骨的下卷曲受损害，鼻甲骨上、下卷曲及鼻中隔失去原有的形状，弯曲或萎缩。鼻甲骨严重萎缩时，使腔隙增大，上、下鼻道的界限消失，鼻甲骨结构完全消失，常形成空洞。

病理组织学变化主要是鼻甲骨腹侧纤维化，呼吸道上皮细胞退化和黏膜层炎性渗出。若病情比较严重出现肺炎，则肺泡内出血、坏死及间叶水肿，在出血不严重的部位有中性粒细胞渗出。随着病程的延长，肺泡纤维化，部分肺泡内可见肺泡巨噬细胞。

【诊断】

（1）临床诊断和病理学诊断　根据病猪打喷嚏、呼吸困难、摩擦鼻部、流泪有泪斑、颜面部变形、鼻子向一侧或向上翘起等典型症状，一般可初步诊断为猪传染性萎缩性鼻炎。尸体剖检有利于 AR 的确诊，沿两侧第一、二对前臼齿间的连线锯成横断面，观察鼻甲骨的形状和变化。正常的鼻甲骨明显的分为上、下两个卷曲。上卷曲呈现两个完全的弯转，而下卷曲弯转则较少，仅有一个或1/4弯转，有点像钝的鱼钩，鼻中隔正直。患病猪病变先发生腹侧卷曲、再发生背侧卷曲，在轻度病变或中度病变时，鼻甲骨腹侧卷曲受到的影响大，其变化由轻度收缩至完全萎缩。在严重的病例中，腹侧、背侧鼻甲骨卷曲及筛骨均发生萎缩。最严重时，鼻甲骨结构完全消失。

（2）微生物学诊断　主要是对 Bb 和 T⁺Pm 两种病原菌的分离鉴定。主要检查鼻腔及鼻分泌物、扁桃体和肺中有无病原菌的存在。鼻腔和鼻分泌物最好用无菌的棉签进行采集，采集前应先擦干净鼻孔，轻轻将无菌棉签插入鼻腔并沿腹侧转动着向前推进。采集的病料接种相应的培养基，经纯培养后观察菌落的形态、染色及生化反应进行鉴定。根据菌落形态和生化反应无法区分产毒素多杀性巴氏杆菌和非产毒素多杀性巴氏杆菌。是否为产毒素菌株可根据针对毒素的豚鼠皮肤坏死试验、小鼠致死试验、细胞毒性试验、单克隆抗体 ELISA 和 PCR 等检测方法进行鉴定。

（3）血清学诊断　病原的分离鉴定是诊断 AR 的最基本方法，进一步鉴定产毒素菌株特性需要动物试验和细胞试验，其操作烦琐、费时费力，不能满足临床疾病诊断的需求。因此，多年以来，研究者尝试开发各种 AR 抗原抗体检测方法。到目前为止，尚未有推广应用的商品化试剂盒。猪感染 T⁺Pm 和 Bb 后 2~4 周血清中即出现凝集抗体，至少维持 4 个月，但一般感染仔猪需在 12 周龄后才可检出。有学者发现以 Bb 作为凝集抗原建立的乳胶凝集检测方法，其检出率高于试管凝集方法。有研究表明，建立的 PMT 抗体 ELISA 检测方法可用于临床。

此外，还可以运用荧光抗体技术和 PCR 技术进行 AR 的诊断，PCR 技术操作方便，灵敏度和特异性高，应用广泛。已有人报道，建立同时检测 T⁺Pm 和 Bb 的双重 PCR 检测方法。

（4）鉴别诊断　本病的诊断应注意与传染性坏死性鼻炎、软骨病和猪传染性鼻炎相鉴别。传染性坏死性鼻炎是外伤之后感染坏死杆菌引起，主要表现为鼻腔的软组织、骨和软骨发生坏死、腐臭，并形成溃疡和瘘管，而无鼻甲骨萎缩或消失的表现。骨软病时，患猪鼻部肿大变形，颜面骨疏松，但无喷嚏和泪斑，鼻甲骨不萎缩。猪传染性鼻炎由绿脓杆菌引起，呈现出血性化脓性鼻炎症状，临床上病猪体温升高，食欲减退或废绝，死后剖检时，可见鼻腔、鼻窦的骨膜、嗅神经及视神经鞘甚至脑膜发生出血，而萎缩性鼻炎无此变化。

【防控措施】

对 AR 的有效控制是应采用多种措施综合进行，如加强饲养管理、免疫接种、药物预防和治疗等。

（1）加强饲养管理　AR 广泛流行于世界各地，是一种全球性的疾病，因此，引种时应该谨慎，应当贯彻落实严格的检疫制度，新购入的猪只，必须隔离观察一段时间，确认健康后方可混群饲养。生猪饲养应采取"全进全出"的方式，建立严格全面的猪场卫生消毒制度，保持猪舍通风换气、干燥清洁。加强猪场的监测，有明显症状和可疑症状的猪应淘汰。凡曾与病猪及可疑病猪有接触的猪应隔离饲养，观察 3~6 个月。若完全没有可疑症状者则认为健康；如仍有病猪出现则视为不安全，则应严格禁止其作为种猪和仔猪出售。良种母猪感染后，临产时应消毒产房，所产仔猪送健康母猪哺乳，以培育健康猪群。在检疫、隔离和处理病猪的过程中，要严格消毒。

（2）免疫接种　这是预防 AR 最有效的方法，通过免疫接种母猪使仔猪获得被动保护，从而有效预防仔猪的早期感染。免疫的最佳时间和免疫方案应结合当地的流行情况。目前，应用比较广泛的商业化疫苗有猪传染性萎缩性鼻炎油佐剂灭活疫苗，该疫苗安全有效，无副作用。母猪于产前 4 周颈部皮下注射。新引进未经免疫接种的后备母猪应立即接种。仔猪出生后 1 周龄、4 周龄和 8 周龄时分别颈部皮下注射。种公猪每年免疫 2 次。注射部位偶尔可能产生硬肿，短期内会消失。

（3）药物预防和治疗　为了有效预防和控制本病，控制母子间传播，在母猪妊娠最后一个月内给予一定量的预防性药物。常用的预防方法为：①磺胺嘧啶、盐酸土霉素联合拌料；②磺胺二甲氧嘧啶和泰乐菌素联合用药；③土霉素拌料或加入饮水等，可以有效地预防和控制 AR。对于已经表现出临床症状的猪，先用 25% 硫酸卡那霉素喷雾或用 1%~2% 硼酸和高锰酸钾溶液冲洗鼻腔，同时选择敏感的药物进行全身治疗，也可采用中西药结合的治疗方法。感染猪群在药物的治疗作用下，可以加快鼻腔内病原菌的清除，并能促进鼻甲骨的恢复。但对于鼻腔和面部严重变形的猪只，最好将其淘汰，减少传染源。

AR 尤其是 PAR 已经给世界养猪业带来了巨大的经济损失，目前，世界上许多国家已经启动了 PAR 的根除计划。先后采取了无特定病原猪生产技术（SPF 猪技术）、药物治疗性早期断奶技术（MEW 技术）和隔离早期断奶技术（SEW 技术），取得了显著的成效。根除计划的核心是：病原的快速检出；分离饲养 AR 阳性猪群和阴性猪群，对阳性猪群采用敏感药物进行治疗，同时整个猪群使用灭活疫苗进行预防，发病猪只进行淘汰；严格控制猪群的活动；实施全面合理的免疫计划；定期监测，直到建立无 AR 特别是无 PAR 的健康猪群。

五、副猪嗜血杆菌病

副猪嗜血杆菌病（haemophilus suis）又称革拉病（Glässer's disease），是由副猪格拉菌引起猪的一种接触性传染病，以多发性浆膜炎、关节炎和脑膜炎为特征。主要临床症状为发热、咳嗽、呼吸困难、消瘦、关节肿大、跛行、共济失调和被毛粗乱等。剖检病理变化表现为胸膜炎、肺炎、心包炎、腹膜炎、关节炎和脑膜炎等。此外，副猪格拉菌还可以引起败血症，并且可以留下后遗症，即母猪流产、公猪慢性跛行。本病严重危害断奶前后仔猪，已成为全球范围内影响养猪业的典型细菌性疾病之一，给养猪业造成了重大的经济损失。

【病原】

副猪格拉菌（*G. paresuis*）旧称副猪嗜血杆菌（*Haemophilus paresuis*，HPS），属于巴斯德菌科（Pasteurellaceae）革拉菌属（*Glaesserella*）的成员，起初被称为猪嗜血杆菌（*Haemophilus suis*）、猪流感嗜血杆菌（*Haemophilus influenza swine*）和副溶血性嗜血杆菌（*H. parahaemolyticus*），后被称为副猪嗜血杆菌（*Haemophilus parasuis*）。

副猪格拉菌是一种没有运动性的小型革兰阴性杆菌，呈多形性，从单个球杆状（有荚膜）到长的、细长的至丝状菌体（无荚膜）。通常具有荚膜，但体外培养时荚膜生长易受影响。该菌的生长依赖 NAD，对该菌的分离培养可按常规操作将病料接种于鲜血琼脂平板（在金黄色葡萄球菌划线附近生长，呈现出典型的"卫星生长"现象），或补充 NAD 的 PPLO 液体培养基或巧克力琼脂平板。生化鉴定显示，该菌脲酶和氧化酶试验阴性，接触酶试验阳性，可发酵葡萄糖、蔗糖、果糖、半乳糖、D-核糖和麦芽糖等。

副猪格拉菌存在不同的血清型，按 Kieletein-Rapp-Gabriedson（KRG）琼脂扩散血清分型方法，至少可将副猪格拉菌分为 15 种血清型，另有 20% 以上的分离株血清型不可定型。各血清型的菌株毒力存在明显的差异，其中血清 1、5、10、12、13 型和 14 型毒力强，对 SPF 猪具有致死性（96h内）；血清 2、4、15 型具有中等毒力；血清 8 型被认为是弱毒力；血清 3、6、7、9 型和 11 型被认为没有毒力。在一些试验表明，虽然血清型和菌株毒力之间存在一些必然的联系，但是同种血清型的不同分离菌株致病力也可能不同。因此，血清型和毒力以及交叉免疫保护作用并不一致。

【流行病学】

本病在世界各地均有发生，一般呈散发性，也可呈地方流行性，集约化养猪场比较常见。该菌只感染猪，从 2 周龄到 4 月龄的猪均易感，主要在断奶后和保育阶段（5~8 周龄）易发病，发病率一般在 10%~15%，严重时病死率可达 50%。本病的传染源为病猪和无症状的带菌猪，可通过空气传播。拥挤、长途运输、天气骤冷都可引起急性暴发。以前，猪的多发性浆膜炎和关节炎被当作应激反应引起猪散发性疾病。后来发现，在 SPF 动物或高度健康的畜群中，副猪格拉菌引入可能导致高发病率和高死亡率的全身性疾病，影响养猪生产的各个阶段。目前，在不同的畜群混养或引入猪种时，副猪格拉菌的存在是个重要的问题。

如果猪先期感染其他呼吸道疾病可以加重病情，如猪支原体肺炎、猪繁殖与呼吸综合征、猪流感和伪狂犬病等疾病感染。另外，一些最新报道指出，副猪格拉菌可能还是引起纤维素性化脓性支气管肺炎的原发因素。

【发病机理】

副猪格拉菌通过多重机制建立感染和致病，一般是通过黏附和侵入宿主并在宿主中定植，形成生物被膜，逃逸宿主的免疫防御，在宿主机体中大量增殖，造成宿主组织损伤等。呼吸道中的副猪格拉菌可引起上呼吸道黏膜表面纤毛活动的显著降低，损伤纤毛上皮，引起化脓性鼻炎。病灶处纤毛丢失以及鼻黏膜和支气管黏膜的细胞急性膨胀，呼吸道黏膜损伤可能会增加细菌和病毒入侵的机会。然而，一些菌株的毒力相当强，气管接种不足 100CFU，就会引起全身性病变，对于剖腹产不吃初乳的仔猪则会导致几天内死亡。在猪只感染的早期阶段，菌血症十分明显，肝、肾和脑膜上出现淤斑和淤点，引起败血症；血浆中可检测到高水平的内毒素，许多器官出现纤维蛋白血栓。随后，在多种浆膜表面产生典型的纤维蛋白化脓性多发性浆膜炎、多发性关节炎和脑膜炎。

【临床症状】

临床症状取决于炎性损伤的部位，咳嗽、呼吸困难、消瘦、跛行和被毛粗乱是本病主要的临床症状。在病原接种后几天内就发病，出现的临床症状有发热、食欲不振、厌食、反应迟钝、呼吸困难、疼痛、关节肿胀、跛行、颤抖、共济失调、可视黏膜发绀、侧卧、随之可能死亡。急性感染后可能留下后遗症，即母猪流产、公猪慢性跛行。即使应用抗生素治疗感染母猪，分娩时也可能引起严重发病，哺乳母猪的慢性跛行可能引起母性行为极端弱化。

【病理变化】

格拉菌病以纤维素性多发性浆膜炎、关节炎和脑膜炎为特征。肉眼可见的损伤主要是在单个或多个浆膜面，可见浆液性和化脓性纤维蛋白渗出物，这些浆膜包括腹膜、心包膜和胸膜，这些损伤也可能波及脑膜和关节表面，尤其是腕关节和跗关节。心包内常有干酪样甚至豆腐渣样渗出物，使外膜与心脏粘连在一起，形成"绒毛心"。病理组织学变化的特点是纤维素性化脓性炎症变化，并有许多中性粒细胞和少量单核细胞浸润。

副猪格拉菌经常引起急性败血症，并且其内毒素可引起弥漫性血管内凝血，导致多个器官内形成微血栓，呈现发绀、皮下水肿和肺水肿，乃至死亡。此外，副猪格拉菌还可能引起筋膜炎、肌炎以及化脓性鼻炎。

【诊断】

本病的诊断主要根据病史、流行病学调查、临床症状和病理变化，结合对病猪的治疗效果，可对本病做出初步诊断，确诊有赖于细菌学检查。细菌分离鉴定时应当采集处于疾病急性期的猪并且没有应用抗菌素的病料，最好选择浆膜表面物质或渗出的脑脊髓液及心血。分离细菌时，用绵羊、马或牛血液琼脂与葡萄球菌做交叉划线接种，培养24~48h。副猪格拉菌在葡萄球菌菌落周围生长良好，呈卫星现象。根据副猪格拉菌16S rRNA序列设计引物对原代培养的细菌进行PCR扩增可以快速而准确地鉴定副猪格拉菌。

另外，还可通过琼脂扩散试验、补体结合试验和间接血凝试验等血清学方法进行确诊。

鉴别诊断：应注意与其他败血性细菌感染相区别，能引起败血性感染的细菌有链球菌、多杀性巴氏杆菌、胸膜肺炎放线杆菌、猪丹毒丝菌、猪放线杆菌、猪霍乱沙门菌以及大肠埃希菌等。

【防控措施】

一旦出现临床症状，应立即采用口服之外的方式应用大剂量的抗菌药物进行治疗，同群猪也应治疗。大多数副猪格拉菌对氨苄西林、氟甲砜、庆大霉素、头孢菌素、磺胺及喹诺酮类等药物敏感，但对红霉素、氨基糖苷类、壮观霉素和林可霉素有抗药性。可以选用青霉素、氨苄青霉素、四环素类和增效磺胺治疗，也可以使用抗生素类药物联合，如阿莫西林、四环素、庆大霉素进行肌肉注射，同时配合地塞米松以增强疗效。但该细菌对青霉素的抗药性日渐增强，用药应当有足够的剂量，以保证药物渗透到脑脊髓液和关节组织中。抗生素预防或口服药物治疗对严重暴发的副猪格拉菌病可能无效。

母猪的免疫力和天然的免疫力是控制疾病过程的关键性因素，但由于副猪格拉菌具有明显的地方特征，而且不同血清型菌株之间的交叉保护率很低，因此，在一个特定的地区，清楚地知道流行的主要血清型对于有效控制本病至关重要。使用当地分离的菌株制备灭活疫苗，可有效控制副猪格拉菌病的发生。母猪接种后可对4周龄以内的仔猪产生保护性免疫力，同时再用含有相同血清型的灭活疫苗免疫激发仔猪的免疫力。

在平时的预防中应当加强饲养管理，注意猪舍的消毒，特别是发病猪舍，以减少或消除其他呼吸道病原，避免或减少应激因素的发生，如提前断奶、减少猪群流动、杜绝猪生产各阶段的混养状况等。

六、猪增生性肠炎

猪增生性肠炎（porcine proliferative enteropathy，PPE）又称猪回肠炎、猪坏死性肠炎、猪腺瘤病等，是由胞内劳森菌引起的猪常见接触性肠道传染病。猪增生性肠炎多发生于 6~20 周龄的猪群，以回肠炎和结肠隐窝未成熟的肠细胞发生腺瘤样增生为特征。临床表现主要为进行性消瘦、腹泻、腹部膨大和贫血。本病广泛发生于世界各国，是近年来世界各养猪地区日渐受到重视的常见猪病之一。1931 年，英国最早报道了本病的发生，中国台湾在 1973 年也有此病报道。1999 年，林绍荣等报道了广东猪场本病的暴发和诊治，此后关于本病暴发和流行的报道逐渐增多。

【病原】

胞内劳森菌（*Lawsonia intracellularis*，LI）存在于易感染动物肠细胞的原生质内，随脱落的肠黏膜经粪便排出体外。其长 1.25~1.75μm，宽 0.25~0.43μm。菌体为弯曲的杆菌，S 形或者逗号形，两端尖或者钝圆渐细或钝圆，能通过孔径为 0.45μm 的滤膜，但不能通过孔径为 0.22μm 的滤膜。外层细胞壁由 3 层波纹状膜所组成。革兰染色阴性，抗酸染色阳性，能被镀银染色法着色菌体呈黑色。

该菌为严格细胞内寄生，迄今为止用常规的细菌培养技术培养本菌未能成功，也不适应鸡胚生长，但在鼠、猪和人肠细胞系上均能生长。该菌属微嗜氧，在 5% 二氧化碳的环境中生长较好。

【流行病学】

本病主要侵害猪，其次为仓鼠、雪貂、狐狸、大鼠、马、鹿、鸵鸟、兔等。各种年龄的猪对本病均有较强的易感性，但根据临床和病理学观察，肠腺瘤病、坏死性回肠炎和局部性回肠炎多发生于断乳后的仔猪，特别是 6~12 周龄的猪最为常见；猪增生性出血性肠病多见于育肥猪和种猪，尤其是 16 周龄以上的架子猪和后备阶段的种猪多发。病猪和带菌猪是本病的主要传染来源，尤其是无症状的成年带菌猪更是仔猪感染的传染源。在病猪主要是通过粪便排菌，经污染饲料、饮水和饲养用具等方式，由消化道而感染发病。感染猪通常不表现临床症状，大多是无症状的带菌者，但当猪体的抵抗力因转群、混群、天气突变、昼夜温差过大、相对湿度过大、饲养密度过高、长途运输、频繁引种和疫苗接种、突然更换药物以及猪群本身存在的免疫抑制性因素等而机体抵抗力降低时，感染猪便会发病。根据在欧洲、亚洲和美洲的流行病学调研表明，几乎所有猪场都存在一定水平的感染。

【临床症状】

本病的主要临床特征是：病猪体况突然下降，体重减轻，食欲不振，多不发热，轻度腹泻，常排出混合有较多黏液的软便，有时粪便中可见到较多的黏液块。由于长时间不间断地腹泻，导致病猪渐进性消瘦，贫血、腹部膨大，消化不良，生长发育受阻，常因生长率下降而被淘汰。当病情逐渐发展到增生性出血性肠病时，临床以突然发生严重腹泻，粪便中含有较多的血丝或小血块为特征。病猪贫血严重，可视黏膜苍白，多在 8~24h 内死亡。

【病理变化】

全身性病变主要为贫血、消瘦。局部的病变集中在回肠，有时发展到盲肠和结肠。急性出血性肠炎多发生在回肠末端和结肠段。以回肠末端的黏膜和黏膜下层增厚，肠腔积有血液等为特征。肠壁水肿增厚，肠腔中有凝血块而没有血液或食物。直肠含黑色柏油样血便，肠黏膜增生变厚，未见出血、溃疡和坏死。组织学检查增生上皮存在广泛的出血、坏死。黏膜和肠道有大量含胞内劳森菌的细胞碎片。

猪坏死性增生性肠炎以回肠黏膜发生明显的凝固性的坏死灶，并伴随有肠腺上皮细胞的增生为特征。病猪回肠肠壁增厚，黏膜表面被覆有灰色或黄色的坏死组织，在其表面常黏附食物微粒。凝固性坏死界限较清晰，有纤维素性沉淀和变性的炎性细胞。

猪肠腺瘤病常以肠黏膜未分化的上皮细胞增生而形成腺瘤为特征。病变常位于回肠、盲肠和结肠前1/3部。回肠壁肥厚，浆膜下水肿。肠黏膜皱褶深陷，常横贯于黏膜面。有时可见有孤立的结节，尤其以回肠近端多。盲肠和结肠黏膜可见多发性息肉状增生，直径可达1~1.5cm。肠黏膜湿润，表面也散在有坏死碎屑物斑点。

【诊断】

本病仅依靠临床症状不易诊断，剖检可见回肠、盲肠及结肠前段肠黏膜有脑回样增厚，坏死或出血，可初步诊断，确诊常需借助实验室诊断技术。

(1)涂片镜检　该技术简便、省时，且不需要复杂的设备。操作时，取病变黏膜做抹片，用改良抗酸染色或姬姆萨染色镜检可以观察到病菌的存在。

(2)组织学检查　对感染肠组织做切片染色检查，可以对增生性病变在形态学上进行鉴别。为了对病变中的胞内劳森菌进行特异性鉴定可以采用免疫组化技术对固定包埋的组织进行染色。采用银染色技术可清楚地显示组织中存在的胞内菌。细菌呈现为一种直或弯曲状，带有革兰阴性菌特有的波浪状三层外壁。

(3)分子诊断技术　通常可采用普通PCR或荧光定量PCR对猪肠黏膜内或粪便中的抗原进行检测，荧光定量PCR比普通PCR具有更高的敏感性，其敏感度可达到从粪便中检测到的细菌数量级为10^2个/g粪便。

(4)血清学方法　由于PPE的临床症状特征不明显，而大部分宰后检测方法结果并不精确，近几年人们开始寻找PPE的活体诊断方法，用于疾病的预防与控制。临床上用于抗原检测常见的血清学方法有免疫过氧化物酶单层试验、ELISA、间接免疫荧光试验等。

【防控措施】

做好猪舍卫生管理，勤打扫圈舍，及时清除粪便，保持通风干燥，可降低本病的发生率。本菌可在鼠体内繁殖，啮齿动物是本病的传播媒介之一，因此灭鼠有利于控制本病传播。

加强饲养管理，提高猪只本身的抵抗力是预防各种疾病的最有效的手段。提供较佳生长环境是最基本的。尽量减少外界环境不良因素的刺激。在进行必要的猪只调运时，要提前添加应激药物。采用全进全出制和彻底的消毒是有效的防控措施。

免疫接种可以预防本病。美国、德国、荷兰等国已成功地研制出PPE无毒活疫苗和灭活疫苗，有很好免疫保护作用。美国研制的口服抗回肠炎疫苗，在美国不同地区的5个大规模的养猪场使用，并与全部给抗生素的育肥猪对比试验，结果证明服用这种口服疫苗的猪只生长率明显提高，并且饲料转化率明显提高，同时对比试验也证明了预防口服这种疫苗比全部给抗生素效果更好。目前，这些疫苗已经在欧洲和北美的一些养猪地区得到很好地运用。

本病是由多因素引起，因此本病应采取综合性的防制措施。采用全进全出的饲养管理制度，减少疾病的交叉感染，空栏时必须严格消毒，空栏时间要在7d以上。管理好粪便，及时清理干净，尤其在哺乳期间要减少仔猪接触母猪粪便的机会，人员进出猪舍时靴子、衣帽等必须经严格清洗消毒处理。

七、猪痢疾

猪痢疾(swine dysentery)俗称猪血痢，是由猪痢疾短螺旋体引起的猪的一种肠道传染病。其特征为黏液性或黏液出血性下痢，大肠黏膜发生卡他性、出血性炎症，有的发展为纤维素性坏死性肠炎。猪痢疾在1971年首次报道，目前已遍及全世界主要养猪国家。我国于1978年从美国进口的种猪发现本病，而后疫情迅速扩大，涉及全国20多个省份。本病可引起重大的经济损失，威胁着全球养猪业的健康发展。目前，已知有3种厌氧肠道螺旋体属可以引起猪痢疾，但是猪痢疾短螺旋体是最普遍的病原。

【病原】

猪痢疾短螺旋体(*Brachyspira hyodysenteriae*)是革兰阴性菌，姬姆萨染色和镀银染色着色良好。短螺旋体长6~8.5μm，直径320~380nm，多为4~6个疏螺弯曲，两端呈尖锐蛇形、舒展的螺旋状。在暗视野显微镜下较活泼，以长轴为中心旋转运动。

猪痢疾短螺旋体严格厌氧，对培养基要求严格。常用胰胨大豆鲜血琼脂或胰胨大豆琼脂培养基。在1.103×10^5Pa、80%氢气(或无氧氮气)、20%二氧化碳，以钯为催化剂的厌氧罐内，于37~42℃培养5~7d，胰胨大豆鲜血琼脂平板上生长出扁平、针尖状、半透明菌落，菌落周围呈明显β溶血。研究发现，与β溶血相关的主要有8个基因：*hlyA*、*tlyA*、*tlyB*、*tlyC*、溶血素Ⅲ基因、溶血素激活蛋白基因、溶血素通道蛋白基因和溶血素基因。猪痢疾短螺旋体对环境抵抗力较强，能够在潮湿的粪便和土壤中存活。在25℃的粪便中可存活7d，5℃的粪便中存活时间可延长至61d，在4℃混合土壤的粪便中能存活102d。该细菌对消毒剂抵抗力不强，普通浓度消毒剂均能迅速将其杀死：过氧乙酸、来苏儿、1%氢氧化钠2~30min内均可将其杀死。另外，该菌对热、氧气、干燥也较敏感。

本病原含有两种抗原成分，一种为特异性的蛋白质抗原，可特异性地与猪痢疾短螺旋体抗体结合发生沉淀反应，而不与其他动物短螺旋体发生反应；另一种是型特异性的脂多糖抗原。由于脂多糖抗原具有多态性，目前将其分为9个血清群(A~I)，每群含有几个不同的血清型。尽管脂多糖在刺激产生保护性免疫力方面很重要，但仍无证据可以表明分离株的毒力与其血清型有关。

有充分证据表明，猪痢疾短螺旋体在结肠和盲肠的致病性不依赖于其他微生物，但肠内的固有厌氧微生物可以协助该菌在肠道的定居和导致病理变化更严重。协同致病菌包括：大肠埃希菌、乳酸杆菌属、梭状芽孢杆菌属、坏死杆菌属等。

【流行病学】

猪痢疾只引起猪发病，可感染不同年龄和不同品种的猪。但以7~12周龄的猪发生较多，生长发育阶段的猪发病率和死亡率比成年猪高。一般发病率75%，病死率5%~25%。本病无明显季节性，流行缓慢，持续时间长，可反复发病。往往从一个猪舍开始逐渐蔓延到全场。本病在较大猪群中流行时，很难根除，经常延续数月。

主要传染源为病猪和带菌猪，康复猪可以带菌长达数月。从粪便中排出的大量菌体污染周围环境、饲料、饮水，菌体可经由饲养员、饲喂用具、运输工具等携带，经消化道传播。许多因素可以诱发本病，如运输、拥挤、寒冷、过热或环境卫生不良等。

据报道，猪痢疾流行原因是引进带菌猪引起，但也有无购入新猪历史的猪群发病，可能与鸟类、鼠类等传播媒介有关。

【发病机理】

猪痢疾短螺旋体的致病机制较为复杂且了解有限。各种厌氧菌(通常属于猪结肠和盲肠微生物的一部分)和猪痢疾短螺旋体一起协同作用，促进猪痢疾短螺旋体在大肠定植和加重炎症反应及产生病变。猪通过粪便或粪便污染的食物经口感染，在粪渣的保护下猪痢疾短螺旋体能在胃酸中正常存活，并最终到达大肠。猪痢疾短螺旋体在大肠的定植和增殖需要许多特定的能力，包括在大肠厌氧环境中的生存能力，利用有效底物的能力，沿着化学趋向梯度穿透黏液并移动到隐窝的能力及逃避结肠黏膜表面潜在氧气的能力等。由于猪痢疾短螺旋体的大量增殖引起大肠黏膜吸收机能障碍，致使体液和电解质失衡，伴有脱水、酸中毒和高血钾，这可能是引起本病致死的原因。

【临床症状】

潜伏期从2d到3个月不等，自然感染一般10~14d发病。腹泻是猪痢疾最为一致的症状，但严重程度却有很大的不同。

流行初期，有的猪呈最急性感染，几乎没有腹泻出现就在几小时后发生死亡。

急性病猪病初精神稍差，食欲不振，大多数表现为排黄灰色的稀软粪便，重症猪排出含有大量黏液和血液的粪便。下痢同时出现腹痛，体温升高，维持几天后趋于正常。随着病程发展，病猪渴欲增强，迅速脱水消瘦，粪便恶臭并带有血液、黏液和坏死性上皮组织碎片。病猪弓背缩腹，站立无力，最后极度衰弱死亡，病程约1周。

亚急性和慢性病例病情较轻，表现反复下痢，黏液和坏死组织碎片较多，血液较少。进行性消瘦，生长停滞。不少病猪能自然恢复，但病程为1个月以上。

【病理变化】

局限于大肠和回盲结合处。猪痢疾急性期的典型变化是卡他性出血性大肠炎、大肠肠壁和肠系膜发生充血和水肿。肠腔内容物稀软，充满黏液、血液和组织碎片。病程稍长的猪明显消瘦，主要表现为坏死性肠炎，大肠壁水肿程度减轻，黏膜病变由于纤维蛋白的渗出变得更加严重。大肠黏膜点状、片状或弥漫性坏死，形成厚厚的纤维素黏液含血黄色和灰色伪膜，常局限于黏膜表面，呈麸皮样，剥去伪膜可露出浅的糜烂面，但不见溃疡。

组织学变化：发病早期，黏膜上皮与固有层分离，微血管外露而发生灶性坏死。当进一步发展时，肠黏膜表层细胞坏死，黏膜完整性受到不同程度的破坏并形成伪膜。多量的炎性细胞浸润出现在固有层，肠腺上皮细胞不同程度变形、萎缩和坏死。黏膜表层可见猪痢疾短螺旋体，以急性期数量较多，有时密集呈网状。病变反应局限在黏膜层，一般不超过黏膜下层，其他各层保持相对完整性。

【诊断】

根据流行病学、临床症状和病理变化可做出初步诊断和鉴别，确诊需要做病原分离和鉴定。猪痢疾发生于各种年龄的猪，但7~12周龄仔猪多发，腹泻粪便中含有大量黏液和血液，病变仅限于大肠，见出血性坏死性肠炎变化，剥离坏死性伪膜后仅见黏膜表层糜烂。

病原分离一般取急性病例的粪便和肠黏膜制成涂片染色，在暗视野显微镜下检查，每视野可见3~5个短螺旋体，可以作为定性诊断依据。分离培养基多采用添加大观霉素(400μg/mL)等抑菌剂的胰胰大豆鲜血琼脂，病料接种培养基后，在适宜条件下厌氧培养，每隔2d观察一次。挑取培养基上出现β溶血的菌落，然后经2~4代的继代培养可以纯化该菌。进一步鉴定可做肠致病性试验(口服感染和肠结扎试验)，若有50%感染猪发病，则表示该菌株有致病性。猪结扎肠段接种菌悬液，经48~72h扑杀后，见结扎肠段渗出液增多，内含黏液、纤维素和血液，肠黏膜肿胀、充血、出血，抹片镜检可见多量短螺旋体，则确定为致病菌株，非致病菌无上述变化。也可用PCR快速检测和鉴定病原菌。

血清学诊断方法有凝集试验、间接免疫荧光、被动溶血试验、琼脂扩散试验和 ELISA 等，比较常用的是 ELISA 和凝集试验，主要用于猪群检疫和综合判断。

【防控措施】

本病尚无菌苗可用，发生本病的猪群可选用对本病原敏感的抗生素进行药物预防，但很难根除。目前，临床上常用的抗生素有泰妙菌素、沃尼妙林、泰乐菌素和林可霉素等，但要根据生产场的具体情况合理选用。最彻底的措施是建立无病猪群。在通常情况下，采取综合性防疫措施。严禁从疫区引进种猪，必须引进时，应隔离检疫 2 个月，应用 ELISA 等方法进行检疫。猪场实行全进全出饲养制度，平时加强饲养管理和卫生消毒工作。防鼠、灭鼠，粪便做无害化处理。发病猪场最好全群淘汰，彻底清理和消毒，空舍 2~3 个月再引进健康猪。对易感猪群可选用多种药物进行预防，结合清除粪便、消毒、干燥及隔离措施，可以控制甚至净化猪群。

八、仔猪梭菌性肠炎

仔猪梭菌性肠炎（clostridial enteritis of piglets）又称仔猪传染性坏死性肠炎（Infectious necrotic enteritis）或仔猪红痢，是初生仔猪（3 日龄以内）的高度致死性肠毒血症。其特征是排出红色粪便，小肠黏膜弥漫性出血和坏死，发病快，病程短，死亡率高。

1955 年在英国首先发现本病，其后在美国、丹麦、匈牙利、德国、苏联和日本等国家陆续有报道。我国于 1964 年首次从患红痢仔猪分离到产气荚膜梭菌，随后有近 20 个省份发生本病。我国已研制出仔猪红痢灭活疫苗，对本病的发生和传播起到一定的防控作用。

【病原】

产气荚膜梭菌（*Clostridium perfringens*）也称魏氏梭菌，为革兰阳性菌，有荚膜，不运动，能形成芽孢，位于菌体中央或偏近端，呈卵圆形。细菌形成芽孢后，对外界环境如干燥、热、消毒剂等的抵抗力显著增强，80℃ 15~30min，100℃ 5min 才能被杀死。冻干保存 10 年内其毒力和抗原性不发生变化。

产气荚膜梭菌能产生强烈的毒素，根据其产生的毒素能力的不同可分为 A、B、C、D、E、F 6 个血清型。C 型产气荚膜梭菌主要产生 α、β 毒素，能引起 2 周龄内仔猪肠毒血症与坏死性肠炎。A 型菌株主要产生 α 毒素，与哺乳及育肥猪肠道疾病有关，导致轻度的坏死性肠炎与绒毛退化。但越来越多的证据表明，A 型菌株也是仔猪梭菌性肠炎的主要病因。

【流行病学】

本病主要侵害 1~3 日龄仔猪，1 周龄以上仔猪很少发病。在同一猪群各窝仔猪的发病率不同，发病率可达 90%~100%，死亡率一般为 20%~70%。本菌通常存在于土壤、垫料、饲料、污水、肠道和粪便中以及污染的哺乳母猪乳头上。当初生仔猪吮奶或吞入污染物时，细菌或者芽孢进入空肠繁殖，侵入绒毛上皮组织，沿基膜繁殖扩张，产生毒素，使受害组织充血、出血和坏死。本病常顽固地存在于猪场，难以根除。除猪易感外，本病还可感染绵羊、马、牛、兔、鸡等动物。

【临床症状】

按病程经过分为最急性型、急性型、亚急性型和慢性型。

（1）最急性型 仔猪出生后数小时到 1~2d 发病，发病后数小时至 2d 可死亡。最急性型病例的病征多不明显，只见仔猪突然不吃奶，后躯沾满血样稀粪，虚弱，精神沉郁，很快进入濒死状态。少数病猪甚至不见拉稀便昏倒和死亡。

（2）急性型 为我国最常见病型。可见病仔猪不吃奶，离群独处，精神沉郁，怕冷，四肢无力，腹泻，排出含有灰色组织碎片及大量小气泡的红褐色液状稀粪。病猪迅速变得消瘦与虚弱，病程多为2d，第3天可死亡。

（3）亚急性型　病仔猪表现为持续下痢，病初排出黄色软粪，后变成水样稀粪，内含坏死组织碎片。发病仔猪极度消瘦、虚弱和脱水，一般5~7d死亡。

（4）慢性型　病程在1~2周或以上，间歇性或持续性腹泻，排出黄灰色糊状、黏糊状的粪便。尾部及肛门周围有粪污黏附。病猪逐渐消瘦，生长停滞，于数周后死亡或被淘汰。

【病理变化】

不同病程的因病死亡仔猪，其病理变化基本相似，只是由于病程长短不一，病变的严重程度有差异。眼观病尸消瘦，被毛无光泽，肛门周围有黑红色粪便污染。腹腔内有大量红黄色积液，心包有少量积液，心冠脂肪出血，心内、外膜及心肌出血，肝有出血点，质地较脆，脾边缘和肾皮质有小点出血。剪开肠管后可清楚地看到空肠呈暗红色，肠腔充满含血的液体。浆膜下和肠系膜中有数量不等的小气泡，肠黏膜潮红、肿胀、出血，甚至呈灰黄色麸皮样坏死。病程稍长的病例，肠管以坏死性炎症为主，肠管壁变厚，肠黏膜上附有黄色或灰色坏死伪膜，容易剥离，肠腔内有坏死组织碎片。

A型产气荚膜梭菌引起的病理变化与C型菌引起的仔猪红痢基本相似，但心包液、胸水、腹水未见明显增多，肠系膜、浆膜上的气泡较为少见，多为肠管充气，颌下、胸腹部皮下有浅黄色胶冻样浸润或水肿。

【诊断】

本病主要发生在出生后3d内的仔猪，根据流行病学、临床症状和病理变化可做出初步诊断。本病以出血性下痢、发病急剧、病程短促、死亡率高为特点。剖检可见空肠段有出血性炎症及坏死，肠浆膜下有小气泡，肠腔内容物呈红色并混杂小气泡等特征。实验室诊断可通过细菌学及毒素检查：

（1）细菌形态检查　刮取病变肠黏膜涂片，革兰染色后镜检，常见到大量的形态一致的革兰阳性杆菌，两端钝圆，单个、成对或短链状，其中一部分呈芽孢形态出现。

（2）细菌分离培养　取病变肠内容物接种于鲜血琼脂平板上，37℃厌氧培养24h，形成浅灰色、有光泽的菌落，菌落周围有双层溶血环，内层清晰透明完全溶血，外层淡绿色不完全溶血。进一步取纯培养物进行生化试验。

（3）肠内容物毒素检查　取刚死亡的病猪空肠内容物，稀释离心取上清过滤后，取0.2~0.5mL滤液静脉注射小鼠。另取一部分滤液60℃加热30min，同样取0.2~0.5mL静脉注射小鼠。若未加热组小鼠在5~10min内迅速死亡，加热组小鼠不发生死亡，就证明肠内容物中有毒素存在。

（4）分子检测　可通过PCR、多重PCR、定量PCR等方法检测细菌毒素基因，也可用Western blot等方法检测细菌的毒素表型。

【防控措施】

由于本病发病快、病程短，发病仔猪日龄又小，发病后用抗菌药物或化学药物治疗往往疗效不佳。在常发病猪场，可在仔猪出生后，用抗生素类药物(如青霉素、链毒素、土霉素)进行预防性口服。

预防仔猪红痢最有效的方法是免疫妊娠母猪，使新生仔猪通过吮食初乳而获得被动免疫。目前，多通过给怀孕母猪注射C型魏氏梭菌氢氧化铝菌苗和仔猪红痢干粉菌苗预防。由于A型魏氏梭菌也是本病的主要病因之一，应用加有A型魏氏梭菌的二价菌苗预防效果更好。利用抗血清治疗或预防时，一定要针对引起仔猪发病的 A 型或 C 型产气荚膜梭菌，尽早注射。

做好猪舍及周围环境的清洁卫生及消毒工作，特别是产房的卫生消毒工作也尤为重要。产前做好接产各项准备工作，母猪乳头和体表要擦洗干净，或用 0.1% 高锰酸钾液擦拭消毒乳头，可以有效减少本病的发生和传播。

九、猪呼吸道疾病综合征

猪呼吸道疾病综合征（porcine respiratory disease complex，PRDC）是由多种病原体、不良的饲养管理条件、猪群免疫力低下与环境应激等综合因素相互作用而引起的猪呼吸道疾病的总称。保育猪、生长育成猪容易发生，主要表现为体温升高、咳嗽以及呼吸困难等临床症状，导致猪群生长缓慢或停滞，降低饲料转化效率，增加治疗成本等。通常发病率 30%～60%，死亡率 10%～20%，给养猪业造成严重的经济损失。

【病因】

非传染性病因包括：有害气体，如氨气、硫化氢、二氧化碳等；粉尘，如空气和饲料中的灰尘等；温度剧变、低温高湿和通风不良；饲养密度过高，断奶、转群、抓猪、频繁注射油佐剂疫苗等造成的应激；饲料中的霉菌毒素及营养不全也是造成免疫抑制和发生本病的重要因素。如果猪舍饲养密度过大、通风不良，加上卫生条件差、温度波动范围大、空气污浊，猪舍内漂浮大量的尘埃、饲料粉尘及飞沫颗粒等，对猪的呼吸道系统有着直接刺激和致病作用，尤其是尘埃、饲料粉尘及飞沫，它们可成为其他病原体的载体，对病原体起到保护和扩散作用。非传染性因素在 PRDC 的发生中占据十分重要的位置，它们所造成的发病取决于饲养环境、养殖设施和管理水平。只有加强猪场的综合管理，才可以有效减少由非传染性因素引起的猪呼吸道疾病综合征所带来的危害以及损失。

传染性病因主要有病毒、细菌和寄生虫等病原。病毒性病原包括猪繁殖与呼吸综合征病毒（PRRSV）、猪圆环病毒 2 型（PCV2）、猪瘟病毒（HCV）、伪狂犬病病毒（PRV）、猪流感病毒（SIV）、猪呼吸道冠状病毒（PRCV）等。细菌性病原主要有猪肺炎支原体、副猪格拉菌、胸膜肺炎放线杆菌、多杀性巴氏杆菌、支气管败血波氏杆菌、猪链球菌、猪霍乱沙门菌等。主要寄生虫病原有猪蛔虫、猪后圆线虫、弓形虫、附红细胞体等。

【发病机理】

PRRSV 是 PRDC 的常见原发性病原之一。PRRSV 是一种免疫抑制性病毒，PRRSV 感染后可以产生病毒血症，引起全身淋巴系统，特别是肺泡巨噬细胞的破坏和猪呼吸道免疫系统的损伤，导致严重的免疫抑制。机体对其他病原体的抵抗力降低，使呼吸道其他病原乘虚而入，从而促进了包括肺炎支原体、副猪格拉菌、胸膜肺炎放线杆菌、多杀性巴氏杆菌、SIV、猪链球菌等在内的多种病原体混合感染或继发感染，并可使猪气喘病急性暴发。最近几年证明，PCV2 与 PRRSV 也有显著的协同作用。猪肺炎支原体是本病的重要诱因，被誉为"钥匙病原"。它能严重损害猪呼吸道上皮黏膜系统，破坏机体天然屏障，为多种病原体的呼吸道入侵打开了方便之门，从而导致多种疾病继发感染，如继发传染性胸膜肺炎、猪肺疫、猪链球菌病等。肺炎支原体还可以促进 PCV2 的感染。在 PRDC 的临床病例中，经常发现肺炎支原体与 PCV2 混合感染，在肺炎支原体感染诱导增生的支气管周围淋巴组织区域有 PCV2 抗原聚集。PCV2 或肺炎支原体单独感染只能引起轻微的一过性呼吸道疾病和病变，但如果二者混合感染，可产生与 PRDC 和断奶猪多系统衰弱综合征（PMWS）一致的呼吸道疾病症状和病变。PCV2 单独感染也具有明显的致病力，可以显著破坏脾脏和淋巴结内的淋巴细胞，导致淋巴细胞数量下降，造成免疫抑制。其他如猪瘟病毒可导致猪胸腺萎缩和免疫抑制，伪狂犬病病毒都可侵害猪的呼吸系统，并对其造成严重损害。多种免疫抑制性疾病的混合感染将使疫苗免疫的效果不理想。

【临床症状】

主要发生于6~10周龄保育猪和13~20周龄的生长育成猪。病猪首先表现采食量下降或无食欲，但大多表现轻度气喘、断续咳嗽和呼吸困难，轻微发热(40℃左右)，呼吸频率加快，眼分泌物增多，结膜炎症、水肿。在耳、鼻端及四肢下端、眼睑等处皮肤有不同程度发绀。在急性发作时可见明显的体温升高和呼吸道症状，哺乳仔猪以呼吸困难和神经症状为主，死亡率较高。如果病猪由急性变为慢性或在保育舍形成地方性流行，则会导致病猪生长缓慢、消瘦，死亡率升高，僵猪比例增加。如果饲养管理条件差、猪群密度过大，则易出现混合感染，发病率和临床表现更加严重。若不及时有效的治疗，发病率可高达25%~60%，死亡率可达20%~90%，猪龄越小死亡率越高。耐过猪常伴随生长速度缓慢，导致饲料报酬升高，出栏日龄与正常相比推迟15~20d。

【病理变化】

最主要是在肺脏，所有病猪均出现不同程度的肺炎。常见弥漫性间质性肺炎或花斑状病变；肺出血水肿、质地变硬，手感似橡皮，间质增宽，部分病猪肺脏呈红白相间，有硬结，切开有化脓灶，气管内充满白色泡沫黏液，胸腔积有大量液体，部分肺脏与胸壁粘连，有大量乳白色或淡黄色纤维素性渗出物，有些肺部病变与猪支原体肺炎相类似。心包积液，绒毛心，全身淋巴结显著肿大，切面多汁，脾脏、肝脏等眼观变化不明显。

6~10周龄的保育猪除肺部出现病变外，少数可见肝肿大出血、淋巴结、肾、膀胱、喉头有出血点，部分猪体肢末端出现紫色。1~3周发病的哺乳仔猪剖检可见心、肝、肺有出血性病变。

【诊断】

根据临床病史(如流行特点、发病日龄、典型临床症状与病变、发病率和死亡率、药物疗效等)，通过实验室检查予以确诊。可采集新鲜病死猪的肺、脾、肾、淋巴结等脏器进行可疑病毒的检测和细菌培养。应同时采用常规培养基和特殊营养培养基(如巧克力平板、X-V平板等)同时分别在需氧、微需氧或厌氧条件下培养，对培养菌全面筛查，以防漏检某些营养要求高、培养条件特殊的致病菌。应用PCR或定量PCR，能快速、准确地检出在PRDC中的各类病毒，如PRRSV、PCV2、SIV、PRV、HCV、PRCV等。

【防控措施】

PRDC是多种病因混合或协同感染及多种因素相互作用的结果。控制混合感染比控制单一病原感染更困难，任何一种疾病可对其他疾病的发生与发展都会产生或多或少的影响。目前，对本病尚无特效疗法。对PRDC的控制应采取综合性防治措施，建立一整套高效的管理系统。防治上应坚持预防为主，通过消灭传染源、切断传播途径和提高易感宿主的抗病能力入手，防止并发或继发感染的发生，具体做好以下几方面的工作：

(1)建立和完善猪场生物安全体系　重点做好清洁卫生和规律的消毒工作，并将其落实到猪场管理的各个环节，控制外来病原体的传入和猪场内病原体的传播，以最大限度把病原控制在较小范围内，从而减少猪场呼吸道疾病的发生。由于PRDC具有高度的接触性、传染性，可通过粪、尿、鼻液等传播，因此，要重视消毒工作，消毒可选用复合醛、氯制剂、复合碘及过氧化物等，按有效浓度，猪群隔天或每周消毒2~3次，场区一般每月消毒一次。新引进的种猪要隔离21~28d，确保健康无病，方可与原场猪混群。及时淘汰无治疗价值、传染性强、无药可治或疗效不佳的病猪和僵猪，防止疫病传播。控制好外来人员和车辆的进入，人流物流要实施单向流动。

（2）加强饲养管理、实施全进全出的饲养方式　尽量减少猪群转栏和混群的次数，控制疫苗免疫次数，避免将不同日龄的猪一起混养。做好平时的清洁卫生和通风透气工作，饲养密度科学合理。冬季加强保温防寒、夏季注意防暑降温，提高猪群的蛋白质、氨基酸、维生素、微量元素等水平，保证猪群不同时期的合理、均衡的营养水平，以提高猪群对其他病原体的抵抗力，降低继发感染。每天供给猪足够的饮用水，提高断奶猪的采食量。严格控制饲料原料的质量，饲料要防霉，被霉菌毒素污染的饲料必须废弃。在饲料内添加 0.4% 生物活性肽，可提高动物机体的免疫力和生产性能，能有效地克服仔猪断奶应激，增强抗病力和抗应激能力。

（3）做好相关重要疫病的免疫预防工作　PRDC 相关的主要疾病大多数属于条件性传染病，只有在呼吸道受到损伤时才能通过损伤部位侵入机体定居、增殖而致病。因此，在良好的饲养管理条件下才能充分发挥疫苗的免疫效果。免疫时应严格按照说明书的要求进行相关疫苗接种，尽可能通过免疫母猪获得母源抗体的方法为仔猪提供保护。同时猪场应注意做好高致病性蓝耳病、猪瘟、猪伪狂犬病、猪气喘病等重要疾病的免疫预防工作。

（4）做好药物防治工作　药物对细菌性病因引起的 PRDC 有较好的防治效果。要选择敏感药物进行预防，做到早用药、剂量足、疗程够、时机恰当。对病重猪应放弃治疗做无害化处理。繁殖猪群包括种公猪是重点，怀孕母猪及分娩前后是关键，此时措施得力将有助于切断或减少垂直传播。对出生仔猪可用长效广谱抗菌药物做好保健计划。仔猪断奶或转群应激时，要联合应用抗菌药物和添加多种维生素、微量元素等抗应激药物。一般而言，复方联合应用效果明显好于单一药物，可对不同病原体选择恰当的药物，连续用药 2~3 周。药物的使用应以预防为主，治疗为辅。在饲养关键环节实施药物控制，对哺乳仔猪可采取早期隔离断奶和药物控制，如长效土霉素，对预防呼吸道疾病的发生有一定的效果。对个别病重猪要通过直接注射给药。此外，采集本场的健康老母猪或健康商品猪血清，在仔猪断奶前一周腹腔注射 3~5mL/头，有一定效果。

复习思考题

1. 非洲猪瘟与猪瘟的区别主要有哪些？
2. 如何进行种猪场的猪瘟净化？
3. 如何鉴别诊断 PRRSV 与其他繁殖障碍性疾病？
4. 猪增生性肠炎和猪传染性胃肠炎的主要区别是什么？
5. 如何对传染性胃肠炎、猪流行性腹泻进行防制？
6. 简述猪细小病毒病的流行特点。
7. 如何区别猪水疱病和口蹄疫？
8. 塞内卡病毒、口蹄疫病毒、水疱病病毒、水疱性口炎病毒和猪水疱性疹病毒分别属于哪些科和属？

第五章

反刍动物的传染病

本章学习导读：本章传染病以病毒感染为主，有 20 种。可从以下几个方面归类总结：

（1）按感染动物宿主划分，可以分为三大类：

①引起牛发病的 8 种：牛瘟、牛流行热、白血病、恶性卡他热、水牛热、牛免疫缺陷病毒感染、牛副流感、疙瘩皮肤病和中山病。

②引起羊发病的 5 种：边区病、小反刍兽疫、山羊病毒性关节炎-脑炎、梅迪-维斯纳病、绵羊肺腺瘤病。

③引起牛、羊均发病的有 4 种：蓝舌病、茨城病、赤羽病和传染性鼻气管炎；引起牛、猪发病的有 1 种：牛病毒性腹泻-黏膜病。

（2）从发病病程上看，可分为两大类：

①急性热性传染病，发病急、传播迅速，除牛流行热和副流感外，一般病死率较高，这些病有牛瘟、恶性卡他热、水牛热、鹿流行性出血热。

②慢性传染病，病程长，发展缓慢。如牛白血病、绵羊肺腺瘤病主要引起肿瘤；山羊病毒性关节炎-脑炎、梅迪-维斯纳病和边区病主要引起羊的神经系统疾病；蓝舌病、牛疙瘩皮肤病、牛病毒性腹泻-黏膜病和茨城病主要引起牛的皮肤黏膜损伤；蓝舌病、赤羽病和中山病还可以引起牛、羊繁殖障碍。牛白血病和牛免疫缺陷病毒感染还可以引起免疫抑制。

（3）列为一类传染病，主要感染反刍动物的有 7 种，除共患病中介绍的牛海绵状脑病、痒病、山羊痘和绵羊痘外，列入本章的有牛瘟、蓝舌病、小反刍兽疫 3 种病毒病和牛传染性胸膜肺炎（牛肺疫）1 种细菌病，在我国已被消灭的动物传染病均是牛病，即牛瘟和牛肺疫。

（4）牛瘟是人类在全球消灭的第一个动物传染病，边区病、茨城病和中山病在我国尚无报道，其他的疫病在我国呈不同形式的流行。常见的有牛流行热、牛传染性鼻气管炎、蓝舌病、牛病毒性腹泻-黏膜病，近年新传入小反刍兽疫，已在多地散发或地方性流行。2019 年在新疆、广东等地新发的牛疙瘩皮肤病已引起很大损失。

（5）本章介绍的病毒病按病毒分类，来自 8 个科。

①其 DNA 病毒分别来自 3 个科：来自疱疹病毒科的有恶性卡他热病病毒和牛传染性鼻气管炎病毒，来自痘病毒科的病毒是结节性皮肤病病毒，来自布尼安病科的病毒是赤羽病病毒。

②其余传染病分别是由 5 个科的 RNA 病毒引起的：牛瘟、牛副流行性感冒和小反刍兽疫，其病原属于副黏病毒科；牛病毒性腹泻-黏膜病和边区病的病原属于黄病毒科，牛流行热病毒属于弹状病毒科，而蓝舌病、茨城病、中山病和鹿流行性出血热的病原属于呼肠孤科，白血病、梅迪-维斯纳病、山羊病毒性关节炎-脑炎、牛免疫缺陷病毒感染、绵羊肺腺瘤病的病原均属于反转录病毒科。这些病毒病只感染反刍动物，目前还缺乏快速简便的诊断方法和有效的药物治疗，也无相应疫苗预防。

（6）反刍动物的细菌病较少，其中心水病和牛传染性脑膜炎在我国未见报道，气肿疽极少见，属于基本控制，牛肺疫已被消灭，其他细菌病在我国仍有不同程度的流行，危害最大的是牛副结核病和羊梭菌性疾病。牛副结核病属于慢性病，尚无有效疫苗可用。羊梭菌性疾病实际上是 5 种疾病，均为典型急性毒素中毒症，但均可用疫苗来进行防疫。除此之外，还有不少的是多种动物共患的细菌病(如大肠杆菌病、沙门菌病、巴氏杆菌病、布鲁菌病、结核等)，严重危害牛、羊等反刍动物。

第一节　反刍动物的病毒性传染病

一、牛流行热

牛流行热(bovine epizootic fever，BEF)又称暂时热(ephemeral fever)、三日热(three day fever)，是由牛流行热病毒引起的牛的一种急性、热性、高度接触性传染病。其临床特征为突发高热、流泪、流涎、鼻漏、呼吸促迫、后躯僵硬、跛行。本病病程短促，传播迅速，发病率高，病死率低，多为良性经过。

1867 年，Schweinfuth 首次报道本病于非洲并分离出病毒。后在非洲的大部分地区、东印度群岛和澳洲等地广泛流行。1949—1951 年，日本流行本病，由于当时本病的病原不十分清楚，曾称为"牛流行性感冒"。1971 年，从日本发病牛群中分离出了牛暂时热病毒。我国 1949 年之前就在部分地区有本病流行的记载，1955 年曾报道发现本病，1976 年首次分离到病毒。随后在 25 个省份均多次暴发流行，但从 1991 年至今未见有大规模流行的报道。目前，本病在我国南方和东南的很多区域都有发生和流行。

牛流行热可造成较为严重的经济损失。种公牛感染后，精子畸形率可能高达 70% 以上，生殖能力下降；乳牛群感染，使奶牛体质下降，产奶量显著减少，牛乳质量达不到标准，并可能长期不能恢复；役用牛感染，由于跛行使劳役能力降低或失去，部分病牛瘫痪而被淘汰；护理和治疗不当时，死亡率可升高。本病流行范围广，对养牛业的影响很大。

【病原】

牛流行热病毒(*Bovine epizootic fever virus*，BEFV)又名暂时热病毒(*ephemeral fever virus*，EFV)和三日热病毒(*three day fever virus*，TDFV)，属于弹状病毒科(*Rhabdoviridae*)暂时热病毒属(*Ephemerovirus*)。病毒基因组为不分节段的单股 RNA，成熟的病毒粒子呈子弹状或圆锥形，长 130~220nm、宽 60~70nm。具有囊膜，表面有纤突。中央由紧密盘绕的核衣壳组成，大小 2.2nm。在宿主的细胞质内装配，以出芽方式释放到空泡内或细胞间隙中，出芽的形态为弹状或锥形。病毒可在牛肾、牛睾丸以及牛胎肾细胞、仓鼠肾原代细胞和传代细胞(BHK-21)、仓鼠肺细胞系、Vero、5678 细胞、大鼠胚皮、牛肺、肝、睾丸等细胞培养物中生长，并产生细胞病变。具有血凝性，能凝集鹅、鸽、马、仓鼠、小鼠以及豚鼠的红细胞，并被相应的抗血清所抑制。

病毒基因组长 14.8kb，已确定的编码基因有 12 个，其中 *N*、*P*、*M*、*L* 和 *G* 为编码结构蛋白基因。*N* 基因编码核蛋白(N)，是转录-复制复合物的基本组成蛋白，能刺激机体产生细胞免疫和体液免疫；*P* 基因为聚合酶相关的磷酸化蛋白(P)；*M* 基因编码基质蛋白(M)，对于病毒装配和出芽起重要作用；*L* 基因编码 RNA 聚合酶大蛋白(L)，对基因的转录、复制都具有调控作用，N、P 和 L 蛋白是病毒核衣壳的重要组成成分。G 蛋白在病毒吸附和穿入细胞过程中起重要作用，是重要免疫原蛋白，表面含有 5 个糖基化位点，也是中和抗体结合位点，位于病毒粒子囊膜表面，形成突起。用 G 蛋白制成亚单位疫苗免疫牛，可使牛产生中和抗体，对强毒攻击具有抵抗力。

自 1967 年南非首次分离到病毒，用交叉中和试验证明，至今全球所有毒株均属同一血清型。从对澳大利亚 BB7721 株和中国 JB76H 株 *GNS-L* 基因间及 G 蛋白基因序列分析结果看，两者在核酸水平上具有 91% 的同源性。由此推测，本病毒各分离株间的同源性很高。

病毒主要存在于病牛血液中，病牛退热后 2 周内血液中仍有病毒，用高热期病牛血液 1~5mL 静脉接种易感牛后经 3~7d 即可发病。用高热期血液中的白细胞及血小板层脑内接种新生小鼠，可使其发病，发病乳鼠表现神经症状，易兴奋，步态不稳，常倒向一侧，皮肤痉挛性收缩，多数经 1~2d 死亡。

病毒对外界环境抵抗力不强，一般的消毒药物均有杀灭作用。病毒在抗凝血中 2~4℃贮存 8d 后仍有感染性。感染鼠脑悬液（加有 10% 犊牛血清）4℃经 1 个月，毒力无明显下降。反复冻融对病毒无明显影响。−20℃以下低温保存，可长期保持毒力。

【流行病学】

本病主要侵害奶牛和黄牛，水牛较少感染。以 3~5 岁青壮年牛多发，1~2 岁牛及 6~8 岁牛次之，犊牛及 9 岁以上牛少发。6 月龄以下的犊牛不显临床症状，肥胖牛和高产奶牛发病率高，病情最严重。野生动物中南非大羚羊、猬羚、牛羚等均可感染，并产生中和抗体，但无临床症状。在自然条件下，绵羊、山羊、骆驼、鹿等均不感染。绵羊可人工感染并产生病毒血症，继而产生中和抗体。

病牛是本病的主要传染源。吸血昆虫（蚊、蠓）叮咬病牛后再叮咬易感健康牛而传播病原，故疫情的发生与吸血昆虫的出没相一致。试验证明，病毒能在蚊子和库蠓体内繁殖，并能分泌到唾液中。因此，吸血昆虫是重要的传播媒介。

本病呈周期性流行，每 6~8 年或 3~5 年流行一次。有的地区每 2 年一次小流行，4 年一次大流行。本病具有季节性，高温、多雨、潮湿、蚊蠓繁盛的 8~10 月多发，其他季节少见，常表现为顺盛行风向传播和流行。本病传染力强，传播迅速，短期内可使很多牛发病，呈流行性或大流行。发病率高，病死率低（一般不高于 1%），但是过度肥胖的牛病死率可高达 30%。

【发病机理】

病毒侵入易感动物体内，主要存在于血液中。血管上皮是病毒最适于增殖的场所，白细胞内的病毒可能是病毒被白细胞吞饮的结果。病毒增殖使感染机体产生炎性反应，释放 γ-干扰素、白细胞介素等细胞因子，造成体温升高，炎性分泌物增多。由于血管损伤，病牛关节机能发生障碍；水肿和气肿则引起病牛呼吸困难。病毒感染使中性粒细胞异常增多，血浆纤维蛋白原升高。同时，机体迅速产生中和抗体以及较为坚强的免疫力，将病毒杀灭而很快痊愈。

【临床症状】

潜伏期 2~5d。按临床表现可分为呼吸型、胃肠型和瘫痪型 3 型。

（1）呼吸型　最急性病例，病初高热，体温达 41℃以上，病牛眼结膜潮红、流泪。突然不食，伏卧，反射消失。大量流涎，口角出现多量泡沫状黏液，因吞咽反射消失导致脱水。头颈伸直，张口伸舌，呼吸极度困难，喘气声粗粝如拉风箱。病牛常于发病后 2~5h 死亡，少数于发病后 12~36h 内死亡。

急性病例，食欲、泌乳突然锐减或停止，体温升至 40~41℃，皮温不整，流泪、畏光，结膜充血，眼睑水肿，呼吸急促，张口呼吸，口腔发炎，流线状鼻液和口水。精神不振，发出"吭吭"呻吟声。心跳过速。四肢关节肿胀，不愿负重。怀孕 7~8 个月的牛可出现流产。病程 3~4d，若及时治疗可以治愈。

（2）胃肠型　病牛眼结膜潮红，流泪，流涎，有浆液性鼻涕，腹式呼吸，肌肉颤抖，不食，精神委顿，体温40℃左右。粪便干硬，呈黄褐色，有时混有黏液。胃肠蠕动减弱，瘤胃停滞，反刍停止。还有少数病牛表现腹泻、腹痛等症状。病程3~4d，如及时治疗则预后良好。

（3）瘫痪型　多数体温不高，四肢关节肿胀，疼痛，卧地不起，食欲减退，肌肉颤抖，皮温不整，精神委顿，站立则四肢特别是后躯表现僵硬，不愿移动，强行牵拉或转向则易摔倒。

本病死亡率一般不超过1%，但有些牛因跛行、瘫痪而被淘汰。

【病理变化】

急性死亡的自然病例，咽、喉黏膜呈点状或弥漫性出血，有明显的肺间质性气肿，多见于尖叶、心叶及膈叶前缘。肺高度膨隆，间质增宽，内有气泡，压迫肺呈捻发音。有些病例可见肺充血与肺水肿。肺水肿病例胸腔积有多量暗紫红色液，两侧肺肿胀，间质增宽，内有胶冻样浸润，肺切面流出大量暗紫红色液体，气管内积有多量的泡沫状黏液。心内膜、心乳头肌呈条状或点状出血，心肌质地柔软、色淡。肝轻度肿大，脆弱。肾轻度肿胀。脾髓粥样。肩、肘、腘、跗关节肿大，关节液增多，呈浆液性，混有淡黄色纤维素性渗出物。全身淋巴结充血、肿胀和出血，特别是肩前淋巴结、腘淋巴结、肝淋巴结等肿大，切面多汁，呈急性淋巴结炎变化，有的淋巴结呈点状或边缘出血，皮质部有小灶状坏死，髓质区小动脉内皮细胞肿大、增生。实质器官混浊肿胀。真胃、小肠和盲肠呈卡他性炎症及渗出性出血。

【诊断】

本病的特点是大群发生，传播快速，有明显的季节性，发病率高、病死率低。结合临床特点，不难做出初步诊断。确诊需要做实验室检验。必要时采取病牛全血，用易感牛做致病性试验。

（1）病原分离鉴定　取病牛发热期的血液白细胞悬液，接种于乳仓鼠肾的肺或猴肾细胞，37℃培养，2~3d可见细胞病变。分离的病毒可采用RT-PCR、细胞免疫荧光或病毒中和试验等进行鉴定。

（2）血清学试验　中和试验、琼脂扩散试验、免疫荧光抗体技术及ELISA等，可取得良好的检测结果。微量中和试验及ELISA是目前诊断及临床检测本病的常用方法。

（3）动物接种试验　采取病牛发热初期血液（收集血小板层和白细胞，制成悬液）脑内接种出生24h以内的乳鼠、乳仓鼠等，每日观察2次。一般接种后5~6d发病，不久死亡。取死鼠脑制成乳剂传代，传3代后可导致仓鼠100%死亡，然后进行中和试验。

（4）分子生物学诊断　对发热前期或初期的抗凝血液，病牛的鼻拭子，组织样本进行常规RT-PCR诊断或实时定量RT-PCR诊断，后者具有更高的灵敏性和特异性。

本病要注意与茨城病、牛病毒性腹泻-黏膜病、牛传染性鼻气管炎、牛副流感等相区别。

【防控措施】

（1）治疗　本病尚无特效药物用于治疗。多采取对症治疗，减轻病情，提高机体抗病力。病初可根据具体情况进行退热、强心、利尿、理肠、健胃、镇静，停食时间长可适当补充葡萄糖生理盐水。用抗菌药物防止并发症和继发感染。呼吸困难者应及时输氧。后期由于血浆钙水平降低而出现瘤胃蠕动迟缓、吞咽反射消失、肌颤、心动过速、呼吸急促等临床表现时，要及时补钙。也可用中药辨证施治。治疗时，切忌灌药，因病牛咽肌麻痹，药物易流入气管和肺里，引起异物性肺炎，除非能观察到吞咽反射。经验证明，早发现、早隔离、早治疗，合理用药，大量输液，护理得当，是治疗本病的重要原则。以下临床各型治疗措施可供参考。

①呼吸型病例：肌肉注射布洛芬、阿司匹林、安乃近、氨基比林等药物，以尽快退热及缓解病牛呼吸困难，防止肺部受损严重。也可用未启封的3%双氧水50~80mL，按1：10的比例用5%

葡萄糖氯化钠注射液 1 000mL 稀释，缓慢静脉注射，达到输氧的目的。同时静脉注射 5% 葡萄糖 1 000mL，生理盐水 1 000mL，青霉素 400 万 U，链霉素 200 万 U，10%安钠咖 40mL，维生素 C 8g，维生素 B₁ 1.5g。如效果不明显可反复补液，利于排毒降温。另外，也可肌肉注射病毒灵、硫酸卡那霉素等。

②胃肠型病例：针对不同症状用安钠咖、龙胆酊、陈皮酊、姜酊、硫酸镁等药物进行治疗，一般经 1~5d 可痊愈。

③瘫痪型病例：静脉注射生理盐水 1 000mL，10% 葡萄糖酸钙 500mL，5% 葡萄糖注射液 1 000mL，10%安钠咖 40mL，维生素 C 10g，维生素 B₁ 1.5g。也可用氢化可的松、醋酸泼尼松、水杨酸钠等药物进行治疗，此型应同时加强护理，否则病牛因病程长无法恢复而被淘汰。

（2）免疫　自然病例恢复后可获得 2 年以上的坚强免疫力。由于本病发生有明显的季节性，因此在流行季节到来之前及时进行免疫接种，可取得一定预防效果。国外只有澳大利亚可提供商品弱毒活疫苗和灭活疫苗；国内也曾研制出鼠脑弱毒疫苗、结晶紫灭活疫苗、甲醛氢氧化铝灭活疫苗、β-丙内酯灭活疫苗及亚单位疫苗。牛流行热灭活疫苗(JB76k 株)是目前我国唯一发放兽药生产批准文号的疫苗，也是正在使用的疫苗。近年来，也研制出病毒裂解疫苗(亚单位疫苗)，在部分省区使用，取得一定效果。

（3）饲养管理　在本病的常发区，除做好人工免疫接种外，还必须注意环境卫生，清理牛舍周围的杂草污物，加强消毒，扑灭蚊、蠓等吸血昆虫，每周用杀虫剂喷洒一次，切断本病的传播途径。注意牛舍的通风，对牛群要防晒防暑，饲喂适口饲料，减少外界各种应激因素。发生本病时，要对病牛及时隔离、治疗，对假定健康牛及受威胁牛群可采用高免血清进行紧急预防接种。

二、牛病毒性腹泻-黏膜病

牛病毒性腹泻-黏膜病(bovine viral diarrhea-mucosal disease，BVD-MD)又称牛病毒性腹泻或牛黏膜病，是由牛病毒性腹泻病毒引起的主要发生于牛的一种传染病。临床病例以发热，黏膜发炎、糜烂、坏死和腹泻为特征。许多易感动物常呈亚临床感染经过。

1946 年，本病首先发现于美国的纽约州，以消化道溃疡和下痢为特征，称为牛病毒性腹泻病。1953 年，在艾奥瓦州牛群又发现类似的疾病，以口腔溃疡和出血性肠炎为特征，称为黏膜病。病原学研究表明，牛病毒性腹泻和黏膜病是由同一种病毒引起。1971 年，美国兽医协会统一将牛病毒性腹泻和黏膜病命名为牛病毒性腹泻-黏膜病。

牛病毒性腹泻-黏膜病现已呈世界性分布，广泛存在于美国、加拿大、澳大利亚、新西兰、英国、德国、印度、阿根廷、匈牙利、日本等许多养牛业发达国家。1980 年以来，我国从德国、丹麦、美国、加拿大、新西兰等国家引进奶牛和种牛，将本病传入。目前，许多省(自治区、直辖市)已分离鉴定出了牛病毒性腹泻病毒或检测出了血清抗体。本病由于分布广泛，流行严重，给养牛业带来巨大的经济损失。本病也是国际贸易中重点检疫的传染病。

【病原】

牛病毒性腹泻病毒(*Bovine viral diarrhea virus*，BVDV)又称黏膜病病毒(*mucosal disease virus*，MDV)，属于黄病毒科(*Flaviviridae*)瘟病毒属(*Pestivirus*)。病毒粒子为球形或圆形，直径 40~60nm，具有囊膜，病毒基因组为单分子线状正股单股 RNA。成熟的病毒粒子为直径 50~80nm 的具囊膜的球形颗粒，其内含直径约 30nm 的电子致密内核，囊膜表面有 10~12nm 的环形亚单位。目前，依据致病性、抗原性及基因序列的差异，将牛病毒性腹泻病毒分为牛病毒性腹泻病毒 1 型

（BVDV1）、2 型（BVDV2）和 3 型（BVDV3）。根据瘟病毒属 *E2* 基因和 *N*^{Pro} 基因（瘟病毒属仅有的一种非结构蛋白基因）的序列差异，可进一步将 BVDV1 分为 21 个基因亚型（1a-1u）。BVDV1、BVDV2 均有致细胞病变型（cytopathic biotype，CP）和非致细胞病变型（noncytopathic biotype，NCP）两种生物型，感染早期和持续性感染的犊牛分离的是无 CPE 型，但在发生黏膜病的病牛两种生物型均可分离到。瘟病毒属除牛病毒性腹泻病毒外，其成员尚有猪瘟病毒（CSFV）和边区病病毒（BDV），这 3 种病毒均为重要的动物致病病毒，在兽医学上有重要意义。

病毒主要分布在血液、精液、脾、骨髓、肠淋巴结、妊娠母畜的胎盘等组织以及呼吸道、眼、鼻的分泌物中。能在胎牛肾、睾丸、脾脏、肺、皮肤、肌肉、气管、鼻甲、胎羊睾丸、猪肾等细胞培养物中增殖传代。BVDV 能在胎牛肾、睾丸、肺、皮肤、肌肉、鼻甲、气管等细胞以及胎羊睾丸细胞、猪肾细胞中培养增殖，也可适应于胎牛肾传代细胞。

病毒对乙醚、氯仿、胰酶等敏感，氯化镁溶液中常不稳定。对外环境因素的抵抗力不强，pH 3 以下或加热至 56℃ 可很快灭活。一般消毒药均有效。本病毒在低温下较稳定，血液和组织中的病毒在 -70℃ 可存活多年。

【流行病学】

易感动物有黄牛、水牛、牦牛、绵羊、山羊、猪、鹿、羊驼、家兔及小袋鼠等动物；各种年龄的牛对本病毒均易感，以 6~18 月龄者居多。患病牛和隐性感染牛及康复后带毒牛（可带毒 6 个月）是主要的传染源；绵羊、山羊、猪、鹿、水牛、牦牛等多为隐性感染，也可成为传染源。直接或间接接触均可传播本病；病毒可以通过感染宿主的唾液、鼻汁、粪便、尿、乳汁和精液等分泌物排出体外，主要经通过消化道和呼吸道而感染，也可通过胎盘感染。本病呈地方流行性，常年均可发生，但多见于冬末和春季；新疫区急性病例多，无论是放牧牛或是舍饲牛，大或小均可感染发病，发病率通常不高，约为 5%，其病死率为 90%~100%；老疫区则急性病例很少，发病率和病死率很低，而隐性感染率在 50% 以上。

【发病机理】

在感染过程中，病毒首先侵入牛的呼吸道及消化道黏膜上皮细胞进行复制，然后进入血液形成病毒血症，再经血液和淋巴管进入淋巴组织。导致循环系统中的淋巴细胞坏死，继而脾脏、集合淋巴结等淋巴组织损害等特征。由于上皮细胞变性和坏死而形成糜烂也是本病的特征。病毒通过胎盘垂直感染胎儿，怀孕早期可使胎牛死亡，引发流产或造成木乃伊胎。幸存胎牛可终身感染，各种分泌物含有病毒，成为危险的传染源，或发展为临床疾病。持续性感染（persistent infection，PI）是 BVDV 感染动物的一种重要的临床类型，也是 BVDV 在自然环境中维持存在的一种形式，主要由于妊娠母畜在怀孕早期（约妊娠 150d）通过子宫内感染 NCP 型 BVDV 而引起，此时胎儿的免疫系统尚未发育成熟，不能识别外来的 NCP 型 BVDV，这种胎儿出生后呈现持续性感染，体内缺乏抗 BVDV 的抗体，处于免疫耐受状态，但这种持续性感染动物的免疫耐受是高度特异的，当再次感染抗原性不同的 BVDV 可产生免疫应答。

【临床症状】

自然感染潜伏期 7~14d，人工感染潜伏期 2~3d。临床上分为急性型和慢性型两种病型。常发病群中仅见少数病例表现临床症状，多数呈隐性感染经过。

（1）急性型 急性患牛表现为突然发病，体温升高达 40~42℃，持续 4~7d，个别病例出现第 2 次体温升高现象。随体温的升高，白细胞减少并持续 1~6d，继而白细胞数量略有增多。有的可发生第 2 次白细胞减少。病牛精神沉郁，食欲低下，眼、鼻有浆液性分泌物，流涎。2~3d 后，鼻镜和口腔黏膜糜烂，舌上皮坏死，流涎增多，呼气恶臭。同时或稍后即发生严重腹泻，开始为水泻，以后带有黏液和血液。部分病牛发生蹄叶炎和趾间皮肤糜烂坏死，导致跛行。在急性感染中，可检测到短暂的病毒血症，并伴随短期的鼻腔排毒。急性病例恢复的少见，通常多死于发病后1~2周，少数病程可拖至1个月或转为慢性。

(2)慢性型　慢性牛病毒性腹泻-黏膜病病牛一般少有明显的发热症状，体温可能有高于正常的波动。最为明显的是鼻镜发生糜烂，病变常连成一片。眼有浆液性分泌物。门齿齿龈通常发红，但口腔内很少有糜烂。蹄叶炎和趾间皮肤糜烂坏死而导致的跛行是最明显的症状。皮肤通常多皮屑，鬐甲、颈部和耳后尤为明显。淋巴结肿大。部分病牛可发生腹泻。大多数病牛死于2~6个月内，也有一些可拖延至1年以上。

母牛在妊娠期感染本病时常发生流产、死胎、致畸或使新生胎儿持续性感染。感染母牛产下先天性缺陷的犊牛，表现为生长迟缓、眼睛发生白内障、关节弯曲等骨骼缺陷以及部分中枢神经系统缺陷(如小脑发育不全、髓鞘形成、鞘质缺陷等)，呈现轻度共济失调，或完全缺乏协调能力，或不能站立。持续性病毒血症病牛可产出弱犊或临床健康犊而不易被发现。

羊可发生牛病毒性腹泻病毒的人工感染，但仅在妊娠绵羊被感染而病毒通过胎盘及胎儿时才会发病。妊娠在12~80d的绵羊，可导致胎儿死亡、流产、早产，也可产出足月的病羔。病羔羊最明显的表现是被毛过多，有些出现神经症状如全身震颤，不能站立，体重往往较正常羔羊轻，后期多发生腹泻。多因各种并发症死亡。

【病理变化】

主要病变在消化道和淋巴组织。鼻镜、鼻腔黏膜、齿龈、上腭、舌面及颊部黏膜糜烂或发生浅溃疡，严重病例喉头黏膜有溃疡和弥散性坏死。特征性损害是食道黏膜糜烂，呈现大小不等的糜烂性坏死灶。瘤胃黏膜偶见糜烂和出血。真胃发生炎性水肿、糜烂。肠壁因水肿而增厚，肠淋巴结肿大。小肠急性卡他性炎症。结肠、直肠有卡他性、出血性、溃疡性以及坏死性炎症。流产胎儿口腔、食道、真胃及气管内可能有出血斑或溃疡。运动失调的新生犊牛有严重的小脑发育不全，脑室积水。蹄部常发生糜烂性炎症以及溃疡和坏死。

病理组织学检查可见消化道鳞状上皮细胞呈空泡变性、肿胀、坏死；真胃黏膜上皮细胞坏死，腺腔出血并扩张，固有层黏膜下水肿，有白细胞浸润和出血；小肠黏膜上皮细胞坏死，腺体形成空腔；肠道有关的淋巴组织有明显损害，集合淋巴结中的淋巴细胞溶解，代之以炎症细胞和死亡上皮细胞及细胞碎片，淋巴组织生发中心坏死，成熟的淋巴细胞消失，并有出血。

【诊断】

根据流行特点、临床症状及病理变化可做出诊断，确诊需要进行实验室检验。

(1)临床综合诊断　本病流行地区或疾病暴发期间，根据病史分析、临床症状及病理变化进行初步诊断。病牛体温升高，白细胞先减少继而微量增多，急性病例发生较重的腹泻；口腔黏膜糜烂，舌上皮坏死，死亡动物消化道黏膜糜烂性出血性炎症，特别是小肠和结肠集合淋巴结坏死性淋巴结炎。这些特征可为诊断提供有力证据。由于本病隐性感染病例较多，故在流行缓和期且无典型症状和病变时，做出现场诊断较为困难。

(2)病毒分离鉴定

①病料采集：急性发热期采集血液，眼、鼻分泌物，尿液等；死亡动物采集甲状腺、脾脏、肠系膜淋巴结、骨髓等材料作为病料。活畜的血沉棕黄层白细胞、全血或血清均适合分离病毒。精液也可用来分离病毒，可用培养液稀释后使用。

②电镜检查：病毒粒子呈圆形或球形，直径40~60nm，有囊膜。病毒颗粒存在于细胞的胞质、空泡和扩张的内质网内，形态规整。

③分离鉴定：牛病毒性腹泻病毒可用多种牛源单层细胞培养，不同株系所产生的细胞病变各不相同。比较典型的细胞病变是细胞变圆，细胞间距增大，胞质内出现大小不等边缘整齐的空泡，细胞逐渐脱落，并出现细长或网状的胞质状突起物，核变致密，核位置靠边，最后细胞完全脱离瓶壁，形成空斑。采用常规方法进行无细胞病变毒株分离时，为检测无细胞病变病毒，可采用免疫酶技术或免疫荧光试验。试管培养应包含一个飞片，在飞片上可直接固定培养物，用微量免疫过氧化物酶法或免疫荧光试验检测，即可获阳性结果。分离物的鉴定可用夹心 ELISA、免疫组化法；RT-PCR 技术可用于本病毒 RNA 检测，组织中的病毒可通过酶联核酸探针原位杂交来检测。

（3）血清学试验

①病毒中和试验：采用牛病毒性腹泻高致细胞病变适应毒株进行中和试验。一般选择在地方牛群检测中血清应答反应最高的毒株进行试验。目前，国际上应用广泛的两株牛病毒性腹泻致细胞病变毒株分别为"OregonC$_{24}$"株和"NADL"株。

②ELISA：常用间接 ELISA 和阻断 ELISA 等进行检测。

（4）鉴别诊断　牛病毒性腹泻-黏膜病在临床症状和病理变化上应与牛口蹄疫、牛瘟、恶性卡他热、牛水泡性口炎、牛传染性鼻气管炎等进行鉴别诊断。

【防控措施】

加强口岸检疫，严禁从有病国家引进种牛、种羊等动物。引种时必须进行血清学检查，并隔离观察，避免引入带毒牛羊。国内牛羊调拨或转运时，也应进行严格检疫，防止本病的发生和传播。发生本病时，对病牛要隔离治疗或急宰，消毒污染环境、用具。对未发病牛群进行保护性限制。

自然康复牛和免疫接种牛，一般能产生坚强的免疫力，免疫期在 1 年以上。流行区和受威胁区，可用牛病毒性腹泻-黏膜病弱毒疫苗或灭活疫苗进行免疫接种。国内研制的牛病毒性腹泻-黏膜病灭活疫苗（1 型，NM01 株）、牛病毒性腹泻-黏膜病、传染性鼻气管炎二联灭活疫苗（NMG 株+LY 株）已经在牛场应用。一般只对 6 月龄至 2 岁牛进行预防接种。肉用牛应在 6~8 月龄进行预防接种，最好在断奶前后的数周内。对威胁较大的牛群应每隔 3~5 年接种 1 次。育成母牛和种公牛于配种前再接种 1 次。怀孕母牛一般不进行免疫接种，以免引起流产。也有用多联苗（牛病毒性腹泻-黏膜病、牛传染性鼻气管炎、钩端螺旋体病三联苗等）的研究和报道。由于污染于疫苗中的无细胞病变毒株可经胎盘感染胎牛，加之活毒疫苗可引发免疫抑制，弱毒疫苗的使用应慎重。灭活疫苗使用安全，但为获得较为满意的免疫效果，须进行强化免疫接种。

本病目前尚无有效治疗方法，但用消化道收敛剂及胃肠外输入电解质溶液的支持疗法，可缩短病程，防止脱水，促进病牛康复。选择复方氯化钠液或生理盐水补液为宜，还可输注 5% 葡萄糖生理盐水，或输一定量的 10% 低分子右旋糖酐液。通常应用 5% 碳酸氢钠液 300~600mL，或11.2% 乳酸钠，解酸中毒。在补液时适当选用西地兰、洋地黄毒苷、毒毛旋花苷 K 等强心剂。止泄使用的收敛剂最好用碱式硝酸铋 15~30g，能够形成一层薄膜保护肠壁。防止细菌继发感染可使用广谱抗生素喹诺酮类、氨基糖苷类、头孢类抗生素和磺胺类药物。

三、牛传染性鼻气管炎

牛传染性鼻气管炎（infectious bovine rhinotracheitis，IBR）又称牛病毒性鼻气管炎（bovine viral rhinotracheitis，BVR）、坏死性鼻炎（necrotic rhinitis，NR）、红鼻病（red nose disease，RND），是由牛传染性鼻气管炎病毒引起的牛的一种急性、热性传染病。临床上以呼吸困难、流鼻漏和上呼吸道及气管黏膜发炎等呼吸道症状为特征。此外，还表现为脓疱性外阴-阴道炎、龟头-包皮炎、流产、乳房炎、子宫内膜炎、结膜炎、脑膜脑炎等临床疾病。

1955年，Miller等在美国首次发现以鼻气管炎症状为特征的传染性疾病，并命名为牛传染性鼻气管炎。1956年，Mardin等首次于患牛分离到病毒。其后，一些研究者相继从病牛的眼结膜、外阴、大脑和流产胎儿等病料中分离到病毒。1964年，Huck确认引起牛传染性鼻气管炎的病毒为疱疹病毒。迄今为止，世界许多国家和地区都有发生牛传染性鼻气管炎的报道，除丹麦和瑞士消灭了本病外，几乎呈世界性分布。1980年，我国从新西兰进口的奶牛中检测到病毒抗体。后来，在一些地区的牛群中发现有血清学阳性牛的存在，并从一些省区牛群中分离到了病毒。近年来，我国牛群中本病的感染率也随之增高。

本病的危害性在于病毒侵入牛体并可潜伏于一定部位，导致持续性感染，延缓肥育牛群的生长和增重，降低产奶量甚至停乳，怀孕动物流产。种公牛精液可携带病毒，散播传染；病牛长期乃至终生携带病毒，给控制和消灭本病带来一定困难。此外，许多牛只呈亚临床感染经过，遭受应激刺激或继发感染可促使临床症状显现并加重病情。

【病原】

牛传染性鼻气管炎病毒(*Infectious bovine rhinotracheitis virus*，IBRV)又名牛疱疹病毒1型(*bovine herpesvirus 1*，BHV-1)，属于疱疹病毒科(*Herpesviridae*)α-疱疹病毒甲亚科(*Alphaherpesvirinae*)水痘病毒属(*Varicellavirus*)。BHV-1又分为不同的不同的基因亚型，BHV-1.1型大多分离自呼吸道症状和流产症状的牛，BHV-1.2主要从生殖器官病变的牛中分离出来，BHV-1.3主要来自神经症状的牛。病毒粒子呈圆形，具有囊膜。带囊膜的成熟病毒粒子直径150~220nm。病毒颗粒主要由核芯、衣壳和囊膜组成。核芯由一条较大的双股DNA分子和蛋白质缠绕而成，包含病毒基因组的核衣壳为正二十面体对称，由162个壳粒组成，外围是一层含有多量脂肪和少量糖的囊膜。

病毒含138kb的线性双股DNA，基因组至少编码70个左右的蛋白。病毒含有25~33种结构蛋白，其中11种是糖蛋白，gB、gC、gD和gE 4个糖蛋白主要负责病毒的吸附、渗透和在细胞之间扩散病毒，gB、gC、gD是刺激宿主免疫应答的主要抗原蛋白，能刺激机体产生中和抗体，并在补体存在下可使感染细胞裂解。gD能诱导产生最高水平的体液和细胞免疫。*TK*基因是α-疱疹病毒的毒力基因，同时也是病毒复制的非必需基因，但对病毒维持神经组织的持续感染十分重要。*TK*基因缺失后可使毒力降低，并在非分裂细胞中的复制能力也很低，从而使潜伏的病毒不易激活，因此在研制基因缺失疫苗时，*TK*基因是首选的靶基因。

病毒只有一个血清型。与马鼻肺炎病毒、马立克病病毒和伪狂犬病病毒有部分相同的抗原成分。可在牛肾、睾丸、肾上腺、胸腺细胞以及猪、羊、马、兔肾细胞、牛胎肾细胞上生长，也可在MDBK传代细胞上培养，并可产生细胞病变，使细胞聚集，出现巨核合胞体。在体内和体外感染细胞后，均可产生核内包涵体。用苏木紫-伊红染色后可见嗜酸性核内包涵体。

病毒对外界环境因素有一定的抵抗力，对热敏感，50℃ 20min可被灭活，22℃保存5d，感染滴度下降10倍，4℃经30d保存，其感染滴度几乎无变化，低温条件下可长期保存。-70℃保存的病毒，可存活数年。在pH 7.0的溶液中很稳定，对乙醚和酸敏感。常用消毒药(如0.5%氢氧化钠、5%福尔马林、1%苯酚)可很快将其灭活。

【流行病学】

本病主要感染牛，各种年龄及不同品种的牛均能感染发病，以肉牛多发，其次为奶牛；肉用牛群的发病率有时高达75%，犊牛较成年牛易感；其中，又以20~60日龄的犊牛最为易感，病死率也较高。据报道本病毒能使山羊、猪和鹿感染发病。

病牛和带毒牛为本病主要的传染源，可随鼻、眼、阴道分泌物排出病毒。牛传染性鼻气管炎病毒可以潜伏在三叉神经节和腰、荐神经节内，造成持续性感染。当存在应激因素时，潜伏于三叉神经节和腰、荐神经节中的病毒可以活化，并出现于鼻汁与阴道分泌物中，因此隐性带毒牛往往是最危险的传染源。主要通过空气、飞沫、精液和接触传播，病毒也可通过胎盘侵入胎儿引起流产。交配也可传播本病。

本病的流行表现有一定的季节性，多发生于秋、冬寒冷季节。密集饲养（如大群养殖的舍饲奶牛）、过分拥挤、密切接触等可促使疾病迅速传播、蔓延。气候剧变、长途运输、饲料突变、继发感染、发情分娩等应激因素可诱发疾病。

【发病机理】

病毒通过传染性飞沫随呼吸运动侵入上呼吸道，随即进入血液循环，产生短暂的病毒血症，由白细胞转运到达各个组织、脏器和中枢神经系统，通常潜伏于三叉神经节和腰、荐神经节等部位。中和抗体对潜伏于神经节内的病毒无作用，存在于神经节内的病毒可维持终生。病毒这种在神经节内持续感染的特性与病毒的 *TK* 基因有关。当存在应激因素（如长途运输、过于拥挤、发情或分娩、饲养条件和环境发生剧烈变化）时，机体抵抗力下降，潜伏于三叉神经节和腰、荐神经节中的病毒可以活化，引发病毒血症。侵入眼结膜的病毒，引起结膜角膜炎；侵入呼吸道的病毒，引起呼吸道疾患；侵入神经组织的病毒引发脑膜脑炎；侵入子宫内的病毒可引起流产等。如继发感染病原菌，还可引发化脓性支气管肺炎或纤维素性肺炎。

【临床症状】

自然感染潜伏期一般 1~6d，有时可达 20d 以上。人工滴鼻或气管内接种 18~72h 即可出现症状。临床上可分为呼吸道型、结膜炎型、生殖道型、脑膜脑炎型和流产型等病型。

（1）呼吸道型　呼吸道型是较为常见的临床病型，通常于寒冷的月份出现。或表现轻微甚至不易察觉，或症状严重发展为典型疾病。急性病例可侵害整个呼吸道，表现严重的呼吸道症状。发病初期即出现高热，体温达 40~42℃，精神委顿，食欲废绝，体重迅速下降。呼吸加快，常伴有深部支气管性咳嗽。流大量黏脓性鼻液，鼻黏膜发炎，高度充血，并散在有灰黄色、粟粒大的脓疱性颗粒，甚至有干酪样伪膜和浅表溃疡。鼻镜充血并结有干痂，呈火红色，因此称为"红鼻病"。由于炎性渗出物阻塞呼吸道而发生明显的呼吸困难、咳嗽，有时出现喘鸣音和张口呼吸。因鼻黏膜的坏死，呼气中常有臭味。有时因咽喉部蓄积有渗出物或干酪样伪膜，引起吞咽困难，采食或饮水时，可发现食渣从鼻孔中流出。部分病例结膜发炎、流泪。有时发生腹泻，粪便带血。泌乳减少甚至停止。这些症状虽有个体和程度上的差异，但一般 10~14d 内消失。有些病牛症状轻微，或呈隐性经过。

（2）结膜炎型　一般无明显的全身反应，有时也可与鼻气管炎型合并发生。病牛流泪，眼睑水肿，结膜充血，角膜轻度混浊，但不出现溃疡。重症病例，在眼结膜上形成灰黄色针头大的颗粒。眼、鼻流浆液性脓性分泌物。很少引起死亡。

（3）生殖道型　可发生于母牛和公牛。母牛发病称传染性脓疱阴户-阴道炎，在欧洲国家称为"交媾疹"。病初发热，病牛精神沉郁，食欲丧失，产乳下降。时常举尾，频频排尿并有明显痛感。阴户流出黏液并呈线条状，污染附近皮肤。阴道内有大量黏脓性分泌物，外阴和阴道黏膜充血潮红，黏膜上出现小的白色病灶，可发展为脓疱。大量的小脓疱常使阴户前庭及阴道壁形成广泛的灰色坏死伪膜，脱落后可见有溃疡。一般经 10~14d 痊愈，但阴道内渗出物可持续排出数周。如用含本病毒的精液人工授精，或用病公牛配种，则使病毒侵入子宫，引起子宫内膜显著水肿和炎症。公牛发病称传染性脓疱性龟头-包皮炎。病牛精神沉郁、不食。轻症者出现一过性发热，生殖道黏膜充血，1~2d后消退、恢复。严重病例包皮、阴茎上发生脓疱，包皮水肿，数日后脓疱破溃，留下边缘不整齐的溃疡。当有细菌继发感染时则症状更加严重。病程一般10~14d。偶有公牛不表现临床症状而带毒，并能从精液中分离到病毒。另外，由于公牛、母牛生殖系统的炎症，常可引起继发性不孕。

（4）脑膜脑炎型　脑膜脑炎型主要见于犊牛。病犊体温升高达40℃以上，开始表现为流鼻液、流泪、呼吸困难等症状。3~5d后可见共济失调、肌肉痉挛，兴奋或沉郁，视力障碍。最后惊厥，角弓反张，口吐白沫，倒地，磨牙，四肢划动，病程短促，多1周内死亡，病死率高。

（5）流产型　流产型多见于怀孕4~7月龄的牛。本型一般认为是呼吸道感染后，病毒经血液循环进入胎膜、胎儿所引起。胎儿感染为急性过程，7~10d后以死亡告终，死后24~48h排出体外。流产牛有半数可发生难产和胎衣滞留。流产常见于头胎牛，也发生于经产牛，多发生于怀孕的第5~8个月，流产率2%~20%。

【病理变化】

常因病型不同而局限于不同部位。鼻气管炎型病例，病变主要局限于上呼吸道。深部鼻黏膜充血、肿胀，黏膜上覆有腐臭黏脓性渗出物，病程较长时这些渗出物脱水而成干块，堵塞鼻道。副鼻窦黏膜充血肿胀，腔体内充满渗出物。上呼吸道黏膜高度发炎，有浅溃疡。肺脏可能有成片的化脓性肺炎病灶。呼吸道上皮细胞中有核内包涵体，于病程中期出现。真胃黏膜发炎或溃疡，大小肠表现为卡他性肠炎。生殖道感染型和结膜炎型病例的病变与临床所见相同。流产胎儿肝脏、脾脏有局部坏死，有时可见皮肤水肿。脑膜脑炎型病例呈非化脓性脑炎变化。

无论病牛是否出现神经症状，都可见到由神经胶质细胞增生和细胞套管状浸润构成的三叉神经节炎以及以延髓感觉神经通路为主要部位的非化脓性脑炎，从而认为非化脓性感觉神经节炎和脑脊髓炎，与脑膜炎症一样，都是本病的主要特征性变化。

【诊断】

根据流行特点、临床症状及病理变化可做出诊断，确诊需要进行实验室检测。

（1）临床综合诊断　自然感染只发生于牛，应激因素可促进疾病传播与流行。临床上以上呼吸道症状为特征，也可表现为脓疱性外阴-阴道炎、龟头-包皮炎、流产、乳房炎、子宫内膜炎、结膜炎、脑膜脑炎等临床疾病。在排除其他疾病的前提下可初步诊断为本病。

（2）病毒分离鉴定

①病料采集：灭菌拭子采集病牛鼻腔分泌物、生殖道刮取物，或包皮生理盐水冲洗液。剖检动物可采集扁桃体、呼吸道黏膜、肺脏以及支气管淋巴结等材料；临床病例则可采集流产胎儿或其肝脏、肺脏、脾脏、肾脏和胎盘子叶等材料；脑膜脑炎病例可采集脑、脊髓组织。病料需用冰瓶低温下保存，并迅速送达实验室；也可收集病公牛的精液用于病毒分离。将病料拭子在运输培养基中充分搅动以洗脱病毒，室温静止30min后取出棉拭子，培养液1 500×g离心10min，收集上清液用于病毒分离；组织病料则用组织培养液制成10%~20%的匀浆，然后1 500×g离心10min，收集上清液用于病毒分离；精液因含有细胞毒性物质或含有对病毒增殖有抑制作用的酶和其他因子，可用加抗生素的犊牛血清进行适当稀释。

②包涵体检查：病牛呼吸道、眼结膜、角膜等上皮组织制成切片或细胞培养物制片，用Lendrum法染色检查细胞核内包涵体，细胞核染成蓝色，包涵体染成红色，胶原则为黄色。

③电镜检查：组织病料制成超薄切片或细胞培养物制片，负染后电镜检查。牛传染性鼻气管炎病毒颗粒呈圆形，有囊膜，具有疱疹病毒的特征。

④分离鉴定：病料接种于牛肾、肺、睾丸细胞，或接种于胎牛肺、鼻甲、气管等组织制备的

细胞，一般培养 3d 后，可产生特征性的细胞病变。细胞变圆、皱缩、凝聚成葡萄样群落，折光性增强，最后脱落。在单层细胞上出现空洞，有时会发现含有几个细胞核的巨大细胞。若培养 7d 后细胞不出现细胞病变，可再盲传 1 次。培养物经反复冻融后离心，上清液用于接种新的单层细胞做进一步的病毒分离。病毒鉴定可用细胞培养上清液和特异性抗血清或单克隆抗体做中和试验。此外，标记特异性抗血清或单克隆抗体的免疫荧光或免疫过氧化物酶试验可直接检测细胞病变周围细胞中的 BHV-1 抗原。还可以用 DNA 限制性内切酶酶切分析、PCR 和核酸探针等方法进行病毒检测。

（3）血清学试验　用于牛传染性鼻气管炎诊断的血清学试验有中和试验、免疫荧光技术、琼脂扩散试验、间接血凝试验和 ELISA 等。国际动物贸易指定试验为中和试验和 ELISA。由于本病隐性感染普遍存在，应用血清学试验检测时，可采取发病初期和康复期双份血清，分别测定其抗体，如康复期血清抗体较发病初期明显增高有疾病诊断意义。

也可用 PCR 或荧光抗体直接检查病料中的病毒，可快速诊断。

（4）鉴别诊断　牛传染性鼻气管炎临床表现多样，临床上一般与牛流行热、牛瘟、恶性卡他热、牛传染性角膜结膜炎、牛蓝舌病、茨城病、牛病毒性腹泻-黏膜病和牛出血性败血病等类似疾病进行区别。必要时进行病原学检查和血清学试验以鉴别诊断。

【防控措施】

加强动物检疫，防止引入传染源和带入病毒，严禁从有病国家引进种牛、胚胎和冻精。从国外引种时必须进行血清学检查，并实施隔离检疫，证明无病后方准入境。强化引入冷冻精液的检疫、管理，引入精液须经检疫，证明无牛传染性鼻气管炎病毒污染时方可使用。在生产过程中，对利用引入动物或引入精液的牛群应进行血清学试验检测，发现阳性感染牛及时处理。

清净地区发生本病时，立即进行划区封锁，检疫隔离，扑杀病牛和感染牛，消毒污染环境及用具，采取综合性防控措施就地扑灭疾病。染疫地区发生流行时，可在严格隔离的条件下对患牛实施对症治疗，疫区或受威胁区未发病的牛只立即进行紧急免疫接种。传统的牛传染性鼻气管炎弱毒疫苗或灭活疫苗无法区别免疫接种产生的抗体和自然感染产生的抗体，这对正在推行采用检疫淘汰阳性牛以根除本病和净化计划的国家或地区带来一定的影响。已研制出牛传染性鼻气管炎糖蛋白 gE 基因缺失疫苗，配套的检测方法可区别基因缺失疫苗产生的抗体与自然感染或传统疫苗接种产生的抗体。我国对于 IBR 的研究起步较晚，商品化的 IBR 疫苗才于 2016 年下半年上市，为牛病毒性腹泻-黏膜病、传染性鼻气管炎二联灭活疫苗（NMG 株+LY 株）。此外，亚单位疫苗和 DNA 疫苗的研究也已经取得重要的进展。

犊牛通过吮乳可获得母源抗体，母源抗体可干扰主动免疫，进行免疫接种时须予以注意。母源抗体最长维持 6 个月，因此，6 月龄以上犊牛须接种疫苗。目前，也有用多联苗（如牛传染性鼻气管炎、牛病毒性腹泻-黏膜病、钩端螺旋体病三联苗等）的研究和报道。

目前，本病缺乏有效的治疗药物和方法。从未发生过本病的地区，一般不做治疗。可采取封锁疫区，检疫、淘汰病牛和感染牛，严格消毒等综合性措施扑灭疾病。老疫区可根据当地疫情的具体情况，消毒污染的厩舍和环境，在隔离的条件下，积极实施对症治疗以减少死亡，缩短病程，促进病牛痊愈。为了控制继发性细菌感染，可用广谱抗生素和磺胺类药物。治疗严重感染病例，可按每 100mL 饮水中加入 1g 磺胺噻唑或磺胺二甲基嘧啶的比例投药 2~3d，然后将药量减半再连用 2~3d 以上。也可按每千克体重每日给予金霉素或土霉素 2mg，连服 7d，然后将药量减半再连用 7d 以上。

四、蓝舌病

蓝舌病(bluetongue)是由蓝舌病病毒引起的一种以库蠓为传播媒介的反刍动物传染病，主要侵害绵羊，并可感染其他反刍动物。本病以发热，消瘦，口腔、鼻腔以及消化道黏膜等发生严重的卡他性炎症为特征，病羊蹄部也常发生病理损害，因蹄真皮层遭受侵害而发生跛行。由于病羊特别是羔羊发育不良、死亡、胎儿畸形、皮毛的损坏等，造成巨大的经济损失。本病是 WOAH 规定必须报告的疫病之一，我国将其列为二类动物疾病。

蓝舌病于 1876 年在南非绵羊中首次发现，1906 年自感染绵羊和牛血液中分离到病毒，并定名为蓝舌病。本病的分布很广，许多国家都有本病存在。一般认为，从南纬35°到北纬40°的地区都有可能存在。目前，本病在非洲、美洲、欧洲、亚洲及大洋洲的一些国家均有发生。我国于 1979 年在云南省师宗县首次发现，之后在湖北省(1983 年)、安徽省(1985 年)、四川省(1989 年)、山西省(1991 年)相继暴发本病；在广东、广西、内蒙古、江西、河北、天津、新疆、甘肃、辽宁、吉林等 29 个省份均检测到血清阳性动物个体。

【病原】

蓝舌病病毒(*Bluetongue virus*，BTV)为呼肠孤病毒科(*Reoviridae*)环状病毒属(*Orbivirus*)的代表种，同属的其他病毒包括非洲马瘟病毒、马脑炎病毒、鹿流行性出血热病毒、Palyam 病毒等。蓝舌病病毒现分为 27 个血清型，不同地域分布有不同血清型，如非洲有 9 个血清型，中东地区有 6 个血清型，澳大利亚有 8 个血清型，中国有 10 个血清型。不同血清型之间一般缺乏交互免疫性。

病毒粒子呈球形，无囊膜，二十面体对称，直径 65~80nm，有双层衣壳。外衣壳结构模糊，内衣壳由 32 个壳粒组成，呈环状结构。核衣壳直径 50~60nm。病毒基因组由 10 个节段的双股 RNA 组成，经 SDS-PAGE 电泳呈现 3∶3∶3∶1 核酸带型，按相对分子质量大小命名为 L1、L2、L3、M4、M5、M6、S7、S8、S9、S10，分别编码 4 种主要结构蛋白 VP2(L2)、VP3(L3)、VP5(M5)和 VP7(S7)，3 种微量结构蛋白 NPl(L1)、VP4(M4)、VP6(S9)和 4 种非结构蛋白 NS1(M6)、NS2(S8)、NS3 及 NS3A(S10)。

病毒外衣壳由 VP2 和 VP5 构成，内衣壳主要由 P3 和 VP7 构成，病毒基因组及 VP1、VP4、VP6 被包裹于二十面体核衣壳内。VP2 与病毒的毒力有关，是血清型特异性抗原，能刺激机体产生中和抗体，也是病毒血凝素抗原，血凝抑制试验具有型特异性。VP2 与细胞表面受体相互作用介导病毒吸附和侵入细胞的过程，缺失 VP2 的病毒不再有感染性。VP5 可能与中和抗体的产生和病毒毒力有关。核芯衣壳的两种主要蛋白 VP3、VP7 及 NS1 和 NS2 非结构蛋白是病毒群特异性抗原。其中，VP7 可用补体结合反应、琼脂扩散试验或荧光抗体检测。NS2 蛋白是病毒包涵体的主要组成部分，同时与病毒 mRNA 复制有关。NS3 蛋白可以作为病毒的孔蛋白(viroporin)，提高细胞质膜的通透性，有利于哺乳动物和昆虫细胞的病毒释放。此外，NS3 还可以使病毒粒子通过出芽方式离开宿主细胞。

病毒可在 6 日龄鸡胚和乳鼠脑内增殖。适应绵羊肾、牛肾、牛淋巴结、羔羊睾丸等原代细胞，也可在 BHK-21、Vero、AA(C6/36)等传代细胞系中增殖，并产生细胞病变，在感染细胞胞质内形成嗜酸性包涵体。

病毒存在于病畜血液和组织中，康复动物体内携带病毒达 4~5 个月。病毒对乙醚、氯仿和 0.1%脱氧胆酸钠有一定抵抗力，但 3%甲醛、75%乙醇可灭活病毒。病毒对酸敏感，pH 6.5~8.6 时较稳定，pH 3.0 以下则迅速灭活。60℃加热 30min 以上灭活，75~95℃迅速灭活。在 50%甘油中可长期存活，4℃保存病毒可存活半年，−80℃可长期保存。

【流行病学】

蓝舌病病毒主要感染绵羊，所有品种的绵羊均可感染，而以纯种的美利奴羊更为敏感。牛、山羊、骆驼和其他反刍动物(如鹿、麋、羚羊、沙漠大角羊等)也可感染本病，但临床症状轻缓或无明显症状，或以隐性感染为主。仓鼠、小鼠等实验动物也可感染蓝舌病病毒。病程一般为6~12d，发病率为30%~40%，病死率为20%~30%，有时高达90%。

病羊和病后带毒羊为传染源，病愈绵羊血液带毒可达4个月。隐性感染的其他反刍动物(如牛等)无明显的临床症状，是危险的传染来源。库蠓是重要的传染源，库蠓吸吮带毒血液后，病毒在其体内增殖，当再叮咬绵羊和牛时，即可发生传染。除库蠓外，其他节肢类动物有时也可起到媒介的作用，如蜱和蚊子。绵羊虱也可机械传播病毒。公牛感染后，精液携带病毒并可通过交配传播。蓝舌病病毒可经胎盘垂直传播。

本病的发生具有季节性；多发生在湿热的夏季和早秋，特别是池塘、河流较多的低洼地区；流行多与库蠓的分布、习性和生活史密切相关。因此，在热带地区全年均可发生，在亚热带和温带地区多呈现季节性(6~10月)，多发生于湿热的晚春、夏季、秋季和池塘、河流分布广的潮湿低洼地区，也即媒介昆虫库蠓大量孳生、活动的地区。

【发病机理】

病毒感染动物后，首先在局部淋巴结复制，然后进入其他淋巴结、淋巴网状组织和血管的内皮细胞等。在病的早期发生病毒血症，接着产生本病所具有的特征性上皮损害。牛在试验接种后7d左右出现病毒血症的高峰，在接种21d后琼脂扩散试验呈阳性反应。由强毒及弱毒疫苗株所致的神经系统先天性缺损都已试验复制成功。损害的部位及性质与遭受感染时神经细胞成熟程度有关。由于存在着对病毒易感性高的未成熟的神经细胞，加之不能调动有效的免疫应答，因而造成变性，较大的胎儿发生典型的炎症反应。

【临床症状】

本病潜伏期3~10d。病初体温升高达40.5~41.5℃，稽留5~6d。表现厌食，精神委顿，流涎，口唇水肿，蔓延到面部和耳部，甚至颈部、腹部。口腔黏膜充血，后发绀，呈青紫色。在发热几天后，口腔连同唇、齿龈、颊、舌黏膜糜烂，致使吞咽困难；随着病情的发展，在溃疡损伤部位渗出血液，唾液呈红色，口腔发臭。鼻腔流出炎性、黏性分泌物，鼻孔周围结痂，引起呼吸困难和鼾声。有时蹄叶发生炎症，触之敏感，呈不同程度的跛行，甚至膝行或卧地不动。病羊消瘦、衰弱，有的便秘或腹泻，有的下痢带血，早期有白细胞减少症。病程一般为6~14d，3~4周后羊毛变粗变脆。发病率30%~40%，病死率2%~3%，有时可高达90%，如有病死多由于并发肺炎和胃肠炎。患病不死的经10~15d痊愈，6~8周后蹄部也恢复。怀孕4~8周的母羊遭到感染时，其分娩的羔羊中约有20%发育缺陷，如脑积水、小脑发育不足、回沟过多等。

山羊的病状与绵羊相似，但一般比较轻微。

牛多呈隐性感染，约有5%的病例可显呈轻微临床症状，临床表现与绵羊相同。主要临床症状是运动不灵，跛行。其原因是肌纤维发生透明样变性。

【病理变化】

口腔出现糜烂和深红色区，舌、齿龈、硬腭、颊黏膜和唇水肿，有的绵羊舌发绀，故有蓝舌病之称。瘤胃有暗红色区，表面有空泡变性和坏死。真皮充血、出血和水肿。肌肉出血，肌纤维呈弥散性混浊或呈云雾状，严重者呈灰色。呼吸道、消化道和泌尿道黏膜及心肌、心内外膜均有小点出血。严重病例，消化道黏膜有坏死和溃疡。脾脏通常肿大。肾和淋巴结轻度发炎和水肿，有时有蹄叶炎变化。肺动脉基部有时可见明显的出血，出血斑直径 2~15mm，一般认为有一定的证病意义。死胎小脑发育不全，大脑纵沟变混浊。

【诊断】

根据流行特点、临床症状及病理变化可做出诊断，确诊需要进行实验室检查。

(1)临床-流行病学诊断　根据临床症状、病理变化和流行病学资料，依据易感动物群体出现典型症状，疫病发生和媒介昆虫活动时间及区域吻合，尸检病羊呈现特征性病理变化，新近动物群体存在体重下降和蹄叶炎发病史等，可初步诊断本病。人工复制发病羊的各组织器官的病理变化和白细胞减少、体温升高、病毒血症高峰呈同步关系，在临床诊断上是一项重要指标。

(2)病毒分离鉴定

①样品采集：采集病畜发热期的血液(加肝素抗凝)，死亡动物一般采集脾脏、淋巴结、骨髓等；流产胎儿或先天性感染新生幼畜的血液、脾脏、肺、脑组织等，于低温保存条件下送达实验室(不宜冷冻保存)。

②分离鉴定：取经预处理过的样品 0.1mL 经静脉接种 9~12 日龄鸡胚，收集 24~48h 死亡或存活鸡胚的肝脏，置 PBS 缓冲液，反复冻融，离心取上清接 AA 细胞盲传 1 代，BHK-21 细胞连续传 3 代，接种后逐日观察细胞病变，进行病毒鉴定。病料静脉接种易感绵羊，进行病毒分离。病毒分离物采用单克隆抗体，经免疫荧光技术、抗原捕捉 ELISA、免疫斑点或辣根过氧化物酶试验，进行病毒群特异性鉴定；采用型特异性高免血清，经减数空斑、空斑抑制或微量中和试验，进行蓝舌病血清型特异性鉴定。DNA 探针技术可用来鉴定病毒的血清型和血清型基因差异，RT-PCR 可对蓝舌病病毒进行分群鉴定。

(3)血清学试验　采用微量中和试验、补体结合试验、琼脂凝胶免疫扩散试验、竞争性 ELISA 检测血清样品中蓝舌病群特异性抗体，可用于本病的诊断。竞争性 ELISA 由于采用单克隆抗体，可排除相关病毒抗体交叉反应。琼脂凝胶免疫扩散试验、竞争性 ELISA 为 WOAH 推荐的国际贸易中蓝舌病诊断方法之一。

(4)其他方法　还有利用过氧化物酶染色法标记抗体来检测蛋白抗原，以及蓝舌病分子生物学检测方法，包括 PCR 检测技术和核酸分子杂交技术。

(5)鉴别诊断　蓝舌病与许多皮肤、黏膜损伤性疾病容易混淆，临床上常与口蹄疫、羊传染性脓疱、牛病毒性腹泻-黏膜病、恶性卡他热、茨城病等进行鉴别诊断。

【预防控制】

加强口岸检疫和运输检疫，严禁从有本病的国家和地区引进绵羊、山羊和牛及其冻精、胚胎。为防止本病传入，进口动物应选在媒介昆虫不活动的季节。加强国内疫情监测，对新发病的动物群建议扑杀所有易感动物以根除本病。非疫区一旦发生本病，要采取果断措施，扑杀、销毁处理发病动物和同群动物，严格消毒污染环境。

流行地区可在每年发病季节前 1 个月进行免疫接种，采用鸡胚弱毒疫苗或灭活疫苗进行免疫接种，免疫保护期至少 1 年。由于蓝舌病毒的多型性，型与型之间一般不能交互免疫，必须采用与疫区流行毒株血清型一致的同型疫苗免疫动物，才能获得良好的预防控制效果。有时也采用双价或多价弱毒疫苗免疫动物控制多型病毒感染。亚单位疫苗和基因工程疫苗尚处于研制阶段。

强化污水处理，净化动物生存环境，采用杀虫剂/驱虫剂，降低库蠓密度或消灭库蠓等媒介昆虫。可尝试通过基因调控降低库蠓繁殖力和传播蓝舌病病毒的能力，以阻断本病的传播途径。本病尚无特异性药物治疗，控制细菌感染和寄生虫侵袭等并发症可降低死亡率。病羊应加强营养，精心护理，避免烈日风雨，喂以优质易消化的饲料，每日用刺激性小的消毒液冲洗口腔和蹄部，促进康复。

五、小反刍兽疫

小反刍兽疫（peste des petits ruminants，PPR）又称伪牛瘟（pseudorinderpest），是由小反刍兽疫病毒引起的山羊和绵羊等小反刍动物的一种急性接触传染性疾病。以突然发病、高热稽留、口腔糜烂、结膜炎、胃肠炎和肺炎等病症为特征。

1942 年，本病首次报道西非科特迪瓦，Gargadennec 等描述本病并命名为小反刍兽疫。由于临床症状与牛瘟相似，称为"伪牛瘟"。1962 年，Gilbert 等通过羊胚胎肾细胞分离获得本病毒。1976—1979 年，Hamdy 和 Gibbs 等通过血清学差异及交叉保护试验区分牛瘟病毒与小反刍兽疫病毒。目前，流行于撒哈拉沙漠以南和赤道以北的多数非洲国家，中东到土耳其的几乎所有国家，在印度、南亚和西亚也广泛传播。2007 年 7 月我国西藏自治区日土县发生了全国首例小反刍兽疫疫情，当时疫情仅发生在西藏部分地区，并得到有效控制。2013 年 11 月底，小反刍兽疫再次传入我国并不断蔓延。近年来，小反刍兽疫给我国养羊业造成了巨大经济损失，目前成为重点防范的动物传染病之一，国家正在稳步推进消灭计划。

【病原】

小反刍兽疫病毒（Peste des petits ruminants virus，PPRV）属于副黏病毒科（Paramyxoviridae）副黏病毒亚科（Paramyxovirinae）麻疹病毒属（Morbillivirus），与同属的牛瘟病毒、麻疹病毒、犬瘟热病毒等有相似的理化及免疫学特性。本病毒只有一个血清型，但根据基因进化树将本病毒分为 4 个系，其中 I、II、III 系来自非洲，IV 系来自亚洲。

病毒呈多形性，多为圆形或椭圆形，直径 130～390nm。病毒颗粒的外层有 8.5～14.5nm 厚的囊膜，囊膜上有纤突，纤突中只有血凝素蛋白，而没有神经氨酸酶。病毒的核衣壳总长度约为 1 000nm，呈螺旋对称。

病毒基因组由单股负链无节段 RNA 组成，病毒粒子内主要含有 6 种结构蛋白，即核蛋白（N）、磷蛋白（P）、RNA 聚合酶大蛋白（L）、基质蛋白（M）、融合蛋白（F）和血凝素蛋白（H）。其中，N、P 和 L 3 种蛋白构成病毒的核衣壳；另含两种非结构蛋白 C 和 V，其功能尚不清楚。F 蛋白含 546 个氨基酸残基，相对分子质量 $57×10^3$，是决定病毒感染成功与否的关键因素，能够引起病毒诱导的细胞病变，具有病毒诱导细胞溶血素、细胞溶合和启动感染的生物学活性。N 蛋白含 525 个氨基酸残基，相对分子质量 $58×10^3$，其主要作用是参与包裹 RNA，使 RNA 免受 RNA 酶的降解，并可增强 F 蛋白和 H 蛋白诱导的免疫力。P 蛋白含 507 个氨基酸残基，相对分子质量 $54×10^3$，参与构成核衣壳蛋白复合体。M 蛋白含 335 个氨基酸残基，相对分子质量 $39×10^3$，位于病毒囊膜的内层，在新生病毒粒子的形成过程中起核心作用。H 蛋白含 609 个氨基酸残基，是病毒囊膜表面的糖蛋白，可黏附到宿主细胞表面。L 蛋白含 2 183 个氨基酸残基，在聚合酶复合体中起催化作用。

病毒可在绵羊或山羊的胎肾、犊牛肾、人羊膜等原代或传代细胞上增殖，也可以在 MDBK、MS、BHK-21、Vero、BSE 等细胞增殖，并产生细胞病变。将病料接种于原代羊肾细胞或 Vero 细胞时，一般在 5d 内产生细胞病变，形成嗜酸性包涵体。

病毒对热、紫外线、干燥环境、强酸强碱等较为敏感，因此不能在常态环境中长时间存活；大多数消毒剂（如酚类、氢氧化钠等）作用 2～4h 可以灭活；使用非离子去垢剂可以使病毒的纤突脱落，降低其感染力。

【流行病学】

本病主要感染山羊和绵羊等小反刍兽，但不同品种的羊敏感性有显著差别。山羊比绵羊更易感，其中欧洲品系的山羊更为易感。幼龄动物易感性较高，哺乳期的动物抵抗力较强，4~8月龄的山羊特别易感。牛、猪、骆驼和水牛也可感染，但一般无临床症状。野生动物也可感染，如野骆驼、南非大羚羊、美国白尾鹿、瞪羚、东方盘羊、努比亚野山羊等。

患病动物和隐性感染的山羊、绵羊及野生动物是本病的主要传染源。感染动物的眼、鼻和口腔分泌物通过咳嗽或喷嚏向空气释放病毒，当其他健康动物吸入污染的空气就会引起感染。本病在感染动物和易感动物之间主要通过直接接触传播或呼吸道飞沫传播。病毒也存在于感染动物的精液或胚胎中，因此也可以通过受精或胚胎移植等途径传播本病。

本病全年均可发生，一般多发生在雨季以及寒冷干燥的季节。流行呈现一定的周期性，一般为3年。新疫区发病率可达100%，病死率达50%~100%；老疫区常为零星发生，只有在易感动物增加时，才暴发流行。小反刍兽疫病毒感染可使宿主获得终身免疫，在某些年份呈现暴发流行之后，则有一个5~6年的缓和期。

【发病机理】

小反刍兽疫病毒具有淋巴细胞及上皮细胞嗜性，主要引起淋巴结富集器官和上皮组织的病变。易感动物吸入污染的空气或直接接触污染物，病毒经口、咽上呼吸道上皮或扁桃体进入体内，在咽喉、下颌淋巴结以及扁桃体复制，导致淋巴细胞的免疫功能降低，进而在淋巴组织中扩散。随后病毒随血液循环到达全身各处淋巴结、消化道黏膜、呼吸道黏膜，导致淋巴组织坏死、免疫力下降，引起继发感染和支气管肺炎。病毒在上述黏膜的上皮细胞内增殖可引起一系列细胞病变，出现口炎和消化道糜烂性损伤，进而发生血样腹泻。死亡常因脱水而致，损伤不太严重时可康复，并产生中和抗体。小反刍兽疫病毒对淋巴细胞和上皮细胞有亲和性，一般能在上皮细胞和形成的多核巨细胞中形成具有特征性的嗜伊红性胞质包涵体。

【临床症状】

潜伏期一般3~21d，短者多为4~6d。自然发病多见于绵羊和山羊。根据临床症状可分为最急性型、急性型和温和型。

(1)最急性型　多见于幼龄羊，潜伏期仅有2d。病畜体温显著升高，达41~42℃，精神沉郁，被毛竖立，食饮欲消减或废绝。口腔与眼睛出现黏液性分泌物，随后口腔、唇部和鼻腔等部位出现炎症和坏死斑。发病第1天即可见便秘，随后出现腹泻。从出现体温升高到病畜死亡病程不超过5~6d，死亡率可达100%。

(2)急性型　潜伏期3~4d。病羊表现出与牛瘟相似的症状，精神沉郁，反应迟缓，食欲减退，被毛凌乱、逆立。唾液分泌增多，眼结膜潮红，鼻镜干燥。随后眼睛、鼻部和口腔分泌大量纤维素性黏液。病羊发生眼炎，有的甚至失明。眼下被毛潮湿，结痂后使眼睑粘连。严重者或继发感染者，鼻腔分泌出黄色脓液，堵塞鼻孔，导致呼吸困难。齿龈、上腭、唇和舌的背、腹侧因黏膜坏死而出现针尖大小的灰色或黑色病灶，常呈弥散性分布。病羊嘴唇肿胀、破裂、坏死，口腔黏膜出血，导致流血色涎水，继而发生大面积的坏死。后期出现口腔黏膜溃疡，白色的坏死组织被死亡的细胞覆盖，以致口腔黏膜被厚的干酪样物质完全粘附。用手指在牙床和上腭轻轻摩擦，可感触到含有病理组织碎片的附着物，气味恶臭。类似的病变也出现在鼻腔、阴门和阴道黏膜。如果病畜不死，这种症状可以持续数天。发病晚期常出现腹泻，初粪便稀软，后发展为水样腹泻，伴有恶臭气味，有时混有肠黏膜碎片和血液。病畜咳嗽，胸部出现啰音，呼吸困难，鼻孔开张，舌伸出，个别发生腹式呼吸。濒死期体温下降，常在发病后5~10d脱水死亡。疾病后期会出现共同的症状：鼻口周围、嘴唇外侧的皮肤形成小的结痂损伤。妊娠羊常发生流产。耐过羊可产生免疫力。

（3）温和型 病羊不表现明显的临床症状，轻微短暂的发热，有时可见眼睛和鼻腔流出大量的分泌物，并在鼻孔周围结痂，也见发生腹泻，一般呈温和型经过。

【病理变化】

剖检病变与牛瘟相似，患畜可见结膜炎、坏死性口炎等肉眼病变。下唇邻近的齿龈、颊和舌经常发生灶性坏死，严重时这种病变发生于上腭、咽和食道的上 1/3。瘤胃、网胃、瓣胃很少出现病变，皱胃则常出现有规则、有轮廓的糜烂病灶，其创面出血呈红色。小肠一般有中度损伤，呈现有限的出血条纹。大肠皱褶处有小的出血点。随着时间的推移，盲肠与结肠交界处表现为特征性的线状条带出血，呈"斑马纹"样特征。支气管和肺出现干酪样病灶，肺表面、支气管黏膜等有出血点，肺脏暗红色或紫色区域触摸坚硬（多见于肺的尖叶和心叶），呈支气管肺炎病变。在鼻甲、喉、气管等处有出血斑。肝切面出现显著的多灶性苍白区域。

组织学变化见口腔黏膜上皮细胞由空泡化到凝固，伴有核浓缩和崩解。合胞体内可见核内及胞质内包涵体。呼吸道黏膜坏死和增厚。肺细支气管周围出现细胞浸润，肺泡内见有多核巨细胞。口、鼻周围出现中性多核粒细胞浸润。

【诊断】

根据流行病学、临床症状和病理变化可初步诊断，确诊需要进行病毒检测和血清学试验。

（1）临床综合诊断 自然条件下仅羊发病，且山羊比绵羊严重，体温升高，口、鼻、眼流出大量分泌物，出现眼炎、口炎、肺炎和胃肠炎症状，剖检见胃肠道出血性坏死性炎症，淋巴细胞和上皮细胞坏死，发现核内和胞质内嗜酸性包涵体，这种病变具有一定诊断价值。

（2）病毒检测

①样品采集：发热期，采集全血（必要时加抗凝剂）以及眼、鼻和口腔拭子，病畜的粪便；死亡动物，采集淋巴结、肺、肠黏膜和脾脏样品。

②电镜检查：病畜的粪便或直肠黏膜病料，制备悬液进行负染，在电镜下可观察到形状不规则、有囊膜、带有纤突的病毒粒子，直径 130~390nm。

③病毒分离鉴定：拭子样品、组织样品及自抗凝血分离纯化白细胞制备 10% 组织悬液接种原代羔羊肾或非洲绿猴肾等细胞进行培养。小反刍兽疫病毒产生的细胞病变在 5d 内出现，主要表现为细胞变圆、收缩，最终形成合胞体，合胞体的细胞核呈圆形。用盖玻片培养，5d 内出现细胞病变，观察细胞质内和核内可见有嗜酸性包涵体。病毒分离物通常可用中和试验、琼脂扩散试验、对流免疫电泳试验、捕获 ELISA 和间接荧光抗体试验等进行鉴定。

已建立 RT-PCR 检测病毒核酸以鉴别诊断牛瘟病毒和小反刍兽疫病毒的方法，可用于鉴别诊断。

（3）血清学试验 常用中和试验、竞争 ELISA、琼脂扩散试验、荧光抗体试验等检测血清抗体。流行期，采集发病前后双份血清，当抗体滴度升高 4 倍以上时具有诊断意义。微量中和试验为 WOAH 推荐，国际贸易指定的小反刍兽疫诊断方法。

（4）动物接种试验 将病料组织悬液或细胞培养物，接种易感动物山羊、绵羊和牛，用于诊断本病和鉴别牛瘟。如果仅有羊只发病则怀疑为小反刍兽疫，进一步进行临床症状和病理变化观察或病毒分离鉴定。如牛出现临床症状可被判定为牛瘟，必要时进行病毒核酸检测以确诊。

（5）鉴别诊断 小反刍兽疫在临床上常需与牛瘟、蓝舌病和口蹄疫、巴氏杆菌病和羊支原体性肺炎等类似疾病进行鉴别。

【防控措施】

加强口岸检疫和运输检疫，严禁从有本病的国家和地区引进绵羊、山羊及其冻精、胚胎。我国周边国家存在疫情，应加强疫情监测，一旦传入或发生本病，要采取果断措施，扑杀、销毁处理发病动物和同群动物，严格消毒污染环境，彻底扑灭疫情。

受威胁地区，可采用小反刍兽疫疫苗或牛瘟弱毒疫苗进行免疫接种，以建立免疫带。牛瘟弱毒疫苗免疫后产生的抗牛瘟病毒抗体能够抵抗小反刍兽疫病毒的攻击，具有良好的免疫保护效果。但免疫动物仅产生抗牛瘟病毒的中和抗体，而未产生抗小反刍兽疫病毒的中和抗体，且影响牛瘟的检测。在流行区使用的弱毒疫苗有 Nigeria75/1 弱毒疫苗和 Sungri/96 弱毒疫苗，能交叉保护小反刍兽疫各个群毒株的攻击感染。Nigeria75/1 弱毒疫苗是将尼日利亚 75/1 分离毒株在 Vero 细胞上连续继代致弱研制的疫苗。我国在 Nigeria75/1 弱毒疫苗的基础上，通过基因工程技术已研制出改造的小反刍兽疫疫苗，取得了较好的预防效果。Sungri/96 弱毒疫苗是印度根据当地流行毒株研制的疫苗。小反刍兽疫灭活疫苗采用感染山羊的病理组织制备，一般采用甲醛或氯仿灭活。目前，我国预防本病主要以小反刍兽疫活疫苗（clone 9 株）和小反刍兽疫、山羊痘二价活疫苗（clone 9 株+AV41 株）等弱毒疫苗为主。新型疫苗的研究方面也取得了一定进展。由于小反刍兽疫与山羊痘地理分布近似，将小反刍兽疫病毒 F 基因插入山羊痘病毒基因组，研制成二联苗，用于预防小反刍兽疫和羊痘。

目前，针对本病尚无特异性治疗方法。应用药物控制细菌性继发感染或混合感染可降低动物死亡率。

六、牛瘟

牛瘟（rinderpest，RP）是由牛瘟病毒引起的牛的一种急性、高度接触性传染病，以体温升高，剧烈腹泻，消化道黏膜发炎、出血、糜烂和坏死为主要特征，故称为"烂肠瘟"。本病病程短促，病死率高。

牛瘟是一种古老的传染病，公元 402 年，我国《史书》上就已有牛瘟记载。由于病死率高，使牛瘟成为牛病中毁灭性最大的一种疫病，历史上曾造成养牛业的巨大损失。据记载，欧洲 18 世纪牛瘟流行猖獗，1713—1746 年，牛瘟在法国流行造成 1 100 余万头牛死亡。19 世纪末，南美洲暴发牛瘟，大流行后 900 多万头牛只剩了几百头。1938—1941 年，我国西北、西南地区流行牛瘟，死亡牛数近百万余头，这些疫情均给老百姓带来贫困、饥荒和灾难。欧洲于 1949 年之后再没有牛瘟的发生和流行。我国于 1956 年宣布消灭牛瘟，取得了疫病防制的巨大成就。2010 年，FAO 宣布全球消灭牛瘟，这是人类自全球消灭天花以来消灭的第一个动物传染病，也是值得世界各国兽医工作者引以为豪的重大事件。

【病原】

牛瘟病毒（*Rinderpest virus*，RPV）属于副黏病毒科（*Paramyxoviridae*）副黏病毒亚科（*Paramyxovirinae*）麻疹病毒属（*Morbillivirus*）。在形态结构上与同属的麻疹病毒、犬瘟热病毒、新城疫病毒以及其他副黏病毒极为相似，病毒颗粒略呈圆形，大小不一，直径 120～300nm。病毒的核衣壳呈螺旋形，总长约 1 000nm，外层包有囊膜，囊膜上有纤突。囊膜纤突只含有血凝素而无神经氨酸酶。病毒核酸类型为单股 RNA。病毒粒子在细胞质内增殖，于细胞膜上以芽生方式成熟释放。

病毒的基因组为 16kb，编码的病毒结构蛋白有核衣壳蛋白、多聚酶蛋白（P）、基质蛋白（M）、融合蛋白（F）、血凝蛋白（H）和大蛋白（L），另外，还有两种非结构蛋白 C 和 V。

牛瘟病毒主要存在于病牛血液、内脏以及分泌物和排泄物中。病毒可刺激机体产生中和抗体、补体结合抗体及沉淀抗体。血清学试验表明，牛瘟病毒与同属的麻疹病毒、犬瘟热病毒具有一定程度的抗原相关性。这 3 种病毒的核蛋白、血凝素和其他囊膜抗原有交叉反应。牛瘟病毒各个毒株虽然有毒力上的差别，但它们的抗原结构相同，有一致的抗原性。牛瘟病毒具有血凝性，可凝集兔、豚鼠、大鼠、小鼠和猴的红细胞。牛瘟病毒只有一个血清型，从地理分布上可将其分为 3 个基因型，即亚洲型、非洲 1 型和非洲 2 型。

病毒能在鸡胚卵黄囊内增殖，也可在牛、绵羊、山羊、人、犬、兔和大鼠的肾细胞中繁殖，并产生细胞病变。细胞病变主要是形成轮廓清楚的合胞体（多核巨细胞），每个巨细胞的胞质内往往含有几个巨大的嗜酸性包涵体，有时还有一个或多个核内包涵体。通过在细胞培养物中传代，牛瘟病毒对牛的毒力往往明显下降。这种减毒的病毒免疫牛可抵抗牛瘟强毒株的攻击。

病毒对外界环境和理化因素的抵抗力不强。高温、干燥、日光等自然因素均易使其失去活力。甘油不宜保存病毒，组织腐败可使其中的病毒迅速灭活。大多数毒株在 pH 4.0 以下时即丧失活性。在 4℃ 仅能保存数月，且感染力明显下降。病毒于 4℃ 条件下，20% 乙醚溶液中过夜即被灭活。病毒对普通消毒剂敏感，0.1% 升汞、2%～5% 苯酚、2%～3% 克辽林、5% 来苏儿、10%～20% 石灰乳均可杀灭本病毒。

【流行病学】

自然感染发病主要见于牛，包括黄牛、水牛、奶牛、牦牛、犏牛和瘤牛。牛的种类不同，易感性也稍有差异，牦牛易感性最高。其他家畜（如绵羊、山羊及骆驼等）也可感染，或呈亚临床经过，或仅表现轻微症状。猪和野猪也具有易感性，但只有亚洲的猪和非洲的疣猪表现临床症状。其他野生偶蹄类动物（如鹿、长颈鹿、大羚羊、角马等）也具易感性，但一般呈隐性感染。

病牛和病毒携带牛是主要的传染源。病牛在发热期通过分泌物、排泄物排出大量病毒，使周围的健康牛获得感染。羊在牛瘟流行中可遭受传染，有时甚至是最初感染对象，随后将病毒传递于牛。猪也可遭受感染并可能成为传染源，特别是亚临床感染的猪。野生偶蹄类动物感染后往往不表现临床症状而呈隐性感染状态，成为自然病毒贮主。感染的动物在潜伏期至发生临床症状时均可排出病毒，而成为传染源。自然感染的主要途径是消化道和呼吸道，大多数感染经病牛与健康牛的直接接触或近距离接触发生。点眼、滴鼻、皮下注射等试验途径也可引发感染。吸血昆虫、接触病牛的人员等可机械传递病毒。患牛瘟的妊娠母牛，可使胎儿发生子宫内感染。传染源通过各种分泌物、排泄物排出病毒，污染环境、用具、草料、饮水，散播传染。在发热期，口、鼻分泌物中含毒量高，眼分泌物也具传染性，粪便、尿液中也有病毒存在。

牛瘟在易感性高的牛群中暴发或在新的地区发生，常呈流行性甚至大流行；发病率高，几乎达 100%；病死率高，一般为 25%～50%，有时可达 90% 以上。老疫区则呈地方流行性。由于牛瘟病毒弱毒株可在流行地区的牛群中长期存在，一旦出现应激因素或传播到一个新的地方，即可引起疾病的流行。流行表现有一定的季节性，多发生于冬季到翌年 4 月。自然感染病例耐过后，可获得足够的免疫力。产生的中和抗体可伴随终生，补体结合抗体可保留一年以上。在未进行人工免疫的牛群或原始放牧的群落中，表现有一定的周期性。

【发病机理】

病毒侵入的主要途径为鼻黏膜和咽喉黏膜。病毒进入机体后，通常在扁桃体及下颌淋巴结、咽淋巴结等部位复制。2～3d 内可发生病毒血症。病毒散播于淋巴结、脾脏、骨髓、上呼吸道黏膜、肺脏、消化道黏膜等。病毒增殖导致黏膜坏死、糜烂及纤维素性渗出。分泌于坏死区域和烂斑边缘的纤维素性渗出物形成伪膜，从而构成了牛瘟特征性的病理损害。病毒对淋巴组织特别是肠系膜淋巴结及肠道相关淋巴组织的破坏，导致显著的白细胞减少。黏膜的病理变化引发腹泻，导致机体迅速脱水，发生循环衰竭而死亡。有些感染病例，临床症状开始后5~6d即出现抗体，血液中的病毒滴度随即下降。若无继发感染，可望康复。一些毒力弱的毒株，可不产生临床症状，只表现抗体阳性。中等毒力毒株致病性降低，只产生较小范围的黏膜损伤。

【临床症状】

潜伏期一般3~9d，平均4~6d，最长15d。

（1）最急性病例　在某些高度敏感的牛群中，可见到。往往一般性症状出现后即发生死亡。

（2）急性病例　体温突然升高达40~41.5℃，可持续3~5d。病牛表现精神委顿，鼻镜干燥，厌食，便秘，呼吸增数，脉搏加快，有时有意识障碍。眼睑肿胀流泪，结膜高度潮红，表面可形成伪膜，但角膜一般不变混浊。鼻黏膜充血，鼻腔流出透明黏性至脓性鼻漏，有时带血。黏膜敏感，常发生喷嚏和摇头。鼻镜常附有棕黄色痂皮。口腔大量流涎，黏膜充血，以唇面、齿龈、软硬腭、咽喉和颊内等处黏膜充血最为显著，不久黏膜表面出现灰白色或灰色粟粒大小的突起，状似撒布一层麸皮，继而突起融合形成伪膜，伪膜脱落后露出红色易出血、边缘不整齐的溃疡或烂斑。随病程发展，出现严重下痢，粪便恶臭，混有血液、黏液、黏膜碎片、伪膜等。病牛少尿，尿色黄红或暗红。孕牛可发生流产。腹泻发生的同时，可在鼻孔、阴门和阴道黏膜以及阴茎的包皮鞘出现坏死灶。后期病牛迅速脱水，消瘦，两眼深陷，卧地不起。食欲废绝，鼻镜完全干裂，眼鼻有黏脓性分泌物。最终导致循环衰竭，患牛可能24~48h躺着不动而死亡。病程一般7~10d。

（3）温和型病例　也可能高热减退，2~3d后，口腔损害迅速消退，腹泻终止，很快转入正常而康复。

山羊和绵羊症状一般表现轻微。严重者可出现高度虚弱，昏迷，咳嗽，呼吸困难，不断排出棕黄色粪便。口腔一般不发生变化，经3~8d后可能死亡。

骆驼表现高热，食欲减退，反刍停止，继而肌肉震颤，不安，流泪，咳嗽和腹泻。舌、唇和齿龈出现小水疱，以后破裂而成溃疡，但多能迅速恢复。

猪常为隐性感染。有的可表现临床症状，主要表现高热，厌食和腹泻，病程可达十几日，多数可自愈，较少死亡。

【病理变化】

尸体外观消瘦、污秽并有恶臭味，鼻腔及其周围常有黏脓性分泌物，眼球凹陷，结膜充血。除一般败血性变化外，主要表现为消化道、呼吸道黏膜的炎症和坏死。鼻腔、喉头和气管黏膜潮红、肿胀，并覆有伪膜，其下有烂斑，有时覆以黏脓性渗出物。口腔黏膜可见灰白色上皮坏死斑、伪膜或烂斑。真胃特别是幽门部呈砖红色至暗红色或暗紫色，黏膜肿胀，黏膜下层水肿，有圆形或条状出血。小肠尤其是十二指肠黏膜充血、潮红、肿胀、点状出血，严重者形成烂斑。大肠的病变比小肠严重，尤其是回肠、盲肠、结肠连接部和直肠黏膜严重出血、糜烂，覆有纤维素性坏死性伪膜。肠道集合淋巴结肿胀突出，发生溃疡。肝脏一般无变化。胆囊显著肿大，充满黄绿色或棕绿色的胆汁，黏膜上有点状出血、伪膜和糜烂。母牛生殖道黏膜可能有与口腔黏膜同样的变化。流产胎儿呈败血性变化。

组织学病变可见所有淋巴器官损害严重，特别是肠系膜淋巴结和肠道有关的淋巴组织。B细胞区和T细胞区破坏严重，常可见到细胞质内和细胞核内的嗜酸性包涵体。

【诊断】

依据牛瘟流行病学特点、临床症状以及病理变化等，可对牛瘟诊断提供有价值的证据或做出初步诊断。临床上，牛瘟常需与临床表现或病理损害相似的疾病如牛口蹄疫、牛病毒性腹泻-黏膜病等类似疾病进行鉴别。确诊必须进行病毒检测和血清学试验。

（1）临床综合诊断　发病区是否引进患病动物和病毒携带动物，根据临床上表现急性高热，剧烈腹泻，病程短促，病死率高等特点，口腔及消化道黏膜发炎、出血、糜烂和出现坏死性的病理损害，综合分析，在与类似疾病鉴别的基础上可做出初步诊断。

（2）病毒检测

①病料采集：采集病牛发热最初4d内和腹泻前的血液置于肝素或EDTA中（不冻结），抗凝剂最终浓度分别为肝素10IU/mL，EDTA 0.5mg/mL，冷藏送实验室；也可用灭菌棉拭子采集眼分泌物、鼻咽或气管分泌物、粪便等病料；死亡动物可采集脾脏、肩前淋巴结或肠系膜淋巴结等脏器作为病料，采集样品可冷冻保藏。采集的病料若不能立即进行试验，应保存于-70℃以下。

②电镜检查：组织病料制成超薄切片或用细胞培养物制片，负染后置电镜检查。成熟的牛瘟病毒粒子基本呈圆形，大小不一，直径120~300nm。有时，可看到畸形或长丝状的病毒粒子。病毒结构可分为外层脂蛋白囊膜和内部核蛋白衣壳。病毒的核衣壳呈螺旋形，总长约1 000nm，螺旋直径约18nm，螺距5~6nm。核衣壳缠绕成团，外层包有囊膜，囊膜周围有放射状排列的纤突。

③病毒分离鉴定：一般用细胞培养来增殖病毒。抗凝血经处理后取2mL接种于已形成单层的绒猴类淋巴细胞B95a、原代犊牛肾细胞或Vero细胞的旋转培养管中。培养2~3周后出现特异性的细胞病变，如细胞折射性增强、变圆、圆缩并伴随拉丝现象（即细胞质拉长成桥状而形成星状细胞）以及合胞体形成等。可用免疫过氧化物酶染色或特异性血清进行中和试验来进行分离病毒的鉴定。由于牛瘟病毒和小反刍兽疫病毒具有血清学交叉反应，因此在小反刍兽疫的疫区，必须应用基于牛瘟病毒的特异性单克隆抗体的荧光抗体、ELISA或RT-PCR方法来进行培养病毒的鉴定。

（3）血清学试验　用于牛瘟诊断的血清学试验有中和试验、补体结合试验、琼脂扩散试验、血凝抑制试验、反向对流免疫电泳、免疫荧光技术等。WOAH推荐的血清学方法是竞争ELISA。

（4）动物接种试验　选用6~12月龄的未经免疫的健康小牛2~3头，观察数日无异常后，皮下接种病牛血液或组织病料悬液5~10mL。经3~5d后，实验牛体温高达41~42℃，稽留4~6d。在发热后的2~3d，口腔黏膜即出现许多小结节，继而形成糜烂区。同时出现鼻炎、结膜炎、阴道炎等。当体温下降时，出现腹泻、消瘦、虚弱。多于4~10d内死亡，剖检可见牛瘟特征性的病理变化。本试验须有一定设备的隔离场舍和在严格消毒、防止散毒的条件下进行，必要时可设免疫对照组以确诊。

（5）鉴别诊断　牛瘟常与在临床表现相似的疾病如口蹄疫、牛病毒性腹泻-黏膜病、恶性卡他热、牛水泡性口炎、牛蓝舌病、牛巴氏杆菌病、梨形虫病等疾病进行鉴别。

【防控措施】

严格执行动物检疫和防疫法规，严防本病的再次出现。直接或间接进口牛及其他反刍动物等易感动物及其产品时，要严格检疫，防止本病死灰复燃。发生牛瘟时，及时上报疫情，立即实施划区封锁措施，扑杀病畜及其同群动物，尸体彻底销毁处理，全面消毒污染环境和所有器物用具。疫区和受威胁区的未发病易感动物进行紧急免疫接种，建立免疫防护带。

对流行本病的区域和受威胁区，用牛瘟兔化弱毒疫苗、牛瘟兔化山羊化弱毒疫苗或牛瘟兔化绵羊化弱毒疫苗等进行免疫接种。上述疫苗一般接种后14d产生免疫力，免疫期一年。

七、恶性卡他热

恶性卡他热（malignant catarrhal fever，MCF）是由狷羚疱疹病毒1型引起的牛等偶蹄动物的一种急性、热性、高度致死性传染病，以持续性发热、呼吸道和消化道上皮发生卡他性-黏脓性炎症、角膜混浊、神经机能紊乱、淋巴结肿大、全身性单核细胞浸润和脉管炎为主要特征。

　　1877 年，本病首先发现于瑞士。随后在欧洲、非洲、美洲、亚洲等许多国家和地区相继发生。目前，本病呈世界性分布，几乎世界上所有的养牛国家都有发生，特别是牛与角马、绵羊混饲或混牧的地区。我国也有本病的报道。由于病死率高，本病常给养牛业带来一定的经济损失。

【病原】

　　病原为狷羚疱疹病毒 1 型(*Alcelphine herpesvirus* 1，ALHV-1)属于疱疹病毒科(*Herpesviridae*)丙型疱疹病毒亚科(*Gammaher pesvirinae*)恶性卡他热病毒属(*Macavirus*)。

　　恶性卡他热可分 3 种流行模式。第一种为角马相关性恶性卡他热(wildebeest-associated malignant catarrhal fever，WA-MCF)，自然宿主是角马，病毒已分离到(病毒分类的依据毒株)，是非洲区域内的牛等偶蹄动物的病原。第二种为绵羊相关性恶性卡他热(sheep-associated malignant catarrhal fever，SA-MCF)，发病动物主要是牛和鹿，通过绵羊密切接触感染，病毒尚未分离成功。第三种流行于北美，围栏养殖的牛患病，无需绵羊接触，病毒特性尚待进一步鉴定。

　　病毒粒子主要由核芯、衣壳和囊膜组成。核芯由蛋白质与线状卷轴样基因组缠绕而成，直径 30~70nm。衣壳是由 162 个相互连接呈放射状排列且具有中空轴孔的颗粒构成的二十面体，直径 90~100nm。病毒粒子具有囊膜，囊膜由两层结构组成，比较宽厚，囊膜上有纤突。带囊膜的完整病毒粒子的直径 140~220nm。病毒基因组由单分子双股线状 DNA 组成，大小 125~235kb，两端或中间有重复序列。来自不同地区的毒株存在抗原性差异，根据血清学检查和病毒核酸限制性内切酶谱，可与其他牛疱疹病毒相区别。

　　病毒存在于病牛的血液、脑、脾等组织中，在血液中的病毒紧紧附着于白细胞上，不易脱离，也不易通过细菌滤器。病毒能在胸腺和肾上腺细胞培养物上生长，并产生 Cowdry A 型核内包涵体及合胞体。在这种细胞培养物几次传代后，移种于犊牛肾细胞中可生长。适应了的病毒也可以在绵羊甲状腺、犊牛睾丸、角马肾细胞及兔肾细胞中生长，并产生细胞病变。病毒可适应于鸡胚卵黄囊。

　　病毒对外界环境的抵抗力不强，无论是低温冷冻还是冻干保存，病毒存活期短，含病毒的血液在室温中或 0℃ 以下均可使病毒失去感染性。将病毒置于枸橼酸盐抗凝的血液中，于 5℃ 条件下可保存数日。有报道称，适应于鸡胚卵黄囊的病毒，贮存于-10℃，8 个月后仍有感染性。病毒对乙醚、氯仿敏感。

【流行病学】

　　主要感染黄牛和水牛，以 1~4 岁的牛较易感，老龄牛发病少。绵羊和非洲角马感染后，可不表现临床症状。此外，也有山羊、狷羚、长颈羚、大羚羊、岩羚羊、梅花鹿、红鹿、中国水鹿、驼鹿、驯鹿等动物对恶性卡他热有易感性的报道。

　　一般认为，呈亚临床感染状态的绵羊和角马是本病的主要传染源。角马和绵羊是病毒的自然宿主，感染后不表现临床症状而携带病毒，引起牛和鹿等反刍动物的感染。牛为恶性卡他热病毒的终末宿主。病毒一般不能由病牛直接传递给健康牛。发病牛多与角马或绵羊等动物有过接触病史。在非洲，恶性卡他热是牛群在被角马产犊所污染的草原上放牧时发生。在欧洲，恶性卡他热多与绵羊接触有关。羊群有时有多只动物感染，持续多年，并传播于红鹿(赤鹿)及其他鹿种、水牛中，甚至使麋鹿和巴厘牛等感染。

　　自然条件下，本病一年四季均可发生，更多见于冬季和早春。发病主要与角马和绵羊分娩有关，并且与分娩角马或绵羊的胎盘或胎儿接触的牛群更易发病。一般呈零星散发，有时呈地方流行性。病死率高，可达60%~90%。

【发病机理】

病毒侵入牛体后，侵害淋巴组织如淋巴结、脾和集合淋巴结等并在其中复制，许多小淋巴细胞被破坏，生发中心萎缩，中等淋巴细胞、大淋巴细胞增多；同时引起微小动脉和小静脉血管变性，甚至栓塞，未分化的淋巴细胞积聚于血管壁的周围和内部。小血管的变性妨碍了营养物质从血浆扩散到血管周围组织，上皮细胞变性和死亡，导致上皮糜烂。

【临床症状】

自然感染的潜伏期变化较大，一般为4~20周或更长。人工感染犊牛通常为10~30d。

最急性病例可无临床症状，或在死亡前12~24h腹泻或下痢，多突然死亡，病程1~3d。

一般感染牛初表现高热，体温达41~42℃，肌肉震颤，寒战，食欲锐减，前胃迟缓，泌乳停止，呼吸及心跳加快，鼻镜干燥等，同时还伴有鼻、眼分泌物。多在次日后发生黏膜卡他性炎症，口腔、鼻腔黏膜充血、坏死及糜烂，在口唇、齿龈、硬腭、软腭及舌等部位出现大量的浅表性溃疡。数日后，鼻腔分泌物变为黏稠脓样，典型病例形成黄色长线状物直垂于地面。分泌物干燥后，聚集在鼻腔，妨碍气体通过，出现张口呼吸和呼吸困难。眼部症状表现羞明，流泪，眼帘闭合，继而发生巩膜睫状体炎和进行性角膜炎。炎症蔓延至喉头，引起咽黏膜肿胀，可导致窒息；炎症蔓延到额窦，会使头颅上部隆起；炎症蔓延到牛角骨床，则牛角松离，甚至脱落。体表淋巴结肿大，白细胞减少。病牛饮欲增加，初便秘，后拉稀，排尿频数，有时混有血液和蛋白质。母畜阴唇水肿，阴道黏膜潮红、肿胀。后期病牛食欲废绝，关节肿胀，皮肤出现红疹、小疱疹等。

良性经过时只表现轻微的头部黏膜卡他，病程有时可拖延数月之久，最后康复。一些病例可能出现神经症状，表现为感觉过敏、运动失调、眼球震颤等；有些则出现兴奋不安、磨牙、吼叫、肌肉震颤等症状。病程较长时，在无其他症状时可出现头颈部僵硬。病程一般5~14d，多预后不良。

【病理变化】

最急性病例没有或只有轻微变化，仅可见到心肌变性，肝脏和肾脏浊肿，脾脏和淋巴结肿大，消化道黏膜特别是真胃黏膜有不同程度的发炎。

一般情况下，体表淋巴结高度肿大，切面发白，质地变硬，有时可见出血、坏死。

消化道型以消化道黏膜变化为主。口腔黏膜炎性肿胀，有散在出血点，唇内、齿龈、颊部、上腭、舌体、咽、食道黏膜可见糜烂及溃疡，有时附有伪膜；皱胃充血水肿、糜烂，有点状出血；小肠浆膜有点状和线状出血及糜烂，有时有溃疡灶，并附有纤维蛋白条块。有时，整个胃肠道可能出血、糜烂，肠内容物呈血色。

鼻和副鼻窦里附有大量脓性分泌物，鼻黏膜充血肿胀，有大量渗出液。喉头、气管及支气管黏膜充血肿胀，有小点出血和溃疡，常覆有伪膜。心外膜点状出血，心肌颜色变浅。脾正常或肿大，肝、肾可见由淋巴细胞积聚而形成的灰色小点。脑膜充血，脑室积液。泌尿道特征性病变表现为膀胱上皮淤血性出血和溃疡，尿道潮红，散在有出血小点。

组织学变化可见，淋巴器官上皮变性、血管炎症、增生和坏死。非淋巴器官间质广泛分布淋巴细胞是本病的特征性变化。角膜组织淋巴细胞的浸润可从周边开始逐步向中心发展，并可形成水肿和坏死。

【诊断】

流行病学分析、临床症状和病理变化可提供有价值的资料。确诊常进行病毒检测和血清学试验。

（1）临床综合诊断 在角马和绵羊分布地区，特别是在角马和绵羊围产期，与上述动物和其污染的场地有过直接接触的牛只出现散发性高度致死性疾病；呼吸道和消化道上皮发生卡他性-黏脓性炎症、双侧性角膜混浊、伴发严重神经紊乱、淋巴结肿大；病理学检查淋巴器官上皮变性、血管炎症、增生和坏死、非淋巴器官间质广泛分布淋巴细胞。在排除其他疾病的基础上，可做出诊断。

（2）病毒检测

①病料采集：临床症状典型的病牛可采集血液；也可采集活体或病尸（死后不超过1~2h）的淋巴结或其他感染组织。所采组织和血液标本应立即保存于冰块中或4℃环境中，并迅速送检。

②电镜检查：采集的淋巴结等感染组织制作超薄切片，或细胞培养物负染后在电镜下检查，可观察到恶性卡他热病毒。有囊膜的病毒颗粒，也见于细胞质的空泡及细胞外间隙中。

③分离培养：将病料用培养液制成细胞悬液（细胞浓度 5×10^6 个/mL）直接接种于犊牛甲状腺单层细胞培养。一般培养 3~14d 或更长时间，可见细胞出现病变，特征为合胞体形成。用特异性血清或单克隆抗体对分离物进行免疫荧光抗体试验或免疫组化法鉴定。DNA 探针和 PCR 技术对病毒的检测和鉴定更具有实际意义。

（3）血清学试验 WOAH 推荐用间接荧光抗体试验、免疫过氧化物酶试验、中和试验和 ELISA 进行诊断。

（4）动物接种试验 经非口腔途径将病牛全血（须较大剂量）或培养的完整细胞人工接种易感牛，应发生典型的恶性卡他热，潜伏期 10~60d，发病后经 5~10d 死亡，也可能康复。

（5）鉴别诊断 生产实践中本病常与类似疾病如牛瘟、蓝舌病、口蹄疫、牛病毒性腹泻-黏膜病等进行鉴别。

【防控措施】

加强口岸检疫和运输检疫，严禁从有本病的国家和地区引进牛等自然宿主及其冻精、胚胎。动物园和养殖场引进自然宿主动物时，必须经血清学试验检验为阴性，并隔离观察，证明无病后方可利用。

控制本病有效的措施是将牛、水牛、鹿等易感动物与病毒自然贮存宿主（角马、绵羊）生活区域进行严格隔离。避免绵羊与牛、鹿等混群饲养或放牧，特别是在角马、绵羊的分娩期，更应避免互相接触。同时注意厩舍与用具的消毒，防止病毒在牛群、鹿群传播。

目前，尚无商品化的疫苗可供免疫接种，也尚无特效的治疗方法和药物。发现病牛可实施对症治疗措施，以减少死亡。有人用皮质类固醇类（如地塞米松）、抗生素（如苄星青霉素、普鲁卡因青霉素）、点眼药物（如阿托品溶液、倍他米松新霉素混合液）治疗，可缓解临床症状；有人用"龙胆泻肝汤"每日灌服一副，3~5d 见到一定的疗效。

八、茨城病

茨城病（Ibaraki disease，ID）又名类蓝舌病（bluetongue-like disease，BLD），是由茨城病病毒引起的牛的一种急性、热性传染病。临床上表现为突发高热、咽喉麻痹、口鼻流涕、关节疼痛和肿胀等症状。

本病于 1949—1951 年曾在日本流行，发现病牛表现有喉头麻痹的症状，当时误认为是异型流行性感冒。1955—1960 年又在日本流行，1961 年日本茨城县从病牛病料中分离到病毒，命名为茨城病病毒。茨城病除在日本流行外，在朝鲜半岛也有发生。印度尼西亚、菲律宾、澳大利亚和美国、加拿大等一些国家也存在本病。我国台湾的牛群中也检测出了病毒抗体。本病广泛分布于热带、温热带地区，给养牛业带来一定的经济损失。

【病原】

茨城病病毒(*Ibaraki disease virus*，IDV)即流行性出血症病毒(*epizootic haemorrhagic disease virus*，EHDV)2 型，属于呼肠孤病毒科(*Reoviridae*)环状病毒属(*Orbivirus*)。病毒有双层核衣壳，外层衣壳结构模糊，内层衣壳由 32 个大的环状壳粒组成。病毒粒子呈球形或圆形，无囊膜，呈二十面体对称，直径 50~55nm。核酸类型为双股 RNA，病毒基因组由 10 个节段的 RNA 组成，各节段重排容易发生基因重组。病毒有 7 种结构蛋白和 3 种非结构蛋白，结构蛋白中的 VP7 是主要的群特异性蛋白，VP2 是主要的病毒中和抗原和型特异抗原，可用于区别流行性出血病病毒群的其他成员。病毒 G+C 含量为 42%~44%。

病毒可于牛、绵羊、鼠肾原代细胞培养增殖，也可于小鼠 L 细胞系、BHK-21 细胞系增殖，并产生细胞病变。病毒经卵黄囊途径接种鸡胚(33.5℃孵化)，容易在鸡胚内增殖，并使鸡胚致死。脑内接种乳小鼠，可发生致死性脑炎。

病毒对氯仿、乙醚有抵抗力，而对酸性环境(pH 5.0 以下)敏感，56℃加热 30min 或 60℃加热 5min，病毒感染力明显下降，但不能完全灭活。β-丙内酯、2%戊二醛、2%氢氧化钠、3%次氯酸钠、碘伏和酚类化合物易使病毒失活。

【流行病学】

本病只发生于牛，对绵羊无致病性，1 岁以下的牛较少发病。在日本，肉牛比奶牛发病多，症状也较重。病愈牛可获得一定的免疫力。实验动物中乳小鼠具有易感性，且日龄越小，易感性越强。

病牛和带毒牛是主要的传染源。取发热期病牛的血液静脉接种易感牛，可发生与自然病例相同的疾病。自然状况下主要通过库蠓等吸血昆虫的叮咬传播。病毒可在库蠓体内繁殖，7~10d 后即能传播疾病。由于库蠓吸血量很小，一次吸血一般只有 10^{-4}~10^{-5}mL，感染牛只有在体内含有高滴度的病毒时，才能成为传染源。

本病流行上有如下特点：①本病的发生有明显的季节性，通常与吸血昆虫滋生、活动的季节相关，多发生于 8~11 月。②本病的流行有一定的地区性，主要分布于热带地区。热带地区全年大部分时节有雨，温度和湿度适于吸血昆虫的滋生繁殖。在日本，多流行于关东以南地区。③本病隐性感染现象普遍，发病率一般为 20%~30%。

【临床症状】

潜伏期 3~5d。病牛突发高热，体温升高达 40℃以上，持续 2~3d，少数可维持 7~10d。发病时，眼结膜充血、水肿、流泪，继而眼结膜外翻，产生浆液性甚至脓性分泌物。口腔流泡沫样口涎，鼻镜、鼻腔黏膜、口腔黏膜、齿龈等部位充血、出血。有些病例可发生疼痛性的关节肿胀。病牛表现为精神沉郁，厌食，反刍停止，白细胞数减少。病情轻微者，2~3d 可完全恢复。部分重症病牛在鼻镜、鼻腔黏膜、口腔黏膜及口唇等部位发生糜烂或溃疡；腹部、乳房、外阴等处皮肤坏死或溃疡；有时可见蹄冠部肿胀、溃烂，病牛出现跛行。

20%~30%的病牛出现呕吐、咽喉麻痹、吞咽困难等症状。有些病例，前期症状不明显，突然出现吞咽困难。由于咽喉麻痹，病牛饮水逆流，而陷入明显的饥渴状态。个别患病牛只发生吸入性肺炎而导致死亡，或因无治愈希望而淘汰扑杀。

【病理变化】

病死牛可视黏膜充血、糜烂。皮下组织一般干燥。瘤胃、网胃和瓣胃的内容物也显干燥，多呈块状；真胃变化明显，黏膜充血、出血、水肿，并有大面积糜烂、溃疡；个别病例，由于黏膜到肌层发生水肿而致胃壁增厚。临床上呈现吞咽困难或饮水逆流等症状的病例，上部食管壁迟缓，有时下部反而紧张，食管从浆膜到肌层可见有出血、水肿。误咽而死亡的病例，可见有出血性、坏疽性肺炎病灶。

组织学检查，吞咽障碍的病例，食管肌层的横纹肌横纹消失呈玻璃样变，并有成纤维细胞、淋巴细胞、组织细胞增生。咽喉、舌体也发生出血，横纹肌坏死。肝脏也可发生出血性灶状坏死以及网状内皮细胞的活化等。

【诊断】

根据流行特点、临床症状和病理变化可做出怀疑诊断。确诊需要进行实验室检验。

(1)临床综合诊断　本病主要发生于北纬38°以南地区，通常流行于吸血昆虫滋生活动季节，传递病毒者主要是库蠓。只发生于牛，对绵羊无感染性。疾病常突然发生，呈现高热、口鼻流涕、吞咽困难、饮水逆流、关节肿胀和跛行等症状。病理变化主要有真胃充血、出血和水肿，有时可见糜烂、溃疡。根据这些特点，可做出初步诊断。

(2)病毒检测

①病料采集：急性发热期采集血液用于病毒分离培养；也可采集病死牛的肝、脾、淋巴结等组织作为病料，或者采集流行地区的媒介昆虫(如库蠓等)，用于病毒分离。

②电镜检查：病死牛脾脏、淋巴结等组织制成超薄切片，负染后电镜检查。病毒颗粒呈球形，直径约55nm，无囊膜。

③病毒分离鉴定：采集的病牛血液经反复冻融3次后，接种牛肾细胞、绵羊肾细胞、仓鼠肾细胞和BHK-21等培养细胞，病毒增殖后产生细胞病变。病料也可经卵黄囊途径接种鸡胚，病毒易在鸡胚中生长增殖，并致鸡胚死亡。

(3)血清学试验　采集发病初期和恢复期的血液分离血清，用中和试验、补体结合试验、琼脂扩散试验等血清学方法进行。

(4)动物接种试验　动物接种试验可用易感牛、小鼠进行。

①牛接种试验：采集发热期病牛的血液，静脉接种易感牛，经3~5d潜伏期后，发生与自然病例相同的症状。

②小鼠接种试验：病牛血液脑内接种乳小鼠，可发生致死性脑炎。取脑组织接种牛肾细胞、绵羊肾细胞、仓鼠肾细胞和BHK-21等培养细胞，进行病毒增殖，培养细胞可产生细胞病变。

(5)鉴别诊断　茨城病的流行季节，临床表现与牛流行热、牛传染性鼻气管炎、蓝舌病、恶性卡他热相似；病理变化与口蹄疫、牛病毒性腹泻-黏膜病、牛水疱性口炎等疾病相似。这类疾病都由病毒引起，只有通过病毒检测和血清学试验才能鉴别并确诊。

【预防控制】

加强口岸检疫和运输检疫，严禁从有本病的国家和地区引进牛及其冻精、胚胎。为防止本病传入，进口动物应选在媒介昆虫不活动的季节。控制、消灭本病媒介昆虫库蠓，防止其叮咬家畜，发病季节提倡在高燥地区放牧并驱赶畜群回圈舍过夜。加强疫情监测，非疫区一旦发生本病，要采取果断措施，扑杀、销毁处理发病牛只和同群动物，污染环境严格消毒。在日本采用鸡胚化弱毒疫苗来预防本病。

本病在牛未发生吞咽障碍之前，预后一般良好。病牛应加强护理，尽量避免误咽并注意补充水分。必要时，可使用胃管或左肷部插入套管针的方法补充水分，或注入生理盐水、林格液(可加入葡萄糖、维生素、强心剂等)。

九、牛白血病

牛白血病（bovine leukosis，BL）又名地方性牛白血病（enzootic bovine leukosis，EBL），是由牛白血病病毒感染引起的牛的一种慢性肿瘤性疾病。以全身淋巴结肿大、持续性淋巴样细胞增生、淋巴肉瘤形成、进行性恶病质和高病死率为特征。

本病于19世纪70年代自德国报道以来，在瑞典、丹麦、美国和苏联等国的某些地区流行发生，称为地方性牛白血病。1969年，Miller等从病牛外周血液淋巴细胞中分离到病毒，极大促进了本病的研究。目前，牛白血病在全世界很多地区都有发生，分布广泛，几乎遍及全世界所有养牛的国家。我国20世纪70年代自安徽省发现本病之后，上海、江苏、湖北、陕西、新疆、北京、黑龙江、江西、广东等省（自治区、直辖市）相继发生。由于本病可引起巨大的经济损失，对养牛业构成一定威胁。

【病原】

牛白血病病毒（*Bovine leukemia virus*，BLV）属于反转录病毒科（*Retroviridae*）丁型反转录病毒属（*Deltaretrovirus*）。病毒粒子大体呈球形，直径80~120nm，芯髓直径60~90nm，呈二十面体对称。具有囊膜，囊膜与核衣壳之间有一透明区，囊膜上有长约11nm的纤突。成熟的病毒粒子在细胞膜上以出芽方式释放。

基因组为线性正链单股RNA，根据基因序列的多样性将其分为10个基因型。能产生反转录酶。反转录酶以病毒RNA为模板合成DNA前病毒，前病毒能整合到宿主细胞的染色体上。BLV可同时感染B细胞、T细胞和单核细胞，但主要靶细胞以B细胞为主。

病毒有多种蛋白质，囊膜上的糖基化蛋白主要有GP35、GP45、GP51、GP55、GP60、GP69，芯髓内的非糖基化蛋白主要有P10、P12、P15、P19、P24、P80。其中，以GP51和P24的抗原活性最高，用这两种蛋白作为抗原进行血清学试验，可以检出特异性的抗体。

病毒具有凝集绵羊、小鼠红细胞的作用。

病毒可在体外感染牛、山羊、绵羊、人、猴、犬、蝙蝠等哺乳动物的细胞，如成纤维细胞、上皮样细胞和淋巴样细胞。病毒在蝙蝠肺细胞中能够较好地增殖。已建立胎羊肾细胞系（FLK/BLV）和蝙蝠肺细胞系（Bat-BLV），用于大量生产牛白血病病毒抗原。

病毒对外环境的抵抗力较弱，对乙醚和胆盐敏感，加热至60℃以上可使病毒迅速失去感染力，紫外线照射对病毒有较强的杀灭作用，反复冻融影响病毒活性，常用消毒药物可使之灭活。

【流行病学】

本病自然发病见于牛、绵羊、瘤牛，水牛和水豚也可自然感染。人工接种除牛感染外，绵羊、山羊、黑猩猩、猪、兔、蝙蝠、野鹿等均能感染。牛发病多见于成年动物，尤以4~8岁牛居多。

患病动物和病毒携带动物是本病的传染源。感染病毒的淋巴细胞可终生存在于外周血液中，此外，也存在于感染动物的分泌物、排泄物（如唾液、鼻液、气管分泌物、乳汁、尿液和粪便等）中。健康牛群发病往往是由于引进了感染的牲畜。自然情况下，牛通过正常接触可以相互传染，但牛与绵羊之间不能相互传染。怀孕的感染母牛可通过胎盘或经初乳进行垂直传播。污染有病毒的注射针头、手术器械、直肠检查时所戴的手套等可传播病毒。吸血昆虫也可传递牛白血病病毒。蝙蝠肺细胞对牛白血病病毒敏感，因此，蝙蝠是生物性传播媒介，在本病的传播中起很重要的作用。

本病呈地方流行性，无明显的季节性，发病率随着饲养环境、牛的品系、年龄等因素而不同。目前尚无证据证明本病毒可以感染人。

【临床症状】

本病的潜伏期很长，平均为4~5年或者更长。往往要经过数年才能出现肿瘤病例。一般分为隐性型和临床型两种病型。

(1)隐性型　也称亚临床型。动物在任何年龄段都可感染牛白血病病毒，很多为隐性感染。一般不出现明显的具有特征性的临床症状，只有用血液学试验才能检测感染。该型的特征是淋巴细胞增生，30%~70%感染动物发展为淋巴细胞增多症，不形成固形瘤，可持续多年或终身，一般对健康没有影响。部分病例可发展为临床型。

(2)临床型　出现临床症状的动物生长缓慢，体重减轻。体温一般正常，间或略有升高。临床上0.1%~10%的病例可演变为淋巴肉瘤。临床表现随肿瘤形成的部位而不同。触诊皮表可感觉到浅表淋巴结明显肿大。腮淋巴结、股前淋巴结常异常肿大，触摸时能滑动；一侧肩前淋巴结肿大，病牛的头颈可向对侧偏斜；眶淋巴结肿大可使一侧或两则眼珠突出，眼神经性斜视；直肠淋巴结肿大可经直肠检查触摸到。重要器官受侵害时，则伴有消瘦，掉膘，体虚，乏力，消化紊乱，食欲不振，前胃弛缓，泌乳减少甚至停止，心血管活动紊乱，闭尿，周期性便秘或腹泻，跛行，瘫痪等。

临床症状明显的动物，预后多不良，往往维持数周或数月或因继发其他感染，最终死亡。

血液学变化表现为淋巴细胞增多症。白细胞总数可高达27 000~42 000个/mm^3，有些病例可高达175 000个/mm^3。淋巴细胞占绝大多数，分类计数最高可达98%，以未成熟的淋巴细胞为主。有时，可见到细胞质极少的淋巴细胞或分裂成几个细胞核的淋巴细胞。颗粒性白细胞仅占百分之几或百分之十几，且以幼稚型和髓细胞占多数。

【病理变化】

尸体消瘦、贫血。病理变化主要是淋巴结和器官肿大。肿瘤可广泛地出现于全身的所有淋巴结，或仅见于个别淋巴结。淋巴结较正常时肿大3~5倍，有些被侵害的淋巴结可达数千克。最常发现病变的淋巴结有肩前、股前、肾、纵隔、肠系膜淋巴结等。淋巴结质地坚实或呈面团样，外观灰白色或淡红色，切面呈鱼肉状，经常伴有出血和坏死。肿瘤早期有伪膜，后期则彼此融合。

最常受害的器官有真胃、心脏、脾脏、肠道、肝脏、肾脏、瓣胃、肺脏和子宫等。内脏器官的淋巴肉瘤有结节型和浸润型。前者在器官内形成大小不等的灰白色结节，与周围组织似有分界面。切面可见无结构的肿瘤组织。后者由于肿瘤细胞在正常细胞之间弥漫性浸润，导致器官显著肿大或增厚，而不见肿瘤结节。肾脏也可发现以上两型的肿瘤。肺脏、皮肤、骨骼肌或其他部位常常为结节型，但脑的病变少见。

组织学变化可见器官组织的正常结构被破坏，由大量未分化的不成熟的瘤细胞所代替。组织学上根据细胞成熟程度的不同还能将淋巴肉瘤分为不同类型。如淋巴细胞型，淋巴母细胞型、网状细胞型(组织细胞型)和干细胞型。肿瘤细胞呈多形性，细胞核常偏于一端，胞质较少，外围为不规则圆形，细胞核占整个细胞的大半，强嗜酸性，染色质丰富，呈细粒状，经常可见核分裂相，核仁通常被染色质掩盖。

【诊断】

流行病学分析、临床症状和病理变化可对诊断提供有价值的资料。病毒检测和血清学试验，可做出确实可靠的诊断。

(1)临床综合诊断

①本病呈地方流行性，无明显的季节性，潜伏期长，病的发展呈阶段性。

②临床上出现食欲不振、消瘦、消化不良、下痢、心律不全、贫血、呼吸困难、排尿障碍、

眼球突出及神经症状的牛只，应详细检查浅表淋巴结，特别是肩前、颈部、股前淋巴结有无肿大及肿瘤形成，或直肠检查发现淋巴结肿瘤者可为诊断提供有意义的依据。

③本病淋巴细胞增多症常常是发生肿瘤的先驱变化，其发生率远远超过淋巴肉瘤的形成。因此，进行血液学检查是诊断本病的实用方法和重要依据。血液学变化的主要特征包括白细胞总数明显增加；淋巴细胞占绝大多数，分类计数可高达98%，以未成熟的淋巴细胞为主；出现淋巴细胞，即所谓的肿瘤细胞。

④感染淋巴结的活体检查，有助于确定肿瘤的存在，尤其是发现大量的淋巴细胞。

⑤病理学检查可观察到特征性的肿瘤病变，特别是采集右心房、肝脏、脾脏、肾脏和淋巴结等组织进行病理组织学检查，可提供切实的诊断资料。

（2）病毒检测

①病料采集：采集感染动物外周血液（抗凝）用于病毒分离或病原检测。采集包括淋巴结、右心房、肝脏、脾脏、肾脏、胸腺等活体组织或肿瘤组织作为待检病料。

②病毒分离鉴定：取采集的血液并分离单核细胞。将单核细胞接种于加有胎牛肺细胞（细胞浓度 $2×10^6$ 个/mL）的含20%胎牛血清的 MEM 培养基，培养 3~4d 后，病毒可引发细胞产生合胞体。用放射免疫分析、ELISA 和琼脂扩散试验检测病毒抗原；应用与病毒基因组 *gag*、*pol* 和 *env* 相匹配的引物，采用 PCR 检测牛白血病前病毒（套式 PCR 法更为敏感）。

（3）血清学试验　琼脂扩散试验、ELISA、放射免疫测定、补体结合反应、中和试验、免疫荧光试验、胶体金免疫层析法等可用于本病的诊断。

（4）绵羊接种试验　病料接种绵羊（以代替细胞培养），6周后采集血液，分离血清，用 ELISA 和琼脂扩散试验测定病毒的抗体。

（5）鉴别诊断　牛白血病应注意与牛白血病病毒感染无关的各种病因引起的暂时性淋巴细胞增生性（非肿瘤性）的疾病相区别。

【防控措施】

加强口岸检疫，进口种牛时应进行原产地检疫工作，了解进口牛产地的流行病学和原牛场牛群的病史。避免从流行严重的地区和农场选牛。引进动物应选在吸血昆虫不活动的季节。引种后实施隔离检疫，合格后方可利用。

加强饲养管理，对临床症状明显的病牛应予以扑杀。严重感染的牛群，可采取全群扑杀的措施。对污染的厩舍、场地、用具、车辆等应彻底消毒。应禁止健康牛群与患病牛群接触，各个牛群应具有固定的用具、车辆等，且不得串换使用。防止媒介昆虫进入牛舍或接触牛群。避免将感染牛的血输给未感染牛。在注射疫苗、断角、阉割、手术和打针时，应严格消毒，避免牛只发生外伤，防止人为传播本病。严禁用感染牛的精液做人工授精。病母牛所产的血清学阴性犊牛立即隔离，饲喂以不感染牛白血病母牛的初乳或消毒乳。阳性牛的后代均不可留作种用。疫区每年应进行 3~4 次临床、血液学分析和血清学检查，不断剔除阳性牛。

目前，本病尚无特殊药物治疗。采取对症治疗虽在短期内能缓解症状，但不能使患病动物彻底痊愈。

十、梅迪-维斯纳病

梅迪-维斯纳病（Maedi-Visna，MV）是由梅迪-维斯纳病病毒引起的成年绵羊、山羊的一种慢性传染病。本病的特征是潜伏期长、病程缓慢，临床表现为间质性肺炎或脑膜炎。病羊衰弱、消瘦，终归死亡。

Maedi、Visna 源于冰岛语，Maedi 是呼吸困难的意思，是以呼吸困难或消瘦为主要特征的慢性进行性肺炎；Visna 是损耗、消瘦的意思，是以神经临床症状为主要特征的脑脊髓炎。1915 年，Mitchell 首次对发生于南非的患病绵羊进行了描述。1923 年，在加拿大蒙纳绵羊中发现梅迪病。1933 年，在冰岛绵羊中发生流行。荷兰、美国、法国、印度、匈牙利、挪威、以色列、秘鲁、德国等国均有病例报道。在我国的新疆、青海、宁夏、内蒙古、四川、辽宁等地区已有不同程度的流行。

【病原】

　　梅迪-维斯纳病病毒(*Maedi-Visna virus*，MVV)属于反转录病毒科(*Retroviridae*)慢病毒属(*Lentivirus*)。病毒的核酸类型为单股 RNA。成熟的病毒粒子呈球形，直径 90～100nm，有囊膜。病毒在感染细胞的细胞膜上以出芽方式释放。梅迪-维斯纳病的病毒基因组由 3 个主要的基因组成，即编码群特异性抗原的 *gag* 基因，编码反转录酶、聚合酶、RNA 酶 H 蛋白酶(RNAseH)、脱氧三磷酸尿苷酸酶的 *pol* 基因，编码表面糖蛋白的 *env* 基因。病毒的衣壳蛋白 P30、表面糖蛋白 gp135 抗原与山羊关节炎-脑炎病毒的 p28、gp135 抗原间有交叉反应。

　　病毒可于绵羊脉络膜丛、肺、睾丸、肾和唾液腺细胞内增殖，引起特征性的细胞病变。病毒接种 2～3d 出现特征性细胞病变，形成巨大的合胞体细胞，每个合胞体细胞中含有 2～20 个细胞核，以合胞体细胞为中心，周围是折光性强的梭形细胞。病毒主要存在于感染宿主的肺脏、纵膈淋巴结、脾脏等组织。

　　病毒在 pH 4.2 以下易于灭活，pH 7.2～9.2 稳定，56℃经 10min 可被灭活，4℃条件下可存活约 4 个月。病毒对乙醚、氯仿、乙醇、过硫酸氢钾和胰酶敏感。病毒可被 0.1%甲醛、4%酚和50%乙醇灭活。

【流行病学】

　　梅迪-维斯纳病主要是绵羊的一种疾病，山羊也可感染。本病发生于所有品种的绵羊，无性别的区别，发病者多为 2～4 岁的成年绵羊。

　　病羊和潜伏期感染羊为主要传染源。感染羊的脑、脑脊髓液、乳汁、肺、唾液、鼻汁、粪便等内有病毒存在，终身带毒。病毒主要通过乳汁排出，呼吸道也是病毒排出的重要途径。健康羊与病羊接触通过消化道、呼吸道感染。乳汁传递是本病的主要传播方式，也可经呼吸道飞沫传播，摄入病毒污染的牧草也可引起感染。可经胎盘垂直传播。吸血昆虫可成为病毒传播者。

　　本病呈地方性流行或散发，发病率因地域而异。饲养密度过大有助于本病的传播流行。多数暴发流行是由于从本病流行国家进口带毒羊或病羊所致。一年四季均可发生，在冬季，与病羊同舍饲养的羊发病率高。

【发病机理】

　　病毒侵入羊体后，在受害的器官中扩散，逐渐发挥损害作用。部分病理损伤是由免疫病理反应引起。病毒侵入肺脏后，以淋巴-网状细胞增生的方式发生弥漫性细胞反应。由于肺泡壁受到上述细胞的浸润，间质增生，肺泡壁增厚，肺泡逐渐缩小并形成慢性肺泡性肺气肿，整个呼吸面积缩小，使肺泡和毛细血管之间的气体交换受到影响，发生呼吸困难。如并发细菌性肺炎，则加剧病情或死亡。

　　病毒侵入神经系统，在脊髓和脑引发非化脓性脊髓炎和脑膜炎。脑脊液中淋巴细胞增多，脑膜软化、增厚和纤维化。接着发生脑室膜周围的神经胶质细胞增生和血管周围浸润。组织增生和浸润致使白质破坏，引起大脑、小脑、脑桥、延脑及脊髓发生灶性脱髓鞘，在脑室膜和脑底膜的附近形成脱髓鞘腔，导致脊髓和脑底部非化脓性脑脊髓炎、脑脊髓鞘灶性脑脊髓白质炎。

【临床症状】

潜伏期长，易感动物在接触病毒1~3年后出现临床症状，随后呈进行性病程。

（1）梅迪病（呼吸道型） 患病羊首先表现为放牧时掉群，并出现干咳，随之呼吸困难日渐加重。病羊鼻孔扩张，头高仰，呼吸频数，听诊或叩诊可闻啰音或实音区。病羊体温一般正常。呈现慢性、进行性间质性肺炎，体重下降，逐渐消瘦、衰弱，最终死亡。病程一般为2~5个月，也有达数年者，病死率高。

（2）维斯纳病（神经型） 患病羊最初表现为异常步样，运动失调和轻瘫，特别是后肢，易失足和发软。轻瘫逐渐加重最后发生全瘫。有些病例头部也有异常表现，口唇和眼睑震颤，头偏向一侧。病情缓慢进展并恶化，四肢陷入对称性麻痹而死亡。病程数月甚至数年。感染绵羊可终身带毒，但大多数感染绵羊并不出现临床症状。

【病理变化】

（1）梅迪病 病理变化主要见于肺脏及周围淋巴结。病肺体积和质量均增大2~4倍，呈淡灰黄色或暗红色，触之有橡皮样感觉。肺脏组织致密，质地如肌肉，以膈叶的变化最为严重，心叶、尖叶次之。仔细观察，在胸膜下散在许多针尖大小、半透明、暗灰白色的小点。肺小叶间质明显增宽，呈暗灰色细网状花纹，在网眼中显出针尖大小的暗灰色小点。病肺切面干燥，如滴加50%~98%醋酸，很快会出现针尖大小的小结节。支气管淋巴结肿大，平均质量可达40g（正常为10~15g），切面均质发白。病理组织学变化主要为慢性间质性肺炎。肺泡间隔增厚，淋巴样组织增生。在细支气管、血管和肺泡周围出现弥漫性淋巴细胞、单核细胞以及巨噬细胞的浸润。微小的细支气管上皮、肺泡间隔平滑肌、血管平滑肌上皮增生。

（2）维斯纳病 眼观病变不显著。病理组织学变化主要表现为弥漫性脑膜脑炎，脑膜及血管周围淋巴细胞和小胶质细胞增生、浸润并出现血管套现象。大脑、小脑、脑桥、延脑和脊髓白质内出现弥漫性脱髓鞘现象，在脑膜附近形成脱髓鞘腔。

【诊断】

根据临床症状和病理变化可初步进行诊断，确诊需要进行病毒分离鉴定和血清学试验。

（1）临床病理学诊断 多发生于绵羊，病程缓慢，多为散发，临床上表现为呼吸征候群或神经征候群。梅迪病以呼吸困难、间质性肺炎为主要特征。剖检见肺和支气管淋巴结异常肿大，肺间质明显增宽，镜检见肺泡间隔增厚，肺组织间质中淋巴样组织增生。维斯纳病以发展极其缓慢的非发热的中枢神经系统脱髓鞘性脑脊髓白质炎为主要特征。组织学镜检变化主要局限于中枢神经系统，呈弥漫性脑脊髓炎、淋巴细胞浸润及小神经胶质细胞增生和脱髓鞘。

（2）病毒分离鉴定

①病料采集：通常采集脑、脊髓和肺脏、唾液腺以及鼻分泌物等作为病料；病羊血清中含有特异性抗体，可采集病羊血液用于病毒检测和血清学检查。

②电镜检查：采集病羊的病肺组织做超薄切片负染后进行电镜检查，或将病肺组织制成乳剂，经差速离心处理，再以硫酸胺或聚乙二醇浓缩并通过柱层析纯化后，用磷钨酸负染，在电镜下观察。梅迪-维斯纳病病毒颗粒呈球形，直径90~100nm，外有单层或双层囊膜，囊膜上有纤突。病毒在感染细胞内以出芽方式成熟。

③细胞培养：病羊血液、脑脊髓液或病变组织悬液接种绵羊或山羊脑室管膜或脉络膜丛细胞，在2~3周产生细胞病变，形成多核巨细胞，并产生细胞病变。也可采集病羊白细胞与健康敏感细胞共同培养，易分离获得病毒。或者直接用感染羊脑、肺等组织经胰酶消化后进行培养分离病毒。

④病毒鉴定：一般用ELISA、RT-PCR、原位杂交等方法鉴定或检测病毒。

（3）血清学试验　梅迪-维斯纳病可用琼脂扩散试验、补体结合试验以及中和试验等血清学方法检测病羊血清中的抗体。

（4）动物接种试验　采集病羊肺脏组织制成病料悬液，经鼻内或静脉接种易感绵羊，一个月后扑杀剖检，感染羊肺部出现梅迪病的病变。采集病羊脑组织制成悬液，脑内接种易感绵羊，不久，感染羊只脑脊髓液出现淋巴细胞增多，并表现出维斯纳病的神经症状或病理组织学变化。

（5）鉴别诊断　梅迪-维斯纳病在临床上应与绵羊肺腺瘤病、痒病等进行鉴别诊断。

①与绵羊肺腺瘤病鉴别：梅迪-维斯纳病与绵羊肺腺瘤病在临床上均表现为进行性病程，不易区别。病理组织学检查，绵羊肺腺瘤病以增生性、肿瘤性肺炎为主要特征，可发现肺泡上皮细胞和细支气管上皮细胞异型性增生，形成腺样构造；而梅迪病则以间质性肺炎为特征，间质增厚变宽，平滑肌增生，支气管和血管周围淋巴样细胞浸润。也可通过血清学试验进行区别。

②与绵羊痒病鉴别：某些不呈瘙痒症状的痒病患羊，在临床表现上可能与维斯纳病相似。病理组织学检查，痒病患羊的特异性变化是神经元空泡化，即海绵样变性；而维斯纳病病羊则呈现弥漫性脑膜脑炎变化，具有明显的细胞浸润和血管套现象，并发生弥漫性脱髓鞘变化。此外，痒病缺乏免疫学反应，而梅迪-维斯纳病可用免疫血清学方法检出血清中的抗体。

【防控措施】

引种应从未发生本病的国家或地区引进。动物在出口前30d，进行梅迪-维斯纳病琼脂扩散试验检测，结果阴性者方可启运。口岸检疫中，如发现梅迪-维斯纳病阳性动物，则做退回或扑杀销毁处理。防止健康羊群与病羊接触，发病羊只及时隔离、淘汰。病尸或污染物应销毁或无害化处理。圈舍、饲管用具用2%氢氧化钠或4%碳酸氢钠消毒。

本病目前尚无有效的治疗方法和药物，也无特异性疫苗供免疫接种。只有定期用血清学试验检测羊群，淘汰有临床症状的羊只以及血清学反应阳性的动物及其后代，以清除本病，净化畜群。

十一、山羊病毒性关节炎-脑炎

山羊病毒性关节炎-脑炎（caprine arthritis-encephalitis，CAE）是由山羊关节炎-脑炎病毒引起山羊的一种慢性消耗性传染病。成年羊呈缓慢发展的关节炎，间或伴有间质性肺炎或间质性乳房炎，2~6月龄的羔羊则表现为上行性麻痹的脑脊髓炎症状。

本病于1964年在瑞士报道。1974年，Cork描述了山羊羔的传染性脑脊髓白质炎、成年羊的多发性关节炎、间质性肺炎和间质性乳房炎的疾病特征。1980年，Crawford等报道本病由反转录病毒山羊关节炎-脑炎病毒引起。本病分布于世界很多养羊的国家，如瑞士、德国、英国、加拿大、美国、法国、挪威、巴西。1982年，我国从英国进口山羊时将本病带入。1985年以来，我国先后在甘肃、贵州、四川、陕西、山东和新疆等省（自治区）发现本病。

【病原】

山羊关节炎-脑炎病毒（*Caprine arthritis-encephalitis virus*，CAEV）属于反转录病毒科（*Retroviridae*）慢病毒属（*Lentivirus*）。病毒核酸类型为单股RNA。成熟的病毒粒子呈球形或具多形性，直径80~100nm，有囊膜，囊膜上有纤突。病毒以出芽方式释放。

感染性的病毒粒子有4个主要编码基因，其顺序是5′-gag-pro-pol-env-3′。囊膜纤突糖蛋白Gp120是病毒的主要抗原，具有型特异性抗原决定簇，可诱发中和抗体；衣壳蛋白P24为群特异性抗原。山羊关节炎-脑炎病毒的P24和Gp120与梅迪-维斯纳病病毒的相应抗原有交叉反应性，可用VMV的琼脂扩散抗原检出患病羊血清中CAEV特异性抗体。

病毒可在胎山羊关节滑膜细胞、角膜细胞、肺细胞、乳腺细胞和脉络丛细胞中增殖。山羊胎儿滑膜细胞常用于分离山羊病毒性关节炎-脑炎病毒。病料接种后 15~20h，病毒开始增殖，24h后细胞出现融合现象，5~6d 细胞层布满大小不一的多核巨细胞。试验证明，合胞体的形成是病毒复制的象征。山羊病毒性关节炎-脑炎病毒虽能在山羊睾丸细胞、山羊胎儿肺细胞、山羊角膜细胞等进行复制，但一般不引起细胞病变。

山羊关节炎-脑炎病毒对热、去污剂和甲醛敏感，56℃ 60min 可灭活。

【流行病学】

山羊是本病的易感动物，自然条件下，本病只在山羊之间相互传染发病，易感性无年龄、性别和品种差别，绵羊一般不会感染。试验感染宿主为山羊羔。试验感染除绵羊外，兔、豚鼠、地鼠、鸡胚均不被感染。

传染源为病山羊和感染潜伏期的山羊。含有巨噬细胞成分的分泌物在本病传播中有重要意义。消化道是主要的感染途径。病毒可经吮乳感染羔羊，未经消毒的带毒初乳喂养羔羊极易感染本病。子宫内感染偶尔发生。带毒公羊与母羊配种可将病毒传递给母羊。感染羊可通过乳汁、粪便、唾液、呼吸道分泌物、阴道分泌物等排出病毒，污染环境。

本病一年四季均可发生，主要呈地方性流行。感染母羊所产羔羊当年发病率为 16%~19%，病死率高达 100%。感染羊只，在良好的饲养管理条件下，多不出现临床症状或症状不明显，只有通过血清学检查，才被发现。一旦饲养管理不良、长途运输或遭受到环境应激因素的刺激，则表现出临床症状。

【发病机理】

病毒感染过程以血液单核细胞终生性潜伏感染为特征。自然感染时，病毒由消化道侵入血液后，首先感染血液单核细胞，病毒基因组以前病毒状态整合到单核细胞染色体中，但不在其中复制。在单核细胞进入脑、关节、肺脏和乳腺等器官和组织转化为巨噬细胞的过程中，前病毒被激活，基因组得以转录，病毒增殖释放出子代病毒而扩散感染。病毒抗原充分表达，从而刺激以巨噬细胞、淋巴细胞和浆细胞为特征的增生性炎症反应。随着病程的发展，病毒不断从组织内复制释放，感染新生单核巨噬细胞，在巨噬细胞内活跃地复制。巨噬细胞并不破坏，反而为病毒逃逸免疫清除起到保护作用。研究表明，关节内病毒的存在与抗体的出现和关节腔膜炎症密切相关。据研究，本病与人类风湿性关节炎一样属于抗原-抗体免疫复合物沉着性变态反应。山羊关节炎-脑炎病毒能诱发血清抗体的产生。人工接种后 21~35d 血清抗体阳转，48~77d 抗体效价达高峰。

【临床症状】

根据临床表现，一般分为 3 种病型：脑脊髓炎型、关节炎型和间质性肺炎型，多为独立发生。

（1）脑脊髓炎型　潜伏期 53~131d。本型主要发生于 2~6 月龄山羊羔，也可发生于较大年龄的山羊。病初病羊精神沉郁、跛行，随即四肢僵硬，共济失调，一肢或数肢麻痹，横卧不起，四肢划动。有些病羊眼球震颤，角弓反张，头颈歪斜或做转圈运动，有时面神经麻痹，吞咽困难或双目失明。少数病例兼有肺炎或关节炎症状。病程半月至数年，最终死亡。

（2）关节炎型　关节炎多发生于 1 岁以上的成年山羊，多见腕关节肿大、跛行，膝关节和跗关节也可罹患发炎。一般症状缓慢出现，病情逐渐加重，也可突然发生。发炎关节周围的软组织水肿，起初发热，波动，疼痛敏感，进而关节肿大，活动不便，常见前膝跪地膝行。个别病羊肩前淋巴结和腘淋巴结肿大。发病羊只多因长期卧地、衰竭或继发感染而死亡。病程较长，1~3 年。

（3）肺炎型　在临床上较为少见。患病羊只呈进行性消瘦、衰弱，咳嗽，呼吸困难，肺部叩诊有浊音，听诊有湿啰音。各种年龄的羊只均可发生。病程 3~6 个月。

除上述 3 种病型外，哺乳母羊有时发生间质性乳房炎。

【病理变化】

病变多见于神经系统、四肢关节、肺脏及乳房。

(1)脑脊髓炎型　小脑和脊髓的白质有 5mm 大小的棕红色病灶。病理组织学观察，呈现中枢神经系统的非化脓性脑炎以及颈部脊髓的脱髓鞘现象；血管周围有淋巴样细胞、单核细胞和网状纤维增生，形成血管周围套，外围有胶质细胞增生包围。

(2)关节炎型　发病关节肿胀波动，皮下浆液渗出。关节膜、滑膜增厚并有出血点，滑膜常与关节软骨粘连；关节腔扩张，充满黄色或粉红色液体，内有纤维素絮状物。病理组织学检查呈慢性滑膜炎，淋巴细胞和单核细胞浸润，严重者发生纤维蛋白坏死。

(3)肺炎型　肺脏轻度肿大，质地变硬，表面散在灰白色小点，切面有斑块状实变区，支气管淋巴结和纵隔淋巴结肿大。病理组织学检查发现细支气管以及血管周围淋巴细胞、单核细胞浸润，肺泡上皮增生，小叶间结缔组织增生，临近细胞萎缩或纤维化。

病理组织学检查乳腺炎病例，可见血管、乳导管周围以及腺叶间有大量淋巴细胞、单核细胞和巨噬细胞渗出，间质常发生灶状坏死。少数病例肾脏表面有 1~2mm 的灰白色小点，组织学检查表现为广泛性肾小球肾炎。

【诊断】

根据病史，通过临床症状观察、病理学检查可做出初步诊断。确诊需要进行病毒分离鉴定和血清学试验。

(1)临床综合诊断　出现临床症状的羊多为从国外引进的山羊及其后代，或是与进口山羊有过接触的山羊。成年羊呈现慢性多发性关节炎、间质性肺炎或增生性乳房炎的症状和病变，羔羊呈现慢性脑脊髓炎的症状与病变，可初步诊断本病。

(2)病毒分离鉴定

①病料采集：用于病毒分离的材料，一般采集病变关节滑液囊的渗出液、乳汁或血液；病理学检查应取扑杀病羊的小脑、脊髓、肺、关节滑膜及关节周围软组织病料，也可采集血液用于血清学试验。

②电镜观察：采集病山羊的关节滑膜制作超薄切片，负染后置电镜观察，可发现颗粒较大的山羊病毒性关节炎-脑炎病毒。

③分离培养：无菌采集关节滑液囊渗出液或病羊乳汁接种于山羊关节滑膜细胞培养物中，5~6d 可于细胞单层上出现大小不一的多核巨细胞，观察到合胞体形成，说明本病毒已在培养细胞中增殖。也可用其他培养细胞进行山羊病毒性关节炎-脑炎病毒的增殖。

④病毒鉴定：常规的病毒形态学观察、核酸类型鉴定以及血清学试验可鉴定病毒，也可进行反转录酶试验鉴定病毒。目前，已建立了 RT-PCR 检测病毒的方法。

(3)血清学试验　诊断山羊病毒性关节炎-脑炎最常用的血清学方法有琼脂扩散试验和 ELISA，特别适用于检出隐性感染动物。但血清学试验尚不能区分山羊病毒性关节炎-脑炎病毒和梅迪-维斯纳病毒，因此要注意鉴别。

(4)动物接种试验　采集患病羊的关节滑液囊液经消化道感染 1 岁以上的易感山羊和 2~4 周龄的山羊羔，经过较长的潜伏期，成年山羊出现与自然病例相似的关节炎症状，山羊羔则多表现为脑脊髓炎症状，病理学变化也与自然病例相同。

(5)鉴别诊断　由于梅迪-维斯纳病病毒与山羊关节炎-脑炎病毒有近 20% 的基因相同，两种病毒血清学试验又有交叉反应，临床上常与梅迪-维斯纳病进行类症鉴别。自然情况下，山羊病毒性关节炎-脑炎只感染山羊，梅迪-维斯纳病主要感染绵羊，也可感染山羊。通过 RT-PCR 或病毒基因组核酸序列分析，可对两种病毒进行区别。

【防控措施】

加强动物检疫，勿从有本病的国家或地区引进种山羊。引入羊只实行严格隔离检疫，确认健康后，才能转入正常饲养繁殖或投入使用。同时要定期复查，防止疾病发生、蔓延或扩散。提倡自繁自养，防止本病由外地传入。

目前，本病尚无有效的治疗药物或方法。加强饲养管理和动物卫生监督，羊群定期检疫，及时淘汰血清学反应阳性羊只。净化羊群，将本病纳入无规定疫病区建设内容之中，达到根除本病的疫病防控目标。

十二、牛结节性皮肤病

牛结节性皮肤病(lumpy skin disease)又称牛结节性皮炎，习惯上称牛疙瘩皮肤病，是由牛结节性皮肤病病毒引起的一种牛的一种急性、亚急性或慢性传染病。病牛发热、消瘦，淋巴结肿大，皮肤水肿、局部形成坚硬的结节或溃疡为主要特征。继发感染可促使病情恶化，导致犊牛病死。

本病最初于 1929 年发现于赞比亚和马达加斯加，目前本病主要流行于非洲，2016 年以来，俄罗斯、保加利亚、哈萨克斯坦等地均有疫情报告。我国于 1989 年正式报道分离出本病毒，2019 年 8 月，新疆维吾尔自治区伊犁州等地发生牛结节性皮肤病病例。

【病原】

结节性皮肤病病毒(*Lumpy skin disease virus*)属于痘病毒科(*Poxviridae*)山羊痘病毒属(*Capripoxvirus*)的成员。本病毒的代表毒株是 Naethling 株。

病毒的形态与牛痘苗病毒相似，大小约 350nm×300nm。负染观察，病毒表面构造不规则，是由复杂交织的网带状结构组成。2001 年完成全基因组测序，基因组全长约 151kb，推测有 156 个开放阅读框，基因编码效率高。

结节性皮肤病病毒可在鸡胚绒毛尿囊膜上增殖，并引起痘斑，一般不致死鸡胚。接种 5 日龄的鸡胚，于 6d 后收毒，能获得较高的病毒量。对鸡胚细胞培养物的感染滴度可达 10^4。若在 33.5℃ 培养，则不产生痘斑，但毒价不降低。

病毒可在犊牛、羔羊肾、睾丸、肾上腺和甲状腺等细胞培养中生长。可在 AVK58、BEK 及 BHK-21 细胞系培养物中增殖，在接种后 10d 左右产生细胞病变，提高生长液中的乳白蛋白水解物含量至 2%，可使病变提前到接种后 3d 出现。感染细胞内出现胞质包涵体，用免疫荧光抗体技术检查，可在包涵体内发现本病抗原。

本病毒在 pH 6.6~8.6 可长期存活，在 4℃ 甘油盐水或细胞培养液中可存活 4~6 个月，在干燥的痂皮中可存活 1 个月以上，-80℃ 下保存病变皮肤结节或组织培养液中的病毒可存活 10 年。病毒对氯仿和乙醚敏感，十二烷基硫酸钠溶液能很快将其灭活，甲醛等消毒剂可将其杀灭。

【流行病学】

本病的自然宿主是牛，不分年龄、性别、品种，但一部分的牛对其感染有天然抵抗力。水牛、家兔、绵羊、山羊、长颈鹿和黑羚羊等也可感染。

传染源是感染动物或带毒动物。主要通过节肢动物机械性传播，蚊(如库蚊、伊蚊)、蝇(如螫蝇)在本病的传播中起重要作用，也可通过感染动物和健康动物之间的直接接触传播，摄入被感染动物唾液污染的饲料和饮水也会感染本病。在实验室条件下，接种感染动物的结节或血液都能使动物感染。本病的发生往往与牛群的移动有关。多见于夏、秋季，主要是 8~10 月，潮湿低洼地区通常发病较多。

【临床症状】

自然感染潜伏期 2~5 周，人工感染平均潜伏期为 7d。临床上以发热、皮肤结节性痘疹、浅表淋巴管炎和淋巴结炎为特征。初期表现为鼻炎、结膜炎，进而表现眼和鼻孔流出黏脓性分泌物，并可发展成角膜炎。病牛发热，呈稽留热型，体温可达 40℃ 以上，进而在皮肤上出现许多大小不等的结节或疙瘩，疙瘩硬而突起，界限清楚，触摸时有痛感。结节性病变多出现于牛的头、颈、胸、背等部位，有时波及全身。严重的病例在牙床和颊内面出现肉芽肿性病变。皮肤结节大小不等，可聚集成不规则的肿块。个别病例结节发生坏死或破溃、化脓，流出血脓样内容物，有的结节呈组织增生变硬，病变可能持续存在几个月甚至几年。此外，眼、鼻、口腔、直肠、乳房和外生殖器等处黏膜也可形成结节并形成溃疡。

有的病例淋巴结发炎肿胀。病牛体表淋巴结肿大，以肩前、腹股沟外、股前、后肢和耳下淋巴结最为突出，胸下部、乳房、四肢和阴部常出现水肿。四肢部肿大明显，可达 3~4 倍。重度感染牛康复缓慢，可形成原发性或继发性肺炎。泌乳牛可发生乳房炎，妊娠母牛可能流产，公牛病后 4~6 周内不育，若发生睾丸炎则可出现永久性不育。

【病理变化】

主要表现在消化道、呼吸道和泌尿生殖道等处黏膜，尤以口、鼻、咽、气管、支气管、肺部、皱胃、包皮、阴道、子宫壁等的病变明显。通常在结节附近还出现明显的炎症反应，皮下组织、黏膜下组织和结缔组织有浆液性、出血性渗出液，呈红色或黄色。切开病变部位的皮肤，可发现切面有灰红色的浆液。切开结节，可见结节侵入皮肤各层，能看见内有干酪样灰白色的坏死组织，周围环绕充血的结节。

病理组织学变化，皮肤最初病变为水肿、表皮增生及上皮样细胞浸润，随后出现淋巴细胞、浆细胞和成纤维细胞浸润；真皮和皮下组织的血管和淋巴管形成栓塞，出现血管炎、血管周围炎和淋巴管炎，血管周围细胞聚集成套状；在上皮细胞、平滑肌细胞、皮腺细胞、浸润的巨噬细胞和淋巴细胞内可观察到圆形或卵圆形、嗜伊红染色的胞质内包涵体。

【诊断】

根据流行病学资料、临床症状和病理学变化可以做出初步诊断。确诊需要做实验室检验。

(1)临床综合诊断　临床上以发热和皮肤结节性痘疹、浅表性淋巴管炎和淋巴结炎为特征。病变主要表现在消化道、呼吸道和泌尿生殖道等处黏膜，常在结节附近还出现明显的炎症反应；病理组织学变化，皮肤最初变化为水肿、表皮增生及上皮样细胞浸润，随后出现淋巴细胞、浆细胞和成纤维细胞浸润。

(2)病原学鉴定

①病料采集：采集病牛皮肤、黏膜结节等材料作为病料。

②病毒观察和包涵体检查：病料经适当的方法处理、负染，用电镜观察砖形的病毒粒子。也可取新鲜结节制成切片，染色，镜检细胞质内包涵体。

③分离鉴定：病料接种于细胞培养物中，观察细胞病变，用中和试验或间接免疫荧光试验鉴定病毒。

(3)血清学试验　一般多用病毒中和试验或间接免疫荧光试验进行检测。

(4)动物接种实验　取病牛新鲜结节，制成乳剂，皮下或皮内接种易感牛，一般 4~7d 接种部位发生坚硬的疼痛性肿胀。局部淋巴结肿大，此时可在肿胀物及其下层肌肉、唾液、血液和脾脏中分离得到病毒。

（5）鉴别诊断　本病应和牛溃疡性乳头炎、口蹄疫进行鉴别。牛溃疡性乳头炎病例只发生于乳房、乳头，偶可见于鼻镜部。口蹄疫有蹄部病变，还可以通过中和试验予以鉴别。

【防控措施】

加强饲养管理。对疫区和受威胁区的健康牛接种山羊痘疫苗，防止扩大感染。同时做好消毒隔离等综合性防控措施。对病牛要隔离，已破溃的疙瘩要彻底清创，注入抗菌消炎药物或用1%明矾溶液、0.1%高锰酸钾溶液冲洗，溃疡面要涂擦碘甘油。本病病愈牛含有较高滴度的中和抗体，可持续数年，对再感染的免疫力可在6个月以上。新生犊牛从初乳中获得母源抗体，也可持续6个月。东非地区曾应用绵羊痘病毒接种牛预防本病，获得一定效果。近年来，应用本病毒的鸡胚化弱毒疫苗也有良好的效果。

十三、赤羽病

赤羽病（Akabane disease，AD）习惯上称为阿卡斑病，是由赤羽病病毒引起的牛、羊的一种以异常分娩为特征的传染病，临床上表现为怀孕动物发生流产、早产、死胎、木乃伊胎、胎儿畸形，新生胎儿发生关节弯曲积水性无脑综合征（Arthrogryposis-hydranencephaly syndrome，AHS）。

AHS早在20世纪30年代就在澳大利亚的羊群中暴发，20世纪40年代末，日本也暴发流行，但病原体长期不能确定。1961年，日本群马县赤羽村的伊蚊和库蚊体内分离到病毒，命名为赤羽病病毒，即阿卡斑病病毒。随后证实，澳大利亚、非洲、中东等地区流行的AHS的病原也是赤羽病病毒。目前，在日本、韩国、马来西亚、新加坡、菲律宾、巴基斯坦、泰国和我国台湾均有本病流行。1990年以来，我国的上海、北京、天津、山东、河北、陕西、甘肃、吉林、内蒙古、安徽、湖南等地区均有本病存在。

本病由于分布广泛，隐性感染者多，对养牛、养羊业构成威胁，受到普遍的重视。

【病原】

赤羽病病毒（*Akabane disease virus*，ADV）属于布尼病毒科（*Bunyaviridae*）正布尼病毒属（*Orthobunyavirus*）。病毒粒子呈球形，具有囊膜，直径90~100nm。病毒核酸类型为单股RNA，基因组由大（L）、中（M）、小（S）3个节段的RNA组成。病毒含有4种主要蛋白L、N、G1、G2。由L节段编码的L蛋白，即RNA依赖的RNA聚合酶，具有复制、转录活性和补体结合位点；由M节段编码的一个聚合蛋白加工后形成的G1和G2糖蛋白，具有血凝素活性和中和抗原位点，并决定病毒的毒力。S节段编码核衣壳蛋白（即N蛋白）与病毒基因组结合构成直径为2~3nm的核衣壳。病毒在胞质内复制，经高尔基体通过出芽方式释出。

病毒主要存在于感染动物的血液、肺脏、肝脏、脾脏、胎儿及胎盘中，以胎儿和胎盘中病毒的含量最高。赤羽病病毒能够凝集鸽、鸭、鹅等的红细胞。

病毒可于鸡胚内增殖，将病毒接种于鸡胚卵黄囊内，引起鸡胚的积水性无脑综合症、大脑缺损、发育不全和关节弯曲甚至死亡。病毒也可感染小鼠，脑内接种可引起小鼠神经症状和脑炎。病毒适于多种细胞（如牛、羊、猪、豚鼠、仓鼠等动物原代细胞以及鸡胚原代细胞）增殖，并产生细胞病变，还适应于Vero细胞、BHK-21、Hmlu-1细胞系，并可引起这3种传代细胞明显的细胞病变。

病毒不耐乙醚、氯仿，对0.1%胆酸盐敏感，56℃和酸性环境下易被灭活。一般的消毒剂均能将其杀灭。

【流行病学】

黄牛、奶牛、肉牛、水牛等均具有易感性，绵羊和山羊也可感染发病。除牛、羊外，其他动物（如马、骆驼等）也可感染。人和猪的易感性较低。此外，从猴、野兔和树獭等野生动物中也检测出了抗体并分离到病毒。实验动物中，小鼠、仓鼠具有易感性。

病畜和带毒动物为主要传染源。本病为虫媒传播性疾病，吸血昆虫叮咬是主要的传播途径。蚊和库蠓等吸血昆虫为主要传播媒介。由于主要经吸血昆虫叮咬传播，只有当动物处于病毒血症时，才能成为传染源。实验证明，将病毒接种于牛，经 2d 至数日出现病毒血症，但不表现临床症状。此外，本病可经垂直传播，感染的怀孕母畜可通过胎盘将病毒传递给胎儿。

本病流行上具有以下特点：①有一定的地区性，常见于热带和温带地区。易感动物分布多的地区多呈流行性。同一地区连续两年发病的极少，即使发生，头数也很少。同一母牛连续两胎发生异常分娩的几乎没有。这是因为怀孕动物在首次感染后获得免疫的结果。②有明显季节性。流产和早产的病例在 8~9 月逐渐增多，10 月达到高峰，以后逐渐减少；死产发生于流行初期，翌年 1 月达高峰，流行至 5 月停止；异常分娩发生于 8 月至翌年 3 月，开始（8~9 月）为早期流产，中期（10 月至翌年 1 月）为体形异常者多，后期（2~3 月）多为大脑缺损病例。

【临床症状】

自然感染潜伏期不易确定。感染牛多呈隐性经过，临床上一般无体温反应，几乎不表现明显症状。怀孕牛偶尔可见由于羊水过多而引起的腹部膨大。特征性的表现是妊娠牛异常分娩，多发生于怀孕 7 个月以上或接近妊娠期满的牛。感染初期，胎龄越大的胎儿越容易发生早产，并呈现不能站立，行走能力差。感染中期，常因体形异常（如胎儿关节弯曲、脊柱弯曲等）而发生难产。即使顺产，新生犊牛也表现站立困难。感染后期，多产出无生活能力的犊牛或瞎眼的犊牛，表现出共济失调。尽管发生分娩异常，但对母牛下一次妊娠影响不大。

绵羊和山羊的临床症状与牛相似。绵羊在怀孕 1~2 个月时感染赤羽病病毒可导致羔羊畸形，如关节弯曲、脑积水或大脑缺损等。

【病理变化】

主要表现为胎儿体形异常，如关节弯曲、脊柱弯曲以及颈骨弯曲等；大脑缺损，颅内形成囊泡状空腔；躯干肌肉萎缩并呈白色或黄色。

组织学变化特征表现为感染初期的流产胎儿呈非化脓性脑脊髓炎，大脑、脊髓周围的血管有淋巴细胞样细胞浸润，神经细胞变性，神经细胞周围有神经胶质细胞聚集；流行中后期的病例，表现脊髓腹角神经细胞减少和消失，由于腹角神经细胞是骨骼肌的运动中枢，因此，这些中枢神经细胞的死亡使其控制下的肌肉变性、萎缩。大脑缺损的病例，缺损部分的固有结构不完全，脑膜呈现水肿变化。

【诊断】

根据流行特点、临床症状和病理变化，可做出初步诊断。确诊要进行病毒分离鉴定和血清学试验。

（1）临床综合诊断　本病的发生表现有地区性、季节性的特点，常发生于温暖区域，并与吸血昆虫的繁殖与活动相关联。妊娠动物几乎无可见症状，自 8~9 月发生流产开始，多数娩出的胎儿体形异常，大脑缺损，体质虚弱，并可能有失明者。流产初期的胎儿呈现非化脓性脑炎；流产中期体形异常的胎儿，脊髓腹角神经细胞减少和消失；流产后期的胎儿，大脑往往缺损。根据上述特征，可初步怀疑为本病。

（2）病毒分离鉴定

①病料采集：从流产母牛较难分离出病毒。采集病毒血症期的血液、流产胎盘、新鲜的流产胎儿和死产胎儿的肌肉、内脏、脑组织以及脑脊液等用于病毒分离培养。

②电镜检查：组织病料制成超薄切片，负染后进行电镜检查。赤羽病病毒颗粒呈球形，直径为90~100nm，具有囊膜。

③分离培养：病料经卵黄囊途径接种7~9日龄鸡胚，病毒可导致鸡胚发生积水性无脑综合征、大脑缺损、发育不全和关节弯曲等异常，可从鸡胚分离到病毒。也可接种敏感细胞如Vero细胞、BHK-21细胞、Hmlu-1细胞等细胞系，病毒引起明显的细胞病变并形成空斑。

（3）血清学试验　中和试验、补体结合试验、血凝抑制试验等常用于本病的诊断。通常在吃初乳前采集新生胎儿或异常胎儿的血液，分离血清进行血清学试验，阳性者结合临床发病情况可作为确诊的依据。中和试验、荧光抗体技术可进行分离物鉴定。荧光抗体技术也可用于病料组织的直接检查。

（4）动物接种试验　病料脑内接种1~2日龄乳鼠，一般每一个样品接种同窝乳鼠6只。接种动物于3周后，检测血清抗体（中和试验或血凝抑制试验），阳性者可证明被检材料中有病毒存在。接种乳鼠可出现神经症状，因致死性脑炎死亡。进一步收集发病鼠脑，继续传代做病毒分离。

（5）鉴别诊断　引起流产的疾病或因素很多，应注意与赤羽病相区别。

①遗传因素、饲料、农药和化肥中毒、营养因素、激素失衡等非传染性因子均可引起流产、胎儿畸形等，应注意鉴别，关键是查明病因。

②布鲁菌病、弯杆菌病、钩端螺旋体病、李氏杆菌病、沙门菌病、衣原体感染等细菌性传染病，通过病料的细菌学检查，不难与赤羽病区别。

③牛传染性鼻气管炎、牛病毒性腹泻-黏膜病、牛细小病毒感染等，也可导致流产，通过病毒鉴定和血清学试验，可区别之。

④球虫病、毛滴虫病等寄生虫病，也可引发流产，通过检出虫体或虫卵，可确定诊断。

【防控措施】

加强检疫，防止病原传入。勿从有本病国家或地区引进牛、羊和购入易感动物产品。引进动物应在吸血昆虫活动停息期间进行。加强饲养管理，改善环境卫生，消除媒介昆虫滋生条件。吸血昆虫繁殖、活动季节，用杀虫剂喷洒节肢动物滋生地，杀灭媒介昆虫。保护怀孕动物不受吸血昆虫叮咬。

目前，本病尚无有效的治疗药物或方法。日本和澳大利亚用Hmlu-1细胞培养病毒，制成灭活疫苗，在流行季节到来之前，给妊娠母牛和计划配种牛进行2次免疫接种，可取得一定预防效果。

十四、边区病

边区病（border disease，BD）是由边区病病毒引起的一种绵羊的先天性传染病，以怀孕羊产出死胎或病羔，新生羔羊身体多毛、生长不良、神经活动异常、肌肉震颤和身体变形为特征，又称"多毛震颤病"（hairy shaker disease）或"绒羔病"（fuzz lambs）。

由于最初发现于英格兰、苏格兰和威尔士的边境地区，故称边区病。本病流行遍及世界各地，美国、加拿大、新西兰、澳大利亚、德国、英国、法国、希腊、匈牙利、意大利、挪威等国家均有本病报道，我国目前尚未发现本病。本病的发病率虽然较低，但常导致羔羊生长发育不良，持续感染，对养羊业造成较大损失。

【病原】

边区病病毒（*Border disease virus*，BDV）属于黄病毒科（*Flaviviridae*）瘟病毒属（*Pestivirus*），是一种单股 RNA 病毒。病毒粒子呈球形，直径 27~70nm，有囊膜，囊膜上有糖蛋白突起，核衣壳呈二十面体对称。病毒以出芽方式成熟。病毒在胎羔肾、胎羔肌肉细胞、牛睾丸细胞及 PK-15 细胞培养增殖。根据病毒能否在培养细胞产生细胞病变，分为致细胞病变株和非致细胞病变株。一般分离获得的边区病病毒多为非致细胞病变株。

本病毒与牛病毒性腹泻-黏膜病病毒、猪瘟病毒具有密切的抗原关系，并在琼脂扩散试验、中和试验、免疫荧光试验中有交叉反应。

边区病病毒抵抗力不强，对乙醚中等敏感，20%乙醚于 4℃18h 使病毒滴度明显下降。病毒在外界环境中可存活数周，含毒组织于 4℃保存 6d 后仍能检出病毒。pH 3 的酸性环境和 50℃加热可使病毒迅速灭活。

【流行病学】

自然感染的宿主主要是绵羊，山羊也可感染，牛和猪具有易感性，野生的反刍动物也能感染并携带病毒。

病羊和带毒动物是主要传染源，持续感染的羔羊是病毒在绵羊之间不断传播的主要传染源。某些品种的野生鹿及反刍动物可感染并携带病毒，成为家养反刍动物的传染源。病毒主要存在于流产的胎儿、胎膜、羊水、持续感染动物的分泌物、排泄物（如唾液、鼻液、尿、粪便中）均含有病毒，可污染环境和垫草，易感动物主要通过呼吸道、消化道感染。患病母羊经胎盘垂直传播给胎儿在本病传播中起重要作用，怀孕母羊感染后，经胎盘使病毒在胎儿体内广泛分布，导致胎儿死亡或母羊流产。

本病发生有一定的季节性，繁殖季节流行严重。由于垂直传播使胎儿先天性感染，产出羔羊呈病毒血症，并持续性感染，经常排毒，使绵羊之间不断传播。边区病羔羊生长成熟后数年内，仍保持其对后代的感染性，母羊本身不显任何症状。本病在成年绵羊发病率低，但感染率在5%~50%。

【发病机理】

易感的妊娠母羊在感染病毒后可产生病毒血症，将病毒传递到胎盘，致使胎盘发生灶性坏死性胎盘炎。病毒穿过胎盘屏障，不受母体抗感染免疫应答的影响，在妊娠的第 16~80 天对胎儿分化过程的外胚层组织如皮肤、神经系统产生致病作用，造成胎儿死亡、畸形和发育不良。

【临床症状】

本病主要是先天性感染，常表现持续感染症状，也可引起急性感染。健康新生羔羊和成年绵羊接触病毒后，症状常不明显或呈温和性经过，病羊表现为低热，白细胞轻度减少。通常在怀孕和产羔期，母羊发生流产，产出的羔羊呈现明显的体形变化、神经症状、体形变化和被毛变化。羔羊比同龄健康羊瘦小，肢短，关节弯曲，体重轻，发育不良，活力降低。羔羊被毛呈茸毛状，皮肤色素沉着增多，某些品种的羊毛出现异常的棕色或黑色。多数病羔共济失调，头颈不自主肌肉震颤，有时全身颤抖，多在断奶前死亡。存活病羔的神经症状约在 3~6 月龄逐渐减轻或消失。

【病理变化】

流产母羊胎盘出现灶性坏死性胎盘炎。死胎出现脑畸形，可见脑积水、脑穿孔和脑发育不全等。典型病例还常有结节性动脉炎或动脉外膜炎。骨骼进行放射学检查时，可见有骨质生长紊乱的生长停止线。病理组织学的变化主要在于神经系统，可见脊髓和小脑髓鞘质形成的减退或缺失，白质中细胞增多，神经胶质细胞形态异常。皮肤初级毛囊数增大，而次级毛囊数减少。临床病例，剖检偶尔可见局灶性增生性肠炎，回肠末端、盲肠和结肠明显增厚。

【诊断】

根据流行病学特点、临床症状和病理变化，可初步进行诊断，确诊需要进行病毒分离鉴定和血清学试验。

（1）临床-流行病学诊断　根据母羊受胎率下降，怀孕羊流产，产出死胎或病羔，新生羔羊发育障碍，被毛蓬乱、多毛、体形异常，肌肉震颤，死胎出现脑积水、脑穿孔和脑发育不全等畸型，可初步诊断为本病。

（2）病毒分离鉴定

①病料采集：采集外周血液，分离白细胞，直接用于病毒增殖。也可将病死羊脑、脾脏、脊髓、肾脏、淋巴结、甲状腺、胸腺和病变肠道等组织，制成组织悬液，用于病毒分离。

②病毒分离培养：用培养液反复洗涤外周血液中白细胞（3次），与敏感细胞共同培养5~7d，将细胞冻融1次，取部分细胞培养物接种至生长于盖玻片的敏感细胞，3d后进行病毒鉴定。也可取脏器组织病料接种胎羊原代或次代的肾、睾丸、肺等细胞。或接种胎羊肌肉或绵羊脉络丛的继代细胞系，置37℃培养5~7d，每天检查细胞病变，适时传代培养。胎羊肾细胞是分离病毒用的首选细胞。

③病毒鉴定：特异性荧光抗体鉴定培养物中的病毒抗原，或用免疫组化方法（免疫过氧化酶染色法）检测培养物中的病毒抗原；用RT-PCR可检测病毒特异性基因。

（3）血清学试验　感染细胞作为抗原，用中和试验、补体结合试验、琼脂扩散试验、间接免疫荧光试验和ELISA检测血清抗体。采集流产前和流产后3~4周母羊的双份血清，用上述血清型方法进行抗体滴度测定以确诊。

（4）动物接种试验　将病羔的脑或脾组织悬液经腹腔内、皮下或肌肉途径接种妊娠早期的绵羊，3周内胎儿可出现特征性病变，或引起怀孕羊流产，产出病羔或死胎，采集病料进行病毒分离鉴定以确诊。

（5）鉴别诊断　边区病与流产性疾病（如衣原体病、布鲁菌病、赤羽病等）易混淆，应注意鉴别诊断。

【防控措施】

加强口岸检疫，不从有本病的国家和地区引进种羊、胚胎和精液，杜绝将病原引入清洁区。平时加强兽医卫生监督管理，已被感染的羊群，应定期检测，及时淘汰病羊或其所产的羔羊，严格消毒污染环境。

目前，本病尚无有效药物和方法进行治疗，主要采取综合防控措施控制本病。在流行区可以考虑疫苗接种。已有试验性的边区病弱毒疫苗和商品化的边区病灭活疫苗用于生产实践中。免疫接种须在母羊配种前进行，防止经胎盘感染。灭活疫苗不可能产生持久的免疫，在初次免疫接种后注意强化免疫接种。免疫母羊抗体水平与保护胎儿之间的关系尚待进一步探索证实。

十五、绵羊肺腺瘤病

绵羊肺腺瘤病（ovine pulmonary adenomatosis，OPA）又名绵羊肺癌（pulmonary carcinoma of ovine），俗称驱赶病（jaagsiekte），是由绵羊肺腺瘤病病毒引起的一种慢性、接触传染性肺脏肿瘤病，以潜伏期长、渐进性消瘦、咳嗽、呼吸困难、流鼻液、肺泡和支气管上皮进行性肿瘤性增生和高病死率为主要特征。

1825年，南非首次发现绵羊肺腺瘤病，且对其做了比较详细的描述。驱赶羊群时，病羊因呼吸困难而被发现，似乎发病因驱赶而引起，所以当时称为"驱赶病"。之后，在英国（1888 年）、德国（1899 年）及法国（1899 年）也有感染此病的羊群出现。1934 年在冰岛暴发流行，1952 年消灭了本病。我国于 1951 年在甘肃兰州发现 OPA。目前，本病广泛分布于世界上养羊业发达的国家和地区，我国的新疆、青海、内蒙古等牧区也广泛存在。由于本病的分布广泛和高病死率，给养羊业带来极大危害。

【病原】

绵羊肺腺瘤病毒（*Ovine pulmonary adenomatosis virus*，OPAV）属于反转录病毒科（*Retroviridae*）、乙型反转录病毒属（*Betaretrovirus*），又称绵羊驱赶病反转录病毒（*Jaagsiekte sheep retrovirus*）。核酸类型为单股正链 RNA。病毒有完整或不完整的衣壳，具有囊膜，二十面体对称。在绵羊肺腺瘤病的肿瘤匀浆和肺组织中发现有 RNA 及依赖 RNA 的 DNA 反转录酶。

病毒不易在体外培养，对其分子生物学特性了解较少。病料经鼻、气管接种感染易感绵羊，可从感染肺脏、分泌物获得病毒。病毒抵抗力不强，56℃ 30min 可灭活，对氯仿和酸性环境敏感。−20℃ 条件下病肺细胞里的病毒可存活数年。

【流行病学】

各种品种和年龄的绵羊均能发病，以美利奴绵羊的易感性最高，临床发病多为 3~5 岁的绵羊，2 岁以内的羊只较少出现症状。除绵羊外，山羊也可感染。公羊和母羊同样易感。

病羊是主要传染源，病羊通过咳嗽、喘气将病毒排出，或经呼吸道分泌物排出病毒，污染空气和周围环境。感染途径主要是呼吸道。自然条件下主要经接触、飞沫传播，也有通过胎盘而使羔羊发病的报道。病羊与健康羊同群饲养容易传染。

本病多呈地方性流行。羊群拥挤，尤其在密闭的圈舍中，有利于本病的传播。气候寒冷，可使病情加重，也容易引起感染羊的继发细菌性肺炎，致使病程缩短，死亡增多。病毒首次传入敏感羊群时，发病率高达 50%~80%，以后逐渐下降。长途运输或驱行、尘土刺激以及寄生虫侵袭等均可引起肺脏原发性损伤，利于本病发生。

【临床症状】

自然感染潜伏期长，半年至两年不等，人工感染的潜伏期长达 3~7 个月。只有成年绵羊和较大的羊才见到临床表现。病羊逐渐出现虚弱、消瘦、呼吸困难的症状。病初，病羊因剧烈运动而呼吸加快，随病的发展，呼吸快而浅表，吸气时常见头颈伸直、鼻孔扩张。病羊常有湿性咳嗽。当支气管分泌物积聚于鼻腔时，则出现鼻塞音，低头时分泌物自鼻孔流出；分泌物检查，可见增生的上皮细胞。肺部叩诊、听诊，可闻知湿啰音和肺实变区。疾病后期，病羊衰竭、消瘦、贫血，但仍可站立。体温一般正常。病羊常继发细菌性感染，引起肺炎，导致急性或发热性病程。病羊最终因虚脱而死亡，病死率高达 100%。

【病理变化】

主要局限于肺部及胸部。早期，病羊肺尖叶、心叶、膈叶的前缘等部位出现弥散性小结节，质地硬，稍突出于肺表面，切面可见颗粒状突起物，反光性强。随病的进展，肺脏出现大量肿瘤组织构成的结节，粟粒至枣子大小。有时，一个肺叶的结节增生、融合而形成较大的肿块。继发感染时则形成大小不一的脓肿。患区胸膜增厚，常与胸壁、心包膜粘连。支气管淋巴结、纵膈淋巴结增大，也形成肿块。体腔内常集聚有少量的渗出液。

病理组织学检查，肿瘤是由支气管上皮细胞所组成，除见有简单的腺瘤状构造外，还可见到乳头状瘤构造。新增生的细胞呈立方形，胞质丰富、淡染、胞核丰富，呈圆形或卵圆形，有的无绒毛结构。排列紧密的上皮细胞由于异常增生而向肺泡腔和细支气管内延伸，形如乳头状或手指状，逐渐取代正常的肺泡腔。在肺腺瘤病灶之间的肺泡内有大量的巨噬细胞浸润。这些细胞常被腺瘤上皮分泌的黏液连在一起，形成细胞团块。支气管淋巴结、纵膈淋巴结失去正常结构，代之以类似肺内的腺瘤状构造。

【诊断】

根据病史，通过临床症状观察、病理学检查可基本做出诊断。必要时进行病毒检测以及血清学试验进行诊断。

(1)临床综合诊断　潜伏期长，多发生于 3~5 岁的成年绵羊，呈现渐进性消瘦和衰弱，一般无体温反应。出现咳嗽，呼吸困难，从鼻孔流分泌物，如强迫羊低头或将其后躯抬高，有大量泡沫性、稀薄、黏液样液体从鼻孔流出。剖检病变主要局限于肺，病羊肺质量增加，肺表面出现大量圆形、粟粒大小的灰白色结节。组织学检查可见广泛的由肺泡和支气管上皮细胞增生所组成的腺瘤状结构。根据上述发病史、临床症状和病理变化可诊断为本病。

(2)病毒分离鉴定

①病料采集：一般采集病羊肺部的腺瘤组织以及鼻腔分泌物(病的后期，抬起病羊后肢，可收集大量的水样分泌物)。进行病理组织学检查的标本应采集肺脏腺瘤组织连同其周围的肺组织。

②电镜观察：病肺组织做超薄切片，负染后在电镜下观察绵羊肺腺瘤病病毒。

(3)血清学试验　常用琼脂扩散试验。人工感染羔羊，感染后 1 个月采集血清即有呈现阳性反应的羊只，2 个月后阳性率达 50% 以上，6 个月时所有羊的血清都呈现阳性反应，且可以保持终生。本法既适于群体检疫，又适于个体检疫。除琼脂扩散试验外，补体结合反应、病毒中和试验、荧光抗体技术以及 ELISA 也可用于绵羊肺腺瘤病的诊断或检疫。

(4)动物接种试验　将病羊的病肺组织或鼻腔分泌物接种于易感羊的气管内，经过 14 个月后，将感染羊扑杀，可发现感染羊肺脏内的腺瘤病变。若用感染的细胞培养物气管内接种羔羊，经 10~22 个月，在羔羊肺部出现腺瘤病变。

(5)鉴别诊断　绵羊肺腺瘤病在临床上常需与梅迪-维斯纳病、羊巴氏杆菌病和蠕虫性肺炎等肺部疾患进行鉴别。

【防控措施】

严禁从有本病的国家、地区引进羊只。进口绵羊时，加强口岸检疫工作，引进羊只，严格隔离观察，证明无病后，方可混入大群饲养。

本病目前尚无有效的治疗药物或方法，也无疫苗可供免疫接种。羊群一经传入本病，很难清除，故须全群淘汰，以消除病原，并通过建立无绵羊肺腺瘤病的健康羊群，逐步消灭本病。

十六、鹿流行性出血热

鹿流行性出血热(epizootic haemorrhagic disease of deer，EHD)是由流行性出血热病毒引起的鹿、牛等动物的一种热性传染病，以全身各器官组织广泛充血、出血和水肿为特征，病鹿常发生严重休克，继而死亡。

本病于 1955 年夏季发现于美国的白尾鹿，以后在加拿大、尼日利亚等一些国家发生。由于本病死亡率高，造成养鹿业的巨大损失。我国未发现自然病例，但陕西、山东、湖北、安徽等省的牛、羊血清中检出有病毒的抗体。

【病原】

流行性出血热病毒(*epizootic haemorrhagic disease virus*，EHDV)为呼肠孤病毒科(*Reoviridae*)环状病毒属(*Orbiviruses*)成员，同属的其他病毒包括蓝舌病病毒、非洲马瘟病毒、马脑炎病毒、Palyam病毒等。病毒粒子呈球形，无囊膜，二十面体对称，直径20~30nm。病毒含双股RNA，由10个片段组成，编码7个结构蛋白和3个非结构蛋白。

流行性出血热病毒分为10个血清型，经典株为1型和2型，以美国新泽西株和南达科他株为代表。本病毒在补体结合试验中与蓝舌病病毒呈交叉反应。

病毒可在鹿胎肾细胞内增殖，也可在BHK-21、Vero、Hela细胞等传代细胞系中增殖，并产生细胞病变，但不能在鸡胚和鸡胚成纤维细胞等禽类组织细胞内增殖。病毒脑内接种乳鼠，可引起100%死亡。连续传接4代后，对鹿的致病性明显降低，或只产生隐性感染。

病毒在-70℃保存3个月仍可引起鹿发病，对乙醚和去氧胆酸盐有一定抵抗力，不耐热，56℃4~5h灭活。病毒对酸敏感，pH 6.8~9.5较稳定，在pH 4.0以下则迅速灭活。

【流行病学】

自然条件下，发病多见于鹿。易感性与鹿品种、年龄和饲养条件有关。美国白尾鹿易感性高，黑尾鹿和其他品种的鹿(包括杂交鹿)易感性较小；1岁以内的鹿和成年鹿病死率较高；圈养鹿比放牧鹿的感染率和病死率均高。在美国，血清学调查表明，牛群广泛存在流行性出血热病毒的感染，但自然发病的病例很少。

病鹿是主要传染源，牛也分离到病毒，被认为是病毒贮主。主要由变翅库蠓传播，通过吸吮带毒血液后，叮咬易感动物而传播。一般认为不发生直接接触传播。

本病的流行有明显的季节性，多发生于夏季。本病的流行与变翅库蠓的分布、习性及活动有关，一般呈地方流行性或流行性。

【临床症状】

潜伏期自然感染时为6~8d，人工感染时为5~6d。最急性病例症状不明显，突然昏迷、休克死亡。急性病例，往往突然发病，体温升高至40~41℃，厌食、委顿、虚弱，流涎、流鼻液，呼吸困难等。可视黏膜出血，眼结膜和口腔黏膜呈暗红色。个别病例舌体肿胀，呈"蓝舌"样。蹄冠、蹄部出血，跛行。有时面部、颈部水肿。体温呈复相升高，病初病毒血症时体温升高1次，死亡前如果败血症则体温再次升高。一般在出现临床症状3~48h昏迷、休克死亡。

【病理变化】

最急性病例常见不到明显的病理变化。急性病例呈现败血性病变，病死鹿的肝、脾、肾、肺、消化道及其他器官、组织广泛出血，并伴有各种组织和浆液囊水肿。部分病例出现胃肠炎和蹄叶炎的病变。

【诊断】

根据临床症状、流行特点及病理变化可进行初步判断，确诊需要实验室检验。

(1)临床-流行病学诊断　本病主要发生于鹿，且多见于舍饲鹿，病鹿发热，并由体温复相升高现象，濒死期昏迷、休克；死亡动物表现为出血性病理变化，可初步诊断为本病。

(2)病毒分离鉴定

①病料采集：采集外周血液、脾脏等组织，制成组织悬液，用于病毒分离。分离病毒最好的病料组织是新鲜动物尸体的脾脏等组织。

②分离培养：病料组织悬液接种鹿胚胎肾细胞、HeLa细胞或BHK-21细胞。新泽西株可在HeLa细胞培养中生长，并产生细胞病变，又可以被同源抗血清所中和；南科达他株可在鹿胚肾细胞培养中生长，也可能在仓鼠肾细胞中生长。不是所有病毒株均能在细胞培养中生长并产生细胞病变。

③病毒鉴定：病料组织悬液脑内接种乳小鼠，乳鼠发病并100%死亡，再分离病毒，以不同型

的抗血清用中和试验予以鉴定。

（3）血清学试验　琼脂扩散试验、免疫荧光技术、补体结合试验和中和试验是常用的血清型方法。中和试验简便可靠，用抗鹿流行性出血热血清与所分离的乳鼠脑毒混合，脑内接种乳鼠进行中和试验，乳鼠不发病死亡。不加抗血清的乳鼠发病死亡。注意，流行性出血热病毒在补体结合试验中与蓝舌病病毒有交叉反应。

（4）鉴别诊断　鹿流行性出血热与鹿蓝舌病在临床症状、流行特点等方面不易进行鉴别。因本病不会感染绵羊，对易感绵羊进行感染试验有助于与鹿蓝舌病进行鉴别。鹿流行性出血热病理变化的特点是体内多数组织广泛出血，浆膜腔内蓄积大量液体，而鹿蓝舌病皮下水肿并出血，会厌及舌后部有淤斑，瘤胃出血。此外，病毒分离鉴定、血清学试验能提供鉴别诊断的依据。

【防控措施】

加强动物检疫，清洁地区不从有本病的国家和地区引进种鹿、胚胎和精液，杜绝病原传入。加强兽医卫生监督管理，平时防止吸血昆虫的叮咬或侵袭，发现本病，立即采取隔离、消毒措施。

目前，本病尚无有效的治疗药物，病愈鹿的血清在初次发热时应用有一定效果。此外，已研制出流行性出血热灭活疫苗，在流行区可以考虑疫苗接种，但疫苗效果有待于进一步证实。

十七、牛副流行性感冒

牛副流行性感冒（bovine parainfluenza，BPI）简称牛副流感，又称运输热（shipping fever），是由牛副流感病毒3型感染引起的牛、绵羊在运输等应激状态下发生的呼吸道综合征。以体温升高、呼吸道分泌物增多、咳嗽、纤维素性胸膜肺炎和支气管肺炎为特征。一般见于集约化养牛场经过长途运输后的牛群。我国最早于2007年在黑龙江省分离到本病病原，证实是牛呼吸道综合征的主要病原体之一。

【病原】

牛副流感病毒3型（Bovine parainfluenza virus 3，BPIV-3）属于副黏病毒科（Paramyxoviridae）正副黏病毒亚科（Orthparamyxovirinae）呼吸道病毒属（Respirovirus），是一种单股负链RNA病毒。病毒粒子呈圆形或卵圆形，具有囊膜，含有神经氨酸酶和血凝素，可凝集人O型血红细胞、豚鼠红细胞和鸡红细胞。从不同地区分离到的病毒株表现一致的抗原性。

牛副流感病毒3型可于牛胎原代细胞增殖，抵抗力不强，对热和去污剂敏感，一般的消毒药物即可将其灭活。

【流行病学】

自然条件下仅感染牛，多见于舍饲的育肥牛，放牧牛较少发生。绵羊也可感染发病。病毒也可感染其他动物，如犬、马、猴及人等。

病牛和带毒牛是主要传染源，其他带毒的动物（如绵羊、犬、马等）也可成为传染源。病毒主要存在于带毒动物的鼻液及咳嗽喷出的气流中，通过飞沫经呼吸道传播是主要的途径，也可发生子宫内感染。肠道内容物、乳汁和流产胎儿中的病毒在接触传播中的作用尚待进一步阐明。

本病多发生于晚秋和冬季。当牛群处于长途运输、拥挤等应激状态或并发感染其他病毒、细菌等病原体时，容易发病并使临床症状加剧，出现肺炎、胸膜肺炎等病症。应激因素或合并感染是本病发生的重要条件。

【发病机理】

牛副流感病毒3型的致病性不强，单纯的牛副流感病毒3型感染通常只引起轻微的呼吸道疾病，感染3~5d后即痊愈。鼻内或气管内单独接种病毒，犊牛仅表现温和性发热和鼻腔分泌物增多，如与其他病毒、细菌并发感染，或在环境和气候改变、饲养管理不当、机体抵抗力下降等应激因素的诱发下，成年牛、羊可表现为肺炎或胸膜肺炎。呼吸道黏膜上皮细胞是病毒最初侵犯的靶细胞，以后病毒在肺泡巨噬细胞、肺泡Ⅱ型上皮细胞、基底膜定位与增殖，引起细胞和组织损伤，为继发感染创造有利条件。当继发感染其他细菌、病毒时，由于牛副流感病毒3型损伤了呼吸道黏膜上皮细胞和肺巨噬细胞，从而抑制了肺巨噬细胞对其他病原体的清除，导致肺组织严重损伤，引发肺炎或胸膜肺炎。康复动物产生针对H和N的中和抗体，但免疫保护期有限，数月后动物将再次表现易感性。

【临床症状】

潜伏期2~5d。病牛体温升高达41℃以上。鼻镜干燥，鼻孔流出黏脓性鼻液。眼睛大量流泪，发生脓性结膜炎。咳嗽，呼吸增数，有时张口呼吸。听诊肺脏前下部有纤维素性胸膜炎和支气管肺炎症状。个别病牛发生黏液性腹泻。少数病牛消瘦，2~3d后死亡。怀孕牛只可能流产。牛群发病率不超过20%，病死率一般为1%~2%。

绵羊最急性病例常无明显症状而死亡。急性病例则出现高热，体温升高至41~42℃。垂头，拒食，委顿。鼻孔流黏液性、脓性鼻液，眼睛大量流泪，呼吸困难，咳嗽。继发感染情况下，一般于1~3周内发生肺炎或胸膜肺炎。

【病理变化】

主要局限在呼吸系统。上呼吸道黏膜发生卡他性炎症。鼻腔和副鼻窦积聚大量黏脓性渗出物。肺前叶膨胀不全，充血；肺叶尤其是尖叶和心叶出现多发性暗红色至灰色实变区。支气管黏膜肿胀、出血，管腔中有纤维素块。如果继发感染其他病原菌、病毒，则往往诱发肺炎或胸膜肺炎的病理变化。

间质性肺炎表现为肺泡毛细血管充血、肺泡和肺泡隔中有广泛的单核细胞浸润，使肺泡隔增厚，肺泡上皮细胞坏死。变性的细支气管与肺泡上皮内有包涵体，往往感染1周后包涵体便不复存在。

【诊断】

根据发病史、临床症状和病理变化，可进行初步诊断，确诊需要进行实验室检验。根据长途运输、拥挤及继发感染等应激因素的存在，临床上表现为发热、流鼻液、流泪、咳嗽及肺炎症状，剖检可见呼吸道卡他性炎症、鼻腔和副鼻窦大量渗出物、肺叶尤其是尖叶和心叶出现多发性暗红色至灰色实变等肺炎病变，可初步诊断。

(1)病毒分离鉴定　采集鼻液、呼吸道渗出物及病肺组织，接种牛胚原代细胞，分离病毒，用荧光抗体技术进行病毒鉴定。也可直接用荧光抗体检出鼻分泌物和呼吸道组织中的病毒。

(2)血清学试验　采集急性发病期和恢复后3~6周双份血清，进行中和试验或血凝抑制试验，如急性发病期与恢复期血清抗体滴度升高4倍以上，证明有牛副流感病毒感染。结合临床发病情况，可做出诊断。

(3)鉴别诊断　通常与牛出血性败血病、牛肺疫等疾病进行区别。

①与牛出血性败血病的鉴别：两种疾病均出现呼吸道症状。牛出血性败血病由多杀性巴氏杆菌引起，剖检可见败血性病理变化，可从血液、肺脏组织等分离到多杀性巴氏杆菌。

②与牛肺疫的鉴别：牛肺疫由丝状支原体丝状亚种引起，也出现呼吸困难等症状，剖检可见纤维素性肺炎和浆液纤维素性胸膜炎变化，严重者肺脏发生实变。

【防控措施】

加强饲养管理，增强动物抵抗力，减少应激因素，控制其他病原的感染或侵袭。灭活疫苗可诱导产生黏膜 IgA 抗体。国外已研制出牛副流感、牛腺病毒感染和牛病毒性腹泻多联苗。长途运输前，有条件时可用牛副流感病毒抗血清注射牛只，预防本病。

一般情况下抗生素对病毒无效，因本病常发生混合感染，早期可选择敏感的抗生素（如头孢噻呋钠、磺胺类药物等）控制继发感染或抑制病原菌的生长、繁殖。继发肺炎时，可选用适当抗生素治疗，但效果有限。

十八、中山病

中山病（Chuzan disease）曾称牛异常分娩病，是由中山病病毒所致牛的一种病毒性传染病，临床上以妊娠母牛产出积水性无脑或脑发育不良的犊牛为主要特征。

本病于 1985 年 11 月在日本九州鹿儿岛首次发生，1990 年该地区再次流行。最初由日本鹿儿岛市中山镇分离到病毒，故称为中山病。韩国、澳大利亚等国的牛群中也有检测到本病毒抗体。目前，本病已引起各国的普遍重视。2002 年，刘焕章等首次报道我国出现本病。

【病原】

中山病病毒（Chuzan disease virus）属于呼肠孤病毒科（Reoviridae）环状病毒属（Orbivirus）的 Paly-am 病毒群成员。病毒核酸类型为双股 RNA，病毒粒子直径约 50nm，能凝集牛、绵羊和兔的红细胞，对马、仓鼠及大鼠红细胞也有不同程度的凝集性，其中以对牛红细胞的凝集性最强。

病毒可在牛肾细胞、猴肾细胞、仓鼠肺细胞、BHK-21 细胞、Vero 细胞、原代猪睾丸细胞和猪肾细胞等多种细胞增殖，并引起细胞病变。

病毒对有机溶剂，尤其是对乙醚和氯仿具有较强的抵抗力，但对酸性环境的耐受力差，在 pH 3.0 时完全丧失其感染性。

【流行病学】

易感动物主要是牛，且以日本黑色肉用牛为主，奶牛和其他品种的牛较少发生。在绵羊和山羊体内也检出过中山病毒的抗体。

病牛和带毒牛是主要传染源。尖喙库蠓（Culicoides oxystoma）为传播媒介；也可通过胎盘垂直传染于胎儿。犊牛可经脑内接种感染。本病主要通过库蠓传播，流行具有明显季节性，多发生于 8 月上旬至 9 月上旬。

【临床症状】

自然发病的母牛在妊娠中期和分娩前常没有明显症状。人工感染怀孕母牛，可引起外周血液中白细胞特别是淋巴细胞减少，但一般无发热现象。怀孕母牛主要表现为异常分娩，发生流产、早产、死胎或产出畸形胎儿。异常分娩的犊牛大多丧失吸吮能力，部分病犊牛视力下降，甚至失明，听觉丧失，出现痉挛、转圈或不能站立等神经症状。个别病犊的头顶突起，但患病犊牛的体形和关节一般正常。

【病理变化】

病毒对神经细胞有亲和力，主要病变位于中枢神经系统，常见脑室扩张，大脑和小脑畸形或发育不全，颅腔积水。脊髓中有散在的空腔化区域。组织学检查可见大脑实质减少或缺损，脑干膨大并有出血变化，脑血管外有淋巴细胞性血管套；中脑导管扩张，小脑皮质结构异常，脊髓腹侧角中神经细胞数量减少。

【诊断】

根据流行特点、临床症状和病理变化可初步诊断，确诊需要进行实验室检验。

（1）临床综合诊断 传播媒介为尖喙库蠓，发病多见于8~9月；怀孕母牛发生异常分娩，出现流产、早产、死胎或产出畸形胎儿，异常分娩的犊牛大多丧失吸吮乳汁能力，部分病犊牛视力、听觉障碍，并出现神经症状；病犊积水性无脑或脑发育不良、畸形等。

（2）病毒分离鉴定 可取成年牛和异常胎牛的红细胞以及吸血库蠓，将其处理后接种适宜的细胞培养物，并通过中和试验或标记抗体检测以鉴定病毒。

（3）血清学试验 可用中和试验和血凝抑制试验进行诊断。

（4）鉴别诊断 本病应与赤羽病、布鲁菌病等流产性疾病进行鉴别诊断。

【防控措施】

加强动物检疫，勿从有本病国家或地区引种。加强饲养管理和动物卫生监督，疫区应杀灭吸血昆虫并消除其滋生地，加强对怀孕母牛的保护措施以防止吸血昆虫的叮咬。清洁区发现本病应立即进行扑杀、消毒等扑灭措施，防止疫情扩散蔓延。

目前尚无有效的治疗药物或方法。流行地区可用灭活疫苗进行免疫接种。在日本，将病毒接种 BHK-21 细胞，培养 4d 至毒价达 $10^{6.25}$TCID$_{50}$/mL 时收获培养物，加 0.05% 甲醛灭活 48h，制备油佐剂灭活疫苗，牛只肌肉注射 3mL，间隔 3 周后加强免疫 1 次。

十九、牛免疫缺陷病毒感染

牛免疫缺陷病毒感染（bovine immunodeficiency virus infection）是由牛免疫缺陷病毒引起的牛的一种持续感染的传染病，以持续性淋巴细胞增生、淋巴腺病、中枢神经系统损伤以及进行性消瘦、衰弱为特征，并可干扰机体免疫系统功能的正常发挥。

本病相关病例记载于 1969 年，当时认为所患疾病与维斯纳病相似，称牛维斯纳病。1987 年，Gonda 等证实本病毒的基因结构、复制方式、生物学特性以及抗原性等均与人免疫缺陷病毒（human immunodeficiency virus，HIV）相似，由此命名为牛免疫缺陷病毒。

牛免疫缺陷病毒在牛群中的自然感染已先后在澳大利亚、新西兰和欧美一些国家证实。我国于 1994 年在进口奶牛及其后代中采用 PCR 和免疫印迹技术发现牛免疫缺陷病毒的自发感染。由于感染牛只呈持续性感染状态，常造成较大的经济损失。

【病原】

牛免疫缺陷病毒（*Bovine immunodeficiency virus*，BIV）属于反转录病毒科（*Retroviridae*）慢病毒亚科（*Lentivirus*）免疫病毒群的成员。成熟的病毒粒子略呈球形，直径 110~130nm，含有一个浓聚的、电子密度可变的杆状核心。在感染细胞中，病毒粒子以出芽方式释放。基因组为二倍体正链单股 RNA。牛免疫缺陷病毒是一种外源性侵染病毒，对非感染牛的各种细胞和组织 DNA 进行免疫印迹分析，未检出牛免疫缺陷病毒相关的内源性序列。感染细胞中的前病毒常常有缺陷，发生缺失、替换等，但前病毒两端仍存在细胞 DNA 的侧翼序列。

牛免疫缺陷病毒感染的细胞宿主谱很广，可在来源于胎牛的多种原代细胞培养增殖，包括肺脏、胸腺、睾丸、脾脏、肾脏、滑液膜、脉络神经丛和脑细胞。其中，原代胎牛脾细胞和原代胎牛肾细胞增殖良好，可达到较高的滴度。牛免疫缺陷病毒也可在传代细胞（如胎牛气管上皮细胞、Madin-darby 牛肾细胞等细胞系）增殖。病毒感染上述细胞可诱导合胞体等细胞病变的形成。感染细胞在开始出现细胞病变的 24h，病毒增殖达到高峰。一些报道认为，某些用于组织、细胞培养的胎牛血清可能存在牛免疫缺陷病毒，也许会成为疫苗的污染源，对人和动物的健康构成威胁。

病毒对脂溶剂、去垢剂敏感，56℃加热 30min 可灭活，但对紫外线、X 射线的耐受力较其他病毒强。

【流行病学】

牛免疫缺陷病毒的自然宿主是牛，其中奶牛、肉牛的易感性高。绵羊和山羊可人工感染牛免疫缺陷病毒，接种后两周可检测出抗体，但不能从血液分离到病毒。人工感染兔，可迅速产生较高滴度的抗体，并可从脾脏、外周血液淋巴细胞等分离到病毒。病毒接种大鼠、小鼠，不能增殖病毒，也未检测到抗体。

感染牛是本病的主要传染源。病毒存在于外周血液白细胞。自然感染牛携带的病毒可持续存在 12 个月之久。用感染牛的血液作为接种物，病毒在牛与牛之间可有效地传播。由此推断，污染的针头、手术器械等可引起医源性传播，或吸血昆虫叮咬感染牛与健康牛，可能引发病毒的传播。本病无明显的季节性，潜伏期长，以隐性感染居多，很多感染牛前期往往不表现临床症状。

【临床症状和病理变化】

自然感染潜伏期不明。人工感染犊牛可引发白细胞减少，此后的 15~20d 持续出现淋巴细胞增多。病牛表现为进行性消瘦和衰弱，自然感染牛呈现持续性淋巴细胞增生和以外周淋巴肿胀为特征的淋巴腺病。有的病牛可能表现为中枢神经系统的损伤。流行病学调查发现，本病可与牛白血病合并感染，使病情复杂化。

牛免疫缺陷病毒具有亲组织性，可有选择地吸附于淋巴细胞，并在其中复制，促进淋巴细胞分化，导致原发性损伤。同时在免疫系统内循环，引起病理性损害。病毒可感染多种细胞，在 CD^{3+}、CD^{4+} 及 CD^{8+} T 细胞和 B 细胞、NK 细胞和单核细胞中均可检出前病毒。呈现持续性淋巴组织增生的自然感染牛脑内可观察到淋巴细胞增生性血管套。人工感染实验牛可表现为淋巴结、脾脏的滤泡增生。增生的程度随感染个体而不同。上述变化类似于人免疫缺陷病毒、猴免疫缺陷病毒和猫免疫缺陷病毒感染早期的淋巴结变化。

【诊断】

根据流行特点、临床症状、病理变化可怀疑为本病。确诊需要进行病毒鉴定，可用免疫荧光技术，免疫印迹技术等进行检测；电镜技术可用于直接观察病毒；也可用病毒的 *pol* 基因片段作为引物，以 PCR 进行病毒检测。牛感染后至少经过两周血清中才出现抗体，先出现的是 P26（核心抗原）的抗体，后出现的是 gp45（外膜抗原）的抗体，后者能维持较长时间。

本病须与牛白血病等类似疾病相鉴别，通过病毒分离鉴定和血清学试验进行区别。

【防控措施】

目前尚无有效的治疗药物和方法。防制以扑杀淘汰为主。人目前无感染的报道，但此病毒可感染来自白血病患者的细胞，故用胎牛血清制备的人用生物制品，对人有潜在危险。牛免疫缺陷病毒可经兔传代建立兔化适应株，因可作为药物治疗研究和减毒疫苗研制的模型。

第二节　反刍动物的细菌性传染病

一、副结核病

副结核病（paratuberculosis）是由禽分枝杆菌副结核亚种引起的反刍动物的一种慢性消耗性传染病。其特征为顽固性腹泻，极度消瘦，慢性卡他性肠炎，肠黏膜增厚并形成皱襞。

Johne 和 Frothingham 于 1895 年首先发现此病，因此又称为 Johne 病。本病呈世界性分布，给世界养牛业带来重大损失，因而受到各国的高度重视，并投入了大量人力、物力研究本病的防控措施。我国于1953年首次报道本病的存在，自1972年以来，我国一些地区的奶牛场、种公牛场等均有本病发生，严重危害养牛业的发展，且有日渐增多的趋势。本病已被WOAH列为必须通报的动物疫病名录，我国农业农村部将其列为二类动物疫病。

【病原】

禽分枝杆菌副结核亚种(*Mycobacterium avium* sbusp. *paraenberculosis*)属于分枝杆菌科(Mycobacteriaceae)分枝杆菌属(*Mycobacterium*)，又称副结核分枝杆菌，长0.5~1.5μm，宽0.3~0.5μm。革兰阳性小杆菌，抗酸染色阳性(经染色镜检本菌为红色)。此菌在组织或粪便中成团或成丛存在，不易分离培养，在Herrold卵黄培养基、小川培养基上需氧培养，生长缓慢，常需37℃培养6~8周或更长时间才能长出小菌落。在Herrold卵黄培养基的最初菌落直径1mm、无色、透明，呈半球状，边缘圆而平，表面光滑；继续培养，菌落可增大至4~5mm，颜色变暗，表面粗糙，外观呈乳头状。

本菌对自然环境抵抗力较强，在外界环境中能生存11个月，在河水中可存活163d，在粪便和土壤中存活数个月。对热敏感，63℃ 30min、70℃ 20min或80℃ 5min即可被杀死。常用3%来苏儿、3%福尔马林等消毒剂。

【流行病学】

牛最易感，牛对副结核病的易感性与年龄有关，6个月龄以内的犊牛感染后发病的可能性高。副结核分枝杆菌除了感染牛、绵羊、山羊、鹿等反刍动物外，还能感染猪、马、骆驼、猴、鸽、斑鸠等多种哺乳动物和禽类。此外，还可感染野生反刍动物(如野羊、野牛、犀牛、水牛等)。

病牛和带菌牛是主要传染源。病畜和带菌家畜可从粪便排出大量的病原菌，其对外界环境的抵抗力较强，因此可以存活很长时间，甚至数月。病原菌污染饮水、饲料等，通过消化道而侵入健康畜体内。在一部分病例中，病原菌也可能侵入血液，因而可随乳汁和尿液排出体外。奶牛患临床型副结核病时，会向牛奶中排出低浓度活的副结核分枝杆菌，且能从消毒的牛奶中分离到活的副结核分枝杆菌。犊牛经常出现吸吮病母牛乳汁或污染的饲料经粪口途径感染，也可经子宫垂直感染胎儿，子宫感染率在50%以上。

本病发展缓慢，发病率不高，病死率极高，一旦在牛群中出现很难根除。在污染牛群中病牛数目通常不多，各个病例的发生和死亡间隔较长，因此表面上看似为散发性，实际上是一种地方流行性疾病。感染牛群的病死率2%~5%，个别地区高达25%。

【发病机理】

易感牛的感染发生于小肠远端和大肠，回肠是最常见的感染部位，但在严重病例中，回肠的病变可向两端扩散。副结核分枝杆菌到达小肠后，被小肠派伊尔淋巴集结的M细胞(membranous/microfold cell)摄入，然后被组织巨噬细胞吞噬，随后的感染途径多数尚不清楚。部分感染牛随着免疫机能的变化，巨噬细胞内的副结核分枝杆菌开始大量增殖，使感染牛由隐性感染转变为显性。由于肉芽组织的增生使回肠肠壁增厚，导致肠道机能丧失和血液中的蛋白质丢失。在肠道内形成的免疫复合物，可能是导致肠蠕动亢进并出现下痢的主要原因之一。

【临床症状】

潜伏期为数月到两年以上，主要表现为持续性腹泻，渐进性消瘦和体况下降，体温、脉搏、呼吸等指标基本正常。病初出现轻微腹泻，粪便稀软，排粪次数增多，并伴有消化不良和轻微的食欲不振。随着病情的发展，腹泻加重，呈喷射状的水样腹泻，并带有少量气泡。病牛的体重明显下降，消瘦，眼窝下陷，被毛干涩无光，食欲不振。由于腹泻使得尾巴、会阴和后肢被粪便污染，尾巴将粪便甩到腹肋部和臀部而污染后躯。

绵羊和山羊的症状与牛相似。潜伏期数月至数年。病羊表现间断性或持续性腹泻，但有的病羊排泄物较软。保持食欲，体温正常或略有升高，病羊体重逐渐减轻。发病数月以后，病羊表现消瘦，衰弱，脱毛，卧地。病的末期可并发肺炎。羊群的发病率为1%~10%，多数归于死亡。

【病理变化】

主要在消化道和肠系膜淋巴结。空肠、回肠和结肠前段，特别是回肠，肠壁增厚，比正常增厚3~30倍，黏膜形成硬而弯曲的皱褶。肠内容物少，含有大量液体和少量气泡。肠黏膜呈灰白色或灰黄色，皱褶突起处常呈充血状态，有稠而混浊的黏液；黏膜无结节和坏死，也无溃疡。浆膜下淋巴管和肠系膜淋巴异常肿大，呈索状，暗褐色，切面外翻，多汁。

羊的病变与牛基本相似。

【诊断】

根据流行病学、临床症状和病理变化可对本病做出初步诊断，确诊需要进行实验室诊断。

（1）细菌学检测　取粪便中的黏液、血丝，经处理后用抗酸染色镜检，本菌为红色细小杆菌，常呈堆或丛状。镜检时，肠道中的其他腐生性抗酸菌也呈红色，但较粗大，不呈团或丛状排列。死后采回肠末端与附近肠系膜淋巴结做成乳剂或生前取粪便，离心后取沉淀物接种于改良小川固体培养基进行培养，这种方法虽可靠，但耗时，约需7周。这两种方法中有一种为阳性结果，可确诊本病。

（2）变态反应　将提纯的副结核菌素或禽型结核菌素（PPD）0.5mg/mL皮内注射于牛左侧颈部中部上1/3处，72h后观察反应，检查注射部位的红、肿、热、痛等炎性变化，并再次测量皮厚，统计注射前后皮厚差。如注射后局部出现炎性反应，皮厚差≥4mm，则判为阳性。在感染后3~9个月反应良好，但至15~24个月反应下降，此时大部分排菌牛及一部分感染牛均呈阴性反应，即许多牛只在疾病末期表现耐受性或无反应状态。如果临床症状加剧的病牛，变态反应可能消失，故本方法适用于发病前期，不适用于中后期，在检查时应注意。变态反应能检出大部分隐性型病畜（副结核菌素检出率为94%，禽型结核菌素为80%），这些隐性型病畜有部分（30%~50%）可能是排菌者。

（3）血清学诊断

①补体结合试验：国际上诊断牛副结核病常用的血清学方法，与变态反应一样，病牛在出现临床症状之前即对补体结合反应呈阳性反应，但其消失比变态反应迟。补体结合试验反应强度与病菌在粪便中排泄量有关，即补体结合阳性牛就是排菌量大的病牛，故补体结合试验特别适用于发病牛，敏感性和特异性达90%以上。缺点是存在非特异性反应，对有些未感染牛可出现假阳性反应；对潜伏感染病例效果不佳，因此不适用做筛选和鉴定亚临床感染的检测。补体结合反应与变态反应具有互补关系，两者不能互相代替，而应配合使用。

②琼脂免疫扩散试验：琼脂免疫扩散试验虽然操作简便、特异性好、结果判读容易，但由于敏感性低，不适宜做筛选和鉴定亚临床感染病例。以细胞壁超声波粉碎抗原和细胞质抗原较好。另外，检测牛副结核分枝杆菌抗体的琼脂免疫扩散试验可以用于鉴别诊断绵羊的副结核病原。

③ELISA：其敏感性和特异性均优于补体结合反应。适用于检测无临床症状的带菌牛和临床症状出现前补体结合反应呈阴性反应的牛。ELISA有可能替代补体结合反应而获得广泛使用。

此外，还有免疫斑点试验、间接血凝试验、免疫荧光抗体及对流免疫电泳等均可用来诊断本病。

(4)分子生物学技术

①特异性DNA探针技术可快速地检出牛粪便中的副结核分枝杆菌DNA片段，使从粪便中检测病菌的时间从以往培养8~12周缩短到24h以内。

②PCR：以制备的DNA为模板，根据基因库中IS 900(1 451bp)特有序列设计引物，建立副结核分枝杆菌的PCR，可快速地应用于诊断反刍动物的副结核病和乳及乳制品中副结核分枝杆菌的鉴定。

诊断时，以水样或糊状腹泻症状为主的牛传染病包括牛轮状病毒感染、牛冠状病毒感染、牛产肠毒素性大肠杆菌病、副结核病、牛空肠弯曲菌腹泻等。因此，应该注意区别。

【防控措施】

本病的防控以检疫、净化为主。加强饲养管理和环境卫生，尤其是幼龄牛应给予充足的营养，避免接触到成年牛的粪便。平时应加强检疫，不要从疫区引进新牛，如必须引进时，应在严格隔离的条件下用变态反应进行检疫，确认健康时，方可混群。我国吉林省兽医科学研究所于1990年成功研制出牛副结核灭活疫苗，其保护率和免疫期均高于国外同类疫苗，在吉林、辽宁、黑龙江等省多个牛场应用，已取得了良好的效果，使部分牛场的副结核病得到净化。现在这种副结核灭活疫苗已被农业主管部门批准为二类新制品。尽管有这些成功的事例，但疫苗接种仅在特定国家被限制性地使用，这是由于本病是在幼龄期感染的(1月龄前最易感)，并存在较高的垂直感染，因此仅靠主动免疫阻止感染较为困难。实际应用中牛副结核灭活疫苗只是阻止临床发病，不能彻底清除排菌牛。

发生本病的牛群，每年实行4次检疫，如3次以上无阳性牛，可视为健康牛群。在检疫中发现有明显症状，同时粪便抗酸染色检查阳性的牛应及时扑杀处理。变态反应阳性牛应集中隔离，分批淘汰。对变态反应阳性母牛、病牛或粪菌检阳性母牛所生犊牛应立即与母牛分开，人工哺喂健康母牛初乳3d后，集中隔离饲养，待1、3、6月龄时各做1次变态反应检查，如均为阴性，可按健康牛处理。对变态反应疑似牛每隔15~30d检疫1次，连续3次呈疑似的牛，应酌情处理。当发生本病时，及时隔离病牛，被污染的牛舍、场地、用具等用来苏儿、生石灰、漂白粉、氢氧化钠等进行严格消毒，粪便发酵处理。

【公共卫生】

已有越来越多的证据支持副结核分枝杆菌可能与人的克罗恩病(crohn disease，CD)病原学有关，据国外报道，从克罗恩病病人的肠道病变部位或血液中分离出副结核病菌，或扩增到了相应的特异性基因片段。很多小样本研究显示，用针对副结核杆菌的抗生素治疗CD有一定效果。如英国A. Douglasl等用氯苯吩嗪(clofazamine)、克拉霉素(clarithromycin)和利福布丁(rifabutin)治疗30例"难治性"CD，结果2/3的病人有效。从全基因组关联研究发现CD与产生对抗细胞内病原的适应性免疫反应有关的易感基因，其中包括副结核分枝杆菌感染，进一步显示副结核分支杆菌与CD的相关性。

二、乏质体病

乏质体病(anaplasmosis)旧称边虫病、无浆体病，本病是由蜱传播的反刍动物红细胞内专性寄生的一类血液传染性疾病，以发热、贫血、衰弱和黄疸为主要特征，并常与泰勒原虫等混合感染。

1910年在北非首先发现了牛乏质体病，后来发现本病广泛存在于世界各地。在非洲、南美洲、北美洲、大洋洲、地中海沿岸和远东地区、澳大利亚和美国等地都有发生，并且在温带、亚热带和热带地区引起严重的发病率和病死率。在我国广东、贵州、湖南、湖北、四川、河南、河北、吉林、新疆等省、自治区都有乏质体病的报道。乏质体病给我国牛羊养殖业造成严重的经济损失。

统计结果表明，美国由于乏质体病仅肉牛每年造成的经济损失就超过 3 亿美元，而在拉丁美洲，牛乏质体病和巴贝斯焦虫病造成的经济损失高达 8.75 亿美元。目前，本病已被 WOAH 列为必须通报的动物疫病名录。

【病原】

本病病原为艾立希体科（Ehrlichiaceae）乏质体属（Anaplasma）中的成员，是一类专性寄生于脊椎动物红细胞中的无固定形态的微生物。乏质体是几乎没有胞质的微生物，曾被认为是原生动物，称为边虫，但后来发现它的超微结构和代谢特点都和立克次体相似，后将其列入立克次体科，现被移入艾立希体科。

乏质体呈球形、卵圆形，也有呈杆形、环形的，革兰染色阴性。该菌侵入反刍动物红细胞后二分裂增殖，堆集成致密的包涵体，姬姆萨染色呈紫红色、圆形或椭圆形的团块，大小 0.3~1.0μm。一个红细胞中通常只含 1~2 个包涵体，少数 3 个。用电子显微镜观察，这种结构是由一层限界膜与红细胞胞质分隔开的内含物，每个内含物包含 1~8 个亚单位或称初始体。

带有病菌的血液在 3℃保存，如与枸橼酸盐溶液混合，能保持传染性 82d；如再加入葡萄糖、蔗糖，则可延长到 350d；如用肝素抗凝，并加甘油，在 -70℃可保存 4 年半之久。

乏质体属包括边缘乏质体（A. marginale）、中央乏质体（A. centrale）、绵羊乏质体（A. ovis）、尾形乏质体（A. caudatum）、嗜吞噬细胞乏质体（A. phagocytophila）等。其中，具有致病性的主要种类有 4 种：①边缘乏质体。寄生在红细胞的边缘，致病性高，感染牛和鹿引起严重的乏质体病。②中央乏质体。寄生在红细胞的中心部位，致病性较弱，感染牛引起轻度的乏质体病。③尾形乏质体。感染牛也可引起轻度的乏质体病。④绵羊乏质体。感染绵羊、山羊和鹿，引起重度或轻度的乏质体病。此外，还有文献中曾记载俄罗斯乏质体、阿根廷乏质体和水牛乏质体，而对牛危害最大的是边缘乏质体。

虽然牛是边缘乏质体和中央乏质体的宿主，但两种乏质体对牛的致病性不同，牛边缘乏质体病指定为家畜法定传染病。未成年牛感染边缘乏质体时症状较轻，但 2 岁以上的牛感染时表现重度症状，呈急性经过的病牛有时死亡。

【流行病学】

黄牛、奶牛、水牛、牦牛、非洲公牛、鹿、绵羊、山羊等反刍动物对本病均易感。幼畜的抵抗力较强。耐过感染的犊牛可成为带菌者。

发病动物和病愈后动物（带菌者）是本病的主要传染源。蜱活动区域的家畜常呈隐性感染而成为带菌者，是重要的感染源。至少有 20 种蜱是乏质体病的生物学传播媒介。在传播方式上，有 3 种途径：①发育阶段性传播。这种传播方式是指蜱在吸入病原后，病原在蜱体内随着蜱的发育有一段发育的过程。这包括 3 种可能性：幼蜱感染，传播病原；若蜱感染，成蜱传播病原；幼蜱感染，成蜱传播病原。②间歇性吸血传播。指蜱在已感染的动物体吸血后，转移到健康动物继续吸血时传播病原。③经卵传播。指雌性成蜱吸血后产卵，卵经孵化后直接传播病原。现已确定，微小牛蜱是乏质体病的主要传播媒介，还有多种吸血昆虫（如牛虻、厩蝇和蚊等）均能传播此病。消毒不彻底的外科手术器械和注射器等也能造成机械性传播。

由于传播媒介蜱的活动具有季节性，本病常在 6 月出现，8~10 月达到高峰，11 月尚有个别病例发生。各种不同年龄、品种的易感动物有不同的易感性，年龄越大致病性越高，幼畜易感性较低，但用带菌的血液做人工接种时常能引起发病。母畜能通过血液和初乳将免疫力传给仔畜，使初生仔畜对本病有抵抗力。1~3 岁牛患病为急性发病，能引起死亡，3 岁以上的患病牛病死率高达 100%。羊的发病率可达 10%~20%，病死率可达 5%。

【临床症状】

牛乏质体病潜伏期较长，一般需 17~45d，人工接种带菌的血液，潜伏期 7~49d。本病大多为急性经过，以高热、贫血、黄疸为主要症状。1 岁以内的牛表现轻微的症状，1~3 岁的牛呈现急性症状，3 岁以上的牛呈最急性症状。

最急性型多发于纯种高产奶牛，表现贫血，泌乳停止，流产，呼吸迫促，神经症状等，死亡率高。

急性型体温升高达 40~42℃，呈间歇热或稽留热型，食欲不振，贫血、黄疸。虽可见腹泻，但便秘更为常见，常伴有顽固性的前胃弛缓。粪暗黑，常血染并有黏液覆盖。患病后 10~12d 病牛的体重可减少 7%，还可出现肌肉震颤，流产和发情抑制。有时无前驱症状，突然发病。公牛发病时暂时失去生殖机能，死亡率较高。病程可持续 8~10d。

血液检查红细胞数量、红细胞压积、血红蛋白值(减少到 20%以下)都显著降低，导致进行性贫血，出现各种异形红细胞。疾病后期，出现网织红细胞，呈现巨红细胞贫血。当牛感染中央乏质体时，症状轻微，预后良好。牛一旦感染乏质体可终身携带病原，并具有较强的免疫力，可抵抗再次感染。

羊对本病潜伏期 20~30d，病羊体温升高，衰弱无力，贫血和黄疸，委顿，厌食，失重很明显。血液检查发现红细胞总数、血红素和血细胞压积均减少。在染色的血片中，可见到许多红细胞中存在乏质体，感染后 20~60d，即可检查到病原。

【病理变化】

大多数器官的变化均与贫血有关。主要表现消瘦，内脏器官脱水、黄染。乳房皮肤有点状出血，颈部、胸下与腋下的皮下组织胶冻样浸润和黄疸，肩前淋巴结肿大，大网膜和肠系膜黄染，肝脏轻度肿胀、黄染，表面有黄色至橙色的斑点，胆囊肿大，内充满黏稠的茶色或绿色胆汁，脾脏肿大 3~4 倍，髓质呈暗红色，轻度软化，肾脏呈黄褐色。心内、外膜有点状和斑状出血，质脆并褪色。病羊的病理变化与牛类似，表现为血液稀薄，黏膜苍白、黄染。

病理组织学病变为，在网状内皮系统中可见大量吞噬红细胞的吞噬细胞。急性死亡病例的红细胞中可检出大量的病原体。

【诊断】

在诊断牛乏质体病时，看当地是否曾有流行史，是否有易感动物来自疫区，是否有传播病原的媒介昆虫，再结合高热、贫血、黄疸及发病的季节性可进行初步诊断。牛乏质体病除表现贫血、黄疸和发热外，最急性和急性型还有全身衰竭，脱水，流产及神经症状等，并且病死率较高，可视黏膜贫血，皮下组织胶冻样浸润和黄疸，心内、外膜点状出血，肝脏轻度肿胀，肝表面有黄褐色斑点，胆囊肿大，脾脏肿大坏死，肾脏呈黄褐色。

确诊需进行病原学和血清学诊断。尚无体外分离培养方法，因此采可疑病牛全血，涂片、染色和镜检，是有效的诊断方法。

(1)病原检测　在未用药治疗之前，采体温升高患畜的耳尖血，做血液涂片检查。通常当血液中大于 $1×10^9$ 个/mL 红细胞被感染时就会产生明显的临床症状，此时通过镜检可以检出病原，但当血液中被感染的红细胞数低于 $1×10^6$ 个/mL 时，就不能通过镜检方法检测出来。因此，还应借助血清学诊断。

（2）血清学诊断

①补体结合试验：Franklin 等首先将该方法应用到牛乏质体病的诊断。该方法敏感性高，不但可确诊病畜，还可检出带菌牛，甚至测出 10 月龄内犊牛血清中抗体的存在。Gonzalez 比较了补体结合试验、间接荧光抗体试验和卡片凝集试验在诊断牛乏质体病时的优劣性，结果表明补体结合试验最高效，检出率为 100%。由于该方法具有良好的特异性和敏感性，一直被许多国家作为口岸检疫的方法沿用至今。

②ELISA：Price 最早报道了用 ELISA 来检测牛血清中乏质体病抗体的情况。在试验中用同一头动物感染前后的红细胞制备了双份抗原，通过对比结果表明检出率为 100%。Nakamura 等建立了以重组的 MSP5 为抗原，检测牛奶中乏质体病抗体的间接 ELISA 方法，该方法只需要牛奶作为样本而且不需要特殊处理，使奶牛免于用其他诊断方法须采集血液样本时产生的应激，是当前比较理想的血清学诊断方法。

③间接荧光抗体试验：DeEdnaide 等首先将其应用到乏质体病的血清学检测。Wilson 等将这种方法与补体结合试验、毛细管凝集试验、平板凝集试验进行了比较，4 种方法的共同检出率为 86.6%，而间接荧光抗体试验的敏感性略次于补体结合试验，能在动物接种乏质体之后的第 7 天检出抗体。

④其他凝集检测方法：包括毛细管凝集试验、卡片凝集试验和平板凝集试验等，这些凝集试验与补体结合试验、间接荧光抗体试验相比，敏感性和特异性较差，但操作简便，有利于田间流行病学调查。

（3）分子生物学检查　由于乏质体病、中央乏质体和绵羊乏质体的膜表面蛋白（MSP1 和 MSP5）相对保守，所以成为该方法检测的主要对象。Decaro 等建立了乏质体的实时定量 PCR 方法，能将边缘乏质体和中央乏质体区分开来。核酸探针检查也能鉴定病原种类。反向线状印迹杂交技术（reverse line blot，RLB）可用来监测蜱传播病原的整个过程。

以贫血、黄疸症状为主的牛传染病包括钩端螺旋体病、细菌性血红蛋白尿症、牛乏质体病、牛嗜血支原体病；寄生虫病主要包括牛环形泰勒虫病、牛双芽巴贝斯虫病、牛巴贝斯虫病和伊氏锥虫病。因此，诊断时需注意鉴别。

【防控措施】

乏质体病是一种以蜱为媒介的传染病，因此本病的防治也应遵循防重于治的原则。消灭蜱等吸血昆虫是预防本病的主要措施，加强检疫，防止带菌动物混入健康牛群中，引进牛时应做药物灭蜱处理。保持圈舍及周围环境的卫生，常做灭蜱处理，以防经饲草和用具将蜱带入圈舍，同时常用杀虫药消灭牛体表寄生的蜱。为防止机械性传播本病，要经常消毒注射器、针头及外科器械等。

有些国家采用中央乏质体作为弱毒疫苗免疫牛群，以预防边缘乏质体的感染，虽有一定的效果，但接种牛有成为传染源的危险。用边缘乏质体作灭活疫苗接种牛群较为安全，第一年间隔 4~6 周免疫 2 次，次年免疫 1 次，效果较好。为了防止牛进入疫区大批发病，用含有纯中央乏质体的新鲜脱纤血给牛皮下注射 5mL，在 3~6 周出现轻微反应，同时产生抵抗力。对幼龄牛或犊牛，冬季接种带乏质体牛血 1~2mL，一般于接种后 17~48d 发生反应，愈后可产生带菌免疫。这些方法不提倡，需在兽医师指导下进行。

一旦发病，除用药物驱除吸血昆虫外，应在严格隔离的条件下及时进行治疗，必要时对重症牛羊予以扑杀。

对病牛或病羊进行治疗必须两种以上药品交替使用，以抑制病原体在体内增殖，同时防止继发感染。应用台盼兰、贝尼尔、四环素、土霉素等效果良好，并辅以对症疗法（如解热、补液、补盐及镇静等），重症需强心、保肝、补液、止血、补血。抗生素类药：盐酸四环素，或土霉素，或金霉素，均按10mg/kg，溶于500~1 000mL 5%葡萄糖生理盐水中，静脉注射，连用数日。血虫净（贝尼尔）：按8mg/kg，用注射用水配成5%溶液，深部肌肉注射，隔日1次，连用3次。黄色素（盐酸吖啶黄）：按3~4mg/kg（每头牛最大剂量不超过2g），用注射用水配成0.5%~1%溶液，静脉注射，隔2~3d后重复用药1次。

三、羊梭菌性疾病

羊梭菌性疾病（clostridiosis of sheep）是由梭状芽孢杆菌属（*Clostridium*）中的细菌所致的一类急性传染病，包括羊快疫、羊肠毒血症、羊猝疽、羊黑疫、羔羊痢疾等病。这类疾病临床症状相似，易混淆，且都能造成急性死亡，对养羊业危害很大。

（一）羊快疫

羊快疫（braxy）主要发生于绵羊，是由腐败梭菌引起的一种急性传染病。羊突然发病，病程极短，以真胃黏膜呈出血性炎症为特征。本病在百余年前就出现于北欧一些国家，现已遍及世界各地。

【病原】

腐败梭菌（*Clostridium septicum*）为革兰阳性的厌氧大杆菌，两端钝圆。在培养基中单在或成链状。菌体宽0.6~0.8μm，长2~4μm，有鞭毛，能运动，在动物体内外均能产生芽孢，不形成荚膜。用死亡羊的脏器，特别是肝脏被膜触片染色后镜检，常见到无关节的长丝状菌体，这一特征对诊断本病有重要价值。

本菌为一种严格厌氧菌。高层琼脂中呈绒毛状生长，鲜血琼脂上菌落周围有微弱的溶血区，能液化明胶，肉肝汤中培养有脂肪酸腐败的气味。能发酵水杨苷，产酸产气，但不发酵蔗糖，这是与气肿疽梭菌的区别之一。

本菌可产生α、γ、ε、δ 4种毒素，其中γ最重要，有致死、坏死特性。一般消毒药物均能杀死本菌繁殖体，但芽孢抵抗力较强，在土壤中能存活许多年，95℃下需2.5h方可杀死。

【流行病学】

绵羊发病多见，尤其多发于半岁到2岁之间膘情较好的绵羊。山羊和鹿也可感染，但发病较少。

病羊和带菌羊均是传染源。腐败梭菌常以芽孢形式分布于低洼草地、耕地及沼泽之中。羊因采食被污染的草、饲料和饮水等而感染，芽孢进入羊消化道，多数不发病。

本病与应激因素有关，在气候骤变，阴雨连绵，秋、冬寒冷季节，引起羊感冒或机体抗病能力下降，腐败梭菌大量繁殖，产生外毒素引起羊发病死亡。

【临床症状】

本病的潜伏期很短，一般仅为数小时，很多病例在未见明显症状时便已死亡。最急性型一般发病10~15min便迅速死亡，有时可延长到2~6h，通常于1d内死亡，少数病例病程可达2~3d，罕有痊愈者。最常见的现象是羊只当天正常，次日早晨却发现死亡。病羊离群、卧地、拒食、磨牙，有腹痛表现，强迫运动时表现虚弱和运动失调。随后出现昏迷，呼吸困难，口鼻流出泡沫样液体，口舌黏膜肿胀，排粪困难，常呈黑绿色大而柔软的粪球，有时排黑色稀便，间或带血丝，粪内常混有黏液及黏膜脱落物，有些病例体温升至41.5℃左右。病羊死前痉挛，腹痛，腹胀，结膜急剧充血，通常经数分钟至几小时死亡。

【病理变化】

病羊尸体腹部膨胀，天然孔内有血样分泌物，可视黏膜(口、眼、鼻部)发绀。剖检可见皮下组织有浆液性浸润，有时可见气泡。最主要的病变为真胃(有时也见于十二指肠)黏膜出血性、坏死性炎症，黏膜下组织水肿，甚至形成溃疡，由于水肿液的浸润，使胃壁显著增厚，在胃底部和幽门附近的黏膜有出血斑。胸腔、腹腔、心包积液，呈淡黄色或红色，如暴露于空气中易凝固，心内、外膜有点状出血，左心室尤为严重。肝肿大、质脆，胆囊肿大，充满胆汁。有些病例回、盲肠有块状出血、坏死和溃疡，有时还可见肠系膜充血，淋巴结肿大。如病羊尸体不及时剖检，则因腐败而出现其他死后变化。

【诊断】

本病发病突然，死亡快，因此，生前诊断较困难。病羊死后注意检查真胃及十二指肠等处是否有急性炎症，确诊需要进行细菌学诊断。

(1)抹片镜检 病料涂片用瑞氏染色法或美蓝染色法染色镜检，除见到两端钝圆、单个或短链状的粗大菌体外，也可观察到无关节的长丝状菌体链，这种表现在肝被膜触片中尤为明显。

(2)分离培养 采集病料后立即进行分离培养，接种于葡萄糖血琼脂上，用厌氧法分离培养病原菌。在血琼脂平板上长成薄纱状，这是本菌的特点。但正常草食动物的肠道内就有本菌存在，动物死亡后很容易侵入体内其他组织。因此，由病料中分离得到此菌时，不能肯定它就是病原菌。应结合流行病学、临床症状、剖检变化等综合判断。

(3)动物试验 新鲜病料制成悬液，肌肉注射豚鼠或小鼠，阳性反应实验动物常于24h内死亡。立即采集病料进行分离培养，可获得纯培养物，涂片镜检可发现腐败梭菌无关节长丝状的特征性表现。

(二)羊肠毒血症

羊肠毒血症(enterotoxaemia)是 D 型产气荚膜梭菌产生毒素所引起的绵羊急性传染病。本病发病急，死亡快。死后肾脏多见软化，故又称为"软肾病"。本病在临床症状上类似羊快疫，所以又称"类快疫"。

1932 年，Bennets 和 Gill 等首次报道于澳大利亚，以后中欧、苏联、非洲等地相继报道。目前，本病遍及世界养羊地区。

【病原】

本病的病原是 D 型产气荚膜梭菌(*Clostridium perfringens* type D)，旧名魏氏梭菌(*Clostridium welchii*)。产气荚膜梭菌可产生多种毒素，以毒素特性可将其分为 A、B、C、D、E 5 个毒素型。本菌为革兰阳性的厌氧粗大杆菌。菌体宽 $1 \sim 1.5 \mu m$，长 $2 \sim 8 \mu m$，多为单个，有时为短链状或成对，无鞭毛，不能运动。在动物体内可形成芽孢。在牛乳培养基中 $6 \sim 8h$，呈现出"爆裂发酵"。

本菌在自然界中分布广泛，常可从土壤、饲料、动物肠道及粪便中分离到。其繁殖体在 $60 ℃$ $15min$ 即可被杀死，一般消毒液均可将其杀死。但芽孢抵抗力较强，在 $95 ℃$ $2.5h$ 均可将其杀死，3%甲醛须 $30min$ 才可杀死。

【流行病学】

发病以绵羊为多，山羊较少，有时鹿也能发病。通常以 $2 \sim 12$ 月龄、膘情好的羊多发。本病的病原菌在自然界分布广泛，病羊与带菌羊都可以作为传染源。主要是以污染的饲料、饮水经消化道而发生感染。同时健康羊的消化道内也有本菌，正常情况下，大多数的病原被胃内的酸性环境杀死，仅有少量存活，产生的毒素可随消化道的蠕动而被消除，不引发疾病。而当羊群缺乏运动,肠蠕动减弱,甚至弛缓时,细菌大量繁殖,毒素在肠道内积聚,进入血液后引发毒血症。

有明显的季节性,多发于春末、夏初和秋季收割季节,这是因为在这种季节饲料突然改变,羊群采食大量谷类、玉米、大麦或青嫩多汁、富含蛋白的草料,引起肠道的正常活动与分泌机能失调,pH 值改变,导致 D 型产气荚膜梭菌繁殖。胃肠道受损有时也能引发本病。本病多呈散发性。

【临床症状】

本病的特点为突然发作,很少能见到症状,往往表现出疾病后绵羊便很快死亡。症状可分为两种类型:

(1)最急性型　以搐搦为其特征,在倒毙前四肢出现强烈的划动,肌肉颤搐,眼球转动,磨牙,口水过多,随后头颈显著抽搐,往往死于发病后的 2~4h 内。

(2)急性型　以昏迷和静静地死去为其特征,病程不太急,其早期症状为步态不稳,以后卧倒,并有感觉过敏,流涎,上下颌"咯咯"作响,继以昏迷,角膜反射消失,有的病羊发生腹泻,通常在 3~4h 内静静地死去,搐搦型和昏迷型在症状上的差别取决于吸收毒素的多少。

【病理变化】

主要病变为肾脏。幼羊肾呈血色乳糜状,故有"髓样肾病"之称,而成年羊肾脏变软。肾的这些变化在死后 6h 最为明显,在死后不能立即见到。真胃内充满气体与食物,真胃、空肠、回肠的某些区段呈出血性炎症变化,重症病例的整个肠段因出血而使之变红,有溃疡及黏膜脱落的现象。肝、胆肿大,肺出血、水肿,胸腺出血。胸腹腔及心包腔积液,心内、外膜出血(以左心室最为明显)。脾脏无显著变化。全身淋巴结肿大,呈急性淋巴结炎。组织学检查可见脑及脑膜血管周围水肿,脑膜出血,脑组织液化性坏死,肾皮质坏死。

【诊断】

由于病程短促,生前确诊较难。但根据本病突然发病,迅速死亡,散发,多发生于雨季和青草生长旺季等流行特点,结合剖检所见软肾、体腔积液、小肠黏膜严重出血等特征,生前有高血糖和糖尿,可做出初步诊断。但确诊还需要做实验室检验,证明肠内容物中是否有毒素存在。

(1)病料采取　主要采取病畜有严重炎症的回肠一段,两端结扎,保留肠内容物于其中。由于本病可能与炭疽、快疫、黑疫等混淆,同时也要取肝和脾做细菌学检查。

(2)毒素检查　取出肠内容物,如内容物稠厚,可用生理盐水稀释 1~3 倍(若内容物稀薄可不必稀释),用滤纸过滤或以 3 000r/min 离心 5min,取上清液,给家兔静脉接种 2~4mL 或静脉注射小鼠 0.2~0.5mL。如肠内毒素含量高,小剂量即可使实验动物于 10min 内死亡;如肠毒素含量低,动物于注射后 0.5~1h 站立不起,呈轻度昏迷,呼吸加快,经 1h 可能恢复。正常肠道内容物注射后动物不起反应。

为了确定菌型,可用标准产气荚膜梭菌抗毒素与肠内容物滤液做中和试验。

(三)羊猝疽

羊猝疽(struck)是由 C 型产气荚膜梭菌引起的,以急性死亡、腹膜炎和溃疡性肠炎为特征。本病最先发现于英国,在美国和苏联也曾发生过。

【病原】

C 型产气荚膜梭菌(*Clostridium perfringens* type C)为梭菌属。本菌革兰染色为阳性大杆菌,在动物体内可形成荚膜,芽孢位于菌体中央。

【流行病学】

本病主要侵害绵羊,也感染山羊,不分年龄、品种、性别均可感染,但以 6 个月至 2 岁的羊发病率最高。

C 型产气荚膜梭菌广泛存在于自然界。病羊和带菌羊是主要的传染源，主要是通过污染的饲料、饮水经消化道感染。常见于低洼、沼泽地区，多发于冬、春季，常呈地方流行性。病菌随着动物采食和饮水经口进入消化道，在肠道中生长繁殖并产生毒素，致使动物形成毒血症而死亡。本病常与羊快疫混合感染，造成损失。

【临床症状】

C 型产气荚膜梭菌随饲草和饮水进入消化道，在小肠的十二指肠和空肠内繁殖，产生毒素引起发病。病程短，未见症状突然死亡，有时病羊掉群，卧地、表现不安、衰弱或痉挛，数小时内死亡。

【病理变化】

最显著的病变是腹膜炎及出血性肠炎，十二指肠和空肠出血、溃疡、糜烂，真胃有炎症变化，腹水增多，心包和胸腔积液，暴露在空气中形成纤维絮块，浆膜上有出血点，有淋巴结炎。死后 8h，骨骼肌间积聚血样液体，有气性裂孔，如海绵状。

【诊断】

根据发病情况和剖检结果只能做出初步诊断。确诊需要从体腔渗出液和脾脏中分离到 C 型产气荚膜梭菌，并从肠内容物中检测到 β 毒素。

(1) 染色镜检　无菌采取体腔渗出液、脾脏病料涂片数张，革兰染色镜检，见到多量短而粗、两端钝圆、单在、成对或成短链状革兰阳性杆菌。

(2) 中和试验　取灭菌试管 4 支，每管装入 0.5mL 的肠内容物滤液，再在每管中分别加入 B、C、D 型产气荚膜梭菌抗血清 0.25mL，在第 4 管中只加入生理盐水作对照。将 4 支试管同时放置 37℃温箱中，40min 后再行注射小鼠各 2 只，观察小鼠，记录死亡情况。根据 B 型抗血清可中和 B、C、D 型毒素，C 型抗血清可中和 B、C 型毒素，D 型抗血清可中和 D 型毒素的特性，若接种 D 型抗血清的小鼠死亡，可证明所取的病料中有 C 型产气荚膜梭菌存在。

(四) 羊黑疫

羊黑疫 (black disease) 又名传染性坏死性肝炎 (infectious necrotic hepatitis)，是绵羊和山羊的一种急性高度致死性毒血症。本病发生于澳大利亚、新西兰、法国、智利、英国、美国、德国；亚洲也有此病存在。

【病原】

诺维梭菌 (*Clostridium novyi*) 又称水肿梭菌 (*Clostridium oedematiens*) 或巨大杆菌 (*Bocillus gigas*)，属梭菌属。本菌分为 A、B、C、D 4 型。A 型菌能产生 α、γ、ε、δ 4 种外毒素；B 型菌产生 ε、β、η、ζ、θ 5 种外毒素。其中，β 外毒素是一种卵磷脂酶，具有致死、坏死、溶血作用；ζ 外毒素是溶血素，有溶血作用。

B 型诺维梭菌是羊黑疫的病原，为革兰阳性大杆菌，单在、成双或呈 3~4 个短链，周边有鞭毛，能运动，易形成芽孢，芽孢多位于菌体近端或中央，直径大于菌体，无荚膜。严格厌氧，不需大量血清即可生长。最适生长温度 37℃。肉肝汤培养有腐霉味，熟肉培养基中生长时中等混浊，呈灰色绒毛状沉淀。本菌的芽孢抵抗力较强，但对次氯酸盐敏感，95℃ 15min 可存活，湿热 105~120℃ 5~6min 可杀死芽孢，在 5%苯酚、1%福尔马林或 0.1%硫柳汞中能存活 1h。

【流行病学】

本菌能使 1 岁以上的绵羊感染，以 2~4 岁的绵羊发生最多。发病羊多为膘情较好的羊只，山羊也可感染，牛偶可感染。实验动物中以豚鼠为最敏感，家兔、小鼠易感性较低。

本病病原菌分布广泛，病羊和带菌羊是传染源。羊只采食了被芽孢污染的饲料和饮水，经消化道感染。芽孢由胃肠壁进入肝脏。正常肝脏由于氧化-还原电位高，不利于其发芽变为繁殖型菌体，而仍以芽孢形式潜于肝脏中。当肝脏因受未成熟的游走肝片吸虫损害发生坏死以致其氧化-还原电位降低时，存在于该处的芽孢，迅速生长繁殖，产生毒素，进入血液循环，发生毒血症，损害神经元及其他与生命活动有关的细胞，导致急性休克而死亡。因此，本病的发生经常与肝片吸虫的感染密切相关。

本病主要在春夏，多发生于肝片吸虫流行的低洼潮湿地区，多呈地方流行性或散发。

【临床症状】

病程急促，绝大多数未见病状而突然死亡。少数病例病程稍长，可拖延至1~2d，但没有超过3d的。病畜掉群，不食，呼吸困难，流涎，体温41.5℃左右，呈昏睡俯卧状态而死亡。

【病理变化】

病羊尸体皮下静脉显著充血，其皮肤呈暗黑色外观（黑疫之名即由此而来）。胸部皮下组织经常水肿。浆膜腔有液体渗出，暴露于空气易于凝固，液体常呈黄色，但腹腔液略带血色。左心室心内膜下常出血。真胃幽门部和小肠充血和出血。

肝脏充血肿胀，从表面可看到或摸到有一个到多个凝固性坏死灶，坏死灶的界限清晰，灰黄色，不整圆形，周围常为一鲜红色的充血带围绕，坏死灶直径可达2~3cm，切面呈半圆形。这种特征性的坏死病变具有诊断意义。这种病变和未成熟肝片吸虫通过肝脏所造成的病变不同，后者为黄绿色、弯曲似虫样的带状病痕。

【诊断】

在肝片吸虫流行的地区发现急死或昏睡状态下死亡的病羊，剖检可见特殊的肝脏坏死变化，有助于诊断。必要时可做细菌学检查和毒素检查。

（1）细菌学检查　用肝坏死灶边缘组织抹片镜检，可见粗大的B型诺维梭菌。动物死后稍久，在心血及其他脏器内也可见到此菌，所以，病羊死后要尽快采取病料。本菌的分离较为困难，尤其是当病料被污染时，更为不易。常将病料煮沸5min，接种动物后，再进行分离。

（2）毒素检查　卵磷脂酶试验特异性高。其方法为用病死动物的腹水或坏死灶组织悬浮液的沉淀上清液或澄清的滤液，加入试管4支，每支0.5mL，再于第1~3管中分别加入A型诺维梭菌抗毒素血清、B型诺维梭菌抗毒素血清及产气荚膜梭菌抗毒素血清0.25mL；第4管不加抗毒素血清而加同量生理盐水，作为对照。混合均匀，置室温下作用30min，然后每管加入卵磷脂卵黄磷蛋白液0.25mL，混合后置温箱内1~2h，取出观察结果。若对照产生乳光层，即表示被检材料中含有卵磷脂酶，在第1~3管中此反应被何种细菌的抗毒素所抑制，即证明此卵磷脂酶为该种细菌所产生。

卵磷脂卵黄磷蛋白液的制备方法：打散鸡蛋黄一个，混于250mL生理盐水中，再用赛氏滤器过滤混合液，无菌少量分装，4℃冰箱保存备用。

羊黑疫、羊快疫、羊猝疽、羊肠毒血症等梭菌性疾病由于病程短促，病状相似，在临床上不易互相区别，同时，这一类疾病在临床上与羊炭疽也有相似之处，因此，应注意类症区别。

（五）羔羊痢疾

羔羊痢疾（lamb dysentery）是初生羔羊的一种急性毒血症，以剧烈腹泻和小肠发生溃疡为特征。本病可引起羔羊大批死亡，给养羊业带来重大经济损失。

【病原】

B型产气荚膜梭菌。

【流行病学】

本病主要危害 7 日龄以内的羔羊，其中又以 2~3 日龄的发病最多，随着日龄的增长，易感性逐渐降低，7 日龄以上的很少患病。发病率与死亡率与羊品系也有密切关系，纯种细毛羊的发病率与死亡率最高，土种羊较低，杂种羊介于两者之间，一般认为这与出生后被毛的厚薄不同有关。

病羔及带菌母羊是重要传染源。病菌多通过污染的饲料和饮水经消化道感染，也可经脐带或伤口感染。

诱发本病的原因主要是母羊在怀孕期间营养不良，所产羔羊体质衰弱。当气候变化急骤，产房不洁或过冷时，便易诱使羔羊发病。特别是大风雪后，天气寒冷，羔羊受冻等导致本病流行。因此，本病有一定的季节性与规律性，在每年的立春前后发病率常骤然增加。

【临床症状】

自然感染的潜伏期一般为 1~2d，根据细菌毒力的强弱症状有所不同，病程由数小时至数日。多为急性型与亚急性型，慢性型少见。有些病羊发病突然，不见症状而死亡。多数病例初表现为精神委顿，不吮乳，低头拱背，有腹痛症状；继而发生持续性腹泻，最初如粥状，而后变为水样，呈黄白或灰白色，后期为血便，由于腹泻导致严重脱水，虚弱，卧地不起，最后昏迷而死。发病率较高，病死率接近 100%，只有极少数症状轻的，可以自愈。有些病羊主要表现为神经症状，不腹泻，但腹部胀大，或只排少量稀粪（可能带血），呼吸急促，黏膜发紫，口流泡沫状白色唾液，四肢瘫痪，卧地不起，头后仰，体温低于正常，最后昏迷而死。在发生过本病的地区，有时会出现亚急性型，病状与急性型相似，但病程稍长。

【病理变化】

尸体脱水非常严重，真胃内往往有未消化的凝乳块。小肠特别是回肠黏膜充血，状如红带。肠黏膜脱落，可见到直径 1~2mm 的溃疡，溃疡周围有红色的出血环。严重的肠内容物呈血红色。肠系膜淋巴结出血，切开呈大理石状。肺脏充血或淤血。心包积液，心内膜有出血点。

【诊断】

根据流行病学、临床症状和病理变化做出初步诊断，确诊需进行实验室检查，鉴定病原菌及其毒素。

（1）染色镜检　无菌操作取病死羔羊的肝、脾及小肠（回肠段）内容物，经脏器涂片，革兰染色、美蓝染色后镜检，见到两端钝圆、短粗的革兰阳性杆菌，呈单个或成双排列，具有荚膜，少数有芽孢。

（2）毒素检查　为了鉴别由 B 型、C 型和 D 型产气荚膜梭菌所致的肠毒血症，有必要对分离的病原进行定型。其最为简单的办法是采集剖检病尸的小肠内容物过滤、离心取上清，分成 3 份，每份不少于 0.3mL，然后以 1∶2 或 3 的比例加入不同的抗毒素，分别从尾静脉注入 3 组小鼠，哪一组小鼠存活即可得知是哪一种毒型，然后实施对症治疗可收到事半功倍的效果。如果有 2 组小鼠存活或全部死亡，则证明有混合感染，需要进行交叉中和实验。

【防控措施】

羊梭菌性疾病具有发病急、病程短、死亡快等特点，因此做好平时的预防工作尤为重要。应加强饲养管理，减少各种应激反应。对羊快疫，要避免羊只受寒感冒，采食带冰霜的草料。夏、秋是羊肠毒血症常发季节，应该少抢青，防止羊突然采食大量青嫩多汁和富含蛋白质的饲草。羊黑疫的发生与肝片吸虫的侵袭相关，应尽量不要在低洼潮湿的地区放牧，做好驱虫工作。对羔羊痢疾，要加强母羊的饲养管理和抓膘保膘工作，使所产羔羊体格健壮，抗病力强。要特别注意羔羊的保暖防寒，采用科学手段避免最冷季节产羔。

加强平时的免疫预防和药物预防。每年春秋定期注射羊梭菌病（羊快疫、猝疽、肠毒血症）三联四防干粉灭活疫苗或"羊快疫-猝疽-肠毒血症-羔羊痢疾-黑疫"五联苗，可有效预防此类疫病的发生。

当发生梭菌性疾病时，应抓住以下几个环节尽快扑灭疫情：首先，发现病羊及时隔离，对死淘病例或尸体、粪便及污染的土壤应全部深埋，严禁剥皮吃肉，注意保护水源。消毒羊舍，可用 20%漂白粉、1%复合酚、0.1%二氯异氰尿酸钠消毒，常用热烧碱水浇洒羊舍。如病情严重，应更换牧场和饮水处。发病羊群全部灌服 0.5%高锰酸钾 250mL 或 2%硫酸铜 80～100mL，也可用 10%石灰水 100mL 或 5%福尔马林 30～60mL，同时用疫苗紧急免疫接种。

由于羊黑疫、羊快疫、羊猝疽、羊肠毒血症等梭菌性疾病的病程短，往往来不及治疗。对病程较长的病例可给予对症治疗，重点是补液和强心。使用强心剂、肠道消毒药、抗生素等药物。青霉素 80 万～160 万 U，每日 1～2 次。内服磺胺嘧啶，5～6g/次，连用 3～4 次。樟脑磺酸钠注射液加 5%葡萄糖 1 000mL 静注。

多种病原可引起羔羊下痢，可采用抗生素药物预防，在羔羊出生后 12h 以内口服磺胺类药物或土霉素，每日 1 次，连用 3～5d，能够有效预防羔羊痢疾。

四、传染性角膜结膜炎

传染性角膜结膜炎（keratoconjunctivitis infectiosa）又名红眼病（pink eye），主要是由牛摩勒杆菌引起的牛、羊的一种急性、地方流行性传染病。以眼结膜炎、角膜混浊及大量流泪为主要特征。本病广泛分布于世界各国。

【病原】

牛传染性角膜结膜炎被认为是多病原的传染病。牛摩勒杆菌（*Moraxella boris*，又名牛嗜血杆菌）、立克次体（*Rickettsia*）、支原体（*Mycoplasma*）、衣原体（*Chlamydia*）和某些病毒均曾被报道为本病的病原。近年来的研究表明，牛摩勒杆菌是本病的主要病原菌，但还需要在强烈的太阳紫外光照射下才产生典型的症状。单独牛摩勒杆菌感染眼，或仅用紫外线照射，都不能引发病，或仅能引起轻微的症状。

牛摩勒杆菌短而胖圆，呈杆状，也可呈纤细杆状等，大小及形态不一，革兰染色阴性，菌体长 1.5～2.0μm，宽 0.5～1.0μm，多成双排列，也可成短链，不形成芽孢，无鞭毛，不能运动，有些种可形成荚膜和菌毛。需氧，有些菌株可在厌氧条件下微弱生长，最适生长温度为 33～35℃。从急性病例、康复牛或带菌牛分离的初代菌落呈粗糙型，伞状，不溶血。在血液琼脂培养基上传代培养 48h，菌落才明显可见。菌落一般直径在 1mm 以内，光滑型，浅灰色，透明到半透明，半球状至扁平，产生透明 β 溶血环。巧克力琼脂培养基上菌落多形成黑色环。新分离株的菌落往往硬固易碎，侵蚀琼脂产生陷窝，在表面呈薄膜状扩散生长，边缘不规则，为锯齿状。培养过程中可产生无菌毛的变异生长现象，形成 3mm 大小的扁平、不侵蚀琼脂、不扩散的菌落，质地呈奶油状。本菌可耐 1.5%～3%氯化钠，DNA 酶、碱性磷酸酶、酸性磷酸酶阴性，酯酶阳性；在复合培养基中可利用乙酸盐、乳酸盐、丁酸盐、己酸盐和乙醇，不利用丙酸盐。能液化明胶，但不发酵碳水化合物，不还原硝酸盐，不形成靛基质。本菌对理化因素的抵抗力弱，一般浓度的消毒剂，均有杀菌作用。病菌离开病畜后，在外界环境中存活一般不超过 24h。

牛摩勒杆菌致病株有菌毛，它有助于该菌黏附于角膜上皮。菌毛由菌毛素蛋白亚单位组成。该菌可产生 a 型或 b 型菌毛素。b 型菌毛素与致病力有关。除菌毛外，牛摩勒杆菌可以产生溶血素，它在抵抗牛中性粒细胞的细胞毒性中起到了一定的作用。牛摩勒杆菌感染眼睛，引起中性粒细胞大量浸润，实际上有助于破坏角膜基质。

羊传染性角膜结膜炎也是一种多病原的疾病。已报道的病原体有鹦鹉热衣原体、立克次体、结膜支原体、奈氏球菌、李氏杆菌等，目前一般认为主要由鹦鹉热衣原体（*C. psittaci*）和牛眼支原体（*M. bovoculi*）引起，衣原体分离物经结膜滴注可引起绵羊的结膜炎和角膜炎，人工感染证明结膜支原体对绵羊和山羊都具有致病性。

【流行病学】

乳牛、黄牛、水牛、绵羊、山羊、骆驼、鹿等不分年龄和性别均对本病易感。但幼龄动物发病较多，特别是 2 岁以下的幼牛、羔羊发病率较高，幼龄牛群的发病率可达 60%~90%，羊群发病率可达 90%，眼失明率为 0.8%~1.7%，多为一侧性。病程多在 3~4 周以上。母羊的临床症状较严重。据报道，人也有易感性。

病牛或带菌牛是本病的主要传染源。引进患病或带菌动物是暴发本病的常见原因。在康复牛的眼和鼻中，本菌可存活数月。自然传播的途径还不十分明确，同种动物可以通过直接或密切接触而传染，蝇类或某种飞蛾也可机械传播本病。不同种动物之间一般不能相互传递病原，牛和羊之间一般不能相互传染。

本病主要发生于天气炎热和湿度较高的夏、秋季，其他季节发病率较低。强光照射（紫外线）、尘埃、风等刺激或创伤等可成为本病的诱因，所以夏季放牧牛多见。一旦发病，传播迅速，发病率高，多呈地方流行性或流行性，日照、刮风、尘土、蝇类活动等因素有利于本病的传播。

【临床症状】

潜伏期一般为 3~7d。病畜一般无全身症状，很少有发热现象。常初期患眼羞明，流泪，分泌浆液性分泌物，眼睑肿胀、疼痛，其后角膜凸起，角膜周围血管充血、舒张，结膜和瞬膜红肿，在角膜上发生白色或灰色角膜翳。严重者角膜增厚，并有溃疡。后期，巩膜变成淡红色即成"红眼病"。有时发生眼前房积脓或角膜破裂，晶状体可能会脱出。当眼球化脓时常伴发全身症状，如体温升高，食欲减退，精神沉郁，产奶量明显减少等。多数病例起初一侧眼患病，后为双眼感染。病程一般为 20~30d。多数可以自然痊愈，但在瞳孔部位形成角膜云翳或角膜白斑时失明。

在由衣原体致病的羊，尚可见角膜和结膜上形成 1~10mm 的淋巴样滤泡。有的病羊发生关节炎、跛行。由于发生眼结膜、角膜的炎症，患病犊牛和羔羊采食受到影响，生长发育受阻，母羊拒绝哺乳。

【病理变化】

本病取良性经过，眼观病变仅限于结膜角膜。发病动物可见结膜水肿、充出血。结膜组织学变化表现含有多量淋巴细胞及浆细胞，上皮细胞之间有中性粒细胞。角膜变化多种多样，可呈现凹陷、白斑、白色混浊、隆起、突出等。角膜组织学变化依不同类型而异，如白斑类型，固有层局限性胶原纤维增生和纤维化；白色混浊类型，可见上皮增生，固有层弥漫性玻璃样变性。

【诊断】

（1）临床诊断　牛传染性角膜结膜炎多发生于夏、秋两季，发病率高，传播迅速，取良性经过。根据流行的季节性，患病动物眼部羞明流泪，结膜和瞬膜肿胀，角膜增厚、形成膜翳或溃疡，可做出初步诊断。

（2）病原学检查

①病料采集：本菌不耐干燥，所以采集病料后应尽快分离培养。陈旧病灶因有继发感染，很难分离到本菌，因此，应在感染早期采集眼结膜分泌液，用无菌棉拭子采集结膜囊内的分泌物作为病料，置脑心浸液肉汤中立即送检。同时制作病料涂片，供染色检查用。

②染色镜检：病料涂片用姬姆萨染色法、革兰染色法染色镜检，牛摩勒杆菌革兰染色阴性，有荚膜，不形成芽孢，不运动。病料中常成双存在，偶见短链，具多形性，有时可见球状、杆状、丝状菌体。

③分离培养：用脑心汤血液琼脂培养基或巧克力琼脂平板分离培养本菌。35℃培养，经24~48h后，可见到略带黏性和β溶血环的露珠状小菌落，不形成靛基质，液化明胶缓慢。本菌在琼脂培养基上易死亡。

④动物接种实验：患病动物眼分泌物病料标本或培养物直接涂擦于健康绵羊或小鼠的结膜囊内，经2~3d，被接种动物可发生结膜炎。或用纯培养物静脉或肌肉注射小鼠，2~6d后，注射局部发生坏死，同时发生结膜炎和休克。

（3）血清学试验　用已知牛摩勒杆菌荧光抗体鉴定分离菌，还可用已知抗原做凝集试验、间接血凝试验等，检测血清抗体，以进行追溯性诊断。可以使用PCR技术对衣原体和支原体属进行检测。

但应注意与外伤性眼病、传染性鼻气管炎、恶性卡他热、羊传染性无乳症、羊疱疹病毒感染及维生素A缺乏症相区别。

【防控措施】

在牧区流行时，应划定疫区，禁止牛、羊等牲畜出入流动，新购牛羊至少需要隔离60d方能允许与健康牛、羊合群。圈舍每天进行清扫，保持整洁、卫生，做到无污水、无污物、少臭气，每星期至少消毒1次。每栋圈舍内的工具(用具)不得交叉使用，并保持卫生干燥。饮水槽和食槽要每3周用0.1%高锰酸钾水消毒1次。在夏、秋季尚需注意灭蝇。避免畜群遭受强烈阳光照射，放牧的畜群发生本病时应改为舍饲，圈舍四周开窗使空气对流，粪便要及时清理，圈舍要全面消毒，对舍内外环境及饲养用具可用菌毒敌(菌毒杀)按1∶100~1∶300稀释彻底消毒1次，将病畜放在暗处，避免光线刺激，使病畜得到足够的休息，以加速其恢复。对隔离羊舍每2~3天消毒1次，加高垫床。减少围栏育肥羔羊的密度，隔离病畜以防扩大再感染。

现有多种抗摩勒杆菌的菌苗用于发生本病的牛群。此菌苗并不能完全阻止新病例的发生，但可降低发病率。该菌有许多免疫性不同的菌株，用具有菌毛和血凝性的菌株制成多价苗才有预防作用。犊牛注苗后约4周产生免疫力。患过本病的动物对重复感染具有一定的抵抗力。

理想的治疗方案包括结膜下注射庆大霉素20~50mg或青霉素G 30 000U，每日1次，连用3d；每日多次给感染牛眼局部应用庆大霉素、氨苄青霉素、青霉素等软膏；每日局部应用1%阿托品眼药膏2次，缓解睫状肌痉挛，使瞳孔放大，使病牛安适，便于治疗；病牛舍避免阳光照射。病畜还可用2%~4%硼酸水通过鼻泪管冲洗眼分泌物，拭干后再用3%~5%弱蛋白银溶液滴入结膜囊，每日2~3次。同时驱蝇，减少蝇对牛眼的刺激。如有角膜混浊或角膜翳时，可涂1%~2%黄降汞软膏。国外应用0.05%酒石酸泰乐霉素溶液或6-甲强的松龙、青霉素治疗，有较好的疗效。据报道眼睑封闭疗法效果较好，即固定好病畜后，用左手拇指与食指水平方向捏住上(下)眼睑使其成一皱褶，消毒，右手用9号或12号针头沿眼裂从外眼角向内眼角方向刺入皮下1cm，边退针边注射药物，每次注射10mL使眼睑肿胀，隔日1次，连用3次。药物配方：青霉素160万U或320万U、链霉素0.5~1.0g，溶于12mL生理盐水中，完全溶解后再吸取3%普鲁卡因5mL、地塞米松3mL(孕畜禁用)。

五、气肿疽

气肿疽(caneraena emphysematosa)俗称黑腿病(black leg)或鸣疽，是由气肿疽梭菌引起牛的一种急性、热性、败血性传染病。特征是在肌肉丰满部位发生炎性、气性肿胀，局部骨骼肌的出血坏死性炎、皮下和肌间结缔组织胶样出血性炎，并在其中产生气体，压之有捻发音，常有跛行。本病遍布世界各地，我国也曾分布很广，现已基本控制。

【病原】

气肿疽梭菌（*Clostridium chauvoei*）为梭状芽孢杆状属（*Clostridium*）的成员。为革兰阳性梭菌，长 2~8μm，宽 0.5~0.6μm，两端钝圆，常呈多形性，能运动、无荚膜，在菌体的中央或近端易形成卵圆形的芽孢，菌体因形成芽孢而呈梭状，腹腔渗出液涂片镜检，为单个或 3~5 个菌体形成的短链，以区别腐败梭菌，能产生不耐热的外毒素。本菌为专性厌氧菌，在葡萄糖血琼脂培养基上，形成圆形、中央隆起的纽扣状或葡萄叶状菌落，周围有微弱的 β 型溶血；在葡萄糖琼脂深层培养中，呈细弱突起的球形或扁豆状菌落；在厌氧肉肝汤中培养，呈均匀混浊生长并产气。与腐败梭菌的生化性状的区别是，本菌分解蔗糖，不分解水杨苷。本菌有鞭毛、菌体及芽孢抗原，与腐败梭菌有共同的芽孢抗原，在适宜的培养基上，可产生 α、β、γ、δ 4 种毒素，菌体及毒素具有免疫原性。

本菌的繁殖体对理化因素的抵抗力不强，而芽孢的抵抗力极强，在土壤中可以生存 20 年以上，0.2%升汞 10min，3%福尔马林 15min 可杀死芽孢。

【流行病学】

本病主要感染 6 月龄至 2 岁期间的健壮黄牛，水牛、绵羊、山羊和鹿虽有发病的报道，但少见。实验动物中以豚鼠最敏感，仓鼠也易感，小鼠和家兔也可感染发病。

病畜不直接传播病原给易感动物，主要传递因素是土壤。本病的病原体在自然环境中广泛存在，并以芽孢形式长期存在于土壤中，病牛的排泄物、分泌物及处理不当的尸体、污染的饲料、水源及土壤会成为持久性传染来源，当牛采食被污染的饲草和饮水时，经消化道感染而发病，这是本病的主要传播途径，少数还能通过创伤和吸血昆虫叮咬传播。

疾病多发生于低湿山谷或沿海近湖地区，全年均可发病，但以温暖多雨季节较多，在夏季，潮湿和沼泽地区常发，呈地方流行性，而冬季则少见。

【临床症状】

潜伏期一般为 3~5d，最短 1~2d，最长 7~9d，黄牛发病多为急性经过，以突然不适开始，发病后体温升高至 40~42℃，精神不振，食欲减退或废绝，呼吸困难，心跳加快，早期即出现一肢跛行，偶尔两肢跛行，多数牛呈跛行。不久在体表，特别是肌肉丰满的部位，如胸部、肩胛部、臀部等出现大小不等多形状肿胀，先热痛，后变冷无痛，患部皮肤干硬呈暗红色或黑色，有时形成坏疽，触诊时有捻发音。病牛食欲、反刍停止，呼吸困难，脉搏快而弱，可达 90~100 次/min，有时有疝痛，后期体温下降至 35~37℃或稍回升，倒地，随即死亡，病程很短，常为 1~3d，也有延长至 10d 的。若病灶发生在口腔，则腮部肿胀有捻发音。发生在舌部则舌肿大伸出口外，有捻发音，病死率较高，老牛患病其病势常较轻，中等发热，肿胀也较轻，有时疝痛，臌气，可能康复。在未发生的地区出现此病，其发病率可达 50%，病死率近 100%。

【病理变化】

尸体由于气肿显著膨胀，从天然孔流出血样泡沫，因此常怀疑为炭疽。切开体表肿胀部位，皮下有血样胶冻样浸润，虽有炎性气性水肿，但没有恶性水肿明显，肌肉呈黑红色，海绵状，质脆，富含血液，并带有一些泡沫，有酸臭气味。胸腔和腹腔内积有血样渗出物。心内外膜有出血点，心肌变性，肝、肾呈暗黑色，常因充血稍肿大，还可见肝切面有大小不等的豆粒大至核桃大的坏死灶,切面有带气泡的血液流出,呈多孔海绵状,肾和膀胱有出血点,脾脏不肿大。其他器官常呈败血症的一般变化。

【诊断】

根据流行病学资料、临床症状和病理变化,可做出初步诊断。进一步确诊需采取肿胀部位的肌肉、肝、脾及水肿液,做细菌分离培养和动物试验。

(1)病原学诊断　采取肿胀部位的肌肉、肝、脾及水肿液接种于葡萄糖血液琼脂培养基,做细菌分离培养。用厌气肉肝汤纯培养物做生化试验鉴定分离菌。气肿疽梭菌在血液琼脂上的菌落扁平,周边隆起如扣状,呈 β 溶血。与腐败梭菌生化性状的区别是,本菌分解蔗糖,不分解水杨苷。

也可取病变组织制成3%氯化钾匀浆,接种豚鼠或小鼠肌肉,1~2d 内死亡;或用厌气肉肝汤中生长的纯培养物肌肉接种豚鼠,豚鼠在 6~60h 内死亡。取死亡动物的肝脏制成触片,经姬姆萨染色、镜检,可见到散在或短链状杆菌,这与长链状的腐败梭菌易于区别。

(2)血清学诊断　诊断时,本病与腐败梭菌的区别最重要。可用直接或间接荧光抗体法区分二者。而且,该方法广泛应用于临床。近年来,建立了胶体金免疫层析试纸条、双抗体夹心 Dot-ELISA 等方法。

(3)PCR 和免疫印迹　最近,开发出了针对气肿疽梭菌鞭毛蛋白基因、细胞毒素 CctA 基因的特异性 PCR 诊断方法,可用于快速诊断。

(4)鉴别诊断　气肿疽易于与恶性水肿混淆,也与炭疽、巴氏杆菌病有相似之处,应注意鉴别。气肿疽主要发生于黄牛,在肌肉丰满部位发生炎性气性肿胀,触诊有捻发音,并常呈跛行,切开肿胀部位,流出带气泡的酸臭液体,肌肉呈灰白或暗红色,含有气泡。恶性水肿的发生与皮肤损伤病史有关,主要发生在皮下,且部位不定,无发病年龄与品种区别,肝表面触片染色镜检,可见到特征的长丝状腐败梭菌。炭疽可使各种动物感染,局部肿胀为水肿性,没有捻发音,脾高度肿大,取末梢血涂片镜检,可见到有荚膜竹节状的炭疽杆菌,炭疽沉淀试验(Ascoli 环状沉淀反应法)阳性。巴氏杆菌病的肿胀部主要见于咽喉部和颈部,为炎性水肿,硬固热痛,但不产气,无捻发音,常伴有急性纤维素性胸膜肺炎的症状与病变,血液或实质脏器涂片染色镜检,可见到两极着色的巴氏杆菌。

【防控措施】

预防接种是控制本病的有效措施,常发地区可使用气肿疽梭菌全菌培养液用甲醛灭活后即可制成气肿疽灭活疫苗预防本病。最近发现气肿疽梭菌抗感染保护性抗原存在于鞭毛上,故以本菌的鞭毛和其梭菌的毒素为主要成分制备了牛梭菌病五联类毒素苗。预防本病的辅助措施为注意环境卫生控制和改善饲养条件,减少受到外伤的机会和减少应激因素。

发病时,及时上报疫情,尽早进行确诊,对病畜应立即隔离治疗,死畜严禁剥皮吃肉,应深埋或焚烧。被污染的畜舍、围栏、用具及环境用20%漂白粉液或0.2%升汞进行彻底消毒。粪便、污染的饲料和垫草等均应焚烧销毁。

治疗时,可以结合局部与全身疗法。早期可用全身治疗法,抗气肿疽血清 150~200mL 静脉或腹腔注射,重症患者 8~12h 后再重复 1 次。肌肉注射与静脉注射配合治疗对早期病畜治疗效果较好,用青霉素 500 万~800 万 U 溶于葡萄糖 500mL 中静脉注射,同时肌肉注射青霉素 400 万 U,每日 2 次至痊愈。局部治疗早期可用 0.25%~0.5%普鲁卡因溶液 10~20mL 溶解青霉素 300 万 U,在患部周围分点注射。也可针对病菌有严格厌氧的特点,在病的中后期将肿胀部切开,用2%高锰酸钾溶液充分冲洗。此外,可根据全身状况,采取对症治疗,如强心、补液和解毒等。

中医治疗：生地 100g，地丁 100g，牡丹皮 50g，防风 50g，苦参 50g，白板蓝根 50g，山豆根 50g，远志 50g，赤芍 50g，黄连 60g，黄芩 60g，黄柏 60g，枝子 60g，连翘 60g，金银花 120g，蒲公英 120g，甘草 50g，共为末，开水冲服，每日 1 副，连用 4d。采取此中西医综合疗法，治愈率可达 88%~90%。

六、牛传染性胸膜肺炎

牛传染性胸膜肺炎（contagious bovine pleuropneumonia，CBPP）也称牛肺疫，是由丝状支原体丝状亚种引起的一种牛属动物的急性致死性疾病。主要侵害肺和胸膜，其特征为纤维素性胸膜肺炎和毒血症。

本病曾在许多国家的牛群中引起巨大损失。目前，本病遍及非洲、亚洲、澳大利亚、中南美和欧洲南部等国家和地区。特别是，非洲西部和中部各国的发病率明显高于其他国家和地区。WOAH 将牛肺疫列为必须通报的动物疫病及 4 种国际无疫认证疫病之一，我国农业农村部将其列为一类动物疫病。我国于 1919 年在上海的奶牛场首次发现牛传染胸膜肺炎，患病的是从澳大利亚引进的奶牛，并在 1931 年，疫情在上海又一次暴发，逐渐蔓延到全国，在我国的各个地区都流行，给我国带来了非常大的经济损失。我国已于 1996 年宣布在全国范围内消灭了此病。2011 年 5 月 24 日，WOAH 第 79 届年会通过决议，认可中国为无牛传染性胸膜肺炎国家。

【病原】

丝状支原体丝状亚种（*Mycoplasma mycoides* subsp. *mycoides*）是属于支原体科支原体属的微生物。过去称为类胸膜肺炎微生物（PPLO）。丝状支原体菌体长度差异很大，可形成有分支的丝状体，革兰染色阴性。在 10% 马血清马丁肉汤内生长初期呈轻微混浊或呈白色点状、丝状生长，以后逐渐均匀混浊，半透明稍带乳光，不产生菌膜或沉淀，也无颗粒悬浮。在 10% 马血清马丁琼脂培养皿上生长迟缓，为极小的水滴状圆形略带灰色的微细菌落，中央有乳头状突起（煎荷包蛋状）。菌落直径 0.2~0.5mm，小的不易看见，需用放大镜或低倍显微镜观察。

病原分为小菌落（small colony，SC）和大菌落（large colony，LC）两个生物型。两个生物型支原体的表面都有荚膜，其主要成分为半乳聚糖，为重要的毒力因子。SC 型是牛肺疫、关节炎、乳腺炎的病原体。取 SC 型菌株的半乳聚糖，按 0.1mg/kg 静脉注射犊牛，可引起犊牛急性剧烈的呼吸道症状，导致肺和脑水肿及毛细血管栓塞等病变。所谓"肺大理石样变"是由半乳聚糖导致的肺小叶间结缔组织水肿增宽所致。

病原多存在于病牛的肺组织、胸腔渗出液和气管分泌物中。日光、干燥和热均不利于本菌的生存；对苯胺染料和青霉素具有抵抗力。但 1% 来苏儿、5% 漂白粉、1%~2% 氢氧化钠或 0.2% 升汞均能迅速将其杀死。十万分之一的硫柳汞，十万分之一的"九一四"或 2 万~10 万 U/mL 链霉素，均能抑制本菌。

【流行病学】

本病宿主有牛、水牛、鹿、绵羊和山羊等反刍动物。对牛和水牛的致病性强而被称作牛肺疫。对牛和水牛以外的反刍动物的致病力弱，而且感染期也短。

病牛和带菌牛是本病的主要传染源。3 岁以上的成牛感染后都能耐过而成为带菌牛，因而也是本病重要的传染源。病牛的鼻汁和气管黏液中含有大量的病原体，咳嗽时产生大量的感染性飞沫，导致大群发生本病。主要通过与感染牛的接触和通过飞沫经呼吸道感染。另一种特殊的感染途径为健康牛吃了黏附病原的干牧草后经消化道感染，也可经生殖道感染。

本病多呈散发性流行，常年可发生，但以冬、春两季多发。非疫区常因引进带菌牛而呈暴发性流行；老疫区因牛对本病具有不同程度的抵抗力，发病缓慢，通常呈亚急性或慢性经过，往往呈散发性。本病的发病率为 60%～70%，病死率为 5%～80%，其高低与病牛的发病年龄密切相关，年龄越小，病死率越高。

【临床症状】

潜伏期为 2～8 周，长者可达数月之久。病牛发病初表现体温升高（约至 39℃）、食欲不振等症状，但未见肺部病变。随着病情恶化，体温升高达 40℃ 以上，疼痛性剧烈咳嗽，流鼻汁，呼吸困难，食欲废绝和反刍消失，奶牛泌乳停止。最后病牛病情进一步恶化，体温升高达 42℃，不能站立，以死亡而告终。

【病理变化】

主要特征性病变为胸膜肺炎。初期肺脏常表现为一侧的小叶性肺炎病变。中期表现为本病典型的浆液纤维素性胸膜肺炎病变，病肺呈紫红、灰红、黄或灰色等不同时期的肝变而变硬，切面呈大理石状外观，间质增宽。病肺与胸膜粘连，胸膜显著增厚并有纤维素附着。胸腔有大量淡黄色、混浊的胸水。支气管淋巴结和纵膈淋巴结肿大、出血。心包液混浊且增多。末期肺部病灶坏死并有结缔组织包囊包裹，严重者结缔组织增生使整个坏死灶瘢痕化。

【诊断】

通过流行病学、呼吸道症状和典型的浆液纤维素性胸膜肺炎病理变化可做出初步诊断，确诊需要进行实验室诊断。

（1）病原学诊断　取病牛肺脏，胸腔渗出液和肺门淋巴结接种马丁培养基，置 37～38℃ 培养，每天观察 1 次，5～7d 后判定，即可分离出牛肺疫病原体，此法对急性期病例的检出率可达 100%。采集肺及其周边淋巴结制备组织涂片后，用荧光抗体法可检出本病原体。

（2）血清学诊断　我国一直采用补体结合试验进行检疫。但这种方法常出现 1%～2% 非特异性反应。近年来我国研制成功特异性高的微量凝集反应检验方法，它不但降低了非特异性反应率，而且操作简便，容易判定，应用效果良好。国外也用 ELISA 进行本病的诊断，但牛肺疫支原体与其他近缘支原体之间存在较高的血清学交叉反应，因此应用时要注意防止出现假阳性。除此之外，还有玻片凝集试验、琼脂扩散试验、被动血凝试验等方法。

（3）分子生物学技术　包括 PCR 及核酸探针技术。其中，PCR 操作简单，检测速度快，灵敏度高，可用 PCR 从肺病变组织乳剂中扩增出特异性基因片段，再用限制性内切酶处理后快速、特异地进行分子生物学诊断。

【防控措施】

本病预防工作注意自繁自养，不从疫区引进牛只，必须引进时，对引进牛进行检疫。做补体结合反应 2 次，证明阴性者接种疫苗，经 4 周后起运，到达后隔离观察 3 个月，确定无病时，才能与原有牛群接触。原牛群也应事先接种疫苗。发现病牛应立即隔离、封锁，必要时宰杀淘汰；污染的牛舍、屠宰场应用 3% 来苏儿或 20% 石灰乳消毒。

我国消灭牛肺疫的经验证明，根除传染源、坚持开展疫苗接种是控制和消灭本病的主要措施，即根据疫区实际情况，捕杀病牛和与病牛有过接触的牛只，同时在疫区和受威胁区每年定期接种牛肺疫兔化弱毒疫苗或兔绵羊化弱毒疫苗，连续 3～5 年。我国研制的牛肺疫兔化弱毒疫苗和兔绵羊化弱毒疫苗免疫效果良好，曾在全国各地广泛使用，对消灭曾在我国存在达 80 年之久的牛肺疫起到了重要作用。

本病早期治疗可达到临床治愈。病牛症状消失，肺部病灶被结缔组织包裹或钙化，但长期带菌，应隔离饲养以防传染。具体措施：①"九一四"疗法，肉牛 3～4g"九一四"溶于 5% 葡萄糖盐水或生理盐水 100~500mL 中，静脉注射，间隔 5d 一次，连用 2~4 次，现用现配；②抗生素治疗，四环素或土霉素 2~3g，每日 1 次，连用 5~7d，静脉注射；链霉素 3~6g，每日 1 次，连用 5~7d，除此之外辅以强心、健胃等对症治疗。

七、牛支原体肺炎

牛支原体肺炎（bovine mycoplasma pneumonia）曾称霉形体性肺炎（mycoplasma pneumoniae），是由牛致病性的支原体引起的，以支气管或间质性肺炎为特征的慢性呼吸道疾病。牛支原体早在 1961 年被鉴定为致乳腺炎的病原，1976 年被描述为致呼吸道疾病的病因。现已证实支原体还可导致牛的关节炎、角膜结膜炎、耳炎、生殖道炎症、流产与不孕等多种病症。

本病呈世界性分布。1965 年首次发现于英国，主要是犊牛受到感染，成年牛只有少数发病。本病以后陆续在世界各地流行。1972 年，日本的宫崎县出现了大群牛只暴发本病。在欧洲，有 25%~33% 的犊牛肺炎是由牛支原体引起的，相当于每年损失 1.44 亿~1.92 亿欧元，其中英国每年有 190 万头牛患牛支原体肺炎，约死亡 15.7 万头。在美国，每年由于牛支原体导致的牛呼吸系统疾病和乳腺疾病所造成损失达 1.40 亿美元。我国最早于 2008 年发现本病，近几年呈多发性、普遍性、上升性发病趋势。自 2010 年以来，湖北省新从外地引进的肉牛发生了以坏死性肺炎为主要特征的呼吸道传染病，疑似"牛肺疫"，波及全省 70% 的市（州），发病率为 50%~100%，常规抗生素治疗效果差，死亡率高达 10%~50%。确定其病原为牛支原体。在我国，除西藏、青海、海南等未发现牛支原体肺炎疫情外，其他各地均有本病的报道。

【病原】

本病主要病原为牛支原体（*Mycoplasma bovis*），对牛具有致病性的支原体包括牛支原体（*Mycoplasma bovis*）、殊异支原体（*Mycoplasma dispar*）、牛生殖道支原体（*Mycoplasma bovigenitalium*）、微碱性支原体（*Mycoplasma alkalescens*）、尿支原体（*Ureaplasma diversum*）等。以上任一致病性支原体单独感染仅引发轻度肺炎，几乎不会致死。目前，牛支原体已被认为是育肥牛、青年奶牛与犊牛呼吸道疾病与多发性关节炎的重要病因。临床常出现以牛支原体感染为基础的混合感染性肺炎，对犊牛的危害大，死淘率高。殊异支原体也是犊牛肺炎的重要病原。

支原体形态多变，具高度多形性，球形、梨形、分枝的或螺旋的丝状等。分离培养时对营养要求苛刻，在高血清量的复杂培养基上才能生长，在固体培养基上菌落呈油煎荷包蛋样特征性外观。固体琼脂平板置 37℃潮湿需氧或在 5%二氧化碳下培养 48~96h，用斜射光或放大 25~40 倍的立体显微镜检查，若有特异菌落出现，应选取散在的单个菌落用无菌解剖刀切下小琼脂块，用巴氏吸管小心地将菌落和周围琼脂吸入，再将其移入盛有 2~3mL 液体肉汤培养管培养 48h，将其培养物通过 0.45μm 孔径大小的滤膜过滤后做 1：10 和 1：100 稀释，每一个稀释液取 0.05mL 涂布于几个琼脂平板，即可得到纯的支原体培养物。

牛支原体在环境中存活力差，但在无阳光情况下可存活数天，如 4℃下可在海绵中或牛奶中存活 2 个月，或水中存活 2 周以上；20℃存活 1~2 周，或 37℃存活 1 周。粪中可存活 37d。常规消毒剂均可达到消毒目的。

【流行病学】

易感动物是牛和水牛。但目前尚无充分证据牛支原体可以感染人。

病畜和带菌畜是主要的传染源。与感染牛接触或吸入飞沫经呼吸道感染为常见的感染途径。可以从多数健康犊牛的上呼吸道中分离出致病性支原体，但从正常肺脏中几乎分离不到。

不同农牧场支原体肺炎的发生及其频率，因季节或饲养方式、卫生条件以及常在微生物的种类不同而异，较差的饲养因素与不利环境因素对本病的发生起促进作用。

一年四季均可发病，犊牛易感性强，潜伏期10d左右，发病率高可导致全群发病，治疗不及时病死率高达50%以上。本病在常发地区通常呈慢性或隐性感染，往往为散发，在新发地区呈暴发或者地方流行性。

【临床症状】

本病原体单独感染几乎没有症状，当发生支原体引起的犊牛支气管肺炎时，主要表现为体温升高(39~40℃)，咳嗽，气喘，鼻流黏液性或黏液脓性分泌物。感染犊牛面部凸鼓，出现关节炎和角膜结膜炎。所有牛均可发病，但犊牛病情更为严重，且易出现混合感染。发病率50%~100%，病死率各场有差异，可高达50%。

【病理变化】

主要表现为肺脏间质增生，肺泡间隔增宽和结构破坏，细支气管内炎性渗出；干酪样坏死灶内含大量嗜酸性细胞碎屑，周围淋巴细胞以及少量中性粒细胞和单核细胞浸润，结缔组织增生形成纤维化。

衰竭死亡犊牛，常伴有多发性关节炎，气管有泡沫样脓汁和坏死，肺前叶或中叶边缘呈肝变，如有其他微生物混合感染，则病变扩展到前叶整体至间叶和腹叶及膈叶。牛肺门淋巴结肿大，根据混合感染的微生物的种类不同，肺部可能出现如化脓性肺炎、纤维素性肺炎、肺水肿等病变。肾点状出血，胆囊肿大，肝脏轻度肿大，脾轻度萎缩。

牛支原体单独感染时，可见到卡他性支气管炎和支气管周围细胞浸润明显，即以细胞浸润性肺炎或淋巴滤泡增生为特征。但是，殊异支原体感染所致的病变以间质性肺炎为主，未必能见到细胞浸润病变。

【诊断】

根据牛支原体感染容易引起的犊牛支气管肺炎，表现为发热39~40℃、干咳、喘、流黏性鼻液以及关节炎症状可以进行初步诊断。确诊还需要进行病原学和血清学诊断。

(1)病原分离鉴定　本病确诊有赖于牛支原体的分离培养鉴定。牛支原体对环境因素十分敏感，对营养及培养环境的要求高，生长缓慢，样本采集后应立即送专业实验室，或在冷藏条件下24h内送专业实验室检测、分离与鉴定。送检样本为病肺组织，如果可能应同时送检抗凝血液、关节液、胸腔或心包积液等。

(2)分子生物学诊断　用PCR扩增支原体特异性核酸片段，或用荧光抗体检查肺病变部位或从同一病料中分离鉴定本病原体。

(3)血清学诊断　据报道，已有代谢阻止试验、补体结合试验、间接血凝试验、血凝抑制试验及ELISA等诊断方法，并获得较好的效果。

以气喘、咳嗽、发热为主的牛传染病包括牛传染性鼻气管炎、牛巴氏杆菌病(肺炎型)、犊牛地方流行性肺炎、牛支原体肺炎、牛呼吸道合胞体病毒感染、牛副流行性感冒、牛腺病毒感染和牛流行热等，诊断时应注意鉴别。犊牛地方流行性肺炎也表现为小叶性肺炎或者纤维素性肺炎，但是犊牛地方流行性肺炎不会出现关节炎症状，支原体性肺炎肺小叶有明显的干酪样坏死灶，据此可以将两者进行区别。

【防控措施】

加强饲养管理及改善环境卫生，彻底消除应激因素。加强牛群引进管理，确保引进牛的健康。尽量减少远距离运输，不从疫区引进牛。犊牛在运输前应做好调适工作，至少在运输前30d断奶，并使其适应粗饲料与精饲料喂养。引进牛应隔离观察30~45d，确保健康后方可混群。

牛群发病后，应及时隔离病牛。做到早发现，早治疗。消毒场地和用具，注意水源和饲料不受病菌污染。若发病后延迟治疗或处理不当，则预后不良。目前，所使用的支原体疫苗包括灭活疫苗或弱毒疫苗，二者只能提供暂时或部分保护，而且在某些实验动物产生的副作用较为严重。

在早期使用针对性药物如泰乐菌素、土拉霉素、长效土霉素、林可霉素、泰妙菌素、氧氟沙星等抗生素，辅以黄芪多糖等免疫增强剂治疗可以获得较好的疗效，但是使用剂量要足，并保证足够的疗程。同时，应补给足够的水分，针对混合感染病原体应配合使用相应的抗菌药物。在积极治疗原发病的基础上，加强对症治疗，即镇咳、化痰、平喘、强心、消炎、补液。镇咳药有复方甘草合剂、咳必清；祛痰药有氯化铵、碘化钾；平喘药有盐酸麻黄碱、氨茶碱；强心药有肾上腺素、樟脑磺酸钠、洋地黄等。

八、羊支原体肺炎

羊支原体肺炎（mycoplasmal pneumonia of sheep and goats）是由支原体引起山羊和绵羊的一种高度接触性且传播迅速的传染病，山羊支原体肺炎又称为山羊传染性胸膜肺炎（contagious caprine pleuropneumonia，CCPP），绵羊支原体肺炎又称为绵羊传染性胸膜肺炎。其临床特征为高热、咳嗽，肺脏和胸膜发生浆液性和纤维素性炎症，取急性或慢性经过，病死率很高，目前多个国家和地区均有本病的报道，给世界养羊业造成巨大的危害。WOAH将CCPP列为必须通报的动物疫病，我国农业农村部将其列为二类动物疫病。

自1873年Thomas报告在阿尔及利亚发生山羊传染性胸膜肺炎（CCPP）以来，相继在中东、非洲和亚洲等地区40多个国家的山羊中发生本病，由于其很高的发病率（100%）和死亡率（80%~100%），已经对全球山羊养殖业构成了严重威胁。MACKEY等于1963年在英格兰首次从绵羊体内分离得到绵羊肺炎支原体，受到广泛关注。

我国于1922年就有记载，1942—1943年又有流行。其后，在内蒙古、华北、西北、东北等十余省、区均发现此病流行，已成为影响我国养羊业发展的重要疫病之一。1979年从山羊体内分离到本病原，近年来，随着我国肉羊产业的快速发展，绵羊支原体肺炎的发生也明显增多。

【病原】

山羊支原体山羊肺炎亚种（*Mycoplasma capricolum* subsp. *capripneumoniae*，Mccp）、山羊支原体山羊亚种（*Mycoplasma capricolum* subsp. *capricolum*，Mcc）、丝状支原体丝状亚种（*Mycoplasma mycoides* subsp. *mycoides*，Mmm）、丝状支原体山羊亚种（*Mycoplasma mycoides* subsp. *capri*，Mmc）、绵羊肺炎支原体（*Mycoplasma ovipneumoniae*，Mo）均为细小、多形性的微生物，革兰染色阴性，用姬姆萨、卡斯坦奈达或美蓝染色法着色良好。

支原体为兼性厌氧菌，对培养基的要求苛刻，在低浓度（0.7%）琼脂培养基上菌落呈"煎蛋"状。在Thiaucourt培养基（PPLO肉汤中含20%猪或马血清和10%新鲜酵母浸液及葡萄糖和丙酮酸钠）上生长良好，固体培养时最好在湿润烛缸中，可长出畸形菌落，形状不规则，经传代培养后出现正常的煎蛋样菌落。

支原体对外界环境因素抵抗力不强，对紫外线敏感，阳光直射很快失去感染力。对理化因素的抵抗力很弱，对温度敏感，对重金属盐、苯酚、来苏儿和一些表面活性剂较敏感。对红霉素、四环素、土霉素等抗生素敏感，对青霉素、链霉素不敏感。

【流行病学】

山羊、绵羊易感。自然条件下，山羊支原体山羊肺炎亚种只感染山羊，被称为山羊传染性胸膜肺炎(CCPP),本病原偶尔感染绵羊和野生反刍动物。丝状支原体山羊亚种、山羊支原体山羊亚种感染山羊和绵羊;丝状支原体丝状亚种感染牛,引起牛传染性胸膜肺炎,也可感染山羊;绵羊肺炎支原体通常存在于成年动物的鼻腔中,可感染绵羊和山羊,幼龄羊危害大,引起绵羊支原体肺炎。

山羊不论品种、年龄、性别均可感染,发病率一般为22%~30%,有的高达60%~80%,病死率15%~30%;羔羊的发病率约为100%,病死率为50%以上。病羊和带菌羊是本病的主要传染源。主要通过飞沫经呼吸道传播。病原体存在于病肺组织和胸腔渗出液中,并可经支气管分泌物排出,污染周围环境。耐过羊的肺组织中可长期携带病原,成为重要的传染源。新疫区的暴发,几乎都是由于引进或者迁入病羊或带菌羊而引起的。

本病一年四季均可发生和流行,多发于冬季和早春的枯草季节,特别是气温突变易于诱发本病。寒冷潮湿,羊群密集、拥挤,羊只营养缺乏时容易受寒感冒,因而机体抵抗力降低,较易发病,发病后病死率也较高。本病常呈地方流行性,多发生在山区和草原。

【临床症状】

潜伏期长短不一,自然感染时潜伏期是18~20d,短则5~6d,长时可达到3~4周。根据病程将本病分为最急性、急性和慢性3种类型。

(1)最急性型 初期体温升高,可达41~42℃,精神极度委顿,食欲废绝,呼吸急促而有痛苦的鸣叫。数小时后出现肺炎症状,呼吸困难,咳嗽,流浆液并带有血样鼻液。肺部叩诊呈浊音或实音,听诊肺泡呼吸音减弱、消失或有捻发音。12~36h内渗出液充满病肺并进入胸腔,病羊卧地不起,四肢伸直,呼吸困难,每次呼吸则全身颤动,可视黏膜高度充血,发绀,目光呆滞,呻吟哀鸣,不久窒息死亡。病程一般不超过4~5d,有的仅为12~24h。

(2)急性型 最常见,初体温升高,不久出现短而湿的咳嗽,伴有浆液性鼻液。4~5d后,咳嗽变干而痛苦,鼻汁转为黏液脓性并呈铁锈色,黏附于鼻孔和上唇,结成棕色痂垢。叩诊有实变区,听诊有支气管呼吸音和摩擦音,按压胸壁表现敏感,疼痛。这时高热稽留不退,食欲锐减。呼吸困难和痛苦呻吟,眼睑肿胀,流泪,眼有黏液脓性分泌物。口半张开,流泡沫状唾液。头颈伸直,腰背拱起,腹部紧缩,孕羊大批(70%~80%)发生流产。最后病羊卧地,极度衰竭,有的发生腹部膨胀和腹泻,甚至口腔发生溃疡,唇、乳房等部位皮肤发疹。濒死前体温降至常温以下,病程可达7~15d,有的可达1个月。幸免死亡的转为慢性。

(3)慢性型 多见于老疫区或由急性型转来,全身症状轻微,体温40℃左右,病羊间有咳嗽和腹泻,鼻涕时有时无,被毛粗乱无光。在此期间,如饲养管理不当,机体抵抗力降低时,很容易转为急性或出现并发症致使迅速死亡。

【病理变化】

病变多集中在胸部,呈纤维素性肺炎的病变,胸腔内常有淡黄色的积液,常混有腐败的组织而呈现灰黄色或黄白色,暴露于空气后易凝固。

急性病例的损害多在一侧,间或两侧肺有纤维素性肺炎。纤维蛋白渗出液充盈使肺小叶间组织变宽,小叶界限明显。肺气肿,支气管、细支气管内有大量的白色泡沫样液体。肝变区突出于肺脏表面,颜色红至灰色不等,切面呈大理石样。胸膜表面有大量的纤维蛋白渗出物附着而变厚和粗糙,直至胸膜与肋膜、心包发生粘连。支气管淋巴结和纵膈淋巴结肿大,胆囊充盈,肾脏肿大,表面有出血点。病程较长的病例,肺肝变区组织增生,甚至形成包囊化的坏死灶。

【诊断】

根据本病的流行病学、临床表现和病理变化等做出综合诊断。确诊需要进行病原分离鉴定和血清学试验。

（1）涂片镜检　无菌取病羊的肺、胸腔液、纵膈淋巴结分别涂片，经姬姆萨染色后镜检，可见有球状、环状、杆状、梨形、螺旋形丝状杆菌。

（2）分离培养　多自呼吸道、关节和主要脏器中分离。可采取病肺组织或胸水，接种于Thiaucourt 培养基上，分离培养需 1~2 周，液体培养时，如果支原体生长，则液体培养基由红色变成黄色；或者无菌取病羊的肺剪成小块，接种于含山羊血清的山羊肉培养基，置于 37℃培养 4d后见煎荷包蛋样菌落。固体培养时最好在湿润烛缸中，定期用低倍镜观察菌落，初期可长出畸形菌落，形状不规则，经传代培养后出现正常的煎蛋样菌落。经纯培养后做生化试验，鉴定分离菌。

（3）血清学诊断　可用补体结合试验（CFT）、间接血凝试验、乳胶凝集试验（LAT）和竞争ELISA（C-ELISA）等，多用于慢性病例或羊群的抗体监测。LAT 是一种快速、简单、更好地现场和实时诊断测试，适用于全血或血清，比 CFT 灵敏，比 C-ELSA 更容易。本病因潜伏期短，而且发病率高，所以血清学诊断的临床意义有限。

（4）PCR 检测　该方法已被广泛应用，基于基因的 DNA 扩增（PCR、RFLP 和杂交）和测序进行鉴定。患有肺炎的动物，可以采集支气管分泌物或者肺组织样本。在有脓性渗出液，也可以用鼻腔、中耳或鼻窦拭子进行检测。拭子可以在其采样管或其他无菌容器中干燥放置，也可以放置在含甘油的培养基中。测试之前应将棉签保持冷冻。

在临床上应注意与羊巴氏杆菌病相区别，以病料进行细菌学检查即可。

【防控措施】
尚无有效的预防方法。提倡自繁自养。新引进羊只必须隔离检疫 1 个月以上，确认健康时方可混群。舍内长时间保持适宜温、湿度，应控制温度在 18~25℃，相对湿度在 65%~70%，确保通风排湿性能良好，定期进行消毒，及时驱虫。免疫接种是预防本病的有效措施。我国目前除原有的用丝状支原体山羊亚种制造的山羊传染性胸膜肺炎氢氧化铝苗和鸡胚化弱毒疫苗以外，最近又研制成山羊肺炎支原体灭活疫苗。应根据当地病原体的分离结果，选择使用。对疫区的假定健康羊，用羊传染性胸膜肺炎疫苗接种，半岁以下羊皮下或肌肉注射 3mL，一岁半以上注射 5mL。

发病羊群应进行封锁，及时对全群进行逐头检查，对病羊、可疑病羊和假定健康羊分群隔离和治疗；对被污染的羊舍、场地、饲管用具和病羊的尸体、粪便等，应进行彻底消毒或无害化处理。

早期治疗效果较好，用新胂凡纳明（九一四）静脉注射，证明能有效地治疗和预防本病。也可用氟喹诺酮类，大环内酯类药物治疗。据报道，病初使用足够剂量的土霉素或恩诺沙星等有治疗效果。在采取上述疗法的同时，必须加强护理，结合饮食疗法和必要的对症疗法。

九、心水病

心水病（heartwater disease，HW）也叫牛羊胸水病、脑水病或黑胆病，是一种由反刍动物艾立希体引起的绵羊、山羊、羚羊、牛及其他反刍动物的一种以蜱为媒介的急性、热性、败血性、非接触性传染病。以高热，呼吸障碍，浆膜腔积水（如心包积水），消化道炎症和神经症状为主要特征。急性病例死亡率高，一旦出现症状则预后不良。在某些野生动物中，可引起亚临床感染。心水病这个病名是由于解剖时经常见到心包积水而得名。

本病 1838 年在南非绵羊中首次发现，1900 年证实是由艾立希体经希伯来钝眼蜱传播。1925年，Cowdry 首先发现病原体，1985 年首次将病原在体外培养成功。本病现分布于撒哈拉以南的非洲国家和突尼斯、加勒比海群岛、马达加斯加、西印度诸岛。我国没有本病。

【病原】

反刍动物艾立希体(*Ehrlichia ruminantium*)属于艾立希体科(E. hrlichiaceae)艾立希体属(*Ehrlichia*),呈多形性,通常呈球形,偶尔呈环形。球形者直径200~500nm,杆状者为(200~300)nm×(400~500)nm,成双者为200nm×800nm。革兰染色阴性和姬姆萨染色为深蓝色,存在于感染动物的血管内皮细胞的胞质内,尤其在大脑皮层灰质的血管或脉络膜丛中。以二分裂、出芽和形成内孢子等多种方式进行繁殖。能在普通小鼠和白化病小鼠体内连续复制,不能在人工培养基上生长。

本病原抵抗力不强,必须保存于冰冻或液氮中,室温下很少能存活36h以上,存在于脑组织中的病原体在冰箱中能保存12d以上,-70℃下能保存2年以上。

【流行病学】

绵羊、山羊、牛和水牛等动物易感,鸵鸟及白鼠也易感。绵羊和山羊比牛更易感。动物不同品种间的易感性有差异,如波斯和南非绵羊比欧洲品种更能抵抗本病。在南非安哥拉山羊更易感,婆罗门牛和娟姗牛比其他品种牛易感。在本土非洲羚羊中,白脸牛羚、跳羚和白尾牛羚等发病轻微或呈亚临床感染,非洲旋角大羚羊也是类似于牛呈亚临床感染。对本病有抵抗力的动物为兰尾牛羚、狷羚、鹿羚、高角羚、非洲直角大羚羊、大弯角羚、长颈鹿属、兔和家鼠。

主要传染源为病畜和带菌者。主要通过钝眼蜱属的蜱吸血传播,传播媒介包括希伯来钝眼蜱(*A. hebraeum*)(尤其是在南非)、*A. pomposum*钝眼蜱(尤其在博茨瓦纳和纳米比亚)和热带的希伯来钝眼蜱-彩饰钝眼蜱(主要在东非和加勒比海群岛)。宝石花蜱(*A. gemma*)和*A. lepidum*钝眼蜱和*A. thalloni*钝眼蜱(象蜱)已在试验上证明传播心水病。两个北美种的斑点钝眼蜱(*A. maculatum*)(也叫海湾钝眼蜱)和长延钝眼蜱(*A. cajennense*),具有传播心水病的能力,前者广泛分布于美国的东部、南部和西部。

钝眼蜱为三宿主蜱,完成一个生活周期需要5个月至4年的时间,病原只能感染幼虫或若虫期的钝眼蜱,在若虫期和成虫期传播,所以,有很长时间的传播性;它不能通过卵传播。钝眼蜱具有多宿主性,可寄生于各种家禽、走禽、野生有蹄动物、小哺乳动物、爬行动物和两栖动物。

本病死亡率因动物品种而异,美利奴羊的死亡率可达80%,波斯羊和南非羊为6%,牛一般为60%左右。

【发病机理】

艾立希体寄生于多种宿主且繁殖率高,蜱很容易对杀螨剂产生抗药性。此外,心水病流行区的传播媒介数量很大,均可使已免疫动物再感染,在康复动物体内,这种病原体可存留3个月。在此期间,病原体可传递给蜱。随后发展为稳定的无菌免疫,这个阶段可维持6个月至5年。流行地区的动物,在免疫力下降时,可重复感染,但无临床症状。

研究表明,病原体通过感染蜱侵入动物的血管内皮细胞和淋巴结网状细胞中进行分裂复制从而导致一系列组织病变,以二分裂方式繁殖。病原体具有高度寄生于靶细胞的特性。它侵害血管内皮细胞,使血管壁的渗透性发生变化,引起心包腔、腹腔、胸腔大量积液,侵害脑内皮细胞时,引起中枢神经系统症状。

【临床症状】

本病潜伏期长短不一,绵羊和山羊的潜伏期一般比牛长,为14~28d,牛为10~16d。由于宿主的易感性和病原株毒力的差异,心水病在临床上可有4种不同类型。

(1)最急性型 通常见于非洲,主要发生于高度易感的品种牛(如娟姗牛、婆罗门牛),外来牛、绵羊、山羊等种畜引进到地方性心水病疫区时出现。此病为最急性,可在48h内不出现典型的临床症状即突然死亡，或开始发热抽搐，突然惊厥而死亡。

（2）急性型 急性病例伴有发热，并出现神经症状和阵发性痉挛。体温高达42℃以上，呼吸急促，脉搏短快，精神委顿，拒食，伴发神经症状，磨牙，不断咀嚼，舌头外伸，行走不稳，常做前蹄高抬的步态，转圈乱步，站立时两腿分开。严重病例中，神经症状增加，倒地抽搐，头部后仰，症状加剧，在死前通常可见游泳样运动和角弓反张。病的后期，通常可见眼球震颤，口流泡沫。病程大约1周，当出现明显的神经症状时，很少能康复。死亡率为50%～90%。

（3）亚急性型 亚急性病例的病程较长，大多数康复，很少出现神经症状，但可发生剧烈腹泻。其他症状包括伸舌，频繁咀嚼，眼睑震颤。病畜常以高步转圈运动，步态不稳，或两腿张开站立，头向下低垂。病畜发热，由于肺水肿引起咳嗽，轻微的共济失调。1～2周内康复或死亡。

（4）慢性型 慢性病例，临床症状较轻微或不明显，大多康复。也称"心水病热"，发生在羚羊和对本病有高度抵抗力的非洲当地某些品种的绵羊和牛中。唯一的症状为短暂的发热反应。

【病理变化】

典型病例最突出的特点是胸腔、腹腔和心包积水，不同程度的肺水肿。心包积水常发生于绵羊和山羊，心包中可见有黄色到淡红色的渗出液。心肌外观暗淡，可能出现浊肿，脂肪变性，心内膜和外膜有小点出血。肝充血、肿大，实质变性。脾肿大，淋巴结水肿。皱胃卡他性出血性炎和肠炎。脑仅表现为脑膜充血，脑脊液增多。

【诊断】

当动物被钝眼蜱叮咬感染艾立希体后出现发热和中枢神经系统机能障碍并死亡，即可怀疑为心水病。最后确诊依据是在脑血管内皮细胞的胞质中检查到病原体或用疑为心水病的病料接种易感动物，再用已认可的血清学方法来检验。

（1）临床综合诊断 一般根据病史、地理位置、临床症状和死后剖检病变做出初步诊断。然而要进行确诊，则需根据反刍动物艾立希体在血管内皮细胞的胞质中是否存有小集落。一般认为，发热后的2～4d采取的标本，检查效果最好。死亡动物颈静脉或其他大血管内膜制备的标本也比较容易发现病原体的小集落。用大脑皮层、海马角或脊髓制备的压片也容易找到病原体。这些标本可用乙醇固定，姬姆萨染色。

（2）实验室诊断

①血液学检查：发现中性粒细胞增多，白细胞总数减少或血浆颜色有改变，可提示为心水病。

②病原体涂片检查：将病畜大脑皮层的灰质或脉络丛做涂片，姬姆萨法染色，可见反刍动物艾立希体位于血管内皮细胞的细胞质内，染成深蓝色，内皮细胞的细胞核为紫色。如果动物已用四环素治疗，则很难在脑涂片中发现病原体。

③动物接种：用可疑本病的动物血5～10mL静注健康绵羊或山羊，在羊体上复制本病，出现症状和在尸检中观察到病原体，即可确诊为本病。

④血清学方法：用分离的有效抗原进行间接免疫荧光试验为诊断提供了可靠方法，但所能检测到的抗体仅能维持很短一段时间（牛6个月，羊18个月），可用于流行病学的回顾性调查。

⑤分子生物学诊断方法：主要有DNA探针法、PCR和套式PCR、反向线性点杂交技术（RLB）等。

【防控措施】

本病的预防主要是消灭蜱，在流行地区蜱活动季节，所有家畜每隔5d药浴1次，或把灭蜱药撒布到畜体上。严禁有蜱寄生的家畜进入无病地区，预防本病发生和传播。加强饲养管理，预防易感畜群感冒发烧。在疫区做好羊的药浴、勤杀蜱灭蝇，注意驱除传播媒介昆虫（如蜱等）。流行本病的地方，采取给易感动物接种感染羊血液以增强抵抗力。南非已使用含感染了反刍动物艾立希体的蜱制成的疫苗来免疫接种动物，其效果与感染动物血液类似，但不是所有接种动物都能产生保护免疫力。免疫力能维持6个月到5年。

我国目前没有本病发生，应加强国境检疫，禁止从本病疫区引进易感动物及可能携带钝眼蜱的动物或其他物品，一旦发现本病及时进行扑杀和销毁，污染的工具及场所进行严格灭蜱和消毒。

病畜发热初期，用磺胺二甲基嘧啶治疗有效，也可用土霉素配安乃近静脉注射，疗效更佳。四环素类抗菌素对本病治疗效果也较好，特别是在病的早期，可用糖盐水、安乃近、四环素静脉注射，注意补充碳酸氢钠以解除酸中毒症状。一旦出现神经症状则预后不良。

可以使用中药疗法：①新鲜蒲公英100g，通草6g，捣碎，开水冲调，候温1次灌服；②白芷15g，土贝母15g，瓜蒌根10g，研末，开水冲调，1次灌服；③马齿苋70g，赤小豆60g，冬瓜皮50g，煎汁1次灌服，同时另用马齿苋、红小豆适量捣烂敷患部；④丝瓜络50g，野菊花30g，大蓟25g，煎汁1次灌服。

十、牛传染性脑膜脑炎

牛传染性脑膜脑炎（bovine infectious meningoencephalitis）又称牛传染性血栓栓塞性脑膜脑炎（bovine infectious thromboembolic meningoencephalitis），是由昏睡嗜组织杆菌引起牛的急性败血性传染病。临床上有多种病型，以脑膜脑炎、肺炎、关节炎、呼吸道感染和生殖道疾病较多见。

本病最先发现于美国科罗拉多州，1956年Griner等首次描述本病，以后在加拿大、英国、瑞士、意大利和大洋洲一些国家相继确认本病，本病多发于育肥牛场，给养牛业造成巨大的经济损失。

【病原】

昏睡嗜组织杆菌（*Histophilus somni*）为革兰阴性多形性小球杆菌，无鞭毛、无芽孢、无荚膜、不溶血。本菌具有细胞黏附性、细胞毒性，能抑制细胞吞噬作用，还能产生免疫球蛋白结合蛋白。昏睡嗜组织杆菌的抗原成分主要是菌体结构抗原和荚膜多糖抗原，菌体结构抗原包括脂多糖抗原和外膜蛋白抗原两种。脂多糖抗原具有种属特异性，荚膜多糖抗原具有型特异性，根据外膜蛋白抗原不同，将本属菌分为若干个亚型。

需氧或兼性厌氧菌，细菌对营养的要求很严格，在普通培养基上生长不良。其生长需要动物组织或细菌提取物中的生长因子，如X因子和V因子。常用的培养基为含有10%牛（或绵羊）血或血清和0.5%鲜酵母提取物的脑心汤琼脂。在37℃，5%～10%二氧化碳的环境下生长最好，培养2～3d后出现直径约1mm圆形隆起、湿润并有光泽的淡黄色或奶油色菌落。巧克力培养基培养，初代培养时需5%～10%的二氧化碳，1～2d后生长为圆形、光滑、隆起、边缘整齐、灰白色半透明的小菌落。在鸡胚中生长迅速。

本菌对理化因素抵抗力较弱，对干燥、温度及常用消毒剂敏感，常用消毒液及60℃ 5～20min即可将其杀死。

【流行病学】

主要发生于肥育牛，奶牛、放牧牛也可发病，多见于6月龄到2岁的牛。病畜和带菌畜是主要的传染源。昏睡嗜组织杆菌是牛体内的正常寄生菌，当有应激因素或并发其他疾病时会导致本病发生。一般通过飞沫、尿液或生殖道分泌物传播。

本病一年四季均可发病，但以深秋至初冬尤为多发。从外地引进牛后数周内多数牛发病，这可能与牛的运输和气候变化产生的应激有关，也可能由其他呼吸道疾病诱发所致。本病通常呈散发性。

【临床症状】

有多种类型，以呼吸道型、生殖道型和神经型为多见。除以上 3 型外，还见到病牛有心肌炎、耳炎、乳房炎、关节炎等临床症状。

(1)呼吸道型 表现高热，呼吸困难，咳嗽，流泪，流鼻液，上呼吸道感染表现为喉头炎，下呼吸道感染呈纤维素性胸膜炎症状，其中少数呈现败血症。

(2)生殖道型 可引起母牛阴道炎、子宫内膜炎、流产及空怀期延长、屡配不孕等，感染母牛所产犊牛发育障碍，出生后不久即死亡，公牛感染后，一般不引起生殖道疾病，偶可引起精液质量下降而不育。

(3)神经型 发病初期体温升高，精神极度沉郁，厌食，肌肉软弱，以球关节着地，步行僵硬，有的发生跛行，关节和腱鞘肿胀。病的后期眼球突出，肌肉震颤，嘷叫，运动失调，表现转圈，伸头，伏卧等症状，甚至麻痹，昏睡，角弓反张和痉挛，常于短期死亡。超急性病例常突然死亡。

【病理变化】

神经型典型的病变是脑膜充血，脑脊液增量、呈红色。脑的表面和切面有针尖至大米粒大小的出血性坏死软化灶，呈血栓性脑膜脑炎。表现呼吸道症状的病例，肺和胸膜有纤维素黏着，副鼻窦有化脓性渗出物，咽喉黏膜覆有纤维素性坏死性假膜，气管黏膜出血等。表现生殖道症状的病例中，可见胎盘坏死和出血，胎儿四肢可见到广泛水肿。

病理组织学检查，在脑、脑膜及全身许多组织器官有广泛的血栓形成，血管内膜损伤（脉管炎），并出现以血管为中心的围管性嗜酸性粒细胞浸润或形成小化脓灶。

【诊断】

根据临床症状和典型的病理学变化可怀疑本病，确诊需要进行实验室检查。

(1)组织涂片 无菌采取脑、肝、脾、肺、肾涂片，姬姆萨染色镜检，可见多数小球杆菌，其中也有链状的，具有多形性。

(2)细菌培养 将病牛脑、肝、脾组织接种在含 10% 牛血清和 0.5% 酵母提取物的脑心琼脂或巧克力琼脂平板上，于 5%~20% 二氧化碳下，37℃培养 2~3d 形成隆起、湿润闪光的淡黄色或奶油色菌落。取该菌落少许涂片镜检，菌体为椭圆形、逗点形等多形性的革兰阴性短小球杆菌。

(3)血清学诊断 有多种方法，但由于许多动物处于带菌状态或隐性感染，所以血清中存在抗体并不能作为发生过本病的标志。

【防控措施】

本病以预防为主，可使用氢氧化铝灭活菌苗定期注射。同时加强饲养管理，饲料中添加四环素类抗生素可降低发病率，但不要长期使用，以免产生抗药性。对新引进的牛要进行 1~3 个月的隔离饲养观察。做好卫生消毒，严禁饲喂发霉变质饲料，管理上要做好防暑降温工作，减少应激因素。在同群未发病的家畜饲料中添加氟苯尼考，饲喂 3~5d。

本病早期发现及时确诊后，应用中西医结合疗法效果很好。氨苄西林 5g/200kg、安痛定注射液 20mL、磺胺嘧啶钠 0.1mL/kg，分侧肌肉注射。投服"疫疠解毒清心散"，生石膏 300g，犀角 20g，黄连 20g，黄芩 30g，玄生 50g，鲜生地 50g，知母 15g，丹皮 15g，焦栀子 15g，生绿豆 100g，鲜菖蒲 15g，白毛根 100g，温开水调服。每日各 1 次，连用 7d 后痊愈。若出现神经症状，一般治疗无效。

复习思考题

1. 试述牛流行热的流行病学特征。
2. 简述牛病毒性腹泻-黏膜病的诊断方法与治疗措施。
3. 试述牛传染性鼻气管炎的临床病型及特征。
4. 试述蓝舌病与羊传染性脓疱的鉴别诊断要点。
5. 我国如何根除小反刍兽疫?
6. 试述牛瘟根除的措施及意义。
7. 试述牛副结核病的实验诊断方法。
8. 如何从流行病学、临床症状、病理变化3个方面对羊梭菌病进行鉴别诊断?

第六章

马属动物的传染病

本章学习导读：介绍马传染性贫血、马传染性鼻肺炎、马传染性支气管炎、马传染性胸膜肺炎、马传染性脑脊髓炎(美洲马传染性脑脊髓炎、马波纳病、俄罗斯马传染性脑脊髓炎)、非洲马瘟、马病毒性动脉炎7种马的病毒性传染病。我国在控制马传染性贫血的工作中所取得的成就十分突出，用弱毒的驴白细胞培养物或驴胎二倍体细胞培养物制成的马传贫弱毒疫苗是目前国际上唯一的马传染性贫血活毒疫苗。目前，我国马属动物逐渐减少，但随着赛马及动物园野生动物的增多，马的传染性疾病仍然值得重视。近年来，东南亚各地特别是泰国不断有非洲马瘟流行的报道，本病传入我国的风险不断增加，应切实加强本病的防控。马的许多细菌性传染病在共患病中已有介绍，如马腺疫等。在此仅介绍两种，马传染性子宫炎和流行性淋巴管炎，均缺乏有效疫苗，依靠检疫和综合措施来防控。

第一节 马属动物的病毒性传染病

一、马传染性贫血

马传染性贫血(equine infectious anemia，EIA)简称马传贫，又称沼泽热(swamp fever)，是由马传染性贫血病毒引起的马属动物的一种持续性感染，自然状况下主要通过虫媒传播。其临床特征是反复发热、血小板减少、贫血、出血、黄疸、心脏衰弱、体下位水肿和体重急剧下降等，并反复发作，发热期症状明显，无热期症状减轻或暂时消失。病毒可引起持续性感染和免疫病理反应。

本病是马属动物最重要的传染病之一，被 WOAH 列为必须上报的动物疫病。1843 年首次发现于法国，经两次世界大战使其已传遍世界各地，目前主要流行于亚洲、非洲、美洲及欧洲局部(包括俄罗斯)。日本于 1931 年侵华时将此病带入我国，1954 年和 1958 年我国从苏联进口马匹时又将其引入。原中国人民解放军兽医大学于 1965 年首次分离到病毒，并建立了补体结合试验及琼脂扩散试验两种诊断方法。1975 年，哈尔滨兽医研究所沈荣显院士等在国际上首次研制成功马传贫驴白细胞活疫苗，迄今为止，它仍是全球唯一一种最成功的慢病毒活疫苗。随着我国对本病"养、检、免、隔、封、消、处"等综合性防疫措施的落实，以及马属动物总数的下降，本病疫情也得到有效控制，目前大多数省、自治区、直辖市已达到消灭本病的相关标准。

【病原】

马传贫病毒(*Equine infectious anemia virus*，EIAV)归反转录病毒科(*Retroviridae*)慢病毒属(*Lentivirus*)。病毒粒子呈球形，直径 90~120nm。表面有囊膜，囊膜厚约 9nm，囊膜上有纤突。病毒粒子中心有一直径 40~60nm 的锥状类核体(拟核)。在氯化铯中浮密度 1.15g/cm³，沉降系数

110~120S。

病毒对理化因子抵抗力较强，在粪便中能生存 2.5 个月，堆积发酵需经 30d 才能灭活。耐低温，病毒在-20℃可存活 2 年。不耐热，60℃ 60min 可完全失活。对乙醚敏感；2%~4%氢氧化钠和 3%来苏儿等均能将其杀死。在 pH 5.0~9.0 条件下稳定，在 pH 3.0 以下和 pH 11.0 以上时 1h 即被灭活。

病毒具有反转录病毒的一般特征，但在慢病毒中其基因组结构最简单，主要包含 3 个结构蛋白基因，即 *gag*、*pol* 和 *env*，各自分别编码相应的前体蛋白，经蛋白酶裂解后分别形成各种成熟的结构蛋白。衣壳蛋白(CA/p26)比较保守，是群特异性抗原，为各毒株所共有，可用补体结合试验及琼脂扩散试验检出。该蛋白与慢病毒属中其他成员，如人免疫缺陷病毒Ⅰ型(HIV-1，即艾滋病病毒)、牛免疫缺陷病毒(BIV)、猫免疫缺陷病毒(FIV)及猴免疫缺陷病毒(SIV)的衣壳蛋白有交叉免疫原性，但不具有中和抗原性质。其中和抗原主要是 *env* 基因编码的囊膜蛋白 Gp90 和 Gp45，包括型特异性抗原即各型毒株之间不同的抗原，可用中和试验检出。本病毒易于变异，其高变区主要集中在 *env* 基因和长末端重复序列(LTR)，这些变异可导致病毒毒力和细胞嗜性的改变。

由于变异性强，所以本病毒血清型较多，目前至少已有 8 个血清型。随着病畜的反复发热，病毒抗原不断发生变异，即抗原漂移。慢性感染动物能引起带毒免疫。耐过动物长期带毒，感染 1 年左右的病畜用同型或异型强毒株攻击时，均有较好的抵抗力。

病毒能在马属动物的白细胞、骨髓细胞及马或驴胎组织(脾、肺、肾、皮肤、胸腺等)继代细胞上增殖，并具有致细胞病变作用。本病毒能凝集鸡、蛙、豚鼠和人 O 型红细胞。

【流行病学】

本病毒只感染马属动物，不分品种、年龄、性别。马最易感，驴、骡次之。病畜和带毒者是主要传染源，尤其是发热期的病畜，其血液和组织中含大量病毒，随分泌物和排泄物而散毒传染。本病主要通过吸血昆虫(虻、蚊、蠓等)叮咬而机械性传染，也可经消化道、交配、污染的兽医器械等传染，还可通过胎盘垂直传播。

本病有明显季节性，7~9 月吸血昆虫活动猖獗时较多见，常为地方流行性或散发。新疫区常呈暴发、急性型，老疫区则多为散发、慢性型。

【发病机理】

本病毒进入机体后，首先在肝、脾、骨髓等组织中繁殖，并可终身带毒。当各种诱因导致动物抵抗力降低时，病毒便进入血液大量繁殖，引起细胞结合性病毒血症、体温升高、呈稽留热。机体抵抗力增强时，血液中病毒可暂时减少或消失，体温逐渐下降或恢复正常，进入无热期。带毒者抵抗力再度降低时，本病毒可大量繁殖并重新进入血液，使体温再次升高，患畜又处于有热期。如此反复，病畜便出现间歇热型。病毒可损害骨髓造血细胞及红细胞，导致贫血，使血液稀薄、心肌变性、心室扩张、心功能紊乱。由于毛细血管管壁通透性增大，血浆蛋白减少，血液胶体渗透压降低，引起出血和浮肿。病畜的肝、脾等在病毒的作用下，网状内皮细胞大量增殖，吞噬能力增强，异常红细胞被大量吞噬。被吞噬的红细胞在酶的作用下，其血红蛋白转变成含铁血黄素，吞噬细胞即成为吞铁细胞。病毒感染还可产生免疫复合物，导致肾小球肾炎。病毒囊膜蛋白 Gp90 中和表位的变化可影响病程发展及预后，因而出现多种临床发病类型。

【临床症状】

潜伏期平均 10~30d，短者 5d，长的可达 90d 以上。根据临床表现可分为急性、慢性和隐性 3 种类型。表现类型与动物的抵抗力、病毒毒力及其他影响因素有关。

(1)急性型　多见于新疫区流行初期及老疫区内突然发病者，个别病例突然死亡。体温升高至 39~41℃，稽留 1~2 周，经短时间的降温后，再次高热稽留至死亡。临床症状及血液学变化明显，但在初次感染病毒后 2~6 周内体内检测不到抗体。病程 3~5d，最长的不超过 1 个月。

（2）慢性型　常见于流行后期和老疫区，是主要病型。临床症状典型，包括消瘦，虚弱或衰竭，贫血，下肢、胸部和腹部水肿等。主要特点是反复发作，有间歇热或不规则热和更为明显的温差倒转现象（午前体温高于午后），发热期体温 39.5~40.5℃，持续 2~10d，然后转入无热期。病情恶化、濒临死亡时，热发作次数频繁，无热期缩短，有热期延长；反之，发热次数减少，无热期延长。症状和血液学随体温变化而变化，有热期症状和血液学变化明显，无热期则不明显或消失，但心功能仍不能恢复正常。抗体检测呈阳性。病程 1 个月以上甚至数年，病死率可达30%~70%。

（3）隐性型　无外观症状，但血清学检测呈阳性。若遇到应激则隐性感染动物可出现症状，而且这些动物对其他疾病的抵抗力降低。同时，这些动物是本病最危险的传染源，因为人们从外观上很难看出它们有健康问题。

（4）共同症状　随着机体抵抗力及其他条件的变化，上述 3 型病例可以相互转化，由急性型转为慢性型甚至隐性型，成为带毒者；或由隐性型、慢性型转为急性型甚至死亡。急性型和慢性型病例的共同症状如下：

①眼观症状：精神沉郁，垂头奄耳，喜站厌动，厌食渐瘦，乏力多汗。后期因肌肉变性、坐骨神经受损而致后躯无力，运步不稳，左右摇晃，尾力减退，转弯困难。

患畜有不同程度的贫血、黄疸、出血及水肿。初期可视黏膜潮红、充血及轻度黄染。随病程发展贫血逐渐加重，可视黏膜变为苍白。舌下、眼结膜、鼻黏膜、齿龈、阴道黏膜出现大小不一的出血点。四肢下部、胸前、腹下、包皮、阴囊等处出现水肿。

②心脏听诊：心搏亢进，第一心音增强，心音分裂，心律不齐，缩期杂音。脉搏细弱，频率加快，每分钟 60~100 次或更高。

③血液学变化：病初因骨髓造血机能代偿性强，红细胞数或稍减少。随病情加重，红细胞数显著减少，常在 500 万个/mm³ 以下，严重者 300 万个/mm³ 以下，使血红蛋白量也相对降低，常在 40%（5.8g/L）以下。血液稀薄，血沉显著加快，发热期的血沉 15min 可达 60mm 以上。

白细胞数和白细胞象改变。发热初期，因骨髓造血机能代偿性增强，白细胞数常稍微增多，中性粒细胞暂时性增加，淋巴细胞相对减少。中、后期因骨髓造血机能降低，白细胞数常可减至4 000~5 000 个/mm³，淋巴细胞比例增多，单核细胞也增加，中性粒细胞相对减少。

静脉血中出现吞铁细胞。因吞铁细胞中含铁血黄素的分布状态不同，吞铁细胞可分为弥漫型、颗粒型及混合型 3 种。在发热期和退热后的几天内，吞铁细胞的检出率最高，急性病例多为颗粒型和混合型，检出率较高。而慢性病例多为弥漫型，检出率较低。

【病理变化】
以全身败血症变化、贫血、单核-巨噬细胞增生和铁代谢障碍为主。急性型主要呈败血性变化，慢性型则贫血和单核-巨噬细胞增生明显。

（1）急性型　全身浆膜、黏膜有出血点、出血斑，以舌下、鼻翼、第三眼睑及阴道黏膜、胸腔/腹腔的浆膜、膀胱/输尿管黏膜、大肠黏膜与浆膜最为多见。淋巴结肿大，切面充血、出血、多汁。脾肿大，切面暗红，有的因白髓增生，呈颗粒状。肝肿大，切面呈槟榔样花纹。肾肿大，皮质有出血点。心肌脆弱，灰黄色似煮熟状，心内、外膜有出血点。

（2）慢性型　尸体贫血、消瘦，可视黏膜苍白。脾肿大、坚实，表面粗糙不平。肝肿大，暗红或铁锈色，切面呈明显的槟榔样花纹。淋巴结肿大、坚硬，切面灰白。肾轻度肿大，呈灰黄色，皮质增厚。心脏弛缓、扩张，心肌脆弱呈煮熟状。长骨的骨髓红区扩大，黄髓内有红色骨髓增生灶，严重病例骨髓呈乳白色胶冻状。

(3)组织学变化 主要是脾、肝、肾、心脏和淋巴结等组织器官的单核-巨噬细胞增生及铁代谢障碍，尤以肝脏病变最具特征。肝细胞变性，星状细胞肿大、增生及脱落，肝细胞索紊乱，中央静脉周围的窦状隙内和汇管区有多量吞铁细胞，肝细胞索间、汇管区的血管和胆管周围有淋巴样细胞弥漫性浸润和灶状积聚。

【诊断】

常用的诊断方法有临床综合诊断、血清学诊断和病原学诊断。血清学包括琼脂扩散试验、补体结合试验和 ELISA 等。琼脂扩散试验方法准确可靠，也是国际上最常用的方法；其次为补体结合试验；临床综合诊断法检出率最低；ELISA 简便、快速、适合于大批量检测。病原学诊断包括病毒分离鉴定、动物接种和分子生物学方法，其中最敏感、简便、快速的是实时荧光定量 PCR（qPCR），但目前该方法尚未列入法定的马传贫诊断方法。不同诊断方法所得结果不一致，并有交错，不能互相代替，最好同时并用，才能提高检出率。其中，任何一种方法呈现阳性，都可判为马传贫患畜。

(1)临床综合诊断 根据流行病学特点、临床症状、血液学和病理学检查结果，凡符合下列条件之一者，判为马传贫患畜：①体温在39℃以上（1岁幼驹39.5℃以上）呈稽留热或间歇热，并有明显的临床和血液学变化。②体温在38.6℃以上呈稽留热、间歇热或不规则热型，临床及血液学变化不明显，但吞铁细胞万分之二以上，或病理学检验呈阳性。③体温记载不全，但具有明显的临床及血液学变化，吞铁细胞万分之二以上，或病理学检验呈阳性。④可疑患畜死亡后，根据生前诊断资料，结合尸体剖检及病理组织学检查，其病变符合马传贫变化者。

(2)实验室诊断 包括补体结合试验、琼脂扩散试验、ELISA、中和试验、免疫荧光和病原学诊断等，其中最常用的是琼脂扩散试验、ELISA 和补体结合试验。

①琼脂扩散试验：本病琼脂扩散试验反应特异性强，抗体持续时间长，检出率比补体结合试验高，方法简便，易于推广应用。本方法已列入现行检疫规程。

②补体结合试验：该法特异性强，检出率高，特别是对慢性及隐性病马检出率高，同时补体结合试验抗体出现较早，持续时间长。但抗体效价有波动，因此以 1 个月的间隔连续做 3 次补体结合试验，可明显提高检出率。

③其他诊断方法：有病原学、中和试验、荧光抗体试验和 ELISA 等。ELISA 也已列为国家标准。

(3)鉴别诊断 马梨形虫病、伊氏锥虫病、钩端螺旋体病及营养性贫血都具有高热（营养性贫血除外）、贫血、黄疸、出血等症状，容易混淆。因此，在诊断时必须加以鉴别。

【防控措施】

为预防及消灭本病，须贯彻执行《马传染性贫血消灭工作实施方案》，其要点包括：

(1)监测净化 各地畜牧兽医部门结合本地区实际，按照国家动物疫病监测计划，开展马传贫监测与流行病学调查工作。未达标区要加大对马属动物饲养场、交易市场等场所饲养马属动物的监测力度，加快达标验收工作。达标区和历史无疫区，按监测计划要求做好监测工作，巩固防治成效。发生马传贫疫情或检出阳性马属动物时，对病畜和阳性马属动物在不放血情况下进行扑杀，对病畜和阳性畜及其胎儿、胎衣、排泄物及污染物按照《病死及病害动物无害化处理技术规范》（农医发〔2017〕25号）进行处理。

(2)检疫监管 各地畜牧兽医部门要加强对饲养、屠宰、经营、隔离、运输等活动的监督管理。未达到马传贫消灭标准地区的马属动物检疫申报时，应提供实验室血清学检测阴性结果报告，并经产地检疫合格后，方可凭检疫证明跨省调运。

（3）联防联控　加强区域间、省际间联防联控，强化信息沟通与交流，进一步完善马传贫防控协作机制。一旦发生疫情，当地畜牧兽医部门按要求及时报告疫情，通报疫情信息，并做好各项疫情处置工作。必要时，会同相关省份开展联合应急处置，防止疫情扩散蔓延。

（4）宣传培训　各地畜牧兽医部门要加强对基层防疫人员的培训，提高防控技能和防护水平。加大对从事养殖、屠宰、使役马属动物的重点单位和个人的宣传力度，指导建立健全防疫制度，提高生物安全水平。充分利用报纸、广播、电视、宣传册（单）等多种形式，大力宣传普及马传贫防治知识，提高群众对马传贫防治工作认识，切实做到群防群控。

二、马传染性鼻肺炎

马传染性鼻肺炎（equine rhinopneumonitis）是由马疱疹病毒引起的幼驹以发热、厌食和流涕及孕马流产为特征的马属动物急性传染病。本病最早发现于土耳其，现已广泛分布于世界各地。1980年，我国从东北马场的流产胎儿分离到马疱疹病毒（未区分1型和4型），并证明本病在我国马群中广泛存在。

【病原】

引起马传染性鼻肺炎的病原主要为马疱疹病毒1型（*Equine herpesvirus*，EHV1）和马疱疹病毒4型（EHV4），两者属于疱疹病毒科（*Herpesviridae*）α疱疹病毒亚科（*Alphaerpesvirinae*）。截至目前，在马属动物中已鉴定出9种疱疹病毒。这些病毒属于α疱疹病毒亚科有6种病毒：EHV-1、EHV-3、EHV-4、EHV-6、EHV-8和EHV-9；属于γ疱疹病毒亚科有3种病毒：EHV-2、EHV-5和EHV-7。马是EHV-1、EHV-2、EHV-3、EHV-4和EHV-5的天然宿主；而驴是EHV-6、EHV-7和EHV-8的主要宿主。EHV-9是马疱疹病毒的最新成员，首次从感染的汤姆森瞪羚中分离出来；然而，最近的研究表明，斑马或犀牛等其他奇蹄动物可能是这种病毒的最终宿主。EHV1感染马后可通过感染的白细胞进入血液循环，形成病毒血症，进而扩散到较远的器官系统，造成孕马流产、呼吸道和神经性疾病，属于WOAH必须上报的动物疫病；EHV4感染马匹后仅局限于呼吸道，马表现呼吸系统症状。EHV4和EHV1常混合感染，具有共同抗原。

【流行病学】

马属动物是EHV1和EHV4的自然宿主。各种年龄的马均可感染，但发病常见于1~2岁的马。病马和恢复后的带毒马是主要传染源，病毒主要存在于急性期病例的分泌物、排泄物、血液中。其中，EHV1多存在于患马流产时的胎儿、胎盘及排出物中，EHV4多存在于患畜的鼻腔分泌物中，病毒在马的皮毛、杂物上可生存7周。本病主要通过呼吸道传播，可能通过犬、鼠类和腐食鸟类机械传播。EHV1主要通过交配直接接触感染，还可通过间接接触传播，如经子宫感染胎儿；EHV4常通过污染的饲料、饮水等经呼吸道、消化道传播。本病多发于晚秋和冬季。

【临床症状】

本病临床上可分为以下4种类型：

（1）呼吸道疾病　潜伏期2~4d，个别的可达1周。EHV1和EHV4都可引起此类疾病。常见的临床症状是鼻肺炎，病驹体温升高达39.5~41℃，流多量浆液乃至黏脓性鼻液，鼻部黏膜和眼结膜充血。在体温升高的同时，白细胞数量减少。病程可持续1~3周。幼驹有时发生病毒性支气管肺炎。继发细菌感染后可加重病情。但大多数病例呈隐性感染。

（2）流产和新生幼驹疾病　主要为EHV1感染，潜伏期长短不一，在8d至4个月。母马在初次感染的数月或数年后发生流产。妊娠母马的感染常不被觉察，有时出现腿部肿胀，食欲减退。妊娠母马突然发生不明原因的流产，无胎衣滞留现象。流产后的病马能很快恢复正常，也不影响以后的配种。在妊娠期的前6个月流产的胎儿常发生自溶现象。接近临产期的母马被感染后，胎儿产出时即呈昏睡状，虚弱，不能站立吮乳，有黄疸和呼吸道症状，常在数天内死亡。

EHV4偶尔引发流产。成年马或妊娠马患病后，临床表现远较幼驹轻微，个别病马有一过性体温升高。但妊娠母马感染后可导致无先兆流产。

(3)神经系统疾病　EHV1偶尔引起马的神经系统疾病，并有逐渐增多的趋势。所有年龄的马均可感染，妊娠母马和哺乳母马易感。潜伏期6~10d。感染马的症状表现不一，有的出现轻度的运动失调，有的则呈现严重的神经症状，表现为后肢和腰部僵硬麻痹以至瘫痪不能起立，膀胱失禁，会阴部痛觉减退或消失。轻度感染马很快趋于稳定，在数天或数周内完全恢复。严重感染的马匹不能站立，常因继发感染而死亡，完全恢复的可能性极小。

(4)嗜肺脏血管型　最近，青壮年马出现了一种新的散发性EHV-1感染类型，病毒的主要靶细胞是肺脏的内皮细胞，严重感染的马匹因呼吸道疾病死亡。

【病理变化】

因疾病类型不同，其病理变化也有所不同。

(1)呼吸道疾病　剖检时主要见全身各黏膜潮红、肿胀、出血，肝脏、肾脏和小肠中有胶冻样黏膜皱襞，小肠的孤立淋巴滤泡和集合淋巴结肿大，有些地方出现浅表性烂斑或较深的溃疡。少数病例可见支气管肺炎，呈现支气管及肺泡上皮增生、坏死及脱落。幼驹在整个上呼吸道黏膜上出现明显的疱疹性病变。病理组织学检查可见呼吸道上皮细胞和淋巴结生发中心显著坏死，并可看到典型的A型嗜伊红核内包涵体。

(2)流产和新生幼驹疾病　早期流产的胎儿发生严重的自溶。后期流产的胎儿体表外观新鲜，皮下常有不同程度的水肿和出血，可视黏膜黄染，心肌出血，肺水肿和胸、腹水增量，脾脏肿大，胎衣没有明显变化，多呈黄疸色。肝包膜下散在针尖大到粟粒大灰黄色坏死灶，是本病的主要病变特征。

病理组织学检查时，在肝脏和肺脏坏死区周围以及有病变的肾脏血管球、肠上皮和心肌中，可检出病理嗜伊红核内包涵体。

新生幼驹的主要病理变化为间质性肺炎、肺膨胀不全和肺水肿。组织病理学检查可见广泛的胸腺实质坏死，胸腺和脾脏的淋巴细胞减少。

(3)神经系统疾病　有时可在脑膜和脑实质以及脊髓中可见随机分布的局灶性出血。病理组织学检查可见中枢神经系统脉管炎、出血、血栓和继发性肌肉变性。

(4)嗜肺脏血管型　病变表现为肺脏的动脉炎、出血和水肿。在上皮细胞、咽部淋巴小叶的树突样细胞、咽部腺体上皮细胞、肠隐窝上皮细胞和单核细胞的细胞质中可检测到EHV1抗原。

【诊断】

根据流行特点、呼吸道症状、妊娠马流产和流产胎儿的变化不难做出诊断，确诊需要实验室诊断。

(1)临床综合诊断　本病多发生在秋、冬季节，在年轻马群中传播迅速，上呼吸道症状温和；在孕马中主要表现流产、死胎和弱胎，并可根据其胎儿的黄疸、出血、水肿等做出初步诊断。

(2)实验室诊断　WOAH推荐使用病毒分离、PCR、中和试验、补体结合试验进行临床病例的确诊。最好的确诊方法是进行病毒分离或应用免疫荧光抗体法检查胎儿肝、肺等标本中的特异性抗原。采取鼻黏膜制成抹片，做HE染色，检查嗜酸性核内包涵体，阳性者即可确诊。或用免疫荧光抗体检查特异性抗原。或用急性病例鼻液，取 1 周龄仓鼠肾、猪胎肾、马或驴胎肾以及皮肤细胞等进行病毒分离与鉴定。血清学回顾性诊断方法有补体结合试验、琼脂扩散试验、病毒中和试验及 ELISA 试验等。

（3）鉴别诊断　注意与沙门菌性流产、马腺疫、马流行性感冒和病毒性动脉炎等相区别。

【防控措施】

（1）预防　平时应对动物加强饲养管理，提高抗病能力，严格执行兽医卫生防疫措施。育成马和母马隔开饲养。流产母马应隔离饲养 6 周，其他马发病后要立即隔离、远离妊娠母马。被污染的垫草、饲料及流产排出物、厩舍、运动场、工作服及各种用具应严格、彻底清洗消毒。

（2）治疗　本病尚无特效治疗方法，而且流产母马及单纯鼻肺炎病马一般无需治疗，只要加强管理、让马休息即可自愈。流产母马如若发生胎衣不下，按产科常规方法治疗。为防止或已有细菌继发感染可选用磺胺类药物及抗生素治疗。

（3）免疫接种　国外已有 EHV1 和 EHV4 二价灭活疫苗和弱毒疫苗，幼驹 3 月龄时可用该二价疫苗进行首次免疫接种，6 个月后加强免疫 1 次。妊娠马在怀孕的第 5、7、9 月各免疫 1 次。目前，我国尚无应用于生产中的疫苗。

三、马传染性支气管炎

马传染性支气管炎（equine contagious bronchitis）又名马传染性咳嗽，是由病毒引起的一种以咳嗽为特征、传染性极强、传播迅速的传染病。本病分布于世界各地，我国近年来时有报道。

【病原】

已证实本病的病原是一种病毒，但其特性及分类地位至今尚不清楚。病毒存在于肺脏及发热期的血液。病毒对外界环境的抵抗力较弱，但在冰冻情况下，能保持其传染性达 23d 之久，2% 氢氧化钠溶液可迅速将病原杀死。

【流行病学】

自然状态下本病主要感染马，人工感染试验也可使牛发病。病马和带毒马是主要的传染源。可通过直接接触传播，也可通过患马咳嗽喷出的气溶胶，经健康马呼吸道吸入而间接感染。本病多发生于晚秋，短时间内感染整个马群。

【临床症状】

潜伏期 1~6d（多数为 1~3d）。患马首先呈现精神委顿，结膜炎和鼻卡他，鼻黏膜潮红，流出少量浆液性鼻液，咽喉部知觉过敏。体温短期轻度升高（39~40℃），约 1d 后下降至正常，继而发生干、沉、粗的痛性阵发咳嗽，为患马最主要的症状。随着病程延长，咳嗽逐渐减少，经 2~3 周可完全恢复。如果发病期间继续使役或受某些不良因素影响，则多数病例的病程拖延 7~8 周，或并发支气管肺炎甚至死亡，继发感染病例的病死率 12%~67%。有的病例并发胃肠炎。有些病例由于发生慢性支气管炎、肺膨胀不全、肺硬化及肺气肿而变为哮喘症。

【病理变化】

支气管卡他性炎症，支气管分支中含有微黄色玻璃样黏液。病初黏膜肿胀并稍微干燥；随着渗出物的出现，可见浆液性渗出物覆盖于黏膜上，而后出现黏液脓性渗出物。支气管淋巴结呈髓样肿胀。组织学检查可见支气管周围有淋巴细胞及大单核细胞浸润。继发感染的病例呈化脓性支气管肺炎和实质器官的变性，偶尔可见败血症变化。

【诊断】

根据本病的流行特点与症状可做出初步诊断，确诊需从病马鼻咽分泌物分离病毒，再用补体结合试验或中和试验鉴定。采取急性发病期和恢复期的双份血清做中和抗体检测具有回顾性诊断意义。

（1）临床综合诊断　本病自然条件下只感染马，多见于晚秋，具有传染性强、传播迅速、发病率高、患马表现阵发性咳嗽，但其他症状轻微等特点。支气管有卡他性或黏液性炎症，很少死亡。

（2）实验室诊断　X线检查时，肺部有较粗的肺纹理的支气管阴影，但无炎症病灶。从病马鼻咽分泌物分离病毒，再用补体结合试验或中和试验鉴定。也可以采取血清做中和试验测定血清中和抗体。

（3）鉴别诊断　应注意与马流行性感冒、马鼻肺炎和马病毒性动脉炎的鉴别。

【防控措施】

平时要严格执行综合性防疫措施。发病后应立即停止使役，加强护理，一般病例不用治疗即可自行痊愈。必要时可对症治疗及用抗生素或磺胺类药物预防继发感染。

（1）预防　平时加强饲养管理，提供营养丰富易于消化的饲料。厩舍要通风、透光以使空气新鲜、清洁。勿将出汗马匹置于寒冷厩舍中，勿饲喂冰冷饲料和饮水。发现可疑马匹及时确诊并采取相应措施。对病马立即停止使役，加强护理，及时隔离并治疗。有并发症时用抗生素或磺胺类药物进行治疗。目前，对本病尚无疫苗可用。

（2）治疗　主要是对症治疗，祛痰、镇咳、消炎、必要时结合使用抗过敏药物。将患马置于清洁、干燥和温暖的环境中，使其得到充分休息。为减少对支气管黏膜的刺激，厩舍内喷水以增加湿度。为促进炎性渗出物的排出，用克辽林、来苏儿、松节油、薄荷脑或麝香草酚等反复蒸汽吸入。若呼吸困难可采用氧气吸入。也可内服祛痰剂和止咳剂，同时加服抗过敏药物。

四、马传染性胸膜肺炎

马传染性胸膜肺炎（equine contagious pleuropnenmonia）又名马胸疫，是马属动物的一种急性、热性、接触性传染病，其特征为纤维素性肺炎或纤维素性胸膜肺炎。本病散布于世界各地。我国西北、西南、华北及内蒙古等地曾有过报道，目前仅部分地区有零星发生。

【病原】

本病病原迄今尚不清楚，一般认为可能是一种病毒。各种条件性致病菌只有继发性病原的意义。病原主要存在于患畜肺组织、支气管分泌物及胸腔渗出物中，血液和其他组织中不含病原。病畜在咳嗽时喷出气溶胶，会使健康畜经呼吸道吸入而感染。

【流行病学】

各种年龄的马属动物均有易感性，但马最易感，骡和驴次之。年龄越大者易感性越高，4~10岁的马和骡最易感。重型马的易感性较强，病情也较严重。患畜和带毒畜是主要传染源。病原主要通过污染的空气、饲料及饮水经呼吸道和消化道传染。病畜在咳嗽时喷出气溶胶，会使健康畜直接吸入到呼吸道而感染。本病有明显的季节性，多见于秋冬及早春舍饲期间，有些地方表现为春、秋两季流行，气候变暖后疫病自然好转，停止蔓延。一般为散发或地方流行性，传播缓慢。主要限于染疫马群中，也可传染到其他马群，同一厩舍的马匹往往数天或数十天后，才陆续出现新病例，呈不规则的点状散发。拥挤、潮湿、受凉等应激因素可诱发本病。

【临床症状】

潜伏期 10~60d。根据临床表现可分为典型胸疫、非典型胸疫和恶性胸疫三种类型，非典型胸疫较多见。

（1）典型胸疫　主要表现纤维素性肺炎或纤维素性胸膜肺炎的症状。患畜多见体温突然升高（40~41℃）、稽留 6~9d 或更长。发热的同时，患畜精神沉郁，食欲不振。呼吸增数，腹式呼吸。心跳加快，全身震颤，四肢无力。病初流少量浆液性鼻液，后流脓性红黄或铁锈色鼻液。初期听诊肺泡音粗粝、有啰音，继而肺泡音减弱或消失，有支气管呼吸音；后期有湿性啰音及捻发音。严重时患畜胸廓疼痛，呈胸、腹式呼吸。听诊有摩擦音，有大量渗出时，摩擦音消失。血液学检查初期白细胞总数无大变化，但淋巴细胞数增多，中性粒细胞减少。中后期白细胞总数、中性粒细胞显著增多，淋巴细胞减少。

典型胸疫多经 8~14d 后完全康复。继发并发症的病例，多预后不良。一般在良好的饲养管理条件下，病死率为 5%~15%。如及时治疗，2~3d 即可恢复。

（2）非典型胸疫　部分病例呈顿挫型，体温突然升高至 39~41℃，有全身症状，2~3d 降至常温，全身症状也随之消失而康复。有些病例仅为一过性，表现短期发热，未出现特征症状即痊愈。另一些病例呈现不规则热，反复发热，症状较复杂，其转归因病型、有无并发症及护理情况而不同。

（3）恶性胸疫　当典型胸疫若发现太晚，治疗不当时转化而来，此时病畜热型不定，症状复杂，病程很长，疗效不佳。自然状态下本病致死率可达 14%。

【病理变化】

典型病例主要为纤维素性肺炎或纤维素性胸膜肺炎病变。肺脏弹性降低，密度增加，出现红色、灰色肝变区，间质增宽。各期肝变互相交错，呈大理石样。胸腔内有大量淡黄色渗出液，并有纤维素性凝块或絮状纤维素性渗出物附着于胸膜、膈膜及心包上，形成不同程度的粘连。

【诊断】

本病目前尚无特异性诊断方法。对典型病例一般根据流行病学、症状和病变可做出临床诊断。在有本病流行的马群中，对非典型病例可根据发热及全身状态诊断，或用新肿凡纳明（"九一四"）做治疗性诊断，若用药后 6~12h 体温逐渐下降，再结合流行病学及症状可诊断为本病。

【防控措施】

（1）预防　预防本病主要依靠平时应严格执行兽医生物安全措施，目前尚无疫苗可用。必要时可用"九一四"静脉注射作为药物预防。据赵文贵等报道，在春、秋两季采用伊维菌素 2 倍量注射，既可驱除马体内外寄生虫，又可明显降低本病的发病率，可作为有效预防药物之一，在养马业生产中具有一定的实用价值。

（2）治疗　本病的特效疗法是早期静脉注射"九一四"，剂量为 0.015g/kg。用药过晚则疗效较差。同时可用抗生素或磺胺类药物预防细菌继发感染，并做适当的对症治疗。发生本病时应及时隔离病马和可疑马，污染的环境及用具等用 2%~4%氢氧化钠溶液或 3%来苏儿彻底消毒，粪便堆积发酵消毒。发病马群在最后一个病例痊愈 6 周后经彻底消毒才可视为无病马群，新购入马匹须经 2 个月以上隔离、观察检疫，确认健康无病后方可与健康马匹混群。

五、马传染性脑脊髓炎

马传染性脑脊髓炎（equine infectious encephalomyelitis）是由多种虫媒病毒引起的、马的脑-脊髓系统传染性疾病的总称，包括美洲马脑脊髓炎、俄罗斯马脑脊髓炎和波纳病。这类疾病，临床症状相似，病程短促，病死率高，很难鉴别。此类传染病可能广泛存在于许多国家，但真正得到确诊的主要是发达国家，特别是美国。我国虽曾多次发生疑似病例，但其中有些被证明为马流行性乙型脑炎，其他"疑似病例"的真正病因尚不清楚，特别是对近些年来的散发病例更缺乏研究。随着国际贸易和交流活动的不断增加，特别是我国境内国际性马术竞赛项目的日益增多，此类传染病在我国真正出现的风险也越来越大，对此应该引起人们的高度重视。

（一）美洲马传染性脑脊髓炎（American equine encephalomyelitis）

美洲马脑脊髓炎主要包括东部马脑脊髓炎（eastern equine encephalitis，EEE）、西部马脑脊髓炎（western equine encephalitis，WEE）、委内瑞拉马脑脊髓炎（Venezuelan equine encephalitis，VEE），3种病均属于WOAH必须上报的动物疫病）和西尼罗河马脑脊髓炎（West Nile equine encephalitis，WNE）。它们主要发生于南、北美洲，但是目前其发生范围在不断扩大。特别是最近有文献报道，另外两种原来只感染人的虫媒病毒圣路易斯脑炎病毒（Saint Louis encephalitis virus，SLEV）和拉克罗斯脑炎病毒（La Crosse encephalitis virus，LCEV）可能也会感染马。这些病毒均由昆虫传播，在美洲，虫媒病毒引起的脑炎大约占所有脑炎病例的10%，最高可达50%。

【病原】

EEE病毒、WEE病毒和VEE病毒均为披膜病毒科（*Togaviridae*）甲病毒属（*Alphavirus*）的成员。病毒粒子直径70nm，呈球形，有囊膜且其表面有纤突。基因组为线状单股正链RNA，大小为9.7~11.8kb。EEE病毒和WEE病毒可能来源于共同的祖先，因为两者的蛋白质同源性高达84%，交叉遗传研究表明WEE病毒是EEE病毒和辛德毕斯病毒的混合体。EEE病毒和WEE病毒各有一个血清型。VEE病毒则有7个血清型，且每种血清型还有不同的亚型及变异株；引起人和动物发病的主要是Ⅰ亚型和变异株A、B和C；而亚型ID、IE和IIIA只对人而不对马致病。此类病毒可在鸡胚、Vero和BHK-21等多种动物的组织细胞上生长，出现明显的细胞病变，并具有很高的病毒滴度。本病毒也能在蚊体及其细胞上增殖。WNE病毒属于黄病毒科、黄病毒属的成员，与日本乙型脑炎病毒在同一属，病毒粒子呈球形，有囊膜，直径40~60nm，病毒粒子呈二十面体对称。为单链正股RNA病毒。其培养特性与披膜病毒相似。

【流行病学】

人、马、其他家畜、野生动物、野禽及啮齿动物等均有易感性，病毒存在于患畜发病初期的血液和部分脏器及出现神经症状后的中枢神经系统中。蚊虫是人、畜之间及动物之间病毒传播的主要媒介，自然感染均由吸血昆虫传播，但VEE病毒也可经气溶胶途径传播。人和马是此类病毒的终末宿主。本病多发生于夏、秋蚊虫滋生季节，多呈散发或地方流行性。

【临床症状】

潜伏期1~3周。病初体温突然升至39.5~42℃，并出现嗜眠、垂头、转圈等神经症状。按疾病严重程度及病程经过不同，可分为嗜眠型、麻痹型、卒中型3种病型。也有部分病马呈狂暴型，表现狂奔、盲目撞击圈栏、墙壁、树木或跌倒，致使头部受伤甚至遍体鳞伤。

【病理变化】

本病没有肉眼可见的明显病理变化，主要是脑膜及脑组织的非化脓性炎症。

【诊断】

根据流行病学特点、临床典型神经症状及非化脓性脑炎病变，可做出初步诊断，确诊还须依靠病毒分离、鉴定和血清学检查。WOAH推荐使用RT-PCR和病毒分离培养方法对EEE、WEE、VEE的临床病例进行确诊。此外，药物中毒、霉菌毒素中毒、狂犬病、李氏杆菌病、日本乙型脑炎、俄罗斯马脑炎和马波那病等在症状上与本病也有类似之处，应注意鉴别。

【防控措施】

目前本病尚无特效疗法，主要采取对症治疗，加强护理。注射免疫血清和乌洛托品有一定疗效。由于病原种类分布不同，需有针对性地应用相应单价疫苗或多价疫苗做预防接种。夏、秋季应加强生物安全措施，做好防蚊灭虫工作，防止蚊虫对动物的叮咬。

(二)马波纳病(equine borna disease)

本病是由正波纳病毒引起的马的一种传染性脑脊髓炎，也称马地方流行性脑脊髓炎。本病于1894年在德国波纳地区严重流行故而得名。近年来，由于频繁举行国际赛马活动，马匹的流动和接触机会增多，扩大了流行区域，现已扩散至欧洲、非洲、亚洲及北美洲。

【病原】

哺乳动物1型正波纳病病毒(*Mammalian 1 orthobornavirus*)属于波纳病毒科(*Bornaviridae*)正波纳病毒属(*Orthobornavirus*)的成员。病毒颗粒呈球形，有囊膜，病毒粒子直径85~125nm。基因组为单链负股RNA，大小约8.9kb。病毒主要存在于中枢神经系统，其次是乳腺、唾液腺、鼻黏膜及肾脏。病毒在细胞核内复制，产生核内包涵体。病毒抵抗力较强。

【流行病学】

自然情况下病毒主要感染马，奶牛、绵羊、鸵鸟、兔、猫等也可感染，近年来发现本病毒可能会感染人类，因为从病人体内检测到本病毒及其抗体，但尚未将其认定为人兽共患病。病毒主要经呼吸道和消化道途径感染。本病一年四季均可发生，但5~6月发病最多。

【临床症状】

潜伏期4周以上。动物感染后临床表现差异较大，可以是亚临床感染而成为带毒者，也可以出现兴奋型或沉郁型临床症状。患畜突出表现为体温升高、食欲减退，随后出现黄疸、便秘，两前肢交叉站立，长时间垂头、沉郁，或摇摆、强制性转圈运动、反射性增强等神经症状。严重者全身痉挛，瞳孔散大，吞咽困难，颈项强直。濒死期卧地不起，四肢泳动。病程1~3周，患马病死率80%~100%，远高于羊50%的病死率。

【诊断】

目前本病的临床诊断仍较困难，主要依靠病原的分离与鉴定来确诊，也可进行家兔脑内接种试验。RT-PCR可直接检测结膜及鼻腔分泌物或唾液中的病毒；可用免疫组化试验检测脑组织中的病毒抗原，但需要已知阳性血清。

【防控措施】

本病毒感染后不产生保护性免疫应答，目前也尚无特异性治疗药物和疫苗可用，主要依靠做好生物安全措施、加强检疫、及时淘汰阳性马等办法来预防和控制。

(三)俄罗斯马脑脊髓炎(Russian equine encephalomyelitis)

本病是马属动物的一种急性传染病，其突出特征为中枢神经机能障碍、胃肠弛缓、血沉缓慢、黄疸、中毒性肝营养不良和轻度非化脓性脑炎等。19世纪俄罗斯已有本病发生，至1932年才明确其病原。由于本病主要发生于前苏联各地。我国新疆、四川、甘肃、内蒙古、吉林和黑龙江等省(自治区)虽曾有疑似本病的流行，但是都没有详细的研究资料和确诊依据。

【病原】

有关俄罗斯马脑脊髓炎病毒(*Russian equine encephalomyelitis virus*，REEV)的分类问题尚未见任何报道。病毒大小为80~130nm，在pH 4.5~8.5稳定。在前苏联共分离出45株以上的病毒，分成哈萨克斯坦型和莫斯科-沃龙涅什型。前者用猫分离成功，可感染猫而不感染大鼠、豚鼠、家兔及绵羊;后者用家兔分离成功,能感染猫、豚鼠、小鼠和鸡胚。本病毒与狂犬病病毒有密切的亲缘关系,并可在实验动物细胞中检出内基小体,但体积小、构造致密、无嗜碱性颗粒。病毒可在鸡胚、鸡胚成纤维细胞和肾细胞中增殖。本病毒对低温抵抗力强,在0℃能存活3~10个月,一般消毒剂均可将其杀死。

【流行病学】

马对本病易感性最高,驴、骡较少发病,多发于放牧马。人工接种可使绵羊、猫、兔、小鼠、豚鼠和犬感染。患病及带毒动物是主要传染源,大多通过吸血昆虫(如蚊、蜱)传播,病毒能在吸血昆虫体内增殖;也可经消化道传染。本病无明显季节性,但7~9月发生较多,冬、春季则为散发。常呈地方流行性和一定的周期性。

【临床症状】

本病潜伏期约1个月。病初呈现短期的体温升高,精神沉郁,常打哈欠,易劳、出汗、气喘、流涎、胃肠蠕动减弱,可视黏膜黄染,皮肤敏感性升高。1~2d出现神经症状,表现沉郁、衔草不嚼、磨牙、两肢交叉、转圈、视力障碍及皮肤反射减弱等。有的表现狂暴不安、攀登饲槽、盲目冲撞,常碰撞摔伤,后期倒地四肢泳动或肢体麻痹,反射消失。有的则兴奋、沉郁交替出现,全身症状也随之加重,结膜显著黄染,食欲明显减退或不食,口腔干燥,肠音衰弱或消失,排粪困难或便秘,粪干、尿少、色红黄。血液黏稠,血沉缓慢,15min血沉值(涅氏法)0~4mm。血清析出缓慢且颜色深黄。红、白细胞数均增多。血清胆红素显著增多,呈双相反应。血液中乳酸含量增多,总氮量增加,血清氮化物减少,产生氮血症和酸中毒。

【病理变化】

本病的特征病变为中毒性肝营养不良和轻度非化脓性脑炎。肝萎缩,被膜皱缩,质地柔软,呈暗红色或红褐色。肝小叶中心细胞坏死、崩解,周围肝细胞肿大、脂肪变性,肝细胞索紊乱。汇管区血管充血、胆管增生,周围有多量淋巴细胞、组织细胞和少量中性粒细胞浸润。软脑膜充血、出血、水肿,脑脊液增多,神经细胞肿大、胞质空泡化、细胞核浓缩或消失、神经胶质细胞呈轻度增生,形成卫星现象等。

【诊断】

(1)临床诊断　根据本病流行特点、症状及病变可以做出初步诊断。

(2)实验室诊断　确诊需要病毒的分离鉴定和血清学检测。病毒分离时,可采集病料人工接种猫、兔、豚鼠及小鼠等分离病毒。补体结合试验及中和试验可在患马康复后数月内检出特异性抗体。

(3)鉴别诊断　应注意将本病与流行性乙型脑炎、狂犬病、肉毒梭菌中毒等病的鉴别。

【防控措施】

目前本病尚无特效疗法和有效疫苗。预防和控制本病主要依靠做好生物安全等综合性防疫措施,防蚊、灭蜱。一旦发生疫情应及时确诊、隔离、对症治疗、合理处理死马。

六、非洲马瘟

非洲马瘟(African horse sickness)是马属动物的一种以发热、肺和皮下水肿及脏器广泛出血为特征的急性或亚急性、烈性传染病,其病原为非洲马瘟病毒。本病主要发生在非洲,近年来已扩散至中东和南亚等地,是WOAH规定必须上报的传染病之一。我国迄今虽无本病发生,但随着国际交往和各种马类比赛项目在我国的不断增多,本病传入的风险程度也不断增加,对此需引起人们高度警惕。

【病原】

非洲马瘟病毒(*African housee sickness virus*，AHSV)是呼肠孤病毒科(*Reoviridae*)环状病毒属(*Orbivirus*)的成员。病毒粒子直径70nm，无囊膜，基因组为双股RNA，有10个核酸片段。AHSV有9个已知血清型，其中1型与2型、3型与7型、5型与8型、6型与9型之间存在部分交叉反应，但与其他已知的环状病毒属成员之间无交叉反应。

【流行病学】

自然条件下只有马属动物对AHSV易感，幼驹的易感性最高，除此之外，斑马、犬、山羊、黄鼠狼、大象和骆驼等也可感染。病畜及带毒动物是本病的主要传染源。AHSV主要由吸血昆虫传播，尤其是库蠓属昆虫，因此具有明显的季节性。本病常呈流行性或地方流行性，传播迅速，来势凶猛，幼驹病死率可高达95%。

【临床症状】

潜伏期5~7d。根据临床表现可分为肺型(最急性型)、心型(亚急性型或水肿型)、肺心型(混合型或急性型)及发热型(温和型)。

(1)肺型 多呈急性经过，常见于流行初期或新疫区，主要表现迅速体温升高，可达40~42℃，极度呼吸困难，病程11~14d，病死率极高，仅有少数病例恢复。

(2)心型 多为亚急性经过，常见于免疫马匹或由弱毒株病毒感染的马匹，病程发展缓慢，主要表现为发热，头部、颈部和皮下水肿，常呈胸腹式呼吸。濒死期病马常见呼吸次数迅速增加、倒地横卧、肌肉震颤、出汗等表现。部分病例可康复。

(3)肺心型 表现出肺型和心型两种病型的各种症状，多为亚急性经过。

(4)发热型 是最温和的病型，病程较短，很快康复，很少死亡。

【病理变化】

肺型的病变为胸膜下、肺间质和胸淋巴结水肿，心包点状出血，胸腔积水；心型的病变主要为皮下和肌肉组织胶冻样水肿(常见于眼上窝、眼睑、颈部、肩部)，心包积液，心肌发炎，心外膜弥漫性出血，胃炎性出血；混合型的病变主要为肺脏和皮下水肿，胸膜和心包有渗出液，心脏出血。发热型的病变主要为眼球肿胀。

【诊断】

(1)临床诊断 根据本病的流行病学特点、典型症状及病变，可做出初步诊断。

(2)实验室诊断 确诊依靠病毒分离、鉴定、血清学检测和分子生物学诊断，WOAH推荐使用实时定量RT-PCR方法和病毒分离方法对临床病例进行确诊。补体结合试验及中和试验常用于血清学检测。补体结合抗体是群特异性的，具有较大诊断价值；中和试验主要用于鉴定病毒血清型，因为该抗体是型特异性的，且上升较慢，感染后1~2个月才能达到高峰，因此诊断价值受限。

(3)鉴别诊断 注意将本病与马传贫、马炭疽、马钩端螺旋体等病鉴别诊断。

【防控措施】

为预防和控制本病，无疫区严禁从染疫国家或地区输入马匹及其产品，必须进口时，应隔离观察2个月，其间进行1~2次补体结合抗体检测。发生可疑病例时，应及时确诊、封锁、隔离、扑杀。病、死马应深埋或焚烧，并彻底消毒。在疫区受威胁的马属动物可用疫苗预防接种。本病无特效疗法。

七、马病毒性动脉炎

马病毒性动脉炎(equine viral arteritis)又称马传染性动脉炎、流行性蜂窝组织炎，是由马α动脉炎病毒引起的马的一种急性传染病。主要表现为发热、白细胞减少、呼吸道和消化道黏膜卡他性炎症，并有结膜炎、眼睑水肿和四肢皮下水肿等症状，孕马流产，公马暂时性不育。组织学变化是肌肉小动脉内膜发生变性和坏死。本病多数为亚临床感染，最初于 1953 年从美国分离获得本病毒，1957 年证明本病是一独立的疾病。目前本病遍及世界各地，尤其是美国，仅 2006 年的一次暴发就席卷了堪萨斯等 6 个州。我国目前尚无本病的报道。

【病原】

马 α 动脉炎病毒(*Alphaarteri virus equid*)属于动脉炎病毒科(*Arteriviridae*)α 动脉炎病毒属(*Alphaarteri virus*)的成员。病毒粒子直径 50~70nm，有囊膜，表面纤突 3~5nm。基因组为单股线性正链 RNA，长度 12.7kb。病毒能在多种动物细胞系中增殖，产生细胞病变和蚀斑，最适细胞株为马皮肤细胞株 E. derm NBL-6。病毒对 0.5mg/mL 胰蛋白酶有抵抗力，在低温条件下极稳定。对乙醚、氯仿等脂溶剂敏感。56℃ 30min 使其灭活。虽然目前发现本病毒仅有一个血清型，但是基因分析表明南非驴源分离株与欧美分离株之间具有明显差异。

【流行病学】

自然条件下本病毒仅感染马属动物，纯种马、妊娠母马更易发病。病畜和带毒动物是主要传染源。病毒主要存在于分泌物、血液、精液、脾脏及流产胎儿组织中。康复动物可长期带毒、排毒。长期带毒种马可通过自然交配或人工授精方式散播病毒。病毒可经饲具、饲料、饲养人员直接或间接接触和飞沫传染，也能垂直传播。母马及幼驹人工接种病毒，可使 50% 的幼驹死亡，母马则发生流产。多发生于种马繁殖场，一般为散发，偶尔可表现为地方流行性。感染后一周内可产生保护性中和抗体，并可持续数年。因此，幼驹可从初乳获得母源抗体保护。

【临床症状】

患畜可表现为临床症状或亚临床症状，大多数自然感染者表现为亚临床症状。潜伏期一般 3~5d。病马厌食、精神沉郁、体温 39.5~41.5℃，并持续 5~9d。白细胞减少、流泪、有鼻汁、结膜炎、眼睑、四肢、腹下等部位水肿，步态僵直，共济失调，面部、颈部、臀部形成皮肤疹块。咳嗽，呼吸困难，全身衰竭，腹疼，腹泻，脱水。公马的阴囊和包皮水肿，40%~90% 孕马可发生流产，马驹和虚弱的母马会死亡。典型病例的病程为 7~14d，多数病例迅速恢复，白细胞恢复正常。流产发生在感染后的 10~30d，即临床发病期或恢复早期。病毒可突破胎盘屏障而感染胎儿，胎儿常在流产前已死亡。服重役的病马可继发细菌感染而引起咽炎、喉炎、肺炎、胸膜炎和肾炎等，致使病程延长，造成死亡。

【病理变化】

特征病变为小动脉内膜肌层发生变性、坏死、水肿和白细胞浸润。常见大叶性肺炎和胸膜渗出物，全身浆膜、黏膜、肺和中隔等都有点状出血，眼结膜、眼睑、下肢皮下组织、心、脾、肺、肾、孕马子宫、公畜阴囊和睾丸内均有出血及水肿。盲肠和结肠黏膜坏死。恢复期病马有广泛的全身性动脉炎和严重的肾小球肾炎。

【诊断】

(1)临床诊断　根据本病的流行病学特点、典型症状和特征病变，可以做出初步诊断。

(2)实验室诊断　确诊需要依靠实验室诊断，WOAH 推荐使用病毒分离、RT-PCR、补体结合试验和病毒中和试验对临床病例进行确诊。病毒分离可取病马体液、组织液或流产胎儿脾脏，严格无菌处理后接种于兔肾细胞系 RK-13，进行病毒培养和鉴定。可用 RT-PCR 检测精液中的病毒。检测抗体可用血清中和试验或血凝与血凝抑制试验。

（3）鉴别诊断　应注意本病与马传染性鼻肺炎、马流感和马副伤寒流产的区别。

【防控措施】

平时加强对马匹的口岸检疫，严防本病传入我国。一旦发现疑似病例，应尽快确诊，同时采取严格的隔离、消毒等综合性防控措施。阳性动物应立即扑杀、深埋或销毁。

目前，有两种商用疫苗可以使用。第一种是经马和兔细胞多次连续传代致弱后制成的弱毒疫苗，已经证实对种马和非孕母马安全有效，6周龄以内的幼驹和处于妊娠最后2个月的母马禁用。第二种是灭活佐剂疫苗，可用于繁殖用马和非繁殖用马，由于缺乏有效安全数据，目前不建议在怀孕母马中使用该疫苗。本病无特效疗法。

第二节　马属动物的细菌性传染病

一、流行性淋巴管炎

流行性淋巴管炎（epizootic lymphangitis）又称假性皮疽（pseudofarcy）或假鼻疽（pseudoglanders），由荚膜组织胞浆菌假皮疽变种引起马属动物的一种慢性传染病，以皮下淋巴管及其邻近的淋巴结发炎、肿胀和皮肤溃疡为特征。本病最早流行于非洲和欧洲地中海沿岸地区，以后蔓延于世界各地。目前流行最严重的是埃塞俄比亚，发病率仍高达19%。我国各地马群中都曾有发生，主要呈散发，有时呈地方流行性（东北、内蒙古及西南等地），患马病原检出率曾达83.5%。但是随着我国养殖模式和结构的改变，近20年来几乎未见任何有关本病的报道。

【病原】

荚膜组织胞浆菌假皮疽变种（*H. farciminosus* var. *farciminosum*）旧名假皮疽组织胞浆菌（*Histoplasma farciminosum*）、皮疽隐球菌（*Cryptococus farciminosum*）和皮疽酵母菌（*Saccharomyces farciminosum*），国内称其为流行性淋巴管炎囊球菌，归半知菌亚门丝孢菌纲丝孢菌目丛梗孢科的组织胞浆菌属（*Histoplasma*）。本菌形态为双相型，在体内以孢子繁殖为主，在环境中为腐生性的菌丝体（*Saprophytic mycelium*）。在病料中呈圆形、卵圆形或西瓜籽形，具有双层细胞膜的酵母样细胞，（2~3）μm×（3~5）μm，一端或两端尖锐。菌体胞质均质，半透明，多单个或2~3个菌体相连，有时菌体一端有芽状突起。人工培养基上呈相互交织的不规则菌丝体，直径2~9μm，有中隔，隔距10~20μm，菌丝末端有膨大的假分生孢子。

脓汁内的菌体不染色就可以看到，一般染液不易着色。革兰染色时，用丙酮短时脱色，则呈鲜明的阳性。脓汁标本用龙胆紫加温染色、姬姆萨染色或革兰染色检查时，可见菌体边缘着染明显、内膜淡染或不着色，小颗粒浓染。人工培养基上生长的菌体，一般染色液均可着色。

该菌为需氧菌，较难培养，生长缓慢，最适温度25~30℃，pH 5~9。常用培养基有1%葡萄糖甘露醇甘油琼脂、2%葡萄糖甘油琼脂及4%甘油葡萄糖肉汤。固体培养6~10d开始生长，30~40d最旺盛，形成淡黄褐色、不整形多皱襞隆起、蚕豆大菌落，初期湿润，后变干燥，呈爆米花状。液体培养6~13d开始生长，30d生长旺盛，形成较厚的多皱褶淡黄褐色菌膜，液体透明。

本菌对各种理化因素的抵抗力极强。日光直射5~6d仍存活；80℃加热20min才能将其杀死。5%苯酚、3%来苏儿、1%福尔马林和0.2%升汞，须1~5h才能将其杀死。

【流行病学】

自然条件下马、骡最易感，驴次之，骆驼、水牛、猪、犬及人也偶能感染。人工感染家兔和豚鼠可引起局部脓肿。

病畜是主要传染源，脓汁内含有大量病原菌，当病畜与健畜接触时可经损害的皮肤或黏膜而感染，也可经污染的垫草、泥土、粪肥、马具、饲槽、器械等感染。蝇、虻等昆虫也是本病的传播媒介。

本病无季节性，但在多雨、洪涝之后更多见，常发生于低凹潮湿地区。多为散发，一旦发生往往在短期内不易扑灭。皮肤、黏膜损伤、厩舍潮湿和马匹拥挤都是感染本病的诱因。

【临床症状】

潜伏期数周至数月，与病菌的毒力、感染次数和机体的抵抗力有关。

主要症状表现为皮肤、皮下组织及黏膜发生结节、溃疡和淋巴管索肿及念珠状结节。

(1)皮肤结节与溃疡　四肢、头部、颈部及胸侧等处皮肤和皮下组织常形成豌豆至鸡蛋大的结节。初期硬固，后渐化脓、变软、脱毛，最终脓肿破溃，流出黄白色黏稠脓汁而形成溃疡。初期溃疡底部凹陷，后期有肉芽组织赘生，呈蘑菇状凸出于周围的皮肤，溃疡不易愈合，痊愈后常遗留疤痕。

(2)黏膜结节与溃疡　黏膜病变多见于全身感染病例或原发性感染病灶，常在鼻腔、口唇、眼结膜及生殖器官黏膜等处有大小不等的黄白或灰白色圆形、椭圆形扁平结节，呈盘状突起，表面光滑干燥，边缘整齐。溃疡面深浅不等。鼻黏膜病变常导致少量黏液性鼻涕、同侧颌下淋巴结肿大，并可化脓、破溃。

(3)淋巴管索肿及念珠状结节　细菌可致淋巴管炎，淋巴管变粗、变硬似绳索状，肿大的淋巴管上有许多串珠状小结节，破溃后形成蘑菇状溃疡。患畜四肢多数淋巴管发炎时则皮下结缔组织明显增厚。病变面积小、全身症状轻时，皮肤结节破溃后易于愈合。若全身皮肤、皮下结缔组织及淋巴管形成较多而大的结节和溃疡并互相融合时，则溃疡面久难愈合，不断流出脓汁并蔓延扩大。当形成转移性脓肿时，则患畜体温升高，食欲减退，逐渐消瘦，常因继发感染其他细菌而迅速死亡。

【病理变化】

剖检可见皮肤和皮下组织有大小不等的化脓灶，局部淋巴管内充满脓性分泌物和纤维蛋白性凝块；单个结节由灰白色柔软的肉芽组织组成，散布微红色病灶；局部淋巴结肿大含有大小不等的化脓灶，陈旧者被结缔组织包裹。鼻黏膜表面有扁豆大的扁平突起、灰白色的小结节或边缘隆起的溃疡。有时在鼻窦、喉头及支气管黏膜也有类似病变。有些病例在肺脏和脑组织可见小化脓灶；四肢关节有浆液性脓性渗出物，周围组织有化脓灶。

【诊断】

(1)临床诊断　根据本病流行病学情况、典型临床症状和特征病变，可做出初步诊断。

(2)实验室诊断　确诊需进行实验室诊断。主要包括细菌学和变态反应诊断。细菌学检查时取患畜脓汁做适当稀释后直接镜检，或以10%氢氧化钾透明处理后制片镜检，可见圆或椭圆形双层荚膜酵母样细菌。必要时可做细菌分离，病料经青霉素、链霉素处理12h后进行病原分离，将典型菌落纯培养后接种家兔或豚鼠，观察有无脓肿形成。WOAH推荐使用细菌分离鉴定对临床病例进行确诊。

对细菌学检查阴性而临床上可疑的患畜，应进行变态反应检查。本法特异性强，检出率高达80%以上，并可检出潜伏期动物，具体操作可参考国家颁布的马流行性淋巴管炎检疫方法。

(3)鉴别诊断　临床上应注意将本病与鼻疽、溃疡性淋巴管炎和颗粒性皮炎(夏疮)相区别，主要依靠实验室诊断。鼻疽的病原为鼻疽杆菌，鼻疽菌素变态反应阳性而荚膜组织胞浆菌假皮疽变种菌素试验阴性。溃疡性淋巴管炎病原为伪结核棒状杆菌，荚膜组织胞浆菌假皮疽变种菌素试验阴性。颗粒性皮炎多发生于夏季，由携带寄生虫的蝇类叮螫马皮肤伤口而致病，不形成结节及淋巴管索肿。伤口呈颗粒性肉芽增生，周围变硬，但入冬后即能自愈。

【防控措施】

（1）预防　平时应加强饲养管理，增强马匹体质。做好马体和环境卫生，定期消毒。合理使役，消除各种致伤因素，发生外伤及时治疗。新进马匹应隔离检疫，注意体表有无异常，并按国家颁布的马流行性淋巴管炎检疫方法进行病原分离鉴定、ELISA 和皮内变态反应。本病常在地区的马匹可用灭活疫苗或活疫苗免疫接种；康复马可获得终身免疫。

（2）治疗　早期诊断、及时隔离治疗是控制本病的有效方法。对发病马匹及时隔离治疗，同厩马匹应详细检查，发现病马及时隔离。污染的厩舍、环境用 10% 热氢氧化钠溶液或 20% 的漂白粉溶液消毒，每 10~15 天 1 次。所有饲养及鞍挽用具等用 5% 甲醛溶液浸泡消毒。医疗器械应煮沸消毒。粪尿做发酵处理，深埋尸体。治愈马经体表消毒并隔离检疫 2 个月证明未再发病后方可混群。

治疗本病应采取手术与药物相结合方法。

①手术疗法：外科手术摘除结节、脓肿。当病变多，面积广，可分期分批摘除。术后创面涂擦 20% 碘酊，以后每天用 1% 高锰酸钾溶液冲洗，再涂 20% 碘酊，并覆盖灭菌纱布。不便手术摘除的病灶可用烙铁烧烙。

②药物疗法：取 4g 新砷凡纳明溶于 200mL 5% 葡萄糖盐水中，1 次静脉注射，3~4d 重复 1 次，4 次为一疗程；或取 1.2g 黄色素溶于 100mL 10% 葡萄糖溶液中，1 次静脉注射，3d 重复 1 次，共注射 4 次；或取盐酸土霉素 2~3g 溶于 50mL 5% 氯化镁溶液中，1 次涂布，每日 1 次，10 次为一疗程；或将上述剂量的盐酸土霉素溶于 5% 葡萄糖溶液中，做静脉注射。

二、马传染性子宫炎

马传染性子宫炎（contagious equine metritis）是由马生殖道泰勒菌引起的一种生殖道传染病，主要通过交配传播危害繁殖母马，以发生子宫颈炎、子宫内膜炎及阴道炎为特征，公马感染后无临床症状。

1975—1976 年首先在爱尔兰发现本病，以后相继见于法国、英国、澳大利亚、比利时、德国、意大利、丹麦、美国及日本等国家，对养马业危害较大。目前，上述国家大多已根除本病，但美、英两国在消除本病 20 多年后分别于 2008 年和 2009 年再次有散发病例出现。我国迄今尚无此病。

【病原】

马生殖道泰勒菌（*Taylorella equigenitalis*）是泰勒菌属（*Taylorella*）成员。1977 年分离出该菌，曾被命名为马生殖道嗜血杆菌（*Hemophilus equigenitalis*）。本菌为革兰阴性球杆菌，无芽孢和鞭毛，有荚膜，菌体大小为（0.5~2.0）μm×（0.5~0.7）μm，具有多型性，延长培养时间和增加代次后则呈丝状或链状。细菌 DNA 中 G+C 含量为 36.1%。该菌较难培养，在普通琼脂和普通肉汤培养基上几乎不生长。兼性厌氧，最适生长温度为 37℃。初次分离时常用加热处理的马血或羊血尤刚（Eugon）巧克力琼脂或胰蛋白胨巧克力琼脂培养基，并加入 TMP（1μg/mL）、克林霉素（5μg/mL）和两性霉素 B（5~15μg/mL）抑制杂菌生长。在含 5%~10% 二氧化碳的条件下发育良好。分离培养时最少需要 72h，如果未见菌落形成，建议连续培养 7d。马生殖泰勒菌在尤刚巧克力琼脂平板上形成直径 2~3mm、圆形、边缘整齐、灰色半透明、有光泽、露滴样菌落；在胰蛋白胨琼脂上形成细小、圆形隆起或扁平、灰色或褐色菌落；液体培养时则从上层开始混浊，并有沉淀。本菌无溶血性，不发酵糖类、不还原亚硝酸盐，可使培养基变为碱性（pH 8.0~8.6），对氧化酶、过氧化氢酶、细胞色素氧化酶及磷酸酶阳性。

本菌对理化因子的抵抗力不强，高温和一般消毒剂均可在短时间内将其杀灭。对青霉素、红霉素、卡那霉素、新霉素及多黏菌素 B 敏感，对磺胺类药物的敏感性较低。

【流行病学】

马对本病易感，驴可人工感染发病。患马和隐性感染马是传染源。主要通过交配传播，也可经污染物发生间接接触传染。本病主要发生于马匹的配种季节。

【临床症状】

潜伏期 2~14d。病马一般无全身症状，主要表现反复出现子宫颈炎和早期发情。发病后 1~2d 可见生殖道有渗出物排出，2~5d 达高峰。渗出物呈黏稠脓液，含有大量多核细胞、黏膜脱落细胞和崩解的细胞碎片。渗出物排出一般持续 13~18d，此时菌检往往呈阳性。患马发情时间缩短，间隔 13~18d 再次发情，但屡配不孕（患子宫内膜炎，黄体期缩短）。妊娠马较少感染，一般能正常分娩。但如患有严重子宫颈炎和子宫内膜炎可导致流产，产下的幼驹也可带菌。公马感染后无任何临床症状，也不产生抗体。

【病理变化】

剖检可见子宫体及阴道前庭有灰白色脓性渗出物，子宫黏膜充血水肿。组织学检查可见子宫黏膜上皮呈局部性增生，部分上皮细胞呈退行性变化。上皮常有一种形状不定的条形核白细胞层，基质内有以单核细胞为主的细胞浸润。

【诊断】

（1）临床诊断　根据流行病学特点及子宫内膜炎、子宫颈炎、阴道流出大量渗出物、屡配不孕等临床表现即可做出初步诊断；当公马在配种后使母马发病，也可怀疑患有本病。确诊需进行实验室检查。

（2）实验室检测　细菌学检查是确诊本病最可靠的方法。棉拭子采取公马包皮、尿道窝、尿道样品及母马子宫、子宫颈、尿道、阴蒂凹和阴蒂窦样品，一般每周采样 1 次，连续采 3 周。全部样品都未分离到病菌可判为阴性。血清学检测可用于感染母马的诊断，感染后的 3~7 周可以检出特异性抗体。目前，已报道的方法有凝集试验、抗球蛋白试验、补体结合试验、间接血凝、ELISA 和间接荧光抗体试验等。WOAH 推荐使用的方法有：细菌分离鉴定、间接荧光抗体试验、Real-time PCR、补体结合试验。

【防控措施】

（1）预防　目前尚无有效疫苗。加强检疫、早期诊断、及时隔离治疗或扑杀是防制本病的关键。人工授精也是控制本病的重要手段，授精时应对所用器械及配种人员的手彻底消毒。

（2）治疗　应局部治疗和全身治疗相结合。局部治疗可用洗必泰消毒生殖道，特别是阴蒂窝、阴蒂窦和尿道，再用氨苄青霉素、新霉素等溶液冲洗子宫。全身治疗可用青霉素类、新霉素等肌肉注射。治愈标准为细菌学检查转为阴性。

复习思考题

1. 马传染性贫血病毒有哪些生物学特征和致病特点？其病原学研究对医学有何意义？

2. 如何鉴别马传染性鼻肺炎、沙门菌性流产、马腺疫、马传染性支气管炎、马流行性感冒和病毒性动脉炎？

3. 马传染性胸膜肺炎的流行病学特点有哪些？

4. 马传染性脑脊髓炎包括哪几种病？其病原各有何特点？

5. 非洲马瘟的诊断方法有哪些？

6. 马病毒性动脉炎的典型症状和病变有哪些？

7. 流行性淋巴管炎的典型症状有哪些？

8. 如何预防和治疗马传染性子宫炎？

第七章

禽的传染病

本章学习导读：禽的病毒病种类很多，危害养禽业也是多方面的。总的来说，病毒性传染病多，传播快，流行面广，虽然大多数有疫苗预防，但许多疫苗的效果仍不够理想。诊断时，要注意各种传染病的相互鉴别（参见附录二），包括共患病中提到的多种传染病。在具体学习中可以做以下归类：

（1）引起肿瘤性传染病 马立克病、禽白血病、网状内皮组织增殖症，这3种传染病均可引起肿瘤，但也各有特点。学习时需注意鉴别诊断。

（2）引起免疫抑制的传染病 马立克病、传染性法氏囊病、鸡传染性贫血、禽白血病、网状内皮组织增殖症和禽呼肠孤病毒感染等。这些病原侵害淋巴细胞或单核巨噬细胞系统，引起免疫抑制，其结果造成鸡群抗病力明显降低，使机体对疫苗免疫应答能力受到严重影响。值得一提的是，临床上的病毒性感染，往往是多种病原混合或相继感染，远不止一种病原单纯感染。

（3）引起垂直传播的传染病 除上述引起免疫抑制性疾病中已有提及的鸡传染性贫血、禽白血病、网状内皮组织增殖症和禽呼肠孤病毒，禽脑脊髓炎、某些血清型的禽腺病毒，本章中禽慢性呼吸道病（鸡毒支原体感染）和共患病中的沙门菌病均可引起垂直传播。这类病，如果鸡种群受到污染，净化不力，作为垂直传播的后果，往往在鸡群中反映出较高的病原感染率。

（4）引起呼吸道疾病的病毒病 除本章中的鸡新城疫、传染性支气管炎、传染性喉气管炎、禽肺病毒和禽副黏病毒感染外，共患病中的禽流感，均能引起呼吸道疾病。需要指出的是，鸡新城疫强毒和高致病力禽流感病毒临床上主要是引起严重的全身性感染。呼吸道是一个开放的气体交流系统，多种病原混合感染也是很常见的现象。临床上需要注意不同疾病的异同点，建立鉴别诊断方法。

（5）引起产蛋下降的传染病 产蛋下降作为一种结果，而病因可能很复杂。许多病原感染后可以引起产蛋率下降，甚至导致蛋的品质不良。对产蛋量影响比较明显的病毒病有：新城疫、传染性支气管炎、传染性喉气管炎、禽脑脊髓炎、产蛋下降综合征，鸡毒支原体感染等。学习中需要比较其不同点，结合实验室检查，进行鉴别诊断。

（6）水禽的病毒病 介绍了4种，即鸭瘟、鸭病毒性肝炎、小鹅瘟、番鸭细小病毒病。均有效果可靠的疫苗预防。

（7）细菌病 在共患病中介绍了许多，在本章中只介绍了8种。其中，鸡毒支原体引起的慢性呼吸道病，它与其他病原体相互作用，受环境与饲养管理因素的影响。传染性鼻炎由副鸡禽杆菌引起的急性呼吸道传染病，以鼻腔和窦炎症及面部肿胀为特征。曲霉菌病主要是由烟曲霉引起的一种侵害肺和气囊的呼吸道传染病。鸭传染性浆膜炎是由鸭疫里氏杆菌引起水禽最重要的一种细菌性传染病，以心、肝和气囊的纤维素性炎症为特征。其他禽念珠菌病（也是一种真菌病）、禽螺旋体病和溃疡性肠炎较为少见。多病因呼吸道病则较为常见（在第四章猪的传染病中也有同样的问题），其病因有多种，一般以混合感染为主，其发病与否及严重程度和环境因素有密切关系。

第一节　禽的病毒性传染病

一、鸡新城疫

鸡新城疫（Newcastle disease，ND）又称亚洲鸡瘟或伪鸡瘟，是由新城疫病毒引起的一种高度接触性和高度致死性的急性败血性传染病。其主要特征为呼吸困难、下痢、神经紊乱、黏膜和浆膜出血、产蛋率严重下降。

本病于 1926 年首次发现于印度尼西亚的爪哇和英国的新城地区，经 Doyle 证明其病原是一种病毒，为了与早期的鸡瘟（真性鸡瘟或欧洲鸡瘟，即禽流感）相区别而命名为鸡新城疫或伪鸡瘟、亚洲鸡瘟。

我国于 1935 年首次报道鸡新城疫，近几十年来，随着养禽业集约化、工业化程度的提高，也为疾病的传播提供了有利条件，每年都有相当数量的新城疫病死鸡出现，同时和其他疫病发生并发和继发感染，导致疫情的复杂化和常在化，从而给养禽业带来了巨大的经济损失。

【病原】

新城疫病毒（*Newcastle disease virus*，NDV）为副黏病毒科（*Paramyxoviridae*）正禽腮腺炎病毒属（*Orthoavulavirus*）的成员，也称为禽腮腺炎病毒 1 型，旧称禽副黏病毒 1 型。病毒粒子呈多形性，大多数呈球形，直径 120~300nm，其核酸型是单股负链不分节段的 RNA，核衣壳呈螺旋对称，具有双层囊膜，表面有 12~15nm 长的纤突。基因组上依次排列着 *NP*、*P*、*M*、*F*、*HN* 和 *L* 基因，分别编码核衣壳蛋白（NP）、磷蛋白（P）、基质蛋白（M）、融合蛋白（F）、血凝素-神经氨酸酶（HN）和大分子蛋白（L）。其中，HN 蛋白和 F 蛋白位于病毒囊膜表面构成纤突，与 NDV 致病性和免疫保护性密切相关。尤其是血凝素的存在，使得 NDV 可结合于多种动物和禽类红细胞表面的受体上，并使之凝集，且这种凝集活性能被特异性的血凝抑制抗体所抑制，故常应用鸡的红细胞进行血凝（HA）和血凝抑制（HI）试验，用于本病毒的分离鉴定和检测。

在自然界存在病原性各不相同的 NDV，依据病毒对鸡胚平均致死时间（MDT）、1 日龄雏鸡脑内接种致病指数（ICPI）和 6 周龄鸡静脉接种致病指数（IVPI）的不同，可将其分为 3 型，即强毒型（velogenes），又称速发型；中毒型（mesogenic），又称中发型；弱毒型（lentogenic），又称缓发型。尽管研究表明 NDV 毒株间存在微小的抗原性差异，但目前仍认为只有 1 个血清型。随着近年来分子生物学技术的成熟，分子流行病学的深入研究推动了 NDV 基因组学的实质性进展。目前，根据基因组长度分为两个群。Ⅰ群全长 15 198nt，Ⅱ群根据 *F* 基因的序列差异特定的酶切图谱和融合蛋白可变区氨基酸残基的不同，可以分为 9 个基因型，其全长 15 186nt（早期基因型，Ⅰ~Ⅳ）或 15 192nt（晚期基因型，Ⅴ~Ⅸ）。在时间、地理、抗原或流行病学上相同的毒株往往属于一个基因型或基因亚型，在遗传进化树上形成一个特殊的系或分支，这对评估 NDV 的全球流行病学和局部传播有重要价值。自 20 世纪 90 年代以来，我国引起 ND 暴发流行的优势基因型是Ⅶ型。同时，也常有基因Ⅵ型、Ⅷ型和Ⅳ型引起散发流行。其中，基因Ⅵ型病毒在流行中出现的频率更高些，并且在不同的地区和不同的流行时段往往出现不同的基因型、甚至新的亚型。

NDV 能适应于鸡胚，在 9~11 日龄鸡胚绒毛尿囊膜或尿囊腔增殖。强毒株：30~72h 使鸡胚死亡；弱毒株：致死鸡胚的时间可延长至 5~7d，或不致死。死胚的肢端及头、颈部严重出血，尿囊液和羊水中含毒量最高且具有血凝活性。病毒也能适应多种细胞，常用鸡胚成纤维细胞进行病毒的分离与培养，不同毒株形成的蚀斑大小、透明度和红色程度不同，致病力越强，产生的蚀斑越大。小蚀斑虽然毒力最弱，但仍保持了良好的免疫原性，因此可利用蚀斑技术选育弱毒疫苗株。

NDV 对热敏感，100℃ 1min，56℃ 5~6min 即可破坏其感染性、血凝性和免疫原性。但在 4℃ 经几周、–20℃经十几个月、–70℃经几年仍能保持其感染力。对 pH 值有较大范围的稳定性，pH 2 以下或 pH 10 以上时感染性仍能保持几个小时；紫外线对 NDV 有破坏作用；所有去污剂均能有效地将其杀灭；稀释的甲醛可破坏其感染性，而对血凝性和免疫原性影响不大，故常用 0.1% ~ 0.2%甲醛作为其灭活剂。

【流行病学】

本病主要发生于鸡、鸽和火鸡，但自然发病的禽种增多已成为本病新特点之一。孔雀、珠鸡、雉鸡、鹌鹑、野鸡等野鸟和观赏鸟类对 NDV 均易感，鸭、鹅也可带毒而发病。哺乳动物对本病有较强的抵抗力，人偶尔可感染，特别是从事该研究的实验室工作人员和饲养人员，感染后出现结膜炎，有的患者可表现发热、寒颤、咽炎等流感样症状。

病鸡和带毒鸡是本病的主要传染源。但对鸟类也不可忽视。大约在感染后48h 或出现症状前24h，即可通过口鼻分泌物和粪便排出病毒，通常持续 2~3 周。但因感染病毒株的特性和感染状态不同，也可持续更长时间。此外，野禽(鸟)、外寄生虫、人、畜均可机械地传播病原。病毒主要是通过飞沫经呼吸道或通过病鸡的排泄物，分泌物所污染的饲料、饮水等经消化道传染。自然感染还可经眼结膜，也可经外伤及交配传染。但 NDV 不能经卵发生垂直传播，因为由病鸡所产的卵，在孵化的早期(4~5d)，胚胎即因感染而死亡，几乎不存在存活的可能性。本病一年四季均可发生，但以春、秋季较多。各种日龄均可发病，但高发期为 30~50 日龄。感染强毒株时，常造成地方性流行，病死率达 90%以上。但近年来，ND 的流行特点有所变化，非典型新城疫日渐增多，病理变化很不明显，发病率和病死率约 10% ~ 15%，高的也可达 80%。主要原因是在我国引起 ND 的优势流行株是基因Ⅶ亚型，而广泛使用的疫苗株是基因Ⅰ和Ⅱ型。当抗体水平下降或群体参差不齐时，会出现一定比例的死亡和症状。

【发病机理】

新城疫病毒经呼吸道或消化道，有时经眼结膜、受伤的皮肤和泄殖腔黏膜侵入机体后，先在侵入部位繁殖，然后迅速侵入血流扩散到全身而引起败血症。病毒在血液中损伤血管壁，造成毛细血管通透性增加引起全身性出血、水肿。在消化道首先引起急性卡他性炎，随即发展成为出血性坏死性炎症，导致临床上严重的消化紊乱和下痢。同时在呼吸道也主要发生急性卡他性炎和出血，使气管被渗出液堵塞或引起肺充血、出血而造成高度呼吸困难。

病毒在血液中维持高浓度约 4d，若宿主未死亡，则血液中病毒量显著减少，并有可能从内脏中消失。在慢性病例后期，病毒主要存在于中枢神经系统和骨髓中，引起非化脓性脑脊髓炎变化。对易感性低的禽类，病毒也主要侵害神经系统而引起临床上特征性的神经症状。

【临床症状】

潜伏期 3~5d。不同 NDV 毒株引起的疾病类型和严重程度变化较大，根据其临床表现和病程长短可分为最急性型、急性型、亚急性型或慢性型 4 型。

(1)最急性型 多见于流行初期和雏鸡。发病突然，常无任何特征性症状即死亡。

(2)急性型 发病突然，传播迅速。病初体温升高达 43~44℃，精神沉郁，食欲减退或废绝，垂头缩颈，鸡冠和肉髯发绀，病鸡有明显的呼吸困难、咳嗽和气喘，有时可见张口伸颈呼吸，发出"咯咯"的喉鸣音，嗉囊膨胀，内积多量酸臭液体，口流黏液。常见下痢，粪便稀薄呈浓绿色。病程 2~8d，病死率较高，在非免疫鸡群，常可达 90%以上。产蛋鸡产蛋突然下降或停止，并产软壳蛋、畸形蛋，病愈后，产蛋率很难恢复到原有水平。死亡高峰之后，鸡群中常出现有神经症状的病鸡，表现为头颈扭曲、角弓反张、腿麻痹和运动障碍等。

（3）亚急性型或慢性型 初期临床症状与急性型相似，不久即渐渐减轻。但鸡群很快出现神经症状，表现头颈向一侧或后扭转，腿或翅麻痹，跛行或站立不稳。受到刺激后，全身常发生阵发性痉挛或做转圈运动，经 1~2min 后又可恢复正常，如此反复发生，最终瘫痪或半瘫痪，一般经 2~3 周死亡。该型多发生于流行后期的成年鸡，病死率较低。

最近几年，在免疫鸡群，经常发生非典型新城疫，其症状因日龄不同而有程度上的差异。幼雏和育成鸡首先表现呼吸道症状，鸡群有明显的呼吸音，个别的呈现呼吸困难，不久即有以神经症状为主的病鸡出现。病鸡食欲减退、下痢，发病后 2~3d，病死率增加，大约在 7d 后开始下降。当鸡群好转后仍有神经症状的鸡出现，并可延续 1~2 周，病死率 15%~25%。成年鸡的症状较轻微，可表现呼吸道症状和神经症状，产蛋量明显下降，软壳蛋多，少数鸡发生死亡。有的成年鸡群发病后唯一的表现就是产蛋量突然下降，软壳蛋增多，经 2 周左右，产蛋量开始回升。

火鸡、鸽、鹌鹑，鸭及鹅等感染 NDV 后，常可引起发病并表现类似的症状。但若没有并发或继发感染时，病死率一般不高。

【病理变化】

本病以消化道出血性乃至坏死性病变为主要特征，以急性型表现最为典型。剖检可见，腺胃乳头明显出血，肌胃角质层下也常有出血；小肠有暗红色出血性病灶，肠壁有不同程度的坏死；盲肠扁桃体肿大、出血及坏死；泄殖腔也常有充血和出血。病程较长时，部分病例在肠壁上可见紫红色枣核样的肠道淋巴集结，剖开可见突出于黏膜的坏死灶、溃疡灶；同时，在鼻腔、喉头和气管内有浆液性卡他性渗出物；幼龄鸡多见有气囊肥厚，并覆有大量的渗出物，渗出物多由支原体及细菌性混合感染所致；产蛋鸡多见卵泡出血、坏死及破裂。

非典型新城疫：病理变化极不典型。腺胃出血不明显，见黏膜卡他性炎症，肠道淋巴集结的出血、坏死也不明显，相对突出的是直肠与泄殖腔黏膜的出血，而盲肠扁桃体的肿大、出血不甚明显，但一经发现则具有较高的诊断意义。另外，常可见到继发感染的病变，如气囊炎、肺充血等。

【诊断】

典型的新城疫根据其流行病学、症状和病理剖检变化可做出初步诊断。进一步确诊和非典型新城疫的诊断则须依赖于病毒的分离鉴定及血清学诊断。

（1）病毒分离鉴定 尽管 NDV 可在许多细胞系上生长，但通常多用鸡胚来分离病毒，最好是 SPF 鸡胚或无 ND 母源抗体的鸡胚。发病初期的病鸡可取其气管黏膜、脾脏和肺脏，后期的病鸡可取其脑和骨髓，经适当处理后，通过尿囊腔接种于 9~10 日龄鸡胚。一般接种后 48~72h 鸡胚死亡，若为弱毒 NDV 时，则胚胎死亡可延长到 72~120h。收集死胚的尿囊液和羊水，检查血凝活性，阴性者再盲传 2 代。对已检测有血凝活性的尿囊液，还必须应用已知的新城疫阳性血清进行血凝抑制试验，以作鉴定。另外，分子生物学方法可以取代烦琐的病毒分离法，设计通用的引物可用于检测，鉴别的引物可区分不同毒力的毒株（疫苗株或野毒株），进一步用酶切分析、裂解位点分析及序列测定等方法鉴定之。

（2）血清学试验 可应用 HA 和 HI、中和试验、荧光抗体试验及 ELISA 来进行 ND 的抗原或抗体检测。但在新城疫的诊断中，最常应用的还是 HA 和 HI 试验，尤其是免疫鸡群发生非典型新城疫时，更应进行抗体的检测。常可见鸡群的血凝抑制抗体效价参差不齐，相差很大，抗体水平低者可为 0，高者可达 1∶1 000 倍以上。

（3）鉴别诊断 新城疫在临床上易与禽流感、禽霍乱、传染性支气管炎和传染性喉气管炎等相混淆，一些中毒病也有类似变化，应注意区别。

①禽流感：症状和病变颇似新城疫，但毒株不同变化较大，不发生或偶发生神经症状，且常有头颈水肿症状；腺胃出血比新城疫更为明显，输卵管黏膜常有水肿、充血病变，管腔内有灰白色黏液样或脓性渗出物或有灰白色干酪样坏死物。腿部、鸡冠、肉髯等出血、发绀。但二者确切的鉴别仍依靠病原学和血清学试验，虽然两种病原体都能凝集鸡红细胞，但其血凝抑制抗体无交叉抑制作用，此有助于简单鉴别。

②禽霍乱：病程短于新城疫，也没有神经症状，其全身出血比新城疫更广泛，肝脏上有典型的坏死点，取病料涂片镜检，可见到典型的两极浓染的巴氏杆菌。

③鸡传染性支气管炎和传染性喉气管炎：呼吸道症状比新城疫明显，喉头和气管黏膜有出血性或黏液性分泌物，胃肠道无新城疫的特征性病变，肾脏常发生肿大，多尿酸盐沉积。

【防控措施】

认真贯彻落实传染病预防的通用原则，加强卫生管理和免疫接种，是预防鸡新城疫的关键所在。

(1)预防接种　通过疫苗接种，增强鸡的特异性抵抗力，以达到预防新城疫的目的。

①疫苗种类：目前使用的新城疫疫苗可分为两大类，即活疫苗和灭活疫苗。

活疫苗中有Ⅰ系苗(Mukteswar株)，为中发型活毒疫苗，即常说的中等毒力疫苗，由于其具有一定的毒力，故一般只用于60日龄以后的免疫，多采用注射的方法。目前，该疫苗在大多数国家已禁止使用，我国家禽及家禽产品出口基地已完全禁止使用Ⅰ系疫苗，其他地区也基本停止使用。其他活疫苗包括：Ⅱ系(HB_1)、Ⅲ系(F株)、Ⅳ系(Lasota株)、克隆-30(Clone-30)及V_4等。这些疫苗均为缓发型即弱毒疫苗，其安全性好，可适用于各种日龄的鸡，多用于鸡群的基础免疫，可用多种免疫方法进行，包括滴鼻、点眼、饮水、气雾及拌料(V_4株)。其优点是产生免疫力快，可用于安全地区及大型养鸡场。其中，V_4弱毒疫苗具有耐热和嗜肠道黏膜的特点，适用于热带、亚热带地区使用。

灭活疫苗常用的是Ⅳ系和克隆-30经灭活后制成的油乳剂苗。它具有使用安全、产生免疫力坚强而持久，但免疫力产生的时间较慢。研究和生产应用都表明，灭活疫苗和活疫苗的联合应用是控制新城疫发生的较好措施，尤其是产蛋鸡开产前，一次油乳苗注射可维持鸡群的HI抗体效价一直处于保护水平之上(平均≥1∶128)。

②免疫方法：ND的免疫接种可通过滴鼻、点眼、刺种、注射、气雾及饮水等多种方式实施，即使同一种疫苗，不同的免疫方法产生的免疫效果也是有差别的。因此，采用何种免疫途径，应根据疫苗的种类、鸡群的免疫状况、日龄、计划及生产条件等因素来确定。

雏鸡常用滴鼻、点眼的方式进行免疫接种，不但效果好，还增加了局部的黏膜免疫力，减少了呼吸道感染。设备较好的规模化养鸡场多用饮水免疫，可相对节省人力，减少抓鸡产生的应激，但不如注射产生的免疫力均衡。所以，饮水法经常用于鸡群的基础免疫。气雾免疫也是一种较常用的免疫方式，免疫效果比较确实。为防止诱发慢性呼吸道病，可于疫苗中加入链霉素、红霉素等抗生素。灭活疫苗则采用皮下或肌肉注射的方式。

③免疫程序：现代养鸡生产中，制订、实施合理有效的免疫程序是控制传染病的重要措施和策略。为了保证鸡群在整个生产期内保持高水平的抗体，即良好的免疫力，不同的生产类型，其免疫程序不尽一致。程序的确定要依据免疫效果而定，并根据监测结果加以修正和补充。

a. 首免日龄：由于雏鸡存在被动免疫力即母源抗体，在大约2周内对NDV感染具有抵抗力(半衰期4.5d左右)，此时也会干扰主动免疫。因此，主动免疫既要避开母源抗体的高峰期，又不能迟于母源抗体低于保护的临界值（一般认为为 $1:2^4$）。所以，要用血凝抑制试验监测 1 日龄雏鸡母源抗体，再推算出合适的首免日龄。

$$首免日龄 = 4.5×（1 日龄 HI 滴度-4）+5$$

式中，4.5 为母源抗体的半衰期，抗体的滴度用对数值表示，如母源抗体为 $1:2^4$ 的雏鸡，其首免日龄则为 5 日龄。

b. 参考免疫程序：由于新城疫的发生的复杂性，制订免疫程序时要考虑多种影响因素，如鸡只的免疫状况、生产类型、新城疫的流行情况及疫苗种类、使用方法等。

蛋鸡和种鸡：7~10 日龄首免，可用Ⅳ系、Ⅱ系或克隆-30 弱毒疫苗滴鼻点眼；二免在 25~30 日龄时进行，疫苗及使用方法同首免；三免在 60 日龄时进行，可用Ⅳ系或克隆-30 弱毒疫苗倍量饮水；四免在 110~120 日龄时进行，应用新城疫灭活油乳剂苗肌肉注射，同时应用Ⅳ系或克隆-30 弱毒疫苗 2~3 倍量饮水。

商品肉鸡：7~10 日龄首免，用Ⅱ系、Ⅳ系或克隆-30 弱毒疫苗滴鼻、点眼；25~30 日龄二免，用Ⅳ系倍量饮水。或在 7~10 日龄内用Ⅳ系、Ⅱ系或克隆-30 弱毒疫苗和灭活油乳苗同时应用，可维持至出栏。

（2）免疫监测 接种新城疫疫苗后，应定期对鸡群的 HI 抗体进行监测，以了解疫苗的免疫效果。同时，可掌握鸡群的免疫状态，为下一次免疫选择合适的免疫时机。

监测时间的选择一般在弱毒疫苗接种后 14~20d，灭活疫苗接种后 30d，随机采样，抽检鸡数为 0.5% 左右，鸡群大时可占 0.1%~0.5%，鸡群小时为 2%~5%。

一般Ⅱ系、Ⅳ系、克隆-30 免疫后的 HI 效价在 2^4~2^7；灭活油乳剂苗的平均 HI 效价大于 2^8。对于雏鸡和蛋鸡，当 HI 价低于 2^4 时，即应进行免疫；对于种鸡群，当 HI 价低于 2^6 时，则应进行加强免疫。

平时要加强生物安全体系建设，防止强毒的入侵。鸡群一旦发生新城疫，应及时采取隔离封锁、扑杀销毁感染病鸡及受威胁鸡群，在 24h 内上报疫情。假定健康鸡群进行紧急性免疫接种，防止疫情扩大蔓延。

二、鸡传染性支气管炎

鸡传染性支气管炎（infectious broncheitis，IB）是由传染性支气管炎病毒引起的鸡的一种急性、高度接触性的呼吸道和生殖道传染病，其特征为气管啰音、咳嗽和打喷嚏。在产蛋鸡群通常发生产蛋下降和蛋的品质下降，造成较大的经济损失。

本病对养鸡业危害很大。雏鸡感染可导致严重的呼吸道病变，病死率可高达 75% 以上，输卵管可能发生永久性损害，导致鸡在性成熟时不能产蛋或产畸形蛋；产蛋鸡虽然病死率低，但可使产蛋量下降 25%，种蛋孵化率下降 70% 以上；由于鸡群感染期间 IBV 的干扰作用还可严重影响 ND 疫苗的免疫效果，导致 ND 免疫失败；并可继发感染其他呼吸道病。

本病最早在 1930 年发生于美国，目前已遍及世界各国。我国最早于 1972 年由邝荣禄等报道在广东发现本病，随后在全国各地相继报道发生，目前本病已是危害我国养禽业发展的主要疫病之一。

【病原】

传染性支气管炎病毒（*Infectious bronchitis virus*，IBV）属冠状病毒科（*Coronaviridae*）丙型冠状病毒属（*Gmammacoronavirus*）。病毒多呈球形，直径 80~120nm，有囊膜，囊膜上有约 20nm 的棒状纤突。IBV 基因组为单股正链 RNA，长为 27.6kb，在胞质中复制。病毒主要有 4 种结构蛋白，即纤突蛋白(S)，膜蛋白(M)、核衣壳蛋白(N)和小膜蛋白(E)。S蛋白由两种糖多肽S1和S2构成，是冠状病毒属变异性最大的蛋白，在病毒入侵时能与细胞膜特异性受体融合。S1糖多肽可诱导病毒中和抗体和型特异性抗体，含有决定血清型特异性抗原决定簇。M蛋白为跨膜蛋白，仅有10%暴露于病毒外表面，在病毒的装配、出芽和成熟过程中发挥重要作用。N蛋白缠绕于RNA基因组形成核糖核蛋白复合体，能够促进病毒基因组的包装和病毒粒子合成，具有较强的免疫原性。小膜蛋白以很少量结合于囊膜上，参与病毒RNA的合成，与病毒粒子形成有关，具有免疫原性，可激活细胞毒性T淋巴细胞和T辅助细胞。

IBV分类和鉴别方法很多，常通过血清型和基因型来划分。近年来采用S1基因分型方法，S1基因序列差异越大，保护程度也相应越低。血清型与基因型之间的相关性并不高，因此可能出现同一S1基因型的毒株，但分属于不同的血清型。目前，我国流行的IBV毒株众多，有Massachusetts型、D41型、Holte型、T型和Ark型等。根据IBV对组织的亲嗜性及其临床表现，可分为呼吸型、肾型、肠型和肌肉型等。基因组核酸在复制过程中容易突变和高频重组，导致新血清型及变异株的出现。根据S1糖多肽的不同，现已发现的IBV血清型超过了30种。不同血清型毒株的S1糖多肽氨基酸序列的差异为20%~25%，个别达到48%。各血清型间没有或仅有部分交互免疫作用。目前，所用的疫苗都是Massachusetts型的H120或H52单一毒株。要有效防控IBV，必须确定当地流行的血清型，选择保护率高的疫苗。

病毒主要存在于病鸡呼吸道渗出物中，肝、脾、血液、肾和法氏囊中也能发现病毒，病毒在肾和法氏囊内停留的时间可能比在肺和气管中还要长。某些IBV毒株对鸡红细胞无凝集作用，但经1%胰酶或磷脂酶C处理后则具有血凝性，并可被特异性血清所抑制。

IBV能在鸡胚中繁殖。将病料经尿囊腔接种于9~11日龄鸡胚，接种后2~7d内死亡胚被认为是病毒特异性致死，这些胚体可见发育矮小、蜷缩、僵硬，呈特征性的"侏儒胚"，鸡胚肾脏有尿酸盐沉积，羊膜、尿囊膜增厚，卵黄囊缩小，尿囊液增多。IBV也可在鸡胚多种组织培养物中增殖，以鸡胚肾细胞最常用，但气管环组织培养(TOC)是病毒分离、鉴定及血清分型的最有效方法。

大多数IBV毒株经50℃ 15min和45℃ 90min可被灭活，但-30℃可保存多年。不同毒株对pH 3的稳定性不同，而对20%乙醚、5%氯仿和0.1%去氧胆酸钠敏感。病毒对外界不良条件的抵抗力较弱，对普通消毒剂敏感。

【流行病学】

本病自然感染仅发生于鸡，其他家禽不感染。各种年龄的鸡都易感染，但以6周龄以下的雏鸡发病最为严重。肾型多发生于20~50日龄幼鸡，腺胃型多发生于20~80日龄的鸡群。

本病传染源为病鸡和带毒鸡，病毒可由分泌物、排泄物排出，康复鸡排毒可达5周之久。主要传播途径是病鸡从呼吸道排出病毒，经飞沫传播给易感鸡。另外，也可通过被病毒污染的饲料、饮水、用具、垫料等经消化道感染。一般认为本病不能经垂直传播。

本病潜伏期短，呈高度传染性，一旦在一个易感鸡群中发生，传播迅速，在2d内可能全部发病。发病率和病死率与毒株毒力和环境因素相关。各种应激因素均可促使本病发生或使病情加重。鸡舍卫生条件不良、过热、寒冷、过分拥挤及营养缺乏等均可促进本病发生。本病一年四季均可发生，但以冬、春季较严重。

【发病机理】

IBV经呼吸上皮感染禽类，由病毒表面的S蛋白介导病毒结合到细胞表面。IBV在Vero细胞和鸡胚肾细胞中以α2,3结合的唾液酸作为受体决定簇。分析不同IBV毒株感染TOC与唾液酸结合活性表明，鸡TOC中α2,3结合的唾液酸充当受体决定簇，IBV感染TOC导致纤毛停滞。当用

一种特殊的 α2,3 神经氨酸酶预处理 TOC 时，观测到抑制纤毛停滞。分析气管上皮与外源凝集素的反应性显示，上皮易感细胞大量的表达 α2,3 结合的唾液酸，α2,3 结合的唾液酸在 IBV 感染呼吸道上皮中有重要作用。

【临床症状】

自然感染潜伏期 36h 或更长一些，有母源抗体的雏鸡潜伏期可达 6d 以上。临床病型较复杂，主要表现为呼吸型、肾型和腺胃型。

（1）呼吸型　查觉不到前驱症状，鸡群突然出现有呼吸道症状的病鸡，并迅速蔓延，病鸡有气管啰音、咳嗽、喷嚏、张口呼吸，叫声特别，夜里听得更清楚，眼鼻肿胀，精神沉郁，羽毛松乱，减食，昏睡，挤堆。病鸡气管及支气管的渗出液或渗出物可致窒息死亡。

2 周龄以内雏鸡多表现流鼻汁，流眼泪，鼻窦肿胀，日龄较大鸡的突出症状是气管啰音，喘息，如观察不仔细可能不易发现。

雏鸡感染本病后有部分鸡输卵管发生永久变性，到性成熟时不产蛋或产畸形蛋，因而感染本病的鸡不能留作种用。

产蛋鸡呼吸道症状较轻微，主要表现产蛋量下降，产软壳蛋、粗壳和畸形蛋，蛋质低劣，蛋清稀薄如水，蛋清与蛋黄分离，种蛋的孵化率也降低。

（2）肾型　感染本病鸡只先出现轻微的呼吸道症状，接着则出现严重的肾损害。病鸡表现精神沉郁，羽毛松乱，减食，渴欲增加，排出大量白石灰质样粪便，严重脱水，面部及全身皮肤变暗，特别是胸部肌肉发绀，腿胫部干瘪，鸡冠变暗。

本病病程 1~2 周，发病率高，病死率常随感染日龄、病毒毒力大小和饲养管理条件而不同，通常为 10%~45%。

（3）腺胃型　腺胃型传染性支气管炎传播慢，病程长，病死率高，多发生于 20~80 日龄的鸡群。发病初期，病鸡精神不振，采食减少，排白色或浅绿色稀粪，眼肿、羞明流泪，有咳嗽，打喷嚏等呼吸道症状，重者精神高度沉郁，羽毛逆立，闭眼奄翅，呼吸困难。中期，病鸡羽毛蓬乱，极度消瘦，衰竭死亡。发病后期，病鸡逐渐康复，但体型明显变小，整个鸡群类似不同日龄的鸡混养在一起，大小差异很大。整个病程 10~25d，康复鸡后期生产性能明显降低，蛋鸡产蛋率降低，料蛋比高，肉鸡增重缓慢，料重比高，对其他疾病的抵抗力明显降低。

【病理变化】

本病的病变主要表现在上呼吸道、气囊、生殖系统和泌尿系统。

（1）呼吸型　在发病早期，气管、支气管、鼻腔和窦内有浆液性及黏液性渗出物，后期则形成干酪样渗出物。气囊可能混浊或含有干酪样渗出物。产蛋母鸡卵泡充血、出血或变形，输卵管漏斗部和容纳部会产生病变。

（2）肾型　侵害肾脏的毒株致病时，呼吸道病变较轻，但可致肾脏肿大、苍白，肾小管常充满白色尿酸盐结晶，整个肾脏表面有石灰样物质弥散沉着，呈花斑肾。严重者输尿管增粗，管内有白色凝固物。

（3）腺胃型　病鸡尸体极度消瘦，个体比健康鸡明显矮小，发病前期病鸡气管内有黏液，充血、出血。腺胃肿胀，腺胃乳头水肿。发病后期，气管病变不甚明显，腺胃明显肿大像乒乓球状，腺胃乳头有的肿胀，有的开始破溃，有的已经破溃，破溃的乳头部位形成凹陷的溃疡，周边出血，肠道黏膜有不同程度的炎症、出血及充血。自然发病时有 10% 的病鸡肾脏轻度肿大、充血，人工感染鸡有 20% 的病鸡出现肾脏轻度肿胀现象。部分可见胰腺、胸腺和法氏囊萎缩。其他器官的肉眼病变不明显。

【诊断】

根据流行病学、临床症状及病理变化可做出初步诊断。确诊则需进行病毒分离和易感动物接种或血清学方法。

(1)病毒分离鉴定　无菌采取病料(气管、肾脏等)制成悬浮液,经青霉素与链霉素处理后,通过尿囊腔接种于9~10日龄鸡胚,0.2mL/枚,一部分胚于接种后36~48h收获尿囊液,并盲传于9~10日龄鸡胚;另一部分鸡胚则至少孵化至17日龄或至死亡,以观察胚体变化。如有病毒存在,经3~5次继代后,于接种后3~7d即可见到胚体明显矮小、蜷缩、绒毛黏成棒状、羊膜紧贴胚体、卵黄囊缩小、尿囊液增多等特征性变化。

也可用鸡胚气管环组织进行分离培养,即取20日龄鸡胚,无菌采取气管,沿气管环状软骨剪成环状,加入营养液进行培养后,可观察到气管纤毛的运动,再接种可疑病料,若有病毒存在,则接种后3~4d即可见纤毛运动停止。取上述尿囊液或气管环培养物,用血凝试验检测无血凝性,但经1%胰蛋白酶处理后,则可呈现血凝性。单抗或多抗制备的荧光抗体试验和免疫酶技术及RT-PCR方法均可用于分离物的鉴定。

取上述鸡胚尿囊液或气管环培养液,经气管或滴眼接种给易感雏鸡(每只雏鸡0.2mL),如为本病,接种后18~36h则会出现气管啰音、咳嗽、摇头等呼吸道症状,继而出现肾损害。

(2)干扰试验　IBV于鸡胚内可干扰新城疫病毒B1株(即Ⅱ系)产生血凝素,这可作为IBV鉴定的一种手段,利用IBV对新城疫B1毒株的干扰现象作为传染性支气管炎的一种诊断方法,具有特异性强、敏感性高、操作简便等优点。

(3)血清学试验　琼脂扩散试验、中和试验、血凝抑制试验、荧光抗体试验和ELISA等,均可用于本病的诊断。目前,用于诊断此病的最佳方法是中和试验,但中和试验程序比较复杂,而且必须具备各种血清型的IBV标准阳性血清,一般实验室难以进行。群特异性方法中,HI抗原的稳定性差,而ELISA有商品试剂盒,故应用最广泛。

(4)分子生物学试验　根据IBV的保守区段设计引物,可以通过RT-PCR、巢式PCR、荧光定量PCR及RT-LAMP等方法高效特异快速地检出IBV特定的基因。

(5)鉴别诊断　本病在诊断上应注意与新城疫、传染性喉气管炎及传染性鼻炎等疾病相区别。新城疫一般比传染性支气管炎严重,新城疫强毒可引起神经症状,具有新城疫特征性内脏病变且病死率很高,并且新城疫所致产蛋下降幅度比传染性支气管炎更大。传染性喉气管炎则可出现出血性气管炎,咳血痰,呼吸道症状更严重,病死率高,雏鸡发生少并且传播比传染性支气管炎慢。传染性鼻炎病鸡常见面部肿胀,而IB很少见到这种症状。产蛋下降综合征也可致产蛋量下降及蛋壳质量问题,但不影响鸡蛋内部质量。在临床区分确有困难时需用病原分离鉴定和抗体检测来区别。

某些毒素中毒也可引起肾苍白肿大;磺胺类药物中毒可见到同样的肾苍白、肿大及尿酸盐沉积;维生素A缺乏症后期发生的泌尿系统的症状与本病有些相似。但是,上述这些疾病中无论哪一种都不会引起很有特征性的输尿管肿大,呈油灰样。禽霍乱、败血性鸡白痢和伤寒在成年鸡可引起类似的肾病变,但可以从细菌学检查进行鉴别。由于缺水而引起的组织脱水,肌肉变暗和肾的病变与本病相似,但原因容易查明。

肾型传染性支气管炎的发生除病毒感染外,尚与下列诱因密切相关:①饲料中粗蛋白含量过高;②饲料中钙含量过高或钙磷比例失调;③维生素A缺乏,肾小管、输尿管等黏膜角化脱落,使鸡对本病易感或病情加重;④应激因素;⑤致肾损害的药物(如磺胺类药物)用量过多。另外,食盐在日粮中过量也是促使本病发生的一个因素。

【防控措施】

（1）饲养管理和卫生措施　理想的管理方法包括严格隔离、清洗和消毒鸡舍后再进鸡。做好雏鸡饲养管理，鸡舍注意通风换气，防止过于拥挤，注意保温。在雏鸡日粮中适当补充维生素和矿物质，或添加提高雏鸡抗病力和免疫力的中草药，并严格执行隔离、检疫、消毒等卫生防疫措施。

（2）免疫接种　目前，国内外已有多种 IBV 弱毒疫苗，是由各个血清型的 IBV 强毒致弱而成，但应用较为广泛的是属于 Massachusetts 血清型的 H52 和 H120 毒株。其中，H120 可用于雏鸡，多适用首免，H52 则用于基础免疫过的鸡群。疫苗接种用滴鼻或点眼较为合适。可于 7 日龄左右进行一免，二免于 3~4 周龄进行，以后每 2~3 个月免疫 1 次，在 IB 流行严重地区，一免可在 1 日龄进行。蛋鸡或种鸡群在开产前接种 1 次 IB 油乳剂灭活疫苗。鸡新城疫与 IB 的二联疫苗由于使用上较为方便，故应用者也较多。

目前，肾型传染性支气管炎所用疫苗主要有灭活疫苗和弱毒疫苗两类。灭活疫苗是用当地相应血清型的病毒株灭活而制成的油乳剂灭活疫苗，一般在 10 日龄左右免疫接种，剂量为 0.5mL/只，可有效地控制本病的流行。弱毒疫苗是用肾型传染性支气管炎的强毒株致弱而成的肾型传染性支气管炎弱毒疫苗，随 H120、H52 疫苗一同应用，对本病有较好的预防效果。

目前，腺胃型传染性支气管炎尚无有效的疫苗。由于疫苗毒可能与野毒重组产生新的血清型致病毒株，因此对新出现的 IB 变异株防控以使用自家灭活的疫苗为宜。

到目前为止，IB 尚无有效的治疗药物，但发病鸡群可用止咳化痰、平喘药物对症治疗，同时配合抗生素或其他抗菌药物控制继发感染。另外，改善饲养管理条件，可降低 IB 所造成的经济损失。

肾型传染性支气管炎在治疗时要使用强心、利尿、解毒及消除尿酸盐沉积的一些药物和制剂饮水，有利于减轻临床症状及死亡。同时要注意改善饲料，降低饲料粗蛋白含量，尤其是肉粉及鱼粉的含量，或用豆粉代替鱼粉，也有良好作用。

三、鸡传染性喉气管炎

鸡传染性喉气管炎（infectious laryngotrcheitis，ILT）是由传染性喉气管炎病毒引起的鸡的一种急性接触性呼吸道传染病。其典型临床表现为呼吸困难，感染鸡伸颈呼吸，并产生高的吸气鼻音；继而出现甩头或间歇式咳嗽，咳出带有黏液或血液的分泌物。病变主要发生在喉头和气管部分，受侵害的喉和气管黏膜糜烂和出血，有伪膜和干酪样栓子形成，常使病鸡窒息死亡。

本病在 1925 年由 May 氏等首先发现于美国后，相继在日本、澳大利亚和英国等十几个国家发生。目前，世界各地均有发生，感染率可高达 90%，但病死率一般在 20% 左右，偶尔也有病死率高达 70% 的报道，曾一度给世界养鸡国家造成巨大经济损失，是危害鸡的主要传染病之一。

【病原】

鸡传染性喉气管炎病毒（*Infectious laryngotrcheitis virus*，ILTV）属于疱疹病毒科（*Herpesviridae*）α 型疱疹病毒亚科（*Alphaherpesvirinae*），是一种二十面体对称的双链 DNA 病毒，病毒粒子直径 80~100nm，核衣壳为二十面体对称并由 162 个长形空心的壳粒组成。在核衣壳的外周围绕着不规则的囊膜，囊膜表面在分界膜上有纤突。

鸡传染性喉气管炎病毒易在鸡胚中繁殖。鸡胚感染后，胚体变小，尿囊绒毛膜组织增生并产生坏死灶，使鸡胚尿囊绒毛膜形成混浊不透明的斑块病灶（痘斑）。但病毒不能在鸡胚成纤维细胞培养物中增殖，只能在鸡肾、鸡胚肝、鸡胚皮肤等细胞中生长，并可在这些细胞中形成核内包涵体。

目前，从世界各地所分离到的ILTV毒株，只有一个血清型，用标准特异性抗血清所进行的病毒中和试验和免疫荧光试验证明，所有分离毒株似乎具有广泛的抗原相似性，但不同毒株中有微小的抗原变异，不同毒株的毒力差异极大，在同一地区可能会同时存在毒力差异很大的毒株，这对本病的防制和根除带来了很大困难。目前，用以区别野毒株和疫苗毒株的生物学方法是测定鸡胚的致死率指数。

ILTV对脂溶剂、热以及各种消毒剂均敏感。病毒经乙醚处理24h后，即失去了传染性；在55℃ 10~15min即可灭活。但在冻干或$-60\sim-20$℃条件下病毒却能长期存活，其冻干制剂在冰箱中可保存活力达10年之久。本病毒对阳光及消毒药的抵抗力很弱，在3%克辽林或1%氢氧化钠溶液中不到1min即被杀灭。

【流行病学】

鸡是ILTV的唯一宿主，虽然其他禽种有时也偶尔通过与鸡接触而感染，但还没有发现作为ILTV的贮存宿主，所有日龄鸡易感，但在最初接触ILTV时，年龄大的鸡群表现更加严重。本病毒在火鸡、鸭、家鸽、麻雀、欧椋鸟和鹌鹑等体内不能繁殖；乌鸦、野鸽和珠鸡等禽类对ILTV有抵抗力；它也不能感染兔、豚鼠、小鼠等实验动物。

本病的传染源主要是病鸡和带毒鸡。自然情况下主要是由于健康鸡与带毒鸡接触（即飞沫传播）而传染。病毒存在于病鸡的呼吸道和气管分泌物中，通过咳出的黏液和血液而污染周围环境。虽然康复鸡自身可获得免疫，但它们可以成为潜伏带毒者（占2%）。ILTV主要潜伏于这些鸡的三叉神经节，带毒的时间可达2年。当受到应激时，这些潜伏的病毒可以复活，大量复制和排毒。接种过本病强毒疫苗的鸡，能够在较长时间内散播病毒，成为传染源。自然感染本病的主要途径是呼吸道和眼结膜。污染的饲料、饮水、垫草、用具及设备和其他一些污染物都可机械带毒传播本病。野生飞禽（如麻雀、乌鸦等）也可以间接传播本病。

本病多见于秋、冬季，常呈流行性或暴发性发生。特别是5~12月龄的鸡更容易感染，本病的病死率为5%~70%，平均为10%~20%。另有一种呈地方性流行的轻微型ILT，其发病率低或不定，病死率也极低，仅有0.1%~2%。鸡舍（笼）狭小、鸡群过于拥挤、通风不良、潮湿、闷热、卫生不好、缺乏运动、饲养管理不当、饲料骤变、维生素A缺乏、寄生虫感染及疫苗接种等，都是引起本病发生与传播的诱因，并能增加病鸡的病死率。

【临床症状】

本病的潜伏期6~12d，长的可达24d。其典型临床症状是咳嗽和气喘、呼吸困难、伸颈呼吸、流涕和湿性啰音，典型的病变是出血性气管炎。一般可分为3种类型：即最急性型、亚急性型和慢性型。

（1）最急性型　也称出血型。这一型在临床上常突然发病，并在几天内迅速波及全群。发病率很高，病死率可高达感染鸡群的50%~70%。个别鸡在死亡前2~3d不见病症，有的未见任何先兆就突然死亡。体重很少受损失，且往往是体重较大的鸡易受侵害。最急性型病例的症状和死后病理变化是相当典型和具有特征的。

病鸡突然出现精神不振，呈犬坐姿势，产蛋量降低。比较突出的症状是突然发生明显的呼吸困难，伸颈举头，呈喘息状呼吸，吸气时，头颈向前向上伸张、张嘴，吸气时间明显延长，呼气时头向下垂，并伴有"咯咯"声及湿性啰音。发生痉挛性咳嗽，脖一伸一缩地甩头，试图甩出气管内的阻塞物，咳出血凝块或带有血丝的黏液。检查喉部时，可见黏膜肿胀、充血或出血，并积聚少量泡沫样液体。眼眶和鼻腔排出带有泡沫的分泌物。随着病势发展，病鸡精神更为委顿，缩颈蹲立，羽毛蓬乱，头下垂，两眼全闭，呼吸更为困难。有的病鸡喉头及气管虽无渗出物，但因神经受到损害也常发生窒息。病鸡往往因窒息而死亡。病程多在 5~7d。

（2）亚急性型　也称卡他型。该型多发生在最急性型暴发的后期。发病较慢，气管渗出物比较稀薄，很少有血块，能不时排出喉部的分泌物，排出后还能暂时畅通。喘息、咳嗽等呼吸症状可持续数日，最后死亡，发病率很高，但病死率不高，一般在 10%~30%。常经 15d 左右又复发或转为慢性型。

（3）慢性型　也称温和型、轻型或白喉型。该型常由一些亚急性型残留下来的鸡。但在自然条件下，也有直接发生的病例。发病率不超过 5%，发病鸡大多数由于窒息导致死亡，病程长，病死率低而不定，常常不能引起饲养者注意，流行可达几个月之久。主要症状是精神沉郁，消瘦，鸡冠、肉髯及皮肤苍白，产蛋停止，流泪，持续性流鼻液以及出血性结膜炎。当抓鸡或惊吓时，会出现痉挛性咳嗽和喘息。

【病理变化】

主要病变见于气管和喉部，其他内脏多不见异常。最急性型的典型病变是出血性气管炎，整个或很长一段气管内充满圆柱状血凝块或带有血丝的黏液，气管几乎完全被堵塞。剥离后，可见到黏膜表面上有充血或出血。亚急性型病例气管和鼻道常有带血或不带血的黏液样渗出物积聚，喉头和上 1/3 气管黏膜上黏附有黄色干酪样白喉膜。慢性型在喉头、气管和口腔中可见黄白色纤维素性干酪样坏死碎片和栓子。病程较长的重型病例，炎症可以蔓延到支气管、肺和气囊，也能上行到眶下窦。在比较缓和的病例中，仅仅可以见到结膜和窦内上皮的水肿及充血。

本病的特征性组织学变化，主要是在气管黏膜上皮细胞中形成核内包涵体。重症病例的气管切片，用苏木紫伊红染色，可见到黏膜上皮细胞增生，黏膜表面及下层嗜酸性细胞浸润，黏膜上皮及软骨间的皮下组织水肿，肉眼可见出血。增生性的上皮细胞排列不规则，容易脱落，在病的初期易于在细胞核内见到本病特征性的包涵体。包涵体呈圆形或卵圆形，嗜酸性着染，周围可见光晕。电镜研究表明，细胞病变最早出现于病毒衣壳形成期间的上皮细胞核中，病毒衣壳通过核膜出芽，获得脂质囊膜并在胞质空泡中聚集成团。

【诊断】

根据本病的流行特点、典型临床症状和病理变化可做出初步诊断，但要确诊，特别是对症状轻微型病鸡必须采取实验室方法。分离病毒和电镜检查气管刮取物中的病毒和特征性核内包涵体以及动物试验和血清学诊断方法都可用于确诊本病。

鸡传染性喉气管炎在临床上经常容易与其他呼吸道疾病相混淆，应做必要的鉴别诊断。

【防控措施】

（1）防止疾病传入　本病主要是由带毒鸡传播，因此，有易感性的鸡群，切不可引入年龄较大的鸡、接种过疫苗的鸡、来历不明的鸡或患过本病痊愈的鸡，更不能从有本病流行的地区进鸡。新购进的鸡至少应隔离 2 周以上。发病鸡场最好采取全群淘汰，并对鸡舍、用具等进行全面彻底的消毒，空闲 6~8 周后再进新鸡。从未发生过本病的地区引进的鸡，不宜用强毒和弱毒冻干疫苗接种。本病主要是接触传染，避免易感鸡群与带毒鸡接触，是控制本病发生的重要环节。实施健全的卫生消毒措施，可以避免易感鸡因污染的用具、设备、饲料和人员而受到感染。

（2）加强饲养管理　鸡舍要注意通风换气，保持干燥。饲养密度不要太大，过分拥挤不但增加了接触传染的机会，也会因应激反应而增加发病率。要加强饲养，供给足够的维生素和矿物质，以增强抗病能力。特别是维生素 A、维生素 D，能增强黏膜细胞的屏障作用，在本病多发季节里，可适当增加维生素的添加量。

（3）免疫接种　易感后备鸡群进行疫苗接种能有效地预防本病的发生与流行。目前，我国广泛应用的有两种疫苗：一种为弱毒冻干疫苗，一种为强毒灭活疫苗。弱毒疫苗系用 ILTV 弱毒株制成。这种疫苗已在污染地区广泛应用，效果良好。用时按瓶签注明的羽份，用灭菌生理盐水稀释，5 周龄以上鸡点眼、滴鼻或饮水免疫，10 周龄时再接种 1 次。免疫期为 6~12 个月。弱毒冻干疫苗虽有较好的免疫效果，但能使免疫鸡带毒排毒，成为潜在的传染源，所以，从未发生过鸡传染性喉气管炎的地区和鸡场，不宜用弱毒疫苗接种。ILTV 强毒灭活疫苗系用强毒经灭活剂灭活制成。本疫苗安全性好、无散毒危险，在疫区或非疫区均可应用。免疫途径以皮下接种为佳。免疫持续期在 6 个月以上。在免疫时，对于 5 周龄以下的鸡，应先做小群试验观察，无重反应时再扩大使用。对有严重呼吸道病，如传染性鼻炎、支原体病感染的鸡群，不宜进行 ILTV 免疫。接种过 IL-TV 疫苗 2 周内最好不要再接种其他疫苗，以免产生免疫干扰，影响免疫效果。

对鸡传染性喉气管炎目前尚无特效的治疗药物。免疫血清对本病有治疗作用。应用弱毒疫苗进行紧急接种，对本病的控制有一定的效果。治疗以抗菌消炎，对症治疗以缓解症状和防止继发感染为主，中兽医治疗则着重清肺利咽，化痰止咳平喘。喉部和气管上端有干酪样栓子时可用镊子除去。

四、马立克病

马立克病（Marek's disease，MD）是由马立克病毒引起的鸡的一种常见的以淋巴细胞和组织增生性为特征的致瘤性传染病，通常以外周神经和包括虹膜、皮肤在内的各种器官和组织单核性细胞浸润为特征。同时在感染的早期主要引起鸡胸腺、法氏囊和脾脏等免疫器官的溶细胞损伤，导致免疫抑制。

本病最初由匈牙利兽医病理学家 Jozsef Marek 于 1907 年首先发现。MD 传染性强，几乎存在于世界所有养禽国家和地区，随着养鸡业的集约化，其危害也随之增大，受害鸡群的损失在 1%~30%，个别鸡群可达 70% 以上。自 MD 疫苗问世以来，本病的损失已大大下降，但由于疫苗免疫仅能阻止发病而不能阻止感染和排毒，因此，马立克病毒污染严重，免疫失败现象时有发生。同时，马立克病毒的毒力在免疫压力下快速演化，尤其是超强毒力的马立克病毒的相继出现，给本病的防控带来了新的问题。

【病原】

马立克病毒（Marek's disease virus，MDV）也称为鸡 α-疱疹病毒 2 型（Gallid herpesvirus type 2，GaHV-2），属于疱疹病毒科（Herpesviridae）α 疱疹病毒亚科（Alphaherpesvirinae）马立克病毒属（Mardivirus）。根据血清学反应，MDV 分 3 个血清型，即禽疱疹病毒 2 型（血清 1 型、MDV1 或 MDV-1）、禽疱疹病毒 3 型（血清 2 型、MDV2 或 MDV-2）和火鸡疱疹病毒 1 型（血清 3 型、MDV3 或 MDV-3）。血清 1 型包括所有的致病性或致瘤性 MDV 及相应的致弱株；血清 2 型是一些从临床健康鸡分离到的非致病性的 MDV，其代表株为 SB1；血清 3 型则是从火鸡分离到的非致病性病毒，又称火鸡疱疹病毒（herpesvirus of tuvkeys，HVT），其代表株为 Fc126。根据基因组结构，这三类病毒分别属于马立克病毒属的 3 个种，即 GaHV-2、GaHV-3、Meleagrid herpesvirus1（MeHV-1）。血清 1 型 MDV 为原型毒株，除非有另外说明，MDV 一般是指血清 1 型病毒。致病性的 MDV 都属血清 1 型，但它们之间可存在显著的毒力差异，从近乎无毒到毒力最强者可构成一个连续的毒力谱。根据 MDV 野毒株致病性弱、强的不同，可将其分为温和型毒株（mMDV）、强毒型毒株（vMDV）、超强毒型毒株（vvMDV）和特超强毒型毒株（vv⁺MDV）。

MDV 核衣壳呈六角形，直径 85~100nm；带囊膜的病毒粒子为 150~160nm，羽囊上皮细胞中的带囊膜病毒粒子为 273~400nm，随角化细胞脱落成为极强传染性的无细胞病毒。与其他疱疹病毒相比，严格的细胞结合性是 MDV 最显著的特性，即在细胞培养上不产生或极少产生游离于细胞培养液中有感染性的病毒粒子，且病毒严格存在于具有活性的细胞内，病毒的传染性有赖于活细胞间的直接接触感染。在感染鸡体内，除羽毛囊上皮细胞外，其他任何脏器或体液中都分离不到游离病毒，只有感染 MDV 的羽毛囊上皮细胞能产生游离病毒粒子，并在上皮细胞死亡脱落后仍然具有感染性。

MDV 基因组是线状双股 DNA，约 180kb。MDV 基因组的结构排列与单纯疱疹病毒相同，所有血清型均具有典型的 α-疱疹病毒结构，都有一长独特区(UL)和一短独特区(US)，在 UL 和 US 两侧都是倒置重复序列。

已知 MDV 基因可以分为两大类，一类基因有 α-疱疹病毒同类物，另一类是 MDV 独特的基因。很多糖蛋白基因，如 *gB*、*gC*、*gD*、*gH*、*gI*、*gK*、*gL* 和 *gM* 等，都是属于单纯疱疹病毒同类物基因，因而采用了与 HSV 类似的命名。与 HSV 类似一些基因，也可以采用以基因组片段 UL 或 US 加编号(如 UL1、US27)等方式来命名。同时，也发现和鉴定出血清 1 型 MDV 一些特异性的基因，如肿瘤基因 *meq*(*Marek's EcoQ*)、磷蛋白基因 *pp24/pp38*。

早期发现的 MDV 抗原中，A 抗原为一种糖蛋白，是琼脂扩散试验最易测到的抗原，它具有干扰其他糖蛋白的功能，并与延迟和诱发肿瘤相关。B 抗原是 3 种糖蛋白的复合体，它能诱导中和抗体并被认为在疫苗免疫中起重要作用。在 MDV 独特的基因中，最重要也是研究最深入的是 *meq* 基因，它是一种与致肿瘤相关的基因，*meq* 蛋白中有一个亮氨酸拉链结构，可编 339aa 组成的蛋白质，*meq* 基因对 MDV 致肿瘤发挥关键的作用。磷蛋白基因 *pp24/pp38* 是最早发现的 MDV 特有基因，除了敲除后影响病毒在细胞培养上的复制速度外，其真正的生物学功能尚不清楚。

MDV 的复制为典型的细胞结合病毒复制方式，感染方式是从细胞到细胞并通过形成细胞间桥来完成这种感染的传递。MDV 感染宿主后，其在体内与细胞之间的相互作用有 3 种形式。第一种是生产性感染，主要发生在非淋巴细胞，病毒 DNA 复制，抗原合成，产生病毒颗粒。在鸡羽囊上皮细胞中是完全生产性感染，产生大量带囊膜的、离开细胞仍有很强传染性的病毒粒子。在有些淋巴细胞和上皮细胞中，以及大多数培养细胞中，是生产—限制性感染，有抗原合成，但产生的大多数病毒粒子无囊膜，因而无传染性。生产性感染都导致细胞溶解，所以又称溶细胞感染。第二种是潜伏感染，主要发生于激活的 CD4$^+$T 细胞，但也可见于 CD8$^+$T 细胞和 B 细胞。潜伏感染是非生产性的，只能通过 DNA 探针杂交或体外培养激活病毒基因组的方法检查出来。第三种是转化性感染，是 MD 淋巴瘤中大多数转化细胞的特征。转化性感染仅见于 T 细胞，且只有强毒的 1 型 MDV 能引起。转化性感染常伴随着病毒 DNA 整合进宿主细胞基因组，其与存在病毒基因组但不表达的潜伏感染不同，转化性感染以基因组的有限表达为特征。*meq* 对转化至关重要，在转化细胞的核内恒有表达，也能在 S 期的胞质中表达。该转化细胞表达多种非病毒抗原，MD 肿瘤相关表面抗原(MATSA)即是其中之一。MATSA 是伴随细胞转化的宿主抗原，并非肿瘤特异，但它在 MD 鉴别诊断中仍有重要意义。

MDV 流行毒株的毒力一直不断演变。早期流行的古典型 MD 多是由温和毒株引起，20 世纪 50 年代后期至 70 年代以强毒株占优势，自 20 世纪 70 年代末至今，世界各地相继出现超强毒株，主要引起 HVT 免疫鸡群严重死亡。因此，人们根据 HVT 疫苗能否提供有效保护，将 MDV 分为 mMDV、vMDV 和 vvMDV。为有效应对 vvMDV，美国于 20 世纪 80 年代初开始使用 2+3 型双价疫苗取代 HVT 疫苗，但 80 年代末和 90 年代初，又出现了双价疫苗也不能很好保护的所谓 vv$^+$MDV。

欧洲一些国家和地区在长期使用 CVI988/Rispens 1 型疫苗后也出现了 vv⁺MDV，美国于 20 世纪 90 年代初引进 CVI998/Rispens 1 型疫苗后，也在其免疫鸡群中发现毒力增强的毒株。这说明在自然界(人工饲养的鸡群)中存在 MDV 毒力增强的选择压，将来有可能出现更强毒力的毒株。目前，国内尚没有 vv⁺MDV 的分离鉴定报道，在 CVI988/Rispens 鸡群有没有能够 vv⁺MDV 疫苗免疫保护性的流行株，尚有待于证实。

强毒 MDV 可在鸭胚成纤维细胞(DEF)和鸡肾细胞(CK)上培养生长，但经过继代的 3 种血清型的病毒均能在鸡胚成纤维细胞(CEF)上繁殖。感染的细胞可出现由折光性强并已变圆的变性细胞组成的局灶性病理变化，称为蚀斑。受害细胞常可见到 A 型核内包涵体，并有合胞体形成。除圆形细胞在蚀斑成熟时可脱落到培养液中外，看不到大片的细胞溶解。1 型毒初次分离时 5~14d 出现蚀斑，继代适应后可缩短为 3~7d。1、2、3 型病毒的蚀斑形态有明显区别。

MDV 和 HVT 以细胞结合和游离于细胞外两种状态存在。细胞结合病毒的传染性随细胞的死亡而丧失，因此需按保存细胞的方法保存毒种。从感染鸡羽囊随皮屑排出的游离病毒，对外界环境有很强的抵抗力，污染的垫料和羽囊皮屑在室温下其感染性可保持 4~18 个月，在 4℃至少为 10 年。但常用化学消毒剂即可使病毒失活。

【流行病学】

鸡是 MDV 最重要的自然宿主，火鸡、山鸡和鹌鹑等较少感染，但近年来报道有些致病性很强的毒株可在火鸡造成较大损失。非禽属动物不易感。不同品种或品系的鸡均能感染 MDV，但对发生 MD(肿瘤)的抵抗力差异很大，有些实验室已育成对 MD 有高度抵抗力或高度易感的纯系鸡。伊莎、罗曼、海赛等蛋鸡品种和国内的北京油鸡及狼山鸡均对 MD 高度易感，母鸡比公鸡对 MD 更易感。感染时鸡的年龄对发病的影响很大，特别是出雏和育雏室的早期感染可导致很高的发病率和死亡率。年龄大的鸡发生感染，病毒可在体内复制，并随脱落的羽囊皮屑排出体外，但大多不发病。

病鸡和带毒鸡是主要的传染源，尤其是这类鸡的羽毛囊上皮内存在大量完整的病毒粒子，随皮肤代谢脱落机体后污染环境，成为在自然条件下最主要的传染来源，并使污染鸡舍长时间内保持传染性。很多外表健康的鸡可长期持续带毒排毒。故在一般条件下 MDV 在鸡群中广泛传播，于性成熟时几乎全部感染。

本病不发生垂直传播，主要通过直接或间接接触经气源传播，即主要通过空气传播经呼吸道进入体内，污染的饲料、饮水和人员也可带毒传播。孵房污染能明显增加刚出壳雏鸡的感染性。

感染鸡群的发病率和病死率受所感染的 MDV 毒力影响很大，同时，由于 MD 的免疫抑制作用，感染鸡群的易感性显著升高，对应激等环境因素及其他继发或并发感染十分敏感。

【临床症状】

本病是一种肿瘤性疫病，潜伏期难以确定，常发生于 3~4 周龄以上的禽只，多发于 12~30 周龄。人工接种 1 日龄雏鸡时，3~6d 出现溶细胞感染，6~8d 淋巴器官发生变性损害；约 2 周后可发现神经和其他器官的单核性浸润；一般直到 3~4 周才显现出临床症状和病理变化；2 周后开始排毒，3~5 周为排毒高峰。自然感染的潜伏期与发病率受病毒的毒力、剂量、感染途径和鸡的遗传品系、年龄、性别和饲养管理等的影响而存在较大差异。种鸡和产蛋鸡常在性成熟后出现临床症状。一般肉鸡发病率为 20%~30%，个别达 60%，产蛋鸡为 10%~15%，严重者可高达 50% 以上，病死率与之相当，尤其是混合感染或多重感染，或感染了强毒力的 MDV，其损失几乎可达 100%。

(1)内脏型　又称急性型，该型最常见。初表现为精神委顿，几天后有些鸡出现共济失调，随后发生单侧或双侧性肢体麻痹，有些鸡也可不表现出明显症状而突然死亡，多数鸡则表现为脱水、进行性消瘦，最终衰竭而死亡。

（2）神经型 是最早发现的病型，临床上较常见，病毒主要侵害外周神经，特征性临床症状是肢体的非对称进行性不全麻痹，继而发展为完全麻痹。因侵害的神经不同而表现不同的临床症状。最常见坐骨神经受侵害，表现一肢腿或两肢腿麻痹，步态失调，一肢腿麻痹较常见，形成一腿伸向前方另一腿伸向后方的"劈叉"姿势；臂神经受损，一侧或两侧翅膀麻痹下垂；颈神经受损，病鸡头下垂或头颈歪斜；迷走神经受害可引起嗉囊麻痹、扩张、松弛呈大嗉子。最后因行动、采食困难而衰竭或被踩踏而死。

（3）眼型 是指有些病鸡虹膜受害而导致失明。一侧或二侧虹膜不正常，虹膜色素消失，瞳孔呈同心环状、斑点状或弥漫的灰白色，开始时边缘不整齐，呈锯齿状，瞳孔缩小，不能随光线强弱而调节大小，后期则仅为一针尖状小孔，视力丧失。此型临床中已较少见到。

（4）皮肤型 是指在翅膀、颈部、背部、尾部上方及大腿有肿瘤结节，表现羽囊肿大，形成结节，可达玉米至蚕豆大。

MD 也可仅表现为极度消瘦，体重极轻，胸骨似刀锋。

以上致病型既可以单独出现，也可以混合出现。当受到超强毒力毒株感染时，则主要表现为内脏型而较少表现其他致病型。同时，在感染鸡群的早期即溶细胞感染期间，常出现无明显特征性外观表现而突然死亡，即所谓的早期死亡综合征，并可能出现一波死亡高峰期，随后，感染鸡群则进入"零星"发病的长周期。在自然感染状态下，MD 的发病与死亡情况常不表现出较明显的死亡高峰现象，而是呈现出持续性的"零星"发病或死亡状态。

【病理变化】

神经病变主要见于外周神经，尤其是腹腔神经丛、腹部迷走神经丛、坐骨神经丛、肱骨神经丛、臂神经丛、肋间神经丛和内脏大神经最常见。受害神经横纹消失，变为灰白色或黄白色，呈水煮样肿大变粗，局部或弥漫性增粗，可达正常的 2~3 倍以上。病理变化常为单侧性，将两侧神经对比有助于诊断。

内脏病变以卵巢最常见，其次为肾、脾、肝、心、肺、胰、肠系膜、腺胃和肠道。其上有大小不一的肿瘤结节或肿块，灰白色，质地坚硬而致密，有时肿瘤呈弥漫性，使整个器官变得很大。个别病鸡因肝、脾高度肿大而破裂，造成内出血而突然死亡。剖检时可见肝脏有裂口，肝表面有大的血凝块，腹腔内有大量血水。法氏囊通常萎缩，极少数情况下发生弥漫性增厚的肿瘤变化，由肿瘤细胞的滤泡间浸润所致。

皮肤病理变化常与羽囊有关，但不限于羽囊，病理变化可融合成片，呈清晰的白色结节，在拔毛后的胴体尤为明显。

MD 的非肿瘤性变化包括法氏囊和胸腺的萎缩以及骨髓和各内脏器官的变性损伤，这是强烈溶细胞感染的结果，可导致感染鸡的早期死亡。

【诊断】

根据流行病学、临床症状、典型病理变化等临床检查可做出初步诊断。鉴于 MDV 感染并不等于一定发生 MD，在感染鸡中可能仅有部分发生 MD，同时，MD 疫苗的有效免疫虽能阻止鸡不发生 MD，但却不能阻止 MDV 强毒的后继感染。因此，鸡群 MDV 感染情况对 MD 的临床诊断尚不足为凭，MD 的诊断应通过特征性临床检查（包括病史和疫苗接种情况）、病理组织学检查（包括肿瘤标记）和 MDV 感染的实验室检测进行综合判定。病毒分离鉴定、血清学方法及 DNA 检测等方法可确诊 MDV 的感染。

病毒分离常用 DEF 和 CK 细胞(1 型毒)或 CEF(2、3 型毒),分离物用型特异性单抗进行鉴定。病毒的检测可用荧光抗体试验、琼脂扩散试验和 ELISA 等方法检查病毒抗原,或用 DNA 探针或 PCR 检查病毒特异性基因组片段。荧光抗体试验、琼脂扩散试验和 ELISA 等方法也可用于血清中的 MDV 特异抗体检查。但具有实用价值的 MDV 感染的实验室诊断方法,以琼脂扩散试验和 PCR 最为常用,其对流行病学监测和病毒特性研究具有重要意义。

由于 MDV、禽白血病病毒(ALV)、网状内皮组织增生症病毒(REV)和 I 群禽腺病毒(FAdV-I)在商品鸡群广泛存在且经常同时感染,ALV 和 REV 也可产生与 MD 相似的临床疾病,使得 MD 诊断复杂化。这三种致瘤性疾病的主要区别是:MD 的肿瘤还可发生在羽毛囊、虹膜和外周神经等更多的组织器官上,法氏囊常萎缩。AL 的肿瘤多呈弥漫性的白色小结节,无神经肿瘤,少见皮肤肿瘤,法氏囊不发生萎缩,其中的 J-亚型白血病,在皮肤、脚掌、脚爪和内脏尤其是肝脏上,常见有血管瘤,并常有破溃出血现象。RE 的肿瘤,除肝、脾等外,常见神经肿瘤,但较少出现皮肤、法氏囊肿瘤,但法氏囊、胸腺及其他淋巴器官常呈现不同程度的萎缩。

【防控措施】

疫苗接种是防制本病的关键,但遗传抗性和生物安全是保障疫苗接种效果的重要措施。以防止早期感染和提供良好免疫应答为中心的综合性防制措施并结合严格的养殖场生物安全控制体系,是防制本病的最有效的途径。

用于制造疫苗的病毒有 3 种:人工致弱的 1 型 MDV(如 CVI988、814)、自然不致瘤的 2 型 MDV(如 SB_1、Z_4)和 3 型 MDV(HVT)(如 FC126)。多价疫苗主要由 2 型和 3 型或 1 型和 3 型病毒组成。1 型毒和 2 型毒只能制成细胞结合疫苗,需在液氮条件下保存。

鉴于 MDV 污染的广泛存在,包括生长期短的肉鸡也必须接种 MD 疫苗。MD 疫苗虽不能阻止 MDV 的感染,但可以显著降低后续感染 MDV 的复制效率和排毒时间。传统的 MD 免疫方法是在 1 日龄时即严格按疫苗使用说明书要求进行免疫接种(腹腔、皮下或肌肉注射),并须确证其是有效接种(接种后的 5~14d 能够产生疫苗株的病毒血症)。

有很多因素可以影响疫苗的免疫效果,在正常情况下单用 HVT 疫苗就足以保护,但由于冻干 HVT 疫苗极易受到母源抗体的影响而不能在鸡体内的增殖;存在超强毒株污染的地区,即使是有效接种也不能提供完全有效的保护;早期感染可能是引起免疫鸡群超量死亡的最重要原因,因为疫苗接种后需 5~12d 才能产生坚强免疫力,而在这段时间内的出雏鸡和育雏鸡极易发生感染;IBDV、ALV、REV、FAdV1、鸡传染性贫血病毒、呼肠孤病毒、强毒 NDV、A 型流感病毒以及支原体、沙门菌等的感染甚至环境的应激,这些均可导致免疫抑制作用,继而干扰疫苗诱导的免疫力,这些都可能是造成 MD 疫苗免疫失败的原因。

合理的选择和使用疫苗对控制 MD 十分重要。细胞结合疫苗,其免疫效果受母源抗体的影响很小。由超强毒株引起的 MD 暴发,常在用 HVT 疫苗免疫的鸡群中造成严重损失,可用 1 型 CVI988 疫苗或 2、3 型毒组成的双价疫苗或 1、2、3 型毒组成的三价疫苗进行控制。2 型和 3 型毒之间存在显著的免疫协同作用,由它们组成的双价疫苗免疫效率显著高于单价疫苗。

对不同品种或品系的鸡,疫苗产生的免疫力也不一样,如用 HVT 疫苗免疫有遗传抗病力鸡的效果优于易感鸡的双价疫苗($HVT+SB_1$)免疫。因此,选育生产性能好的抗病品系鸡,将是未来防制马立克病的一个重要方向。

五、传染性法氏囊病

传染性法氏囊病（infectious bursal disease，IBD）又称传染性腔上囊炎，是由传染性法氏囊病毒引起一种幼鸡的急性、高度接触性传染病。以突然发病、排白色稀便、肌肉出血、法氏囊肿胀、坏死或萎缩为特征。

本病最早于 1957 年发现于美国特拉华的甘布罗（Gumboro），故又称甘布罗病。由于在病鸡肾脏中可见到明显的病变，故也称禽肾病。直到 1970 年，才将本病命名为传染性法氏囊病（IBD）。在我国，IBD 于 1979 年首次发生于广州，之后相继在全国广泛传播。尤其是自 80 年代末至今，在我国许多养殖场户多以暴发形式发生，发病率和死亡率极高。

本病呈世界性分布，广泛存在于各养鸡地区，对幼鸡及青年鸡造成了相当严重的损失。由于法氏囊病毒侵袭禽的免疫中枢——法氏囊，使淋巴细胞严重丢失，导致免疫抑制，从而使病鸡对其他疫苗的免疫应答显著降低，并且对新城疫病毒、大肠杆菌、沙门菌、支原体及球虫等病原体更加易感。故由 IBD 直接和间接造成的经济损失是十分巨大的，是目前严重危害养鸡业的传染病之一。

【病原】

传染性法氏囊病毒（*Infectious bursal disease virus*，IBDV）为双 RNA 病毒科（*Birnaviridae*）禽双 RNA 病毒属（*Aribirnarirus*）的唯一成员。病毒为单层衣壳，无囊膜，直径 55～60nm，呈二十面体对称。IBDV 基因组由 A、B 两个节段的双股 RNA 构成。其中，B 节段编码 VP1，即病毒 RNA 介导的 RNA 聚合酶（RdRp），A 节段有两个开放阅读框，长的编码一多聚蛋白，之后水解加工成结构蛋白 VP2、VP3、VP4，短的编码非结构蛋白 VP5。其中，VP2 是病毒的主要结构蛋白和保护性抗原成分，能刺激机体产生中和抗体，是亚单位疫苗研究的主要目的蛋白，同时其还与病毒的抗原漂移、毒力变异和细胞凋亡有关；VP2 和 VP3 是 IBDV 的主要蛋白，分别占蛋白总量的 51% 和 40%，可共同诱导中和抗体。VP3 是群特异性抗原；VP4 是病毒的蛋白酶，与前体蛋白的剪切和加工有关；VP5 蛋白与病毒的致病性有关。在有关 IBDV 基因变异的研究中，人们发现 50% 以上的变异集中于 VP2 区域，故该区域又称为 VP2 高度可变区（variable region），是研究 IBDV 分子流行病学特征的关键区域之一。

已知 IBDV 有 I 型和 II 型两个血清型。I 型 IBDV 对鸡有致病力，对火鸡无致病力，但可使火鸡产生抗体；II 型 IBD 病毒是从火鸡分离到的毒株，但对鸡和火鸡均无致病力。根据其致病特征和抗原性的差异，血清 I 型中又可分为经典毒株（也称标准血清 I 型）、变异株（也称亚型毒株）和超强毒株。经典毒株以导致法氏囊的水肿为特征，世界各地广泛流行；变异株于 1985 年首次分离于美国特拉华州，导致法氏囊的迅速萎缩，未见有水肿的过程，具有很强的免疫抑制作用，主要流行于美国、澳大利亚等国；超强毒株导致法氏囊的严重出血，外观似"紫葡萄"样，病死率高达 70% 以上，最早分离于比利时，现已大面积流行于欧洲、东南亚和非洲等。我国目前流行情况十分复杂，同时存在 3 种类型的 IBDV 毒株，不同地区 IBDV 分离株的 VP2 基因序列和致病特性均存在一定的差异。其中，以 IBDV 超强毒株流行为主，超强毒株的环境适应性很强，在一个鸡场一旦出现，很难根除。此外，也存在基因有明显变异的经典毒株。

IBDV 不凝集红细胞，能在鸡胚中生长繁殖，经 3～7d 可致死鸡胚，并能于鸡胚继代适应后移植在鸡胚成纤维细胞上生长，产生细胞病变，形成蚀斑。

本病毒对外界环境的抵抗力较强，耐热、耐酸、不耐碱，对乙醚和氯仿具有抵抗力；在 56℃ 可存活 5h，在 pH 2 不受影响。但在 pH 12 的溶液 30min 可被灭活；在常温下能存活至少 120d 以上；对消毒药有一定的抵抗力，0.5%酚和0.2%的硫柳汞1h不能将其灭活。但0.5%氯胺、甲醛、戊二醛对IBDV消毒有效。

【流行病学】

鸡对本病最易感，主要侵害2~10周龄的鸡，其中以3~6周龄的鸡最易感，成年鸡对本病具有抵抗力，1~2周龄的雏鸡发病较少，肉仔鸡比蛋鸡易感性强(肉仔鸡的易感性因品种不同而不同)。国内也有鸭、鹅、鹌鹑能感染发病的报道。除鸡外，鸭、鹅、鸥、麻雀以及喜鹊等均存在IBDV的自然感染，这些动物感染IBDV后通常不表现出临床症状，但可能成为病毒携带者或贮存宿主，病毒首先在肠道巨噬细胞和淋巴细胞内少量繁殖，然后随血流转移到肝脏和法氏囊，在此大量繁殖并经泄殖腔排出，从而可能引发IBDV的传播和流行，同时为IBDV的变异提供了特殊的生态条件。

传染源主要是病鸡和带毒鸡，其粪便中含大量的病毒，它们可通过粪便持续排毒1~2周，病毒可持续存在于鸡舍中。通过直接接触和间接接触传播；通过被污染的饲料、饮水、垫草和用具等传播。小粉虫、鼠类、人和车辆等可能成为传播媒介。

在流行上有以下特点：

①本病常突然发生，迅速传至全群，并向邻近鸡舍传播，常造成地方性流行。一般的发病率为70%~90%，病死率为20%~40%，但对于免疫鸡群，发病率和病死率则大大降低。在非免疫鸡群遇超强毒株感染时，首次发病率高达100%，病死率高达80%或更高。

②发病季节明显集中，高峰期为5~7月，其他月份，发病率明显降低。但近几年来，这种季节特点并不十分明显，发病可呈全年化。

【临床症状】

潜伏期一般2~3d，发病突然，迅速波及整个鸡群。病初体温升高，食欲减少，精神沉郁，羽毛松乱。随后病鸡排出白色水样稀粪，玷污肛门周围，病鸡自啄泄殖腔，离群呆立，两翅下垂，饮水增加，嗉囊中充满液体。严重的后期脱肛，体温下降，卧地不起，极度虚弱而死亡。鸡群一般于发病后2~3d开始死亡，并很快达到高峰，5~7d后病死率减少并逐渐停止，死亡曲线呈尖峰型，病程一般为5d左右。康复鸡有不同程度的免疫抑制现象，一般没有其他后遗症。

【病理变化】

尸体脱水，腿爪干燥；胸肌、腿肌、翼肌等骨骼肌有条纹状出血；腺胃和肌胃交界处有出血带；心脏外膜有出血斑点。脾脏肿大，表面有灰白色坏死灶；肾脏肿大，苍白，有尿酸盐沉积；肝表面有黄色条纹；胰脏呈白垩变性；盲肠扁桃体肿大出血，直肠黏膜有条斑状出血。

法氏囊病变有特征性，病初肿大2~3倍，呈浅黄色、椭圆形，浆膜水肿呈黄色胶冻样，有半透明米黄色纵条纹，进而法氏囊变脆、变硬，有程度不同的出血斑点，出血较多的外观呈红、白花斑，似雨花石样，弥漫性出血的呈紫葡萄样。囊黏膜水肿，囊内含有多量的黄白色或紫褐色浓黏液，皱褶上有许多黄白斑点或条斑状出血，严重的呈弥漫性出血。后期法氏囊萎缩、变硬、呈黄褐色或深灰色干枯的橄榄核状，内有黄色干酪样栓塞物，出血严重的呈黑褐色干酪样坏死。

【诊断】

本病一般根据其流行病学，临床症状和特征性的病理变化即可做出初步诊断。必要时可进行实验室诊断，实验室诊断包括病毒的分离鉴定和血清学试验。

(1)病毒分离鉴定　无菌采取病鸡的法氏囊、脾脏，剪碎、研磨，按常规处理好的病料制成悬液0.2mL经绒毛尿囊膜途径(病毒初次分离的最佳接种途径)接种于无IBD母源抗体的9~11日龄鸡胚。鸡胚感染后，常在接种后36~72h死亡。鸡胚的眼观病变为：皮肤充血、出血；肝脏有斑点状坏死和出血点；肾充血并有少量斑状坏死；绒毛尿囊膜水肿增厚；法氏囊无明显变化。在感染的鸡胚中，以绒毛尿囊膜和鸡胚组织含毒最高。初次培养时，尿囊液中含毒量极低，只有经鸡胚多次传代的适应株，在尿囊液中才含有大量的病毒。

将收取的绒毛尿囊膜剪碎、研磨，以 PBS 液制成悬液作为待检液，应用动物接种试验、琼脂扩散试验、中和试验、ELISA 等方法进行鉴定。

（2）血清学试验　常用的有琼脂扩散试验、中和试验、ELISA 及荧光抗体试验。

①琼脂扩散试验：因简便易行，故在 IBD 的诊断和监测中，该试验是最为常用的一种血清学方法，但其敏感性低于其他血清学方法。

②中和试验：IBD 病毒可被特异的抗血清所中和。中和试验可在易感的鸡胚或鸡胚成纤维细胞上进行。因操作方法比较复杂，故在一般的常规诊断中较少应用，多用于 IBD 病毒血清型的鉴定。

③ELISA：ELISA 及 Dot－ELISA 是诊断 IBD 较为快速、敏感和特异的血清学方法。利用血清样品的 P/N 值计算其 ELISA 效价（ET），可以定量测定血清抗体水平，可适用于大批量样品的检测。而 Dot－ELISA 则适用于检测待检病料中是否有病毒抗原的存在，其敏感度比琼脂扩散法高 100 倍。

（3）易感鸡感染试验　取有典型病变的鸡只法氏囊磨碎制成悬液经口服或滴鼻感染 21～35 日龄的易感鸡，待 48～72h 后感染鸡出现临床症状，剖检可见法氏囊出现特征性病变。要确定分离的病毒是否为 vvIBDV，也需做感染试验。

（4）鉴别诊断　传染性法氏囊病的肌肉出血，可能与缺硒、维生素 E 缺乏、磺胺类等药物中毒和真菌毒素引起的出血相似；法氏囊萎缩也可能发生于马立克病；肾肿大的病变常易与传染性支气管炎的肾变化相混淆，腺胃出血要与新城疫和药物中毒相区别。

诊断时关键应注意法氏囊及肝脏的变化。传染性法氏囊病时，法氏囊肿胀失去弹性，周围有一层胶冻状水肿，肝脏呈红黄相间的条纹状，而上述其他疾病无此变化。败血型大肠杆菌病时法氏囊弥漫性潮红，易与传染性法氏囊相混淆，但此时不肿大、柔软、有弹性。

【防控措施】

（1）加强卫生消毒措施　要特别注意不要从有本病的地区、鸡场引进鸡苗、种蛋。必须引进的要隔离观察 20d 以上，确认健康者方可合群。严格控制人员、车辆进出和消毒，坚持鸡群分批管理，全进全出，进前出后彻底清扫，用甲醛熏蒸消毒。

（2）做好疫苗免疫及其免疫监测工作　有条件的鸡场，要做好鸡群的免疫监测工作，根据所测定的母源抗体或鸡群的抗体水平制订合理的免疫程序。尤为关键的是要确定首免日龄，常用的方法仍是琼脂扩散试验。应以 0.5% 比例采样，收集血清，用标准 IBDV 抗原检测母源抗体来确定首免日龄。1 日龄雏鸡母源抗体琼脂扩散阳性率低于 80%，可在 10～15 日龄首免；在 80%～100% 的可于 15～21 日龄首免。目前，使用的 IBD 疫苗有两类，即活毒疫苗和灭活疫苗。活毒疫苗又分弱毒疫苗和中等毒力疫苗，有母源抗体的鸡群可选用中等毒力疫苗；无母源抗体或抗体水平偏低的鸡群应选用弱毒疫苗；二免时用中等毒力疫苗；在严重污染区或本病高发区的雏鸡，可直接选用中等毒力疫苗。IBD 灭活疫苗可分为胚毒疫苗、细胞疫苗和囊毒疫苗，其中囊毒疫苗免疫效果最好，但由于其成本较高，故一般仅对种鸡有限地应用。

对雏鸡，应根据母源抗体的高低来确定免疫时机。对无母源抗体或低母源抗体的雏鸡，一般在 1～2 日龄首免；对高母源抗体雏鸡，应在 14 日龄首免。对蛋鸡首免最好同时应用弱毒疫苗和灭活疫苗皮下或肌肉注射，二免及三免应用 2 倍量的中等毒力疫苗饮服。对肉鸡可分别在 10 日龄和 28 日龄时进行 2 次免疫即可，免疫时应用 2 倍量中等毒力疫苗饮服。对种鸡，除常规免疫外，还应分别在产蛋前（20 周龄左右）和产蛋期间（40 周龄左右）应用灭活疫苗进行接种，雏鸡方可获得较高和较整齐的母源抗体，在 2~3 周内获得较好的免疫保护，起到防止早期感染和免疫抑制的作用。

（3）治疗　一旦确诊，应立即注射高免血清（0.5~1mL/kg）或高免卵黄液（1~2mL/kg）。同时，在饲料和饮水中加入抗病毒、抗细菌药物和缓解肾脏肿大，促进尿酸盐排泄的药物以及抗应激药物，以进行综合治疗。尤其是高免卵黄液及一些中药制剂（如禽可乐、瘟囊毒灭、囊痘灵等）的使用，对 IBD 的控制发挥了良好的作用。

六、鸡传染性贫血

鸡传染性贫血（chicken infectious anemia，CIA）是由鸡传染性贫血病毒引起的以雏鸡再生障碍性贫血、全身淋巴组织萎缩、皮下肌肉出血等为特征的一种免疫抑制性疾病。曾称出血性综合征、贫血性皮炎综合征或蓝翅症，目前，本病已正式命名为鸡传染性贫血。

CIA 自 1979 年 Yuasa 等在日本首次报道以来，相继在德国、瑞典、英国等分离到鸡传染性贫血病毒。我国于 1992 年首次分离到 CIAV，从而确证了本病在我国的存在，随后的病毒分离和血清学调查结果表明 CIAV 在我国许多地区普遍存在。近年来，在某些地区本病的发生有增加的趋势，一些鸡场的阳性率高达 40%~70%。

目前，国内外的病原分离和血清学调查结果已表明，CIA 在世界各主要养禽国家广泛存在。其感染鸡群可引起免疫机能障碍，造成免疫抑制，使鸡群对其他病原的易感性增高和某些疫苗的免疫应答能力下降，从而发生继发感染和疫苗的免疫失败，造成重大经济损失。

【病原】

鸡传染性贫血病毒（*Chicken infectious anemia virus*，CIAV）又称鸡贫血因子（*chicken anemia agent*，CAA），为细环病毒科（*Anelloviridae*）圆圈病毒属（*Gyrovirus*）的代表种，是一种近似细小病毒的环状单股 DNA 病毒，无囊膜，大小为 18~24nm，电镜下呈球形或六角形。目前，CIAV 分离株在抗原性上没有差异，均属同一血清型，但其致病性不尽相同。病毒基因组长 2 298bp 或 2 319bp，除日本毒株 CAA82-2 外，所有测序的毒株基因组有 3 个部分重叠的开放阅读框，分别编码 3 种蛋白，即 VP1、VP2 和 VP3。其中，VP1 构成衣壳，VP2 是非结构蛋白，起支架蛋白的作用，使 VP1 适当方式折叠，并与 VP1 组成中和表位的构象；VP3 又称为凋亡素（apoptin），能诱导鸡胸腺细胞、淋巴细胞的凋亡。

CIAV 可在 MDCC-MSB1 细胞（源于马立克病肿瘤淋巴母细胞的细胞系）中增殖并出现细胞病变。卵黄囊接种时有些毒株可在 16~20 日龄时引起鸡胚死亡。病毒没有凝集禽类和哺乳动物红细胞的能力。

病毒耐热、耐酸，对乙醚和氯仿稳定。能耐 76℃ 1h、80℃ 15min；pH 3 处理 3h、室温下氯仿处理 15min、50%乙醚处理 1h，毒力不降低；对酸敏感，50%酚处理 5min 即失去感染性；37℃下可耐受胰酶、蛋白酶 K 2h 的处理；5%次氯酸钠、1%碘伏、福尔马林、0.4%β-丙内脂、1%戊二醛处理和 100℃ 15min 可使其灭活。

【流行病学】

已知鸡是 CIAV 的唯一宿主。所有年龄的鸡都能感染，但不同年龄抵抗力明显不同。本病主要发生于 2~4 周龄内的雏鸡，1~7 日龄最易感，其中肉鸡尤其是公鸡更易感。随日龄增加，易感性、发病率及病死率逐渐降低。人工接种 1 日龄雏鸡最易感，1 周龄雏鸡可感染发病但不死亡，2

周龄后雏鸡或有母源抗体的鸡接种不发病，但可分离到病毒。

其他禽类对 CIAV 不易感，火鸡和鸭有先天的抵抗力，人工接种后血清中也未检出抗体。

CIAV 既可水平传播，又能经卵垂直传播，而主要传播方式为垂直传播。母鸡人工感染 8~14d 后，即可经蛋传播。雏鸡易发生水平传播。CIAV 的危害在于，它本身可诱导免疫抑制，增加其他病原感染的易感性，降低疫苗的免疫力。同时其他病原的混合感染，又能加重 CIAV 的致病作用。如与 MDV 共感染，可促进 MDV 在羽毛囊中的扩散和肿瘤形成。与 IBDV 共感染，则加重骨髓和胸腺细胞的破坏和病变。禽网状内皮组织增生症病毒和免疫抑制药物能增强 CIAV 的致病性，增加其发病率和病死率。

【临床症状】

CIAV 感染后的症状表现及病程与鸡只日龄、毒株毒力和并发感染情况有关。CIAV 感染后主要临床特征是贫血。一般在感染 14~16d 后发病，病鸡表现沉郁，消瘦，鸡冠、肉髯及可视黏膜苍白，体重下降，皮肤和肌肉广泛出血，全身点状出血明显（尤其是双翅出血典型），因继发感染而呈现"蓝翅"。本病发病率 70%~100%，病死率不尽一致，通常为 10%~50%。濒死鸡可发生腹泻。

【病理变化】

剖检变化主要为贫血，肌肉、内脏及全身苍白，血液稀薄如水，血凝时间延长。肝脏、脾脏和肾脏肿大、褪色，有时肝表面有坏死灶，骨骼肌和腺胃黏膜出血严重，有时可见到肌胃黏膜糜烂；胸腺萎缩明显，法氏囊也可见到萎缩；骨髓病变较典型，呈淡黄色，骨髓色泽变化与造血功能紊乱程度与血细胞压积值下降一致。血细胞压积可降至 20% 以下，红细胞数可减少至 100 万个/mm³，白细胞降到 5 000 个/mm³ 以下。

组织学变化主要见于骨髓和淋巴组织。骨髓中造血细胞严重减少，几乎被脂肪组织所取代。血管周围淋巴样组织及胸腺小叶、法氏囊和内脏淋巴组织中的淋巴细胞减少、消失，网状内皮细胞增多。

【诊断】

根据感染鸡的临床症状和病理变化可做出初步诊断。实验室检查可进行病毒分离鉴定和血清学试验。

（1）病料采集　无菌采集肝脏、皮肤、脾、心、胸腺、法氏囊、肾及骨髓等病毒存在的组织、器官，以 RPMI-1640 等培养液制成 20% 组织悬液，加抗生素处理，3 000r/min 离心 20min，取上清，70℃加热 5min，加 10% 氯仿室温处理 15min，离心后取上清用于病毒的分离及鉴定。

（2）病毒分离鉴定

①鸡胚接种：CIAV 可在 5~10 日龄鸡胚中增殖，可用绒毛尿囊膜、卵黄囊或尿囊腔途径接种。10~14d 后毒价最高，但鸡胚仍可正常发育，至孵出后 14~15 日龄时发生贫血及死亡。

②细胞培养：常选用 MDCC-MSB1 淋巴母细胞 T 细胞细胞系及 LSCC-1104B1 B 细胞系，以 RPMI-1640 培养，37℃、5% 二氧化碳条件下，出现细胞病变如变圆、溶解，感染的细胞不能继续增殖。

③雏鸡接种：1 日龄无 CIAV 母源抗体的易感雏鸡（SPF 鸡）肌肉注射 0.1mL 病料，14~16d 后采血，测定红细胞压积，低于 25% 则为贫血及 CIAV 感染，剖检有 CIAV 感染的典型病变。CIAV 分离物除根据病毒的理化特性进行鉴定外，还可通过血清学方法进一步证实。

（3）血清学检查　已建立的检测 CIAV 及其抗体的方法有：中和试验、免疫荧光试验、免疫过氧化物酶试验和 ELISA 等。

（4）PCR检测 可快速敏感地检测各类样品，如细胞培养物、鸡胚组织、石蜡包埋的组织、疫苗中的CIAV的DNA。

（5）鉴别诊断 应注意MDV和IBDV引起的淋巴组织萎缩与CIAV感染的区别，前二者有显著病变，但自然发病不引起贫血症。

另外，磺胺及真菌毒素中毒也可导致再生障碍性贫血，并损害免疫系统，应注意鉴别之。

【防控措施】

在预防上国外已有弱毒疫苗问世，可饮水免疫且不引起免疫抑制。因价格昂贵，现仅用于种鸡免疫。应在12~16周龄时进行，避免产蛋前4周接种，以免造成垂直传播。免疫后6周可产生坚实免疫力，其免疫力能维持到60~65周龄。当前重点是做好对SPF鸡群的监测，防止鸡胚及其细胞苗的污染。

由于本病常与马立克病病毒、传染性法氏囊病病毒及网状内皮组织增生病病毒混合感染，且彼此之间又相互影响。因此，做好这3种疫病的预防可降低鸡体对本病的易感性。

七、禽白血病

禽白血病（avian leukosis，AL）是由禽白血病/肉瘤病毒群中的病毒引起的禽类多种具有传染性的良性和恶性肿瘤性疾病的总称。其大多数肿瘤与造血系统有关，少数侵害其他组织。由该群病毒引起的造血系统肿瘤疾病形式多样，自然条件下，以主要侵害法氏囊和内脏器官的淋巴细胞白血病最常见；其他如成红细胞白血病、成骨髓细胞白血病、骨髓细胞瘤及某些相关肿瘤，如血管瘤、骨化石病、肾母细胞瘤、内皮瘤、纤维肉瘤等出现的频率较低。

本病在世界所有养鸡的国家几乎都存在，大多数鸡群均有感染，但临床发病鸡只数量较少。有临床表现的病鸡除淋巴细胞白血病外，其他一般比较少见。病鸡呈现渐进性发生和持续的低病死率（1%~2%），偶尔出现高达20%或以上的病死率；很多感染鸡群的生产性能下降，尤其是产蛋率和蛋的品质下降，还造成感染鸡群的免疫抑制。

【病原】

禽白血病/肉瘤病毒群（*Avian viruses of the leukosis/sarcoma group*，AL/S）中的病毒属反转录病毒科（*Retroviridae*）α反转录病毒属（*Alpharetroviruses*），旧称禽C型反转录病毒。与其他反转录病毒科成员一样，α反转录病毒属的病毒具有特征性的反转录酶，此酶是以病毒RNA为模板合成前病毒DNA所必需的。这群病毒具有相似的物理特性和分子生物学特征，并有共同的群特异性抗原。其中的成髓细胞白血病病毒（AMV）、成红细胞白血病病毒（AEV）和肉瘤病毒（ASV）等，因带有特异的病毒肿瘤基因，引起的肿瘤转化迅速，在几天至几周时间内即可形成肿瘤，而淋巴细胞白血病病毒（LLV）缺乏转化基因而致瘤速度慢，需3个月以上。这种肿瘤转化是通过病毒激活与病毒肿瘤基因同源的细胞基因（原癌基因）而发生的。

AL/S病毒粒子一般呈球形，直径80~120nm，表面具有直径约8nm的特征性球状纤突并构成病毒囊膜糖蛋白。在电镜下，AL/S具有位于中心的直径35~45nm的核芯、中层膜和外层膜构成。病毒RNA基因组大小约为7.2kb，其结构基因顺序为5′-*gag/pro-pol-env*-3′，分别编码群特异性抗原、依赖RNA的DNA聚合酶和囊膜糖蛋白。

根据其宿主范围和抗原性及病毒之间的干扰现象不同，可将禽白血病/肉瘤病毒群的病毒分为A~J 10个亚群（型）。其中，A，B两个亚群是现场最常见的外源性病毒；C和D亚群病毒在现场很少发现，致病力也低；E亚群病毒则包括无所不在的内源性白血病病毒，致病力低；J亚群病则是 1989 年从肉鸡群中分离到的，与肉鸡的髓细胞性白血病有关。和 A，B 亚群病毒一样，J 亚群病毒也是商品蛋鸡群中最常分离到的病毒；而 F、G、H、I 亚群病毒则是从其他禽类(如雉鸡、鹧鸪、鹌鹑等)分离到的内源性白血病病毒。在禽白血病病毒(ALV)中，作为感染性病毒粒子进行传播的 ALV 称为外源性白血病病毒；在正常鸡的基因组中含有多类或多科禽反转录病毒样成分，称内源性白血病病毒。

ALV 具有转化宿主细胞的能力。根据其转化细胞的快慢，可将其分为两类，即急性转化型和慢性转化型，二者转化细胞的机制不同。急性转化型无论在体外还是在体内，均能在几天之内转化细胞。急性转化型(如禽成红细胞白血病病毒和成骨髓细胞白血病病毒)转化细胞的分子基础是其基因组中携带 1 个或 2 个位置不定的病毒性肿瘤基因，它们可能在长期的进化过程中通过遗传重组从正常细胞获得，不受正常调控过程控制。其异常表达产物使细胞生长和分化发生变化而产生肿瘤，主要分为 4 类，即生长因子、生长因子受体、核因子和细胞转导因子。

慢性转化型 ALV 在感染后其所诱导的肿瘤形成较晚，无病毒性肿瘤基因。这些病毒基因整合在宿主细胞基因组中原癌基因的上游或下游或中间，引起插入突变来诱导淋巴细胞性白血病。慢性转化型诱导的最常见肿瘤是淋巴细胞瘤。

病毒可在 11 日龄鸡胚绒毛尿囊膜上生长，于 8d 后产生病变(痘斑)。将病毒接种于 5~8 日龄鸡胚卵黄囊内，也可产生肿瘤。在鸡胚成纤维细胞上，病毒能很好地生长繁殖，但一般不产生明显的细胞病变，将病毒通过腹腔接种 1 日龄雏鸡，能使雏鸡发病产生肿瘤。

本病毒对外界环境的抵抗力较弱，不耐热但耐寒，在 -60℃ 下可存活数年，在 pH 5~9 范围内稳定，对紫外线和 X 线的抵抗力很强。

【流行病学】

在自然条件下，本病仅发生于鸡，人工接种能使珠鸡、火鸡、鸽、鸭、鹌鹑、鹧鸪感染。虽然任何年龄的鸡均可感染，但病例多集中于 6~18 月龄，4 月龄以下很少发生。母鸡比公鸡易感，据资料统计，母鸡发病率为 8%，公鸡仅 0.1%。不同品种、品系的鸡做人工感染试验，发病率相差可达 10 倍，芦花鸡的发病率高于来航鸡，来航鸡的不同品系发病率也有明显差别。

外源性 ALV 有两种传播方式，即经种蛋由母鸡向后代垂直传播和通过直接或间接接触病鸡、带毒鸡及其污染的粪便、垫草等经消化道水平传播。垂直传播可在世代间持续不断传播病毒，因此在流行病学具有重要意义。大多数鸡通过与先天性感染的鸡密切接触而受到感染。需注意 ALV-J 在肉鸡群的水平传播效率较其他外源性 ALV 要高得多。在临床上一般呈个别散发，偶见因饲养密度过高或感染寄生虫病及维生素缺乏等应激因素促使本病大量发生。

内源性 ALV 无致瘤性或致瘤性很弱，但可影响鸡对外源性 ALV 感染的反应性。其一般通过鸡的生殖细胞进行遗传传递，多数为遗传缺陷型，不能产生感染性病毒粒子，少数无缺陷型病毒，可在鸡胚或孵出的雏鸡体内产生感染性病毒粒子，并以与外源性 ALV 相似的方式传播病毒，但大多数鸡对这种 ALV 具有遗传抵抗力。

成年鸡感染 ALV 后血液中有 4 种表现形式：①无病毒血症、无抗体(V^-A^-)：非感染鸡群和易感鸡群中有遗传抵抗力的鸡属于该类型。感染鸡群中易感鸡则属于以下 3 种类型。②无病毒血症、有抗体(V^-A^+)：大多数鸡属该类型，该类型母鸡传播病毒比例较小且有周期间隙性。③有病毒血症、有抗体(V^+A^+)：感染鸡血液中病毒和抗体同时存在，这样进入鸡卵中的病毒被卵黄中的抗体所中和，就出现了间断性的垂直扩散。④有病毒血症、无抗体(V^+A^-)：携带有 ALV 的鸡卵孵化时，在鸡胚发育的同时病毒也在胚细胞中增殖，但不完全破坏细胞，因此绝大部分不杀死鸡胚，而在鸡胚不断发育成雏鸡，乃至成鸡时，病毒可不间断地增殖，宿主鸡的先天性感染结果形成免疫耐受，产生 V$^+$A$^-$鸡群，血液中病毒含量高，无抗体。感染的雏鸡不一定全部发病，感染越早，发病率越高。免疫耐受鸡(V$^+$A$^-$)又称保毒鸡，其发病病死率比其他有抗体鸡群(V$^-$A$^+$)要高，有时可高达6~10倍。禽白血病病毒在雏鸡中广泛感染传播，而宿主鸡对病毒存在遗传抵抗性，即使感染，发病也较少。

【临床症状和病理变化】

(1)淋巴细胞白血病　潜伏期：人工接种时98~196d，自然感染时98~112d以上。性成熟期的发病率最高。

此种类型白血病最常见。病鸡无特征性症状，外表仅表现全身性衰弱症状，精神沉郁，嗜睡，鸡冠和肉髯苍白、蜷缩，偶见青紫色。食欲不振或废绝，进行性消瘦，全身虚弱，有的腹部胀大，可触摸到肿大的肝脏和法氏囊。有的下痢，母鸡停止产蛋，病鸡后期不能站立，倒地因衰弱而死。内脏肿瘤若有发生，一旦出现症状，往往不久即死亡。

病理变化：主要是肝、脾和法氏囊肿大，有结节型、粟粒型、弥漫型或混合型的肿瘤病灶或结节，肿瘤平滑柔软，有光泽，呈灰白色或淡灰黄色，大小、多少不一。特别是肿大几倍的肝脏呈大理石样外观，质脆，俗称"大肝病"。另外，在肾脏、心脏、肺脏、性腺、骨髓和肠系膜等器官可见有肿瘤病灶或结节。严重的病例内脏器官因肿瘤广泛扩散互相粘连在一起。

肿瘤组织切面呈灰白色或淡黄色灶形和多中心形，是由大的淋巴细胞增生聚集而成。肿瘤最初开始于法氏囊细胞的肿瘤性变化，再向肝、脾等组织转移、扩散，属囊依赖性淋巴细胞系统的一种恶性肿瘤，除去法氏囊可防止本病发生。

(2)成红细胞白血病　本病例较少见，潜伏期21~110d，分为增生型和贫血型两种类型。共同的症状为：病初精神沉郁，嗜睡，鸡冠、肉髯稍苍白或发绀。严重时病鸡下痢、消瘦、全身虚弱、毛囊有的出血，最后极度衰弱而死亡。

病理变化：共同的病变为全身贫血，肌肉、皮下和内脏器官有出血点。有的肝、脾形成血栓、梗死和破裂。心包积水，腹水增多，肝表面有纤维素凝块沉着。两型不同点如下：

①增生型：特征是在病鸡的血液中有许多幼稚的成红细胞，病程较长，约几个月。剖检肝和脾显著肿大，肾稍肿大，均呈暗红色或樱桃红色，质柔软易碎。骨髓极柔软，呈血红色或樱桃红色水样。

②贫血型：特征是血液中未成熟的红细胞少，发生严重贫血，血液呈淡红色水样，凝固缓慢。病程短，约几天，剖检内脏器官特别是肝、脾发生萎缩，骨髓花白呈胶冻样，骨髓间隙被疏松骨质占据。

(3)成骨髓红细胞白血病　自然病例罕见，本病的特征是在病鸡的外周血液中成骨髓细胞大量增加，可达200万个/mm^3，占血液细胞总数的3/4，血液离心后可见白细胞层显著增厚，是真正的白血病。外表症状与成红细胞白血病相似，但病程较长。

病理变化：全身性贫血，肝、脾、肾有弥漫性灰白色肿瘤小结节，或肿瘤组织浸润，使其外观呈颗粒状或斑纹状，骨髓变坚实，呈淡红灰色或灰白色。

(4)骨髓细胞瘤病　人工感染潜伏期21~77d。本病很少见。特征是在病鸡的两侧骨骼上形成对称性、弥漫性或结节状肿瘤突起(由骨骼细胞增生所形成)。多发生于头部、胸部和腿部，因而病鸡头部呈现异常突起，胸和肋骨及腿骨有时也有这种突起。病程较长，全身症状与成髓细胞性白血病相似。

剖检可见骨髓的表面靠近软骨处发生肿瘤，呈淡黄色，柔软质脆或似干酪样，呈弥漫状或结节状。

（5）骨型白血病　又称骨化石病。本病的特征是在病鸡的小腿骨、盆骨、肩胛骨和肋骨等处发生两侧对称的骨质增生、骨膜增厚、骨骼肿大、畸形，外观呈梭子形。病鸡步态蹒跚跛行，全身性贫血、皮肤苍白，生长不良，内脏器官萎缩。本病与淋巴细胞性白血病合并发生时，内脏器官肿大，并有肿瘤病灶。

其他病症极为罕见，从略。

【诊断】

根据本病的流行病学、临床症状和特征性的病理变化，可做出初步诊断，确诊需做实验室检查。

（1）实验室诊断　可采用（血清、羽髓、卵清）琼脂扩散试验、补体结合试验、免疫荧光抗体试验、ELISA、病毒的分离鉴定、PCR 等方法进行诊断。虽然这些方法在临床上较少应用，但它们是建立无白血病种鸡群不可缺少的手段，尤其是病毒的分离鉴定和琼脂扩散试验。

（2）鉴别诊断　鸡淋巴细胞性白血病应与 MD 相区别，两者眼观变化很相似，主要不同点在于MD 侵害外周神经、皮肤、虹膜，法氏囊常萎缩，而淋巴细胞白血病则不同。在这两个病的鉴别诊断方面，组织学方法特别有意义。MD 肿瘤组织是由小至大淋巴细胞和浆细胞组成的混合群体，与由均一的淋巴细胞组成的淋巴细胞白血病肿瘤不同。MD 与淋巴细胞性白血病的主要区别可见表 7-1 所列。

表 7-1　淋巴细胞白血病与马立克病的区别

区分点	马立克病	淋巴细胞白血病
发病日龄	4 周龄以上	16 周龄以上
症状	常有麻痹或轻瘫	无特征症状
神经肿大	经常发现	无
法氏囊	弥漫性增厚或萎缩	常有结节性肿瘤
皮肤、肌肉肿瘤	可能有	无
消化道肿瘤	常有	无
性腺肿瘤	常有	很少
虹膜混浊	经常出现	无
出现肿瘤细胞的种类	成熟或未成熟淋巴样细胞，大小不均	主要为淋巴细胞，大小均匀

【防控措施】

本病目前尚无有效的疫苗和治疗方法。减少种鸡群的感染率和建立无白血病的种鸡群是防制本病最有效的措施。

对于种鸡群，一旦发现本病，一定要全群淘汰，不得留作种用，彻底消毒被污染的环境和用具；对于商品鸡群，在淘汰病鸡和带毒蛋之后，采取完全隔离饲养管理。用血清学方法对鸡群及鸡蛋进行定期监测带毒和排毒情况，逐步淘汰排毒鸡和带毒蛋，尽快净化本病。由于刚出壳的雏鸡对接触感染最敏感，因此在孵化场对每批之间孵化器、出雏器、育雏室严格清扫消毒，对于减少来自先天感染种蛋的传播具有极大的作用。

八、禽脑脊髓炎

禽脑脊髓炎（avian encephalomyelitis，AE）是一种主要侵害雏鸡的病毒性传染病。其临床特征是患雏运动失调、头颈震颤，母鸡的产蛋量下降。

本病于 1930 年由 Jones 等初次在美国马萨诸赛州商品鸡群中检到，并于 1932 年首次报道并证明为病毒性传染病，根据发病雏鸡特征性头颈震颤，过去曾被称为"禽流行性震颤"(epidemic tremor)。1938年，Van rockel等将其定名为"禽脑脊髓炎"。目前世界上所有饲养商品鸡的地区，均有本病的报道。

【病原】

禽脑脊髓炎病毒(*Avian encephalomyelitis virus*，AEV)现称为震颤病毒甲型(*Tremovirus A*)，属于小核糖核酸病毒科(*Picornaviridae*)震颤病毒属(*Tremovirus*)。无囊膜，病毒粒子直径24~32nm，呈球形。病毒基因组全序列为7 032bp，单股RNA，有3种特异蛋白，VP1~VP3。

AEV各毒株虽有致病性和对组织嗜性的不同，但同属于1个血清型。按照各毒株的毒力及对器官组织嗜性有所不同，通常是把AEV各毒株分为自然毒株(野毒株)和胚适应毒株(Van Rockel株)。自然毒株均为嗜肠性的，易经口感染，经粪便排毒，其致病力相对较弱，但可经鸡蛋垂直传播或使易感雏鸡早期水平感染，并可经脑内接种易感鸡引起神经症状。胚适应毒株为高度嗜神经的毒株，脑内接种(发病率稳定)或非肠道途径，如肌肉或皮下接种(发病率不稳定)均可引起严重的神经症状，口服一般不引起感染，也不能水平传播。

病毒自然野毒株和胚适应毒株都可在易感鸡胚上生长复制，但自然野毒株在未适应鸡胚前一般不会引起明显的鸡胚病变。而鸡胚适应株对鸡胚有致病性，接种6日龄易感鸡胚6~9d后，病毒滴度达到高峰，并引起明显的鸡胚病变，胚体活力减弱，肌营养不良，骨骼肌损伤、萎缩，体重降低，出血，水肿和脑萎缩等。

病毒可在神经胶质细胞、鸡胚肾细胞、胰腺细胞和成纤维细胞上生长，也可通过鸡胚卵黄囊、尿囊腔和易感雏鸡接种病毒，生产用于血清学试验的AEV抗原时首选鸡胚神经胶质细胞。

本病毒对乙醚和氯仿等有机溶剂有抵抗力，对酸、胰酶、胃酶和去氧核酸酶也有抵抗力，对温度的抵抗力很强。病鸡脑组织中的病毒在50%甘油中，可保持40d左右，病毒在干燥或冷冻的条件下，可存活70d。

【流行病学】

鸡、雉鸡、鸽、火鸡和鹌鹑对本病均有感染性，幼鸭、珠鸡可人工感染，某些野鸟可以带毒，但迄今未发现哺乳动物发病。鸡最为易感，各种年龄的鸡均可感染，但以3周龄以内的雏鸡发病症状最为明显。

本病毒有极高的传染性，既可通过接触感染(水平传播)，也可通过蛋传递(垂直传播)。病鸡通过粪便排毒的时间5~12d，粪便中病毒存活时间可达4周以上，当鸡通过消化道摄食了被污染的饲料和饮水时便被感染。也可通过呼吸道和外伤途径感染。垂直传播是本病重要的传播方式，产蛋母鸡感染后通过蛋排毒时间约3周，这些带毒的种蛋在孵化时可能小部分死亡，而大部分会孵出雏鸡，这些雏鸡孵出后1~20d即可发病，而且从出壳开始，即可排毒感染其他的雏鸡。

本病一年四季均可发生，但大多数在冬、春季发病。本病传播很迅速，一个4 000~5 000只鸡的鸡群，4~5d即可全群感染。

【临床症状】

潜伏期因感染途径不同而异，通过种蛋传递而感染的雏鸡为1~7d，经口感染的雏鸡至少为11d。

雏鸡发病初期，精神沉郁，眼睛失神，疲乏嗜眠，有时表现出空口吞咽动作。随后发生运动失调，易受惊扰，脚软，不愿运动，步态蹒跚，前后摇晃，摔倒，最后坐下或卧于一侧，侧卧时脚掌伸直，有的病雏鸡利用跗部和跖部支撑行走，或借助于翅膀拍动才能行走，有时伴有微弱的叫声。

震颤症状也随运动失调出现，有时单独出现。震颤症状多发生于头部和颈部，有些病雏翅膀和尾出现震颤症状。有些则只出现于受到惊扰或刺激后；有些眼观时不明显，但把病鸡捉在手里，用手指按压头颈部才可明显感觉到。病雏若能正常采食和饮水可存活，但部分鸡由于运动失调，行走困难，无法觅食，病鸡日渐消瘦，生长发育不良，体重减轻，最后衰竭死亡。病程一般为6~8d。据统计，在一个阳性场，共济失调占比36.9%，颤抖占比18.3%，两者皆有者占比35%，9.2%无症状者。

成年鸡感染后通常没有可见的临床症状，唯一的表现是产蛋量下降，有时可见蛋形变小。产蛋量下降幅度最高可达40%，时间1~2周，以后逐渐恢复。

鸡群内的全部鸡只可迅速被感染，但发病率通常只有10%~20%（最高60%），病死率受管理因素影响很大，一般25%（在10%~70%波动）。若雏鸡来自免疫后的种鸡，其发病率和病死率较低。

【病理变化】

剖检时一般无明显的肉眼可见变化。胃的肌层中有灰白区（系淋巴细胞浸润所致），肝脏脂肪变性，脾增生性肿大，肠道轻度炎症等。

病理组织学的特征性变化主要在中枢神经系统。表现为散在性、非化脓性脑脊髓炎和背根神经炎。脑和脊髓的各个部位出现血管周围淋巴细胞浸润。在中脑、桥脑、延髓和脊髓神经胶质细胞有明显的弥漫性或结节状增生，脑干特别是脊髓的神经细胞发生中央染色质溶解，对本病的诊断有重要意义。此外，在某些内脏器官，如心肌、腺胃、肌胃的肌肉层和胰腺可见多量细胞浸润，并形成小结节。

【诊断】

根据本病流行特点、鸡群的病史、典型的头颈震颤及产蛋母鸡产蛋下降，剖检时没有可见的眼观病变，可做出初步诊断。但初次发病的确诊需进行实验室诊断。

（1）病毒分离鉴定 取病鸡的脑、胰或十二指肠作为病料，加入营养肉汤或生理盐水，制成10%~25%的组织悬液，经常规处理后接种于1日龄雏鸡，或5~6日龄鸡胚，根据结果进行鉴定。

（2）鸡胚接种 将病料通过卵黄囊接种（分离和繁殖本病毒的最佳途径）5~6日龄SPF鸡胚，接种后12d检查鸡胚是否有AEV所致鸡胚典型病变，并留取少量接种胚继续孵化至出雏，雏鸡出壳后2d开始发病（观察到10~20日龄），其临床症状和病理组织学变化与自然病例相同。如有类似AE症状，则采集脑分离原代病毒。从野外分离病毒，常常不能使SPF鸡胚产生病变，需盲传3~4代，方能适应鸡胚，产生病变。应注意的是，鸡胚必须是来自无AEV感染、无AE母源抗体的的鸡群。

（3）雏鸡感染试验 取病、死鸡脑组织悬液，经抗生素处理后，脑内接种2~3日龄无AE母源抗体的易感雏鸡，每只鸡0.1mL，12~14日龄开始发病，其症状与自然病例相同。可取脊髓、心肌及肌胃，制成冰冻切片，进行组织学检查，也可用抗脑脊髓炎的特异性荧光抗体染色，检查病毒抗原。

（4）血清学试验 可采用适应于鸡胚的毒株来确定血清中和能力。将未经稀释的血清与1：10倍稀释的病毒液混合，其经卵黄囊接种于6日龄鸡胚，接种后10~12d，检查鸡胚有无特征性病变并计算其中和指数，中和指数达1.5~3.0者判为阳性。还可采取琼脂扩散试验、间接荧光抗体试验或间接血凝试验检测发病鸡血清中的抗体。

（5）鉴别诊断 容易与本病混淆的疾病有新城疫、马立克病、传染性支气管炎、营养性脑软化症和雏鸡佝偻病等。

①新城疫：于各种年龄的鸡发生时均有明显的症状，除神经症状及产蛋量下降外，还可见呼吸道症状及黄绿色或黄白色下痢，剖检消化道及其他一些内脏器官有明显的肉眼变化。脑脊髓炎

主要发生于3周龄以下雏鸡，剖检时没有可见的眼观变化。

②马立克病：马立克病多发日龄为50~120日龄，比本病要晚得多。主要表现为腿翅麻痹，劈叉姿势。剖检时可见腰荐神经丛明显肿大，横纹消失，有肿瘤结节，肝、脾等内脏有肿瘤性变化，而鸡脑脊髓炎的外周神经无病变。

③传染性支气管炎：感染产蛋鸡时，也会引起产蛋下降，但下降及恢复速度较慢，且蛋壳畸形、粗糙，蛋白稀薄呈水样。

④雏鸡营养性脑软化症：维生素 E 缺乏症一般发生在2~4周龄雏鸡，病雏常伴有白肌症和渗出性素质，小脑水肿、有出血斑点，脑内有坏死区。维生素 D 缺乏症，一般在1月龄前后发病，表现关节变形、软骨症病状。维生素 B_1 缺乏症，特征性症状是胫跗关节屈曲呈"观星"状，剖检可见皮下广泛性水肿。维生素 B_2 缺乏症，一般2周龄后，软趾爪向内蜷曲，两腿瘫痪卧地不起，坐骨神经和臂神经变软并肿大数倍。

⑤佝偻病：有时出现神经症状，与脑脊髓炎不同的是骨骼的变化，并且无传染性。

【防控措施】

本病尚无特效药物治疗，一般情况下采取淘汰和隔离感染雏鸡，但这些鸡即使存活也无太大的价值。预防主要是采取综合性防制措施。

（1）加强饲养管理　及时隔离病鸡群，控制健康雏鸡的同群时水平传播，改善和加强饲养管理，适当增补多种维生素。

（2）做好消毒工作　对鸡舍、地面及饲养用具进行彻底消毒，重新购进带有本病母源抗体的雏鸡饲养。

（3）免疫预防　对种鸡（10周龄以上至开产前4周）接种鸡脑脊髓炎疫苗，使其在产蛋前获得免疫力，并通过蛋传递给后代雏鸡，从而保护幼龄雏鸡不发病。免疫接种的方法，可将弱毒疫苗混入饮水中全群口服，也可只给2%~5%的鸡以嗉囊内接种，使同群鸡在接触感染中获得免疫力。正在产蛋的鸡，用活毒疫苗接种可能在一定程度上影响产蛋量，故可采用灭活疫苗进行肌肉注射。

九、禽腺病毒感染

禽腺病毒感染（fowl adenovirus infections）是由禽腺病毒引起的一种亚临床性传染病，多数为长期潜伏带毒，引起症状不明显的潜伏感染，少数可致病。

禽腺病毒为无囊膜的 DNA 病毒，与禽病相关的禽腺病毒分属于3个属，即禽腺病毒属（Aviadenovirus）、唾液酸酶病毒属（Siadenovirus）和富腺胸腺病毒属（Atadenovirus）。习惯上将从鸡、火鸡、鹅和其他禽类获得的归于禽腺病毒属的病毒分离物称为血清Ⅰ群；唾液酸酶病毒属，也称为血清Ⅱ群，包括火鸡出血性肠炎病毒、雉鸡大理石脾病病毒和鸡大脾病病毒；富腺胸病毒属，即血清Ⅲ群，是从产蛋下降综合征（EDS-76）发病鸡群和鸭分离到的腺病毒，它们仅含有部分相同于Ⅰ群病毒的群特异性抗原。

在禽腺病毒感染中，对养禽业危害严重的有血清Ⅰ群腺病毒感染引起的鸡包涵体肝炎和血清Ⅲ群腺病毒引起的产蛋下降综合征。这两种病在世界上广泛分布，给养禽业造成严重经济损失。

（一）鸡包涵体肝炎

鸡包涵体肝炎（inclusion body hepatitis, IBH）是由Ⅰ群禽腺病毒引起的鸡的一种急性传染病，又称为贫血综合征（anemia syndrome）。其主要特征是病鸡在发生肝炎的同时，伴有出血性变化和再生不良性贫血，表现为严重贫血、黄疸和肝肿大，有出血和坏死灶，肝细胞见有核内包涵体。种鸡发生感染时，本身可能无任何临床症状，但所产种蛋的孵化率下降，孵出的雏鸡病死率显著增高。

本病于 1951 年在美国首次报道，随后加拿大、意大利、英国、墨西哥、葡萄牙、德国和日本均有本病发生的报道，我国也有此病的发生。

【病原】

腺病毒血清Ⅰ群即腺病毒科（*Adenoviridae*）禽腺病毒属（*Aviadenovirus*）。目前，分离到的Ⅰ群禽腺病毒可分为 A、B、C、D、E 5 个种，根据交叉中和试验结果又可以进一步分为 12 个血清型（FAdV1~8a、8b~11），这 12 个血清型的病毒均可引起鸡包涵体肝炎，但目前以 FAdV2 型和 8 型为主。本群病毒具有腺病毒的共同特征。病毒粒子直径 70~90nm，呈规则的二十面体对称，有 252 个壳粒围绕一直径 60~65nm 的核心，无囊膜，核酸类型为双股 DNA。病毒血凝性存在较大差异，仅个别血清型毒株能凝集大鼠的红细胞，多数毒株无血凝活性。

病毒分离物可在鸡胚、鸡胚肝细胞、鸡胚成纤维细胞及鸡肾细胞内增殖，最适生长温度为 40℃。本病毒在这些细胞培养物中增殖时，可引起典型的细胞病变，感染细胞变圆，细胞核内出现嗜碱性或嗜酸性包涵体等。

禽腺病毒也可在鸡胚中生长繁殖，经绒毛尿囊膜途径接种时，鸡胚中的病毒效价可达 10^6~10^{11} 个鸡胚半数致死量（ELD_{50}）。胚胎常在接种后 2~7d 内死亡，如死亡发生在早期，胚体一般充血或出血。相反延缓死亡的鸡胚，与鸡传染性支气管炎病毒感染的鸡胚类似，可见发育不良和蜷缩。绒毛尿囊膜上有时可见有小的不透明痘斑，鸡胚常有不同程度的斑影和以坏死为特征的肝炎。病理组织学上可见肝细胞发生广泛的脂肪变性和坏死，肝细胞核内常有大的包涵体。

禽腺病毒对热和紫外线比较稳定，能抵抗乙醚、氯仿及 pH 3~9，这种特性有助于与鸡的其他病毒相区别，病毒对环境条件的适应性较强，对甲醛和碘制剂比较敏感，1∶1 000 浓度的甲醛可使其灭活。

【流行病学】

本病多发于 3~15 周龄的鸡，以肉仔鸡最易感，成年鸡也可感染，但一般没有可见的临床症状。传播方式以垂直传播为主，病毒通过污染种蛋而传播本病，所以鸡群一旦引入本病则很难根除。同时，病毒也可通过各种排泄物，尤其是粪便排出而污染禽舍、饲料、饮水经消化道而引起水平传播。发病季节多为春、秋两季。

鸡群一旦感染本病，大部分鸡在 7~10d 内相继发病，发病后 3~5d 达到死亡高峰，持续 3~5d 后突然停息。病程 10~16d，病死率一般为 10% 左右，经蛋传递时，雏鸡的病死率可高达 40%。

【临床症状和病理变化】

自然感染的潜伏期多为 1~2d。一般感染 3~4d 后鸡群突然出现死亡高峰，很快停止，有时也可持续 2~3 周。病鸡表现精神沉郁，食欲减退或不食，翅膀下垂，羽毛蓬乱，呈现蜷曲姿势，冠髯苍白，表现贫血或黄疸症状，临死前有的发出鸣叫声，并出现角弓反张等神经症状。成年蛋鸡感染时，因毒株差异，可使产蛋量下降或影响蛋壳质量。

病死鸡病变主要集中在肝脏，肝脏显著肿大，边缘钝圆，质地脆弱，呈黄褐色，肝被膜下有较大面积淤血和灶状出血，出血点或出血斑常呈线状或芒状，在出血点之间有灰黄色坏死灶，使肝脏外观呈斑驳状色彩。脾脏常见有灰白色斑点，心外膜和内脏浆膜也可见有出血点，肾肿大、苍白，表面有出血点，肾小管内有尿酸盐沉积，长骨骨髓苍白。尸体可见贫血、黄疸，皮下、胸肌和腿部肌肉有明显的出血斑点。

病理组织学的特征性变化是肝细胞发生广泛性的脂肪变性和坏死，细胞核内含有嗜酸性包涵体，包涵体大小或数目不一。

【诊断】

根据发病年龄、发病特点、病理变化及肝细胞内包涵体等，一般可以做出诊断。应注意的是，在成年产蛋鸡群中发生腺病毒感染时，一般不表现临床症状，而只是不明原因的产蛋量下降，蛋壳变薄，褐壳蛋色泽变浅等。因此，要做出确切诊断必须进行实验室检查。

腺病毒感染一般是全身性的，从病鸡的大多数器官中均可分离出腺病毒，如肠道、呼吸道和肝脏等，在疾病的早期，以肝脏和法氏囊的含毒量为最高。

(1)细胞培养物接种　将病毒分离物接种于SPF鸡胚肾或鸡肾细胞培养物，如果分离物中含有腺病毒，则可见细胞变圆，细胞核内出现特征性的嗜碱性包涵体。

(2)鸡胚接种　选择不含母源抗体的5~7日龄鸡胚，经卵黄囊进行接种，如在接种后2~10d发现胚胎发育停滞或死亡，死胚的皮肤和肌肉有出血斑，颈部、腹部和腿部尤为明显，则可说明病毒分离物中含有腺病毒。

(3)PCR诊断　对可疑病料或病毒分离物可设计Ⅰ群禽腺病毒的特异性引物，应用PCR进行确诊。

(4)血清学检查　各个血清型的鸡腺病毒具有共同的群抗原，利用病愈鸡或免疫接种3~5周后的鸡血清可检出鸡腺病毒抗体的存在。在实验室内可用琼脂扩散试验、沉淀试验、中和试验或免疫荧光抗体试验等进行检测。

(5)鉴别诊断　对禽腺病毒感染进行诊断时应注意与传染性法氏囊病、脂肪肝综合征及弯杆菌性肝炎等相区别。鸡患传染性法氏囊病时，同样可有严重的肌肉出血和其他类似的症状，但法氏囊具有肿胀或萎缩等特异性病变，并且可用血清学试验加以区别；脂肪肝综合征虽表现有突然死亡，营养良好，肝脏肿大，被膜下也有出血点等，但多是由于饲喂高能量饲料引起的代谢性疾病，多为零星发生，无传染性；弯杆菌性肝炎肝被膜下有大的血疱，并常破裂而发生腹腔积血，俗称"血水病"，在胆汁压片上可以看到呈螺旋状运动或直线运动的弯杆菌。

【防控措施】

目前，对本病尚无行之有效的治疗和免疫预防措施。对禽腺病毒的免疫原性以及中和抗体的保护作用研究还比较少。但已发现含有本病母源抗体的雏鸡对相应毒株有抵抗力，母源抗体一般存在3~4周龄后消失。迄今为止，FAdV1血清型的复杂增加了疫苗研制的难度。近年来国内外有报道，灭活疫苗、减毒活疫苗及基因亚单位疫苗等可用于本病的免疫预防。国内已有学者应用血清8型的FAdV1制备了鸡包涵体肝炎油乳剂灭活疫苗，通过免疫试验和安全性试验证实，对血清8型病毒引起的感染具有良好的保护效果，而该疫苗对其他血清型病毒的交叉保护性如何尚无定论。

预防本病的主要措施是加强鸡群的饲养管理和做好鸡舍环境卫生，防止或消除应激因素，如寒冷、拥挤、过热、贼风以及断喙过度等。同时，因腺病毒可通过种蛋垂直传播，因此净化种群是预防本病非常重要的措施。

(二)心包积液-肝炎综合征

心包积液-肝炎综合征(hydropericardium hepatitis syndrome，HHS)是由Ⅰ群禽腺病毒属的血清4型(FAdV4)病毒所引起的以心包积液、肝脏和肾脏炎症为特征的鸡的一种新发传染病，又称为安卡拉病(Angar disease，AD)，因其最早(1987年)发现于巴基斯坦的安卡拉小镇，以后逐渐传遍世界各地，目前本病呈世界性分布。我国从2010年开始逐渐有少量病例发生，2013—2015年本病在我国山东、河南、江苏、安徽等地发病率急剧上升，对当地养禽业造成了极大冲击。本病以其潜伏期短、发病快等的特点给家禽养殖业带来了巨大的经济损失。

【流行病学】

本病主要发生于1~3周龄的肉鸡，也可见于肉种鸡和蛋鸡，其中3~6周龄的鸡最多发。肉鸡的病死率可高达80%，而蛋鸡的病死率较低，仅在10%以下。本病主要通过垂直传播，也可水平传播。病毒能够通过排泄物及精液传播，除此之外，在鼻黏膜、肾脏、气管中也可检测到。鸡感染后可成为终身带毒者，并可间歇性排毒。

【临床症状和病理变化】

本病发病快、潜伏期短，发病鸡群前期无明显变化，多见突然死亡，以中等和偏大鸡为主。排黄绿色的粪便，有神经症状，出现两腿划空，数分钟内死亡。发病头2~3d虽表现突然死亡，但病死率极低，2~3d后死亡迅猛增加，病死率上升快，高峰持续1周左右。死亡严重的多混有其他病原的混合感染。

剖检可见严重的心包积水和肝炎变化。心包内积有大量淡黄色透明的渗出液，心脏变形及肿大；肝脏肿大、变脆，呈土黄色或黄色，甚至出现坏死，肝细胞内有嗜碱性包涵体；肾脏肿大、呈苍白色或暗黄色。此外，还可见肺部淤血、水肿，肌肉呈现淡白色等病变。肠道变化不明显。

【诊断和防控措施】

与鸡包涵体肝炎的诊断和防控措施基本相同。预防可应用FAdV4型病毒分离株制备自家灭活油乳剂苗对鸡群进行免疫接种，可起到较好的免疫保护作用。

(三)鹌鹑支气管炎

鹌鹑支气管炎(quall bronchitis)是由腺病毒引起鹌鹑的一种急性高度传染性和造成支气管等呼吸道卡他性炎症的疾病。本病于1950年在美国由Klson首先发现，幼鹌鹑被感染造成的病死率很高。

【病原和流行病学】

本病病原属Ⅰ群禽腺病毒属的血清1型(FAdV1)病毒，其与鸡胚致死胎儿病毒(CELO)和家禽腺病毒关联病毒等被认为是相同的病毒，因为这3种病毒均能致死鸡胚，使鸡胚矮化、尿囊膜变厚、肝脏坏死和肾脏尿酸盐沉积。

鹌鹑及珠鸡对本病毒易感，鸡和火鸡虽可感染但不发病或仅表现轻微呼吸道症状。本病为高度接触性传染病，空气传染为最主要的传播途径。病毒传染性很强，传播较快，可由各种无明显症状的禽传染给鹌鹑。

【临床症状和病理变化】

本病潜伏期2~7d。病鹌鹑表现为支气管啰音、咳嗽、流鼻涕、精神不振及挤堆，有时出现流泪和结膜炎症状。病程1~3周，发病率100%。病死率幼鹌鹑为10%~100%(平均50%)，性成熟的病死率则比较低。

发病鹌鹑气管和支气管内黏液增多，气囊混浊，角膜混浊，结膜发炎，鼻道及鼻窦充血。珠鸡除有呼吸道及眼病变外，还可见脾呈大理石样，肝脏及胰腺发炎。组织学病变表现为病变组织细胞中可见核内包涵体。

【诊断和防控措施】

根据流行病学、临床症状、病原分离技术和血清学方法进行确诊。本病目前尚无特效的预防治疗药物，临床上可以采取对症治疗，同时加强饲养管理，做好卫生消毒隔离工作。

(四)产蛋下降综合征

产蛋下降综合征(egg drop syndrome，EDS-76)是由禽腺病毒引起的蛋鸡及种鸡产蛋量严重下降的一种传染病。以鸡群产蛋下降，产薄壳蛋、软壳蛋和无壳蛋为特征。

自 1976 年荷兰学者 Van Eck 首次报道并分离到有血凝性的禽腺病毒以来，已相继于澳大利亚、比利时、法国、英国等国家分离出病毒。我国于 1986—1990 年证实许多鸡场呈 EDS 血清抗体阳性。我国于 1991 年分离到病毒，随后在江苏、上海、天津、四川、河南和吉林等地证实有本病存在，并相继分离到病毒。

【病原】

EDS-76 病毒(*Egg drop syndrome virus*)属于腺病毒科富腺胸病毒属(即腺病毒血清 III 群)。病毒为无囊膜、双链 DNA 病毒，在负染标本中观察到的病毒粒子大小 76~80nm，呈二十面体对称。现认为 EDS-76 病毒只有一个血清型，但利用限制性核酸内切酶分析，可以将分离到的病毒分为 3 个基因型。

腺病毒粒子含有 15 种多肽，其中 5 种多肽，即六邻体蛋白、五邻体蛋白和两个内部多肽占比总蛋白含量的 90% 以上。六邻体蛋白是病毒粒子内最大的蛋白质，相对分子质量约 120×10^3，也是病毒粒子主要的结构蛋白，它与五邻体和纤维蛋白一起构成核壳，决定着病毒粒子的大小，且带有主要的属和亚属特异性抗原决定簇，是病毒的主要保护性抗原成分。PVIII 蛋白是 EDSV 的另一种主要结构蛋白，相对分子质量约 2.85×10^4，位于核衣壳的内面，与六邻体紧密相连，属六邻体相关蛋白，由 250 个氨基酸残基组成，其对完整病毒粒子的形成是必不可少的，且与其他腺病毒和哺乳动物腺病毒的同源性差别很大。

EDS-76 病毒能凝集鸡、火鸡、鹅、鸽和孔雀的红细胞，但不凝集大鼠、家兔、马、牛、猪、绵羊或山羊的红细胞。

EDS-76 病毒能在鸭胚、鸭肾细胞、鸭胚肝细胞、鸭胚成纤维细胞、鹅细胞培养物中生长，但以在鸭胚中生长最好，在鸡胚细胞中也能很好生长，在鸡肾细胞中次之，在鸡胚成纤维细胞、火鸡细胞中生长不良，在很多哺乳动物细胞中病毒不能生长和复制。

EDS-76 病毒对脂溶剂不敏感，对氯仿、酸、碱及 pH 3~10 稳定。加热 56℃ 3h 仍存活，但 60℃ 30min 可被灭活。病毒经 0.2% 甲醛和 0.5% 戊二醛处理后检测不出感染性。

【流行病学】

易感动物主要是鸡，但不同品种的鸡对病毒的易感性有差异，以产褐色蛋母鸡最易感。任何年龄的鸡均可感染，但以 26~35 周龄的最易发病，35 周龄以上的鸡较少发生，幼龄鸡感染后不表现临床症状，血清中也检测不出抗体，在性成熟前开始产蛋后，血清抗体才转为阳性或引起发病。如果 EDS-76 病毒进入一个鸡场，所有日龄的开产母鸡都可能出现减蛋问题，但在产蛋高峰前后由于潜伏病毒的活化感染才明显表现出来。

家鸭、鹅体内普遍存在抗体，在野鸭、红鸭、猫头鹰等野禽中也可检测到抗体，并且在鸭、鹅及野禽中分离到了 EDS-76 病毒。可见，鸭、鹅可能是本病毒的自然宿主。

EDS-76 病毒既可垂直传播，又可水平传播，被病毒污染的种蛋和精液是垂直传播的主要因素。经蛋内感染的雏鸡多数不表现任何临床症状，血清中也检测不到抗体，而是当全群产蛋达到 50% 至高峰时出现排毒并产生 HI 抗体。感染鸡可从输卵管、泄殖腔、粪便、肠内容物及鼻腔分泌物中分离到病毒，通过泄殖腔、鼻腔排出病毒或者带有病毒的鸡蛋污染蛋盘，从而引起本病的传播。此外，家养或野生鸭、鹅或其他野生禽类的粪便污染饮水，也可将病毒传给母鸡。

【临床症状和病理变化】

人工感染时潜伏期一般 7~9d。病鸡通常无明显的临床症状，主要表现为突然性群体产蛋下降，病初蛋的色泽消失，紧接着产生薄壳、软壳或无壳蛋。薄壳蛋质地粗糙，像砂纸样。蛋清稀薄层呈水样，浓稠层混浊，界限清晰。其病程一般持续 4~10 周，此期间产蛋率下降 30%~50%。

如果由于潜伏病毒的活化而发病，通常于产蛋率在50%和高峰期之间出现产蛋下降。如果一些鸡在发病之前已经获得了抗体，则鸡群有的不能达到预定的生产性能，有的产蛋期可能推迟。

本病没有特征性的病理变化。自然感染鸡可见卵巢静止、不发育，输卵管萎缩，有时可见子宫水肿。人工感染后，在9~14d出现子宫皱褶水肿及在蛋壳分泌腺处有渗出物，脾轻度肿胀，卵泡无弹性，腹腔中有各种发育阶段的卵。病理组织学变化主要出现在输卵管，尤其在蛋壳分泌腺上皮细胞中可见核内包涵体，大量被感染的细胞脱落到管腔中，出现炎症反应，基底膜和上皮可见巨噬细胞、浆细胞、淋巴细胞及异嗜性细胞浸润。

【诊断】

绘制产蛋率曲线对早期诊断有重要意义，在正常饲养管理条件下，在鸡群产蛋高峰时，突然发生不明原因的群体性产蛋下降，有色蛋在产蛋下降前蛋壳褪色，并有畸形蛋，剖检有生殖道病变，临床上又无特征性表现时可怀疑本病。进一步确诊要采用病原分离与鉴定、血清学试验等实验室诊断方法。

（1）病毒分离鉴定　无菌采取发病鸡的输卵管、泄殖腔等病料，经处理后以尿囊腔接种10~12日龄鸭胚。初次分离时鸭胚死亡不多，随着传代次数增加，鸭胚死亡数量增多。收取死亡胚或接种后72h左右未死亡胚的尿囊液和羊水，应用HA、HI试验进行鉴定。

（2）血清学试验　常用的血清学试验是HI试验。通过HI试验检测血清或卵黄中的抗体效价。一般来说，对未免疫鸡群当HI抗体效价达到1：8以上时，则说明鸡群已感染病毒。需要注意的是经卵感染的鸡，在生长期间检测不到抗体，只是随着临床症状的出现，抗体才转为阳性。因此，在一个鸡群，即便在20周龄时，所有的鸡血清学检测阴性，也不能保证没有受到感染。

此外，中和试验、ELISA、荧光抗体技术或琼脂扩散试验均可用于本病的诊断。

（3）鉴别诊断　EDS-76必须与传染性支气管炎（IB）、非典型新城疫等疾病及饲养管理不当造成的产蛋减少做鉴别诊断。感染IB病毒的鸡产畸形蛋、纺锤形蛋和粗壳蛋，蛋的质量变差，如蛋白稀薄水样，蛋黄和蛋白分离以及蛋白黏着于蛋壳膜表面等。产蛋母鸡的腹腔内可以发现液状的卵黄物质，卵泡充血、出血、变形。检查呼吸系统可见有病变。

EDS-76常常是在鸡群很健康的情况下，不能达到预定的产蛋水平或出现产蛋量下降，蛋壳的变化先于或与产蛋下降同时发生，一般无壳蛋具有特色，软壳蛋、薄壳蛋也是特征性的，但蛋的品质一般变化不大。确切的诊断是用HI试验来证实。

【防控措施】

（1）加强饲养管理　由于EDS-76主要是经蛋垂直传播，所以应从无EDS-76病毒感染的鸡群引种，不要用感染鸡群所产的种蛋孵化。本病也常由污染的蛋盘造成传播。此外，粪便中的病毒也可造成本病的水平传播。因此，要采取合理的卫生预防措施，严格消毒各种用具及遵守检疫、淘汰制度。

（2）做好预防接种　EDS-76目前尚无有效的治疗方法，用疫苗进行紧急接种，对本病的控制有一定效果。在平时做好预防接种是本病主要的防制措施。目前为止，国内外尚未有活毒疫苗，应用较广的是EDS-76油乳剂灭活疫苗，可起到良好的保护作用。鸡在14~16周龄时进行免疫，非感染鸡群免疫后的HI抗体滴度可达2^8~2^9，如果鸡群以前曾感染过EDS-76病毒，滴度能达到2^{12}~2^{14}。免疫后7d能检测到抗体应答，2~5周时达到峰值，免疫力至少持续1年。

十、禽呼肠孤病毒感染

禽呼肠孤病毒感染（avian reovirus infection）是由呼肠孤病毒引起的禽类的多种疾病的总称。主要引起病毒性关节炎/腱鞘炎，也可能与僵鸡综合征、呼吸道疾病、心肌炎、肠道疾病以及吸收不良综合征等有关，还能导致免疫抑制。迄今为止，研究的最清楚也最容易诊断的是禽病毒性关节炎。本病呈世界性分布，对养鸡业的危害日渐突出，尤其是对肉用鸡，危害更为严重，所以目前被养禽业发达的欧美国家列为重要的家禽传染病之一。我国自20世纪80年代初发现本病以来，几乎所有养鸡地区都有过相关报道，有的地方阳性率甚至超过60%。但本病易被细菌性、营养性关节病所掩盖，所以至今仍未得到足够重视。

从正常鸡中有时也能分离出呼肠孤病毒。鸡感染后的表现很大程度上取决于感染鸡的年龄、免疫状态、病毒的类型和感染途径。呼肠孤病毒与其他病原体共同感染，相互作用而导致疾病表现性质上和严重程度上复杂化。

这里仅以病毒性关节炎/腱鞘炎、僵鸡综合征为例对禽呼肠孤病毒感染做一介绍。

（一）病毒性关节炎/腱鞘炎

禽病毒性关节炎（avian viral arthritis）是一种可以由不同血清型和致病性呼肠孤病毒引起的传染病，以关节炎和腱鞘炎、滑膜炎为特征，也可引起腱断裂。急性发病鸡群中，往往造成鸡只死亡、生长停滞、饲料利用率降低。本病主要侵害肉鸡，也可见于商品蛋鸡和火鸡。

【病原】

禽正呼肠孤病毒（*Avian orthoreovirus*）属呼肠孤病毒科（*Reoviridae*）正呼肠孤病毒属（*Orthoreovirus*），无囊膜，具有二十面体对称的双层衣壳。完整病毒粒子直径75nm左右。病毒基因组由10个双链RNA节段组成，根据大小可分为L（大节段）、M（中节段）、S（小节段）3个级别。基因组编码的蛋白质也相应分成3个级别。

不同的呼肠孤病毒毒株在抗原性和致病性方面有一定的差异，据此可将其进行分类。目前，病毒的血清型分类较为复杂，日本鉴定出了5个，美国分离出了4个，且常以不同的亚型存在。不同血清型病毒之间有很大程度的交叉中和性。因此，有学者认为呼肠孤病毒应进行抗原亚型划分而不是血清型的划分。

病毒经卵黄囊接种或绒毛尿囊膜接种，可在鸡胚内生长。原代鸡胚细胞、肝、肺、肾细胞也可用于病毒增殖，适应鸡胚肝细胞后可在鸡胚成纤维细胞上生长。病毒粒子可在感染细胞的细胞质中呈晶格状排列而形成嗜碱性或嗜酸性包涵体。

呼肠孤病毒对热有抵抗力，可耐受60℃ 8~10h，56℃ 22~24h，37℃ 15~16周。病毒对乙醚不敏感，对氯仿轻度敏感，能抵抗pH 3，对2%来苏儿、3%福尔马林有抵抗力。70%乙醇和0.5%有机碘可灭活病毒。

【流行病学】

鸡和火鸡是引起病毒性关节炎/腱鞘炎的呼肠孤病毒的唯一自然宿主，以肉鸡的易感性最高，雏鸡的易感性又高于成年鸡，1日龄无母源抗体雏鸡最易感，随着日龄的增加，易感性降低。临床上以4~7周龄的肉鸡较多见，也可见于较大的鸡。本病感染率高（6%~100%），发病率低（5%~10%），病死率1%~6%，但因生长迟缓，淘汰率较高（30%~50%）。

业已证明，禽呼肠孤病毒既可水平传播，也能垂直传播。水平传播主要是通过消化道和呼吸道感染。自然感染后，病毒在呼吸道和消化道内复制，但病毒长期由肠道排出，通过粪便污染周围环境。病毒也可长期存在于盲肠、扁桃体和跗关节内，使带毒鸡成为潜在传染源。本病经蛋传播频率不是很高（1.7%）。

【临床症状】

本病的潜伏期与宿主年龄、感染途径和病毒的致病性有关，从 1~10d 不等。感染多呈隐性，只有血清学变化及组织学变化而没有症状。有症状病鸡的比例一般不超过 10%。急性感染期，病鸡可表现跛行，部分病鸡发育受阻。慢性期的跛行更加明显，少数鸡的跗关节不能活动，用膝着地，伏坐。病鸡食欲减退，不愿活动，且因采食、饮水不足而消瘦、贫血。可见单侧或双侧跗关节肿胀，胫骨变粗；如腓肠肌腱断裂，则不能行走。商品蛋鸡产蛋率下降。一般病死率小于 6%，但淘汰率较高。

【病理变化】

病鸡跗屈肌腱和跗伸肌腱肿胀。跗关节较少肿胀，常含有草黄色或血样渗出物，少量为脓性分泌物。感染早期腱鞘水肿明显，跗关节滑膜常有点状出血。慢性型可见腱鞘粘连、硬化，软骨上出现点状溃烂，并融合延伸到下方骨质，骨膜增生。有时可见到心外膜炎，肝、脾、心肌上有坏死灶。

【诊断】

从流行病学特点、肉用仔鸡腓肠肌腱断裂的病例或成年鸡慢性关节肿大、肥厚、硬化等临床症状和病理变化可做出初步的诊断。但很难确定它是单独感染或合并感染，所以，最后确诊只有靠实验室诊断。

（1）病料采集　用无菌棉拭子采取跗关节或胫股关节液，或将滑膜（腱鞘）或取脾脏制成悬液。

（2）病原分离鉴定　初次分离多用 SPF 或无呼肠孤母源抗体的鸡胚进行卵黄囊接种。病毒也可在多种鸡胚原代细胞及哺乳动物细胞系内生长。

①鸡胚接种：用 5~7 日龄 SPF 胚，经卵黄囊接种 0.1~0.2mL 病料悬液，35.5℃恒温培养。接种后 3~5d 鸡胚死亡，胚体明显出血，内脏器官充血或出血。存活胚矮小，肝、脾、心脏增大，有坏死点。用 10 日龄 SPF 胚绒毛尿囊膜接种，可用于观察所形成的痘斑及产生的胞质包涵体，7~8d 后鸡胚可出现死亡。

②细胞培养：病毒可在原代鸡胚细胞、鸡肝、肾、肺、睾丸及巨噬细胞上生长，也可在 Vero 细胞、乳鼠肾细胞、猪肾细胞等细胞内生长，以 2~6 周龄鸡肾细胞（CKC）较好。用于病毒分离和蚀斑分析时，可选用鸡胚肝细胞。

③病原鉴定：可依据病毒的耐热、耐乙醚、耐酸及 DNA 代谢抑制剂等特性来鉴定病原。感染细胞以荧光抗体染色，可观察到胞质包涵体。琼脂扩散试验或病毒中和试验也可用于鉴定病毒。致病性鉴定，可接种 1 日龄敏感鸡的爪垫，72h 后明显水肿，可确定为有致病性。

（3）血清学检查　常用的方法有琼脂扩散试验、中和试验、荧光抗体试验和 ELISA 等。

（4）鉴别诊断　应与滑膜支原体引起的滑膜炎、细菌性关节炎等相区别。致病性葡萄球菌常引起关节感染，沙门菌、巴氏杆菌及病原性支原体也常引起关节炎。这些感染通常可通过细菌的分离培养和鉴定加以区分。此外，要区别马立克病和非传染性的佝偻病等造成的跛行。

【防控措施】

可对种鸡接种灭活疫苗，使雏鸡从母源抗体中获得保护，减少经卵传播，但应注意用相同血清型的疫苗株。1 日龄雏鸡接种病毒性关节炎弱毒疫苗可以避免发病，但会干扰马立克病疫苗的免疫效果。

鸡群发病后没有特效治疗药物，因此，对鸡舍及环境要严格消毒，尽量防止病毒的扩散。常用碱性消毒液或 0.5% 有机碘类消毒。

（二）僵鸡综合征

僵鸡综合征（stunting syndrome）是一种以肉仔鸡生长不良或发育停滞为特征的疾病，又称肉仔鸡矮小综合征、传染性发育迟缓综合征、吸收不良综合征等。

本病于 1978 年首次报道发生于荷兰，以后英国、加拿大、美国和澳大利亚等国均报道了本病。我国也有本病的存在，是近十几年来在肉用仔鸡业中造成重大经济损失的疾病之一，因而受到禽病学家和养禽生产者的重视。

【病原】

本病的病因较为复杂，目前尚不完全清楚，根据野外观察和试验研究，认为本病具有传染性。已从患病鸡中分离出了呼肠孤病毒、网状内皮增殖症病毒、细小病毒和肠道病毒等，一般认为本病的病原是禽呼肠孤病毒，其他病毒所起的致病作用尚需进一步证实。因所有这些病毒提纯后，任何一种都不能完全成功复制病例。已有资料表明，本病的病因不是单一的病毒或细菌，而是病毒和细菌及其他因素协同作用的结果。

【流行病学】

本病主要发生于肉用仔鸡，尤其是 3 周龄以内的肉用仔鸡更易感染，发病率 5%～20%，死亡多发生于 6～14 日龄，有时病死率可高达 12%～15%。以生长迅速的重型鸡最易感染，而且日龄越小易感性越高。1 日龄感染时，发病率最高，3 日龄即可见生长明显抑制，时间可持续 4 周以上；7 日龄感染的鸡，发病率相对降低，虽然也出现全身症状和腹泻，但骨骼不发生异常。

本病主要是经水平传播，由于鸡舍被污染或病、健鸡直接接触而感染，也可能发生经蛋垂直传播。

【临床症状】

本病特征性的症状是鸡群生长发育明显不整齐，大小和体重差异很大，病鸡 4 周龄时，只有同群鸡的一半大或更小。病鸡精神不振，但食欲却异常增强，羽毛生长不良，雏鸡时的绒毛迟迟不脱落，主羽生长推迟且不规则。多数病鸡腹部膨大，腹泻，排出黄色或黄褐色黏液性稀粪，其中混有未消化的饲料碎片。有些病鸡的喙、脚及皮肤由黄变白；有些病鸡的腿骨极易骨折。

【病理变化】

剖检时可见患鸡消瘦，缺乏或不见脂肪，肌胃大约是正常鸡肌胃的 1/2，并且完全缺乏肌肉的特征，角质层粗糙且难剥离。腺胃伸展和膨胀比正常大 2 倍左右。肠道贫血、苍白、扩张，肠腔内有大量消化不良的食物，盲肠内充满泡沫物质，后段肠道内有一种特征性的橘黄或棕黄色黏性物质。心包发炎，心包液增多，肝脏苍白和炎症。法氏囊、胸腺和胰脏萎缩，尤以胰脏更为明显，色苍白、硬实。大腿骨骨质疏松易断裂。

【诊断】

由于本病病因不完全清楚，因此，诊断只能依靠临床症状、病理变化和发病情况进行初步诊断，有条件者可进行血浆胡萝卜素及碱性磷酸酶活性的测定。患本病时，血浆胡萝卜素含量降低，碱性磷酸酶活性升高。

【防控措施】

本病目前尚无特异性防治措施。通过加强饲养管理和卫生管理，增加维生素 A、维生素 E 的用量，可以减轻本病的损害。

十一、网状内皮组织增殖症

网状内皮组织增殖症（reticuloendotheliosis，RE）是由网状内皮细胞增殖症病毒引起的一系列的病理性综合征，包括急性网状细胞肿瘤、矮小综合征及淋巴组织和其他组织的慢性肿瘤和急性网状细胞肿瘤。尽管 RE 不是禽类的严重疾病，但病毒污染疫苗后导致的免疫抑制可加重并发病的严重程度。

REV 最初分离株——T 毒株是 1958 年由 Robison 和 Twiehaus 从患内脏淋巴肿瘤的火鸡分离而来。T 毒株有急性致瘤作用，接种后 6~21d 可引起雏鸡死亡，也可以引起火鸡和日本鹌鹑的急性肿瘤，基于肿瘤病变的主要细胞成分属网状内皮组织，故将这一疾病称为"网状内皮组织增殖症"。它代表除马立克病和白血病以外发现的禽类的第 3 群病毒性肿瘤病。

【病原】

网状内皮组织增殖症病毒（*Reticuloendotheliosis virus*，REV）属于反转录病毒科（*Retroviridae*）禽 γ 反转录病毒属（*Gammaretrovirus*），但在免疫特性、形态结构上均与禽白血病病毒不同。

病毒核酸型为单链 RNA，是由含有 2 个 30~40S RNA 亚单位的 60~70S 复合体组成。病毒颗粒直径约 100nm，上有长 6nm 的突起，直径约 10nm。病毒粒子在蔗糖密度梯度中的浮密度为 1.16~1.18g/mL，以出芽的方式从感染细胞的细胞膜上释放。

REV 分为复制缺陷型和非缺陷型两种。非缺陷型 REV 的基因组约为 9.0kb，而复制缺陷型的 T 株 REV 的基因组约为 5.7kb，这是由于 *gag-pol* 区基因的大段缺失和 *env* 区部分缺失所致。非缺陷型 REV 复制过程与其他反转录病毒相似，T 株病毒带有肿瘤基因 *V-rel*，具有严重的致瘤性，但有资料表明其致瘤作用在鸡胚成纤维细胞和犬胸腺细胞上传代培养时则很快消失。其他毒株，包括 T 株辅助病毒、DIA 株（鸭传染性贫血病毒）、SN 株（鸭脾坏死病毒）和 CS 株（鸡合胞体病毒）均为非缺陷型（完全复制）病毒，它们与矮小综合征和慢性肿瘤的形成有关。

REV 不同分离株具有明显一致的抗原性，除了复制缺陷型 T 株外，还具有相似的结构和化学特性。虽然 REV 所有毒株均属于同一血清型，但在抗原性与致病力方面稍有差异。可根据中和试验和与单克隆抗体反应的差异性将病毒分为 3 个亚型，但受体干扰试验不能区分 1 亚型和 2 亚型，表明病毒不存在主要亚型差异。

REV 可以在鸡胚绒毛尿囊膜上产生痘样病理变化，并常导致鸡胚死亡。也可在鸡胚、鸭胚、鹌鹑胚等成纤维细胞上增殖，但一般不产生细胞病理变化。

无细胞 REV，保存在-70℃其活力长期不变；4℃时相对稳定；37℃下 20min 其感染性会丧失 50%，1h 将丧失 99%。感染的细胞加入二甲基亚砜后在-196℃下可长期保存。REV 对乙醚敏感，不耐酸（pH 3.0），5%氯仿也可将其灭活。

【流行病学】

REV 的易感宿主包括火鸡、鸡、鸭、鹅和鹌鹑，此外还有雉鸡、孔雀和珠鸡等，其中以火鸡发病最常见。在商品鸡群中本病多呈散发，在火鸡和野生水禽中可呈中等程度流行。

患病禽作为传染源，可从口、眼分泌物及泄殖腔排泄物中排出病毒，污染鸡舍、饲料、饮水、垫料等通过水平传播使易感禽感染。吸血昆虫传播也可能是 REV 水平传播的另一途径。垂直传播也可发生，但与禽白血病病毒相比，REV 通过种蛋的传染率较低。

受 REV 污染的生物制品在本病传播上也具有重要意义。已有资料报道，使用 REV 污染的马立克病火鸡疱疹病毒疫苗和禽痘疫苗而引起 REV 在鸡群中的人工传播，这种情况常导致鸡群大批发生矮小综合征或免疫失败。

【临床症状和病理变化】

本病在临床上可分为以下几种病型。

（1）急性网状内皮细胞瘤　由复制缺陷型的 T 株 REV 引起。潜伏期最短 3d，很少有特征性临床表现,通常接种后6~21d死亡。新生雏鸡或火鸡接种后,表现为精神不振,贫血,病死率常达100%。病理变化为肝、脾肿大,并伴有局灶性或弥漫性的浸润。肿瘤结节或弥漫性增生病变也常见于胰腺、性腺、心脏和肾脏。组织学变化的特征是网状内皮细胞浸润和增生,同时伴有淋巴样细胞增生。

(2)矮小综合征　矮小综合征是指由非缺陷型REV毒株感染有关的几种非肿瘤疾病的总称,是一种严重的免疫抑制性疾病。感染禽生长发育明显受阻,苍白瘦弱,贫血,羽毛发育严重不良。病鸡矮小,胸腺和法氏囊严重萎缩,外周神经肿大。同时还发生腺胃炎、肠炎和肝脾坏死,且细胞和体液免疫应答能力降低。组织学检查,可见肿瘤结节及肿大的神经内大多均为大的空泡样细胞(网状淋巴细胞)增生和浸润。

(3)慢性肿瘤　是由非缺陷型REV毒株感染所引起的慢性肿瘤性疾病。主要包括鸡法氏囊源性淋巴瘤,非法氏囊源性淋巴瘤和火鸡淋巴瘤,均表现为慢性淋巴瘤的形成。

上述3型中,矮小综合征和慢性肿瘤均可自然发生,但T株引起的急性网状内皮细胞瘤尚未发现自然病例。

【诊断】

根据临床上观察到的生长迟缓结合病理解剖学的变化可做出初步诊断,确诊必须进行实验室检查。

(1)病原分离鉴定　采取病料(肿瘤组织、脾脏或血液),接种于鸡肾细胞或鸡胚成纤维细胞、鸭胚成纤维细胞进行培养。组织培养物至少进行2次7d的盲传继代培养。分离物可用细胞培养方法进行中和试验,进一步可应用PCR技术、荧光抗体技术、免疫过氧化物酶染色技术、补体结合试验或ELISA对培养分离物和组织样品进行直接检测,来确诊所分离的REV。也可腹腔接种1日龄小鸡,观察8周,可见到明显病变:法氏囊和胸腺萎缩;外周神经肿大,羽毛发育异常。

(2)血清学检查　除先天感染或免疫耐受产生持久性病毒血症而不产生抗体外,一般感染或接种后,均可用血清学方法检出抗体。这类方法常用的有间接荧光抗体试验、中和试验、ELISA及琼脂扩散试验等。

(3)鉴别诊断　RE在病理学上与马立克病(MD)和淋巴细胞性白血病(LL)十分相似,仅靠肉眼或光镜较难区别。急性网状细胞瘤由于自然病例少、潜伏期短,故易与MD或LL区别。应注意矮小综合征与MD、鸡腔上囊性淋巴瘤与LL的鉴别诊断。后者可结合病原学和血清学技术加以区别。PCR可准确诊断本病,因只有来源于REV感染组织的DNA才能扩增,未感染鸡血液或MD、LL肿瘤的DNA不能扩增。非囊性网状内皮组织增殖病与MD、LL的鉴别见表7-2所列。

表7-2　MD、LL 和非囊性网状内皮组织增殖病(RE)的鉴别

比较点		MD	LL	RE*
鉴别要点	发病高峰期	2~7月龄	4~10月龄	2~6月龄
	界限	>1月龄	>3月龄	>1月龄
临床表现	瘫痪	常见	无	很少
大体病变	肝脏	常见	常见	常见
	神经	常见	无	常见
	皮肤	常见	少见	少见
	法氏囊肿瘤	少见	常见	少见
	法氏囊萎缩	常见	少见	常见
	肠道	少见	常见	常见
	心脏	常见	少见	常见

（续）

比较点		MD	LL	RE[*]
显微病变	多形细胞	有	无	有
	一致的胚型细胞	无	有	无
	法氏囊肿瘤	滤泡间	滤泡内	少见
表面抗原	MATSA	5%~4%	无	无
	IgM	<5%	91%~99%	未知
	B细胞	3%~25%	91%~99%	少见
	T细胞	60%~90%	少见	常见

注：＊只是非囊性型，囊性型的特点与 LL 相同。

【防控措施】

本病尚无有效的治疗方法，也没有疫苗可用，可参照禽白血病的综合性防制措施进行预防和控制。不要引入带病禽和做好常规的卫生管理，及时淘汰血清学阳性的种鸡群及商品鸡群是行之有效的措施。为防止疫苗污染，对疫苗特别是马立克病疫苗和鸡痘疫苗要加强监测。

十二、鸭瘟

鸭瘟（duck plague）又称鸭病毒性肠炎（duck viral enteritis）、大头瘟，是由鸭瘟病毒引起鸭、鹅、天鹅等雁形目水禽类的一种急性、败血性及高度致死性的病毒性传染病。临床上以发病快、传播迅速、发病率和致死率高，病鸭以流泪肿头、下痢、食道黏膜出血及坏死，肝脏出血或坏死等为主要特征。

本病早在 1923 年于荷兰被发现，随后在印度、比利时、意大利、法国、英国、德国、美国等国家均有报道。我国于 1957 年首次报道本病，目前，在广大养鸭区均有本病的存在。由于传播迅速、发病率和致死率均很高，因此严重威胁着养鸭业的发展。

【病原】

鸭瘟病毒（*Duck plague virus*）为疱疹病毒科（*Herpesviridae*）疱疹病毒 α 亚科（*Alphaherpesvirinae*）马立克病毒属（Mardivirus）病毒，学名为鸭疱疹病毒 1 型（anatid herpesvirus）。病毒核酸为双股 DNA，呈球形。取细胞培养物观察，在感染细胞的细胞核和细胞质内均可见病毒粒子。在细胞核内的病毒粒子直径 90~93nm；在细胞质和核周间隙中，由于核膜的包裹，病毒粒子直径 126~129nm；在细胞质内质网的微管系中可见直径更大的成熟病毒粒子，156~384nm，具囊膜。病毒粒子有必需脂类，经胰脂酶处理可使病毒灭活。

鸭瘟病毒只有一个血清型，不同毒株间免疫原性相似，但毒力有所不同。病毒无血凝特性和血细胞吸附作用。在易感动物体内，病毒主要在消化道黏膜，尤其是食道黏膜内复制，随后扩散到法氏囊、胸腺、脾脏、肝脏等器官，并在各器官的上皮细胞和巨噬细胞内进行增殖。在这些组织中，以食道、肝脏、泄殖腔含毒量最高。

病毒能在 9~12 日龄鸭胚中增殖和继代，随着代次增加，鸭胚在 4~6d 死亡，致死的胚体广泛性出血、水肿，肝脏有特征性坏死灶，绒毛尿囊膜水肿、出血、增厚，上有灰白色坏死灶。病毒也能在鹅胚上增殖，但不能直接适应于鸡胚，必须在鸭胚或鹅胚上传代几次后才能适应于鸡胚。病毒也可于鸭胚、鹅胚、鸡胚的成纤维细胞上增殖，接种后 6~8h，开始能检测出细胞外病毒，48h 后病毒滴度达到最高，并可引起细胞病变。在感染病毒的细胞中能产生核内包涵体。

病毒对外界的抵抗力不强，对乙醚和氯仿敏感，在 pH 3 和 pH 11 时病毒很快被灭活。56℃

10min、50℃ 90~120min 或 80℃ 5min 即可破坏病毒的感染性；在夏季直接阳光照射下 9h 毒力消失，但在秋季(25~28℃)直接阳光照射下 9h 病毒仍存活；在 4~20℃污染禽舍内病毒可存活 5d。但鸭瘟病毒对低温抵抗力较强，在-20~-10℃下经 1 年对鸭仍有致病力。

【流行病学】

自然条件下，本病主要感染鸭，各种日龄、性别和品种的鸭均有易感性。其他禽(如鸡、鸽及哺乳动物)则很少发病，一般认为番鸭、绍鸭、麻鸭、绵鸭最易感，北京鸭次之。在自然流行中，成年鸭、产蛋母鸭发病率和病死率较高，1 月龄以下的雏鸭发病较少。在自然情况下，鹅和病鸭密切接触也可感染发病而引起流行。

病鸭和带毒鸭是本病的主要传染源。可通过感染鸭和易感鸭的直接接触传播，也可通过带毒排泄物、分泌物所造成的环境污染(如水源、鸭舍、鸭料、用具的污染)以及购销、贩运病鸭而间接传播。其主要传播途径为消化道，也可通过呼吸道、眼结膜和交配传播。吸血昆虫也可能成为本病的传播媒介。人工滴鼻、点眼、泄殖腔接种、皮肤刺种、肌肉和皮下注射均可使健康鸭致病。在人工感染中，雏鸭的易感性也很强，病死率也较高。

本病一年四季均可发生，但以春、夏之交或和秋季流行最为严重，因为这些季节是鸭群放牧和大量上市的时节，不仅饲养数量多，而且交易、活动频繁，容易造成鸭瘟的发生和流行。当鸭瘟传入一个易感鸭群后，一般在 3~7d 开始出现零星病例，再经 3~5d 陆续出现大批病例，进入流行发展期和流行盛期，整个流行过程一般 2~6 周。如果为免疫鸭群或耐过鸭群，则流行过程较为缓慢，流行期可达 2~3 个月或更长。

需要注意的是，有一定比例的健康鸭受到感染后，病毒潜伏在三叉神经节，此时并不排毒，当鸭体抵抗力降低或使用免疫抑制药物时，激活潜伏感染的病毒，从而成为新传染源，这可能解释一些突如其来的鸭瘟暴发病例，找不到外来传染源的原因。

【临床症状】

潜伏期一般 2~5d。病初鸭体温升高至 43℃以上，稽留到疾病后期。最初表现为突然出现持续的全群很高的病死率，成年鸭死亡时肉质丰满，成年公鸭死亡时伴有阴茎脱垂，在死亡高峰期，蛋鸭产蛋率下降 25%~40%。2~7 周龄的商品鸭患病时呈现脱水、体重下降、蓝喙、泄殖腔常有血染。

病鸭表现精神沉郁，食欲减退或废绝，极度口渴，羽毛松乱，头颈缩起，两脚麻痹无力，不愿走动，双翅扑地，病鸭不愿下水，如强迫下水，则漂浮在水面上，并挣扎回岸。鼻腔流出稀薄或黏稠分泌物，呼吸困难。病鸭下痢，排出绿色或灰白色稀粪，甚至便中带血，泄殖腔周围的羽毛被污染并结块。泄殖腔黏膜充血，水肿，严重者黏膜外翻，黏膜面有绿色伪膜且不易剥离。流泪和眼睑水肿是鸭瘟具有特征性的临床症状。病初流出浆液性分泌物，以后转为黏液性或脓性分泌物，眼睑粘连，严重者眼睑水肿或翻出于眼眶外，打开眼睑可见眼结膜充血或小点出血，甚至形成小溃疡。部分病鸭头颈部肿胀，俗称"大头瘟"。病后期体温下降，精神高度委顿，不久即死亡。急性病程一般为 2~5d，有些可达 1 周以上，病死率为 5%~100%。少数不死转为慢性，表现消瘦，生长停滞，特点为角膜混浊，严重者形成溃疡，多为一侧性。

鹅发生本病时，表现与鸭相似。病鹅体温升高到 42℃以上，精神委顿，缩颈，食欲减少或停食，两眼流泪，鼻孔有浆液性或黏液性分泌物，两腿麻痹无力，卧地不愿走动，病鹅排出灰白色或草绿色稀粪。个别病鹅还表现出神经症状，头颈扭曲和不随意旋转。

【病理变化】

鸭瘟病变特点为多组织器官出血，消化道黏膜表面出现溃疡和伪膜，实质器官坏死性病变，出现这些变化时，可初步诊断为鸭瘟。

（1）头颈肿胀的病例 皮下组织有黄色胶样浸润或大量淡黄色透明液体。

（2）消化道黏膜出现溃疡和伪膜，尤其是食道和泄殖腔的病变具有特征性 食道黏膜有纵行排列的黄色伪膜覆盖或点状出血，伪膜易剥离并留有出血斑点或溃疡灶，泄殖腔病变与食道相似，黏膜表面覆盖一层灰褐色或绿色的坏死结痂，不易剥离，黏膜上有出血斑点和水肿，具有诊断意义。

（3）多组织器官出血 全身皮肤散在出血斑点，可视黏膜通常也均有出血斑点，眼结膜肿胀和充血，散在有出血斑点。泄殖腔黏膜潮红，表面散在出血点。心外膜上及冠状沟内布满了出血点。肝脏、肺、肾和胰腺表面都有出血点。腺胃黏膜有出血斑点，有时在与食道膨大部分交界处有一条灰黄色坏死带或出血带，肌胃角质膜下层出血或充血，肠出血性卡他性炎症，其黏膜充血，出血和炎症，并出现环状出血带，其中以十二指肠、回盲连接处，结肠和直肠最为严重。产蛋母鸭还可见卵巢充血、出血和卵泡膜出血、有时卵泡破裂而引起腹膜炎，输卵管黏膜充血和出血。

（4）实质器官的坏死病变 肝脏表面有不规则的大小不等的灰黄色或灰白色坏死灶，少数坏死点中间有针头大小的出血点，这种病变具诊断意义。胸腺表面和切面均可见到大量淤血点和黄色病灶区，其周围被清晰的黄色液体所包围。法氏囊表现为明显出血，黏膜表面有针尖大小的坏死灶并附有白色干酪样渗出物。雏鸭的实质器官坏死病变较成年鸭更为明显。

鹅感染鸭瘟病毒后的病理变化与鸭相似。

【诊断】

鸭瘟传染迅速，发病率和病死率高，自然流行的除鸭、鹅能感染鸭瘟外，其他家禽不发病。患病鸭头肿，流泪，两脚发软，排绿色稀粪，体温升高。因病死亡鸭剖检可见伪膜性坏死性食道炎，食道黏膜有纵行排列的黄色伪膜覆盖或点状出血，伪膜易剥离并留有出血斑点或溃疡灶；泄殖腔充血、出血和坏死。幼鸭胸腺有大量出血点和黄色灶区。产蛋期母鸭得病时，卵泡常变形、变色和破裂，引起卵黄性腹膜炎。据此可作为初步诊断依据。进一步须做实验室检查才能确诊。

（1）病毒分离和鉴定 取病死鸭肝脏、脾脏、脑组织等病料，按常规制成悬液接种9～14日龄鸭胚绒毛尿囊膜。鸭胚接种后4～10d死亡，具有特征性的鸭瘟病变，若初代分离为阴性，可收获绒毛尿囊膜进一步盲传。也可用鸭胚成纤维细胞进行病毒的分离。病料接种细胞后24～48h，细胞固缩形成葡萄串状，病灶扩大形成坏死，覆盖琼脂可形成空斑。

（2）血清学检查 利用已知抗血清或已知病毒，在鸭胚、鸡胚上做中和试验可鉴定待检病毒或待检血清。也可采用荧光抗体试验、ELISA 及 PCR 做出快速诊断。

（3）鉴别诊断 主要与鸭霍乱进行区分。因为二者均有心脏、肠道出血和肝脏坏死，但鸭瘟除一般的出血性素质外，常在食道和泄殖腔黏膜上有坏死，据此可做出初步鉴别。另外，将病料涂片经瑞氏染色和进行细菌分离可进一步鉴别，鸭霍乱病原经染色后，可见两极浓染的小杆菌，并且在血清琼脂平板上长出灰白色小菌落，而鸭瘟培养为阴性。此外，应注意与鸭肝炎，鸭球虫病及亚硝酸盐中毒相区别。

【防控措施】

预防本病首先应避免从疫区引进鸭苗、种鸭及种蛋，有条件的地方最好自繁自养。其次，要禁止健康鸭在疫区野禽出没的水域放牧。平时要执行严格的消毒制度，消毒药可选用10%～20%石灰水或2%氢氧化钠溶液。

免疫接种是预防本病的主要措施。给20日龄雏鸭首免，肌肉注射鸡胚化鸭瘟弱毒疫苗0.5～1mL/只，1周即可产生坚强的免疫力，4～5个月加强免疫则免疫期可持续1年。2月龄以上的免疫期可达9个月。肉鸭接种1次即可，种鸭每年接种2次，蛋鸭在停产期接种为宜。

发生本病时，应对整个鸭群进行全面检查，分群隔离进行处理，禁止外调或出售，停止放牧。凡体温在42.5℃以上或已出现症状者，应就地淘汰，以高温处理或深埋，可疑鸭群或受威胁鸭群，则用鸭瘟弱毒疫苗进行紧急接种，要做到一鸭一针，用过的针头须经煮沸消毒后方可继续使用，与此同时，对污染的场地及用具用石灰水、氢氧化钠或其他消毒液彻底消毒，防止病原散播。

十三、鸭病毒性肝炎

鸭病毒性肝炎（duck viral hepatitis，DVH）是由鸭肝炎病毒引起雏鸭的一种急性高度致死性传染病。其特点是发病急、病程短、传播快和病死率高等，主要侵害3周龄内的雏鸭，成年鸭可感染但不发病。雏鸭发病后，死亡急剧上升，5d后死亡即可停止；发病日龄越小，病死率越高，通常在30%以上，高者可达95%甚至100%。病死鸭多呈角弓反张样外观，其肝脏常有特征性出血性病变。

本病呈世界性分布，传播迅速，是危害养鸭业的主要疫病之一。在我国广大养鸭地区均由本病的存在，且呈上升趋势。

【病原】

鸭肝炎病毒（duck hepatitis virus，DHV）目前被分为3个血清型，即血清1型鸭肝炎病毒（DHV-1）、血清2型鸭肝炎病毒（DHV-2）和血清3型鸭肝炎病毒（DHV-3）。具体分类情况是：

（1）DHV-1　属于微核糖核酸病毒科（Picornaviridae）禽肝炎病毒属（Avihepatovirus）的鸭肝炎病毒（Duck hepatitis A virus，DHAV）。目前，DHAV又分为3个基因型（A、B、C），相当于历史上所称的DHV-1、2007年发现于我国台湾地区的DHV"台湾新型"和发现于韩国的DHV"韩国新型"。由于三个基因型DHAV之间的交叉保护力很差，所以将这3个基因型分别对应于3个血清型，即DHAV-1型、DHAV-2型和DHAV-3型。其中基因A型与传统血清1型的抗原性一致，在世界多数养鸭的国家发生，主要发生于1~4周龄雏鸭，病死率可达50%~90%。基因B和C型，其引起的疾病称为"新型鸭病毒性肝炎"，均不能被基因A型鸭肝炎抗血清完全中和，表明抗原性存在有差异。基因B型发生于我国台湾地区，基因C型主要流行于我国和朝鲜半岛。

DHV-1大小20~40nm。在电镜下观察感染细胞，病毒在胞质中呈晶格状排列。虽然早在1950年Levine就分离到DHV-1，但长期以来国内外对DHV-1的分子生物学特性和基因结构及进化分析研究甚少。直到2006年Tsai等公布了DHV-1型基因组全序列。DHV-1型病毒属于微RNA病毒科的一个新属，其基因组为单股正链RNA，全长约为7.69kb，拥有结构蛋白VP1~VP3。

DHV-1可在9~10日龄鸡胚尿囊腔、鸭胚肾细胞及鹅胚肾细胞上生长繁殖。在自然环境中，病毒对氯仿、乙醚、胰蛋白酶和pH 3.0均有抵抗力。56℃ 60min仍可存活，但62℃ 30min即被灭活。病毒可在污染的孵化器内至少存活10周，在阴凉处的湿粪中可存活37d以上，在4℃条件下可存活2年以上，在−20℃则可长达9年。病毒在1%福尔马林或2%氢氧化钠中2h（15~20℃），在2%漂白粉溶液中3h，在0.2%福尔马林或0.25%β-丙内酯中37℃ 30min均可被灭活。

（2）DHV-2　属于星状病毒科（Astroviridae）禽星状病毒属（Avastrovirus）的鸭星状病毒1型（duck atrovirus 1，DAstV-1）。英国和我国曾有报道，发生于2~6周龄雏鸭，病死率达25%~50%。DAstV-1呈球形，电镜下呈特征性的带有顶角的星形，直径27~30nm，基因组为单股正链线状RNA，大小约6.8kb。病毒经过尿囊腔途径接种鸭胚盲传几代适应后可以在鸡胚中增殖。本病毒抵抗力较强，对氯仿、胰酶有所耐受。pH 3及热（50℃ 60min）不影响感染力。

（3）DHV-3　与DHV-2一样同属于星状病毒科禽星状病毒属的鸭星状病毒2型（DAstV-2）。该型具有很明显的地域性，发生于 2 周龄内雏鸭，病死率不超过 30%，本病毒可用鸭胚绒毛尿囊膜、鸭胚或雏鸭的肝或肾细胞培养物增殖，但在鸡胚中生长不良。本病毒能耐受氯仿、pH 3 的处理，但对加热（50℃）敏感。

目前，引起我国鸭群发生 DVH 的病原主要是 DHAV-1、DHAV-3 和 DAstV-1，其中以 DHAV-1 和 DHAV-3 的单独感染或者混合感染为主。

鸭肝炎 3 种病原的比较见表 7-3 所列。

表 7-3　鸭肝炎 3 种病原的比较

病原	鸭肝炎病毒	鸭星状病毒 1 型	鸭星状病毒 2 型
血清型	1	2	3
pH 3 耐受性试验	能	能	能
氯仿、胰酶	耐受	耐受	耐受氯仿
加热	耐受	耐受	敏感
培养	鸡胚 鸭胚及鹅胚肾细胞	鸭胚，鸡胚	鸭胚绒毛尿囊膜、鸭胚或雏鸭的肝或肾细胞培养物
易感鸭周龄	1~4	2~6	2 周龄内
病死率	50%~90%	25%~50%	不超过 30%

【流行病学】

本病主要感染鸭，雏鹅也能感染。在自然条件下不感染鸡、火鸡。主要通过接触传播，经呼吸道也可感染，据推测不发生经蛋的传递。在野外和舍饲条件下，可迅速传播给鸭群中的全部易感小鸭，表明它具有极强的传染性。感染多由从发病场或有发病史的鸭场购入带病毒的雏鸭引起。由参观人员、饲养人员的串舍以及污染的用具、垫料和车辆等引起的传播经常发生，鸭舍内的鼠类在传播病毒方面也起重要作用。野生水禽可能成为带毒者，成年鸭感染不发病，但能产生中和抗体，并通过卵黄传递，使子代雏鸭获得被动保护。

【临床症状】

潜伏期较短，约24h。突然发病，传播迅速。病鸭首先表现为精神沉郁，眼睛半闭，不能随群走动，随后短时间内即出现神经症状，运动失调，身体常侧卧，两腿痉挛性后踢，头向后背，故称"背脖病"，呈角弓反张状，最后衰竭死亡。雏鸭通常在出现神经症状后的数小时内死亡。有些病鸭常看不到任何症状即突然倒地死亡。本病的发病率可达 100%，病死率则因年龄而异，1 周龄内的雏鸭病死率可达95%，而 1~3 周龄的雏鸭约为 50%或更低。

【病理变化】

剖检可见肝脏肿大，质脆，呈淡红色有点状或淤斑状出血，外观斑驳。脾脏有时肿大，外观也呈现斑驳状。多数病例肾脏发生出血和肿胀，胆囊扩张，其他器官无明显病变。日龄较大病例，可出现心包炎及气囊炎病变。

组织学变化主要是肝细胞的变性和坏死。耐过鸭则有许多慢性病例变化，表现为肝脏的广泛性胆管增生，不同程度的炎性细胞反应和出血，脾组织呈退行性变性和坏死。

【诊断】

根据流行病学、症状与剖检变化可做出初步诊断，其要点：一是发生于 2~3 周龄以内，尤以 5~12 日龄的雏鸭多发；二是突然发病，传播迅速，病程短，病后 2~3d 后大批发病死亡，约经 1 周，发病及死亡逐渐停息，病死率 10%~90%；三是有些体质强壮的雏鸭突然发病，开始时精神不振，食欲差，经逾10h可出现特征性神经症状，10min至几小时后死亡，死亡呈角弓反张姿势，肝肿大，呈现点状出血，胆囊肿大。

目前，DHV分离技术主要有鸭胚（或鸡胚）尿囊腔接种和动物接种两种方法。在细胞培养方面，国外许多学者报道本病毒能在鸡胚成纤维细胞、鸭胚成纤维细胞、鸭胚肝细胞、鸭胚肾细胞和鸡胚肾细胞等多种细胞生长增殖，因毒株毒力强弱和对细胞的适应程度不同，产生或不产生细胞病变，到目前为止，这些方法均不适于作为DHV的诊断技术而应用。

（1）病毒分离鉴定　无菌采取病鸭的肝脏制成组织悬液，或直接采取血液，加入青霉素、链霉素处理后，通过尿囊腔接种于9~10日龄的鸡胚，接种后5~6d鸡胚死亡，胚体出现特征性病变，生长停滞，体表出血、水肿，肝脏肿大、变绿、表面有黄色的坏死点，尿囊液增多，呈淡绿色。分离到的病毒可用雏鸭或鸭胚中和试验进一步鉴定。

（2）荧光抗体试验　采取肝脏病料直接涂片或制成组织切片，经固定后滴加抗鸭病毒性肝炎病毒的荧光抗体进行染色，在荧光显微镜下进行镜检，呈现荧光者，即为阳性病料。

本病在临床上应与鸭瘟及鸭传染性浆膜炎相区别。鸭瘟主要发生于成年鸭，3周龄内的雏鸭一般不发病；鸭传染性浆膜炎主要见于2~6周龄的雏鸭，病死率为50%~80%，且从其内脏病料中可分离到多形态的革兰阴性球杆菌。从临床症状和剖检变化上看，患鸭瘟的鸭眼睛怕光流泪，眼睑水肿，头颈皮肤也可发生不同程度的水肿，剖检可见泄殖腔、食管黏膜上发生特征性的由灰黄色或棕褐色坏死物质所形成的伪膜结痂，呈斑块状，这些均可与本病相鉴别。鸭传染性浆膜炎则常发生纤维素性心包炎，纤维素性肝周炎及纤维素性气囊炎，这些是鸭病毒性肝炎通常所不具备的。

【防控措施】

预防本病的关键是严格隔离饲养雏鸭群，尤其是4周龄以内的雏鸭群。平时加强饲养，做好环境卫生，疫苗的免疫接种是控制本病最有效的方法。

（1）雏鸭　有母源抗体的雏鸭：在7~10日龄时肌肉注射鸭病毒性肝炎弱毒疫苗1羽份/只。无母源抗体的雏鸭出壳后1日龄即肌肉注射鸭病毒性肝炎弱毒疫苗1羽份/只，或1日龄肌肉注射鸭病毒性肺炎抗血清或高免卵黄抗体0.5mL/只，10日龄时再注射鸭病毒性肝炎弱毒疫苗1羽份/只。有母源抗体的雏鸭在7~10日龄时肌肉注射鸭病毒性肝炎弱毒疫苗1羽份/只。

（2）种鸭　可于开产前12周、8周和4周用鸭病毒性肝炎弱毒疫苗免疫2~3次，其母鸭的抗体至少可以保持7个月；也可用弱毒疫苗基础免疫后再肌肉注射鸭病毒性肝炎灭活疫苗，能在整个产蛋期内产生带有母源抗体的后代雏鸭，其后代雏鸭母源抗体可维持2周左右，并能有效抵抗强毒攻击。

（3）防治　雏鸭一旦发生鸭病毒性肝炎，首先应进行隔离治疗，肌肉注射高免鸭血清或高免卵黄抗体1mL/只，10d后再肌肉注射鸭病毒性肝炎弱毒疫苗1羽份/只。中草药茵陈、板蓝根、黄芪、大枣和甘草组方后，3日龄、10日龄各饮水1次对预防鸭肝炎有一定的防治效果。

十四、小鹅瘟

小鹅瘟（gosling plague，GP）又称鹅细小病毒感染（goose parvovirus infection），是引起雏鹅高度致死的病毒性传染病。特征为急性或亚急性败血症和渗出性肠炎。此病最早发现于我国，国外对此病有多种称谓：鹅病毒性肠炎、Derzsy's病、鹅肝炎等。

【病原】

鹅细小病毒（*Goose parvovirus*，GPV）又名小鹅瘟病毒（*Gosling plague virus*，GPV），为细小病毒科（*Parvoviridae*）依赖细小病毒属（*Dependoparvovirus*），病毒粒子直径 20～22nm，无囊膜，球形，二十面体对称，病毒基因组为单股 DNA，大小 5～6kb。迄今为止，国内外分离的毒株均属同一个血清型，并且与鸡和哺乳动物的细小病毒无抗原关系。

GPV 初次分离时，可用鹅胚或番鸭胚，或用其原代细胞培养。在鹅胚成纤维细胞（GEF）也可生长，但不产生细胞病变，经 GEF 上适应后，病毒能产生细胞病变，并可见多个细胞相互融合形成合胞体，核内有嗜酸性包涵体。

GPV 对鸡、鸭鹅、小鼠、豚鼠、兔和山羊红细胞无凝集作用，但能凝集黄牛精子，并能被抗 GPV 血清所抑制。GPV 对多种化学消毒剂均不敏感，对温度等抵抗力很强，能耐受 65℃ 30min、56℃ 3h、pH 3 溶液中 37℃ 1h，能抵抗氯仿、乙醚、胰酶的作用。

【流行病学】

本病仅发生于鹅和番鸭，不同品种的鹅均易感，白鹅、灰鹅和狮头鹅幼雏都能感染，其他禽类和哺乳动物尚未见发生本病的报道。本病流行时，同地放牧的雏鸭和雏鸡未见发病。自然条件下，常发生于 3 周龄内的雏鹅，一般在 4～5 日龄开始发病，数日内波及全群。日龄越小损失越大，1 周龄以下的雏鹅发病和病死率可高达 100%；随着日龄的增长，易感性和病死率逐渐下降，10 日龄以上的一般不超过 60%，1 月龄以上的鹅较少发病。

病雏鹅和带毒成年鹅是本病的传染源。病毒大量存在于病鹅和带毒鹅的粪便中，内脏组织、脑和血液中，被分泌物和排泄物污染的饲料、用具及环境可成为本病的传播媒介，雏鹅通过采食被污染的饲料和饮水经消化道传染。本病最严重地暴发见于垂直传播的雏鹅群，因为成年鹅可建立潜伏或隐性感染，这些带毒鹅能通过蛋将病毒传给下一代。病毒的抵抗力很强，在蛋壳上的病毒即使经过孵化期仍能存活下来，孵化房及周围环境的污染，可使雏鹅大批地发病。

本病广泛流行于国内外鹅和番鸭养殖地区。在每年更换种鹅的地区，本病的暴发和流行具有明显的周期性，大流行之后的幸存者能获得较坚强的免疫力，流行次年的雏鹅 75% 的有抵抗力，因而在大流行后的 1～2 年内不会再次流行。但在部分种鹅淘汰率高的地区，周期性不甚明显，每年都能发生，但病死率较低，约 20%～50%。

【临床症状】

潜伏期 3～10d，依发病急缓和病程可分为 3 个型。

（1）最急性型 常发生于 1 周龄内的雏鹅，往往无任何症状即突然死亡；或在发现雏鹅精神委顿、厌食后不久即双腿麻痹，倒地乱划，抽搐而死。传播极其迅速，几天内即可蔓延全群，病死率高达 95%～100%。

（2）急性型 常发生于 1～2 周龄的鹅。病程为 1～2d，病初精神沉郁，厌食，嗉囊松软，内有大量气体和液体；随后离群独居，摇头，拒食，但多饮水，拉灰白或淡黄绿色稀粪，内混有气泡或纤维碎片。喙和蹼色发绀，鼻孔有分泌物，周围污秽不洁；最后两腿麻痹，抽搐而死。病程为 1～2d。

（3）亚急性型 发生于 2 周龄以上鹅。病程为 3～7d，病鹅表现精神沉郁，不愿走动，少食或不食，眼红肿，扭颈，排黄白色稀粪，消瘦。

耐过急性期的雏鹅表现为严重的生长停滞，背部和颈部羽毛脱落，裸露的皮肤变化明显，腹腔偶有积液。大龄鹅感染后不表现临床症状，但有免疫应答反应。成年鹅经大剂量人工接种可发病，表现为排黏性稀粪，两腿麻痹、伏地，3～4d 后死亡或自愈。

【病理变化】

本病的特征性病变在消化道，肠管显著膨大，主要是小肠发生急性卡他性–纤维素性、坏死性肠炎。最急性病例的肠道病变不明显，多见小肠前段黏膜肿胀充血，覆有淡黄色黏液，有时有出血。急性型病例，死后可见典型的肠道病变，小肠黏膜全部发炎，小肠中下段整片黏膜坏死，并有带状的伪膜脱落在肠腔，与凝固的纤维素性渗出物形成栓子，其质地坚实，状如香肠，长2~5cm，堵塞在回盲部肠段狭窄处。亚急性型肠管的变化更明显。

此外，病程较短的急性病例通常有明显的心脏病变：心脏变圆、心房扩张、四壁松弛、心尖周围的心肌灰暗无光，肝、脾、胰脏肿大和充血，少数病例有灰白色坏死点。病程较长的病例常有浆液性、纤维素性肝周炎、心包炎、气囊炎、腹膜炎和腹腔积液，也可以见到肺水肿、肝萎缩、腿部和胸部肌肉出血等。

【诊断】

根据本病特有的流行病学特点，结合症状和病变可做出初步诊断，但确诊必须做实验室诊断。

（1）病毒分离鉴定　无菌采取病死鹅的内脏器官、肠管或血液，按常规制成悬液。

①接种鹅胚：取12~14日龄发育良好的鹅胚，经尿囊腔接种病料0.25~0.5mL，置37℃温箱孵育5~8d。每日照蛋，遇有死胚，收获尿囊液和羊水供病毒鉴定，取出胚体观察病变。典型的病变为绒毛尿囊膜水肿，胚体皮肤充血、出血、水肿、心肌变性，部分胚的肝脏变性或坏死，呈黄褐色。

②接种细胞培养物：将病料接种于长成致密单层的鹅或番鸭胚成纤维细胞培养物，37℃培养3~5d，可产生明显的细胞病变，经HE染色，可见到核内包涵体和合胞体。

（2）血清学试验　可在鹅胚及其成纤维细胞、番鸭胚上进行中和试验。琼脂扩散试验、反向间接血凝试验、免疫过氧化物酶染色、免疫荧光抗体试验、ELISA、精子凝集抑制试验等均可用于病毒的鉴定。

（3）PCR　利用VP1和VP2保守区序列设计引物，建立的PCR可快速检出样品中的GPV DNA。

（4）鉴别诊断　雏鹅或番鸭的GPV感染易与鸭疱疹病毒、呼肠孤病毒、腺病毒感染相混淆，可应用血清学试验进行区分。此外，通过镜检、细菌分离和鉴定可与雏鹅球虫病、巴氏杆菌病、雏鹅副伤寒进行区分。

【防控措施】

小鹅瘟主要是通过孵坊传染，因此，孵坊的一切用具在使用后必须清洗消毒，育雏室要定期消毒，外购的种蛋也要用甲醛熏蒸消毒，刚出壳的雏鹅要避免与外购的种蛋接触。如发现雏鹅在3~5日龄发病，说明孵坊已经污染，应立即停止孵化，将孵化室、育雏室及用具全部彻底消毒后再进行孵化。

经污染孵坊孵出的雏鹅可注射山羊或鹅抗GPV高免血清、鹅的高免卵黄液，每只0.3~0.5mL，可获得较好的效果。

在本病流行严重地区，用弱毒疫苗甚至强毒疫苗经皮下注射、肌肉注射、足蹼刺种免疫母鹅，是预防本病的有效措施。未发病的受感染胁区不要用强毒免疫，以免散毒。我国在过去40年来用SYG61和SSG74减毒株制苗，免疫效果确实可靠。种鹅在产蛋前1个月左右注射疫苗0.5mL，15d后第2次接种1mL，整个产蛋期孵出的雏鹅均可获得坚强的免疫力。未经免疫的母鹅，其后代雏鹅在出壳后立即注射弱毒疫苗，也可获得80%~90%的保护率。在没有进行GPV监测的鹅群中可用灭活疫苗进行免疫。

十五、番鸭细小病毒病

番鸭细小病毒病（muscovy duck parvovirus disease，MDPD）又称番鸭细小病毒感染，是由番鸭细小病毒引起雏番鸭的一种急性、败血性传染病。本病主要发生于3周龄以内的雏番鸭，因此又称雏番鸭"三周病"，其特点是具有高度传染性和病死率；临床上以腹泻、喘气和软脚为主要特征；特征病变是胰腺炎、肠炎和肝炎；发病率和病死率可达40%~50%以上，是目前番鸭饲养业中危害最严重的传染病之一，严重地影响养鸭业的发展。

本病于1980年在福建省莆田县最先发现；1985年后，在我国番鸭饲养较多的福建、广东、广西、湖南、浙江等地广泛存在和流行。

【病原】

雏番鸭细小病毒（*Muscovy duck parvovirus*，MDPV）属细小病毒科（*Parvoviridae*）依赖细小病毒属（*Dependoparvovirus*）成员。病毒在电镜下有实心（完整病毒形态）和空心（缺少核酸的病毒空壳）两种形态，在电镜下观察病毒为晶格排列，呈球形或六角形，无囊膜，正二十面体对称，直径22~25nm。MDPV核酸为单链DNA，有VP1~VP4 4种结构蛋白，分别由相应的基因所编码。其中，VP2和VP3是主要的结构蛋白，尤其是VP3为DPV的衣壳蛋白，约占病毒总蛋白含量的80%，具有免疫原性，能够刺激机体产生中和抗体，是DPV亚单位疫苗和基因工程疫苗研究的首选蛋白。MDPV与小鹅瘟病毒有部分相同抗原成分，生物学特性也很相似，但两者在抗原结构上存在显著差异。

MDPV可在番鸭胚和鹅胚中繁殖，并引起胚胎死亡。胚胎充血，翅、趾、胸背和头部均有出血点，绒毛尿囊膜增厚。另外，也可在麻鸭胚、樱桃谷鸭胚中传代。病毒可在番鸭胚成纤维单层细胞及番鸭胚肾细胞上增殖并引起细胞病变，但不能在鸡胚成纤维细胞、猪肾传代细胞、地鼠肾传代细胞和猴肾传代细胞上增殖。DPV无血凝活性，不能凝集禽类和大多数哺乳动物的红细胞。

MDPV对乙醚、氯仿、胰蛋白酶、酸和热等不敏感；胚液和细胞培养液中的病毒在60℃水浴120min、65℃水浴60min或75℃水浴15min，其毒力无明显改变；但MDPV对紫外线照射非常敏感。

【流行病学】

番鸭是唯一自然感染发病的动物，麻鸭、半番鸭、北京鸭、樱桃谷鸭、鹅和鸡未有发病报道，即使与病鸭混养或人工接种病毒也不出现临床症状。本病的发生无性别差异，但发病率和病死率与日龄密切相关，日龄越小，发病率和病死率越高。一般从4~5日龄初见发病，10日龄左右达到高峰，以后逐渐减少，20日龄以后表现为零星发病。近年来，雏鸭发病日龄有延迟的趋势，即30日龄以上的番鸭，偶尔也有发病的，但其病死率较低，往往形成僵鸭。30日龄内雏番鸭发病率20%~60%，病死率20%~40%。

发病鸭和带毒鸭是主要传染源。本病主要通过接触传播，经消化道引起感染。病鸭的分泌物和排泄物含有大量病毒。如果病毒污染了饲料、水源、饲养工具、孵化房或种蛋外壳等，则可导致病毒的水平传播和出壳雏番鸭严重发病。成年番鸭感染病毒后不表现任何症状，但能排出大量病毒而成为重要的传染源。

本病全年均可发生，无明显的季节性，但冬、春季发病率最高。一般来说，散养鸭一年四季均可发病，而在集约化养殖场，秋末至翌年春初寒冷季节较为严重，夏季发病率低。

【临床症状】

潜伏期：自然感染 4~16d，最短 2d；人工感染时 21~96h 不等。

临床症状以消化系统和神经系统紊乱为主。根据病程长短，可分为最急性型、急性型和亚急性型。

(1)最急性型　多发生于 6 日龄以内幼雏，病势凶猛，病程很短，只有数小时。多数病例无任何前兆症状即衰竭，倒地死亡。偶见羽毛直立、蓬松，临死时两脚呈游泳状，头颈向一侧扭曲。该型占比病鸭数的 4%~6%。

(2)急性型　多发生于 7~21 日龄，约占比整个病雏数的 90% 以上，病鸭主要表现为精神委顿，羽毛蓬松直立，两翅下垂，尾端向下弯曲，两脚无力，常蹲伏于地，懒于走动，不合群，厌食，有不同程度的腹泻，粪便多为灰白或淡绿色。多数病鸭流鼻涕、甩头，部分有流泪痕迹。呼吸困难，喙端发绀，蹼间及脚趾也呈一定程度的发绀，张口呼吸。死前多表现有神经症状，两脚麻痹，倒地抽搐，头颈后仰，最后衰竭死亡。病程一般 2~4d。

(3)亚急性型　本型病例较少，多见于日龄较大的雏番鸭。主要表现为精神委顿，喜蹲伏，两脚无力，排绿色或白色粪便，并黏附于肛门周围。病程多为 5~7d，病死率低，耐过鸭颈部、尾部脱毛，嘴变短，生长发育受阻，成为僵鸭。

【病理变化】

病鸭的胰腺、肝脏和肠道病变显著。胰腺肿大，表面散在针尖大灰白色坏死灶，有的表面密布大小不等的出血点；肝肿大，胆囊充盈，可见纤维性肝周炎或灰白色坏死点；整个肠道呈卡他性炎症或黏膜有不同程度的充血和点状出血，尤以十二指肠、空肠和直肠后段黏膜为甚，少数病例盲肠黏膜也有出血；部分雏鸭空肠中、后段和回肠前段的黏膜有不同程度脱落，形成肠道栓；心壁松弛，心肌色变淡，少数病例可见纤维性心包炎或心包积液；肺多呈单侧性淤血；肾脾肿大。

病理组织学变化：胰腺散在性的腺泡坏死，在坏死灶内有异嗜性白细胞、淋巴细胞和单核细胞浸润；肠黏膜上 1/3 的组织脱落，正常的绒毛和肠腺均已被破坏而消失，固有层内或肠腺间有异嗜性白细胞和淋巴细胞增生；肝小叶间血管扩大，肝细胞呈局灶性脂肪变性；肺血管充血，肺泡壁增宽、充血，肺泡腔减少，肾小管上皮细胞变性，管腔内红染，分泌物积蓄。

【诊断】

根据本病的流行病学、临床症状和病理变化，可做出初步诊断。但非典型病例常易与小鹅瘟、鸭病毒性肝炎、鸭传染性浆膜炎等相混淆。因此，确诊必须依靠病原学和血清学方法。目前，实验室诊断方法有以下两种。

(1)病毒分离　将病死的雏番鸭肝、脾等组织，处理后尿囊腔接种 11~13 日龄的番鸭胚，等胚胎死亡后，连续传代，胚胎死亡时间一般从初代的 3~7d，直至稳定在 3~5d。收集鸭胚尿囊液，用特异性单抗做中和试验以区分 GPV。

(2)血清学试验　荧光抗体试验、乳胶凝集试验、ELISA、琼脂扩散试验、血清微量中和试验等。在对可疑病料进行分离时，可能分离到细小病毒以外的其他病毒，尤其是腺病毒和呼肠孤病毒，此时需用 MDPV 特异性单克隆抗体，以便于确诊。

【防控措施】

加强饲养管理对防制本病有重要意义。加强日常管理，必须严格对种蛋场、孵化场和育雏室进行消毒，并注意通风换气，保持室内温度适宜，防止饲养密度过大；严禁从疫区购买种蛋、种鸭和雏鸭，尽量做到自繁自养；对刚进的雏鸭要及时饮水，并适量喂给复合维生素和葡萄糖，以增强其抵抗力。

疫苗预防是控制本病的一个重要措施。目前，国内外学者已研制出预防本病的弱毒疫苗。对于1日龄雏番鸭可肌肉注射弱毒疫苗0.2mL/只，3d后部分鸭血清中出现抗体，7d后95%以上的雏番鸭会得到保护。另外，通过对种鸭免疫，使其后代获得母源抗体，也是预防本病的有效措施。

目前，对本病尚无特异性治疗方法，对患病鸭可及时注射高免血清或卵黄抗体1.0～2.0mL/只，隔日重复注射1次，治愈率达85%以上。为防止和减少继发细菌和霉菌感染，应适当应用抗生素和磺胺类等药物。

十六、禽偏肺病毒感染

禽偏肺病毒感染（avian metapneumovirus infection）是指由禽偏肺病毒引起的一种以禽呼吸道症状、头部肿胀和产蛋率下降为主要特征的具有高度传染性的疾病。本病在火鸡可引起火鸡温和至中度上呼吸道感染，称为火鸡鼻气管炎（turkey rhinotracheitis，TRT）；在鸡可引起温和型上呼吸道或中枢神经系统疾病，称为鸡肿头综合征（swollen head syndrome，SHS）和禽鼻气管炎（avian rhinotracheitis，ART）。

TRT/SHS于20世纪60年代首次报道发生于南非的火鸡，而后在鸡中也有发生，但在当时人们对其病原并无深刻认识，直到1978年于南非首次分离到禽肺病毒（AMPV），随后又从法国、英国、中国台湾和日本等地患有呼吸道病或肿头综合征的鸡群中分离出了病毒，人们才逐步认同AMPV即为引起TRT和SHS的主要病原。目前，在饲养火鸡的大多数国家都有本病发生的报道。我国于1998年从黑龙江某肉鸡场的肿头综合征鸡群中首次分离到AMPV。

【病原】

禽偏肺病毒（Avian metapneumovirus，AMPV）属副黏病毒科（Paramyxoviridae）肺炎病毒科（Pneumoviridae）偏肺病毒属（Metapneumovirus）的成员。AMPV粒子具有多形性，一般呈椭圆形，直径80～200nm，偶尔可见直径达500nm或更大的圆形病毒粒子，也可见直径80～100nm、1 000nm长的丝状形态的病毒粒子，这种形态多见于器官培养增殖的病毒。病毒基因组为不分节段的单股负链RNA，全长13.1～14.1kb，有囊膜，表面纤突长约13～15nm。AMPV病毒共有7种结构蛋白，包含8个主要结构蛋白基因。从3′到5′端的排列顺序依次为N-P-M-F-M2-SH-G-L，即核蛋白（N）、磷蛋白（P）、基质蛋白（M）、融合蛋白（F）、基质蛋白2（M2）、小疏水蛋白（SH）、表面糖蛋白（G）和病毒依赖RNA的RNA聚合酶（L）。其中，位于病毒纤突上G糖蛋白和F蛋白是最重要的两种结构蛋白，前者与病毒对宿主细胞的吸附有关，后者与细胞膜的融合有关。近年来，根据不同AMPV分离株交叉中和试验和主要结构蛋白分析结果，将AMPV分为A、B、C、D 4个型。其中，A、B型存在于除加拿大、美国和澳大利亚外的多个国家，C型仅美国有，D型由法国分离到。

本病毒可在火鸡胚或鸡胚卵黄囊、气管环培养物内增殖，但病毒滴度较低；当病毒在禽胚或气管环培养物内适应后再在火鸡胚细胞、鸡胚细胞或Vero细胞上培养时，滴度较高并可产生合胞体与特征性细胞病变。AMPV对热敏感，56℃ 30min可被灭活；对乙醚敏感，pH 3～9时稳定。4℃下存活不超过12d。季胺类、乙醇、次氯酸钠等消毒剂有效。

【流行病学】

火鸡和鸡不分年龄都是AMPV的自然宿主，珠鸡和雉鸡也易感，鸽、鹅、鸭则有抵抗力。临床上，TRT多发生于13周龄以下的火鸡；SHS发病多为4～7周龄肉鸡，肉用种鸡在产蛋高峰30周龄左右易发。本病毒对呼吸道黏膜上皮造成破坏，为细菌（通常是大肠杆菌）的入侵打开了门户，从而导致病死率的增加。病死率一般为1%～5%，有的可达30%，雏火鸡的病死率甚至可达90%。发病时传播迅速，传播途径主要是通过病、健鸡直接接触传播。本病的发生具有明显的季节性，大多集中于候鸟迁徙的春季和秋季。野鸟和海鸥可能参与本病的传播。

【临床症状】

雏火鸡和成年火鸡感染后主要表现为上呼吸道感染和产蛋量下降。病鸡咳嗽、喷嚏、鼻腔内黏液增多，鼻涕稀薄混有气泡，继而变黏稠或结痂，鼻窦肿胀，内有干酪物；气管内黏液增多，眶下窦、颌下、头等部位出现水肿；部分病鸡可能会出现结膜炎，眼中有泡沫样分泌物；种火鸡的典型症状为采食量、产蛋率和蛋壳质量的下降。

鸡感染AMPV后，尤其是肉鸡则表现典型的肿头综合征，表现为咳嗽、打喷嚏、眶下窦、眼眶周围及下颚水肿；也常出现神经症状，如角弓反张、斜颈、转圈、共济失调等。偶见全群性呼吸症状和产蛋下降。肉仔鸡感染后呼吸道症状较为严重，且发病率和病死率都较高。

本病病程一般为10~14d，但应用抗生素和加强排风后可缩短到3~5d。

【病理变化】

本病典型的病理变化为鼻窦炎、气囊炎、心包炎、肝周炎、肺充血、肺水肿、卵黄性腹膜炎等，呼吸道黏液较多，有时见有干酪样物。

病理组织学变化为支气管黏膜出血，黏膜上皮杯状细胞增生、纤毛脱落、表面附有少量黏液；鼻黏膜上皮细胞核空泡化，黏膜层有充血和水肿；眼眶周围皮肤表皮层的部分细胞核肿大、空泡化；肺高度充血，静、动脉呈透明样病变；肝细胞索排列紊乱，肝细胞发生颗粒变性，少数呈脂肪变性或坏死性变化。

【诊断】

本病具有一定的临床特征性症状，但仅根据临床症状很难确诊本病，因为多有二次感染病原的混合感染。此外，还须注意与鸡毒支原体感染等疾病相鉴别。因此，确诊必须依靠病毒的分离鉴定和血清学试验。

(1)病毒分离鉴定　尽早采集含病毒量较高的病料(如鼻腔分泌物、鼻窦黏膜组织、眼睑、气管、肺、肾等)进行制取组织匀浆，1∶5稀释后卵黄囊接种6~7日龄SPF鸡胚，用尿囊液盲传8~9代，鸡胚生长明显迟滞并出现死亡胚。取不同代次病变明显者进行电镜检查或用血清学试验进行病毒鉴定。但据报道，从症状严重的病鸡中几乎分离不出病毒，因为引起这些症状的多是继发感染的细菌。

(2)血清学试验　目前，对AMPV诊断的血清学方法为ELISA、中和试验、荧光抗体试验及RT-PCR。其中，ELISA是检测AMPV抗体最常用的方法。目前，市场上已有用于诊断A型和B型的诊断试剂盒，国外常用Pachasure(P)AMPV ELISA试剂盒(以英国株CVS为抗原)、Svanovir(S)AMPV ELISA试剂盒(以法国株为抗原)等试剂盒。此外，可在气管组织培养物中进行病毒中和试验进行检测；可用荧光抗体试验或RT-PCR技术检测病毒抗原。

【防控措施】

目前，对AMPV感染尚无有效的治疗方法。疫苗接种有助于控制TRT/SHS的发生。接种TRT弱毒疫苗和灭活疫苗可有效减少或控制SHS的发生。免疫程序是在火鸡1日龄用粗喷雾法初次免疫，在7~10日龄和4~6周龄各加强免疫1次。火鸡和种鸡在开发前(20周龄)用灭活疫苗免疫1次。除预防接种外，还应使用抗生素以防止细菌性继发感染，减轻症状，降低病死率。

此外，预防本病还必须加强对禽类的饲养管理，改善禽舍的通风条件，调整饲养密度，注意环境卫生，做好日常环境消毒工作，以减少感染的机会。

在我国，AMPV是一种新病。因此，加强本病的流行病学调查和口岸检疫，是防止本病在我国扩散、流行的关键性措施。

十七、禽副黏病毒感染

禽副黏病毒感染（avian paramyxoviruse infection）是指除新城疫病毒（APMV-1）以外的其他禽副黏病毒（APMV-2~9）感染所引起的禽类的一种具有明显呼吸道症状和产蛋率及蛋品质下降的传染病。但更重要的是这些病毒感染能加重并发的细菌或病毒感染所造成的损失。

在我国，赵继勋等对来自北京、山东、河北、宁夏等地的许多蛋鸡和肉鸡场的 2 000 多份血清的检测结果表明，APMV-2 在鸡群中的感染普遍存在，普通肉鸡阳性率 11.6% 以上，蛋鸡阳性率 19% 以上，在有呼吸道症状的鸡群中血清阳性率高达 60%~100%，并且感染后有免疫抑制现象。在 APMV-2~9 血清型病毒中，APMV-2 最常见。本病毒呈世界性分布，我国鸡群中的感染也普遍存在，1987 年 WHO 有关文件明确规定 APMV-2 为制备人用生物制品所用 SPF 鸡的必检项目。APMV-2 单独感染 SPF 鸡仅引起轻微的呼吸道症状，但与 IBV、MG 等禽呼吸道病病原混合感染会明显加重后者的致病作用从而造成更大的经济损失。

【病原】

禽副黏病毒（*Avian paramyxoviruses*，APMV）属于副黏病毒科（*Paramyxoviridae*）腮腺炎病毒属（*Rubulavirus*）。目前，该属病毒共分为 9 个血清型，分别为 APMV-1~9 型。其中，新城疫病毒为 APMV-1 型中的唯一成员。本节所介绍的是除 APMV-1 型外的其他分离于各种禽类、鸟类的 8 个 APMV-2~9 血清型的毒株。其中，APMV-2、APMV-3、APMV-6 和 APMV-7 型病毒已发现它们可引起家禽的疾病，其他血清型毒株对家禽的致病性迄今为止尚未得到确认。

APMV-2~9 血清型毒株的形态、化学组成、对理化因素的稳定性等均与新城疫病毒相似。为单股负链 RNA 病毒，在电镜下为多形性，大小不一，一般呈球形，有脂质囊膜，囊膜脆弱易破裂，囊膜表面有纤突蛋白，具有血凝性、神经氨酸酶活性和溶血活性，能凝集多种禽类和哺乳动物的红细胞，但确切凝集红细胞的种类可能随毒株或血清型而变化。

APMV 的血清型分类是根据血凝抑制试验中的抗原相关性来进行的。采用神经氨酸酶抑制试验、血清中和试验或琼脂扩散试验的分型结果相似。虽然血清学分型是一致的，但不同血清型病毒之间仍有一定的交叉性，尽管这些交叉性很小。其中，APMV-3 和 APMV-1 型之间的关系更接近，甚至能提供一定的交叉保护。

目前，除 APMV-2 病毒外，对 APMV-3~9 其他血清型毒株的研究相对较少。尤凯帕（Yucaipa）病毒株是 APMV-2 型病毒的第一株分离株，它是于 1956 年首先分离于美国加利福利亚州的 Yucaipa 镇，1972 年才被定名为 APMV-2。随着本病毒在世界上许多国家和地区的不断分离，APMV-2 已经越来越受到人们的重视。

【流行病学】

虽然已先后从鸡、火鸡、雀形目鸟、鹦鹉、松鸡、野鸭等禽类中分离到 APMV-2 型病毒，但一般认为 APMV-2 型病毒主要感染雀形目鸟，而且由于雀形目等野禽经常走访禽舍，对 PMV-2 型病毒在家禽中的传播起一定的作用；APMV-3 型病毒感染主要见于火鸡，但尚无自然感染鸡的报道，从观赏鸟中也分离到 APMV-3 病毒，但尚无从野鸟分离到 APMV-3 的报道。APMV-3 还与某些品种的鹦鹉疾病有关，如引起高死亡性脑炎；APMV-5 的宿主范围可能很小，仅在澳洲长尾小鹦鹉引起高病死率感染；APMV-6 病毒可感染火鸡，也可从家鸭分离到病毒，但对鸭似乎无致病性；APMV-7 可在鸽流行，并可引起火鸡和鸵鸟暴发感染。其他血清型 APMV 的感染情况尚不清楚，但在许多情况下，从各种鸟类分离到的 APMV 很少能与特定的疾病联系在一起。

【临床症状和病理变化】

APMV-2型可引起鸡和火鸡轻度的呼吸道症状或隐性感染。与NDV不同，火鸡APMV-2感染比鸡严重，除呼吸道症状、窦炎外，还可引起产蛋率、孵化率和出雏率的下降。另据资料报道，APMV-2还可使澳洲长尾小鹦鹉和非洲灰鹦鹉致死。APMV-2与其他病原微生物共同感染时会造成比其他微生物单独感染更为严重的临床症状和病理变化。此外，APMV-2还可能引起免疫抑制。

APMV-3一般仅感染火鸡，表现为产蛋迅速下降和产白壳蛋，但孵化率和受精率影响较小，偶尔有轻度呼吸道症状；感染APMV-6的火鸡表现为轻微的呼吸道症状和产蛋下降；感染APMV-7的火鸡表现为呼吸道症状和病死率增高，产蛋量未受到明显的影响，但白壳蛋增加。

APMV-2人工感染7日龄SPF鸡后，剖检可见鸡气管中黏液增多，但心、肝、脾和肾脏等其他实质器官没有肉眼可见的病理变化。病理组织学观察显示病鸡的气管黏膜层细胞中杯状细胞数量增加，气管腺的体积增大，腺腔中黏液增多、深染；部分气管上皮细胞纤毛粘连在一起，固有层中可见淋巴细胞浸润。其他器官未见异常。

【诊断】

病原体分离时，样品的采取和分离方法与NDV相同，可采取气管、泄殖腔黏膜、肠内容物等病料，通过9~11日龄鸡胚尿囊腔或6~7日龄卵黄囊接种分离病毒。血清学检测方法与NDV相同，主要是HA和HI试验，但APMV-5分离时需通过羊膜腔接种或在鸡胚原代细胞上生长，APMV-5不能凝集鸡红细胞而凝集豚鼠红细胞，这在做HA和HI试验时应尤为注意。在应用多克隆抗体进行HI试验时，NDV与几个其他血清型的APMV，尤其是APMV-3则有一定程度的交叉反应，通过设立血清和抗原对照在很大程度上可避免误诊，采用单克隆抗体诊断则可得出明确的结果。

【防控措施】

一般防制ND的措施均可用于其他副黏病毒感染的预防，尤其是禽舍防鸟措施的实施对APMV感染的预防有重要作用。由于APMV-2~9血清型病毒一般不引起高病死率，故其经济意义远远低于NDV，目前尚无商品疫苗可用于预防。但APMV-3感染可严重影响火鸡产蛋率，故在一些国家有APMV-3油佐剂灭活疫苗可供应用，可有效预防产蛋火鸡APMV-3感染所造成的产蛋率下降。

十八、鸭坦布苏病毒病

鸭坦布苏病毒病(duck tembusu virus disease，DTVD)是发生于鸭的一种以导致种鸭、蛋鸭产蛋大幅下降，肉鸭、育成鸭出现神经症状和死亡为特征的新发传染病。

鸭坦布苏病毒病是在中国养鸭业中出现的一种新的传染病。自2010年4月起，福建、浙江、江苏、安徽、河南、山东、河北等养鸭地区暴发，造成了重大损失。关于此病的命名，目前主要有鸭黄病毒感染、鸭病毒性脑炎、鸭出血性卵巢炎、鸭脑炎-卵巢炎综合征、鸭产蛋下降综合征等。

【病原】

鸭坦布苏病毒(*Duck tembusu virus*，DTMUV)属于黄病毒科(*Flaviviridae*)黄病毒属(*Flavivirus*)。病毒粒子大小约为50nm，有脂质囊膜，基因组为单股正链RNA，大小约11kb，基因5′和3′端均有一段非编码区(NCR)，整个基因的编码顺序为5′-NCR-C-PrM-E-NS1-NS2A2B-NS3-NS4A4B-NS5-NCR-3′。其中，E蛋白是病毒的主要结构蛋白和抗原成分，可诱导保护性免疫应答，它决定病毒的组织亲嗜力与病毒毒力，与病毒的吸附、入侵、血凝反应及血清特异性有关。序列分析发现各地分离的坦布苏病毒(tembusu)E基因及其蛋白的相似性较高，约为99%以上。

鸭坦布苏病毒可以感染鸭胚、鸡胚，也可在鸭胚成纤维细胞及 Vero、DF1、BHK、C6/36 等部分传代细胞系中繁殖，引起明显的细胞病变，表现为细胞圆缩、脱落、细胞破碎等，经卵黄囊、尿囊腔接种鸭胚后 3~5d 可致死鸭胚。在绒毛尿囊膜含毒量最高，尿囊液和胚体次之。病毒无血凝活性，对热、脂溶剂和去氧胆酸钠敏感。

【流行病学】

本病主要在种鸭、蛋鸭中流行，也可感染雏鸭、肉鸭，死淘率 10%~30%。本病传播速度快，一旦染病多在 2~7d 波及全群，产蛋鸭几无幸免。但有关本病的传播途径目前尚不完全清楚，推测可水平传播，特别是经呼吸道感染是本病的重要传播途径。夏季的发病率较高，蚊媒在本病的传播上起有重要作用。坦布苏病毒最早于 1955 年在吉隆坡从蚊子体内分离到，之后又多次从马来西亚、泰国等地区的库蚊体内分离到，所以我国发生的坦布苏病毒病，其源头可能来自东南亚。

【临床症状】

感染鸭表现发热，采食量突然下降，在 2~7d 内可降至正常采食量的 1/2 左右，随之产蛋率大幅下降，可从 90% 以上降至 10% 以内甚至停产，7~20d 后产蛋率开始缓慢回升。部分病鸭腹泻，出现肢体不稳，站立行走困难等神经症状，死淘率 5%~15%。雏鸭、肉鸭主要表现采食量下降，排绿色稀粪，后期出现神经症状，死淘率约 10%~30%。整个病程约有 1 个月。

【病理变化】

病变主要见于卵巢，表现为卵巢发育不良、卵泡变性、卵泡膜充血、出血，子宫及输卵管黏膜未见异常，部分病例可见卵黄性腹膜炎和脾脏肿大、肝脏肿大、胰腺出血、坏死。有神经症状的则可见脑膜出血，脑组织水肿。

组织学检查可见病鸭卵巢出血，卵泡发育停止、闭锁或崩解，并有大量大小不等的圆形或颗粒状红染小体，充满已崩解的卵泡或间质。多个脏器浆膜面和部分脏器组织中可见与卵巢所见相同的红染小体。部分病例脑可见小胶质细胞浸润灶，脑蛛网膜下充血、炎性细胞浸润。

【诊断】

本病毒感染多发生于产蛋鸭群，主要临床特点包括：鸭群突然出现采食下降，随之出现产蛋量急剧下降，剖检感染鸭可见明显的卵泡出血和变性。确诊需要进行实验室检查。

（1）病毒分离鉴定　可采集感染鸭的脑、卵巢、脾脏和肝脏组织等病料，将组织病料用灭菌缓冲盐水制成悬液，反复冻融后取上清过滤除菌，再经尿囊腔或绒毛尿囊膜途径接种 9~12 日龄鸭胚或鸭胚成纤维细胞单层培养物进行病毒分离，致死鸭胚胚体有明显的出血。病毒分离物在细胞上可形成细胞病变。分离的病毒通过 RT-PCR 或基因测序鉴定。

（2）RT-PCR　针对鸭坦布苏病毒 E 基因或 NS5 基因，应用 RT-PCR 技术可以直接检测感染鸭组织，该方法特异性强、敏感性好，是目前快速诊断本病的主要手段之一。逆转录环介导等温核酸扩增技术、荧光定量 PCR 也有广泛应用。

（3）血清学方法　ELISA 等检测发病前后的血清抗体水平变化，若上升 4 倍以上，可确认感染。

【防控措施】

目前国内外未有特效药及相关疫苗，但国内多家机构正在进行灭活疫苗的研究。针对发病鸭群可以采取适当的对症治疗，如在饲料及饮水中添加维生素及治疗卵巢及输卵管炎症药物，以防治鸭群细菌继发感染。在鸭群管理方面，应改善鸭舍的饲养环境，降低饲养密度，保证鸭舍的温度、湿度和合理通风，为其康复创造有利的条件。

第二节　禽的细菌性传染病

一、传染性鼻炎

传染性鼻炎(infectious coryza, IC)是由副鸡禽杆菌引起鸡的一种急性上呼吸道传染病，以鼻腔和窦黏膜发炎，流鼻涕、喷嚏、流泪及眶下窦、面部肿胀为特征。各种年龄的鸡均易感，引起蛋鸡产蛋量下降10%~40%，育成鸡生长发育受阻、淘汰率增高，肉鸡屠宰加工中废弃率增加，常给养鸡业造成较严重的经济损失。

1920年，Beach首次报道本病，1932年De Blieck分离到副鸡禽杆菌。我国于1980年即有本病的疑似病例出现，1987年冯文达首先在北京的鸡群中分离到该菌。本病分布于世界各地，在我国呈多发趋势。

【病原】

副鸡禽杆菌(*Avibacterium paragallinarum*, Apg)曾称为副鸡嗜血杆菌(*Haemophilus paragallinarum*, Hpg)，属于巴氏杆菌科(Pasteurellaceae)禽杆菌属(*Avibacterium*)的成员。该菌革兰阴性，不形成芽孢，无鞭毛，不能运动。培养24h的细菌大小为(1~3)μm×(0.4~0.8)μm，呈单个、成双或短链排列的短杆状或球杆状，两极浓染，菌体有形成长丝的倾向。在培养48~60h内发生退化，出现碎片和不规则的形态，此时将其移植到新鲜培养基上可恢复成典型的杆状或球杆状形态。通常在临床病料中及固体培养基上，细菌形态较规则，呈明显的小杆状；在液体培养基或老龄培养物中，则发生形态上的变异，出现长丝状。

本菌兼性厌氧，一般在5%~10%二氧化碳条件下培养生长良好，但也可在低氧或无氧条件下生长。生长的pH值范围为6.9~7.6，在25~45℃下可生长，适合生长温度为34~42℃，一般于37~38℃下培养。对营养的需求较高，在普通培养基上不生长。培养时需要在培养基中添加1%的灭活鸡血清和V因子(NAD)。但从南非分离到了NAD非依赖性的菌株。鲜血琼脂或巧克力琼脂培养基可以满足本菌的营养需求。有些细菌如葡萄球菌在生长过程中可释放V因子，在血液琼脂平板上与本菌交叉划线时，可见葡萄球菌划线的边缘有副鸡禽杆菌生长的卫星现象(NAD非依赖性Apg除外)。本菌在固体培养基上生长16~24h，可形成直径0.3mm左右的半透明、针尖大的露滴状小菌落，不溶血。有毒力菌株的菌落在斜射光线下可见到蓝灰色光泽，经多次体外传代后，这种光泽会逐渐减弱或消失，细菌毒力降低或丧失，菌落逐渐粗糙变大。

液体培养时无需厌氧或二氧化碳环境，生长初期呈均匀混浊，随着培养时间的延长菌体沉于管底，摇动时呈白雾状。本菌也可在5~7日龄的鸡胚中繁殖，一般鸡胚在接种后24~72h死亡，卵黄、尿囊腔、羊水及鸡胚中均有细菌的存在，尤以卵黄内含量最高。

本菌能分解葡萄糖、蔗糖产酸不产气。不能发酵半乳糖和海藻糖，不产生过氧化物酶，有氧化酶和碱性磷酸酶活性。能还原硝酸盐，不水解尿素或液化明胶。

Page用玻板凝集试验将副鸡禽杆菌分为A、B和C 3个血清型。不同国家和地区分离株的血清型不同，我国A、B、C 3个血清型均有流行，其中以A和B型最常见。Kume等(1983)用间接血凝抑制试验将本菌分为Ⅰ、Ⅱ、Ⅲ 3个血清群，其中Ⅰ和Ⅱ群各有3种血清型，Ⅲ群有1种血清型。Blackall等(1990)兼顾Page血清型和Kume血清群，将发现的分离株分为A、B和C 3个血清群(9种血清型)，即A1~A4、B1、C1~C4。但此种分类方案因技术要求高，没有被广泛应用。Page分型的意义在于将血清型与免疫特性相联系，不同血清型之间没有交叉保护作用，同一血清型内各菌株之间仅存在部分交叉保护。

血凝素或凝集原、荚膜和多糖等多种毒力因子与本菌的致病性有关。其中，血凝素和荚膜在细菌定植过程中起关键作用，多糖可引起中毒症状。血清型 A、C 菌株的致病力存在区别，B 型菌的致病与否常因菌株而异。据报道，NAD 非依赖性分离株比经典的 NAD 依赖性分离株更易引起气囊炎。

本菌的抵抗力很弱，在宿主体外很快失活。对热、pH 值及消毒药均很敏感。常温下，悬浮于自来水中的感染性渗出物 4h 即可失活。病鸡渗出物或组织的感染性在 37℃可保持 24h；在培养基上于 4℃能存活 1~2 周，室温保存 1~2d，37℃时存活不超过 1d。在鸡胚卵黄囊内于−70℃可存活 1 个月。培养物在 45~55℃于 2~10min 内死亡，−40℃可保存 1 年以上，−70℃可保存数年。真空冻干菌种于−20℃可长期保存。6℃时感染性胚液用 0.25%福尔马林处理，24h 内可灭活，但以 0.01%硫柳汞处理，则可存活数天。

本菌对链霉素、红霉素、庆大霉素、卡那霉素、氯霉素、氨苄青霉素、磺胺甲恶唑、磺胺-6-甲氧嘧啶、氟哌酸、恩诺沙星、氧氟沙星等多种抗生素敏感。但目前临床上已出现对某些磺胺类药物产生有耐药性的菌株。

【流行病学】

本病自然条件下主要发生于鸡。各种年龄的鸡均易感，尤以 4 周龄以上的鸡易感，成年鸡特别是高产鸡感染后的症状更为严重，潜伏期短，病程长。雏鸡、珠鸡、鹌鹑偶然也能发病。人工感染的 4~8 周龄雏鸡有 90%出现典型的症状，13 周龄以上的鸡则 100%感染。火鸡、鸭、鸽子、麻雀、乌鸦、兔、豚鼠和小鼠对人工感染有抵抗力。

病鸡与带菌鸡是本病的传染源，而慢性病鸡和隐性带菌鸡是鸡群发病和长期流行的重要原因。本病主要通过直接接触传播，易感鸡与感染鸡接触，在 1~3d 内便可表现出临床症状。同时本病也可经间接接触传播。副鸡禽杆菌随病鸡和带菌鸡的鼻涕和眼睛分泌物排出，污染空气、饲料和饮水，通过飞沫、尘埃经呼吸道传播，也可经消化道传播。

流行特征：①本病发病急、传播迅速，本病的发生往往在很短时间（一般 2~3d）内波及全群，发病率高，病死率低。②一年四季均可发生，但秋、冬季多见。③本病与导致机体抵抗力下降的诱因密切有关，如饲养密度过大、拥挤，通风不良，鸡舍内闷热或鸡舍寒冷潮湿，氨气浓度大，不同年龄的鸡混群饲养，缺乏维生素 A，以及其他疾病(如以呼吸道症状为主的传染病、寄生虫病等)都能诱发本病或加重病情，并使病程延长和死亡率增加。

【发病机理】

本病的发病机理目前还不十分清楚。一般认为副鸡禽杆菌的致病性与血凝素、多糖、脂多糖和荚膜等多种毒力因子有关。

①血凝素：位于副鸡禽杆菌最外层的蛋白样抗原，是本菌的主要毒力因子，在细菌定植过程中起关键作用。

②脂多糖：存在于细菌培养物上清中，能引起动物中毒症状，如产蛋量下降。

③多糖：从血清型 A、C 菌株分离得到，能引起鸡心包积液。

④荚膜：内含有透明质酸，与细菌定植有关，也是引起本病相关病变的主要因素。在副鸡禽杆菌及其毒力因子的作用下，引起鼻腔、眶下窦和气管黏膜局部出现肥大细胞、异嗜白细胞和巨噬细胞等炎症细胞浸润，炎症因子水平升高，引起局部黏膜发生炎症、细胞崩解和增生，导致鼻炎发生。

【临床症状】

潜伏期短，自然感染后 1~3d 内出现症状，用培养物或分泌物通过鼻内或窦内人工接种易感鸡后，在 24~48h 内发病。

病初病鸡鼻孔流出清亮的浆液性分泌物，随后转为黏液性分泌物，打喷嚏。一侧或两侧的面部水肿、结膜炎、眼睑水肿，严重时眼睛闭合，出现暂时性失明。公鸡的肉髯常见明显肿胀。如炎症蔓延至下呼吸道，可见病鸡频频摇头、呼吸道啰音、呼吸困难，最后常窒息而死。温和型病例仅见轻微的呼吸道症状，眼、鼻有黏膜性或脓性分泌物，并形成结痂。有的病鸡看不到流鼻涕，但挤压鼻腔时有鼻汁流出。病鸡体温升高，食欲下降，饮水减少。部分病鸡下痢、拉绿色稀便。

本病一般发病率高，死亡率低。但年龄和品种对临床症状有明显影响。育成鸡生长迟缓、发育不良、淘汰率增加。产蛋鸡产蛋量下降 10%~40%，如在产蛋高峰期或高峰期以后发病，产蛋量可下降 70%。病程 1~2 周，单独发生时，病死率一般不高，个别可高达 40%。当环境恶劣、营养不良或其他病原（如副鸡禽杆菌与鸡毒支原体、巴氏杆菌、鸡痘病毒、传染性支气管炎病毒、传染性喉气管炎病毒等）混合感染，致使病情加重，病程延长，病死率增加。

【病理变化】

主要见于鼻腔、鼻窦和眼睛。鼻道和鼻窦黏膜出现急性卡他性炎症，黏膜发红、充血肿胀，表面覆有黏液。病程较长者可见鼻腔、鼻窦内有淡黄色干酪样物。常见卡他性结膜炎，结膜充血肿胀，眼睑水肿，结膜囊内有干酪样分泌物，严重者眼睛失明。面部及肉髯皮下水肿。严重时可见气管黏膜炎症，内有浆液或黏液性分泌物，偶见心包积液、肺炎和气囊炎。母鸡可见卵泡变性、坏死和萎缩，有的发生卵黄性腹膜炎。组织学检查可见，鼻腔、眶下窦和气管黏膜与腺上皮脱落、崩解和增生，黏膜固有层水肿、充血并伴有异嗜细胞浸润。

【诊断】

根据本病发病急，传播迅速，发病率高，死亡率低，病鸡流鼻涕、颜面水肿，产蛋量明显下降，药物治疗有效等特征可以做出初步诊断。但临床上传染性鼻炎常与其他细菌或病毒混合感染，所以诊断时必须考虑常见的混合感染因素，并注意与鸡毒支原体感染、鸡痘、慢性禽霍乱、鼻气管鸟杆菌病、肿头综合症、鸡传染性支气管炎、鸡传染性喉气管炎以及维生素 A 缺乏等具有类似症状的疾病进行鉴别，确诊需要进行实验室诊断。

（1）涂片镜检　取病鸡的眼、鼻腔、眶下窦分泌物，涂片，染色后镜检，可见革兰阴性、多呈单个散在的小球杆菌，并可见多形性，偶尔呈丝状现象，菌体周围有荚膜。结合临床特点可做出初步诊断。

（2）细菌分离鉴定　取 2~3 只发病初期的病鸡，烧烙消毒眶下窦处的皮肤，用无菌剪刀剪开窦腔，以无菌棉拭子伸入窦腔深部采取病料，也可取气管和气囊分泌物。将采集的病料划线接种于血液琼脂平板上，并用葡萄球菌与之交叉划线。然后将平板置于含5%二氧化碳的培养箱或烛缸内在 37℃ 下培养 24~48h。如果在靠近葡萄球菌的菌落边缘有灰白色、半透明、圆形的小菌落生长，则疑为副鸡禽杆菌，可通过革兰染色、镜检和生化试验等进一步鉴定。并可通过玻片凝集试验或血凝-血凝抑制试验，用副鸡禽杆菌不同血清型的单因子血清进一步鉴定分离菌的血清型。

（3）动物试验　将病料或分离培养物经窦内接种健康易感鸡，若在接种后 24~48h 出现流鼻液、面部水肿等典型的鼻炎症状可做出诊断。但当病料中细菌含量较少时，潜伏期可延长至 7d 左右。

（4）血清学诊断　常用的血清学诊断方法包括血清平板凝集试验、琼脂扩散试验、血凝抑制试验、间接 ELISA 及阻断 ELISA 等。平板凝集试验与琼脂扩散试验方法简便易行，既可用已知菌株作抗原，检测不同血清型抗体，也可用已知的副鸡禽杆菌不同血清型的单因子血清对分离菌株进行分型。血凝抑制试验主要用于本菌感染的跟踪或流行病学调查，并常用于检测疫苗免疫后特异性抗体效价，评价免疫效果。间接及阻断 ELISA 用于检测免疫和发病后的特异性抗体，其敏感性和特异性优于其他 3 种方法。

（5）PCR 检测　该方法是目前快速诊断本病的常用手段，特异性强，灵敏性高，在 6h 内可以获得检测结果。分离培养的可疑菌落或由活鸡鼻窦挤压获得黏液均可用 PCR 检测。

【防控措施】

（1）加强饲养管理，消除诱因　平时应加强饲养管理，改善鸡舍通风条件，降低空气中的粉尘和有害气体含量，适宜饲养密度，注意饲料营养协调，提高鸡群抵抗力；做好鸡舍内外的兽医卫生消毒工作，对禽舍和设备进行清洗消毒后，空舍 2~3 周再引入下一批鸡；加强其他疾病（如葡萄球菌病、慢性呼吸道病、传染性支气管炎、传染性喉气管炎、维生素 A 缺乏症）的防制；不从疾病情况不明的鸡场购买种鸡，每栋鸡舍应做到全进全出，禁止不同日龄的鸡混养。

（2）免疫接种　免疫接种是预防本病的有效措施。目前，应用的疫苗均为灭活菌苗，根据疫苗佐剂不同分为矿物油佐剂苗、氢氧化铝佐剂苗和蜂胶佐剂苗，根据疫苗包含菌株血清型的不同分为单苗、双价苗和三价苗。生产实践中需要根据当地流行菌株的血清型等对疫苗进行选择，必要时可以制备自家菌苗用于本病的预防。通常在 10~20 周龄接种菌苗，最好根据鸡场本病的发病情况，提前 3~4 周接种疫苗，皮下或肌肉注射 1mL/只，可获得最佳免疫效果。对于本病流行严重和发病日龄较小的鸡群，可于 4~6 周龄时皮下或肌肉注射 0.3~0.5mL/只，开产前 1 个月皮下或肌肉注射 1mL/只，保护期可达 9 个月以上。发病时也可紧急接种（1~1.5mL/只），可获得良好的防制效果。

（3）治疗　发病时，应及时对病鸡进行隔离治疗。多种抗生素、磺胺类和喹诺酮类药物（如硫氰酸红霉素、泰乐菌素、链霉素、强力霉素、磺胺二甲嘧啶钠、复方敌菌净、复方新诺明或磺胺增效剂等）均可用于本病的治疗。治疗时可选用 2~3 种有效药物联合应用，以增加治疗效果。对于症状严重者可肌肉注射链霉素 5 万~20 万 U/只，或青霉素、链霉素合并应用，连用 5d，并用 2% 硼酸水冲洗眼眶，同时滴入青霉素眼药水 1~2 滴，每日 2 次，连续 5d。治疗时注意细菌耐药性的产生，应保证足够的药物剂量和疗程，以避免本病的复发。

二、鸡毒支原体感染

鸡毒支原体感染（mycoplsma gallisepticum infection）又称为慢性呼吸道病（chronic respiratory disease，CRD），在火鸡则称为传染性窦炎（infectious sinusitis），是由鸡毒支原体引起鸡和火鸡的以呼吸道症状为主的一种慢性呼吸道传染病，以呼吸道啰音、咳嗽、流鼻液、张口呼吸为特征，火鸡常见严重的眶下窦肿胀。疾病发展缓慢，病程长，成年鸡多隐性感染，在鸡群中可长期存在和蔓延。

本病广泛分布于世界所有养禽的国家和地区，是危害养鸡业的重要传染病之一，可造成幼龄鸡生长不良，成年鸡产蛋量下降，种蛋孵化率降低，肉鸡生长发育缓慢，体重减少 38%，饲养期延长，饲料报酬降低 21%，药物费用升高，并因气囊炎而使胴体品质下降、废弃率增加。据调查，我国鸡的鸡毒支原体感染阳性率为 50%~80%，每年给养鸡业造成严重的经济损失。临床上本病常与新城疫、传染性支气管炎、大肠杆菌病、传染性鼻炎等传染病并发或继发，使经济损失更为严重，因此许多国家都很重视本病的防治。

【病原】

鸡毒支原体(*Mycoplsma gallisepticum*，MG)是柔膜体纲(Mollicutes)支原体目支原体属的一个致病种，无细胞壁，具有3层膜结构，细胞柔软，高度多形性，通常呈细小球杆状，长0.25～0.5μm。在电子显微镜下呈球形、卵圆形或梨形，有的呈丝状或环状等多种形态。姬姆萨或瑞氏染色着色良好，革兰染色着色淡，为弱阴性。不同MG分离菌株的致病力差异很大，致病力的强弱因分离株的来源、传代方式、传代次数的不同而有差异。强毒株在液体培养基中连续传代后其对鸡的致病性会减弱。MG的致病性与其特殊的末端结构、黏附素及其产生的神经毒素、过氧化氢和一些酶有关。

鸡毒支原体需氧或兼性厌氧，对营养要求较高，需要在培养基中加入10%～15%的灭活猪、禽或马血清、胰酶水解物和酵母浸出物才能缓慢生长。MG在pH 7.8左右37℃条件下生长最佳，在液体培养基中培养3～5d，可见培养基中的指示剂由红色变为黄色，培养液通常透明，摇动后可见底部悬起少量沉淀。固体培养基上培养时需要在适量二氧化碳与高湿环境中培养3～10d才能形成表面光滑、透明、边缘整齐、露珠样、直径小于0.2～0.3mm的微小菌落。在低倍显微镜或放大镜下，可见菌落呈煎蛋样，中央具有颜色较深且致密的乳头状突起。MG能发酵葡萄糖和麦芽糖、产酸不产气，不发酵乳糖、卫茅醇或水杨苷，不水解精氨酸，磷酸酶活性阴性，可还原2,3,5-三苯四唑(变红)和四唑蓝(变蓝)。MG在5～7d的鸡胚卵黄囊内生长良好，可致部分鸡胚在接种后5～7d内死亡，表现为胚体发育不良、水肿、肝坏死、脾增大等病理变化，死胚的卵黄囊、卵黄及绒毛尿囊膜中MG的含量最高。MG可以吸附鸡、火鸡和仓鼠等动物的红细胞，而且这种吸附作用能被相应的抗血清所抑制，可以作为鉴定本菌的依据之一。本菌能够凝集鸡和火鸡的红细胞。

MG对理化因素的抵抗力不强，常用的化学消毒剂均能迅速将其杀死。对紫外线和热敏感，阳光直射则迅速丧失活力，50℃20min即可将其灭活，沸水中立即死亡。液体培养物在4℃保存不超过1个月，在-30℃可保存1～2年，在-60℃能保存10多年，冻干培养物在-60℃存活更长时间。对泰乐菌素、红霉素、螺旋霉素、链霉素、四环霉素、土霉素、林可霉素等抗生素敏感，但易形成耐药性。对青霉素、多黏菌素、新霉素、磺胺类药物以及低浓度的醋酸铊(1∶4 000)有抵抗力。

【流行病学】

鸡和火鸡是本病的自然宿主，火鸡比鸡更易感。各种日龄的鸡和火鸡的均易感，尤其是4～8周龄的幼龄鸡和火鸡最易感。中成鸡对本病的抵抗力较强，多为隐性感染。雉鸡、鹌鹑、孔雀、鸽、鸭、鹅、火烈鸟和鹦鹉等也可自然感染。

病鸡和隐性感染鸡是本病的传染源，尤其是隐性感染的成年鸡和种公鸡是本病在鸡群中长期存在和蔓延最重要的传染源。本病可以通过水平和垂直两种方式传播。易感鸡与病鸡或隐性感染鸡直接或间接接触，可引起本病迅速水平传播与流行。MG主要随病鸡或带菌鸡咳嗽、喷嚏时的呼吸道分泌物排出，经呼吸道和眼结膜感染。当易感鸡与带菌鸡或火鸡直接接触时会引起本病的暴发，也可通过接触病原体污染的尘埃、飞沫、饲料、饮水、器具、车辆等传播媒介在不同鸡群或鸡场之间传播。垂直传播是本病的主要传播方式，一般处于感染早期和急性期的病鸡经蛋传播率较高，可达50%，而无症状感染鸡的传播率仅为0.5%～5%。垂直传播是本病在鸡群中代代相传，连续不断，难以根除的重要原因。在感染公鸡的精液中也有鸡毒支原体存在，在配种时可传播本病。此外，接种被鸡毒支原体污染的疫苗时，也可以造成本病的传播。

本病流行上具有以下特征：①本病发生于整个饲养期，各种日龄的鸡均可感染MG，但幼龄鸡群受害最为严重，发病率高、病程急、病情严重，中、成年鸡多散发或呈隐性感染。②在老疫区的鸡群中传播速度较为缓慢，但在新发病的鸡群中传播较快。③一年四季均可发生，以寒冷的冬、春季及气候突变或有其他应激因素（如饲养密度高、粉尘严重）存在时，发病与流行更为严重。④本病复发率高。由于药物难以到达气囊部位，不能杀死气囊内或干酪物中的 MG，故气囊内或干酪物中的 MG 可长期存在。当条件适宜时，MG 又可以增殖并扩散至机体其他部位而发病。⑤易与其他细菌或病毒性疾病并发或继发。单独感染 MG 时，死亡率很低，但当有并发症时，死亡率可高达 30% 以上。与 MG 并发或继发的常见病原微生物有大肠杆菌、副鸡禽杆菌、巴氏杆菌、葡萄球菌、鸡传染性支气管炎病毒、鸡新城疫病毒、鸡传染性喉气管炎病毒和传染性法氏囊病毒等。

【发病机理】

MG 通过呼吸道或眼结膜侵入机体后，首先通过其表面的黏附蛋白（黏附素）吸附于上呼吸道黏膜相应的受体上并侵入固有层，继而生长繁殖，引起上呼吸道黏膜上的纤毛受损、脱落，造成黏膜充血、炎症和渗出，出现流鼻涕和打喷嚏症状，并可见鼻道内充满大量黏液或干酪样渗出物。随着炎症的蔓延，受损的部位扩大至鼻邻近组织和眶下窦、气管、支气管、肺和气囊等处，引起窦腔内充满黏液和干酪样分泌物，气囊壁变厚、混浊。由于呼吸道黏膜上纤毛遭到破坏，对异物和分泌物的排除功能减弱或丧失，引起气管、细支气管及肺泡内蓄积多量异物和炎性渗出物，并逐渐使部分肺小叶发生病变，多数发病的肺小叶融合到一起，致使部分区域肺组织肉变、硬变和坏死，肺脏功能失调，出现呼吸啰音和呼吸困难。当 MG 与其他病原混合感染时，其临床症状、病理变化比单纯 MG 感染要复杂得多，发病机理也不尽相同。此外，在感染机体内 MG 可通过其表面抗原尤其是黏附素的不断变异来逃避宿主的免疫反应，从而能够在宿主体内长期持续存在，当饲养环境恶劣、其他疾病发生或免疫接种时则可发病。

【临床症状】

人工感染潜伏期 4~21d，自然感染时潜伏期难以确定，通常与鸡的日龄、品种、菌株毒力及诱发因素有关。本病可危害整个鸡群，但单独发生时多不表现明显症状，有的出现轻微的呼吸道症状。当饲养管理条件差或存在不良应激，尤其是混合感染其他病原体时，才表现明显的临床症状。

幼龄鸡发病时，临床症状较典型，出现流浆液性或浆液-黏液性鼻液，导致鼻孔周围沾有饲料或污物，频频摇头，气管啰音、喷嚏、咳嗽，还可见眶下窦和鼻窦发炎肿胀、结膜炎和气囊炎。当炎症蔓延至下呼吸道时，喘气、咳嗽及气管啰音更为明显。食欲不振、体重减轻或生长停滞，眼睑肿胀、结膜发炎、流泪。到了后期，如鼻腔和眶下窦中蓄积多量渗出物，则可见眼球凸起如"金鱼眼"，重者可导致失明。产蛋鸡感染后主要表现为产蛋率下降 10%~20%，种蛋受精率和孵化率降低，死胚、弱胚和弱雏增多，弱雏率增加 10% 左右。发病后成年鸡很少死亡，幼龄鸡的病死率也较低，但并发或继发其他疾病时，病死率增高。

火鸡感染后临床症状较严重，表现为流鼻涕、眼泪、眶下窦和鼻窦肿胀，呼吸紊乱、精神沉郁、采食减少、消瘦等。当眶下窦和鼻窦肿胀严重时，可引起眼部分或全部闭合。如出现气管炎或气囊炎时，则可见气管啰音、咳嗽和呼吸困难。病鸡消瘦，生长受阻。一部分病鸡不出现窦炎，但表现明显的呼吸道症状。

【病理变化】

肉眼病变主要集中在鼻腔、窦（鼻窦和眶下窦）、气管、支气管和气囊。可见鼻腔内有清亮的浆液或浓稠的黏液，窦腔内蓄积混浊的黏稠或豆渣样分泌物，鼻腔和窦腔黏膜潮红、肿胀。气囊发炎，气囊壁混浊、增厚，呈不均匀灰白色，囊膜上附着灰白或灰黄色干酪样渗出物。有时可见肺脏不同程度的炎症,肺上有灰白色或淡红色细小实变病灶,有的可见输卵管炎。临床病例多为混合感染,当与大肠杆菌混合感染时,则可见纤维素性肝周炎、心包炎和气囊炎。当 MG 并发传染性支气管炎病毒或新城疫病毒和大肠杆菌时,常出现严重的气囊炎病变,常称为气囊病。

组织学检查可见鼻腔、气管与支气管黏膜上皮细胞纤毛缺损、坏死脱落,上皮细胞肿胀,固有膜充血、单核细胞浸润、黏液腺增生,感染的组织黏膜显著增厚,黏膜下常见局部淋巴组织增生。肺组织有大量单核细胞和异嗜性细胞浸润,并可见肉芽肿病变。角膜结膜炎蛋鸡的角膜结膜上皮增生,有浆细胞和淋巴细胞浸润。产蛋鸡的输卵管黏膜增厚、黏膜上皮增生和浆细胞浸润。关节滑液囊表面细胞增生,滑液囊和临近组织单核细胞浸润,关节液中可出现大量异嗜细胞。

【诊断】

根据流行病学、临床症状和病理变化可以做出初步诊断,但应注意与传染性支气管炎、传染性喉气管炎、非典型新城疫、传染性鼻炎和曲霉菌病等疫病鉴别诊断。进一步确诊需要进行病原的分离鉴定、血清学或分子生物学检查。

(1)病原分离鉴定　无菌采集可疑感染鸡的气管和气囊的渗出物、鼻甲骨、肺或鼻窦的渗出物制成悬液,接种到支原体肉汤中或固体培养基(FM-4 培养基、Frey 培养基和 PPLO 培养基)上,于37℃培养3~7d。当生长不明显时,隔3~5d盲传1次,连传2~3代。而后根据菌落形态、菌体形状、生化特性、特异性血清生长抑制试验和致病性进行鉴定。同时还可以结合凝集试验、直接荧光法、琼脂扩散试验等方法对分离培养物进行鉴定。此外,从气管或鼻后裂拭子、输卵管、泄殖腔等,也可分离到 MG。

(2)血清学检查　血清学方法适用于监测鸡群 MG 的感染情况,实践中常用血清学方法结合病史和典型症状进行初步诊断。常用的血清学方法有血清平板凝集试验、血凝抑制试验和 ELISA 等,其中血清平板凝集试验最为常用,广泛用于群体的特异性抗体(包括 IgM)监测。当用平板凝集试验监测和进行血清学诊断时,最好用生理盐水将血清做1∶2倍比稀释,当血清凝集价达到1∶8或以上时判为阳性。与血清平板凝集试验相比,ELISA 的灵敏度和特异性更高,目前已广泛用于鸡群 MG 感染的监测和血清学诊断。

此外,琼脂扩散试验、荧光抗体试验、生长抑制试验、代谢抑制试验等血清学方法也可用于 MG 抗体的检测。

(3)分子生物学诊断　用于检测 MG 的分子生物学方法有 PCR、核酸探针、限制性片段多态性(RFLP)分析和随机扩增多态性 DNA(RAPD)技术等。这些方法,不仅快速、特异和敏感性高,而且能够区分不同支原体分离株引起的感染。

【防控措施】

由于本病在鸡场普遍存在,通常情况下呈隐性感染或亚临床症状,但疾病、环境突然改变或其他不良应激因素可以导致本病的暴发和流行,因此加强饲养管理、严格执行生物安全措施是有效防控本病的关键。由于 MG 既可以水平传播,又能经蛋垂直传播,所以采取严格的隔离措施和避免种蛋携带 MG,是控制和净化本病的根本。具体措施主要包括以下几点:

(1)提高饲养管理水平,严格卫生消毒措施　饲喂全价饲料,保证营养均衡,并适当投喂维生素 A,以提高机体及局部黏膜的抵抗力;减少应激,降低饲养密度,注意通风,及时清除粪便及更换垫料,减少栏舍内氨气及其他废气的浓度;严格执行全进全出的饲养方式。避免不同年龄鸡混合饲养,同群鸡全部出栏后,鸡舍经彻底消毒和空舍后,再引进下一批鸡。

(2)加强检疫工作　引进种鸡时,严格检疫,严防引进 MG 感染鸡。污染的种鸡场,平时应定期对种鸡进行检疫,淘汰阳性鸡。

（3）做好免疫接种　免疫接种是控制本病发生和传播的有效方法。实践中使用的疫苗主要有弱毒疫苗和灭活疫苗。弱毒疫苗可以经滴鼻、点眼、饮水或气雾等多种方法接种，以降低气囊炎的发生率，提高鸡群产蛋率，降低MG的经卵传播；油乳剂灭活疫苗可用于雏鸡及蛋鸡产蛋前免疫接种，一般15日龄雏鸡皮下注射0.2mL，蛋鸡产蛋前再皮下注射0.5mL，能够降低发病率，减少MG的经蛋传染率，保护产蛋期不出现产蛋量下降，且可以提高饲料转化率。

（4）消除种蛋内的支原体　杀灭种蛋内的支原体是阻断本病垂直传播、降低支原体感染率和建立无支原体鸡群的重要措施之一。实践中可采用下述方法：

①抗生素浸蛋法：先将种蛋加热至37.8℃，然后迅速将种蛋置于2~4℃的抗生素（如0.04%~0.3%泰乐菌素或红霉素）溶液中浸泡15~20min。也可以将种蛋浸入药液中，应用专门压力系统将抗生素压入蛋壳内。该处理方法可以减少种蛋内的MG，降低经蛋传染率，但对孵化率有一定影响。

②种蛋加热法：将种蛋置于45~46℃恒温维持12~14h后，转入正常孵化。该法有效杀灭种蛋内的MG，只要温度控制适宜，对孵化率无明显影响。

（5）培育无MG感染鸡群　培育无MG感染鸡群，必须采取综合防治措施，主要包括：通过免疫接种和敏感性药物的预防，降低种鸡群的带菌率和种蛋的污染率；严格执行兽医生物安全措施，防止外来感染，尤其做好孵化室、孵化箱及相关用具的消毒工作；合理处理种蛋，杀灭蛋内支原体，阻断垂直传播；小群饲养子代鸡群，定期进行血清学检查，一旦出现阳性鸡，立即将小群淘汰；对育成的鸡群在产蛋前进行一次血清学检查，无阳性反应时可留作种鸡。当完全阴性的亲代鸡群所产的蛋孵出的子代鸡群，经过几次检测未出现阳性反应时，方可认为已建成无MG感染鸡群。

（6）治疗　用于本病治疗的常用药物有泰乐菌素、支原净（泰妙菌素）、壮观霉素、庆大霉素、林可霉素、利高霉素、强力霉素、红霉素、北里霉素以及环丙沙星、恩诺沙星和氧氟沙星等，可以通过饮水或饲料给药。泰乐菌素为4.5L水内加2~3g，支原净按照120~500mg/L饮水，也可以每吨饲料加400g土霉素或300~500g北里霉素拌料，一般5~7d为一个疗程。由于本病容易复发，且MG容易产生耐药性，所以治疗时应轮换用药，并保证疗程足够。治疗时应同时注意其他混合感染疾病的治疗和饲养环境的改善。

三、鸭传染性浆膜炎

鸭传染性浆膜炎（infectious serositis of duck）又称鸭疫里氏杆菌病、新鸭病、鸭败血症、鸭疫综合征和鸭疫败血症，是由鸭疫里默杆菌引起鸭、鹅、火鸡和其他多种家禽和野禽的一种接触性传染病，呈急性或慢性败血症经过，以纤维素性心包炎、肝周炎、气囊炎、干酪样输卵管炎和脑膜炎为特征，发病率和死亡率高，感染鸭消瘦、生长速度迟缓，淘汰率增加，可给养鸭业造成巨大的经济损失。

本病于1932年首次发现于美国纽约州长岛，随后加拿大、英国、西班牙、新加坡、泰国、挪威、澳大利亚、日本等相继报道有本病流行。我国郭玉璞等于1982年首次报道北京郊区鸭场中有本病流行，并分离出病原菌，此后全国各主要养鸭地区相继报道了本病。目前世界各地的养鸭国家几乎都有本病发生，是危害养鸭业的主要传染病之一。

【病原】

鸭疫里氏杆菌（*Riemerella anatipestifer*，RA）曾被称为鸭疫巴氏杆菌，属于黄杆菌科（Flavobacteriaceae）里氏杆菌属（*Riemerella*）。1993年德国学者Segers等根据DNA-rRNA杂交分析，蛋白质、

脂肪酸组成及表型特征，建议将鸭疫巴氏杆菌更名为鸭疫里默杆菌，以纪念1904年Ricmer首次报道了该细菌引起的"鹅渗出性败血症"。同时，提议将鸭疫里默杆菌单独列为里默杆菌属。

本菌为革兰阴性小杆菌，大小$(0.2～0.4)\mu m×(1～5)\mu m$，可形成荚膜，无芽孢和鞭毛，没有运动性。常单个或者成对存在，有时呈短链状排列，偶见个别长丝状。瑞氏染色呈两极浓染，印度墨汁染色时可见荚膜。

本菌对营养要求较高，在胰蛋白胨大豆琼脂(TSA)、巧克力营养琼脂平板、鲜血琼脂平板、含血清的马丁琼脂平板等固体培养基上，以及胰蛋白胨大豆肉汤(TSB)、胰蛋白胨肉汤、马丁肉汤等液体培养基中生长良好。分离培养时，在5%～10%二氧化碳的培养箱或烛缸内培养，可促进细菌生长，提高细菌的分离率。烛缸中于37℃培养24h，在胰酶大豆琼脂上可见直径2mm左右的圆形、中央突起、表明光滑、边缘整齐、透明并具有黏性的菌落，在斜射光下观察时菌落发出绿光；在巧克力营养琼脂平板上可长出乳白色、圆形、表面光滑的黏稠菌落，直径1～2mm；在鲜血琼脂平板上培养24～48h可见凸起、有光泽的奶油状菌落，不溶血。在含血清或胰蛋白胨酵母浸出物的肉汤中，37℃培养48h，培养液轻微混浊，管底有少量沉淀。在普通琼脂、麦康凯琼脂、伊红美蓝琼脂及SS琼脂上不生长。

大多数菌株不发酵碳水化合物，少数能够发酵葡萄糖、麦芽糖、果糖和肌醇，产酸不产气。不产生吲哚和硫化氢，不水解淀粉，不能还原硝酸盐，柠檬酸盐利用试验、MR试验、V-P试验阴性。触酶试验、尿素酶分解试验、过氧化氢酶试验为阳性，能够液化明胶。但不同分离株的生化试验结果可能存在差异。

本菌的血清型复杂，不同地区、不同鸭场在不同时间流行菌株的血清型不同，呈现动态变化，而且同一血清型内还有不同亚型。目前，全世界至少有21个血清型，且彼此之间无交叉免疫作用。据报道，美国主要以1、2、5、11～13、15、19、21型为主，英国主要1、2、5、9、13、15型为主。我国现在至少存在14个血清型，即1、2、3、4、5、6、7、8、10、11、13、14、15、17型，其中以1、2、6、10型为流行的优势血清型，又以1型最普遍。此外，国内还发现不属于已知的1～21型4个新的血清型(22、23、24、25型)。

本菌对理化因素的抵抗力不强。室温下在固体培养基上存活不超过3～4d，4℃在肉汤中可存活2～3周，55℃在12～16h内全部失活。4℃保存14d的肉汤培养物致病力下降50%以上，保存26d后则完全丧失致病力。冻干可长期保存。

本菌对青霉素、氨苄青霉素、链霉素、新生霉素、林可霉素、新霉素、红霉素、四环素、杆菌肽、磺胺类及喹诺酮类药物敏感，对卡那霉素和多黏菌素B不敏感，对庆大霉素有一定抗性。目前，已发现部分分离株对四环素、喹诺酮类、氨基糖苷类和磺胺类药物产生了耐药性，并且耐药谱有增加趋势。

【流行病学】

鸭疫里默杆菌的易感宿主范围较广。家禽中以鸭最易感，不同品种的鸭均能感染发病。1～8周龄的鸭，尤其是2～3周龄的雏鸭高度敏感，5周龄以上的鸭对本病有一定的抵抗力，1周龄以下或8周龄以上的鸭极少发病。除鸭外，鹅、火鸡、鹌鹑、天鹅和鸽也可感染发病，其中鹅的易感性较高。雏鸡、鸡、珠鸡及其他水禽也可感染。

病鸭和带菌鸭是本病的主要传染源，其他病禽或带菌禽类也可以作为本病的传染源。本病主要通过污染的饲料、饮水、飞沫、尘土等媒介物经呼吸道、消化道和皮肤(尤其是足部皮肤)伤口感染。库蚊也是本病的重要传播媒介，可通过叮咬传播本病。

流行特征：①一年四季均可发生，但以冬、春寒冷季节多发。②主要侵害1～8周龄的鸭，尤其是 2~3 周龄的雏鸭受害严重。③本病存在的鸭场感染率可达 90% 以上，死亡率差别较大，在 5%~75% 之间。卫生条件和饲养管理较好的鸭场，感染鸭多不发病或散在发生，其发病率和死亡率很低，一般不超过 5%，但饲养环境恶劣、营养缺乏或不良应激，如气候寒冷、饲养密度大、舍内潮湿、通风不良、空气污浊、饲料营养配比不当、维生素和微量元素缺乏、转群、运输以及其他疾病存在等可诱发本病，而且死亡率升高。

【临床症状】

本病的潜伏期一般为 2~5d，最长可达 7d。当经皮下、静脉或眶下窦人工感染雏鸭时，潜伏期为 24h。由于感染菌株的毒力强弱和鸭的抵抗力不同，鸭感染后的临床症状存在差异。根据发病经过，本病一般分为最急性型、急性型和慢性型 3 种。

（1）最急性型　病例往往看不到明显症状而突然死亡。

（2）急性型　多见于 2~3 周龄雏鸭，主要表现为精神沉郁、倦怠，不食或少食，排绿色或黄绿色稀便。腿软、不愿走动，跟不上群，共济失调。少数病例可见一侧或两侧跗关节肿胀。流眼泪，常使眼周围羽毛粘连，形成"眼圈"；鼻孔流出浆液或黏液，分泌物干后常堵塞鼻孔，甩头、咳嗽、喷嚏，部分病例呼吸困难、张口呼吸，可听到喘鸣声。濒死前一般出现神经症状，表现为共济失调、头颈震颤、歪头，两腿僵直或呈划水状，角弓反张，不久抽搐死亡。发病迅速，病程一般为 1~3d，死亡率可达 80%，幸存者生长迟缓，发育不良。

（3）慢性型　主要发生于 4~7 周龄的雏鸭，病程达 1 周或 1 周以上。病鸭除了表现上述临床症状外，常见头颈歪斜，共济失调，消瘦，安静时可以采食饮水，遇到惊扰时不断鸣叫，颈部弯转 90° 左右，做转圈或倒退运动。病鸭可长期存活，但生长发育不良或成为僵鸭。

【病理变化】

特征性病理变化是全身浆膜表面广泛的纤维素性渗出性炎症，尤以心包炎、纤维素性肝周炎和纤维素性气囊炎最为明显。急性病例多见心包积液，心包膜增厚，心外膜表面覆有纤维素性渗出物。病程较长的病例，纤维素性渗出物发生干酪样化，心包腔内有淡黄色纤维素性物质，心包膜增厚，表面粗糙。心包膜与心外膜或胸膜粘连，较难剥离。肝脏肿大质脆，表面被覆一层灰白色或灰黄色纤维素性或干酪样渗出物，易剥离，胆囊肿大。气囊增厚混浊，其上覆纤维素性渗出物，气囊和胸壁或腹壁粘连。部分病例可见肺脏充血、出血，小叶间质水肿，肺泡内也有纤维素性渗出物。脑膜水肿、增厚，有纤维素性渗出物。少数病例有输卵管炎，可见输卵管肿胀，有干酪样物质蓄积。脾脏颜色发黑，肿大或轻微肿大，表面有纤维素性渗出物，呈斑驳状。

局部或慢性感染常见于皮肤、输卵管或关节。可见纤维素性脑膜炎、输卵管炎、关节炎。脱毛后可见背部或腹侧皮肤粗糙呈黄色，发生蜂窝织炎或坏死性皮炎，切面呈海绵状，有淡黄色渗出物。跗关节肿胀，触之有波动感，关节液增多，呈乳白色黏稠状。

病理组织学检查可见，渗出物中含有少量的单核细胞和异嗜性粒细胞，在慢性病例中还见到多核巨细胞和成纤维细胞。心肌细胞的横纹消失，出现颗粒变性，心肌间质有大量异嗜性粒细胞和单核细胞浸润。肝细胞混浊变性，肝门静脉周围常见单核细胞、异嗜细胞及浆细胞浸润。脾脏内网状细胞增多，白髓萎缩消失，红髓充血。

【诊断】

根据本病主要发生于冬、春寒冷季节，以 2~3 周龄的雏鸭受害最严重等流行特点，精神沉郁、食欲降低或废绝，拉绿色或黄绿色稀便，腿软、共济失调，濒死前一般出现神经症状；剖检可见全身浆膜表面纤维素性渗出性炎症的病理变化可以做出初步诊断。但应注意与鸭大肠杆菌病、巴氏杆菌病、沙门菌病及衣原体病等的鉴别，确诊需要进行实验室检查。

（1）涂片镜检 取病鸭的心血、脑、气囊、肝脏及病变渗出物涂片，瑞氏染色后镜检，可见到少量的两极浓染的小杆菌，多单个或成对存在。

（2）细菌分离鉴定 无菌采取感染急性阶段病鸭的心血、脑、气囊、肺、肝、脾脏、骨髓或病变渗出物等病料，接种于胰蛋白胨大豆琼脂或巧克力琼脂培养基上，于37℃ 5%二氧化碳条件下培养24~48h，观察菌落形态，并通过生化试验和其他血清学试验进一步鉴定。如需要明确分离菌株的血清型，则需要用标准阳性血清，通过凝集试验或琼脂扩散试验进行鉴定。

（3）免疫荧光抗体检测 取肝脏或脑组织做涂片或压印片，火焰固定，用特异性荧光抗体染色后，在荧光显微镜下检查，可见周边发绿色荧光的菌体，多单个存在。本法操作简便，特异性强，能与大肠杆菌、沙门菌和多杀性巴氏杆菌相鉴别。

（4）免疫组化法检测 取肝脏或脑组织做涂片或压印片，或者制成石蜡切片，固定，依次与特异性抗体和酶标二抗反应，加底物显色后，在显微镜下检测组织中着色的抗原抗体复合物。本法不需要特殊的荧光显微镜，易于在普通条件的实验室推广。

（5）PCR检测 针对鸭疫里默杆菌的16S rRNA或外膜蛋白（OmpA）的基因序列设计特异性引物，通过PCR可以直接检测脑、肝脏、气囊等组织和病变渗出物中的特异性基因序列。本法也可用于对细菌分离培养物的快速鉴定。

【防控措施】

预防本病的首要措施是加强饲养管理，改善环境卫生，严格生物安全措施。特别注意降低饲养密度，保证通风、干燥，注意防寒和保暖，减少应激，勤换垫料，定期消毒，施行"全进全出"的饲养管理制度。

免疫接种是有效预防本病和降低死亡率的重要措施，但由于鸭疫里默杆菌不同血清型之间缺乏交叉保护作用，所以只有疫苗株与当地或本场流行菌株的血清型一致时，疫苗才能产生很好的免疫保护作用。用于预防本病的疫苗有灭活疫苗和弱毒疫苗。

灭活疫苗应用较广，主要有单价或多价的油佐剂或铝胶佐剂灭活疫苗和鸭疫里默杆菌-大肠杆菌二联灭活疫苗。雏鸭在1~7日龄皮下注射1次，0.25mL/只，可有效预防本病的发生，本病流行比较严重的鸭场，可在首次免疫后2周再加强免疫1次。种鸭在产蛋前2~4周皮下注射0.5mL/只，其母源抗体可使雏鸭在1~10日龄内获得保护。

弱毒疫苗有针对鸭疫里默杆菌1、2和5血清型的三价苗，可经饮水或气雾免疫1日龄雏鸭，安全、无副作用，对实验和野外强毒株感染均有良好的保护作用，保护期可维持42d，目前已在美国和加拿大鸭场应用。种鸭接种活疫苗产生的母源抗体可使雏鸭获得2~3周的保护。

此外，应用提取鸭疫里默杆菌的荚膜和外膜蛋白制备的亚单位疫苗也可以诱导产生良好的免疫保护作用，但仍然处于实验研究阶段。

一旦发现鸭群中有病鸭，应立即隔离病鸭，选择青霉素类、头孢菌素类、大环内酯类、喹诺酮类、磺胺类及氟苯尼考等敏感性药物治疗，同时对同场内未发病的易感鸭也实施紧急预防性药物治疗。但不同地区流行的菌株对抗菌药物的敏感性有差异，因此最好根据药敏试验结果选择敏感性药物进行治疗。同时加强管理，改善饲养环境条件，严格消毒措施，提高机体抵抗力。

①可参考如下药物治疗方案：肌肉注射10%的氟苯尼考，20~30mg/kg，每日2次，连用3~5d；青霉素、链霉素各3 000~5 000U/次，混合肌肉注射，每日2次，连用2~3d；或肌肉注射2%环丙沙星，0.3~0.5mL/次，每日2次，连用3d，可有效治疗病鸭，降低死亡率。也可选用林可霉素、强力霉素、恩诺沙星等其他敏感性抗菌药物治疗。

②饲料中添加一种或两种抗生素，如0.030%~0.037%新生霉素或0.011%~0.022%林可霉素

同时饮水加入电解多维，连用 3～5d，可显著降低发病率和死亡率。也可选用 0.05%～0.1%氯霉素拌料，0.05%强力霉素或 0.2%～0.25%二甲氧甲基苄氨嘧啶拌料或饮水等，连喂 3～5d。

四、禽曲霉菌病

禽曲霉菌病（avian aspergillosis）是由曲霉菌引起多种家禽和野禽的一类真菌性传染病，又称为肺脏曲霉菌病（pulmonary aspergillosis）或真菌性肺炎（mycotic penumonia），以组织器官尤其是肺和气囊发生广泛性炎症和肉芽肿小结节为特征。本病对幼禽的危害最大，常急性暴发。

本病在世界各地广泛存在，各种家禽和野禽均可自然感染发病。当养禽场饲养密度较高、通风差、湿度大、垫料或饲料发生霉变时，很容易暴发本病。值得注意的是频繁接触发霉的稻草、堆肥等的饲养员或其他人，容易感染发生曲霉菌病或过敏性肺炎。

【病原】

本病病原主要是曲霉菌属（*Aspergillus*）的烟曲霉（*A. fumigatus*），其次是黄曲霉（*A. flavus*）。此外，黑曲霉、构巢曲霉和土曲霉也有不同程度的致病性，偶见青霉、灰绿曲霉、毛霉、木霉、白曲霉、头孢霉等。有时两种或多种霉菌混合感染，共同致病。曲霉菌的气生菌丝一端膨大形成顶囊，上有放射状排列的单层或双层小梗，小梗末端着生圆形或卵圆形分生孢子，孢子呈链状排列。

本菌为需氧菌，在室温和 37～45℃均能生长。在一般霉菌培养基，如沙堡葡萄糖琼脂、马铃薯葡萄糖琼脂培养基、查氏（Czapek's）液体培养基及其他液体培养基中均可生长。培养 7d 后，烟曲霉的菌落直径可达 3～4cm，菌落扁平，初期为白色绒毛状，经 24～30h 后开始形成孢子，菌落变为面粉状，呈浅灰色、暗绿色以及黑色，菌落边缘仍为白色。黄曲霉菌在培养基上培养 10d 后，菌落初为灰白色、扁平，随后变为黄色、黄绿色，表面出现放射状波纹，但边缘仍为白色。黄曲霉毒素在培养基中生长非常迅速，25℃培养 10d，菌落直径可达 6～7cm。

曲霉菌能产生霉菌毒素（如黄曲霉毒素、胶霉毒素等），对多种动物呈现强烈的毒性作用，引起痉挛、麻痹、组织坏死、癌变和死亡。但不同动物对曲霉菌毒素的敏感性不同，如小鼠、豚鼠、兔、鸡和犬对烟曲霉毒素较敏感，鸽有一定抵抗力；火鸡、鸭、兔、猫、猪和犬对黄曲霉毒素敏感，而猴、小鼠、豚鼠和羊的敏感性较低。

曲霉菌广泛分布于自然界，在禽舍的地面、垫料、用具、空气及饲料中均可分离出其孢子。孢子对外界理化因素的抵抗力很强，煮沸 5min 才能杀死。常用的消毒剂有 5%甲醛、苯酚、过氧乙酸和含氯消毒剂，一般需经 1～3h 方可杀死孢子。曲霉菌对一般抗生素不敏感，制霉菌素、两性霉素 B、灰黄霉素以及碘化钾对其有一定抑制作用。

【流行病学】

家禽和野禽等各种禽类（如鸡、火鸡、猛禽和企鹅等）对本病都有易感性。不同年龄的禽易感性有差异，以 4～12 日龄的幼禽易感性最高，常为急性和群发性，成年禽为慢性和散发。

曲霉菌孢子污染的饲料、垫料、空气、水、器具等为本病的主要传播媒介，禽类主要通过接触发霉饲料和垫料经呼吸道或消化道感染。在潮湿或浸泡条件下，曲霉菌孢子可以透过蛋壳，在蛋内繁殖，而致禽胚死亡，或一出壳即发病。当孵化室、孵化器、雏盒及其他用具被严重污染时，新生雏早期容易被感染，几天后（一般 5 日龄左右）即出现症状死亡，经 1 个月基本停止死亡。

梅雨季节、阴暗潮湿、舍内及用具不卫生、垫料更换不勤、空气及地面污浊等均有利于曲霉菌增殖，产生大量孢子，引起本病发生。营养缺乏、不良应激和疾病等导致禽抵抗力降低的因素可促使本病发生或加重病情。

【临床症状】

本病分为急性和慢性经过。急性病例精神沉郁，羽毛松乱，两翅下垂，对外界反应迟钝，缩颈呆立，闭目昏睡，食欲减退或废绝，饮欲增加。呼吸困难、迫促或张口喘气，两翅伴随呼吸动作明显扇动。冠和肉髯暗红或发紫，鼻流出浆液或黏液性分泌物。迅速消瘦，后期下痢，粪便呈灰褐色或黄绿色。有的出现摇头、斜颈、头颈不随意屈曲、共济失调、脊柱变形或两腿麻痹等神经症状。病原侵害眼睛时，眼结膜充血、肿胀，一侧或两侧眼球灰白混浊，常在一侧眼的瞬膜下积存干酪样物，导致眼睑封闭、凸出，严重者失明。病程一般 2～7d，在明显症状出现后 2d 内死亡，死前痉挛。慢性病例的病程可延至数周。死亡率不等，一般为 5%～50%。若种蛋被曲霉菌孢子污染，常造成胚胎大批死亡。成年禽发病时，病程长，可拖延至数周，死亡率低，主要表现为产蛋率下降，有的出现呼吸困难症状。

【病理变化】

病变为局限性或全身性，这取决于曲霉菌孢子侵入的途径和侵入部位。但一般以侵害肺脏和气囊为主。喉头和气管黏膜充血，有淡黄色渗出物或黄白色霉菌结节。肺脏可见散在的粟粒至绿豆或黄豆大小的灰白色或黄白色霉菌结节，质地较硬。鸡暴发曲霉菌病时，整个肺脏呈灰黄色。气囊上也可见大小不等的干酪样结节。病程较长时，气囊壁明显增厚，干酪样结节增大、数量增多，有的融合在一起。后期在干酪样斑块及气囊壁上形成灰绿色霉菌斑。严重的病例，胸腔、腹腔以及肝、肾等部位的浆膜表面也可见到干酪样结节、灰绿色斑块或病灶。

病理组织学检查可见，肺组织内有多个典型的肉芽肿或病灶，肉芽肿内有大量霉菌菌丝、孢子囊及孢子，肉芽肿中心坏死，周围有大量巨噬细胞、淋巴细胞、巨细胞、上皮细胞和一些纤维样组织。肺泡腔内充满大量浆液性或纤维素性渗出物，并有巨噬细胞和淋巴细胞浸润。病变区的细支气管上皮变性、坏死，管腔内有脱落的上皮细胞、黏液和渗出的红细胞等。

【诊断】

根据本病多发生于阴暗潮湿的梅雨季节，主要引起幼龄禽发病，表现呼吸困难、张口喘气，后期下痢，摇头、斜颈、共济失调、两腿麻痹等神经症状，肺脏散在典型的霉菌结节等流行病学、临床症状和病理变化可做出初步诊断，确诊需要进行微生物诊断。

取肺或气囊上的干酪样结节置于载玻片上，滴加 20%氢氧化钾溶液 1～2 滴，用针将其拉碎，加盖玻片镜检，可见菌丝体和孢子。菌丝有二分叉分枝结构和横隔。将无菌采集的肺组织等病料接种于沙堡葡萄糖琼脂、马铃薯葡萄糖琼脂或其他真菌培养基，观察菌落特征，对细菌进行鉴定。

【防控措施】

预防本病的关键措施是避免使用霉变的垫料和饲料。不使用发霉的垫料，选用外观干净无霉斑的麦秸、稻草或谷壳作垫料。要经常翻晒、更换和妥善保存垫料，严禁饲料受潮。使用新鲜的全价饲料，不喂霉变饲料。安装合理的通风换气设备，保持室内通风干燥和清洁卫生，防止垫料和饲料发霉。注意清洗和消毒料槽与饮水器，做好种蛋、孵化室、孵化器、育雏舍的消毒卫生工作。育雏舍可选用福尔马林熏蒸，或用 0.4%过氧乙酸、5%苯酚喷雾后密闭数小时，经通风后使用。

发现疫情时，应迅速查明原因，并立即排除，同时对环境、用具等进行彻底消毒。目前尚无治疗本病的有效方法。据报道，制霉菌素拌料、硫酸铜或碘化钾饮水有一定治疗效果，即制霉菌素拌料，每只雏鸡或雏鸭 5 000～10 000U，全群饲喂，每日 2 次，连用 3～5d；或用克霉唑拌料，雏禽 10mg/只，连用 2～3d。同时饮用 1:2 000 硫酸铜水，或者 0.5%～1%碘化钾水，连用 3～5d。如继发细菌感染，可同时适当投喂抗生素(如氟苯尼考、环丙沙星等)，可以降低死亡率。对严重病例应扑杀淘汰，以减少新病例出现，有效地控制本病的继续蔓延。

五、禽念珠菌病

禽念珠菌病（candidiasis）又称霉菌性口炎、白色念珠菌病或消化道真菌病（mycosis of the digestive tract），俗称鹅口疮（thrush），主要是由白色念珠菌侵害家禽上部消化道而引起的一种真菌病。本病以上部消化道黏膜出现白色伪膜和溃疡为特征。全球许多禽类均有发生本病的报道，可引起幼龄禽类的迅速死亡，造成较严重的经济损失。其他动物和人也可感染发病。

【病原】

白色念珠菌（Candida albicans）为半知菌纲（Deuteromycota）念珠菌属（Candida）的一种，广泛分布于自然界中，在健康畜禽和人的消化道、呼吸道和泌尿生殖道黏膜等处寄居。该菌为内源性条件性真菌，当机体微生物群落紊乱或宿主抵抗力降低时，则会大量增殖引起发病，因此念珠菌病是一种机会性内源性真菌病。除白色念珠菌外，在肉鸡嗉囊内分离到了近平滑念珠菌（C. parapsilosis），在火鸡病例中分离到了皱褶念珠菌（C. rugosa）。

本菌为假丝酵母菌，在病变组织和普通培养基上可产生芽生孢子和假菌丝，不形成有性孢子。菌体呈圆形或卵圆形，似酵母细胞，革兰染色阳性。在沙堡葡萄糖琼脂、鲜血琼脂和玉米琼脂培养基上均可良好生长。在沙堡葡萄糖琼脂上于37℃下培养24~48h，长出灰白色或奶油色菌落，表面光滑隆起，有酵母气味，菌落表层为芽生的卵圆形酵母样菌体，深层可见假菌丝；在鲜血琼脂上于37℃下培养24~48h，长出灰白色菌落；在玉米琼脂培养基上，室温下培养3~5d，可见分隔菌丝、厚膜孢子和芽生孢子。

不同分离菌株的生化特性差别较大。一般能发酵葡萄糖、麦芽糖、甘露糖和果糖，产酸产气；在半乳糖和蔗糖中产酸不产气；不发酵乳糖、菊糖和棉子糖。不液化明胶，不凝固牛奶，不分解水杨苷。

本菌对外界环境及消毒药有很强的抵抗力。据报道1%~2%漂白粉、2%福尔马林、1%氢氧化钠溶液1h，5%氯化碘盐酸溶液3h可以杀死粪便或木板上的白色念珠菌。对制霉菌素、两性霉素B、氟胞嘧啶、酮康唑等药物敏感。

【流行病学】

鸡、鹅、鸭、火鸡、雉鸡、鸽、鹌鹑、鹧鸪、孔雀、鹦鹉等多种禽类均可感染发病，以鸡、鸽最易感，雏禽的易感性、发病率和病死率均较成年禽高。本病通常散发，一旦暴发，即可造成巨大经济损失。4周龄内的家禽感染后，死亡率可达50%以上，3月龄以上感染的家禽，多数可以康复。鸡念珠菌病主要见于2月龄内的雏鸡。2周龄至2月龄的幼鸽易感性很高，成年鸽多隐性感染，无明显症状。

病禽和带菌禽是主要传染来源。本病可因内源性和外源性感染发生。当机体抵抗力弱时，寄生于消化道黏膜的细菌可大量繁殖，发生内源性感染。病禽通过分泌物、排泄物排出的病菌污染饲料、饮水、用具和环境，经消化道感染其他易感禽类，黏膜损伤有利于病菌的侵入。也可通过蛋壳传染，如蛋壳表面被污染，可导致雏禽一出壳就暴发本病。

本病多散发，有时也可暴发而造成严重损失。饲养管理不善如饲养密度大、闷热、通风不良、环境卫生差、饲料配比不当、维生素缺乏、长期使用抗生素、皮质类固醇类药物以及疾病等引起机体抵抗力降低的不利因素，均可促使本病的发生。当禽感染寄生虫或其他病原微生物时，可并发或继发本病。

【临床症状】

本病无特征性临床症状。病禽精神委顿,采食量减少或变化不明显,消瘦、生长发育不良,嗉囊胀大、松软、下垂,羽毛松乱。消化不良,拉略带绿色的水样稀便,呼吸困难,呼噜。有的成年禽可见一侧口角炎,口角肿胀,严重的上下喙不能合拢,影响采食,有些成年禽发生浅表性皮炎、脱毛。4周龄内的幼禽发病后死亡率高,而成年禽发病后死亡率低,大多数能够康复。

【病理变化】

特征性病变是口腔、咽、食道、嗉囊等处黏膜增厚,黏膜上形成黄白色伪膜或溃疡。病初口腔黏膜有乳白色或黄色斑点,呈豆腐样,随后逐渐融合成白色伪膜,呈现典型的"鹅口疮",剥离伪膜后可见红色的溃疡面。嗉囊黏膜明显增厚,有白色圆形隆起的溃疡灶,或严重皱褶,形成白色鳞片状干酪样伪膜。伪膜易剥离,其下可见坏死和溃疡。食道、腺胃黏膜也可见溃疡或鳞片状伪膜。有的腺胃黏膜肿胀,表面覆有一层白色黏液,黏液由脱落的上皮细胞、腺体分泌物和念珠菌组成。有的病例肌胃角质膜糜烂,小肠黏膜出血和溃疡。

【诊断】

根据病禽上部消化道黏膜的特征增生和溃疡,结合流行病学可以做出初步诊断。要注意与支原体感染、非典型新城疫、黏膜型鸡痘、传染性支气管炎、肠炎等相鉴别。确诊必须进行显微镜检查和病原的分离培养。

采取坏死的嗉囊、腺胃黏膜或伪膜,经20%氢氧化钾处理后,革兰染色,镜检,观察到大量的椭圆形酵母状菌体和假菌丝,同时将病料接种于玉米琼脂培养基或鲜血琼脂培养基进行分离培养与鉴定。必要时取培养物用生理盐水制成1%菌悬液,取1mL静脉注射兔,4~5d死亡,剖检可见心肌和肾皮质层发生粟粒状脓肿。

【防控措施】

本病的发生与饲养管理和卫生条件密切相关,因此加强饲养管理,保持垫料干燥,并做到经常更换;降低饲养密度,减少应激;加强卫生消毒措施,保持饮水系统的清洁卫生;种蛋入孵前,要清洗消毒。高温多雨季节,要保持舍内干燥、通风,做好饲料的贮存工作,杜绝饲喂霉变饲料,必要时在饲料中加入防霉剂。避免过多、盲目地使用抗菌药物,以免导致消化道正常菌群的紊乱。

发生本病时,立即隔离治疗,用碘制剂、甲醛或氢氧化钠等消毒剂对禽舍、用具及周围环境进行全面、彻底的消毒。大群治疗时,可在每千克饲料中加入制霉菌素50~100mg,或克霉唑300~500mg,连用2~3周,并在饮水中加入0.05%硫酸铜,连用7d。同时适量补给复合维生素B。针对口腔黏膜的溃疡病灶,可刮去口腔上的伪膜,在溃疡面上涂碘甘油,向嗉囊内灌入适量的2%硼酸溶液。

本病可引起人(主要是婴儿)的鹅口疮、阴道炎、肺念珠菌病和皮炎等,所以饲养人员应注意个人防护和消毒卫生。

六、多病因呼吸道病

多病因呼吸道病(multicausal respiratory disease)又称呼吸道疾病综合征,是在集约化养殖生产中,由引起呼吸道症状的病毒、支原体、细菌、真菌、寄生虫、免疫抑制性因子以及不利环境因素等多种病因并发或继发感染引起的呼吸道疾病。此外,鸡群和其他禽类的常规免疫接种引起的呼吸道反应在多病因呼吸道病的发生中起着重要作用。

我国商品鸡群中存在的呼吸道疾病绝大多数是由多种致病因子协同作用引起的多病因呼吸道

病，其较单一病因引发的病情更加复杂，诊断与防治难度加大，造成的危害也更加严重。目前，多病因呼吸道病已成为鸡场中常见的顽疾，严重威胁着养鸡业的健康发展。

【病因】

多病因呼吸道病是呼吸道病原微生物（病毒、支原体、细菌和真菌等）、免疫抑制性病原体以及寄生虫、各种不利环境条件与不良营养因素以及疫苗接种反应等联合作用的结果。参与引起本病的病因主要有以下几方面：

（1）病毒 新城疫病毒、禽流感病毒、传染性支气管炎病毒、传染性喉气管炎病毒、禽偏肺病毒、禽痘病毒和火鸡鼻气管炎病毒等野毒以及相应的疫苗毒株，为常见的病毒性致病因子。新城疫病毒和低致病性禽流感病毒是鸡呼吸道疾病中最常见的致病因子，它们的感染往往引起其他呼吸道病原体的继发或协同感染，而致使呼吸道疾病发生。

（2）支原体、细菌和真菌 主要有鸡毒支原体、鸡滑液支原体、副鸡禽杆菌、大肠杆菌、多杀性巴氏杆菌、鸡波氏杆菌、烟曲霉、黄曲霉、白色念珠菌等。

（3）免疫抑制性病原体 家禽的免疫抑制病原体有很多种，常见的有马立克病病毒、传染性法氏囊病病毒、鸡传染性贫血病病毒、禽白血病病毒、网状内皮组织增生症病毒和禽呼肠孤病毒等均可以导致机体免疫损伤和免疫抑制，对其他呼吸道病原体起到了协同致病作用。

（4）寄生虫 气管比翼线虫、寡毛鸡螨以及隐孢子虫等寄生虫也可以作为多病因呼吸道病的并发或继发病原。

（5）不利环境与营养因素 不利的环境因素对鸡呼吸道疾病有重要的影响，如饲养密度高、通风不良，鸡舍空气中的氨浓度和含尘量过高，甲醛熏蒸消毒后通风不彻底导致空气中甲醛含量偏高，温度过低或变化频繁等环境因素，以及维生素 A 或其他营养缺乏等均可导致机体抵抗力和免疫力降低，诱发呼吸道疾病，或使呼吸道病原体引起的病情加重。

（6）疫苗接种反应 当接种新城疫、传染性支气管炎、传染性喉气管炎等弱毒疫苗后，病毒在鸡体内复制，并引起某种程度的细胞损伤和一定的临床表现。这种反应称为疫苗接种反应。当鸡群健康状态和环境条件良好时，呼吸道病毒活疫苗引起的疫苗接种反应轻微。通常反应持续 3 ~ 5d 消失。但是当鸡群呼吸道中大肠杆菌、支原体或鸡波氏杆菌感染时，则疫苗接种反应严重或延长，鸡群发生呼吸道疾病，如临床常见新城疫病毒或传染性支气管炎病毒与大肠杆菌或支原体相互作用造成的呼吸道疾病。

上述两种或两种以上呼吸道病原体同时或先后作用于鸡呼吸道，协同或联合致病，并为其他病原的感染与增殖创造有利条件，从而造成呼吸道混合感染，如新城疫病毒、禽流感病毒等感染使呼吸道黏膜受损，即使是轻微的损害，也会为细菌的继发和并发感染造成良好的机会。马立克病病毒、传染性法氏囊病病毒、禽白血病病毒等免疫抑制病原体可引起免疫功能损伤，使机体的抗感染能力降低或丧失，造成疫苗免疫失败或其他病原的并发和继发感染，引发呼吸道疾病。而且上述病原体可与不利环境、营养缺乏等因素之间相互作用，促使疾病暴发，并使病情复杂严重。值得注意的是预防新城疫、传染性支气管炎和传染性喉气管炎等呼吸道病的疫苗毒株也可以在体内复制并引起轻微的免疫接种反应，但当机体抵抗力低、饲养条件差时，疫苗毒株也可以像野毒一样与大肠杆菌、支原体、副鸡禽杆菌等产生致病协同致病作用，引起严重的疫苗反应，导致呼吸道疾病发生。

【流行病学】

肉鸡和蛋鸡群均容易发生本病，雏鸡、青年蛋鸡和 20 ~ 40 日龄的肉鸡受害最为严重，死亡率较高，成年蛋鸡主要引起产蛋率下降。病鸡和带毒鸡是本病的主要传染源，感染的种鸡群是商品代鸡群发生本病的源头，支原体、沙门菌、大肠杆菌、禽波氏杆菌、鸡传染性贫血、腺病毒、禽白血病病毒等病原经卵垂直传播到下一代。同群之间的水平传播也是本病的重要传播方式，可通过直接接触和间接接触，经呼吸道、消化道等途径感染。此外，在接种用非 SPF 鸡胚(可能携带病原微生物)生产的弱毒疫苗时可能造成病原体的水平传播。

本病一年四季均可发生，冬、春季多发，传播迅速。饲养密度大、通风不良、舍内氨气浓度偏高、灰尘多、温度过低、湿度大、卫生消毒措施不健全、免疫接种以及营养缺乏和疾病(尤其是免疫抑制性疾病)等可诱发本病的发生。

【临床症状】

本病的临床症状、病理变化以及严重程度常因感染的病原、环境条件和鸡群免疫状态等因素的不同而存在差别。本病传播迅速，发病鸡群出现程度不等的呼吸道症状，如咳嗽、啰音、呼吸困难、喘息、喷嚏、流鼻涕、流泪、眼睑肿胀等。呼吸道症状严重者可导致死亡，雏鸡和青年鸡的死亡率为 10%~40%，呼吸道症状轻者死亡率低，不死的多生长发育不良，产蛋期推迟，产蛋高峰期短或无产蛋高峰。成年蛋鸡采食量下降，一般不死亡，主要表现为产蛋率下降 30%~60%，软壳蛋、砂皮蛋、畸形蛋增多，蛋壳颜色变淡。康复后产蛋恢复较慢，有的经 2 个月左右方可恢复到正常水平。

【病理变化】

主要病变可见咽喉黏膜充血和出血，气管环出血，呼吸道黏膜上覆有浆液性、黏液性或干酪样分泌物。肺充血和出血。气囊混浊、增厚，上覆有泡沫样或干酪样物。如并发其他疾病，则可见到相应病变。卵巢发育不全、卵泡变形、出血或破裂，输卵管黏膜充血或出血，覆有分泌物。

【诊断】

本病病因复杂，根据流行病学、临床症状和病理变化仅可以做出初步判断，若需确诊，必须采集血清、呼吸道分泌物或病变组织进行微生物学、血清学或分子生物学等实验室诊断。

【防控措施】

(1)加强饲养管理和卫生消毒　降低饲养密度、保证饲料营养平衡和鸡群健康状态良好，严格执行全进全出的饲养方式。注意禽舍通风换气(尤其在冬、春季)，严格控制环境温度、湿度，保证舍内清洁卫生。

(2)严格检疫　杜绝传染源传入，尤其在引进种鸡和购买种蛋时要严格检疫，避免引进带毒(菌)种鸡或种蛋。平时要加强种鸡群的疫病监测，淘汰阳性鸡，建立健康种鸡群。

(3)做好重点病的防控　做好如新城疫、传染性支气管炎、温和型禽流感等重要呼吸道疾病以及传染性法氏囊病和马立克病等免疫抑制病的防控工作。应根据当地或本场疫病流行的具体情况，制定科学合理的免疫程序，避免盲目乱用或无计划多次重复接种疫苗，慎用中等偏强毒力的疫苗，改变过分依赖疫苗的错误防疫观念。在接种疫苗前后，应注意群体保健，防止继发大肠杆菌、支原体等感染。

(4)做好支原体病和大肠杆菌病的防治　支原体和大肠杆菌是最常见的呼吸道疾病继发致病因素，尤其在接种呼吸道病毒活疫苗后，很容易与疫苗毒相互作用而引发呼吸道疾病。因此，种鸡场应抓好支原体的净化工作，以降低商品鸡的带菌率和感染率。无论种鸡场还是商品鸡场均应做好大肠杆菌病的防控工作，降低其感染率。

(5)突出重点，分清主次，全面治理　当发生疫情时，应综合分析可能的病因，明确主要致病因素，对其采取针对性的有效控制措施，同时控制其他参与致病因素。如新城疫病毒是主要致病因素，则应针对其采取关键控制措施(改善免疫程序等)，同时兼顾其他协同参与的致病因素

（继发的细菌和不利环境条件等）。

七、禽螺旋体病

禽螺旋体病（avian spirochetosis）是由鹅疏螺旋体引起禽类的一种急性、热性、败血性传染病。主要特征是发热、厌食、精神沉郁，头低垂，冠、肉髯发绀或苍白，排绿色浆液性稀粪，肝、脾肿大并有斑点状出血和坏死灶。脾是本病的重要传播媒介。

本病广泛分布于世界各地，但以热带和亚热带地区多见，可发生于鸡、火鸡、雉鸡、鹅、鸭和鹦鹉等禽类，呈地方流行性，发病率不一，但死亡率较高，可造成严重的经济损失。我国于1983年首次在新疆的病鸡中发现本病。

【病原】

鹅疏螺旋体（Borrelia anserina）又称鸡疏螺旋体（Borrelia gallinarum），为螺旋体科（Spirochaetaceae）疏螺旋体属（Borrelia）成员。形态细长，大小为（6~30）μm×0.3μm，能通过孔径0.45μm的滤器。有5~8个螺旋，有鞭毛，在血液中运动活泼，用暗视野或相差显微镜很容易观察到血液或组织中的螺旋体，而且易被常用染色液染色。微嗜氧，在普通培养基上不能生长，可以在Barbour-Stoenner-Kelly培养基或含灭活血清的肉渣培养基中生长，在人工培养基中传代很容易丧失毒力。通过鸡胚绒毛尿囊膜、尿囊腔或卵黄囊内接种，经4~6d鸡胚死亡，胚体内存在大量螺旋体。也可通过家禽或鸟类传代。鹅疏螺旋体容易发生抗原变异，同一地区可出现多个血清型，不同分离株之间的毒力也存在差异。

鹅疏螺旋体对外界环境的抵抗力不强，56℃ 15min可被灭活，0℃下在禽尸体内可存活31d，4℃下在血清中可保存3~4周，在感染的血液中加入10%~15%的甘油或二甲基亚砜，于-70℃下可长期存活。对常用化学消毒剂敏感，5min内可将其杀死。对青霉素、链霉素、卡那霉素、泰乐菌素等多种抗生素、砷制剂和常用消毒剂敏感。

【流行病学】

鸡、火鸡、鹅、鸭、雉鸡、金丝雀、鹦鹉等多种禽类均可自然感染鹅疏螺旋体，鸽有较强抵抗力。各种日龄的禽类均易感，3周龄内的雏禽易感性较高，发病率10%~100%，病死率较高。老龄禽有较强的抵抗力，感染后常可自然康复。带菌禽和病禽是本病的传染源，病原随排泄物排出，污染饲料和饮水。波斯锐缘蜱（Argas persicus）是螺旋体的主要贮存宿主和重要传播媒介，蜱通过卵将螺旋体代代相传。自然条件下，本病主要是通过蜱的叮咬传播，鸡螨和鸡虱等也可传播本病。本病还能通过皮肤和消化道感染。易感禽直接接触感染禽类如相互啄食，接触新病死禽的组织、血液、排泄物可以发生感染；或吞食螺旋体感染的蜱，食入蜱卵及其污染的饲料、饮水经消化道感染。未消毒的注射器或针头也可传播本病。本病一年四季均可发生，但以温暖、潮湿季节多发。

【临床症状】

自然条件下，本病的潜伏期一般为3~12d。

急性病例常突然发病，体温升高、精神不振、羽毛蓬乱、呆立、头下垂，冠、肉髯发绀，厌食、渴欲增加，排出浆液状、含有大量胆汁和尿酸盐的绿色稀粪，体重降低。随后病鸡贫血、麻痹、嗜睡、昏迷，鸡冠苍白黄染，步态不稳，严重者翅或腿麻痹，最后抽搐死亡。死前体温低于正常。发病率和死亡率常与感染途径、感染量和鹅疏螺旋体的毒力有关。发病率1%~100%，病死率高，病程一般为4~6d。耐过禽消瘦、虚弱，常见一侧或两侧翅、腿麻痹。

慢性病例较少见，症状与急性者相似而较轻缓，一般经2周左右可以完全康复。

【病理变化】

最明显的病变在脾和肝。脾脏明显肿大呈斑驳状是本病的特征病变。可见脾脏上有斑点状出血和坏死灶。肝脏肿大，表面有小的出血点和灰白色或黄白色坏死灶，有时肝边缘梗死。肾脏肿大、苍白，输尿管内有尿酸盐沉积。腺胃与肌胃交界处有出血点，肠内容物常为绿色、黏液样，并有不同程度的出血。有时可见轻度的纤维素性心包炎。皮肤与肌肉黄染。雏鸡可见广泛性出血和肌肉坏死。

血液稀薄，血常规检查可见红细胞数量、红细胞压积和血红蛋白含量均显著降低，红细胞沉降速率加大，凝血时间延长。单核细胞和中性粒细胞增多。病理组织学检查可见脾脏内单核巨噬细胞增生、含铁血黄素沉着。

【诊断】

根据流行病学、临床症状、病理变化以及被蜱叮咬的病史，或在环境中发现蜱等，可以做出初步诊断，同时注意与禽伤寒、禽霍乱、大肠杆菌败血症、急性新城疫和马立克病等相区别。确诊需要进行实验室检查。

取发病初期病禽的血液涂片，或取内脏(肝、脾、肾、肺等)触片，姬姆萨染色后镜检，也可用暗视野检查湿标本，发现有呈紫红或淡红色、U形或S形的螺旋体即可确诊。需要注意的是，血液内螺旋体的出现率与病禽发病阶段相关，病初发热期，螺旋体多散在，后期多聚集呈团状或束状，临死前则减少或消失。必要时可将病禽的血液或组织悬液接种到6日龄鸡胚卵黄囊或3周龄内的雏鸡分离螺旋体。

此外，可用凝集试验、琼脂扩散试验、间接荧光抗体试验检查感染鸡的血液和组织中的鹅疏螺旋体抗原或特异性抗体。

【防控措施】

平时做好防蜱灭虫工作和消毒卫生，避免将有蜱寄生的禽类引进清洁禽群。每月用3%马拉硫磷高压喷雾禽舍和周围环境，特别是蜱躲藏的缝隙，可以有效降低环境中蜱的数量。用0.5%马拉硫磷浸浴禽只，可以杀死禽体表的幼蜱，有效预防本病的发生。可用从当地分离的鹅疏螺旋体制备自家疫苗，或采集病禽的肝、蜱、血液或鸡胚培养物制成匀浆液，加入0.5%福尔马林灭活后制成组织苗，给禽群免疫接种，可产生良好的保护作用。

发病时早期治疗效果较好。可肌肉注射青霉素，2万~3万U/只，每日2次，连用3d；其他抗生素如卡那霉素、链霉素、泰乐菌素等对本病也有较好疗效。

八、溃疡性肠炎

溃疡性肠炎(ulcerative enteritis，UE)是由肠道梭菌引起鸡、火鸡、鹌鹑、鸽和高原猎鸟等多种禽类的一种急性细菌性传染病，主要特征是突然死亡，肝、脾坏死，肠道出血、溃疡。本病首次发现于鹌鹑，故曾被称为"鹌鹑病"(quail disease)。本病呈世界性分布，严重威胁着家禽和野生禽类的健康。

【病原】

肠道梭菌(*Clostridium colinum*)为革兰染色阳性的大杆菌，两端钝圆、直或略弯曲，大小为1μm×(3~4)μm。具周身鞭毛，能运动，不形成荚膜，于菌体一端可见卵圆形芽孢，但在人工培养基中很少形成芽孢。产生芽孢的菌体比不产生芽孢的菌体长、粗。

本菌严格厌氧，对营养要求较高。首选培养基为含0.2%葡萄糖、8%无菌马血浆和0.5%酵母提取物的色氨酸磷酸琼脂或胰蛋白际磷酸盐琼脂，最适 pH 值为 7.2。于上述培养基中在 35~42℃下厌氧培养 1~2d，可形成直径 1~3mm、白色或灰白色、圆形、隆起、半透明的菌落。本菌不液化明胶，能够利用葡萄糖、甘露糖、棉子糖、蔗糖和海藻糖，产酸产气，可缓慢发酵果糖和麦芽糖。

本菌芽孢对外界环境有很强的抵抗力。其卵黄培养物在−20℃能存活 16 年，70℃可存活 3h，80℃ 1h，100℃ 3min；在垫料和土壤中可长期存活。对氯仿有较强的抵抗力。对青霉素、链霉素、四环素、金霉素、氟苯尼考、环丙沙星等药物敏感。

【流行病学】

多种禽类对本病均易感，自然条件下鹌鹑最易感，鸡、火鸡、雉鸡、鸽、知更鸟、吸蜜鹦鹉等都能自然感染。主要侵害幼龄禽类，4~12 周龄的鸡、3~8 周龄的火鸡、4~12 周龄的鹌鹑等易感性较高。病禽和带菌禽为主要传染源，病菌通过粪便排出，污染饲料、饮水、环境以及垫料等，经消化道感染健康禽类。昆虫或节肢动物可以机械地传播本病。球虫感染对本病的发生起着极为重要的作用，常与球虫病并发，或继发于球虫病、沙门菌病、鸡传染性贫血、鸡传染性法氏囊病等疾病之后。地面平养较笼养多发，禽舍卫生条件差、拥挤、潮湿、营养缺乏等可诱发本病。由于本菌可产生芽孢，一旦暴发本病，如清除不彻底，养禽场将被永久性污染，呈地方性流行。

【临床症状】

实验感染鹌鹑的潜伏期为 1~3d。急性病例无明显临床症状而突然死亡，病死禽营养状况良好、体格健壮，嗉囊中有饲料。病程稍长者可见精神委顿、食欲减退或废绝、渴欲增加、眼睛半闭无神、羽毛蓬乱无光泽、喜扎堆。下痢，粪便由白色逐渐变为绿色。病程 1 周以上者，极度消瘦、胸肌萎缩。幼鸡与幼火鸡的症状与鸡球虫病相似，表现消瘦、贫血和下痢，粪便呈黄绿色或带血。幼鹌鹑的死亡率极高，可达 100%，鸡的抵抗力较强，常可痊愈，死亡率为 2%~10%。

【病理变化】

急性病例的典型病变为十二指肠出血性肠炎。肠道浆膜面上可见许多小出血点。整个小肠和盲肠出血，以十二指肠出血最严重，并伴有坏死和溃疡。在肠浆膜面和黏膜面上可看到边缘出血的黄色小溃疡灶，随着溃疡灶的扩大，出血边界消失，溃疡灶边缘隆起呈小扁豆大或椭圆形。有的溃疡灶融合成大的坏死灶，上覆一层不易剥离的黄黑色伪膜。溃疡可导致肠壁穿孔，引起腹膜炎和肠管粘连。肝脏上可见散在有黄色斑点状或不规则的黄色病灶。脾脏充血、肿大、出血，其他器官很少见到明显的肉眼病变。

组织学检查可见肠道黏膜上皮细胞脱落、肠壁水肿、血管充血和淋巴细胞浸润。溃疡灶周边细胞发生凝固性坏死，胞核崩解、溶解，坏死组织中有大量革兰阳性大杆菌。溃疡灶周边组织中有淋巴细胞和粒细胞浸润。

【诊断】

根据流行特点、临床症状以及病理变化(肠道典型的溃疡灶、肝脏坏死、脾脏肿大出血)可以做出初步诊断。同时注意与球虫病、组织滴虫病、坏死性肠炎以及包涵体肝炎等病相鉴别。

实验室检查时，可取肝脏病灶涂片，革兰染色，镜检可见革兰阳性大杆菌，有的一端有芽孢，有的无芽孢。必要时进行细菌的分离与鉴定。取肝或脾接种于色氨酸磷酸琼脂或胰蛋白胨磷酸盐琼脂上，分离培养细菌。取培养物进行生化特性鉴定，同时口服感染幼龄鹌鹑，可复制本病。

【防控措施】

做好日常卫生消毒工作，提高机体抗病能力。禽舍、用具要定期消毒，粪便、垫料要及时清理，避免使用污染的垫料。减少应激，避免拥挤、过热、过食等不良因素刺激，有效预防球虫病和免疫抑制性病毒病(如鸡传染性法氏囊),对预防本病有积极的作用。发生本病时要及时对病禽进行隔离治疗,对同场健康禽要采取药物预防措施,严格消毒和清除被肠道梭菌污染的地面、垫料、环境及器具,控制本病蔓延。药物预防和治疗可选用链霉素、杆菌肽、氟苯尼考、氟哌酸、庆大霉素、泰乐菌素、环丙沙星、恩诺沙星等,通过饮水或拌料给药,连用5d。同时电解多维饮水,进行辅助治疗。

复习思考题

1. 如何进行 ND 的实验室诊断? ND 的诊断要点有哪些? 如何与禽流感相鉴别?
2. 试述 MD 的防控要点、免疫失败的原因及 MDV 感染检测的意义。
3. IBD 的主要诊断要点有哪些? 其特征性的病理变化是什么?
4. 简述淋巴细胞性白血病与马立克病的区别。
5. 试述 AE 与新城疫、马立克病、传染性支气管炎的鉴别诊断要点。
6. 产蛋下降综合征与其他引起产蛋下降的疾病的主要区别是什么?
7. 如何鉴别诊断鸭霍乱和鸭瘟?
8. 防控鸭病毒性肝炎的具体措施有哪些?
9. 鸭坦布苏病毒病的流行特征、主要症状和病理变化有哪些?
10. 叙述鸡毒支原体感染的危害,如何对本病进行有效地防控?

第八章

兔、猫、犬、貂的传染病

本章学习导读： 本章所述传染病以病毒性为主。其中，兔病毒性传染病 2 种。兔病毒性出血症是对兔危害最大，已有灭活疫苗预防。兔黏液瘤病是外来病，重点是防止病的传入。犬的病毒病有 6 种，危害较大发生较多的有犬瘟热、犬细小病毒病和犬病毒性肝炎 3 种，均有疫苗预防。猫的病毒病有 7 种，危害较大发生最多的是猫传染性腹膜炎，但尚无有效防治办法。猫的其他 6 种病分别是猫泛白细胞减少症、猫白血病、猫艾滋病、猫呼肠孤病毒感染、猫杯状病毒感染和猫病毒性鼻气管炎，犬的其他 3 种病是犬冠状病毒性腹泻、犬副流感病毒感染、犬疱疹病毒感染，这些病发生不多，也有防疫办法。貂病毒性肠炎和貂阿留申病是貂的重要传染病，可以免疫预防。

第一节 兔、猫、犬、貂的病毒性传染病

一、兔病毒性出血症

兔病毒性出血症（rabbit heorrhagic disease，RHD）又名兔出血性肺炎、兔出血症和兔瘟，是由兔出血症病毒引起的一种急性、败血性的高度接触传染病。本病潜伏期短，发病急、病程短、传播快、发病率及病死率极高，对易感兔致病率可达 90%，病死率可达 100%。本病以呼吸系统出血，实质器官水肿、淤血、出血和肝脏坏死为特征。本病常呈暴发性流行，是兔的一种毁灭性传染病。我国将其列为二类动物疫病。

本病于 1984 年初首先在我国江苏的无锡等地暴发，随即蔓延到全国多数地区。此后，世界上许多国家和地区也报道了本病。欧洲对兔病毒性出血症的病毒学和血清学回顾性调查发现 1982 年保存的病料中含有 RHD 相关的病毒，且早于中国首次发生之前的 12~13 年兔血清样品 RHD 抗体也呈阳性，表明本病在欧洲的兔群中已经存在了多年，因此本病实际上起源于欧洲。

【病原】

兔出血症病毒（*Rabbit hemorrhagic disease virus*，RHDV）属杯状病毒科（*Caliciviridae*）兔病毒属（*Lagovirus*），病毒粒子呈球型，直径 32~36nm，为二十面体对称结构，无囊膜。RHDV 基因组为单股正链 RNA，全长 7 437nt，基因组 RNA 3′端为 poly（A）尾，5′末端与感染性相关的 VPg 共价结合，但无帽子结构。RHDV 含有两个开放阅读框，ORF1 编码一个 2 344 氨基酸的多聚蛋白前体，该前体被病毒蛋白酶进一步分解为衣壳蛋白和非结构蛋白，其中衣壳蛋白 VP60（相对分子质量 6.0×10^4）为 RHDV 唯一的结构蛋白，与诱导抗病毒感染的免疫反应直接相关。3′端的 ORF2 编码的 VP，功能不详。

现有结果表明，世界范围内的所有病毒分离株似乎均为同一血清型。Berninger 等比较了来自意大利、韩国、墨西哥和西班牙分离株的血清型，发现仅存在微小的差异。来自不同国家（法国、

西班牙和埃及)的 RHDV 的基因组序列大致相同(约 2%的差别),VP60 的氨基酸组成也很相近。

RHDV 不能在鸡胚上增殖,也难于在各种原代或传代细胞中稳定增殖,至今尚未真正找到一种能够使其长期传代的细胞,但可以在乳鼠体内生长繁殖,引起规律性发病和死亡,因此除家兔外,可以利用乳鼠进行种毒保存。

RHDV 能凝集人类的各型红细胞,其中对 O 型红细胞的凝集反应效果最好,HA 效价高达 $5\times2^{13}\sim5\times2^{15}$;此外,RHDV 还对绵羊、鸡、鹅的红细胞有较弱凝集能力,不凝集其他动物的红细胞。

病毒对乙醚、氯仿等有抵抗力,耐酸和 50℃ 1h 的处理,在 pH 值为 3 的环境中仍不能被破坏。感染家兔的血液在 4℃ 经 9 个月、含毒的肝脏 -20℃ 经 560d 或室外污染环境经 135d 仍保持有致病性。但病毒对紫外线、日光、热敏感。常用消毒剂需适宜浓度并作用足够的时间,如 1%氢氧化钠需 4h,1%~2%甲醛、1%漂白粉需 3h,2%农乐需 1h 才能杀灭病毒。

【流行病学】

本病发生于家兔和野兔。各种品种的兔都可感染发病,毛用兔的易感染性略高于皮用兔,其中长毛兔最易感,青紫蓝兔和土种兔次之,棉尾兔和长耳大野兔不敏感。60 日龄以上的青年兔和成年兔的易感性高于 2 月龄以内的仔兔。用活毒接种兔以外的多种动物后,在鸡和猪未检出抗体;在牛、羊、豚鼠、犬、猫、鸭、鸽、相思鸟等能测出特异性抗体;在仓鼠、大鼠和小鼠虽无明显症状,但都不同程度地有与兔相仿的组织病理变化。这些动物有可能成为隐性带毒者。

病兔和带毒兔是主要传染源,自然感染时可通过皮肤黏膜直接接触传染,也可通过污染的饲料、灰尘、饮水、用具、兔毛、饲养员和皮毛商等间接接触传播。人工感染时,皮下、肌肉、静脉注射,滴鼻和口服等途径均可引起发病,但尚没有由昆虫、啮齿动物或经胎盘垂直传播的证据。

本病发病急,病死率高,常呈暴发性流行,传播迅速,病势凶猛,几天内危及全群。在成年兔、育肥兔和良种兔中的发病率和病死率都高达 90%~95%甚至 100%,免疫兔群如有发生,多为散发或慢性,且病程较长。本病一年四季均可发生,但北方以冬、春季多发,这可能与气候寒冷、饲料单一等因素造成兔体抵抗力下降有关。

【发病机理】

RHDV 是侵害多种组织细胞的泛嗜性病毒,主要侵噬肝脏,靶细胞主要是肝细胞及血管内皮细胞。感染初期 RHDV 首先在宿主细胞核内出现,随即在核内增殖、聚集,严重期核内感染强度达到高峰。疾病后期,核内的 RHDV 颗粒通过破损的核膜或核崩解向细胞质扩散。但只要核的轮廓尚存,核内 RHDV 的密度始终高于细胞质。注射 RHDV 8h 后便可在兔的肝脏检测到病毒,而在脾脏无 RHDV 的复制,病毒在肝脏复制后运送至脾脏,在脾脏有成熟病毒粒子池。

【临床症状】

潜伏期自然病例为 2~3d,人工感染为 1~3d。根据病程长短可分为 3 种病型。

(1)最急性型 多见于非疫区或流行初期。患兔通常无任何异常临床表现,突然倒地,四肢呈划水状抽搐,惨叫几声后死亡,可视黏膜发绀,死后呈角弓反张姿势,有的鼻孔流出泡沫状血液,病程 10h 以内。

(2)急性型 病兔精神沉郁,被毛粗乱,结膜潮红,体温升高达 41℃ 以上,稍稽留后急骤下降,食欲减退甚至废绝,饮水增多,呼吸困难,临死前出现神经症状,突然兴奋,运动失调,挣扎狂奔或剧烈地翻转,抽搐痉挛、呻吟、尖叫而死亡,少数兔死前肛门松弛,被毛有黄色黏液沾污。死后呈角弓反张,鼻孔流出泡沫性液体,病程 12~48h。

(3)慢性型 多见于老疫区或流行后期,或幼龄兔。病兔体温升高,食欲不振,精神委顿,口渴思饮,被毛蓬乱无光,迅速消瘦,衰弱而死。病程较长,个别患兔可耐过,但生长缓慢,发育较差。

【病理变化】

主要为急性坏死性肝炎，诸多器官出血、弥漫性血管内凝血（DIC），后期发展为急性败血症。出血是本病重要的病理变化之一，是血管内皮损伤、DIC和其他多种因素致使毛细血管壁通透性增强反应的结果。

主要病变表现为血液凝固不良，皮下、实质器官有较明显的广泛性出血；鼻腔、喉头、气管黏膜高度出血、充血，有"红气管"之称，管腔内积有粉红色泡沫或液体。心包出血、积水、心肌松软，心外膜有散在出血点；肺出血，切面有大量泡沫状暗红色血液；肝淤血、肿大，表面有淡黄色或灰白色条纹、质脆，切面粗糙；脾肿大、边缘钝圆、淤血；胆囊胀大、充满胆汁；肾肿大，有暗红色出血点，个别有灰黄色坏死区；膀胱积尿呈血红色。胃、小肠、大肠黏膜脱落，并有散在出血点和淤血块，肠系膜淋巴结肿大，部分肠腔内充满淡黄色胶样液体；

【诊断】

根据本病的流行病学特点、临床表现及典型病理变化，可以做出初步诊断。确诊应进行实验室诊断。主要采用以下方法：

（1）微生物学检验　用无菌方法采集心血涂片镜检，采取肝、脾做触片镜检，或将病料接种于血液琼脂和肉汤培养基，37℃培养24h，如未发现有细菌存在和生长，排除细菌性疾病。

（2）血凝与血凝抑制试验　无菌采取病兔的肝剪碎后加生理盐水制成1:10悬浮液，冻融3次，3 000r/min离心30min，取上清液做血凝试验，把待检的上清液连续做2倍稀释，然后加入1%人"O型"红细胞，在22～25℃作用1h后观察结果。以出现完全凝集的抗原最大稀释度为该抗原的血凝滴度，血凝滴度大于1:160判定为阳性。如果血凝试验阳性并能被已知本病的阳性血清抑制，即可确诊本病。本试验多用于本病的流行病学调查和疫苗免疫效果的检测。

（3）其他血清学试验　包括琼脂扩散试验、酶标抗体试验、间接免疫荧光抗体试验、玻片免疫酶染色试验、免疫印迹法、斑点ELISA（Dot-ELISA）、兔体血清中和保护试验等。可根据实际条件有选择地采用。

（4）分子生物学技术　近年来，RT-PCR及荧光定量PCR已用于可疑病料的快速检测，后者还能对病料中的病毒进行定量。

（5）鉴别诊断　主要注意与兔巴氏杆菌病的区别。

【防控措施】

本病发病急、传播迅速、流行面广，又无特效治疗方法，因此重在预防。

（1）加强饲养管理和卫生防疫　坚持自繁自养，不从疫区引进种兔及产品，引进种兔时应进行检疫，引进后隔离观察至少半个月才能混群。重视饲养质量，平衡饲草料营养水平，在日粮中适量增加维生素A、维生素B_{12}、维生素C、维生素E，注意避免过大的温、湿度差，增强机体抵抗力。加强平时环境定期消毒，每周至少对兔舍、兔笼及周围环境消毒一次。

（2）做好平时的预防接种工作　目前广泛使用兔瘟组织灭活疫苗或兔瘟-巴氏杆菌二联苗或兔瘟-巴氏杆菌-魏氏梭菌三联苗来进行预防。实际生产中首免最好是用兔瘟单苗预防，联苗作为加强免疫时用。一般情况下仔兔20～25日龄后，母源抗体已接近临界值，故25日龄接种兔瘟灭活疫苗比较合适，60日龄进行加强免疫。

（3）发生兔瘟时的扑灭措施　一旦发生兔瘟，立即封锁疫点，暂时停止种兔调剂，关闭兔及兔产品交易市场，重病兔淘汰，病死兔深埋或焚烧，不得取皮或食用。水槽和料槽等用0.1%新洁尔灭浸泡、刷洗，金属笼具可用火焰喷灯彻底消毒，兔舍环境、地面、笼具、用具等用1%氢氧化钠、5%~10%漂白粉、20%石灰乳、抗毒威等消毒剂进行彻底消毒。对兔毛和兔皮可用甲醛熏蒸消毒或0.3%过氧乙酸喷雾消毒。对未发病兔进行紧急接种疫苗，每只注射2~3mL。对可疑兔注射高免血清，每只3mL；对所有存栏兔用板蓝根注射液2mL、盐酸吗啉双胍注射液1~2mL混合肌肉注射，每日1次，连用3d。

目前，困扰RHDV研究最主要的瓶颈就是尚未发现有一个适合病毒生长增殖并能满足疫苗生产的细胞系。因此，现用的疫苗仍以组织脏器灭活疫苗为主。这种组织脏器灭活疫苗存在免疫后抗体上升速度慢、维持时间短、需多次免疫等问题。利用分子生物学技术，在大肠杆菌、昆虫杆状病毒、兔黏液瘤病毒、牛痘病毒及酵母等表达系统成功表达了VP60。发现与RHDV抗原相关的但无致病性的兔杯状病毒能使兔获得对RHD的免疫力。国内正在进行研发的杆状病毒载体灭活疫苗已进入临床阶段，有望不久的将来进入市场。

二、兔黏液瘤病

兔黏液瘤病(rabbit myxomatosis)是由黏液瘤病毒引起兔的一种高度接触传染性、高度致死性传染病，其典型特征为全身皮肤，尤其是面部和天然孔周围皮肤发生黏液瘤样肿胀。因切开黏液瘤会流出黏液蛋白样渗出物而得名。本病具有极高死亡率，常给养兔业造成毁灭性损失。

兔黏液瘤病是一种自然疫源性疾病，最早在1896年发现于乌拉圭，随后不久即传到巴西、阿根廷、哥伦比亚和巴拿马等国家，至今这些国家仍然有散发病例。此后本病传入欧美多国。到目前为止已发生过本病的至少有56个国家和地区。主要在北美洲、南美洲、欧洲和澳大利亚。我国目前尚无本病发生。

【病原】

黏液瘤病毒(*Myxoma virus*，MV)属痘病毒科(*Poxviridae*)兔痘病毒属(*Leporipoxvirus*)。病毒颗粒呈卵圆形或砖形，大小280nm×230nm×75nm，基因组为线性双链DNA，其中，大约有100个基因编码结构蛋白和必需蛋白。基因组两端含有许多免疫调节基因，参与宿主免疫系统的抗MV感染反应。

目前，本病毒只有一个血清型，但不同毒株在抗原性和毒力方面有明显差异，强毒株可造成90%以上的病死率，弱毒株引起的病死率则可能不足30%。在已经鉴定的毒株中，以南美毒株和美国加州毒株最具有代表性。

本病毒能在10~12日龄鸡胚绒毛尿囊膜上生长并产生痘斑。南美毒株产生的痘斑大，加州毒株产生的痘斑小，纤维瘤病毒不产生或产生的痘斑很小。病毒还可在鸡胚成纤维细胞、兔肾细胞和兔睾丸细胞及人羊膜细胞上生长并产生细胞病变，在胞质内形成包涵体和核内空泡。

黏液瘤病毒对热敏感，55℃ 10min，60℃数分钟内被灭活。在2~4℃，以磷酸甘油为保护剂可长期保存。对干燥有较强的抵抗力，可存活2周，在潮湿环境中8~10℃可存活3个月以上，26~30℃时能存活1~2周。对乙醚敏感，但能抵抗去氧胆酸盐和胰蛋白酶。对高锰酸钾、升汞和石炭酸有较强的抵抗力，0.5%~2%甲醛溶液需要1h才能灭活本病毒。

【流行病学】

本病只侵害兔，不感染人和其他动物。在不同品种兔和野兔的易感性上差异较大，抵抗力较强的美洲野兔可作为黏液瘤病毒的自然宿主和带毒者，感染后只在局部产生良性纤维瘤，而欧洲的穴兔则发生严重的全身疾病，并具有极高的死亡率。

病兔和带毒兔是主要传染源。病毒存在于病兔全身体液和脏器中，尤以眼垢和病变部皮肤渗出液中含量最高。病毒虽可通过呼吸道传播，但自然流行时则主要通过节肢动物传播，主要包括库蚊、伊蚊、刺蝇、蜱、螨和兔蚤等，这些吸血昆虫在本病的传播中起重要作用。也许秃鹰和乌鸦等鸟类也可传播病原。本病发生有明显的季节性，夏、秋季为蚊虫大量滋生的季节，尤其是湿洼地带发病最多。

【临床症状】

由于病毒毒株间毒力差异较大和兔的不同品种及品系间对病毒的易感性高低不同，所以本病的临床症状比较复杂。潜伏期通常为 3~11d，平均 5d，最长可达 14d。

南美强毒株和欧洲强毒株感染时，病兔全身都可能出现明显的肿瘤样结节，结节破溃后可流出浆液性液体。颜面部水肿明显，病兔头部似狮子头样外观。眼鼻分泌物呈黏液性或脓性，严重时上下眼睑互相粘连。病死率达 100%。南美的弱毒株或澳大利亚弱毒株感染时，病兔症状轻微，病死率较低。自然致弱的欧洲毒株，所致症状比较轻微，肿块扁平，病死率较低。

近年来本病毒出现了呼吸型变异株，在临床上可引起浆液性或脓性鼻炎和结膜炎，病兔具有呼吸困难、摇头、喷鼻等表现，皮肤病变轻微或仅见局限性的肿瘤样结节。

【病理变化】

剖检可见皮肤上的特征性肿瘤结节和皮下黄色胶冻样固体聚集浸润，额面部和全身天然孔皮下充血、水肿及脓性结膜炎。淋巴结和肺肿大、出血、充血，胃肠道黏膜下和心外膜有淤血。组织学变化为皮肤肿瘤。切片检查，可见许多大型的星状细胞（未分化的间质细胞）、上皮细胞肿胀和空泡化。胞质内含有嗜酸性包涵体。包涵体内有蓝染的球菌样小颗粒——原生小体。细胞核明显肿胀，同时有炎性细胞浸润。淋巴结外膜增厚，淋巴小结被增生的网状细胞代替，淋巴窦消失。肾脏被膜下有炎性细胞浸润，肾小管上皮细胞变性，核固缩。睾丸细胞膜增厚，曲细精管扩张，间质细胞可变化成黏液瘤样细胞。肺泡上皮增生并转化为黏液瘤样细胞。

【诊断】

根据本病的临床症状和病理变化特征，结合流行病学可做出初步诊断。确诊需进行实验室检查。

（1）病理组织学诊断　采取病变组织，用 10% 中性甲醛溶液固定，石蜡包埋做切片，HE 染色，显微镜检查。在黏液瘤细胞及病变部皮肤上皮细胞可见有胞质内包涵体。

（2）病毒分离　无菌采取病变组织，用磷酸盐缓冲液制成匀浆，过滤除菌后的上清液接种兔肾原代细胞或 RK13 传代细胞单层，24~48h 后出现典型的瘤病毒细胞病变，有的细胞融合形成合胞体，有的细胞核发生变化，有时出现嗜伊红的细胞质包涵体，呈散在性分布。感染细胞变圆、萎缩和核浓缩，溶解脱壁，甚至单层完全脱落。

（3）琼脂扩散试验　1% 琼脂糖磷酸盐缓冲液高压溶解后制成琼脂板，打直径 5mm 的小孔，分别在小孔内加入标准阳性血清和被检的上述接种细胞用的病料抗原。如在 24h 内出现 2~3 条沉淀线，表明有黏液瘤病毒抗原存在。

（4）其他血清学诊断　在感染后 8~13d 兔体内可产生病毒抗体，抗体效价在 20~60d 时最高，若不再感染，则在 6~8 个月后消失。除采用琼脂扩散试验外，也可采用补体结合试验、血清中和试验和 ELLSA 等进行检测。

（5）鉴别诊断　主要应与兔纤维瘤病相区别，兔纤维瘤病琼脂扩散试验时仅出现一条沉淀线。可将前述病料人工接种易感兔，产生高度致死性疾病的是黏液瘤，兔纤维瘤病仅在局部发生纤维瘤。

【防控措施】

目前，我国尚无此病的发生，随着国外种兔的进口，本病传入我国的危险性甚大，应予以高度警惕。一旦传入我国，其危害和造成的经济损失将无法估量。因此应加强海关及边境口岸检验检疫，严防此病传入我国。严禁从有本病的国家进口兔和兔产品。做好兔场清洁卫生工作，防止吸血昆虫叮咬家兔。严防野兔进入饲养场。一旦发生本病，立即扑杀处理，并彻底消毒。

本病目前尚无特效的治疗方法，预防主要靠疫苗接种。国外批准生产的疫苗包括异源疫苗如SHope 纤维瘤病毒疫苗，同源疫苗有 MSD 弱毒疫苗和在此基础上经鸡胚及兔肾细胞连续传代致弱的 MSD/B 弱毒疫苗、SG33 弱毒活疫苗。

三、犬瘟热

犬瘟热(canine disease，CD)是由犬瘟热病毒引起的犬科、鼬科和部分浣熊科动物的急性、热性、高度接触性传染病。其主要特征为双相型发热，眼、鼻、消化道等黏膜炎症，以及卡他性肺炎、皮肤湿疹和神经症状。

1905 年 Carre 首次发现犬瘟热，故本病也曾称为 Carre 氏病。之后在银黑狐（Green，1925）、貉（Rudolf，1928）、紫貂（苏列纳，1953）、北极狐（潘柯夫，1957）等动物中发现和确诊病例。我国从 1972 年起陆续在水貂、狐、貉等毛皮动物中发生犬瘟热。国内的熊猫、东北虎、狮子、猞猁、熊、狼、藏獒等动物均有感染 CDV 的报道（程世鹏，2009）。

【病原】

犬瘟热病毒(*Canine distemper virus*，CDV)属于副黏病毒科(*Paramyxoviridae*)麻疹病毒属(*Morbillivirus*)，病毒基因组为不分节段的负链 RNA，病毒粒子呈圆形或不规则形，有时也呈长丝状，直径为 120~300nm 不等。粒子中心含有宽径约 15~17nm 的螺旋形核衣壳。犬瘟热病毒颗粒主要是由核衣壳蛋白(N 或 NP)、磷蛋白(P)、基质膜蛋白(M)、融合蛋白(F)、血凝蛋白(H 或 HA)和大蛋白组成。CDV 与麻疹病毒、牛瘟病毒在抗原性上密切相关，但各自具有完全不同的宿主特异性。

CDV 能适应多种细胞培养物，包括原代或继代犬肾细胞、雪貂肾细胞、犊牛肾细胞，鸡胚成纤维细胞、Vero 细胞等，其中 Vero 细胞最常用。需要在传代同时进行接毒或加入适量胰酶。在犬肾细胞上，CDV 产生的细胞病变包括细胞颗粒变性和空泡形成，形成巨细胞和合胞体，并在细胞质中(偶尔在核内)出现包涵体。

CDV 抵抗力不强，对热、干燥、紫外线和有机溶剂敏感，易被日光、乙醇、乙醚、甲醛和煤酚皂等杀灭，50~60℃、30min 可灭活。3%福尔马林、5%石炭酸溶液及 3%氢氧化钠等对病毒具有良好的杀灭作用。经 0.1%甲醛灭活后，CDV 仍能保留其抗原性。最适 pH 值为 7.0，在 pH 4.5~9.0 条件下可存活。病毒在-70℃可存活数年，冻干可长期保存。

【流行病学】

在自然条件下，犬瘟热可感染犬科(犬、澳洲野犬、狼、丛林狼、豺、狐)、浣熊科(浣熊、长吻浣熊、熊猫)和鼬科(鼬鼠、雪貂、水貂、獾臭鼬、水獭等)的多种动物，在猫科动物(如狮、虎、豹)中也出现过感染。此外，海狮和猴也能自然感染。目前，犬瘟热的宿主范围在不断地扩大。

病犬是最主要的传染源，患病的毛皮动物也具有传染性。病毒集中存在于感染或患病动物的唾液及其他分泌物中。病畜的血液、淋巴结、肝、脾、腹水、脑脊液等也含有病毒。养水貂场和犬场也可能存储病毒。

本病主要通过消化道和呼吸道进行传播，也可通过眼结膜和胎盘感染。凡是接触污染的饲料、饮水、垫草、食具、用具、饲养人员的工作服、手套、兽医人员的体温计、注射器及注射针头等，均有传播作用。饲养场内的禽类、野鼠及吸血昆虫也可起传播作用。据报道，风也是传播本病的主要媒介，借助风力使半径 100m 内的邻近饲养场内的动物发病。

本病多发生于寒冷季节（每年 10 月到翌年 2 月），但其他季节也可发生。犬最易感，毛皮动物中，貂易感性最高，一般先发病，然后是狐和鼬科动物水貂。毛皮动物流行季节主要集中在 8~11 月，呈散发、地方流行性或暴发。

本病除了在同类物种之间传播，还在不同群体、不同物种之间交叉传播，还可能跨国界传播。

【发病机理】

自然感染时犬瘟热病毒主要从鼻、咽进入，在淋巴结和扁桃体中增殖，继而在组织巨噬细胞中增殖，然后进入血液形成病毒血症，并扩散到全身淋巴器官、骨髓和上皮结构及肝、脾的固有膜。主要通过呼吸道上皮和飞沫传播，从而表现出相应的临床症状。

人工感染 24h 后，犬瘟热病毒在组织巨噬细胞内倍增，之后向扁桃体和支气管淋巴结传播。接种后 2~4d，病毒主要出现于扁桃体，咽喉和支气管淋巴结内。接种后 4~6d，病毒在脾脏、胃黏膜固有层、小肠、肠系膜淋巴结、肝枯否（氏）细胞的淋巴小结增殖，此时机体出现体温开始升高和白细胞减少。由于病毒对淋巴细胞的大量破坏，引起淋巴细胞（包括 T 细胞和 B 细胞）减少。在接种后 8~9d，犬瘟热病毒进一步传播到上皮细胞和中枢神经系统的组织中，引起血液传播。在接种后 14d，动物依赖 CDV 特异性抗体和细胞介导的细胞毒性反应能清除绝大部分组织中的病毒，此时犬瘟热的临床症状消失，但仍可能向外排毒。

【临床症状】

潜伏期为 3~6d。CDV 主要侵害易感犬的呼吸系统、消化系统及神经系统。

（1）犬　如果是侵害呼吸系统为主，患犬初期表现为体温升高并呈双相热型，鼻端干燥，鼻眼流浆液性至脓性液体，咳嗽，呼吸加快，肺部听诊有啰音等肺炎呼吸道症状（所以此时期，易被误诊为感冒或肺炎）。病犬眼睑肿胀，呈化脓性结膜炎。后期常可发生角膜溃疡；有的病犬下腹部和股内侧皮肤上有米粒大红点、水肿和化脓性丘疹。

如果病毒侵害消化系统为主，则表现不同程度的呕吐，初便秘，不久下痢，粪便恶臭，有时混有血液和气泡。幼犬在腹泻严重的情况下，往往会继发肠套叠，少数病例此时死亡。

如果病毒进入神经系统，10%~30% 的病犬开始出现神经症状，由于 CDV 侵害中枢神经系统的部位不同，临床症状有所差异，（大脑）好动和精神异常、癫痫、转圈；（延髓，中小脑）步态及站立姿势异常；（脊髓）共济失调和反射异常；（脑膜）感觉过敏和颈部强直。咀嚼肌群反复出现阵发性颤动是犬瘟热的常见症状。终因麻痹衰竭而死亡。这种神经症状是不可逆的，即使病愈，也会留下后遗症。

这 3 种症状往往多数病例都有，随着病情的发展，先后出现呼吸系统症状、消化系统症状和神经系统症状，据此也可以简单的视作前、中、后期。其病死率可高达 30%~80%。有些遗留麻痹、瘫痪等后遗症。

皮肤症状：较少见。偶尔在皮肤少毛处出现米至豆粒大小的痘样疹，水泡样至化脓性，少数鼻盘上皮部及脚垫的表皮过度增生、角化（又称硬足掌病）。

妊娠犬感染 CDV 后可出现流产、产死胎和弱仔等症状。幼犬经胎盘感染可在 28~42d 产生神经症状。新生幼犬在永久齿长出之前感染 CDV，可造成牙釉质的严重损伤，牙齿生长不规则。人工感染小于 7 日龄的幼犬还可表现"心肌病"，双目失明。

(2)水貂　按病程可分为急性型和慢性型两类。急性型发病突然,无任何前驱症状。病貂表现癫痫样发作,口咬笼网,发出刺耳的尖叫声,抽搐、口吐白沫,反复发作几次后死亡。慢性型表现为食欲减退或拒食,鼻镜干燥。眼部出现浆液性、黏液性乃至化脓性眼眵,病重者将眼糊死,时而睁开,时而又粘在一起,如此反复交替发生。体温高达 40~41℃,呈现双相热,病初粪便正常,或排出黏液性稀便,后期粪便呈黄褐色或煤焦油样。病貂爪趾(指)间皮肤潮红,随病程发展趾(指)爪、足垫出现水肿,有的病貂嘴巴、眼睑、肛门或外阴肿胀。

狮、虎、豹等野生大型猫科动物发生犬瘟热时,最初症状为食欲丧失,并发生胃肠和呼吸道症状。病理剖检变化与犬相同。

【病理变化】

本病是一种泛嗜性感染,病变分布广泛。病理变化随病程长短、临床病型和继发感染的不同而异。单纯感染的病犬,早期仅见胸腺萎缩与胶样浸润,脾脏、扁桃体等脏器中的淋巴细胞减少。继发细菌感染的病犬,则可见化脓性鼻炎、结膜炎、支气管肺炎或化脓性肺炎。消化道则可见卡他性乃至出血性肠炎。死于神经症状的病犬,眼观仅见脑膜充血、脑室扩张及脑脊液增多等非特异性脑炎变化。

对病犬进行组织学检查可以发现,在很多组织细胞中有嗜酸性的核内和胞质内包涵体,呈圆形或椭圆形,直径 1~2μm。胞质内包涵体主要见于泌尿道、膀胱、呼吸系统、胆管、大小肠黏膜上皮细胞内及肾上腺髓质、淋巴结、扁桃体和脾脏的某些细胞中。核内包涵体主要见于膀胱细胞,但一般较难查到。表现神经症状的病犬,可见有脑血管袖套,非化脓性软脑膜炎以及白质出现空泡,浦肯野细胞变性及小脑神经胶质瘤病。

【诊断】

根据流行病学资料和临床症状,可以做出初步诊断。确诊需要实验室检查。

(1)包涵体检查　包涵体检查是诊断犬瘟热的重要辅助方法。包涵体主要存在于膀胱黏膜、支气管上皮细胞和肾盂上皮细胞内。包涵体多数在细胞质内,1 个细胞可能有 1~10 个多形包涵体,呈圆形或椭圆形。首选材料是靠近肺门部的支气管组织,膀胱黏膜也是必采的病料。

(2)电镜及免疫电镜检查　这是检查确定 CDV 感染简便快速的方法,常采用磷钨酸(PTA)负染色法、液相免疫电镜和超薄切片法制备电镜样品。电镜观察的最佳病料是粪便,从制样到镜下观察,整个过程只需要 2~3h,可用于病毒粒子快速检查。

(3)病毒分离培养　CDV 是具有囊膜的病毒。结构较脆、易被光和热灭活,对环境的抵抗力非常弱,因此病毒分离成功率很低。分离成功率受病料采样部位和时间、样品的处理、病程类型、患病动物的抗体水平等因素的影响。有报道采用鸡胚成纤维细胞通过同步接种方式,初代即可分离出产生细胞病变的病毒。近年来采用 CD1509(含 SLAM,即犬瘟热病毒的受体)基因转化的 Vero细胞系也易成功分离到病毒。

(4)动物回归试验　雪貂最易感,病死率接近 100%,任何途径接种后均可在 8~14d 内死亡,或者选用断奶 15d 后的幼犬,皮下、肌肉或腹腔注射 10 倍稀释的病料悬液 3~5mL。也可在鸡胚、小鼠、仓鼠中适应生长,但敏感性较低。

(5)血清学诊断　琼脂扩散试验、协同凝集试验、ELISA、免疫过氧化物酶染色法和抗体中和试验等血清学方法均可用于病原鉴定或抗体检测。

(6)分子生物学诊断　国内外均建立了核酸探针法,RT-PCR 法用于检测临床疑似病例的血清、全血、脑脊液样品中的犬瘟热病毒基因,显现出高度的特异性和敏感性。

【防控措施】

目前尚无特效的药物治疗方法。平时应严格做好兽医卫生防疫措施，加强免疫注射，发现疫情应立即隔离病犬，深埋或焚毁病死犬尸，用3%福尔马林、3%氢氧化钠或5%石炭酸溶液对污染的环境、场地、用具等彻底消毒。对未出现症状的同群犬和其他受威胁的易感犬进行紧急接种。病犬及早应用单克隆抗体和高免血清（皮下或肌肉注射，按1~3mL/kg，结合使用免疫增强剂（如转移因子、胸腺肽等）。抗菌药物、皮质激素类药物、维生素和对症疗法（如输液、输血、强心、解毒、脱敏、退热、收敛、镇痛、止咳等），配合良好的护理，对早期病犬有一定疗效。

预防犬瘟热有效的方法是疫苗免疫。目前用于犬和野生动物均为弱毒疫苗，包括鸡胚成纤维细胞、Vero细胞活疫苗及犬用二联、三联、四联、五联和六联苗。其中，我国研制的有狂犬病、犬瘟热、犬副流感、犬腺病毒病和犬细小病毒病犬用五联苗。进口多联苗涉及的病种尚有犬副流感2型、犬钩端螺旋体。

幼犬的免疫效果与母源抗体高低有直接关联。血液中的中和抗体水平在1∶20以下，较为易感，1~1∶100以上则有抵抗力。因此，低于此水平时应进行免疫接种。母犬的免疫接种多在配种前进行。母源抗体多在12~14周消失，为避免母源抗体的影响，幼犬应在6周龄后首免。缺乏母源抗体的幼犬，则在3~4周时首免，二免在15周龄，以后每年加强免疫一次。麻疹弱毒疫苗对8周龄以上的幼犬有较好的免疫效果，注射8h即产生保护力，免疫保护力达8月之久。在疫区对刚离乳的易感犬，也可先注射人用麻疹弱毒冻干疫苗，二免时注射2~3倍剂量的犬瘟热弱毒疫苗，可获较好的免疫效果。

毛皮动物中，犬瘟热弱毒活疫苗一般于接种后7~15d产生抗体，30d后免疫率达到90%~100%。皮下注射，免疫量为貂1mL、狐、貉3mL、仔狐、仔貉2mL。

水貂发病时，取病死水貂脑、淋巴结等组织按1∶10制成组织灭活疫苗，对貂群免疫接种。或对发病貂及假定健康貂群用抗犬瘟热血清进行紧急注射，隔天连用2~3次。发病貂同时用卡那霉素、病毒唑等进行辅助治疗，连续使用3~5d，防止继发感染。

四、犬细小病毒病

犬细小病毒病（canine parvovirus disease）是犬细小病毒引起犬的一种高度接触性传染病。对幼犬危害较大，发病率和病死率较高。本病可分为肠炎和心肌炎两种病型，前者以剧烈呕吐、出血性、坏死性肠炎和白细胞显著减少为主要特征。后者则表现为急性非化脓性心肌炎。

本病1977年发现于美国，1978年首次从患有肠炎的病犬中分离到病毒。目前，本病广泛分布于世界各地，我国华南、西南、华北、东北等地区均有流行，是危害养犬业最主要的传染病之一。

【病原】

犬细小病毒（*Canine parvovirus*，CPV）属于细小病毒科（*Parvoviridae*）原细小病毒属（*Protoparvovirus*）。在电镜下观察CPV粒子呈圆形或六边形，二十面体等轴对称，直径为21~24nm，无囊膜。

CPV是单股负链的线状DNA病毒，基因组全长5 323nt，含有两个开放阅读框，分别编码非结构蛋白NS1、NS2和结构蛋白VP1、VP2。空衣壳蛋白中只含有VP1、VP2两种蛋白，包装病毒基因组和衣壳装配完后的完整病毒粒子中还含有VP3多肽。

犬细小病毒具有两个型：CPV-1和CPV-2。PCV-2在宿主细胞范围、特异性凝集红细胞、基因特征和抗原性等方面与CPV-1有显著的区别，用几种限制性内切酶分析两者的DNA后发现它们也无同源性。先前发现的 CPV-1 即犬极小病毒(canineminute virus)无明显致病性,而后来发现的 CPV-2 可引起犬高度接触传染性并致死的疾病,本病毒不断变异。现可分为 CPV-2a、CPV-2b、CPV-2c 3 个亚型。目前,多数地区以 CPV-2a 和 CPV-2b 为主要流行株。

犬细小病毒具有较强的血凝特性,在 4℃条件下能凝集猪和恒河猴的红细胞,因此,血凝和血凝抑制试验常用于犬细小病毒鉴定和血清学分析。CPV 在抗原性上与猫泛白细胞减少症病毒(FPV)和水貂肠炎病毒(MEV)密切相关(详见猫泛白细胞减少症)。

CPV 可以在多种细胞培养物中生长,如原代或继代猫胎肾细胞,犬的胎肾、脾、胸腺和肠管细胞及水貂肺细胞增殖和传代。实验室常用 F81、CRFK 和 MDCK 等传代细胞进行病毒分离培养。在 F81、CRFK 细胞上,CPV 培养可引起明显的 CPE,但在 MDCK 细胞上 CPE 不明显。细小病毒的 DNA 复制发生在细胞核内,其复制过程出现于细胞周期的 S 期。所以在病毒培养传代时,必须在细胞培养同步接种到细胞培养物。

CPV 对外界有着较强的抵抗力。在 pH 值为 3~11 能稳定存在,能耐受 65℃加热 30min 而不丧失感染性,低温长期存放对其感染性无明显影响,可在无生命物体如衣物、食盘、笼子的地板存活 5 个月或更久,在粪便中可存活数月至数年。对乙醚、醇类、氯仿、去氧胆酸盐有抵抗力。消毒剂甲醛、β-丙内酯、次氯酸钠、氧化剂和紫外线均能将其灭活。

【流行病学】

自然宿主广泛犬科(犬、狼、貂、狐等)、鼬科(鼬、雪貂、水貂、黄鼠狼、獾)、浣熊科、猫科(猫、狮子、老虎、猎豹)动物均能感染。豚鼠、仓鼠和小鼠等实验动物也能感染。犬是本病的主要宿主,以断奶至 90 日龄的幼犬多发,且病情严重。小于 4 周龄或大于 5 岁龄老犬发病率较低。纯种犬的易感性高于杂种或土种犬。

病犬和带毒犬是主要的传染源,CPV 随粪便、尿、唾液和呕吐物大量排出于外界。犬在感染后 3~4d 即可通过粪便向外界排毒,7~10d 粪便中排毒量达高峰,急性期的呕吐物和唾液也含毒。在自然条件下,健康易感犬摄入污染的食物、饮水,或接触病犬与污染的食具、垫草、器具等均可感染。发生病毒血症的康复犬可长期通过粪便向外排毒,因此对康复后的病犬传染作用不容忽视。有证据表明,人、虱、苍蝇和蟑螂可成为 CPV 的机械携带者。此外,需注意猫在本病中的传播作用,因为 CPV 3 个亚型均可感染猫,日本、德国和美国从猫细小病毒感染病例中分离 CPV 成功率达 10%~20%,犬可将病毒传染给猫,但猫感染后并不表现临床症状。

一年四季均可发病,以冬、春季多发。群居者发病率高于家庭独居猫,饲养管理条件骤变、长途运输、寒冷、拥挤等应激因素均可促使本病发生。卫生不良、混合感染会加重病情。

【发病机理】

目前关于犬细小病毒的发病机制尚不清楚,有学者认为 CPV 对迅速分裂的细胞有趋向性,哺乳幼犬心肌迅速生长,而肠上皮很少更新,因此 CPV 感染可导致心肌炎;但有学者认为心肌细胞在出生后是不分裂的,出生后的幼犬心肌中的卫星细胞对 CPV 的复制可提供 DNA 功能的需要。

犬细小病毒主要通过消化道感染。病毒首先在口咽部,然后在局部淋巴组织(如扁桃体),再在胸腺和肠系膜淋巴组织复制。感染后 3~5d 通过病毒血症方式扩散到全身各处,病毒主要集中在口腔和食道的黏膜上皮、小肠淋巴组织及胸腺、淋巴结和骨髓。感染后 7~8d 通过粪便排毒达高峰。在肠腔的病毒可杀死肠腺的上皮细胞,使上皮脱落、绒毛变短,导致出血性坏死性肠炎,临床表现为呕吐和腹泻。严重的感染病例,会引起中性粒细胞和淋巴细胞的严重减少。自然感染或接种弱毒疫苗后 3~4d 即可检出血清抗体,抗体的维持时间因疫苗不同而异,灭活疫苗维持时间较短(至多 6 个月),而弱毒疫苗可维持至少 10 个月或长达 1 年。

【临床症状】

CPV 感染后临床症状各异，犬细小病毒单纯感染时临床症状较轻，多数病例是由于细菌、寄生虫混合感染或继发感染而出现明显症状。CPV 感染有两种疾病类型，一是心肌炎型，以幼犬发生为多。二是肠炎型，多发生于 10 周龄以上或成年犬，某些肠炎病例也伴有心肌炎变化。

（1）肠炎型　自然感染的潜伏期为 7~14d，病初多表现低热（40℃以下），少数可有高热（40℃以上）、精神沉郁、不食、呕吐。初期呕吐物为食物，随后伴有黏液或血液。继而腹泻，病初排灰黄色或土黄色的果冻样稀便，并散混有黏液和伪膜，接着排番茄酱样稀便，并散发难闻臭味，同时排便次数增多，排尿量减少，呈茶色。病犬反复呕吐，全身症状急剧加重，心音减弱，肠音增强，呼吸困难，最终死于衰竭，病死犬消瘦，眼窝深陷，被毛凌乱，皮肤无弹性。整个病程约为 5~7d。病死率达 40%~50%。

（2）心肌炎型　多见于刚离乳的幼犬，病犬病初食欲、精神尚可，不见明显的肠炎症状。临床上常突然发病，发生急性心力衰竭而死亡，只有极少数轻度病例可以治愈，病死率为 60%~100%。

【病理变化】

（1）肠炎型　病变主要见于空肠、回肠，肠绒毛明显萎缩，肠腔大多无食糜，部分犬十二指肠内含少量黄绿色半透明黏液或黏液与食糜的混合物。肠黏膜呈黄白色或红黄色，弥漫性或局灶性充血，有的呈斑点状或弥漫性出血。肠壁增厚，黏膜水肿、被覆稀薄或黏稠的黏液。集合淋巴小结肿胀、凸出。小肠和结肠肠系膜淋巴结肿胀，充血、出血。大多数病犬的盲肠、结肠、直肠黏膜肿胀，呈黄白色、黏膜表面散在有针尖大出血点。其肠道内容物稀软，酱油色，腥臭或恶臭。

（2）心肌炎型　心脏高度松弛、扩张，心内膜及心外膜上有出血点。心肌柔软，颜色变淡，两侧心房、心室有界限不明显的苍白区，心肌和心内膜有非化脓性坏死灶。组织学检查，心肌纤维严重损伤，出现出血性斑纹。心肌损伤部位的细胞内常见核内包涵体。肺水肿，由于局灶性充血和出血，肺表面呈斑驳色彩。

【诊断】

根据流行特点，结合临床症状和病理变化可做出初步诊断。确诊需要做病原分离和鉴定。

（1）实验室检查　对肠炎型而言，血常规检查可见血液浓稠、血清总蛋白减少，而氨基转移酶指数上升，白细胞显著减少，尤其是病初 4~5d 内，为 500~2 000 个/mm³，并出现大量异型淋巴细胞，呈典型的病毒感染血象（正常时 6 000~17 000 个/mm³）。对心肌炎型而言，心电图检查，发现 R 波降低、S-T 波升高。血液生化检查，天门冬氨酸氨基转移酶、乳酸脱氢酶、肌酸激酶活性增高。上述指标对诊断有一定的参考意义。

（2）电镜检察　取病犬粪便或濒死犬的肠内容物，分为两份，一份直接用负染法可见大小均一的直径为 21~24nm 圆形病毒粒子。应用免疫电镜技术或直接对细胞培养物检查，效果更佳。另一份加高浓度抗生素除菌，或加氯仿 4℃过夜处理，离心后用于病毒分离。

（3）病毒分离　将病毒或待检材料处理后接种 MDCK 细胞或 F81 细胞，分离病毒，观察细胞病变及核内包涵体。如果没有明显细胞病变，应继续盲传 2 代才能给出结论。

（4）血凝试验　利用犬细小病毒能凝集猪的红细胞特性，用血凝试验可以迅速检测粪便或细胞培养物中的 CPV。以 0.5%~1% 猪红细胞作为指示系统，当 HA>1：80 时为阳性。这适合于发病早期的检测。晚期由于 HI 抗体的出现，血凝性下降，但此时用负染标本检查，可见大块凝集的病毒粒子，犹如免疫电镜的效果。HI 试验也可用于流行病学调查和抗体的检测，如发病后期较前期的 HI 效价上升 4 倍以上，则具有诊断意义。

（5）ELISA 有间接法、竞争法和双夹心法等，我国军事医学院已研制出 ELISA 诊断试剂盒，采用单抗和多抗双夹心酶标法，可30min内检出犬粪便中的 CPV，达到快速诊断的目的。其他诊断试剂如胶体金、生物条形码、免疫荧光等检测技术可选择使用。

（6）PCR 目前已研制出犬细小病毒 PCR 诊断试剂盒，通过设计特异性引物，可以区分 CPV 弱毒疫苗株和野毒株，还可区别出 CPV-2a 和 CPV-2b 等不同亚型。

（7）鉴别诊断 犬细小病毒病尤其是发病初期最易与犬瘟热混淆，造成误诊，因此临床上必须结合腹泻特征、呕吐特点进行鉴别诊断。犬细小病毒感染的犬，其呕吐物为黄色泡状液体，排泄物为番茄酱样稀粪，病犬食欲废绝，腹部有压痛，鼻镜干燥、流清涕，结膜淡红或苍白，体温一般正常，肺部无明显变化，无神经症状；患犬瘟热的犬呕吐物为胆汁状液体，排黏液样便，腋下有脓疱状丘疹，流脓性鼻液，结膜暗红有脓性分泌物，体温升高、稽留，肺部剖检有明显病变，伴有震颤、抽搐、癫痫、痉挛等明显的神经症状。

【防控措施】

（1）预防 平时要注意科学饲养，不喂发霉变质的食物，特别是要给足够的蔬菜和多种维生素以及微量元素添加剂。禁止从疫区引进犬，新引进的犬要隔离30d以上。一旦犬群中发现本病应立即进行隔离，防止病犬和与健康犬接触，并对犬舍及场地严格消毒。环境场地消毒可用3%甲醛，犬舍可用2%~3%氢氧化钠溶液、1%漂白粉溶液进行喷洒消毒。病犬尸体深埋、进行无害化处理，防止疫病传播和流行。

加强疫苗免疫接种。目前，国内使用的有同源或异源灭活疫苗和弱毒疫苗两类。异源苗是指猫泛白细胞减少症灭活疫苗或弱毒疫苗，安全可靠，曾在法国和澳大利亚等国广泛使用。现在国外倾向使用同源苗即犬细小病毒灭活疫苗或弱毒疫苗。国内有单价疫苗、二联苗（犬细小病毒病和传染性肝炎）、三联苗（犬瘟热、犬细小病毒病和犬传染性肝炎）和五联苗（犬瘟热、犬细小病毒病、犬传染性肝炎、狂犬病和犬副流感）生产。疫苗一般要接种2~3次，间隔2~3周，幼犬6~8周龄首免，10~12周龄二免，14~16周龄三免，以后每年加强免疫一次。

（2）治疗 心肌炎型病犬病程急、发展迅速，常来不及救治。对肠炎型病犬要尽早并及时治疗，可降低死亡率。可应用高免血清（0.5~2mL/kg，每日1次，连用3~5d），配合强心护肝补液、抗菌、消炎、止吐止泻、抗休克等对症治疗，可提高疗效；同时注意保暖。在犬腹泻、呕吐期间适当禁食，停喂牛奶、肉类等高脂肪、高蛋白性食物，可减轻肠胃负担，提高治愈率。

五、犬病毒性肝炎

犬病毒性肝炎（canine viral hepatitis，CVH）又称犬传染性肝炎（infectious canine hepatitis，ICH），是由犬腺病毒引起的一种高度接触性传染病，其特征为肝小叶中心坏死、肝实质和内皮细胞出现核内包涵体，特别是幼犬，感染发病率很高，给养犬业造成了巨大的损失。

本病最早于1947年由 Rubarth 发现，故也称为 Rubarth 病。1954年由 Cabasso 等首次从患犬中成功分离到病毒。本病现分布于世界各地，是严重威胁养犬业和养狐业的主要疾病。1983年我国发现此病，夏咸柱等于1984年首次分离到犬传染性肝炎病毒（A8301）。1989年，钟志宏等从患脑炎的狐狸中分离到了犬腺病毒Ⅰ型，即狐狸脑炎病毒。随后，哈尔滨、北京、上海、昆明等地也相继分离获得本病毒。

【病原】

犬腺病毒甲型（*Canine adenovirus* A）属腺病毒科（*Adenoviridae*）哺乳动物腺病毒属（*Mastadenovir-*

us)。病毒基因组为线状双股 DNA，病毒粒子直径 70~80nm，无囊膜，呈二十面体对称。CAV 可分为 CAV-1 和 CAV-2 两个型，两型之间核苷酸的同源性虽只有 75%，但具有相同的补体结合性抗原和其他免疫相关抗原，因而有良好的交互免疫力。CAV-1 引起犬传染性肝炎和狐狸脑炎，还可引起呼吸道病、眼病、慢性肝炎和间质性肾炎；CAV-2（代表株 Toronto A26/61 株）只引起呼吸器管疾病，包括喉气管炎、扁桃体炎、支气管炎和支气管性肺炎。

CAV-1 在 4℃ pH 7.5~8.0 时能凝集鸡的红细胞，在 pH 6.5~7.5 时能凝集人 O 型红细胞、豚鼠红细胞和鸡红细胞，这种血凝作用能被特异性抗血清所抑制。利用这种特性可进行血凝抑制试验。CAV-2 仅能凝集人 O 型红细胞。两者血细胞凝集范围不同，据此可以加以区分。

CAV 可在犬肾、睾丸细胞内增殖，也能在猪、豚鼠、水貂等动物的肺、肾细胞中增殖，并产生 CPE，特征是细胞肿胀变圆、聚集成葡萄串样，也可形成蚀斑。感染细胞内常有核内包涵体，但不产生干扰素。在已经感染犬瘟热病毒的细胞中仍可以感染增殖本病毒。

CAV 对外界理化因素有较强抵抗力，病毒对乙醚、氯仿有抵抗力。在 pH 3~9 条件下仍可存活。在室温下能抵抗 75% 乙醇达 24h，在 0.2% 石炭酸中可存活数天，病犬肝、血清和尿液中的病毒 20℃可存活 3d。低温条件下 50% 甘油中可保存数年，冻干可长期保存。次氯酸盐、碘酚和氢氧化钠是有效的消毒剂。

【流行病学】

CAV-1 除能感染犬和狐外，还能感染狼、貉、山犬、黑熊、负鼠和臭鼬等动物。其他动物如马、兔、松鼠、刺猬、大熊猫和黑猩猩也能感染，但无任何症状，包括豚鼠和人也能隐性感染。各种性别、年龄和品种的犬、狐对本病均易感。CAV-1 感染一般发生于幼犬，自然发病且出现症状者仅见于 1 岁内未进行免疫的犬，且发病率和病死率可达 25%~40%，高于其他年龄的犬，如与犬瘟热混合感染，病死率更高。

病犬和带毒犬是其传染源，可通过唾液、粪、尿等分泌物和排泄物排毒，污染周围的环境、饲料和用具等，康复后带毒的动物可经尿排毒达 6~9 个月，也是危险的传染源。传播途径主要经消化道传染，其次是呼吸道和泌尿生殖道，还可通过胎盘传染，造成新生幼犬死亡。

本病一年四季均可发生。

【发病机理】

自然感染主要经消化道感染。病毒通过扁桃体和小肠上皮经由淋巴和血液而广泛传播。肝、脾、肺、肾等组织器官的血管内皮细胞是病毒定植并造成损害的主要靶细胞。肝脏是受损害的首要部位，常发生变性、坏死等退行性变化或慢性肝炎变化。病毒可在肾脏长期存在，开始局限于肾小球血管内皮，导致蛋白尿，随后出现在肾小管上皮细胞，引起局灶性间质性肾炎，在疾病的急性发热期，病毒可侵入眼而引起虹膜睫状体炎和角膜水肿。

【临床症状】

根据病原和感染的宿主不同可将其分为 3 型，即犬肝炎型、犬呼吸型和狐脑炎型。

（1）犬肝炎型 又称古典型，由 CAV-1 引起，潜伏期 6~9d，人工感染潜伏期更短。按症状的不同，又可分为最急性型、急性型和慢性型。

①最急性型：见于流行的初期，有的尚未出现临床症状即突然死亡。有些病犬突然发热（39.4~41.1℃），可能伴有腹痛、抽搐和昏迷。出现症状后数小时处于昏迷状态，甚至死亡。

②急性型：表现畏寒、流泪、鼻流清涕等类似急性感冒症状。突然发热，达 40℃以上，呈高热稽留，持续 2~6d，或病犬体温升高到 40~41℃，持续 1d，又降至常温并维持 1d，然后再次升高，呈双相热。病犬精神高度沉郁，脉搏、呼吸加快，黏膜苍白，全身无力，食欲不振，渴欲增

加，有时牙龈有出血斑，扁桃体肿大。剑突处有压痛，时有呻吟，胸、腹下可见皮下水肿。常见呕吐和腹泻，吐出带血的胃液，排出果酱样血便。常出现蛋白尿。血常规检验可见白细胞减少和血凝时间延长。血便后2~3d就可死亡，病死率达25%~40%。恢复期的病犬，约有1/4出现单眼或双眼发生一过性角膜混浊，呈浅蓝色，即"蓝眼病"，2~3d后可不治自愈。

③慢性型：表现为轻度发热，食欲时好时坏，便秘与下痢交替。此类病犬病死率较低，但生长发育缓慢，病程长。

（2）犬呼吸型　由CAV-2引起，潜伏期5~6d，发热持续1~3d，体温达39.5℃左右病犬表现精神委顿、食欲减退、呼吸困难、肌肉震颤、流浆液性或黏脓性鼻汁，发生粗粝的干咳，经1周左右，严重地导致致死性肺炎。口咽部检查可见扁桃体肿大和咽部红肿。有些犬呕吐或排带黏液的软便。当与犬瘟热病毒、副流感病毒及支气管败血波氏杆菌混合感染时，形成呼吸道症状更为剧烈的"犬窝咳"，则预后不良。

（3）狐脑炎型　多见于狐狸和黑熊等野生动物，潜伏期6~7d，常突然发病，病程一般不超过24h，在出现食欲丧失之后很快死亡，有时可见发热、流鼻汁和眼泪，继之出现神经症状，如眼球震颤、肌肉痉挛、共济失调、倒地角弓反张、口吐白沫等。后期可出现一肢或多肢麻痹，全身瘫痪，昏迷。发病率5%，病死率可达100%。

【病理变化】

（1）犬肝炎型　CAV-1感染的急性死亡病例，可见腹腔内充满血样腹水，遇空气则凝固。肝肿大，包膜紧张，胆囊壁水肿增厚。体表淋巴结、颈淋巴结和肠系膜淋巴结肿大，充血。脾肿大、充血，胸腺出血。主要的组织学变化见于肝和内皮细胞。肝小叶的窦状隙内皮细胞和枯否（kup-pffer）细胞肿胀、变性。除肝外，在脾、淋巴结、肾和脑血管等内皮细胞内可发现呈圆形或卵圆形的嗜酸性核内包涵体。

（2）犬呼吸型　病变局限于呼吸道，肺充血、膨胀不全，并常有实变病灶。肺门淋巴结和支气管淋巴结充血、出血。组织学变化出现有不同程度的肺炎，肺泡上皮、支气管黏膜上皮和鼻甲骨黏膜上皮可见核内包涵体。

（3）狐脑炎型　病变主要是全身多个组织、器官，尤其是脑和脊髓均有出血性变化。组织学变化为全身内皮细胞，特别是血管内皮细胞有程度不一的变性、坏死和出血。脑脊髓和软脑膜血管呈袖套现象。神经症状的严重程度直接与脑血管的受损轻重呈正相关。脑膜、肝细胞和血管内皮细胞内可见核内包涵体。

【诊断】

根据流行病学、临床症状和病理学检查能做出初步诊断。确诊主要依靠病毒分离和血清学检查。

（1）病毒的分离和鉴定　可采取发病初期的病犬血液、扁桃体棉拭子或死亡动物的肝、脾等材料处理后接种犬肾原代细胞或继代细胞，细胞病变最早出现于接毒后30h，但有时需6~7d。应用中和试验，可进一步鉴定病毒的型。

（2）病毒抗原的检查　应用补体结合试验，可检出急性病犬肝脏及血清和腹水中的病毒抗原。对于病死动物，可用琼脂扩散试验检出感染组织块（一般应用肝组织块）中的特异性沉淀原。应用荧光抗体技术，可以直接检测扁桃体涂片，以提供早期诊断。用电镜直接检查病犬肝脏中的典型腺病毒粒子，还可应用补体结合试验检测细胞培养物中的腺病毒抗原。

（3）血清学检查　采取发病初期和其后14d的双份血清，进行人O型红细胞凝集抑制试验。当抗体升高4倍以上时即可作为现症感染的证明。此外，上述的补体结合试验、琼脂扩散试验、中和试验及皮内变态反应等也可用于诊断。

（4）PCR诊断　通过选择基因序列的保守区（如六邻粒蛋白基因）设计出能对所有腺病毒进行特异性扩增的引物，可以区分CAV-1与CAV-2及其他病毒。

【防控措施】

加强饲养管理和环境卫生消毒，防止病毒传入。坚持自繁自养，从外地购入动物，必须隔离检疫合格后方可混群。应特别注意，康复期病犬要单独饲养至少6~9个月。免疫预防是防控本病的重要举措。国内外推广应用的是CAV-2弱毒疫苗，接种后14d即可产生免疫力。由于CAV-2和CAV-1具有高度同源性，可使犬对CAV-1产生良好的免疫保护。其效果优于CAV-1灭活疫苗，且无CAV-1弱毒疫苗的副作用。鉴于本病常与犬瘟热等病毒病并发，目前大多是采用多联苗对犬瘟热、副流感、细小病毒性肠炎等病联合免疫预防。6~8周龄首免，10~12周龄二免，14~16周龄三免，以后每年加强免疫一次。

急性型或最急性型的病例，病程短且全身症状严重，疗效往往不佳。发病初期症状轻微的病例，可用高免血清或犬血球蛋白进行治疗。对症治疗主要是补液、保肝、严重病例可用抗生素或磺胺类药物防止细菌继发感染。对严重贫血的病例可采用输血疗法。

六、犬冠状病毒性腹泻

犬冠状病毒性腹泻（canine coronavirus diarrhea）又称犬冠状病毒病（canine coronavirus disease），是由犬冠状病毒引起的一种以犬呕吐、腹泻和脱水及易复发为特征的高度接触性传染病。本病对幼犬危害尤其严重，发病率和病死率都很高，是目前对养犬业危害较大的疾病之一。

1974年美国Binn等首先从腹泻的德国军犬中检出犬冠状病毒，后英国、德国、比利时、法国等多个国家和地区相继有大规模流行的报道，我国直到1997年才首次分离到本病毒。

【病原】

犬冠状病毒（*Canine coronavirus*，CCV）属于冠状病毒科（*Coronaviridae*）冠状病毒属（*Coronavirus*），核酸型属于单股RNA。电镜下病毒粒子呈圆形（直径80~100nm）或椭圆形（80~120）nm×（75~80）nm，有囊膜，囊膜表面有长约20nm呈花瓣样的纤突，纤突末端呈球状，冻融极易脱落，从而失去感染性。

CCV只有一个血清型，但不同的毒株间毒力有所不同。本病毒与猪传染性胃肠炎病毒、猫传染性腹泻病毒和人冠状病毒229E株有抗原相关性。CCV存在于病犬的粪便、肠内容物和肠系膜淋巴结及肠上皮细胞内，在其他组织中也可发现本病毒。

CV可在犬肾和胸腺原代细胞及A72、CRFK等传代细胞系上增殖，并产生细胞病变。

CCV对热、乙醚、氯仿、脱氧胆酸盐敏感，但对酸和胰酶有较强的抵抗力。在20℃时，病毒在粪便中大约40h后就会丧失感染性，但在户外零度以下很长时间仍然具有感染性，4℃冷藏可存活60h。CCV可被大多数去污剂和消毒剂灭活，如甲醛、紫外线、0.1%过氧乙酸及1%克辽林等可在短时间将其灭活。

【流行病学】

CCV可感染人和包括牛、猪、犬、猫、马、禽、鼠在内的许多动物。犬、郊狼、貂、狐狸等犬科动物最易感，不分品种、性别、年龄均可感染，但在犬群中流行时，通常幼犬最先发病，然后波及其他年龄的犬。幼犬的发病率和病死率高于成年犬，发病率近100%，病死率可高达50%。

病犬和带毒犬是主要传染源，经呼吸道和消化道向外排毒，污染饲料、饮水、用具、犬舍及运动场等，感染健康犬及其他易感动物。人工感染犬可排毒2周，病毒在粪中存活6~9d，在水中污染物可保持数天的传染性。本病发病急、传染快、病程短、病死率高，常与犬细小病毒或轮状病毒、星状病毒混合感染而使病情加剧和复杂化。

本病一年四季均可发生，但以冬季多发，传播迅速，数日内常成窝暴发。天气突变、卫生条件差、犬群密度大、断奶转舍、长途运输等诱因均可诱发本病。

【发病机理】

从感染犬3~14d的粪便中可分离到病毒。经口接毒2d后，CCV到达十二指肠上部，主要侵害小肠绒毛2/3处的消化吸收细胞，病毒经胞饮作用进入微绒毛之间的肠细胞，在胞质空泡的平滑膜上出芽。由于细胞膜破裂，病毒随脱落的感染细胞进入肠腔内，再感染整个小肠段的绒毛上皮细胞，进而绒毛短粗、扭曲、脱落，肠黏膜由不断增加的不成熟的细胞替代，消化酶和肠吸收功能上丧失，导致腹泻。随着小肠结构的复原，临床症状消失，排毒减少并终止，血清中产生中和抗体。

【临床症状】

潜伏期人工感染为24~48h，自然感染为1~3d。临床症状轻重不一，幼犬较成年犬严重剧烈。初期精神沉郁，卧地懒动，强行赶走步态摇摆，食欲大减或无食欲，鼻镜干燥、多数病例不发热。主要表现呕吐和腹泻。先呕吐未消化的食物，后吐黄色酸味黏液，持续数天后，出现急性胃肠炎型腹泻，粪便先稠后稀，最后呈水样，粪便颜色为橙黄色、灰色或绿色，常混有黏液或暗黑色血液。后期肛门失禁、眼球下陷、脱水症状明显，幼犬常因急性腹泻和呕吐引起脱水导致迅速死亡，成年犬很少死亡。

【病理变化】

剖检可见不同程度的胃肠炎变化。轻度感染不明显，严重病例肠壁菲薄，肠管膨胀，充满稀薄黄绿色或紫红色血样液体。胃肠黏膜充血、出血和脱落，胃内有黏液。肠系膜淋巴结和胆囊肿大。组织病理学检查主要见小肠绒毛变短、融合，隐窝变深，绒毛长度与隐窝深度之比明显改变，肠黏膜上皮细胞变性或变平，胞质出现空泡，杯状细胞破损，固有层水肿，炎性细胞浸润。

【诊断】

根据临床症状结合流行病学，病理剖检可做出初步诊断。确诊还须借助实验室手段。

(1)电镜检查　采集病犬新鲜腹泻粪便，离心取上清，负染后电镜观察可发现典型的冠状病毒。收集病料要早，7d后病毒含量减少。

(2)病毒分离鉴定　应用犬原代肾细胞、胸腺细胞分离冠状病毒，可观察到细胞病变。从粪便和小肠内容物分离成功率最高。为提高病毒分离率，粪便要求新鲜，避免反复冻融，必要时将病料先感染健康犬，取典型发病犬腹泻粪便作为样品分离病毒。但实际操作时病毒分离很困难，因此不适宜常规诊断。

(3)血清学试验　中和试验、乳胶凝集试验、ELISA等方法也可用于检测血清抗体。

(4)基因诊断　近几年基因探针和PCR技术发展迅猛，可作为准确快速的诊断方法。

(5)鉴别诊断　本病的临床症状、流行病学与犬细小病毒，轮状病毒感染相似，而且常混合感染，给疾病的诊断带来了复杂性，在诊断时需要注意鉴别。

【防控措施】

目前本病尚无有效疫苗预防和特效疗法，对病犬主要采取对症治疗。早期应用犬高免血清或免疫球蛋白，具有较好的治疗效果。血清用量为1mL/kg，球蛋白剂量为0.5mL/kg。如止吐，应用维生素B_6、爱茂尔、胃复安、止吐灵、氯丙嗪、呕泻宁等。止血可应用安络血(1~3mg)、止血敏（100~200mg）及氨甲苯酸（0.1~0.3g）等。止痛可用阿托品或颠茄酊等。补液可应用乳酸林格液，可使用肠黏膜保护剂，如次硝酸铋、氢氧化铝。可应用硫酸新霉素防止继发感染。

同时加强护理，如保暖等措施，可以减少病死率。幼犬要吃足初乳，以获得母源抗体和免疫保护力。对引进犬实施隔离检疫，加强清洁卫生，定期对犬舍、食具及周围环境进行消毒；可用漂白粉和甲醛等经济有效的消毒剂，对粪便进行消毒处理，防止病毒通过粪便在犬群中迅速传播。

目前国内外已有疫苗用来预防本病，但免疫接种效果还不十分理想，疫苗效果难以评价。可注射犬用联苗，提高犬的免疫力。

七、犬副流感病毒感染

犬副流感病毒感染（canine parainfluenza virus infection）是犬的主要呼吸道传染病。临床上以发热、流黏性鼻涕、打喷嚏、咳嗽等急性呼吸道症状为主要特征。病理变化上以卡他性鼻炎和支气管炎为特征。

1967 年 Binn 等首次用犬肾细胞（MDCK）从具有呼吸道症状的病犬中分离获得 CPIV。后来发现，CPIV 还可引起急性脑脊髓炎和脑内积水，临床表现为后躯麻痹和运动失调等症状。目前世界上所有养犬的国家均有本病流行，严重影响犬和狐等养殖业的发展。

【病原】

犬副流感病毒（Canine parainfluenza virus，CPIV）又称副流感病毒 5 型（Parainfluenza virus 5），为副黏病毒科（Paramyxoviridae）正腮腺炎病毒属（Orthrubulavirus）成员。病毒基因组为单股负链 RNA。电镜下 CPIV 形态多样、大小不等，一般为球状，直径为 80~300nm，粒子内部为螺旋对称的核衣壳，外有囊膜，其表面有密集而整齐的纤突结构，病毒经 SDS-PAGE 分析，呈现 6 种主要多肽，即大蛋白（L）、血凝素神经氨酸酶（HN）、核衣壳蛋白（NP）、融合蛋白（F）、磷蛋白（P）和基质蛋白（M）。其中，HN 蛋白和 F 蛋白突出于囊膜表面形成纤突，与病毒吸附和穿入细胞有关。M 蛋白位于囊膜的内表面，维持病毒粒子的完整性。NP 蛋白与病毒 RNA 基因组复合物形成核衣壳，P 蛋白和 L 蛋白相连从而具有病毒 RNA 多聚酶活性。

本病毒只有一个血清型，但毒力有所差异。CPIV 在 4℃ 和 24℃ 条件下可凝集人 O 型红细胞及鸡、豚鼠、大鼠、兔、犬、猫、绵羊的红细胞，其中对豚鼠红细胞吸附作用最好。

CPIV 可在犬肾、猴肾原代和传代细胞培养物及 Vero 细胞中良好增殖，并产生 CPE，在感染细胞质中形成嗜酸性包涵体。病毒也可在鸡胚羊膜腔中增殖，但鸡胚不死亡，羊膜腔和尿囊液中均含有病毒，血凝效价可达 1∶128。

病毒对理化因素的抵抗力不强，对热、乙醚、酸、碱不稳定，在酸碱环境中易被破坏，一般消毒药可将其杀死。

【流行病学】

CPIV 的宿主范围较广，自然感染宿主包括人、猴、犬、牛、羊、马、兔、豚鼠、仓鼠、小鼠、禽类以及多种野生动物等。CPIV 可感染玩赏犬、实验犬和军、警犬，成年犬和幼犬均可发生，但幼犬病情较重。急性期病犬是最主要的传染来源。病犬鼻液和气管分泌物及肺部均含有大量病毒，可通过打喷嚏、咳嗽向外排出，易感动物吸入带毒的飞沫后会感染发病。

CPIV 往往呈突然暴发，传播迅速，并具有很强的传染性。自然感染途径主要是呼吸道。在实验犬中产生犬瘟热样症状，自然条件下单独感染 CPIV 的情况并不多见，常与其他病原（如支气管败血波氏菌或支原体等）混合感染，使病情加重。

【临床症状】

潜伏期为4~6d，临床特征表现为发热、咳嗽、流涕。在发病初期，多数病犬表现精神沉郁，食欲减退甚至废绝，体温39~41℃，心跳加快，呼吸急促，其呼吸音粗糙。流浆液性、黏液性甚至脓性鼻液，结膜潮红，扁桃体红肿，剧烈咳嗽，一般2周左右可好转。若继发或混合感染其他呼吸道病原，则病程延长，咳嗽可持续数周，甚至死亡。11~12周龄的幼犬病死率较高。

据报道，7月龄犬感染后可表现后躯麻痹和运动失调等症状。病犬依后肢支撑躯体，不能行走。膝关节、腓肠肌反射和自体感觉不敏感。随后从病犬脑脊液中分离到CPIV。脑内接种6日龄幼犬，7~10d后表现痉挛、抽搐等神经机能障碍。

【病理变化】

主要在呼吸道，以卡他性鼻炎和支气管为特征。鼻孔周围有黏性或浆液性鼻漏；气管、支气管内有炎性渗出物；气管、支气管、有时肺部有点状出血；扁桃体肿大；脑部感染出现急性脑脊髓炎和脑室积水。整个中枢神经系统和脊髓均有病变，以前叶灰质最为严重。病理组织学检查有不同程度的气管炎、支气管炎，病理变化从局灶性、表层坏死性炎症至重度的黏液性化脓性炎症。

【诊断】

根据流行病学、临床症状和病理变化可做出初步诊断，确诊则需进行实验室检查。

(1)病毒分离鉴定　取病犬的咽部拭子、脑脊髓液、肺、脾、肝及肾等病料，适当处理后接种犬肾细胞，进行病毒分离，盲传2~3代若出现多核合胞体，细胞具有吸附豚鼠红细胞特性或细胞培养物能凝集绵羊或人的红细胞，再用特异性免疫血清进行HI试验，对病毒进行鉴定。

(2)血清学试验　可应用犬副流感病毒特异荧光抗体，在气管、支气管上皮细胞中检出特异荧光细胞。也可采用血凝抑制试验和血清中和试验检测病初和康复的双份血清抗体是否上升4倍，进行回顾性诊断。快捷敏感的免疫金标记法和ELISA，已广泛用于副流感病毒抗原检测或鉴定及抗体检测。

(3)RT-PCR　应用特异性引物，进行RT-PCR，可以替代传统的病毒分离法。

【防控措施】

犬感染副流感病毒后，发病急，传播快，目前尚无特异性疗法。发现病犬应及时隔离治疗，并严格消毒，重病犬及时淘汰。可补充维生素，采用胸腺肽、转移因子和高免血清来增强机体免疫机能，为防止继发感染可应用抗生素或磺胺类药物，严重者进行强心、平喘、止咳等对症治疗，以减轻病情，促使病犬早日恢复。动物尤其是幼畜多在环境突变、卫生条件差、过度拥挤、长途运输、受凉感冒时发病。因此应加强饲养管理，注意防寒保暖，避免环境突然改变等应激因素刺激。

疫苗免疫是预防本病的关键措施。犬副流感疫苗2次免疫后，抗体水平可增高4倍。国外已有预防犬副流感、犬瘟热、犬细小病毒、犬病毒性肝炎的四联苗。国内军事医学科学院军事兽医研究所和陕西绿方生物技术有限公司均开发成功包括预防狂犬病、犬瘟热、犬细小病毒病、犬传染性肝炎和犬副流感的五联苗，可以减少免疫次数，达到一针防多病的效果。

八、犬疱疹病毒感染

犬疱疹病毒感染(canine herpesvirus infection)是由犬疱疹病毒引起犬的一种急性、全身出血性坏死性传染病，主要特征为仔犬呼吸困难、全身脏器出血坏死、急性致死以及母犬流产和繁殖障碍。

1965年Carmichael和Ctewart分别在美国和英国首次分离出犬疱疹病毒，之后相继在日本、澳大利亚和欧洲许多国家发现，现已广泛分布于世界各地。

【病原】

犬疱疹病毒（*Canine herpes virus*，CHV）属疱疹病毒科（*Herpesviridae*）α疱疹病毒亚科（*Alphaherpesvirinae*）水痘病毒属（*Varicellavirus*）成员。CHV基因组为线状双股DNA，在形态学上与其他动物的疱疹病毒相似。核衣壳呈二十面体对称。病毒成熟的病毒粒子直径约120~200nm。

CHV无血凝性，只有一个血清型，但从不同地区、不同病型分离的毒株可能存在毒力的差异。CHV在基因结构上与牛鼻气管炎病毒、马鼻肺炎病毒、猫鼻气管炎病毒和鸡喉气管炎病毒有较高的同源性，但血清学上与它们均不存在交叉抗原关系。CHV与犬瘟热病毒、犬肝炎病毒等无交叉反应关系，只是与人单纯疱疹病毒之间呈现轻度的交叉中和反应。

CHV适宜在犬胎肾细胞和新生犬细胞上生长，其次在犬肺和子宫组织细胞也适宜生长，35~37℃条件下可迅速增殖，接毒后12~16h即可出现细胞病变。部分细胞核内出现着色不明显的嗜酸性包涵体。本病毒还可形成界限明显、边缘不整的小型蚀斑。CHV不能在鸡胚上增殖，在牛、猪、猴、兔肾细胞上只能微量增殖。

CHV对热抵抗力很弱，56℃经4min灭活，37℃经5h其感染滴度下降50%。对乙醚、氯仿、丙酮等脂溶剂，酸，胰蛋白酶及碱性磷酸酶等敏感，乙醚12h可使其灭活。在pH 6.5~7时较稳定，但在pH值低于4.5时，30min即失去感染力。在-70℃时保存的病毒（含10%血清的病毒悬液）只能存活数月。常用消毒剂可使病毒很快灭活。

【流行病学】

CHV宿主范围仅限于家养和野生的犬科动物，自然感染和严重致死病例通常发生在1~2周龄以内的幼犬，主要是在分娩过程中与带毒母犬阴道接触或出生后通过呼吸道与母犬接触而感染发病，1周龄以内的幼犬感染CHV后病死率可高达80%。急性发作时，外观活泼健康的幼犬，也会在1~2d内突然死亡。5周龄以上的犬或成年犬症状轻微或呈隐性感染。

病犬及带毒犬为主要传染源，特别是康复犬及隐性感染犬长期带毒或潜伏感染，是本病毒的特征。病毒存在于犬的唾液、鼻汁、尿液、阴道分泌物和精液中，因而可通过呼吸道、消化道或泌尿生殖道或间接接触传播，还可能通过胎盘感染，但母源抗体效价的高低可影响犬的临床症状。孕犬分娩前后3周，最易发生感染，也易于使幼犬同时感染。

【临床症状】

潜伏期为3~8d，早期症状为精神沉郁、厌食、食欲不振、痴呆、抑郁、软弱无力、排淡黄色或绿色稀便。随后表现为呼吸困难、腹痛、呕吐和持续嚎叫，腹下皮肤尤其下腹部皮肤（腹股沟、母犬的阴门和阴道、公犬的包皮）和口腔出现红斑，继之形成水疱，皮下水肿。幼犬最终丧失知觉，通常在发病24h内死亡；个别康复犬遗留有神经症状，如角弓反张、癫痫、运动失调、失明等。稍大的幼犬和成年犬感染后主要表现为喷嚏、干咳、流鼻涕等呼吸道症状，病程2周以上可自愈；如发生混合感染，则可引起致死性肺炎。5周龄以上的犬和成年犬呈隐性感染，偶尔表现轻微鼻炎、气管炎或阴道炎。

母犬的生殖道感染以阴道黏膜弥漫性小疱疹状病变为特征。妊娠母犬可造成流产和产弱胎，久配不孕。公犬可见阴茎和包皮病变，分泌物增多。并发或继发犬瘟热时，可引起致死性肺炎。

【病理变化】

死亡幼犬的典型病变为实质脏器表面有较多的米粒大小的灰白色坏死灶，尤以肺、肾居多；胸腔、腹腔有大量红色浆液性液体；脾肿大；多处淋巴结出血、肿大。肠黏膜特别小肠黏膜点状出血；肺水肿，呼吸道呈卡他性炎症；病理组织学检查可见在肺、肾、肝、脾、小肠和脑有弥散性局灶性的血管周围坏死，并伴有轻度的细胞浸润。上皮组织损伤、变性。在鼻上皮细胞、肝和肾坏死灶周围的细胞核内常见嗜酸性包涵体。幼犬的淋巴结和脾脏单核巨噬细胞异常增生。在怀孕母犬的胎盘和子宫中的胎儿有多发性坏死病变。受感染的大龄动物主要表现皮肤或黏膜坏死。

【诊断】

根据临床症状和剖检变化可做出初步诊断，确诊则须依靠实验室检查。

(1)病毒分离鉴定　无菌采取病死幼犬的肾、肝或肺的病变组织，按常规方法制成悬液，离心取上清液接种犬肾单层细胞培养物，置于 35~36℃培养，也可利用濒死病犬的肾做带毒细胞培养，往往更容易分离成功。感染细胞变圆脱落，蚀斑形成明显。新分离病毒可采用电镜观察、免疫荧光试验或中和试验进行鉴定。然后将分离的病毒用已知标准犬疱疹病毒免疫血清进行中和试验，即可确诊。

(2)荧光抗体技术　取犬的口腔、上呼吸道和阴道黏膜或死亡动物的肾上腺、肾、脾、肝和肺病变组织制成切片或涂片，用荧光抗体法检测特异性抗原。

(3)血清学试验　作为回顾性诊断和流行病学调查手段，中和试验及蚀斑减少试验、ELISA、补体结合试验及荧光抗体试验，均可用于本病血清抗体检测。

(4)PCR　PCR 不仅可以对病料进行检测，而且还可以证实潜伏病毒的存在。

【防控措施】

目前，针对犬疱疹病毒感染尚无疫苗可用，因此应当注重综合防治措施，加强饲养管理、定期消毒、防止与外来病犬接触。发现病犬后及时进行隔离，同时对环境进行严格的消毒，可用氯制剂、甲醛或氢氧化钠溶液消毒。据报道，采用康复犬的血清或干扰素可起到一定的防治作用，对刚出生幼犬腹腔注射康复犬血清 2mL，可防止敏感犬死亡。幼犬也可通过初乳获得母源抗体。在犬出生早期，注射免疫血清或者免疫球蛋白。在受威胁地区，对临近产仔的母犬注射干扰素，对新出生的幼犬注射免疫球蛋白或干扰素，以减少病毒的传染。

发病幼犬常来不及治疗，对有上呼吸道症状的幼犬保暖、补液和使用广谱抗生素，可缓解临床症状，促进病犬的早日康复。使用牛乳铁蛋白、聚肌胞、利巴韦林或双黄连注射液有一定的疗效。

九、猫泛白细胞减少症

猫泛白细胞减少症(feline panleukopenia，FP)又称猫瘟热(feline distemper)或猫传染性肠炎(feline infections enteritis)，是由猫泛白细胞减少症病毒引起的猫特别是幼龄猫的一种发热性、高度接触性、致死性传染病。本病以体温升高、呕吐、腹泻、白细胞减少为主要特征。此病是感染猫科动物最重要的传染病之一。

19 世纪初首次发现 FP，但感染对象只限于猫和小鼠，且病毒对感染动物的致死率不高。1928 年被欧美科学家发现。Bilin 在 1957 年、Johnson 在 1964 年分别分离出本病毒，现在本病在世界各地均有发生和分布。

【病原】

猫泛白细胞减少症病毒(*Feline panleukopenia virus*，FPV)属细小病毒科(*Parvoviridae*)原细小病毒属(*Protoparvovirus*)。病毒粒子呈二十面体对称，无囊膜，直径约 25nm，基因组为单股线状DNA，5 000bp 左右，含有 VP1 和 VP2 衣壳蛋白，其中 VP2 是主要的衣壳蛋白，它包括了所有的中和抗原位点，其基因全长为 1 755bp，编码 584 个氨基酸，VP2 基因上的几个关键碱基和氨基酸发生变化会改变其抗原特性。VP1、VP2 蛋白在病毒感染过程中起着极为重要的作用。缺失 VP1

或 VP2 蛋白的突变体均丧失了对宿主细胞的再感染性。

FPV 仅有 1 个血清型，且在形态学和抗原性方面与水貂肠炎病毒（MEV）、犬细小病毒（CPV）密切相关。限制性内切酶图谱分析，与 MEV 有 55/56 相同，与 CPV 也仅 20% 不同。已经从健康猫和有猫泛白细胞减少症症状猫中分离出犬细小病毒 2a 和 2b 株，表明 CPV 可感染猫，起源很可能来自 FPV。相反，FPV 不感染犬。CPV、FPV、MEV 均能发生血清交叉反应，但 FPV、MEV 血清对 CPV 的保护效价较低。3 种病毒的抗血清与同源病毒反应测得的 HI 效价要高出异源病毒 4 个滴度以上。MEV、FPV、CPV 对本源宿主的致病力要比对异源宿主的致病力强得多。FPV 能使水貂发病，但不能使犬发病，MEV 也不能使猫和犬发病。CPV 能使猫发病但不能使貂发病。MEV、FPV、CPV-2 均可在猫源细胞中增殖，但只有 CPV-2 可在犬源细胞中生长。

FPV 能在幼猫肾、肺、睾丸、脾、心、肾上腺、肠、骨骼和淋巴结等组织细胞中增殖，也可在 F81、CRFK、FK、NLFK 和 FLF 等猫源的传代细胞及水貂和雪貂等动物的细胞上生长增殖，但不能在鸡胚中增殖。采用传代细胞同步接毒或 40%~50% 贴壁时再接种病料的方法（最迟在 24h 内接种），这样才能使病毒良好增殖，明显提高 FPV 分离的成功率和病毒滴度。当接毒量较大时，细胞在 10~12h 后出现核仁肿大，其外周有圆晕，同时在细胞核内形成包涵体。有的时候，接毒的第一代细胞病变不明显，但盲传至第 2~3 代时，细胞出现皱缩、游离、变形和脱落等细胞病变。

FPV 表面含有血凝素（VP2 蛋白），是一种衣壳蛋白，其理化性质稳定，在 pH 2~11 之间性质不改变，在 4℃ 下可凝集猴和猪红细胞，也可凝集马和猫红细胞，但不能凝集牛、绵羊、犬、兔、豚鼠、大鼠、人 O 型、小鼠、地鼠、鸡和鹅的红细胞。

FPV 对外界因素具有很强的抵抗力。对乙醚、氯仿、胰蛋白酶、70% 乙醇、碘酊、苯酚和季胺类及 pH 3 酸性环境具有一定抵抗力。25℃ 保存 5d 的含毒脏器内，病毒滴度不降低；能耐受 56℃ 30min 加热处理；在室温条件下的组织污染物中能存活 1 年，在低温或甘油缓冲液内能长期保持感染性。但 0.5% 甲醛和 0.175% 次氯酸钠能有效杀灭病毒，紫外线也能使其失活。在室温条件下，可被漂白剂（6% 次氯酸钠）、4% 甲醛和 1% 戊二醛作用 10min 灭活。

【流行病学】

FPV 在自然条件下感染所有猫科动物。除家猫外，还可感染虎、猎豹和豹及鼬科（貂、雪貂）、浣熊科（熊狸、浣熊、长鼻浣熊）等多种动物，以体型较小的猫科动物及水貂最易感染。各种年龄的猫均可感染。1 岁以下的幼猫较易感，发病率高达 83.5%，而且全窝幼猫先后陆续发病，随年龄增长发病率降低，3 岁以上成年猫的发病率仅 2%，且常无临床症状。通过初乳获得的母源抗体对幼猫的保护期通常达 3 个月。高发病率和高死亡率发生在 3~5 月龄未接种疫苗的易感猫。常呈地方性流行。接种过疫苗的 4 周龄~12 月龄的幼猫或成年猫，则散发。

本病通过直接接触及间接接触而传播。患猫可通过各种分泌物、排泄物排毒，康复猫 6 周内仍从粪、尿排毒，污染环境、器具、饲料等，引起直接和间接传染。从肠道或粪便排出的病毒感染性最强。除水平传播外，妊娠母猫还可通过胎盘垂直传播给胎儿。传播媒介包括污染的衣服、鞋子、手套、食具、寝具及笼子。在温暖季节，可由苍蝇和其他昆虫引起传播。秋末至冬春季节多发，尤以 3 月发病率最高。因各种应激因素，可能导致急性暴发性流行，此时死亡率达 90% 以上。

【发病机理】

FPV 最适于处在有丝分裂过程中、具有旺盛增殖能力的细胞内增殖，表明 FPV 需要借助宿主细胞合成的某些物质才能进行自我复制。病毒的这种增殖特点决定了它们主要侵害的动物组织具有快速分化或迅速分裂的特点，如幼兽的肠上皮细胞及骨髓等，从而引起幼兽肠炎以及与骨髓病变有关的疾病，如白细胞减少、幼猫小脑共济失调等。

病毒的侵入途径和起始复制位点在鼻、口、咽部位，包括扁桃体和其他淋巴组织。侵染机体后，主要在猫肠黏膜上皮细胞和局部淋巴组织复制，然后通过血液循环进入其他组织和器官。病毒以病毒血症的方式扩散，18h形成毒血症，2d后全身各处均有病毒，尤其在扁桃体、咽淋巴结、胸腺和胸淋巴结居多。感染3d后，肝、脾、肠等组织病毒含量增高，感染动物一般6d内死亡。随着血清抗体的出现，病毒滴度急剧下降，14d时大多数组织已很少或无病毒。在某些组织如肾脏病毒可持续1年少量存在。

在妊娠母猫，病毒很容易感染仔猫，并通过胎盘进入胎儿体内，胚胎期幼猫的各种病发结果取决于胚胎感染病毒的时期。病毒可能扩散感染，也可能集中在中枢神经系统或骨髓。病毒侵害胎儿脑部，造成畸胎。母猫怀孕早期感染病毒，常扩散渗透，胎儿晚期和出生后早期的感染主要集中在中枢神经系统、骨髓和淋巴器官，导致淋巴和骨髓的损害。在中枢神经系统中，受影响的部位多集中在小脑、大脑、视网膜和视神经。

【临床症状】

潜伏期2~9d，根据临床症状可以分为最急性型、急性型、亚急性型和隐性型4个类型。

(1)最急性型　通常只有轻微的或没有先兆性症状。很多猫不出现任何症状，突然死亡，往往误认为中毒。在疾病晚期，还有败血性休克、低温和昏睡。

(2)急性型　几个月的幼猫多呈急性发病，体温升高40℃以上，沉郁，厌食，通常要经过3~4d才出现症状。大多数猫常伴有呕吐，呕吐物常有胆汁气味并与所吃食物不相关。极度的脱水，有时表现为猫蜷缩着身子在盛水的碟子旁。通常是在整个病程中可能发生并发症，常表现为口腔溃疡、出血性腹泻或黄疸。

(3)亚急性型　6个月以上的猫大多呈亚急性，病猫发病后很快出现委顿、首先发热至40℃左右，24h后下降到常温，2~3d后体温可再度升高到40℃以上，呈现双相热。发热的同时白细胞明显减少(2 000~5 000个/mm³)。病猫精神不振，被毛粗乱，厌食，口腔、眼、鼻流出黏性分泌物，顽固性呕吐，呕吐物中含有胆汁呈黄绿色。触摸腹部有腹痛感、腹泻，粪便黏稠样，后期带血，严重脱水，贫血。第2次发病时发热症状加剧，高度沉郁、衰弱、伏卧、头搁于前肢。体温升高至高峰时，白细胞数量轻微减少，但淋巴细胞和中性粒细胞明显减少。出现临床症状后，幼猫2~3d内死亡，病死率高达90%以上。

妊娠母猫早期感染FPV，可造成不孕，胚胎吸收，流产、死胎、木乃伊胎。妊娠晚期感染导致早产或产小脑发育不全的畸形胎儿，出生时伴有共济失调，行走摇摆，步态不稳，表现不协调，阵发性痉挛。视网膜发育异常，会出现单目或双目失明。

(4)隐性型　缺乏明显的临床症状。

【病理变化】

以出血性肠炎为特征。消化道有明显的扩张、水肿，肠袢变得坚硬而且浆膜面有淤血和出血斑。整个小肠肠壁及黏膜面均有程度不同的充血、出血、水肿，严重的呈伪膜性炎症变化，肠腔内有血样粪便，水样、恶臭。其中，空肠和回肠的病变尤为突出。肠系膜淋巴结肿大，出血、坏死，色泽鲜红或暗红或呈红、灰、白等多色相间，大理石样。肝肿大呈红褐色，胆囊充盈黏稠的胆汁。脾肿大、出血。肺充血、出血、水肿。长骨骨髓变成液状或胶冻状，有一定诊断意义。

水貂病理变化类似，主要在小肠，呈急性卡他性出血性肠炎，肠系膜淋巴结肿胀。

组织学检查主要为肠黏膜和肠上皮细胞变性，有时在变性细胞中可见核内包涵体。最严重的组织学损伤发生在空肠和回肠。最突出的损伤发生在小肠黏膜下淋巴滤泡周围。隐窝细胞坏死继发绒毛变短。出生前已感染的猫出现小脑积水和脑水肿。

【诊断】

根据流行病学、临床症状、病理变化可以做出初步诊断。确诊还需做以下诊断：

（1）血液学检查　在第2次发热后白细胞数迅速减少，由正常时15 000~20 000个/mm³降至5 000个/mm³以下，且以淋巴细胞和中性粒细胞减少为主，严重者血液涂片中很难找到白细胞，故称猫泛白细胞减少症。白细胞数降至5 000个/mm³以下时表示重症，2 000个/mm³以下时往往预后不良。白细胞减少症的严重程度通常与临床表现相一致。因此，根据血液白细胞减少程度可以判定疾病的严重程度，有助于做出正确的诊断和预后。

（2）血清学诊断　血清中和试验和HI试验最常用。病初和相隔2周后的双份血清，抗体效价升高4倍预示急性感染。HI用1%猪红细胞，在4℃，pH值为6.5~6.8，血清需灭活。如用标准FPV阳性血清做HI试验，也可对细胞培养物中的病毒进行鉴定。也可应用ELISA检测粪便中或消化道内容物中的病毒。

（3）病毒分离　急性病例宜采取患病动物血液、内脏器官及其排泄物；病死动物则取其脾、小肠和胸腺，接种于猫肾原代或继代细胞（如F81细胞）。用含10%胎牛血清的DMEM生长液培养好后，经消化传代并同步接种已处理的病料样品，5%二氧化碳、37℃静置培养3~5d，每天观察有无细胞病变和核内包涵体。用免疫荧光试验对接毒的细胞培养物（患病动物组织脏器的冰冻切片）进行检查，也可用已知标准毒株的免疫血清进行病毒中和试验。如无细胞病变，按常规盲传5代。

（4）免疫电镜技术　对病猫粪便进行免疫电镜检查，以检出病毒抗原。因健康猫粪便也带毒，仅用电镜不准确。直接荧光抗体试验可用于细胞增殖病毒的检测以及感染后2d的猫组织（通常为消化道组织）的检测。

（5）动物感染试验　选取未接种疫苗的幼猫或猫泛白细胞减少症抗体阴性的实验猫，接种所分离的细胞培养物，口、鼻或肌肉注射方式接种（3mL），隔离饲养观察14d，每天观察试验猫的临床变化，每3天进行1次白细胞记数，自接种后4d开始收集粪便，进行FPV的HA/HI和PCR检测。一般在接种后3~4d可引起接种猫出现FPV感染的临床症状，表现为厌食、呕吐和腹泻。可根据临床症状、病理组织学和血液检查做出判断，因FPV感染后往往伴有排毒现象，所以排泄物中也可检测到病毒的存在。如无眼观临床症状、白细胞数正常、粪便PCR检测阴性，则视为试验猫未被感染。

（6）分子生物学鉴定　可以用PCR方法直接对样品中病毒DNA进行检测。利用细小病毒通用引物和FPV特异性引物，以组织培养物的上清或病毒感染细胞中的FPV总DNA为模板，对样品进行PCR扩增。对于分泌物、排泄物等非均质性样品，尤其是粪样中含有较多的PCR反应抑制剂，因此反应前需要对样品进行预处理，如去污剂处理、酚抽提或层析等。粪便样品经苯酚和氯仿抽提，高温煮沸破坏DNA聚合酶抑制剂后，可以获得比较好的扩增效果。

【防控措施】

平时应做好猫舍卫生，对于新引进的猫，必须经免疫接种并观察30d后，方可混群饲养。一旦发生病情，应及时采取综合性防疫措施，淘汰处理病死猫，及时隔离病猫，对猫舍、笼子、食盘、用具、地板及污染的环境等用3%氢氧化钠或10%~20%漂白粉进行彻底清洁和消毒。

接种疫苗是预防本病发生的主要措施。应用猫细小病毒弱毒或灭活疫苗定期注射，可取得良好免疫效果。灭活疫苗安全，可用于妊娠猫及小于4周龄的幼猫。弱毒疫苗尤其适合于养过感染猫的棚舍及疾病暴发时，此时可采用鼻内或气雾法进行免疫。一般情况下，初免在8~9周龄进行免疫，间隔2~4周后，用灭活疫苗免疫两次或弱毒疫苗免疫至少1次，才能获较强的免疫力。对于大于4周龄的猫可以先用灭活疫苗免疫1次，间隔2~4周用弱毒疫苗免疫。最后1次免疫在12~14周龄完成较好，此时母源抗体水平较低。二免1周后即可产生较强的免疫力，可持续半年，之后每年免疫2次。自然感染耐过猫可获得长久的免疫力。新生仔猫可从母乳得到中和抗体，在20d内有良好的免疫力。对于那些受威胁区的未吃初乳的易感猫，可给予同源性的猫抗病毒血清，推荐剂量为每只猫2mL，皮内注射或腹腔注射。随后以2~3周间隔注射2次灭活苗，再使用弱毒疫苗。

(1)特异性疗法　在猫发病的早、中期，给病猫颈侧部皮下注射抗猫细小病毒高免血清，1~2mL/kg，每日1次，视病情好转情况连续注射3~5d。

(2)综合治疗　采用抗病毒、抗菌消炎、抑制消化腺分泌、止呕止泻、支持疗法等综合性治疗措施。补液时可给予抗生素或磺胺类药物，防止继发性感染。补液原则是以补盐为主、补糖为辅，并按照情况适量添加维生素C、葡萄糖酸钙和能量合剂。在病程中、后期补液时应加入适量的氯化钾、葡萄糖酸钙、地塞米松、ATP、维生素C。恢复期补液则多加高糖、维生素C、氯化钾，并佐以肝泰乐、肌苷和维生素B_{12}，以利于肝功能的恢复和红细胞的生成。

从治疗的第3天起，给病猫加喂复合维生素B片、维生素C片及酵母片等，连喂4d，调整和健全胃肠功能，恢复食欲。呕吐时，可注射灭吐灵止呕。不呕吐时，可以在进食前给予地西泮（总量2.5mg，分数次给予）。当出现血小板减少症以及严重血凝不良时，可配合肝素治疗（每8小时50~100 U/kg）；在猫严重贫血，低血压或低蛋白血症时，可采用输入血浆或全血的疗法。

(3)对病猫的护理　加强护理，改善饲养管理条件，把病猫隔离安置于干燥通风和安静的环境中，减少外界因素的干扰，让其充分休息。发病初期应禁食，用加入混有适量食盐、葡萄糖、复合维生素的清水，让病猫自由饮服，连用5d。有食欲时，给予少量易消化无刺激性的流质食物，做到少食多餐。通过加强护理，可减少消耗，提高抗病力，有助于促进康复。

十、猫白血病

猫白血病(Feline leukemia)是由猫白血病病毒和猫肉瘤病毒引起的一种恶性淋巴瘤传染病，又称猫白血病肉瘤复合症。一类是白血病，以淋巴瘤、成红细胞性或成髓细胞性白血病为主要特征；另一类主要是免疫缺陷疾病，胸腺萎缩，以淋巴细胞和中性粒细胞减少及骨髓红细胞发育障碍性贫血为主要特征。后者与前者的细胞异常增殖相反，主要是以细胞损害和细胞发育障碍为主；结果使免疫反应低下，易继发感染。近年来已将其与猫免疫缺陷病毒(FIV)引起的疾病均称为猫获得性免疫缺陷综合征，即猫艾滋病(FAIDS)。

本病于1964年由Jarrett等在美国首先报告。目前，世界很多国家都有本病发生，是猫的重要传染病之一。

【病原】

猫白血病病毒(*Feline leukemia virus*，FeLV)属反转录病毒科(*Retroviridae*)正反转录病毒亚科(*Orthoretrovirinae*)丙型反转录病毒属(*Gammaretrovirus*)，为有囊膜的单链RNA病毒。含有反转录酶，类核体被衣壳包围，最外层为囊膜，其上有许多由糖蛋白构成的纤突。根据病毒与细胞表面受体特异性，可将FeLV分为FeLV-A、FeLV-B、FeLV-C 3个亚型。

FeLV可在猫、人、犬、猪和牛源细胞上增殖，其宿主范围与亚群有关，决定于FeLV的囊膜抗原及细胞表面的受体。FeLV-A仅能在猫源细胞上增殖，FeLV-B的宿主范围最广，在人源细胞上比在猫源细胞上更易增殖。

FeLV对紫外线有一定抵抗力，对脱氧胆酸盐和乙醚敏感，在潮湿的室温下，病毒能存活数天。pH 4.5以下和56℃ 30min能灭活病毒，0.5%酚和1/4 000的甲醛等常用消毒剂及酸性环境（pH 4.5以下）、加热、干燥等能使之灭活。

【流行病学】

本病毒可感染不同性别、品种的猫，小于4月龄幼猫较成年猫更为易感，多产生持续性感染，大于6月龄猫仅有15%出现持续性感染。感染猫（包括潜伏感染猫）的唾液中含有大量病毒，通过唾液和尿液向外界排毒。病毒主要经呼吸道和消化道传播，污染的饲料、饮水和用具等也能传播病毒。当猫争斗时咬伤、舔食、洗浴或共用食具等都可传染。也可垂直传播。妊娠母猫可经子宫感染胎儿，母猫所产猫崽均可感染，尤其是经舔毛或乳汁传播。此外，由于病毒存在于全身组织、体液和分泌物，故吸血昆虫（如猫、蚤等）也可作为传播媒介。还可通过医源性传播，如针头、器械、废弃物及输血等。20世纪70年代美国和欧洲的血清学调查结果显示，本病主要在混群的猫群中流行，相互传染的危险性较高，约28%混群健康猫为阳性，未混群饲养猫、丧家猫及圈养猫的感染率相对较低。猫的唾液中含有大量病毒。

【临床症状】

与FeLV相关的肿瘤性疾病包括以下几种：

(1)消化道淋巴瘤 也称为腹型。主要以肠道淋巴组织或肠系膜淋巴结出现细胞性淋巴瘤为特征，腹部可摸到肿瘤块，临床上表现食欲减退、贫血、消瘦、嗜睡、有时呕吐或腹泻、黄疸、紫斑等症状。此型较多见，约占全部病例的30%。

(2)胸腺淋巴瘤 也称为胸型。在腹前两侧可摸到肿块，在胸腔纵膈淋巴结和胸腺形成肿瘤。由于肿瘤形成和胸水增多，引起呼吸和吞咽困难，常使病猫发生恶心、虚脱。该型常发生于青年猫。

(3)多发性淋巴瘤 也称为弥散型。发热，全身多处淋巴结肿大，常可用手触摸到体表肿大的淋巴结，有时肝部可摸到肿块。临床上表现精神沉郁、消瘦等症状。此型病例约占20%。

(4)淋巴白血病 这种类型常具有典型症状，初期表现为骨髓细胞的异常增生。脾脏肿大，肝常肿大，淋巴结轻度至中度肿胀。临床上出现间歇热，食欲下降，机体消瘦，黏膜苍白，黏膜和皮肤上出现出血点，血液学检查可见贫血、粒细胞和血小板减少，白细胞总数增多。

(5)骨髓肿瘤 初期骨髓细胞增生，肝、脾、淋巴结肿大，病猫表现为间歇热，少食，贫血消瘦，血液学检查白细胞总数增多，大量异常的白细胞。其他常发的肿瘤见于肾、脊索、眼等处。

FeLV感染可引起的免疫抑制，表现为非再生性贫血、胸腺萎缩，类似泛白细胞减少症。

【病理变化】

随肿瘤部位不同而不同。消化道淋巴瘤时，在肠系膜淋巴结、淋巴集结及胃肠道壁上见有淋巴瘤，有时在肝、脾、肾等实质脏器有浸润。胸腺淋巴瘤：胸腔有大量积液，整个胸腺组织被肿瘤组织代替。多发性淋巴瘤：肝、脾时常肿大，全身淋巴结也肿大。淋巴白血病：可见肝、脾明显肿大，淋巴结和骨髓增大。组织学检查，消化道淋巴瘤主要为B细胞瘤，胸腺淋巴瘤和多发性淋巴瘤主要为T细胞瘤。

【诊断】

(1)临床诊断 根据临床症状和病变可做出初步诊断，如发热、呼吸困难、嗜眠、食欲不振、齿龈炎、胃炎、非愈合性脓肿等。若病猫持续性腹泻，胸腺出现病理性萎缩，血液及淋巴组织中淋巴细胞减少，经淋巴细胞转化试验证明其细胞免疫功能降低即可怀疑本病。

（2）实验室诊断　血液学检查表现非再生性贫血，高氮血症，肝酶活性增加。确诊需进行血清学和病毒学检验。

①FeLV分离：可采用病猫淋巴组织或血液淋巴细胞与猫的淋巴细胞系或成纤维细胞系共同培养的方法进行。随后检测培养液中逆转录酶的活性，电镜观察病毒粒子的形态结构，并采用免疫学方法进一步鉴定。

②血清学试验：可采用 ELISA、免疫荧光试验、中和试验、放射免疫测定法等方法检测病猫组织、体液中 FeLV　p27 抗原及血清中的抗体水平，对 FeLV 进行诊断和分型。免疫荧光试验和病毒分离的符合率很高（均达 97% 以上），表明敏感性和特异性好。对潜伏性感染可以用 PCR检测。

【防控措施】

本病重在预防，一方面，要加强检疫、隔离和淘汰，培养无白血病的健康猫群，加强饲养管理，做好环境卫生。用免疫荧光试验进行全群检疫，剔除阳性猫，每隔 3 个月检疫 1 次，直至连续 2 次均为阴性，则视为健康群。另一方面，还可使用细胞培养灭活疫苗进行免疫。

可通过血清学疗法治疗猫白血病毒和猫肉瘤病毒引起的肿瘤，但患猫在治疗期及外表症状消失后仍具有散毒危险。对淋巴瘤病例采用大剂量注射正常猫的全血或血清，可使患猫的淋巴肉瘤完全消退；小剂量输注含有高滴度肿瘤相关细胞膜抗原（feline onconavirus associated cell membrane antigen，FOCMA）抗体的血清，治疗效果也不错；采用免疫吸收疗法，即将感染淋巴肉瘤猫的血液通过金黄色葡萄球菌 A 蛋白柱，除去免疫复合物，消除与抗体结合的病毒和病毒抗原，经此治疗后，患猫淋巴肉瘤完全消退。利用放射性疗法可抑制胸腺淋巴肉瘤的生长，对于全身性淋巴肉瘤也具有一定疗效。可联合应用环磷酰胺、长春新碱、泼尼松龙、阿霉素、多柔比星等药物，同时，病情严重的猫可进行对症治疗，呕吐下痢导致脱水的进行补液，同时，还可用苯海拉明、次硝酸铋、鞣酸蛋白、活性炭等止吐、止痢；贫血者可使用硫酸亚铁、维生素 B_{12}、叶酸等治疗。疗效取决于多种因素，一般可经 6~9 个月得以恢复。

十一、猫艾滋病

猫免疫缺陷病（feline immunodeficiency disease，FID）是由猫免疫缺陷病毒感染引起的慢性病毒性传染病，以严重的牙龈炎、口腔炎、鼻炎、腹泻及神经系统紊乱以及容易继发感染为特征。由于 FIV 主要在 CD_4^+ 辅助性 T 细胞内增殖并杀伤该细胞，导致其数量逐渐降低，最初又称为猫嗜 T 淋巴细胞病毒（feline T cell lymphotropic virus）。本病发病机理和临床症状与艾滋病相似，故又称猫艾滋病（feline acquired immune deficiency syndrome，FAIDS）。

【病原】

猫免疫缺陷病毒（*Feline immunodeficiency virus*，FIV）属于反转录病毒科（*Retroviridae*）慢病毒属（*Lentivines*）的成员。本病毒基因组为单股 RNA，长度 9.4~9.5 kb。病毒粒子由囊膜、衣壳和核心组成，内含反转录酶。FIV 的反转录酶具有 Mg^{2+} 依赖性，与具有 Mn^{2+} 依赖性 FeLV 反转录酶不同。在细胞膜上呈半月状，以出芽的方式成熟和释放，在细胞外的成熟病毒粒子呈圆形或椭圆形，直径为 105~125nm，具有很短的囊膜纤突。除结构基因 *gag*、*pol*、*env* 外，还有 6 个开放阅读框，都与病毒基因的表达和复制有关。

FIV 最适合在猫源细胞中复制，如原代的外周血液中的单核细胞（淋巴细胞和单核细胞）、胸腺细胞、脾细胞，组织中的巨噬细胞和脑组织中的星形胶质细胞。此外，还可在猫肾细胞系（CRFK）、猫 T 淋巴母细胞系（如 LSA1 和 FL74 细胞）上生长增殖。感染后，外周血液中的单核细胞出现泡沫样或气球样病变，星形胶质细胞出现合胞体和细胞坏死，巨噬细胞不产生细胞病变。FIV 不感染鼠、犬和人的原代淋巴细胞。自然感染患猫的血清中存在 gp130、gp40、p50、p24、p15 的抗体，人工感染 FIV 的患猫，约 4 周后产生 p24 抗体，随后产生 p15、p50 和 gp40 抗体。

病毒对理化因素抵抗力不强，但对紫外线有很强抵抗力。对热、脂溶剂（如氯仿）、去污剂、酒精和甲醛敏感。

【流行病学】

猫免疫缺陷病是猫最常见的传染病之一，呈世界性流行，世界各地健康猫群的 FIV 感染率略有差异，通常为 1%～15%。成年猫的感染率较高，以 5～19 岁猫最高。不同性别和不同饲养方式的猫 FIV 感染率也有所不同，其中公猫的感染率比母猫高 2 倍多，群养家猫高于单养家猫，流浪猫和野猫明显高于家养猫，而做过绝育手术的猫感染率较低。FIV 可以感染很多其他猫科动物，但它们都只是携带病毒，并不表现临床症状，只有猫才表现出临床症状。

FIV 主要通过唾液和血液传播，其次是通过啃咬和打斗的伤口。人工诱发的咬伤可以传播，妊娠猫通过子宫，母子间还可通过初乳、唾液传播，也能通过精液传播 FIV。通过静脉、皮下、肌肉和腹腔内接种等途径易于传播，还能通过口腔、直肠、阴道感染。在自然环境下先天性感染和新生感染不可低估。

【临床症状】

FIV 人工感染猫 21～28d 后，可从患猫血液中分离到 FIV，30～60d 后呈现淋巴结肿，口腔黏膜、齿龈发红，腹泻等症状。自然感染的猫潜伏期长短因猫个体而异。发病后其主要症状可分为急性期、无症状期和慢性期。

（1）急性期 即病的初期，呈现不明原因的发烧、精神不振、全身不适、淋巴结肿胀、腹泻、贫血和中性粒细胞减少等症状。约半数以上的患猫表现慢性口腔炎、齿龈红肿、口臭、流涎，严重者因疼痛而不能进食。约 1/4 的猫出现慢性鼻炎和蓄脓症。患猫常打喷嚏，流鼻涕；长年不愈，鼻腔内贮有大量脓样鼻液，约 10% 猫主要症状为慢性腹泻，个别猫（约 5%）出现神经紊乱症状。在 FIV 阳性猫，前眼色素层炎、青光眼及睫状体炎、视网膜变性和内视网膜出血。也有的发生肾病、皮炎和呼吸道病。

（2）无症状期 急性期症状消退之后，多数患猫进入无症状感染状态，但仍常见轻微的淋巴结肿胀，并很容易从血液和唾液中分离到 FIV。无症状期持续的时间与环境、营养、免疫学和遗传因素等有关，一般为 7 个月左右，转入慢性期。

（3）慢性期 即发病的后期，大多数患猫呈现贫血、消瘦、体重下降和泛白细胞减少症状，口腔炎症、上呼吸道炎症、胃肠道和泌尿道炎症，有的患猫发生淋巴肉瘤和呈现神经症状等。此外，患猫常引起弓形体、血巴尔通尼体、附红细胞体、隐球菌、蠕形螨和耳螨的混合感染，有的患猫因免疫力下降，对病原微生物的抵抗力减弱，体质极度衰竭，稍有外伤和继发感染就会导致菌血症而死亡。患 FAIDS 的猫自发病到死亡时间多为 2～3 年，尚未发现病后数月内发生死亡的。

【病理变化】

主要有如下各系统的病变：①消化系统：口腔黏膜红肿、溃疡，结肠可见亚急性溃疡病灶或肉芽肿，盲肠和小肠特别是空肠可见卡他性炎症。②上呼吸道炎症：鼻黏膜淤血，鼻腔蓄积脓样分泌物。③淋巴结肿大，可见滤泡增生。④脾脏红髓、肝窦、肺泡、肾脏和脑组织可见大量未成熟的单核细胞浸润。⑤患猫的脑部常见有神经胶质瘤和神经胶质结节病变。

【诊断】

猫感染 FIV 后，潜伏期很长，即使出现临床症状，也是与其他病原共同作用的结果。根据流行病学特征、临床症状、病理变化可做出初步诊断，确诊主要靠病毒分离和抗体检测。

(1)病毒分离培养 是确诊本病的最佳方法，将猫外周血淋巴细胞以刀豆蛋白 A(5μg/mL)刺激后培养于含人白介素-2(100U/mL)的 RPMI 培养液中，然后加入被检患猫血液样品制备的血沉棕黄色层，37℃培养，14d 后细胞出现病变，取有细胞病变培养物电镜观察，免疫印迹分析。因检测周期长，此法不能作为常规检测，还有些感染猫血液中缺乏病毒性抗原。

(2)血清学方法 以免疫荧光法、免疫印迹法常用，可同时检查几种病毒蛋白抗体，因而是较为特异的检测抗体方法。ELISA 检测法特异性目前已经得到很大改进，应用较多。多数猫在感染 FIV 60d 后，血清中可检测出 FIV 抗体，但有些猫产生抗体需要的时间更长。

(3)PCR 检测 可作为 FIV 的定性检测方法，但 PCR 检测偶尔也会出现假阳性的结果。

(4)血液学和生化检验 有一定参考意义，包括检测是否出现持续性白细胞减少(特别是淋巴细胞和中性粒细胞减少)、血液中 γ 球蛋白增多，总血浆和血清蛋白增加，贫血及血小板减少，血清球蛋白、葡萄糖、甘油三酯、尿素和肌酸浓度增加，血清胆固醇减少，全血凝固时间明显延长等症状。还可用流式细胞仪计数分析外周血淋巴细胞 CD_4^+/CD_8^+ 比例和 CD_4^+ 细胞计数，可作为诊断和判断预后的辅助方法。

【防控措施】

控制猫免疫缺陷病传播，最有效的方法是隔离感染 FIV 的患猫。减少健康猫在室外的时间，可以有效地防止 FIV 的传播。引进猫应进行 FIV 感染检测，并在条件允许时，隔离饲养 6～8 周后，检测是否存在 FIV 抗体，只有 FIV 抗体阴性猫才可领养。保持猫舍和饮食器具清洁，加强消毒，对雄猫实行阉割去势术。病(死)猫要集中处理或焚烧，彻底消毒，以消灭传染源。

目前，国外已经研制出多种 FIV 疫苗，包括灭活疫苗、弱毒疫苗、DNA 载体疫苗、亚单位疫苗和合成肽疫苗等。但猫接种某些灭活疫苗或弱毒疫苗后，仅能抵抗 FIV 同源毒株感染，对异源毒株无效。2002 年，在美国第一次出现了 FIV 的商业疫苗。该疫苗是一种传统的无标记的全病毒疫苗(包括 A 和 D 2 个亚型)，可以很好地预防异源毒株。

尽管 FIV 是一种致命性的病毒，但是对感染的猫进行恰当的治疗可延长患猫的生命。经反转录酶抑制剂叠氮胸苷(AZT)5mg/kg 治疗后，FIV 感染猫的一般临床症状(如胃炎、眼色素层炎及腹泻等)会明显改善。但在使用 AZT 时，应监测机体是否出现贫血、血细胞减少和肝中毒等症状，并根据需要调整剂量。Pedretti E 等试验证明，给感染 FIV 的猫口服小剂量 α-干扰素(每天 10IU/kg)，可以明显延长 FIV 患猫的生命，改善其机体功能，并且很少产生副作用；它可有效防止 CD_4^+T 淋巴细胞在机体中数量的减少，使 CD_8^+T 淋巴细胞数量增加减慢。Craig 等试验证明给感染 FIV 的猫服抗氧化剂——超氧化物歧化酶可以使 CD_4^+/CD_8^+ 细胞比例显著增加，说明抗氧化药物对治疗本病也有一定作用。

十二、猫传染性腹膜炎

猫传染性腹膜炎(feline infectious peritonitis，FIP)是由猫传染性腹膜炎病毒引起的猫科动物的一种慢性进行性致死性传染病。本病是由不恰当的免疫应答介导的，其中 IgG 在发病过程中起着重要的作用。感染本病时主要以腹膜炎、大量腹水聚集(渗出型)或各种脏器出现肉芽肿病变(肉芽肿型)为临床特征。

【病原】

猫传染性腹膜炎病毒（*Feline infectious peritonitis virus*，FIPV）属于冠状病毒科（*Coronaviridae*）甲型冠状病毒属（*Alphacoronavius*）。猫冠状病毒（*feline coronavirus*，FCoV）分为两个生物型，即猫传染性腹膜炎病毒（FIPV）和猫肠道冠状病毒（FECV），FECV 和 FIPV 在形态学和抗原性上相同，仅在生物型方面有所区别。

FECV 在肠上皮细胞中复制，一般只引起自愈性轻微肠炎，而 FIPV 可引起传染性腹膜炎。就遗传背景的相关度而言，来源于同一群体猫的 FIPV 和 FECV 的相关度比分离自不同区域的更加密切。这表明 FIPV 可能是 FECV 的一个突变株，FECV 突变为 FIPV 后，FIPV 可以在巨噬细胞内复制，导致其可以脱离肠道引起传染性腹膜炎。

FIPV 核酸成分中含 RNA 单链，能在活体内连续传代增殖，也可在猫肺细胞、腹水细胞中培养。FCoV 对外界环境的抵抗力差，一般消毒药物均能使其灭活。对氯仿敏感，但对 5-碘苷、酚、低温和酸有较强的耐受性，在干燥物体表面可保持 7 周以上的感染力。

【流行病学】

不同年龄的猫对此病均可感染，但以 6 个月龄至 2 岁龄的幼猫和老猫发病率较高，尤其好发于群聚饲养的猫群。纯种猫发病率高于一般家猫。本病以消化道感染为主，健康猫接触患猫、污染的食物和饮水或患猫的粪便都有可能感染。试验证实，带毒猫主要通过粪便散播病毒，这主要是由于肠道是 FCoV 持续感染和复制的主要部位。此外，感染猫的唾液、尿液和鼻汁都可以排毒，同时 FIPV 也可经媒介昆虫传播和垂直传播。怀孕、断奶、移入新环境等应激条件，以及感染猫的自身疾病和猫免疫缺陷病等都是促使 FIP 发病的重要因素。本病呈地方流行性，发病率一般较低，但一旦感染，致死率几乎为 100%。

【临床症状】

潜伏期长短不一，从数月至数年不等。病程可能是突发性（幼猫较常发生）或缓慢且持续数周。初期症状不明显，出现食欲减退、精神差、体重下降、持续发热（39.8～40.6℃，黄昏时较高，入夜后会慢慢下降）。后期症状会明显分成干、湿两型：

（1）湿型　病猫体重减轻，衰弱，食欲减退。在持续 1～6 周后，胸腹腔有高蛋白的渗出液，可见腹部膨大。依胸腹水多少而出现从无症状到气喘或呼吸困难，此时，易被误认为是妊娠。体温升高，持续在 41.1℃，白细胞增多。病程可延续 2 周到 2 个月，当腹水大最积聚时（有时达 2 000mL），患猫很快死亡。雄猫可能会阴囊肿大，也可能出现呕吐或下痢，重者重度贫血。

（2）干型　该型病例主要侵害眼、中枢神经、肾和肝脏，几乎不伴有腹水。眼的病变为角膜水肿、眼房出血、角膜混浊、眼前房蓄脓、缩瞳、视力障碍、渗出性视网膜炎乃至视网膜剥脱等症状，患病初期多可见火焰状网膜出血。中枢神经症状为后躯运动障碍、运动失调、背部感觉过敏、痉挛、性情异常。临床上罹患本病的猫死亡率达 95%，但仍有一些身体状况较好的患猫借助药物治疗而痊愈。

【病理变化】

（1）湿型　腹水透明无色或呈麦秆色，有时呈卵白状，与空气接触易凝固。腹膜呈混浊的颗粒状，覆以纤维蛋白样的液体。同样在肝、脾、肾的表面也附着有颗粒状纤维蛋白。肝表面有直径 1～3mm 的坏死灶，切面可见坏死灶深入肝实质内。有的伴有胸水。

（2）干型　主要侵害眼、中枢神经系统，不伴有胸水和腹水。剖检可见脑水肿的病变，肾脏凹凸不平、有肉芽肿样病变，肝脏也有坏死灶，肝、肾、脾、肺脏、网膜及淋巴结出现结节病变。

【诊断】

根据流行病学特征、临床症状、病理变化和实验室检验可做出初步诊断，感染 FIPV 后，血清中的时相蛋白（结合珠蛋白、血清淀粉样物质 A、α-酸性糖蛋白、IgG、IgM）浓度升高。湿型 FIP 出现典型的胸腔和腹腔积液，积液呈淡黄色、黏稠、蛋白含量高，摇晃时易出现泡沫，静置可发生凝固，含有中等量的巨噬细胞和中性粒细胞等炎性细胞。具有中枢神经系统和眼部病变的患猫，在脑脊髓液和眼房液中，蛋白含量升高。确诊则必须依靠血清学检验和病毒分离。Danielle 等用 RT-PCR 检测 FCoV 基因组发现，能否检测到病毒和血清是否呈阳性与猫的健康状态无关，说明应用此种方法诊断具有不唯一性，只能作为 FIPV 诊断的辅助手段。

【防控措施】

到目前为止，无有效防控本病的疫苗，使用常规疫苗和重组疫苗效果不佳，其主要原因是 FIPV 感染具有抗体依赖性增强现象，即在 FIP 患猫体内，抗体与病毒结合后，可通过与巨噬细胞上的 Fc 受体结合，促进病毒被摄入巨噬细胞；同时激活补体系统，血液凝集细胞因子释放，从而导致腹膜炎及体液渗出。

近来发现，由血清Ⅱ型 DF2 株制备的温度敏感突变株，通过鼻内接种，能诱导很强的局部黏膜免疫和细胞免疫，并且不诱导抗体依赖性增强。对预防本病的发生有一定的效果，建议 4 月龄以上的猫应用。同时，应消灭吸血昆虫（如虱、蚊、蝇等）及老鼠，防止病毒传播。患猫和带毒猫是本病传染源，健康猫应避免与之接触。并做好环境消毒和清洁，降低环境中粪便及其他污染物感染的机会。

防治目前本病还没有切实可靠的治疗方法，只能采用支持疗法，应用具有抑制免疫和抗炎作用的药物，如联合应用猫干扰素和糖皮质激素，并给予补充性的输液以矫正脱水，使用抗生素防止继发感染同时使用抗病毒药物，胸腔穿刺以缓解呼吸道症状，但这些治疗方式只能延长患猫的生命，不能治愈本病，对 6 岁龄以上的猫效果明显，而一旦出现典型症状后，大多预后不良。

十三、猫呼肠孤病毒感染

猫呼肠孤病毒感染（feline infectious peritonitis）是由哺乳动物呼肠孤病毒引起的，主要以鼻炎、结膜炎和咽炎等上呼吸道症状为特征的传染病。

【病原】

哺乳动物呼肠孤病毒（*Mammalian orthoreovirus*，MRV）属呼肠孤病毒科（*Reoviridae*）正呼肠孤病毒属（*Orthoreovirus*）。病毒粒子 75～80nm，核心直径 52nm 左右，近似球形，有双层衣壳，呈正二十面体对称，无囊膜，电子显微镜下很容易看到病毒粒子表面的壳粒。其基因组是由 10 条双链 RNA 组成，10 个基因节段编码 11 种蛋白，其中 8 种结构蛋白，3 种非结构蛋白。呼肠孤病毒的宿主范围非常广泛，几乎所有哺乳动物的体内均能检测出 MRV 的抗体，MRV 可引起动物严重呼吸窘迫综合征和肺纤维化。

呼肠孤病毒可在许多种类的培养细胞中增殖，包括原代猴肾细胞、KB 细胞、HeLa 细胞、人羊膜细胞以及 L 细胞等，并于 7～14d 内产生细胞病变，主要在感染细胞内形成嗜伊红性胞质内包涵体。这些包涵体特征性地形成于细胞核附近的胞质内，并在感染过程中散布于整个胞质内。电镜镜检，可在包涵体内看到完全和不完全的病毒粒子。这些病毒粒子经常呈结晶状排列，并常连结于胞质内的梭形微管上。感染细胞最后崩解，病毒被释放于细胞外。不同于禽呼肠孤病毒，哺乳动物呼肠孤病毒虽可在鸡胚内增殖，但不呈现规律性。来源于人的呼肠孤病毒株通常不能在鸡胚卵黄囊内增殖。呼肠孤病毒在 L 细胞内的增殖过程已被充分研究，在 37℃条件下，接种入 L 细胞的病毒可在 30min 内吸附 65%。病毒借细胞吞饮作用侵入细胞，吞饮泡与溶酶体融合而形成吞噬体，电镜观察，常可在这种吞噬体内见到完整的病毒粒子。

哺乳动物的呼肠孤病毒有一个补体结合性抗原，应用血清中和试验和血凝抑制试验，则可将其区分为 1 型、2 型和 3 型 3 个不同的血清型。猫呼肠孤病毒分离率最高的是 3 型，人工感染可致温和的呼吸道症状。1 型是从猫的肿瘤细胞中分离得到的。

本病病原对热、胰凝乳蛋白酶、二甲基亚砜（DMSO）和十二烷基硫酸钠（SDS）有很强抵抗力。对 pH 3.0 的酸性环境有一定的抵抗力，对去氧胆酸盐、乙醚、氯仿、1%过氧化氢、3%甲醛、5%来苏儿和 1%苯酚有抵抗力。过碘酸盐可迅速杀死本病毒。

【流行病学】

本病的宿主范围非常广泛，可从人类、新生小鼠、猩猩、猴、牛、马、犬、猫和禽类等分离获得，雪貂和水貂呼肠孤病毒也有报道，并在许多动物的血清中检测到 3 个血清型抗体。哺乳动物呼肠孤病毒多不引起明显症状，特别是对成年动物。在动物的某些呼吸道及消化道疾病的发生中可能呈一定的辅助和促进作用。

本病能在易感猫之间迅速传播，主要通过呼吸道、消化道等途径进行传播，具有一定的季节性，冬、春季的发病率和死亡率较高。

【临床症状】

潜伏期 4~19d，病程 1~26d。接种病毒后的动物会出现流泪、怕光、结膜炎、齿龈炎以及精神不振等症状。是否与其他病毒混合感染才会出现呼吸系统症状尚不明确。单独感染以眼部症状为主，而且程度很轻，短时间内症状就会消失。

成年猫多为隐性感染或出现一过性症状，主要表现呼吸道卡他性炎症。呼肠孤病毒感染幼猫可引起较严重的临床症状，表现发热、咳嗽、流浆液性鼻液、流涎等，严重者发生脓性结膜炎、喉气管炎和肺炎，有的患猫在出现以上症状后表现腹泻。若不及时治疗容易诱发某些呼吸道及消化道疾病。

【病理变化】

内脏器官（包括心、肝等）有大量的灰白色呈花斑样的坏死。肝脏黄染、质脆。胆囊胀大，充满胆汁。脾脏肿大，出血呈淡褐红色，质脆，表面及实质有大量肉眼可见灰白色、大小不等的坏死点，有的甚至连成花斑状。胰腺出血、有坏死灶。

组织学检查主要是肝、脾、肾等发生不同程度的病理学变化，其中以肝的出血及不同程度变性坏死为主要特征。肝脏：肝细胞索结构紊乱，肝细胞空泡变性，有少量的炎性细胞和淋巴单核细胞浸润，少量肝细胞核碎裂，肝静脉周围淋巴细胞大量浸润。

【诊断】

鉴于症状及病理剖解变化都不具特征性，不易做出临床诊断，确诊需进行实验室检查。

（1）病毒分离鉴定　应用敏感的组织培养细胞从发病早期（通常是在出现症状的 2~9d）的粪便、呼吸道分泌物、滑液或其他组织样品中分离。为消除细菌和其他病毒的干扰，应视情况先将病料做 50~55℃加热或用乙醚、丙酮处理。根据特征性细胞病变即核周围出现包涵体、人工感染乳鼠致病，初步判定病料中是否有呼肠孤病毒存在。先以补体结合反应检测群抗原，随后再用中和试验或血凝抑制试验检测特异性抗原。

（2）血清学诊断　现症病例的诊断，需发病期及康复期的双份血清。ELISA 的敏感性远远高于琼脂扩散和间接血凝试验，以纯化病毒为抗原，并且用高岭土处理血清，以排除非特异性反应，其结果与中和试验一致。

【防控措施】

本病无有效疫苗和药物，只能依靠综合性措施。如及时对症治疗，做好卫生管理，冬季经常带犬、猫到户外活动。人或犬、猫有呼吸系统疾病或肠炎时，应尽量减少接触，以免相互交叉感染。

建立 SPF 动物体系是控制本病的关键，应采取的措施包括：良好的卫生条件、定期做血清学监测、对引进的动物严格检疫，防止与野生啮齿动物接触等。对某些由呼肠孤病毒参与所致的疾病，可用疫苗进行预防。这些疫苗是由灭活的呼肠孤病毒与其他抗原混合而成的联合疫苗。

十四、猫杯状病毒感染

猫杯状病毒感染(feline calicivirus infection)是猫的一种多发性口腔和呼吸道传染病，又称为猫传染性鼻结膜炎。因毒株和动物的抵抗力不同，症状差别很大，有些毒株主要引起口腔和上呼吸道感染，另一些毒株则会导致肺炎。本病的发生率较高，但死亡率较低。

自 1957 年 Fastier 等首次分离到猫杯状病毒以后，人们又从世界上许多国家和地区的家猫中分离到。目前认为，猫杯状病毒呈世界性分布，并可能感染所有猫科动物，我国猫群中也存在猫杯状病毒抗体。

【病原】

猫杯状病毒(*Feline calicivirus*，FCV)属于杯状病毒科(*Caliciviridae*)水泡疹病毒属(*Vesivirus*)。FCV 呈二十面体对称，无囊膜，直径 35~39nm，基因组为单股正链线状 RNA，病毒颗粒的形态为一个杯状结构，只有一个衣壳蛋白，衣壳上整齐排列着 32 个暗色中空的杯状结构，杯状病毒由此得名。

初次分离 FCV 通常用猫的肾细胞，此外 FCV 也能在口腔、鼻腔、呼吸道上皮、猫胎肺等原代细胞及二倍体猫舌细胞系、胸腺细胞系上增殖，FCV 还能够在来源于海豚、犬和猴的细胞上生长。一般在 48h 内产生明显的细胞病变。病毒存在于细胞质中，呈分散或晶格状排列，不形成包涵体。目前尚不能感染鸡胚或其他实验动物。FCV 无血凝性。

FCV 对脂溶剂(如乙醚、氯仿和脱氧胆酸盐)具有抵抗力；在体外湿润的环境中可存活 1 周或更长时间，因而间接传播更具有意义。pH 4~5 时稳定，pH 3 时失去活力。在 50℃经 30min 被灭活，2%氢氧化钠能有效地将其灭活，氯化镁可加速其灭活。

【流行病学】

猫杯状病毒在猫群中广泛分布，具有高度传染性。自然条件下，仅猫科动物对 FCV 易感，1~12 周龄的猫均可感染，但多见于 8~12 周龄的猫发病。其他动物如犬、野猫、虎、豹也能感染。患猫和带毒猫是本病的主要传染源。急性期的患猫可随分泌物和排泄物排出大量病毒，多数可排毒 30d，有些达 75d，个别的可能终身排毒。康复猫和隐性感染猫可长期带毒达数年之久，并不断排毒，是一种危险的传染源。病毒存在于患猫的咽腔(尤其扁桃体)、鼻腔、肺等组织和鼻分泌物或关节的滑液膜巨噬细胞中，偶尔也可从尿液、粪便中排出。本病主要通过直接接触患猫或健康带毒者、飞沫和被病毒污染的食具、垫料和器具进行传播。持续性感染的母猫还可将病毒传播给后代。

【临床症状】

潜伏期 2~3d，初期发热至 39.5~40.5℃。口腔溃疡是常见和具有特征性的症状，并且有时是唯一的症状。口腔溃疡以舌和硬腭、腭中裂周围明显，尤其是腭中裂周围和颊部，出现大面积的溃疡和肉芽增生，患猫吃食困难，有想吃又不敢吃的现象，有时吃食时被硬的食物刺激后有疼痛性逃避。有时在唇、鼻，偶尔在皮肤也可出现类似征候。2~3周才能恢复。

患猫精神欠佳，打喷嚏，口腔及鼻腔分泌物增多，流涎，眼鼻分泌物开始为浆液性，4~5d后转为脓性，角膜发炎，羞明。病毒毒力较强时，可发生肺炎，此时患猫呼吸困难，肺部有干性或湿性啰音，3个月以下幼猫可因肺炎致死。少数病例仅出现肌肉疼痛和角膜炎，无呼吸道症状。杯状病毒感染如不继发其他病毒（传染性鼻气管炎病毒）、细菌性感染，大多数能耐过，7~10d后可恢复，往往成为带毒者。有的毒株单独接种后还可以造成猫的跛行。

【病理变化】

表现上呼吸道症状的猫，可见结膜炎、鼻炎、舌炎和气管炎。舌、腭部初为水泡，后期水泡破裂形成溃疡。溃疡的边缘及基底有大量的中性粒细胞浸润。肺部可见纤维素性肺炎及间质性肺炎，后者可见肺泡内蛋白性渗出物及肺泡巨噬细胞聚积，肺泡及其间隔可见单核细胞浸润。支气管和细支气管内常有大量的蛋白性渗出物、单核细胞及脱落的上皮细胞。若继发细菌感染时则可呈现典型的化脓性支气管肺炎的变化。

【诊断】

由于多种病原均可引起猫的呼吸道感染，且症状非常相似，因此确诊比较困难。临床上主要以舌、腭部的溃疡判断。开始形成水泡，水泡破后成为溃疡，以及结膜炎、角膜炎、肺炎进行综合诊断。

病毒分离时，可采集呼吸道组织或鼻分泌液接种猫原代或传代细胞，注意细胞病变，FCV所致细胞病变的特征为核固缩，而猫鼻气管炎病毒引起的细胞病变为合胞体，二者明显不同。对分离的病毒可与已知抗血清做中和、琼脂扩散、免疫荧光或补体结合试验进一步鉴定。琼脂扩散试验能检出毒株之间的差异，荧光抗体和酶标试验可以直接检出病料中的病毒，双份血清中和抗体效价的检测具有回顾性诊断意义。

杯状病毒感染引起的上呼吸道症状与猫鼻气管炎难以区分，而且在出现呼吸道症状的病猫中，能分离到病毒的约占50%，1岁以上的猫大都能检出本病毒的特异性抗体，因此任何的单项检查都不足以确诊本病，应结合临床症状、病理变化、病毒分离鉴定和血清学试验结果综合判定。

【防控措施】

无特异性疗法。可应用广谱抗生素防止继发感染和对症治疗。目前，国外已有本病疫苗可进行预防注射。

（1）对症疗法　口腔溃疡严重时，可用酒硼散吹患部，也可用棉签涂搭碘甘油或龙胆紫。鼻炎症状明显时，可用麻黄素、氢化可的松和庆大霉素混合滴鼻。出现结膜炎的病猫可用5%的硼酸溶液洗眼后，再用马琳哌眼药水和氯霉素眼药水交叉滴眼，也可用金霉素、氧氟沙星等眼药水滴眼。

（2）中药治疗　银花15g，连翘15g，黄连10g，千里光10g，射干15g，豆根12g，板蓝根20g，穿心莲20g，大青叶12g，甘草6g，水煎。用小型金属注射器从口角灌服，每日3次。

（3）控制继发感染　可用氨节苄青霉素、庆大霉素、卡那霉素、先锋霉素等。

（4）疫苗预防　猫三联苗能很好地预防此病。

十五、猫病毒性鼻气管炎

猫病毒性鼻气管炎（feline viral rhinotracheitis，FVR）是由猫疱疹病毒1型引起的猫的一种急性、高度接触性上呼吸道传染病，临床上以喷嚏、流泪、结膜炎和鼻炎为主要特征。主要感染幼猫，发病率可达100%，死亡率可达50%。成年猫死亡率20%～30%。

本病于1957年由Crande等首次从病猫体内分离出病毒，以后在英国、瑞士、加拿大等国均报道了本病。本病是目前已知最重要的猫呼吸道疾病之一，猫的呼吸道疾病将近一半由本病毒所致，在世界范围内广泛流行，我国已多次发现临床可疑病例。

【病原】

猫疱疹病毒1型（*Feline herpesvirus type 1*，FHV-1）也称猫病毒性鼻气管炎病毒（*feline viral rhinotracheitis virus*，FVRTV），属疱疹病毒科（*Herpesviridae*）甲型疱疹病毒亚科（*Alphaherpesvirinae*），是双股DNA病毒，具有疱疹病毒的一般特性。位于细胞核内的病毒粒子直径约148nm。病毒粒子中心致密，外有囊膜，可吸附和凝集猫红细胞。FHV-1可在猫胎肾、肺及睾丸细胞内增殖，在兔肾细胞也能较好生长。接种病毒后，24～48h出现细胞病变，表现为单层细胞呈灶状圆缩、变暗以致全部脱落，有时出现多核巨细胞或合胞体。1～3d后，病毒滴度可达10^5～10^7/mL（$TCID_{50}$）。病毒在细胞核内增殖，感染细胞经包涵体染色后，可见到大量嗜酸性核内包涵体。

FHV-1仅有一个血清型，与猫泛白细胞减少症病毒、传染性牛鼻气管炎病毒、伪狂犬病病毒、猫杯状病毒及人单纯疱疹病毒均无交叉反应。

FHV-1对外界环境抵抗力弱，对酸、热和脂溶剂敏感。甲醛和酚可将其灭活。在−60℃条件下可存活180d，50℃ 4～5min可灭活，在干燥条件下12h即可灭活。

【流行病学】

FHV-1在世界上分布广泛，所有猫科动物都易感，本病主要是接触传染，病毒经鼻、眼、口腔分泌物排出，患猫和健康猫通过鼻与鼻直接接触及吸入含有病毒的飞沫经呼吸道感染。静止空气中，可在1m范围内发生飞沫传播。自然康复的猫能长期带毒和排毒，成为危险的传染源。发病初期的猫，可通过分泌物大量排毒达14d之久。

【临床症状】

潜伏期2～6d，幼猫比成年猫易感，且症状更明显。发病初期患猫体温升高至40℃左右，并且呈稽留热，数天不退，上呼吸道感染症状明显，出现阵发性咳嗽，打喷嚏，流泪，结膜炎，食欲减退，体重下降，精神沉郁，鼻腔分泌物增多，开始为浆液性，后变为脓性。用抗生素、抗病毒药及静脉输液治疗无明显效果。

仔猫患病约半个月死亡，继发感染死亡率更高。成年猫感染出现结膜炎症状，眼上出现白色斑点，角膜充血。口腔糜烂溃疡，进食困难，由口腔不断流出黏性分泌物，有臭味。个别猫可造成慢性角膜炎、结膜炎，重者可造成失明。老龄猫死亡率较低，如果病程持续时间长，表现身体消瘦，常继发细菌感染。若怀孕猫感染，病毒会经胎盘感染胎儿，甚至造成流产。种猫症状较轻，只表现为咳嗽、流泪、结膜充血，临床上复发喷嚏，在应激情况下或免疫力降低时可造成病毒扩散。耐过的猫多转为慢性，以鼻窦炎、溃疡性结膜炎和眼球炎为主要特征，表现咳嗽、呼吸道梗阻及鼻窦炎症状，鼻腔由于炎症可使呼吸道狭窄，以致呼吸困难、窒息。血象变化：发病初期可见白细胞低于正常值，淋巴细胞减少。

【病理变化】

主要表现在上呼吸道。病初鼻腔和鼻甲骨黏膜呈弥漫性充血，喉头和气管也可出现类似变化。数日后，在鼻腔和鼻甲骨黏膜出现坏死灶，甚至出现溶骨性病变。喉口有脓性分泌物，气管黏膜轻度充血，表面有大量的脓性分泌物。呼吸道黏膜细胞特别是鼻中隔、鼻甲骨和扁桃体黏膜细胞中出现典型的嗜酸性包涵体。慢性病例可见鼻窦炎。

肺脏由粉红色变为红色，左右肺脏均有不同程度的淤血和坏死，并有少量的出血。肝脏呈黑紫色，有少量的出血点并有针尖大小的坏死点。脾脏有点状出血。肾脏轻度水肿。膀胱内充满淡黄色尿液。扁桃体和颈部淋巴结肿大，散在数量不等的出血点。

【诊断】

临床上本病与杯状病毒引起的猫鼻结膜炎、细小病毒引起的猫传染性泛白细胞减少症和衣原体引起的猫肺炎很难区分，只有靠特异的血清学反应或分离病原才能确诊。病原学检验包括包涵体检查和病毒的分离与鉴定。

血清学诊断包括荧光抗体染色和中和试验。但是由于康复猫的抗体持续期很短，难以通过抗体检测进行流行病学调查。血凝抑制试验具有诊断意义。

患猫眼结膜和上呼吸道黏膜的涂片或切片标本，用 FHV-1 荧光抗体染色，可做出准确快速的诊断。

最可靠的诊断是分离病毒。本病毒可在患猫鼻咽部黏膜和结膜持续存在 30d 以上，在肝、肺、肾、脾等实质脏器也可分离出病毒。成功率较高的分离方法是在急性发热期，以灭菌棉拭子在鼻咽、喉头和结膜部取样，接种于原代猫肾细胞，逐日观察有无细胞病变，新分离病毒可用已知 FHV-1 免疫血清通过中和试验鉴定。细胞培养物也可通过荧光抗体染色做出快速鉴定。

【防控措施】

加强饲养管理，建立良好的通风环境和消毒措施，注意环境卫生，降低饲养密度，发现患猫及时隔离、消毒，防止接触传播。

目前，市场上没有针对猫病毒性鼻气管炎病毒的特异性治疗制剂。一旦猫感染本病毒，应对患猫采取对症疗法和支持疗法，防止继发感染和加强护理。

急性发病的猫尤其要补充足够的水分和营养物质。在对患猫进行补液治疗的同时，可适量加入胸腺肽，以提高机体的免疫力，增强抵抗力；同时，为增进食欲可给予少量香味食物，如鱼、肝、瘦肉等，有利于患猫康复。注意经常清除患猫鼻腔和眼睛内的分泌物，可使用喷剂或盐水清除。

十六、貂病毒性肠炎

貂病毒性肠炎（mink viral enteritis）是由水貂肠炎细小病毒感染水貂引起的一种急性、高度接触性易传染性疾病。以肠黏膜炎症、坏死，继而引发水貂的剧烈腹泻为特征。其死亡率高达 80% 以上，给水貂养殖业造成严重的危害，导致严重的经济损失。Schofield（1949 年）于加拿大最早报道了本病。Wills 于 1952 年分离鉴定了本病毒，并为本病毒命名。随后本病陆续在世界其他养貂国暴发，美国、丹麦、法国、英国、日本等国相继有本病暴发的报道。

【病原】

水貂肠炎病毒（*Mink enteritis virus*，MEV）又名水貂细小病毒，属于细小病毒科（*Parvoviridae*）原细小病毒属（*Protoparvovirus*），无囊膜，核衣壳为二十面体对称结构，病毒粒子在电镜下呈圆形或六边形，直径 20nm 左右，为单股线状 DNA 病毒，对热、消毒剂、酶的耐受力很强，pH 值适应范围广，对外界环境有较强抵抗力。

【流行病学】

病貂和带毒貂是主要传染源。水貂对本病均易感，MEV 可感染各年龄段的水貂，对幼貂的感染性极强。

【临床症状】

急性病貂可突然死亡。病貂精神沉郁，被毛粗乱无光泽，皮肤缺乏弹性，高热40.5℃，食欲废绝，呕吐，渴欲增加，鼻镜干燥。呕吐物为带血黏液，笼下可见黑绿色稀便，也有黑红色血便，肛门周围及后肢被粪便污染并伴有恶臭气味。

【病理变化】

胃充满煤焦油样内容物，胃黏膜出血，肠道黏膜充血、出血，肠内容物呈暗红番茄酱样，肝脏轻度肿大，脾脏肿大呈紫红色，肺水肿、淤血，切面有鲜红水样液体流出。

【诊断】

根据临床症状和剖检变化可怀疑为本病，确诊应进行分子生物学和血清学检查，可取病貂心血、肝、脾和脑等新鲜病料进行PCR、ELISA等实验室诊断。将病料研磨悬浮制成乳剂后腹腔接种小鼠，可见死亡鼠出现与病死貂相同的病变，并可从中检测出相同病原。

【防控措施】

全场用百毒杀带畜消毒，地面、呕吐物、粪便等用2%氢氧化钠消毒，建议每周消毒3次，夏季增加消毒次数。对假定健康貂用水貂细小病毒性肠炎灭活疫苗进行紧急预防接种，病貂给予5%葡萄糖，电解多维0.1%口服饮水，增强体质，防止继发感染。

【公共卫生】

本病与犬细小病毒病在临床症状上有很大的相似性，注意区分。此外，还应该注意貂场内犬与水貂之间的交叉感染。

十七、貂阿留申病

貂阿留申病(Aleutian mink disease，AD)又称浆细胞增多症(plasmacytosis)，是由阿留申病毒感染水貂引起的以终生毒血症、全身淋巴细胞增殖、血清 γ-球蛋白数增多、肾小球肾炎、动脉血管炎和肝炎为特征的慢性病毒病。

【病原】

貂阿留申细小病毒(*Aleutian mink disease parvovirus*，ADV)属细小病毒科(*Parvoviridae*)阿留申貂病细小病毒属(*Amdoparvovirus*)。病毒颗粒直径23~25nm，无囊膜，呈球形二十面体结构，约为32个壳粒，壳粒为中空管，外径4.5nm，内径1~2nm。病毒相对分子质量约为$(3~5)×10^6$，沉降系数约为110S。含有单股DNA。ADV抵抗力极强，耐热、耐酸、耐乙醚。化学消毒研究表明1%甲醛、0.5%~1%氢氧化钠是有效的消毒剂。

【流行病学】

ADV对各种年龄、性别、品种的水貂均可感染，AD对成年貂，尤其是母貂危害更大，病貂几乎均以死亡告终。主要传染源是病貂和处于潜伏期的貂。水貂阿留申病能通过水平和垂直的方式进行传播，具有明显的季节性，虽然常年都能发病，但在秋、冬季的发病率和死亡率大大增加。

【临床症状】

AD在临床大体可分为急性型和慢性型。急性型表现为精神沉郁、食欲减退、死前抽搐和痉挛、共济失调、后肢麻痹。慢性型病貂被毛粗乱、失去光泽、眼球凹陷无神、精神沉郁、食欲下降、嗜睡、步态不稳。贫血、可视黏膜苍白、进行性消瘦、口渴暴饮、尿毒症、口腔和齿龈自发性出血、粪便呈煤焦油样。神经系统受到侵害时，伴有抽搐、痉挛、共济失调、后肢麻痹或不全麻痹。病的后期出现拒食、狂饮，表现强烈的渴欲，最后往往因尿毒症而死亡。患病的公貂，性欲下降，或交配无能、死精、少精或产生畸形精子，母貂不孕，或怀孕流产及胎儿中途被吸收。

患病母貂产出的仔貂，软弱无力，成活率低，易于死亡。

【病理变化】

AD 的特征性组织学变化是浆细胞的异常增殖。全身所有器官，特别是肾脏、肝脏、脾及淋巴结的血管周围发生浆细胞浸润。HE 染色中呈粉红色，在肾小管、肾盂、胆管、膀胱上皮细胞及神经细胞中，有时也能看到。另外，还能看到胆管增生、肾小球肾炎、肾小管变性、动脉壁类纤维变性和球蛋白沉着等。

【诊断】

根据临床症状和剖检变化可怀疑为本病，确诊应进行细菌学和血清学检查，采取病貂的血液、尿液、粪便、脾及淋巴结等脏器进行镜检、培养和生化试验。也可采用对流免疫电泳、碘凝集和 PCR 等方法检测病料中的病毒抗原，予以确诊。

【防控措施】

目前，控制水貂阿留申病较有效的方法是采用对流免疫电泳法对全群进行定期检疫，淘汰阳性水貂。此法准确、简便、易操作。检疫一般在 7~9 月或 11~12 月进行，输入和输出种貂时，必须进行血检，将检出的 AD 阴性水貂立即接种 AD 灭活疫苗，隔离饲养，至年末取皮。加强饲养管理，冬季注意保温。坚持做好貂场内环境卫生。采用异色型杂交办法，在一定程度上可降低本病的发病率。

【公共卫生】

AD 与人的红斑狼疮、多发性骨髓瘤、类风湿性关节炎及小儿切迪阿克东综合症等相似，因此，也应引起人们重视。在貂场工作的人员应定期进行免疫接种和体检，以确保身体健康，不被感染。

第二节　兔、犬、猫、貂的细菌性传染病

一、兔魏氏梭菌病

兔魏氏梭菌病（clostridium perfringens disease in rabbits）又称魏氏梭菌性肠炎（clostridium perfringens enteritis），是由 A 型或 E 型魏氏梭菌引起的一种高度致病性的急性传染病，临床上以发病急、病程短、死亡率高为主要特征。病兔急性腹泻，排出灰褐色或黑色水样粪便，盲肠浆膜有出血斑，胃黏膜出血、溃疡，致死率高，给养兔业带来巨大损失。

【病原】

魏氏梭菌（*Clostridium welchii*）又称产气荚膜梭菌，属于芽孢杆菌科梭状芽孢杆菌属魏氏梭菌种。该菌最初由 Welcllii 和 Nutall 从腐败产气的人尸中分离。魏氏梭菌为温和厌氧菌，它们在一般的厌氧条件下即可生长，暴露于空气中 1h 也不会死亡。

魏氏梭菌广泛分布于自然界，也是肠道的常在菌群之一，遍布于土壤、污水、饲料、食物和粪便。该菌可引起兔梭菌性下痢、羔羊痢疾、羊猝狙和羊肠毒血症、鹿肠毒血症等多种传染性疾病。该菌能产生多种外毒素或酶类，目前已发现的外毒素达 12 种（α, β, γ, η, δ, ε, ι, θ, κ, λ, μ 和 ν）之多，但起主要致病作用的毒素只有 4 种（α, β, ε, ι），根据细菌产生的毒素不同，一般可分为 A、B、C、D、E、F 6 个型，兔魏氏梭菌病主要由 A 型引起，少数为 E 型。

魏氏梭菌是革兰阳性菌，菌落表面光滑湿润，边缘整齐，呈灰白色，直径 2~3mm。菌体两端

钝圆，长4~8μm，宽0.8~1.0μm，多单个或成对存在，粗大散在、直杆状，部分有荚膜，偶有卵圆形芽孢位于菌体中央或近端，不凸出菌体外；在厌氧肉汤中呈絮状混浊，血平板上出现双环溶血，在牛乳培养基上出现暴烈性发酵，在三糖铁琼脂培养基上出现黑色菌落。生化试验特性：不产生靛基质，能利用硝酸盐，液化明胶，产生硫化氢，所有菌株均发酵淀粉、葡萄糖、麦芽糖、乳糖、果糖、牛乳，不能利用枸橼酸、山梨醇、甘露醇、鼠李糖、木糖。

【流行病学】

除哺乳仔兔外，不同年龄、品种、性别的兔对本病均易感。本病多发生于断乳后至成年的兔，一般1~3月龄幼兔发病率最高，发病率和死亡率极高，纯种毛兔和獭兔较易感染。传染源是病兔和带菌兔。病原菌在病兔和带菌兔的排泄物以及土壤、饲料、蔬菜、污水、人畜肠道内和粪便中均有发现。粪便在病原传播方面起主要作用。传染途径主要为消化道、皮肤黏膜等。一年四季均可发生，但冬、春季多发。

本病原菌在自然界分布极广，常因饲养管理不善和各种应激因素造成兔的机体抵抗力下降而引起本病的暴发，如长途运输、饲料突然改变、日粮搭配不当、长期饲喂抗生素或磺胺类药物、精料过多而粗纤维不足、气候骤变等。特别是在饲养管理不善、饲料营养不平衡、饲料纤维含量偏低及应激反应等条件下，更易引起腹泻，病原菌自消化道或伤口侵入机体，在小肠和盲肠绒毛膜上大量繁殖并产生强烈的α毒素，改变毛细血管的通透性，使毒素大量进入血液，引起全身性毒血症，使兔中毒死亡。

【临床症状】

一般表现为最急性或急性。

(1)最急性型　绝大多数病兔属于此型。兔突然发病，往往看不见任何症状就死亡，只在肛门处见有少量软粪。病初，精神沉郁，食欲废绝，体温多偏低，在37.9~38.3℃，先拉灰褐色软粪，随后出现剧烈腹泻，拉黄绿色、黑褐或腐油色、呈水样或胶冻样的腥臭味稀粪，污染臀部和后腿，病兔脱水、消瘦，大多于腹泻的当日或次日死亡。

(2)急性型　病兔严重脱水，极度消瘦，抓起病兔摇晃时，可听到腹腔内水动的肠鸣音，精神委顿乃至呈昏迷状；有的病兔表现抽搐症状，少数病兔病程可超过1周，虽极个别病兔病程长达1个月，但最终仍衰竭死亡。

【病理变化】

病变可见病尸脱水，腹腔有特殊腥臭味。胃内充满未消化的食物，胃底黏膜脱落，有大小不等的溃疡灶。肠黏膜呈弥漫性出血，小肠充满胶冻样液体并混有大量气体，使肠壁变薄而透明。大肠内有多量气体和黑色水样粪便，有腥臭气味。肝脏稍肿、质地变脆。胆囊肿大、充满胆汁。脾呈深褐色。膀胱积有茶色尿液。肺充血、淤血。心脏表面血管怒张，呈树枝状。

【诊断】

根据临床症状和病理变化，只能做出初步诊断，确诊需要采取下述方法：

(1)细菌涂片和分离培养　无菌条件下采取病死兔的肝、空肠内容物涂片，革兰染色，可见革兰阳性有荚膜且两端稍钝圆、不运动的粗大杆菌；若用荚膜染色法染色可见到荚膜，芽孢位于菌体中央或近端，但不易见到芽孢。取肝、脾或心血划线接种于绵羊鲜血琼脂平板上，厌氧培养24h可形成直径2~5mm的圆形、边缘整齐灰色至灰黄色、表面光滑半透明的菌落。菌落周围可见典型双溶血环。该菌接种溴甲酚紫牛乳培养基37℃培养8~10h后表现为"剧烈发酵"，产酸、产气、凝固、冻化。

(2)动物接种　对最急性病死动物采取小肠含血内容物，加等量生理盐水，搅拌均匀后，以

3 000r/min 离心 30~60min，取其上清液给小鼠注射 0.5mL，小鼠半小时后死亡。但要注意有时动物会非特异性死亡从而造成误判。

（3）免疫学试验 凝集试验、对流免疫电泳、中和实验、ELISA 等方法，具有快速、敏感、不需使用动物等优点，但是需制备产气荚膜梭菌毒素或抗毒素，有些方法易出现非特异性反应等。

（4）胶体金技术 它是以胶体金作为示踪标志物，应用于抗原抗体反应中的一种新型免疫标记技术。检测魏氏梭菌病的免疫胶体金试纸条可以现场操作，直接取喉气管、泄殖腔棉拭子以及脏器等进行检测，无需仪器设备，操作简单，20min 内即可初步判断是否有产气荚膜梭菌存在，该方法具有迅速、准确、方便的特点，可广泛用于产气荚膜梭菌的早期诊断。

（5）PCR 检测 应用 PCR 检测魏氏梭菌 α 毒素，通过对 α 毒素基因进行扩增，扩增的基因片段经过限制性内切酶分析，特异性非常高，24h 内即可获得结果。有报道，针对不同毒素设计特异性引物，运用多重 PCR 的方法，可以从粪便中成功检出产气荚膜梭菌及其毒素，并对其毒素基因进行分型。

魏氏梭菌病检疫检测中，法定的检测手段仍以细菌学和免疫学检测为主。各种诊断方法只能相互补充，但不能相互取代。传统的细菌学和血清学技术，存在着检测时间长、阳性率低以及假阳性和假阴性等问题，而胶体金和 PCR 技术以其敏感性高、特异性强，高效快速的特点很快成为重要的诊断工具，且具有很广阔的应用前景。

【防控措施】

平时应加强卫生消毒和饲养管理，要经常保持兔舍、兔笼的清洁、干燥、卫生、通风。注意饲料合理搭配，特别是保证日粮中粗纤维的含量。禁喂发霉、变质的饲料。饮水应清洁卫生；注意灭鼠、灭蝇；制订合理的免疫程序，将家兔产气荚膜梭菌病纳入日常免疫程序。定期注射家兔三联苗（巴氏菌、魏氏梭菌、兔瘟三联苗），兔断乳后进行第 1 次注射，断奶兔 1mL、成年兔 2mL，免疫期 4~6 个月，以后每隔 4~6 个月免疫 1 次。

母兔最好是在配种前分别接种大肠杆菌多价苗和魏氏梭苗疫苗，从而提高初生仔兔免疫力。培养健康母兔是控制仔兔腹泻的先决条件，母兔在怀孕期和哺乳期，提供舒适的环境条件，应尽可能保持健康无病。切忌突然更换母兔饲料，使其能够均匀地分泌充足的乳汁，以利于仔兔的消化吸收。特别要注意不能使用难以消化的高能量饲料喂哺乳母兔，在配合饲料时玉米比例限制在30% 以下，粗纤维含量保持在 12%~14%。

仔兔在断乳前后是腹泻病的高发期，20 日龄以上可接种大肠杆菌多价苗，30 日龄接种魏氏梭菌苗，可减少仔、幼兔腹泻的发生。腹泻病多发于兔场，在仔兔一出生吃乳前，先把母兔乳房和胸部清洗干净，并用 0.01% 高锰酸钾溶液，0.1% 新洁尔灭溶液消毒。对兔舍、兔笼和用具用 3% 热碱水彻底消毒。

出现疫情后对健康和假定健康兔进行紧急免疫接种，注射产气荚膜梭菌灭活疫苗，每只注射 2mL，间隔 14d 后再注射一次。同时调整饲料配方。加强饲料管理，青饲料、粗饲料、精饲料搭配使用。全群饮水中加入万分之一的高锰酸钾。对没有治疗价值的病兔直接淘汰。对病死兔及分泌物、排泄物一律做焚烧深埋处理。

治疗原则：对症治疗、防止脱水、中和毒素、抗菌消炎。要突出一个"早"字，在使用抗菌药的同时，结合强心补液和对症治疗。发病初期仅出现下痢，尚有一定食欲时，可肌肉注射抗菌药物，如庆大霉素（10~20mg/只，每日 1~2 次）、链霉素（每次 20mg/kg）、喹乙醇、黄连素和大蒜素等，每日 2 次，连用 2~3d，或用生理盐水稀释的恩诺沙星静脉注射，连用 3~5d。

在发病过程中，对胃出现膨胀的患兔，可口服吗丁啉（20~60mL），也可灌入 10% 鱼石脂溶液

2.5~5.0mL 或乳酸液 2~3mL；对病愈后出现消化不良或食欲减退的兔可在饲料中添加食母生，维生素 B、谷维素各 1 片，每日 2 次，连喂 3~5d。

发病衰竭期，除腹泻外，食欲废绝，兔体明显消瘦，有脱水症状，应在注射抗菌药物的同时进行口服补液。可用注射针管从口角一次灌服药液 2.5~5mL，药液的配制以口服补液盐为基础，加入适量的抗菌药物，也可加入强心、收敛药物，配合一些葡萄糖和维生素 C 等，全群投药，用 0.2% 土霉素拌料，连喂 7d，用 0.02% 氟哌酸拌料，连喂 3d。还可用红霉素，20~30mg/kg，肌肉注射，每日 2 次，连用 3d；也可用卡那霉素，20mg/kg，肌肉注射，每日 2 次，连用 3d。

二、泰泽病

泰泽病（Tyzzer's disease）是由毛样芽孢梭菌引起的多种实验动物、家畜和野生哺乳动物共患的一种传染病。兔泰泽氏病主要对 1~4 月龄仔兔和幼兔的威胁最大，一旦感染，死亡率可达 95% 以上，所以本病严重威胁着养兔业的发展。同时，也不排除人感染的可能性，因此防制此病在公共卫生上也有重要意义。

【病原】

毛样芽孢梭菌（Clostridium piliformis）以往称为毛样芽孢杆菌（Bacillus piliformis），为一种细长或多形性的革兰阴性菌，大小 0.5μm×（4~6）μm；在细胞内形成芽孢时，菌体可达（0.5~1）μm×（10~40）μm；有运动性，也有形成丝状菌的倾向；本菌存在于感染动物的肝脏和肠道内，在感染细胞内呈束状排列。有迹象表明，无论是人工感染还是自然感染本菌，都有发生种间传播的可能。

该菌是一种专性细胞内寄生菌，在无细胞的培养基中不能生长，但可在鸡胚中生长。将组织匀浆接种到 5~8 日龄鸡胚卵黄囊内，可进行传代。

毛样芽孢梭菌对胰酶、酚类杀菌剂、乙醇、新洁尔灭敏感。甲醛、碘伏、1% 过氧乙酸、0.3% 次氯酸钠在 5min 内均能使其灭活。在室温下经 15~20min 失去活性，37℃ 时则更快。但其芽孢抵抗力相对较强，在 56℃ 可存活 1h。粪便中的芽孢体 75℃ 需 1h 才能灭活。在接种后死亡的鸡胚卵黄囊中，于室温下芽孢可保持感染力达 1 年。对一般的抗生素有很强的抵抗力，对磺胺类药物不敏感。

【流行病学】

泰泽病病原体主要以隐性感染的形式存在于易感动物体内。泰泽病的发病不仅与泰泽病病原体的感染力和致病力有关，还与宿主的种属、周龄、性别、饮食状况、机体健康与免疫状态以及宿主所处的周边环境有密切关系。它侵入小肠、盲肠和结肠的黏膜上皮，开始时繁殖缓慢，对组织损伤微小，不出现临床症状。当有应激因素作用时，如饲料的粗蛋白升高、纤维素降低、气候条件改变，都会诱发本病。毛样芽孢杆菌可以随病兔的粪便排出而污染周围环境，引起健康兔的感染。在感染其他疾病时，也可激发亚临床型的毛样芽孢梭菌的感染。本病多发生于 3~12 周龄的幼兔，但成年兔和断乳前的仔兔也可感染。

【临床症状】

发病通常很急，以严重的水样腹泻和后肢沾有粪便为主要特征。病兔精神沉郁，不食，严重腹泻，粪便呈褐色、糊状和水样，后肢沾满污粪。迅速脱水、消瘦，眼球下陷，病程只有一天多即转归死亡。个别耐过急性期的病兔表现食欲不振、生长停滞。

【病理变化】

尸体脱水严重，肛门周围、后肢被毛被稀粪污染，盲肠、结肠浆膜、黏膜弥漫性出血，肠壁严重水肿，呈半透明胶冻样，肠内充满气体和褐色或灰色水样内容物；肝肿大，肝表面和实质有大量针尖到小米粒大的淡黄色结节或坏死灶；胃黏膜脱落；胸腔积液，呈无色或淡黄色，稍有混浊；心包积液，心肌有灰白色坏死。

【诊断】

根据发病特点、临床症状和病理变化做出初步诊断，确诊需要做实验室诊断。传统方法是进行病理组织学检查，应用银染或姬姆萨染色，发现肝或肠上皮细胞内的特征性毛样芽孢梭菌。可采集肝脏、心脏及肠管病变边缘组织作为检验病料，病料涂片进行革兰染色。同时在肝细胞、肠上皮细胞和心肌细胞质中可见呈束状排列的毛样芽孢杆菌，从而进一步确诊。此外，还可用ELISA、原位杂交试验、免疫磁珠分离纯化技术、间接免疫荧光法、PCR等方法进行本病的诊断。

【防控措施】

目前尚无对本病有效的菌苗，主要是采取一般性防控措施。要控制家兔泰泽氏病的发生，平时应加强饲养管理，做好兔舍卫生，定期消毒。减少应激因素，特别是在断奶前后防止突然改变饲料和饲养环境。流行期间在兔群中用土霉素拌料，连用5d，可预防本病。一旦发现病兔，应及时隔离。病兔用青霉素、链霉素肌肉注射，各20万U/只。如效果不佳，可改用丁胺卡那霉素肌肉注射4万U/只，每日1次，连用3d。大群发病时，患病兔可用土霉素、金霉素加入饮水中（0.1mg/mL）治疗，连用30d，直至2周后不再有新的病例出现，病情基本上得到控制为止。

三、兔密螺旋体病

兔密螺旋体病（treponemosis of rabbit）又名兔梅毒（rabbit syphilis）、螺旋体病（spirochetosis）、性螺旋体病（venereal leptospirosis）或兔花柳病（rabbit venereal），是家兔和野兔的一种性传染病，主要特征是外生殖器和面部皮肤或黏膜发生炎症、结节和溃疡。兔群一旦发生本病，传染极快，严重影响繁殖、增重及皮毛的质量；甚至常使全群毁灭，是养兔业中必须严加防范的重要疾病。本病在世界各地兔群中都有发生，我国也普遍存在。

【病原】

兔梅毒密螺旋体（*T. paraluiscuniculi*）为革兰阴性的纤细螺旋状细菌，一般菌体宽0.25μm，长10~30μm。本病原着色力差，可用印度墨汁、姬姆萨染液、苯酚复红和镀银染色来观察。取新鲜病料用暗视野显微镜检查可见本菌呈旋转运动。病原体抵抗力较弱，一般消毒药，如3%来苏儿溶液、2%氢氧化钠溶液及2%甲醛溶液都能很快将其杀死。

【流行病学】

本病只发生于家兔和野兔，人和其他动物均不感染，病兔和康复带菌兔是主要传染源，被病兔污染的垫草、饲料及用具等是本病的传播媒介。皮肤有损伤时，可增加感染的机会。病兔主要通过交配经生殖器传染，故多见于成年兔，幼兔极少发病。育龄母兔发病率比公兔高，放养和群养发病率比笼养兔高。故成群散放饲养的成年兔，一旦发生很快全群发病，但极少死亡。一般在气候温和、雨水较多的季节易发病。

【临床症状】

潜伏期一般为1~2周，个别的可长达10周。发病初期，在母兔大阴唇、公兔包皮及阴囊皮肤上，出现潮红和浮肿或细小的水泡，接着流出黏液性或脓性分泌物，其中含有大量病原体。同时或稍后，肛门周围也发生潮红和浮肿，浮肿常常伴有粟粒大小的结节，破溃后形成糜烂或溃疡（溃疡稍凹陷，边缘不整齐，易出血），并逐渐结成棕色、黄色或褐色痂皮，痂皮脱落后，露出粉红色糜烂面，局部皮肤逐渐增厚、板结，被毛脱落。严重时，上述局部症状常扩大到附近皮肤，有时也能蔓延到眼周围、鼻孔、嘴唇、背部或其他部位的皮肤上，形成丘疹、小水泡、糜烂、痂皮或疣状物。患部皮肤和黏膜及溃疡区形成星形斑痕。发病时病兔有疼痛感，食欲不振，逐渐消瘦，体重减轻，有时可引起淋巴结感染，长期带菌。公兔性欲下降，母兔受胎率降低。病兔后代体质衰弱，生存力降低。本病是一种慢性传染病，病程可持续数月或1年。病兔时好时坏，康复后免疫力不强，可再度感染。

【病理变化】

外观可见腹股沟淋巴结和腘淋巴结肿大。病变部位可见黏膜水肿，有黏脓性分泌物和棕色痂皮，剥去痂皮能看到轻微的凹陷溃疡面，形成星形斑痕，剥痂时易出血。慢性病例表皮糠麸样，干裂，呈鳞片状，稍隆起。病灶深至真皮层的表皮，表皮棘皮症，角化症，真皮上层有淋巴细胞、浆细胞，有时还有多型核白细胞，在表皮溃疡的近真皮部有多型核白细胞。

【诊断】

根据发病情况及临床表现可做出初步诊断。确诊需进行实验室诊断。

(1)微生物学诊断　采取病变部皮肤渗出物，用显微镜暗视野检查是否有螺旋体，也可以使用病变皮肤淋巴液(用挤压法采取)或包皮洗出物(用生理盐水洗)涂片镜检，也可以使用姬姆萨氏染色后，用显微镜检查是否有密螺旋体存在。

(2)血清学诊断　应用活性炭凝集试验(RPR)，将标准的类脂抗原结合在标准的活性炭粒上，这种含抗原炭粒与病兔的血清混合在一起后，形成肉眼可见的凝集颗粒。步骤如下：采集病兔血液分离血清，取少量血清滴于玻片上，然后滴加RPR试剂2滴，几分钟后观察，同时设阴性血清对照。结果阳性可看到由乳白色、暗灰色、黑色针状颗粒到成网状颗粒的凝集现象，而阴性对照血清无此现象。

【防控措施】

本病目前尚无菌苗，主要依靠加强兽医卫生防疫措施进行预防。为了控制本病的发生，兔场最好坚持自繁自养。从外地调入种兔时，进行检疫、临床检查和血清学筛选，并索取检疫证明，阴性者方可购入，同时还须隔离观察一定时间后，方准合群。

要严格防疫制度，保持兔舍清洁卫生，分笼或分箱饲养，配种前详细检查公母兔外生殖器，对病兔和可疑病兔停止配种，隔离治疗和观察。病情比较严重、兔体衰弱者，须及时淘汰，并及时清除兔舍中的污物，可用2%氢氧化钠，2%~3%来苏儿或10%热草木灰水彻底消毒兔舍、兔笼、兔箱、水槽及食槽等。在治疗期间，病兔仍不断排出病原体，故在治疗的同时，必须做好兔舍、兔笼、粪便及饲槽等的消毒工作。对笼舍宜采用甲醛密闭熏蒸消毒。

治疗方法：

①新肿凡纳明40~60mg/kg，用注射用水配成5%溶液，耳缘静脉或肌肉注射。1周后重复1次，同时每天用5万U青霉素，分2次肌肉注射，连用4d；患部用0.1%的高锰酸钾溶液或2%硼酸溶液清洗干净后，再涂擦适量红霉素软膏或碘甘油，每日2次，连用1周。

②10%水杨酸铋注射液，0.06~0.08mL/kg，1次肌肉注射，14d后可再用同剂量注射1次；在药物治疗的同时，可用0.1%高锰酸钾溶液清洗患部，然后再涂抹以碘甘油、硼酸软膏或抗生素软膏；顽固性溃疡，经彻底清洗后，再搽以25%甘汞软膏，可加速其愈合。

③也可以采用以下中药配方：

a.金银花、大青叶、丁香叶各15g，黄芩、黄柏各10g，蛇床子5g，加水煎汁，煎2次，2次煎汁混合，早、晚2次分服，每日1剂，连用3d。

b.用中药添加剂饲喂病兔，生芪100g，蒲公英30g，地丁30g，马齿苋500g，甘草50g，共为细末，每次添加 10g 拌料，饲喂 7d 为一疗程。

④外用方：

a. 芫菁 50g，枸杞根 50g，洗净切碎，水煮 30min，加明矾 10g，候温洗患部。

b. 斑蝥酒外涂法：斑蝥 10g，樟脑 10g，白酒 500mL 备用，用棉球涂患部。

c. 龙骨儿茶散外用：龙骨 20g，儿茶 30g，轻粉 5g，冰片 5g，共为细末备用。

d. 用中成药洁尔阴清洗外阴部。

e. 苦参、百部、蛇床子、黄柏、千里光、花椒、陈艾、白矾（另包），将前各味药共煎汁，浓缩，加入白矾溶化外洗。

四、犬埃里希体病

犬埃里希体病（canine ehrlichiosis）是由犬埃里希体引起犬的一种败血性传染病。特征为出血、消瘦、多数脏器浆细胞浸润、血液血细胞和血小板减少。1935年，Donatien 等于阿尔及利亚首次发现本病，当时称犬立克次体病（*R. canis*）。1945年，德国 Moshkovski 又重新命名为犬埃里希体病。该病在全世界都有分布。1999年，我国发现本病，并且分离到病原。

【病原】

犬埃里希体（*E. canis*）属于艾立希体科（Ehrlichiaceae）艾立希体属（*Ehrlichia*），根据感染宿主细胞的不同，可将埃里希体分为 3 类：犬立克体——引起犬的单核细胞埃里希体病，埃文埃立克体——引起犬的粒细胞埃里希体病，扁平无形体（以往的埃里希体）——犬传染性周期性血小板减少，嗜吞噬细胞无形体。犬埃里希体属于单细胞性埃里希体。病原体呈圆形、椭圆形或杆状，球状直径 0.2~0.5μm，杆状为 (0.3~0.5)μm×(0.3~2.0)μm，革兰染色呈阴性。通常以单个或多个形式寄生于单核细胞内和中性粒细胞的细胞质内，姬姆萨染色时菌体呈蓝色。本菌繁殖与衣原体类似，分为原体、始体和桑葚状包涵体 3 个阶段，原体经吞噬作用进入宿主细胞内，开始以二分裂法进行繁殖，形成始体。始体发育成熟形成包涵体，当感染细胞破裂时，从成熟的包涵体释放出原体，即完成了一个繁殖周期。每个包涵体内含有数量不等的原体，光镜下的包涵体呈桑葚状结构，为埃里希体特征。

犬埃里希体能在来自感染犬组织的单核细胞培养物中及 6~7 日龄的鸡胚内生长繁殖，但是不能在细菌培养基内生长。

本菌抵抗力较弱，在脱纤血中 22℃经 48h 后即失去活力。在普通消毒药中几小时内即死亡。磺胺和四环素等广谱抗生素均能抑制其繁殖。

【流行病学】

家犬、山犬、狐狸、豺狼是本病的宿主。不同性别、年龄和品种的犬均可感染本病。鼠感染本菌发病，称鼠血巴尔通氏体病。本病的主要传染媒介为血红扇头蜱（*Rhipicephalus sanguineus*）；幼蜱和若蜱叮咬病犬获得病原体，再蜕皮发育为成蜱，当叮咬时将携带的病原体传至健康犬。蜱可存活 568d，感染后至少 5 个月内仍具有传染性，越冬的蜱第二年春天仍可传染易感犬。急性感染犬恢复后仍能带菌达 2 年。本病有明显季节性，一般在夏末、秋初发生。多为散发，但也可呈流行性。

【临床症状】

感染犬出现肝脾肿大、视网膜出血、眼色素层炎、黏膜苍白、末梢水肿、体重下降、抑郁等症状。淤血斑常继发于血小板减少。血小板埃里希体也是通过血红扇头蜱传播的，但仅仅感染血小板。血小板感染成为循环型并导致血小板减少症和淋巴结病变。而临床上犬很少感染血小板埃里希体，一旦感染，血液中的血小板数量就会很低。易感犬在感染的 1~3 周内急性发病，临床症状轻重不一。

按病程可分为急性期、亚临床期和慢性期。急性期病犬主要特征为发热、食欲不振、精神不佳、结膜炎、淋巴结炎、肺炎、四肢及阴囊水肿、淋巴结肿大、身体出现出血斑、黏膜苍白。偶见呕吐，呼出恶臭气体，腹泻。血检表现短暂的各类血细胞减少。1~3 周后即转为亚临床期，病犬无临床表现。血液学检查异常，血细胞总数尤其血小板减少。有些犬经过急性期后好转，表现轻微症状，可能直到后期才出现以下症状：无具体症状的不适，没有食欲；易出血倾向(鼻出血)，黏膜苍白，身上出现出血斑。最后进入慢性期，该期可持续数月或数年，特征为各类血细胞减少、贫血、出血和骨髓发育不良。病犬血检，可在单核细胞和中性粒细胞中见有埃里希体。血清丙种球蛋白增高，相对球蛋白而言，白蛋白比例降低。多数犬有氮血症。此外，尿检常见尿蛋白，骨髓检查可见造血细胞减少。

【病理变化】

剖检可见心内膜出血，肺水肿，肝脏、脾脏、淋巴结肿大，肝和肾呈斑驳状。消化道溃疡，病理性特征包括可能由血管炎和浆细胞浸润引发的肾衰竭。组织学检查可见这些器官和组织部位有很多浆细胞浸润，骨髓单核细胞显著增加，总蛋白水平低于正常。这是因为骨髓抑制会导致贫血、白细胞减少和血小板减少；血清变化包括高球蛋白血症和血白蛋白减少，最后导致总蛋白水平低于正常。

【诊断】

(1)血液涂片检查　取病犬急性期或高热期血液，分离白细胞后做涂片，姬姆萨染色后镜检，在单核白细胞和中性粒细胞中可见犬埃里希体和包涵体。

(2)病原分离鉴定　取病犬急性期或发热期血液，分离白细胞，接种于犬单核细胞或 DH82 犬巨噬细胞系细胞，进行培养，之后检查感染细胞质中的包涵体或利用荧光抗体检查病原体。也可用敏感性和特异性更高的 PCR 方法和核酸探针检测。

(3)血清学检查　病犬感染后 7d 开始产生抗体，20d 达高峰。间接荧光抗体技术和 ELISA 法可用于抗体的检测。抗体效价达 1∶20 或更高可考虑为间接感染。此外，也可采用补体结合试验诊断。

【防控措施】

本病尚无有效疫苗。预防本病主要依靠兽医卫生监测，定期消毒灭蜱，切断传染途径。蜱是本病的传染媒介，因此要注意防止蜱的感染。

犬在急性发病期时，强力霉素或四环素治疗效果较好。特异性治疗为口服高剂量的强力霉素[10mg/(kg·d)分喂]。其他四环素类药治疗也有效果。此外，磺胺类药和广谱抗生素对犬的埃里希体病有特效。磺胺二甲基嘧啶 60mg/kg，口服，每日 3 次；或用磺胺二甲基嘧啶钠注射液，30mL/kg，静脉肌肉注射；复方新诺明 60mg/kg，口服，每日 2~3 次；四环素或土霉素 10mg/kg，静脉肌肉注射，每日 2 次，或 20mg/kg，口服，每日 3 次。建议进行 3~4 周(或更长)的抗生素治疗。对于严重感染的犬可进行输液或输血治疗。对继发自身免疫病的犬，要用糖皮质激素治疗。支持性治疗包括输液、输血、提供氧气。对于严重慢性感染的动物，特别是伴有泛白细胞减少症的康复患犬疗效不明显，而且预后不良。康复的动物易发生再次感染。

五、貂脑膜炎

貂脑膜炎(mink meningitis)由脑膜炎奈瑟球菌感染引起。以体温升高，食少，消瘦，不愿活动，喜卧，粪便变稀，常混有血液，脑膜充血，尸体有出血性变化为特征。

【病原】

脑膜炎奈瑟球菌(*Neisseria meningitidis*)又称脑膜炎双球菌，直径 0.6~0.8μm，呈双球状排列，革兰阴性。根据菌体表面抗原，可分为 13 个群，我国流行的菌株多为 A 群，偶见 C 群和 X 群。

【流行病学】

病貂和带菌貂是主要传染源。水貂对本病均易感，但母貂发病率和死亡率均高于公貂。本病常发于 3~4 月水貂配种期前后。在此期间，水貂频繁接触，并且水貂因配种、发情，导致抵抗力下降。

【临床症状】

急性病貂可突然死亡。多数初期食欲减退，严重的无食欲，但渴欲增加，体温升高明显，一般达 40.5~41.0℃，死亡前可降至正常体温 38℃ 以下。精神沉郁，被毛蓬乱无光，眼裂缩小，常卧于小室，少活动，呼吸增快，心跳加速，粪内夹有红色和黑紫色如煤焦油样血液。有的出现血蛋白尿，尿检发现大量红细胞、白细胞及脱落的尿路上皮细胞。个别病例腹痛症状明显，常四肢展平、腹擦笼网。有 1/3 以上的貂出现神经症状，表现高度抽搐痉挛，不时发出刺耳尖叫，有的在受到惊扰和捕捉时常出现慌张、口吐白沫等症状。一般病程 5~7d。早治可愈，但有的转为慢性，体型高度消瘦，食欲减退，不愿活动，无饲养价值。

【病理变化】

心内膜、胸膜及心冠状沟均有大小不等的出血点和出血斑，心脏扩张，心房、室充满紫黑色血块，肺呈斑块出血，边缘气肿，肺门淋巴结肿大，呈红褐色，切面多汁。肝、脾肿大呈黑红色，肝有黄褐色的小坏死灶。脑膜高度充血，在大脑、小脑、延脑和颅底部可发现大小不等的出血点和出血斑。

【诊断】

根据临床症状和剖检变化可怀疑为本病，确诊应进行细菌学和血清学检查，可取病貂心血、肝、脾和脑等新鲜病料进行镜检、培养和生化试验。将病料 10 倍稀释制成乳剂后腹腔接种小鼠，可见死鼠出现与病死貂相同的病变，并可从中检出相同菌体。也可采用 ELISA、荧光抗体技术或协同凝集试验检测病料中的菌体抗原，予以确诊。

【防控措施】

采用青霉素、链霉素和复方新诺明等进行联合治疗，可收到良好的效果。对于发病貂场，可用复方新诺明拌入饲料中对全群进行预防和治疗。更换新鲜、营养丰富的肉、鱼饵料，补充维生素。地面要彻底清扫，用 20% 石灰乳消毒，可用 3% 来苏儿喷雾消毒貂笼，5% 碳酸氢钠消毒饲料室及食具。

【公共卫生】

本病与人脑炎有关，在貂场工作的人员应定期进行免疫接种和体检，以预防人、貂相互传染。

六、貂克雷伯菌病

貂克雷伯菌病(mink klebsiellosis)是由肺炎克雷伯菌引起的一种急性或亚急性经过的传染病。

临床上以脓肿、蜂窝织炎、麻痹和脓毒败血症，并伴有内脏器官炎症和体腔积液为特征。

【病原】

克雷伯菌（*K. peneumoniae*）系肠杆菌科（Enterobacteriaceae）克雷伯杆菌属（*Klebsiella*），是一种革兰阳性杆菌。具有荚膜，但无鞭毛、不能运动，在动物体内形成菌血症。易从病貂的心血、肝、脾、肾、肺中分离。营养要求不高，在普通琼脂培养基上形成较大的灰白色黏液性菌落，以接种环挑之，易拉成丝，有助于鉴别。在肠道杆菌选择性培养基上能发酵乳糖，呈现有色菌落。

【流行病学】

本病可能通过饲料（农畜的副产品，如脾、淋巴结、子宫等）感染，也可能通过病貂的粪便和被污染的饮水传播，但传染方式尚不清楚。本病呈地方性暴发，发病率和死亡率都很高。

【临床症状】

根据临床表现可将水貂克雷伯病分为 4 种类型：

（1）急性败血型　水貂突然发病，精神沉郁，体温升高，食欲急剧下降或完全废绝，呼吸困难。在出现症状后，很快死亡。

（2）脓疱疖型　水貂周身出现小脓疱，特别是颈部、肩部出现许多小脓疱。破溃后流出黏稠的脓汁。大多形成瘘管，局部淋巴结形成脓肿。

（3）蜂窝组织类型　多在水貂喉部出现蜂窝组织炎，并向颈下蔓延，可达肩部，化脓、肿大。

（4）麻痹型　水貂食欲不佳或废绝，后肢麻痹，步态不稳，多数病貂出现症状后 2～3d 内死亡。如果局部出现脓疖，则病程更短。

【病理变化】

急性病貂会出现严重出血，同时伴有肝、脾肿大等现象。慢性病貂会出现轻度出血，同时肠道会出现穿孔和溃疡，腹腔中有食糜。

【诊断】

根据病貂临床表现，病理变化和分离到细菌的情况，可做出此病的确诊。此病应和链球菌、结核菌引起的脓肿加以区别。

【防控措施】

首先，应着眼于饲养管理，保证给予优质饲料，提高水貂机体抵抗力，使发病率控制在最低水平。其次，完善貂场的卫生防疫制度，定期进行严格的杀菌消毒，是防止本病发生蔓延的有效方法。

复习思考题

1. 兔瘟发生的原因有哪些？

2. 如何切断兔黏液瘤病经虫媒传播的途径？

3. 如何检测犬瘟热病毒感染，怎样预防？

4. 犬细小病毒的病理变化分型有哪些？具体有什么病理变化？

5. 简述犬病毒性肝炎的临床症状及病理表现。

6. 如何诊断和防治猫泛白细胞减少症病毒？

7. 制定一个种貂场阿留申病的诊断和净化方案。

8. 魏氏梭菌、巴氏杆菌、沙门菌、大肠杆菌及球虫等均可以引起兔腹泻，且往往是多种病原混合感染，如何对这些疾病进行鉴别论断？

参考文献

阿力木江·艾力瓦尔，麦丽开·托留，2018. 肉羊常见疾病的防治技术[J]. 今日畜牧兽医，34(8)：18.

巴哈特哈孜，2017. 骆驼伪结核棒状杆菌病的诊断[J]. 当代畜牧(14)：110.

白文辉，2017. 家畜三类棒状杆菌病的诊治[J]. 畜牧兽医科技信息(2)：28-29.

蔡宝祥，1993. 动物传染病诊断学[M]. 南京：江苏科学技术出版社.

蔡宝祥，2010. 鸡多病因呼吸道病的流行动态[J]. 中国家禽，32(2)：1-7.

陈东升，2019. 禽多病因急慢性呼吸道病综合症的防控[J]. 吉林畜牧兽医，40(11)：24.

陈东兆，2018. 猪脑心肌炎的流行病学、临床表现、诊断与防治[J]. 现代畜牧科技(5)：104.

陈怀涛，许乐仁，2005. 兽医病理学[M]. 北京：中国农业出版社.

陈焕昌，宋岱松，刘纪玉，等，2019. 一例育肥猪回肠炎的临床诊治[J]. 猪业科学，36(1)：80-81.

陈葵，陈小玲，1999. 鸡传染性鼻炎血清抗体间接 ELISA 诊断试剂盒的研究[J]. 中国兽医科技，29(8)：29-30.

陈丽颖，王自振，王亚宾，等，2000. 猪链球菌病病原分群鉴定[J]. 中国预防兽医学报，22(2)：8-10.

陈玲，宋亚芬，张兵，等，2020. 一株鸡传染性贫血病毒的分离鉴定及其致病性研究[J]. 中国兽药杂志，54(4)：17-23.

陈萌，刘朋，程子龙，等，2018. 牛病毒性腹泻的临床病例[J]. 中国兽医杂志，54(2)：89-90，122.

陈溥言，2016. 兽医传染病学[M]. 6 版. 北京：中国农业出版社.

陈维，梅小伟，2020. 猪痢疾的综合防控措施[J]. 猪业科学，37(9)：38-40.

陈勇，李倩琳，杜吉革，等，2020. 羊传染性脓疱病毒 TaqMan MGB 探针实时荧光定量 PCR 检测方法的建立及初步应用[J]. 中国兽医科学，50(12)：1494-1499.

程安春，汪铭书，陈孝跃，等，2003. 我国鸭疫里默氏杆菌血清型调查及新血清型的发现和病原特性[J]. 中国兽医学报，23(4)：320-323.

崔言顺，焦新安，2008. 人畜共患病[M]. 北京：中国农业出版社.

崔治中，苏帅，罗俊，等，2019. 鸡马立克病毒的研究进展[J]. 微生物学通报，46(7)：1812-1826.

达珍，2020. 猪痢疾的发病原因及预防措施[J]. 农家参谋(10)：156.

代德华，刘俊辉，吴海燕，等，2019. 无规定动物疫病生物安全隔离区建设与思考[J]. 中国动物检疫，36(8)：47-50，84.

戴银，胡晓涵，胡晓苗，等，2019. 番鸭细小病毒病原的血清学检测与 PCR 鉴定[J]. 畜牧与饲料科学，40(6)：96-98.

丁玉华，2019. 一例雏鸭病毒性肝炎的诊治[J]. 福建畜牧兽医，41(5)：71-72.

费斌，2018. 羊传染性脓疱病的流行特点、临床症状和防控[J]. 现代畜牧科技(8)：128.

费恩阁，李德昌，丁壮，2004. 动物疫病学[M]. 北京：中国农业出版社.

奉彬，谢芝勋，邓显文，等，2019. 鸡新城疫病毒、鸡细小病毒和禽流感病毒三重 PCR 检测方法的建立及应用[J]. 南方农业学报，50(11)：2576-2582.

付岳林，崔明仙，白晓，等，2019. 规模化肉鸡场鼻气管鸟杆菌、禽呼肠孤病毒和禽偏肺病毒感染状况的血清学调查[J]. 今日畜牧兽医，35(2)：3-4.

龚振华，胡国明，蒋文明，等，2012. 我国马立克氏病研究进展[J]. 中国动物检疫，29(7)：63-65，75.

关中湘，王树志，朴厚坤，等，1985. 水貂脑膜炎病原体研究[J]. 中国人兽共患病杂志(2)：34-35.

郭振华，陈鑫鑫，李睿，等，2018. 中国猪繁殖与呼吸综合征病毒流行历史及现状[J]. 畜牧兽医学报，49
    (1)：1-9.

韩坤，2019. 貂源肺炎克雷伯菌的生物学特性及致病性研究[D]. 北京：中国农业科学院.

韩文星，陈玉，王静梅，等，2009. 绵羊嗜皮菌病 PCR 诊断方法的建立[J]. 中国兽医学报，29(1)：
    49-51.

韩雪玲，李莉莉，史娟玲，等，2018. 我国森林脑炎临床流行病学研究现状[J]. 西北国防医学杂志，39
    (3)：148-153.

何生虎，2006. 羊病学[M]. 银川：宁夏人民出版社.

何昭阳，2006. 动物传染病学导读[M]. 北京：中国农业出版社.

何志海，杜春红，2018. 伯氏疏螺旋体分型技术研究进展[J]. 中国动物传染病学报，26(4)：82-89.

贺生中，2004. 羊场兽医[M]. 北京：中国农业出版社.

胡杰，蒋维维，李毅，2017. 禽网状内皮组织增殖症病原检测及其抗体检测分析[J]. 上海畜牧兽医通讯
    (5)：21-23.

胡平，胡永玲，王洋，等，2020. 2013—2018 年青岛市流行性乙型脑炎流行病学特征分析[J]. 现代预防医
    学，47(19)：3471-3474.

胡旭东，路浩，刘培培，等，2011. 我国发现的一种引起鸭产蛋下降综合征的新型黄病毒[J]. 中国兽医杂
    志，47(7)：43-46.

扈荣良，2014. 现代动物病毒学[M]. 北京：中国农业出版社.

黄安雄，王淑歌，李俊，等，2018. 鸡毒支原体对大环内酯类抗生素的耐药判定标准研究现状[J]. 中国兽
    医学报，38(12)：2414-2423，2431.

黄海娇，2020. 水貂病毒性肠炎的流行及防治[J]. 畜牧兽医科技信息(6)：191.

黄明明，邹玲，刘文华，等，2014. 水貂脑膜炎奈瑟氏菌感染的诊断及药敏试验[J]. 经济动物学报，18
    (1)：41-43，46.

霍畅媛，2019. 兔黏液瘤病的研究进展[J]. 畜牧兽医科技信息(8)：157-158.

纪明宇，耿大影，2017. 放线菌临床感染研究进展[J]. 中华实用诊断与治疗杂志，31(8)：815-817.

季权安，肖琛闻，刘燕，等，2020. 溶菌酶治疗兔魏氏梭菌病的研究[J]. 中国养兔(3)：11-13，21.

贾世玉，刁有祥，付兴伦，等，1999. 鸡溃疡性肠炎的病原学诊断[J]. 中国兽医学报，19(1)：33-34.

江世民，张宏斌，田艳群，2019. 一例山羊传染性脓疱病的诊治[J]. 现代畜牧科技(9)：97-98，129.

金宁一，胡仲明，冯书章，2007. 新编人兽共患病学[M]. 北京：科学出版社.

金双成，2020. 仔猪梭菌性肠炎的流行病学、临床表现、诊断与防控[J]. 现代畜牧科技(5)：62-63.

雷宇，2017. 产气荚膜梭菌的分离鉴定及 PCR 检测方法的建立[D]. 呼和浩特：内蒙古农业大学.

黎元莉，方瑶，陈海，等，2017. 常规消毒剂对类鼻疽伯克霍尔德菌的杀灭效果分析[J]. 中华医院感染学
    杂志，27(3)：505-509.

李国勤，2001. 禽曲霉菌病病理变化研究进展[J]. 畜牧兽医杂志，20(2)：16-18.

李国勤，曹国荣，1999. 禽曲霉菌病病原与病因研究进展[J]. 动物医学进展，20(3)：12-14.

李海涛，2019. 羊梭菌性疾病的流行、诊断与治疗[J]. 中国畜禽种业，15(9)：152.

李慧昕，刘胜旺，2019. 新中国成立 70 周年兽医科学研究进展[J]. 中国科学，49(11)：1441-1456.

李佳，文鹏程，韩振海，等，2016. 新发鸡心包积液综合征研究进展[J]. 中国兽医杂志，52(8)：65-67.

李嘉琛，吴华伟，陈晓春，等，2018. 猪传染性胃肠炎病毒的分离与鉴定[J]. 中国兽药杂志，52(3)：
    25-30.

李君阁，朱尽国，1985. 犬细小病毒和猫泛白细胞减少症病毒理化学和生物学特性的比较研究[J]. 国外兽医

学-畜禽传染病，5(6)：58-61.

李来斌，2017. 犬和猫莱姆病的防治[J]. 农业技术与装备(8)：93-94.

李丽莎，2020. 肉牛传染性角膜结膜炎的流行病学、临床表现、鉴别诊断和防治[J]. 现代畜牧科技(10)：
　135-136.

李琳，袁陆，学忠，2016. 猪脑心肌炎病毒病[J]. 猪业科学，33(9)：104-106.

李沙，陈海，李欢，2018. 海南1例感染类鼻疽伯克霍尔德菌的溯源调查[J]. 中国人兽共患病学报，34
　(7)：673-676.

李文娟，张颖，孙宏亮，等，2020. 两种不同培养工艺制备森林脑炎灭活疫苗的免疫原性及安全性评价[J].
　中国生物制品学杂志，33(3)：246-249.

李文杨，刘远，张晓佩，等，2014. 福清山羊伪结核棒状杆菌病的诊治[J]. 中国畜牧兽医文摘，30(11)：
　102-103.

李永波，2019. 鸭病毒性肝炎的流行病学、实验室诊断及防控措施[J]. 现代畜牧科技(12)：133-134.

李永清，甘孟侯，2004. 禽大肠杆菌病防制研究进展[J]. 中国兽医学报，20(4)：414-416.

李佑民，1993. 家畜传染病学[M]. 北京：蓝天出版社.

李玉峰，2011. 鸭黄病毒感染研究进展[J]. 中国家禽，33(17)：30-32.

李增光，2007. 当前禽病发生的形势和特点以及主要疫病的防治[J]. 家禽科学(9)：3-6.

刘畅，2019. 禽螺旋体病的分析诊断及治控措施[J]. 饲料博览(11)：58.

刘芹防，崔尚金，2009. 猪沙门氏菌病病原学、流行病学、诊断及防治进展[J]. 猪业科学，26(12)：
　24-28.

刘拓，许琳，许庆梅，等，2017. 森林脑炎的发病机制及诊治研究进展[J]. 世界最新医学信息文摘，17
　(34)：35，37.

刘秀梵，2001. 鸡多病因呼吸道病及其防制对策[J]. 动物科学与动物医学，18(2)：4-7.

刘秀梵，2012. 兽医流行病学[M]. 北京：中国农业出版社.

刘雪娇，崔燕蕾，李子荷，等，2020. 猫白血病病毒的检测及pol基因遗传进化分析[J]. 动物医学进展，41
　(7)：34-37.

陆承平，刘永杰，2021. 兽医微生物学[M]. 6版. 北京：中国农业出版社.

罗芳，张芳，刘增加，2014. 甘肃南部部分地区Q热分子流行病学调查研究[J]. 寄生虫与医学昆虫学报，
　21(3)：155-159.

罗满林，2013. 动物传染病学[M]. 北京：中国林业出版社.

马世宏，2018. 皮肤霉菌病及其防治[J]. 当代畜禽养殖业(4)：35.

麦麦提·萨木沙克，2020. 牛羊布鲁鲁菌病防治方法[J]. 今日畜牧兽医，36(10)：32.

毛景东，王景龙，杨艳玲，2011. 布鲁氏菌病的研究进展[J]. 中国畜牧兽医，38(1)：222-226.

孟柯其其格，胡瑛兵，杨淑英，等，2018. 阿拉善马鼻疽的防控[J]. 今日畜牧兽医，34(11)：36.

苗得园，张培君，龚玉梅，等，2000. 鸡传染性鼻炎二价油乳剂灭活疫苗的近期免疫效力检验[J]. 华北农学
　报(2)：138-142.

(美国)D. C. 赫什，(美国)N. J. 麦克劳克伦，(美国)R. L. 沃克，2007. 兽医微生物学[M]. 2版. 王凤阳，
　范泉水，译. 北京：科学出版社.

倪斌，2008. 鼠疫耶尔森菌质粒缺失株的构建及其致病相关研究[D]. 杨陵：西北农林科技大学，1-4.

牛登云，沈元，王蕊，等，2016. 2015年我国I群禽腺病毒分子流行病学调查[J]. 中国家禽，38(9)：
　65-68.

牛江婷，伊淑帅，胡桂学，等，2018. 猪流行性腹泻流行病学研究进展[J]. 中国兽医杂志，54(1)：69-71.

牛庆丽，关贵全，杨吉飞，等，2010. 采用PCR方法对我国蜱伯氏疏螺旋体感染的流行病学调查[J]. 中国
　预防兽医学报，32(12)：984-987.

农业部兽医局，2017. 实施动物疫病区域化管理助力畜牧业"转调提"[N]. 农民日报，2017-01-18(6).

潘伟，2018. 水泡性口炎病毒 M 蛋白抑制宿主抗病毒反应机制的研究[D]. 长春：吉林大学.

朴聪雁，2020. 猫泛白细胞减少症的诊治[J]. 中国畜禽种业，16(5)：139-140.

朴范泽，2004. 家畜传染病学[M]. 北京：中国科学文化出版社.

朴范泽，2008. 牛病类症鉴别诊断彩色图谱[M]. 北京：中国农业出版社.

钱慧，2012. 浅谈犬真菌性皮肤病的诊断与治疗[J]. 中国畜牧业(4)：88-89.

曲连东，李志杰，2016. 哺乳动物呼肠孤病毒感染生物学研究进展[C]. 中国畜牧兽医学会兽医公共卫生学分会第五次学术研讨会论文集，39-42.

曲雅新，孙连静，张胜斌，等，2020. 猪轮状病毒、猪札幌病毒和猪星状病毒三重 PCR 检测方法的建立及应用[J]. 畜牧与兽医，52(11)：78-83.

任邦军，2020. 猪巴氏杆菌病与猪链球菌病临诊鉴别[J]. 北方牧业(20)：27.

阮二垒，陈芳艳，陈瑞爱，等，2009. 雏番鸭细小病毒病的研究进展[J]. 中国动物检疫，26(5)：68-70.

商飞，2009. 金黄色葡萄球菌 GdpS 蛋白与致病性相关的调控功能研究[D]. 合肥：中国科学技术大学.

石一，马琳，张恩民，等，2017. 利用荧光定量 PCR 快速鉴定炭疽疫情和种群分型[J]. 职业与健康，33(9)：1189-1192.

史瑞军，2018. 猫病毒性鼻气管炎病的诊治[J]. 当代畜牧(27)：29.

宋丽丽，白志恒，张玲艳，等，2020. 一株小鹅瘟病毒的生物学特性分析[J]. 中国病原生物学杂志，15(3)：269-273.

苏波，2018. 蛋鸡感染禽脑脊髓炎的现状及防控措施[J]. 家禽科学(9)：30-31.

苏增华，马继红，董浩，等，2014. 人畜共患病防控系列报道(九)野兔热[J]. 中国畜牧业(23)：40-41.

孙冰冰，张传亮，2018. 2017 年国际马病疫情动态及马病防控思考[J]. 黑龙江畜牧兽医(17)：58-60.

孙冰洁，2020. 猪增生性肠炎研究进展[J]. 畜牧业环境(5)：91，11.

孙长贵，张丽君，梁军兵，等，2001. 白色念珠菌对五种抗真菌药物体外敏感性研究[J]. 医学研究生学报，14(增刊)：23-25.

孙金福，张中华，2004. 鹩鸪念珠菌病的病原分离与鉴定[J]. 畜牧与兽医，36(4)：29-30.

孙文阳，黄晓宇，杨巧丽，等，2018. 新生仔猪 C 性产气荚膜梭菌性腹泻的研究进展[J]. 甘肃农业大学学报，53(5)：1-7.

孙燕芳，刘友财，于爱露，2017. 一例家兔密螺旋体病的诊治[J]. 特种经济动植物，20(10)：12.

孙雨，宋晓晖，魏巍，等，2020. 跨境动物疫病风险监测预警新模式——远程诊断监测预警平台[J]. 畜牧与兽医，52(11)：95-99.

孙云山，张勇，2020. 羔羊大肠杆菌病的防控[J]. 养殖与饲料，19(11)：105-106.

孙志洲，2018. 奶牛放线菌病的流行病学、临床特征、诊断和治疗方法[J]. 现代畜牧科技(3)：60.

谭群明，郎克清，2020. 牛传染性支原体肺炎诊断与防治[J]. 畜牧兽医科学(电子版)(13)：99-100.

唐曲映，2017. 猪放线菌病的诊治[J]. 当代畜牧(5)：110.

田海蓉，王代英，曾红，等，2020. 奶牛结核病的防控与净化[J]. 贵州畜牧兽医，44(5)：59-61.

田克恭，2006. 犬病毒病免疫诊断技术研究进展[J]. 养犬(2)：15-17.

田培生，信丽双，田培东，2017. 家畜类鼻疽的诊断和防控[J]. 畜牧兽医科技信息(6)：37.

田松军，魏小红，冉雪琴，等，2015. 紫云县贵州马传染性胸膜肺炎的流行与治疗[J]. 黑龙江畜牧兽医(22)：97-99，237.

王傲杰，周峰，王新港，等，2019. 猪盖他病毒 RT-PCR 检测方法的建立及其应用[J]. 中国兽医学报，39(2)：209-214.

王佳，关红民，宋建国，等，2013. 猪呼吸道疾病综合征的防治[J]. 国外畜牧学(猪与禽)，33(7)：75-77.

王君玮，汪鹏旭，2001. 禽肺病毒研究进展[J]. 中国动物检疫，18(4)：42-43.

王秋艳，张志刚，刘光辉，2020. 重组禽流感病毒(H5+H7)三价灭活疫苗免疫鸡群的临床效果评价[J]. 中国动物检疫，37(11)：112-115.

王瑞，2019. 反刍动物心水病的分析诊断和治控方案[J]. 饲料博览(10)：63.

王书峰，2019. 鸭传染性浆膜炎的流行病学、鉴别及防治措施[J]. 现代畜牧科技(11)：112-113.

王思云，刘建华，孙佳琪，等，2019. 禽副黏病毒4型N蛋白主要抗原域的原核表达及多抗制备[J]. 中国预防兽医学报(8)：25-27.

王彦杰，2017. 肉牛钱癣病的流行病学、临床症状、诊断及其防治[J]. 现代畜牧科技(10)：105.

王艳杰，巨敏莹，王秀明，等，2020. 犬腺病毒和犬细小病毒双重 TaqMan 荧光定量 PCR 检测方法的建立[J]. 中国预防兽医学报，42(5)：474-478.

王玉燕，陆承平，温海，2005. 用套式 PCR 方法检出腹泻及健康犬粪中的犬冠状病毒[J]. 中国病毒学，20(1)：41-45.

王振宇，杨皓，2020. 鸡传染性支气管炎的免疫防控技术[J]. 养禽与禽病防治(2)：5-9.

王治才，赵俊亮，赵华林，等，2016. 动物类鼻疽的流行病学、诊断及其防治[J]. 草食家畜(3)：1-6.

韦鹏建，冯若飞，马忠仁，2010. 盖他病毒研究进展[J]. 动物医学进展，31(8)：97-100.

韦韬，吴艳虹，马瑞芳，等，2020. 水貂阿留申病在不同感染率貂场的联合检疫方法[J]. 中国预防兽医学报，42(7)：685-689.

卫广森，2009. 羊病兽医全攻略[M]. 北京：中国农业出版社.

魏宁，丁小明，卓国荣，等，2019. 中药制剂对犬传染性肝炎防治效果[J]. 畜牧兽医科学(电子版)(20)：4-5.

魏伟，2018. 鸭、鹅念珠菌病的诊断和防治措施[J]. 现代畜牧科技(3)：55.

吴道举，2020. 鸡传染性法氏囊病的防治分析[J]. 畜禽业，31(9)：114，116.

吴锦怀，2018. 一例犬埃里希体病的诊治和分析[J]. 福建畜牧兽医，40(6)：38-39.

吴静，2020. 肉鸡链球菌病的流行病学、临床症状、实验室诊断和防控措施[J]. 现代畜牧科技(10)：112-113.

吴玲玲，李艳芬，闫江舟，等，2018. 荧光 PCR 直接检测食物中毒样品中 A(B)型肉毒梭菌[J]. 中国卫生检验杂志，28(2)：163-165.

吴清民，2002. 兽医传染病学[M]. 北京：中国农业大学出版社.

武传余，2020. 一例猪痢疾病例的诊断及处理[J]. 中国畜牧业(6)：82-83.

夏业才，陈光华，丁家波，2018. 兽医生物制品学[M]. 2版. 北京：中国农业出版社.

小沼操，明石博臣，菊池直哉，等，2008. 动物感染症[M]. 2版. 朴范泽，何伟勇，罗廷容，译. 北京：中国农业出版社.

肖海君，王尊民，谭涛，2017. 猪呼吸道疾病综合征发病特点与防控措施[J]. 今日养猪业(1)：88-89.

谢华艳，黄稳妃，李春英，2020. 一例鸭黄病毒病的诊治报告[J]. 广西畜牧兽医，36(6)：274-275.

谢婷，熊毅，陈霞，等，2020. 鸭痘的诊断和一株鸭痘病毒部分基因的序列分析[J]. 黑龙江畜牧兽医(15)：101-104.

辛晓星，2020. 肉牛沙门氏菌病的流行病学、实验室诊断及防治[J]. 现代畜牧科技(10)：133-134.

徐凤宇，王树志，2006. 水貂阿留申病概述[J]. 经济动物学报，10(2)：106-109.

徐福南，陈万芳，张书霞，等，1990. 兔病毒性出血症发病机理的初步研究[J]. 南京农业大学学报，13(3)：57-91.

徐金凤，2018. 肉牛钱癣病的诊治措施[J]. 畜牧兽医科技信息(5)：74.

徐生瑞，薛万朝，陈长江，2020. 羊传染性脓疱病综合防控措施[J]. 南方农机，51(4)：63.

薛念宇，李中元，王浩先，等，2020. 犬细小病毒的研究进展[J]. 现代畜牧兽医(4)：55-57.

薛拥志，孙继国，张莉，2003. 禽肺病毒病简介[J]. 动物科学与动物医学，20(3)：15-17.

杨春明, 索玉洁, 2020. 猪呼吸道疾病综合征病因及防控[J]. 畜牧兽医科学(电子版)(13): 115-116.

杨洁, 2016. 家畜棒状杆菌病的防治措施[J]. 中兽医学杂志(5): 56.

姚红, 吴聪明, 汪洋, 2016. 弯曲菌对临床常用抗菌药物耐药机制研究进展[J]. 动物医学进展, 37(1): 96-99.

易东全, 2018. 畜禽皮肤霉菌病的防治[J]. 当代畜禽养殖业(11): 26.

殷国政, 司振书, 刘延伟, 等, 2019. 禽腺病毒感染 SPF 鸡的病变和病毒分布初步研究 [J]. 中国家禽, 41(1): 54-57.

于丽娟, 2020. 泰泽氏病流行病学特点和诊治方法[J]. 中国畜禽种业, 16(8): 74.

于涛, 2016. 马鼻疽的诊断、鉴别和防治措施[J]. 现代畜牧科技(11): 102.

于桐, 蔡锦顺, 2019. 猫免疫缺陷病毒和猫艾滋病的研究进展[J]. 科学技术创新(14): 58-59.

于旭磊, 2020. 产气荚膜梭菌流行特点及其噬菌体遗传背景分析[D]. 泰安: 山东农业大学.

于泽坤, 段笑笑, 只勇, 等, 2020. 稳定表达犬瘟热病毒 Nectin4 受体的 Vero 细胞系构建[J]. 中国畜牧兽医, 47(10): 3334-3342.

袁翠霞, 袁翠莲, 陈红, 等, 2020. 一例蛋鸭感染鸭瘟的诊断与防控对策 [J]. 畜禽业, 31(5): 65, 67.

翟雪松, 2016. 牛传染性脑膜脑炎的诊治[J]. 畜牧兽医科技信息(10): 75-76.

詹思延, 2017. 流行病学[M]. 8 版. 北京: 人民卫生出版社.

张春杰, 2009. 家禽疫病防控[M]. 北京: 中国农业出版社.

张峰华, 吴礼平, 孔学礼, 等, 2020. 猫传染性腹膜炎的诊断与防治[J]. 今日畜牧兽医, 36(10): 101-102.

张伟, 2020. 鸡溃疡性肠炎的临床症状、剖检变化、诊断及防控[J]. 现代畜牧科技, 71(11): 92-93.

张小敏, 何楚, 周斌, 等, 2013. 猪盖他病诊断方法研究进展[J]. 上海畜牧兽医通讯(2): 25-27.

张晓华, 马福群, 2010. 马传染性支气管炎的诊治[J]. 畜禽业(8): 91-92.

张训海, 2003. 鸡马立克氏病监测技术的研究及应用[D]. 南京: 南京农业大学.

张训海, 王旋, 赵磊, 等, 2013. 畜禽健康养殖及其生物安全体系的构建[J]. 中国家禽, 35(10): 55-56.

张永宁, 吴绍强, 林祥梅, 2017 塞内卡病毒病研究进展[J]. 畜牧兽医学报, 48(8): 1381-1388.

张志东, 李彦敏, 1990. 猫艾滋病[J]. 中国兽医杂志, 16(6): 51.

张仲秋, 丁伯良, 2015. 默克兽医手册[M]. 10 版. 北京: 中国农业出版社.

赵德明, 2005. 动物传染性海绵状脑病[M]. 北京: 中国农业出版社.

赵静杰, 张玲玲, 梁瑞英, 等, 2020. 猫杯状病毒反向遗传平台的研究进展[J]. 中国兽医科学, 50(8): 1037-1042.

赵俊亮, 吴建勇, 葛建军, 等, 2019. 奶牛副结核病例的临床诊断[J]. 草食家畜(3): 43-45.

赵怡, 李芳兵, 王帅, 等, 2020. 2019 年副鸡禽杆菌的分离鉴定和鸡传染性鼻炎流行状况分析 [J]. 中国家禽, 42(6): 102-106.

郑慧华, 刘芳, 张宇. 猪伪狂犬病病毒变异株 TK/gE/gI 三基因缺失突变株在小鼠体内的免疫原性[J]. 中国兽医学报, 40(10): 1900-1906.

郑明球, 2003. 应重视家禽多病因呼吸道病的防制[J]. 畜牧与兽医, 35(9): 1-3.

郑世军, 宋清明, 2013. 现代动物传染病学[M]. 北京: 中国农业大学出版社.

中国兽医药品监察所, 农业部兽药评审中心组, 2011. 兽用生物制品质量标准(2010)[M]. 北京: 中国农业科技出版社.

周继章, 邱昌庆, 2007. 我国家畜衣原体病流行状况[J]. 中国畜牧兽医, 34(7): 110-112.

周金玲, 吴丹丹, 周玉龙, 等, 2016. 气肿疽梭菌 HLJ-1 株分离鉴定及系统进化分析[J]. 黑龙江八一农垦大学学报, 28(6): 83-88.

周涛, 2017. 马传染性贫血病病毒的基因变异与生物学特性研究[D]. 武汉: 华中农业大学.

朱文涛，2020. 鸡传染性喉气管炎的诊断与防治[J]. 中兽医学杂志(7)：36-37.

邹文茂，李景辉，邓超，等，2018. 35 例类鼻疽病例临床特点分析[J]. 中国感染控制杂志，17(2)：146-150.

左俊峰，2017. 放线菌病的中西医防治[J]. 中兽医学杂志(6)：92.

CHEN X M, LI T T, CHEN X D, 2019. σA 蛋白表位在鸭和禽呼肠孤病毒感染中的血清学诊断技术应用[J]. 中国预防兽医学报(10)：1086.

REBHUN W C, 2003. 奶牛疾病学[M]. 2 版. 赵德明，沈建中，译. 北京：中国农业出版社.

SAIF Y M, 2012. 禽病学[M]. 12 版. 苏敬良，高福，索勋，译. 北京：中国农业出版社.

ABDELMAGEED A A, FERRAN M C, 2020. The propagation, quantification, and storage of vesicular stomatitis virus[J]. Current protocols in microbiology, 58(1)：e110.

ADASZEK L, WINIARCZYK S, MAJ J, et al., 2009. Molecular analysis of the nucleoprotein gene f canine distemper virus isolated from clinical cases of the disease in foxes, minks and dogs[J]. Polish journal of veterinary sciences, 12(4)：433-437.

ANTRAZELTINA, THOMAS A, BOWDEN, et al., 2016. Emerging paramyxoviruses: receptor tropism and zoonotic potential[J]. Plospathogens, 12(2)：e1005390.

ATHAMNA A, ROSENGARTEN R, LEVISOHN S, et al., 1994. Adherene of mycoplasma gallisepticuminvolers variable surface membrane protein[J]. Infection and immunity, 61：462-468.

BAKER J C, 1995. The clinical manifestations of bovine viral diarrhea infection[J]. Veterinary clinics of North America, 11：425-445.

BALASURIYA U B R, CROSSLEY B M, TIMONEY P J, 2015. A review of traditional and contemporary assays for direct and indirect detection of Equid herpesvirus 1 in clinical samples[J]. Journal of veterinary diagnostic investigation: official publication of the american association of veterinary laboratory diagnosticians, inc, 27(6)：673-687.

BALASURIYA U, CAROSSINO M, TIMONEY P J, 2018. Equine viral arteritis: A respiratory and reproductive disease of significant economic importance to the equine industry[J]. Equine veterinary education, 30(9)：497-512.

BARON MD, DIOP B, NJEUMI F, et al., 2017. Future research to underpin successful peste des petits ruminants virus (PPRV) eradication[J]. Journal of general virology, 98(11)：2635-2644.

BASEGGIO N, GLEW M D, MARKHAM P F, et al., 1996. Size and genomic location of the pMGA multigene family of Mycoplasma gallisepticum[J]. Microbiology, 142：1429-1435.

BAXTER S I, POW I, BRIDGEN A, et al., 1993. PCR detection of the sheep-associated agent of malignant catarrhal fever[J]. Archives of virology, 132(1-2)：145-59.

BITSCH V, 1978. The P 37/24 modification of the infectious bovine rhinotracheitis virus-serum neutralization test[J]. Acta veterinariascandinavica, 19(4)：497-505.

BLOME S, STAUBACH C, HENKE J, et al., 2017. Classical swine fever-an updated review[J]. Viruses, 9(4)：86.

CAROCCI M, BAKKALI-KASSIMI L, 2012. The encephalomyocarditis virus[J]. Virulence, 3(4)：351-367.

CASALONE C, HOPE J, 2018. Atypical and classic bovine spongiform encephalopathy[J]. Handbook of clinical neurology, 153：121-134.

CERRITE-NO-SANCHEZ J L, SANTOS-LOPEZ G, ROSAS-CUURRIETA N H, et al., 2016. Production of an enzymatically active and immunogenic form of ectodomain of porcine rubulavirus hemagglutinin-neuraminidase in the yeast pichia pastoris[J]. Journal of biotechnology, 223：52-61.

CHENG LT, ZENG YJ, CHU CY, et al., 2019. Development of a quick dot blot assay for the titering of bovine ephemeral fever virus[J]. BMC veterinary research, 15(1)：313.

CLAYTON B A, 2017. Nipah virus: transmission of a zoonotic paramyxovirus[J]. Current opinion in virology, 22: 97-104.

DARWEESH M F, RAJPUT M K S, BRAUN L J, et al., 2018. BVDV Npro protein mediates the BVDV induced immunosuppression through interaction with cellular S100A9 protein[J]. Microbial pathogenesis, 121: 341-349.

DENNER J, 2015. Xenotransplantation and porcine cytomegalovirus[J]. Xenotransplantation, 22(5): 329-335.

DENNER J, 2018. Reduction of the survival time of pig xenotransplants by porcine cytomegalovirus[J]. Virology journal, 15(1): 171.

DESSELBERGER U, 2019. Caliciviridaetother than noroviruses[J]. Viruses, 11(3): e286.

DI T G, MARRUCHELLA G, DI P A, et al., 2020. Contagious Bovine Pleuropneumonia: A Comprehensive Overview[J]. Veterinary pathology, 57(4): 476-489.

DOREY-ROBINSON D L W, LOCKER N, STEINBACH F, et al., 2019. Molecular characterization of equine infectious anaemia virus strains detected in England in 2010 and 2012[J]. Transboundary and emerging diseases, 66(6): 2311-2317.

EDINGTON N, 1999. Porcine cytomegalovirus[M]. Iowa: Iowa State University Press, 125-131.

EWING M L, KLEVEN S H, BROWN M B, 1996. Comparison of enzyme-linked immunosorbent assay and hemagglutination-inhibtion for detection of antibody to Mycoplasma gallisepticum in commercialbroiler, Fair and exhibition, and experimentally infected birds[J]. Avian diseases, 40: 13-22.

FIELD H, BARRATT P, HUGHES R, et al., 2000. A fatal case of Hendra virus infection in a horse in north queensland: clinical and epidemiological features[J]. Australian veterinary journal, 78(4): 279-280.

FIELD H, SCHAAF K, KUNG N, et al., 2010. Hendra virus outbreak with novel clinical features, australia[J]. Emerging infectious diseases, 16(2): 338-340.

FLOREN U, STORM P K, KALETA E F, 1988. Pasteurella anatipestifersp. i. c. in Pekin ducks: pathogenicity tests and immunization with an inactivated, homologous, monovalent (serotype 6/B) oil emulsion vaccine[J]. Deutsche tierarztlichewochenschrift, 95(5): 210-214.

FUKUNAGA Y, KUMANOMIDO T, KAMADA M, 2000. Getah virus as an equine pathogen[J]. Veterinary clinics of north America: equine practice, 16(3): 605-617.

GU W, ZENG N, ZHOU L, et al., 2014. Genomic organization and molecular characterization of porcine cytomegalovirus[J]. Virology, 460: 165-172.

GREWAR J D, WEYER C T, VENTER G J, et al., 2018. A field investigation of an African horse sickness outbreak in the controlled area of South Africa in 2016[J]. Transboundary and emerging diseases, 66(2): 743-751.

GÓMEZ-VILLAMANDOS J C, BAUTISTA M J, SÁNCHEZ-CORDÓN P J, et al., 2013. Pathology of African swine fever: The role of monocyte-macrophage[J]. Virus research, 173(1): 140-149.

HOLZER B, HODGSON S, LOGAN N, et al., 2016. Protection of Cattle against Rinderpest by Vaccination with Wild-Type but Not Attenuated Strains of Peste des Petits Ruminants Virus[J]. Journal of virology, 90(10): 5152-5162.

HOU P, WANG H, ZHAO G, et al., 2017. Rapid detection of infectious bovine Rhinotracheitis virus using recombinase polymerase amplification assays[J]. BMC veterinary research, 13(1): 386.

IQBAL Y M, RAFFIQ P O, TAUSEEF B S, et al., 2019. Contagious caprine pleuropneumonia-a comprehensive review[J]. The veterinary quarterly, 39(1): 1-25.

JENSEN T K, CHRISTENSEN B B, BOYE M, 2006. Lawsonia intracellularis infection in the large intestines of pigs[J]. Acta pathologica, microbiologica, et immunologica Scandinavica, 114(4): 255-264.

JIANG H, WANG D, WANG J, et al., 2019. Induction of porcine dermatitis and nephropathy syndrome in piglets by infection with porcine circovirus type 3[J]. Journal of virology, 93(4): e02045-18.

JOERLING J, WILLEMS H, EWERS C, et al. , 2020. Differential expression of hemolysin genes in weakly and strongly hemolytic Brachyspirahyo dysenteriae strains[J]. BMC veterinary research, 16(1): 169.

JOHNSON R, KANEENE J B, 1992. Bovine leukaemia virus and enzootic bovine leucosis[J]. Veterinary bulletin, 62: 287-312.

KARUPPANNAN A K, OPRIESSNIG T, 2017. Porcine circovirus type 2 (PCV2) vaccines in the context of current molecular epidemiology[J]. Viruses, 9(5): 99.

KIM I S, JENNI S, STANIFER M L, et al. , 2017. Mechanism of membrane fusion induced by vesicular stomatitis virus G protein[J]. Proceedings of the national academy of sciences of the united states of america, 114 (1): E28-E36.

KUMAR N, BARUA S, RIYESH T, et al. , 2017. Advances in peste des petits ruminants vaccines[J]. Veterinary microbiology, 206: 91-101.

KUNDLACZ C, POURCELOT M, FABLET A, et al. , 2019. Novel Function of Bluetongue Virus NS3 Protein in Regulation of the MAPK/ERK Signaling Pathway[J]. Journal of virology, 93(16): e00336-19.

LANKESTER F, LUGELO A, WERLING D, et al. , 2016. The efficacy of alcelaphine herpesvirus-1 (AlHV-1) immunization with the adjuvants Emulsigen © and the monomeric TLR5 ligand FliC in zebu cattle against AlHV-1 malignant catarrhal fever induced by experimental virus challenge[J]. Veterinary microbiology, 195: 144-153.

LEE F, 2019. Bovine ephemeral fever in asia: Recent status and research gaps[J]. Viruses, 11(5): 412.

LEE J K, PARK J S, CHOI J H, et al. , 2002. Encephalomyelitis associated with akabane virus infection in adult cows[J]. Veterinary pathology, 39: 269-273.

LI K, YAN S, WANG N, et al. , 2020. Emergence and adaptive evolution of nipah virus[J]. Transboundemergdis, 67(1): 121-132.

LIU J, COFFIN K M, JOHNSTON S C, et al. , 2019. Nipah virus persists in the brains of nonhuman primate survivors [J]. JCI Insight, 4(14): e129629.

LO M K, FELDMANN F, GARY J M, et al. , 2019. Remdesivir (GS-5734) protects african green monkeys from nipah virus challenge[J]. Science translational medicine, 11(494): eaau9242.

LU G, CHEN R, SHAO R, et al. , 2020. Getah virus: An increasing threat in China[J]. Journal of infection, 80 (3): 350-371.

LUNNEY J K, FANG Y, LADINIG A, et al. , 2016. Porcine reproductive and respiratory syndrome virus (PRRSV): Pathogenesis and interaction with the immune system[J]. Annual review of animal biosciences, 4: 129-154.

MARTINEZ-GIL L, VERA-VELASCO N M, MINGARRO I, 2017. Exploring the human-nipahvirus protein-protein interactome[J]. Journal of virology, 91(23).

MAYO C, LEE J, KOPANKE J, et al. , 2017. A review of potential bluetongue virus vaccine strategies[J]. Veterinary microbiology, 206: 84-90.

MCGRAW K J, CHOU K, BRIDGE A, et al. , 2020. Body condition and poxvirus infection predict circulating glucose levels in a colorful songbird that inhabits urban and rural environments[J]. Journal of experimental zoology part a: ecological and integrative physiology, 333(8).

MORA-DECHNO C, PI PIDE P E, HOUSTON E, et al. , 2019. Porcine hemagglutinating encephalomyelitis virus: areview[J]. Frontiers in veterinary science, 6: 53.

MUDAHI-ORENSTEIN S, LEVISOHN S, GEARY SJ, et al. , 2003. Cytoadherence-Deficient Mutants of mycoplasma gallisepticum generated by transposon Mutagenesis[J]. Infection and immunity, 71: 3812-3820.

MUELLER N J, BARTH R N, YAMAMOTO S, et al. , 2002. Activation of cytomegalovirus in pig-to-primate organ xenotransplantation[J]. Journal of virology, 76: 4734-4740.

NEILAN J G, ZSAK L, LU Z, et al. , 2004. Neutralizing antibodies to African swine fever virus proteins p30, p54, and p72 are not sufficient for antibody-mediated protection[J]. Virology, 319(2): 337-342.

NEWCOMER B W, GIVENS D, 2016. Diagnosis and Control of Viral Diseases of Reproductive Importance: Infectious Bovine Rhinotracheitis and Bovine Viral Diarrhea[J]. Veterinary clinics of north america: food animal practice, 32 (2): 425-441.

NICOLA D, VIVIANA M, GABRIELLA E, et al., 2015. Full-length genome analysis of canine coronavirus type I [J]. Virus research, 210: 100-105.

OCHANI R K, BATRA S, SHAIKH A, et al., 2019. Nipah virus-the rising epidemic: a review[J]. Le Infezioni in Medicina, 27(2): 117-127.

PALINSKI R, PIÑEYRO P, SHANG P, et al., 2016. A novel porcine circovirus distantly related to known circoviruses is associated with porcine dermatitis and nephropathy syndrome and reproductive failure[J]. Journal of virology, 91(1): e01879-16.

PHAN T G, GIANNITTI F, ROSSOW S, et al., 2016. Detection of a novel circovirus PCV3 in pigs with cardiac and multi-systemic inflammation[J]. Virology journal, 13: 184.

PLAGEMANN P G, 2003. Porcine reproductive and respiratory syndrome virus: origin hypothesis[J]. Emerging infectious diseases, 9(8): 903-908.

POLAT M, TAKESHIMA S N, AIDA Y, 2017. Epidemiology and genetic diversity of bovine leukemia virus[J]. Virology journal, 14(1): 209.

QU F F, CAI C, ZHENG X J, et al., 2006. Rapid identification of Riemerallaanatipestifer on the basis of specific PCR amplifying 16S rDNA[J]. Acta microbiologicasinica, 46(1): 13-17.

RESENDE T P, MEDIDA R L, VANNUCCI F A, et al., 2020. Evaluation of swine enteroids as in vitro models for Lawsonia intracellularis infection 1, 2[J]. Journal of animal science, 98(2): skaa011.

RESENDE T P, PEREIRA C E R, DANIEL A G S, et al., 2019. Effects of Lawsoniaintracellularis infection in the proliferation of different mammalian cell lines[J]. Veterinary microbiology, 228: 157-164.

ROJAS J M, RODRÍGUEZ-MARTÍN D, MARTÍN V, et al., 2019. Diagnosing bluetongue virus in domestic ruminants: current perspectives[J]. Veterinary medicine (Auckland, N. Z.), 10: 17-27.

RUZEK D, AVŠIŽUPANC T, BORDE J, et al., 2019. Tick-borne encephalitis in europe and russia: review of pathogenesis, clinical features, therapy, and vaccines[J]. Antiviral research, 164: 23-51.

SAHU B P, MAJ EE P, SINGH R R, et al., 2020. Comparative analysis, distribution, and characterization of microsatellites in Orf virus genome[J]. Scientific reports, 10(1): 13852.

SAID A, WOLDEMARIAM T A, TIKOO S K, 2018. Porcine adenovirus type 3 E3 encodes a structural protein essential for capsid stability and production of infectious progeny virions [J]. Journal of virology, 92(20): e00680-18.

SAKAMOTO R, KINO Y, SAKAGUCHI M, 2012. Development of a multiplex PCR and PCR-RFLP method for serotyping of Avibacteriumparagallinarum[J]. Journal of veterinary medical science, 74(2): 271-273.

SAKAMOTO R, SAKAI A T, USHIJIMA T, et al., 2012. Development of an enzyme-linked immunosorbent assay for the measurement of antibodies against infectious coryza vaccine[J]. Avian diseases, 56(1): 65-72.

SANDHU T S, LAYTON H W, 1985. Laboratory and field trials with formalin-inactivated Escherichia coli (O78)-Pasteurella anatipestiferbacterin in white pekin ducks[J]. Avian Diseases, 29(1): 128-135.

SARDESAI S, BINIWALE M, WERTHEIMER F, et al., 2017. Evolution of surfactant therapy for respiratory distress syndrome: past, present, and future[J]. Pediatric research, 81(1-2): 240-248.

SAVELIEFF M G, PAPPALARDO L, AZMANIS P, 2018. The current status of avian aspergillosis diagnoses: Veterinary practice to novel research avenues[J]. Veterinary clinical pathology, 47(3): 342-362.

SAYED A, BOTTU A, QAISAR M, et al., 2019. Nipah virus: a narrative review of viral characteristics and epidemiological determinants [J]. Public health, 173: 97-104.

SCANTLEBURY C E, ZERFU A, PINCHBECK G P, et al., 2015. Participatory appraisal of the impact of epizootic lymphangitis in ethiopia[J]. Preventive veterinary medicine, 120(3-4): 265-276.

SCHEMANN K, ANNAND E, REID P, et al., 2018. Investigation of the effect of equivachevhendra virus vaccination on thoroughbred racing performance[J]. Australian veterinary journal, 96: 132-141.

SHARMA A, KNOLLMANN-RITSCHEL B, 2019. Current understanding of the molecular basis of Venezuelan equine encephalitis virus pathogenesis and vaccine development[J]. Viruses, 11(2): 164.

Sharma V, Kaushik S, Kumar R, et al., 2019. Emerging trends of nipah virus: a review[J]. Reviews in medical virology, 29(1): e2010.

SHIPOV A, KLEMENT E, REUVENI-TAGER, et al., 2008. Prognostic indicators for canine monocytic ehrlichiosis [J]. Veterinary parasitology, 153(1-2): 131-138.

SOMAN P V, KRISHNA G, VALIYA V M, 2020. Nipahvirus: past outbreaks and future containment[J]. Viruses, 12(4): 465.

STRECK A F, TRUYEN U, 2020. Porcine parvovirus[J]. Current issues in molecular biology, 37: 33-46.

SUN B, JIA L, LIANG B, et al., 2018. Phylogeography, transmission, and viral proteins of nipahvirus[J]. Virologicasinica, 33(5): 385-393.

TSURUTA Y, SHIBUTANI S, WATANABE R, et al., 2019. Apoptosis induced by Ibaraki virus does not affect virus replication and cell death in hamster lung HmLu-1 cells[J]. Journal of veterinary medical science, 81(2): 197-203.

VALARCHER J F, HÄGGLUND S, JUREMALM M, et al., 2015. Tick-borne encephalitis[J]. Rev Sci Tech, 34 (2): 453-466.

VANGROENWEGHE F, ALLAIS L, VAN D E, et al., 2020. Evaluation of a zinc chelate on clinical swine dysentery under field conditions[J]. Porcine health management, 6: 1.

WANG H H, KUNG N Y, GRANT W E, et al., 2013. Recrudescent infection supports hendra virus persistence in australian flying-fox populations[J]. Plos one, 8: e80430.

WANG N, ZHAO D, WANG J, et al., 2019. Architecture of African swine fever virus and implications for viral assembly[J]. Science, 366(6465): 640-644.

WEDLOCK D N, SKINNER M A, LISLE G W, et al., 2002. Review: Control of mycobacterium bovis infections and the risk to human populations[J]. Microbes infect, 4(4): 471-480.

WOLF L A, MARIMUTHU S, SUMMERSGILL J T, 2020. Detection of Ehrlichia spp. and Anaplasma phagocytophilum in whole blood specimens using a duplex real-time PCR assay on the ARIES instrument[J]. Ticks and tick-borne diseases, 11(3): 101387.

XIA D, HUANG L, XIE Y, et al., 2019. The prevalence and genetic diversity of porcine circovirus types 2 and 3 in Northeast China from 2015 to 2018[J]. Archives of Virology, 164(10): 2435-2449.

XING C, JIANG J, LU Z, et al., 2020. Isolation and characterization of Getah virus from pigs in Guangdong province of China[J/OL]. Transboundary and emerging diseases, [2021-07-16]. https://www.researchgate.net/publication/340577392_ Isolation_ and_ characterization_ of_ Getah_ virus_ from_ pigs_ in_ Guangdong_ province_ of_ China. DOI: 10.1111/tbed.13567.

XU W, GOOLIA M, SALO T, et al., 2017. Generation, characterization, and application in serodiagnosis of recombinantfswine ecombinar disease virus-like particles[J]. Journal of veterinary science, 18(S1): 361-370.

YANG T, LI R, HU Y, et al., 2018. An outbreak of Getah virus infection among pigs in China, 2017[J]. Transboundary and emerging diseases, 65(3): 632-637.

YANG T, LU Y, ZHANG L, et al., 2020. Novel species of teschovirus B comprises at least three distinct evolutionary genotypes[J]. Transboundary and emerging diseases, 67(2): 1015-1018.

ZHAO D, LIU R, ZHANG X, et al., 2019. Replication and virulence in pigs of the first African swine fever virus isolated in China[J]. Emerging Microbes and Infections, 8(1): 438-447.

ZHOU X, LI N, LUO Y, et al., 2018. Emergence of African swine fever in China, 2018[J]. Transboundary and Emerging Diseases, 65(6): 1482-1484.

疫病分类

一、WOAH 动物疫病分类方法（2019-11-09 网站发布）

2019 年 1 月 1 日，世界动物卫生组织（WOAH）2019 版动物疫病通报名录正式生效。新版名录包括 117 种动物疫病，其中陆生动物疫病 88 种、水生动物疫病 29 种。2005 年，WOAH 取消了 A 类和 B 类疫病名录分类，统一为目前的须通报陆生和水生动物疫病名录；与 2018 年之前的版本相比，2019 版除增加了疫病数量以外，还对部分疫病的命名方式进行了调整，将原来单一的以"病原"命名，调整为"病原+感染"的命名模式，如伪狂犬病毒感染（Infection with Aujeszky's disease virus）。此外，将原来的牛布鲁氏菌病、羊布鲁氏菌病和猪布鲁氏菌病 3 个须通报疫病合并为 1 个须通报疫病，统称为牛布鲁氏菌、羊布鲁氏菌和猪布鲁氏菌感染（Infection with Brucella abortus，Brucella melitensis and Brucella suis）。

2019 年更新后的 WOAH 法定通报性疾病名录包括多种动物共患病 24 种、牛病 13 种、羊病 11 种、马病 11 种、猪病 6 种、禽病 13 种、兔病 2 种、蜜蜂疾病 6 种、鱼病 10 种及其他疾病，其中包括寄生虫病。

1. 多种动物疫病与感染（24 种）Multiple species diseases，infections

炭疽 anthrax

克里米亚刚果出血热 Crimean Congo haemorrhagic fever

马脑脊髓炎（东部）Equine encephalomyelitis（Eastern）

心水病 heartwater

伪狂犬病病毒感染 Infection with Aujeszky's disease virus

蓝舌病病毒感染 Infection with Bluetongue virus

（流产、马尔他、猪）布鲁氏菌感染 Infection with *Brucella abortus*，*Brucella melitensis* and *Brucella suis*

细粒棘球蚴感染 Infection with Echinococcus granulosus

多房棘球蚴感染 Infection with Echinococcus muitilocularis

流行性出血热病毒感染 Infection with Epizootic haemorrhagic disease virus

口蹄疫病毒感染 Infection with foot and mouth disease virus

结核分枝杆菌感染 Infection with *Mycobacterium tuberculosis* complex

狂犬病病毒感染 Infection with rabies virus

裂谷热病毒感染 Infection with Rift Valley fever virus

牛瘟病毒感染 Infection with riderpes virus

日本脑炎 Japanese encephalitis

新大陆螺旋蝇蛆病 new world screwworm（Cochliomyia hominivorax）

旧大陆螺旋蝇蛆病 old world screwworm（Chrysomya bezziana）

副结核 paratuberculosis

Q 热 Q fever

苏拉病（伊氏锥虫）Surra（Trypanosoma evansi）

旋毛虫感染 trichinellosis

土拉杆菌病（野兔热）tularemia

西尼罗热 West Nile fever

2. 牛病与感染侵袭（13 种）Cattle diseases and infections infestations

牛无浆体病 Bovine anaplasmosis

牛巴贝斯虫病 Bovine babesiosis

牛生殖道弯曲杆菌病 Bovine genital campylobacteriosis

牛海绵状脑病 Bovine spongiform encephalopathy

牛病毒性腹泻 Bovine viral diarrhoea

丝状支原体丝状亚种 SC 感染（牛传染性胸膜肺炎）Infection with *Mycoplasma mycoides* subsp. *Mycoides* SC（contagious bovine pleuropneumonia）

牛地方流行性白血病 Enzootic bovine leukosis

牛出血性败血症 Haemorrhagic septicaemia

牛传染性鼻气管炎/传染性脓疱性阴户阴道炎 Infectious bovine rhinotracheItis/infectious pustular vulvovaginitis

牛结节性皮肤病病毒感染 Infection with lumpky skin disease virus

泰勒虫病 theileriosis

滴虫病 trichomonosis，Trichinella spp

伊氏锥虫病 trypanosomosis（tsetse-transmitted）

3. 绵羊、山羊病与感染（11 种）Sheep and goat diseases and infections

山羊关节炎/脑炎 Caprine arthritis/encephalitis

接触传染性无乳症 Contagious agalactia

山羊传染性胸膜肺炎 Contagious caprine pleuropneumonia

流产衣原体感染（母羊地方性流产，绵羊衣原体病）Infection with *Chlamydia abortus*（Enzootic abortion of ewes，ovine chlamydiosis）

梅迪-维斯纳病 maedi - visna

内罗毕绵羊病 nairobi sheep disease

绵羊附睾炎（绵羊布氏杆菌）Ovine epididymitis（*Brucella ovis*）

小反刍兽疫病毒感染 Infection with peste des petits ruminants virus

沙门氏菌病（绵羊流产沙门氏菌）salmonellosis（*S. abortusovis*）

痒病 Scrapie

绵羊痘和山羊痘 Sheep pox and goat pox

4. 马病与感染（11 种）Equine diseases and infections

非洲马瘟病毒感染 Infection with African horse sickness virus

马传染性子宫炎 Contagious equine metritis

马媾疫 Dourine

马脑脊髓炎（西部型）Equine encephalomyelitis（Western）

马传染性贫血 Equine infectious anaemia

马流感 Equine influenza

马梨形虫病 Equine piroplasmosis

马疱疹病毒-1 型感染（EHV-1）Infection with equid herpesvirus-1（EHV-1）

马动脉炎病毒感染 Infection with equine viral arteritis virus

鼻疽伯克霍尔德菌感染（马鼻疽）*Burkholderia mallei*（Glanders）

委内瑞拉马脑脊髓炎 Venezuelan equine encephalomyelitis

5. 猪病与感染（6 种）Swine diseases and infestations

非洲猪瘟病毒感染 Infection with African swine fever virus

古典猪瘟病毒感染 Infection with classical swine fever virus

猪带绦虫病（猪囊虫病）Infection with *Taenia solium*（Porcine cysticercosis）

猪繁殖与呼吸综合征病毒感染 Infection with porcine reproductive and respiratory syndrome virus

尼帕病毒脑炎 Nipah virus encephalitis

传染性胃肠炎 Transmissible gastroenteritis

6. 禽病与感染（13 种）Avian diseases and infestations

禽衣原体病 Avian chlamydiosis

传染性支气管炎 Avian infectious bronchitis

传染性喉气管炎 Avian infectious laryngotracheitis

禽支原体病（鸡败血支原体）avian mycoplasmosis（M. gallisepticum）

禽支原体病（滑液囊支原体）avian mycoplasmosis（M. synoviae）

鸭病毒性肝炎 Duck virus hepatitis

禽伤寒 Fowl typhoid

禽流感病毒感染 Infection with avian influenza viruses

非家禽的鸟类包括野生鸟类高致病性 A 型流感病毒感染 infection with influenza A viruses of high pathogenicity in birds other than poultry including wild birds

传染性法氏囊病（甘保罗病）Infectious bursal disease（Gumboro disease）

新城疫病毒感染 Infection with Newcastle disease virus

鸡白痢 Pullorum disease

火鸡鼻气管炎 Turkey rhinotracheitis

7. 兔病与感染（2 种）Lagomorph diseases and infections

兔黏液瘤病 Myxomatosis

兔出血病 Rabbit haemorrhagic disease

8. 蜜蜂疾病（6 种）Bee diseases，infections and infestations

蜜蜂幼虫芽胞杆菌感染（蜜蜂美洲幼虫腐臭病）Infection of honey bees with *Paenibacillus larvae*（American foulbrood）

蜜蜂蜂房球菌感染（蜜蜂欧洲幼虫腐臭病）Infection of honey bees with *Melissococcus plutonius*（European foulbrood）

蜂房小甲虫侵染（小蜂房甲虫）Infestation with *Aethina tumida*（Small hive beetle）

蜜蜂小蜂螨侵染 Infestation of honey bees with *Tropilaelaps* spp

蜜蜂瓦螨侵染（大螨病）Infestation of honey bees with *Varroa* spp.（Varroosis）

蜜蜂武氏螨浸染 Infestation of honey bees with *Acarapis woodi*

9. 鱼病(10 种)Fish diseases

丝囊霉菌感染(溃疡综合症)Infection with *Aphanomyces invadans*(epizootic ulcerative syndrome)

地方流行性造血器官坏死病毒感染 Infection with epizootic haematopoietic necrosis virus

三代虫感染 Infection with *Gyrodactylus salaris*

HPR 缺失或 HPRO 的传染性鲑鱼贫血病毒感染 Infection with HPR-deleted or HPRO infectious salmon anaemia virus

传染性造血器官坏死 Infection with infectious haematopoietic necrosis

锦鲤疱疹病毒感染 Infection with koi herpesvirus

真鲷虹彩病毒感染 Infection with red sea bream iridovirus

鲑鱼甲病毒感染 Infection with salmonid alphavirus

鲤春病毒血症病毒感染 Infection with spring viraemia of carp virus

病毒性出血性败血症病毒感染 Infection with viral haemorrhagic septicaemia virus

10. 其他疾病(2 种)Other diseases

骆驼痘 camelpox

利什曼病 leishmaniosis

11. 软体动物疾病(7 种)Mollusc diseases(略)

12. 甲壳类疾病(9 种)Crustacean diseases(略)

13. 两栖类(3 种)Amphibians(略)

二、一、二、三类动物疫病病种名录

以中华人民共和国农业农村部公告第 573 号为基础,结合农业农村部近期出台的文件精神,修改的《一、二、三类动物疫病病种名录》如下。

1. 一类动物疫病(11 种)

口蹄疫、猪水疱病、非洲猪瘟、尼帕病毒性脑炎、非洲马瘟、牛海绵状脑病、牛瘟、牛传染性胸膜肺炎、痒病、小反刍兽疫、高致病性禽流感。

2. 二类动物疫病(37 种)

多种动物共患病(7 种):狂犬病、布鲁氏菌病、炭疽、蓝舌病、日本脑炎、棘球蚴病、日本血吸虫病。

牛病(3 种):牛结节性皮肤病、牛传染性鼻气管炎(传染性脓疱外阴阴道炎)、牛结核病。

绵羊和山羊病(2 种):绵羊痘和山羊痘、山羊传染性胸膜肺炎。

马病(2 种):马传染性贫血、马鼻疽。

猪病(3 种):猪瘟、猪繁殖与呼吸综合征、猪流行性腹泻。

禽病(3 种):新城疫、鸭瘟、小鹅瘟。

兔病(1 种):兔出血症。

蜜蜂病(2 种):美洲蜜蜂幼虫腐臭病、欧洲蜜蜂幼虫腐臭病。

鱼类病(11 种):鲤春病毒血症、草鱼出血病、传染性脾肾坏死病、锦鲤疱疹病毒病、刺激隐核虫病、淡水鱼细菌性败血症、病毒性神经坏死病、传染性造血器官坏死病、流行性溃疡综合征、鲫造血器官坏死病、鲤浮肿病。

甲壳类病(3 种):白斑综合征、十足目虹彩病毒病、虾肝肠胞虫病。

3. 三类动物疫病(126 种)

多种动物共患病(25 种):伪狂犬病、轮状病毒感染、产气荚膜梭菌病、大肠杆菌病、巴氏杆菌病、沙门氏菌病、李氏杆菌病、链球菌病、溶血性曼氏杆菌病、副结核病、类鼻疽、支原体病、衣原体病、附红细胞体病、Q 热、钩端螺旋体病、东毕吸虫病、华支睾吸虫病、囊尾蚴病、片形吸虫病、旋毛虫病、血矛线虫病、弓形虫病、伊氏锥虫病、隐孢子虫病。

牛病(10 种)：牛病毒性腹泻、牛恶性卡他热、地方流行性牛白血病、牛流行热、牛冠状病毒感染、牛赤羽病、牛生殖道弯曲杆菌病、毛滴虫病、牛梨形虫病、牛无浆体病。

绵羊和山羊病(7 种)：山羊关节炎/脑炎、梅迪－维斯纳病、绵羊肺腺瘤病、羊传染性脓疱皮炎、干酪性淋巴结炎、羊梨形虫病、羊无浆体病。

马病(8 种)：马流行性淋巴管炎、马流感、马腺疫、马鼻肺炎、马病毒性动脉炎、马传染性子宫炎、马媾疫、马梨形虫病。

猪病(13 种)：猪细小病毒感染、猪丹毒、猪传染性胸膜肺炎、猪波氏菌病、猪圆环病毒病、格拉瑟病、猪传染性胃肠炎、猪流感、猪丁型冠状病毒感染、猪塞内卡病毒感染、仔猪红痢、猪痢疾、猪增生性肠病。

禽病(21 种)：禽传染性喉气管炎、禽传染性支气管炎、禽白血病、传染性法氏囊病、马立克病、禽痘、鸭病毒性肝炎、鸭浆膜炎、鸡球虫病、低致病性禽流感、禽网状内皮组织增殖病、鸡病毒性关节炎、禽传染性脑脊髓炎、鸡传染性鼻炎、禽坦布苏病毒感染、禽腺病毒感染、鸡传染性贫血、禽偏肺病毒感染、鸡红螨病、鸡坏死性肠炎、鸭呼肠孤病毒感染。

兔病(2 种)：兔波氏菌病、兔球虫病。

蚕、蜂病(8 种)：蚕多角体病、蚕白僵病、蚕微粒子病、蜂螨病、瓦螨病、亮热厉螨病、蜜蜂孢子虫病、白垩病。

犬猫等动物病(10 种)：水貂阿留申病、水貂病毒性肠炎、犬瘟热、犬细小病毒病、犬传染性肝炎、猫泛白细胞减少症、猫嵌杯病毒感染、猫传染性腹膜炎、犬巴贝斯虫病、利什曼原虫病。

鱼类病(11 种)：真鲷虹彩病毒病、传染性胰脏坏死病、牙鲆弹状病毒病、鱼爱德华氏菌病、链球菌病、细菌性肾病、杀鲑气单胞菌病、小瓜虫病、粘孢子虫病、三代虫病、指环虫病。

甲壳类病(5 种)：黄头病、桃拉综合征、传染性皮下和造血组织坏死病、急性肝胰腺坏死病、河蟹螺原体病。

贝类病(3 种)：鲍疱疹病毒病、奥尔森派琴虫病、牡蛎疱疹病毒病。

两栖与爬行类病(3 种)：两栖类蛙虹彩病毒病、鳖腮腺炎病、蛙脑膜炎败血症。

三、《中华人民共和国传染病防治法》传染病分类方法

1. 甲类传染病(共 2 种)

鼠疫、霍乱。

2. 乙类传染病(共 27 种)

传染性非典型肺炎、艾滋病、病毒性肝炎、脊髓灰质炎、人感染高致病性禽流感、麻疹、流行性出血热、狂犬病、流行性乙型脑炎、登革热、炭疽、细菌性和阿米巴性痢疾、肺结核、伤寒和副伤寒、流行性脑脊髓膜炎、百日咳、白喉、新生儿破伤风、猩红热、布氏菌病、淋病、梅毒、钩端螺旋体病、血吸虫病、疟疾、人感染 H7N9 禽流感。

3. 丙类传染病(共 12 种)

流行性感冒(含 H1N1)、流行性腮腺炎、风疹、急性出血性结膜炎、麻风病、流行性和地方性斑疹伤寒、黑热病、包虫病、丝虫病，除霍乱、细菌性和阿米巴性痢疾、伤寒和副伤寒以外的感染性腹泻病、手足口病。

四、动物病原微生物分类名录

根据《病原微生物实验室生物安全管理条例》第七条、第八条的规定,对动物病原微生物分类如下。

1. 一类动物病原微生物

口蹄疫病毒、高致病性禽流感病毒、猪水泡病病毒、非洲猪瘟病毒、非洲马瘟病毒、牛瘟病毒、小反刍兽疫病毒、牛传染性胸膜肺炎丝状支原体、牛海绵状脑病病原、痒病病原。

2. 二类动物病原微生物

猪瘟病毒、鸡新城疫病毒、狂犬病病毒、绵羊痘/山羊痘病毒、蓝舌病病毒、兔病毒性出血症病毒、炭疽芽孢杆菌、布氏杆菌。

3. 三类动物病原微生物

多种动物共患病病原微生物:低致病性流感病毒、伪狂犬病病毒、破伤风梭菌、气肿疽梭菌、结核分支杆菌、副结核分支杆菌、致病性大肠杆菌、沙门氏菌、巴氏杆菌、致病性链球菌、李氏杆菌、产气荚膜梭菌、嗜水气单胞菌、肉毒梭状芽孢杆菌、腐败梭菌和其他致病性梭菌、鹦鹉热衣原体、放线菌、钩端螺旋体。

牛病病原微生物:牛恶性卡他热病毒、牛白血病病毒、牛流行热病毒、牛传染性鼻气管炎病毒、牛病毒腹泻-黏膜病病毒、牛生殖器弯曲杆菌、日本血吸虫。

绵羊和山羊病病原微生物:山羊关节炎-脑脊髓炎病毒、梅迪-维斯纳病病毒、传染性脓疱皮炎病毒。

猪病病原微生物:日本脑炎病毒、猪繁殖与呼吸综合征病毒、猪细小病毒、猪圆环病毒、猪流行性腹泻病毒、猪传染性胃肠炎病毒、猪丹毒杆菌、猪支气管败血波氏杆菌、猪胸膜肺炎放线杆菌、副猪嗜血杆菌、猪肺炎支原体、猪密螺旋体。

马病病原微生物:马传染性贫血病毒、马动脉炎病毒、马病毒性流产病毒、马鼻炎病毒、鼻疽假单胞菌、类鼻疽假单胞菌、假皮疽组织胞浆菌、溃疡性淋巴管炎假结核棒状杆菌。

禽病病原微生物:鸭瘟病毒、鸭病毒性肝炎病毒、小鹅瘟病毒、鸡传染性法氏囊病病毒、鸡马立克病毒、禽白血病/肉瘤病毒、禽网状内皮组织增殖病病毒、鸡传染性贫血病毒、鸡传染性喉气管炎病毒、鸡传染性支气管炎病毒、鸡减蛋综合征病毒、禽痘病毒、鸡病毒性关节炎病毒、禽传染性脑脊髓炎病毒、副鸡嗜血杆菌、鸡毒支原体、鸡球虫。

兔病病原微生物:兔黏液瘤病病毒、野兔热土拉杆菌、兔支气管败血波氏杆菌、兔球虫。

水生动物病病原微生物:流行性造血器官坏死病毒、传染性造血器官坏死病毒、马苏大麻哈鱼病毒、病毒性出血性败血症病毒、锦鲤疱疹病毒、斑点叉尾鮰病毒、病毒性脑病和视网膜病毒、传染性胰脏坏死病毒、真鲷虹彩病毒、白鲟虹彩病毒、中肠腺坏死杆状病毒、传染性皮下和造血器官坏死病毒、核多角体杆状病毒、虾产卵死亡综合征病毒、鳖鳃腺炎病病毒、Taura综合征病毒、对虾白斑综合征病毒、黄头病毒、草鱼出血病毒、鲤春病毒血症病毒、鲍球形病毒、鲑鱼传染性贫血病毒。

蜜蜂病病原微生物:美洲幼虫腐臭病幼虫杆菌、欧洲幼虫腐臭病蜂房蜜蜂球菌、白垩病蜂球囊菌、蜜蜂微孢子虫、跗腺螨、雅氏大蜂螨。

其他动物病原微生物:犬瘟热病毒、犬细小病毒、犬腺病毒、犬冠状病毒、犬副流感病毒、猫泛白细胞减少综合征病毒、水貂阿留申病病毒、水貂病毒性肠炎病毒。

4. 四类动物病原微生物

四类动物病原微生物是指危险性小、低致病力、实验室感染机会少的兽用生物制品、疫苗生产用的各种弱毒病原微生物以及不属于第一、二、三类的各种低毒力的病原微生物。

动物疾病鉴别诊断表

一、猪病鉴别诊断表

附表1 家畜4种水疱性疾病的鉴别诊断

动物	接种途径	数量	口蹄疫	水疱性口炎	猪水疱性疹	猪水疱病
猪	皮内或皮肤划痕	2	+	+	+	+
	静脉	2	+	+	+	+
	蹄冠或蹄叉	1	+	O	O	+
马	肌肉	1	−	+	−	−
	舌皮内	1	−	+	−	±
牛	肌肉	1	+	+	−	−
	舌皮内	1	+	+	−	−
绵羊	舌皮内	2	+	±	−	−
豚鼠	跖部皮内	2	+ *	+	−	−
5日龄内鼠	腹腔内或皮下	10	+	+	−	+
成年小鼠	脑内	10	−或+	+	−	−
	腹腔内	10	−	O	O	−
鸡胚		5	(绒尿膜、静脉)+	(卵黄囊)+	−	−
成鸡	舌皮下	5	+	O	−	−
细胞培养			牛、猪、羊、乳兔、地鼠肾传代细胞	牛、猪、仓鼠肾及鸡胚成纤维细胞	猪胚肾细胞	PK-15，猪睾丸、仓鼠肾及鼠胚成纤维细胞

注：+阳性；±不规则和轻度反应；−阴性；O没有数据；*少数例外。

附表2 猪皮肤充血、出血性疾病的鉴别诊断

病名	病原	流行特点	主要临床症状	特征病理变化	实验室诊断	防制
非洲猪瘟	非洲猪瘟病毒	不分品种、年龄、性别，无季节性，感染、发病、死亡率均高，野猪可感染发病，经虫媒软蜱传播，多途径传播，可垂直传播	高热(40~41℃)稽留，站立困难、行走无力，呼吸急促、咳嗽，鼻端、耳、腹部、四肢等处皮肤发绀、出血	全身各组织器官如脾脏、淋巴结、肾脏、心脏广泛出血，肿大，心包液、胸水、腹水增多，孕猪流产等	抗原、抗体和基因检测	暂无疫苗可用；加强生物安全体系建设，全方位检疫、隔离消毒

（续）

病名	病原	流行特点	主要临床症状	特征病理变化	实验室诊断	防制
猪瘟	猪瘟病毒	只有猪感染发病，不分品种、年龄、性别，无季节性，感染、发病、死亡率均高，流行广，易继发或混合感染其他病，多途径传播，可垂直传播	体温 40~41℃，先便秘，粪便呈算盘珠样，带血和黏液，后腹泻，后躯摇晃，颈部、腹下、四肢内侧发绀，皮肤出血，公猪包皮积尿，眼部有黏脓性眼眵，终归死亡	皮肤、黏膜、浆膜广泛出血，雀斑肾，脾边缘梗死，回、盲肠扣状坏死，淋巴结周边出血、黑紫，切面大理石状；孕猪流产，死胎，木乃伊胎等	基因检测，分离病毒，测定抗体，接种兔	无法治疗，主要依靠疫苗预防和紧急接种
皮炎和肾病综合症	圆环病毒 2 型	多见于 5~18 周龄，发病率、死亡率低，必须在其他因素的共同参与下才能导致明显的和严重的临床病症	以会阴部和四肢皮肤出现红紫色隆起的不规则斑块为主要临床特征；患猪表现皮下水肿，食欲丧失，有时体温升高	淋巴结肿大、肝硬变，间质性肺炎，外观灰色至褐色呈斑驳状，质地似橡皮。脾肿大、坏死、色暗。肾苍白、肿大、有出血点或坏死点	抗体、抗原及基因检测	加强环境消毒和饲养管理，减少仔猪应激，疫苗及药物预防
猪繁殖与呼吸综合征	动脉炎病毒	孕猪和乳猪易感，新疫区发病率高，仔猪死亡率高，多途径传播，可垂直传播	乳猪发热，呼吸困难，咳嗽，共济失调，急性死亡，母猪皮肤发绀，流产、死胎、木乃伊胎	仔猪淋巴结肿大、出血，脾肿大，肺淤血、水肿、肉变	分离病毒，检测抗体或基因	无法治疗，可用疫苗预防
猪传染性胃肠炎/流行性腹泻	冠状病毒	各种年龄猪均可发病，10 日龄内仔猪发病死亡率高，大猪很少死亡；常见于寒冷季节，传播迅速，发病率高	仔猪突然发病，先吐后泻，稀粪黄浊、灰绿或灰白，有凝乳块，腥臭难闻，后躯污染严重，脱水，消瘦，体重锐减，病程短，病死率高，大猪多能很快康复	尸体消瘦，明显脱水，胃肠道卡他性炎症，肠壁菲薄，肠腔扩张、积液，肠绒毛萎缩	分离病毒，基因检测，接种易感猪	对症治疗，疫苗预防
猪副伤寒	沙门菌	2~4 月龄多发，地方流行，多经消化道传播；与饲养条件、环境、气候等有关（内源性感染），流行期长，发病率高	急性体温 41℃ 以上，腹痛、腹泻、耳、胸、腹下发绀，慢性者下痢，排灰白或黄绿色恶臭稀粪，皮肤有痂状湿疹，易继发其他病，最终死亡或为僵猪	急性型多为败血症，脾肿大、淋巴结索状肿；慢性者特征病变为坏死性肠炎，大肠黏膜呈糠麸样坏死	涂片镜检，分离鉴定细菌	广谱抗生素有疗效；预防可用弱毒疫苗，但效果不理想
猪丹毒	猪丹毒丝菌	2~4 月龄猪多见，散发或地方流行，夏季多发，经皮肤、黏膜、消化道感染，病程短，发病急，病死率高	体温 42℃ 以上，体表有规则或不规则疹块，并可结痂、坏死脱落；慢性型多为关节炎和心内膜炎临床症状	急性脾樱桃红色，肿大柔软，皮肤有疹块；慢性病理变化为增生性、非化脓性关节炎，菜花心	涂片镜检，分离鉴定细菌，血清学诊断	青霉素治疗有效，可用弱毒疫苗预防
猪肺疫	巴氏杆菌	架子猪多见，散发，与季节、气候、饲养卫生环境等有关，发病急、病程短，病死率高	体温 41~42℃，呼吸困难、张口吐舌、犬坐姿势、咳、喘、口吐白沫，咽、喉、颈、腹部红肿，常窒息死亡	咽喉、颈部皮下水肿，纤维素性胸膜肺炎，水肿，气肿，肝变，切面呈大理石状条纹	涂片镜检，鉴定细菌，接种小鼠	链霉素及多种抗菌药物有效；可用疫苗预防

(续)

病名	病原	流行特点	主要临床症状	特征病理变化	实验室诊断	防制
链球菌病	链球菌	各种年龄均易感，地方流行，与饲养管理、卫生条件有关，发病急，感染和发病率高，流行期长，病型多	急性体温41~42℃，咳、喘、关节炎、脑膜炎、神经症状；皮肤发绀，有出血点；慢性淋巴结脓肿	内脏器官出血，脾肿大，关节炎，淋巴结化脓	涂片镜检，分离鉴定细菌	青链霉素等有效；可用疫苗预防，但效果有限
副猪嗜血杆菌病	副猪格拉菌	只感染猪，从2周龄到4月龄的猪均易感，通常见于5~8周龄的猪	发热、厌食、反应迟钝、呼吸困难、咳嗽、疼痛、关节肿胀、跛行、颤抖、共济失调、可视黏膜发绀、侧卧、消瘦和被毛粗乱，随之可能死亡	包括腹膜、心包膜和胸膜，其浆膜面可见浆液性和化脓性纤维蛋白渗出物，损伤也可能涉及脑和关节表面	细菌学检查	疫苗及药物预防；加强饲养管理，消除其他呼吸道病原
猪传染性胸膜肺炎	放线杆菌	中、大猪多发，猪场多见，初次发病群发，死亡率高，与饲养、环境等有关，急性者病程短，地方性流行	体温升高，高度呼吸困难，犬坐姿势，张口、伸舌，口、鼻有带血色泡沫黏液，耳、口、鼻皮肤发绀	出血性、坏死性、纤维素性胸膜肺炎、心包炎；胸水、腹水淡黄或暗红色；肺紫色或灰黑色，肺与胸膜粘连	涂片镜检，分离细菌，检测抗体	抗菌药物治疗有效，有疫苗可用
弓形虫病	弓形虫	各种年龄的猪均易感	高热稽留，咳、喘、呼吸困难，有神经症状，后期体表有紫斑及出血点；孕猪多流产或产死胎	皮肤出血，肺肿大、淤血、出血，间质增宽，脾肿大，淋巴结肿大	涂片镜检，测定抗体	磺胺类药物有良好疗效

附表3 体表有水疱、痘疹等变化的猪病鉴别诊断

病名	病因	流行特点	主要临床症状	特征病理变化	实验室诊断	防制
口蹄疫	口蹄疫病毒	偶蹄兽最易感，不分年龄、品种，并感染人；多途径传播，冬季多发，传播快，大流行，发病率高，死亡率低	体温40~41℃，鼻端、唇、口腔黏膜、蹄、乳房有水疱、烂斑，跛行，重者蹄匣脱落，行走困难，孕猪流产，仔猪死亡率高，可达100%	仔猪呈虎斑心，其他病理变化同生前所见	病毒分离，RT-PCR，病毒中和试验，微量补体结合试验，乳鼠接种	对症治疗，加强护理，可用灭活疫苗预防
塞内卡病毒病	塞内卡病毒	仅猪感染，不同性别、年龄的猪可感染发病，但在新生仔猪中所致发病率和死亡率高	发热，随后鼻镜部、口腔上皮、舌和蹄冠等部位的皮肤、黏膜产生水疱，与口蹄疫相似	同生前所见，鼻部和蹄部冠状带有水疱或溃疡性病变	免疫电镜，免疫荧光，RT-PCR	对症治疗，检疫、隔离、消毒
猪痘	痘病毒	各种年龄均可发生，夏、秋季多见，地方流行性	体温41~42℃，毛少处有红斑-丘疹-水疱-脓疱-结痂经过，很少死亡，易继发感染	同生前所见	病毒分离鉴定，PCR	对症治疗，无疫苗可用
猪水疱病	猪水疱病病毒	只感染猪，不分年龄、品种，无季节性，发病率高，死亡率低	体温40~42℃，先于蹄部出现水疱、烂斑，跛行，后有少数猪鼻端出现水疱，仔猪有神经症状	同生前所见	病毒分离，抗原捕获EISA RT-PCR，接种乳鼠	对症治疗，加强护理，弱毒疫苗免疫

（续）

病名	病因	流行特点	主要临床症状	特征病理变化	实验室诊断	防制
渗出性皮炎	葡萄球菌	吮乳仔猪多见，散发，与外伤、卫生条件差等因素有关	体温正常，体表黏湿，血清及皮脂渗出，有水疱及溃疡，污浊皮痂，气味难闻	同生前所见	涂片镜检，分离细菌	外科处理，抗生素治疗，自家苗预防
荨麻疹	各种致敏原刺激	体肥、皮薄仔猪多见，散发，发病急，消散快	体温稍高，皮肤有黄豆至小枣大红色疹块，可融合成片状硬痂，奇痒	消散后无病理变化，无死亡	查找过敏源	抗过敏药脱敏疗法

附表4　有腹泻症状的猪病鉴别诊断

病名	病原	流行特点	主要临床症状	特征病理变化	实验室诊断	防制
猪瘟	猪瘟病毒	只有猪发病，不分品种、年龄、性别，无季节性，感染、发病、死亡率均高，流行广、流行期长，易继发或混合感染，多途径、多方式传播	体温40~41℃，先便秘，粪便呈算盘珠样，带血和黏液，后腹泻，后躯摇晃，颈部、腹下、四肢内侧发绀，皮肤出血，公猪包皮积尿，眼部有黏脓性眼眵，个别有神经症状	皮肤、黏膜、浆膜广泛出血，雀斑肾，脾梗死，回、盲肠扣状肿、淋巴结周边出血、黑紫，切面大理石状；孕猪流产，死胎，木乃伊胎等	分离病毒，测定抗体，接种兔	无法治疗，主要依靠疫苗预防和紧急接种
猪传染性胃肠炎	冠状病毒	各种年龄猪均可发病，10日龄仔猪发病死亡率高，大猪很少死亡，常见于寒冷季节，传播迅速，发病率高	突然发病，先吐后泻，稀粪黄浊、污绿或灰白色，带有凝乳块，腥臭难闻，后躯污染严重，脱水，消瘦，体重锐减，日龄越小，病程越短，病死率越高，大猪多很快康复	尸体消瘦，明显脱水，胃肠卡他性炎症，肠壁菲薄，肠腔扩张、积液，肠绒毛萎缩	分离病毒，RT-PCR，接种易感猪	对症治疗，疫苗预防
猪流行性腹泻	冠状病毒	与猪传染性胃肠炎相似，但病死率稍低，传播速度较慢	与猪传染性胃肠炎相似，也有呕吐、腹泻、脱水症状，主要是水泻	与猪传染性胃肠炎相似	分离病毒，检测抗原和基因	对症治疗，疫苗预防
轮状病毒病	轮状病毒	仔猪多发，寒冷季节，发病率高死亡率低	与猪传染性胃肠炎相似，但较轻缓，多为黄白色或灰暗色糊状稀粪	与传染性胃肠炎相似，但较轻	分离病毒，检测抗原和基因	对症治疗，疫苗预防
猪丁型冠状病毒	冠状病毒	在寒冷的季节，接触患病猪的粪便而传播	与猪流行性腹泻相似，以哺乳仔猪腹泻严重，成年猪较轻缓	与猪传染性胃肠炎相似	分离病毒，检测抗原和基因	对症治疗，疫苗预防
仔猪白痢	大肠杆菌	10~30日龄多见，地方流行，病死率低，与环境特别是温度有关	排白色糊状稀粪，腥臭，可反复发作，发育迟滞，易继发其他病	小肠卡他性炎症，结肠充满糊状内容物	分离细菌	广谱抗生素有效，疫苗预防
仔猪黄痢	大肠杆菌	3日龄以内仔猪常发，地方流行性，产仔季节多发，发病率和病死率均较高	发病突然，拉黄、黄白色水样粪便，带乳片、气泡，腥臭，不食，脱水，消瘦，昏迷而死，病程1~2d，来不及治疗，致死率90%以上	脱水，皮下及黏浆膜水肿；小肠有黄色液体气体，淋巴结出血点，肠壁变薄，胃底出血溃疡	分离细菌	药物治疗无效，妊娠母猪接种疫苗

（续）

病名	病原	流行特点	主要临床症状	特征病理变化	实验室诊断	防制
仔猪红痢	魏氏梭菌	3日龄内多见，由母猪乳头感染，消化道传播，病死率高	血痢，带有米黄色或灰白色坏死组织碎片，消瘦、脱水，药物治疗无效，约1周死亡	小肠严重出血坏死，内容物红色、有气泡	分离细菌，接种动物	治疗无效，疫苗预防
猪副伤寒	沙门菌	2~4月龄多发，地方流行性，与饲养、环境、气候等有关，流行期长，发病率高	体温41℃以上，腹痛、腹泻、耳根、胸前、腹下发绀，慢性者皮肤有痂状湿疹	败血症，脾肿大，大肠糠麸样坏死	分离细菌，涂片镜检	广谱抗生素有效，疫苗预防
猪痢疾	螺旋体	2~4月龄多发，传播慢，流行期长，发病率高，病死率低	体温正常，病初可略高，泻出粪便混有多量黏液及血液，常呈胶冻状	大肠出血性、纤维素性、坏死性肠炎	镜检细菌，测定抗体	抗生素和磺胺有效

附表5　猪呼吸道疾病的鉴别诊断

病名	病原	流行特点	主要临床症状	特征病理变化	实验室诊断	防制
气喘病	支原体	大、小猪均可发病，发病率高，死亡率低，病程长可反复发作，与饲养管理、气候条件有关	体温不高，痉挛性咳嗽，早、晚、运动、食后及变天时更明显，腹式呼吸、有喘鸣音，呼吸高度困难	肺气肿、水肿，有肉变、胰变（虾肉变），呈紫红、灰白、灰黄色	X光检查，分离细菌	抗生素可缓解症状，可用弱毒疫苗和灭活疫苗预防
猪传染性胸膜肺炎	放线杆菌	中、大猪最易感，猪场多见，初次发病群发，死亡率高，与饲养、环境等有关，急性者病程短，地方性流行	体温升高，高度呼吸困难，犬坐姿势，张口、伸舌、口、鼻有带血色泡沫黏液，耳、口、鼻皮肤发绀	出血性、坏死性、纤维素性胸膜肺炎、心包炎；胸水、腹水淡黄或暗红色；肺紫色或灰黑色，与胸膜粘连	涂片镜检，分离细菌，检测抗体	抗菌药物治疗有效，有疫苗可用
萎缩性鼻炎	支气管败血波氏杆菌	1周龄内发病死亡率高，断奶前感染易发生鼻炎，断奶后感染多呈隐性，传播慢，流行期长，可母仔传播	1周龄内发病为肺炎，急性死亡，断奶前感染者表现咳嗽、喷嚏、鼻炎、面部变形、面部皮皱变深，有泪斑、流鼻涕、鼻血，体温常不高	鼻甲骨、鼻中隔萎缩、变形，严重者鼻甲骨卷曲消失	分离细菌，测定抗体	抗生素、磺胺治疗有效，疫苗预防
猪肺疫	巴氏杆菌	架子猪多见，与季节、气候、饲养条件、卫生环境等有关，发病急、病程短，死亡率高	体温升高，剧咳，流鼻涕，触诊有痛感；呼吸困难，张口吐舌，犬坐式，黏膜发绀，先便秘后腹泻；皮肤淤血、出血；心衰窒息而死	咽、喉、颈部皮下水肿，纤维素性胸膜肺炎，肺水肿、气肿、肝变，切面呈大理石状条纹，胸腔、心包积液	涂片镜检，分离鉴定细菌，接种小鼠	链霉素及多种抗菌药物有效
链球菌病	链球菌	各种年龄均易感，与饲养管理、卫生条件等有关，发病急，感染率高，流行期长	体温41~42℃，咳、喘，关节肿胀，淋巴结脓肿，脑膜炎，耳端、腹下及四肢皮肤发绀，有出血点	内脏器官出血，脾肿大，关节炎，淋巴结化脓	涂片镜检，分离鉴定细菌	分离细菌，做药敏试验，可用疫苗预防
猪流感	流感病毒	多种动物易感，发病率高、传播快、流行广、病程短，死亡率低	体温升高，咳、喘，呼吸困难，流鼻涕、流泪，结膜潮红	少有死亡和肉眼病理变化	分离病毒	对症治疗，无疫苗可用

（续）

病名	病原	流行特点	主要临床症状	特征病理变化	实验室诊断	防制
猪繁殖与呼吸综合征	动脉炎病毒	孕猪和乳猪易感，新疫区发病率高，仔猪死亡率高，垂直传播	乳猪发热，呼吸困难，咳嗽，共济失调，急性死亡，母猪皮肤发绀，流产、死胎、木乃伊胎	仔猪淋巴结肿大、出血，脾肿大，肺淤血、水肿、肉变	分离病毒，检测抗体	无法治疗，可用疫苗预防
伪狂犬病	伪狂犬病病毒	多种动物易感，尤其是孕猪和新生仔猪，感染率高，发病严重，仔猪死亡率高，垂直传播，流行期长	体温40~42℃，呼吸困难，腹式呼吸，咳嗽，流鼻涕，腹泻，呕吐，有中枢神经系统症状，共济失调，很快死亡，孕猪发生流产、死胎、木乃伊胎	呼吸道及扁桃体出血、水肿，肺水肿，出血性肠炎，胃底部出血，肾脏针尖状出血，脑膜充血、出血	分离病毒，接种兔，检测抗体	无法治疗，有疫苗可用
副猪嗜血杆菌病	副猪格拉森菌	只感染猪，从2周龄到4月龄的猪均易感，通常见于5~8周龄的猪	发热、食欲不振、厌食、反应迟钝、呼吸困难、咳嗽、疼痛（尖叫）、关节肿胀、跛行、颤抖、共济失调、可视黏膜发绀、侧卧、消瘦和被毛粗乱，随之可能死亡	腹膜、心包膜和胸膜浆面可见浆液性和化脓性纤维蛋白渗出物，损伤也可能涉及脑和关节表面	细菌学检查	疫苗接种，药物预防；加强饲养管理，以减少或消除其他呼吸道病原
弓形虫病	弓形虫	各种年龄的猪均易感	体温40~42℃，咳、喘，呼吸困难，有神经症状，后期体表有紫斑及出血	皮肤出血，出血性肺炎，肺肿大、淤血，间质增宽，脾肿大	涂片镜检，测定抗体	磺胺类药有效

附表6　猪神经系统疾病的鉴别诊断

病名	病原	流行特点	主要临床症状	特征病理变化	实验室诊断	防制
狂犬病	狂犬病病毒	无年龄、季节差异，人兽共患，散发，有被咬伤史，潜伏期长短不定，致死率高	兴奋、狂暴、攻击人畜，易惊，突然跳起、尖叫、流涎、痉挛、麻痹，2~3d死亡	肉眼无特村病变，非化脓性脑炎，脑组织有核内包涵体	检测病毒及包涵体	无法治疗，扑杀深埋
伪狂犬病	伪狂犬病病毒	多种动物易感，孕猪和新生仔猪为最，感染率高，发病严重，仔猪死亡率高，可垂直传播，流行期长，无季节性	体温升高，呼吸困难，腹式呼吸，咳嗽，流鼻涕，腹泻，呕吐，有中枢神经系统症状，共济失调，很快死亡，孕猪流产、死胎、木乃伊胎	呼吸道及扁桃体出血，肺水肿，出血性肠炎，胃底部出血，肾脏出血，脑膜充血、出血	分离病毒，接种兔，有多种方法检测抗体	无法治疗，有疫苗可用
流行性乙型脑炎	日本脑炎病毒	人兽共患，夏、秋多见，与蚊虫叮咬有关，散发，感染率高，发病率低，孕猪和仔猪多发	体温升高，少量猪后肢轻度麻痹，步态不稳，跛行，抽搐，摆头，孕母猪流产、死胎、木乃伊胎，公猪一侧性睾丸炎	流产胎儿脑水肿，脑膜和脊髓充血，非化脓性脑炎，脑发育不全，皮下水肿，肝、脾有坏死	分离病毒，接种小鼠，测定抗体	无法治疗，常用疫苗预防
捷申病	猪肠病毒	只感染猪，1月龄最易感，冬、春多见，新疫区暴发，老疫区散发，传播慢，流行期长，病死率高	体温升高，后肢后伸、前肢前移，运步失调、反复跌倒、麻痹，眼球震颤，角弓反张，惊厥尖叫磨牙	脑膜水肿充血，肌肉萎缩，非化脓性脑脊髓炎	分离病毒，检测抗体	无法治疗，可用疫苗预防，扑杀

（续）

病名	病原	流行特点	主要临床症状	特征病理变化	实验室诊断	防制
血凝性脑脊髓炎	冠状病毒	只感染猪，1～3周龄仔猪最易感，感染率高，发病率低，多在引进种猪后发病，散发或地方流行性，冬、春多见	昏睡，呕吐，便秘，四肢发绀，呼吸困难，喷嚏咳嗽，痉挛磨牙，步态不稳，麻痹犬坐，泳动，转圈，角弓反张，眼球震颤失明	无肉眼病变，非化脓性脑炎，呕吐型则有胃肠炎变化	分离病毒，测定抗体	无法治疗，无疫苗可用，扑杀、销毁病猪
李氏杆菌病	李氏杆菌	人兽共患，断奶前后仔猪最易感，冬、春季多见，散发，致死率高，应激因素有关	体温升高，震颤，共济失调，奔跑转圈，后退，头后仰呈观星状，麻痹，四肢泳动，抽搐尖叫，吐白沫	肺、脑膜充血水肿，脑脊液增多，淋巴结肿大出血，气管出血，肝、脾肿大坏死	镜检，分离细菌，接种动物，测定抗体	早期抗菌药物治疗，无疫苗可用
水肿病	大肠杆菌	1～2月龄猪最易感，春、秋季营养良好者多发，地方流行性或散发，致死率高，与气候多变有关	共济失调，步态不稳，转圈抽搐，尖叫，吐白沫，四肢泳动，眼睑、头颈、全身水肿，呼吸困难，1～2d死亡	患部水肿，有透明、微黄色液体，胃大弯、大肠、肠系膜有胶冻状物，淋巴结肿大，脑脊髓水肿	镜检，分离细菌	早期对症治疗，可用疫苗预防
链球菌病	链球菌	不分年龄，地方流行性，与饲养管理、卫生条件等有关，发病急，感染率高，流行期长	体温升高，咳、喘，关节炎，淋巴结脓肿，脑膜炎，耳端、腹下及四肢皮肤发绀，有出血点	内脏器官出血，脾肿大，关节炎，淋巴结化脓	镜检，分离细菌	青霉素、链霉素等有效，可用疫苗预防
猪丹毒	猪丹毒丝菌	中猪多发，散发或地方流行性，炎热雨季多见，病程短，发病急，病死率高	体温42℃以上，体表有规则或不规则疹块，并可结痂、坏死脱落	脾肿大，菜花心，皮肤疹块	涂片镜检，分离细菌	青霉素、链霉素治疗有效
弓形虫病	弓形虫	各种年龄的猪均易感	体温升高，咳、喘，呼吸困难，有神经症状，体表有紫斑及出血点	皮肤出血，肺肿大、淤血、出血，间质增宽，脾肿大	涂片镜检，测定抗体	磺胺类药有特效

附表7　引起猪繁殖障碍的疾病鉴别诊断

病名	病原	流行特点	主要临床症状	特征病理变化	实验室诊断	防制
猪细小病毒病	细小病毒	只感染猪，大、小猪均易感，但仅初产猪表现症状，垂直传播，流行期长	妊娠早期感染胚胎死亡、产仔数少或屡配不孕，中期感染产木乃伊胎，后期感染产仔正常或弱仔	发育不良，死胎充血、水肿、出血、体腔积液或木乃伊化	分离病毒，测定抗体	无法治疗，疫苗预防
流行性乙型脑炎	日本脑炎病毒	初产母猪多发、仔猪和育肥猪，人兽共患，夏、秋多见，与蚊虫有关，散发，感染率高，发病率低	可侵害各时期胎儿，多产出死胎和木乃伊胎，少数为活仔，但1～2d发病死亡，公猪睾丸单侧性肿胀、热、疼	胎儿脑水肿，脑膜和脊髓充血，非化脓性脑炎，脑发育不全，皮下水肿，体腔积液，肝、脾坏死	分离病毒，接种小鼠，测定抗体	无法治疗，疫苗预防

（续）

病名	病原	流行特点	主要临床症状	特征病理变化	实验室诊断	防制
伪狂犬病	伪狂犬病病毒	多种动物易感，孕猪和新生仔猪最易感，感染率高，发病严重，流行期长，无季节性，仔猪死亡率高，母猪主要流产，垂直传播	侵害妊娠40d以上胎儿，出现流产、死产、木乃伊胎及弱仔多见，弱仔发病死亡快，母猪无其他症状，仔猪呼吸道和神经症状	无明显肉眼病理变化，非化脓性脑炎，脑组织有核内包涵体	荧光抗体、酶标抗体检测病毒，脑组织查包涵体	无法治疗，疫苗预防
猪繁殖与呼吸综合征	动脉炎病毒	孕猪和新生仔猪易感，无季节性，感染率高，新疫区发病率高，仔猪死亡率高，母猪无死亡，垂直传播	流产、死产多见于妊娠后期，偶见木乃伊胎，母猪有全身症状，并影响再次配种，新生仔猪死亡率高	仔猪淋巴结肿大、出血，脾肿大，肺淤血、水肿、肉变	分离病毒，检测抗体	无法治疗，疫苗预防
猪瘟	猪瘟病毒	只感染猪，不分年龄、品种，无季节性，发病率、死亡率均高，常呈流行性，流行期长，可垂直传播	体温40~41℃，先便秘，后腹泻，皮肤出血，公猪包皮积尿，个别有神经症状	败血症，全身皮肤及脏器广泛出血，雀斑肾，脾边缘梗死，肠道扣状溃疡	分离病毒，测定抗体，接种兔	无法治疗，疫苗预防，紧急接种
圆环病毒病	猪圆环病毒	可水平及垂直传播，各种年龄、性别的猪可感染，但并非都有临床症状，发病率较低	初产母猪流产率高，经产母猪产死胎、木乃伊胎和弱仔增多，且仔猪断奶前死亡率高达10%；部分仔猪先天性震颤；公猪精液排毒，精子活力下降，配种能力减低	胎儿体表及脏器苍白、黄染、出血、坏死或干尸化	分离鉴定PCV2，检测核酸和抗原，ELISA、免疫荧光测抗体	疫苗预防，药物辅助预防；综合防控措施
链球菌病	链球菌	各种年龄均易感，地方流行，无季节性，与饲养管理、卫生条件差等有关，发病急，感染率高，流行期长	多在急性暴发时大批发生流产，可见于妊娠各个时期，病猪还有相应的其他症状	内脏器官出血，脾肿大，关节炎，淋巴结化脓	涂片镜检，分离鉴定细菌	抗生素早期治疗有效，疫苗预防
布鲁菌病	布鲁菌	人兽共患，多见于产仔季节，感染率高，但仅少数孕猪发病	孕猪流产可见于妊娠各个时期，以早、中期多见，公猪表现睾丸炎	胎儿自溶、水肿、出血，体腔积液，母猪胎盘炎、子宫内膜炎	镜检，分离细菌，检测抗体	淘汰病猪，疫苗预防

二、鸡病鉴别诊断表

附表8　鸡腹泻性疾病的鉴别诊断

病名	病原	流行特点	主要临床症状	特征病理变化	实验室诊断	防制
鸡白痢	鸡白痢沙门菌	2周龄内多见，发病死亡率均高，急性，垂直传播	闭目昏睡，粪便浆糊样，堵在肛门周围；成鸡为慢性，贫血拉稀，产蛋下降，卵黄性腹膜炎而呈"垂腹"	肝、脾和肾肿大充血；卵黄吸收不良，呈奶油状；心肌、肌胃、肺脏和肠道有白色坏死	确诊依靠细菌鉴定，抗体测定	检疫淘汰阳性鸡，药敏试验指导用药
禽副伤寒	沙门菌	1~2月龄青年鸡多见	主要表现为水泻样下痢	出血性肠炎，盲肠有干酪样物，肝、脾有坏死灶	确诊依靠细菌鉴定，抗体测定	检疫淘汰阳性鸡，药敏试验指导用药

（续）

病名	病原	流行特点	主要临床症状	特征病理变化	实验室诊断	防制
鸡伤寒	沙门菌	成年鸡多见	黄绿色稀粪	肝、脾肿大、淤血，肝青铜色，有坏死灶	确诊依靠细菌鉴定，抗体测定	检疫淘汰阳性鸡，药敏试验指导用药
大肠杆菌病	大肠杆菌	大、小禽类均可感染发病，多与其他疾病并发或继发	沉郁、不食、厌动、呼吸困难、眼炎、呆立、闭目、拉灰白或绿色稀粪，病程3~4d，病死率5%~20%	败血症、气囊炎、肝周炎、心包炎、卵黄性腹膜炎、眼炎、关节炎、脐炎、肺炎及肉芽肿	细菌学检查	广谱抗生素有效，最好做药敏试验
传染性法氏囊病	囊病病毒	仅鸡感染发病，4~6周龄最易感，发病急，死亡快	病初啄肛现象严重，排白色稀粪或蛋青样稀粪，内含细石灰渣样物质，干后呈石灰样	法氏囊肿大、出血、水肿，后期萎缩；肌肉出血，花斑肾，肌胃和腺胃交界处有横向出血点或出血斑	病毒分离鉴定，琼脂扩散试验，RT-PCR等	疫苗有效，高免卵黄抗体治疗有效
新城疫	新城疫病毒	各种年龄的易感禽类均可发病，以幼禽易感	精神沉郁，呼吸困难，嗉囊积液，倒提病鸡有大量酸臭液体从口中流出，下痢，粪便稀薄，呈黄绿色或黄白色，神经症状明显	腺胃乳头出血，肠道黏膜有枣核样溃疡，盲肠扁桃体肿大出血、坏死、溃疡	病毒分离鉴定，血清学试验	抗体监测，合理免疫，正确选择疫苗
禽霍乱	巴氏杆菌	成年鸡多发，尤其是高产母鸡，多散发	体温43℃以上，呆立或伏卧，闭目打盹，不食，张口呼吸，不断吞咽，甩头，鸡冠发紫肿胀，拉黄白、绿色稀粪，病程短，病死率90%以上	败血症，肝脏针尖大坏死点，十二指肠出血并充满红色内容物，心包炎并积满纤维素性的黄色液体	涂片镜检，分离培养鉴定，小鼠接种	广谱抗生素有效

附表9　鸡呼吸道疾病的鉴别诊断

病名	病原	流行特点	主要临床症状	特征病理变化	实验室诊断	防制
新城疫	新城疫病毒	各种鸡均易感，发病急传播快，发病死亡率极高	精神高度沉郁，呼吸困难，嗉囊积液有波动感，倒提病鸡有大量酸臭液体从口中流出，下痢，粪便稀薄，呈黄绿色或黄白色，神经症状明显	食道和腺胃及腺胃和肌胃交界处可见出血带或出血斑，腺胃乳头出血，肠黏膜枣核样溃疡，盲肠扁桃体出血、坏死	病毒分离鉴定，血清学试验	抗体监测，选择合理免疫疫苗
禽流感	A型流感病毒	不同品种和日龄的禽类均可感染，高致病性禽流感发病急、传播快，致死率可达100%	发病突然，羽毛蓬松，食欲废绝，精神极度沉郁，闭目，对刺激无反应，冠髯发绀，流泪，头部水肿，呼吸高度困难，不断吞咽，口流黏液，叫声沙哑，拉黄白、黄绿或绿色稀粪，后期两腿瘫痪，病程1~3d，致死率达100%。低致病性禽流感症状复杂，表现为不同程度的呼吸道、消化道症状，产蛋下降为主，很少死亡	皮下、浆黏膜及各组织器官广泛出血，输卵管有黏液或干酪样物或成熟卵子，肠道有大量枣核样坏死，盲肠扁桃体和胰脏出血坏死，头部水肿，肾脏大尿酸盐沉积，法氏囊肿大有黏液，低致病禽流感呼吸道及生殖道有黏液或干酪样物，输卵管柔软易碎，有成熟卵子堆积	分离病毒，琼脂扩散试验，血凝抑制试验	综合性防制措施

（续）

病名	病原	流行特点	主要临床症状	特征病理变化	实验室诊断	防制
鸡传染性支气管炎（呼吸道型）	冠状病毒	仅感染鸡，各年龄均易感，5 周龄内感染后危害严重	沉郁、减食、垂翅、低头、嗜睡、呼吸困难、张口、伸颈、喷嚏、咳嗽、流泪、流鼻涕、气管啰音、鼻窦及眶下窦肿胀、窒息而死、渐瘦、发育不良，病程1~2周	气管和支气管有黏性或干酪样渗出物，鼻腔及上部气管也可看到浆液或黏性渗出物，气囊混浊，支气管周围可见局灶性炎症，肾病变型主要表现"花斑肾"，尿酸盐沉积	分离、鉴定病毒，血清学诊断	无特效药物治疗
鸡传染性喉气管炎	疱疹病毒	成年鸡易感，传播快，感染率高，一般病死率较低	呼吸困难、咳嗽、喘息、打喷嚏、流泪、结膜炎、鼻腔有分泌物、啰音、咳出带血黏液、张口呼吸、蹲伏伸颈、鸡冠发紫、拉稀粪、窒息而死、产蛋下降或停止	喉头和气管肿胀出血，有黏条状分泌物堵塞，有时可见干酪样渗出物或凝血块，产蛋鸡可见卵黄性腹膜炎	分离病毒，检查包涵体和血清学诊断	弱毒苗效果不佳，对症治疗
慢性呼吸道病	鸡毒支原体	雏鸡易感，可经蛋传播，寒冷季节多发	浆液性或黏液性鼻液，呼吸困难、喷嚏、咳嗽、气喘、呼吸道啰音、眼部肿胀	鼻道、气管、支气管和气囊有混浊黏稠或干酪样的渗出物，呼吸道黏膜水肿、充血、增厚，伴有肺炎	病原鉴定，血清学检查	免疫接种，抗生素治疗
禽曲霉菌病	曲霉菌	4~12 日龄禽最易感，急性群发，潮湿引起	急性病禽多伏卧、拒食，呼吸困难，气管啰音，但无明显的"咯咯"音，闭目昏睡，个别有神经症状，成年禽慢性散发	典型病例可多在肺部发现粟粒大至黄豆大黄白色或灰黄色结节，中心为干酪样坏死组织，含大量菌丝	微生物学检查	无特效疗法，注意防霉
鸡传染性鼻炎	副鸡禽杆菌	中鸡易感，发病急传播快，感染率高死亡率低	减食、产蛋下降、呼吸困难、咳嗽、喷嚏、张口呼吸、啰音、摇头、流泪、眼睑水肿、眼内及窦内有干酪样物质，双目闭锁，头部肿大	主要在窦腔，内有淡黄色干酪样渗出物，气囊炎、肺炎和卵泡变性、坏死或萎缩	病原分离鉴定，血清学诊断	抗生素和磺胺类药物有效

附表 10 有神经症状鸡病的鉴别诊断

病名	病原	流行特点	主要临床症状	特征病理变化	实验室诊断	防制
禽脑脊髓炎	禽脑脊髓炎病毒	仅鸡发病，10~12 日龄雏鸡为高发期，经蛋传播	共济失调，伏地或侧卧，头、颈震颤，发病急，发病率低，多数病鸡不死，但失明蛋鸡表现短期、低幅度产蛋下降	无肉眼可见病理变化	分离病毒，琼脂扩散试验	检疫淘汰种鸡或接种疫苗
马立克病	疱疹病毒	2 周龄以内的雏鸡易感，2~4 月龄鸡出现临床症状	特征症状是劈叉姿势，也有跛行、瘫痪，还有垂翅或斜颈，均为不可逆性消瘦、贫血，体重极轻，羽毛蓬松、干燥、无润泽	外周神经（如坐骨神经等）肿胀、苍白如水煮样，横纹消失，有大小不同的结节，常一侧重，内脏可见肿瘤	琼脂扩散试验	无法治疗，免疫接种

（续）

病名	病原	流行特点	主要临床症状	特征病理变化	实验室诊断	防制
新城疫	新城疫病毒	各种年龄均易感，发病急，传播快，发病率和死亡率极高	精神沉郁，呼吸困难，嗉囊积液有波动感，倒提病鸡有大量酸臭液体从口中流出，下痢，粪便稀薄，呈黄绿色或黄白色，阵发性勾头转圈	喉头、腺胃乳头、十二指肠、泄殖腔黏膜出血，肠道黏膜有枣核样溃疡，盲肠扁桃体肿大出血、坏死、溃疡，卵子充血、出血	病毒分离鉴定，血清学试验	抗体监测，制定合理免疫程序
高致病性禽流感	流感病毒	不同品种和日龄的禽类均可感染，高致病性禽流感发病急、传播快，发病致死率可达100%	突然发病，羽毛蓬松，不食，精神极差，闭目呆立，对刺激无反应流泪，头颈部水肿、发绀，呼吸困难，不断吞咽，口流黏液，叫声沙哑，拉稀、瘫痪，头颈上下摆动，病程1~3d	头部水肿，皮下、各器官广泛出血，输卵管有黏液或干酪样物或鸡蛋，小肠壁有大量出血斑或坏死灶(枣核样坏死)，盲肠扁桃体和胰脏肿胀、出血坏死，肾肿大，尿酸盐沉积	鉴定病原，琼脂扩散试验，血凝抑制试验	综合性防制措施

附表11 引起禽类产蛋下降疾病的鉴别诊断

病名	病原	流行特点	主要临床症状	特征病理变化	实验室诊断	防制
非典型新城疫	副黏病毒	各种年龄均易感，发病急，传播快，发病率、死亡率低	下痢，粪便稀薄，轻度呼吸道症状，产蛋明显下降，幅度为10%~30%，软壳蛋增多，蛋壳褪色，数月后方可恢复正常	无	病毒分离鉴定，血清学试验	抗体监测，科学免疫
鸡传染性支气管炎	冠状病毒	仅见于鸡，不分年龄，但5周龄内雏鸡感染后发病最严重，成鸡产蛋异常	轻度呼吸道症状，产蛋量明显下降，持续4~8周，畸形蛋、软壳蛋、粗壳蛋，蛋清呈水样，蛋黄和蛋清分开，产蛋鸡幼龄时感染传支可形成永久性的输卵管损伤，外观健康但不产蛋	很少死亡，输卵管发育不全	分离鉴定病毒，血清学诊断	无特效药物治疗
鸡传染性喉气管炎	疱疹病毒	成年鸡易感，传播快，感染率高，一般病死率较低	呼吸困难、张口、伸颈、咳、喷嚏、结膜炎、鼻腔有分泌物、啰音、咳出带血黏液、拉稀、产蛋下降或停止，恢复慢	喉头和气管的肿胀出血，有黏条状分泌物堵塞，有时可见干酪样渗出物或凝血块，产蛋鸡可见卵黄性腹膜炎	分离病毒，血清学诊断	弱毒疫苗效果不佳，对症治疗
产蛋下降综合征	禽腺病毒	只有鸡发病，主要感染开产前后母鸡，消化道或垂直传播	突出症状是产蛋突然下降，一周左右可下降20%~50%，蛋色变浅，蛋壳粗糙，产畸形蛋、软壳蛋、薄壳蛋等可达15%~20%，病程1~3个月，无死亡发生	因无死亡，故无明显病变，剖杀可见生殖道轻微炎症及萎缩性变化	血清学诊断，病毒分离鉴定	无法治疗，灭活疫苗预防

（续）

病名	病原	流行特点	主要临床症状	特征病理变化	实验室诊断	防制
禽流感	A型流感病毒	不同品种和日龄的禽类均可感染，发病急、传播快，高致病性禽流感致死率可达100%	发病突然，食欲废绝，产蛋停止，精神极度沉郁，对刺激无反应，冠髯发绀，流泪，头部水肿，呼吸困难，不断吞咽，口流黏液，叫声沙哑，拉黄白、黄绿或绿色稀粪，两腿瘫痪，病程1~3d，致死率达100%，低致病性禽流感表现为不同程序的呼吸道、消化道症状，产蛋下降为主，很难恢复，很少死亡	各组织器官广泛出血，输卵管有黏液或干酪样物或卵子，小肠壁有大量出血斑或坏死灶，盲肠扁桃体和胰脏肿胀出血坏死，头部水肿，肾肿大尿酸盐沉积。低致病性禽流感呼吸道及生殖道有较多黏液或干酪样物，输卵管和子宫柔软易碎，有数量不等的成熟卵子	分离病毒，琼脂扩散试验，血凝抑制试验	综合性防制措施
鸡传染性鼻炎	副鸡禽杆菌	4周龄以上鸡最易感，发病急，传播快，感染率高，死亡率低	减食，头部肿胀，呼吸困难，咳嗽，喷嚏、张口呼吸、啰音、摇头、流泪、眼睑水肿、眼及窦内有干酪样物质，开产鸡则产蛋明显下降	主要在窦腔有干酪样渗出物，气囊炎、肺炎和卵泡变性坏死或萎缩	病原分离鉴定，血清学诊断方法	多种抗生素和磺胺类有效

附表12　鸡肿瘤性传染病的鉴别诊断

病名	病原	流行特点	主要临床症状	特征病理变化	实验室诊断	防制
马立克病	疱疹病毒	2周龄以内的雏鸡易感，2~4月龄鸡出现临床症状	劈叉姿势，跛行或瘫痪，垂翅或斜颈，不可逆性；嗉囊肿胀，呼吸困难，腹泻，消瘦，贫血，体重极轻，羽毛蓬松、干燥、无润泽；但病鸡精神一般良好	神经型：坐骨神经明显肿胀、苍白如水煮样，有大小不同的结节；内脏型：可见各脏器发生的肿瘤	病毒分离、鉴定，琼脂扩散试验	冻干苗和液氮苗，效果较好
禽白血病	禽白血病/肉瘤病毒群	鸡是该群病毒中所有病毒的自然宿主，尤以肉鸡最易感，垂直传播	本病毒群引起的肿瘤种类多，病鸡无特异性的临床症状，部分患鸡表现消瘦，头部苍白，肝部肿大而导致其腹部增大，产蛋量降低	脏器组织发生大小不等灰白色肿瘤，表面扁平或圆形，与周围界限明显；法氏囊肿大，卵巢为灰白色，整体外观呈菜花状；也可为浸润性肿瘤，脏器高度肿大	主要是分子生物学方法	主要检疫淘汰阳性种鸡
禽网状内皮组织增生症	网状内皮增殖病病毒群	鸡和火鸡最易感，可引起严重的免疫抑制或免疫耐受，可垂直传播	临床症状出现迅速，几乎见不到临床症状即已死亡，病死率高达100%	病禽可见肝、脾肿大，伴有局灶性或弥漫性浸润病理变化	病原学检查血清学检查	目前尚无特异性防制方法

三、牛病鉴别诊断表

附表13　口蹄疫的类症鉴别

病名	病原	流行特点	主要临床症状	特征病理变化	实验室诊断	防制
牛瘟	副黏病毒	大、小牛皆发生，常暴发，传播快，发病率、病死率90%	严重的糜烂性口炎，唾液带血，眼睑痉挛，高热，严重下痢，多以死亡告终	白细胞减少，消化道黏膜坏死性炎（灰白色伪膜、烂斑、集合淋巴结溃疡）	琼脂扩散试验、中和试验、免疫荧光抗体	扑杀，可用疫苗
恶性卡他热	疱疹病毒	常散发，成年及幼年都可发生，病牛常与绵羊有接触史，病死率高	分最急性、消化道型、头眼型、温和型，高热稽留，糜烂性口炎、结膜炎，角膜混浊，血尿，末期脑炎与腹泻	初期白细胞减少，后期白细胞增多；头眼型存在气管伪膜；消化道口、真胃、肠出血、溃疡，肝肾浊肿，肺充血、出血	必要时接种犊牛复制本病	扑杀
水疱性口炎	弹状病毒	地区性，发病及病死率低，虫媒传播	低热，厌食；口腔有水疱，偶尔见于乳头及蹄部	口腔和咽喉黏膜充血或糜烂，胃肠道黏膜充血或出血	动物接种，血清学诊断	扑杀
口蹄疫	口蹄疫病毒	发病率高(100%)，病死率低、传播快、流行范围广	高热，口涎悬垂，口腔、乳头及蹄冠有水疱	口腔、蹄部有水疱和烂斑，咽喉、气管、前胃黏膜溃疡，真胃和肠黏膜出血，犊牛有虎斑心病变	动物接种，及血清学试验	扑杀，疫苗预防

附表14　牛最急性炭疽的类症鉴别

病名	病原	流行特点	主要临床症状	特征病理变化	实验室诊断	防制
炭疽	炭疽杆菌	草食动物最易感，常呈散发，有时地方性流行，夏季多发	兴奋不安，吼叫或顶撞人畜、物体，后变虚弱，食欲、反刍、泌乳减少或停止，呼吸困难，初便秘后腹泻带血，尿暗红混有血液，乳汁带血，胀气，腹痛，后肢踢腹，孕牛多迅速流产，1~2d死亡	黏膜发绀，天然孔出血，酱油状，血凝不良，全身多发性出血，皮下、肌间、浆膜下水肿，脾变性、淤血、出血、肿大2~5倍	禁止解剖，依靠微生物及血清学方法	注射疫苗，抗生素有效，隔离、封锁、扑杀
牛出败	巴氏杆菌	常散发，天气突变和秋末冬初易发，条件致病	呼吸困难，鼻流无色或带血的泡沫，高烧，腹痛，下痢；粪便初为粥状，后呈液状，其中混有黏液、黏膜片及血液，恶臭；有时鼻孔和尿中有血；拉稀开始后，体温下降，迅速死亡；病程12~24h	内脏出血，在黏膜、浆膜及肺、舌、皮下和肌肉都有出血点；脾不肿大；肝和肾实质变性；淋巴结水肿；胸腹腔有大量渗出液	涂片镜检，细菌分离鉴定	抗生素及对症治疗；菌苗预防
肠毒血症	魏氏梭菌	散发，1~2周龄牛多见，偶见于成牛；体质较好的犊牛易发，病死率高	发病急骤，数小时内突然死亡，病程稍长者，可见腹泻症状，粪便带血、混有气泡，颜色为黄红色，呻吟哞叫，弓腰努责	腹部皮下水肿，腹腔积液，肠系膜充血，表面有纤维素；真胃和空肠全为血水，黏膜充血、出血	细菌分离，毒素检查，动物试验	来不及治疗，加强饲养管理；菌苗预防

附表 15 牛消化道传染病的鉴别

病名	病原	流行特点	主要临床症状	特征病理变化	实验室诊断	防制
牛病毒性腹泻-黏膜病	病毒性腹泻-黏膜病病毒	1岁左右最易感，冬季多见；感染率高，发病率低，致死率高	突然体温升高，眼、鼻有黏性分泌物，咳、流涎、呼吸困难，鼻、舌、口黏膜糜烂，呼气臭；水泻，粪带黏液或血；蹄部皮肤糜烂、跛行；2~3周死亡；慢性型间歇性腹泻、鼻蹄糜烂，芜蹄，跛行，病程可达半年以上；孕牛繁殖障碍及产病犊	特征病理变化是食道黏膜纵行排列的组织糜烂；此外，口腔、胃、肠道黏膜也有糜烂，水肿或出血，淋巴结水肿等	病毒分离鉴定，血清学诊断，动物接种	对症治疗，防继发感染，疫苗预防
牛大肠杆菌病	大肠杆菌	2~3日龄犊牛多发，条件致病性，冬、春季多见，地方流行性或散发	体温升高，喜卧，下痢，粪便初呈黄色粥样，随后变为水样，呈灰白色，并混有未消化的凝乳块、血液、泡沫，有腐败气味，后期排粪失禁	急性胃肠炎，真胃内有大量凝乳块，黏膜充血、水肿，表面覆盖胶冻样黏液，肠管松弛，肠壁菲薄，内容物呈水样，常混有血液和气泡，肠系膜淋巴结肿大	细菌分离鉴定	加强饲养管理，保持干燥卫生；抗生素治疗
牛沙门菌病	鼠伤寒、都柏林、牛流产沙门菌	2~6周龄犊牛最易感，无季节性，多散发或地方流行性	妊娠母牛可发生流产；犊牛突然发病，高热，精神沉郁，食欲废绝，下痢，粪便灰黄色水样，恶臭，带血或黏液，5~7d死亡，病死率高达50%	坏死性或出血性肠炎，特别是回肠和大肠；肠壁增厚，肠黏膜发红呈颗粒状，有灰黄色坏死物，肠系膜淋巴结和脾脏肿大；犊牛可见广泛的黏膜和浆膜出血	细菌分离鉴定	加强卫生防疫措施、疫苗接种及药物预防
牛副结核病	副结核分枝杆菌	幼龄牛最易感，发病多在1岁以后，母牛、高产牛多见，传播缓慢地方流行，多种诱因影响	顽固性腹泻，喷射状，腥臭，带气泡、黏液或血块，毛焦皮糙，下颌及肉垂皮下水肿，逐渐消瘦、衰弱，体温一般无变化，3~4个月死亡	尸体消瘦、脱水、重点是消化道和淋巴结；特征性病理变化是空肠、回肠黏膜有脑回状皱褶、增厚、变硬、黄、白、灰色；肠系膜水肿，淋巴结束状肿	细菌分离鉴定，变态反应	无治疗价值，阳性全淘汰；疫苗接种，防疫措施
牛肠结核	结核分支杆菌	多见于犊牛，过于拥挤，阴暗潮湿，通风不良等均可诱发	消化不良，顽固性下痢，逐渐消瘦，粪便带黏脓性分泌物	胃肠黏膜有大小不等的结核结节或溃疡	细菌分离鉴定，变态反应	无治疗价值，检疫淘汰病畜，净化畜群
茨城病	茨城病病毒	夏季蚊虫滋生时多发；有明显的地区性	精神沉郁、厌食、反刍停止；结膜充血、水肿、眼睛流出浆液性或黏液性分泌物；口腔黏膜、鼻黏膜糜烂、溃疡，口腔流出泡沫样口涎；后期食道麻痹，吞咽困难，食物自口、鼻流出	可见黏膜充血、糜烂等病理变化，食道和真胃黏膜充血、出血、水肿；死于吞咽困难时可见食道、咽喉和舌间有特征性变化，即横纹肌的变性和坏死，并伴有出血	分离病毒，中和试验	无特效疗法、扑杀为主；对症治疗

附表16　牛呼吸困难性传染病的鉴别

病名	病原	流行特点	主要临床症状	特征病理变化	实验室诊断	防制
牛流行热	牛流行热病毒	壮年牛/高产牛及怀孕牛发病率高;吸血昆虫传播;炎热、雨季多见,周期性;传播快,流行广、流行性或大流行;发病率高,死亡率低	体温40℃以上、战栗,精神沉郁,不食,反刍停止;流泪,结膜充血,眼睑水肿,呻吟;呼吸快而无力,鼻镜干燥,黏液性鼻涕呈线状下垂;口炎、流涎,呈泡沫及线状垂挂;肌肉及四肢关节肿痛,躯体僵硬,步态不稳,跛行或卧地;便秘或腹泻;泌乳停止或减少,孕牛可流产	很少死亡,可见全身肌肉有出血斑点;胃肠/胸腔积暗紫色液体	临床综合诊断	一般防疫措施,疫苗接种
牛传染性鼻气管炎	牛鼻气管炎病毒	育肥牛和奶牛多见,20~60日龄肉牛最易感,秋、冬季多发,发病率高,病死率低	高热、沉郁、拒食,结膜流泪;鼻黏膜高度充血,有红鼻子之称;有多量黏脓性鼻汁,呼吸困难,呼气有臭味;乳牛产乳量大减或停止	牛呼吸道高度发炎,有轻度溃疡,覆有黏脓性渗出物,在呼吸道上皮细胞内可见核内包涵体	病毒分离和血清学诊断	无特效药物,淘汰阳性牛
牛副流感	副黏病毒	仅感染牛,舍饲肥育牛多见,放牧牛较少发生;通过空气、飞沫经呼吸道而感染,也可经子宫内感染;常见于晚秋和冬季	体温41℃以上,鼻镜干燥,流黏脓性鼻液,流泪,脓性结膜炎;呼吸快速,咳嗽,张口呼吸;黏液性腹泻;消瘦,2~3d死亡;孕畜可能流产,发病率不超过20%,病死率1%~2%	呼吸道卡他性炎;鼻腔和副鼻窦有黏脓性物;支气管肿胀、出血、有纤维素块;肺前下部膨胀、硬实,切面肝变,小叶间水肿、变宽,胸腔及胸膜表面有纤维性渗出;淋巴结水肿、出血,心、胸膜、胃肠道出血	病毒分离和血清学诊断	对症治疗,防止继发感染,免疫接种
牛病毒性腹泻-黏膜病	病毒性腹泻-黏膜病病毒	1岁左右最易感,冬季多见;感染率高,发病率低,致死率高	急性型发病突然,体温升高,眼、鼻有黏性分泌物,咳、流涎、呼吸困难,鼻、舌、口黏膜糜烂,呼气臭;水泻,粪带黏液或血;蹄部皮肤糜烂、跛行;2~3周死亡;慢性型间歇性腹泻,鼻蹄糜烂,芜蹄,跛行,病程可达半年以上;孕牛繁殖障碍及产病犊	特征病理变化是食道黏膜纵行排列的组织糜烂;此外,口腔、胃、肠道黏膜也有糜烂,水肿或出血,淋巴结水肿等	病毒分离鉴定,血清学试验,动物接种	对症治疗,防继发感染,疫苗预防
牛出败	巴氏杆菌	散发,环境、气候、饲养管理等多种诱因激发	肺炎型主要表现发热,咳、喘,呼吸困难,有鼻漏,便秘或下痢,带血,病程3~7d	纤维素性胸膜肺炎,肺与胸膜粘连,肝变区间质增宽,切面大理石状,心包炎	细菌分离鉴定,动物试验	抗菌药物治疗,免疫接种

（续）

病名	病原	流行特点	主要临床症状	特征病理变化	实验室诊断	防制
牛传染性胸膜肺炎	丝状支原体	各种牛均易感性，依其品种、生活方式及个体抵抗力不同而有区别，发病率为60%~70%，病死率约为30%~50%	体温40~42℃，稽留热，频繁干咳，呼吸加快有呻吟声，鼻孔扩张，前肢外展，呼吸极度困难，呈腹式呼吸；不愿行动或下卧；咳嗽逐渐频繁，疼痛短咳，弱而无力，低沉而潮湿；眼结膜潮红并有脓性物，有浆液或脓性鼻液，可视黏膜发绀	大理石样肺和纤维素性胸膜肺炎；初为小叶性支气管肺炎，肺充血水肿，鲜红或紫红；中期纤维素性胸膜肺炎，病肺肿大、增重，灰白，右侧较多见，心包积水，常与肺或纵膈粘连	细菌分离鉴定，补体结合反应	检疫、扑杀；牛传染性胸膜肺炎菌苗接种
牛乏质病	乏质体	1岁以上牛多见，传播媒介主要是吸血昆虫，有明显的季节性和地区性	贫血，黄疸，衰弱，便秘，粪常血染并有黏膜覆盖，渐进性消瘦	消瘦，内脏器官脱水黄疸；颈部、胸部皮下水肿；脾肿大，血液稀薄，淋巴结肿大，肝黄色，肠道有卡他性炎症	病原分离鉴定，补体结合反应、琼脂扩散试验	杀灭寄生虫，疫苗接种；药物治疗

附表17　神经症状型牛传染病的鉴别

病名	病原	流行特点	主要临床症状	特征病理变化	实验室诊断	防制
狂犬病	狂犬病病毒	散发，有被咬伤史	兴奋，起卧不安、用蹄刨地、高声吼叫，磨牙、流涎等，间歇性发作，随后出现麻痹症状，叫声嘶哑，反刍停止，倒地不起，衰竭而死	尸体消瘦、体表有伤痕，口腔和咽喉黏膜充血或糜烂，消化道黏膜充血或出血，脑膜出血	脑触片镜检，荧光抗体检查，动物接种	不治，多扑杀；定期疫苗接种
恶性卡他热	疱疹病毒	4岁以下牛发病，牛为终末宿主，不在牛和牛之间传播；冬季和早春产仔季节多发	体温40~42℃，鼻液增多，黏性或脓性，形成痂皮堵塞鼻孔导致呼吸困难，口腔黏膜坏死溃疡，流泪、眼睑肿胀；食欲废绝，关节肿胀、兴奋不安，震颤、运动失调，死亡	食道黏膜充血、糜烂，胃肠道出血和糜烂并有伪膜；鼻、支气管及气管黏膜充血、出血、溃疡；脑膜脑炎，淋巴结出血、肿大	分离病毒，血清学试验	无特效疗法，一律扑杀
伪狂犬病	伪狂犬病病毒	不分年龄，潜伏感染危害更大；具有一定的季节性，多发生于寒冷季节	表现皮肤奇痒，不停舔患部，或用力摩擦，使局部皮肤发红、擦伤；后期出现神经症状，表现狂躁、呼吸困难、咽喉麻痹、流涎、磨牙、吼叫、痉挛，不久死亡	体表皮肤擦伤、撕裂、皮下水肿，肺充血、水肿，心外膜出血，心包积水，非化脓性脑炎	病毒分离，PCR，血清学方法	灭鼠，灭活疫苗预防，无法治疗
牛传染性鼻气管炎	鼻气管炎病毒	育肥牛和奶牛多见，20~60日龄肉牛最易感，秋季和寒冷的冬季多发	犊牛多发脑膜脑炎型，高热，共济失调，先沉郁后兴奋，惊厥，口吐白沫，倒地磨牙，四肢划水，病程短促，多以死亡为转归	非化脓性脑炎	病毒分离和血清学诊断	缺乏有效药物，淘汰阳性牛
破伤风	破伤风梭菌	常零星散发，有创伤史	两耳竖立，鼻孔开大，头颈伸直，牙关紧闭，流涎，尾根翘起，四肢强直，状如木马	病变不明显，仅黏膜、浆膜有小出血点，肺脏充血、水肿，骨骼肌变性或坏死	涂片镜检，动物试验，免疫荧光	防受伤，注射类毒素，破抗及对症治疗

附表18　繁殖障碍性牛传染病的鉴别要点

病名	病原	流行特点	主要临床症状	特征病理变化	实验室诊断	防制
蓝舌病	蓝舌病病毒	易感性较低，长期带毒，吸血昆虫传播，晚春至早秋多见；地区性，热带>亚热带>温带；低、湿地区多发	体温40.5~41.5℃，稽留热，厌食，流涎，嘴唇肿胀，口腔黏膜充血呈青紫色，唇齿舌糜烂，吞咽困难；鼻流黏液，结痂，呼吸困难，可经胎盘传播，造成流产、死胎、胎儿异常	口腔糜烂、水肿、发绀，瘤胃坏死灶，心血管和肌肉出血，蹄部炎性变化，脾脏、淋巴结和肾充血肿大	分离病毒及血清学检测，核酸探针和PCR检测	定期进行药浴、灭虫；免疫接种
牛传染性鼻气管炎	鼻气管炎病毒	育肥牛和奶牛多见，20~60日龄肉牛最易感，秋季和寒冷的冬季多发	精神沉郁，波浪热，外阴肿胀，有黏稠分泌物，常举尾，排尿有痛感；妊牛呼吸道感染后可发生流产；公牛包皮、阴茎有脓疱，破溃后留下溃疡	局部黏膜形成小脓疱	病毒分离和血清学诊断	缺乏有效药物，淘汰阳性牛
牛病毒性腹泻-黏膜病	病毒性腹泻-黏膜病病毒	偶蹄兽多见，但1岁左右最易感；猪可感染，冬季多见；感染率高，发病率低，致死率高	鼻及口腔糜烂，舌上皮坏死，流涎，严重腹泻，带黏液和血，蹄叶炎，跛行；1~2周死亡，少数病程1个月；慢性者鼻镜糜烂，蹄叶炎及跛；妊娠牛流产，或产下小脑发育不全犊牛，共济失调、不能站立	特征病变是食道黏膜纵行排列的组织糜烂；口腔、胃、肠道黏膜也有糜烂，水肿或出血，淋巴结水肿；运动失调的小牛有严重的小脑发育不全及两侧脑室积水	病毒分离鉴定，血清学诊断，动物接种	无特效疗法，对症治疗，防继发感染，可用疫苗预防
赤羽病	布尼安病毒	孕牛最易感，传染媒为吸血昆虫，有明显季节性，8月到翌年3月多发	孕牛异常分娩：常在妊娠七个月以上，胎龄越大越易发生早产；胎儿体形异常，关节弯曲或脊柱弯曲，难产，牛犊不能站立或无生活能力甚至失明	主要是胎儿的体形异常、大脑缺损、脑形成囊泡状空腔，躯干的肌肉萎缩	病毒分离鉴定，血清学检测	杀灭吸血昆虫，也可用疫苗预防
牛布鲁菌病	布鲁菌	人兽共患，成年孕牛易感性最高，主要发生于产犊季节；新疫区及初次怀孕牛表现流产，老疫区及再孕者表现胎衣不下	流产多见于孕后6~8个月，常伴有胎衣滞留和子宫内膜炎，只发生一次流产，第二胎多正常，个别发生关节炎、淋巴结炎和滑膜囊炎；公牛睾丸炎和附睾炎	子宫绒毛膜间隙有灰或黄色胶冻样物，胎膜水肿肥厚，表面有纤维蛋白和脓液；胎儿多呈败血症变化，脾和淋巴结肿大，肺有支气管肺炎；公牛睾丸显著肿大，切面具有坏死灶或化脓灶	细菌学、血清学及生物学试验	菌苗接种，检疫淘汰阳性牛
牛沙门菌病	鼠伤寒、都柏林、牛流产沙门菌等	成年牛较少发生，2~6周龄犊牛最易感；无季节性，多散发或地方流行性	妊娠母牛可发生流产；犊牛突然发病，高热，精神沉郁、食欲废绝，下痢，粪便灰黄色水样，恶臭，带血或黏液，5~7d死亡，病死率高达50%	急性坏死性或出血性肠炎，回肠和大肠明显，肠壁增厚，黏膜发红颗粒状，灰黄色坏死，肠系膜淋巴结和脾肿大；犊牛黏膜和浆膜广泛出血	细菌分离鉴定	加强卫生防疫措施、疫苗接种及药物预防